John E. Freund의

수리통계학 제8판

실제와 응용

Miller · Miller 지음

김철응 · 김현중 옮김

PEARSON

자유아카데미

저자 서문

이 책은 2학기 혹은 3쿼터용 수리통계학 과목에 사용될 수 있도록 집필하였다. 하지만 확률, 확률분포와 확률밀도, 표본, 통계적 추론 등을 중점적으로 다루는 한 학기용 과목의 교재로도 사용될 수 있을 것이다. 한 학기용 과목을 위해서는 1~6, 8, 11, 13장 등을 강의하기를 추천하며, 2.8, 4.8, 5.8, 5.9, 6.7, 8.7, 13.8절 등은 생략해도 좋다. 물론 한 학기에 맞추기 위해 다른 절들을 더 간단히 다룰 수도 있을 것이다.

이 책은 통계학의 수학적 기초를 강조하였을 뿐만 아니라, 이론을 더 쉽게 이해할 수 있도록 각 장마다 응용에 중점을 둔 절을 포함하고 있다. 이론에 바탕을 둔 연습문제는 각 절이 끝날 때마다 유사한 문제별로 제시되어 있고, 실제적 응용에 중점을 둔 연습문제들은 각 장의 "실전이론" 절의 뒤쪽에 배치하였다. 연습문제 중에는 컴퓨터의 사용을 필요로 하는 문제가 있으며, 이 경우에는 관련 통계 프로그램의 예제를 본문에 제시하였다.

제8판에서 새롭게 바뀐 부분으로는 정의 부분을 분리하여 기술한 것과, 교재의 가독성을 향상시키기 위하여 정리, 정의, 예제를 구분하기 쉽게 강조한 것이다. 이러한 변화는 학생들이 중요한 내용을 더 쉽게 찾아볼 수 있도록 하기 위한 것이다. 물론 연습문제와 예제도 업데이트되었다.

저자들은 정확성을 체크해 준 University of Alabama in Huntscile의 Kyle Siegrist, Kennesaw State University의 Anda Gadidov, Southwestern University의 (내용도 검토해 준) Therese Shelton에게 감사의 마음을 전한다. 또한 이 책의 내용을 꼼꼼히 검토하고 제안을 해 준 Rutgers University의 Daniel Oncone, University of West Georgia의 Karen H. Smith, Rochester Institute of Technology의 Linlin Chen, Millersville University of Pennsylvania의 Lewis H. Shoemaker 덕에 더 좋은 책이 나올 수 있었다는 점을 밝힌다. 마지막으로 제8판을 출판하는 데 많은 도움을 준 Pearson Education의 Christina Lepre에게 감사의 말씀을 전한다.

Irwin Miller
Marylees Miller

역자 서문

대부분의 통계학과 전공 학생들은 수리통계학을 대단히 어려운 과목이라고 인식하고 있다. 수리통계학이 쉬운 과목은 아니지만, 적당한 수준의 수리통계학 교재가 많지 않기 때문이기도 하다. John E. Freund의 「Mathematical Statistics with Applications」은 너무 어렵지 않게 수리통계학을 기술하면서도, 꼭 필요한 수준의 난이도를 갖추고 있는 교재이다. 1962년 초판이 발행된 이후에 지속적으로 독자들의 사랑을 받아온 거의 유일한 수리통계학 교재로서, 수리통계학의 개념 및 이론에 대한 소개가 매우 자연스럽고 연습문제의 수준과 난이도도 적절한 매우 훌륭한 교재이다.

이에 역자들은 John E. Freund의 「Mathematical Statistics with Applications」으로 공부하게 되면 상대적으로 용이하게 수리통계학에 입문하게 되리라 믿게 되었으며 이 책을 번역하여 수리통계학을 공부하는 학생들의 이해를 돕고자 하였다. 이 번역서는 두 학기용 수리통계학에 맞는 내용을 갖추었으나, 일부 장을 다루지 않는다면 한 학기용 과목으로도 사용될 수 있을 것이다.

이 책은 많은 수리적 혹은 문법적 오류가 있을 수 있으며, 이는 전적으로 역자들의 잘못에 기인함을 밝혀둔다. 출간 후에라도 수정사항이 있을 경우에는 자유아카데미 홈페이지(www.freeaca.com) 자료실에 제공할 예정이다.

이 책은 연세대학교 응용통계학과 대학원의 곽승우, 양준열, 이승아, 조주희, 하혜정의 수고에 너무 많은 빚을 지고 있다. 이 지면을 빌어 그들에게 감사의 말을 전한다. 마지막으로 이 책의 출판을 위해 많은 노고를 아끼지 않으신 자유아카데미의 모든 분들께 감사의 말씀을 전한다.

2015년 2월

김철웅, 김현중

차 례

1장 서론

1.1 서론

최근 통계학은 거의 모든 학문분야에서 유용하게 사용되는 학문으로 자리 잡아 가고 있다. 현대 통계학은 더 이상 자료의 취합 및 차트나 표를 이용한 설명으로만 국한되지 않고, 관찰된 자료에 기초한 추론과 불확실한 상황에서 내려야 하는 전반적인 의사결정문제도 포함한다. 불확실한 상황이란 동전을 던지거나, 영양학자가 식품첨가물을 가지고 실험할 때, 보험 계리사가 생명보험료를 결정할 때, 품질감독 기술자가 생산된 제품을 합격 또는 불합격시킬 때, 선생님이 학생들의 능력을 비교할 때, 경제학자가 추세를 예측할 때, 신문이 선거를 예상할 때, 과학자가 양자역학을 설명할 때에도 통계학이 활용될 수 있는 분야는 상당히 많다.

현대 통계학의 수준이 모든 불확실한 상황에 적용될 수 있다고 확신하기에는 시기상조이지만, 그래도 지속적으로 새로운 통계기술들이 개발되고 있으며, 적어도 현대 통계학은 논리적이고, 체계적인 방식으로 현 상황들을 분석할 수 있는 전체적인 틀을 제공한다. 마치 미적분학이 뉴턴 물리학의 개념을 표현하는 모델을 제공하는 것처럼, 통계학은 불확실한 상황을 분석하기 위해 필요한 모델을 제공하는 것이다.

수리통계학은 18세기경 중반 게임의 승률에 대한 관심에서 촉발된 확률에 대한 연구에서 시작되었다고 볼 수 있다. 예를 들면, 동전의 "앞면과 "뒷면", 카드의 "레드와 블랙"과 같은 데에서 발달된 이론은 곧 "소년과 소녀", "삶과 죽음", "합격과 실패"와 같은 상황에 응용되었고, 학자들은 보험설계 문제와 몇 가지 사회과학 방면에서 확률이론을 적용시키기 시작하였다. 나중에 확률과 통계학은 L.볼츠만, J.깁스, J.맥스웰에 의해 물리학에 소개되었으며, 그들은 불확실성과 위험이 포함되는 많은 상황들에 확률과 통계학이 응용될 수 있음을 발견하였다. 20세기 전반기부터 수리통계학의 성장에 가장 두드러지게 공헌한 사람은 R.A.피셔, J.네이만, E.S.피어슨, A.왈드 등이다. 최근에는 R.슐라이퍼, L.J.새비지 등의 연구가 18세기 영국 성직자 토마스 베이즈의 방법에 본질적으로 기초한 통계 이론들에 힘을 보탰다.

이 책에서 제시한 통계적 추론은 본질적으로 고전적 방법에 근거한 접근이며, J.네이만, E.S. 피어슨의 방대한 연구에 기초한 추론 방식이다. 이보다 더 일반적인 의사결정이론 접근방법은 9장에 소개하였고, 기초적 베이지안 방법은 10장에 제시하였다. 하지만 이들은 내용상의 연결에 지장 없이 생략될 수도 있다.

이 책은 주로 현대 실용통계학에 기초한 **수리적 이론**(*mathematical theory*)을 제시하려고 한다. 수리통계학은 수학의 한 분과이며, 수학 전공의 학생들이 전공의 한 분야로 공부할 수도 있다. 하지만 오늘날 통계학의 이론은 공학, 물리학, 천문학, 품질관리, 제약, 공중보건과 의학, 농업과 산업의 실험설계, 실험심리학 등등에 적용된다. 이와 같은 응용분야에 참여하거나 새로운 응용분야를 발전시키고자 하는 바람은 통계학의 수리적 이론을 이해함으로써 보다 쉽게 이루어 질 것이다. 이와 같은 이해를 통해서만 큰 제약 없이 통계학을 현실생활에 응용할 수 있다. 이 책에서는 통계학이 응용되는 상황을 설명하기 위한 목적의 예제와 연습문제를 따로 만들었으며, 그중 일부는 컴퓨터의 사용을 포함하였다. 각 장의 마지막 부분에는 해당하는 장에서 소개된 이론이 실제 어떻게 적용되는지에 대한 내용을 첨부하였다.

다음 절에서는 간략한 조합법과 이항계수를 개관하고, 확률과 확률분포에 대한 토의에 필요한 사항들을 미리 살펴볼 것이다.

1.2 조합법

통계학에서는 주어진 상황에서 상상 가능한 모든 대안을 나열해 보거나, 아니면 얼마나 많은 다른 대안들이 존재하는지를 결정해야 한다. 후자와 관련하여 우리는 종종 **셈의 기본원리 (basic principle of counting), 복합사건에 대한 셈법 (counting rule for compound events), 선택의 곱셈법칙 (rule for the multiplication of choices)**이라 불리는 다음과 같은 정리를 사용한다.

정리 1.1 만약 어떤 운용절차가 두 단계로 이루어져 있다고 하자. 이중 첫 번째 단계는 n_1가지로 행해질 수 있고, 각 첫 번째 단계마다 n_2가지로 두 번째 단계가 행해진다면, 전체적으로 선택 가능한 운용은 $n_1 \cdot n_2$가지로 행해진다. ■

여기서 "운용"이란 임의의 절차나 과정 또는 선택의 방법을 의미한다.

이 정리를 증명하기 위해서 첫 번째 단계는 발생 가능한 사건 x_i로 일어나고, 두 번째 단계는 발생 가능한 사건 y_j로 일어날 때 발생하는 결과에 대한 순서쌍 (x_i, y_j)를 정의한다. 그러면 모든 가능한 결과의 집합은 다음의 $n_1 \cdot n_2$쌍으로 구성된다.

$$
\begin{gathered}
(x_1, y_1), (x_1, y_2), \ldots, (x_1, y_{n_2}) \\
(x_2, y_1), (x_2, y_2), \ldots, (x_2, y_{n_2}) \\
\cdots \\
\cdots \\
\cdots \\
(x_{n_1}, y_1), (x_{n_1}, y_2), \ldots, (x_{n_1}, y_{n_2})
\end{gathered}
$$

예제 1.1

어떤 사람이 일주일의 휴가 기간 동안 5개 동남부의 중심 주 (state) 중 한 곳에 버스나, 기차, 비행기를 타고 가길 원한다. 이 경우 휴가를 보낼 수 있는 선택 가능한 방법의 수를 찾아라.

풀이 특정 주를 선택하는 것은 $n_1 = 5$ 방법이 있고, 선택 가능한 교통수단은 $n_2 = 3$ 방법이 있다. 그러므로 가능한 여행은 5·3 = 15 방법이 있다. 만약 모든 가능성에 대한 실제 목록을 나타내고자 한다면, 그림 1.1과 같은 **나무 다이어그램 (tree diagram)** 이 체계적인 접근 방법을 제공해 줄 수 있다. 이 다이어그램은 주의 수에 대해 $n_1 = 5$ 가지 (가능성) 가 있고, 이 가지들 각각에 대해 다른 교통수단으로 $n_2 = 3$ 가지 (가능성) 가 있다는 것을 보여 준다. 이는 휴가를 취할 수 있는 15가지 가능한 방법을 나무의 가지를 따라 15가지 다른 길로 표현함으로써 명확히 할 수 있다.

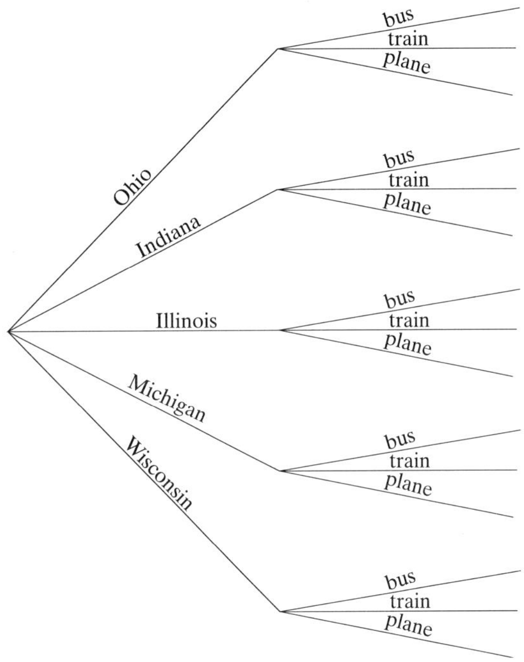

그림 1.1 나무 다이어그램.

예제 1.2

빨간색과 초록색 두 주사위를 굴릴 때, 가능한 결과는 얼마나 있는가?

풀이 빨간색 주사위는 6가지 중 한 가지 번호가 나오고, 각각에 대해서 초록색 주사위도 6가지 중 한 가지 번호가 나올 수 있다. 따라서 주사위의 두 번호의 쌍은 6·6 = 36가지 방법이 있다.

정리 1.1은 운용이 둘 이상의 단계로 구성되는 상황에도 확장할 수 있는다. 이 경우 아래의 정리를 찾는다.

정리 1.2 만약 운용이 k단계로 이루어져 있고, 이 중 첫 번째 단계는 n_1가지로 행해질 수 있고, 각 첫 번째 단계마다 n_2가지로 두 번째 단계가 행해지고, 각 두 번째 단계마다 n_3가지로 세 번째 단계가 행해지고, 이런 방식으로 계속 진행되면 전체 운용은 $n_1 \cdot n_2 \cdot \cdots \cdot n_k$가지로 행해진다.

예제 1.3

품질관리 감독관은 각각 4, 3, 5, 4가지 부품이 포함된 다른 4가지 기계들을 점검하기 위해 각 기계마다 한 부품씩 선택하고자 한다. 4가지 부품을 선택하는 데 몇 가지 다른 방법이 있는가?

풀이 전체 방법의 가짓수는 $4\cdot3\cdot5\cdot4 = 240$이다.

예제 1.4

20개의 질문으로 구성된 ○×테스트의 모든 질문에 대답하는 데 얼마나 다른 방법이 있는가?

풀이 통틀어 $2\cdot2\cdot2\cdot2\cdot\cdots\cdot2\cdot2 = 2^{20} = 1{,}048{,}576$가지의 대답하는 방법이 있다. 모든 질문에 대해 모두 정확한 대답을 하는 경우가 한 가지 있고, 모든 질문에 대해 모두 틀린 대답을 하는 경우 역시 한 가지 있다.

빈번하게 우리는 서로 다른 방법으로 개체들의 집단을 정렬하거나 배열하는 상황에 대해 관심이 있다. 예를 들어, 24명으로 된 동호회에서 회장, 부회장, 회계, 서기를 선출하는 데 얼마나 다른 방법이 있는지, 또는 6명의 사람이 식탁에 둘러앉는 데 얼마나 다른 방법이 있는지 알기를 원한다. 이와 같은 다른 배열을 **순열 (permutations)** 이라고 한다.

정의 1.1 **순열** 한 집합에 대한 n개의 다른 원소의 다른 배열이 **순열**이다.

예제 1.5

문자 a, b, c에 대하여 몇 가지 순열이 있는가?

풀이 가능한 배열은 abc, acb, bac, bca, cab, cba 이므로 구분되는 순열의 수는 6가지이다. 정리 1.2를 사용하면 다른 순열에 대해 실제로 써보지 않고 이 답에 이를 수 있다. 첫 번째 위치에 한 문자를 선택하는 데 3가지 방법이 있고, 그러면 두 번째 위치에는 2가지 방법이 있게 되고, 세 번째 위치에는 오직 한 문자만이 남아있게 되기 때문에, 순열의 전체수는 $3\cdot2\cdot1 = 6$이다.

앞선 예제에서 사용된 논의를 일반화하면, 우리는 n개의 다른 개체들이 $n(n-1)(n-2)\cdot\cdots\cdot3\cdot2\cdot1$의 다른 방법으로 배열될 수 있음을 알 수 있다. 표기를 간단히 하기 위해 $n!$ 기호로 이 곱을 나타내고, "n계승"이라 읽는다. 따라서 $1! = 1$, $2! = 2\cdot1 = 2$, $3! = 3\cdot2\cdot1 = 6$, $4! = 4\cdot3\cdot2\cdot1 = 24$, $5! = 5\cdot4\cdot3\cdot2\cdot1 = 120$, 이런 식으로 계산된다. 물론 정의에 의해 $0! = 1$로 놓는다. 부록의 표 Ⅶ에는 초기 15계승의 값과 그 로그값이 나와 있다.

정리 1.3 n개의 다른 개체들에 대한 순열의 수는 $n!$이다.

예제 1.6

5명의 농구팀 선발 선수를 관중에게 소개하는 방법은 몇 가지가 있는가?

풀이 $5! = 5\cdot4\cdot3\cdot2\cdot1 = 120$가지 방법이 있다.

예제 1.7

a, b, c, d의 4가지 문자에 대한 순열은 24임을 알 수 있다. 그런데 4가지 문자 중 2가지만 취하는, 즉 한 번에

4가지 문자 중 2가지를 택하는 순열의 수는 무엇인가?

풀이 두 위치를 채우기 위해 첫 번째 자리에 대해 4가지 선택을 할 수 있고 그 다음에는 두 번째에 3가지 선택을 할 수 있다. 그러므로 정리 1.1에 의해 순열의 수는 $4 \cdot 3 = 12$이다.

앞선 예제에서 사용된 논의를 일반화하면 우리는 $r>0$ 일 때, n개의 다른 개체 중에서 r개를 취하는 것은 $n(n-1) \cdot \cdots \cdot (n-r+1)$ 방법으로 배열될 수 있다. 우리는 이 곱을 ${}_nP_r$이라 표시하고, 정의에 의해 ${}_nP_0 = 1$로 놓는다. 그러므로 다음의 정리와 같이 쓸 수 있다.

정리 1.4 n개의 다른 개체들 중에서 r개를 취하는 순열의 수는

$${}_nP_r = \frac{n!}{(n-r)!}$$

이다. 이때 $r = 0, 1, 2, \cdots, n$이다.

증명 공식 $nPr = n(n-1) \cdot \mathrm{y} \cdot (n-r+1)$ 은 $r = 0$일 때 쓸 수 없지만,

$${}_nP_0 = \frac{n!}{(n-0)!} = 1$$

이다. 반면,
$r = 0, 1, 2, \cdots, n$일 때,

$$\begin{aligned} {}_nP_r &= n(n-1)(n-2) \cdot \ldots \cdot (n-r-1) \\ &= \frac{n(n-1)(n-2) \cdot \ldots \cdot (n-r-1)(n-r)!}{(n-r)!} \\ &= \frac{n!}{(n-r)!} \end{aligned}$$

순열을 고려하는 문제에서 예제 1.7에서처럼 정리 1.2를 이용하면 보통 더 쉽게 접근할 수 있지만, 정리 1.4의 계승식은 기억하기에 더 쉽다. 많은 통계 소프트웨어 패키지들이 간단한 명령어로 nPr의 값과 조합의 값을 제공한다. 사실 이 값들은 흔히 볼 수 있는 계산기에 미리 프로그램되어 있다.

예제 1.8

24명의 동호회 회원 사이에서 회장, 부회장, 회계, 서기의 임무를 담당할 4명의 이름을 뽑는다. 얼마나 많은 다른 방법이 행해질 수 있는가?

풀이 24개의 다른 개체 중에서 4개를 취하는 순열의 수는 다음과 같다.

$${}_{24}P_4 = \frac{24!}{20!} = 24 \cdot 23 \cdot 22 \cdot 21 = 255{,}024$$

예제 1.9

미국화학학회의 한 지역 분회는 3명의 연사들을 초빙하였다. 이들의 일정상 5일 중에 어떤 날이든 모두 강연이 가능하다고 할 때, 얼마나 많은 방법으로 그들에 대한 일정을 짤 수 있겠는가?

풀이 5일 중에 3일을 선택하여 임의로 연사를 배정하는 문제이므로 다음과 같이 계산된다.

$$ {}_5P_3 = \frac{5!}{2!} = \frac{120}{2} = 60 $$

물론 첫 번째 연사의 일정이 5가지, 두 번째 연사는 4가지, 세 번째 연사는 3가지가 가능하다 할 수 있어서, 답으로 $5 \cdot 4 \cdot 3 = 60$을 얻을 수도 있다. ●

원형으로 개체들의 배열이 일어나는 순열을 **원순열 (circular permutations)** 이라 한다. 만약 두 배열에서 상응하는 개체들이 배열의 왼쪽과 오른쪽에 같은 개체를 가지고 있으면, 두 원순열은 차이를 고려하지 않는다 (단 한 번만 센다). 예를 들어 4명이 브리지 게임을 하는데, 모든 이들이 자신의 오른쪽 의자로 움직이면 이는 다른 순열이 되지 않는다.

예제 1.10

4명이 브리지를 하면 얼마나 많은 원순열이 있는가?

풀이 임의로 4명 중 1명의 위치를 고정한다고 하면, 다른 3명을 $3! = 6$의 다른 방법으로 자리에 앉힐 수 있다 (배열할 수 있다). 다시 말해 6가지 다른 원순열이 있다. ●

앞선 예제에서 사용된 논의를 일반화하면, 우리는 다음과 같은 정리를 얻는다.

정리 1.5 원으로 배열된 n개의 다른 개체들에 대한 순열의 수는 $(n-1)!$이다. ■

이제까지 순열에 고려된 n개의 개체는 모두 독특하여 구분 가능하다고 가정하였다. 하지만 구분 가능하지 않을 경우 이상의 식들은 사용될 수 없다. 예를 들어, "book" 단어에서 문자들을 배열하는 방법의 수, 선반에 같은 소설책 3권과 서로 다른 소설책 4권을 배열하는 가짓수를 결정하는 데 순열 식들을 사용할 수 없는 것이다.

예제 1.11

"book" 단어에서 문자에 대한 얼마나 다른 순열이 있는가?

풀이 잠시 두 o 사이에 o_1과 o_2로 구별을 두면, 문자 b, o_1, o_2, k에 대해 $4! = 24$가지 다른 순열이 있다. 하지만 첨자를 빼면, 예를 들어 bo_1ko_2와 bo_2ko_1는 둘 다 $boko$를 만드는 것처럼, 첨자를 가진 순열의 각 쌍들은 첨자가 빠진 하나의 배열을 만들기 때문에, "book" 단어에서 문자에 대한 배열의 가짓수는 $\frac{24}{2} = 12$이다. ●

예제 1.12

선반에 같은 소설책 3권과 서로 다른 소설책 4권을 배열하는 데 얼마나 다른 방법이 있는가?

풀이 첫 번째 소설책의 3권을 a_1, a_2, a_3 로 표시하고, 나머지 4가지 소설책을 b, c, d, e라 하면 $a_1, a_2, a_3, b, c, d, e$의 첨자를 지닌 7!개의 다른 순열을 찾을 수 있다. 하지만 a, a, a, b, c, d, e와 같이 순열을 이끄는 a_1, a_2, a_3은 3!개의 순열이 존재하기 때문에, 우리는 선반 위에 7가지의 책을 배열하는 데 $\frac{7!}{3!} = 7 \cdot 6 \cdot 5 \cdot 4 = 840$가지 방법을 찾을 수 있다. ●

앞선 예제에서 사용된 논의를 일반화하면, 다음과 같은 정리를 얻을 수 있다.

정리 1.6 첫 번째 종류는 n_1개이고, 두 번째 종류는 n_2개이고 k번째 종류는 n_k개이며, $n_1 + n_2 + \cdots + n_k = n$인 n개의 개체들에 대한 순열의 수는 다음과 같다.

$$\frac{n!}{n_1! \cdot n_2! \cdot \ldots \cdot n_k!}$$

예제 1.13

모네의 2가지 그림, 르누아르의 3가지 그림, 드가의 2가지 작품에 대해 같은 예술가의 작품은 구별을 두지 않고 박물관 벽에 나란히 걸어 둔다고 하면 몇 가지 방법이 있겠는가?

풀이 정리 1.6의 공식에 $n=7, n_1=2, n_2=3, n_3=2$를 치환하면 다음과 같은 값을 얻을 수 있다.

$$\frac{7!}{2! \cdot 3! \cdot 2!} = 210$$

●

우리는 많은 문제에서 **개체를 선택하는 데 순서를 고려하지 않고** n개의 다른 개체 사이에서 r개의 개체를 선택하는 방법의 수를 결정하는 데 관심이 있다.

정의 1.2 **조합** **조합**(combination)은 선택의 순서를 고려하지 않고 n개의 서로 다른 값에서 r개의 값을 선택하는 것이다.

예제 1.14

시장조사기관에서 자료를 수집하는 사람이 특정 아파트 단지 내 20가구 중에서 3가구를 선택할 때 얼마나 다른 방법이 가능하겠는가?

풀이 가구들을 선택하는 순서에 대해 고려하면 답은 다음과 같다.

$${}_{20}P_3 = 20 \cdot 19 \cdot 18 = 6{,}840$$

하지만 특정 3가구 집합은 순서를 바꾸어 가며 $3! = 6$번 계산에 포함되게 된다. 만약 가구들을 선택하는 순서를 고려하지 않고 한 번만 포함시킨다면, 총 $\frac{6{,}840}{6} = 1{,}140$개의 방법으로 가구를 선택할 수 있다. ●

실제로 "조합"은 "부분집합"과 같은 의미로, n개의 개체들에서 r개의 개체를 뽑는 조합의 수는, n개의 개체가 있는 집합에서 정확히 r개의 개체를 가지는 부분집합의 개수이다. 일반적으로 r개의 개체로 이루어진 부분집합 내에는 순서를 바꾸어가며 $r!$ 순열이 있다. 따라서 n개의 개체들 중에서 r개의 개체를 뽑는 개수인 ${}_nP_r$개의 순열은 $r!$개의 반복된 순열이 포함되어 있다. 따라서 $r!$로 ${}_nP_r$를 나누고 그 결과를 $\binom{n}{r}$로 나타내면, 다음의 정리를 얻는다.

정리 1.7 n개의 서로 다른 개체에서 r개를 취하는 조합의 수는

$$\binom{n}{r} = \frac{n!}{r!(n-r)!}$$

이다. 이때 $r = 0, 1, 2, \cdots, n$이다.

예제 1.15

6번 동전을 던져서 2번의 앞면과 4번의 뒷면을 얻는 경우의 수는 얼마인가?

풀이 이 문제는 6번의 동전던지기 중 앞면이 나오는 위치를 선택하는 것과 같다. 따라서, 정리 1.7를 적용하면 다음과 같은 답을 찾을 수 있다.

$$\binom{6}{2} = \frac{6!}{2! \cdot 4!} = 15$$

이 결과는 역시 다양한 가능성들을 열거하는 HHTTTT, TTHTHT, HTHTTT, ⋯, 식의 다소 지루한 과정으로도 얻어질 수 있는데, 여기서 H는 앞면을 T는 뒷면을 나타낸다.

예제 1.16

작은 대학의 학부에 소속된 4명의 화학자와 3명의 물리학자 중에서 2명의 화학자와 1명의 물리학자로 위원회를 구성할 때, 몇 가지 다른 방법이 있는가?

풀이 4명의 화학자 중에서 2명을 선택하는 방법은 $\binom{4}{2} = \frac{4!}{2! \cdot 2!} = 6$가지이고, 3명의 물리학자 중 1명을 선택하는 방법은 $\binom{3}{1} = \frac{3!}{1! \cdot 2!} = 3$가지이므로, 정리 1.1에 따라 위원회의 수는 $6 \cdot 3 = 18$이다.

n개의 서로 다른 개체로 이루어진 집합에서 선택된 r개의 개체는, 각각 선택된 r개의 개체와 남은 $n-r$개의 개체로 이루어진 두 부분집합으로 분리되는 **분할 (partition)** 로 생각해 볼 수 있다. 종종, 우리는 k개의 부분집합으로 분할된 집합과 같은 더 일반화된 문제에 대해 관심을 가지는데, 이럴 때는 n개의 개체 각각은 하나의 부분집합에만 속해야 한다.[1] 여기서 부분집합 내의 개체의 순서는 중요하지 않다.

1) 기호상으로, $A_1 \cup A_2 \cup \cdots A_k = A$이고 모든 $i \neq j$일 때 $A_i \cap A_j = \varnothing$이면, 부분집합 $A_1, A_2, \cdots, A_k$는 집합 A의 분할을 구성한다.

예제 1.17

4개의 개체가 있는 집합에서 각각 2개, 1개, 1개의 개체를 포함하는 3개의 부분집합으로 분할할 수 있는 경우의 수는 몇 개가 가능한가?

풀이 4개의 개체를 a, b, c, d로 표시하면 다음 12가지 가능성을 열거하여 찾을 수 있다.

$$\begin{array}{cccc} ab|c|d & ab|d|c & ac|b|d & ac|d|b \\ ad|b|c & ad|c|b & bc|a|d & bc|d|a \\ bd|a|c & bd|c|a & cd|a|b & cd|b|a \end{array}$$

이 예제에 대한 분할의 수를 기호로 나타내면

$$\binom{4}{2,1,1} = 12$$

이다. 여기서 위쪽의 수는 개체의 전체수를 나타내고, 아래쪽의 수는 각 부분집합에 들어가는 개체의 수를 나타낸다. ●

앞선 예제에서 모든 가능성을 열거하는 것을 원치 않기 때문에, 첫 번째 부분집합에 속하는 두 개체는 $\binom{4}{2} = 6$가지로 선택되고, 두 번째 부분집합에 속하는 개체는 $\binom{2}{1} = 2$가지로 선택되고, 세 번째 부분집합에 속하는 개체는 $\binom{1}{1} = 1$가지로 선택된다고 할 수 있다. 따라서 정리 1.2에 의해 $6 \times 2 \times 1 = 12$가지 분할이 있다. 이 논의를 일반화하면 다음과 같은 정리를 얻을 수 있다.

정리 1.8 n개의 서로 다른 개체로 이루어진 집합에서 첫 번째 부분집합에는 n_1개 개체, 두 번째 부분집합에는 n_2개 개체, …, k번째 부분집합에는 n_k개의 개체를 포함하는 k개의 부분집합으로 분할될 수 있는 경우의 수는 다음과 같다.

$$\binom{n}{n_1, n_2, \ldots, n_k} = \frac{n!}{n_1! \cdot n_2! \cdot \ldots \cdot n_k!}$$

증명 첫 번째 부분집합에 속하는 n_1개체는 $\binom{n}{n_1}$가지로 선택되고, 두 번째 부분집합에 속하는 n_2개체는 $\binom{n-n_1}{n_2}$가지로 선택되고, 세 번째 부분집합에 속하는 n_3개체는 $\binom{n-n_1-n_2}{n_3}$가지로 선택되고, 이런 식으로 하면 정리 1.2에 의해 전체 분할의 수는 다음과 같다.

$$\begin{aligned} \binom{n}{n_1, n_2, \ldots, n_k} &= \binom{n}{n_1} \cdot \binom{n-n_1}{n_2} \cdot \ldots \cdot \binom{n-n_1-n_2-\cdots-n_{k-1}}{n_k} \\ &= \frac{n!}{n_1! \cdot (n-n_1)!} \cdot \frac{(n-n_1)!}{n_2! \cdot (n-n_1-n_2)!} \\ &\quad \cdot \ldots \cdot \frac{(n-n_1-n_2-\cdots-n_{k-1})!}{n_k! \cdot 0!} \\ &= \frac{n!}{n_1! \cdot n_2! \cdot \ldots \cdot n_k!} \end{aligned}$$

■

예제 1.18

회의에 참가한 7명의 사업가를 3인용 호텔방 한 곳과 2인용 호텔방 두 곳에 배정하는 방법은 몇 가지가 있는가?

풀이 정리 1.8의 $n = 7, n_1 = 3, n_2 = 3, n_3 = 2$공식에 치환하면 다음을 얻는다.

$$\binom{7}{3,\ 2,\ 2} = \frac{7!}{3! \cdot 2! \cdot 2!} = 210$$

1.3 이항계수

n이 양수일 때 $(x + y)^n$의 곱셈을 전개하게 되면 각 항은 n개의 $(x + y)$의 곱셈의 계산에서 나온 x들과 y들의 곱이 될 것이다. 예를 들어 다음 전개식

$$\begin{aligned}(x+y)^3 &= (x+y)(x+y)(x+y)\\ &= x \cdot x \cdot x + x \cdot x \cdot y + x \cdot y \cdot x + x \cdot y \cdot y\\ &\quad + y \cdot x \cdot x + y \cdot x \cdot y + y \cdot y \cdot x + y \cdot y \cdot y\\ &= x^3 + 3x^2y + 3xy^2 + y^3\end{aligned}$$

에서 x^3, x^2y, xy^2, y^3형태의 항이 구해진다. 이 항들의 계수는 1, 3, 3, 1인데, 예를 들어 xy^2의 계수는 $\binom{3}{2} = 3$이다. 이것은 y가 두 번 곱해지는 경우의 수이다. 유사하게 x^2y의 계수는 $\binom{3}{1} = 3$이며, 이것은 y가 한 번 곱해지는 경우의 수이고, x^3과 y^3의 계수는 $\binom{3}{0} = 1$ 이고 $\binom{3}{3} = 1$ 이다.

더 일반적으로, 만약 n이 양수이고 항 별로 $(x + y)^n$의 곱셈을 전개하면, $x^{n-r}y^r$의 계수는 $\binom{n}{r}$이고, 이것은 y가 r번 곱해지는 경우의 수이다. 따라서 $\binom{n}{r}$를 **이항계수(binomialcoefficient)**라 한다. $n = 0, 1, \cdots, 20$이고 $r = 0, 1, \cdots, 10$인 경우의 이항계수의 값은 부록의 표 Ⅶ에 나와 있다. 이제 다음 정리를 논할 수 있다.

정리 1.9 임의의 양의 정수 n에 대해,

$$(x+y)^n = \sum_{r=0}^{n} \binom{n}{r} x^{n-r}y^r$$

(Σ 기호가 익숙하지 않은 독자를 위해, 간략한 설명이 부록 A에 첨부되어 있다.)

정의 1.3 **이항계수** $(x + y)^n$의 이항 전개의 $x^{n-r}y^r$의 계수를 **이항계수** $\binom{n}{r}$이라고 한다.

이항계수의 계산은 다음 세 가지 정리를 사용해 간단히 할 수 있다.

정리 1.10 임의의 양의 정수 n에 대해 $r = 0, 1, 2, \cdots, n$일 때,

$$\binom{n}{r} = \binom{n}{n-r}$$

증명 n개의 다른 개체의 집합에서 r개 개체의 부분집합을 선택할 때, $n-r$개 개체의 부분집합이 남는다고 할 수 있다. 따라서 r개 개체를 선택하는 경우의 수만큼 $n-r$개 개체를 남기는(선택하는) 경우의 수가 있다. 대수적으로 이 정리를 증명하기 위해 다음과 같이 쓴다.

$$\binom{n}{n-r} = \frac{n!}{(n-r)![n-(n-r)]!} = \frac{n!}{(n-r)!r!} = \frac{n!}{r!(n-r)!} = \binom{n}{r}$$

정리 1.10은 n이 짝수일 때 $r = 0, 1, \cdots, \frac{n}{2}$로, n이 홀수일 때 $r = 0, 1, \cdots, \frac{n-1}{2}$로 이항계수를 계산한다면 남는 이항계수는 이 정리를 이용하여 얻을 수 있음을 암시한다.

예제 1.19

주어진 $\binom{4}{0} = 1$, $\binom{4}{1} = 1$, $\binom{4}{2} = 6$에 대하여 $\binom{4}{3}$과 $\binom{4}{4}$를 구하여라.

풀이

$\binom{4}{3} = \binom{4}{4-3} = \binom{4}{1}$이고 $\binom{4}{4} = \binom{4}{4-4} = \binom{4}{0} = 1$

예제 1.20

주어진 $\binom{5}{0} = 1$, $\binom{5}{1} = 5$, $\binom{5}{2} = 10$에 대하여 $\binom{5}{3}$, $\binom{5}{5}$, $\binom{5}{5}$를 구하여라.

풀이

$\binom{5}{3} = \binom{5}{5-3} = \binom{5}{2} = 10$, $\binom{5}{4} = \binom{5}{5-4} = \binom{5}{1} = 5$, $\binom{5}{5} = \binom{5}{5-5} = \binom{5}{0} = 1$

표 Ⅶ을 이용할 때 정리 1.10과 같은 방식을 사용할 수 있다.[2]

예제 1.21

$\binom{20}{12}$와 $\binom{17}{10}$을 구하여라.

풀이 $\binom{20}{12}$는 표 Ⅶ에 주어지지 않으므로 $\binom{20}{12} = \binom{20}{8}$이란 사실을 이용하여, $\binom{20}{8}$을 찾아봐서 $\binom{20}{12} = 125,970$를 얻는다. 유사하게 $\binom{17}{10}$을 구하기 위해 $\binom{17}{10} = \binom{17}{7}$이란 사실을 이용하여, $\binom{17}{7}$을 찾아보고 $\binom{17}{10} = 19,448$을 얻는다.

2) 로마 숫자는 이 책 끝에 있는 통계표를 가리킨다.

정리 1.11 임의의 양의 정수 n에 대해 $r = 1, 2, \cdots, n-1$일 때,

$$\binom{n}{r} = \binom{n-1}{r} + \binom{n-1}{r-1}$$

증명 $(x+y)^n$에 $x = 1$을 치환하고 $(1+y)^n = (1+y)(1+y)^{n-1} = (1+y)^{n-1} + y(1+y)^{n-1}$로 놓고서, $(1+y)^{n-1} + y(1+y)^{n-1}$으로부터 $(1+y)^n$에서 y^r의 계수를 맞춘다.

$(1+y)^n$에서 y^r의 계수는 $\binom{n}{r}$이고, $(1+y)^{n-1} + y(1+y)^{n-1}$에서 y^r의 계수는 $(1+y)^{n-1}$에서 y^r의 계수, 즉 $\binom{n-1}{r}$와 $(1+y)^{n-1}$에서 y^{r-1}의 계수, 즉 $\binom{n-1}{r-1}$의 합이므로 다음과 같은 식을 얻는다.

$$\binom{n}{r} = \binom{n-1}{r} + \binom{n-1}{r-1}$$

이것으로 증명은 마무리되었다. ■

반대로 n개체들에서 하나를 골라보자. 만약 그것이 r개체들 사이에 속하지 않는다면 r개체들을 선택하는 방법은 $\binom{n-1}{r}$이다. 만약 속한다면 다른 $r-1$개체들을 선택하는 방법은 $\binom{n-1}{r-1}$이다. 그러므로 r개체들을 선택하는 데 $\binom{n-1}{r} + \binom{n-1}{r-1}$ 방법이 있다.

즉,

$$\binom{n}{r} = \binom{n-1}{r} + \binom{n-1}{r-1}$$

또한 정리 1.11은 계승의 형태로 등식의 양쪽에 이항계수를 표현하여 대수적으로 진행하면 증명할 수 있지만, 독자들을 위해 연습문제 1.12에 이를 남겨둔다.

정리 1.11은 **파스칼의 삼각형 (Pascal's triangle)**이라고 알려진 구조에서 중요하게 응용된다. 이것은 때때로 표를 참조할 수 없을 때, 삼각형을 구축하여 간단히 이항계수를 알아낼 수 있는 유용함이 있다. 정리 1.11을 적용하면 다음과 같은 파스칼의 삼각형을 생성할 수 있다.

$$\begin{array}{ccccccccccc} & & & & & 1 & & & & & \\ & & & & 1 & & 1 & & & & \\ & & & 1 & & 2 & & 1 & & & \\ & & 1 & & 3 & & 3 & & 1 & & \\ & 1 & & 4 & & 6 & & 4 & & 1 & \\ 1 & & 5 & & 10 & & 10 & & 5 & & 1 \\ \cdots & \cdots & \cdots & \cdots & \cdots & \cdots & \cdots & \cdots & \cdots & \cdots & \cdots \end{array}$$

이 삼각형에서 각 행의 처음과 마지막 항목은 숫자 "1"이고 임의의 주어진 행에서 각각 다른 항목은 바로 그 항목의 왼쪽과 오른쪽에 있는 이전 행의 두 항목들을 더하여서 얻을 수 있다.

이항계수에 대한 세 번째 정리를 논하기 위해서 다음과 같은 정의를 하자. n이 양수이고, r이 n보다 큰 양수이면 $\binom{n}{r} = 0$ (명백히, 전체 집합 자체보다 더 많은 원소를 가진 부분집합을 선택할 방법은 없다).

정리 1.12

$$\sum_{r=0}^{k}\binom{m}{r}\binom{n}{k-r}=\binom{m+n}{k}$$

증명 정리 1.11의 증명에서와 같은 방식을 사용하여, 등식의 양쪽에 표현된 y^k의 계수를 일치시켜서 이 정리를 증명하려 한다.

$$(1+y)^{m+n}=(1+y)^m(1+y)^n$$

$(1+y)^{m+n}$에서 y^k의 계수는 $\binom{m+n}{k}$이고,

$$\begin{aligned}(1+y)^m(1+y)^n &= \left[\binom{m}{0}+\binom{m}{1}y+\cdots+\binom{m}{m}y^m\right]\\ &\quad\times\left[\binom{n}{0}+\binom{n}{1}y+\cdots+\binom{n}{n}y^n\right]\end{aligned}$$

에서 y^k의 계수는 두 번째 인수 내에 있는 y^k의 계수에 첫 번째 인수 내에 있는 상수항에 곱하고, 두 번째 인수 내에 있는 y^{k-1}의 계수를 첫 번째 인수 내에 있는 y의 계수에 곱하고, …, 두 번째 인수 내에 있는 상수항을 첫 번째 인수 내에 있는 y^k에 곱해서, 이렇게 얻은 곱들을 합한 것이다. 따라서 $(1+y)^m(1+y)^n$에서 y^k의 계수는

$$\begin{aligned}&\binom{m}{0}\binom{n}{k}+\binom{m}{1}\binom{n}{k-1}+\binom{m}{2}\binom{n}{k-2}+\cdots+\binom{m}{k}\binom{n}{0}\\ &=\sum_{r=0}^{k}\binom{m}{r}\binom{n}{k-r}\end{aligned}$$

이고 이것으로 증명은 마무리되었다. ■

예제 1.22

$m=2, n=3, k=4$일 때 정리 1.12를 수치를 이용하여 검증하여라.

풀이 이 값들을 치환하면,

$$\binom{2}{0}\binom{3}{4}+\binom{2}{1}\binom{3}{3}+\binom{2}{2}\binom{3}{2}+\binom{2}{3}\binom{3}{1}+\binom{2}{4}\binom{3}{0}=\binom{5}{4}$$

를 얻고 정의에 따라 $\binom{3}{4}, \binom{2}{3}, \binom{2}{4}$는 0이기 때문에 등식은

$$\binom{2}{1}\binom{3}{3}+\binom{2}{2}\binom{3}{2}=\binom{5}{4}$$

로 줄어들고, $2\times1+1\times3=5$이기 때문에 이를 확인할 수 있다. ●

정리 1.8을 이용하면 우리의 논의를 **다항계수**로, 다시 말해 $(x_1 + x_2 + \cdots + x_k)^n$의 전개에서 생기는 계수들로 확장할 수 있다. $(x_1 + x_2 + \cdots + x_k)^n$의 전개에서 $x_1^{r_1} \cdot x_2^{r_2} \cdot \cdots \cdot x_k^{r_k}$항의 **다항계수 (multinomial coefficients)**는 다음과 같다.

$$\binom{n}{r_1, r_2, \ldots, r_k} = \frac{n!}{r_1! \cdot r_2! \cdot \ldots \cdot r_k!}$$

예제 1.23

$(x_1 + x_2 + x_3)^6$의 전개에서 $x_1{}^3 x_2 x_3{}^2$의 계수는 무엇인가?

풀이 이전 공식에 $n = 6, r_1 = 3, r_2 = 1, r_3 = 2$를 대입하면 다음을 얻는다.

$$\frac{6!}{3! \cdot 1! \cdot 2!} = 60$$

연습문제

1.1 두 단계로 구성된 운용이 있는데 이 중 첫 번째는 n_1가지 방법으로 만들어질 수 있다. 만약 첫 번째 단계가 i번째 방법으로 만들어지면, 두 번째 단계는 n_{2i}방법으로 만들어질 수 있다.[3]

(a) 전체 운용이 만들어질 수 있는 방법의 전체 가짓수에 대한 공식을 찾기 위해 나무 다이어그램을 사용하여라.

(b) 한 학생이 어떤 날에 역사 시험을 위해 0, 1, 2, 3시간 공부를 할 수 있다. 그 학생이 이틀 동안 시험을 위해 최대 4시간 공부하는 데 13가지 방법이 있음을 보이기 위해 (a)에 얻은 공식을 사용하여라.

1.2 연습문제 1.1을 참고하여 만약 n_{2i}가 상수 n_2와 같다면, 연습문제 1.1.(a)에서 얻은 공식이 정리 1.1의 형태로 줄여듬을 보여라.

1.3 연습문제 1.1을 참고하여 세 번째 단계가 있다고 가정하고, 만약 첫 번째 단계가 i번째 방법으로 만들어지고, 두 번째 단계가 j번째 방법으로 만들어지면, 세 번째 단계는 n_{3ij}방법으로 만들어질 수 있다.

(a) 전체 운용은 $\sum_{i=1}^{n_1} \sum_{j=1}^{n_{2i}} n_{3ij}$ 가지 다른 방법으로 만들어질 수 있음을 보이는데 나무 다이어그램을 사용하여라.

(b) 연습문제 1.1의 (b)를 참고하여 그 학생이 사흘 동안 시험을 위해 최대 4시간 공부하는 데 32가지 방법이 있음을 보이기 위해 (a)의 공식을 사용하여라.

1.4 만약 n_{2i}가 상수 n_2와 같고 n_{3ij}가 상수 n_3와 같다면, 연습문제 1.3의 (a)의 공식은 정리 1.2의 형태로 줄여듬을 보여라.

1.5 농구 플레이오프에서 두 팀 중 한 팀이 먼저 m경기를 이기면 승리한다.

3) 두 개 첨자의 사용은 부록 A에 설명되어 있다.

(a) $m, m+1, \cdots, 2m-1$경기를 필요로 하는 플레이오프를 별개로 생각한다면, 한 팀에 대한 승리와 패배 순서들의 경우의 수가 다음과 같음을 보여라.

$$2\left[\binom{m-1}{m-1}+\binom{m}{m-1}+\cdots+\binom{2m-2}{m-1}\right]$$

(b) 3전2선승, 5전3선승, 7전4선승 플레이오프에서 얼마나 많은 다른 결과들이 있는가?

1.6 n이 클 때 $n!$은 다음과 같은 **스털링의 공식(Stirling's formula)**이라고 하는 표현 방법으로 근사할 수 있다.

$$\sqrt{2\pi n}\left(\frac{n}{e}\right)^n$$

여기서 e는 자연로그의 밑이다(이 공식의 유도는 이 장의 끝에 수록된 참고문헌에서 인용한 W.펠러의 책에서 찾을 수 있다).

(a) 스털링의 공식을 사용하여 10!과 12!를 근사하고', 표 Ⅶ에 주어진 정확한 값과 비교하여 근사의 오차율을 계산하여라.

(b) 스털링의 공식을 사용하여 일반적인 52장의 카드더미로 다룰 수 있는 13장의 카드 브리지 패의 수를 계산하여라.

1.7 스털링의 공식(연습문제 1.6 참조)을 사용하여 $2n!$과 $n!$를 근사하고, 다음을 보여라.

$$\frac{\binom{2n}{n}\sqrt{\pi n}}{2^{2n}} \approx 1$$

1.8 **점유이론(occupancy theory)**의 문제에서 어떤 **구별가능한**(*distinguishable*) 물체들이 개인이나 항아리, 상자, 방들 사이에 할당될 수 있는 가짓수를 생각해 볼 수 있다. r개의 구별가능한 물체가 n개의 방에 할당되는 가짓수를 나타내고, 이를 이용하여 영문학 수업 12명의 학생들에게 3가지 다른 책이 할당되는 가짓수를 찾아라.

1.9 점유이론의 문제에서 어떤 **구별불가능한**(*indistinguishable*) 물체들이 개인이나 항아리, 상자, 방들 사이에 할당될 수 있는 가짓수를 생각해 볼 수 있다. r개의 구별불가능한 물체가 n개의 방에 할당되는 가짓수를 나타내고, 이를 이용하여 제빵사가 3명의 소비자에게 5개의 (구별불가능한) 빵을 파는 가짓수를 찾아라(힌트: L | LLL | L은 각각 3명의 소비자가 빵 1개, 3개, 1개를 구입하는 것을 나타내고, LLLL || L은 3명의 소비자가 빵 4개, 0개, 1개를 사는 것을 나타낸다고 할 수 있다. 따라서 5개의 L과 두 개의 세로줄을 배열하는 가짓수를 찾아야 한다).

1.10 점유이론의 문제에서 어떤 **구별불가능한** 물체들이 개인이나 항아리, 상자, 방들 사이에 적어도 하나에 하나씩은 할당될 수 있는 가짓수를 생각해 볼 수 있다. r개의 **구별불가능한** 물체가 n개의 방에 적어도 한 방에 하나씩은 할당되는 가짓수를 나타내고, 연습문제 1.9에서 3명의 소비자가 적어도 1개의 빵은 얻을 수 있도록 다시 계산하여라.

1.11 파스칼의 삼각형에서 7번째와 8번째 줄을 만들고 $(x+y)^6$와 $(x+y)^7$의 이항전개를 나타내어라.

1.12 모든 이항계수를 계승의 형태와 대수적으로 간단히 해서 정리 1.11을 증명하여라.

1.13 이항계수를 계승의 형태와 대수적으로 간단히 표현하고, 다음을 보여라.

(a) $\binom{n}{r} = \frac{n-r+1}{r} \cdot \binom{n}{r-1}$;

(b) $\binom{n}{r} = \frac{n}{n-r} \cdot \binom{n-1}{r}$;

(c) $n\binom{n-1}{r} = (r+1)\binom{n}{r+1}$.

1.14 정리 1.9의 공식에서 x와 y에 적당한 값을 대입하여 다음을 보여라.

(a) $\sum_{r=0}^{n}\binom{n}{r} = 2^n$;

(b) $\sum_{r=0}^{n}(-1)^r\binom{n}{r} = 0$;

(c) $\sum_{r=0}^{n}\binom{n}{r}(a-1)^r = a^n$.

1.15 정리 1.11을 반복적으로 적용하여 다음을 보여라.

$$\binom{n}{r} = \sum_{i=1}^{r+1}\binom{n-i}{r-i+1}$$

1.16 정리 1.12를 사용하여 다음을 보여라.

$$\sum_{r=0}^{n}\binom{n}{r}^2 = \binom{2n}{n}$$

1.17 정리 1.9에서 $x = 1$로 하여 $\sum_{r=0}^{n} r\binom{n}{r} = n2^{n-1}$을 보이고, y에 대해 양쪽 등식을 미분하고, 마지막으로 $y = 1$를 대입하여라.

1.18 연습문제 1.14의 (a)와 연습문제 1.13의 (c)를 이용하여 연습문제 1.17을 다시 계산하여라.

1.19 만약 n이 양의 정수나 0이 아니면 $-1 < y < 1$에 대해 $(1+y)^n$의 이항전개는 다음과 같이 얻어지는데, 이 무한급수는

$$1 + \binom{n}{1}y + \binom{n}{2}y^2 + \binom{n}{3}y^3 + \cdots + \binom{n}{r}y^r + \cdots$$

이고, 여기서 $r = 1, 2, 3, \cdots$일 때 $\binom{n}{r} = \frac{n(n-1)\cdot \ldots \cdot(n-r+1)}{r!}$이다. 이 ($n$이 양의 정수값일 때 10쪽의 이항계수와 일치하는) **일반화된 이항계수의 정의(generalized definition of binomial coefficients)**를 이용하여 다음을 계산하여라.

(a) $\binom{\frac{1}{2}}{4}$과 $\binom{-3}{3}$;

(b) $\sqrt{5} = 2(1+\frac{1}{4})^{1/2}$라 적을 때 $(1+\frac{1}{4})^{1/2}$의 이항전개의 처음 네 항을 사용하여 $\sqrt{5}$를 구하여라.

1.20 연습문제 1.19의 일반화된 이항계수의 정의를 참고하여 다음을 보여라.

(a) $\binom{-1}{r} = (-1)^r$;

(b) $\binom{-n}{r} = (-1)^r \binom{n+r-1}{r}$, $n > 0$.

1.21 $(x + y + z)^8$의 전개에서 $x^2y^3z^3$의 계수를 찾아라.

1.22 $(2x + 3y - 4z + w)^9$의 전개에서 $x^3y^2z^3w$의 계수를 찾아라.

1.23 모든 다항계수를 표현하는데 계승의 형태로 대수적으로 간단히 해서 다음을 보여라.

$$\begin{aligned}\binom{n}{n_1, n_2, \ldots, n_k} &= \binom{n-1}{n_1 - 1, n_2, \ldots, n_k} \\ &\quad + \binom{n-1}{n_1, n_2 - 1, \ldots, n_k} + \cdots \\ &\quad + \binom{n-1}{n_1, n_2, \ldots, n_k - 1}\end{aligned}$$

1.4 실제 예

조합법과 이항계수에 대한 앞의 이론의 적용은 상당부분 직관적이고, 1.2절과 1.3절에서 다양하게 제시되었다. 다음 예제는 이 이론의 심화된 적용을 나타낸다.

예제 1.24

전자기기 조립공이 자신의 책상에 20가지 집적회로 칩을 가지고 있는데, 그들 중 3개를 더 큰 부속품에 납땜해야 한다. 조립을 위해 3가지 칩을 고를 수 있는 방법은 몇 가지가 있는가?

풀이 정리 1.6을 이용하여 다음의 결과를 얻을 수 있다.

$${}_{20}P_3 = 20!/17! = 20 \cdot 19 \cdot 18 = 6{,}840$$

예제 1.25

표본조사를 위해 16개의 구성품으로 이루어진 제품이 있다. 조사를 위해 16개의 구성품 중 4개를 선택하는 방법은 몇 가지가 있는가?

풀이 정리 1.7에 따라

$$\binom{16}{4} = 16!/4!12! = 16 \cdot 15 \cdot 14 \cdot 13/4 \cdot 3 \cdot 2 \cdot 1 = 1{,}092 \text{ 가지}$$

1.1~1.4절

응용문제

1.24 자동온도조절 장치는 밤마다 0, 1, 2번 난방을 가동한다. 4일 밤 동안 전체 6번의 보일러를 작동시키는 데 10가지 다른 방법이 있음을 보이기 위한 나무 다이어그램을 만들어라.

1.25 8월 31일에 아메리칸리그의 플레이오프에 나갈 수 있는 와일드카드 5팀이 있는데, 오직 2팀만이 진출할 수 있다. 가능한 플레이오프 와일드카드 팀을 나무 다이어그램으로 나타내어라.

1.26 집과 직장 사이에 A, B, C, D의 4가지 길이 있는데, B와 C는 일방통행 길이라 B는 직장으로 갈 때 이 길을 택할 수 없고, C는 집으로 오는 길에 이 길을 택할 수 없다.

(a) 집에서 직장으로 출퇴근할 수 있는 방법을 나타내는 나무 다이어그램을 그려라.

(b) 집에서 직장으로 출퇴근할 때 같은 길을 지나가지 않는 방법을 나타내는 나무 다이어그램을 그려라.

1.27 대등한 금액의 돈이 걸린 동전던지기에서 한 사람이 지갑에 2달러를 가지고 1달러를 내기에 거는데, 돈을 가지고 있는 동안 계속 1달러를 내기에 건다. 처음 4번의 동전던지기에서 발생할 수 있는 다양한 경우를 나타내는 나무 다이어그램을 그려라. 4번의 동전던지기 이후에 다음과 같은 경우는 얼마나 있는가?

(a) 정확히 처음과 같은 금액이 있는 경우

(b) 정확히 2달러보다 더 많은 경우

1.28 골프상점에서 2개의 동일한 여성용 클럽 세트를 비축하고 있는데, 이들이 다 팔리면 (그 다음날 아침 일찍 배달되도록) 그날 저녁에 다시 주문을 한다. 월요일에 2개의 클럽 세트로 시작한다면, 그 주의 처음 이틀 동안 팔 수 있는 방법이 통틀어 8가지가 있음을 보이기 위해 나무 다이어그램을 만들어라.

1.29 (먼저 4경기를 이기는 팀이 승자인) 월드시리즈 야구 경기에서 내셔널리그 챔피언이 아메리칸리그 챔피언을 3경기 중 2경기를 앞서고 있다고 하자. 이 팀들이 남은 경기에 이기고 지는 가짓수를 나타내기 위해 나무 다이어그램을 만들어라.

1.30 만약 NCAA가 1998년과 1999년에 대학 테니스 대항전의 주최를 위한 6개 대학의 신청서를 가지고 있다면, 다음의 경우는 몇 가지가 있는가?

(a) 같은 대학에서 두 번 다 개최하지 않게 하는 경우

(b) 같은 대학에서 두 번 다 개최할 수도 있게 하는 경우

1.31 운에 의해 좌우되는 게임의 경우의 수를 세는 것은 오랫동안 인기 있는 오락이었다. 이것은 도박과 관련되어 있을 뿐 아니라, 종종 게임의 결과가 신의 뜻으로 해석되기도 했기 때문에 흥미를 불러 일으켰다. 그래서 대략 천 년 전쯤 현재의 벨기에의 주교는 3개의 주사위를 굴려서 각각의 주사위가 나타내는 것보다 전체 결과에 관심을 가져서 56가지 다른 방법을 결정하였다. 그는 이 가능성의 각각에 덕목을 할당하여 각 죄인들이 그가 던진 주사위에 따라 해당하는 덕목에 얼마 동안 순응하도록 하였다.

(a) 3개의 주사위가 모두 같은 눈이 나오는 가짓수를 찾아라.

(b) 3개의 주사위 중 2개는 같은 눈이 나오고, 다른 1개는 다른 눈이 나오는 가짓수를 찾아라.

(c) 3개의 주사위가 모두 다른 눈이 나오는 가짓수를 찾아라.

(d) (a), (b), (c)의 결과를 이용해서, 통틀어 56가지 경우의 수가 있다는 주교의 계산을 검증하여라.

1.32 예비선거에서 4명의 시장 후보, 5명의 시 회계 담당자 후보, 2명의 지역 대리인 후보가 있다.

(a) 3가지 관직 모두에 대해 유권자들이 투표할 수 있는 경우는 몇 가지가 있는가?

(b) 만약 이 관직들 일부나 모두에 대해 후보자에게 투표하지 않을 수도 있다면 유권자들이 투표할 수 있는 경우는 몇 가지가 있는가?

1.33 미스 유니버스 대회에 미스 아르헨티나, 미스 벨기에, 미스 U.S.A, 미스 일본, 미스 노르웨이 등 5명의 최종 후보가 있다. 다음의 경우 심사위원이 택할 수 있는 경우는 몇 가지가 있는가?

(a) 1위와 2위를 결정하는 경우

(b) 1위, 2위, 3위를 결정하는 경우

1.34 15문제로 구성된 3지선다형 시험이 있다. 한 학생이 이 질문들에 답하는 방법은 몇 가지가 있는가?

1.35 분배자가 대량의 주문을 선적하기 위해 15개의 창고 중 2개를 선택하는 방법의 수를 결정하여라.

1.36 유럽 여행의 가격표에는 10개의 도시 사이에 4개 도시의 단기체류가 포함되어 있다. 다음과 같은 여행을 계획한다면 얼마나 다른 방법이 있겠는가?

(a) 단기체류의 순서가 고려되는 경우

(b) 단기체류의 순서가 고려되지 않는 경우

1.37 15개들이 전구상자에 1개의 불량품이 있다. 검사관이 이 전구들 중 3개를 고를 때 다음의 경우의 수는 몇 가지인가?

(a) 불량품인 전구를 얻는 경우

(b) 불량품인 전구를 얻지 못하는 경우

1.38 TV제작자가 두 시간짜리 방송 중 6개의 다른 상업광고를 6개의 광고 시간대에 할당하는 일정을 짜는 방법에는 몇 가지가 있는가?

1.39 응용문제 1.38의 TV제작자가 3개의 다른 상업광고를 두 번씩 내보내 6개의 광고 시간대를 채운다면, 몇 가지 방법이 가능하겠는가?

1.40 5명이 버스를 타기 위해 줄을 서는 방법은 몇 가지가 있는가? 이들 중 두 명이 서로의 바로 뒤에 있기를 거부한다면 줄을 서는 방법은 몇 가지가 있는가?

1.41 8명이 포크댄스를 위해 원을 만드는 방법은 몇 가지가 있는가?

1.42 다음 단어의 글자들에는 몇 가지 순열이 있는가?

(a) "great"

(b) "greet"

1.43 "statistics" 글자에는 몇 가지 구별되는 순열이 있는가? 처음과 끝에 *s* 문자가 있는 순열은 몇 가지인가?

1.44 한 대학 팀이 한 시즌 동안 10번의 축구 경기를 한다. 이 팀이 5번 이기고, 4번 지고, 1번 비기고 시즌을 마치는 경우는 몇 가지가 가능한가?

1.45 8명이 함께 저녁을 먹는데 만약 3명이 치킨를 주문하고, 4명이 스테이크를 주문하고, 1명이 랍스터를 주문한다면, 몇 가지 경우가 가능하겠는가?

1.46 예제 1.4에서 20개의 질문으로 된 ○×문제를 1,048,576가지 다른 방법으로 답할 수 있음을 보였다. 다음과 같이 각 질문에 ○×를 답하는 경우는 몇 가지가 있는가?

(a) 7개는 맞고 13는 틀리는 경우

(b) 10개는 맞고 10개는 틀리는 경우

(c) 적어도 17개는 맞는 경우

1.47 시의회의 2명의 공석에 7명의 후보자가 있는데, 남자가 3명이고 여자가 4명이다. 다음의 경우 이 공석을 채우는 방법은 몇 가지가 가능한가?

(a) 7명의 후보자 중 임의의 2명으로 채우는 경우

(b) 4명의 여자 후보자 중 임의의 2명으로 채우는 경우

(c) 한 명은 남자로 한 명은 여자로 채우는 경우

1.48 선적된 10개의 TV세트 중에서 3개의 불량품이 있다. 한 호텔에서 이 세트 중 4개를 구입하는데 적어도 2개의 불량품 세트를 받게 되는 방법은 몇 가지인가?

1.49 존슨은 4벌의 스커트, 7벌의 블라우스, 3벌의 스웨터를 가지고 있다. 이들 중에 여행하는데 스커트 2벌, 블라우스 3벌, 스웨터 1벌을 고른다면 몇 가지 방법이 있겠는가?

1.50 브리지 패에서 5장의 스페이드, 3장의 다이아몬드, 3장의 클럽, 2장의 하트가 가능한 방법은 몇 가지가 있는가?

1.51 통계적으로 강의를 받은 7명의 학생 중에서 1명은 A, 3명은 B, 2명은 C, 1명은 F학점을 주는 방법은 몇 가지가 있는가?

1.52 유명한 예술가의 그림 10점을 소유하고 있는 미술 수집가가 유언을 준비하고 있다. 3명의 상속인에게 이 그림들을 남겨주는 방법은 몇 가지가 있는가?

1.53 한 야구팬이 각기 다른 날의 시카고 컵스 홈경기에 대한 2인용 티켓을 6장 가지고 있다. 만약 야구를 좋아하는 그의 친구가 5명 있다면, 6경기 각각에 그 친구들 중 한 명과 같이 가는 방법은 몇 가지가 있겠는가?

1.54 하루의 영업이 끝날 때, 한 빵집에서는 필요로 하는 사람들을 위해 푸드뱅크에 팔리지 않은 모든 것을 기부한다. 만약 언젠가 하루의 영업이 끝나고 12개의 사과파이가 남아있다면, 필요로 하는 사람들을 위해 6개의 푸드뱅크에 이 파이들을 분배하는 방법은 몇 가지가 있는가?

1.55 응용문제 1.54를 참고하여 만약 6개의 푸드뱅크가 각각 적어도 1개의 사과파이를 받을 수 있게끔 한다면 12개의 사과파이를 분배하는 방법은 몇 가지가 있는가?

1.56 금요일 아침, 테니스 클럽 전문상점에 14개의 동일한 테니스 공이 있다. 만약 일요일 밤까지 이 공을 다 팔고 날마다 팔린 공의 개수에만 관심을 가진다고 한다면, 테니스 공이 금요일, 토요일, 일요일에 팔리는 방법은 몇 가지가 있는가?

1.57 이 3일 중 날마다 적어도 2개의 테니스 공을 판다고 하고 응용문제 1.57을 다시 계산하여라.

참고문헌

Among the books on the history of statistics there are

WALKER, H. M., *Studies in the History of Statistical Method*. Baltimore: The Williams & Wilkins Company, 1929,

WESTERGAARD, H., *Contributions to the History of Statistics*. London: P. S. King & Son, 1932,

and the more recent publications

KENDALL, M.G., and PLACKETT, R. L., eds., *Studies in the History of Statistics and Probability,* Vol. II. New York: Macmillan Publishing Co., Inc., 1977,

PEARSON, E. S., and KENDALL, M.G., eds., *Studies in the History of Statistics and Probability*. Darien, Conn.: Hafner Publishing Co., Inc., 1970,

PORTER, T. M., *The Rise of Statistical Thinking, 1820 – 1900*. Princeton, N.J.: Princeton University Press, 1986,

STIGLER, S. M., *The History of Statistics*. Cambridge, Mass.: Harvard University Press, 1986,

A wealth of material on combinatorial methods can be found in

COHEN, D. A., *Basic Techniques of Combinatorial Theory*. New York: John Wiley & Sons, Inc., 1978,

EISEN, M., *Elementary Combinatorial Analysis*. New York: Gordon and Breach, Science Publishers, Inc., 1970,

FELLER, W., *An Introduction to Probability Theory and Its Applications,* Vol. I, 3rd ed. New York: John Wiley & Sons, Inc., 1968,

NIVEN, J., *Mathematics of Choice*. New York: Random House, Inc., 1965,

ROBERTS, F. S., *Applied Combinatorics*. Upper Saddle River, N.J.: Prentice Hall, 1984,

and

WHITWORTH, W. A., *Choice and Chance,* 5th ed. New York: Hafner Publishing Co., Inc., 1959, which has become a classic in this field.

More advanced treatments may be found in

BECKENBACH, E. F., ed., *Applied Combinatorial Mathematics*. New York: John Wiley & Sons, Inc., 1964,

DAVID, F. N., and BARTON, D. E., *Combinatorial Chance*. New York: Hafner Publishing Co., Inc., 1962,

and

RIORDAN, J., *An Introduction to Combinatorial Analysis*. New York: John Wiley & Sons, Inc., 1958.

2장 확률

◆ 2.1 서론

역사적으로 확률을 정의하는 가장 오래된 방법인, **고전적 확률 개념(classical probability concept)**은 모든 가능한 결과에 등확률을 적용하는 것으로, 아마도 운에 좌우되는 대부분의 게임이 이 경우에 해당할 것이다. 그러면 **만약 N개의 등확률의 가능성이 있고, 이들 중 하나는 반드시 일어나며 n개는 우호적인 것으로 여기면, 다시 말해 "성공"이라 한다면, "성공"의 확률은 $\frac{n}{N}$의 비율로 주어진다고 할 수 있다.**

예제 2.1

평범한 52장의 카드더미에서 에이스를 뽑는 확률은 얼마인가?

풀이 $N = 52$의 카드에 $n = 4$의 에이스가 있기 때문에, 에이스를 뽑는 확률은 $\frac{4}{52} = \frac{1}{13}$이다(물론, 각 카드는 뽑히는 기회가 동일하다고 가정한다). ●

비록 등확률의 가능성은 대부분의 운에 좌우되는 게임에서 발견되지만, 고전적 확률 개념은 도박 장비들이 임의의 선택을 하는—제비 뽑기로 조교들의 사무실을 배정하거나, 표본조사에서 가구마다 동등한 기회로 한 지역의 몇몇 가구들을 뽑거나, 검사를 위해 각 기계 부품마다 동등한 기회로 부품들을 선택하는 등등의 매우 다양한 상황에서도 역시 적용된다.

고전적 확률 개념의 주된 단점은 그것의 제한된 적용에 있는데, 많은 경우에 있어서 일어나는 가능성이 모두 등확률로 여겨지지 않기 때문이다. 예를 들어 만약 어떤 날 비가 올 것인지 아닌지에 관심 있거나, 선거의 결과에 관심이 있거나, 누군가 병으로부터 회복하는 것에 관심이 있다면, 이러한 경우들은 등확률이 아니다.

다양한 확률 개념들 중에서 장기간 같은 종류의 사건들이 일어나는 횟수의 비율인 **사건(결과나 발생)의 확률에 따른, 빈도해석(frequency interpretation)**이 가장 널리 채택된다. 만약 로스앤젤레스에서 샌프란시스코까지 운항하는 비행기가 정시에 도착할 확률이

0.84라고 한다면, 이는 (빈도해석에 따라) 그렇게 운항하는 비행기의 84퍼센트가 정시에 도착한다는 의미이다. 유사하게, 기상청이 비가 내릴 가능성으로 30퍼센트 (즉, 0.30의 확률)를 예상한다면, 그것은 같은 기후 조건을 갖는 날 중에서 30퍼센트 정도 비가 내린다는 의미이다. 더 일반적으로 우리는 한 사건이 0.90의 확률을 가진다고 말하게 되는데, 이것은 추운 날씨를 보이는 날 중에서 차의 시동이 걸리는 날의 비율이 90퍼센트 정도 된다는 의미와 같다. 우리는 어떤 개별적인 경우에 무엇이 일어날지 – 차가 시동이 걸릴지 아닐지 – 보증할 수 없지만 만약 오랜 기간 동안 기록을 보관하고 있다면, "성공들"의 비율이 0.90에 매우 근접함을 알 수 있을 것이다.

이 장에서 사용할 확률에 대한 접근은 **공리적 접근 (axiomatic approach)** 인데, 이것은 잘 정의된 규칙에 따라 움직이는 "수학적 객체들"로 정의된 확률을 말한다. 따라서 위에서 언급한 확률의 개념들과 그것의 해석은 정의된 규칙들이 유지되는 한 사용될 수 있다.

2.2 표본공간

모든 확률은 사건이 발생하였거나 발생하지 않는 것에 연관되어 있기 때문에, 우선 여기서 말하는 사건과 이와 관련된 용어인 **실험, 결과, 표본공간**이 의미하는 바를 설명한다.

통계학에서 관례적으로 어떤 관찰이나 측정의 과정을 **실험 (experiment)** 이라고 한다. 이런 의미에서 실험은 스위치가 켜지거나 꺼지는 것을 확인하는 간단한 과정으로 구성될 수도 있고, 옷의 일부에 있는 결함을 세보는 것으로 구성될 수도 있으며, 또는 투표의 다수를 결정하는 매우 복잡한 과정으로 구성될 수 있다. 기기 기록이나 셈, "예" 또는 "아니오"의 대답, 포괄적인 계산을 통해 얻은 값이든지, 실험으로부터 얻은 것을 그 실험의 **결과 (outcomes)** 라고 한다.

정의 2.1 **표본공간** 한 실험의 모든 가능한 결과의 집합을 **표본공간**(sample space)이라고 하고 S로 표현한다. 표본공간 내의 각 결과는 **표본공간의 원소**(element)라고 하거나 또는 간단하게 **표본값**(sample point)이라고 한다.

만약 표본공간에 유한 개의 원소가 있다면, 집합 기호로 원소를 나열할 것이다. 예를 들어, 동전을 한 번 던질 때 가능한 결과들의 표본공간은

$$S = \{\mathrm{H}, \mathrm{T}\}$$

로 적는데, 여기서 H와 T는 앞면과 뒷면을 나타낸다. 원소의 수가 많거나 무한한 표본공간은 조건을 제시하여 나타내는 것이 최선이다. 예를 들어 만약 실험의 가능한 결과가 위성 라디오를 장착한 자동차의 집합이라면 표본공간은 다음과 같이 나타낸다.

$$S = \{x \mid x\text{는 위성 라디오를 가진 자동차}\}$$

이것은 "S는 x가 위성 라디오를 가진 자동차인 이러한 모든 x의 집합이다"라고 읽는다. 유사하게, S가 양의 홀수의 집합이라면 다음과 같이 적을 수 있다.

$$S = \{2k+1 | k = 0, 1, 2, \ldots\}$$

주어진 상황에 대해 표본공간을 나타내는 방법은 해결하려 하는 문제에 달려있다. 만약 주사위를 한 번 굴리는 실험에서 위로 나타나는 눈에 관심을 가진다면 표본공간은 다음과 같다.

$$S_1 = \{1, 2, 3, 4, 5, 6\}$$

하지만 단지 나타나는 눈이 짝수인지 홀수인지에 관심이 있다면, 표본공간은 다음과 같다.

$$S_2 = \{짝수, 홀수\}$$

이것은 한 실험을 묘사하는 데 있어 서로 다른 표본공간들이 사용되어도 무리가 없음을 보여 준다. 일반적으로 **표본공간의 원소는 더 근본적이거나 더 기초적인 결과가 되도록 하여, 더 이상 나뉘지 않게 (분할되지 않거나 갈라지지 않게) 구성되는 것이 좋다.** 다시 말해, **표본공간의 원소는 구별할 수 있는 두 가지 이상의 결과들로 표현되지 않도록 하는 것이 선호된다.** 따라서 앞선 설명에서 S_1은 S_2보다 선호된다.

예제 2.2

빨간색과 녹색 두 주사위를 굴리는 실험에 적당한 표본공간을 나타내어라(주사위가 서로 다른 것을 강조하기 위해서 다른 색상이 사용되었다).

풀이 가장 많은 정보를 제공하는 표본공간은 다음과 같이 주어진 36개 점으로 구성되어 있다.

$$S_1 = \{(x, y) | x = 1, 2, \ldots, 6;\ y = 1, 2, \ldots, 6\}$$

여기서 x는 빨간색 주사위에서 나타난 수를 의미하고, y는 녹색 주사위에서 나타난 수를 의미한다. 두 번째 표본공간은 대부분의 목적에 적당한데 (비록 일반적으로 더 적은 정보를 제공하기 때문에 덜 나타내지만), 다음과 같이 주어진다.

$$S_2 = \{2, 3, 4, \ldots, 12\}$$

여기서 원소는 두 주사위에서 나온 수의 합이다.

표본공간은 보통 표본공간이 가지고 있는 원소의 수에 따라 분류된다. 앞선 예제에서 표본공간 S_1과 S_2는 **유한(finite)** 개의 원소를 가지고 있다. 하지만 만약 처음으로 앞면이 나올 때까지 동전을 던진다면, 이것은 첫 번째 동전던지기에서 일어날 수 있고, 백 번째 동전던지기에서 일어날 수 있는 등, 무한대의 많은 가능성이 있다. 이 실험에 대하여 다음과 같은 끝나지 않는 원소의 나열을 가진 표본공간을 얻을 수 있다.

$$S = \{\mathrm{H}, \mathrm{TH}, \mathrm{TTH}, \mathrm{TTTH}, \mathrm{TTTTH}, \ldots\}$$

하지만 여기에 원소의 수는 전체수에 일대일 대응을 시킬 수 있고, 이런 의미에서 표본공간은 **셀 수 있다(countable)** 고 말한다. 만약 표본공간이 유한 개의 원소를 가지고 있거나 셀 수 있는 원소의 수이지만 무한 개이면, 이것을 **이산(discrete)** 이라고 한다.

종종 유한이 아니거나 셀 수 있는 무한이 아닌 실험이 있을 수 있다. 이런 경우의 예를 들자면, 누군가 5리터의 가솔린으로 규정된 시험 코스를 주행하는 어떤 차종의 거리를 결정하기 위한 조사를 행할 때이다. 만약 거리가 요구되는 정확도에 측정될 수 있는 변수라고 가정한다면, 전체 수에 일대일 대응할 수 없는 무한 개의 가능성(거리들)이 있다. 역시 두 화학 물질이 반응하는 데 걸리는 시간의 양을 측정하고자 한다면, 표본공간에서 만들어지는 양은 숫자상 무한이고 셀 수 없다. 따라서 표본공간은 이산일 필요는 없다. 만약 표본공간이 선분의 모든 점이나 평면의 모든 점 같은 연속체로 구성된다면, 이것을 **연속(continuous)**이라고 말한다. 연속인 표본공간은 실질적으로 온도, 속도, 압력, 길이 등과 같이 연속적인 단위로 측정되는, 물리적인 특성들을 측정하는 실험 때마다 발생한다.

2.3 사건

많은 경우 표본공간의 여러 개의 원소로 이루어진 결과에 관심을 가지게 된다.

예제 2.3

25쪽의 표본공간 S_1을 참고하여 주사위를 굴려 나온 수가 3으로 나누어질 수 있는 사건 A를 기술하여라.

풀이 1, 2, 3, 4, 5, 6에서 오직 3과 6이 3으로 나누어질 수 있다. 따라서 A는 표본공간 S_1의 부분집합 {3, 6}으로 나타내진다.

예제 2.4

예제 2.2의 표본공간 S_1을 참고하여 두 개의 주사위를 굴려서 합이 7이 되는 사건 B를 기술하여라.

풀이 36가지 가능성 중에 오직 (1, 6), (2, 5), (3, 4), (4, 3), (5, 2), (6, 1)이 7의 합을 만든다. 따라서 다음과 같이 쓸 수 있다.

$$B = \{(1,6), (2,5), (3,4), (4,3), (5,2), (6,1)\}$$

그림 2.1에서 두 개의 주사위로 합이 7이 되도록 굴리는 사건은 점선으로 둘러싸인 부분의 안에 있는 점들의 집합으로 나타남을 유의하라.

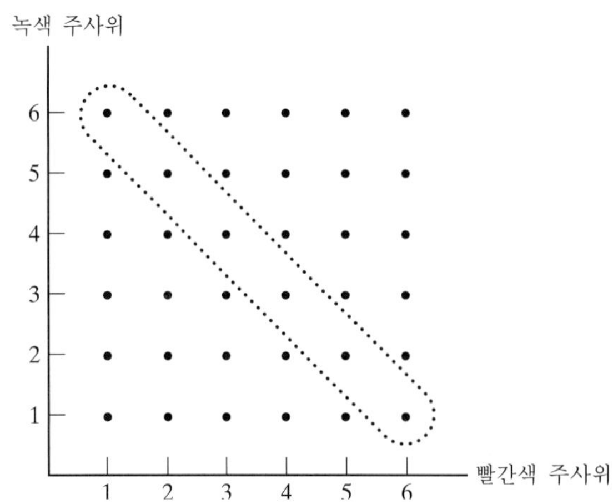

그림 2.1 두 개의 주사위로 합이 7이 되도록 굴리는 것

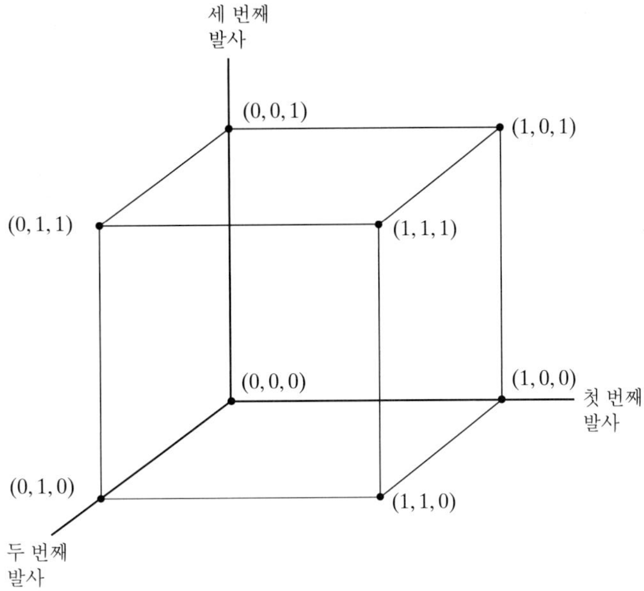

그림 2.2 예제 2.5에 대한 표본공간.

같은 방법으로 어떤 사건(결과)은 점들의 집합과 동일시될 수 있는데, 이것은 적당한 표본공간의 부분집합을 구성한다. 이런 부분집합은 사건이 일어나는 표본공간의 모든 원소로 구성되는데, 확률과 통계에서 그 부분집합을 사건으로 동일시한다.

정의 2.2 **사건** 한 **사건**(event)은 표본공간의 부분집합이다.

예제 2.5

만약 누군가 표적에 3발을 쏘고 총알마다 각각 맞았는지, 안 맞았는지에만 관심이 있다고 할 때, 적합한 표본공간과 연속적으로 표적을 3번 놓치는 사건 M을 구성하는 표본공간의 원소와 한 번은 표적을 맞추고 두 번은 놓치는 사건 N의 원소를 기술하여라.

풀이 만약 놓친 것과 맞춘 것을 각각 0과 1로 나타내면, 그림 2.2처럼 (0, 0, 0), (1, 0, 0), (0, 1, 0), (0, 0, 1), (1, 1, 0), (1, 0, 1), (0, 1, 1), (1, 1, 1) 의 8가지 가능성이 나타난다. 따라서 보여질 수 있는 것은 다음과 같다.

$$M = \{(0,0,0)\}$$

이고

$$N = \{(1,0,0), (0,1,0), (0,0,1)\}$$

예제 2.6

어떤 전자부품의 유효수명의 기간에 대한 표본공간을 만들고 6년이 지나기 전에 부품이 망가지는 사건 F를 나타내는 부분집합을 보여라.

풀이 만약 t가 몇 년 동안 그 부품의 유효수명의 기간이라면, 표본공간은 $S = \{t \mid t \geqq 0\}$이고, 그 부분집합 $F = \{t \mid 0 \leqq t < 6\}$는 그 부품이 6년이 지나기 전에 망가지는 사건이다. ●

정의에 따라서 어떤 사건은 적당한 표본공간의 부분집합이지만, 그 역은 참이 아닌 것이 있다. 이산 표본공간에서 모든 부분집합은 사건이지만, 연속인 경우에는 몇몇 난해한 점들의 집합이 수학적인 이유로 배제되어야 한다. 이것은 이 장의 끝에 있는 참고문헌 중에 올라와 있는 몇 가지 상급의 논문에서 좀 더 논의되지만, 이 책이 고려하는 수준에서는 중요하지 않다.

확률의 많은 문제에서 우리는 실제 **합집합(unions)** 과 **교집합(intersections)**, **여집합(complements)** 으로 만들어진 두 가지 이상의 사건들이 결합되는 사건에 관심이 있다. 비록 독자들은 이 용어들에 분명히 친숙하겠지만, 다시 한 번 간단히 살펴보겠다. 만약 A와 B가 표본공간 S의 두 부분집합이라면, 그들의 합집합 $A \cup B$는 A나 B에, 또는 양쪽에 있는 모든 원소들을 포함하는 S의 부분집합이다. 그들의 교집합 $A \cap B$는 A와 B 양쪽에 있는 모든 원소들을 포함하는 S의 부분집합이다. 그리고 A의 여집합 A'는 A에 있지 않은 S의 모든 원소를 포함하는 S의 부분집합이다. 합집합과 교집합, 여집합의 구성을 제어하는 몇 가지 규칙은 연습문제 2.1에서 2.4까지에서 확인할 것이다.

표본공간과 사건, 특히 사건들 사이의 관계는 종종 **벤 다이어그램(Venn diagrams)** 의 방법으로 묘사되는데, 이것은 표본공간을 직사각형으로 나타내고, 사건은 그 직사각형 안의, 보통 원이나 원의 일부로 된, 영역으로 나타내는 것이다. 예를 들어 그림 2.3의 4개의 벤 다이어그램에서 음역이 된 영역은 각각 사건 A, 사건 A의 여집합, 사건 A와 B의 합집합, 사건 A와 B의 교집합을 나타낸다. 우리가 3개의 사건을 다룬다면 보통 그림 2.4처럼 원을 그린다. 여기서 영역들은 쉽게 참고할 수 있도록 1에서부터 8까지 숫자가 매겨져 있다.

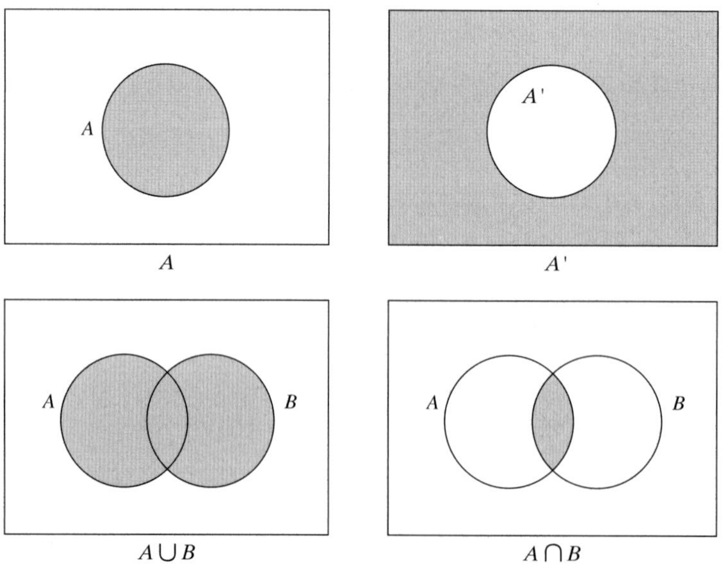

그림 2.3 벤 다이어그램들.

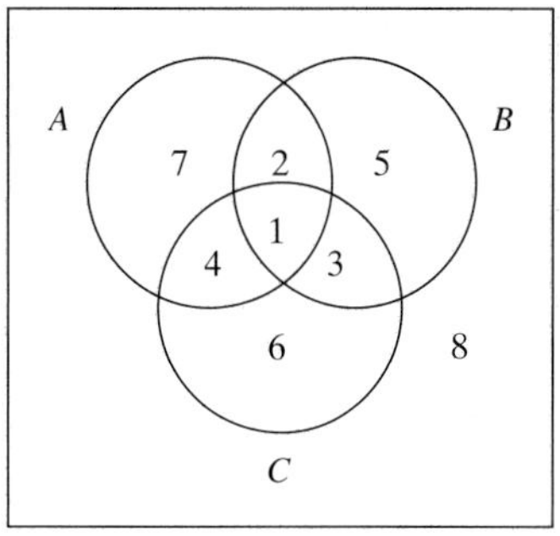

그림 2.4 벤 다이어그램.

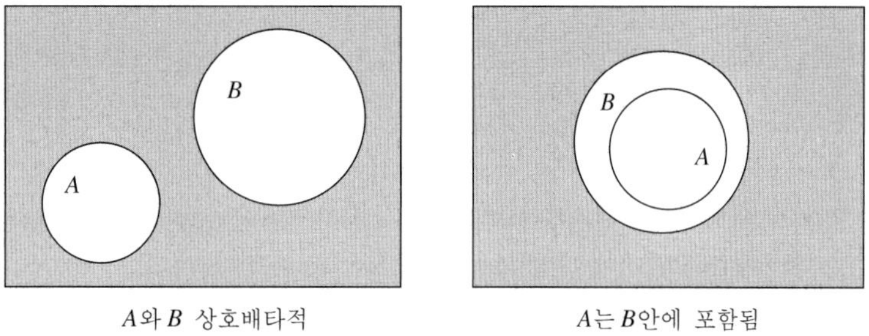

그림 2.5 사건들 사이에 특별한 관계를 보여 주는 다이어그램들.

사건들 사이의 특별한 관계를 보이기 위해 우리는 때때로 그림 2.5와 같은 다이어그램을 그린다. 여기서 왼쪽에 있는 것은 사건 A와 B가 **상호배타적(mutually exclusive)** 임을 보여 주는 것이다.

(정의 2.3) **상호배타적 사건** 두 개의 사건이 서로 공통인 원소를 가지지 않을 때 **상호배타적**이라고 한다.

A와 B가 상호배타적일 때 우리는 $A \cap B = \emptyset$라 쓰며, 여기서 $\emptyset$는 **공집합(empty set)** 을 나타내고, 이것은 전혀 원소를 가지고 있지 않는 것이다. 오른쪽의 다이어그램은 A가 B 안에 포함됨을 보여 주는 것으로, 기호상으로 $A \subset B$라 적어서 이를 표현한다.

연습문제

2.1 다음을 검증하는 데 벤 다이어그램을 사용하여라.

(a) $(A \cup B) \cup C$는 $A \cup (B \cup C)$와 같은 사건이다.

(b) $A \cap (B \cup C)$는 $(A \cap B) \cup (A \cap C)$와 같은 사건이다.

(c) $A \cup (B \cap C)$는 $(A \cup B) \cap (A \cup C)$와 같은 사건이다.

2.2 다음 두 가지 **드 모르간 법칙(De Morgan laws)** 을 검증하는 데 벤 다이어그램을 사용하여라.

(a) $(A \cap B)' = A' \cup B'$

(b) $(A \cup B)' = A' \cap B'$

2.3 다음을 검증하는 데 벤 다이어그램을 사용하여라.

(a) $(A \cap B) \cup (A \cap B') = A$

(b) $(A \cap B) \cup (A \cap B') \cup (A' \cap B) = A \cup B$

(c) $A \cup (A' \cap B) = A \cup B$

2.4 만약 A가 B에 포함된다면 $A \cap B = A$이고, $A \cap B' = \emptyset$임을 검증하는 데 벤 다이어그램을 사용하여라.

◆ 2.4 사건의 확률

확률의 공리를 나타내는 데 있어서 우리는 알파벳 대문자로 사건을 나타내는 방식을 따를 것이고, $P(A)$는 사건 A의 확률, $P(B)$는 사건 B의 확률, 이런 식으로 적을 것이다. 다음 확률의 공리는 이산 표본공간 S에서만 적용한다.

> **공리 1** 사건의 확률은 음이 아닌 실수이다.
> 즉, S의 부분집합 A에 대해 $P(A) \geqq 0$.
>
> **공리 2** $P(S) = 1$
>
> **공리 3** 만약 $A_1, A_2, A_3, \cdots$, 가 유한하거나 무한한 S의 상호배타적인 사건들의 순서라고 한다면,
>
> $$P(A_1 \cup A_2 \cup A_3 \cup \cdots) = P(A_1) + P(A_2) + P(A_3) + \cdots$$

공리는 그 자체로서 증명을 요구하지 않지만, 만약 이에 유래된 이론이 적용되고자 하면, 반드시 확률이 "실제" 의미로 주어졌을 때 공리를 만족함을 보여야 한다. 여기서 빈도해석과 관련하여 설명해 보도록 하자. 공리들 사이의 관계와 고전적 확률 개념은 33쪽에 논의될 것이고, 반면 공리들 사이의 관계와 주관적 확률들은 독자들을 위해 연습문제 2.16과 2.82에 남겨 놓는다.

비율은 항상 양수이거나 0이기 때문에, 첫 번째 공리는 빈도해석과 완전히 일치한다. 두 번째 공리는 확실성이 1의 확률과 동일함을 말하고 있다. 즉, 항상 S의 가능성들 중 하나는 반드시 일어난다고 가정하고, 이 특정사건으로 인해 1의 확률을 할당하는 것이다. 빈도해석이 고려되는 한, 1의 확률은 문제에서 사건이 100퍼센트 일어날 것을, 다시 말해 사건이 일어나는 데 확신한다는 것을 암시한다.

가장 간단 경우로 세 번째 공리를 택해보면, 즉 2개의 상호배타적인 사건 A_1과 A_2에 대해, 빈도해석에 의해 이것이 만족됨을 쉽게 보일 수 있다. 만약 한 사건이 말하기에, 28퍼센트로 일어나고, 다른 한 사건은 39퍼센트로 일어나는데, 두 사건은 동시에 둘 다 일어날 수 없다면(즉, 두 사건이 상호배타적이라면), 한 사건이나 다른 사건은 $28 + 39 = 67$퍼센트로 일어날 것이다. 따라서 세 번째 공리가 만족되고 같은 맥락으로 둘 이상의 상호배타적인 사건들에 적용된다.

확률의 공리들의 직접적인 결과들을 공부하기 전에, 세 가지 공리들이 사건에 확률을 할당하는 방법을 알려주지 않는다는 점을 강조하고 싶다. 공리로 행할 수 있는 방법들은 거의 제한되어 있다.

예제 2.7

한 실험이 상호배타적인 4가지 가능한 결과 A, B, C, D를 가지고 있다. 다음의 확률값들이 허용되지 않는 이유를 설명하여라.

(a) $P(A) = 0.12,\ P(B) = 0.63,\ P(C) = 0.45,\ P(D) = -0.20$

(b) $P(A) = \frac{9}{120},\ P(B) = \frac{45}{120},\ P(C) = \frac{27}{120},\ P(D) = \frac{46}{120}$

풀이

(a) $P(D) = -0.20$는 공리 1에 어긋난다.

(b) $P(S) = P(A \cup B \cup C \cup D) = \frac{9}{120} + \frac{45}{120} + \frac{27}{120} + \frac{46}{120} = \frac{127}{120} \neq 1$이고, 이것은 공리 2에 어긋난다.

물론 현실적으로 확률은 과거의 경험에 기초하거나, 모든 기본적인 조건에 대한 세심한 분석에 기초하거나, 주관적인 판단에 기초하거나, 아니면 모든 가능한 결과가 확률이 같다는 그러한 가정에 기초하여 할당된다.

표본공간에 확률측도를 정하는 데 있어서, 가능한 모든 부분집합에 확률을 지정할 필요는 없다. 만약 겨우 20개의 원소들로 구성된 표본공간에 대해 이미 $2^{20} = 1{,}048{,}576$개나 되는 부분집합[일반적인 공식은 연습문제 1.14의 (a)로부터 직접적으로 나왔음]이 있기 때문에, 부분집합에 확률을 지정할 필요가 없다는 것은 다행스러운 것이다. 만약 50개 또는 100개의 원소가 있거나, 그 이상이 있을 때 부분집합의 수는 매우 빠르게 늘어나기 때문이다. 모든 가능한 부분집합에 확률을 등재하는 대신에 우리는 종종 개별적인 결과나, 아니면 S의 표본점의 확률을 등재하고, 그리고 나서 다음 정리를 사용한다.

정리 2.1 만약 A가 이산 표본공간 S의 사건이라면, $P(A)$는 A를 구성하는 개별적인 결과들의 확률에 대한 합과 같다.

증명 $O_1, O_2, O_3, \cdots$, 가 사건 A를 구성하는 결과들의 유한하거나 무한한 나열이라 하자. 따라서,

$$A = O_1 \cup O_2 \cup O_3 \cdots$$

이고, O가 상호배타적이기 때문에 확률의 3번째 공리는 다음을 산출한다.

$$P(A) = P(O_1) + P(O_2) + P(O_3) + \cdots$$

이것으로 증명은 마무리되었다.

이 정리를 사용하기 위해 실험의 개별적인 결과들에 대해 확률을 할당할 수 있어야 한다. 특별한 상황에서 이것이 어떻게 행해지는지 다음 예제에서 설명하고 있다.

예제 2.8

만약 균형 잡힌 동전을 두 번 던질 때, 적어도 한 번 앞면이 나오는 확률은 무엇인가?

풀이 표본공간은 $S = \{\text{HH, HT, TH, TT}\}$이고, 여기서 H와 T는 앞면과 뒷면을 나타낸다. 우리가 균형 잡힌 동

전을 가정했기 때문에, 이 결과들은 등확률이고 각각의 표본점에 확률 $\frac{1}{4}$을 할당한다. A가 적어도 하나의 앞면을 얻는 사건을 나타낸다면, $A = \{HH, HT, TH\}$이고, 다음과 같은 결과를 얻는다.

$$\begin{aligned} P(A) &= P(\text{HH}) + P(\text{HT}) + P(\text{TH}) \\ &= \frac{1}{4} + \frac{1}{4} + \frac{1}{4} \\ &= \frac{3}{4} \end{aligned}$$

●

예제 2.9

각 홀수가 나오는 경우가 짝수가 나오는 경우의 두 배가 되도록 설정된 주사위가 있다. $P(G)$를 찾아라. 여기서 G는 주사위를 한 번 굴려서 3보다 큰 수가 나오는 사건이다.

풀이 표본공간은 $S = \{1, 2, 3, 4, 5, 6\}$이다. 따라서 만약 각 짝수에 ω, 각 홀수에 2ω의 확률을 할당하면, 공리 2에 따라 $2\omega + \omega + 2\omega + \omega + 2\omega + \omega = 9\omega = 1$이다. $\omega = \frac{1}{9}$이고, 답은 다음과 같다.

$$P(G) = \frac{1}{9} + \frac{2}{9} + \frac{1}{9} = \frac{4}{9}$$

●

만약 표본공간이 셀 수 있는 무한이라면, 확률은 수학적인 규칙으로 되도록이면 공식이나 방정식으로 개별 사건에 할당되어야 할 것이다.

예제 2.10

만약 주어진 실험에 대해 $O_1, O_2, O_3, \cdots$, 이 결과들의 무한한 나열일 때, 다음의

$$i = 1, 2, 3, \ldots \text{ 일 때, } P(O_i) = \left(\frac{1}{2}\right)^i$$

는 실제로 확률측도임을 검증하여라.

풀이 확률이 모두 양수이기 때문에 $P(S) = 1$만 보이면 된다.

$$P(S) = \frac{1}{2} + \frac{1}{4} + \frac{1}{8} + \frac{1}{16} + \cdots$$

에서 무한등비수열의 합 공식을 사용하면 다음을 찾을 수 있다.

$$P(S) = \frac{\frac{1}{2}}{1 - \frac{1}{2}} = 1$$

●

앞선 예제와 관련하여, 정리 2.1의 "합"이란 말은 무한수열의 값을 포함해서 이해해야 한다.

5장에서 보게 될 것처럼 예를 들어, 만약 O_i가 균형 잡힌 동전을 던지는 사람이 i번째 동전을 던졌을 때 처음으로 뒷면을 얻는 사건이라면, 예제 2.10의 확률측도는 이에 적당할 것이다. 따라서 세 번째, 네 번째,

다섯 번째 동전을 던져서 처음으로 뒷면을 얻게 되는 확률은

$$\left(\frac{1}{2}\right)^3 + \left(\frac{1}{2}\right)^4 + \left(\frac{1}{2}\right)^5 = \frac{7}{32}$$

이고, 홀수 번째에서 처음으로 뒷면을 얻게 되는 확률은

$$\left(\frac{1}{2}\right)^1 + \left(\frac{1}{2}\right)^3 + \left(\frac{1}{2}\right)^5 + \cdots = \frac{\frac{1}{2}}{1-\frac{1}{4}} = \frac{2}{3}$$

이다. 여기서 다시 한 번 무한등비 수열의 합 공식을 사용하였다.

만약 예제 2.8의 경우와 같이 실험이 모든 표본점에서 같은 확률을 가정한다면 다음의 정리 2.1의 특별한 경우로부터 장점을 취할 수 있다.

정리 2.2 만약 N개의 다른 등확률 결과로부터 어떤 하나의 결과를 얻는 실험을 한다면, 그리고 만약 이 결과들 중 n개가 함께 사건 A를 구성한다면, 사건 A의 확률은 다음과 같다.

$$P(A) = \frac{n}{N}$$

증명 $O_1, O_2, \cdots, O_N$는 S에서 개별적인 사건을 나타내고, 각각의 확률은 $\frac{1}{N}$이라고 하자. 만약 A가 어떤 사건이든 상관없이, 이 상호배타적인 사건들 n개의 합집합이라면,

$$\begin{aligned} P(A) &= P(O_1 \cup O_2 \cup \cdots \cup O_n) \\ &= P(O_1) + P(O_2) + \cdots + P(O_n) \\ &= \left.\frac{1}{N} + \frac{1}{N} + \cdots + \frac{1}{N}\right\} n\text{개} \\ &= \frac{n}{N} \end{aligned}$$

■

정리 2.2의 공식 $P(A) = \frac{n}{N}$을 보면 고전적 확률 개념의 것과 동일하다(23쪽 참조). 사실, 위에서 보인 것은 고전적 확률 개념의 확률이 공리들과 모순되지 않는다는 것이다. 즉, 개별적인 결과들이 등확률인 경우에도 확률의 공리들을 따른다.

예제 2.11

52장의 카드더미에서 나온 5장의 포커 패가 3장이 같은 종류이고, 2장이 한 쌍으로 되어 있으면 이를 풀하우스라고 한다. 만약 5장의 패들이 모두 등확률이면, 풀하우스를 만드는 확률은 얼마인가?

풀이 이를테면 개개의 풀하우스를 3장의 킹과 2장의 에이스로 만들 수 있는 가짓수는 $\binom{4}{3}\binom{4}{2}$이다. 카드 패별로 3장이 같은 종류인 카드를 선택하는 방법은 13가지가 있고, 이 각각에 대해 2장이 한 쌍인 카드를 선택하는 방법은 12가지가 있으므로, 전체적으로

$$n = 13 \cdot 12 \cdot \binom{4}{3}\binom{4}{2}$$

개의 다른 풀하우스가 있다. 물론 등확률인 5장의 카드 패의 전체 가짓수는

$$N = \binom{52}{5}$$

이고, 정리 2.2에 따라 풀하우스를 얻는 확률은 다음과 같다.

$$P(A) = \frac{n}{N} = \frac{13 \cdot 12\binom{4}{3}\binom{4}{2}}{\binom{52}{5}} = 0.0014$$

●

◆ 2.5 확률의 몇 가지 법칙

확률의 공리에 기초하여 중요하게 적용되는 많은 다른 규칙들을 유도할 수 있다. 그들 중에서 다음 4가지 정리는 공리의 직접적인 결과들이다.

정리 2.3 만약 A와 A'이 표본공간 S에서 여사건이라면,

$$P(A') = 1 - P(A)$$

증명 다음 증명의 두 번째와 세 번째 단계에서, A와 A'이 상호배타적이고, $A \cup A' = S$라는 것에 따라 여집합의 정의를 사용한다. 따라서 다음과 같이 쓰면

$$\begin{aligned} 1 &= P(S) && \text{(공리 2에 의해서)} \\ &= P(A \cup A') \\ &= P(A) + P(A') && \text{(공리 3에 의해서)} \end{aligned}$$

이고 이것은 $P(A') = 1 - P(A)$를 따른다. ■

빈도해석과 관련해서 이 결과는 이를테면 37퍼센트로 한 사건이 일어난다면, 63퍼센트는 일어나지 않는다는 것을 뜻한다.

정리 2.4 임의의 표본공간 $P(\emptyset) = 0$에 대해 S이다.

증명 S와 $\emptyset$가 상호배타적이고, 공집합 $\emptyset$의 정의에 따라 $S \cup \emptyset = S$이기 때문에,

$$\begin{aligned} P(S) &= P(S \cup \emptyset) \\ &= P(S) + P(\emptyset) && \text{(공리 3에 의해서)} \end{aligned}$$

이고, 따라서 $P(\emptyset) = 0$이다. ■

$P(A) = 0$으로부터 반드시 $A = \emptyset$이 되는 것은 아니라는 점이 중요하다. 쉽게 얘기하자면 우리는 백만

년 간 일어나지 않을 사건에 0의 확률을 종종 할당한다. 예를 들어 타자기에 놓여진 원숭이가 실수 없이 한마디씩 플라톤의 Republic을 타이핑하는 사건에 0의 확률을 할당하는 고전적인 예가 있다. 3장과 6장에서 보게 될 것처럼, $P(A) = 0$이란 사실은 특히, 연속적인 경우에 $A = \emptyset$이 적합하다는 것을 뜻하지 않는다.

정리 2.5 만약 A와 B가 표본공간 S의 사건들이고, $A \subset B$이면 $P(A) \leqq P(B)$이다.

증명 $A \subset B$이기 때문에 다음과 같이 쓸 수 있다.

$$B = A \cup (A' \cap B)$$

이것은 벤 다이어그램으로 간단히 검증할 수 있다. 그러면 A와 $A' \cap B$가 상호배타적이므로 다음의 결과를 얻는다.

$$\begin{aligned} P(B) &= P(A) + P(A' \cap B) && \text{(공리 3에 의해서)} \\ &\geqq P(A) && \text{(공리 1에 의해서)} \end{aligned}$$

요컨대 이 정리는 만약 A가 B의 부분집합이면, $P(A)$는 $P(B)$보다 더 클 수 없다는 것을 말한다. 예를 들어 평범한 52장의 카드더미에서 하트를 뽑는 확률은 레드 카드를 뽑는 확률보다 클 수 없다. 사실 레드 카드를 뽑는 확률 $\frac{1}{2}$과 비교하여 하트를 뽑는 확률은 $\frac{1}{4}$이다.

정리 2.6 임의의 사건 A에 대해 $0 \leqq P(A) \leqq 1$이다.

증명 정리 2.5와 S 안에 임의의 사건 A에 대해 $\emptyset \subset A \subset S$이라는 사실을 이용해서 다음을 얻는다.

$$P(\emptyset) \leqq P(A) \leqq P(S)$$

그러면 $P(\emptyset) = 0$과 $P(S) = 1$은 다음의 결과를 도출한다.

$$0 \leqq P(A) \leqq 1$$

확률의 세 번째 공리는 때때로 **특별한 합 규칙(special addition rule)**이라고 일컬어진다. 사건 A_1, A_2, A_3, $\cdots$, 가 모두 상호배타적인 것은 특별하다고 할 수 있다. 임의의 두 사건 A와 B에 대해 **일반적인 합 규칙(general addition rule)** 또는 **포함–불포함의 원칙**(inclusion-exclusion principle)이 존재한다.

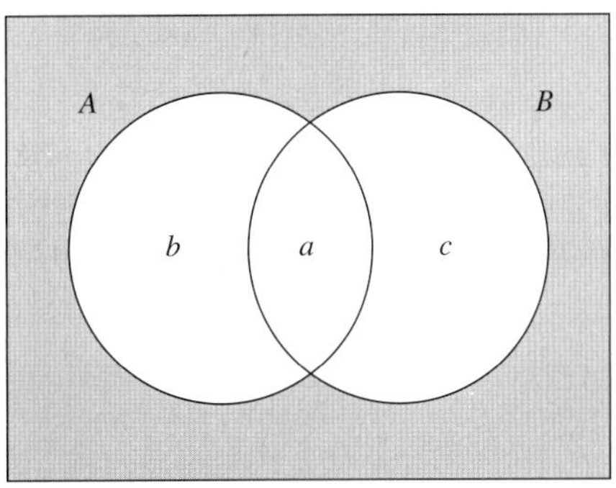

그림 2.6 정리 2.7의 증명에 대한 벤 다이어그램.

정리 2.7 만약 A와 B가 표본공간 S의 임의의 두 사건이면,

$$P(A \cup B) = P(A) + P(B) - P(A \cap B)$$

증명 그림 2.6의 벤 다이어그램처럼 상호배타적인 사건 $A \cap B$, $A \cap B'$, $A' \cap B$에 a, b, c의 확률을 할당하면, 다음을 찾을 수 있다.

$$\begin{aligned} P(A \cup B) &= a + b + c \\ &= (a + b) + (c + a) - a \\ &= P(A) + P(B) - P(A \cap B) \end{aligned}$$

■

예제 2.12

대도시 지역에서 (표본조사를 위해 무작위로 뽑힌) 한 가족이 컬러 TV 세트, HDTV 세트, 또는 두 종류의 세트를 모두 소유하고 있는 확률이 0.86, 0.35, 그리고 0.29이다. 한 가족이 두 종류 TV 세트 중 하나를 가지고 있거나 또는 둘 다 가지고 있는 확률은 얼마인가?

풀이 만약 A가 이 도시에 사는 한 가족이 컬러 TV 세트를 소유하고 있는 사건이고, B는 HDTV를 소유하고 있는 사건이라고 하면, $P(A) = 0.86$, $P(B) = 0.35$, 그리고 $P(A \cap B) = 0.29$이다. 정리 2.7의 공식에 대입하면 다음을 얻을 수 있다.

$$\begin{aligned} P(A \cup B) &= 0.86 + 0.35 - 0.29 \\ &= 0.92 \end{aligned}$$

●

예제 2.13

I-17이라는 특정 출구 근처에서 노상 바리케이드에 세워진 트럭이 고장 난 제동기나 심하게 마모된 타이어를 가지고 있을 확률이 0.23과 0.24이다. 또한 노상 바리케이드에 세워진 트럭이 고장 난 제동기와 심하게 마모된 타이어 양쪽 다 또는 어느 한 쪽을 가지고 있을 확률은 0.38이다. 이 노상 바리케이드에 세워진 트럭이 심하게 마모된 타이어에다가 고장 난 제동기도 가지고 있을 확률은 얼마인가?

풀이 만약 B가 노상 바리케이드에 세워진 트럭이 고장 난 제동기를 가지고 있을 사건이고, T는 심하게 마모된 타이어를 가지고 있을 사건이라고 한다면, $P(B) = 0.23$, $P(T) = 0.24$, 그리고 $P(B \cup T) = 0.38$이다. 정리 2.7의 공식에 대입하면 다음을 얻을 수 있다.

$$0.38 = 0.23 + 0.24 - P(B \cap T)$$

$P(B \cap T)$에 대해 풀면,

$$P(B \cap T) = 0.23 + 0.24 - 0.38 = 0.09$$

●

정리 2.7의 공식을 반복적으로 사용하여, 이 합의 규칙이 임의의 사건의 수에 적용할 수 있도록 일반화할 수 있다. 예를 들어, 3가지 사건에 대해서 다음의 정리를 얻을 수 있다.

정리 2.8 만약 A, B, C가 표본공간 S의 임의의 세 사건이라면,

$$P(A \cup B \cup C) = P(A) + P(B) + P(C) - P(A \cap B) - P(A \cap C) - P(B \cap C) + P(A \cap B \cap C)$$

증명 $A \cup B \cup C$를 $A \cup (B \cup C)$로 쓰고, 정리 2.7의 공식을 $P[A \cup (B \cup C)]$에 대해 한 번, 그리고 $P(B \cup C)$에 대해 한 번, 이렇게 두 번 사용하면,

$$\begin{aligned} P(A \cup B \cup C) &= P[A \cup (B \cup C)] \\ &= P(A) + P(B \cup C) - P[A \cap (B \cup C)] \\ &= P(A) + P(B) + P(C) - P(B \cap C) \\ &\quad - P[A \cap (B \cup C)] \end{aligned}$$

그러면 연습문제 2.1의 (b)에 독자들이 검증하도록 한 분배법칙을 사용하여, 다음을 찾을 수 있다.

$$\begin{aligned} P[A \cap (B \cup C)] &= P[(A \cap B) \cup (A \cap C)] \\ &= P(A \cap B) + P(A \cap C) - P[(A \cap B) \cap (A \cap C)] \\ &= P(A \cap B) + P(A \cap C) - P(A \cap B \cap C) \end{aligned}$$

이고, 따라서

$$P(A \cup B \cup C) = P(A) + P(B) + P(C) - P(A \cap B) - P(A \cap C) - P(B \cap C) + P(A \cap B \cap C)$$

(연습문제 2.12에서 정리 2.7을 증명하는 데 사용한 방법에 기초하여, 이 정리에 대한 다른 방법의 증명을 보여야 할 것이다.)

예제 2.14

한 사람이 치과의사를 방문한다고 할 때, 그의 치아를 청소해야 할 확률이 0.44, 충치를 메워야 할 확률이 0.24, 치아 하나를 뽑아야 할 확률이 0.21, 치아를 청소하고 충치를 메워야 할 확률이 0.08, 치아를 청소하고 치아 하나를 뽑아야 할 확률이 0.11, 충치를 메우고 치아를 뽑아야 할 확률이 0.07, 그리고 치아를 청소하고 충치를 메우고 치아 하나를 뽑아야 할 확률이 0.03이다. 치과의사를 방문한 사람이 이것들 중에 적어도 하나는 치료를 받게 되는 확률은 얼마인가?

풀이 만약 C는 그 사람의 치아를 청소하는 사건이고, F는 충치를 메우는 사건, 그리고 E는 치아 하나를 뽑는 사건이라고 한다면, $P(C) = 0.44$, $P(F) = 0.24$, $P(E) = 0.21$, $P(C \cap F) = 0.08$, $P(C \cap E) = 0.11$, $P(F \cap E) = 0.07$, 그리고 $P(C \cap F \cap E) = 0.03$이고, 정리 2.8의 공식에 이를 대입하면 다음을 얻을 수 있다.

$$\begin{aligned} P(C \cup F \cup E) &= 0.44 + 0.24 + 0.21 - 0.08 - 0.11 - 0.07 + 0.03 \\ &= 0.66 \end{aligned}$$

연습문제

2.5 연습문제 2.4의 (a)와 (b)를 이용하여 다음을 보여라.

(a) $P(A) \geqq P(A \cap B)$

(b) $P(A) \leqq P(A \cup B)$

2.6 그림 2.6을 참고하여 다음을 검증하여라.

$$P(A \cap B') = P(A) - P(A \cap B)$$

2.7 그림 2.6을 참고하여 $P(A' \cap B') = d$로 놓고, 다음을 검증하여라.

$$P(A' \cap B') = 1 - P(A) - P(B) + P(A \cap B)$$

2.8 "A 또는 B가 일어나지만 둘 다 일어나지 않는" 사건을 다음과 같이 쓸 수 있다.

$$(A \cap B') \cup (A' \cap B)$$

이 사건의 확률을 $P(A)$, $P(B)$, $P(A \cap B)$로 나타내어라.

2.9 정리 2.7의 공식을 사용하여 다음을 보여라.

(a) $P(A \cap B) \leqq P(A) + P(B)$

(b) $P(A \cap B) \geqq P(A) + P(B) - 1$

2.10 확률 a, b, c, d, e, f, g를 $A \cap B \cap C, A \cap B \cap C', \cdots, A \cap B' \cap C'$에 할당한 그림 2.7의 벤 다이어그램을 이용하여, 만약 $P(A) = P(B) = P(C) = 1$이면, $P(A \cap B \cap C) = 1$임을 보여라 [힌트: $P(A) = 1$이기 때문에, $e = c = f = 0$이 됨을 이용하여 시작하여라].

2.11 $A \cup B = A \cup (A' \cap B)$와 $B = (A \cap B) \cup (A' \cap B)$의 관계를 사용하여 정리 2.7의 또 다른 증명을 제시하여라.

2.12 그림 2.7의 벤 다이어그램과 정리 2.7을 증명하는 사용한 방법을 이용하여 정리 2.8을 증명하여라.

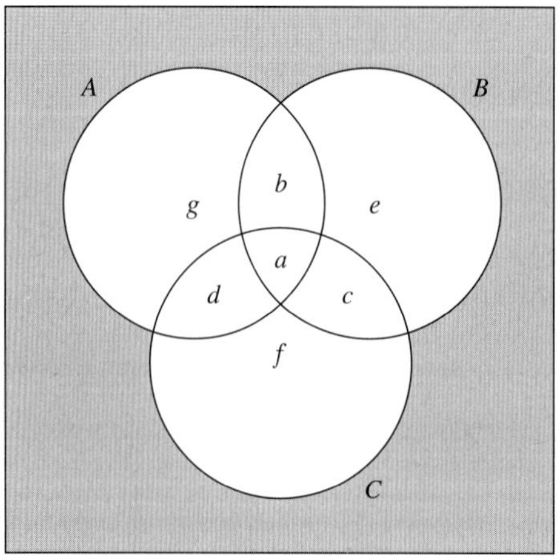

그림 2.7 연습문제 2.10, 2.12, 2.13에 대한 벤 다이어그램.

2.13 연습문제 2.12에서 이용한 증명 방법을 사용하여 다음을 증명하여라.

$$\begin{aligned}P(A \cup B \cup C \cup D) = {} & P(A) + P(B) + P(C) + P(D) - P(A \cap B) \\ & - P(A \cap C) - P(A \cap D) - P(B \cap C) - P(B \cap D) \\ & - P(C \cap D) + P(A \cap B \cap C) + P(A \cap B \cap D) \\ & + P(A \cap C \cap D) + P(B \cap C \cap D) \\ & - P(A \cap B \cap C \cap D)\end{aligned}$$

(힌트: 그림 2.7의 벤 다이어그램을 참조하여 8개의 영역 각각을 두 부분으로 나누어서, 하나는 D의 내부, 다른 하나는 D의 외부로 놓고, $a, b, c, d, e, f, g, h, i, j, k, l, m, n, o, p$를 결과적으로 16개 영역과 관련된 확률이 되도록 놓아라.)

2.14 사건 $E_1, E_2, \cdots, E_n$에 대한 임의의 무한 수열에 대하여 귀납법으로 다음을 증명하여라.

$$P(E_1 \cup E_2 \cup \cdots \cup E_n) \leqq \sum_{i=1}^{n} P(E_i)$$

2.15 한 사건이 일어날 **오즈(odds)**는 사건이 일어나지 않을 확률에 사건이 일어날 확률의 비율로 주어지는데, 둘 다 그 확률이 0은 아니다. 가능성은 보통 공통인수가 없는 양의 정수의 형태로 나타낸다. 만약 한 사건이 일어날 가능성이 A 대 B라고 한다면, 그 확률은 다음과 같음을 보여라.

$$p = \frac{A}{A+B}$$

2.16 주관적 확률은 위험을 감수하는 상황에 노출된 사람이나 결과에 대해 내기를 걸기에 적절하다고 여겨지는 가능성에 의해 결정된다. 그러면 그 가능성은 연습문제 2.15의 공식에 의해 확률로 전환된다. 예를 들어 누군가 어떤 벤처 사업이 성공하는 것에 대한 적절한 내기가 3대 2라고(또는 사업이 성공하는 데 20달러 대비 30달러를 거는 것이 적절하다고) 생각한다면, 벤처 사업이 성공하는 확률은 $\frac{3}{3+2} = 0.6$이다. 만약 주관적 확률이 이 같은 방식으로 결정된다면 다음을 만족함을 보여라.

(a) 30쪽의 공리 1

(b) 공리 2

응용문제 2.82도 참조하여라.

2.6 조건부확률

표본공간에 대한 구체적 정의없이 확률이 주어져 있다면 답하기 어려운 문제가 발생한다. 예를 들어 만약 한 변호사가 연간 75,000달러 이상을 벌어들일 확률을 물어보면, 여러 사람으로부터 다른 답들을 듣게 될 것이고, 그 답들은 어느 정도 옳은 답일 것이다. 그 답들 중 하나는 일부 변호사들에게만 적용될 수 있고, 다른 답들은 그 외 변호사들에게만 적용될 수 있는 것일 것이다. 표본공간(즉, 고려할 수 있는 모든 가능성의 집합)의 선택은 결코 자명하지 않기 때문에, 종종 "주어진 조건 S에 대한 A의 확률"이라고 하는, 또는 표본공간 S에 관련된 사건 A의 **조건부확률(conditional probability)**을 표시하는 기호 $P(A|S)$를 사용

하는 것이 도움이 된다. 기호 $P(A|S)$는 우리가 특정한 표본공간 S를 명확히 해주는데, 만약 암묵적으로 선택된 S가 명확히 이해된다면 생략된 기호 $P(A)$가 더 나을 것이다. 그것은 같은 표본에서 몇 가지 표본공간을 언급하고자 할 때에도 역시 좋다. 만약 A는 한 사람이 연간 75,000달러 이상을 버는 사건이고, G는 한 사람이 법대 졸업생인 사건이고, L은 한 사람이 변호사 자격증이 있는 사건이고, E는 한 사람이 현재 법률 소송을 진행 중인 변호사인 사건이라고 한다면, $P(A|G)$는 법대 졸업생이 연간 75,000달러 이상을 벌 확률이고, $P(A|L)$는 변호사 자격증이 있는 사람이 연간 75,000달러 이상을 벌 확률이고, $P(A|E)$는 현재 법률 소송을 진행 중인 변호사가 연간 75,000달러 이상을 벌 확률이다.

조건부확률들과 관련된 몇 가지 개념은 다음의 예제에 설명되어 있다.

예제 2.15

소비자조사 기관이 어느 도시의 신차 딜러 50명으로부터 보증기간 동안 제공되는 서비스를 연구해서, 그 결과를 다음 표로 요약하였다.

	보증기간 동안 좋은 서비스	보증기간 동안 안 좋은 서비스
영업한지 10년 이상	16	4
영업한지 10년 미만	10	20

만약 누군가 이 신차 딜러들 중 한 명을 무작위로 선택한다면, 보증기간 좋은 서비스를 제공하는 이를 뽑을 확률은 얼마인가? 역시, 만약 누군가 영업한지 10년 이상 된 딜러들 중에서 한 명을 무작위로 선택한다면, 보증기간 좋은 서비스를 제공하는 이를 뽑을 확률은 얼마인가?

풀이 "무작위"로 고르는 것은 각각의 경우에, 모든 가능한 선택들이 등확률이라는 것을 의미하고, 그러므로 정리 2.2의 공식을 사용할 수 있다. 만약 보증기간 좋은 서비스를 제공하는 딜러를 선택하는 것을 G라고 나타내고, G 안에 원소의 수를 $n(G)$로 전체 표본공간 안에 원소의 수를 $n(S)$로 나타낸다면, 다음을 얻는다.

$$P(G) = \frac{n(G)}{n(S)} = \frac{16+10}{50} = 0.52$$

이것이 첫 번째 질문의 답이다.

두 번째 질문을 위하여 제한된 표본공간으로 한계를 두는데, 이것은 주어진 표의 첫 번째 줄로, 즉 영업한지 10년 이상 된 $16 + 4 = 20$명의 딜러로 구성된다. 이들 중에서 16명이 보증기간 좋은 서비스를 제공하므로,

$$P(G|T) = \frac{16}{20} = 0.80$$

이고, 여기서 T는 영업한지 10년 이상 된 딜러를 선택하는 것을 나타낸다. 이것이 두 번째 질문에 대한 답이며, 예상했을지 모르겠지만 $P(G|T)$가 $P(G)$보다 상당히 더 높다. ●

앞선 예제에서 $P(G|T)$의 분자는 영업한지 10년 이상이면서 보증기간 좋은 서비스를 제공하는 딜러의 수인 $n(T \cap G) = 16$이고, 분모는 영업한지 10년 이상 된 딜러의 수인 $n(T)$이므로 다음과 같이 쓸 수 있다.

$$P(G|T) = \frac{n(T \cap G)}{n(T)}$$

그리고 나서 분자와 분모를 주어진 도시의 신차 딜러의 전체수인 $n(S)$로 나누면,

$$P(G|T) = \frac{\frac{n(T \cap G)}{n(S)}}{\frac{n(T)}{n(S)}} = \frac{P(T \cap G)}{P(T)}$$

를 얻고, 따라서 전체 표본공간 S로 정의된 두 확률들로 조건부확률 $P(G \mid T)$가 표현된다.

앞선 과정을 일반화하여 조건부확률은 다음과 같이 정의하도록 한다.

정의 2.4 **조건부확률** 만약 A와 B가 표본공간 S의 임의의 두 사건이고, $P(A) \neq 0$이면 주어진 조건 A에 대한 B의 **조건부확률**은 다음과 같다.

$$P(B|A) = \frac{P(A \cap B)}{P(A)}$$

예제 2.16

예제 2.15를 참고하여 영업한지 10년 이상 된 딜러들 중 한 명이 보증기간 좋은 서비스를 제공할 확률은 얼마인가?

풀이 $P(T' \cap G) = \frac{10}{50} = 0.20$ 이고 $P(T') = \frac{10+20}{50} = 0.60$ 이므로, 공식에 대입하여 다음과 같이 계산된다.

$$P(G|T') = \frac{P(T' \cap G)}{P(T')} = \frac{0.20}{0.60} = \frac{1}{3}$$

확률이 모두 등확률인 예제로 $P(B \mid A)$에 대한 공식을 소개하였지만, 이것이 공식을 쓰는데 필수조건은 아니다.

예제 2.17

예제 2.9와 같이 설정된 주사위를 참고하여 굴린 주사위의 눈이 완전제곱인 확률은 얼마인가? 또한 주사위 눈이 3 이상인 조건이 주어졌을 때 완전제곱인 확률은 얼마인가?

풀이 만약 A를 굴린 주사위 눈이 3보다 큰 사건이고, B는 주사위 눈이 완전제곱인 사건이라고 한다면 $A = \{4, 5, 6\}$, $B = \{1, 4\}$이고, $A \cap B = \{4\}$이다. 설정된 주사위로 1, 2, 3, 4, 5, 6을 굴리는 확률은 $\frac{2}{9}$, $\frac{1}{9}$, $\frac{2}{9}$, $\frac{1}{9}$, $\frac{2}{9}$, $\frac{1}{9}$(32쪽 참조) 이므로, 첫 번째 질문의 답은 다음과 같다.

$$P(B) = \frac{2}{9} + \frac{1}{9} = \frac{1}{3}$$

$P(B \mid A)$를 계산하기 위해 먼저 다음을 계산한다.

$$P(A \cap B) = \frac{1}{9} \text{ 이고, } P(A) = \frac{1}{9} + \frac{2}{9} + \frac{1}{9} = \frac{4}{9}$$

그러면 정의 2.4의 식에 대입해서 다음을 얻을 수 있다.

$$P(B|A) = \frac{P(A \cap B)}{P(A)} = \frac{\frac{1}{9}}{\frac{4}{9}} = \frac{1}{4}$$

앞선 예제에서 정의 2.4의 식이 "옳은" 답을 도출하는지 검증하기 위해서, 축소된 표본공간 A의 두 짝수에 확률 v, 홀수에는 확률 $2v$를 할당해야 하고, 이와 같은 3개의 확률의합은 1이어야 한다. 따라서 $v + 2v + v = 1$, $v = \frac{1}{4}$이고, 앞에서처럼 $P(B|A) = \frac{1}{4}$이다.

예제 2.18

항공기 부품 제조업자는 과거 경험으로부터 주문이 정시에 선적될 확률이 0.80이고, 주문이 정시에 선적되고 정시에 배달될 확률이 0.72라고 알고 있다. 이런 주문이 정시에 선적되어 있을 때 정시에 배달될 확률은 얼마인가?

풀이 R은 주문이 정시에 선적되는 사건을 나타내고, D는 주문이 정시에 배달될 사건을 나타낸다고 하면, $P(R) = 0.80$이고, $P(R \cap D) = 0.72$이며,

$$P(D|R) = \frac{P(R \cap D)}{P(R)} = \frac{0.72}{0.80} = 0.90$$

가 계산된다. 따라서 정시에 선적을 한다면 선적된 화물의 90퍼센트는 정시에 배달될 것이다. 정시에 배달된 화물이 역시 정시에 선적되었는지 나타내는 확률인 $P(R|D)$는 추가적인 정보 없이 결정되지 않는다는 점에 유의하라. 이 목적을 위해서 $P(D)$를 알아야 한다.

정의 2.4의 식의 양변에 $P(A)$를 곱해서 표현하면 다음의 **곱셈규칙 (multiplication rule)** 을 찾을 수 있다.

정리 2.9 A와 B가 표본공간 S의 임의의 두 사건이고, $P(A) \neq 0$이면,

$$P(A \cap B) = P(A) \cdot P(B|A)$$

말하자면 A와 B가 둘 다 일어날 확률은 A의 확률과 A가 주어졌을 때 B의 조건부확률의 곱이다. 다시 말해 $P(B) \neq 0$이면 A와 B가 둘 다 일어날 확률은 B의 확률과 B가 주어졌을 때 A의 조건부확률의 곱이다. 기호로,

$$P(A \cap B) = P(B) \cdot P(A|B)$$

이 곱셈규칙을 유도하기 위해 정리 2.9의 식에 A와 B를 바꾸어 넣고, $A \cap B = B \cap A$라는 사실을 사용하도록 한다.

예제 2.19

240개의 텔레비전 튜브 중에 15개의 불량품이 있는 화물에서 연속적으로 두 개의 텔레비전 튜브를 무작위로 뽑는다고 한다면, 둘 다 불량품일 확률은 얼마인가?

풀이 각각의 선택이 등확률이라고 가정한다면("무작위"로 튜브를 뽑는다는 의미에서), 첫 번째 튜브가 불량품일 확률은 $\frac{15}{240}$이고, 첫 번째 튜브가 불량품일 때 두 번째 튜브가 불량품일 확률은 $\frac{14}{239}$이다. 따라서 둘 다 불량품일 확률은 $\frac{15}{240} \cdot \frac{14}{239} = \frac{7}{1,912}$이다. 이것은 **비복원추출(sampling without replacement)**을 가정한 것이다. 즉, 첫 번째 튜브는 두 번째 튜브를 뽑기 전에 복원되지 않는다. ●

예제 2.20

다음의 추출 방법으로 52장의 카드 더미에서 연속적으로 두 장의 에이스를 무작위로 뽑는 확률을 찾아라.

(a) 비복원추출

(b) 복원추출

풀이

(a) 두 번째 카드를 뽑기 전에 첫 번째 카드가 복원되지 않으면, 연속적으로 두 장의 에이스를 얻는 확률은 다음과 같다.

$$\frac{4}{52} \cdot \frac{3}{51} = \frac{1}{221}$$

(b) 두 번째 카드를 뽑기 전에 첫 번째 카드가 복원이 된다면, 이에 해당하는 확률은 다음과 같다.

$$\frac{4}{52} \cdot \frac{4}{52} = \frac{1}{169}$$

●

앞선 두 예제에서 기술한 상황에서 두 사건 A와 B 사이에 일정한 시간적 순서가 있다. 그러나 이러한 시간적 순서는 $P(A|B)$나 $P(B|A)$를 사용할 때에 반드시 필요한 것은 아니다. 예를 들어 (복원 없이) 뽑힌 두 번째 카드가 에이스로 주어져 있을 때 첫 번째 카드가 에이스인 확률을 물어볼 수 있다. 그 답은 $\frac{3}{51}$이다.

정리 2.9는 2개 이상의 사건들에 적용되도록 쉽게 일반화할 수 있다. 예를 들어 3개의 사건들에 대해서 다음의 정리를 얻을 수 있다.

정리 2.10 A, B, C가 표본공간 S의 $P(A \cap B) \neq 0$인 임의의 3가지 사건들일 때,

$$P(A \cap B \cap C) = P(A) \cdot P(B|A) \cdot P(C|A \cap B)$$

증명 $A \cap B \cap C$를 $(A \cap B) \cap C$라 쓰고, 정리 2.9의 식을 두 번 사용하면 다음을 얻을 수 있다.

$$\begin{aligned} P(A \cap B \cap C) &= P[(A \cap B) \cap C] \\ &= P(A \cap B) \cdot P(C|A \cap B) \\ &= P(A) \cdot P(B|A) \cdot P(C|A \cap B) \end{aligned}$$

■

예제 2.21

퓨즈 한 상자에 20개의 퓨즈가 들어 있는데, 이 중에서 5개는 불량품이다. 그 퓨즈 중 3개를 복원 없이 무작위로 선택해서 그 상자에서 뽑아내면, 3개 퓨즈 모두 불량품인 확률은 얼마인가?

풀이 A는 첫 번째 퓨즈가 불량품인 사건이고, B는 두 번째 퓨즈가 불량품인 사건이고, C는 세 번째 퓨즈가 불량품인 사건이면, $P(A)=\frac{5}{20}$, $P(B|A)=\frac{4}{19}$, $P(C|A\cap B)=\frac{3}{18}$이고, 이를 공식에 대입하면 다음을 얻을 수 있다.

$$\begin{aligned} P(A\cap B\cap C) &= \frac{5}{20}\cdot\frac{4}{19}\cdot\frac{3}{18} \\ &= \frac{1}{114} \end{aligned}$$

k 사건들에 대한 정리 2.9와 정리 2.10의 일반화는 간단히 할 수 있고, 나머지 공식은 수학적 귀납법으로 증명할 수 있다.

2.7 독립사건

간단히 말해서 어느 한 사건이 일어나든 일어나지 않든, 다른 사건이 일어나는 확률에 영향을 주지 않는다면 두 사건 A와 B는 **독립(independent)**이라고 한다. 예를 들어 앞선 예제 2.21에서 독립사건이 되려면 다음 퓨즈를 선택하기 전에 각각의 퓨즈가 복원되면 된다. 그리고 불량품 퓨즈를 얻게 되는 확률은 $\frac{5}{20}$로 유지된다.

기호로 나타내면 $P(B|A)=P(B)$이고, $P(A|B)=P(A)$이면 두 사건 A와 B는 독립이고, 조건부확률이 둘 다 존재할 때, 즉 $P(A)$와 $P(B)$ 모두 0이 아닐 때 이 등식 중 어느 것이나 다른 쪽을 의미함을 보여 줄 수 있다(연습문제 2.21 참조).

이제 정리 2.9의 식에 $P(B|A)$를 $P(B)$로 치환하면,

$$\begin{aligned} P(A\cap B) &= P(A)\cdot P(B|A) \\ &= P(A)\cdot P(B) \end{aligned}$$

를 얻고 이것을 독립의 공식적인 정의로 사용할 수 있다.

정의 2.5 **독립** 두 사건 A와 B가 **독립**일 필요충분 조건은 다음과 같다.

$$P(A\cap B)=P(A)\cdot P(B)$$

이 과정을 거꾸로 하면 정의 2.5가 이전에 주었던 독립의 정의를 의미함을 역시 보일 수 있다.

만약 두 사건이 독립이 아니라면 **종속(dependent)**이라고 한다. 정의 2.5 식의 유도에서 $P(B|A)$가 존재하고, 따라서 $P(A)\neq 0$임을 가정한다. 수학적 편의를 위해 $P(A)=0$와 $P(B)=0$ 양쪽 다 또는 어느 한 쪽일 때에도 이 정의를 적용하도록 한다.

예제 2.22

동전을 세 번 던져서 나온 8가지 가능한 결과 HHH, HHT, HTH, THH, HTT, THT, TTH, TTT는 등확률을 가정한다. A는 처음 두 번 던졌을 때 각각 앞면이 나오는 사건이고, B는 세 번째 동전 던지기에 뒷면이 나오는 사건이고, C는 세 번 던져서 정확하게 두 번 뒷면이 나오는 사건이라고 할 때, 다음을 보여라.

(a) 사건 A와 B가 독립이다.

(b) 사건 B와 C가 종속이다.

풀이

$$\begin{aligned} A &= \{\text{HHH, HHT}\} \\ B &= \{\text{HHT, HTT, THT, TTT}\} \\ C &= \{\text{HTT, THT, TTH}\} \\ A \cap B &= \{\text{HHT}\} \\ B \cap C &= \{\text{HTT, THT}\} \end{aligned}$$

이고, 8가지 가능한 결과들이 모두 동일한 확률이라고 가정하면 $P(A) = \frac{1}{4}$, $P(B) = \frac{1}{2}$, $P(C) = \frac{3}{8}$, $P(A \cap B) = \frac{1}{8}$, $P(B \cap C) = \frac{1}{4}$이다.

(a) $P(A) \cdot P(B) = \frac{1}{4} \cdot \frac{1}{2} = \frac{1}{8} = P(A \cap B)$이므로 사건 A와 B는 독립이다.

(b) $P(B) \cdot P(C) = \frac{1}{2} \cdot \frac{3}{8} = \frac{3}{16} \neq P(B \cap C)$이므로 사건 B와 C는 독립이 아니다.

정의 2.5와 관련하여 A와 B가 독립이면 A와 B', A'와 B, A'와 B'도 독립이다. 예를 들어,

정리 2.11 A와 B가 독립이면 A와 B'도 역시 독립이다.

증명 독자들에게 연습문제 2.4의 (a)에서 보이라고 한 것처럼, $A = (A \cap B) \cup (A \cap B')$이고, $A \cap B$와 $A \cap B'$는 상호배타적이고, A와 B는 가정에서 독립이라고 하였으므로 다음을 얻을 수 있다.

$$\begin{aligned} P(A) &= P[(A \cap B) \cup (A \cap B')] \\ &= P(A \cap B) + P(A \cap B') \\ &= P(A) \cdot P(B) + P(A \cap B') \end{aligned}$$

이것은 다음과 같이 정리된다.

$$\begin{aligned} P(A \cap B') &= P(A) - P(A) \cdot P(B) \\ &= P(A) \cdot [1 - P(B)] \\ &= P(A) \cdot P(B') \end{aligned}$$

따라서 A와 B'는 독립이다.

연습문제 2.22와 2.23에서 A와 B가 독립이면 A'와 B가 독립이고, A'와 B'도 독립이며, A와 B가 독립이 아니면, A와 B'가 종속임을 보여야 할 것이다.

두 사건 이상에 대한 독립의 개념을 확장하기 위해서 다음의 정의를 사용한다.

정의 2.6 **두 사건 이상에 대한 독립** 사건 $A_1, A_2, \cdots, A_k$가 **독립**일 필요충분 조건은 이 사건들의 2개, 3개, ⋯ , k개의 임의의 교집합의 확률이 그 각각의 확률들의 곱과 동일할 때이다.

예를 들어 세 사건 A, B, C에 대해서 독립은 다음과 같은 조건을 필요로 한다.

$$P(A \cap B) = P(A) \cdot P(B)$$
$$P(A \cap C) = P(A) \cdot P(C)$$
$$P(B \cap C) = P(B) \cdot P(C)$$

그리고

$$P(A \cap B \cap C) = P(A) \cdot P(B) \cdot P(C)$$

3가지 이상의 사건들은 독립이 아니어도 **짝으로만 독립 (pairwise independent)** 이 가능하다는 점이 주목할 만하다.

예제 2.23

그림 2.8은 여러 영역에 할당된 확률로 벤 다이어그램을 나타낸다. A와 B가 독립이고, A와 C가 독립이고, B와 C가 독립이지만, A와 B와 C는 독립이 아님을 검증하여라.

풀이 다이어그램으로부터 $P(A) = P(B) = P(C) = \frac{1}{2}$,
$P(A \cap B) = P(A \cap C) = P(B \cap C) = \frac{1}{4}$, $P(A \cap B \cap C) = \frac{1}{4}$을 보일 수 있다. 따라서

$$P(A) \cdot P(B) = \frac{1}{4} = P(A \cap B)$$
$$P(A) \cdot P(C) = \frac{1}{4} = P(A \cap C)$$
$$P(B) \cdot P(C) = \frac{1}{4} = P(B \cap C)$$

하지만

$$P(A) \cdot P(B) \cdot P(C) = \frac{1}{8} \neq P(A \cap B \cap C)$$

부수적으로 앞의 예제는 "실제" 전등을 조절하는 3개의 스위치가 있는 커다란 방으로 해석해 볼 수 있다. 이 전등들은 3개의 스위치 모두를 "올릴 때"도 불이 들어오고, 아니면 이 스위치 중 1개는 "올리고" 다른 2개는 "내릴 때"도 불이 들어온다. 만약 A는 첫 번째 스위치를 "올리는" 사건이고, B는 두 번째 스위치를 "올리는" 사건이고, C는 세 번째 스위치를 "올리는" 사건이라면, 그림 2.8의 벤 다이어그램은 전등을 켤 때 스위치를 "올리는" 것이나 "내리는" 것과 관련된 확률들의 가능한 집합을 보여 준다.

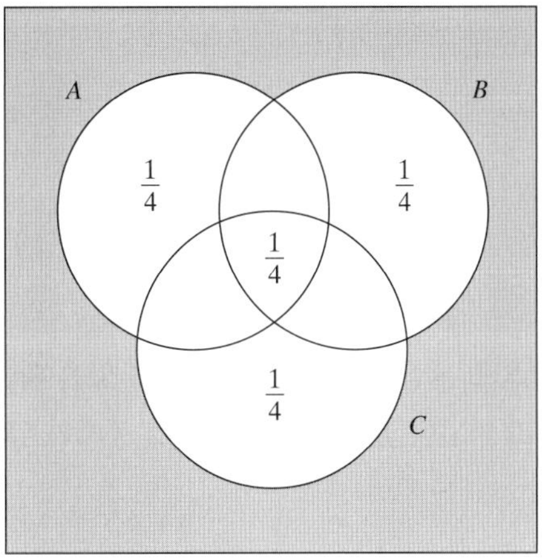

그림 2.8 예제 2.23의 벤 다이어그램.

A, B, C가 짝으로만 독립이 아니어도 $P(A \cap B \cap C) = P(A) \cdot P(B) \cdot P(C)$가 역시 될 수 있다 – 이것은 연습문제 2.24에서 여러분이 검증할 것이다.

물론 특정 사건들이 독립으로 주어져 있으면, 그들이 모두 일어날 확률은 그들 각각의 확률들의 곱이 된다.

예제 2.24

다음을 구하여라.

(a) 균형 잡힌 동전을 세 번 던져서 세 번 앞면을 얻는 확률

(b) 균형 잡힌 주사위를 다섯 번 굴려서 네 번의 6과 다른 수를 얻는 확률

풀이

(a) 각 시행에서 앞면의 확률은 $\frac{1}{2}$이고 세 결과가 서로 독립이다. 따라서 우리는 곱할 수 있고 결과는 다음과 같다.

$$\frac{1}{2} \cdot \frac{1}{2} \cdot \frac{1}{2} = \frac{1}{8}$$

(b) 각 시행에서 6이 나올 확률은 $\frac{1}{6}$이다. 따라서 6이 아닌 수가 나올 확률은 $\frac{5}{6}$이다. 시행은 독립이므로, 우리는 각각의 확률을 곱해서 다음을 얻을 수 있다.

$$\frac{1}{6} \cdot \frac{1}{6} \cdot \frac{1}{6} \cdot \frac{1}{6} \cdot \frac{5}{6} = \frac{5}{7,776}$$

2.8 베이즈 정리

많은 경우에 실험의 결과는 다양한 중간 단계에서 발생하는 일에 좌우된다. 다음은 중간 단계가 두 가지 상황들로 구성되어 있는 간단한 예제이다:

예제 2.25

건설 공사의 완료는 파업으로 지연될 수도 있다. 파업이 있을 확률은 0.60이고, 파업 없이 제때에 건설 공사가 완료되는 확률은 0.85이고, 파업이 있는데 제때에 건설 공사가 완료되는 확률은 0.35이다. 제때에 건설 공사가 완료될 확률은 얼마인가?

풀이 A는 제때에 건설 공사가 완료될 사건이고, B는 파업이 있을 사건이면, $P(B) = 0.60$, $P(A \mid B') = 0.85$, $P(A \mid B) = 0.35$이다. 연습문제 2.4의 (a) 의 식, 상호배타적인 $A \cap B$와 $A \cap B'$, 그리고 곱셈규칙의 두 번째 형식을 사용하면,

$$\begin{aligned} P(A) &= P[(A \cap B) \cup (A \cap B')] \\ &= P(A \cap B) + P(A \cap B') \\ &= P(B) \cdot P(A|B) + P(B') \cdot P(A|B') \end{aligned}$$

이라고 쓸 수 있다.
그러면 주어진 값을 대입하여 다음을 얻을 수 있다

$$\begin{aligned} P(A) &= (0.60)(0.35) + (1 - 0.60)(0.85) \\ &= 0.55 \end{aligned}$$

이와 같은 상황의 일반적인 경우는 중간 단계에 가지의 다른 상황(이것들이 일어나는 것을 $B_1, B_2, \cdots, B_k$로 표시한다)이 있을 때이다. 다음의 정리는 때때로 **전체 확률의 규칙(rule of total probability)** 또는 **소거규칙(rule of elimination)** 이라고 한다.

정리 2.12 사건 $B_1, B_2, \cdots, B_k$가 표본공간 S에서 분할을 이루고 있고, $i = 1, 2, \cdots, k$에 대해 $P(B_i) \neq 0$이면, S의 임의의 사건 A에 대해 다음과 같다.

$$P(A) = \sum_{i=1}^{k} P(B_i) \cdot P(A|B_i)$$

8쪽의 각주에 정의한 것처럼 B들은 짝지어서 상호배타적이고 합집합이 S와 같을 때 표본공간에서 분할을 이룬다. 정리 2.12의 증명은 기본적으로 예제 2.25에서 사용한 과정과 동일하게 구성되고, 이것은 연습문제 2.32로 독자들에게 남긴다.

예제 2.26

컨설팅 회사 직원들이 3곳의 렌탈 업체로부터 차를 빌렸다. 60퍼센트는 업체 1, 30퍼센트는 업체 2, 10퍼센트는 업체 3. 업체 1의 차 중 9퍼센트가 엔진오일교환이 필요하고, 업체 2의 차 중 20퍼센트가 엔진오일교환이 필요하며, 업체 3의 차 중 6퍼센트가 엔진오일교환이 필요하다면, 회사가 빌린 차들 중에 엔진오일교환이 필요한 확률은 얼마인가?

풀이 A는 차가 엔진오일교환이 필요한 사건이고, B_1, B_2, B_3는 차가 렌탈 업체 1, 2, 3으로부터 차가 오는 사건이면, $P(B_1) = 0.60$, $P(B_2) = 0.30$, $P(B_3) = 0.10$, $P(A \mid B_1) = 0.09$, $P(A \mid B_2) = 0.20$, $P(A \mid B_3) = 0.06$이다. 정리 2.12의 식에 이 값들을 대입하면 다음을 얻는다.

$$\begin{aligned} P(A) &= (0.60)(0.09) + (0.30)(0.20) + (0.10)(0.06) \\ &= 0.12 \end{aligned}$$

따라서 회사가 빌린 전체 차 중에서 12퍼센트는 엔진오일교환이 필요하다.

앞의 예제를 참고하여 다음 질문에 관심이 있다고 가정해 보자. 컨설팅 회사가 빌린 차가 엔진오일교환이 필요하다면, 이 차가 렌탈 업체 2에서 왔을 확률은 얼마인가? 이 같은 종류의 질문에 답하기 위해서 **베이즈 정리 (Bayes' theorem)** 라고 하는 다음의 정리가 필요하다.

정리 2.13 $B_1, B_2, \cdots, B_k$가 표본공간 S에서 분할을 이루고 있고, $i = 1, 2, \cdots, k$에 대해 $P(B_i) \neq 0$이면, $P(A) \neq 0$인 S의 임의의 사건 A에 대해,

$$P(B_r|A) = \frac{P(B_r) \cdot P(A|B_r)}{\sum_{i=1}^{k} P(B_i) \cdot P(A|B_i)}$$

여기서 $r = 1, 2, \cdots, k$.

말하자면 사건 A가 그림 2.9의 나무 다이어그램의 k개 가지들 중 하나를 거쳐서 도달한다고 할 때, r번째 가지를 거쳐 도달하는 확률은 이 나무의 모든 k개 가지와 관련된 확률들의 합에 대한 r번째 가지와 관련된 확률의 비율이다.

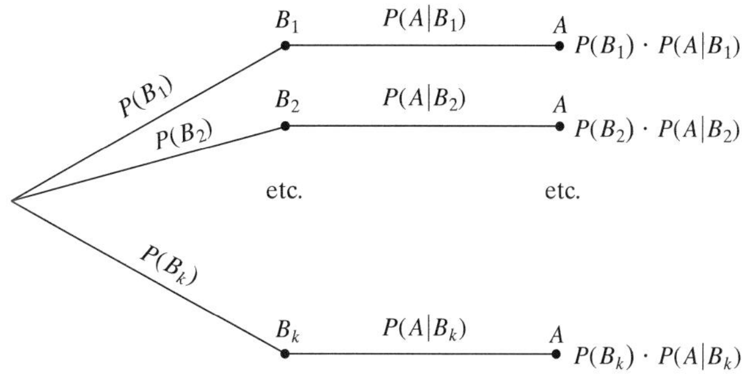

그림 2.9 베이즈 정리에 대한 나무 다이어그램.

증명 조건부확률의 정의에 따라 $P(B_r|A) = \dfrac{P(A \cap B_r)}{P(A)}$라 하면, $P(A \cap B_r)$에 대해 $P(B_r) \cdot P(A \mid B_r)$를, $P(A)$에 대해 정리 2.12의 식을 대입하면 된다.

예제 2.27

예제 2.26을 참고하여 컨설팅 회사가 빌린 차가 엔진오일교환이 필요하다면, 이 차가 렌탈 업체 2에서 왔을 확률은 얼마인가?

풀이 정리 2.13의 식에 49쪽의 확률을 대입하면 다음을 얻는다.

$$\begin{aligned} P(B_2|A) &= \frac{(0.30)(0.20)}{(0.60)(0.09) + (0.30)(0.20) + (0.10)(0.06)} \\ &= \frac{0.060}{0.120} \\ &= 0.5 \end{aligned}$$

회사가 빌리는 차 중 30퍼센트가 업체 2에서 오지만, 엔진오일교환이 필요한 차 중 50퍼센트는 이 업체로부터 온다는 점을 주목하여라.

예제 2.28

드물지만 심각한 질병인 D가 특정한 모집단에서 0.01%의 확률로 발견된다. 병에 걸린 사람의 98%가 양성이 되고, 병에 걸리지 않은 사람의 3%만이 양성으로 판별되는 실험을 개발하였다. 양성으로 판별된 사람이 병에 걸리지 않았을 확률을 구하여라.

풀이 $\overline{D}$와 $\overline{p}$를 주어진 모집단에서 각각 사람이 병에 걸리지 않을 확률과 실험에 의해서 음성으로 발결된 확률을 나타낸다고 하자. 주어진 확률을 정리 2.13의 식에 대입하면 우리는 다음 값을 얻는다.

$$P(\overline{D} \mid p) = \frac{P(\overline{D})P(p \mid \overline{D})}{P(D)P(p \mid D) + P(\overline{D})P(p \mid \overline{D})} = \frac{0.9999 \cdot 0.03}{0.0001 \cdot 0.98 + 0.9999 \cdot 0.03} = 0.997$$

이 예제는 희귀한 질병에 대한 받아들일 수 없을 만큼 높은 확률의 잘못된 양성 반응을 가지지 않은 판별 실험을 찾는 것이 거의 불가능이라는 것을 보여 준다.

비록 베이즈 정리가 확률의 공리와 조건부확률의 정의를 따르지만, 광범위한 논쟁이 있는 주제이다. 베이즈 정리의 정당성에 대한 이견은 없지만, **사전 확률(prior probabilities)** $P(B_i)$의 할당에 대한 상당한 논의가 있어 왔다. 역시, 일종의 "반대 방향의" 또는 "거꾸로 된" 추론, 즉 "결과로부터 원인"을 추론하기 때문에 다량의 신비주의적인 요소가 베이즈 정리를 둘러싸고 있다. 예를 들어 예제 2.27에서 엔진오일교환을 필요로 하는 것이 결과이고, 렌탈 업체 2에서 오는 것이 원인이다.

연습문제

2.17 조건부확률이 확률의 공리를 만족함을 보여라. 다시 말해 $P(B) \neq 0$일 때 다음을 보여라.

(a) $P(A \mid B) \geqq 0$

(b) $P(B \mid B) = 1$

(c) 상호배타적인 사건 $A_1, A_2, \cdots$ 에 대하여 $P(A_1 \cup A_2 \cup \cdots \mid B) = P(A_1 \mid B) + P(A_2 \mid B) + \cdots$.

2.18 다음을 숫자로 되어 있는 구체적인 예로 보여라.

(a) $P(B \mid A) + P(B \mid A')$가 1일 때

(b) $P(B \mid A) + P(B \mid A')$가 1이 아닐 때

2.19 정리 2.10의 증명 방법을 다시 사용하여 $P(A \cap B \cap C) \neq 0$일 때 $P(A \cap B \cap C \cap D) = P(A) \cdot P(B \mid A) \cdot P(C \mid A \cap B) \cdot P(D \mid A \cap B \cap C)$를 보여라.

2.20 세 사건 A, B, C가 $P(A \cap B \cap C) \neq 0$이고, $P(C \mid A \cap B) = P(C \mid B)$라 할 때, $P(A \mid B \cap C) = P(A \mid B)$를 보여라.

2.21 $P(B \mid A) = P(B)$이고, $P(B) \neq 0$일 때 $P(A \mid B) = P(A)$를 보여라.

2.22 사건 A와 B가 독립일 때, 다음을 보여라.

(a) 사건 A'와 B가 독립이다.

(b) 사건 A'와 B'가 독립이다.

2.23 사건 A와 B가 종속일 때 사건 A와 B'가 종속임을 보여라.

2.24 그림 2.10을 참고하여 $P(A \cap B \cap C) = P(A) \cdot P(B) \cdot P(C)$가 반드시 A, B, C가 모두 짝으로만 독립을 의미하는 것은 아님을 보여라.

2.25 그림 2.10을 참고하여 A가 B에 대해 독립이고, A가 C에 대해 독립이면 B는 C에 대해 반드시 독립은 아님을 보여라.

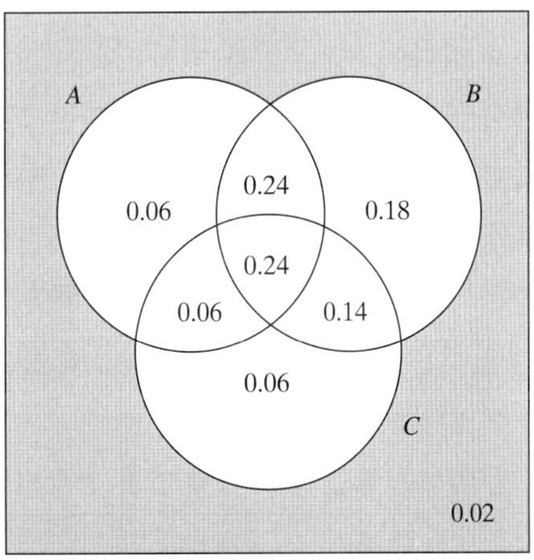

그림 2.10 연습문제 2.24, 2.25, 2.26에 대한 다이어그램.

2.26 그림 2.10을 참고하여 A가 B에 대해 독립이고, A가 C에 대해 독립이면 A는 $B \cup C$에 대해 반드시 독립은 아님을 보여라.

2.27 사건 A, B, C가 독립일 때 다음을 보여라.

(a) A와 $B \cap C$가 독립이다.

(b) A와 $B \cup C$가 독립이다.

2.28 $P(A \mid B) < P(A)$이면 $P(B \mid A) < P(B)$임을 증명하여라.

2.29 $A_1, A_2, \cdots, A_n$이 독립 사건일 때 다음을 증명하여라.

$$P(A_1 \cup A_2 \cup \cdots \cup A_n) = 1 - \{1 - P|A_1\} \cdot \{1 - P|A_2\} \ldots \{1 - P|A_n\}$$

2.30 $2^k - k - 1$이 k개 사건들을 독립으로 만족시키는 조건임을 보여라.

2.31 임의의 사건 A에 대하여 A와 $\emptyset$은 독립임을 보여라.

2.32 연습문제 2.1의 (b)에 주어진 분배법칙을 일반화하여 다음과 같이 주어졌을 때 정리 2.12를 증명하여라.

$$A \cap (B_1 \cup B_2 \cup \cdots \cup B_k) = (A \cap B_1) \cup (A \cap B_2) \cup \cdots \cup (A \cap B_k)$$

2.33 한 주사위가 $i = 1, 2, \cdots, n$의 숫자가 매겨진 n면을 가지고 있다고 가정하자. i가 매겨진 면이 나오는 확률은 각각의 i값에 대해 같다고 하자. 그 주사위는 n번 굴리고 (독립을 가정한다) i번째 굴렸을 때 i면이 나오는 것을 "매치"라고 정의하자. 적어도 한 번의 매치가 있을 확률이 다음과 같음을 증명하여라.

$$1 - \left(\frac{n-1}{n}\right)^n = 1 - \left(1 - \frac{1}{n}\right)^n$$

2.34 표본공간 S에서 정의된 두 임의의 사건 A와 B에 대해 $P(A \cup B) \geq 1 - P(A') - P(B')$임을 보여라. (힌트: 벤 다이어그램을 사용하여라.)

◆ 2.9 실제 예

"확률"은 일상적인 언어 중 하나이지만, "있을 법한" 또는 "있음직한"과 같은 말을 쓰지 않고 정의하기 어렵다. 실례로, 웹스터에서 나온 **신 인터내셔널 사전 3판**은 "확률"을 "있을 법한 성질이나 상태"로 정의한다. 확률의 개념이 수학이나 과학 분야에 사용될 때는 더 정확하고, 덜 완곡한 정의가 요구된다.

2.4절에 주어진 확률의 공리는 이 기준을 만족시킨다. 2.5절에 주어진 규칙들과 함께, 이 정의는 "상식적이고" 실험적으로 검증할 수 있는 확률의 계산을 제공한다. 통계학의 전반적인 이론은 확률의 개념에 기초하고 있다. 주목할 만한 것은 전반적인 확률의 구조, 즉 통계학의 구조는 이 장에서 주어진 비교적 직접적인 근거로 이루어질 수 있다는 점이다.

확률은 운에 좌우되는 게임이나, 또는 도박에서 먼저 생각되었다. 운에 좌우되는 다양한 게임의 참가자들은 주사위를 굴리거나 룰렛판을 돌리는 결과를 지배하는 "규칙"이 있을 것 같다고 생각했다. 그들 중 몇몇은 완전히 경험에 기초해서 몇 가지 규칙들을 자명한 일로 간주하였다. 그러다 확률에 대하여 도박자들 사이에서 다툼이 일어나고, 어느 날 유명한 수학자에게 그들의 의문을 가져갔다. 이를 계기로 해서 현대 확률론이 발전하기 시작하였다.

운에 좌우되는 게임과 관련된 문제들이 계기가 되었기에, 확률론은 먼저 정리 2.2에서 표현된 **등확률(equal likelihood)**의 가정하에 전개되었다. 이 가정하에 누군가 한 사건의 확률을 계산하기 위해서 "성공적인" 결과들의 경우의 수를 세고, "가능한" 결과들의 경우의 수로 나누었다.

등확률의 가정은 예를 들어, 경마장에서 3연승 단식 게임을 따게 될 확률을 찾으려고 할 때는 맞지 않다. 여기서 서로 다른 말들은 서로 다른 우승 확률이 있어서, 서로 다른 방법으로 확률값을 구하게 된다. 이전 경주에서 여러 말들의 기록을 고려해 보고, 우승 횟수를 출전 횟수로 나누어서 각 말들의 우승 확률을 계산하는 것이 일반적이다. 이런 생각이 확률의 **빈도해석(frequency interpretation)**의 기원이 되었고, 이것은 한 사건의 확률을 그 사건이 장기간의 반복된 실험에서 일어난 횟수의 비율로 해석하였다(이러한 해석은 23쪽에 먼저 언급되었다). 빈도해석의 적용은 수많은 실험적 시도로 기록에 의해 충분히 입증된 사건의 결과에 대한 이력을 필요로 한다. 이런 이력이 없는 경우, 일련의 실험들을 계획하여 그것의 결과들을 관찰한다. 예를 들어 **같은 공정에 의한 같은 명세서로 만들어진** 이전의 제조품 중 90퍼센트에서 불량품의 수가 3개 이하이면, 수많은 제조품들 중에서 많아야 3개의 불량품이 있을 확률은 0.90으로 평가된다.

더욱 최근에 사용된 확률을 계산하는 방법은 **주관적 방법(subjective method)**이라고 한다. 여기서 개인적인, 또는 주관적인 평가는 다른 방법으로 평가하기 어렵거나 불가능한 사건의 확률을 만들어 낸다. 예를 들어 주어진 미래 기간 동안 핵심적인 주식 시장의 지표들이 오를 확률은 경제와 세계의 상황들이 좀처럼 반복되지 않기 때문에 빈도해석을 사용하여 평가할 수 없다. 다른 예로, 배심원들은 피고의 유죄나 무죄를 "의심할 여지 없이" 결정할 때 이 방법을 사용한다. 주관적인 확률은 다른 모든 방법이 실패할 때, 고도의 회의적인 태도를 가지고 사용해야 한다.

확률론의 의미 있는 적용은 **신뢰도(reliability)** 이론과 관계되어 있다. 성분이나 체계의 신뢰도는 다음과 같이 정의된다.

정의 2.7 **신뢰도** 생산품의 **신뢰도**는 특정한 환경 조건과 기간 동안 특정한 제약 조건에서 그것이 작동할 확률이다.

따라서 자동차 일반타이어의 신뢰도는 포장된 도로에서 제한 속도 이내로 이동하는 승용차로 10,000마일을 운행할 때 1에 가깝지만, 인디애나폴리스에서 열리는 500마일 자동차 경주에서는 비록 짧은 거리라 하여도 0에 가깝다.

여러 성분들로 구성된 시스템의 신뢰도는 직렬이나 병렬로, 또는 둘 다 사용되어 연결된 성분으로 시스템이 완전히 구성되어 있으면, 개별적인 성분의 신뢰도로부터 계산될 수 있다. **직렬 시스템(series system)**은 성분 중 어떤 하나(혹은 그 이상)가 작동하지 않을 때 전체 시스템이 작동하지 않도록 모든 성분이 서로 관련되어 있는 체계이다. **병렬 시스템(parallel system)**은 모든 성분이 작동하지 않을 때만 작동하지 않는 체계이다. 직렬 시스템의 예는 "연속해서" 전기에 연결한 크리스마스 전구 줄이다. 만약 하나의 전구가 작동하지 않으면 전체 줄은 불이 켜지지 않을 것이다. 병렬 시스템은 때때로 "여분의" 체계로 불린다. 예를 들어 민간 항공기에서 착륙 바퀴를 내리는 수압 시스템이 작동하지 않으면 수동으로 내릴 수 있다.

직렬 시스템으로 연결된 성분들이 독립이라고, 즉 한 부분이 작동해도 다른 부분의 신뢰도에 영향을 주지 않는다고 가정한다. 이 가정하에 정의 2.5를 확장하면 병렬 시스템의 신뢰도가 된다. 따라서 다음을 얻을 수 있다.

정리 2.14 n개 독립적인 성분으로 구성된 **직렬 시스템의 신뢰도 (reliability of a series system)** 는 다음과 같다.

$$R_s = \prod_{i=1}^{n} R_i$$

여기서 R_i는 i번째 성분의 신뢰도이다.

증명 정의 2.5를 되풀이하면 바로 증명이 된다. ■

정리 2.14는 신뢰도에서 증가된 복잡성의 효과를 생생하게 설명하고 있다. 예를 들어 어떤 직렬 시스템이 5개의 성분이 있고, 각 성분의 신뢰도가 0.970이면 전체 시스템의 신뢰도는 겨우 $(0.970)^5 = 0.859$이다. 시스템의 복잡성이 이제 10개의 성분을 가지는 정도로 증가되면 신뢰도는 $(0.970)^{10} = 0.738$로 감소될 것이다.

직렬 시스템의 신뢰도를 향상시키는 한 방법은 병렬로 연결된 몇 개의 성분으로 직렬의 성분 중 일부 또는 전부를 교체하는 병렬의 여분을 도입하는 것이다. 한 시스템이 병렬로 연결된 n개의 독립된 성분들로 구성되어 있다면, 모든 성분이 작동하지 않을 때만 시스템이 작동하지 않을 것이다. 따라서 i번째 성분에 대해서 작동하지 않을 확률은 $F_i = 1 - R_i$이고, 이것은 성분의 "비신뢰도"라고 한다. 다시 정의 2.5를 적용하여 다음을 얻을 수 있다.

정리 2.15 n개 독립적인 성분으로 구성된 **병렬 시스템의 신뢰도 (reliability of a parallel system)** 는 다음과 같다.

$$R_p = 1 - \prod_{i=1}^{n}(1 - R_i)$$

증명 R_i를 $(1 - R_i)$로 대신하면 이 정리의 증명은 정리 2.14의 증명과 동일하다. ■

예제 2.29

그림 2.11에서 나타낸 시스템을 생각해 보면, 이것은 그림에서 보여 준 신뢰도를 가지는 8개의 성분들로 구성되어 있다. 이 시스템의 신뢰도를 구하여라.

풀이 병렬 시스템 C, D, E는 신뢰도 $1 - (1 - 0.70)^3 = 0.973$를 가지는 C'이란 성분으로 대신할 수 있다. 비슷하게 F, G는 신뢰도 $1 - (1 - 0.75)^2 = 0.9375$를 가지는 F'으로 대신할 수 있다. 따라서 이 시스템은 신뢰도 $(0.95)(0.99)(0.973)(0.9375)(0.90) = 0.772$를 가지는 직렬 체계 A, B, C', F', H로 축소된다. ●

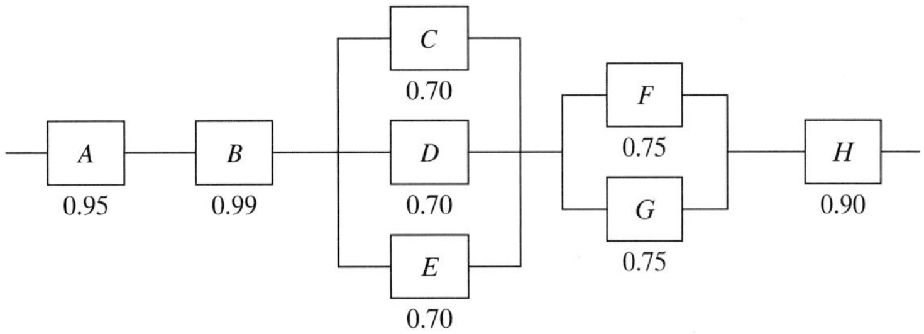

그림 2.11 직렬과 병렬 시스템의 조합.

2.1~2.3절

응용문제

2.35 $S = \{1, 2, 3, 4, 5, 6, 7, 8, 9\}$, $A = \{1, 3, 5, 7\}$, $B = \{6, 7, 8, 9\}$, $C = \{2, 4, 8\}$, $D = \{1, 5, 9\}$이면, 다음 사건에 해당하는 S의 부분집합의 원소를 나열하여라.

(a) $A' \cap B$ **(b)** $(A' \cap B) \cap C$ **(c)** $B' \cup C$
(d) $(B' \cup C) \cap D$ **(e)** $A' \cap C$ **(f)** $(A' \cap C) \cap D$

2.36 한 전자회사가 서던 캘리포니아에 연구소 설립을 계획하고 있는데, 회사의 경영진은 로스앤젤레스, 샌디에고, 롱비치, 패서디나, 산타바바라, 애너하임, 산타모니카, 웨스트우드에 있는 부지 중에서 결정해야 한다. A는 경영진이 샌디에고나 산타바바라에 있는 부지를 선택하는 사건을 나타내고, B는 경영진이 샌디에고나 롱비치에 있는 부지를 선택하는 사건을 나타내고, C는 경영진이 산타바바라나 애너하임에 있는 부지를 선택하는 사건을 나타내고, D는 경영진이 로스앤젤레스나 산타바바라에 있는 부지를 선택하는 사건을 나타낸다면, 8가지의 부지 선택으로 구성된 표본공간에 대한 다음의 부분집합의 원소들을 나열하여라.

(a) A' **(b)** D' **(c)** $C \cap D$
(d) $B \cap C$ **(e)** $B \cup C$ **(f)** $A \cup B$
(g) $C \cup D$ **(h)** $(B \cup C)'$ **(i)** $B' \cap C'$

2.37 한 딜러가 자신의 진열실에 가지고 있는 8대의 차 중에서 차 1은 신차로, 에어컨, 파워핸들, 접의자를 가지고 있다. 차 2는 1년 된 차로, 에어컨은 있지만, 파워핸들과 접의자는 없다. 차 3은 2년 된 차로, 에어컨과 파워핸들은 있고, 접의자는 없다. 차 4는 3년 된 차로, 에어컨은 있지만, 파워핸들과 접의자는 없다. 차 5는 신차로, 에어컨, 파워핸들, 접의자가 다 없다. 차 6은 1년 된 차로, 파워핸들은 있지만, 에어컨과 접의자가 없다. 차 7은 2년 된 차로, 에어컨, 파워핸들, 접의자가 다 없다. 차 8은 3년 된 차로, 에어컨은 없지만 파워핸들과 접의자는 가지고 있다. 한 고객이 이들 차 중에서 한 대를 구매한다면, 예를 들어 신차를 선택하는 사건은 집합으로 나타낸다고 한다면, 유사하게 다음과 같은 사건을 나타내는 집합을 보여주어라.

(a) 에어컨이 없는 차를 선택하는 사건
(b) 파워핸들이 없는 차를 선택하는 사건
(c) 접의자가 있는 차를 선택하는 사건
(d) 2년이나 3년 된 차를 선택하는 사건

2.38 응용문제 2.37을 참고하여 고객의 선택이 다음과 같을 때, 고객은 어떤 종류의 차를 선택하는지 말해보아라.

(a) 2.37 (a) 의 여집합

(b) 2.37 (b) 와 (c) 의 합집합

(c) 2.37 (c) 와 (d) 의 교집합

(d) 2.37 (b) 와 2.38 (c) 의 교집합

2.39 브라운 양이 시애틀 신문에 판매 광고되고 있는 집들 중 한 채를 구입하는데, T는 그 집이 3개 이상의 욕실을 가지고 있는 사건이고, U는 벽난로를 가지고 있는 사건이고, V는 100,000달러 이상의 비용이 드는 사건이고, W는 새로 지은 집인 사건이라면, 다음 사건을 각각 (말로) 기술해 보아라.

(a) T' **(b)** U' **(c)** V'
(d) W' **(e)** $T \cap U$ **(f)** $T \cap V$
(g) $U' \cap V$ **(h)** $V \cup W$ **(i)** $V' \cup W$
(j) $T \cup U$ **(k)** $T \cup V$ **(l)** $V \cap W$

2.40 한 리조트 호텔에 공항과 호텔 사이를 왕복 운행하는 2대의 왜건 차량이 있다. 이 2대의 차량 중 큰 것은 5명의 승객을 태울 수 있고, 작은 것은 4명의 승객을 태울 수 있는데, 점 (0, 3) 은 어느 순간 작은 왜건에 3명의 승객 있는 동안 큰 왜건에는 아무도 없는 사건을 나타내고, 점 (4, 2) 는 어느 순간 작은 왜건에 2명의 승객이 있는 동안 큰 왜건에는 4명의 승객이 있는 사건을 나타내고, 이런 식으로 계속 나타낸다면 표본공간에 해당하는 30개의 점을 나타내는 그림을 그려라. 또한 E는 적어도 이 왜건들 중 하나는 비어있는 사건을 나타내고, F는 두 왜건을 통틀어 2, 4, 6의 승객을 태우는 사건이고, G는 각각 같은 수의 승객을 태우는 사건이라면, 다음의 사건에 해당하는 표본공간의 점들을 나열하여라.

(a) E **(b)** F **(c)** G
(d) $E \cup F$ **(e)** $E \cap F$ **(f)** $F \cup G$
(g) $E \cup F'$ **(h)** $E \cap G'$ **(i)** $F' \cap E'$

2.41 동전을 한 번 던졌다. 그래서 앞면이 나오면 주사위를 한 번 던진다. 뒷면이 나오면 동전을 두 번 더 던진다. (H, 2)란 표기를 이용해서 동전의 앞면이 나오고 주사위가 2가 나오는 사건을 나타내고, (T, T, T)는 동전을 던져 차례로 3번 뒷면이 나오는 사건을 나타낸다고 한다면, 다음을 나타내어라.

(a) 표본공간 S의 10개의 원소

(b) 정확하게 한 번 앞면이 나오는 사건 A에 대응하는 S의 원소

(c) 적어도 두 번 뒷면이 나오거나 4보다 큰 수가 나오는 사건 B에 대응하는 S의 원소

2.42 한 전자게임이 그림 2.12처럼 직렬-병렬 회로로 배열된 3개의 성분을 포함하고 있다. 임의의 시간에 각 성분

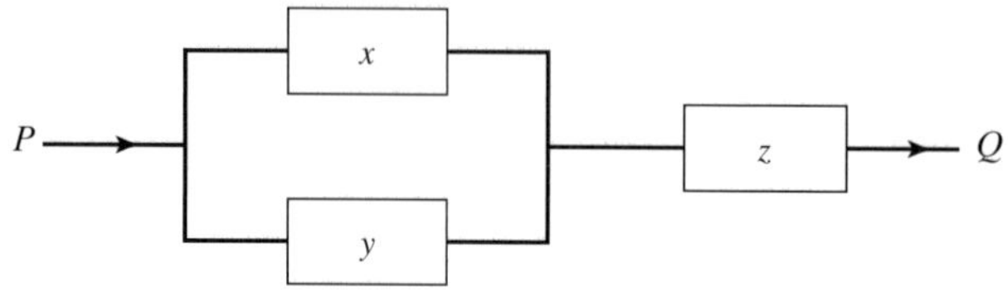

그림 2.12 응용문제 2.42에 대한 다이어그램.

들은 작동하거나 작동하지 않을 수 있는데, 게임은 P에서 Q로 연속적인 회로가 있을 때에만 작동할 것이다. A는 게임이 작동할 사건이라고 하자. B는 성분 x가 작동하지 않지만 게임이 작동하는 사건이라고 하자. C는 성분 y가 작동하지 않지만 게임이 작동하는 사건이라고 하자. 성분 x와 y는 작동하지 않지만 성분 z는 작동하는 것을 (0, 0, 1)이란 표기를 이용하여 나타낸다.

(a) 표본공간 S의 원소와 사건 A, B, C에 해당하는 S의 원소를 나열하여라.

(b) A와 B, A와 C, B와 C 같은 사건들의 쌍들이 상호배타적임을 확인하여라.

2.43 3이 나올 때까지 주사위를 굴리는 실험이 있다. 이 표본공간을 기술하고 다음을 확인해 보아라.

(a) k번째 주사위를 굴려서 3이 나오는 사건에 해당하는 표본공간의 원소는 수

(b) k번째 이내로 주사위를 굴려서 3이 나오는 사건에 해당하는 표본공간의 원소는 수

2.44 중심이 (2, −3)이고, 반지름이 3인 원 위와 안에 있는 모든 점 (x, y)로 이루어진 표본공간 를 나타내어라.

2.45 $S = \{x \mid 0 < x < 10\}$, $M = \{x \mid 3 < x \le 8\}$, $N = \{x \mid 5 < x < 10\}$일 때 다음을 찾아라.

(a) $M \cup N$ **(b)** $M \cap N$

(c) $M \cap N'$ **(d)** $M' \cup N$

2.46 그림 2.13에서 L은 한 운전자가 책임 보험에 들어 있는 사건이고 C는 자차 보험에 들어 있는 사건이다. 영역 1, 2, 3, 4가 나타내는 사건을 말로 표현해 보아라.

2.47 응용문제 2.46과 그림 2.13을 참고하여 다음의 영역이 나타내는 사건은 무엇인가?

(a) 영역 1과 2를 함께

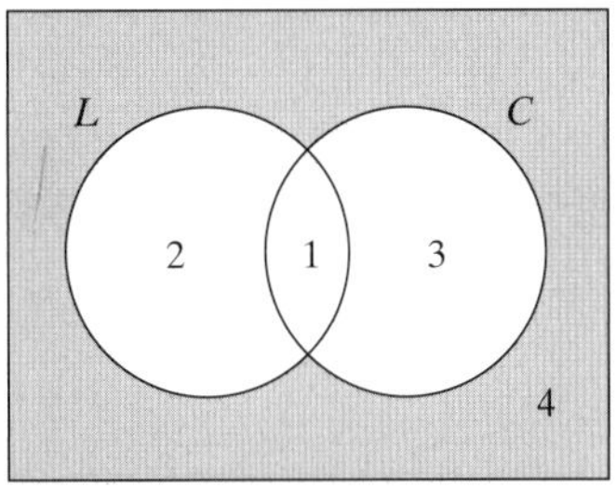

그림 2.13 응용문제 2.46에 대한 벤 다이어그램.

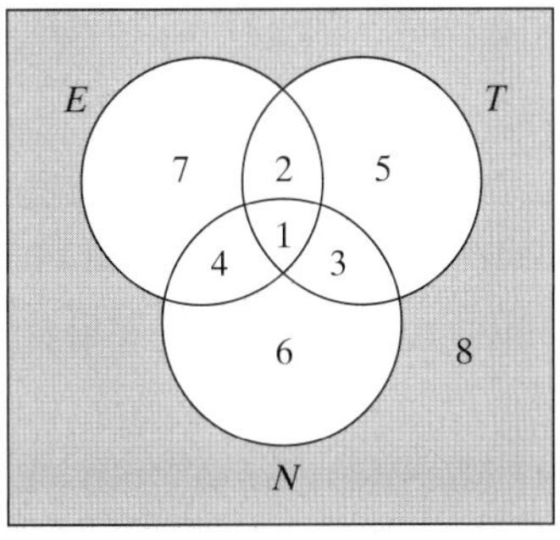

그림 2.14 응용문제 2.48에 대한 벤 다이어그램.

(b) 영역 2와 4를 함께

(c) 영역 1, 2, 3을 함께

(d) 영역 2, 3, 4를 함께

2.48 그림 2.14에서 E, T, N은 정비공장에 온 차가 엔진 정밀 검사, 변속기 수리, 새 타이어가 각각 필요한 사건이다. 다음 영역이 나타내는 사건을 말로 표현해 보아라.

(a) 영역 1

(b) 영역 3

(c) 영역 7

(d) 영역 1과 4를 함께

(e) 영역 2와 5를 함께

(f) 영역 3, 5, 6, 8을 함께

2.49 응용문제 2.48과 그림 2.14를 참고하여 정비공장에 온 차가 다음과 같은 조치가 필요한 사건을 나타내는 영역이나 영역의 조합을 나열하여라.

(a) 변속기 수리는 필요하지만 엔진 정밀 검사와 새 타이어는 필요 없음

(b) 엔진 정밀 검사와 변속기 수리가 필요

(c) 변속기 수리나 새 타이어는 필요하지만, 엔진 정밀 검사는 필요 없음

(d) 새 타이어 필요

2.50 시장조사기관에서 말하길, 인터뷰한 500명의 소비자 중에서 308명은 제품 X를 정기적으로 구매하고, 266명은 제품 Y를 정기적으로 구매하고, 103명은 둘 다 정기적으로 구매하고, 59명은 두 제품 다 정기적으로 구매하지 않는다고 한다. 벤 다이어그램을 사용하여 각 영역에 해당하는 소비자의 인원을 기입하고, 이 연구 결과가 문제가 될 지 안 될지 확인해 보아라.

2.51 200명의 대학생 집단에서 138명은 심리학 과정에 등록하고, 115명은 사회학 과정에 등록하고, 91명은 두 군데 다 등록하였다. 이 학생들 중에서 두 군데 중 어느 과정에도 등록하지 않은 학생은 몇 명인가? (힌트: 적당한 벤 다이어그램을 그리고 각 영역에 해당하는 인원을 기입해 보아라.)

2.52 120명의 디즈니랜드 방문객 중에서, 74명은 적어도 3시간 동안 머무르고, 86명은 적어도 20달러를 쓰며, 64명은 마터호른을 타며, 60명은 적어도 3시간 동안 머무르면서 적어도 20달러를 쓰고, 52명은 적어도 3시간 동안 머무르면서 마터호른을 타고, 54명은 적어도 20달러를 쓰면서 마터호른을 타고, 48명은 적어도 3시간 동안 머무르며 적어도 20달러를 쓰면서 마터호른을 탄다. (그림 2.4와 같이) 3개 원으로 된 벤 다이어그램을 그리고, 각 영역에 해당하는 인원을 기입하고, 120명의 디즈니랜드 방문객 중 다음의 인원은 얼마인지 구하여라.

(a) 적어도 3시간 머물고, 적어도 20달러를 쓰지만, 마터호른을 타지 않는 인원

(b) 마터호른은 타지만, 3시간 미만 머물면서 20달러 미만을 쓰는 인원

(c) 3시간 미만 머물고, 적어도 20달러를 쓰지만, 마터호른을 타지 않는 인원

2.4~2.5절

2.53 상호배타적인 5가지 가능한 결과 A, B, C, D, E를 가진 실험이 있다. 다음과 같은 확률의 할당이 가능한지 확인해보고 독자 자신의 답을 설명해 보아라.

(a) $P(A) = 0.20, P(B) = 0.20, P(C) = 0.20, P(D) = 0.20, P(E) = 0.20$
(b) $P(A) = 0.21, P(B) = 0.26, P(C) = 0.58, P(D) = 0.01, P(E) = 0.06$
(c) $P(A) = 0.18, P(B) = 0.19, P(C) = 0.20, P(D) = 0.21, P(E) = 0.22$
(d) $P(A) = 0.10, P(B) = 0.30, P(C) = 0.10, P(D) = 0.60, P(E) = -0.10$
(e) $P(A) = 0.23, P(B) = 0.12, P(C) = 0.05, P(D) = 0.50, P(E) = 0.08$

2.54 A와 B가 상호배타적이고 $P(A) = 0.37$이고, $P(B) = 0.44$일 때 다음을 찾아라.

(a) $P(A')$ (b) $P(B')$ (c) $P(A \cup B)$
(d) $P(A \cap B)$ (e) $P(A \cap B')$ (f) $P(A' \cap B')$

2.55 다음의 진술이 각각 잘못된 이유를 설명해 보아라.

(a) 진이 시험에 통과할 확률은 0.66이고, 통과하지 못할 확률은 −0.34이다.
(b) 홈팀이 다가오는 미식축구 경기에서 이길 확률은 0.77이고, 비길 확률은 0.08이고, 이기거나 비길 확률은 0.95이다.
(c) 한 비서가 보고서를 타이핑하는 데 0, 1, 2, 3, 4, 5개, 또는 그 **이상** 실수할 확률은 각각 0.12, 0.25, 0.36, 0.14, 0.09, 0.07이다.
(d) 한 은행이 어느 날 0, 1, 2, 3개, 또는 그 이상 잘못된 수표를 받을 확률은 각각 0.08, 0.21, 0.29, 0.40이다.

2.56 새로운 X−선 기계의 편리성이 매우 어려움, 어려움, 보통, 쉬움, 아주 쉬움으로 평가되는 확률이 각각이 0.12, 0.17, 0.34, 0.29, 0.08이다. 이 기계의 편리성이 다음과 같이 평가되는 확률은 구하여라.

(a) 어려움 또는 매우 어려움
(b) 매우 어려움도 아니고 매우 쉬움도 아님
(c) 보통이나 더 안 좋음
(d) 보통이나 더 좋음

2.57 응용문제 2.40의 표본공간의 30개 점들 각각이 $\frac{1}{30}$의 확률을 할당 받는다고 가정하자.
다음과 같이 주어진 순간의 확률을 구하여라.

(a) 그 왜건들 중 적어도 하나가 비어있는 순간
(b) 2대의 왜건 각각이 같은 수의 승객을 태우고 있는 순간
(c) 큰 왜건이 작은 왜건보다 더 많은 승객을 태우고 있는 순간
(d) 두 대 통틀어 적어도 6명의 승객을 태우고 있는 순간

2.58 1부터 20까지 기입된 20개의 흰색 종이 조각, 1부터 10까지 기입된 10개의 빨간색 종이 조각, 1부터 40까지 기입된 40개의 노란색 종이 조각, 1부터 10까지 기입된 10개의 파란색 종이 조각이 모자에 담겨 있다. 이 80개의 종이 조각이 각각 뽑히는 확률이 같을 수 있게 완전히 뒤섞을 때, 다음과 같은 종이 조각을 뽑는 확률을 구하여라.

(a) 파란색이나 흰색 종이 조각
(b) 1, 2, 3, 4, 5가 새겨진 종이 조각
(c) 빨간색이나 노란색이면서 1, 2, 3, 또는 4가 새겨진 종이 조각
(d) 5, 15, 25, 35가 새겨진 종이 조각
(e) 흰색이면서 12보다 큰 수가 새겨져 있거나 노란색이면서 26보다 큰 수가 새겨져 있는 종이 조각

2.59 한 경찰서에서 순찰차의 새 타이어를 필요로 하는데 유니로얄 타이어, 굳이어 타이어, 미슐랭 타이어, 제너럴 타이어, 굳리치 타이어, 암스트롱 타이어를 사는 확률은 0.15, 0.24, 0.03, 0.28, 0.22, 0.08이다. 다음의 타이어를 살 확률을 구하여라.

(a) 굳이어나 굳리치 타이어

(b) 유니로얄, 미슐랭 또는 굳리치 타이어

(c) 미슐랭이나 암스트롱 타이어

(d) 유니로얄, 미슐랭, 제너럴 또는 굳리치 타이어

2.60 52장의 카드 더미에서 무작위로 2장의 카드를 뽑는다. 두 장 모두 3보다 크고 8보다 작을 확률을 구하여라.

2.61 4명의 후보자가 학교 이사회의 공석을 찾고 있다. A는 B보다 선출될 가능성이 2배 높고, B와 C는 선출될 가능성이 서로 같은 반면에, C는 D보다 선출될 가능성이 2배 높다면, 다음의 확률은 얼마인가?

(a) C가 이길 확률

(b) A가 이기지 못할 확률

2.62 포커 게임에서 52장의 카드 더미에서 5장의 카드를 받는다. 다음과 같은 카드를 받을 확률을 구하여라.

(a) 2번의 페어 (다른 카드 값이 정확히 두 번씩 나옴)

(b) 한 종류로 카드 4장 (같은 카드 값으로 된 카드 4장)

2.63 야찌 게임에서 균형 잡힌 5개의 주사위를 동시에 굴린다. 다음을 얻을 확률을 구하여라.

(a) 2번의 페어

(b) 한 종류로 주사위 3개

(c) 풀하우스 (한 종류로 3개와 1번의 페어)

(d) 한 종류로 주사위 4개

2.64 연습문제 2.5에서 2.9까지 있는 여러 규칙들에 기초해서, 다음의 진술이 각각 잘못된 이유를 설명해 보아라.

(a) 비가 올 확률은 0.67이고, 비가 오거나 눈이 올 확률은 0.55이다.

(b) 한 학생이 영어에서 합격 등급을 받을 확률은 0.82이고, 영어와 프랑스어에서 합격 등급을 받을 확률은 0.86이다.

(c) 샌디에이고 동물원에 방문한 사람이 기린을 볼 확률은 0.72이고, 곰을 볼 확률은 0.84이고, 둘 다 볼 확률은 0.52이다.

2.65 한 병원의 스태프로 일하는 78명의 의사들 가운데, 64명은 의료사고 보험에 들어 있고, 36명은 외과 의사인데, 그 외과 의사들 중 34명은 의료사고 보험에 들어 있다. 이 의사들 중 한 명이 미국 의학회 총회에서 병원 스태프를 대표하기 위해 제비 뽑기로 뽑힌다면 (즉, 각 의사들은 $\frac{1}{78}$의 뽑힐 확률을 가진다), 뽑힌 의사가 외과 의사가 아니면서 의료사고 보험에 들어 있지 않은 확률은 얼마인가?

2.66 길이 l의 선분이 그 선분에 있는 무작위로 선택된 한 점에 의해 나뉘어 진다. 선분을 1 : 2의 비율보다 더 크게 나누는 확률은 얼마인가? 그 선분을 정확하게 반으로 나누는 확률은 얼마인가?

2.67 한 직각삼각형이 세 변과 4 단위를 각각 가지고 있다. 빗변과 평행하고 삼각형 안에 완전히 포함되게 그린, 선분이 그 선분과 빗변과 마주하는 꼭짓점 사이의 영역이 적어도 삼각형의 영역의 절반과 같을 확률을 구하여라.

2.68 어떤 교외에 사는 결혼한 부부들에 대해, 남편이 학교 이사회 선거에 투표할 확률이 0.21이고, 아내가 그 선거에 투표할 확률이 0.28이고, 둘 다 투표할 확률이 0.15이다. 부부 중 적어도 한 명이 투표할 확률은 얼마인가?

2.69 $P(A) = 0.59$, $P(B) = 0.30$, $P(A \cap B) = 0.21$이라고 할 때, 다음을 구하여라.

(a) $P(A \cup B)$ **(b)** $P(A \cap B')$

(c) $P(A' \cup B')$ **(d)** $P(A' \cap B')$

2.70 로어노크 대학에서 학생들 중 $\frac{1}{3}$이 캠퍼스에서 지내고 있다고 알려져 있다. 또한 학생들 중 $\frac{5}{9}$는 버지니아의 주에서 왔으며, 학생들 중 $\frac{3}{4}$은 주 밖에서 왔거나 캠퍼스에서 지내고 있다. 로어노크 대학에서 무작위로 뽑힌 학생이 주 밖에서 왔으면서 캠퍼스에서 지내는 확률은 얼마인가?

2.71 한 생물학 교수에게 그녀의 연구를 도와주는 2명의 대학원생 조교가 있다. 두 조교 중 나이가 더 많은 조교가 어느 하루 빠질 확률은 0.08이고, 더 어린 조교가 어느 하루 빠질 확률은 0.05이고, 둘 다 어느 하루 빠질 확률은 0.02이다. 다음의 확률을 구하여라.

(a) 이 대학원생 조교 중 한 명이나 둘 다 어느 하루 빠질 확률

(b) 두 대학원생 조교 중 적어도 한 명은 어느 하루 빠지지 않을 확률

(c) 두 대학원생 조교 중 한 명만 어느 하루 빠지는 확률

2.72 어떤 사람이 디즈니랜드를 방문하였는데, 정글 크루즈를 탈 확률은 0.74이고, 모노레일을 탈 확률은 0.70이고, 마터호른을 탈 확률은 0.62이고, 정글 크루즈를 타고 모노레일도 탈 확률은 0.52라고 하고, 정글 크루즈를 타고 마터호른도 탈 확률은 0.46이고, 모노레일을 타고 마터호른도 탈 확률은 0.44이고, 이 세 가지를 모두 타는 확률은 0.34라고 가정하자. 디즈니랜드를 방문한 사람이 적어도 이 세 가지 중 하나를 탈 확률은 얼마인가?

2.73 어떤 사람이 처음 유럽을 여행하는데, 런던을 관광할 확률은 0.70이고, 파리를 관광할 확률은 0.64이고, 로마를 관광할 확률은 0.58, 암스테르담을 관광할 확률은 0.58, 런던과 파리를 관광할 확률은 0.45, 런던과 로마를 관광할 확률은 0.42, 런던과 암스테르담을 관광할 확률은 0.41, 파리와 로마를 관광할 확률은 0.35, 파리와 암스테르담을 관광할 확률은 0.39, 로마와 암스테르담을 관광할 확률은 0.32, 런던, 파리, 그리고 로마를 관광할 확률은 0.23, 런던, 파리, 암스테르담을 관광할 확률은 0.26, 런던, 로마, 그리고 암스테르담을 관광할 확률은 0.21, 파리, 로마, 그리고 암스테르담을 관광할 확률은 0.20, 이 네 도시를 모두 관광할 확률은 0.12이라고 가정하자. 처음 유럽을 여행하는 사람이 적어도 이 네 도시 중 하나를 관광할 확률은 얼마인가? (힌트: 연습문제 2.13의 식을 사용하여라.)

2.74 연습문제 2.15의 식을 사용하여 다음의 가능성을 확률로 바꾸어 보아라.

(a) 12개의 계란 중 3개는 금이 가 있는 상자에서 3개의 계란을 무작위로 뽑을 때, 그 계란 중 적어도 1개가 금이 가 있을 가능성은 34대 21이다.

(b) 어떤 사람이 8장의 1달러 지폐, 5장의 5달러 지폐, 1장의 20달러 지폐를 가지고 있는데, 그들 중 3장을 무작위로 뽑을 때, 그 지폐가 전부 1달러 지폐가 아닐 가능성은 11대 2이다.

(c) "nest"란 단어의 문자들을 임의로 배열한다면, 영어로 의미 있는 단어가 되지 않을 확률은 5대 1이다.

2.75 연습문제 2.15에서 주어진 "가능성"의 정의를 사용하여 다음의 확률을 가능성으로 바꾸어 보아라.

(a) 자동차 번호판의 마지막 자리가 2, 3, 4, 5, 6, 7인 확률은 $\frac{6}{10}$이다.

(b) 균형 잡힌 동전을 4번 던져서 적어도 2번의 앞면을 얻는 확률은 $\frac{11}{16}$이다.

(c) 균형 잡힌 주사위 한 쌍으로 "7이나 11"을 굴리는 확률은 $\frac{2}{9}$이다.

2.6~2.8절

2.76 텔레비전 방송국의 보도국 일에 지원한 90명의 지원자가 있다. 그들 중 몇 명은 대졸자이고, 몇 명은 그렇지 않고, 몇 명은 적어도 3년의 경험이 있고, 몇 명은 그렇지 않은데, 정확한 수는 다음과 같이 나타난다.

	대졸자	비대졸자
적어도 3년의 경험	18	9
3년 미만의 경험	36	27

지원자들이 면접을 보는 순서가 방송국 담당자에 의해 무작위로 된다면, G는 첫 번째 인터뷰하는 지원자가 대졸자인 사건이고, T는 첫 번째 인터뷰하는 지원자가 적어도 3년의 경험 있는 사건이라면, 표에 있는 인원과 행과 열의 합계로부터 직접적으로 다음의 확률을 결정해 보아라.

(a) $P(G)$ **(b)** $P(T')$ **(c)** $P(G \cap T)$
(d) $P(G' \cap T')$ **(e)** $P(T|G)$ **(f)** $P(G'|T')$

2.77 응용문제 2.76의 결과를 이용하여 다음을 검증하여라.

(a) $P(T|G) = \frac{P(G \cap T)}{P(G)}$

(b) $P(G'|T') = \frac{P(G' \cap T')}{P(T')}$

2.78 응용문제 2.65를 참고하여 그 총회에 병원의 스태프를 대표하여 뽑힌 의사가 외과 의사라고 주어져 있을 때, 의료사고 보험에 들어 있는 확률을 구하여라.

2.79 응용문제 2.68을 참고하여 아내가 투표를 한다고 주어져 있을 때 그 남편이 선거에 투표할 확률은 얼마인가?

2.80 응용문제 2.70을 참고하여 학생이 주 밖에서 왔다고 주어져 있을 때 그 학생이 캠퍼스에서 지내고 있을 확률은 얼마인가?

2.81 한 통에 100개의 공이 있는데 그중 25개는 빨간색이고, 40개는 흰색이고, 35개는 검정색이다. 복원 없이 그 통에서 2개의 공을 뽑는다면 하나는 빨간색이고, 하나는 흰색일 확률은 얼마인가?

2.82 주관적 확률은 연습문제 2.16에서 제시된 방법으로 결정되는데, 확률의 세 번째 공리를 만족하지 않을 수 있다. 하지만 주관적 확률 개념의 지지자들은 보통 **일관성의 기준(consistency criterion)**으로 이 공리를 넘어선다. 다시 말해, 그들은 그 공리를 만족시키지 않는 주관적 확률을 불능으로 간주한다.

(a) 한 고등학교 교장이 봉급이 1,000달러 오를 가능성이 7대 5이고, 2,000달러 오를 가능성이 11대 1로 생각하고 있다. 또한 그녀는 이러한 봉급 인상 중 하나가 있거나 다른 게 있을 가능성을 반반으로 생각하고 있다. 이에 해당하는 주관적 확률의 일관성을 논하여라.

(b) 정치적인 장래에 대해 물음을 받은, 한 당원이 하원의원에 출마하지 않을 가능성이 2대 1이고, 상원의원에 출마하지 않을 가능성이 4대 1이라고 대답하였다. 또한 그는 하원이나 상원의원에 출마할 가능성은 7대 5로 생각하고 있다. 이에 해당하는 확률이 일관성이 있는가?

2.83 x = 주사위 한 쌍을 던졌을 때 나오는 눈의 수라고 한다면, 그 실험의 결과들을 기술하는 예제 2.2의 표본공간 S_2를 사용할 수 있다.

(a) S_2 안에 각 결과들의 확률을 구하여라.

(b) 이 확률들의 합이 1임을 검증하여라.

2.84 이탈리아의 도로 경주에 2대의 포르셰가 있는데, 리포터는 그들의 승리 가능성을 3대 1과 5대 3으로 생각하고 있다. 일관성이 있기 위해(응용문제 2.82 참조), 리포터는 둘 중 어느 차든 승리할 사건에 얼마의 가능성을 할당해야 하는가?

2.85 컴퓨터 프로그램을 이용하여 같은 확률로 (0, 9) 사이에 임의의 정수를 생성할 수 있는데, 그런 정수 1,000개를 생성하고 임의로 선택된 정수가 1 미만의 값을 가지는 확률을 측정하기 위하여 빈도해석을 사용하여라.

2.86 응용문제 2.85의 방법을 사용하여 (0, 9) 사이에 1,000개의 임의의 정수로 된 두 번째 집합을 생성하여라. A : 첫 번째 집합에서 임의로 선택된 정수가 1 미만이거나 B : 두 번째 집합에서 임의로 선택된 정수가 1 미만인 확률을 계산하는 데 다음의 방법을 사용하여라.

(a) 확률의 빈도해석

(b) 정리 2.7과 $P(A \cap B) = \frac{1}{81}$

2.87 4개 대학 농구팀 T, U, V, W가 연맹 선수권에서 우승할 확률이 0.20, 0.40, 0.30, 0.10으로 여겨지고 있다. 대학 U가 징계 중이어서 선수권 참가에 부적격 판정을 받는다면, 대학 T가 연맹 선수권을 우승할 확률은 얼마인가?

2.88 응용문제 2.72를 참고하여 디즈니랜드를 방문한 사람에 대한 다음의 확률을 구하여라.

(a) 정글 크루즈는 탈 것으로 주어질 때 모노레일을 탈 확률

(b) 정글 크루즈와 모노레일을 탈 것으로 주어질 때 마터호른을 탈 확률

(c) 모노레일과 마터호른 양쪽 다 또는 어느 한 쪽을 탈 것으로 주어질 때 정글 크루즈를 타지 않을 확률

(d) 모노레일을 타지 않을 것으로 주어질 때 마터호른과 정글 크루즈를 탈 확률

(힌트: 벤 다이어그램을 그리고, 각 영역에 해당하는 확률을 기입하여라.)

2.89 계란이 담긴 상자는 연속해서 3개의 계란을 무작위로 떼어내 그 내용물을 조사하는 방법으로 핏덩이에 대한 검사를 받게 된다. 계란 3개가 모두 양호하면, 그 상자는 선적된다. 그렇지 않으면 선적이 거절된다. 한 상자에 120개의 계란이 들어 있는데, 그중 10개가 핏덩이가 있는 상자가 선적될 확률은 얼마인가?

2.90 어떤 이식 수술의 생존 확률은 0.55이다. 한 환자가 이식 수술 후 생존할 때, 한 달 이내로 환자의 몸이 이식된 장기를 거부할 확률은 0.20이다. 이 위험한 두 시기를 모두 지나 생존할 확률은 얼마인가?

2.91 브리티시 컬럼비아 주의 벤쿠버에서 비가 오는 날 뒤이어 비가 오고 기온이 내려가는 날이 있는 확률은 0.80이고, 비가 오는 날 뒤이어 맑고 기온이 내려가는 날이 있는 확률은 0.60이다. 다음과 같은 날들에 뒤이어 비가 오고 기온이 내려 가는 날이 있는 확률을 구하여라.

(a) 하루 비 오고, 하루 맑고, 또 하루는 비가 오는 날

(b) 이틀 맑고 그러고 나서 비가 오는 날

(c) 이틀 비가 내리고 그러고 나서 이틀 맑은 날

(d) 비가 이틀 내린 후

2.92 연습문제 2.19의 식을 이용하여 20마리의, 그중에서 15마리는 건강하고 5마리는 병든, 기니피그가 담긴 우리에서 무작위로 4마리의 건강한 기니피그를 (복원 없이) 선택할 확률을 구하여라.

2.93 저격수가 0.75의 확률로 표적을 맞춘다. 독립을 가정할 때 다음과 같은 확률을 구하여라.

(a) 두 번 못 맞춘 후 한 번 맞추는 확률

(b) 순서상관 없이 두 번 맞추고 한 번 못 맞추는 확률

2.94 균형 잡힌 주사위를 두 번 던졌다. A는 첫 번째 던져서 짝수가 나오는 사건이고, B는 두 번째 던져서 짝수가 나오는 사건이고, C는 첫 번째와 두 번째 던져서 같은 숫자가 나오는 사건이라면, 사건 A, B, C는

(a) 짝으로만 독립이 있는가?

(b) 독립인가?

2.95 1,000개의 부품을 담은 선적물에 1퍼센트의 불량품이 포함되어 있다. 다음의 확률을 구하여라.

(a) 검사를 위해 임의로 고른 첫 4개 부품이 불량품이 아닌 확률

(b) 처음 발견된 불량품이 4번째 조사에서 있을 확률

2.96 앞면과 뒷면이 나오는 확률이 각각 0.52와 0.48로 설정된 동전이 있다. 동전을 3번 던졌을 때, 다음을 얻는 확률은 얼마인가?

(a) 모두 앞면

(b) 순서대로 2개 뒷면과 1개 앞면

2.97 한 회사가 보유하고 있는 10대의 배달 트럭 중 5대가 배출 가스 기준을 충족시키지 못하는데, 회사가 보유하고 있는 트럭 중 3대가 검사를 위해 뽑혔다면, 뽑힌 트럭 중 한 대도 배출 가스 기준을 충족시키지 못하는 확률은 얼마인가?

2.98 의료 기록상으로 어떤 도시에 10명 중 1명은 갑상선 결핍이 있다. 이 도시에 사는 12명의 사람이 무작위로 뽑혀서 검사를 받는다면, 적어도 그들 중 한 명이 갑상선 결핍이 있을 확률은 얼마인가?

2.99 어떤 사람이 상인이 재고로 가지고 있는 15개의 황금 동전 중 4개를 무작위로 고르는데, 그 동전 중 6개가 모조품이라면, 고른 동전이 모두 모조품일 확률은 얼마인가?

2.100 한 달에 한 번 외상 거래 계정이 있는 고객에게 계산을 청구하는 백화점이 다음과 사실을 알게 되었다. 만약 어떤 고객이 이번 달에 바로 돈을 지불하면, 다음 달에 바로 돈을 지불할 확률이 0.90이다. 하지만 고객이 이번 달에 바로 돈을 지불하지 않으면, 다음 달에 바로 돈을 지불할 확률은 겨우 0.40이다. (어떤 주어진 달에 지불하거나 지불하지 않을 가능성은 이 전달의 결과에만 의존한다고 가정하자.)

(a) 이번 달에 바로 돈을 지불한 고객이 역시 다음 3개월 동안 바로 돈을 지불할 확률은 얼마인가?

(b) 이번 달에 바로 돈을 지불하지 않은 고객이 역시 다음 2개월 동안 바로 돈을 지불하지 않고, 그러다가 그 이후 달에 바로 돈을 지불하는 확률은 얼마인가?

2.101 그림 2.15를 참고하여 사건 A, B, C, D가 독립임을 검증하여라. A를 나타내는 영역이 두 개의 원으로 되어 있고, B와 C를 나타내는 영역도 그러함을 알아두어라.

2.102 전자제품 제조 공장에서 과거의 경험으로 회사의 훈련 프로그램에 참석한 새 노동자가 생산 할당량을 충족시키는 확률이 0.84이고, 회사의 훈련 프로그램에 참석하지 않은 새 노동자가 이에 해당하는 확률은 0.49라

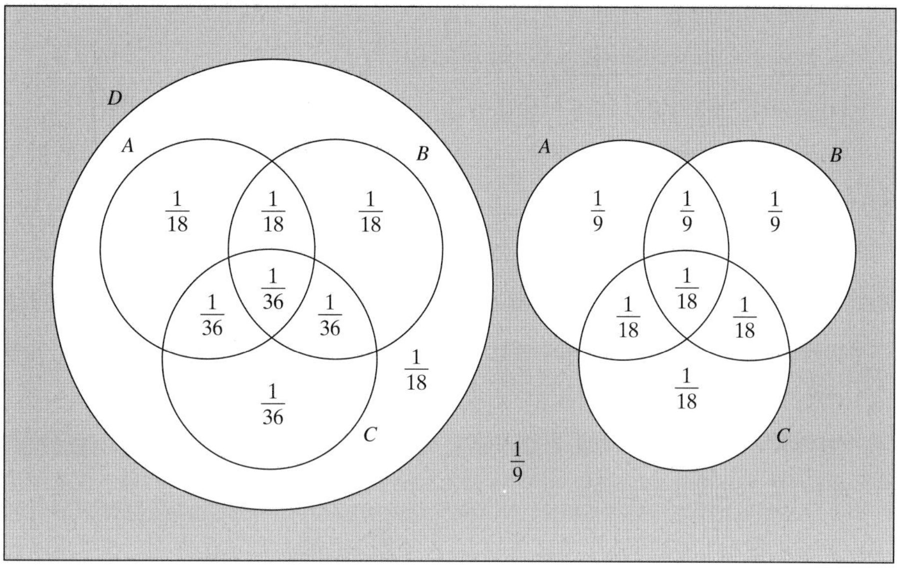

그림 2.15 응용문제 2.101에 대한 다이어그램.

고 알고 있다. 모든 새 노동자 중 70퍼센트가 훈련 프로그램에 참석한다고 할 때, 새 노동자가 생산 할당량을 충족시키는 확률은 얼마인가?

2.103 어떤 산업에서 노사간 분쟁의 60퍼센트는 임금에 있고, 15퍼센트는 근무조건에 있고, 25퍼센트는 부수적인 문제에 있다고 경험으로 알고 있다. 또한 임금에 대한 분쟁의 45퍼센트는 파업 없이 해결되고, 근무조건에 대한 분쟁의 70퍼센트는 파업 없이 해결되고, 부수적인 문제에 대한 분쟁의 40퍼센트는 파업 없이 해결된다. 이 산업의 노사간 분쟁이 파업 없이 해결될 확률은 얼마인가?

2.104 T자형 미로에서, 쥐가 왼쪽으로 가면 먹이를 주고 오른쪽으로 가면 전기 충격을 준다. 첫 번째 시도에서 쥐가 둘 중 어느 한 쪽 길로 가는 것은 50대 50의 가능성이 있다. 그러면 첫 번째 시도에서 먹이를 받으면, 다음 시도에서 왼쪽으로 갈 확률은 0.68이고, 첫 번째 시도에서 전기 충격을 받으면, 다음 시도에서 왼쪽으로 갈 확률은 0.84이다. 쥐가 두 번째 시도에서 왼쪽으로 갈 확률은 얼마인가?

2.105 응용문제 2.103을 참고하여 만약 이 산업의 노사간 분쟁이 파업 없이 해결되었다면, 그 분쟁이 임금에 대한 분쟁이었을 확률은 얼마인가?

2.106 제동장치 결함으로 인한 자동차 사고의 확률은 0.04이고, 자동차 사고가 제동장치 결함에서 기인되었다고 정확하게 여겨지는 확률은 0.82이고, 자동차 사고가 제동장치 결함에서 기인되었다고 틀리게 여겨지는 확률은 0.03이다. 다음의 확률은 얼마인가?

(a) 자동차 사고가 제동장치 결함에서 기인되었다고 여겨지는 확률

(b) 제동장치 결함에서 기인되었다고 여겨지는 자동차 사고가 실제 제동장치 결함으로 인한 사고였을 확률

2.107 예제 2.25를 참고하여 나중에 공사가 제때에 완료되었다고 가정하자. 파업이 있었을 확률은 얼마인가?

2.108 어떤 지역에 50세 이상의 모든 성인의 8퍼센트가 당뇨병이 있다. 이 지역의 건강검진은 당뇨병이 있는 모든

사람의 95퍼센트를 당뇨병이 있다고 정확하게 진단하고, 당뇨병이 없는 모든 사람의 2퍼센트를 당뇨병이 있다고 틀리게 진단한다면, 다음의 확률을 구하여라.

(a) 그 지역 건강검진이 50세 이상의 한 성인을 당뇨병이 있다고 진단할 확률

(b) 건강 검진에서 당뇨병이 있다고 검진받은 50세 이상의 한 사람이 실제 당뇨병이 있는 확률

2.109 한 건축 현장에서 폭발이 정전기, 장비의 오작동, 부주의 또는 태업으로 인하여 일어날 수 있다. 관련된 위험을 분석하는 건축 기사와의 면담을 통해 그런 폭발은 정전기로 인하여 0.25의 확률, 장비의 오작동으로 인하여 0.20의 확률, 부주의로 인하여 0.40의 확률, 태업으로 인하여 0.75의 확률로 일어날 수 있다고 측정하였다. 또한 폭발에 대한 4가지 원인의 사전 확률이 0.20, 0.40, 0.25, 0.15라고 생각된다. 이 모든 정보에 기초하여 다음은 무엇인가?

(a) 가장 가능성이 높은 폭발 원인

(b) 가장 가능성이 낮은 폭발 원인

2.110 통신 판매 상점에서 3명의 재고 점원 U, V, W를 고용하는데, 그들은 선반에서 품목들을 가지고 와서 이후에 있을 검사와 포장을 위해 품목들을 모아 놓는다. U는 100번에 1번 주문을 받는데 실수를 하고(잘못된 품목이나 잘못된 양을 받고), V는 100번에 5번 주문을 받는데 실수를 하고, W는 100번에 3번 주문을 받는데 실수를 한다. 만약 U, V, W가 각각 모든 주문의 30, 40, 30퍼센트를 담당한다면, 다음의 확률은 얼마인가?

(a) 한 주문에서 실수가 있을 확률

(b) 만약 한 주문에서 실수가 있을 때, 그 주문을 U가 담당했을 확률

(c) 만약 한 주문에서 실수가 있을 때, 그 주문을 V가 담당했을 확률

2.111 한 미술상이 해외로부터 5점의 오래된 회화 그림이 담긴 화물을 받았는데, 과거의 경험에 기초하여, 그 그림 중 0, 1, 2, 3, 4, 또는 5점 모두 위작인 확률이 각각 0.76, 0.09, 0.02, 0.01, 0.02, 0.10으로 생각하고 있다. 인증 비용이 꽤 비싸기 때문에 5점의 그림 중 1점을 무작위로 선택해서 인증을 하는 데 보내기로 결정하였다. 이 그림이 위작이라고 판명났을 때, 이제 다른 모든 그림도 역시 위작이라는 가능성에 얼마의 확률을 할당해야 하는가?

2.112 민감한 질문에 답을 얻기 위해서 때때로 **확률화 응답 기법(randomized response technique)**이라고 하는 방법을 사용한다. 예를 들어 대규모의 대학교에 다니는 학생들 중 몇 퍼센트가 마리화나를 피우는지 결정하고 싶다고 가정해 보자. 20장의 플래시 카드를 만들어서 12장의 카드에 "나는 적어도 일주일에 한 번 마리화나를 피운다"라고 적는데, 여기서 12는 임의의 선택이다. 나머지에는 "나는 적어도 일주일에 한 번 마리화나를 피우지 않는다"라고 적는다. 그러고 나서 (인터뷰한 표본의) 학생들이 각각 무작위로 20장의 카드 중 한 장을 선택해서 그 질문을 밝히지 않고 "예" 또는 "아니오"라고 대답하게 한다.

(a) 한 학생이 "예"라는 대답을 주는 확률, $P(Y)$와 그 대학교에서 임의로 선택된 학생이 적어도 일주일에 한 번 마리화나를 피우는 확률, $P(M)$ 사이의 관계를 세워 보아라.

(b) 만약 250명의 학생 중 106명이 이와 같은 조건하에서 "예"라고 대답했다면, (a)의 결과와 $P(Y)$의 추정값으로 $\frac{106}{250}$을 사용하여 $P(M)$을 추정해 보아라.

2.9절

2.113 3개의 성분은 신뢰도가 0.95이고, 다른 3개의 성분은 신뢰도 0.99로 구성된 직렬 시스템이 있다. 이 시스템의 신뢰도를 구하여라.

2.114 신뢰도가 각각 0.995, 0.990, 0.992, 0.995, 0.998인 5개의 성분으로 된 직렬 시스템의 신뢰도를 구하여라.

2.115 6개의 성분으로 구성된 직렬 시스템이 0.95의 체계 신뢰도를 가지려면 각 성분의 신뢰도는 얼마이어야 하는가?

2.116 응용문제 2.115를 참고하여 이제 10개의 성분이 있고, 시스템 신뢰도는 0.90이어야 한다고 가정하고 구하여라.

2.117 병렬로 연결된 각각의 신뢰도가 0.8, 0.7, 0.7, 0.65인 4개의 성분으로 구성된 시스템을 가정해 보자. 이 시스템의 신뢰도를 구하여라.

2.118 응용문제 2.117을 참고하여 이제 이 시스템이 각각의 신뢰도가 0.85, 0.80, 0.65, 0.60, 0.70인 5개의 성분을 가진다고 가정해 보자. 이 시스템의 신뢰도를 구하여라.

2.119 한 시스템은 신뢰도가 0.95와 0.90인 두 개의 성분으로 구성되어 있다. 이 시스템은 두 가지 병렬의 하위 시스템에 직렬로 연결되어 있다. 하위 시스템의 첫 번째는 각 신뢰도가 0.60인 4개의 성분을 포함하고 있고, 두 번째는 각 신뢰도가 0.75인 2개의 성분을 포함하고 있다. 이 시스템의 신뢰도를 구하여라.

2.120 한 직렬 시스템은 신뢰도가 0.75, 0.60, 0.65, 0.70, 0.60인 5개의 성분을 포함하는 병렬의 하위 시스템에 연결된 신뢰도 0.98과 0.99인 2개의 성분으로 구성되어 있다. 이 시스템의 신뢰도를 구하여라.

참고문헌

Among the numerous textbooks on probability theory published in recent years, one of the most popular is

FELLER, W., *An Introduction to Probability Theory and Its Applications*, Vol. I, 3rd ed. New York: John Wiley & Sons, Inc., 1968.

More elementary treatments may be found in

BARR, D.R., and ZEHNA, P.W., *Probability:Modeling Uncertainty.* Reading, Mass.: Addison-Wesley Publishing Company, Inc., 1983,

DRAPER, N.R., and LAWRENCE, W.E., *Probability:An Introductory Course.* Chicago:Markam Publishing Company, 1970,

FREUND, J.E., *Introduction to Probability*, New York: Dover Publications, Inc., 1993 Reprint,

GOLDBERG, S., *Probability—An Introduction.* Mineola, N.Y.: Dover Publications, Inc. (republication of 1960 edition),

HODGES, J. L., and LEHMANN, E. L., *Elements of Finite Probability.* San Francisco: Holden Day, Inc., 1965,

NOSAL, M., *Basic Probability and Applications.* Philadelphia: W.B. Saunders Company, 1977.

More advanced treatments are given in many texts, for instance,

HOEL, P., PORT, S.C., and STONE, C.J., *Introduction to Probability Theory.* Boston: Houghton Mifflin Company, 1971,

KHAZANIE, R., *Basic Probability Theory and Applications.* Pacific Palisades, Calif.: Goodyear Publishing Company, Inc., 1976,

PARZEN, E., *Modern Probability Theory and Its Applications.* New York: John Wiley & Sons, Inc., 1960,

ROSS, S., *A First Course in Probability*, 3rd ed. New York: Macmillan Publishing Company, 1988.

SOLOMON, F., *Probability and Stochastic Processes.* Upper Saddle River, N.J.: Prentice Hall, 1987.

For more on reliability and related topics, see

JOHNSON, R.A., *Miller and Freund's Probability and Statistics for Engineers*, Upper Saddle River, N.J.: Prentice Hall, 2000,

MILLER, I. and MILLER, M., *Statistical Methods for Quality with Applications to Engineering and Management*, Upper Saddle Reiver, N.J.: Prentice Hall, 1995.

3장 확률분포와 확률밀도

3.1 확률변수

대부분의 확률을 계산하는 문제에서는 가능한 실험 결과의 결합으로 이루어진 특정한 사건에 (또는 두 가지 혹은 그 이상에) 관심을 둔다. 예를 들어 두 개의 주사위를 굴릴 때 그 합에 관심을 갖고, 각 주사위의 결과에는 관심을 두지 않는 그런 경우이다. 어떤 부부와 인터뷰하는 경우에 그 가정의 가족수나 소득에 관심이 있지만, 그 부부가 결혼 생활한 기간이나 총 부채에는 관심이 없을 수 있다. 그리고 대량 생산된 전구의 표본을 뽑아서 전구의 내구성이나 밝기에 관심이 갖고, 가격에는 그렇지 않은 경우이다.

이들 각각의 사례에서 우리는 각 실험의 결과에 관련된 수, 즉 **확률변수 (random variable)** 로 취해지는 값에 관심이 있다. 확률변수란 확률과 통계학에서 사용되는 용어로서, 두 개의 주사위를 굴린 합이 확률변수이고, 무작위로 뽑힌 한 부부의 가정의 가족수와 소득이 확률변수이고, 검사를 위해 무작위로 뽑힌 전구의 내구성과 밝기가 확률변수이다.

좀 더 명확하게 설명하기 위해 그림 3.1을 생각해 보자 (그림 2.1과 유사함). 이 그림은 두 개의 주사위를 굴리는 실험에 대한 표본공간을 그리고 있으며, 36가지 가능한 결과들 각각이 $\frac{1}{36}$의 확률을 가진다고 가정하자. 그런데 그림 3.1에서 각 점에 숫자가 붙어있는 것을 주목해보자. 예를 들어, 점 (1, 1)에 2, 점 (1, 5)에 6, 점 (6, 2)에 8, 점 (5, 6)에 11과 같은 식으로 숫자를 붙였다. 분명하게, 각 점을 확률변수의 값, 즉 두 개의 주사위를 굴려서 나온 합에 관련시켰다.

"표본공간의 각 점 (원소) 에 수를 관련시키는 것"은 "표본공간의 각 점들 위로 함수를 정의하는 것"과 같은 말이기 때문에, 이제 다음과 같은 정의를 하도록 하자.

정의 3.1 **확률변수** 만약 S가 확률측도로 된 표본공간이고, X가 S의 원소들 위로 정의되는 실함수라면, X를 **확률변수**[1]라고 한다. ▪

이 책에서는 항상 확률변수를 대문자로, 그 실현값은 해당하는 소문자로 표기할 것이다.

1) "확률변수" 대신에, "기회변수", "우연변수", "변량"이란 용어도 몇몇 책에서 사용된다.

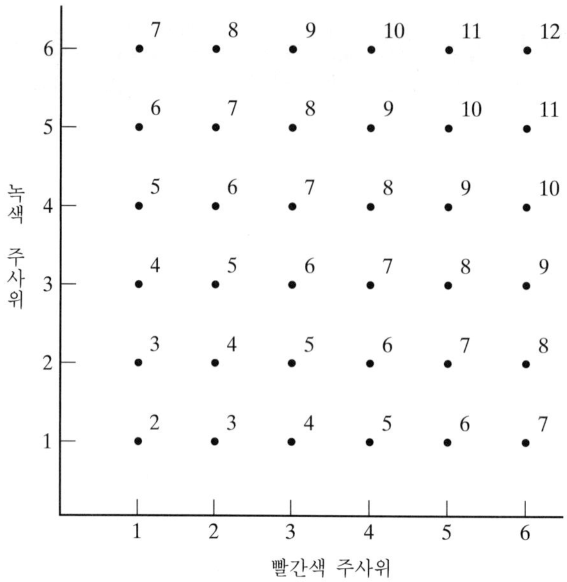

그림 3.1 두 개의 주사위를 굴린 눈의 합.

예를 들어, 확률변수 X의 값을 나타내기 위해 x를 쓸 것이다.

앞의 예제와 그림 3.1을 참고하여 확률변수 X가 값 9을 취하는 걸 보면, 표본공간 S의 부분집합

$$\{(6, 3), (5, 4), (4, 5), (3, 6)\}$$

에 대해 $X = 9$라고 쓴다. 따라서 $X = 9$는 합이 9인 S의 원소들의 집합으로 해석될 것이고, 좀 더 일반적으로 $X = x$는 확률변수 X가 값 x을 취하는 표본공간의 원소들의 집합으로 해석될 것이다. 이것은 혼란스러워 보일 수도 있지만, 이는 "$f(x)$는 x에서 함수값이다"라고 하는 대신에 "$f(x)$는 x의 함수이다"라고 말한 수학자 중 한 명을 상기시킨다.

예제 3.1

다섯 켤레의 갈색 양말과 세 켤레의 녹색 양말이 담긴 서랍에서 연속해서 무작위로 두 켤레의 양말을 선택한다. W가 선택된 갈색 양말의 수일 때, 표본공간의 원소들과 이에 해당하는 확률, 확률변수 W의 해당하는 값 w를 나열하여라.

풀이 B와 G가 갈색과 녹색을 나타낸다면 BB, BG, GB, GG에 대한 확률은 각각 $\frac{5}{8}\cdot\frac{4}{7}=\frac{5}{14}$, $\frac{5}{8}\cdot\frac{3}{7}=\frac{15}{56}$, $\frac{3}{8}\cdot\frac{5}{7}=\frac{15}{56}$, $\frac{3}{8}\cdot\frac{2}{7}=\frac{3}{28}$이고, 그 결과는 다음의 표와 같다.

표본공간의 원소	확률	w
BB	$\frac{5}{14}$	2
BG	$\frac{15}{56}$	1
GB	$\frac{15}{56}$	1
GG	$\frac{3}{28}$	0

또한 예를 들어 확률변수 W가 값 2를 취할 사건의 확률에 대해 $P(W=2)=\frac{5}{14}$라고 쓸 수 있다. ●

예제 3.2

균형 잡힌 동전 하나를 4번 던졌다. 균형 잡힌 동전이 의미하는 바대로, 등확률로 가정한 표본공간의 원소들과 앞면이 나온 횟수에 해당하는 확률변수 X의 값 x를 나열하여라.

풀이 H와 T가 앞면과 뒷면을 나타낸다면, 그 결과는 다음의 표와 같다.

표본공간의 원소	확률	x
HHHH	$\frac{1}{16}$	4
HHHT	$\frac{1}{16}$	3
HHTH	$\frac{1}{16}$	3
HTHH	$\frac{1}{16}$	3
THHH	$\frac{1}{16}$	3
HHTT	$\frac{1}{16}$	2
HTHT	$\frac{1}{16}$	2

표본공간의 원소	확률	x
HTTH	$\frac{1}{16}$	2
THHT	$\frac{1}{16}$	2
THTH	$\frac{1}{16}$	2
TTHH	$\frac{1}{16}$	2
HTTT	$\frac{1}{16}$	1
THTT	$\frac{1}{16}$	1
TTHT	$\frac{1}{16}$	1
TTTH	$\frac{1}{16}$	1
TTTT	$\frac{1}{16}$	0

따라서 예를 들어 확률변수 X가 값 3을 취할 사건의 확률에 대해 $P(X=3)=\frac{4}{16}$라고 쓸 수 있다. ●

정의 3.1이 실함수로만 한정된다는 것은 사실 어떠한 제약도 아니다. 만약 우리가 실험의 결과에 할당하고 싶은 수가 복소수라면, 마치 두 개의 확률변수로 취해진 값들처럼 실수 부분과 허수 부분을 분리해서 살펴봐야 한다. 또한 머리카락의 색깔이 주어진 실험의 결과를 양적으로 묘사하고 싶다면, 임의로 숫자 1, 2, 3 등등으로 다양한 색깔을 코딩한 실숫값으로 묘사할 수 있다.

이 절의 모든 예제에서 우리의 논의는 이산확률공간으로 제한하고, 따라서 **이산확률변수 (discrete random variables)** 로, 즉 확률변수의 범위가 유한하거나 셀 수 있는 무한으로 제한한다. 연속표본공간 위로 정의된 연속확률변수는 3.3절에서 다룰 것이다.

3.2 확률분포

이미 예제 3.1과 3.2에서 보았듯이 이산 표본공간 위에 정의된 확률측도는 확률변수가 표본공간 범위 안의 어떤 값을 취하게 되면 그 값에 해당하는 확률을 항상 제공한다.

예를 들어 그림 3.1의 표본공간의 각 원소에 $\frac{1}{36}$의 확률을 할당하였다면, 두 개의 주사위를 굴린 합인, 확률변수의 값이 9인 경우 그 확률은 $\frac{4}{36}$임을 바로 찾을 수 있다.

앞에서 설명한 것처럼 $X = 9$는 표본공간에 있는 등확률의 원소들 중 4개를 포함하고 있다. X의 모든 가능한 값들과 관련된 확률은 다음의 표에 나타나 있다.

x	$P(X = x)$
2	$\frac{1}{36}$
3	$\frac{2}{36}$
4	$\frac{3}{36}$
5	$\frac{4}{36}$
6	$\frac{5}{36}$
7	$\frac{6}{36}$
8	$\frac{5}{36}$
9	$\frac{4}{36}$
10	$\frac{3}{36}$
11	$\frac{2}{36}$
12	$\frac{1}{36}$

확률변수의 값들과 관련된 확률을 표로 보이는 대신에, 수식으로 표현하는 것을 선호한다. 즉 $f(x)$는 확률값 $P(X = x)$을 계산가능하도록 하는 식이다. 예를 들어 두 개의 주사위를 굴린 합에 대해 다음과 같이 쓸 수 있다.

$$f(x) = \frac{6 - |x - 7|}{36}, \qquad x = 2, 3, \ldots, 12$$

이것은 대입을 해 보면 쉽게 검증할 수 있다. 분명하게,

$$f(2) = \frac{6 - |2 - 7|}{36} = \frac{6 - 5}{36} = \frac{1}{36}$$
$$f(3) = \frac{6 - |3 - 7|}{36} = \frac{6 - 4}{36} = \frac{2}{36}$$
$$\cdots\cdots\cdots\cdots\cdots\cdots$$
$$f(12) = \frac{6 - |12 - 7|}{36} = \frac{6 - 5}{36} = \frac{1}{36}$$

이고, 이 모든 값들은 앞의 표에서 보인 값들과 일치한다.

정의 3.2 **확률분포** 만약 X가 이산확률변수이면 X의 범위 안의 각 x에 대해 $f(x) = P(X = x)$라면 주어진 함수를 X의 **확률분포** (probability distribution) 라고 한다.

확률의 공리에 기초하여 바로 다음의 정리가 나온다.

정리 3.1 이산확률변수 X의 확률함수인 $f(x)$가 확률분포가 되기 위한 필요충분 조건은 다음과 같다.

1. 함수의 정의역 안에 있는 각각의 값에 대해 $f(x) \geqq 0$
2. $\sum_x f(x) = 1$, 여기서 합은 정의역 안에 있는 모든 값들로 확장된다.

예제 3.3

균형 잡힌 한 개의 동전을 네 번 던져서 나오는 전체 앞면의 개수에 대한 확률분포의 식을 구하여라.

풀이 71쪽의 표에 있는 확률에 기초하여 $P(X = 0) = \frac{1}{16}$, $P(X = 1) = \frac{4}{16}$, $P(X = 2) = \frac{6}{16}$, $P(X = 3) = \frac{4}{16}$, $P(X = 4) = \frac{1}{16}$을 찾을 수 있다. 이 5개의 분수에 있는 분자 1, 4, 6, 4, 1은 이항계수 $\binom{4}{0}, \binom{4}{1}, \binom{4}{2}, \binom{4}{3}, \binom{4}{4}$로 관찰되므로 다음과 같은 확률분포의 식을 구할 수 있다.

$$f(x) = \frac{\binom{4}{x}}{16}, \qquad x = 0, 1, 2, 3, 4$$

이 식에 대한 이론적인 정의와 동전을 n번 던지는 더 일반적인 상황은 5.4절에 있다.

예제 3.4

다음과 같이 주어진 함수가 이산확률변수의 확률분포로 주어질 수 있는지 확인하여라.

$$f(x) = \frac{x + 2}{25}, \quad x = 1, 2, 3, 4, 5$$

풀이 x에 값들을 대입해 보면 $f(1) = \frac{3}{25}, f(2) = \frac{4}{25}, f(3) = \frac{5}{25}, f(4) = \frac{6}{25}, f(5) = \frac{7}{25}$을 얻는다. 이 값들은 모두 음수가 아니기 때문에 정리 3.1의 첫 번째 조건을 만족하고,

$$f(1) + f(2) + f(3) + f(4) + f(5) = \frac{3}{25} + \frac{4}{25} + \frac{5}{25} + \frac{6}{25} + \frac{7}{25} = 1$$

이기 때문에 두 번째 조건을 만족시킨다. 따라서 주어진 함수는 {1, 2, 3, 4, 5}의 범위를 가지는 확률변수의 확률분포로 주어질 수 있다. 물론 주어진 확률변수가 실제로 이 확률분포를 가지는지 여부는 완전히 다른 문제이다. ●

몇 가지 문제에서 그래프로 확률분포를 나타내는 것이 바람직한데, 이런 목적으로 사용된 두 종류의 그래프가 그림 3.2와 3.3에 제시되어 있다. 그림 3.2에 제시된 그래프는 **확률 히스토그램(probability histogram)**이라고 하는데, 예제 3.3의 확률분포를 나타낸다. 각 직사각형의 높이는 X가 밑면의 중간점에 해당하는 값을 취하는 확률과 같다. −0.5에서 0.5까지 구간으로 0을, 0.5에서 1.5까지 구간으로 1을, ⋯ , 3.5에서 4.5까지 구간으로 4를 나타냄으로써, 연속인 척도에 주어진 이산확률변수의 값들을 "펼치고 있는" 것이다.

그림 3.2의 확률 히스토그램의 각 직사각형은 단위 너비를 가지고 있기 때문에, 높이보다는 오히려 직사각형의 면적이 해당하는 확률과 같다고 할 수 있을 것이다. 확률을 직사각형의 면적으로 나타내는 것에 몇 가지 장점이 있는데, 예를 들어 이산확률분포의 그래프를 이용하여 연속인 곡선으로 근사하고 싶을 때 그러하다. 이것은 확률 히스토그램의 직사각형들이 직사각형의 높이를 조정하거나 세로축 척도를 변경하여 단위 너비를 모두 다 가지고 있지 않을 때에도 행할 수 있다.

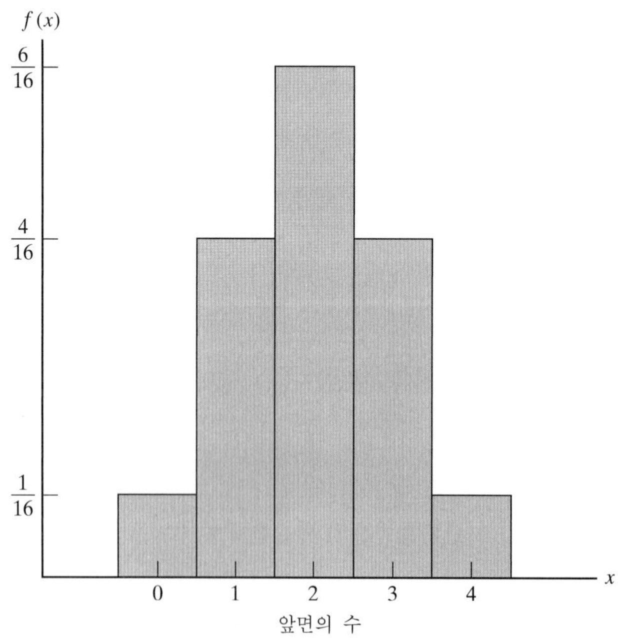

그림 3.2 확률 히스토그램.

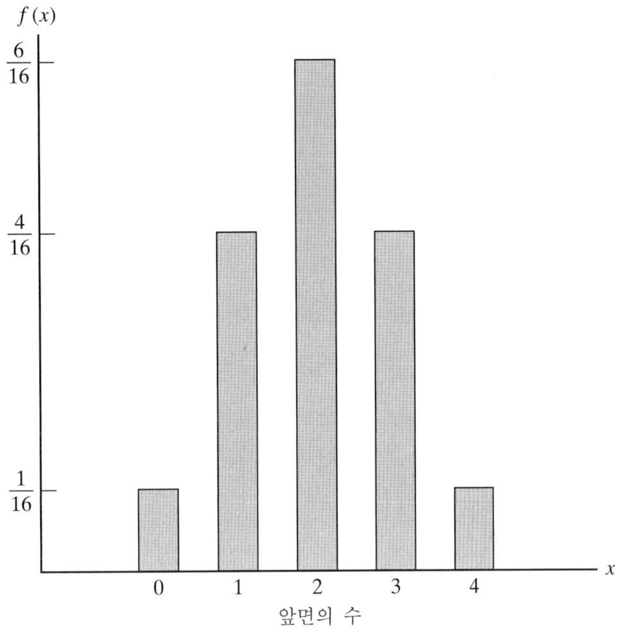

그림 3.3 막대도표.

그림 3.3의 그래프는 **막대도표 (bar chart)** 라고 하는데, 역시 히스토그램처럼 간주한다. 그림 3.2에서처럼 각 직사각형, 또는 막대의 높이는 확률변수에 해당하는 값의 확률과 같지만, 연속인 가로축 척도를 가지고 있지 않다. 때때로 그림 3.4에서 나타낸 것처럼 직사각형 대신에 선(너비가 없는 직사각형)을 사용하는데, 여전히 그 그래프를 확률 히스토그램으로 간주한다.

이 책에서 도표를 사용해야 할 몇몇 경우가 있기는 하지만, 히스토그램과 막대 도표는 주로 기술통계에서 시각적으로 확률분포나 실제 자료의 분포로 제공된 정보를 전달하기 위해 사용된다(3.8절 참조).

확률변수의 값이 어떤 실수 x보다 작거나 같을 확률에 관심이 있을 수 있다. 따라서 X가 x보다 작거나 같은 값을 취하는 확률을 $F(x) = P(X \leqq x)$라 쓰고, 모든 실수(real number) x에 대해 정의된 이 함수를 X의 **분포함수 (distribution function)** 또는 **누적분포 (cumulative distribution)** 라고 한다.

정의 3.3 **분포함수** X가 이산확률변수라면 $f(t)$가 t에서 X의 확률분포의 값일 때,

$$F(x) = P(X \leqq x) = \sum_{t \leqq x} f(t), \quad -\infty < x < \infty$$

로 정의되며, 주어진 함수를 X의 **분포함수** 또는 **누적분포**라고 한다.

확률의 공리와 몇 가지 공리에서 바로 나온 결과들을 기초로 하여 다음을 얻을 수 있다.

정리 3.2 이산확률변수 X의 분포함수 $F(x)$의 값은 다음 조건을 만족시킨다.

1. $F(-\infty) = 0$과 $F(\infty) = 1$

2. $a < b$이면 임의의 실수 a와 b에 대해 $F(a) \leqq F(b)$이다.

이산확률변수의 확률분포가 주어졌다면 해당하는 분포함수는 일반적으로 찾기 쉽다.

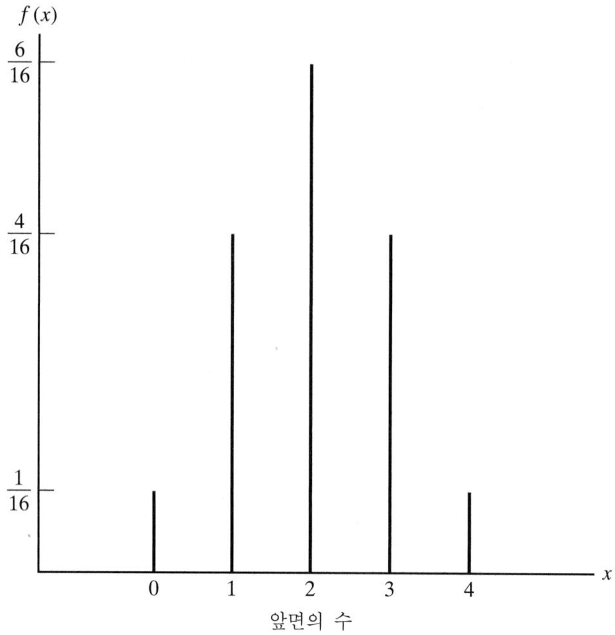

그림 3.4 확률 히스토그램.

예제 3.5

균형 잡힌 한 개의 동전을 네 번 던져서 나오는 전체 앞면의 개수에 대한 분포함수를 구하여라.

풀이 예제 3.3으로부터 주어진 $f(0) = \frac{1}{16}, f(1) = \frac{4}{16}, f(2) = \frac{6}{16}, f(3) = \frac{4}{16}, f(4) = \frac{1}{16}$에서 다음과 같이 계산할 수 있다.

$$F(0) = f(0) = \frac{1}{16}$$
$$F(1) = f(0) + f(1) = \frac{5}{16}$$
$$F(2) = f(0) + f(1) + f(2) = \frac{11}{16}$$
$$F(3) = f(0) + f(1) + f(2) + f(3) = \frac{15}{16}$$
$$F(4) = f(0) + f(1) + f(2) + f(3) + f(4) = 1$$

따라서 분포함수는 다음과 같이 주어진다.

$$F(x) = \begin{cases} 0\,, & x < 0 \\ \frac{1}{16}, & 0 \leqq x < 1 \\ \frac{5}{16}, & 1 \leqq x < 2 \\ \frac{11}{16}, & 2 \leqq x < 3 \\ \frac{15}{16}, & 3 \leqq x < 4 \\ 1\,, & x \geqq 4 \end{cases}$$

이 분포함수는 주어진 확률변수로 취한 값뿐만 아니라, 모든 실수에 대해서 정의되어 있음을 볼 수 있다. 예를 들어, 비록 균형 잡힌 동전 한 개를 네 번 던져서 "많아야 1.7번의 앞면"이나 "많아야 100번의 앞면"을 얻는 확률이 실제 중요한 점이 아닐지라도, $F(1.7) = \frac{5}{16}$와 $F(100) = 1$이라고 쓸 수 있다.

예제 3.6

예제 3.1의 확률변수 W의 분포함수를 구하고 그 그래프를 그려라.

풀이 70쪽의 표에 주어진 확률들에 기초하여 $f(0) = \frac{3}{28}$, $f(1) = \frac{15}{56} + \frac{15}{56} = \frac{15}{28}$, $f(2) = \frac{5}{14}$이고, 다음과 같이 계산할 수 있다.

$$F(0) = f(0) = \frac{3}{28}$$

$$F(1) = f(0) + f(1) = \frac{9}{14}$$

$$F(2) = f(0) + f(1) + f(2) = 1$$

따라서 W의 분포함수는 다음과 같이 주어진다.

$$F(w) = \begin{cases} 0, & w < 0 \\ \frac{3}{28}, & 0 \leqq w < 1 \\ \frac{9}{14}, & 1 \leqq w < 2 \\ 1, & w \geqq 2 \end{cases}$$

그림 3.5에 나타낸 이 분포함수의 그래프는 $w = 0, 1, 2$에 대해 점 $(w, F(w))$들을 먼저 찍은 다음에, 그림에서

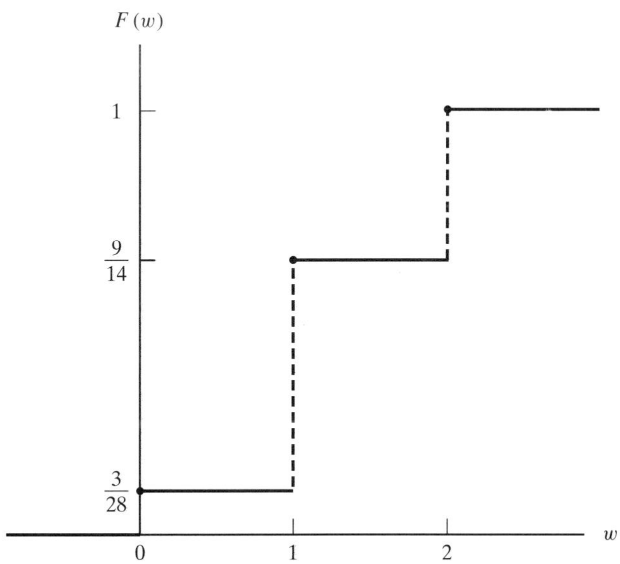

그림 3.5 예제 3.6의 분포함수 그래프.

나타낸 것처럼 계단함수를 완성한다. 불연속인 모든 점에서 그림 3.5에 굵은 점으로 나타낸 것처럼 분포함수는 두 값들 중 더 큰 값을 취하는 것에 주목하여라. ●

물론 앞선 두 예제에서 소개된 과정을 거꾸로 할 수 있는데, 즉 분포함수에서 확률변수의 확률분포에 대한 값을 얻을 수 있다. 끝으로 다음의 결과를 얻을 수 있다.

정리 3.3 확률변수 X의 범위가 $x_1 < x_2 < x_3 < \cdots < x_n$의 값으로 되어 있다면, $f(x_1) = F(x_1)$이고

$$f(x_i) = F(x_i) - F(x_{i-1}),\quad i = 2, 3, \ldots, n$$

이다.

예제 3.7

X의 분포함수가 다음과 같이 주어졌다.

$$F(x) = \begin{cases} 0\,, & x < 2 \\ \frac{1}{36}, & 2 \leqq x < 3 \\ \frac{3}{36}, & 3 \leqq x < 4 \\ \frac{6}{36}, & 4 \leqq x < 5 \\ \frac{10}{36}, & 5 \leqq x < 6 \\ \frac{15}{36}, & 6 \leqq x < 7 \\ \frac{21}{36}, & 7 \leqq x < 8 \\ \frac{26}{36}, & 8 \leqq x < 9 \\ \frac{30}{36}, & 9 \leqq x < 10 \\ \frac{33}{36}, & 10 \leqq x < 11 \\ \frac{35}{36}, & 11 \leqq x < 12 \\ 1\,, & x \geqq 12 \end{cases}$$

이 확률변수의 확률분포를 구하여라.

풀이 정리 3.3을 사용하면 $f(2) = \frac{1}{36}$, $f(3) = \frac{3}{36} - \frac{1}{36} = \frac{2}{36}$, $f(4) = \frac{6}{36} - \frac{3}{36} = \frac{3}{36}$, $f(5) = \frac{10}{36} - \frac{6}{36} = \frac{4}{36}$, $\cdots$, $f(12) = 1 - \frac{35}{36} = \frac{1}{36}$을 얻고, 72쪽 표에 있는 확률과 비교해보면 여기서 생각해 본 확률변수는 두 개의 주사위를 굴려서 나온 눈의 합이라는 것을 알 수 있다. ●

이 장의 나머지 부분에서 연속확률변수와 그 분포, 그리고 두 개 이상의 확률변수의 값이 동시에 일어나는 것과 관련된 문제에 대해 생각해 볼 것이다. 5장에서는 이산확률변수의 확률분포에 대해 다시 논의

할 것이다. 특히 5장은 통계학을 응용하는 분야에서 중요하게 사용되는 모형들을 제공해주는 확률분포들에 대한 내용으로 구성될 것이다.

연습문제

3.1 다음 각각에 대해 주어진 값들이 범위 $x = 1, 2, 3, 4$에서 확률변수에 대한 확률분포의 값으로 쓰일 수 있는지 결정하여라.

(a) $f(1) = 0.25,\ f(2) = 0.75,\ f(3) = 0.25,\ f(4) = -0.25$

(b) $f(1) = 0.15,\ f(2) = 0.27,\ f(3) = 0.29,\ f(4) = 0.29$

(c) $f(1) = \frac{1}{19},\ f(2) = \frac{10}{19},\ f(3) = \frac{2}{19},\ f(4) = \frac{5}{19}$

3.2 다음 각각에 대해 주어진 함수가 주어진 범위에서 확률변수의 확률분포로 쓰일 수 있는지 결정하여라.

(a) $f(x) = \frac{x-2}{5},\ x = 1, 2, 3, 4, 5$

(b) $f(x) = \frac{x^2}{30},\ x = 0, 1, 2, 3, 4$

(c) $f(x) = \frac{1}{5},\ x = 0, 1, 2, 3, 4, 5$

3.3 $x = 1, 2, 3, \cdots, k$에 대해 $f(x) = \frac{2x}{k(k+1)}$가 주어진 범위에서 확률변수의 확률분포로 쓰일 수 있는지 검증하여라.

3.4 다음 각각에 대해 함수가 주어진 범위에서 확률변수의 확률분포로 쓰일 수 있도록 c를 결정하여라.

(a) $f(x) = cx,\ x = 1, 2, 3, 4, 5$

(b) $f(x) = c\binom{5}{x},\ x = 0, 1, 2, 3, 4, 5$

(c) $f(x) = cx^2,\ x = 1, 2, 3, \ldots, k$

(d) $f(x) = c\left(\frac{1}{4}\right)^x,\ x = 1, 2, 3, \ldots.$

[힌트: (c) 에 대해 부록 A를 참고하여라.]

3.5 셀 수 있는 무한의 범위 $x = 0, 1, 2, \cdots$ 에서

$$f(x) = (1-k)k^x$$

가 확률변수에 대한 확률분포의 값으로 쓰일 수 있도록 하는 k값은 무엇인가?

3.6 셀 수 있는 무한의 범위 $x = 1, 2, 3 \cdots$ 에서

$$f(x) = \frac{c}{x}$$

가 확률변수에 대한 확률분포의 값으로 쓰일 수 있도록 하는 그런 c값은 없음을 보여라.

3.7 다음 확률분포 각각에 대해 확률 히스토그램을 그려라.

(a) $f(x) = \dfrac{\dbinom{2}{x}\dbinom{4}{3-x}}{\dbinom{6}{3}}, \ x = 0, 1, 2$

(b) $f(x) = \dbinom{5}{x}\left(\dfrac{1}{5}\right)^x\left(\dfrac{4}{5}\right)^{5-x}, \ x = 0, 1, 2, 3, 4, 5$

3.8 정리 3.2를 증명하여라.

3.9 다음 각각에 대해 범위 $x = 1, 2, 3, 4$에서 주어진 값들이 확률변수에 대한 분포함수의 값으로 쓰일 수 있는지 결정하여라.

(a) $F(1) = 0.3, F(2) = 0.5, F(3) = 0.8, F(4) = 1.2$
(b) $F(1) = 0.5, F(2) = 0.4, F(3) = 0.7, F(4) = 1.0$
(c) $F(1) = 0.25, F(2) = 0.61, F(3) = 0.83, F(4) = 1.0$

3.10 연습문제 3.7의 (a) 의 확률변수에 대한 분포함수를 찾고 그 그래프를 그려라.

3.11 X가 다음과 같은 분포함수를 갖는다면

$$F(x) = \begin{cases} 0, & x < 1 \\ \dfrac{1}{3}, & 1 \leqq x < 4 \\ \dfrac{1}{2}, & 4 \leqq x < 6 \\ \dfrac{5}{6}, & 6 \leqq x < 10 \\ 1, & x \geqq 10 \end{cases}$$

다음을 구하여라.

(a) $P(2 < X \leqq 6)$

(b) $P(X = 4)$

(c) X의 확률분포

3.12 다음과 같은 확률분포를 갖는 확률변수의 분포함수를 구하여라.

$$f(x) = \frac{x}{15}, \ x = 1, 2, 3, 4, 5$$

3.13 X가 다음과 같은 분포함수를 갖는다면

$$F(x) = \begin{cases} 0, & x < -1 \\ \dfrac{1}{4}, & -1 \leqq x < 1 \\ \dfrac{1}{2}, & 1 \leqq x < 3 \\ \dfrac{3}{4}, & 3 \leqq x < 5 \\ 1, & x \geqq 5 \end{cases}$$

다음을 구하여라.

(a) $P(X \leqq 3)$ **(b)** $P(X = 3)$ **(c)** $P(X < 3)$
(d) $P(X \geqq 1)$ **(e)** $P(-0.4 < X < 4)$ **(f)** $P(X = 5)$

3.14 예제 3.4를 참고하여 $x = 1, 2, 3, 4, 5$에 대해 분포함수의 값들이 다음과 같이 주어짐을 검증하여라.

$$F(x) = \frac{x^2 + 5x}{50}$$

3.15 정리 3.3을 참고하여 다음을 검증하여라.

(a) $P(X > x_i) = 1 - F(x_i),\ i = 1, 2, 3, \ldots, n$
(b) $P(X \geqq x_i) = 1 - F(x_{i-1}),\ i = 2, 3, \ldots, n,\ P(X \geqq x_1) = 1$

3.3 연속확률변수

3.1절에서 확률변수의 개념을 소개하였는데, 그것은 확률측도를 가지고 표본공간의 점들 위에 정의된 실함수라 하였다. 또한 그림 3.1에서 두 개의 주사위를 굴려서 나온 합을 그 표본공간의 36가지 점들에 할당하여 이를 보였다. 연속인 경우, 즉 확률변수가 연속인 척도의 값들을 취할 수 있을 경우에도 그 과정은 매우 비슷하다. 실험의 결과는 선분이나 선 위의 점으로 나타나고, 확률변수의 값은 규칙이나 식으로 적절하게 그 점들에 할당된 수이다. 확률변수의 값이 측정이나 관찰로 직접 주어지면, 일반적으로 확률변수의 값(우리가 얻은 측정)과 실험의 결과(실수축 위에 해당하는 점) 사이를 구별할 필요가 없다. 따라서 한 실험에서 인스턴트 커피가 담긴 230그램의 병의 실제 용량을 결정하는 것이 관심사이고 그 결과가 225.3그램이라고 하면, 이 값이 확률변수의 값이 되는 것이고, 추가로 표본공간은 양의 실수축 위의 어떤 연속적인 구간이라고 부연할 필요는 없다.

연속인 표본공간과 연속확률변수와 관련하여 확률을 결정하는 문제는 몇 가지 복잡한 것들이 관련되어 있다. 이를 설명하기 위해, 다음 상황을 생각해 보자.

예제 3.8

200킬로미터 길이의 고속도로에서 사고가 발생할 가능성에 대해 생각해 보고 주어진 위치나 길 위의 특정 구간에서 사고가 일어날 확률에 대해 관심이 있다고 하자. 이 "실험"의 표본공간은 점들의 연속으로 되어 있고, 이 점들은 0에서 200 사이의 구간 위에 있으며, 킬로미터로 측정된 길이 d인 임의의 구간에서 사고가 일어날 확률은 $\frac{d}{200}$로 가정할 수 있다. 이 확률의 할당은 30쪽의 공리 1과 2에 일치함을 주목하여라. 확률 $\frac{d}{200}$는 모두 음수가 아니고, $P(S) = \frac{200}{200} = 1$이다. 이 확률의 할당은 0에서 200까지 선분 위의 구간에서만 적용되지만, 공리 3을 쓴다면 임의의 유한하거나 겹치지 않는 구간들의 셀 수 있는 무한한 연속의 합집합에 대한 확률을 얻을 수 있다. 예를 들어 길이 d_1와 d_2의 두 겹치지 않는 구간들 중 어느 한 쪽에서 사고가 발생할 확률은

$$\frac{d_1 + d_2}{200}$$

이다. 그리고 길이 $d_1, d_2, d_3, \cdots$의 겹치지 않는 셀 수 있는 무한한 연속의 임의의 구간에서 사고가 발생할 확률은

$$\frac{d_1 + d_2 + d_3 + \cdots}{200}$$

이다. 또한 정리 2.7을 적용하면 서로 겹치는 구간들의 합집합에 확률을 할당할 수 있다. 두 구간의 교집합은 하나의 구간이고, 한 구간의 여집합은 한 구간이거나 두 구간의 합집합이므로, 표본공간 내 임의의 부분집합에 확률을 할당하는 것은 가능하다. 왜냐하면 표본공간 내 임의의 부분집합이란 유한으로 많거나 셀 수 있게 많은 구간들의 합집합이나 교집합으로 만들어지거나 여집합으로 이루어지기 때문이다. ●

따라서 연속인 경우로 확률의 개념을 확장하는 데 공리 1, 2, 3을 다시 사용하지만, 일반적으로 이렇게 하기 위해서는 유한으로 많거나 셀 수 있게 많은 구간들의 합집합이나 교집합으로 만들어지거나 여집합으로 만들어지지 않은 표본공간의 모든 부분집합을 "사건"의 정의로부터 제외시켜야 한다. 다행히도 이와 같이 난해한 종류의 집합에 확률을 할당하지 않는 것이 상식이기 때문에 이것은 중요하지 않다.

예제 3.8에서 매우 짧은 구간에서, 예를 들어 1센티미터의 구간에서 사고가 일어날 확률은 0.00000005로 매우 작은 값이다. 구간의 길이가 0에 가까워짐에 따라, 그 구간에서 사고가 일어날 확률도 역시 0에 가까워진다. 사실 연속인 경우에는 항상 개별적인 점에 0의 확률을 할당한다. 이것은 해당하는 사건이 일어나지 않는 것을 의미하는 것은 아니다. 즉, 200킬로미터의 도로에서 사고가 일어날 때, 각 점이 0의 확률을 가지고 있더라도 어떤 점에서는 사고가 일어나야 한다.

3.4 확률밀도함수

예제 3.8에서 확률을 할당했던 방법은 매우 특별한 것으로, 주사위의 여섯 면이나, 동전의 앞면과 뒷면, 카드 뭉치에 있는 52장의 카드 등등에 같은 확률을 할당하는 방법과 사실상 유사하다. 더 일반적으로 연속확률변수의 값들과 관련된 확률의 문제를 다루기 위해서, 16온스들이 병에 기계가 넣는 청량 음료의 실제 양에 대해 관심이 있다고 하자. 분명하게 그 양은 병들마다 어느 정도 다양할 것이다. 사실, 그것은 연속확률변수이다. 하지만 그 양을 가장 가까운 십 분의 일 온스로 처리하면, 확률이 직사각형의 면적으로 주어지는 그림 3.6의 맨 위에 있는 다이어그램과 같은 히스토그램으로 그려지는 확률분포를 가진 이산확률변수로 다룰 수 있을 것이다. 만약 그 양을 가장 가까운 백 분의 일 온스로 처리하면 확률이 직사각형의 면적으로 주어지는, 그림 3.6의 가운데 있는 다이어그램과 같은 히스토그램으로 그려지는 확률분포를 가진 (또 다른) 이산확률변수로 다시 다룰 수 있을 것이다.

만약 그 양을 가장 가까운 천 분의 일이나 가장 가까운 만 분의 일로 처리하면, 해당하는 이산확률변수에 대한 확률분포의 확률 히스토그램은 그림 3.6의 맨 아래에 있는 다이어그램으로 보인 연속인 곡선에 근접하게 될 것이고, 그 양이 어떤 특정 구간 범위 안에 들어가는 확률을 나타내는 직사각형 면적의 합은 그 곡선 아래에 해당하는 면적에 근접한다는 것은 명백하다.

실제로 연속인 경우에 있어서 확률의 정의는 각 확률변수에 대해 **확률밀도함수(probability density function)** 라고 하는 함수가 있음을 가정한다. 확률밀도함수란 그 함수의 곡선 아래 면적이 확률변수가

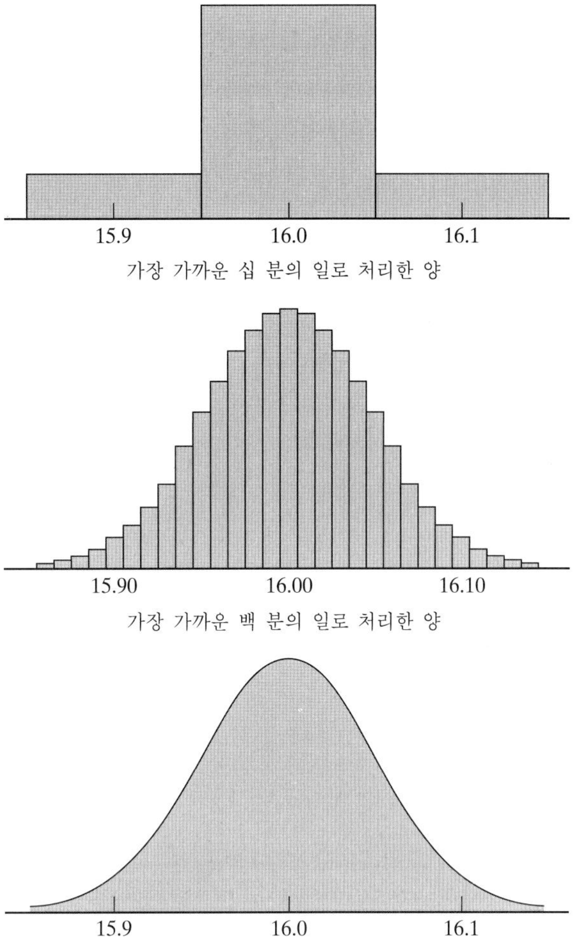

그림 3.6 연속인 경우 확률의 정의.

어떤 구간에 속할 확률이다라는 것을 의미하는 함수이다. 다시 말해 확률밀도함수를 a에서 $b(a \leqq b)$ 사이의 구간에서 적분한 값은 확률변수가 a에서 b까지 구간에서 값을 취하게 될 확률임을 의미한다.

정의 3.4 **확률밀도함수** 모든 실수의 집합 위에 정의된 함수 $f(x)$가 $a \leqq b$인 임의의 실수인 상수 a와 b에 대해 다음과 필요충분조건이 만족할 때, $f(x)$는 연속확률변수 X의 한 **확률밀도함수**라고 한다.

$$P(a \leqq X \leqq b) = \int_a^b f(x)\,dx$$

확률밀도함수는 더 간단하게, **확률밀도 (probability densities)**, **밀도함수 (density functions)**, **밀도 (densities)**, 또는 **p.d.f.**라고 말한다.

c라는 점에서 X의 확률밀도의 값 $f(c)$는 이산의 경우에서처럼 $P(X = c)$을 의미하지 않는 점에 유의하라. 연속확률변수와 관련하여 확률은 항상 구간과 관련되어 있고, 임의의 상수 c에 대해 $P(X = c) = 0$이다. 이것은 앞에서 언급되었던 것과 일치하며, 정의 3.4에서 $a = b = c$인 경우 $P(X = c) = 0$임을 즉시 확인할 수 있다.

이러한 성질 때문에 비록 확률 자체는 바뀌지 않더라도 확률밀도함수의 함숫값은 바뀔 수 있다. 이러한 연유로 정의 3.4에서 $f(x)$가 확률변수 X의 **그** 확률밀도라고 하지 않고, **한** 확률밀도라고 말한 이유이다. 또한 이 성질을 보면 a에서 b까지 구간의 끝점을 포함하는 지는 문제되지 않는다. 이를 기호로 나타내면, 다음 정리와 같다.

정리 3.4 X가 연속확률변수이고, $a \leqq b$인 실수인 상수 a와 b에 대하여,

$$P(a \leqq X \leqq b) = P(a \leqq X < b) = P(a < X \leqq b) = P(a < X < b)$$

이제 정리 3.1과 비슷하게 확률의 공리로부터 직접 유도되는 확률밀도에 대한 다음의 성질들을 살펴보도록 하자.

정리 3.5 함수의 값 $f(x)$가 다음의 조건[2]을 만족시키면 이 함수는 연속확률변수 X의 확률밀도로 쓰일 수 있다.

1. $f(x) \geqq 0, \ -\infty < x < \infty$

2. $\int_{-\infty}^{\infty} f(x)\,dx = 1$

예제 3.9

X가 다음과 같은 확률밀도이다.

$$f(x) = \begin{cases} k \cdot e^{-3x}, & x > 0 \\ 0 & , \text{그 외} \end{cases}$$

k와 $P(0.5 \leqq X \leqq 1)$을 구하여라.

풀이 정리 3.5의 두 번째 조건을 만족시키기 위해서,

$$\int_{-\infty}^{\infty} f(x)\,dx = \int_{0}^{\infty} k \cdot e^{-3x}\,dx = k \cdot \lim_{t\to\infty} \frac{e^{-3x}}{-3}\bigg|_0^t = \frac{k}{3} = 1$$

이어야 한다. 따라서 $k = 3$이다. 구하는 확률은 다음과 같이 얻어진다.

$$P(0.5 \leqq X \leqq 1) = \int_{0.5}^{1} 3e^{-3x}\,dx = -e^{-3x}\bigg|_{0.5}^{1} = -e^{-3} + e^{-1.5} = 0.173$$

위의 예제에서 확률변수는 음수값을 취할 수 없더라도, 모든 실수를 포함하도록 확률밀도의 정의역을 인위적으로 확장하였다. 이것은 이 책 전반에서 따르게 될 관례이다.

이산의 경우에서처럼 연속확률변수 X의 값이 어떤 실수 x보다 작거나 같을 확률을 알고자 하는데 관심이 있는 문제들이 많이 있다. 따라서 정의 3.3과 비슷하게 다음의 정의를 나타내도록 하자.

정의 3.5 **분포함수** X가 연속확률변수이고, t에서 확률밀도함수의 값이 $f(t)$이면 다음과 같이 주어진 함수는 X의 **분포함수** 또는 **누적분포**라고 한다.

2) 이 조건들은 $f(x)$가 확률의 어떤 영향을 주지 않은 채 확률변수의 몇몇 값에서 음수일 수 있기 때문에 정리 3.1에서처럼 "필요충분조건"이 아니다. 그러나 정리 3.5의 두 조건들은 실제 사용되거나 이 책에서 언급된 모든 확률밀도에 대해 성립한다.

$$F(x) = P(X \leqq x) = \int_{-\infty}^{x} f(t)\,dt, \quad -\infty < x < \infty$$

정리 3.2에서 주어진 분포함수의 특성은 연속인 경우에 대해서도 유효하다. 즉, $F(-\infty) = 0$, $F(\infty) = 1$이며, $a < b$일 때 $F(a) \leqq F(b)$이다. 더욱이 정의 3.5에 따라 다음 정리를 설명할 수 있다.

정리 3.6 $f(x)$와 $F(x)$가 x에서 X의 확률밀도의 값과 분포함수라면, $a \leqq b$인 임의의 실수인 상수 a와 b에 대해

$$P(a \leqq X \leqq b) = F(b) - F(a)$$

이고, 여기서 미분계수가 존재하면

$$f(x) = \frac{dF(x)}{dx}$$

이다.

예제 3.10

예제 3.9의 확률변수 X에 대한 분포함수를 구하고, 이를 사용하여 $P(0.5 \leqq X \leqq 1)$을 다시 계산하여라.

풀이 $x > 0$에 대해,

$$F(x) = \int_{-\infty}^{x} f(t)dt = \int_{0}^{x} 3e^{-3t}dt = -e^{-3t}\Big|_0^x = 1 - e^{-3x}$$

이고, $x \leqq 0$에 대해 $F(x) = 0$이므로 다음과 같이 쓸 수 있다.

$$F(x) = \begin{cases} 0 & , \ x \leqq 0 \\ 1 - e^{-3x}, & x > 0 \end{cases}$$

확률 $P(0.5 \leqq X \leqq 1)$을 결정하기 위해, 정리 3.6의 첫 번째 부분을 사용하면 다음을 얻는다.

$$\begin{aligned} P(0.5 \leqq X \leqq 1) &= F(1) - F(0.5) \\ &= (1 - e^{-3}) - (1 - e^{-1.5}) \\ &= 0.173 \end{aligned}$$

이것은 예제 3.9에서 확률밀도를 사용하여 직접 얻은 결과와 일치한다.

예제 3.11

분포함수가 다음과 같이 주어진 확률변수에 대한 확률밀도함수를 구하고, 그 그래프를 그려라.

$$F(x) = \begin{cases} 0, & x \leqq 0 \\ x, & 0 < x < 1 \\ 1, & x \geqq 1 \end{cases}$$

풀이 주어진 밀도함수는 $x = 0$와 $x = 1$을 제외하고 모든 곳에서 미분가능하기 때문에, $x < 0$, $0 < x < 1$, $x > 1$에 대해 미분하면 0, 1, 0을 얻는다. 따라서 정리 3.6의 두 번째 부분에 의해 다음과 같이 쓸 수 있다.

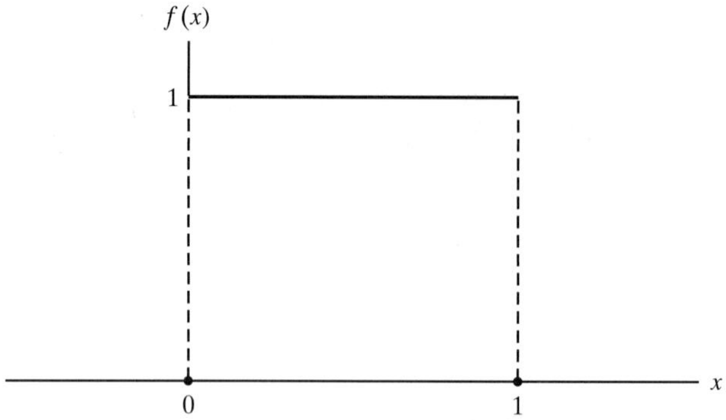

그림 3.7 예제 3.11의 확률밀도.

$$f(x) = \begin{cases} 0, & x < 0 \\ 1, & 0 < x < 1 \\ 0, & x > 1 \end{cases}$$

$x = 0$과 $x = 1$에서 공백을 채우기 위해 $f(0)$과 $f(1)$ 둘 다 0으로 놓는다. 실제 이 두 점에서 확률밀도가 어떻게 정의되는지는 문제가 되지 않지만, 열린 구간에서 확률밀도가 0이 아닌 값을 갖도록 하는 방식에는 어떤 장점이 있다(정리 7.1에 설명되어 있다). 따라서 확률변수에 대한 확률밀도를 다음과 같이 쓸 수 있다.

$$f(x) = \begin{cases} 1, & 0 < x < 1 \\ 0, & \text{그 외} \end{cases}$$

확률밀도의 그래프는 그림 3.7에 있다.

대부분의 실제응용문제에서는 이산 또는 연속인 확률변수를 다루는데, 이에 해당하는 분포함수는 그림 3.5에서처럼 계단 같은 모양을 가지거나, 또는 연속인 곡선이나 그림 3.8에서처럼 선들의 조합이다. 참고로 그림 3.8은 예제 3.11의 분포함수를 그래프로 보여 준 것이다.

그림 3.9에서 보인 것처럼 불연속분포함수는 확률변수가 **혼합(mixed)** 되어 있을 때 나타난다. 이런 분포함수는 0이 아닌 확률을 가지는 점에서 불연속을 보이고, 다른 곳에서는 연속이다. 이산의 경우에서처

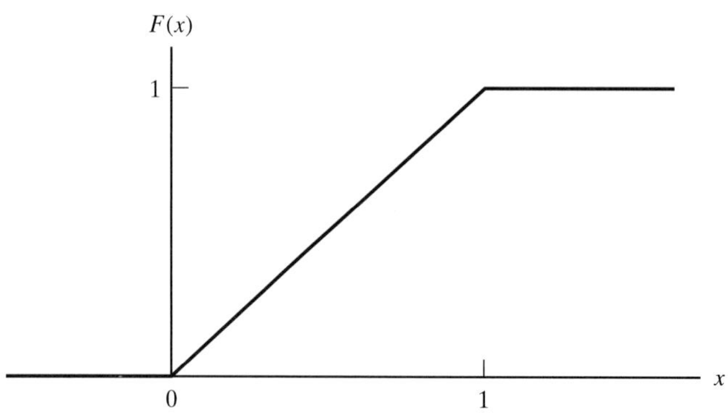

그림 3.8 예제 3.11의 분포함수.

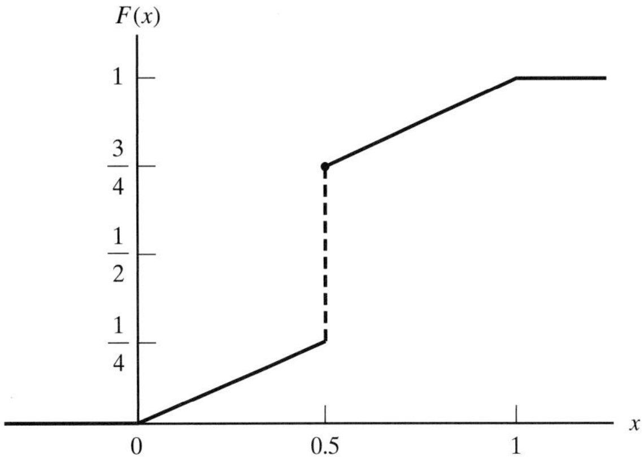

그림 3.9 혼합확률변수의 분포함수.

럼 불연속 점에서 위아래 간격의 차이는 특정한 점에 해당하는 확률을 의미한다. 그림 3.9를 참고하여 $P(X=0.5)=\frac{3}{4}-\frac{1}{4}=\frac{1}{2}$이고, 그 밖에 다른 확률변수는 연속확률변수와 같다.

이 책에서는 이산이나 유한개의 점을 제외한 나머지 모든 점에서 미분가능한 분포함수를 가지는 연속인 확률변수로 제한할 것이다.

연습문제

3.16 연습문제 3.17의 확률변수 X에 대한 분포함수를 구하고 이를 이용하여 3.17의 (b) 를 다시 계산하여라.

3.17 다음과 같이 연속확률변수 X의 확률밀도가 주어졌다.

$$f(x)=\begin{cases}\frac{1}{5}, & 2<x<7\\ 0, & \text{그 외}\end{cases}$$

(a) 확률밀도의 그래프를 그리고, 곡선 아래 (x축 위에 있는) 전체 면적이 1이 됨을 검증하여라.

(b) $P(3<X<5)$를 구하여라.

3.18 **(a)** 다음이 확률밀도함수를 나타냄을 보여라.

$$f(x)=e^{-x},\quad 0<x<\infty$$

(b) 이 함수의 그래프를 간략히 그리고, $x>1$인 확률과 관련된 면적을 표시하여라.

(c) $x>1$인 확률을 계산하여라.

3.19 **(a)** 다음이 밀도함수를 나타냄을 보여라.

$$f(x)=3x^2,\ 0<x<1$$

(b) 이 함수의 그래프를 간략히 그리고, $0.1<x<0.5$인 확률과 관련된 면적을 표시하여라.

(c) $0.1<x<0.5$인 확률을 계산하여라.

3.20 확률변수 Y의 확률밀도가 다음과 같이 주어졌다.

$$f(y) = \begin{cases} \frac{1}{8}(y+1), & 2 < y < 4 \\ 0 & , \text{그 외} \end{cases}$$

$P(Y < 3.2)$와 $P(2.9 < Y < 3.2)$을 구하여라.

3.21 연습문제 3.20의 확률변수 Y에 대한 분포함수를 구하고, 이를 이용하여 그 연습문제에서 묻고 있는 두 확률을 결정하여라.

3.22 확률변수 X의 p.d.f.가 다음과 같이 주어졌다.

$$f(x) = \begin{cases} \frac{c}{\sqrt{x}}, & 0 < x < 4 \\ 0 & , \text{그 외} \end{cases}$$

다음을 구하여라.

(a) c의 값

(b) $P(X < \frac{1}{4})$와 $P(X > 1)$

3.23 연습문제 3.22의 확률변수 X에 대한 분포함수를 구하고 이를 이용하여 그 연습문제의 (b)에서 묻고 있는 두 확률을 결정하여라.

3.24 확률변수 Z의 확률밀도가 다음과 같이 주어졌다.

$$f(z) = \begin{cases} kze^{-z^2}, & z > 0 \\ 0 & , z \leqq 0 \end{cases}$$

k를 구하고 이 확률밀도의 그래프를 그려라.

3.25 연습문제 3.24를 참고하여 Z의 분포함수를 구하고, 그래프를 그려라.

3.26 확률변수 X의 밀도함수가 다음과 같이 주어졌다.

$$g(x) = \begin{cases} 6x(1-x), & 0 < x < 1 \\ 0 & , \text{그 외} \end{cases}$$

$P(X < \frac{1}{4})$와 $P(X > \frac{1}{2})$을 구하여라.

3.27 연습문제 3.26을 참고하여 X의 분포함수를 구하고, 이를 이용하여 그 연습문제에서 묻고 있는 두 확률을 다시 계산하여라.

3.28 확률변수 X에 대한 확률밀도가 다음과 같이 주어졌을 때 그것의 분포함수를 구하여라.

$$f(x) = \begin{cases} x & , 0 < x < 1 \\ 2-x, & 1 \leqq x < 2 \\ 0 & , \text{그 외} \end{cases}$$

또한 이 확률밀도와 분포함수의 그래프를 간략히 그려라.

3.29 확률변수 X에 대한 확률밀도가 다음과 같이 주어졌을 때 그것의 분포함수를 구하여라.

$$f(x) = \begin{cases} \frac{1}{3}, & 0 < x < 1 \\ \frac{1}{3}, & 2 < x < 4 \\ 0, & \text{그 외} \end{cases}$$

또한 이 확률밀도와 분포함수의 그래프를 간략히 그려라.

3.30 연습문제 3.28을 참고하여 다음을 이용하여 $P(0.8 < X < 1.2)$을 구하여라.

(a) 확률밀도

(b) 분포함수

3.31 확률변수 X에 대한 확률밀도가 다음과 같이 주어졌을 때 그것의 분포함수를 구하여라.

$$f(x) = \begin{cases} \frac{x}{2}, & 0 < x \leqq 1 \\ \frac{1}{2}, & 1 < x \leqq 2 \\ \frac{3-x}{2}, & 2 < x < 3 \\ 0, & \text{그 외} \end{cases}$$

또한 이 확률밀도와 분포함수의 그래프를 간략히 그려라.

3.32 확률변수 X의 분포함수가 다음과 같이 주어졌다.

$$F(x) = \begin{cases} 0, & x < -1 \\ \frac{x+1}{2}, & -1 \leqq x < 1 \\ 1, & x \geqq 1 \end{cases}$$

$P(-\frac{1}{2} < X < \frac{1}{2})$와 $P(2 < X < 3)$을 구하여라.

3.33 연습문제 3.32를 참고하여 X의 확률밀도를 구하고 이를 이용하여 두 확률을 다시 계산하여라.

3.34 확률변수 Y의 분포함수가 다음과 같이 주어졌다.

$$F(y) = \begin{cases} 1 - \frac{9}{y^2}, & y > 3 \\ 0, & \text{그 외} \end{cases}$$

$P(Y \leqq 5)$와 $P(Y > 8)$을 구하여라.

3.35 연습문제 3.34를 참고하여 Y의 확률밀도를 구하고 이를 이용하여 두 확률을 다시 계산하여라.

3.36 연습문제 3.34와 연습문제 3.35의 결과를 참고하여 $f(3) = 0$으로 놓고, Y의 분포함수와 확률밀도의 그래프를 간략히 그려라.

3.37 확률변수 X의 분포함수가 다음과 같이 주어졌다.

$$F(x) = \begin{cases} 1 - (1 + x)e^{-x}, & x > 0 \\ 0 & , x \leqq 0 \end{cases}$$

$P(X \leqq 2)$, $P(1 < X < 3)$ 그리고 $P(X > 4)$을 구하여라.

3.38 연습문제 3.37을 참고하여 X의 확률밀도를 구하여라.

3.39 그림 3.9를 참고하여 다음을 혼합확률변수 X에 대한 분포함수의 값으로 표현하여라.

(a) $x \leqq 0$ **(b)** $0 < x < 0.5$

(c) $0.5 \leqq x < 1$ **(d)** $x \geqq 1$

3.40 연습문제 3.39의 결과를 이용하여 다음을 혼합확률변수 X에 대한 확률밀도의 값으로 표현하여라.

(a) $x < 0$ **(b)** $0 < x < 0.5$

(c) $0.5 < x < 1$ **(d)** $x > 1$

87쪽에서 이미 나타내었듯이 $P(X = 0.5) = \frac{1}{2}$이고, $f(0)$와 $f(1)$는 정의되어 있지 않다.

3.41 혼합확률변수 Z의 분포함수가 다음과 같이 주어졌다.

$$F(z) = \begin{cases} 0 & , z < -2 \\ \dfrac{z+4}{8}, & -2 \leqq z < 2 \\ 1 & , z \geqq 2 \end{cases}$$

$P(Z = -2)$, $P(Z = 2)$, $P(-2 < Z < 1)$ 와 $P(0 \leqq Z \leqq 2)$ 을 구하여라.

3.5 다변량분포

이 장을 시작하면서 확률변수는 확률측도로 된 표본공간 위에 존재하는 실숫값을 가지는 함수로 정의하였다. 이것은 같은 표본공간 위에 많은 다른 확률변수가 정의될 수 있는 이유가 되었다. 그림 3.1의 표본공간을 참고하여, 예제에서는 확률변수의 값이 두 개의 주사위를 굴려서 나온 합이라고만 생각하였지만, 확률변수의 값이 두 개의 주사위를 굴려서 나온 수들의 곱, 빨간색 주사위와 녹색 주사위를 굴려서 나온 수들 사이의 차, 2가 나오는 주사위의 개수에 따라 0, 1, 2, 등등으로 생각해 볼 수 있다. 실생활과 더 밀접하게 보면 한 실험이 초등학교에 다니는 345명의 학생들 중 몇몇을 무작위로 뽑아서 이루어졌다. 교장선생님이 그들의 I.Q.에, 간호선생님은 그들의 몸무게에, 담임선생님은 그들이 결석한 일수에, 이런 식으로 관심이 다를 수 있다.

이 절에서는 먼저 **이변량 사례 (bivariate case)**, 즉 결합표본공간 위에 정의된 두 개의 확률변수에 동시에 관심이 있는 상황을 생각해 볼 것이다. 나중에 이 논의를 **다변량 사례 (multivariate case)** 로 확장하여 확률변수 개수를 임의의 유한한 수까지 확장할 것이다.

X와 Y가 이산확률변수이면 X가 x값을 취하고, Y가 y값을 취하는 확률을 $P(X = x, Y = y)$라고 쓴다. 따라서 $P(X = x, Y = y)$는 사건 $X = x$와 $Y = y$의 교집합에 대한 확률이다. 하나의 확률변수를 다루고 표로 X의 모든 값에 관련된 확률을 나타낼 수 있는 **단변량 사례 (univariate case)** 에서처럼, 이제 이변량 사례에도 표로 X와 Y 값들의 모든 순서쌍에 관련된 확률을 나타낼 수 있다.

예제 3.12

3개의 아스피린과 2개의 진정제, 4개의 완화제가 담긴 병에서 무작위로 2개의 알약을 선택한다. X와 Y가 각각 이 병에서 뽑은 두 알약에 포함된 아스피린과 진정제의 개수라고 한다면, X와 Y 값들의 가능한 모든 순서쌍과 관련된 확률을 구하여라.

풀이 가능한 순서쌍은 (0, 1), (0, 1), (1, 0), (1, 1), (0, 2), (2, 0)이다. 예를 들어 (1, 0)에 관련된 확률을 구하기 위해서, 3개의 아스피린 중 하나를 얻고, 2개의 진정제 중 아무것도 얻지 않는 사건에 대해 생각해 보면, 결과적으로 4개의 완화제 중 하나를 얻게 된다. 이렇게 행해질 수 있는 가짓수는 $\binom{3}{1}\binom{2}{0}\binom{4}{1} = 12$이고, 9개의 알약 중 2개가 선택될 수 있는 전체 가짓수는 $\binom{9}{2} = 36$이다. 이 확률들은 무작위로 선택한다는 가정에 따라 모두 등확률이기 때문에, (1, 0)와 관련된 확률은 정리 2.2로부터 $\frac{12}{36} = \frac{1}{3}$이다. 비슷하게 (1, 1)와 관련된 확률은

$$\frac{\binom{3}{1}\binom{2}{1}\binom{4}{0}}{36} = \frac{6}{36} = \frac{1}{6}$$

이다. 이 같은 방식으로 계속하면 다음 표에 나타낸 값들을 얻게 된다:

		x = 0	1	2
y	0	$\frac{1}{6}$	$\frac{1}{3}$	$\frac{1}{12}$
	1	$\frac{2}{9}$	$\frac{1}{6}$	
	2	$\frac{1}{36}$		

실제 단변량 사례에서처럼 일반적인 식으로 확률을 표현하는 것이 더 선호된다. 다시 말해, 확률변수 X와 Y의 범위에서 (x, y)값의 임의의 순서쌍에 대해 $f(x, y) = P(X = x, Y = y)$값으로 된 함수로 확률을 나타내는 것이 더 선호된다. 예를 들어 예제 3.12의 두 확률변수에 대해 다음과 같이 적을 수 있다. 이는 5장에서 보게 될 것이다.

$$f(x, y) = \frac{\binom{3}{x}\binom{2}{y}\binom{4}{2-x-y}}{\binom{9}{2}}, \quad x = 0, 1, 2; \quad y = 0, 1, 2; \quad 0 \leqq x + y \leqq 2$$

정의 3.6 **결합확률분포** X와 Y가 이산확률변수이면 X와 Y 범위에서 (x, y)값의 각 순서쌍에 대해 $f(x, y) = P(X = x, Y = y)$으로 주어진 함수는, X와 Y의 **결합확률분포** (joint probability distribution) 라고 한다.

정리 3.1과 유사하게, 확률의 가정에서 따라오는 다음의 정리를 살펴보자.

정리 3.7 이산확률변수 X와 Y의 순서쌍에 대한 확률함수인 $f(x, y)$가 결합확률분포가 되기 위한 필요충분조건은 다음과 같다.

1. 정의역 내 (x, y)값의 각 순서쌍에 대해 $f(x, y) \geqq 0$

2. $\sum_x \sum_y f(x, y) = 1$, 여기서 이중합계는 정의역 내 가능한 모든 순서쌍 (x, y) 위로 확장한다.

예제 3.13

다음과 같이 주어진 함수가 결합확률분포가 될 수 있도록 k값을 결정하여라.

$$f(x, y) = kxy, \ x = 1, 2, 3; \quad y = 1, 2, 3$$

풀이 x와 y에 다양한 값을 대입해 보면 $f(1, 1) = k, f(1, 2) = 2k, f(1, 3) = 3k, f(2, 1) = 2k, f(2, 2) = 4k, f(2, 3) = 6k, f(3, 1) = 3k, f(3, 2) = 6k, f(3, 3) = 9k$를 얻는다. 정리 3.7의 첫 번째 조건을 만족시키기 위해서 상수 k는 음수가 아니어야 하고, 두 번째 조건을 만족시키기 위해서,

$$k + 2k + 3k + 2k + 4k + 6k + 3k + 6k + 9k = 1$$

이고, 따라서 $36k = 1$이고, $k = \frac{1}{36}$이다.

단변량 사례에서처럼, 두 확률변수의 값이 어떤 실수 x와 y보다 작거나 같을 확률을 구하는 데 관심 있는 문제들이 많이 있다.

정의 3.7 **결합분포함수** X와 Y가 이산확률변수이면 다음과 같이 주어진 함수는 X와 Y의 **결합분포함수** (joint distribution function) 또는 **결합누적분포** (joint cumulative distribution) 라고 한다.

$$F(x, y) = P(X \leqq x, Y \leqq y) = \sum_{s \leqq x} \sum_{t \leqq y} f(s, t), \quad -\infty < x < \infty, \ -\infty < y < \infty$$

여기서 $f(s, t)$는 (s, t)에서 X와 Y에 대한 결합확률분포의 값이다.

연습문제 3.48에서 정리 3.2의 성질과 유사한 결합확률분포의 성질을 증명하게 될 것이다.

예제 3.14

예제 3.12를 참고하여 $F(1, 1)$을 구하여라.

풀이

$$\begin{aligned} F(1, 1) &= P(X \leqq 1, Y \leqq 1) \\ &= f(0, 0) + f(0, 1) + f(1, 0) + f(1, 1) \\ &= \frac{1}{6} + \frac{2}{9} + \frac{1}{3} + \frac{1}{6} \\ &= \frac{8}{9} \end{aligned}$$

단변량 사례에서처럼 두 확률변수의 결합분포함수는 모든 실수에 대해 정의된다. 예를 들어 예제 3.12에서 $F(-2, 1) = P(X \leqq -2, Y \leqq 1) = 0$과 $F(3.7, 4.5) = P(X \leqq 3.7, Y \leqq 4.5) = 1$을 얻었다.

이제 이 절에서 소개한 다양한 개념을 연속인 사례로 확장해 보자.

정의 3.8 **결합확률밀도함수** xy-평면 위에 정의된 이변량 함수 $f(x, y)$ xy-평면 안의 임의의 영역 A에 대해 다음 조건과 필요충분조건이면 $f(x, y)$는 연속확률변수 X와 Y의 **결합확률밀도함수** (joint probability density function) 라고 한다.

$$P[(X, Y) \in A] = \int_A \int f(x, y)\, dx\, dy$$

정리 3.5와 유사하게 확률의 공리에서 다음의 정리가 유도된다.

정리 3.8 이변량 함수는 $f(x, y)$값이 다음의 조건을 만족시킬 때, 연속확률변수 X와 Y의 순서쌍에 대한 결합확률밀도함수로 쓰일 수 있다.

1. $f(x, y) \geqq 0, \quad -\infty < x < \infty, \quad -\infty < y < \infty$
2. $\int_{-\infty}^{\infty} \int_{-\infty}^{\infty} f(x, y)\, dx\, dy = 1$

예제 3.15

두 확률변수 X와 Y의 결합확률밀도함수가 다음과 같이 주어질 때, $P[(X, Y) \in A]$를 구하여라.

여기서 A는 $\{(x, y) \mid 0 < x < \frac{1}{2}, 1 < y < 2\}$의 영역이다.

$$f(x, y) = \begin{cases} \frac{3}{5}x(y + x), & 0 < x < 1, 0 < y < 2 \\ 0 & , \text{그 외} \end{cases}$$

풀이

$$\begin{aligned} P[(X, Y) \in A] &= P\left(0 < X < \frac{1}{2}, 1 < Y < 2\right) \\ &= \int_1^2 \int_0^{\frac{1}{2}} \frac{3}{5}x(y + x)\, dx\, dy \\ &= \int_1^2 \frac{3x^2y}{10} + \frac{3x^3}{15} \Big|_{x=0}^{x=\frac{1}{2}} dy \\ &= \int_1^2 \left(\frac{3y}{40} + \frac{1}{40}\right) dy = \frac{3y^2}{80} + \frac{y}{40}\Big|_1^2 \\ &= \frac{11}{80} \end{aligned}$$

정의 3.7과 유사하게 두 연속확률변수에 대한 결합분포함수의 정의를 다음과 같이 한다.

정의 3.9 **결합분포함수** X와 Y가 연속확률변수이면 다음과 같이 주어진 함수는 X와 Y의 **결합분포함수** (joint distribution function) 라고 한다.

$$F(x, y) = P(X \leqq x, Y \leqq y) = \int_{-\infty}^{y} \int_{-\infty}^{x} f(s, t)\, ds\, dt, \qquad \begin{array}{l} -\infty < x < \infty, \\ -\infty < y < \infty \end{array}$$

여기서 $f(s, t)$는 (s, t)에서 X와 Y에 대한 결합확률밀도의 값이다. ■

결합분포함수의 성질은 이산의 사례에 대해 연습문제 3.48에서 증명하게 될텐데, 연속인 사례에 대해서도 역시 유효하다.

3.4절에서처럼 우리의 논의는 여기서 결합분포함수가 유한 개의 점을 제외한 나머지 모든 곳에서 연속이고, 각 변수에 대해 편미분이 가능한 확률변수로 제한할 것이다.

정리 3.6의 $f(x) = \dfrac{dF(x)}{dx}$의 식과 유사하게, 정의 3.9에서 편미분은 편미분이 가능한 경우에 다음과 같은 식으로 도출된다.

$$f(x, y) = \frac{\partial^2}{\partial x \partial y} F(x, y)$$

3.4절에서처럼 두 연속확률변수의 결합분포함수는 모든 (x, y)점에서 (결합확률밀도함수를 줄여서) **결합밀도(joint density)**로 정의한다. 여기서 결합밀도는 연속이다. 물론 3.4절에서처럼 일반적으로 위의 식으로 정의되지 않는 영역에서는 결합확률밀도의 값을 0으로 놓도록 한다.

예제 3.16

X와 Y의 결합확률밀도가 다음과 같이 주어졌다.

$$f(x, y) = \begin{cases} x + y, & 0 < x < 1, 0 < y < 1 \\ 0 & , \text{그 외} \end{cases}$$

두 확률변수의 결합분포함수를 구하여라.

풀이 만약 $x < 0$이거나 $y < 0$이면 바로 $F(x, y) = 0$이 된다. $0 < x < 1$과 $0 < y < 1$에 대해(그림 3.10의 영역 I),

$$F(x, y) = \int_0^y \int_0^x (s + t)\, ds\, dt = \frac{1}{2} xy(x + y)$$

을 얻고, $x > 1$과 $0 < y < 1$에 대해(그림 3.10의 영역 II),

$$F(x, y) = \int_0^y \int_0^1 (s + t)\, ds\, dt = \frac{1}{2} y(y + 1)$$

을 얻고, $0 < x < 1$과 $y > 1$에 대해(그림 3.10의 영역 III),

$$F(x, y) = \int_0^1 \int_0^x (s + t)\, ds\, dt = \frac{1}{2} x(x + 1)$$

을 얻고, $x > 1$과 $y > 1$에 대해(그림 3.10의 영역 IV),

$$F(x, y) = \int_0^1 \int_0^1 (s + t)\, ds\, dt = 1$$

을 얻는다.

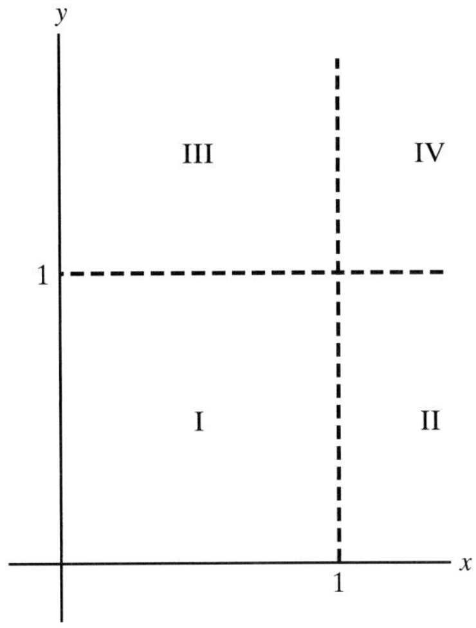

그림 3.10 예제 3.16에 대한 다이어그램.

결합분포함수는 모든 곳에서 연속이므로, 이 영역들 사이의 경계는 둘 중 어느 한 쪽에 포함될 수 있고, 따라서 다음과 같이 쓸 수 있다.

$$F(x, y) = \begin{cases} 0 & , x \leqq 0 \text{ 또는 } y \leqq 0 \\ \frac{1}{2}xy(x+y), & 0 < x < 1, 0 < y < 1 \\ \frac{1}{2}y(y+1) & , x \geqq 1, 0 < y < 1 \\ \frac{1}{2}x(x+1) & , 0 < x < 1, y \geqq 1 \\ 1 & , x \geqq 1, y \geqq 1 \end{cases}$$

예제 3.17

결합분포함수가 다음과 같이 주어졌을 때 두 확률변수 X와 Y의 결합확률밀도를 구하여라.

$$F(x, y) = \begin{cases} (1-e^{-x})(1-e^{-y}), & x > 0 \text{와 } y > 0 \\ 0 & , \text{그 외} \end{cases}$$

또한 결합확률밀도를 사용하여 $P(1 < X < 3, 1 < Y < 2)$을 결정하여라.

풀이 $x > 0$과 $y > 0$에 대해 편미분은 다음과 같이 얻어진다.

$$\frac{\partial^2}{\partial x \partial y} F(x, y) = e^{-(x+y)}$$

그리고 다른 곳에서는 0이므로, X와 Y의 결합확률밀도는 다음과 같이 구한다.

$$f(x, y) = \begin{cases} e^{-(x+y)}, & x > 0 \text{와 } y > 0 \\ 0 & , \text{그 외} \end{cases}$$

따라서 $P(1 < X < 3, 1 < Y < 2)$에 대해 적분은 다음과 같이 얻어진다.

$$\int_1^2 \int_1^3 e^{-(x+y)}\,dx\,dy = (e^{-1} - e^{-3})(e^{-1} - e^{-2})$$
$$= e^{-2} - e^{-3} - e^{-4} + e^{-5}$$
$$= 0.074$$

두 확률변수에 대해 결합밀도는 기하학적으로 말하면 한 표면이고, 앞선 예제에서 계산된 확률은 그림 3.11에서 보인 것처럼 이 표면 아래의 부피로 주어진다.

이 절의 모든 정의는 n개의 확률변수가 있는 다변량사례로 일반화할 수 있다. 정의 3.6에 따라 n개의 이산확률변수 $X_1, X_2, \cdots, X_n$에 대한 결합확률분포의 값들은 확률변수의 범위 안에 있는 각 $(x_1, x_2, \cdots, x_n)$에 대해 다음과 같이 주어진다.

$$f(x_1, x_2, \ldots, x_n) = P(X_1 = x_1, X_2 = x_2, \ldots, X_n = x_n)$$

그리고 정의 3.7에 따라 결합분포함수의 값은 $-\infty < x_1 < \infty$, $-\infty < x_2 < \infty$, $\cdots$, $-\infty < x_n < \infty$에 대해 다음과 같이 주어진다.

$$F(x_1, x_2, \ldots, x_n) = P(X_1 \leqq x_1, X_2 \leqq x_2, \ldots, X_n \leqq x_n)$$

예제 3.18

세 개의 이산확률변수 X, Y, Z에 대한 결합확률분포가 다음과 같이 주어졌다.

$$f(x, y, z) = \frac{(x+y)z}{63}, \quad x = 1, 2; \quad y = 1, 2, 3; \quad z = 1, 2$$

$P(X = 2, Y + Z \leqq 3)$을 구하여라.

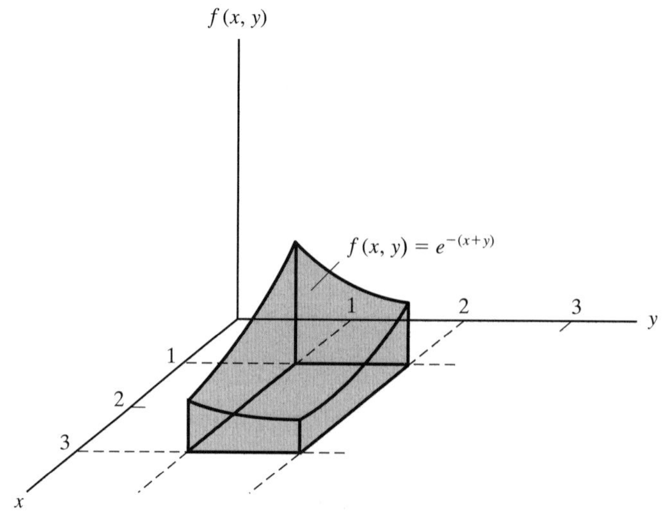

그림 3.11 예제 3.17에 대한 다이어그램.

풀이

$$\begin{aligned} P(X=2, Y+Z \leqq 3) &= f(2,1,1)+f(2,1,2)+f(2,2,1) \\ &= \frac{3}{63}+\frac{6}{63}+\frac{4}{63} \\ &= \frac{13}{63} \end{aligned}$$

연속인 경우에 확률은 결합확률밀도를 적분하여 얻어지고, 결합분포함수는 정의 3.9와 유사하게 $-\infty < x_1 < \infty$, $-\infty < x_2 < \infty$, $\cdots$, $-\infty < x_n < \infty$에 대해 다음과 같이 주어진다.

$$F(x_1, x_2, \ldots, x_n) = \int_{-\infty}^{x_n} \cdots \int_{-\infty}^{x_2} \int_{-\infty}^{x_1} f(t_1, t_2, \ldots, t_n)\, dt_1\, dt_2 \ldots dt_n$$

또한 편미분은 미분이 가능한 영역에서 다음과 같이 얻게 된다.

$$f(x_1, x_2, \ldots, x_n) = \frac{\partial^n}{\partial x_1 \partial x_2 \cdots \partial x_n} F(x_1, x_2, \ldots, x_n)$$

예제 3.19

X_1, X_2, X_3의 **삼변량 (trivariate)** 확률밀도가 다음과 같이 주어졌다.

$$f(x_1, x_2, x_3) = \begin{cases} (x_1+x_2)e^{-x_3}, & 0 < x_1 < 1, 0 < x_2 < 1, x_3 > 0 \\ 0 & , \text{그 외} \end{cases}$$

$P[(X_1, X_2, X_3) \in A]$을 구하여라. 여기서 A는 다음과 같은 영역이다.

$$\left\{(x_1, x_2, x_3) | 0 < x_1 < \frac{1}{2}, \frac{1}{2} < x_2 < 1, x_3 < 1\right\}$$

풀이

$$\begin{aligned} P[(X_1, X_2, X_3) \in A] &= P\left(0 < X_1 < \frac{1}{2}, \frac{1}{2} < X_2 < 1, X_3 < 1\right) \\ &= \int_0^1 \int_{\frac{1}{2}}^1 \int_0^{\frac{1}{2}} (x_1+x_2)e^{-x_3}\, dx_1\, dx_2\, dx_3 \\ &= \int_0^1 \int_{\frac{1}{2}}^1 \left(\frac{1}{8}+\frac{x_2}{2}\right) e^{-x_3}\, dx_2\, dx_3 \\ &= \int_0^1 \frac{1}{4} e^{-x_3}\, dx_3 \\ &= \frac{1}{4}(1-e^{-1}) = 0.158 \end{aligned}$$

연습문제

3.42 X와 Y에 대한 결합확률분포의 값이 다음 표에 제시되어 있다.

y \ x	0	1	2
0	$\frac{1}{12}$	$\frac{1}{6}$	$\frac{1}{24}$
1	$\frac{1}{4}$	$\frac{1}{4}$	$\frac{1}{40}$
2	$\frac{1}{8}$	$\frac{1}{20}$	
3	$\frac{1}{120}$		

다음을 구하여라.

(a) $P(X=1, Y=2)$ **(b)** $P(X=0, 1 \leqq Y < 3)$

(c) $P(X+Y \leqq 1)$ **(d)** $P(X > Y)$

3.43 연습문제 3.42를 참고하여, 다음의 두 확률변수에 대한 결합분포함수의 값을 구하여라.

(a) $F(1.2,\ 0.9)$ **(b)** $F(-3, 1.5)$

(c) $F(2,\ 0)$ **(d)** $F(4,\ 2.7)$

3.44 X와 Y에 대한 결합확률분포가 다음과 같이 주어졌다.

$$f(x, y) = c(x^2 + y^2), \quad x = -1, 0, 1, 3; \quad y = -1, 2, 3$$

c의 값을 구하여라.

3.45 연습문제 3.44에서 얻은 c값을 참고하여 다음을 구하여라.

(a) $P(X \leqq 1, Y > 2)$

(b) $P(X = 0, Y \leqq 2)$

(c) $P(X + Y > 2)$

3.46 다음에 대해 두 확률변수의 결합확률분포가 되는 k값이 없음을 보여라.

$$f(x, y) = ky(2y - x), \quad x = 0, 3; \quad y = 0, 1, 2$$

3.47 X와 Y에 대한 결합확률분포가 다음과 같이 주어졌다.

$$f(x, y) = \frac{1}{30}(x + y), \quad x = 0, 1, 2, 3; \quad y = 0, 1, 2$$

12개의 점 (0, 0), (0, 1), ⋯ , (3, 2)에서 두 확률변수에 대한 결합분포함수의 값들을 나타내는 표를 만들어라.

3.48 $F(x, y)$는 두 이산확률변수 X와 Y에 대한 결합분포함수의 값이다. 다음을 보여라.

(a) $F(-\infty, -\infty) = 0$

(b) $F(\infty, \infty) = 1$

(c) $a < b$ 그리고 $c < d$이면, $F(a, c) \leqq F(b, d)$

3.49 다음이 결합확률밀도가 되도록 k를 결정하여라.

$$f(x, y) = \begin{cases} kx(x - y), & 0 < x < 1, -x < y < x \\ 0 & , \text{그 외} \end{cases}$$

3.50 X와 Y에 대한 결합확률밀도가 다음과 같이 주어졌다.

$$f(x, y) = \begin{cases} 24xy, & 0 < x < 1, 0 < y < 1, x + y < 1 \\ 0 & , \text{그 외} \end{cases}$$

$P(X + Y < \frac{1}{2})$을 구하여라.

3.51 X와 Y에 대한 결합확률밀도가 다음과 같이 주어졌다.

$$f(x, y) = \begin{cases} 2, & x > 0, y > 0, x + y < 1 \\ 0, & \text{그 외} \end{cases}$$

다음을 구하여라.

(a) $P(X \leqq \frac{1}{2}, Y \leqq \frac{1}{2})$

(b) $P(X + Y > \frac{2}{3})$

(c) $P(X > 2Y)$

3.52 연습문제 3.51을 참고하여 $x > 0$, $y > 0$, 그리고 $x + y < 1$일 때 X와 Y에 대한 결합분포함수의 값을 나타내는 식을 구하고, 이를 사용하여 (a) 의 결과를 검증하여라.

3.53 X와 Y에 대한 결합확률밀도가 다음과 같이 주어졌다.

$$f(x, y) = \begin{cases} \frac{1}{y}, & 0 < x < y, 0 < y < 1 \\ 0 & , \text{그 외} \end{cases}$$

X와 Y값의 합이 $\frac{1}{2}$을 초과할 확률을 구하여라.

3.54 다음과 같이 결합분포함수가 주어진 두 확률변수 X와 Y에 대한 결합확률밀도를 구하여라.

$$F(x, y) = \begin{cases} (1 - e^{-x^2})(1 - e^{-y^2}), & x > 0, y > 0 \\ 0 & , \text{그 외} \end{cases}$$

3.55 연습문제 3.54에서 구한 결합확률밀도를 사용하여 $P(1 < X \leqq 2, 1 < Y \leqq 2)$을 구하여라.

3.56 다음과 같이 결합분포함수가 주어진 두 확률변수 X와 Y에 대한 결합확률밀도를 구하여라.

$$F(x, y) = \begin{cases} 1 - e^{-x} - e^{-y} + e^{-x-y}, & x > 0, y > 0 \\ 0 & , \text{그 외} \end{cases}$$

3.57 연습문제 3.56에서 구한 결합확률밀도를 사용하여 $P(X + Y > 3)$을 구하여라.

3.58 $F(x, y)$가 (x, y)에서 두 연속확률변수 X와 Y에 대한 결합분포함수의 값일 때, $F(a, c)$, $F(a, d)$, $F(b, c)$, $F(b, d)$로 $P(a < X \leqq b, c < Y \leqq d)$을 나타내어라. 그 결과가 이산확률변수에서도 역시 유효한지 살펴보아라.

3.59 연습문제 3.58에서 얻은 식을 사용하여 예제 3.17의 결과인 0.074를 검증하여라.

3.60 연습문제 3.58에서 얻은 식을 사용하여 연습문제 3.55의 결과를 검증하여라.

3.61 연습문제 3.58에서 얻은 식을 사용하여 연습문제 3.57의 결과를 검증하여라.

3.62 X, Y, Z의 결합확률분포가 다음과 같이 주어질 때 k를 구하여라.

$$f(x, y, z) = kxyz$$

$x = 1, 2, y = 1, 2, 3, z = 1, 2$이다.

3.63 연습문제 3.62을 참고하여 다음을 구하여라.

(a) $P(X = 1, Y \leqq 2, Z = 1)$
(b) $P(X = 2, Y + Z = 4)$

3.64 연습문제 3.62을 참고하여, 다음의 세 확률변수에 대한 결합분포함수의 값을 구하여라.

(a) $F(2, 1, 2)$
(b) $F(1, 0, 1)$
(c) $F(4, 4, 4)$

3.65 X, Y, Z의 결합확률밀도가 다음과 같이 주어질 때 k를 구하여라.

$$f(x, y, z) = \begin{cases} kxy(1-z), & 0 < x < 1, 0 < y < 1, 0 < z < 1, x + y + z < 1 \\ 0 & , \text{그 외} \end{cases}$$

3.66 연습문제 3.65를 참고하여 $P(X + Y < \frac{1}{2})$를 구하여라.

3.67 예제 3.16의 결과를 사용하여 다음과 같이 주어진 예제 3.19의 확률변수 X_1, X_2, X_3에 대한 결합분포함수를 검증하여라.

$$F(x_1, x_2, x_3) = \begin{cases} 0 & , x_1 \leqq 0, x_2 \leqq 0, \text{ or } x_3 \leqq 0 \\ \frac{1}{2}x_1x_2(x_1 + x_2)(1 - e^{-x_3}), & 0 < x_1 < 1, 0 < x_2 < 1, x_3 > 0 \\ \frac{1}{2}x_2(x_2 + 1)(1 - e^{-x_3}) & , x_1 \geqq 1, 0 < x_2 < 1, x_3 > 0 \\ \frac{1}{2}x_1(x_1 + 1)(1 - e^{-x_3}) & , 0 < x_1 < 1, x_2 \geqq 1, x_3 > 0 \\ 1 - e^{-x_3} & , x_1 \geqq 1, x_2 \geqq 1, x_3 > 0 \end{cases}$$

3.68 X, Y, Z의 결합확률밀도가 다음과 같이 주어졌다.

$$f(x, y, z) = \begin{cases} \frac{1}{3}(2x + 3y + z), & 0 < x < 1, 0 < y < 1, 0 < z < 1 \\ 0 & , \text{그 외} \end{cases}$$

다음을 구하여라.

(a) $P(X = \frac{1}{2}, Y = \frac{1}{2}, Z = \frac{1}{2})$
(b) $P(X < \frac{1}{2}, Y < \frac{1}{2}, Z < \frac{1}{2})$

3.6 주변분포

주변분포 (marginal distribution) 의 개념을 소개하기 위해 다음의 예제를 생각해 보도록 하자.

예제 3.20

예제 3.12에서 3개의 아스피린과 2개의 진정제, 4개의 완화제가 담긴 병에서 무작위로 뽑은 2개의 알약에 포함된 아스피린의 개수와 진정제의 개수인, 두 확률변수 X와 Y의 결합확률분포를 유도하였다. X만의 확률분포와 Y만의 확률분포를 구하여라.

풀이 예제 3.12의 결과는 다음의 표에 나타나 있는데 주변합계, 즉 각 행과 열의 합계도 함께 제시되어 있다.

		$x=0$	$x=1$	$x=2$	
y	0	$\frac{1}{6}$	$\frac{1}{3}$	$\frac{1}{12}$	$\frac{7}{12}$
	1	$\frac{2}{9}$	$\frac{1}{6}$		$\frac{7}{18}$
	2	$\frac{1}{36}$			$\frac{1}{36}$
		$\frac{5}{12}$	$\frac{1}{2}$	$\frac{1}{12}$	

열의 합계들은 X가 0, 1, 2의 값을 취할 확률들이다. 다시 말해 이것은 X의 확률분포의 다음과 같은 값들이다.

$$g(x) = \sum_{y=0}^{2} f(x, y), \quad x = 0, 1, 2$$

같은 방식으로 행의 합계들은 Y의 확률분포의 다음과 같은 값들이다.

$$h(y) = \sum_{x=0}^{2} f(x, y), \quad y = 0, 1, 2$$

따라서 다음과 같은 정의를 할 수 있다.

정의 3.10 **주변분포** X와 Y가 이산확률변수이고, $f(x, y)$가 (x, y)에서 결합확률분포의 값이면, X의 범위 안의 각 x에 대해 다음과 같이 주어지는 함수를 X의 **주변분포** 라고 한다.

$$g(x) = \sum_{y} f(x, y)$$

이에 상응하여, Y의 범위 안의 각 y에 대해 다음과 같이 주어지는 함수를 Y의 **주변분포**라고 한다.

$$h(y) = \sum_{x} f(x, y)$$

X와 Y가 연속확률변수일 때에는 확률분포가 확률밀도로, 합계가 적분으로 대체되어 다음 정의를 얻게 된다.

정의 3.11 **주변밀도** X와 Y가 연속확률변수이고 $f(x, y)$가 (x, y)에서 결합확률밀도의 값이면, 다음과 같이 주어지는 함수를 X의 **주변밀도** (marginal density) 라고 한다.

$$g(x) = \int_{-\infty}^{\infty} f(x, y)\, dy, \quad -\infty < x < \infty$$

이에 상응하여 다음과 같이 주어지는 함수를 Y의 **주변밀도**라고 한다.

$$h(y) = \int_{-\infty}^{\infty} f(x, y)\, dx, \quad -\infty < y < \infty$$

예제 3.21

결합확률밀도가 다음과 같이 주어졌다.

$$f(x, y) = \begin{cases} \frac{2}{3}(x + 2y), & 0 < x < 1, 0 < y < 1 \\ 0 & , \text{그 외} \end{cases}$$

X와 Y의 주변밀도를 구하여라.

풀이 필요한 적분을 행하면 다음을 얻는다.

$$g(x) = \int_{-\infty}^{\infty} f(x, y)\, dy = \int_{0}^{1} \frac{2}{3}(x + 2y)\, dy = \frac{2}{3}(x + 1)$$

여기서 $0 < x < 1$이고, 그 밖의 경우에는 $g(x) = 0$이다. 마찬가지로,

$$h(y) = \int_{-\infty}^{\infty} f(x, y)\, dx = \int_{0}^{1} \frac{2}{3}(x + 2y)\, dx = \frac{1}{3}(1 + 4y)$$

여기서 $0 < y < 1$이고, 그 밖의 경우에는 $h(y) = 0$이다.

두 개 이상의 확률변수를 다룰 때에는 개별적인 확률변수의 주변분포뿐만 아니라, 몇 가지 확률변수의 **결합주변분포 (joint marginal distribution)** 라는 말을 쓴다. 이산확률변수 $X_1, X_2, \cdots, X_n$의 결합확률분포가 $f(x_1, x_2, \cdots, x_n)$값을 가진다면, X_1만의 주변분포는 X_1의 범위 안에 모든 값들에 대해 다음과 같게 된다.

$$g(x_1) = \sum_{x_2} \cdots \sum_{x_n} f(x_1, x_2, \ldots, x_n)$$

X_1, X_2, X_3의 결합주변분포는 X_1, X_2, X_3의 범위 안에 모든 값들에 대해 다음과 같다.

$$m(x_1, x_2, x_3) = \sum_{x_4} \cdots \sum_{x_n} f(x_1, x_2, \ldots, x_n)$$

다른 주변분포도 이와 같은 방식으로 정의될 수 있다. 연속인 경우에는 확률분포가 확률밀도로, 합계가 적분으로 대체되어 만약 연속확률변수 $X_1, X_2, \cdots, X_n$의 결합확률밀도가 $f(x_1, x_2, \cdots, x_n)$값을 가진다면, X_2

만의 주변밀도는 $-\infty < x_2 < \infty$ 대해 다음과 같게 된다.

$$h(x_2) = \int_{-\infty}^{\infty} \cdots \int_{-\infty}^{\infty} f(x_1, x_2, \ldots, x_n)\, dx_1\, dx_3 \cdots dx_n$$

X_1과 X_n의 결합주변밀도는 $-\infty < x_1 < \infty$과 $-\infty < x_n < \infty$에 대해 다음과 같다.

$$\varphi(x_1, x_n) = \int_{-\infty}^{\infty} \cdots \int_{-\infty}^{\infty} f(x_1, x_2, \ldots, x_n)\, dx_2\, dx_3 \cdots dx_{n-1}$$

다른 것들도 이와 같은 방식이다.

예제 3.22

예제 3.19의 삼변량 확률밀도를 다시 생각해 보면, 다음과 같다.

$$f(x_1, x_2, x_3) = \begin{cases} (x_1 + x_2)e^{-x_3}, & 0 < x_1 < 1, 0 < x_2 < 1, x_3 > 0 \\ 0 & , \text{그 외} \end{cases}$$

X_1와 X_3의 결합주변밀도와 X_1만의 주변밀도를 구하여라.

풀이 필요한 적분을 행하면 X_1와 X_3의 결합주변밀도는 다음과 같다.

$$m(x_1, x_3) = \int_0^1 (x_1 + x_2)e^{-x_3}\, dx_2 = \left(x_1 + \frac{1}{2}\right) e^{-x_3}$$

여기서 $0 < x_1 < 1$과 $x_3 > 0$이고, 그 밖의 경우에는 $m(x_1, x_3) = 0$이다. 이 결과를 이용하면 X_1만의 주변밀도는 다음과 같이 구해진다.

$$\begin{aligned} g(x_1) &= \int_0^{\infty} \int_0^1 f(x_1, x_2, x_3)\, dx_2\, dx_3 = \int_0^{\infty} m(x_1, x_3)\, dx_3 \\ &= \int_0^{\infty} \left(x_1 + \frac{1}{2}\right) e^{-x_3}\, dx_3 = x_1 + \frac{1}{2} \end{aligned}$$

여기서 $0 < x_1 < 1$이고, 그 밖의 경우에는 $g(x_1) = 0$이다. ●

이 절에서 소개한 다양한 주변분포와 주변밀도, 그리고 결합주변분포와 결합주변밀도에 상응하여, 역시 **주변분포함수(marginal distribution functions)**와 **결합주변분포함수(joint marginal distribution functions)**를 정의할 수 있다. 이 분포함수와 관련된 몇 가지 문제들은 연습문제 3.72, 3.79, 3.80에 있다.

3.7 조건부분포

2장에서 사건 B가 주어졌을 때, 사건 A의 조건부확률을 다음과 같이 정의하였다.

$$P(A|B) = \frac{P(A \cap B)}{P(B)}$$

여기서 $P(B) \neq 0$이다. 이제 A와 B가 사건 $X = x$와 $Y = y$라고 생각해 보면 다음과 같이 쓸 수 있다.

$$\begin{aligned} P(X = x|Y = y) &= \frac{P(X = x, Y = y)}{P(Y = y)} \\ &= \frac{f(x, y)}{h(y)} \end{aligned}$$

여기서 $P(Y = y) = h(y) \neq 0$이고, $f(x, y)$는 (x, y)에서 X와 Y의 결합확률분포의 값이고, $h(y)$는 y에서 Y의 주변확률의 값이다. x가 변수이고, y가 고정되어 있다는 것을 나타내기 위해 $f(x\,|\,y)$로 조건부확률을 표시하여, 다음과 같이 정의하도록 하자.

정의 3.12 **조건부분포** $f(x, y)$가 (x, y)에서 이산확률변수 X와 Y의 결합확률분포의 값이고, $h(y)$는 y에서 Y의 주변분포의 값이면, X의 범위 안에 각 x에 대해 다음과 같이 주어진 함수를 **Y = y로 주어진 X의 조건부분포 (conditional distribution)** 라고 한다.

$$f(x|y) = \frac{f(x, y)}{h(y)} \qquad h(y) \neq 0$$

이에 상응하여 $g(x)$는 x에서 X의 주변분포의 값이면, Y의 범위 안에 각 y에 대해 다음과 같이 주어진 함수를 **X = x로 주어진 Y의 조건부분포**라고 한다.

$$w(y|x) = \frac{f(x, y)}{g(x)} \qquad g(x) \neq 0$$

예제 3.23

예제 3.12와 3.20을 참고하여 $Y = 1$이 주어진 X의 조건부분포를 구하여라.

풀이 101쪽에 있는 표로부터 적절한 값들을 찾아 대입하면, 다음을 얻는다.

$$f(0|1) = \frac{\frac{2}{9}}{\frac{7}{18}} = \frac{4}{7}$$

$$f(1|1) = \frac{\frac{1}{6}}{\frac{7}{18}} = \frac{3}{7}$$

18

$$f(2|1) = \frac{0}{\frac{7}{18}} = 0$$

X와 Y가 연속확률변수이면 확률분포를 확률밀도로 대체한다.

정의 3.13 **조건부밀도** $f(x, y)$가 (x, y)에서 연속확률변수 X와 Y의 결합밀도의 값이고, $h(x)$는 y에서 Y의 주변밀도의 값이면, $-\infty < x < \infty$에 대해 다음과 같이 주어진 함수를 **Y = y가 주어졌을 때 X의 조건부밀도 (conditional density)** 라고 한다.

$$f(x|y) = \frac{f(x, y)}{h(y)} \qquad h(y) \neq 0$$

이에 상응하여 $g(x)$는 x에서 X의 주변밀도의 값이면, $-\infty < y < \infty$에 대해 다음과 같이 주어진 함수를 **$\mathbf{X} = \mathbf{x}$가 주어졌을 때 $\mathbf{Y}$의 조건부밀도**라고 한다.

$$w(y|x) = \frac{f(x, y)}{g(x)} \qquad g(x) \neq 0$$

예제 3.24

예제 3.21을 참고하여 $Y = y$로 주어진 X의 조건부밀도를 구하고, 이를 이용하여 $P(X \leqq \frac{1}{2} \mid Y = \frac{1}{2})$을 계산하여라.

풀이 104쪽에서 얻은 결과를 이용하면, 다음을 얻는다.

$$f(x|y) = \frac{f(x, y)}{h(y)} = \frac{\frac{2}{3}(x + 2y)}{\frac{1}{3}(1 + 4y)}$$

$$= \frac{2x + 4y}{1 + 4y}$$

여기서 $0 < x < 1$이고, 그 밖의 경우에는 $f(x|y) = 0$이다.

$$f\left(x \middle| \frac{1}{2}\right) = \frac{2x + 4 \cdot \frac{1}{2}}{1 + 4 \cdot \frac{1}{2}}$$

$$= \frac{2x + 2}{3}$$

이고, 다음과 같이 쓸 수 있다.

$$P\left(X \leqq \frac{1}{2} \middle| Y = \frac{1}{2}\right) = \int_0^{\frac{1}{2}} \frac{2x + 2}{3}\, dx = \frac{5}{12}$$

그림 3.12에서 이 확률이 사다리꼴 $ABCD$ 면적에 대한 사다리꼴 $AEFD$ 면적의 비율로 주어지는 점이 흥미롭다.

예제 3.25

결합확률밀도가 다음과 같이 주어졌다.

$$f(x, y) = \begin{cases} 4xy, & 0 < x < 1, 0 < y < 1 \\ 0 & , \text{그 외} \end{cases}$$

X와 Y의 주변밀도와 $Y = y$로 주어진 X의 조건부밀도를 구하여라.

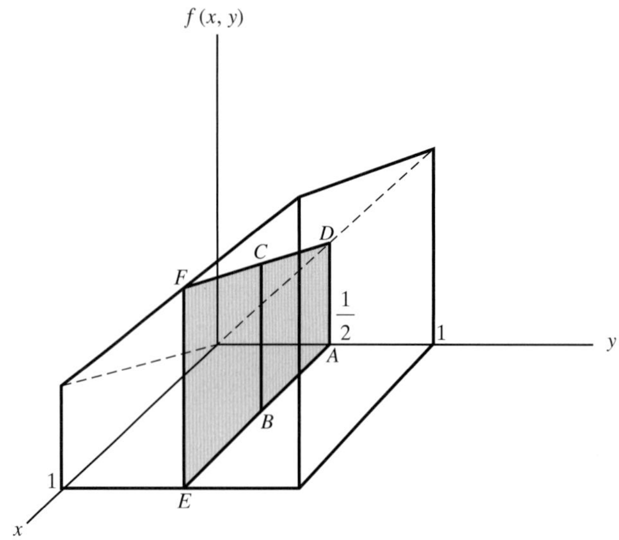

그림 3.12 예제 3.24에 대한 다이어그램.

풀이 필요한 적분을 행하면 다음을 얻는다.

$$g(x) = \int_{-\infty}^{\infty} f(x, y)\, dy = \int_0^1 4xy\, dy$$
$$= 2xy^2 \Big|_{y=0}^{y=1} = 2x$$

여기서 $0 < x < 1$이고, 그 밖의 경우에는 $g(x) = 0$이다. 또한

$$h(y) = \int_{-\infty}^{\infty} f(x, y)\, dx = \int_0^1 4xy\, dx$$
$$= 2x^2y \Big|_{x=0}^{x=1} = 2y$$

여기서 $0 < y < 1$이고, 그 밖의 경우에는 $h(y) = 0$이다. 그러면 조건부확률의 식에 대입하면 다음을 얻는다.

$$f(x|y) = \frac{f(x, y)}{h(y)} = \frac{4xy}{2y} = 2x$$

여기서 $0 < x < 1$이고, 그 밖의 경우에는 $f(x|y) = 0$이다. ●

연속이든지 이산이든지 두 개 이상의 확률변수를 다룰 때에는 여러 가지 다른 종류의 조건부분포나 조건부밀도를 생각해 볼 수 있다. 예를 들어 $f(x_1, x_2, x_3, x_4)$가 (x_1, x_2, x_3, x_4)에서 이산확률변수 X_1, X_2, X_3, X_4에 대한 결합분포의 값이면, $X_1 = x_1, X_2 = x_2, X_4 = x_4$로 주어졌을 때 X_3에 대한 조건부분포의 값은 다음과 같이 쓸 수 있다.

$$p(x_3|x_1, x_2, x_4) = \frac{f(x_1, x_2, x_3, x_4)}{g(x_1, x_2, x_4)} \qquad g(x_1, x_2, x_4) \neq 0$$

여기서 $g(x_1, x_2, x_4)$는 X_1, X_2, X_4에 대한 결합주변분포의 값이다. 또한 $X_1 = x_1$와 $X_3 = x_3$로 주어졌을 때 X_2와 X_4에 대한 **결합조건부분포 (joint conditional distribution)** 의 값은 다음과 같이 쓸 수 있다.

$$q(x_2, x_4|x_1, x_3) = \frac{f(x_1, x_2, x_3, x_4)}{m(x_1, x_3)} \qquad m(x_1, x_3) \neq 0$$

또는 $X_1 = x_1$ 주어졌을 때 X_2, X_3, X_4에 대한 결합조건부분포의 값은 다음과 같이 쓸 수 있다.

$$r(x_2, x_3, x_4|x_1) = \frac{f(x_1, x_2, x_3, x_4)}{b(x_1)} \qquad b(x_1) \neq 0$$

두 개 이상의 확률변수를 다룰 때에는 **독립 (independence)** 의 문제가 언제나 중요하다. 예제 3.25에서 $f(x|y) = 2x$는 주어진 $Y = y$값에 종속하지 않지만, 예제 3.24에서 $f(x|y) = \frac{2x + 4y}{1 + 4y}$는 분명히 그런 경우가 아니다. $Y = y$로 주어진 X에 대한 조건부분포의 값이 y에 종속하지 않는 경우에는 $f(x|y) = g(x)$가 된다. 따라서 정의 3.12와 3.13의 식은 다음과 같이 된다.

$$f(x, y) = f(x|y) \cdot h(y) = g(x) \cdot h(y)$$

즉, 결합분포의 값은 두 주변분포에 해당하는 값들의 곱으로 주어진다. 이를 일반화하면 다음과 같이 정의할 수 있다.

정의 3.14 **이산확률변수의 독립** $f(x_1, x_2, \cdots, x_n)$가 $(x_1, x_2, \cdots, x_n)$에서 n개의 이산확률변수 $X_1, X_2, \cdots, X_n$에 대한 결합확률분포의 값이고, $f_i(x_i)$가 $i = 1, 2, \cdots, n$인 x_i에서 X_i에 대한 주변확률의 값이면 변수의 범위 안에 있는 모든 $(x_1, x_2, \cdots, x_n)$에 대해 n개의 확률변수들이 **독립**이 되기 위한 필요충분조건은 다음과 같다.

$$f(x_1, x_2, \ldots, x_n) = f_1(x_1) \cdot f_2(x_2) \cdot \ldots \cdot f_n(x_n)$$

연속확률변수에 해당하는 정의를 얻기 위해서는 간단히 "분포"를 "밀도"로 바꾼다.

이 독립의 정의를 가지고 예제 3.22의 세 확률변수가 독립이 아님을 쉽게 검증할 수 있다. 하지만 두 확률변수 X_1와 X_3, 그리고 X_2와 X_3은 **짝으로만 독립 (pairwise independent)** 이다 (연습문제 3.81 참조).

다음의 예제는 몇 가지 독립인 확률변수들과 관련된 확률을 찾는데 정의 3.14가 사용되는 것을 보여준다.

예제 3.26

균형 잡힌 동전 하나를 n번 독립적으로 던질 때, X_i을 $i = 1, 2, \cdots, n$인 i번을 던져서 얻은 앞면 (0 또는 1) 의 개수라고 하자. 이 n 확률변수들의 결합확률분포를 구하여라.

풀이 $i = 1, 2, \cdots, n$인 각각의 확률변수 X_i가 다음과 같은 확률분포를 가진다.

$$f_i(x_i) = \frac{1}{2}, \quad x_i = 0, 1$$

그리고 n 확률변수들은 독립이기 때문에, 확률변수들의 결합확률분포는 다음과 같이 얻어진다.

$$\begin{aligned} f(x_1, x_2, \ldots, x_n) &= f_1(x_1) \cdot f_2(x_2) \cdot \ldots \cdot f_n(x_n) \\ &= \frac{1}{2} \cdot \frac{1}{2} \cdot \ldots \cdot \frac{1}{2} = \left(\frac{1}{2}\right)^n \end{aligned}$$

여기서 $i = 1, 2, \cdots, n$에 대해 $x_i = 0$ 또는 1이다.

예제 3.27

독립인 확률변수들 X_1, X_2, X_3에 대해 다음과 같은 확률밀도가 주어졌다.

$$f_1(x_1) = \begin{cases} e^{-x_1}, & x_1 > 0 \\ 0 & , \text{그 외} \end{cases}$$

$$f_2(x_2) = \begin{cases} 2e^{-2x_2}, & x_2 > 0 \\ 0 & , \text{그 외} \end{cases}$$

$$f_3(x_3) = \begin{cases} 3e^{-3x_3}, & x_3 > 0 \\ 0 & , \text{그 외} \end{cases}$$

확률변수들의 결합확률밀도를 구하고, 이를 이용하여 확률 $P(X_1 + X_2 \leqq 1, X_3 > 1)$을 계산하여라.

풀이 정의 3.14에 따라 결합확률밀도의 값은 다음과 같이 얻어진다.

$$\begin{aligned} f(x_1, x_2, x_3) &= f_1(x_1) \cdot f_2(x_2) \cdot f_3(x_3) \\ &= e^{-x_1} \cdot 2e^{-2x_2} \cdot 3e^{-3x_3} \\ &= 6e^{-x_1-2x_2-3x_3} \end{aligned}$$

여기서 $x_1 > 0, x_2 > 0, x_3 > 0$이고, 그 밖의 경우에는 $f(x_1, x_2, x_3) = 0$이다. 따라서,

$$\begin{aligned} P(X_1 + X_2 \leqq 1, X_3 > 1) &= \int_1^\infty \int_0^1 \int_0^{1-x_2} 6e^{-x_1-2x_2-3x_3}\, dx_1\, dx_2\, dx_3 \\ &= (1 - 2e^{-1} + e^{-2})e^{-3} \\ &= 0.020 \end{aligned}$$

연습문제

3.69 다음의 표에 X와 Y에 대한 결합확률분포의 값이 주어졌다.

		$x=-1$	$x=1$
y	-1	$\frac{1}{8}$	$\frac{1}{2}$
	0	0	$\frac{1}{4}$
	1	$\frac{1}{8}$	0

다음을 구하여라.

(a) X의 주변분포

(b) Y의 주변분포

(c) $Y = -1$로 주어진 X의 조건부분포

3.70 연습문제 3.42를 참고하여 다음을 구하여라.

(a) X의 주변분포

(b) Y의 주변분포

(c) $Y = 1$로 주어진 X의 조건부분포

(d) $X = 0$으로 주어진 Y의 조건부분포

3.71 결합확률분포가 다음과 같이 주어졌다.

$$f(x, y, z) = \frac{xyz}{108}, \quad x = 1, 2, 3; \quad y = 1, 2, 3; \quad z = 1, 2$$

다음을 구하여라.

(a) X와 Y의 결합주변분포

(b) X와 Z의 결합주변분포

(c) X의 주변분포

(d) $X = 1$과 $Y = 2$로 주어진 Z의 조건부분포

(e) $X = 3$으로 주어진 Y와 Z의 결합조건부확률

3.72 예제 3.20을 참고하여 다음을 구하여라.

(a) X의 **주변분포함수(marginal distribution function)**, 즉 $-\infty > x > \infty$에 대해 $G(x) = P(X \leqq x)$로 주어진 함수

(b) $Y = 1$로 주어진 X의 **조건부분포함수(conditional distribution function)**, 즉 $-\infty < x < \infty$에 대해 $F(x \mid 1) = P(X \leqq x \mid Y = 1)$로 주어진 함수

3.73 결합확률분포가 다음과 같이 주어졌을 때 X와 Y가 독립인지 확인하여라.

(a) $x = -1$과 $y = -1$, $x = -1$과 $y = 1$, $x = 1$과 $y = -1$, $x = 1$와 $y = 1$에 대해 $f(x, y) = \frac{1}{4}$

(b) $x = 0$과 $y = 0$, $x = 0$과 $y = 1$, $x = 1$과 $y = 1$에 대해 $f(x, y) = \frac{1}{3}$

3.74 X와 Y의 결합확률밀도가 다음과 같이 주어졌다.

$$f(x, y) = \begin{cases} \frac{1}{4}(2x + y), & 0 < x < 1, 0 < y < 2 \\ 0 & , \text{그 외} \end{cases}$$

다음을 구하여라.

(a) X의 주변밀도

(b) $X = \frac{1}{4}$로 주어진 Y의 조건부밀도

3.75 연습문제 3.74를 참고하여 다음을 구하여라.

(a) Y의 주변밀도

(b) $Y=1$로 주어진 X의 조건부밀도

3.76 X와 Y의 결합확률밀도가 다음과 같이 주어졌다.

$$f(x, y) = \begin{cases} 24y(1-x-y), & x>0, y>0, x+y<1 \\ 0 & , \text{그 외} \end{cases}$$

다음을 구하여라.

(a) X의 주변밀도

(b) Y의 주변밀도

또한 두 확률변수가 독립인지 결정하여라.

3.77 연습문제 3.53을 참고하여 다음을 구하여라.

(a) X의 주변밀도

(b) Y의 주변밀도

3.78 예제3.22을 참고하여 다음을 구하여라.

(a) $X_1 = \frac{1}{3}$과 $X_3 = 2$로 주어진 X_2의 조건부밀도

(b) $X_1 = \frac{1}{2}$로 주어진 X_2와 X_3의 결합조건부밀도

3.79 $F(x, y)$가 (x, y)에서 X와 Y에 대한 결합분포함수의 값일 때, X의 **주변분포함수 (marginal distribution function)** 는 다음과 같음을 보여라.

$$G(x) = F(x, \infty), \quad -\infty < x < \infty$$

이 결과를 이용하여 연습문제 3.54의 확률변수에 대한 X의 주변분포함수를 구하여라.

3.80 $F(x_1, x_2, x_3)$가 (x_1, x_2, x_3)에서 X_1, X_2, X_3에 대한 결합분포함수의 값이라면, X_1와 X_3의 **결합주변분포함수 (joint marginal distribution function)** 는 다음과 같음을 보여라.

$$M(x_1, x_3) = F(x_1, \infty, x_3), \quad -\infty < x_1 < \infty, -\infty < x_3 < \infty$$

그리고 X_1의 **주변분포함수**는 다음과 같음을 보여라.

$$G(x_1) = F(x_1, \infty, \infty), \quad -\infty < x_1 < \infty$$

예제 3.19를 참고하여 이 결과들을 이용하여 다음을 구하여라.

(a) X_1와 X_3의 결합주변분포함수

(b) X_1의 주변분포함수

3.81 예제 3.22를 참고하여 세 확률변수 X_1, X_2, X_3가 독립은 아니지만, 두 확률변수 X_1과 X_3, 그리고 X_2와 X_3는 **짝으로만 독립**임을 검증하여라.

3.82 독립인 확률변수 X와 Y가 다음과 같은 주변밀도를 가진다.

$$f(x) = \begin{cases} \frac{1}{2}, & 0 < x < 2 \\ 0\,, & \text{그 외} \end{cases}$$

$$\pi(y) = \begin{cases} \frac{1}{3}, & 0 < y < 3 \\ 0\,, & \text{그 외} \end{cases}$$

다음을 구하여라.

(a) X와 Y의 결합확률밀도

(b) $P(X^2 + Y^2 > 1)$의 값

3.8 실제 예

이 장에서 어떻게 확률을 확률분포로 분류할 수 있고, 연속확률변수의 경우에는 어떻게 이 분포가 확률밀도함수가 되는지에 관하여 논하였다. 하지만 실제에서는 모든 자료가 이산으로 나타난다. 자료가 연속확률변수에서 나왔더라도, 측정도구의 한계와 반올림으로 이산의 값들이 만들어진다. 이 절에서는 **자료분석(data analysis)** 의 중요한 요소인 원 자료의 탐색에 대한 확률분포와 확률밀도의 개념의 몇 가지 응용을 소개할 것이다.

종종 원 자료가 긴 측정값의 목록으로 이루어져 있으면 자료의 출처가 되는 공정이나 제품, 서비스에 대해 쉽게 이해하기 힘들다. 30개의 집적회로의 반응시간(1조 분의 1초로) 이 주어진 다음 자료에서 이 점을 설명한다.

집적회로의 반응시간 (*ps*)									
4.6	4.0	3.7	4.1	4.1	5.6	4.5	6.0	6.0	3.4
3.4	4.6	3.7	4.2	4.6	4.7	4.1	3.7	3.4	3.3
3.7	4.1	4.5	4.6	4.4	4.8	4.3	4.4	5.1	3.9

이 긴 수의 목록을 조사하면 아마도 반응시간이 3ps 초과이거나 7ps 미만이라는 정도를 알 수 있을 듯하다(만약 수 백개의 수가 담긴 목록이라면 이 정보마저 이끌어 내기 어려울 것이다).

자료 탐색은 **줄기-잎 그림(stem-and-leaf display)** 을 만드는 데서 시작된다. 이 그림을 만들기 위해서 각 반응 시간의 첫 번째 자릿수를 왼쪽에 열로 나열한다. 그리고 이와 연관된 두 번째 자릿수를 각 첫 번째 자릿수의 오른쪽에 나열한다. 반응시간 자료에 대해 다음과 같은 줄기-잎 그림을 얻는다.

줄기	잎
3	7 4 4 7 7 4 3 7 9
4	6 0 1 1 5 6 2 6 7 1 1 5 6 4 8 3 4
5	6 1
6	0 0

이 그림에서 각 행은 **줄기(stem)** 이고, 수직선 왼쪽의 열에 있는 숫자들은 **줄기표지(stem labels)** 라고 한

다. 수직선 오른쪽의 줄기에 있는 각각의 수는 **잎 (leaf)** 이라고 한다.

이 줄기-잎 그림은 원본 목록에서는 불가능하지는 않지만 어려울 수 있는 자료조사를 가능하게 한다. 예를 들어 4.0에서 4.9ps 범위의 반응 시간이 다른 반응 시간보다 더 많이 있다는 것을 빨리 알아볼 수 있다. 그리고 회로의 대부분이 5 미만의 반응 시간을 가지고 있다는 걸을 알 수 있다. 이 줄기-잎 그림은 또 다른 장점이 있다. 다시 말해 줄기-잎 그림에서 정보의 손실이 없다.

이 줄기-잎 그림의 앞쪽 두 줄기가 관찰값의 대다수를 가지고 있는데, 더 상세한 기술이 바람직할지도 모른다. 각 줄기 안의 자료를 더 자세히 나누기 위해서, 각 줄기를 절반으로 분할하는 **이중-줄기 그림 (double-stem display)** 를 만들 수 있다. 여기서 각 줄기의 첫 번째 절반에 0, 1, 2, 3, 4의 잎이 있고, 두 번째 절반에 5, 6, 7, 8, 9의 잎이 있도록 한다. 이중-줄기 그림의 결과는 다음과 같이 보여진다.

3*f*	4	4	4	3					
3*s*	7	7	7	7	9				
4*f*	0	1	1	2	1	1	4	3	4
4*s*	6	5	6	6	7	5	6	8	
5*	6	1							
6*	0	0							

줄기표지들은 이 줄기의 잎에 0−4가 있다는 것을 표시하기 위해 (*first*의) *f* 문자를, 5−9가 있다는 것을 표시하기 위해 (*second*의) *s* 문자를 포함하고 있다. 별표는 한 줄기에 모든 열 개의 수가 포함되어 있는 것을 보이기 위해 줄기표지 5와 6에 사용되었다.

수치자료는 줄기-잎 그림 이외에 그 값에 따라 몇 가지 다른 방식으로 분류할 수 있다.

정의 3.15 **빈도분포** 수치자료를 명확한 상한과 하한을 가진 계급으로 그룹화한 것을 **빈도분포** (frequency distribution)라고 한다.

빈도분포를 만드는 것은 미니탭 같은 컴퓨터 프로그램으로 쉽게 할 수 있다. 컴퓨터 프로그램으로 빈도분포를 만드는 데 익숙하다면 다음 논의는 생략할 수 있다.

빈도분포를 만들기 위해서 먼저 자료를 분류하는 데 사용할 계급의 수를 결정한다. 계급의 수는 계급 상한과 하한을 명확히 나타내기 편리하도록 고를 수 있다. 일반적으로 계급의 수는 관찰값의 수가 커질수록 증가할 것이다. 하지만 5개보다 적거나 15개를 넘는 계급을 사용하는 것은 거의 도움이 되지 않는다.

각 계급에 놓이는 최소 관찰값과 최대 관찰값을 **계급한계 (class limits)** 라고 한다. 계급한계를 고를 때 계급들이 겹치지 않는 것이 중요하다. 따라서 주어진 관찰값을 포함하게 되는 계급에 대한 모호함이 없어야 한다. 또한 모든 관찰값을 수용할 수 있는 계급이 있어야 한다. 마지막으로 각 계급에 분류되는 관찰값의 수인 **계급빈도 (class frequencies)** 를 결정하기 위해 관찰값을 센다.

예제 3.28

다음 콘크리트 표본의 (psi로 된) 압축강도의 빈도분포를 만들어라. 주어진 값은 10psi 자리에서 반올림되었다.

4890	4830	5490	4820	5230	4860	5040	5060	4500	5260
4610	5100	4730	5250	5540	4910	4430	4850	5040	5000
4600	4630	5330	5160	4950	4480	5310	4730	4700	4390
4710	5160	4970	4710	4430	4260	4890	5110	5030	4850
4820	4550	4970	4740	4840	4910	5200	4880	5150	4890
4900	4990	4570	4790	4480	5060	4340	4830	4670	4750

풀이 최소 관찰값이 4260이고, 최대 관찰값이 5540이므로 7개의 계급을 택하는 것이 편리할 것이다. 계급한계는 4200－4390, 4400－4590, ⋯ , 5400－5990을 가진다(4200－4400, 4400－4600 등등의 계급한계는 겹칠 수 있으므로 사용하지 않는다. 예를 들어 4400은 할당하기에 모호해질 수 있음을 주의하라 (그것은 앞의 두 계급 중 어느 곳에나 다 해당될 수 있다). 다음 표는 셈한 관찰값의 결과를 나타낸다. 즉, 각 계급에 속하는 수를 세었다.

계급한계	셈	빈도
4200–4390	///	3
4400–4590	~~////~~ //	7
4600–4790	~~////~~ ~~////~~ //	12
4800–4990	~~////~~ ~~////~~ ~~////~~ ////	19
5000–5190	~~////~~ ~~////~~ /	11
5200–5390	~~////~~ /	6
5400–5590	//	2
	총계	60

빈도분포와 확률분포의 유사점에 주목하여라. 빈도분포는 자료를 표현하지만, 확률분포는 확률의 이론적인 분포를 표현한다.

한 계급의 계급상한과 다음 계급의 계급하한 사이의 중간점을 **계급경계(class boundary)** 라고 한다. 계급경계는 계급값으로 사용될 수도 있지만 누적분포를 만드는 데 더 많이 사용된다(연습문제 3.88). 연속적인 계급경계들 사이의 구간은 **계급구간(class interval)** 이라고 하는데, 연속적인 계급하한 혹은 연속적인 계급상한 사이의 간격으로 정의할 수 있다 (계급구간은 한 계급의 계급상한에서 계급하한을 빼서 얻는 것이 **아님**을 알아두어라). 한 계급은 **계급값(class mark)** 이라고 하는 하나의 숫자로 나타낼 수 있다. 이 숫자는 임의의 계급에 대해 그 계급상한과 계급하한에 대한 평균으로 계산된다.

자료가 빈도분포로 일단 분류되고 나면, 주어진 계급 안에 있는 각 관찰값은 그 계급의 계급값인 것처럼 취급된다. 그렇게 되면 실제값은 잃게 된다. 대신 그 값은 그 계급의 계급한계들 사이에 어딘가에 놓여 있다고만 알 뿐이다. 이와 같은 근사는 빈도분포를 가지고 작업하는 편리함에 대해 지불하는 대가이다.

예제 3.29

예제 3.28에서 주어진 콘크리트 압축강도의 빈도분포에 대해서, 각 계급의 (a) 계급경계, (b) 계급구간, (c) 계급값을 구하여라.

풀이

(a) 첫 번째 계급의 계급경계는 4195−4395이다. 두 번째에서 여섯 번째까지의 계급경계는 각각 4395−4595, 4595−4795, 4795−4995, 4995−5195, 5195−5395이다. 마지막 계급의 계급경계는 5395−5595이다. 첫 번째 계급의 계급경계 하한은 첫 번째 계급 아래 한 계급이 있는 것처럼 계산되고, 마지막 계급의 계급경계 상한은 그 위에 계급이 있는 것처럼 계산되고 있다. 또한 계급한계와 달리 계급경계는 겹치고 있다.

(b) 계급구간은 200인데 계급의 계급경계 상한과 하한 사이의 차이이다. 물론 연속하는 두 계급하한끼리 빼서 구할 수도 있다. 예를 들어, 4400 − 4200 = 200 psi이다. 또는 연속하는 두 계급상한끼리 빼서 구할 수도 있다. 예를 들어 4590 − 4390 = 200이다.

(c) 첫 번째 계급의 계급값은 (4200 + 4390)/2 = 4295이다. 두 번째 계급에 대해서는 (4400 + 4590)/2 = 4495이다. 그리고 나머지 다섯 계급에 대한 계급값은 4695, 4895, 5095, 5295, 5495이다. 계급구간 200은 두 연속하는 계급값 사이의 차이로도 구해질 수 있다. ●

히스토그램은 대부분의 통계 소프트웨어 패키지를 사용하여 쉽게 만들 수 있다. 압축 강도의 히스토그램을 만들기 위해 미니탭 소프트웨어를 사용하면, 그림 3.13에서 보인 결과를 얻는다.

예제 3.30

판자에 용접되어 있는 철사가 있는데 지속적으로 증가하는 힘으로 결합이 끊어질 때까지 잡아당긴다고 생각해 보자. 용접 결합을 끊기 위해 필요한 힘은 다음과 같다.

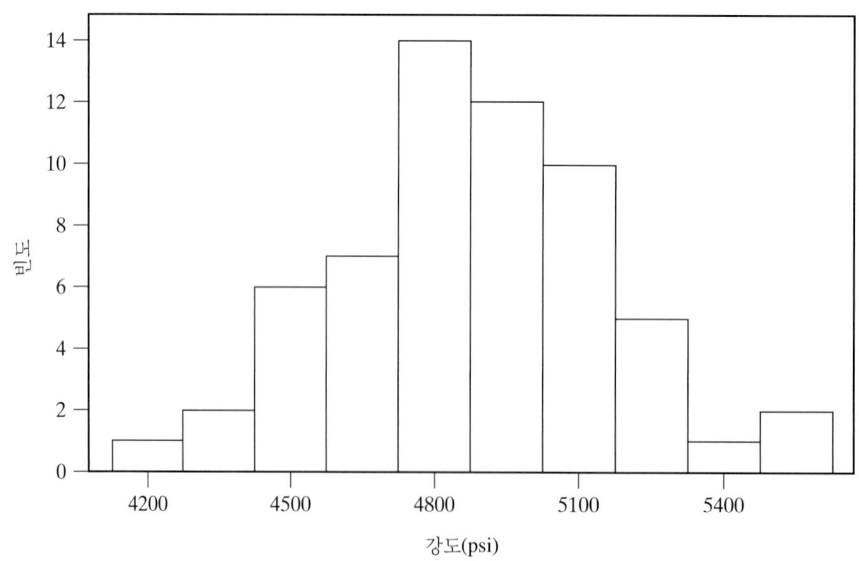

그림 3.13 compressive strengths의 히스토그램.

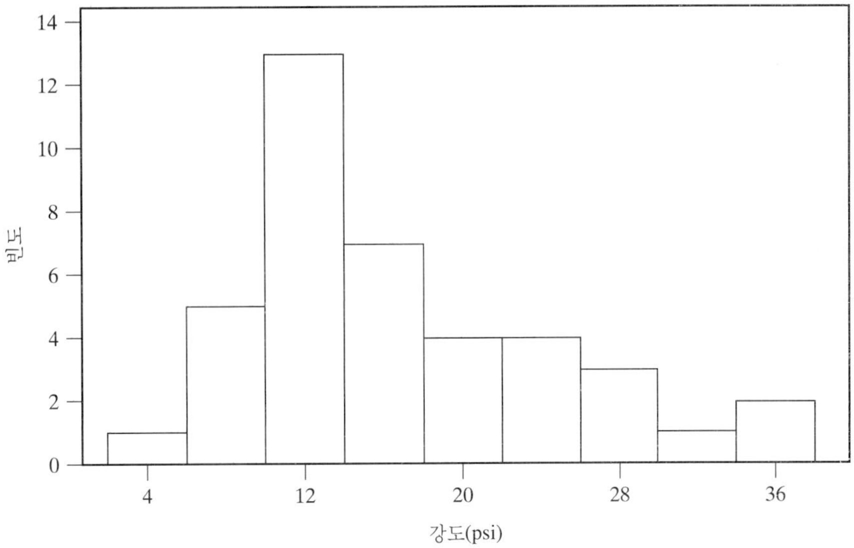

그림 3.14 용접 결합 강도의 히스토그램.

용접 결합을 끊기 위해 필요한 힘 (그램)									
19.8	13.9	30.4	16.4	11.6	36.9	14.8	21.1	13.5	5.8
10.0	17.1	14.1	16.6	23.3	12.1	18.8	10.4	9.4	23.8
14.2	26.7	7.8	22.9	12.6	6.8	13.5	10.7	12.2	27.7
9.0	14.9	24.0	12.0	7.1	12.8	18.6	26.0	37.4	13.3

미니탭이나 다른 통계 프로그램을 사용하여 이 자료의 히스토그램을 만들어라.

풀이 히스토그램의 결과는 그림 3.14에 제시되어 있다. 이 히스토그램은 오른방향 "꼬리"를 보여 준다. 대부분의 용접 결합은 낮거나 보통의 절단 강도를 가지고 있는 반면에, 몇 개는 나머지보다 훨씬 큰 강도를 가지고 있다고 생각해 볼 수 있다. ●

오른쪽이나 왼쪽에 긴 꼬리가 있는 히스토그램을 가지는 자료는 **왜도 (skewness)** 를 가졌다고 한다. 오른방향의 긴 꼬리를 보이는 히스토그램은 자료가 **양의 왜도 (positive skewness)** 를 가질 때 나타난다. 마찬가지로 꼬리가 왼쪽에 있으면 자료는 **음의 왜도 (negative skewness)** 를 가진다고 말한다. 제품이 수명, 여러 종류의 스트레스 시험, 직장인의 수입, 일정 기간 동안 흐린 날의 비율 같은 많은 날씨 관련 현상들이 종종 왜도를 가진 자료의 예이다.

히스토그램의 모양은 생산 문제의 원인을 찾는 조사의 초기 단계에서 중요한 지침이 될 수 있다. 예를 들어, 기계 설정이 계획상의 값들에서 어긋나 있는 경우 종종 왜도를 가진 히스토그램이 나타난다. 때로는 왜도를 가진 분포가 근본적인 원인이 아닌 측정 유형의 자연스러운 결과로 만들어진다. "자연적으로" 왜도를 가진 자료의 몇 가지 예로 전화통화의 기간, 방사성 입자의 방출 사이의 시간 간격, 직장인의 수입 등이 있다.

히스토그램은 때때로 하나 이상의 **최빈값(mode)**, 또는 "고점"을 보인다. 최빈값은 히스토그램에서 더 낮은 빈도의 막대들로 둘러싸인 막대이다. 두 개의 최빈값을 보이는 히스토그램은 **이봉(bimodal)** 이라고 말하고, 둘 이상의 최빈값을 가지는 히스토그램은 **다봉(multimodal)** 이라고 한다. 이봉 히스토그램의 예는 그림 3.15에 제시되어 있다. 만약 운용상의 몇몇 원인이 있다면, 각 원인은 자기 자신의 분포를 생성해낼 것이고, 모든 자료에 대한 히스토그램은 다봉일 것이다. 만약 단독으로 운용 중이면 자료의 중심을 나타내는 각 최빈값은 해당하는 원인으로부터 나올 것이다. 따라서 다봉성은 원인을 제거하는 목적에서 오류의 근본적인 원인을 찾는데 유용할 수 있다.

3.1~3.2절

응용문제

3.83 예제 3.3을 참고하여 균형 잡힌 한 동전을 4번 던져서 얻은 앞면의 수와 뒷면의 수 사이의 차이인 Y의 확률분포를 구하여라.

3.84 항아리에 1, 2, 3, 4의 숫자가 매겨진 4개의 공이 있다. 항아리에서 무작위로 두 개의 공을 뽑고(즉, 각 쌍이 뽑힐 기회가 같다) Z는 뽑힌 두 공에 적힌 숫자들의 합이라고 할 때 다음을 구하여라.

(a) Z의 확률분포를 구하고 히스토그램을 그려라.

(b) Z의 분포함수를 구하여 그 그래프를 그려라.

3.85 앞면이 나올 확률이 뒷면이 나올 확률의 두 배로 설정된 동전이 있다. 이 동전을 세 번 독립적으로 던질 때 다음을 구하여라.

(a) 앞면이 나오는 전체 개수인 X의 확률분포

(b) 많아야 두 번 앞면을 얻는 확률

3.86 응용문제 3.85를 참고하여 확률변수 X의 분포함수를 구하고 그 그래프를 그려라. X의 분포함수를 사용하여 다음을 구하여라.

(a) $P(1 < X \leqq 3)$ **(b)** $P(X < 2)$

3.87 어떤 교차로의 주간 사고 건수인 V의 확률분포는 $g(0) = 0.40$, $g(1) = 0.30$, $g(2) = 0.20$, $g(3) = 0.10$으로 주어졌다. V의 분포함수를 구하고 그 그래프를 그려라.

3.88 응용문제 3.87을 참고하여 다음을 사용하여 임의의 한 주에 적어도 두 건의 사고가 있을 확률을 구하여라.

(a) 본래의 확률

(b) 분포함수의 값

3.89 응용문제 2.83을 참고하여 이 응용문제의 결과는 확률분포인가? 만약 그렇다면 그 히스토그램을 그려라.

3.90 연습문제 3.80을 참고하여 주사위 눈의 합에 대한 분포함수를 구하여라. 즉, 이 주사위 눈의 합이 많아야 S가 될 확률을 구하여라. 여기서 $S = 2, 3, \cdots, 12$이다.

3.3~3.4절

3.91 230그램들이 병에 한 기계로 채워진 커피의 실제 (그램으로 된) 양이 확률변수이다. 이것의 확률밀도는 다음과 같이 주어졌다.

$$f(x) = \begin{cases} 0, & x \leqq 227.5 \\ \dfrac{1}{5}, & 227.5 < x < 232.5 \\ 0, & x \geqq 232.5 \end{cases}$$

이 기계로 230그램들이 병에 다음과 같은 양을 채울 확률을 구하여라.

(a) 많아야 228.65그램의 커피

(b) 229.34에서 231.66그램 사이의 커피

(c) 적어도 229.85그램의 커피

3.92 피닉스에서 투손까지의 비행이 이르거나 늦는 시간이 확률변수이다. 이것의 확률밀도는 다음과 같이 주어졌다.

$$f(x) = \begin{cases} \dfrac{1}{288}(36 - x^2), & -6 < x < 6 \\ 0 & ,\text{ 그 외} \end{cases}$$

여기서 음수는 비행이 이르고 양수는 비행이 늦는 것을 나타낸다. 다음의 확률을 구하여라.

(a) 적어도 2분 이른 비행

(b) 적어도 1분 늦은 비행

(c) 1에서 3분 사이의 이른 비행

(d) 정확히 5분 늦은 비행

3.93 차 소유주가 어떤 종류의 타이어에 주목하고 있는 (수천 킬로미터로 된) 트레드 마모값이 확률변수이다. 이것의 확률밀도는 다음과 같이 주어졌다.

$$f(x) = \begin{cases} \dfrac{1}{30}e^{-\frac{x}{30}}, & x > 0 \\ 0 & , x \leqq 0 \end{cases}$$

이 타이어 중 하나가 다음과 같이 지속될 확률을 구하여라.

(a) 많아야 18,000킬로미터

(b) 27,000에서 36,000킬로미터 사이

(c) 적어도 48,000킬로미터

3.94 부패하기 쉬운 포장음식의 (시간으로 된) 저장기간이 확률변수이다. 이것의 확률밀도는 다음과 같이 주어졌다.

$$f(x) = \begin{cases} \dfrac{20{,}000}{(x+100)^3}, & x > 0 \\ 0 & ,\text{ 그 외} \end{cases}$$

이 포장음식 중 하나가 다음과 같은 저장기간을 가질 확률을 구하여라.

(a) 적어도 200시간

(b) 많아야 100시간

(c) 80에서 120시간 사이

3.95 어떤 품종의 5살된 강아지의 (연으로 된) 전체 수명이 확률변수이다. 이것의 확률밀도는 다음과 같이 주어졌다.

$$F(x) = \begin{cases} 0 & , \ x \leqq 5 \\ 1 - \dfrac{25}{x^2}, & x > 5 \end{cases}$$

이런 5살 된 강아지가 다음과 같이 살 확률을 구하여라.

(a) 10년 넘게

(b) 8년보다 적게

(c) 12에서 15년 사이

3.5절

3.96 어느 도시에서의 (수백만 리터로 된) 일일 물 소비량이 확률변수이다. 이것의 확률밀도는 다음과 같이 주어졌다.

$$f(x) = \begin{cases} \dfrac{1}{9} x e^{-\frac{x}{3}}, & x > 0 \\ 0 & , \text{그 외} \end{cases}$$

(a) 일정한 하루에 이 도시의 물 소비량이 6백만 리터 이하인 확률은 얼마인가?

(b) 이 도시의 일일 저장 용량이 9백만 리터라면 물 공급이 불충분한 확률은 얼마인가?

3.97 세 권의 통계 교과서, 두 권의 수학 교과서, 세 권의 물리 교과서가 있는 책장에서 무작위로 두 권의 교과서를 선택하였다. X는 실제로 뽑힌 통계 교과서의 수이고, Y는 실제로 뽑힌 수학 교과서의 수이라고 할 때, X와 Y에 대한 결합확률분포의 값을 보여주는 표를 만들어라.

3.98 균형 잡힌 주사위 한 쌍을 굴린다고 하자. X는 1이 나오는 주사위의 개수이고, Y는 4, 5, 또는 6이 나오는 주사위의 개수이다.

(a) 그림 3.1에서처럼 표본공간의 36개 등확률의 점들 각각과 관련된 X와 Y의 값을 나타내는 다이어그램을 그려라.

(b) X와 Y에 대한 결합확률분포의 값을 보여 주는 표를 만들어라.

3.99 한 균형 잡힌 동전을 세 번 던져서 얻은 앞면의 개수가 X이고, 앞면의 개수에서 뒷면의 개수를 뺀 것이 Y라면, X와 Y에 대한 결합확률분포의 값을 보여 주는 표를 만들어라.

3.100 저격수가 반경 1로 된 원형 표적을 겨누고 있다. 그 표적의 중심을 원점으로 하는 직교좌표계를 그린다고 하면, 표적에 맞는 점의 좌표 (X, Y)는 다음과 같은 결합확률밀도를 가지는 확률변수이다.

$$f(x, y) = \begin{cases} \dfrac{1}{\pi}, & 0 < x^2 + y^2 < 1 \\ 0 \ , & \text{그 외} \end{cases}$$

다음을 구하여라.

(a) $P[(X, Y) \in \mathrm{A}]$, 여기서 A는 직선 $y = 0$과 $y = x$로 둘러싸인 1사분면에 있는 원의 면적이다.

(b) $P[(X, Y) \in \mathrm{B}]$, 여기서 $B = \{(x, y) \mid 0 < x^2 + y^2 < \dfrac{1}{2}\}$이다.

3.101 어떤 상품의 (달러로 된) 가격 P와 (10,000 단위의) 전체 판매량 S가 확률변수라고 하자. 이것의 결합확률분포는 다음과 같은 결합확률밀도로 거의 근사할 수 있다.

$$f(p, s) = \begin{cases} 5pe^{-ps}, & 0.20 < p < 0.40, s > 0 \\ 0 & , \text{그 외} \end{cases}$$

다음의 확률을 구하여라.

(a) 가격이 30센트보다 적고, 판매량이 20,000단위를 초과할 확률

(b) 가격이 25센트와 30센트 사이이고, 판매량이 10,000단위보다 적을 확률

3.102 어떤 대학에서 모든 입학생에게 자연과학과 인문학 적성검사를 실시한다. X와 Y가 각각 두 과목에서 한 학생이 얻는 정답의 비율이라고 할 때, 이 확률변수들의 결합확률분포는 다음과 같은 결합확률밀도로 근사할 수 있다.

$$f(x, y) = \begin{cases} \frac{2}{5}(2x + 3y), & 0 < x < 1, 0 < y < 1 \\ 0 & , \text{그 외} \end{cases}$$

한 학생이 다음을 얻을 확률은 얼마인가?

(a) 두 시험에서 0.40 이하

(b) 자연과학에서 0.80 이상이고 인문학에서 0.50 이하

3.6~3.7절

3.103 응용문제 3.97을 참고하여 다음을 구하여라.

(a) X의 주변분포

(b) $X = 0$으로 주어진 Y의 조건부분포

3.104 X는 한 종류의 통신판매 권유에 응답하는 사람의 비율이고, Y는 또 다른 종류의 통신판매 권유에 응답하는 사람의 비율이다. X와 Y의 결합확률밀도가 다음과 같이 주어졌다.

$$f(x, y) = \begin{cases} \frac{2}{5}(x + 4y), & 0 < x < 1, 0 < y < 1 \\ 0 & , \text{그 외} \end{cases}$$

다음의 확률을 구하여라.

(a) 적어도 30퍼센트가 첫 번째 종류의 통신판매 권유에 응답할 확률

(b) 첫 번째 종류의 통신판매 권유에 대해 20퍼센트의 응답이 있었다고 주어질 때, 많아야 50퍼센트가 두 번째 종류의 통신판매 권유에 응답할 확률

3.105 52장의 카드더미에서 (복원 없이) 두 장의 카드를 무작위로 뽑는다. Z는 첫 번째 카드를 뽑았을 때 얻은 에이스의 개수이고, W는 두 번 뽑았을 때 얻은 에이스의 전체 개수라고 할 때 다음을 구하여라.

(a) Z와 W의 결합확률분포

(b) Z의 주변분포

(c) $Z = 1$로 주어진 W의 조건부분포

3.106 응용문제 3.101을 참고하여, 다음을 구하여라.

(a) P의 주변밀도

(b) $P = p$로 주어진 S의 조건부분포

(c) $P = 25$ 센트일 때 판매량이 30,000단위보다 적을 확률

3.107 X는 한 판매원이 하루 동안 기름값으로 쓰는 (달러로 된) 금액이고, Y는 이 기름값에 대해 환급받는 금액이다. 두 확률변수의 결합밀도가 다음과 같이 주어졌다.

$$f(x, y) = \begin{cases} \frac{1}{25}\left(\frac{20-x}{x}\right), & 10 < x < 20, \frac{x}{2} < y < x \\ 0 & \text{, 그 외} \end{cases}$$

다음을 구하여라.

(a) X의 주변밀도

(b) $X = 12$로 주어진 Y의 조건부밀도

(c) 그 판매원이 12달러를 썼을 때 적어도 8달러를 환급 받을 확률

3.108 응용문제 3.102의 두 확률변수가 서로 독립이 아님을 보여라.

3.109 어떤 한 종류의 진공관의 (시간으로 된) 유효수명이 다음과 같은 확률밀도를 가지는 확률변수이다.

$$f(x) = \begin{cases} \frac{20,000}{(x+100)^3}, & x > 0 \\ 0 & \text{, 그 외} \end{cases}$$

이 관들 중 세 개가 독립적으로 작동할 때 다음을 구하여라.

(a) 유효수명의 길이를 나타내는 X_1, X_2, X_3의 결합확률밀도

(b) $P(X_1 < 100, X_2 < 100, X_3 \geqq 200)$ 의 값

3.8절

3.110 다음은 24개 납땜 접합에 대한 측정값 내 주석의 백분율이다.

61	63	59	54	65	60	62	61	67	60	55	68
57	64	65	62	59	59	60	62	61	63	58	61

(a) 줄기표지로 5와 6을 사용하여 줄기-잎 다이어그램을 만들어라.

(b) 이중-줄기그림을 만들어라.

(c) 어느 것이 더 많은 정보를 주는가?

3.111 응용문제 3.110에서 첫 번째 열에 있는 12개 관찰값은 105 작업장에서 만든 납땜 결합에서 오고, 두 번째 열은 107 작업장에서 왔다고 하자. 두 개의 줄기-잎 다이어그램을 사용하여 이 두 작업장의 납땜 공정에 차이를 의심해 볼 수 있을지 결정하여라.

3.112 두 개의 다른 선반이 전동기에 사용되는 손잡이를 만든다. (cm로 된) 손잡이의 직경에 대한 측정값은 다음과 같다.

선반 *A*:	1.42	1.38	1.40	1.41	1.39	1.44	1.36	1.42	1.40
선반 *B*:	1.47	1.31	1.56	1.33	1.29	1.46	1.28	1.51	

두 선반이 다른 직경의 손잡이를 만드는 중인지 알아보기 위해 두 개의 줄기-잎 다이어그램을 만들어라.

3.113 다음 자료는 코르크를 만드는 오븐을 연속적으로 가동시켜서 나온 (시간으로 된) 코르크의 생산시간이다. 미니탭이나 다른 컴퓨터 소프트웨어를 사용하여 이에 대한 줄기-잎 그림을 만들어라.

7.8	9.2	6.4	8.2	7.6	5.9	7.4	7.1	6.7	8.5
10.1	8.6	7.7	5.9	9.3	6.4	6.8	7.9	7.2	10.2
6.9	7.4	7.8	6.6	8.1	9.5	6.4	7.6	8.4	9.2

3.114 미니탭이나 다른 컴퓨터 소프트웨어를 사용하여 응용문제 3.112의 결합된 자료에 대한 줄기-잎 그림을 만들어라.

3.115 다음은 다양한 환경조건하에서 폴리우레탄으로 도포한 100장의 시트 (분으로 된) 건조시간이다.

45.6	50.3	55.1	63.0	58.2	65.5	51.1	57.4	60.4	54.9
56.1	62.1	43.5	63.8	64.9	59.9	63.0	67.7	53.8	57.9
61.8	52.2	61.2	51.6	58.6	73.8	53.9	64.1	57.2	75.4
55.9	70.1	46.2	63.6	56.0	48.1	62.2	58.8	50.8	68.1
51.4	73.9	66.7	42.9	71.0	56.1	60.8	58.6	70.6	62.2
59.9	47.5	72.5	62.0	56.8	54.3	61.0	66.3	52.6	63.5
64.3	63.6	53.5	55.1	62.8	63.3	64.7	54.9	54.4	69.6
64.2	59.3	60.6	57.1	68.3	46.7	73.7	56.8	62.9	58.4
68.5	68.9	62.1	62.8	74.4	43.8	40.0	64.4	50.8	49.9
55.8	66.8	67.0	64.8	57.6	68.3	42.5	64.4	48.3	56.5

8개의 계급을 사용하여 이 자료의 빈도분포를 만들어라.

3.116 80명의 조종사들이 모의 비행 시험을 보았다. 각자 주어진 응급상황에 대한 정확한 행동을 취한 시간이 초로 측정되었다. 그 결과는 다음과 같다.

11.1	5.2	3.6	7.6	12.4	6.8	3.8	5.7	9.0	6.0	4.9	12.6
7.4	5.3	14.2	8.0	12.6	13.7	3.8	10.6	6.8	5.4	9.7	6.7
14.1	5.3	11.1	13.4	7.0	8.9	6.2	8.3	7.7	4.5	7.6	5.0
9.4	3.5	7.9	11.0	8.6	10.5	5.7	7.0	5.6	9.1	5.1	4.5
6.2	6.8	4.3	8.5	3.6	6.1	5.8	10.0	6.4	4.0	5.4	7.0
4.1	8.1	5.8	11.8	6.1	9.1	3.3	12.5	8.5	10.8	6.5	7.9
6.8	10.1	4.9	5.4	9.6	8.2	4.2	3.4				

이 자료의 빈도분포를 만들어라.

3.117 응용문제 3.115에서 만든 빈도분포의 계급경계, 계급구간, 계급값을 구하여라.

3.118 응용문제 3.116에서 만든 빈도분포의 계급경계, 계급구간, 계급값을 구하여라.

3.119 다음은 어떤 나라의 30일 동안 보고된 고속도로 사고의 건수이다.

6	4	0	3	5	6	2	0	0	12	3	7	2	1	1
0	4	0	0	0	1	8	0	2	4	7	3	6	2	0

이 자료의 빈도분포를 만들어라. 계급경계, 계급값, 계급구간을 확인하여라.

3.120 **백분율분포 (percentage distribution)**는 각 빈도를 전체 빈도에 대한 각 빈도의 비율의 100배로 바꾼 빈도분포로부터 얻어진다. 응용문제 3.116의 반응시간 자료를 사용하여 백분율분포를 만들어라.

3.121 응용문제 3.115의 건조시간 자료를 사용하여 백분율분포를 만들어라.

3.122 백분율분포는 전체 빈도가 다른 두 빈도분포를 비교하는 데 유용하다. 다음 두 빈도분포로부터 백분율분포를 만들고, 두 부서의 일일 결근에 대한 분포가 비슷한 모양을 따르는지 결정하여라.

	빈 도	
계급한계	운송부서	보안부서
0–1	26	18
2–3	18	11
4–5	10	7
6–7	4	3
8–9	2	1
Totals	60	40

3.123 **누적빈도분포(cumulative frequency distribution)**는 각 빈도를 주어진 계급의 빈도와 그 위의 모든 계급의 빈도들의 합으로 각 빈도를 바꾸고, 각 계급을 그 계급의 계급상한경계로 나타낸 빈도분포로부터 얻어진다. 응용문제 3.115의 자료를 사용하여 누적빈도분포를 만들어라.

3.124 응용문제 3.116의 자료를 사용하여 누적빈도분포를 만들어라.

3.125 응용문제 3.122에 주어진 결근의 빈도분포로부터 누적백분율분포를 만들어라.

3.126 **비균등 계급구간.** 응용문제 3.119에서 7보다 큰 관찰값의 개수가 작아서 빈도분포를 만드는 데 다소간의 어려움을 일으킬 수 있다. 계급구간을 균등하게 유지하다 보면, 30개의 관찰값에 비해 너무 많은 계급을 생성해야 한다거나, 적은 수의 계급을 사용하여 초반 몇몇 계급에 과도한 정보손실을 갖게 하는 딜레마에 직면하게 된다. 이러한 경우 마지막 계급에 대해 더 큰 구간을 사용하여 계급의 크기가 동일해야 하는 규칙을 깰 수 있다.

(a) 이와 같이 한다면 빈도분포의 결과는 어떻게 될 것인가?

(b) 독특한 계급구간이 있는가?

3.127 다음은 주어진 작동시간 동안 38개 전구가 고장나는 시간이다.

150	389	345	310	20	310	175	376	334	340
332	331	327	344	328	341	325	2	311	320
256	315	55	345	111	349	245	367	81	327
355	309	375	316	336	278	396	287		

(a) 계급구간이 동일해야만 한다는 규칙을 깬 채로, 이 자료에서 빈도분포를 만들어라.

(b) 모든 계급의 계급값을 구할 수 있는가?

3.128 **(a)** 응용문제 3.116의 자료로부터 조종사들의 반응시간에 대한 히스토그램을 만들어라.

(b) 이 히스토그램의 모양에 대해 무엇을 말할 수 있는가?

3.129 **(a)** 응용문제 3.115의 자료로부터 폴리우레탄의 건조시간에 대한 히스토그램을 만들어라.

(b) 이 히스토그램의 모양에 대해 무엇을 말할 수 있는가?

3.130 응용문제 3.128의 자료를 사용하여 계급값이 연속하는 계급한계 사이의 중간점 이외에 연속하는 계급경계의 중간점으로 주어짐을 설명하여라.

3.131 응용문제 3.127의 자료를 사용하여 계급값이 역시 연속하는 계급경계의 중간점으로 주어짐을 보여라.

3.132 응용문제 3.110의 납땜 접합 자료를 사용하여 히스토그램을 만들어라.

3.133 **(a)** 111쪽에 주어진 반응시간에 대한 자료 중 첫 번째 두 행만 사용하여 히스토그램을 만들어라.
(b) 히스토그램의 모양이 어떻다고 할 수 있는가?

3.134 **(a)** 응용문제 3.112의 두 선반에 대한 자료를 결합하여 히스토그램을 만들어라.
(b) 히스토그램의 모양이 어떻다고 할 수 있는가?

3.135 미니탭이나 다른 컴퓨터 소프트웨어를 사용하여 응용문제 3.113에 주어진 코르크 생산시간 자료의 히스토그램을 만들어라.

3.136 미니탭이나 다른 컴퓨터 소프트웨어를 사용하여 응용문제 3.115에 건조시간 자료의 히스토그램을 만들어라.

3.137 빈도분포에서 주어진 계급의 계급값을 나타내는 x와 그 빈도를 나타내는 f로 된 점 (x, f)의 그림을 **빈도다각형 (frequency polygon)** 이라고 한다. 응용문제 3.116의 자료를 사용하여 빈도다각형을 만들어라.

3.138 응용문제 3.115의 자료로부터 빈도다각형을 만들어라.

3.139 x축에 누적분포 (응용문제 3.123 참조) 를 놓고 y축에 상응하는 계급상한경계를 놓은 그림을 **누적빈도곡선 (ogive)** 이라고 한다.
(a) 응용문제 3.115의 자료에 대한 누적빈도곡선을 만들어라.
(b) 같은 축을 사용하여 같은 그래프가 건조시간에 대한 백분율분포의 누적빈도곡선을 나타내도록 축에 다시 이름을 붙여라.

3.140 **(a)** 응용문제 3.116에 주어진 반응시간에 대한 누적빈도곡선을 만들어라.
(b) 누적백분율분포를 나타내는 누적빈도곡선을 만들어라.

참고문헌

More advanced or more detailed treatments of the material in this chapter may be found in

Brunk, H. D., *An Introduction to Mathematical Statistics,* 3rd ed. Lexington, Mass.: Xerox College Publishing, 1975,

DeGroot, M. H., *Probability and Statistics,* 2nd ed. Reading, Mass.: Addison-Wesley Publishing Company, Inc., 1986,

Fraser, D. A. S., *Probability and Statistics: Theory and Applications.* North Scituate, Mass.: Duxbury Press, 1976,

Hogg, R. V., and Craig, A. T., *Introduction to Mathematical Statistics,* 4th ed. New York: Macmillan Publishing Co., Inc., 1978,

Kendall, M. G., and Stuart, A., *The Advanced Theory of Statistics,* Vol. 1, 4th ed. New York: Macmillan Publishing Co., Inc., 1977,

Khazanie, R., *Basic Probability Theory and Applications.* Pacific Palisades, Calif.: Goodyear Publishing Company, Inc., 1976.

4장 수학적 기대

4.1 서론

본래 **수학적 기대 (mathematical expectation)** 의 개념은 운에 좌우되는 게임과 관련하여 발생하였다. 가장 단순한 형태로서 수학적 기대는 게임참가자가 건 액수와 참가자가 이길 확률을 곱한 것이다. 예를 들어 1등으로 4,800달러 상당의 여행권을 주는 10,000장의 복권 중 한 장을 가지고 있다고 한다면, 수학적 기대는 $4{,}800 \cdot \dfrac{1}{10{,}000} = \$0.48$이다. 이 금액은 평균의 의미로 해석되어야 할 것이다 — 10,000장을 통틀어 4,800달러의 이익이 있거나, 평균적으로 1장당 $\dfrac{\$4{,}800}{10{,}000} = \$0.48$의 이익이 있는 것이다.

또한 2등으로 1,200달러 상당의 여행권과 3등으로 400달러 상당의 여행권이 있다면, 10,000장을 통틀어 $\$4{,}800+\$1{,}200+\$400=\$6{,}400$의 이익이 있거나, 평균적으로 1장당 $\dfrac{\$6{,}400}{10{,}000} = \$0.64$의 이익이 있다고 할 수 있다. 다른 관점에서 이를 보면, 그 복권추첨을 여러 차례 반복하여 한 회에서 99.97퍼센트로 (또는 0.9997 확률로) 당첨되지 못하고, 각 등수마다 0.01퍼센트로 (또는 0.0001 확률로) 당첨된다고 할 수 있을 것이다. 따라서 평균적으로

$$0(0.9997) + 4{,}800(0.0001) + 1{,}200(0.0001) + 400(0.0001) = \$0.64$$

를 얻을 수 있을 것이다. 위의 계산은 각 당첨금에 그에 해당하는 확률을 곱해서 얻은 값들의 합이다.

4.2 확률변수의 기댓값

앞 절의 설명에서 우리가 받게 되는 여행권의 액수가 확률변수이다. 이 확률변수의 수학적 기대는 각 확률변수에 해당하는 확률을 곱해서 얻은 값들의 합이었다. 확률변수의 수학적 기대를 간단히 **기댓값 (expected value)** 이라 하고, 연속인 경우 합계 계산 대신에 적분 계산으로 대체하여 이 정의를 확장한다.

정의 4.1 **기댓값** X가 이산확률변수이고, $f(x)$가 x에서 이것의 확률분포값이라면, X의 **기댓값**은 다음과 같다.

$$E(X) = \sum_{x} x \cdot f(x)$$

이에 상응하여 X가 연속확률변수이고, $f(x)$가 x에서 이것의 확률밀도값이라면, X의 **기댓값**은 다음과 같다.

$$E(X) = \int_{-\infty}^{\infty} x \cdot f(x)\, dx$$

이 정의에서 물론 합계나 적분이 존재한다고 가정하였다. 그렇지 않으면 수학적 기대는 정의되지 않는다.

예제 4.1

12개의 TV 세트 중에서 흰색 코드를 가지고 있는 것이 2개 있다. 호텔에 보낼 화물로 이 세트 중 세 개를 무작위로 뽑는다면, 화주는 얼마나 많은 세트가 호텔로 보내질지 기대할 수 있겠는가?

풀이 흰색 코드를 가진 두 세트 중 x개와 10개의 다른 세트 중 $3-x$개가 $\binom{2}{x}\binom{10}{3-x}$가지 수로 뽑힐 수 있고, 12개 세트 중 세 개가 $\binom{12}{3}$가짓수로 뽑힐 수 있다. 이 $\binom{12}{3}$가지의 가능성은 아마 확률이 같을 것이므로, 호텔에 배송될 흰색 코드를 가진 세트의 개수인 X에 대한 확률분포는 다음과 같이 구한다.

$$f(x) = \frac{\binom{2}{x}\binom{10}{3-x}}{\binom{12}{3}}, \quad x = 0, 1, 2$$

또는 표로 나타내면 다음과 같다.

x	0	1	2
$f(x)$	$\frac{6}{11}$	$\frac{9}{22}$	$\frac{1}{22}$

그러면

$$E(X) = 0 \cdot \frac{6}{11} + 1 \cdot \frac{9}{22} + 2 \cdot \frac{1}{22} = \frac{1}{2}$$

이다. 한 세트의 절반이 배송되는 것은 가능하지 않으므로, "기대"라는 말은 분명 말이 되지 않는다. 사실 이것은 주어진 조건하에서 반복적으로 배송되는 것에 관련된 평균으로 해석되어야 할 것이다.

예제 4.2

한 부품의 나사유효직경에 대한 코드화된 측정값이 다음 같은 확률밀도를 가진다.

$$f(x) = \begin{cases} \dfrac{4}{\pi(1+x^2)}, & 0 < x < 1 \\ 0 & ,\text{그 외} \end{cases}$$

이 확률변수의 기댓값을 구하여라.

풀이 정의 4.1을 사용하여 다음을 얻을 수 있다.

$$
\begin{aligned}
E(X) &= \int_0^1 x \cdot \frac{4}{\pi(1+x^2)}\,dx \\
&= \frac{4}{\pi}\int_0^1 \frac{x}{1+x^2}\,dx \\
&= \frac{\ln 4}{\pi} = 0.4413
\end{aligned}
$$

확률변수 X의 기댓값뿐만 아니라 X와 함수관계에 있는 확률변수의 기댓값에도 관심 있는 문제들이 많이 있다. 예를 들면, 그 값이 $y = g(x)$과 같은 방정식으로 X의 값과 관련 있는 확률변수 Y에 관심이 있을 수 있다. 기호를 단순화하기 위해 이 확률변수를 $g(X)$로 표시한다. 예를 들어 $g(X)$가 X^3이면 X가 2를 취할 때, $g(X)$는 $2^3 = 8$을 취한다. 이와 같은 확률변수 $g(X)$의 기댓값을 구하고 싶다면, 먼저 이것의 (7장에서 논의될 방법 중 하나로) 확률분포나 확률밀도를 결정하고 나서 정의 4.1을 사용한다. 하지만 일반적으로 다음의 정리를 사용하는 것이 더 쉽고 더 간단하다.

정리 4.1 X가 이산확률변수이고 $f(x)$가 x에서 이것의 확률분포값이라면, $g(X)$의 기댓값은 다음과 같이 주어진다.

$$E[g(X)] = \sum_x g(x) \cdot f(x)$$

이에 상응하여 X가 연속확률변수이고 $f(x)$가 x에서 이것의 확률밀도값이라면, $g(X)$의 기댓값은 다음과 같이 주어진다.

$$E[g(X)] = \int_{-\infty}^{\infty} g(x) \cdot f(x)\,dx$$

증명 더 일반적인 증명은 이 책의 범위를 넘기 때문에, 여기서는 X가 이산이고, 유한한 범위를 가지는 경우에 대해서만 이 정리를 증명할 것이다. $y = g(x)$가 반드시 1대 1 대응을 정의하는 것은 아니므로, x가 x_{i1}, x_{i2}, $\cdots$ x_{in_i}값들을 취할 때 $g(x)$가 g_i값을 취한다고 가정하자. 그러면 $g(X)$가 g_i값을 취할 확률은

$$P[g(X) = g_i] = \sum_{j=1}^{n_i} f(x_{ij})$$

이다. $g(x)$가 g_1, g_2, $\cdots$ g_m값을 취하면 다음과 같이 계산된다.

$$
\begin{aligned}
E[g(X)] &= \sum_{i=1}^{m} g_i \cdot P[g(X) = g_i] \\
&= \sum_{i=1}^{m} g_i \cdot \sum_{j=1}^{n_i} f(x_{ij}) \\
&= \sum_{i=1}^{m}\sum_{j=1}^{n_i} g_i \cdot f(x_{ij}) \\
&= \sum_x g(x) \cdot f(x)
\end{aligned}
$$

여기서 합계는 X의 모든 값 위로 확장된다. ■

예제 4.3

X가 균형 잡힌 주사위 한 개를 던져서 나온 눈의 수라면 $g(X) = 2X^2 + 1$의 기댓값을 구하여라.

풀이 각각의 가능한 결과가 $\frac{1}{6}$의 확률을 가지므로 다음을 얻게 된다.

$$\begin{aligned} E[g(X)] &= \sum_{x=1}^{6}(2x^2+1)\cdot\frac{1}{6} \\ &= (2\cdot 1^2+1)\cdot\frac{1}{6}+\cdots+(2\cdot 6^2+1)\cdot\frac{1}{6} \\ &= \frac{94}{3} \end{aligned}$$

예제 4.4

X가 다음과 같은 확률밀도를 가진다.

$$f(x) = \begin{cases} e^{x}, & x > 0 \\ 0\ , & \text{그 외} \end{cases}$$

$g(X) = e^{3X/4}$의 기댓값을 구하여라.

풀이 정리 4.1에 따라 다음을 얻는다.

$$\begin{aligned} E[e^{3X/4}] &= \int_0^{\infty} e^{3x/4}\cdot e^{-x}\,dx \\ &= \int_0^{\infty} e^{-x/4}\,dx \\ &= 4 \end{aligned}$$

수학적 기대의 계산은 종종 다음의 정리들을 사용하여 간단하게 할 수 있다. 이 정리들은 이미 알고 있는 기대들이나 쉽게 계산되는 기대들로부터 기댓값들을 계산할 수 있도록 해 준다. 그 과정이 근본적으로 같기 때문에 몇몇 증명은 이산인 경우나 연속인 경우 중 하나가 제시될 것이다. 다른 것은 연습문제로 독자들에게 남긴다.

정리 4.2 a와 b가 상수라고 할 때,

$$E(aX+b) = aE(X)+b$$

증명 $g(X) = aX + b$를 정리 4.1에 대입하면 다음을 얻는다.

$$\begin{aligned} E(aX+b) &= \int_{-\infty}^{\infty}(ax+b)\cdot f(x)\,dx \\ &= a\int_{-\infty}^{\infty} x\cdot f(x)\,dx + b\int_{-\infty}^{\infty} f(x)\,dx \\ &= aE(X)+b \end{aligned}$$

$b = 0$이나 $a = 0$으로 설정하면 정리 4.2에 대한 다음의 따름정리를 설명할 수 있다.

따름정리 4.1 a가 상수라면,

$$E(aX) = aE(X)$$

따름정리 4.2 b가 상수라면,

$$E(b) = b$$

우리가 $E(b)$를 적는다면, 상수 b가 항상 b값을 취하면 확률변수로 간주될 수 있음을 알아두어라.

정리 4.3 $c_1, c_2, \cdots, c_n$이 상수라면,

$$E\left[\sum_{i=1}^{n} c_i g_i(X)\right] = \sum_{i=1}^{n} c_i E[g_i(X)]$$

증명 $g(X) = \sum_{i=1}^{n} c_i g_i(X)$을 정리 4.1에 대입하면, 다음을 얻는다.

$$\begin{aligned} E\left[\sum_{i=1}^{n} c_i g_i(X)\right] &= \sum_{x}\left[\sum_{i=1}^{n} c_i g_i(x)\right] f(x) \\ &= \sum_{i=1}^{n}\sum_{x} c_i g_i(x) f(x) \\ &= \sum_{i=1}^{n} c_i \sum_{x} g_i(x) f(x) \\ &= \sum_{i=1}^{n} c_i E[g_i(X)] \end{aligned}$$

예제 4.5

예제 4.3의 확률변수에 대해

$$E(X^2) = (1^2 + 2^2 + 3^2 + 4^2 + 5^2 + 6^2) \cdot \frac{1}{6} = \frac{91}{6}$$

이다. 이를 이용하여 그 예제를 다시 풀어 보아라.

풀이

$$E(2X^2 + 1) = 2E(X^2) + 1 = 2 \cdot \frac{91}{6} + 1 = \frac{94}{3}$$

예제 4.6

X의 확률밀도가 다음과 같이 주어졌다.

$$f(x)=\begin{cases}2(1-x), & 0<x<1\\ 0 & ,\text{그 외}\end{cases}$$

(a) 다음을 보여라.

$$E(X^r)=\frac{2}{(r+1)(r+2)}$$

(b) 위 결과를 이용하여 다음을 계산하여라.

$$E[(2X+1)^2]$$

풀이

(a)

$$\begin{aligned}E(X^r)&=\int_0^1 x^r\cdot 2(1-x)\,dx=2\int_0^1 (x^r-x^{r+1})\,dx\\&=2\left(\frac{1}{r+1}-\frac{1}{r+2}\right)=\frac{2}{(r+1)(r+2)}\end{aligned}$$

(b) $E[(2X+1)^2]=4E(X^2)+4E(X)+1$이고, 앞의 식에 $r=1$과 $r=2$를 대입하면 $E(X)=\frac{2}{2\cdot 3}=\frac{1}{3}$과 $E(X^2)=\frac{2}{3\cdot 4}=\frac{1}{6}$이 도출되므로, 다음을 얻을 수 있다.

$$E[(2X+1)^2]=4\cdot\frac{1}{6}+4\cdot\frac{1}{3}+1=3$$

●

예제 4.7

다음을 보여라.

$$E[(aX+b)^n]=\sum_{i=0}^{n}\binom{n}{i}a^{n-i}b^iE(X^{n-i})$$

풀이 정리 1.9에 따라 $(ax+b)^n=\sum_{i=0}^{n}\binom{n}{i}(ax)^{n-i}b^i$이므로 다음이 계산된다.

$$\begin{aligned}E[(aX+b)^n]&=E\left[\sum_{i=0}^{n}\binom{n}{i}a^{n-i}b^iX^{n-i}\right]\\&=\sum_{i=0}^{n}\binom{n}{i}a^{n-i}b^iE(X^{n-i})\end{aligned}$$

●

수학적 기대의 개념은 쉽게 두 개 이상의 확률변수를 포함하는 상황으로 확장된다. 예를 들어 Z가 그 값이 $z=g(x,y)$과 같은 방정식으로 두 확률변수 X와 Y의 값과 관련 있는 확률변수라면 다음의 정리와 같이 나타낼 수 있다.

정리 4.4 X와 Y가 이산확률변수이고, $f(x,y)$가 (x,y)에서 이들의 결합확률분포에 대한 값이라면 $g(X,Y)$의 기댓값은 다음과 같다.

$$E[g(X, Y)] = \sum_x \sum_y g(x, y) \cdot f(x, y)$$

이에 상응하여 X와 Y가 연속확률변수이고, $f(x, y)$가 (x, y)에서 이들의 결합확률밀도에 대한 값이라면 $g(X, Y)$의 기댓값은 다음과 같다.

$$E[g(X, Y)] = \int_{-\infty}^{\infty} \int_{-\infty}^{\infty} g(x, y) f(x, y)\, dx\, dy$$

이 정리를 유한 개의 확률변수의 함수들에 대하여 일반화하는 것은 명확하다.

예제 4.8

예제 3.12를 참고하여 $g(X, Y) = X + Y$의 기댓값을 구하여라.

풀이

$$\begin{aligned} E(X+Y) &= \sum_{x=0}^{2} \sum_{y=0}^{2} (x+y) \cdot f(x, y) \\ &= (0+0) \cdot \frac{1}{6} + (0+1) \cdot \frac{2}{9} + (0+2) \cdot \frac{1}{36} + (1+0) \cdot \frac{1}{3} \\ &+ (1+1) \cdot \frac{1}{6} + (2+0) \cdot \frac{1}{12} \\ &= \frac{10}{9} \end{aligned}$$

예제 4.9

X와 Y의 결합확률밀도가 다음과 같이 주어졌다.

$$f(x, y) = \begin{cases} \frac{2}{7}(x+2y), & 0 < x < 1, 1 < y < 2 \\ 0 & , \text{그 외} \end{cases}$$

$g(X, Y) = X/Y^3$의 기댓값을 구하여라.

풀이

$$\begin{aligned} E(X/Y^3) &= \int_1^2 \int_0^1 \frac{2x(x+2y)}{7y^3}\, dx\, dy \\ &= \frac{2}{7} \int_1^2 \left(\frac{1}{3y^3} + \frac{1}{y^2} \right) dy \\ &= \frac{15}{84} \end{aligned}$$

다음은 이후 과정에서 유용하게 적용될 또 다른 정리이다. 이것은 정리 4.3의 일반화이고, 이 증명은 정리 4.3의 증명과 동일하다.

정리 4.5 $c_1, c_2, \cdots, c_n$이 상수라면,

$$E\left[\sum_{i=1}^{n} c_i g_i(X_1, X_2, \ldots, X_k)\right] = \sum_{i=1}^{n} c_i E[g_i(X_1, X_2, \ldots, X_k)]$$

연습문제

4.1 정리 4.1의 증명을 설명하기 위해 확률변수 X를 생각해 보자. 이것은 $f(-2), f(-1), f(0), f(1), f(2), f(3)$의 확률로 $-2, -1, 0, 1, 2, 3$의 값을 취한다. $g(X) = X^2$일 때 다음을 구하여라.

(a) $g(x)$의 네 가지 가능한 값 g_1, g_2, g_3, g_4

(b) $i = 1, 2, 3, 4$에 대한 확률 $P[g(X) = g_i]$

(c) $E[g(X)] = \sum_{i=1}^{4} g_i \cdot P[g(X) = g_i]$, 그리고 이것이 다음과 같음을 보여라.

$$\sum_{x} g(x) \cdot f(x)$$

4.2 이산확률변수에 대한 정리 4.2를 증명하여라.

4.3 연속확률변수에 대한 정리 4.3을 증명하여라.

4.4 이산확률변수에 대한 정리 4.5를 증명하여라.

4.5 두 연속확률변수 X와 Y가 주어졌을 때, 정리 4.4를 이용하여 다음의 항으로 $E(X)$를 표현하여라.

(a) X와 Y의 결합밀도

(b) X의 주변밀도

4.6 다음과 같은 확률분포를 가지는 이산확률변수 X의 기댓값을 구하여라.

$$f(x) = \frac{|x-2|}{7}, \quad x = -1, 0, 1, 3$$

4.7 확률밀도가 다음과 같이 주어진 연속확률변수 Y의 기댓값을 구하여라.

$$f(y) = \begin{cases} \frac{1}{8}(y+1), & 2 < y < 4 \\ 0 & \text{, 그 외} \end{cases}$$

4.8 확률밀도가 다음과 같이 주어진 연속확률변수 X의 기댓값을 구하여라.

$$f(x) = \begin{cases} x & , 0 < x < 1 \\ 2-x, & 1 \leq x < 2 \\ 0 & \text{, 그 외} \end{cases}$$

4.9 **(a)** X가 $\frac{1}{125}, \frac{12}{125}, \frac{48}{125}, \frac{64}{125}$의 확률로 0, 1, 2, 3의 값을 취할 때 $E(X)$와 $E(X^2)$를 구하여라.

(b) (a)의 결과를 사용하여 $E[(3X+2)^2]$의 값을 결정하여라.

4.10 **(a)** X의 확률밀도가 다음과 같이 주어졌다.

$$f(x) = \begin{cases} \dfrac{1}{x(\ln 3)}, & 1 < x < 3 \\ 0 & , \text{그 외} \end{cases}$$

$E(X)$, $E(X^2)$, $E(X^3)$를 구하여라.

(b) (a) 의 결과를 사용하여 $E(X^3 + 2X^3 - 3X + 1)$의 값을 결정하여라.

4.11 X의 확률밀도가 다음과 같이 주어졌다.

$$f(x) = \begin{cases} \dfrac{x}{2} & , 0 < x \leqq 1 \\ \dfrac{1}{2} & , 1 < x \leqq 2 \\ \dfrac{3-x}{2}, & 2 < x < 3 \\ 0 & , \text{그 외} \end{cases}$$

$g(X) = X^2 - 5X + 3$의 기댓값을 구하여라.

4.12 연습문제 3.47을 참고하여 $E(2X - Y)$을 구하여라.

4.13 연습문제 3.53을 참고하여 $E(X \mid Y)$을 구하여라.

4.14 연습문제 3.62를 참고하여 $U = X + Y + Z$을 구하여라.

4.15 연습문제 3.68을 참고하여 $W = X^2 - YZ$을 구하여라.

4.16 X의 확률분포가 다음과 같이 주어졌다.

$$f(x) = \left(\frac{1}{2}\right)^x, \quad x = 1, 2, 3, \ldots$$

$E(2^X)$가 존재하지 않음을 보여라. 이것은 유명한 **피터스버그 역설(Petersburg paradox)**로, 이에 따르면 한 게임 참가자가 균형 잡힌 동전 한 개를 연속적으로 던져서, 만약 x번째 던졌을 때 처음 앞면이 나오면 2^x달러를 받기로 되어 있다면, 이 참가자의 기댓값은 무한대이다(존재하지 않는다).

4.3 적률

통계학에서 정의 4.2와 정의 4.4에서 정의될 확률변수에 대한 분포의 **적률(moments)**, 또는 간단히 확률변수의 **적률**이라고 하는 수학적 기대는, 특별히 중요한 의미가 있다.

(정의 4.2) **원점에 대한 적률** μ_r'로 표시하는 확률변수 r번째 **원점에 대한 적률(moment about the origin)**은 X^r의 기댓값이다. 식으로 표현하면 $r = 0, 1, 2, \cdots$에 대해

$$\mu_r' = E(X^r) = \sum_x x^r \cdot f(x)$$

여기서 X는 이산이다. 그리고

$$\mu'_r = E(X^r) = \int_{-\infty}^{\infty} x^r \cdot f(x)\,dx$$

여기서 X는 연속이다. ■

"적률"이란 말이 물리학 분야에서 나왔다는 점은 흥미롭다. 이산의 경우에 $f(x)$의 값이 원점으로부터 x만큼 떨어진 거리에서 x축에 수직적으로 작용하는 질량이라고 한다면 μ'_1는 그 무게중심의 x좌표일 것이고, μ'_2는 관성모멘트일 것이다. 이 역시 적률 μ'_r이 원점에 대한 적률이라 불리는 이유를 설명한다. 물리학에서 나오는 지렛대 팔의 길이는 원점으로부터의 거리라 볼 수 있다. 이 유사점은 연속인 경우에도 역시 적용되는데, μ'_1과 μ'_2는 무게중심의 좌표와 다양한 밀도를 가지는 막대의 관성모멘트일 것이다.

$r = 0$일 때 정리 4.2의 따름정리 2에 의해 $\mu'_0 = E(X^0) = E(1) = 1$을 얻는다. 이 결과는 정리 3.1과 3.5와 일치할 것이다. $r = 1$이면 $\mu'_1 = E(X)$을 얻는다. 이것은 정확히 확률변수 X의 기댓값으로, 통계학에서 그 중요성에 비추어 특별한 기호와 특별한 이름을 이것에 부여한다.

정의 4.3 **분포에 대한 평균** μ'_1은 X의 분포에 대한 **평균(mean)**, 또는 간단히 **X의 평균**이라고 하고, μ로 나타낸다. ■

다음으로 정의할 특별한 적률은 확률변수의 분포에 대한 모양, 즉 확률분포나 확률밀도에 대한 그래프의 모양을 묘사하는데 쓰이기 때문에 통계학에서 중요한 의미가 있다.

정의 4.4 **평균에 대한 적률** μ_r로 표시하는 확률변수 X의 **평균에 대한 r번째 적률(moment about the mean)**은 $(X-\mu)^r$의 기댓값이다. 식으로 표현하면 $r = 0, 1, 2, \cdots$에 대해

$$\mu_r = E[(X-\mu)^r] = \sum_x (x-\mu)^r \cdot f(x)$$

여기서 X는 이산이다. 그리고

$$\mu_r = E[(X-\mu)^r] = \int_{-\infty}^{\infty} (x-\mu)^r \cdot f(x)\,dx$$

여기서 X는 연속이다. ■

μ가 존재하는 임의의 확률변수에 대해 $\mu_0 = 1$과 $\mu_1 = 0$임을 알아두어라 (연습문제 4.17 참조).

평균에 대한 두 번째 적률은 확률변수의 분포에 대한 퍼짐이나 산포를 나타내기 때문에 통계학에서 특별히 중요한 의미가 있다. 따라서 이것에 특별한 기호와 특별한 이름을 부여한다.

정의 4.5 **분산** μ_2는 X의 분포에 대한 **분산(variance)**, 또는 간단히 **X의 분산**이라고 하며, σ^2, var(X), 또는 $V(X)$로 나타낸다. 분산의 양의 제곱근인 σ는 **X의 표준편차(standard deviation)**라고 한다. ■

그림 4.1은 분산이 확률변수에 대한 분포의 퍼짐이나 산포를 어떻게 반영하는지 보여 준다. 여기서 평균은 $\mu = 5$로 같지만 분산은 5.26, 3.18, 1.66, 0.88의 값을 가지는 네 개의 확률변수에 대한 확률분포의 히스토그램을 보여 준다. 그림에서 보이는 것처럼 분산이 작은 값을 갖는 것은 평균에 가까운 값을 얻을 수 있음을 암시하고, 분산이 큰 값을 갖는 것은 평균에서 가깝지 않은 값을 얻게 될 확률이 크다는 것을 암

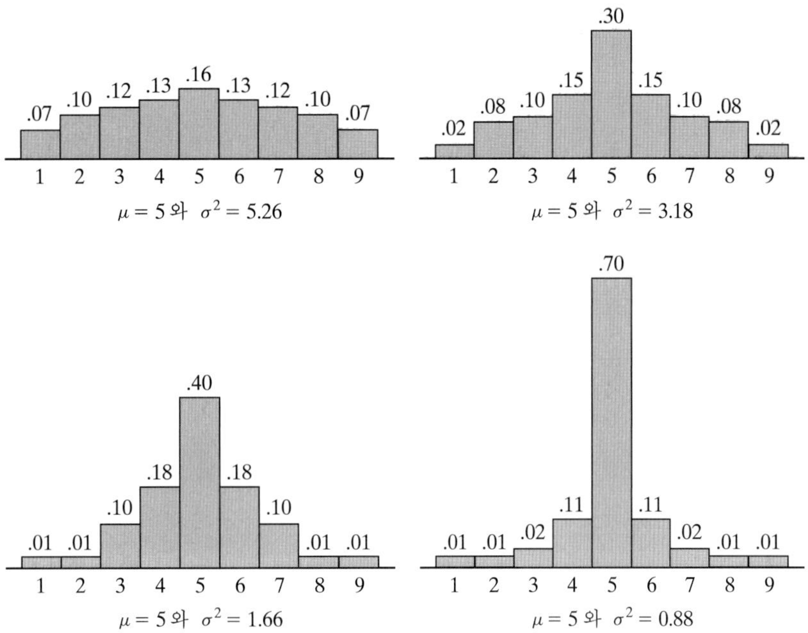

그림 4.1 다른 산포를 가지는 분포들.

시한다. 이에 대해서는 4.4절에서 더 논의될 것이다. 평균에 대한 세 번째 적률인 μ_3가 어떻게 분포의 **대칭**(**symmetry**) 이나 **왜도**(**skewness**) (대칭의 결여)를 묘사하는지에 관한 간략한 논의는 연습문제 4.26에 주어졌다.

많은 경우에 평균에 대한 적률은 먼저 원점에 대한 적률을 계산하고 나서 μ_r을 μ'_r를 이용하여 표현한 후 구하게 된다. 이러한 의도로 쓰기 위해서 독자들은 연습문제 4.25에 있는 일반적인 공식을 검증할 것이다. 여기서는 다음의 σ^2를 계산하는 식만 유도하기로 한다.

정리 4.6

$$\sigma^2 = \mu'_2 - \mu^2$$

증명

$$\begin{aligned}\sigma^2 &= E[(X-\mu)^2]\\ &= E(X^2 - 2\mu X + \mu^2)\\ &= E(X^2) - 2\mu E(X) + E(\mu^2)\\ &= E(X^2) - 2\mu\cdot\mu + \mu^2\\ &= \mu'_2 - \mu^2\end{aligned}$$

예제 4.10

정리 4.6을 사용하여 균형 잡힌 주사위 하나를 굴려서 나온 눈의 수를 나타내는 X의 분산을 계산하여라.

풀이 먼저 다음을 계산한다.

$$\mu = E(X) = 1 \cdot \frac{1}{6} + 2 \cdot \frac{1}{6} + 3 \cdot \frac{1}{6} + 4 \cdot \frac{1}{6} + 5 \cdot \frac{1}{6} + 6 \cdot \frac{1}{6} = \frac{7}{2}$$

이제,

$$\mu_2' = E(X^2) = 1^2 \cdot \frac{1}{6} + 2^2 \cdot \frac{1}{6} + 3^2 \cdot \frac{1}{6} + 4^2 \cdot \frac{1}{6} + 5^2 \cdot \frac{1}{6} + 6^2 \cdot \frac{1}{6} = \frac{91}{6}$$

이고 다음과 같이 계산된다.

$$\sigma^2 = \frac{91}{6} - \left(\frac{7}{2}\right)^2 = \frac{35}{12}$$

예제 4.11

예제 4.2를 참고하여 확률변수 X의 표준편차를 구하여라.

풀이 예제 4.2에서 $\mu = E(X) = 0.4413$을 보였다. 이제

$$\begin{aligned} \mu_2' = E(X^2) &= \frac{4}{\pi} \int_0^1 \frac{x^2}{1+x^2} \, dx \\ &= \frac{4}{\pi} \int_0^1 \left(1 - \frac{1}{1+x^2}\right) dx \\ &= \frac{4}{\pi} - 1 \\ &= 0.2732 \end{aligned}$$

이고 다음과 같이 계산된다.

$$\sigma^2 = 0.2732 - (0.4413)^2 = 0.0785$$

그래서 $\sigma = \sqrt{0.0785} = 0.2802$ 이다.

다음은 표준편차나 분산에 관한 계산을 수행할 때 유용한 또 다른 정리이다.

정리 4.7 X가 분산 σ^2을 가지면,

$$\text{var}(aX + b) = a^2\sigma^2$$

이 정리의 증명은 독자에게 남겨 놓지만, 다음의 결과에 대해서는 언급한다. $a = 1$에 대해서는 확률변수의 값에 상수를 더하는 것, 즉 모든 X값의 왼쪽이나 오른쪽에 변형을 시킨 결과는 그 분포의 퍼짐에 영향을 주지 않음을 알 수 있다. $b = 0$에 대해서는 확률변수의 값에 상수를 곱하면, 그 분산은 상수의 제곱을 곱한 만큼 증가한다. 즉, 결과적으로 분산의 퍼짐에 해당하는 변화가 일어난다.

4.4 체비셰프 정리

어떻게 σ나 σ^2이 확률변수에 대한 분산의 퍼짐이나 산포를 나타내는지 설명하기 위해서, 19세기 러시아 수학자 P.L.체비셰프의 이름을 따서 **체비셰프 정리 (Chebyshev's theorem)** 라고 하는 다음의 정리를 증명하도록 한다. 여기서는 연속인 경우에 대해서만 증명하고, 이산인 경우는 연습문제로 남겨 놓는다.

정리 4.8 **(체비셰프 정리)** 확률변수 X의 평균과 표준편차가 μ와 σ이면, 임의의 상수 k에 대해 X값으로 평균의 k표준편차 안의 값을 취할 확률은 **적어도** $1 - \frac{1}{k^2}$이다. 식으로 나타나타내면,

$$P(|X-\mu| < k\sigma) \geq 1 - \frac{1}{k^2}, \sigma \neq 0$$

증명 정의 4.4와 4.5에 따라 다음과 같이 쓸 수 있다.

$$\sigma^2 = E[(X-\mu)^2] = \int_{-\infty}^{\infty} (x-\mu)^2 \cdot f(x)\,dx$$

그러면 그림 4.2에서 보인 것처럼 적분을 세 부분으로 나눠서 다음을 얻는다.

$$\sigma^2 = \int_{-\infty}^{\mu-k\sigma} (x-\mu)^2 \cdot f(x)\,dx + \int_{\mu-k\sigma}^{\mu+k\sigma} (x-\mu)^2 \cdot f(x)\,dx + \int_{\mu+k\sigma}^{\infty} (x-\mu)^2 \cdot f(x)\,dx$$

피적분함수 $(x-\mu)^2 \cdot f(x)$는 음수가 아니기 때문에, 두 번째 적분을 소거하고 다음과 같이 부등식을 만들 수 있다.

$$\sigma^2 \geqq \int_{-\infty}^{\mu-k\sigma} (x-\mu)^2 \cdot f(x)\,dx + \int_{\mu+k\sigma}^{\infty} (x-\mu)^2 \cdot f(x)\,dx$$

그리고 $x \leqq \mu - k\sigma$나 $x \geqq \mu + k\sigma$에 대해 $(x-\mu)^2 \geqq k^2\sigma^2$이므로 다음과 같이 계산된다.

$$\sigma^2 \geqq \int_{-\infty}^{\mu-k\sigma} k^2\sigma^2 \cdot f(x)\,dx + \int_{\mu+k\sigma}^{\infty} k^2\sigma^2 \cdot f(x)\,dx$$

그리고 $\sigma^2 + 0$일 때

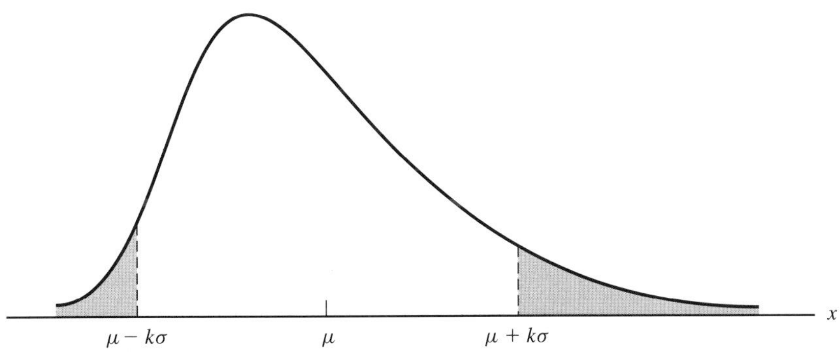

그림 4.2 체비셰프 정리의 증명에 대한 다이어그램.

$$\frac{1}{k^2} \geqq \int_{-\infty}^{\mu-k\sigma} f(x)\,dx + \int_{\mu+k\sigma}^{\infty} f(x)\,dx$$

이다. 식의 오른편에 있는 두 적분값의 합은 X가 $\mu - k\sigma$와 같거나 작은 값이나 $\mu + k\sigma$와 같거나 큰 값을 취할 확률이므로 다음과 같이 보일 수 있다.

$$P(|X - \mu| \geqq k\sigma) \leqq \frac{1}{k^2}$$

그리고 다음과 같이 계산된다.

$$P(|X - \mu| < k\sigma) \geqq 1 - \frac{1}{k^2}$$

예를 들어 확률변수 X가 취할 값의 범위가 평균으로부터 2 · 표준편차 안의 값일 확률은 적어도 $1 - \frac{1}{2^2} = \frac{3}{4}$이고, 평균의 3 · 표준편차 안의 값을 취할 확률은 적어도 $1 - \frac{1}{3^2} = \frac{8}{9}$이고, 평균의 5 · 표준편차 안의 값을 취할 확률은 적어도 $1 - \frac{1}{5^2} = \frac{24}{25}$이다. 이런 식으로 σ는 확률변수에 대한 분포의 퍼짐이나 산포를 조절한다. 명백히, 체비셰프 정리로 주어진 확률은 하한경계일 뿐이다. 주어진 확률변수가 평균의 k · 표준편차 안의 값을 취할 확률이 실제로 $1 - \frac{1}{k^2}$보다 얼마나 더 클지에 대해서는 말할 수는 없지만, 체비셰프 정리는 이 확률이 $1 - \frac{1}{k^2}$보다 작지 않음을 보장한다. 만약 확률변수의 분포를 정확히 알 수 있다면 이 확률을 정확하게 계산할 수 있을 것이다.

예제 4.12

X의 확률밀도가 다음과 같이 주어졌다.

$$f(x) = \begin{cases} 630x^4(1-x)^4, & 0 < x < 1 \\ 0 & ,\text{ 그 외} \end{cases}$$

X가 평균의 2 · 표준편차 안의 값을 취할 확률을 구하고, 체비셰프 정리로부터 나오는 하한경계와 이 확률을 비교하여라.

풀이 간단한 적분으로 $\mu = \frac{1}{2}$과 $\sigma^2 = \frac{1}{44}$을 보일 수 있고, 여기서 $\sigma = \sqrt{1/44}$ 또는 근사적으로 0.15이다. 따서 X가 평균의 2 · 표준편차 안의 값을 취할 확률은 X가 0.20과 0.80 사이의 값을 취하는 확률이다. 즉,

$$\begin{aligned} P(0.20 < X < 0.80) &= \int_{0.20}^{0.80} 630x^4(1-x)^4\,dx \\ &= 0.96 \end{aligned}$$

"확률이 0.96이다"란 말은 체비셰프 정리에서 나온 "확률이 적어도 0.75이다"라는 말보다 훨씬 강한 말임을 확인해 볼 수 있다.

4.5 적률생성함수

대다수 분포의 적률은 필요한 적분이나 합계를 계산해서 직접 계산할 수 있지만, 때때로 다른 절차를 이용하여 상당히 간단하게 구할 수도 있다. 이 기법은 **적률생성함수**(**moment-generating functions**)를 활용하는 것이다.

정의 4.6 **적률생성함수** 확률변수 X의 **적률생성함수**가 존재하면 다음과 같이 주어진다.

$$M_X(t) = E(e^{tX}) = \sum_x e^{tx} \cdot f(x)$$

여기서 X는 이산이다. 그리고

$$M_X(t) = E(e^{tX}) = \int_{-\infty}^{\infty} e^{tx} \cdot f(x)\,dx$$

여기서 X는 연속이다.

여기서 독립변수는 t이고, 우리는 보통 t의 값이 0의 근처에 있는 것으로 본다.

왜 이 함수를 "적률생성"함수라고 하는지 설명하기 위해서, **맥클로린 급수**(**Maclaurin's series**)의 전개식에 e^{tx}를 대입하도록 하자. 즉,

$$e^{tx} = 1 + tx + \frac{t^2x^2}{2!} + \frac{t^3x^3}{3!} + \cdots + \frac{t^rx^r}{r!} + \cdots$$

이산의 경우에 다음을 얻는다.

$$\begin{aligned} M_X(t) &= \sum_x \left[1 + tx + \frac{t^2x^2}{2!} + \cdots + \frac{t^rx^r}{r!} + \cdots\right] f(x) \\ &= \sum_x f(x) + t \cdot \sum_x xf(x) + \frac{t^2}{2!} \cdot \sum_x x^2 f(x) + \cdots + \frac{t^r}{r!} \cdot \sum_x x^r f(x) + \cdots \\ &= 1 + \mu t + \mu_2' \cdot \frac{t^2}{2!} + \cdots + \mu_r' \cdot \frac{t^r}{r!} + \cdots \end{aligned}$$

그러면 적률생성함수의 맥클로린 급수에서 $\frac{t^r}{r!}$의 계수는 원점에 대한 r번째 적률임을 알 수 있다. 연속인 경우에도 동일한 결과를 얻는다.

예제 4.13

다음과 같이 확률밀도가 주어진 확률변수의 적률생성함수를 구하여라.

$$f(x) = \begin{cases} e^{-x}, & x > 0 \\ 0 & ,\text{그 외} \end{cases}$$

그리고 이를 이용하여 μ_r'에 대한 식을 구하여라.

풀이 정의에 의해

$$\begin{aligned} M_X(t) = E(e^{tX}) &= \int_0^\infty e^{tx} \cdot e^{-x}\, dx \\ &= \int_0^\infty e^{-x(1-t)}\, dx \\ &= \frac{1}{1-t} \quad \text{for } t < 1 \end{aligned}$$

잘 알려진 것처럼, $|t| < 1$일 때 적률생성함수에 대한 맥클로린 급수는 다음과 같다.

$$\begin{aligned} M_X(t) &= 1 + t + t^2 + t^3 + \cdots + t^r + \cdots \\ &= 1 + 1! \cdot \frac{t}{1!} + 2! \cdot \frac{t^2}{2!} + 3! \cdot \frac{t^3}{3!} + \cdots + r! \cdot \frac{t^r}{r!} + \cdots \end{aligned}$$

따라서 $r = 0, 1, 2, \cdots$에 대해 $\mu_1' = r!$이다.

확률변수의 적률을 결정하기 위해 적률생성함수의 맥클로린 급수를 사용하는 주된 어려움은 보통 적률생성함수를 계산하는 것이 아니라, 맥클로린 급수를 전개하는 데 있다. 만약 확률변수의 몇 가지 적률 예로 μ_1'과 μ_2'에 관심이 있다면, 보통 다음의 정리를 사용하여 간단하게 결정할 수 있다.

정리 4.9

$$\left.\frac{d^r M_X(t)}{dt^r}\right|_{t=0} = \mu_r'$$

이것은 함수가 t에 대한 멱급수로 전개되면, $\frac{t^r}{r!}$의 계수는 $t = 0$일 때 t에 대한 함수의 r번째 미분계수란 사실에서 나온 것이다.

예제 4.14

X가 $x = 0, 1, 2, 3$에 대해 확률분포 $f(x) = \frac{1}{8}\binom{3}{x}$를 가진다고 할 때, 이 확률변수의 적률분포함수를 구하고, 이를 이용하여 μ_1'과 μ_2'를 결정하여라.

풀이 정의 4.6에 따라

$$\begin{aligned} M_X(t) = E(e^{tX}) &= \frac{1}{8} \cdot \sum_{x=0}^{3} e^{tx} \binom{3}{x} \\ &= \frac{1}{8}(1 + 3e^t + 3e^{2t} + e^{3t}) \\ &= \frac{1}{8}(1 + e^t)^3 \end{aligned}$$

그러면 정리 4.9에 의해서,

$$\mu_1' = M_X'(0) = \left.\frac{3}{8}(1 + e^t)^2 e^t\right|_{t=0} = \frac{3}{2}$$

이고

$$\mu_2' = M_X''(0) = \frac{3}{4}(1+e^t)e^{2t} + \frac{3}{8}(1+e^t)^2 e^t \bigg|_{t=0} = 3$$

종종 적률생성함수를 사용하는 계산은 다음의 정리를 이용하여 간단히 할 수 있다.

정리 4.10 a와 b가 상수라면,

1. $M_{X+a}(t) = E[e^{(X+a)t}] = e^{at} \cdot M_X(t)$
2. $M_{bX}(t) = E(e^{bXt}) = M_X(bt)$
3. $M_{\frac{X+a}{b}}(t) = E[e^{\left(\frac{X+a}{b}\right)t}] = e^{\frac{a}{b}t} \cdot M_X\left(\frac{t}{b}\right)$

이 정리의 증명은 연습문제 4.39에 남겨 놓는다. 나중에 보게 되겠지만 이 정리의 첫째 정리는 $a = -\mu$일 때 특별히 중요하고, 셋째 정리는 $a = -\mu$와 $b = \sigma$일 때 특별히 중요하다. 이와 같은 경우에는 다음과 같이 쓸 수 있다.

$$M_{\frac{X-\mu}{\sigma}}(t) = e^{-\frac{\mu t}{\sigma}} \cdot M_X\left(\frac{t}{\sigma}\right)$$

연습문제

4.17 정의 4.4를 참고하여 $E(X)$가 존재하는 임의의 확률변수에 대해 $\mu_0 = 1$과 $\mu_1 = 0$을 보여라.

4.18 $x = -2$와 $x = 2$에 대해 $f(x) = \frac{1}{2}$의 확률분포를 가지는 확률변수 X의 μ, μ_2', σ^2을 구하여라.

4.19 다음과 같은 확률밀도를 가지는 확률변수 X의 μ, μ_2', σ^2을 구하여라.

$$f(x) = \begin{cases} \frac{x}{2}, & 0 < x < 2 \\ 0, & \text{그 외} \end{cases}$$

4.20 다음과 같은 확률밀도를 가지는 확률변수 X의 μ_r'과 σ^2을 구하여라.

$$f(x) = \begin{cases} \frac{1}{\ln 3} \cdot \frac{1}{x}, & 1 < x < 3 \\ 0 & , \text{그 외} \end{cases}$$

4.21 정리 4.7을 증명하여라.

4.22 연습문제 4.8을 참고하여 $g(X) = 2X + 3$의 분산을 구하여라.

4.23 확률변수 X가 평균 μ와 표준편차 σ를 가질 때 방정식 $z = \frac{x-\mu}{\sigma}$로 그 값들이 X의 값들과 관련 있는 확률변수 Z가 다음과 같은 값을 가짐을 보여라.

$$E(Z) = 0 \text{과} \quad \text{var}(Z) = 1$$

평균 0과 분산 1을 가지는 분포를 **표준형(standard form)** 이라 하고, 그 위로 변수변환을 행할 때, X의 분포를 **표준화(standardizing)** 한다고 한다.

4.24 X의 확률밀도가 다음과 같이 주어졌다.

$$f(x) = \begin{cases} 2x^{-3}, & x > 1 \\ 0 & , \text{그 외} \end{cases}$$

이것의 평균과 분산이 존재하는지 확인하여라.

4.25 $r = 1, 2, 3, \cdots$에 대해 다음을 보여라.

$$\mu_r = \mu'_r - \binom{r}{1}\mu'_{r-1} \cdot \mu + \cdots + (-1)^i \binom{r}{i}\mu'_{r-i} \cdot \mu^i + \cdots + (-1)^{r-1}(r-1) \cdot \mu^r$$

이 식을 사용하여 원점에 대한 적률의 식으로 μ_3와 μ_4를 표현하여라.

4.26 분포의 **대칭(symmetry)** 이나 **왜도(skewness)** (대칭의 결여)는 다음과 같은 양으로 측정된다.

$$\alpha_3 = \frac{\mu_3}{\sigma^3}$$

연습문제 4.25에서 구한 μ_3에 대한 식을 사용하여 (같은 평균과 표준편차를 가지는) 다음 분포들 각각에 대해 α_3를 결정하여라.

(a) $f(1) = 0.05$, $f(2) = 0.15$, $f(3) = 0.30$, $f(4) = 0.30$, $f(5) = 0.15$, and $f(6) = 0.05$

(b) $f(1) = 0.05$, $f(2) = 0.20$, $f(3) = 0.15$, $f(4) = 0.45$, $f(5) = 0.10$, and $f(6) = 0.05$

또한 두 분포의 히스토그램을 그리고, 첫 번째는 대칭인 반면에, 두 번째는 **음으로 왜도되었다(negatively skewed)** 고 말하는 왼쪽 방향의 "꼬리"를 가지고 있음을 확인하여라.

4.27 분포가 급한 경사를 가지거나 완만한 경사를 가지는 정도를 분포의 **첨도(kurtosis)** 라고 하고, 이는 다음과 같은 양으로 측정된다.

$$\alpha_4 = \frac{\mu_4}{\sigma^4}$$

연습문제 4.25에서 구한 μ_4에 대한 식을 사용하여 다음 대칭적인 분포들 각각에 대해 α_4를 구하여라. 두 분포 중 첫 번째 분포가 두 번째 분포보다 더 급한 경사(좁은 언덕)를 가진다.

(a) $f(-3) = 0.06$, $f(-2) = 0.09$, $f(-1) = 0.10$, $f(0) = 0.50$, $f(1) = 0.10$, $f(2) = 0.09$, $f(3) = 0.06$

(b) $f(-3) = 0.04$, $f(-2) = 0.11$, $f(-1) = 0.20$, $f(0) = 0.30$, $f(1) = 0.20$, $f(2) = 0.11$, $f(3) = 0.04$

4.28 정리 4.8의 증명에서 사용한 절차를 반복하여 이산확률변수 X에 대한 체비셰프 정리를 증명하여라.

4.29 $x < 0$일 때 $f(x) = 0$인 X가 평균 μ를 가지는 확률변수일 때, 임의의 양수 a에 대해 다음을 보여라.

$$P(X \geqq a) \leqq \frac{\mu}{a}$$

이 부등식을 **마르코프 부등식 (Markov's inequality)** 이라고 하는데, 체비셰프 정리의 증명에 대해 상대적으로 간단한 대안을 제시하기 때문에 여기서는 이것을 주로 제시한다.

4.30 연습문제 4.29의 부등식을 사용하여 체비셰프 정리를 증명하여라 [힌트: X 대신 $(X-\mu)^2$을 대입하여라].

4.31 한 확률변수가 $\mu - k\sigma$와 $\mu + k\sigma$ 사이의 값을 취할 확률이 다음과 같다. 이에 대해 체비셰비 정리에서 가장 작은 k값은 얼마인가?

(a) 적어도 0.95

(b) 적어도 0.99

4.32 체비셰프 정리에서 $k\sigma = c$라고 한다면, 이 정리는 확률변수가 $\mu - c$와 $\mu + c$ 사이의 값을 취할 확률에 대해 무엇을 말하고 있는가?

4.33 확률밀도가 다음과 같이 주어진 연속확률변수 X의 적률생성함수를 구하여라.

$$f(x) = \begin{cases} 1, & 0 < x < 1 \\ 0, & \text{그 외} \end{cases}$$

그리고 이것을 이용하여 μ_1', μ_2', σ^2의 값을 결정하여라.

4.34 다음과 같은 확률분포를 가지는 이산확률변수 X의 적률생성함수를 구하여라.

$$f(x) = 2\left(\frac{1}{3}\right)^x, \quad x = 1, 2, 3, \ldots$$

그리고 이것을 이용하여 μ_1'과 μ_2'의 값을 결정하여라.

4.35 $R_X(t) = \ln M_X(t)$라고 할 때 $R_X'(0) = \mu$와 $R_X''(0) = \sigma^2$을 보여라. 또한 이 결과를 이용하여 다음과 같은 적률생성함수를 가지는 확률변수 X의 평균과 분산을 구하여라.

$$M_X(t) = e^{4(e^t - 1)}$$

4.36 $M_X(t) = \dfrac{t}{1-t}$ 대한 확률변수가 있을 수 없는 이유를 설명하여라.

4.37 한 확률변수가 다음과 같은 확률밀도를 가짐을 보여라.

$$f(x) = \frac{1}{2}e^{-|x|}, \quad -\infty < x < \infty$$

이것의 적률생성함수는 다음과 같이 주어졌다.

$$M_X(t) = \frac{1}{1-t^2}$$

4.38 연습문제 4.37을 참고하여

(a) 무한급수로 적률생성함수를 전개하고 필요한 계수를 읽어서 그 확률변수의 분산을 구하여라.

(b) 정리 4.9를 이용하여 그 확률변수의 분산을 구하여라.

4.39 정리 4.10의 세 번째 부분을 증명하여라.

4.40 적률생성함수 $M_X(t) = e^{3t+8t^2}$가 주어졌을 때, 확률변수 $Z = \frac{1}{4}(X-3)$의 적률생성함수를 구하고, 이를 이용하여 Z의 평균과 분산을 결정하여라.

4.6 곱적률

4.3절의 논의를 이어서 이제 두 확률변수의 **곱적률 (product moments)** 을 소개하도록 한다.

정의 4.7 **원점에 대한 곱적률** $\mu'_{r,s}$로 표시하는 두 확률변수 X와 Y의 **r과 s번째 원점에 대한 곱적률 (product moment about the origin)** 은 X^rY^s의 기댓값이다. 식으로 표현하면 $r = 0, 1, 2, \cdots$과 $s = 0, 1, 2, \cdots$에 대해

$$\mu'_{r,s} = E(X^rY^s) = \sum_x \sum_y x^r y^s \cdot f(x, y)$$

여기서 X와 Y는 이산이다. 그리고

$$\mu'_{r,s} = E(X^rY^s) = \int_{-\infty}^{\infty}\int_{-\infty}^{\infty} x^r y^s \cdot f(x, y)\,dx\,dy$$

여기서 X와 Y는 연속이다.

이산의 경우에 이중합계는 두 확률변수의 전체 결합된 범위로 확장된다. $\mu'_{1,0} = E(X)$는 여기서 μ_X로 나타내고, $\mu'_{0,1} = E(Y)$는 여기서 μ_Y로 나타냄을 알아두자.

정의 4.4와 유사하게 이제 각각의 평균에 대한 곱적률을 다음과 같이 정의하도록 한다.

정의 4.8 **평균에 대한 곱적률** $\mu_{r,s}$로 표시하는 두 확률변수 X와 Y의 **r과 s번째 평균에 대한 곱적률 (product moment about the means)** 은 $(X-\mu_X)^r(Y-\mu_Y)^s$의 기댓값이다. 식으로 표현하면, $r = 0, 1, 2, \cdots$과 $s = 0, 1, 2, \cdots$에 대해

$$\mu_{r,s} = E[(X-\mu_X)^r(Y-\mu_Y)^s] = \sum_x \sum_y (x-\mu_X)^r(y-\mu_Y)^s \cdot f(x, y)$$

여기서 X와 Y는 이산이다. 그리고

$$\mu_{r,s} = E[(X-\mu_X)^r(Y-\mu_Y)^s] = \int_{-\infty}^{\infty}\int_{-\infty}^{\infty} (x-\mu_X)^r(y-\mu_Y)^s \cdot f(x, y)\,dx\,dy$$

여기서 X와 Y는 연속이다.

통계학에서 $\mu_{1,1}$은 X와 Y값 사이의 어떤 관계가 있을 때 그 관계를 보여 주기 때문에 특별히 중요하다. 따라서 이것에 특별한 기호와 특별한 이름을 부여한다.

정의 4.9 **공분산** $\mu_{1,1}$는 X와 Y의 **공분산 (covariance)** 이라고 하는데, σ_{XY}, $\mathrm{cov}(X, Y)$, 또는 $C(X, Y)$로 나타낸다.

만약 X의 큰 값이 Y의 큰 값과 같이 움직이고, X의 작은 값이 Y의 작은 값과 같이 움직이는 데 높은 확률이 있다면 그 공분산은 양수가 될 것이며, 반대로 X의 큰 값이 Y의 작은 값과 같이 움직이는 데 높은 확률이 있다면 그 공분산은 음수가 될 것이다. 이런 점에서 공분산은 X와 Y값 사이의 관계나 연관성을 측정하는 것이다.

이제 정리 4.6과 유사한 실제로 공분산을 결정하는 데 유용한 다음의 결과를 증명하도록 하자.

정리 4.11

$$\sigma_{XY} = \mu'_{1,\,1} - \mu_X \mu_Y$$

증명 기댓값에 대한 다양한 정리를 사용하면 다음과 같이 쓸 수 있다.

$$\begin{aligned}
\sigma_{XY} &= E[(X - \mu_X)(Y - \mu_Y)] \\
&= E(XY - X\mu_Y - Y\mu_X + \mu_X\mu_Y) \\
&= E(XY) - \mu_Y E(X) - \mu_X E(Y) + \mu_X\mu_Y \\
&= E(XY) - \mu_Y\mu_X - \mu_X\mu_Y + \mu_X\mu_Y \\
&= \mu'_{1,\,1} - \mu_X\mu_Y
\end{aligned}$$

■

예제 4.15

예제 3.20에서 3개의 아스피린과 2개의 진정제, 4개의 완화제가 담긴 병에서 무작위로 뽑은 두 알약에 있는 아스피린과 진정제의 개수인, X와 Y의 결합확률과 주변확률이 다음과 같이 기록되어 있다.

		x = 0	x = 1	x = 2	
y	0	$\frac{1}{6}$	$\frac{1}{3}$	$\frac{1}{12}$	$\frac{7}{12}$
	1	$\frac{2}{9}$	$\frac{1}{6}$		$\frac{7}{18}$
	2	$\frac{1}{36}$			$\frac{1}{36}$
		$\frac{5}{12}$	$\frac{1}{2}$	$\frac{1}{12}$	

X와 Y의 공분산을 구하여라.

풀이 여기서 주어진 결합확률을 참고하면 다음을 얻는다.

$$\begin{aligned}
\mu'_{1,\,1} &= E(XY) \\
&= 0\cdot 0\cdot \frac{1}{6} + 0\cdot 1\cdot \frac{2}{9} + 0\cdot 2\cdot \frac{1}{36} + 1\cdot 0\cdot \frac{1}{3} + 1\cdot 1\cdot \frac{1}{6} + 2\cdot 0\cdot \frac{1}{12} \\
&= \frac{1}{6}
\end{aligned}$$

그리고 주변확률을 사용하면 다음을 얻는다.

$$\mu_X = E(X) = 0\cdot \frac{5}{12} + 1\cdot \frac{1}{2} + 2\cdot \frac{1}{12} = \frac{2}{3}$$

이고

$$\mu_Y = E(Y) = 0 \cdot \frac{7}{12} + 1 \cdot \frac{7}{18} + 2 \cdot \frac{1}{36} = \frac{4}{9}$$

이것은 다음과 같이 계산된다.

$$\sigma_{XY} = \frac{1}{6} - \frac{2}{3} \cdot \frac{4}{9} = -\frac{7}{54}$$

이 음수의 결과는 아스피린을 더 먹을수록 진정제는 덜 먹는다는 것을 암시한다. 물론, 반대인 경우로도 말할 수 있다. ●

예제 4.16

결합확률밀도가 다음과 같이 주어진 확률변수의 공분산을 구하여라.

$$f(x, y) = \begin{cases} 2, & x > 0, y > 0, x + y < 1 \\ 0, & \text{그 외} \end{cases}$$

풀이 필요한 적분을 계산하면 다음을 얻는다.

$$\mu_X = \int_0^1 \int_0^{1-x} 2x \, dy \, dx = \frac{1}{3}$$
$$\mu_Y = \int_0^1 \int_0^{1-x} 2y \, dy \, dx = \frac{1}{3}$$

이고,

$$\sigma'_{1,1} = \int_0^1 \int_0^{1-x} 2xy \, dy \, dx = \frac{1}{12}$$

이것은 다음과 같이 계산된다.

$$\sigma_{XY} = \frac{1}{12} - \frac{1}{3} \cdot \frac{1}{3} = -\frac{1}{36}$$

●

만약 X와 Y가 독립이면 그 공분산은 0임을 알 수 있다. 이를 식으로 나타내면 다음 정리와 같다.

정리 4.12 X와 Y가 독립이면, $E(XY) = E(X) \cdot E(Y)$이고, $\sigma_{XY} = 0$이다.

증명 이산의 경우에 대해 정의에 의해서

$$E(XY) = \sum_x \sum_y xy \cdot f(x, y)$$

X와 Y가 독립이므로 $f(x, y) = g(x) \cdot h(y)$라고 쓸 수 있다. 여기서 $g(x)$와 $h(y)$는 X와 Y에 대한 주변분포의 값이다. 그러므로 다음을 얻을 수 있다.

$$
\begin{aligned}
E(XY) &= \sum_x \sum_y xy \cdot g(x)h(y) \\
&= \left[\sum_x x \cdot g(x)\right]\left[\sum_y y \cdot h(y)\right] \\
&= E(X) \cdot E(Y)
\end{aligned}
$$

따라서,

$$
\begin{aligned}
\sigma_{XY} &= \mu'_{1,1} - \mu_X \mu_Y \\
&= E(X) \cdot E(Y) - E(X) \cdot E(Y) \\
&= 0
\end{aligned}
$$

두 확률변수의 독립은 공분산이 0인 것을 뜻하지만, 공분산이 0인 것은 반드시 두 확률변수의 독립을 뜻하는 것은 아니다. 이것은 다음 예제에 설명되어 있다 (연습문제 4.46와 4.47 참조).

예제 4.17

X와 Y의 결합확률분포가 다음과 같이 주어졌다.

		x			
		-1	0	1	
	-1	$\frac{1}{6}$	$\frac{1}{3}$	$\frac{1}{6}$	$\frac{2}{3}$
y	0	0	0	0	0
	1	$\frac{1}{6}$	0	$\frac{1}{6}$	$\frac{1}{3}$
		$\frac{1}{3}$	$\frac{1}{3}$	$\frac{1}{3}$	

두 확률변수가 독립이 아니지만 그 공분산이 0임을 보여라.

풀이 표의 가장자리에 있는 확률을 사용하면 다음을 얻는다.

$$
\begin{aligned}
\mu_X &= (-1) \cdot \frac{1}{3} + 0 \cdot \frac{1}{3} + 1 \cdot \frac{1}{3} = 0 \\
\mu_Y &= (-1) \cdot \frac{2}{3} + 0 \cdot 0 + 1 \cdot \frac{1}{3} = -\frac{1}{3}
\end{aligned}
$$

이고

$$
\begin{aligned}
\mu'_{1,1} &= (-1)(-1) \cdot \frac{1}{6} + 0(-1) \cdot \frac{1}{3} + 1(-1) \cdot \frac{1}{6} + (-1)1 \cdot \frac{1}{6} + 1 \cdot 1 \cdot \frac{1}{6} \\
&= 0
\end{aligned}
$$

따라서 $\sigma_{XY} = 0 - 0\left(-\frac{1}{3}\right) = 0$으로 공분산이 0이다. 하지만 두 확률변수는 독립이 아니다.

예를 들어 $x = -1$과 $y = -1$에 대해 $f(x, y) + g(x) \cdot h(y)$이다.

곱적률 역시 두 개 이상의 확률변수가 있는 경우에 대해서 정의될 수 있다. 여기서는 다음 정리에 있는 중요한 결과만 논하도록 한다.

정리 4.13 $X_1, X_2, \cdots, X_n$이 독립이면,

$$E(X_1X_2 \cdot \ldots \cdot X_n) = E(X_1) \cdot E(X_2) \cdot \ldots \cdot E(X_n)$$

이것은 정리 4.12의 첫 번째 부분을 일반화한 것이다. 이 정리의 증명은 정의 3.14에 기초하여 정리 4.12의 첫 번째 부분의 것과 본질적으로 같다.

4.7 확률변수의 선형결합적률

이 절에서 n개 확률변수의 선형결합에 대한 평균과 분산, 그리고 두 n개 확률변수의 선형결합들의 공분산에 대한 식을 유도할 것이다. 이 결과의 응용은 나중에 표본이론과 통계적 추론의 문제에 대한 논의에서 다룰 것이다.

정리 4.14 $X_1, X_2, \cdots, X_n$가 확률변수이고, $a_1, a_2, \cdots, a_n$이 상수일 때

$$Y = \sum_{i=1}^{n} a_i X_i$$

이면,

$$E(Y) = \sum_{i=1}^{n} a_i E(X_i)$$

이고

$$\text{var}(Y) = \sum_{i=1}^{n} a_i^2 \cdot \text{var}(X_i) + 2\sum\sum_{i<j} a_i a_j \cdot \text{cov}(X_i X_j)$$

이다. 여기서 이중합계는 $i<j$에 대해 1부터 n까지, i와 j의 모든 값 위로 확장된다.

증명 $i = 0, 1, 2, \cdots, n$에 대해 $g_i(X_1, X_2, \cdots, X_k) = X_i$인 정리 4.5로부터 다음과 같이 바로 계산할 수 있다.

$$E(Y) = E\left(\sum_{i=1}^{n} a_i X_i\right) = \sum_{i=1}^{n} a_i E(X_i)$$

위는 정리의 첫 번째 부분에 대한 증명이다. Y의 분산에 대한 식을 얻기 위해서 $E(X_i)$에 대해 μ_i로 쓰기로 하면 다음을 얻는다.

$$\text{var}(Y) = E([Y - E(Y)]^2) = E\left\{\left[\sum_{i=1}^{n} a_i X_i - \sum_{i=1}^{n} a_i E(X_i)\right]^2\right\}$$

$$= E\left\{\left[\sum_{i=1}^{n} a_i (X_i - \mu_i)\right]^2\right\}$$

그리고서 $(a+b+c+d)^2$를 $a^2+b^2+c^2+d^2+2ab+2ac+2ad+2bc+2bd+2cd$로 나타내는 다항정리의 방법으로 식을 전개하고, 다시 정리 4.5를 사용하면 다음을 얻는다.

$$\begin{aligned}\mathrm{var}(Y) &= \sum_{i=1}^{n} a_i^2 E[(X_i-\mu_i)^2] + 2\sum\sum_{i<j} a_i a_j E[(X_i-\mu_i)(X_j-\mu_j)] \\ &= \sum_{i=1}^{n} a_i^2 \cdot \mathrm{var}(X_i) + 2\sum\sum_{i<j} a_i a_j \cdot \mathrm{cov}(X_i, X_j)\end{aligned}$$

여기서 $\mathrm{cov}(X_i, X_j) = \mathrm{cov}(X_j, X_i)$이란 사실을 사용하였음을 언급해 둔다. ●

X_i와 X_j가 독립일 때 $\mathrm{cov}(X_i, X_j) = 0$이므로 다음을 바로 계산할 수 있다.

따름정리 4.3 확률변수 $X_1, X_2, \cdots, X_n$가 독립이고, $Y = \sum_{i=1}^{n} a_i X_i$ 이면,

$$\mathrm{var}(Y) = \sum_{i=1}^{n} a_i^2 \cdot \mathrm{var}(X_i)$$

예제 4.18

확률변수 X, Y, Z가 $\mu_X = 2$, $\mu_Y = -3$, $\mu_Z = 4$의 평균과 $\sigma_X^2 = 1$, $\sigma_Y^2 = 5$, $\sigma_Z^2 = 2$의 분산, 그리고 $\mathrm{cov}(X, Y) = -2$, $\mathrm{cov}(X, Z) = -1$, $\mathrm{cov}(Y, Z) = 1$의 공분산을 가질 때, $W = 3X - Y + 2Z$의 평균과 분산을 구하여라.

풀이 정리 4.14에 의해 다음을 얻는다.

$$\begin{aligned}E(W) &= E(3X - Y + 2Z) \\ &= 3E(X) - E(Y) + 2E(Z) \\ &= 3\cdot 2 - (-3) + 2\cdot 4 \\ &= 17\end{aligned}$$

그리고

$$\begin{aligned}\mathrm{var}(W) &= 9\,\mathrm{var}(X) + \mathrm{var}(Y) + 4\,\mathrm{var}(Z) - 6\,\mathrm{cov}(X, Y) \\ &\quad + 12\,\mathrm{cov}(X, Z) - 4\,\mathrm{cov}(Y, Z) \\ &= 9\cdot 1 + 5 + 4\cdot 2 - 6(-2) + 12(-1) - 4\cdot 1 \\ &= 18\end{aligned}$$

●

다음은 확률변수의 선형결합에 대한 또 다른 중요한 정리이다. 두 n개 확률변수의 선형결합들의 공분산에 관한 것이다.

정리 4.15 $X_1, X_2, \cdots, X_n$가 확률변수이고, $a_1, a_2, \cdots, a_n$, $b_1, b_2, \cdots, b_n$이 상수일 때,

$$Y_1 = \sum_{i=1}^{n} a_i X_i \text{ 와} \qquad Y_2 = \sum_{i=1}^{n} b_i X_i$$

이면,

$$\operatorname{cov}(Y_1, Y_2) = \sum_{i=1}^{n} a_i b_i \cdot \operatorname{var}(X_i) + \sum\sum_{i<j} (a_i b_j + a_j b_i) \cdot \operatorname{cov}(X_i, X_j)$$

이 정리의 증명은 정리 4.14의 것과 아주 유사한 것으로, 연습문제 4.52로 독자들에게 남긴다.

X_i와 X_j가 독립일 때 $\operatorname{cov}(X_i, X_j) = 0$이므로 다음을 바로 계산할 수 있다.

따름정리 4.4 확률변수 $X_1, X_2, \cdots, X_n$가 독립이고, $Y_1 = \sum_{i=1}^{n} a_i X_i$ 와 $Y_2 = \sum_{i=1}^{n} b_i X_i$ 이면,

$$\operatorname{cov}(Y_1, Y_2) = \sum_{i=1}^{n} a_i b_i \cdot \operatorname{var}(X_i)$$

예제 4.19

확률변수 X, Y, Z가 $\mu_X = 3$, $\mu_Y = 5$, $\mu_Z = 2$의 평균과 $\sigma_X^2 = 8$, $\sigma_Y^2 = 12$, $\sigma_Z^2 = 18$의 분산, 그리고 $\operatorname{cov}(X, Y) = 1$, $\operatorname{cov}(X, Z) = -3$, $\operatorname{cov}(Y, Z) = 2$의 공분산을 가질 때, 다음의 공분산을 구하여라.

$$U = X + 4Y + 2Z \text{ 와 } \quad V = 3X - Y - Z$$

풀이 정리 4.15에 의해 다음을 얻는다.

$$\begin{aligned}
\operatorname{cov}(U, V) &= \operatorname{cov}(X + 4Y + 2Z, 3X - Y - Z) \\
&= 3\operatorname{var}(X) - 4\operatorname{var}(Y) - 2\operatorname{var}(Z) + 11\operatorname{cov}(X, Y) \\
&\quad + 5\operatorname{cov}(X, Z) - 6\operatorname{cov}(Y, Z) \\
&= 3 \cdot 8 - 4 \cdot 12 - 2 \cdot 18 + 11 \cdot 1 + 5(-3) - 6 \cdot 2 \\
&= -76
\end{aligned}$$

4.8 조건부기대

3.7절에서 조건부확률분포의 값들을 더하거나 조건부확률밀도의 값들을 적분하여 조건부확률을 구하였다. 확률변수의 **조건부기대(conditional expectations)**는 조건부분포와 같은 방식으로 정의된다.

정의 4.10 **조건부기대** X가 이산확률변수이고, $f(x|y)$는 $Y = y$로 주어졌을 때 $X = x$에서 X에 대한 조건부확률분포의 값이라 할 때, **$Y = y$로 주어진 $u(X)$의 조건부기대**는 다음과 같다.

$$E[u(X)|y] = \sum_x u(x) \cdot f(x|y)$$

이에 상응하여 X가 연속확률변수이고, $f(x|y)$는 $Y = y$로 주어졌을 때 $X = x$에서 X에 대한 조건부확률분포의 값이라 할 때, **$Y = y$로 주어진 $u(X)$의 조건부기대**는

$$E[u(X)|y] = \int_{=\infty}^{\infty} u(x) \cdot f(x|y)\, dx$$

$X=x$로 주어진 $v(Y)$의 조건부기댓값은 $X=x$로 주어진 Y의 조건부확률분포나 조건부확률밀도에 기초하여 유사하게 정의한다.

정의 4.10에서 $u(X)=X$로 놓는다면 $Y=y$로 주어진 확률변수 X의 **조건부평균(conditional mean)**을 얻는다. 이것은 다음과 같이 나타낸다.

$$\mu_{X|y}=E(X|y)$$

이에 상응하여 $Y=y$로 주어진 X의 **조건부분산(conditional variance)**은 다음과 같다.

$$\begin{aligned}\sigma^2_{X|y}&=E[(X-\mu_{X|y})^2|y]\\&=E(X^2|y)-\mu^2_{X|y}\end{aligned}$$

여기서 $E(X^2\mid y)$는 정의 4.10에 의해 $u(X)=X^2$로 주어진다. 두 개 이상의 확률변수가 포함된 조건부기대에 대한 정의 4.10을 일반화하는 것은 어렵지 않게 할 수 있을 것이다.

예제 4.20

예제 3.12를 참고하여 $Y=1$로 주어진 X의 조건부평균을 구하여라.

풀이 예제 3.23에서 얻은 결과를 사용하면 $f(0\mid 1)=\frac{4}{7}, f(1\mid 1)=\frac{3}{7}, f(2\mid 1)=0$이므로 다음을 얻는다.

$$E(X|1)=0\cdot\frac{4}{7}+1\cdot\frac{3}{7}+2\cdot 0=\frac{3}{7}$$

예제 4.21

X와 Y의 결합확률밀도가 다음과 같이 주어졌다.

$$f(x,y)=\begin{cases}\frac{2}{3}(x+2y), & 0<x<1, 0<y<1\\ 0 & ,\text{그 외}\end{cases}$$

$Y=\frac{1}{2}$로 주어진 X의 조건부평균과 조건부분산을 구하여라.

풀이 예제 3.24에서 이 확률변수들에 대해 $Y=y$로 주어진 X의 조건부밀도가 다음과 같음을 보였다.

$$f(x|y)=\begin{cases}\frac{2x+4y}{1+4y}, & 0<x<1\\ 0 & ,\text{그 외}\end{cases}$$

그러므로

$$f\left(x\middle|\frac{1}{2}\right)=\begin{cases}\frac{2}{3}(x+1), & 0<x<1\\ 0 & ,\text{그 외}\end{cases}$$

따라서 $\mu_{X|\frac{1}{2}}$ 은 다음과 같이 주어진다.

$$E\left(X\middle|\frac{1}{2}\right) = \int_0^1 \frac{2}{3}x(x+1)\,dx$$
$$= \frac{5}{9}$$

다음으로

$$E\left(X^2\middle|\frac{1}{2}\right) = \int_0^1 \frac{2}{3}x^2(x+1)\,dx$$
$$= \frac{7}{18}$$

이고

$$\sigma^2_{X|\frac{1}{2}} = \frac{7}{18} - \left(\frac{5}{9}\right)^2 = \frac{13}{162}$$

연습문제

4.41 이산확률변수와 연속확률변수 X와 Y에 대해 cov(X, Y)=cov(Y, X)임을 증명하여라.

4.42 X와 Y가 $x = -3$과 $y = -5$, $x = -1$과 $y = -1$, $x = 1$과 $y = 1$, $x = 3$과 $y = 5$에 대해 $f(x, y) = \frac{1}{4}$의 결합확률분포를 가질 때 cov(X, Y)를 구하여라.

4.43 연습문제 3.42를 참고하여 X와 Y의 공분산을 구하여라.

4.44 연습문제 3.22를 참고하여 X_1와 X_3의 공분산을 구하여라.

4.45 연습문제 3.74를 참고하여 cov(X, Y)를 구하여라.

4.46 X와 Y가 $f(-1, 0) = 0$, $f(-1, 1) = \frac{1}{4}$, $f(0, 0) = \frac{1}{6}$, $f(0, 1) = 0$, $f(1, 0) = \frac{1}{12}$, $f(1, 1) = \frac{1}{2}$의 결합확률분포를 가진다.

(a) cov$(X, Y) = 0$을 보여라.

(b) 두 확률변수가 독립이 아님을 보여라.

4.47 X의 확률밀도가 다음과 같이 주어졌다.

$$f(x) = \begin{cases} 1+x, & -1 < x \leqq 0 \\ 1-x, & 0 < x < 1 \\ 0 & \text{, 그 외} \end{cases}$$

그리고 $U = X$이고, $V = X^2$이다.

(a) cov$(X, Y) = 0$을 보여라.

(b) U와 V가 종속임을 보여라.

4.48 k개 확률변수 $X_1, X_2, \cdots, X_k$에 대해 **결합적률생성함수 (joint moment-generating function)** 의 값이 다음과 같이 주어졌다.

$$E\left(e^{t_1X_1+t_2X_2+\cdots+t_kX_k}\right)$$

(a) 이산이나 연속인 경우에 대해 $t_1 = t_2 = \cdots = t_k = 0$에서 t_i에 관한 결합적률생성함수의 편미분값이 $E(X_i)$임을 보여라.

(b) 이산이나 연속인 경우에 대해 $t_1 = t_2 = \cdots = t_k = 0$에서 $i \neq j$인 t_i와 t_j에 관한 결합적률생성함수의 두 번째 편미분값이 $E(X_iX_j)$임을 보여라.

(c) 두 확률변수가 다음과 같은 결합밀도를 가진다.

$$f(x, y) = \begin{cases} e^{-x-y}, & x > 0,\ y > 0 \\ 0 & , \text{그 외} \end{cases}$$

이것의 결합적률생성함수를 구하고, 이를 이용하여 $E(XY)$, $E(X)$, $E(Y)$, $\mathrm{cov}(X, Y)$의 값을 결정하여라.

4.49 X_1, X_2, X_3가 독립이고, 그 평균은 4, 9, 3이고, 분산은 3, 7, 5일 때, 다음의 평균과 분산을 구하여라.

(a) $Y = 2X_1 - 3X_2 + 4X_3$

(b) $Z = X_1 + 2X_2 - X_3$

4.50 연습문제 4.49를 독립의 가정은 빼고 대신 $\mathrm{cov}(X_1, X_2) = 1$, $\mathrm{cov}(X_2, X_3) = -2$, $\mathrm{cov}(X_1, X_3) = -3$란 사실을 이용하여 문제를 다시 풀어라.

4.51 X와 Y의 결합확률밀도가 다음과 같이 주어졌다.

$$f(x, y) = \begin{cases} \frac{1}{3}(x + y), & 0 < x < 1,\ 0 < y < 2 \\ 0 & , \text{그 외} \end{cases}$$

$W = 3X + 4Y - 5$의 분산을 구하여라.

4.52 정리 4.15를 증명하여라.

4.53 X와 Y의 분산과 공분산 식으로 $\mathrm{var}(X - Y)$, $\mathrm{var}(X + Y)$, $\mathrm{var}(X + Y, X - Y)$를 나타내어라.

4.54 $\mathrm{var}(X_1) = 5$, $\mathrm{var}(X_2) = 4$, $\mathrm{var}(X_3) = 7$, $\mathrm{cov}(X_1, X_2) = 3$, $\mathrm{cov}(X_1, X_3) = -2$이고, X_2와 X_3가 독립일 때 $Y_1 = X_1 - 2X_2 + 3X_3$와 $Y_2 = -2X_1 + 3X_2 + 4X_3$의 공분산을 구하여라.

4.55 연습문제 4.49를 참고하여 $\mathrm{cov}(Y, Z)$를 구하여라.

4.56 연습문제 3.69를 참고하여 $Y = -1$로 주어진 X의 조건부평균과 조건부분산을 구하여라.

4.57 연습문제 3.71을 참고하여 $X = 1$과 $Y = 2$로 주어진 확률변수 $U = Z^2$의 조건부기대를 구하여라.

4.58 연습문제 3.74를 참고하여 $X = \frac{1}{4}$로 주어진 Y의 조건부평균과 조건부분산을 구하여라.

4.59 예제 3.22와 연습문제 3.78의 (b)를 참고하여 $X_1 = \frac{1}{2}$로 주어진 $X_2^2X_3$의 기댓값을 구하여라.

4.60 **(a)** $a < X \leqq b$로 주어진 연속확률변수 X의 조건부분포함수가 다음과 같음을 보여라.

$$F(x|a < X \leqq b) = \begin{cases} 0 & , \ x \leqq a \\ \dfrac{F(x) - F(a)}{F(b) - F(a)}, & a < x \leqq b \\ 1 & , \ x > b \end{cases}$$

(b) (a) 의 결과를 x에 관해 미분하여 $a < X \leqq b$로 주어진 X의 조건부확률밀도를 구하고, 다음을 보여라.

$$E[u(X)|a < X \leqq b] = \frac{\int_a^b u(x) f(x)\, dx}{\int_a^b f(x)\, dx}$$

◆ 4.9 실제 예

3.8절에서 자료로부터 나온 경험적인 분포를 어떻게 그 모양으로 기술할 수 있는지 논의하였다. 여기서는 자료를 기술하는 방법론으로 이 논의를 확장하여, 자료로부터 계산된 **기술적인 척도 (descriptive measures)** 를 포함할 것이다. 이 기술적인 척도는 4.3절에서 주어진 적률의 개념에 기초한 것이다.

첫 번째 적률 $\mu_1' = \mu$와 유사한 것으로 **표본평균 (sample mean)** $\bar{x}$는 다음과 같이 정의된다.

$$\bar{x} = \sum_{i=1}^{n} x_i / n$$

여기서 $i = 1, 2, \cdots, n$이고 n은 관찰값의 개수이다. 우리는 8장과 10장에서 13장에 걸쳐서 표본평균에 대해 훨씬 더 많은 이야기를 할 것이다.

자료를 기술하는 데 있어서 표본평균이 유용한 점을 이해하기 위해서는 종이에 그려진 자료분포에 대한 히스토그램을 가장자리를 따라 절취한 후 가로축을 따라 받침대를 넣어서 균형을 잡아보는 상상을 하면 도움이 된다. 이 균형점은 자료의 평균에 해당한다. 따라서 평균은 마치 그것의 **위치 (location)** 를 기술하는 것처럼 자료의 중심으로 여겨진다.

이 평균은 대칭적이거나 거의 대칭인 분포에 대한 훌륭한 위치 척도다. 하지만 평균은 큰 왜도를 가진 자료의 위치를 측정하는 데 사용될 때는 오해를 불러 일으킬 수 있다. 한 예를 들자면, 어떤 작은 회사에서 (1,000달러 단위로 처리한) 10명의 직원들의 연봉이 25, 18, 36, 28, 16, 20, 29, 32, 41, 150이라고 하자. 이 관찰값의 평균은 39,500달러이다. 봉급 중 하나가, 즉 150,000달러가 다른 것들보다 훨씬 높고 (이것은 오너가 자기자신에게 급여를 지급한 것이다) 다른 직원 중 한 명만 39,500달러 이상을 번다. 오너가 구인광고에서 “우리 회사는 39,500달러의 평균 임금을 지불한다”고 주장한다고 하자. 그는 기술적으로는 맞지만, 사실을 왜곡하고 있는 것이다.

자료의 위치에 대한 또 다른 기술적인 척도는 위에서 언급한 예의 경우에 사용될 수 있을 것이다. **중앙값 (median)** 은 관찰값의 중간점으로 자료의 중심을 기술한다. 만약 자료가 가장 작은 값부터 가장 큰 값까지 정렬되어 있으면, 중앙값은 n이 짝수이면 $\frac{n}{2}$번째 관찰값이 되고, n이 홀수이면 관찰값 $\frac{(n+1)}{2}$과

$\frac{(n-1)}{2}$ 의 평균값으로 정의된다.

앞선 예제에서 주어진 10개 관찰값의 중앙값은 28,000달러이고, 이 회사의 직원의 예상되는 수입을 훨씬 더 잘 기술한다. 미국 가계소득에 대해 "중간 소득"이란 말을 아주 흔하게 들었을 것이다. 미국에서 가계소득의 분포는 매우 왜도가 크다고 잘 알려져 있기 때문에 여기서는 중앙값이 평균 대신에 사용된다 — 대부분의 가계소득은 보통의 소득보다 낮지만, 상대적으로 몇몇은 매우 높은 소득을 가지고 있다는 것을 의미한다.

자료의 **산포(dispersion)** 역시 자료의 기술에 중요하다. 자료의 위치가 주어지면 관찰값이 그 값 주변으로 얼마나 가깝게 묶일 수 있는지 알고 싶어진다. 적당한 산포의 측정은 평균에 대한 두 번째 적률의 제곱근인 σ에 기초한 것이다. **표본표준편차(sample standard deviation)** s는 두 번째 적률과 유사하게 계산된다. 이것은 다음과 같다.

$$s = \sqrt{\frac{\sum_{i=1}^{n}(x - \overline{x})^2}{n - 1}}$$

이 식은 먼저 평균을 계산하고, 제곱근과 가산을 하기 전에 각 관찰값에서 평균을 빼야 하기 때문에 다음의 s에 대한 **계산식**을 사용하면 훨씬 계산이 수월해진다.

$$s = \sqrt{\frac{n\sum_{i=1}^{n}x_i^2 - \left(\sum_{i=1}^{n}x_i\right)^2}{n(n - 1)}}$$

위의 두 식에서 10.3절에서 논의할 이유 때문에 n 대신에 $n - 1$로 나눈 것을 관찰할 수 있다. s의 계산에 대해 두 식 어느 것이나 사용하는 데 지루한 계산이 필요하지만, 일반적인 용도의 모든 통계 컴퓨터 프로그램은 한 번 자료를 입력하면 표본평균과 표본표준편차를 둘 다 계산할 것이다.

예제 4.22

다음은 제철소에서 길게 늘어뜨려서 명목상 12피트의 길이로 자른 10개의 철제 빔의 (피트로 된) 길이이다.

11.8 12.1 12.5 11.7 11.9 12.0 12.2 11.5 11.9 12.2

평균 길이와 길이의 표준편차를 구하여라. 평균이 이 자료의 위치 척도로 합당한가? 왜 그런가 아니면 왜 그렇지 않은가?

풀이 평균은 관찰값의 합계 $11.8 + 12.1 + \cdots + 12.2 = 119.8$을 10으로 나누어서 구한다. 즉, $\overline{x} = 11.98$피트이다. 표준편차를 계산하기 위해서 먼저 관찰값 제곱의 합을 계산하면, $(11.8)^2 + (12.1)^2 + \cdots + (12.2)^2 = 1{,}435.94$이다. s에 대한 식에 대입하면 $s^2 = (10)(1435.94) - (119.8)^2/(10)(9) = 0.082$피트를 얻는다. 여기에 제곱근을 취하면 $s = 0.29$를 얻는다. 이 평균 11.98피트는 자료가 근사적으로 대칭적인 분포로 보이기 때문에 위치 척도로 합당해 보인다.

표준편차가 유일한 산포의 척도나 자료의 변동은 아니다. 때때로 **표본범위(sample range)**가 이런 의도로 사용된다. 이 범위를 계산하기 위해서 가장 큰 관찰값과 가장 작은 관찰값 x_l과 x_s를 찾으면 범위는 다음과 같이 정의된다.

$$r = x_l - x_s$$

이 산포의 척도는 작은 표본에 대해서만 사용된다. 표본크기가 크면 클수록 이 범위는 산포의 척도로 알맞지 않게 된다.

4.1~4.2절

응용문제

4.61 예제 2.28을 참고하여, 백만명의 사람에 대해서 희귀병에 대한 검사를 했다고 하고 다음을 구하여라.

(a) 질병에 걸린 사람들 중, 검사를 받은 것으로 예상되는 사람의 수

(b) 질병에 걸린 사람들 중에서 검사에 의해서 병에 걸린 것으로 감별될 것으로 예상되는 사람의 수

(c) 질병에 걸리지 않은 사람들 중에서 검사에 의해서 병에 걸린 것으로 감별될 것으로 예상되는 사람의 수

4.62 브라운 양이 3,000달러의 이익을 보고 자산 하나를 팔 확률이 $\frac{3}{20}$이고, 1,500달러의 이익을 보고 팔 확률은 $\frac{7}{20}$이고, 이익이나 손실 없이 팔 확률은 $\frac{7}{20}$이고, 1,500달러의 손실을 보고 팔확률은 $\frac{3}{20}$이다. 그녀의 기대수익은 얼마인가?

4.63 운에 좌우되는 게임에서 각 게임 참가자의 기대가 0으로 같을 때 이 게임이 **공정(fair)**하다고, 또는 **공평(equitable)**하다고 여겨진다. 만약 우리가 균형 잡힌 주사위로 3이나 4를 굴릴 때마다 누군가 $10를 우리에게 준다고 하면, 게임을 공평하기 위해서 우리가 1, 2, 5, 또는 6을 굴릴 때 우리는 그 사람에게 얼마를 주어야 하는가?

4.64 한 빵집의 주인은 어느 일정한 날에 그가 팔 수 있는 초콜릿 케이크의 개수가 $x = 0, 1, 2, 3, 4, 5$에 대해 $f(x) = \frac{1}{6}$의 확률분포를 가지는 확률변수라는 것을 알고 있다. 또한 그가 파는 케이크마다 1.00달러의 이익이 있고, 그가 팔지 못한 케이크마다 (부패 때문에) 0.40달러의 손실이 있다는 것도 알고 있다. 각 케이크는 만들어진 그 날에만 팔릴 수 있다고 할 때, 그가 다음과 같은 케이크를 만들 때 하루 동안 얻을 수 있는 기대수익을 구하여라.

(a) 한 개의 케이크

(b) 두 개의 케이크

(c) 세 개의 케이크

(d) 네 개의 케이크

(e) 다섯 개의 케이크

그의 기대수익을 최대화하려면 얼마나 많은 케이크를 만들어야 하는가?

4.65 건설 공사에 대한 계약자의 수익이 다음과 같은 확률밀도를 가지는 연속확률변수로 볼 수 있다.

$$f(x) = \begin{cases} \frac{1}{18}(x+1), & -1 < x < 5 \\ 0 & ,\text{그 외} \end{cases}$$

여기서 단위는 1,000달러이다. 계약자의 기대수익은 얼마인가?

4.66 응용문제 3.93을 참고하여 그 타이어 중 하나에 대해 차 소유주는 얼마의 트레드 마모값을 얻을 것이라 예상할 수 있는가?

4.67 응용문제 3.96을 참고하여 어느 일정한 날에 그 도시의 예상되는 물 소비량은 얼마인가?

4.68 응용문제 3.101을 참고하여 그 상품에 대해 예상되는 수입금 $E(PS)$를 구하여라.

4.69 아담씨와 스미스양은 내기를 걸고 동전 하나를 반복적으로 던지는 게임을 하고 있다. 게임이 시작할 때 아담씨는 a달러를 가지고 있고, 스미스양은 b달러를 가지고 있었다. 동전을 던질 때마다 패자는 승자에게 1달러를 준다. 이 게임은 두 게임 참가자 중 한 명이 "파산"될 때까지 진행된다. 공평한 게임에서 각 게임 참가자의 수학적 기대가 0이라는 사실을 이용하여, 아담씨가 그가 가진 a달러를 잃기 전에 스미스 양이 가진 b달러를 얻는 확률을 구하여라.

4.3~4.5절

4.70 예제 4.1을 참고하여 흰색 코드를 가진 TV세트의 개수에 대한 분산을 구하여라.

4.71 어느 식당에서 한 사람이 서비스 받는 데 걸리는 시간이 다음과 같은 확률밀도를 가지는 확률변수이다.

$$f(x) = \begin{cases} \frac{1}{4}e^{-\frac{x}{4}}, & x > 0 \\ 0 & ,\text{그 외} \end{cases}$$

이 확률변수의 평균과 분산을 구하여라.

4.72 응용문제 3.92를 참고하여 질문에 있는 확률변수의 평균과 분산을 구하여라.

4.73 응용문제 3.87을 참고하여 확률변수 V의 평균과 분산을 구하여라.

4.74 다음은 연습문제 4.29의 마르코프 부등식에 대한 몇 가지 응용이다.

(a) 고등학교 2학년 학생들이 PSAT/NMSQT 시험의 언어영역에서 받은 점수는 평균이 $\mu = 41$인 확률변수의 값으로 볼 수 있다. 학생 중 한 명이 65점 이상의 점수를 받을 확률의 상한경계를 구하여라.

(b) 어떤 동물들의 몸무게는 212그램의 평균을 가지는 확률변수로 볼 수 있다. 어떤 동물도 165그램보다 적지 않을 때, 이런 동물이 적어도 250그램의 무게가 나갈 확률의 상한경계를 구하여라.

4.75 6월 한 달 동안 어떤 도시에서 발급된 결혼 허가증의 개수는 $\mu = 124$이고, $\sigma = 7.5$인 확률변수로 볼 수 있다. 체비셰프 정리에 따라 얼마의 확률로 64장에서 184장 사이의 결혼 허가증이 6월 한 달 동안 거기서 발급될 것이라고 말할 수 있겠는가?

4.76 어떤 종류의 빵에 포함된 영양수치에 대한 연구를 통해 빵 한 조각에 있는 티아민(비타민 B_1)의 양은 $\mu = 0.260$밀리그램이고, $\sigma = 0.005$밀리그램인 확률변수로 볼 수 있었다. 체비셰프 정리에 따라 다음을 계산하여라.

(a) 이 빵의 모든 조각들 중에 적어도 $\frac{35}{36}$에 있는 티아민 함유량은 어떤 값 사이에 있어야 하는가?

(b) 이 빵의 모든 조각들 중에 적어도 $\frac{143}{144}$에 있는 티아민 함유량은 어떤 값 사이에 있어야 하는가?

4.77 응용문제 4.71을 참고하여 $k = 1.5$인 체비셰프 정리를 사용한다면 어느 식당에서 한 사람이 서비스 받는 데 걸리는 시간에 대해 무엇을 말할 수 있겠는가? 해당하는 확률을 소수점 넷째 자리에서 반올림하면 얼마인가?

4.6~4.9절

4.78 25센트 동전 하나가 앞면과 뒷면이 나오는 확률이 0.40과 0.60이 되도록 굽어져 있다. 이 동전을 두 번 던졌을 때 첫 번째 던져서 앞면을 얻는 개수인 Z와 두 번 던져서 얻는 앞면의 전체 개수인 W의 공분산은 얼마인가?

4.79 원통형의 관 내부의 지름은 3인치의 평균과 0.02인치의 표준편차를 가지는 확률변수이고, 관의 두께는 0.3인치의 평균과 0.005인치의 표준편차를 가지는 확률변수로, 두 확률변수는 독립이다. 이 관의 바깥 지름에 대한 평균과 표준편차를 구하여라.

4.80 어떤 벽돌의 길이가 8인치의 평균과 0.1인치의 표준편차를 가지는 확률변수이고, 두 벽돌 사이의 회반죽의 두께는 0.5인치의 평균과 0.03인치의 표준편차를 가지는 확률변수이다. 모든 관련된 확률변수가 독립이라고 가정한다면, 이 벽돌 50장을 나란히 놓아서 만든 벽 길이의 평균과 표준편차는 얼마인가?

4.81 한 동전을 던졌을 때 앞면이 나오면 성공이라 하고, 주사위를 굴렸을 때 6이 나오면 성공이라 하고, 52장의 카드더미에서 한 장의 카드를 뽑을 때 에이스가 나오면 성공이라고 할 때, 다음의 경우에 전체 성공의 개수에 대한 평균과 표준편차를 구하여라.

(a) 균형 잡힌 동전 하나를 던지고, 균형 잡힌 주사위 하나를 던지고, 잘 섞인 카드 더미에서 한 장의 카드를 뽑는 경우

(b) 균형 잡힌 동전 하나를 세 번 던지고, 균형 잡힌 주사위 하나를 두 번 던지고, 잘 섞인 카드 더미에서 한 장의 카드를 뽑는 경우

4.82 균형 잡힌 동전과 앞면이 나오는 확률이 0.45가 되도록 설정된 동전을 교대로 던진다면, 총 10회에 걸쳐 이 동전들을 던졌을 때 얻는 앞면의 개수에 대한 평균과 표준편차는 얼마인가?

4.83 응용문제 3.97과 응용문제 3.103의 (b)를 참고하여 통계학 교과서가 한 권도 선택되지 않았다고 주어질 때 기대되는 수학 교과서의 개수를 구하여라.

4.84 응용문제 3.107을 참고하여 기름값으로 12달러를 쓰는 판매원은 얼마만큼 환급 받는지 기대할 수 있는가?

4.85 어느 회사의 한 임원이 전화 통화하는 (분으로 된) 시간이 다음과 같은 확률밀도를 가지는 확률변수이다.

$$f(x) = \begin{cases} \frac{x}{4}, & 0 < x \leqq 2 \\ \frac{4}{x^3}, & x > 2 \\ 0, & \text{그 외} \end{cases}$$

연습문제 4.60의 (b)를 참고하여 적어도 1분간 지속되는 전화 통화 중 하나의 예상되는 길이를 구하여라.

참고문헌

이 장의 논제에 대한 더 많은 정보는 3장의 끝에 실은 심화 수리통계학 교재에서 찾을 수 있을 것이다.

5장 특수한 확률분포

5.1 서론 | 5.2 이산형 균등분포 | 5.3 베르누이분포 | 5.4 이항분포 | 5.5 음이항분포과 기하분포
5.6 초기하분포 | 5.7 포아송분포 | 5.8 다항분포 | 5.9 다변량 초기하분포 | 5.10 실제 예

5.1 서론

이 장에서는 통계적 이론 및 응용에서 가장 많이 다루어지는 확률분포에 대해 알아본다. 우리는 또한 각 분포에 대응하는 **모수 (parameter)** 에 대해 살펴볼 것이다. 모수란 특정한 분포에서는 일정한 값을 갖되 그 특정 분포와 같은 부류에 속한 다른 분포들에 대해서는 다른 값을 가질 수 있는 수를 말한다. 가장 흔히 사용되는 모수는 μ와 σ^2 같은 차수가 낮은 적률이며, 이를 구하기 위해서는 정의에 의해 직접 도출하여 구하는 방법과 적률생성함수를 이용하여 구하는 방법이 있다. 둘 중 상대적으로 단순한 방법 한 가지를 선택하여 이용하는 것이 적합할 수 있지만, 두 가지 방법을 모두 이용해야 하는 경우도 있다. 두 가지 결과가 추후에 모두 필요할 때는 두 가지 방법을 모두 이용해야 하지만, 그 외의 경우에는 두 가지 방법을 모두 사용할 필요는 없다. 더 자세한 내용은 연습문제로 남겨두기로 한다.

5.2 이산형 균등분포

어떤 확률변수가 균등한 확률로 k개의 다른 값을 가질 수 있다고 했을 때, 우리는 이와 같은 변수가 **이산형 균등분포 (discrete uniform distribution)** 를 따른다고 말한다. 수식으로 표현하면 다음 정의와 같다.

정의 5.1 **이산형 균등분포** 확률변수 X의 분포가 다음과 같은 필요충분조건을 만족시킬 때, 이를 이산형 균등 확률변수라고 하며, **이산형 균등분포**를 따른다고 한다.

$$f(x) = \frac{1}{k}, \quad x = x_1, x_2, \ldots, x_k$$

여기서 $i \neq j$이라면 $x_i \neq x_j$이다.

정의 4.2와 4.4에 따르면 이 분포의 평균 $\mu = \sum_{i=1}^{k} x_i \cdot \frac{1}{k}$ 이고, 분산은

$\sigma^2 = \sum_{i=1}^{k}(x_i - \mu)^2 \cdot \frac{1}{k}$이다.

$x_i = i$와 같이 특수한 경우 이 분포는 $x = 1, 2, \cdots, k$일 때 $f(x) = \frac{1}{k}$이며, 이는 한 예로 모든 면이 균일하게 만들어진 주사위를 던졌을 경우에 적용될 수 있다. 이와 같은 균등분포와 이에 해당하는 적률생성함수의 평균과 분산은 연습문제 5.1과 5.2에서 다룰 것이다.

5.3 베르누이분포

어떤 실험이 "성공"과 "실패"의 두 가지 결과를 가질 수 있고, 각각의 확률이 θ, $1-\theta$이라고 할 때 성공한 횟수는(즉, 0 아니면 1) **베르누이분포(Bernoulli distribution)**를 따른다. 수식으로 표현하면 다음 정의와 같다.

정의 5.2 **베르누이분포** 확률변수 X의 분포가 다음과 같은 확률분포식을 만족시킬 때, 이를 베르누이 확률변수라고 하며, **베르누이분포**를 따른다고 한다.

$$f(x;\theta) = \theta^x(1-\theta)^{1-x}, \quad x = 0, 1$$

따라서 $f(0;\theta) = 1-\theta$와 $f(1;\theta) = \theta$가 하나의 식으로 합쳐진다. 위와 같이 $f(x;\theta)$로 표기된 것으로부터 우리는 베르누이분포의 모수가 θ로 유일하다는 것을 확인할 수 있다. 베르누이분포는 5.4절에서 다루어지는 분포의 특수한 경우이기 때문에 자세한 내용은 여기서 다루지 않기로 한다.

베르누이분포에서의 '성공'이란 동전을 던져서 앞면이 나오는 것이나 폐렴에 걸리는 것, 시험을 통과(또는 떨어지는 것) 하는 것, 또는 경기에서 지는 것을 의미하기도 한다. 이는 오래 전에 확률론이 운에 따른 게임이나 경기(한 사람이 실패하면 나머지 하나가 이기는 것)에 적용되었던 것에서 비롯되었다. 그렇기 때문에 베르누이분포가 적용된 한 번의 실험은 한 번의 **베르누이 시행(Bernoulli trial)** 또는 **시행(trial)**이라고 하며, 그러한 실험이 여러 번 진행될 때는 **반복 시행(repeated trials)**이라고 한다.

5.4 이항분포

반복 시행은 확률과 통계에 있어 매우 중요한 역할을 하는데, 특히 총 시행횟수가 고정되어 있고, 각 시행에서의 성공 확률이 모수 θ로 모두 같으며, 모든 시행이 독립인 경우에 그러하다. 우리는 반복 시행을 하게 되면 그에 따라 여러 가지 확률변수들이 생겨난다는 것을 볼 것이다. 그중에서도 우리가 여기서 공부할 것은 총 성공횟수에 대한 것이며, 다른 변수에 대한 부분은 5.5절에서 다루도록 한다.

여기서 논할 이론은 다양하게 응용이 된다. 동전을 12번 던져 앞면이 5번이 나올 확률이나 10명의 사람 중 7명이 병으로부터 회복할 확률, 또는 80명 중 35명이 통신판매 권유에 응답할 확률을 알고 싶을 때 등이 이에 해당하는 경우이다. 하지만 이는 10명이 병이 나을 확률이 모두 같으며, 서로 독립(서로 다른 병원에서 다른 의사로부터 치료를 받을 경우)일 때만을 말한다. 세 번째 경우에서도 마찬가지로 80명이 통신판매 권유를 받을 확률이 모두 같고, 서로 독립 (두 명 이상이 같은 가정에 속하지 않는 경우) 이어야 한다.

주어진 조건을 만족시킨다고 했을 때 n번의 시행 중 x번 성공할 확률을 구하기 위해서는 $\theta^x(1-\theta)^{n-x}$를 이용하면 된다. 이는 x번을 성공하고 나머지 $n-x$번 실패할 확률을 차례대로 곱한 것이다. 즉, 각각의 시행은 독립이라는 가정하에 매번 성공할 때마다 θ를 x번, 매번 실패할 때마다 $1-\theta$를 $n-x$번 곱한 것이다. 이 확률은 x번의 성공과 $n-x$번의 실패가 있는 어떠한 n번의 시행에도 적용될 수 있다. 우리는 n번의 시행이 나열될 수 있는 방법이 몇 가지인지 세어 $\theta^x(1-\theta)^{n-x}$에 그 수만큼 곱해주기만 하면 된다. x번의 시행을 선택하여 그것이 성공이 될 경우의 수는 $\binom{n}{x}$가 되며, n번의 시행 중 x번 성공할 확률은 이 $\binom{n}{x}\theta^x(1-\theta)^{n-x}$된다.

정의 5.3 **이항분포** 확률변수 X의 분포가 다음과 같은 확률분포식을 만족시킬 때, 이를 이항확률변수라고 하며, **이항분포 (binomial distribution)** 를 따른다고 한다.

$$b(x; n, \theta) = \binom{n}{x}\theta^x(1-\theta)^{n-x}, \quad x = 0, 1, 2, \ldots, n$$

그러므로 n번의 시행 중 성공의 횟수는 모수가 n과 θ인 이항분포를 따르는 확률변수가 된다. "이항분포"는 $b(x; n, \theta)$ $(x = 0, 1, 2, \cdots, n)$의 값들이 모여 $[(1-\theta)+\theta]^n$의 이항전개식이 된다는 사실 때문에 그렇게 이름이 붙여졌다. 이는 이들 확률의 합이 1이 된다는 것 또한 보여 준다.

예제 5.1

양면이 나올 확률이 같은 동전을 12번 던져서 앞면이 다섯 번, 뒷면이 일곱 번 나올 확률을 구하여라.

풀이 이항분포식에 $x = 5$, $n = 12$, $\theta = \frac{1}{2}$을 대입하면,

$$b\left(5; 12, \frac{1}{2}\right) = \binom{12}{5}\left(\frac{1}{2}\right)^5\left(1-\frac{1}{2}\right)^{12-5}$$

그리고 표 VII에서 $\binom{12}{5}$의 값을 찾아 대입하면 $792\left(\frac{1}{2}\right)^{12}$, 즉 대략 0.19라는 결과를 얻게 된다.

예제 5.2

독립이라는 가정하에 만약 열병이 나을 확률이 각각 0.80로 같다면, 10명 중 일곱 명이 병이 나을 확률을 구하여라.

풀이 이항분포식에 $x = 7$, $n = 10$, $\theta = 0.80$을 대입하면,

$$b(7; 10, 0.80) = \binom{10}{7}(0.80)^7(1-0.80)^{10-7}$$

그리고 표 VII에서 $\binom{10}{7}$의 값을 찾아 대입하면 $120(0.80)^7(0.20)^3$, 즉 대략 0.20이라는 결과를 얻게 된다.

160쪽에 나와 있는 통신판매 권유에 관한 확률을 구하고자 할 때, 만약 위와 같은 방법으로 이항분포식에 $x = 35$, $n = 80$, $\theta = 0.15$를 대입하여 확률을 구하게 되면 계산이 매우 복잡해진다. 이항확률은 θ과 n에 따라 나올 수 있는 값이 다르기 때문에 실제로 이항확률을 직접 계산하는 경우는 드물다. 또한 이항확률과 누적 확률까지 간단하게 계산해 주는 소프트웨어가 많기 때문에 손으로 계산하지 않는다. 누적확률은 아래와 같이 주어진다.

$$B(x; n, \theta) = \sum_{k=0}^{x} b(k; n, \theta)$$

그림 5.1은 소프트웨어를 이용해 확률을 계산한 예시이다.

과거에는 미국 표준국의 표와 H.G Romig의 책이 널리 사용되었는데, 구체적인 내용은 이 장 끝에 있는 참고문헌을 참고하기 바란다. 표 I은 $n = 1$부터 $n = 20$까지, $\theta = 0.05, 0.10, 0.15, \cdots, 0.45, 0.50$일 때 $b(x; n, \theta)$값을 소수점 넷째 자리까지 보여 준다. θ가 0.50보다 클 경우에 이 표를 쓰려면 아래와 같은 항등식을 이용하도록 한다.

정리 5.1

$$b(x; n, \theta) = b(n - x; n, 1 - \theta)$$

(증명은 연습문제 5.5(a) 에 독자들이 풀어보도록 남겨두었다.) 예를 들면, $b(11; 18, 0.70)$를 찾으려면 $b(7; 18, 0.30)$에 해당하는 값, 즉 0.1376을 찾으면 된다. n이 크면 이항확률의 근사값을 구할 수 있는 방법이 여러 가지 있다. 그중 하나는 5.7절에서, 다른 하나는 6.6절에서 논의될 것이다.

이제 이항분포의 평균과 분산을 구하는 식을 찾아보자.

정리 5.2 이항분포의 평균과 분산은 다음과 같다.

$$\mu = n\theta \text{와} \qquad \sigma^2 = n\theta(1 - \theta)$$

```
MTB > BINOMIAL N=1Ø  P=Ø.63

  BINOMIAL PROBABILITIES FOR N = 1Ø AND P = .63ØØØØ

     K               P(X = K)              P(X LESS OR = K)
     Ø                 .ØØØØ                   .ØØØØ
     1                 .ØØØ8                   .ØØØ9
     2                 .ØØ63                   .ØØ71
     3                 .Ø285                   .Ø356
     4                 .Ø849                   .12Ø5
     5                 .1734                   .2939
     6                 .2461                   .54ØØ
     7                 .2394                   .7794
     8                 .1529                   .9323
     9                 .Ø578                   .99Ø2
    10                 .ØØ98                  1.ØØØØ
```

그림 5.1 n = 10, θ = 0.63일 때의 이항확률과 누적확률을 출력한 결과.

증명

$$\mu = \sum_{x=0}^{n} x \cdot \binom{n}{x} \theta^x (1-\theta)^{n-x}$$
$$= \sum_{x=1}^{n} \frac{n!}{(x-1)!(n-x)!} \theta^x (1-\theta)^{n-x}$$

두 번째 등식은 $x = 0$일 때 0이기 때문에 그 값을 빼고, x를 $\binom{n}{x}$ 분모, 즉 $x! = x(x-1)!$ 의 x와 약분한 결과이다. 그 다음 $n! = n(n-1)!$의 n과 θ 하나를 밖으로 빼내면,

$$\mu = n\theta \cdot \sum_{x=1}^{n} \binom{n-1}{x-1} \theta^{x-1} (1-\theta)^{n-x}$$

이 나오고, $y = x - 1$ 그리고 $m = n - 1$로 두면,

$$\mu = n\theta \cdot \sum_{y=0}^{m} \binom{m}{y} \theta^y (1-\theta)^{m-y} = n\theta$$

을 얻을 수 있다. 마지막 합계 부분은 m과 θ를 모수로 갖는 이항분포값을 모두 더한 것으로서 1이 된다.

μ_2'와 σ^2을 나타내는 식을 찾기 위해서 $E(X^2) = E[X(X-1)] + E(X)$를 이용하기로 하고, 먼저 $E[X(X-1)]$을 계산한다. 앞에서 밟아온 단계를 반복하여 따라가면,

$$E[X(X-1)] = \sum_{x=0}^{n} x(x-1) \binom{n}{x} \theta^x (1-\theta)^{n-x}$$
$$= \sum_{x=2}^{n} \frac{n!}{(x-2)!(n-x)!} \theta^x (1-\theta)^{n-x}$$
$$= n(n-1)\theta^2 \cdot \sum_{x=2}^{n} \binom{n-2}{x-2} \theta^{x-2} (1-\theta)^{n-x}$$

이 되며, $y = x - 2$ 그리고 $m = n - 2$로 두면 다음과 같은 결과를 얻는다.

$$E[X(X-1)] = n(n-1)\theta^2 \cdot \sum_{y=0}^{m} \binom{m}{y} \theta^y (1-\theta)^{m-y}$$
$$= n(n-1)\theta^2$$

그러므로,

$$\mu_2' = E[X(X-1)] + E(X) = n(n-1)\theta^2 + n\theta$$

그리고 우리는 아래의 식을 구할 수 있다.

$$\sigma^2 = \mu_2' - \mu^2$$
$$= n(n-1)\theta^2 + n\theta - n^2\theta^2$$
$$= n\theta(1-\theta)$$

∎

대수적인 부분이 많이 들어가지 않은 이 정리의 또 다른 증명은 연습문제 5.6에 나와 있다.

우리는 이항분포의 평균이 $n\theta$라는 것을 알았다. 그렇기 때문에 양면이 나올 확률이 같은 동전을 200번 던진다면 우리는 앞면이 $200 \cdot \frac{1}{2} = 100$번, 뒷면이 100번 나올 것이라고 기대(수학적 개념의 기대)할 것이다. 마찬가지로 모든 면이 나올 확률이 같은 주사위를 240번 던진다면 6이 $240 \cdot \frac{1}{6} = 40$번 나올 것이라고 기대할 것이다. 어떤 사람이 백화점에서 물건을 구매할 확률이 0.80이라고 했을 때 우리는 400명 중 $400(0.80) = 320$명이 물건을 구매할 것이라고 기대할 것이다.

변동의 정도를 말해주는 이항분포의 분산을 구하는 식은 여러 가지로 응용이 될 수 있다. 하지만 이의 유의성을 보기 위해 확률변수 $Y = \frac{X}{n}$를 살펴보기로 하자. 이때 확률변수 X는 n과 θ를 모수로 갖는 이항분포를 따른다고 한다. 확률변수 Y는 n번의 시행 중 성공의 횟수가 차지하는 비율이며, 아래 결과에 대한 증명은 연습문제 5.6에서 하도록 한다.

정리 5.3 X가 n과 θ를 모수로 갖는 이항분포를 따르고 $Y = \frac{X}{n}$이면

$$E(Y) = \theta \text{ 와 } \quad \sigma_Y^2 = \frac{\theta(1-\theta)}{n}$$

체비셰프의 정리와 $k\sigma = c$(연습문제 4.32 참조)를 이용하면 **어떠한 양의 상수 c에 대해서도 n번의 시행 중 성공횟수의 비율이 확률이 최소**

$$1 - \frac{\theta(1-\theta)}{nc^2}$$

$\theta - c$로 $\theta + c$와 사이가 된다는 것을 알 수 있다. 따라서 **$n \to \infty$이면 확률은 1로 수렴하게 되므로, 성공횟수의 비율과 θ의 차이는 임의의 상수 c보다 작아질 것이다.** 이러한 결과를 **대수의 법칙(law of large numbers)**이라고 하며, 성공횟수 자체에 적용이 되는 것이 아니라 성공횟수가 전체에서 차지하는 비율에 적용되는 것을 알 수 있다. 그렇기 때문에 n이 클 때 성공횟수가 반드시 $n\theta$에 근접한다고 하는 것은 잘못된 판단이다.

양면이 나올 확률이 같은 동전을 반복하여 던지는 것을 **컴퓨터 시뮬레이션(computer simulation)**을 통해 대수의 법칙을 확인할 수 있다. 시뮬레이션 결과는 그림 5.2에 나와 있다. 앞면은 1로, 뒷면은 0으로 표시되어 있다.

결과를 행 별로 차례로 살펴보면, 처음 다섯 번의 시행에서는 앞면이 3번, 처음 열 번의 시행에서는 앞면이 6번, 처음 열 다섯 번의 시행에서는 앞면이 8번, 처음 스무 번의 시행에서는 앞면이 12번, 처음 스물 다섯 번의 시행에서는 앞면이 14번, ⋯, 백 번의 시행에서는 앞면이 총 51번 나왔다. 각각의 경우에 대응하는 비율은 $\frac{3}{5} = 0.60$, $\frac{6}{10} = 0.60$, $\frac{8}{15} = 0.53$, $\frac{12}{20} = 0.60$, $\frac{14}{25} = 0.56$, $\cdots$ $\frac{51}{100} = 0.51$로 그림 5.3에 나타나 있다. 앞면이 나온 횟수의 비율은 0.50 주변을 따라 변동하지만, 결국 시행의 횟수가 늘어날수록 0.50, 즉 동전을 한 번 던졌을 때 앞면이 나올 확률에 가까워진다.

이항분포의 적률생성함수를 이용해 정리 5.2의 내용을 증명해 보자.

```
MTB > BRANDOM 1ØØ N=1  P=.5 C1

   1ØØ BINOMIAL EXPERIMENTS WITH N = 1 AND P = .5ØØØ
    Ø.    Ø.     1.   1.   1.    1.   1.   Ø.   Ø.    1.
    1.    Ø.     Ø.   1.   Ø.    1.   1.   1.   Ø.    1.
    Ø.    Ø.     1.   Ø.   1.    1.   Ø.   1.   Ø.    Ø.
    1.    1.     Ø.   1.   Ø.    Ø.   1.   1.   1.    Ø.
    1.    Ø.     1.   Ø.   Ø.    Ø.   Ø.   1.   Ø.    Ø.
    1.    1.     Ø.   Ø.   Ø.    Ø.   Ø.   1.   Ø.    Ø.
    1.    1.     Ø.   Ø.   1.    1.   1.   Ø.   1.    1.
    1.    Ø.     1.   1.   Ø.    1.   1.   Ø.   Ø.    Ø.
    Ø.    Ø.     Ø.   1.   Ø.    Ø.   1.   Ø.   1.    1.
    1.    Ø.     1.   1.   1.    1.   Ø.   1.   Ø.    1.
   SUMMARY

   VALUE  FREQUENCY
     Ø       49
     1       51
```

그림 5.2 양면이 나올 확률이 같은 동전을 100번 던진 것을 컴퓨터 시뮬레이션 한 결과.

정리 5.4 이항분포의 적률생성함수는 아래와 같다.

$$M_X(t) = [1 + \theta(e^t - 1)]^n$$

증명 정의 4.6과 5.3에 따라

$$\begin{aligned} M_X(t) &= \sum_{x=0}^{n} e^{xt} \binom{n}{x} \theta^x (1-\theta)^{n-x} \\ &= \sum_{x=0}^{n} \binom{n}{x} (\theta e^t)^x (1-\theta)^{n-x} \end{aligned}$$

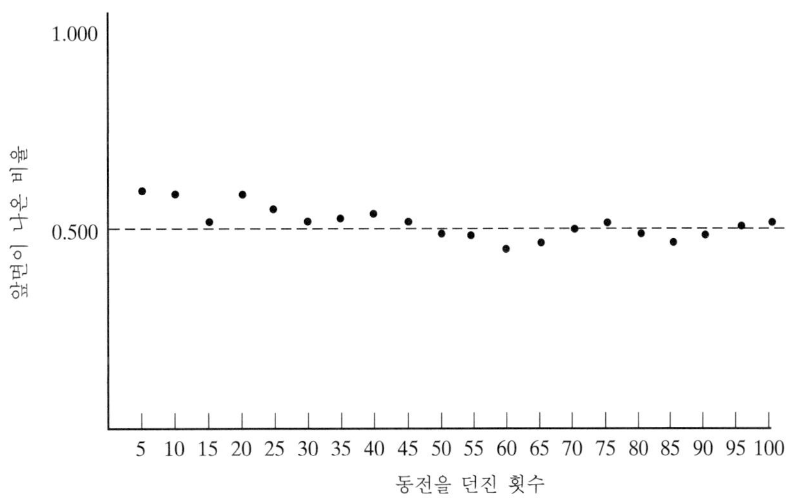

그림 5.3 대수의 법칙.

을 구할 수 있고, 정리 1.9에 의해 합계는 곧 $[\theta e^t + (1-\theta)]^n = [1 + \theta(e^t - 1)]^n$의 이항전개식이라는 것을 확인할 수 있다. ■

$M_X(t)$를 두 번 미분하면,

$$\begin{aligned} M'_X(t) &= n\theta e^t[1+\theta(e^t-1)]^{n-1} \\ M''_X(t) &= n\theta e^t[1+\theta(e^t-1)]^{n-1} + n(n-1)\theta^2 e^{2t}[1+\theta(e^t-1)]^{n-2} \\ &= n\theta e^t(1-\theta+n\theta e^t)[1+\theta(e^t-1)]^{n-2} \end{aligned}$$

위 식에 $t = 0$을 대입하면 $\mu'_1 = n\theta$와 $\mu'_2 = n\theta(1-\theta+n\theta)$이다. 결국 우리는 정리 5.2와 같은 $\mu = n\theta$와 $\sigma^2 = \mu'_2 - \mu^2 = n\theta(1-\theta+n\theta) - (n\theta)^2 = n\theta(1-\theta)$를 얻는다.

여기까지 봤을 때 적률을 직접 구하는 것보다 적률생성함수를 이용해 이항분포의 적률을 구하는 것이 더 수월한 것처럼 보일 수 있다. 하지만 μ'_3이나 μ'_4을 구하고자 할 때 미분하는 과정에서 문제가 충분히 복잡해질 수 있다. 사실 이보다 더 수월한 방법이 있다. **계승적률생성함수 (factorial moment-generating function)** 를 이용하여 이항분포의 적률을 구하는 방법인데, 연습문제 5.12에서 다루기로 한다.

연습문제

5.1 이산형 균등분포를 따르는 X가 확률밀도함수 $f(x) = \frac{1}{k}$을 갖는다고 하자 $(x = 1, 2, \cdots, k)$. 다음을 증명하여라.

(a) 평균은 $\mu = \frac{k+1}{2}$이다.

(b) 분산은 $\sigma^2 = \frac{k^2-1}{2}$이다.

(힌트: 부록 A를 참조하여라.)

5.2 이산형 균등분포를 따르는 X가 확률밀도함수 $f(x) = \frac{1}{k}$을 갖는다고 하자 $(x = 1, 2, \cdots, k)$. 이에 대한 적률생성함수는 아래와 같음을 증명하여라.

$$M_X(t) = \frac{e^t(1-e^{kt})}{k(1-e^t)}$$

그리고 $\lim_{t\to 0} M'_X(t)$ 를 이용하여 이 분포의 평균을 찾고, 연습문제 5.1에서의 결과와 비교하여라.

5.3 앞의 5.3절에서 베르누이분포에 대해 자세하게 논하지 않은 것은 $n = 1$일 때 이항분포로 볼 수 있기 때문이다. 아래의 방법을 각각 이용하여 $\mu'_r = \theta$인 베르누이분포에 대해 이를 증명하여라. 여기서 $r = 1, 2, 3, \cdots$.

(a) $\sum_{x=0}^{1} x^r \cdot f(x;\theta)$ 를 계산하는 방법

(b) $n = 1$일 때 이항분포의 적률생성함수에 $n = 1$을 대입한 후 그것의 맥클로린 급수를 살펴보는 방법

5.4 연습문제 5.3에서의 결과를 이용하여 베르누이분포일 때, 다음을 증명하여라.

(a) $\alpha_3 = \dfrac{1-2\theta}{\sqrt{\theta(1-\theta)}}$, α_3는 연습문제 4.26에서 정의된 바와 같이 왜도를 나타낸다.

(b) $\alpha_4 = \dfrac{1-3\theta(1-\theta)}{\theta(1-\theta)}$, α_4는 연습문제 4.27에서 정의된 바와 같이 첨도를 나타낸다.

5.5 다음을 보여라.

(a) $b(x; n, \theta) = b(n-x; n, 1-\theta)$

그리고, $B(x; n, \theta) = \sum_{k=0}^{x} b(k; n, \theta)$ $x = 0, 1, 2, \ldots, n$ 이면 다음과 같음을 보여라.

(b) $b(x; n, \theta) = B(x; n, \theta) - B(x-1; n, \theta)$

(c) $b(x; n, \theta) = B(n-x; n, 1-\theta) - B(n-x-1; n, 1-\theta)$

(d) $B(x; n, \theta) = 1 - B(n-x-1; n, 1-\theta)$

5.6 정리 5.2의 다른 증명은 다음과 같은 사실을 기반으로 할 수 있다.

만약 독립확률변수 $X_1, X_2, \cdots, X_n$이 모두 같은 베르누이분포를 따르고 모수가 θ라면, 확률변수 $Y = X_1 + X_2 + \cdots + X_n$은 n과 θ를 모수로 갖는 이항분포를 따른다.

(a) 베르누이분포가 이항분포의 특수한 경우라는 사실을 이용하지 않고 베르누이분포의 평균과 분산이 $\mu = \theta$, $\sigma^2 = \theta(1-\theta)$인 것을 증명하여라.

(b) 정리 4.14와 따름정리 4.3을 참고하여 독립확률변수 $X_1, X_2, \cdots, X_n$이 모두 같은 베르누이분포(모수는 θ)를 따르고, 확률변수 $Y = X_1 + X_2 + \cdots + X_n$이면, $E(Y) = n\theta$이고 $\text{var}(Y) = n\theta(1-\theta)$임을 보여라.

5.7 정리 5.3을 증명하여라.

5.8 이항분포의 값들을 계산할 때 $b(0; n, \theta)$를 먼저 계산하여 아래와 같은 점화식을 이용하면 그 계산이 좀 더 간편하게 된다.

$$b(x+1; n, \theta) = \frac{\theta(n-x)}{(x+1)(1-\theta)} \cdot b(x; n, \theta)$$

위 식을 증명하고, 이 식을 이용해 $n = 7$, $\theta = 0.25$일 때의 이항분포값을 구하여라.

5.9 연습문제 5.8의 점화식을 이용하여 $\theta = \dfrac{1}{2}$인 이항분포에 대해 다음을 증명하여라.

(a) n이 짝수일 때 $x = \dfrac{n}{2}$에서 최댓값을 갖는다.

(b) n이 홀수일 때 $x = \dfrac{n-1}{2}$과 $x = \dfrac{n+1}{2}$에서 최댓값을 갖는다.

5.10 X가 이항확률변수라면 확률값 $b(x; n, \theta)$가 최대가 되게 하는 θ값은 무엇인가?

5.11 정리 5.2를 증명하는 과정에서 2차 **계승적률 (factorial moment)** 인 $E[X(X-1)]$을 구했다. 일반적으로 X의 r차 계승적률은 아래와 같이 주어진다.

$$\mu'_{(r)} = E[X(X-1)(X-2) \cdot \ldots \cdot (X-r+1)]$$

μ'_2, μ'_3, μ'_4를 계승적률을 이용하여 표현하여라.

5.12 이산형확률변수 X의 **계승적률생성함수**는 다음과 같다.

$$F_X(t) = E(t^X) = \sum_x t^x \cdot f(x)$$

t에 대한 $F_X(t)$의 r차 도함수는 $t = 1$일 때 $\mu'_{(r)}$(연습문제 5.11의 계승적률) 이라는 것을 보여라.

5.13 연습문제 5.12를 참고하여 아래 주어진 문제를 풀어라.

(a) 베르누이분포에 대한 계승적률생성함수를 구하여라. $r > 1$일 때 $\mu'_{(1)} = \theta$이고, $\mu'_{(r)} = 0$인 것을 보여라.

(b) 이항분포에 대한 계승적률생성함수를 구하고, 이를 이용하여 μ와 σ^2를 구하여라.

5.14 정리 4.10 첫 번째 부분에서 $a = -\mu$로 두면 아래와 같은 식을 얻는다. 이때 μ는 X의 평균이다.

$$M_Y(t) = M_{X-\mu}(t) = e^{-\mu t} \cdot M_X(t)$$

(a) t에 대한 $M_{X-\mu}(t)$의 r차 도함수는 $t = 0$일 때 X의 평균에 대한 r차 적률값이 된다.

(b) 이항분포의 평균에 대한 적률생성함수를 구하고 $t = 0$일 때 2차 도함수값이 $n\theta(1-\theta)$이 됨을 보여라.

5.15 연습문제 5.14(b) 의 결과를 이용하여 이항분포의 왜도가 다음과 같음을 보여라.

$$\alpha_3 = \frac{1-2\theta}{\sqrt{n\theta(1-\theta)}}$$

여기서 α_3는 연습문제 4.26에서 정의된 바와 같이 왜도를 나타낸다. 아래와 같은 경우에 이항분포의 왜도는 어떻게 되는가?

(a) $\theta = \frac{1}{2}$

(b) n이 클 때

5.5 음이항분포와 기하분포

이제 반복된 베르누이 시행과 연결되는 분포에 대해 알아 보자. 우리는 k번째 성공까지 몇 번의 시행이 있었는지를 알고 싶을 때가 있다. 예를 들면, 전염병에 걸릴 수 있는 환경에 노출된 열 번째 아이가 전염된 아이로는 세 번째일 확률, 다섯 번째로 소문을 접한 사람이 믿는 것으로는 최초일 확률, 강도가 그의 여덟 번째 시도에서 잡힌 것이 두 번째일 확률 등이 있다.

만약 x번째 시행에서 k번째 성공이 발생했다면 이전의 $x-1$ 시행에서 $k-1$번의 성공이 있었을 것이다. 이 경우에 대한 확률은

$$b(k-1; x-1, \theta) = \binom{x-1}{k-1}\theta^{k-1}(1-\theta)^{x-k}$$

이다. x번째 시행에서 성공할 확률을 θ라고 하면, x번째 시행에서 k번째 성공이 일어날 확률은 다음과 같다.

$$\theta \cdot b(k-1; x-1, \theta) = \binom{x-1}{k-1}\theta^k(1-\theta)^{x-k}$$

정의 5.4 **음이항분포** 확률변수 X의 분포가 다음과 같은 확률분포식을 만족시킬 때, 이를 음이항확률변수라고 하며 **음이항분포 (negative binomial distribution)** 를 따른다고 한다.

$$b^*(x; k, \theta) = \binom{x-1}{k-1}\theta^k(1-\theta)^{x-k}$$

$(x = k, k+1, k+2, \cdots)$

그러므로 우리는 x번째 시행에서 k번째 성공이 일어났을 때 확률변수 x가 k와 θ를 모수로 갖는 음이항분포를 따른다고 한다. "음이항분포"라는 명칭은 $b^*(x; k, \theta)$가 $x = k, k+1, k+2, \cdots$일 때 $\left(\frac{1}{\theta} - \frac{1-\theta}{\theta}\right)^{-k}$의 이항전개식을 나열한 것과 같다는 사실에서 붙여졌다.[1] 음이항분포는 통계학 서적에서 **이항 대기시간 분포 (binomial waitingtime distribution)** 또는 **파스칼 분포 (Pascal distribution)** 라고 한다.

예제 5.3

만약 아이들이 전염병에 걸릴 수 있는 환경에 노출될 확률이 0.40이라고 하면 열 번째 아이가 전염된 아이로는 세 번째일 확률은 무엇인가?

풀이 음이항분포식에 $x = 10, k = 3, \theta = 0.40$을 대입하면,

$$\begin{aligned} b^*(10; 3, 0.40) &= \binom{9}{2}(0.40)^3(0.60)^7 \\ &= 0.0645 \end{aligned}$$

를 얻는다.

이항확률표가 있다면 아래의 항등식을 이용하여 쉽게 구할 수 있다.

정리 5.5

$$b^*(x; k, \theta) = \frac{k}{x} \cdot b(k; x, \theta)$$

이에 대한 증명은 연습문제 5.18에서 해보기로 한다.

예제 5.4

정리 5.5와 표 I을 이용하여 예제 5.3의 확률을 다시 계산하여라.

풀이 정리 5.5의 식에 $x = 10, k = 3, \theta = 0.40$을 대입하면,

1) 음지수 이항 전개에 대해서는 2장 끝 참고문헌에 두 번째로 소개된 W. Feller의 책을 참고하여라.

$$\begin{aligned} b^*(10; 3, 0.40) &= \frac{3}{10} \cdot b(3; 10, 0.40) \\ &= \frac{3}{10}(0.2150) \\ &= 0.0645 \end{aligned}$$

를 얻는다. ●

음이항분포의 적률은 정리 5.2를 증명하는 방법을 동일하게 적용하면 구할 수 있으며, 그 결과 구해진 평균과 분산은 아래와 같다.

정리 5.6 음이항분포의 평균과 분산은

$$\mu = \frac{k}{\theta} \text{ 와 } \quad \sigma^2 = \frac{k}{\theta}\left(\frac{1}{\theta} - 1\right)$$

이며, 연습문제 5.19에서 이를 증명하도록 한다.

$k = 1$로 갖는 음이항분포는 여러 가지 중요한 곳에 응용될 수 있기 때문에 **기하분포 (geometric distribution)** 라는 특별한 명칭이 주어진다.

정의 5.5 **기하분포** 확률변수 X의 분포가 다음과 같은 확률분포식을 만족시킬 때, 이를 기하 확률변수라고 하며, **기하분포**를 따른다고 한다.

$$g(x; \theta) = \theta(1 - \theta)^{x-1}, \quad x = 1, 2, 3, \ldots$$

예제 5.5

만약 운전면허시험 지원자가 임의로 시도를 했을 때 실기 시험을 통과할 확률이 0.75라고 하면, 이 사람이 네 번째 시도에 시험을 통과할 확률은 얼마인가?

풀이 기하분포식에 $x = 4$, $\theta = 0.75$를 대입하면,

$$\begin{aligned} g(4; 0.75) &= 0.75(1 - 0.75)^{4-1} \\ &= 0.75(0.25)^3 \\ &= 0.0117 \end{aligned}$$

이는 모든 시행이 독립이라는 가정이 만족될 때 가능한 것이기 때문에 이 가정의 타당성에 대한 의문을 제기해 볼 수 있다. ●

5.6 초기하분포

우리는 2장에서 독립사건과 종속사건에 대한 곱셈 공식을 보이기 위해 복원추출과 비복원추출을 이용하였다. 비복원추출에 적용되는 이항분포식과 유사한 식을 구하기 위해 우리는 시행이 독립이 아니면서 N

개 중 성공이 M개이고, 나머지 $N-M$개가 실패인 경우를 생각해 보도록 한다. 이항분포에서처럼 n개의 시행 중 x개의 성공이 나올 확률을 알고자 하는 것은 같지만, 이번에는 조금 다르게 비복원추출로 N개의 요소 중 n개를 선택하는 것이 된다.

M개의 성공 중 x개를 고르는 방법은 $\binom{M}{x}$가지이고, $N-M$개의 실패 중 $n-x$개를 고르는 방법은 $\binom{N-M}{n-x}$가지이다. 즉, x개의 성공과 $n-x$개의 실패를 고를 수 있는 조합의 수는 $\binom{M}{x}\binom{N-M}{n-x}$이다. 모든 요소들이 무작위로 추출되었다는 가정하에 N개 중 n개를 선택할 수 있는 경우의 수는 $\binom{N}{n}$가지이므로, 정리 2.2를 이용하여 n번의 시행 중 x번의 성공이 나올 확률은 $\dfrac{\binom{M}{x}\binom{N-M}{n-x}}{\binom{N}{n}}$임을 알 수 있다.

정의 5.6 **초기하분포** 확률변수 X의 분포가 다음과 같은 확률분포식을 만족시킬 때, 이를 초기하 확률변수라고 하며, **초기하분포 (hypergeometric distribution)** 를 따른다고 한다.

$$h(x; n, N, M) = \frac{\binom{M}{x}\binom{N-M}{n-x}}{\binom{N}{n}}, \qquad \begin{array}{l} x = 0, 1, 2, \ldots, n, \\ x \leq M \text{ 와 } \quad n - x \leq N - M \end{array}$$

결국 비복원추출인 경우, n번의 시행 중 성공의 횟수는 n, N, M을 모수로 갖는 초기하분포를 따르는 확률변수라고 할 수 있다.

예제 5.6

공기오염에 대해 알아보기 위해 기업의 트럭 24대 중 여섯 대의 배기가스 배출량을 조사하고자 한다. 트럭들 중 네 대가 과도한 오염물질을 배출하고 있을 경우, 이들 중 단 한 대도 조사할 표본에 포함되지 않을 확률은 무엇인가?

풀이 초기하분포식에 $x=0, n=6, N=24, M=4$를 대입하면,

$$h(0; 6, 24, 4) = \frac{\binom{4}{0}\binom{20}{6}}{\binom{24}{6}} = 0.2880$$

초기하분포의 평균과 분산을 구하는 방법은 정리 5.2를 증명하는 방법과 매우 유사하다.

정리 5.7 초기하분포의 평균과 분산은 다음과 같다.

$$\mu = \frac{nM}{N} \text{ 와 } \qquad \sigma^2 = \frac{nM(N-M)(N-n)}{N^2(N-1)}$$

증명 평균을 계산하기 위해서 다음의 합을 계산한다.

$$\mu = \sum_{x=0}^{n} x \cdot \frac{\binom{M}{x} N - Mn - x}{\binom{N}{n}}$$

$$= \sum_{x=1}^{n} \frac{M!}{(x-1)!(M-x)!} \cdot \frac{\binom{N-M}{n-x}}{\binom{N}{n}}$$

$x = 0$인 경우는 값이 0이기 때문에 생략하고, $x! = x(x-1)!$에서의 x가 $\binom{M}{x}$의 분모의 x를 약분시켜 얻은 결과이다.

$\dfrac{M}{\binom{N}{n}}$을 밖으로 빼내면,

$$\mu = \frac{M}{\binom{N}{n}} \cdot \sum_{x=1}^{n} \binom{M-1}{x-1}\binom{N-M}{n-x}$$

이고, $y = x - 1$, $m = n - 1$로 놓으면,

$$\mu = \frac{M}{\binom{N}{n}} \cdot \sum_{y=0}^{m} \binom{M-1}{y}\binom{N-M}{m-y}$$

이 된다. 정리 1.12를 이용하면 평균은 아래와 같이 정리된다.

$$\mu = \frac{M}{\binom{N}{n}} \cdot \binom{N-1}{m} = \frac{M}{\binom{N}{n}} \cdot \binom{N-1}{n-1} = \frac{nM}{N}$$

정리 5.2의 증명과 같이 $E[X(X-1)]$을 계산하여 $E(X)^2 = E[X(X-1)] + E(X)$라는 사실을 이용하면 σ^2을 계산하는 식을 구할 수 있다.

$$E[X(X-1)] = \frac{M(M-1)n(n-1)}{N(N-1)}$$

위의 식에 대한 증명은 연습문제 5.27로 남겨둔다. 분산을 구하는 식은 아래와 같다.

$$\sigma^2 = \frac{M(M-1)n(n-1)}{N(N-1)} + \frac{nM}{N} - \left(\frac{nM}{N}\right)^2$$

$$= \frac{nM(N-M)(N-n)}{N^2(N-1)}$$

●

초기하분포의 적률생성함수는 매우 복잡하기 때문에 여기에서 다루지 않는다. 자세한 내용은 3장 끝 참고문헌에 나와 있는 M. G. Kendall과 A. Stuart가 쓴 책에 나와 있다.

N이 매우 크고 n이 그에 비해 상대적으로 작을 경우(통상적으로 n은 N의 5퍼센트를 넘어서지 않아야 함), 복원추출과 비복원추출 간에 차이는 미미하다. 그리고 n, $\theta = \left(\frac{M}{N}\right)$을 모수로 갖는 이항분포를 이용해 초기하확률의 근삿값을 구할 수 있다.

예제 5.7

입사 지원자 120명 중 실제로 자격조건이 만족되는 사람은 80명밖에 없었다. 임의로 다섯 명의 지원자를 선택하여 심층면접을 시행하고자 했을 때, 다음의 방법을 이용하여 그 다섯 명 중 두 명만이 자격조건이 만족된 사람일 확률을 구하여라.

(a) 초기하분포식 자체를 이용

(b) $\theta = \frac{80}{120}$일 때의 이항분포를 이용

풀이

(a) 초기하분포식에 $x = 2$, $n = 5$, $N = 120$, $M = 80$을 대입하면,

$$h(2; 5, 120, 80) = \frac{\binom{80}{2}\binom{40}{3}}{\binom{120}{5}} = 0.164$$

가 된다(소수점 넷째 자리에서 반올림).

(b) 초기하분포식에 $x = 2$, $n = 5$, $\theta = \frac{80}{120} = \frac{2}{3}$을 대입하면,

$$b\left(2; 5, \frac{2}{3}\right) = \binom{5}{2}\left(\frac{2}{3}\right)^2\left(1 - \frac{2}{3}\right)^3 = 0.165$$

가 된다(소수점 넷째 자리에서 반올림). 여기서도 확인할 수 있듯이 근삿값은 직접 구한 값과 매우 유사하다.

5.7 포아송분포

n이 커지면 정의 5.3을 이용한 이항확률의 계산 양이 지나치게 많아진다. 예를 들어 무더운 여름에 길거리 행진을 구경하던 3,000명 중 18명이 더위를 먹을 확률을 계산해야 한다고 하자. 우리는 우선 $\binom{3,000}{18}$을 계산해야 할 것이고, 만약 3,000명 중 어느 한 명이 더위를 먹을 확률이 0.005라면 $(0.005)^{18}(0.995)^{2,982}$를 계산해야 할 것이다.

이 절에서는 이런 종류의 이항확률의 근삿값을 구할 수 있는 확률분포에 대해 알아본다. 좀 더 구체적으로 말하자면, $n\theta$가 상수이면서 $n \to \infty$, $\theta \to 0$일 때 이항분포 극한 형태를 살펴보겠다. 상수 $n\theta = \lambda$라

고 했을 때, 즉 $\theta = \dfrac{\lambda}{n}$일 때 아래와 같이 표현할 수 있다.

$$\begin{aligned} b(x; n, \theta) &= \binom{n}{x}\left(\frac{\lambda}{n}\right)^x\left(1-\frac{\lambda}{n}\right)^{n-x} \\ &= \frac{n(n-1)(n-2)\cdot \ldots \cdot (n-x+1)}{x!}\left(\frac{\lambda}{n}\right)^x\left(1-\frac{\lambda}{n}\right)^{n-x} \end{aligned}$$

$\left(\dfrac{\lambda}{n}\right)^x$의 x개의 n으로 $n(n-1)(n-2)\cdots(n-x+1)$을 나눠주고 마지막 항을 다음과 같이 쓰면,

$$\left(1-\frac{\lambda}{n}\right)^{n-x} \quad as \quad \left[\left(1-\frac{\lambda}{n}\right)^{-n/\lambda}\right]^{-\lambda}\left(1-\frac{\lambda}{n}\right)^{-x}$$

이 되므로 정리해 주면

$$\frac{1\left(1-\frac{1}{n}\right)\left(1-\frac{2}{n}\right)\cdot \ldots \cdot\left(1-\frac{x-1}{n}\right)}{x!}(\lambda)^x\left[\left(1-\frac{\lambda}{n}\right)^{-n/\lambda}\right]^{-\lambda}\left(1-\frac{\lambda}{n}\right)^{-x}$$

를 얻는다. 그리고 최종적으로 x, λ가 고정되어 있을 때 $n \to \infty$면 아래와 같은 결과를 얻는다.

$$\begin{aligned} 1\left(1-\frac{1}{n}\right)\left(1-\frac{2}{n}\right)\cdot \ldots \cdot\left(1-\frac{x-1}{n}\right) &\to 1 \\ \left(1-\frac{\lambda}{n}\right)^{-x} &\to 1 \\ \left(1-\frac{\lambda}{n}\right)^{-n/\lambda} &\to e \end{aligned}$$

그러므로 극한분포는 다음과 같다.

$$p(x; \lambda) = \frac{\lambda^x e^{-\lambda}}{x!}, \qquad x = 0, 1, 2, \ldots$$

정의 5.7 **포아송분포** 확률변수 X의 분포가 다음과 같은 확률분포식을 만족시킬 때, 이를 포아송 확률변수라고 하며, **포아송분포 (Poisson distribution)** 를 따른다고 한다.

$$p(x; \lambda) = \frac{\lambda^x e^{-\lambda}}{x!}, \qquad x = 0, 1, 2, \ldots$$

■

$n \to \infty$, $\theta \to 0$이고, $n\theta = \lambda$가 상수로 일정할 때, 성공횟수는 모수가 λ인 포아송분포를 따르는 확률변수가 된다. 이 분포의 명칭은 프랑스의 수학자 Simeon Poisson (1781 − 1840) 의 이름을 딴 것이다. 일반적으로 포아송분포는 $n \geqq 20$이고, $\theta \leqq 0.05$일 때 이항확률의 좋은 근삿값을 구해 준다. $n \geqq 100$이고, $n\theta < 10$일 때는 그 근삿값이 매우 정확할 것이다.

그림 5.4를 보면 포아송 근사가 이항분포에 얼마나 근접하게 되는지 알 수 있다. 그림 5.4는 $n = 150$, $\theta = 0.05$인 이항분포와 $\lambda = 150(0.05) = 7.5$인 포아송분포를 나란히 보여 준다.

```
MTB > BINOMIAL N=15Ø  P=Ø.Ø5
  BINOMIAL PROBABILITIES FOR N = 1.5Ø AND P = .Ø5ØØØØ

    K       P(X = K)    P(X LESS OR = K)
    Ø        .ØØØ5           .ØØØ5
    1        .ØØ36           .ØØ41
    2        .Ø141           .Ø182
    3        .Ø366           .Ø548
    4        .Ø7Ø8           .1256
    5        .1Ø88           .2344
    6        .1384           .3729
    7        .1499           .5228
    8        .141Ø           .6638
    9        .1171           .78Ø9
   10        .Ø869           .8678
   11        .Ø582           .926Ø
   12        .Ø355           .9615
   13        .Ø198           .9813
   14        .Ø1Ø2           .9915
   15        .ØØ49           .9964
   16        .ØØ22           .9986
   17        .ØØØ9           .9995
   18        .ØØØ3           .9998
   19        .ØØØ1           .9999


MTB > POISSON MU=7.5
  POISSON PROBABILITIES FOR MEAN = 7.5ØØ

    K       P(X = K)    P(X LESS OR = K)
    Ø        .ØØØ6           .ØØØ6
    1        .ØØ41           .ØØ47
    2        .Ø156           .Ø2Ø3
    3        .Ø389           .Ø591
    4        .Ø729           .1321
    5        .1Ø94           .2414
    6        .1367           .3782
    7        .1465           .5246
    8        .1373           .662Ø
    9        .1144           .7764
   10        .Ø858           .8622
   11        .Ø585           .92Ø8
   12        .Ø366           .9573
   13        .Ø211           .9784
   14        .Ø113           .9897
   15        .ØØ57           .9954
   16        .ØØ26           .998Ø
   17        .ØØ12           .9992
   18        .ØØØ5           .9997
   19        .ØØØ2           .9999
   20        .ØØØ1          1.ØØØØ
```

그림 5.4 n = 150, θ = 0.05인 이항분포와 λ = 7.5인 포아송분포의 값을 출력한 결과.

예제 5.8

그림 5.4를 이용하여 $\lambda = 7.5$인 포아송분포를 $n = 150$, $\theta = 0.05$인 이항분포에 근사시켰을 때, 언제 오차가 가장 커지는지 확인하고, 그때의 x (5와 15사이에 있는 값) 값을 찾아라.

풀이 $x = 5, x = 6, \cdots, x = 15$에 대응하는 값들끼리 빼 주면, 다음의 값들을 얻는다.
0.0006, −0.0017, −0.0034, −0.0037, −0.0027, −0.0011, 0.0003, 0.0011, 0.0013, 0.0011, 0.0008. 그러므로 수치적으로 봤을 때 가장 큰 오차는 −0.0037이고, 이는 $x = 8$일 때이다.

계속되는 예제들은 이항분포로의 포아송 근사를 보여 준다.

예제 5.9

어느 제본소에서 제본되는 서적의 2퍼센트가 결함이 생긴다고 했을 때, 이항분포로의 포아송 근사를 이용하여 책 400권 중에 다섯 권이 결함이 생길 확률을 구하여라.

풀이 $x = 5$, $\lambda = 400(0.02) = 8$, 그리고 $e^{-8} = 0.00034$ (표 VIII) 를 정의 5.7의 공식에 대입하면 다음의 값을 얻는다.

$$p(5; 8) = \frac{8^5 \cdot e^{-8}}{5!} = \frac{(32,768)(0.00034)}{120} = 0.093$$

실제로 포아송 확률을 정의 5.7의 식에 직접 대입해서 구하지는 않는다. 표 II이나 복잡한 표들을 다룬 통계표 편람에 있는 포아송 확률표를 이용하기도 하지만, 최근에는 적절한 컴퓨터 소프트웨어가 사용된다. 표나 컴퓨터는 여러 개의 x값들에 대한 확률을 알고자 할 때 매우 유용하다.

예제 5.10

자동차가 어떤 다리를 건너는 동안 타이어에 바람이 빠질 확률은 0.00005라고 기록되어 있다. 포아송분포를 사용하여 다음 이항확률의 근삿값을 구하여라. 이 다리를 건너는 10,000대의 자동차 중,
(a) 타이어 바람이 빠지는 차가 정확히 두 대일 확률
(b) 타이어 바람이 빠지는 차가 최대 두 대일 확률

풀이
(a) 표 II를 보면 $x = 2$이고, $\lambda = 10,000(0.00005) = 0.5$일 때 포아송 확률은 0.0758임을 알 수 있다.
(b) 표 II를 보면 $x = 0, 1, 2$이고, $\lambda = 0.5$일 때 포아송 확률은 0.6065, 0.3033, 0.0758이다. 그러므로 10,000대의 자동차 중 타이어 바람이 빠지는 차가 최대 두 대일 확률은

$$0.6065 + 0.3033 + 0.0758 = 0.9856$$

예제 5.11

그림 5.5를 이용하여 앞의 예제를 다시 풀어라.

풀이
(a) P (X = K) 열에서 $K = 2$일 때 값을 읽어주면 0.0758이다.
(b) P (X = K) 열에서 $K = 0$, $K = 1$, $K = 2$일 때의 값을 모두 더해 주거나, P (X LESS OR = K) 열에서 $K = 2$일 때 값을 읽어주면 0.9856이다.

```
MTB > POISSON MU=.5

  POISSON PROBABILITIES FOR MEAN = .5ØØ

    K     P(X = K)  P(X LESS OR = K)
    Ø     .6Ø65          .6Ø65
    1     .3Ø33          .9Ø98
    2     .Ø758          .9856
    3     .Ø126          .9982
    4     .ØØ16          .9998
    5     .ØØØ2         1.ØØØØ
```

그림 5.5 λ = 0.5인 포아송분포를 출력한 것.

이항분포의 극한 형태로서 포아송분포를 유도했기 때문에 우리는 포아송분포의 평균과 분산을 구하는 식도 이항분포의 평균과 분산에 동일한 극한 조건 ($n \to \infty$, $\theta \to 0$, $n\theta = \lambda$가 일정함) 을 적용시키면 구할 수 있다. 평균은 $\mu = n\theta = \lambda$이고, 분산은 $\sigma^2 = n\theta(1-\theta) = \lambda(1-\theta)$이 되며, 이들은 $\theta \to 0$이면 모두 λ로 접근한다.

정리 5.8 포아송분포의 평균과 분산은 다음과 같다.

$$\mu = \lambda \text{와} \qquad \sigma^2 = \lambda$$

필요한 값들을 모두 직접 더해 주거나 (연습문제 5.33) 다음 정리에 제시된 적률생성함수를 이용하여도 같은 결과를 얻을 수 있다.

정리 5.9 포아송분포의 적률생성함수는 다음과 같다.

$$M_X(t) = e^{\lambda(e^t - 1)}$$

증명 정의 4.6과 5.7에 의해,

$$M_X(t) = \sum_{x=0}^{\infty} e^{xt} \cdot \frac{\lambda^x e^{-\lambda}}{x!} = e^{-\lambda} \cdot \sum_{x=0}^{\infty} \frac{(\lambda e^t)^x}{x!}$$

가 된다. 이때 $\sum_{x=0}^{\infty} \frac{(\lambda e^t)^x}{x!}$는 $z = \lambda e^t$이라고 할 때 e^z의 맥클로린 급수인 것을 알 수 있다.
그러므로 포아송분포의 적률생성함수는

$$M_X(t) = e^{-\lambda} \cdot e^{\lambda e^t} = e^{\lambda(e^t - 1)}$$

이 된다.

그리고 $M_X(t)$를 t에 대해 두 번 미분하면

$$M'_X(t) = \lambda e^t e^{\lambda(e^t - 1)}$$
$$M''_X(t) = \lambda e^t e^{\lambda(e^t - 1)} + \lambda^2 e^{2t} e^{\lambda(e^t - 1)}$$

이 되어, $\mu_1' = M_X'(0) = \lambda$, $\mu_2' = M_X''(0) = \lambda + \lambda^2$을 구할 수 있다. 그러므로 정리 5.8에서와 같이 평균은 $\mu = \lambda$이고, 분산은 $\sigma^2 = \mu_2' - \mu^2 = (\lambda + \lambda^2) - \lambda^2 = \lambda$이다.

포아송분포가 이항분포의 극한 형태로써 유도되었지만 이항분포와 직접적인 연관이 없는 문제도 상당히 많다. 예를 들어 포아송분포는 다음 세 가지의 경우가 모두 만족될 때, 주어진 시구간 또는 지정구역에서 일어나는 성공의 횟수에 대한 모형이 될 수 있다. (1) 겹치지 않는 시구간 또는 지정구역에서 일어나는 성공의 횟수가 독립이다. (2) 한 시구간 또는 한 구역에서 한 번의 성공이 일어날 확률은 시구간의 길이 또는 구역의 크기에 비례한다. (3) 매우 짧은 시구간 또는 작은 구역에서 한 번 이상의 성공이 일어날 확률은 무시할 만큼 작다. 따라서 주어진 시구간 또는 지정구역에서 일어나는 성공사건의 평균 개수가 λ라면, 포아송분포로 표현할 수 있는 사건은 다음을 포함한다. 어떤 사무실에 한 시간 동안 걸려오는 전화통수, 한 페이지에 있는 오타의 개수, 한 배양조직 내의 박테리아 개수 등.

예제 5.12

어떤 도시의 터미널에 하루 동안 들어오는 평균 트럭의 수는 12대라고 한다. 어느 하루가 주어졌을 때 이 날 이 터미널에 아홉 대보다 적은 수의 트럭이 들어올 확률은 얼마인가?

풀이 X를 주어진 하루에 들어오는 트럭의 수라고 하자. 그러면 표 II에서 $\lambda = 12$를 찾아 다음을 구할 수 있다.

$$P(X < 9) = \sum_{x=0}^{8} p(x; 12) = 0.1550$$

앞에서 언급된 세 가지 조건들이 적용되는 상황이 있다면, 성공이 단위 시간당 또는 단위 구역당 평균 α번 일어날 때, t 단위 시간 또는 t 단위 구역에서 일어날 성공의 횟수는 평균 $\lambda = \alpha t$ (연습문제 5.31) 인 포아송 확률변수가 된다. 그러므로 t 단위 시간 또는 t 단위 구역에서의 성공횟수 X는 포아송분포

$$p(x; \alpha t) = \frac{e^{-\alpha t}(\alpha t)^x}{x!} \qquad \text{for } x = 0, 1, 2, \ldots$$

를 따른다.

예제 5.13

어떤 종류의 금속판은 평균적으로 10평방피트당 다섯 개의 흠집이 있다. 포아송분포를 가정하면 크기가 15평방피트인 금속판이 최소 여섯 개의 흠집이 있을 확률은 무엇인가?

풀이 X가 15평방피트인 금속판에 있는 흠집의 개수라고 하자. 그러면 단위면적은 10평방피트이므로,

$$\lambda = \alpha t = (5)(1.5) = 7.5$$

이고, 그림 5.4의 출력물에 따르면

$$P(X \geqq 6) = 1 - P(X \leqq 5) = 1 - 0.2414 = 0.7586$$

이 된다.

연습문제

5.16 음이항분포는 가끔 k번째 성공 이전에 있었던 실패횟수의 분포로 조금 다르게 정의되기도 한다. k번째 성공이 x번째 시행에서 일어난다면 $x-k$번의 실패가 있어야 한다. X는 정의 5.4의 분포를 따른다고 했을 때, $Y = X-k$의 분포를 구하여라.

5.17 연습문제 5.16을 참고하여 μ_Y와 σ_Y^2을 표현하는 식을 구하여라.

5.18 정리 5.5를 증명하여라.

5.19 $E(X)$와 $E[X(X+1)]$을 먼저 계산하여 정리 5.6을 증명하여라.

5.20 기하분포의 적률생성함수가 다음과 같음을 보여라.

$$M_X(t) = \frac{\theta e^t}{1-e^t(1-\theta)}$$

5.21 연습문제 5.20에서 유도된 적률생성함수를 이용하여 기하분포일 때 $\mu = \frac{1}{\theta}$, $\sigma^2 = \frac{1-\theta}{\theta^2}$ 임을 보여라.

5.22 다음 식

$$\sum_{x=1}^{\infty} \theta(1-\theta)^{x-1} = 1$$

양변을 θ에 대해 미분함으로써 기하분포의 평균이 $\mu = \frac{1}{\theta}$ 임을 보여라. 그리고 양변을 다시 θ에 대해 미분함으로써 $\mu_2' = \frac{2-\theta}{\theta^2}$ 이므로 결국 $\sigma^2 = \frac{1-\theta}{\theta^2}$ 이 됨을 보여라.

5.23 X가 기하분포를 따르는 확률변수라고 할 때 다음을 보여라.

$$P(X = x+n | X > n) = P(X = x)$$

5.24 어떤 제품이 x번째 사용되었을 때 고장이 날 확률이 $f(x)$라고 하면, x번째 시행에서의 **실패율(failure rate)**은 처음 $x-1$번의 시행에서는 고장이 나지 않았다고 주어졌을 때, x번째 시행에서 고장이 날 확률과 같다. 식으로 표현하면,

$$Z(x) = \frac{f(x)}{1-F(x-1)}$$

이때 $F(x)$는 x일 때 대응하는 분포함수값이다. X가 기하확률변수라고 하면, 실패율은 θ로 일정함을 보여라.

5.25 이항분포의 변동은 n번의 시행이 모두 독립이지만, i번째 시행에서 성공이 나올 확률이 θ_i로 모두 같지 않을 때 발생한다. X가 이런 조건을 만족시키는 n번의 시행에서 나올 성공횟수라고 할 때, 다음을 증명하여라.

(a) $\mu_X = n\theta$ ($\theta = \frac{1}{n} \cdot \sum_{i=1}^{n} \theta_i$ 이다.)

(b) $\sigma_X^2 = n\theta(1-\theta) - n\sigma_\theta^2$ (θ는 (a)에서 정의된 바와 같고, $\sigma_\theta^2 = \frac{1}{n} \cdot \sum_{i=1}^{n} (\theta_i - \theta)^2$ 이다.)

5.26 초기하분포의 모든 값들을 계산할 때 $h(0; n, N, M)$을 먼저 계산하여 다음 점화식을 이용하면 계산이 간단해진다.

$$h(x+1; n, N, M) = \frac{(n-x)(M-x)}{(x+1)(N-M-n+x+1)} \cdot h(x; n, N, M)$$

위 식을 증명하고, 이를 이용해 $n = 4, N = 9, M = 5$인 초기하분포값을 계산하여라.

5.27 정리 5.7의 증명에서 $E[X(X-1)]$의 식을 증명하여라.

5.28 정리 5.7에서 $\theta = \frac{M}{N}$으로 두면, 초기하분포의 평균과 분산은 $\mu = n\theta$, $\sigma^2 = n\theta(1-\theta) \cdot \frac{N-n}{N-1}$와 같음을 보여라. 이 결과는 172쪽에서 논의된 것과 어떤 연관이 있는가?

5.29 포아송분포의 모든 값을 계산할 때 $p(0; \lambda)$를 먼저 계산하여 다음 점화식을 이용하면 계산이 간단해진다.

$$p(x+1; \lambda) = \frac{\lambda}{x+1} \cdot p(x; \lambda)$$

위 식을 증명하고, 이를 이용해 표 II에서 $\lambda = 2$일 때 값들을 확인하여라 $(e^{-2} = 0.1353)$.

5.30 다음 두 가지 방법으로 이항확률 $b(3; 100, 0.10)$을 근사하여라.

(a) 이항분포식과 로그를 이용

(b) 표 II

5.31 다음 조건을 모두 만족시킬 때 $f(x, t)$는 길이가 t인 시구간 동안 x번의 성공이 일어날 확률이라고 하자. (i) 아주 짧은 시구간 t에서 $t + \Delta t$에서 한 번의 성공이 일어날 확률은 $\alpha \cdot \Delta t$이고, (ii) 이러한 시구간에서 한 번 이상의 성공이 일어날 확률은 무시할 만큼 작고, (iii) 이러한 시구간에서 한 번의 성공이 일어날 확률은 시간 t 이전에 일어난 사건과는 무관하다.

(a) 위 조건들이 만족되었을 때,

$$f(x, t+\Delta t) = f(x, t)[1 - \alpha \cdot \Delta t] + f(x-1, t)\alpha \cdot \Delta t$$

이고, 그러므로

$$\frac{d[f(x, t)]}{dt} = \alpha[f(x-1, t) - f(x, t)]$$

이 됨을 보여라.

(b) 직접 대입하는 방법을 이용하여 위 미분 방정식의 해(x값마다 하나씩 존재함)는 $\lambda = \alpha t$인 포아송분포에 의해 결정됨을 보여라.

5.32 부분적분을 반복하여 다음을 보여라.

$$\sum_{y=0}^{x} \frac{\lambda^y e^{-\lambda}}{y!} = \frac{1}{x!} \cdot \int_{\lambda}^{\infty} t^x e^{-t}\, dt$$

포아송 확률변수의 분포함수값을 불완전 감마함수표를 보고 구할 수 있게 되므로 이 결과는 매우 중요하다.

5.33 $E(X)$와 $E[X(X-1)]$을 먼저 계산하여 포아송분포의 평균과 분산식을 유도하여라.

5.34 극한 조건, 즉 $n\theta$가 일정할 때 $n \to \infty$, $\theta \to 0$이 이항분포의 적률생성함수에 적용이 되면, 포아송분포의 적률생성함수를 얻는다는 것을 보여라.

[힌트: 다음의 사실을 이용하여라. $\lim_{n \to \infty}\left(1+\frac{z}{n}\right)^n = e^z$.]

5.35 정리 5.9를 이용하여 포아송분포의 $\alpha_3 = \frac{1}{\sqrt{\lambda}}$ 임을 보여라. 여기서 α_3은 연습문제 4.26에서 정의된 바와 같이 왜도의 척도이다.

5.36 다음 식

$$\mu_r = \sum_{x=0}^{\infty}(x-\lambda)^r \cdot \frac{\lambda^x e^{-\lambda}}{x!}$$

양변을 λ에 대해 미분함으로써 포아송분포의 평균에서 구한 적률의 점화식

$$\mu_{r+1} = \lambda\left[r\mu_{r-1} + \frac{d\mu_r}{d\lambda}\right]$$

을 유도하여라($r = 1, 2, 3, \cdots$). 그리고 이 점화식과 $\mu_0 = 1$, $\mu_1 = 0$이라는 사실을 이용하여 μ_2, μ_3, μ_4를 구하고, 연습문제 5.35에 주어진 α_3에 대한 식을 증명하여라.

5.37 X가 모수가 λ인 포아송분포를 따르는 확률변수일 때, 정리 5.9를 이용하여 $Y = X - \lambda$의 적률생성함수를 구하고, 그것을 이용하여 $\sigma_Y^2 = \lambda$ 임을 증명하여라.

5.8 다항분포

이항분포의 직접적인 일반화는 각 시행에서 나올 수 있는 결과가 두 가지 이상이고, 결과가 일어날 확률은 시행마다 같으며, 모든 시행이 독립일 때 이루어지게 된다. 예를 들어 여론조사에서 후보에 대해 지지하는지, 반대하는지, 결정하지 않았는지에 대한 질문을 받는 경우라든가, 제품의 품질에 대해 아주 좋다, 좋다, 보통이다, 좋지 않다 네 가지 척도로 나뉘어져 있는 경우이다.

이런 문제를 풀기 위해 먼저 n개의 독립 시행에서 k개의 상호배반적 결과를 허용하며, 각각에 해당하는 확률이 $\theta_1, \theta_2, \cdots, \theta_k$인 경우를 생각해 보자 (단, $\sum_{i=1}^{k}\theta_i = 1$). 나올 수 있는 결과를 첫 번째 그룹, 두 번째 그룹, $\cdots$, k번째 그룹이라고 하면, 우리는 첫 번째 그룹에서 x_1개가 나오고, 두 번째 그룹에서 x_2개가 나오고, $\cdots$, k번째 그룹에서 x_k개가 나오게 될 확률을 알고자 하는 것이다 (단, $\sum_{i=1}^{k}x_i = n$).

이항분포식을 유도했을 때와 마찬가지로 먼저 첫 번째 그룹에서 x_1개가 나오고, 두 번째 그룹에서 x_2개가 나오고, $\cdots$, k번째 그룹에서 x_k개가 나오게 될 확률을 특정한 순서대로 나열한 $\theta_1^{x_1}, \theta_2^{x_2}, \cdots, \theta_k^{x_k}$를 구할 수 있다. 이 확률들의 나올 수 있는 결과 수, 즉 모든 조합을 구해야 하므로 정리 1.8에 의해,

$$\binom{n}{x_1, x_2, \ldots, x_k} = \frac{n!}{x_1! \cdot x_2! \cdot \ldots \cdot x_k!}$$

를 확률에 곱해 준다.

(정의 5.8) **다항분포** 확률변수 $X_1, X_2, \cdots, X_n$이 다음과 같은 결합확률분포를 가질 때 이를 다항확률변수라고 하며, **다항분포 (multinomial distribution)** 를 따른다고 한다.

$$f(x_1, x_2, \ldots, x_k;\ n, \theta_1, \theta_2, \ldots, \theta_k) = \binom{n}{x_1, x_2, \ldots, x_k} \cdot \theta_1^{x_1} \cdot \theta_2^{x_2} \cdot \ldots \cdot \theta_k^{x_k}$$

$$\text{각 } i\text{에 대해 } x_i = 0, 1, \ldots, n\text{이며, } \sum_{i=1}^{k} x_i = n\text{이고, } \sum_{i=1}^{k} \theta_i = 1\text{이다.}$$

그러므로 서로 다른 종류에서 나오는 결과의 수는 모수가 $n, \theta_1, \theta_2, \cdots, \theta_k$인 다항분포를 따르는 확률변수이다. '다항' 이라는 말은 다양한 x_i의 값들에 대한 확률이 $(\theta_1 + \theta_2 + \cdots + \theta_k)^n$을 다항 전개했을 때 각각에 대응하는 항들과 일치한다는 사실 때문에 붙여진 명칭이다.

예제 5.14

어느 도시에는 세 개의 신문이 있다. 신문 A는 도시 인구 50퍼센트의 독자를 가지며, 신문 B는 30퍼센트, 신문 C는 나머지 20퍼센트를 가진다고 한다. 이 도시에서 임의로 선택된 여덟 명의 독자 중 다섯 명이 신문 A를, 두 명이 신문 B를, 한 명이 신문 C를 읽을 확률을 구하여라. (둘 이상의 신문을 읽는 독자는 없다고 가정한다.)

풀이 정의 5.8의 식에 $x_1 = 5, x_2 = 2, x_3 = 1, \theta_1 = 0.50, \theta_2 = 0.30, \theta_3 = 0.20$를 대입해 주면 확률은 다음과 같다.

$$\begin{aligned} f(5, 2, 1; 8, 0.50, 0.30, 0.20) &= \frac{8!}{5! \cdot 2! \cdot 1!}(0.50)^5(0.30)^2(0.20) \\ &= 0.0945 \end{aligned}$$

5.9 다변량 초기하분포

비복원추출일 때 이항분포를 초기하분포가 대신하는 것과 마찬가지로, 비복원추출일 경우에 다항분포와 유사한 다변량 분포가 존재한다. 식을 유도하기 위해 먼저 N개의 원소로 이루어진 집합이 있다고 해 보자. 그중 M_1개는 첫 번째 그룹, M_2개는 두 번째 그룹, $\cdots$, M_k개는 k번째 그룹에 속한 원소들이라고 하자 (단, $\sum_{i=1}^{k} M_i = N$). 다항분포와 연결해서 보면, 우리는 마찬가지로 x_1개가 나오고, 두 번째 그룹에서 x_2개가 나오고, $\cdots$, k번째 그룹에서 x_k개가 나오게 될 확률을 알고자 하지만, 이번에는 N개의 원소 중에 n개를 비복원추출한다.

첫 번째 그룹의 M_1개 중 x_1개의 원소를 고를 수 있는 방법은 $\binom{M_1}{x_1}$가지이고, 두 번째 그룹의 M_2개 중 x_2

개의 원소를 고를 수 있는 방법은 $\binom{M_2}{x_2}$가지, …, k번째 그룹의 M_k개 중 x_k개의 원소를 고를 수 있는 방법은 $\binom{M_k}{x_k}$가지이다. 그러므로 $\sum_{i=1}^{k} x_i = n$을 고르는 방법은 $\binom{M_1}{x_1}\binom{M_2}{x_2}\cdots\binom{M_k}{x_k}$가지가 된다. N개의 원소 중에 n개를 고를 수 있는 방법은 $\binom{N}{n}$가지이고, 모두 등확률(선택이 랜덤이라는 말)이므로, 우리가 구하고자 하는 확률은 $\dfrac{\binom{M_1}{x_1}\binom{M_2}{x_2}\cdots\binom{M_k}{x_k}}{\binom{N}{n}}$이다.

정의 5.9 **다변량 초기하분포** 확률변수 $X_1, X_2, \cdots, X_k$이 다음과 같은 결합확률분포를 가질 때 이를 다변량 초기하 확률변수라고 하며, **다변량 초기하분포(multivariate hypergeometric distribution)**를 따른다고 한다.

$$f(x_1, x_2, \ldots, x_k; n, M_1, M_2, \ldots, M_k) = \frac{\binom{M_1}{x_1}\binom{M_2}{x_2}\cdot\cdots\cdot\binom{M_k}{x_k}}{\binom{N}{n}}$$

각 i에 대해 $x_i = 0, 1, \cdots, n$이고, $x_i \leqq M_i$이며, $\sum_{i=1}^{k} x_i = n$ 이고, $\sum_{i=1}^{k} M_i = N$ 이다.

그러므로 이 확률변수들의 결합분포, 즉 그룹이 여러 개인 결과들의 가짓수가 따르는 분포는 모수가 n, $M_1, M_2, \cdots, M_k$인 다변량 초기하분포이다.

예제 5.15

배심원 후보 명단에는 기혼인 남자 여섯 명, 미혼인 남자 세 명, 기혼인 여자 일곱 명, 미혼인 여자 네 명이 있다고 한다. 선택이 랜덤이라면, 선택된 배심원이 기혼인 남자 네 명, 미혼인 남자 한 명, 기혼인 여자 다섯 명, 미혼인 여자 두 명으로 이루어질 확률은 무엇인가?

풀이 정의 5.9의 식에 $x_1 = 4$, $x_2 = 1$, $x_3 = 5$, $x_4 = 2$, $M_1 = 6$, $M_2 = 3$, $M_3 = 7$, $M_4 = 4$, 그리고 $N = 20$, $n = 12$를 대입해 주면 확률은 다음과 같다.

$$\begin{aligned} f(4, 1, 5, 2; 12, 6, 3, 7, 4) &= \frac{\binom{6}{4}\binom{3}{1}\binom{7}{5}\binom{4}{2}}{\binom{20}{12}} \\ &= 0.0450 \end{aligned}$$

연습문제

5.38 $X_1, X_2, \cdots, X_k$이 정의 5.8에서의 다항분포를 따를 때, X_i의 주변분포에 대한 평균은 $n\theta_i$임을 보여라 $(i = 1, 2, \cdots, k)$.

5.39 $X_1, X_2, \cdots, X_k$이 정의 5.8에서의 다항분포를 따를 때, X_i와 X_j의 공분산은 $-n\theta_i\theta_j$임을 보여라 $(i = 1, 2, \cdots, k, j = 1, 2, \cdots, k$이고 $i \neq j)$.

◆ 5.10 실제 예

이 절에서는 **표본검사(sampling inspection)** 라고 하는 이항분포의 중요한 응용에 대해 논의하겠다.

표본검사에서는 제조품들로 이루어진 어느 특정한 표본을 통제 및 관리된 제약하에서 검사하게 된다. 표본에서 결함이 있는 제품의 수가 주어진 **합격수(acceptance number)** 를 초과하면 해당되는 생산물품을 기각시킨다. (기각된 생산물품은 더 면밀하게 검사되기도 하며, 보통 폐기는 되지 않는다.) **표본계획(sampling plan)** 은 각 생산물품에서 추출될 표본의 크기, 그리고 그 생산물품이 기각되기 전까지 허용되는 불량품의 최대 개수에 대한 내용을 포함한다.

어떤 생산물품이 주어진 표본계획에 따라 합격될 확률은 생산물품 내 실제 불량률 p에 의존한다. p값을 모르기 때문에 우리는 생산물품을 합격시킬 확률을 여러 개의 p값에 대해 구한다. 어떤 표본계획에 각 생산물품별 표본의 크기는 n이어야 하고, 생산물품의 크기는 n에 비해 커야 한다고 하자. 더 나아가 합격수가 c, 즉 표본에서 c와 같거나 그보다 작은 수의 불량품이 발견되면 이에 해당하는 생산물품을 합격시킨다고 한다. 합격률, 즉 크기가 n인 표본에서 c와 같거나 그보다 작은 수의 불량품을 발견할 확률은 이항분포로 가까운 값으로 근사할 수 있다(표본검사는 비복원추출을 통해 이루어지므로, 이항분포가 기초하고 있는 '시행 간 확률이 같다'는 가정이 깨져버린다. 그러나 표본의 크기가 생산물품의 크기에 비해 작으면 가정은 거의 만족된다고 할 수 있다). 그러므로 생산물품이 클 때 불량률 p를 갖고 있는 생산물품을 합격시키게 될 확률은 다음 정의를 통해 가까이 근사시킬 수 있다.

정의 5.10 **합격 확률** n이 각각의 큰 생산물품별 표본의 크기이고 c가 합격수이면 **합격 확률**은 다음과 같다.

$$L(p) = \sum_{k=0}^{c} b(k; n, p) = B(c; n, p)$$

여기서 p는 생산물품 내 실제 불량률이다. ■

위 식으로부터 우리는, 표본에서 c와 같거나 그보다 작은 수의 불량품이 있을 확률은 불량품이 0개일 확률과 불량품이 1개일 확률, …, 불량품이 c개일 확률을 모두 더한 것이며, 각각의 확률은 모수가 n이고, $\theta = p$인 이항분포에 의해 근사된다는 것을 알 수 있다. 정의 5.10은 12.5절에서 소개될 검정력함수와 밀접한 관계를 가지고 있다.

주어진 표본계획(표본의 크기 n, 합격수 c)에 대해 합격률은 생산물품의 실제(알려지지 않은) 불량률 p에 의존한다는 것을 위 정의를 통해 알 수 있다. 그러므로 생산물품을 합격시킬 확률을 생산물품의 불량률 p의 함수로 주는 곡선을 그려볼 수 있다. 이 곡선을 **운영특성곡선(operating characteristic curve, OC curve)** 이라고 하며, 이는 표본계획의 특성을 정의해 준다.

OC 곡선의 구조를 보이기 위해 $n = 20$, $c = 3$인 표본계획을 예로 들어 보자. 즉, 크기가 20인 표본을 각 생산물품에서 추출하여, 각 표본이 3개 이하의 불량품을 가지고 있을 때 해당 생산물품을 합격시키기로 한다. 표 I에서 $n = 20$, $x = 3$에 해당하는 행을 보면, 이항분포 $b(x; 20, p)$를 따르는 확률변수가 3 이하의 값을 갖게 될 확률은 p값에 따라 다음과 같다.

p	0.05	0.10	0.15	0.20	0.25	0.30	0.35	0.40	0.45
$L(p)$	0.9841	0.8670	0.6477	0.4114	0.2252	0.1071	0.0444	0.0160	0.0049

$L(p)$와 p에 대한 그래프는 그림 5.6에 있다.

그림 5.6에 주어진 OC 곡선의 검사는 0.10보다 작은 p값에 대해서는 합격률이 높다(0.9이상)는 것을 보여 준다. 또 0.30보다 큰 p값에 대해서는 합격률이 낮다(0.10이하)는 것을 보여 준다. 생산물품의 실제 불량률이 0.10과 0.30 사이라면, 이 생산물품의 합격여부는 확실하지 않다.

그림 5.7에 나와 있는 OC 곡선 같은 것을 이상적인 OC 곡선이라고 한다. 이 그림에서는 생산물품을 판단하는 것에 있어 애매한 영역이 없다. 즉, 주어진 p보다 작은 값을 가진 생산물품은 확실히 합격할 것이고, 그 값보다 큰 값을 가진 생산물품은 확실하게 기각될 것이다. 비교해 보면, 그림 5.6의 OC 곡선은 좋은 생산물품과 안 좋은 생산물품을 잘 구분해내지 못한다. 이런 경우 표본의 크기 n을 늘리면 더 나은 OC 곡선을 얻을 수 있다.

표본계획의 OC 곡선은 유한한 크기의 표본을 가지고는 절대로 그림 5.7의 그것과 같이 될 수 없다. 이는 표본하는 과정에서 어느 정도의 통계적 오차가 생기기 때문이다. 그러나 표본계획은 우리가 중요하다

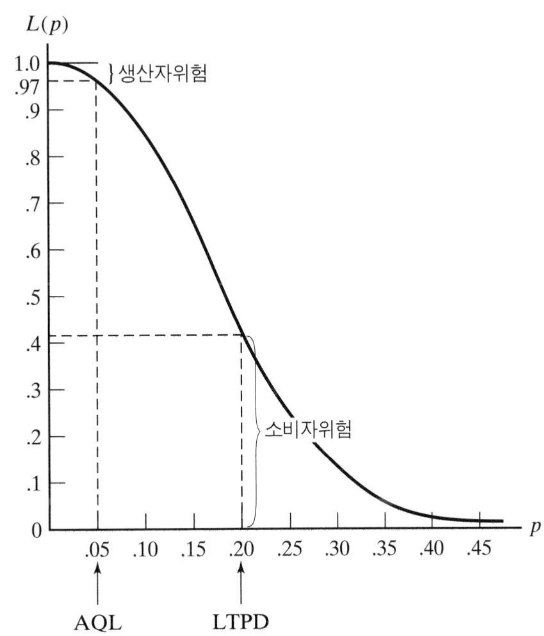

그림 5.6 OC 곡선.

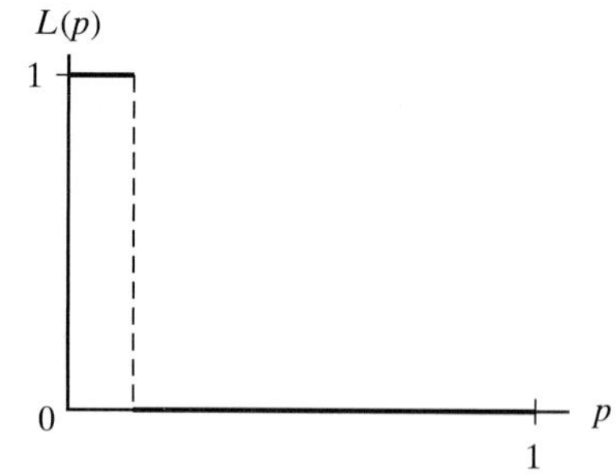

그림 5.7 이상적인 OC 곡선.

고 생각하는 p값 두 개를 선정하여 그에 해당하는 값에서의 확률을 계산함으로써 평가될 수 있다. 먼저 생산물품의 불량률이 p_0 이하일 때 합격을 시키고 싶을 때, 기준이 될 p_0를 고른다. 이때의 값 p를 **허용품질수준(acceptable quality level, AQL)**이라고 한다. 이제 두 번째 p, p_1보다 큰 불량률을 가진 생산물품을 기각시키고 싶을 때, 기준이 될 p_1을 고른다. 이때의 값 p를 **생산물품허용불량률(lot tolerance percentage defective, LTPD)**이라고 한다. 좋은 생산물품($p \le p_0$인 생산물품)이 기각될 확률과 안 좋은 생산물품($p \ge p_1$인 생산물품)이 합격될 확률을 구하여 표본계획을 평가한다.

좋은 생산물품이 기각될 확률을 **생산자위험(producer's risk)**이라 하며, 안 좋은 생산물품이 합격될 확률을 **소비자위험(consumer's risk)**이라고 한다. 생산자위험은 좋은 생산물품($p < p_0$인 생산물품)이 표본계획으로 인해 잘못되어 기각될 확률을 나타낸다. 이는 생산자가 표본변동으로 인해 감수해야 하는 위험이다. 소비자위험은 안 좋은 생산물품($p > p_1$인 생산물품)을 잘못하여 받게 될 확률이다. 두 가지 위험은 12.2절에서 소개될 제1종오류 α와 제2종오류 β와 유사하다.

0.05의 AQL이 선택되었다고 하자($p_0 = 0.05$). 그러면 그림 5.6에서 볼 수 있듯이 실제 불량률이 0.05인 생산물품을 합격시킬 확률은 약 0.97이므로, 주어진 표본계획은 0.03 정도의 생산자위험을 갖고 있다. 마찬가지로 0.20의 LTPD가 선택되었다고 하면, 소비자위험은 약 0.41이다. 이 표본계획은 명백하게 허용할 수 없을 만큼 높은 생산자위험을 갖고 있다. 소비자가 받을 생산물품의 40퍼센트가 20퍼센트 이상의 불량률을 가지고 있는 셈이 된다. 좀 더 나은 표본계획을 만들고자 할 때는 표본의 크기 n을 늘리거나, 합격수 c를 줄이거나, 두 방법을 모두 이용하면 된다. 다음 예제는 n이 20으로 고정되어 있을 때, c를 1로 줄이면 어떻게 되는지를 보여 준다.

예제 5.16

AQL이 0.05이고, LTPD가 0.20일 때 $n = 20$, $c = 1$로 정의된 표본계획에 대해 생산자위험과 소비자위험을 구하여라.

풀이 먼저 다양한 p에 대해 $L(p)$와 p를 계산한다. 표 I에서 $n = 20$, $x = 1$에 해당하는 값을 찾으면 다음과 같다.

p	0.05	0.10	0.15	0.20	0.25	0.30	0.35	0.40	0.45
$L(p)$	0.7358	0.3917	0.1756	0.0692	0.0243	0.0076	0.0021	0.0005	0.0001

이에 해당하는 OC 곡선은 그림 5.8에 나와 있다. 우리는 그래프로부터 생산자위험은 $1 - 0.7358 = 0.2642$이

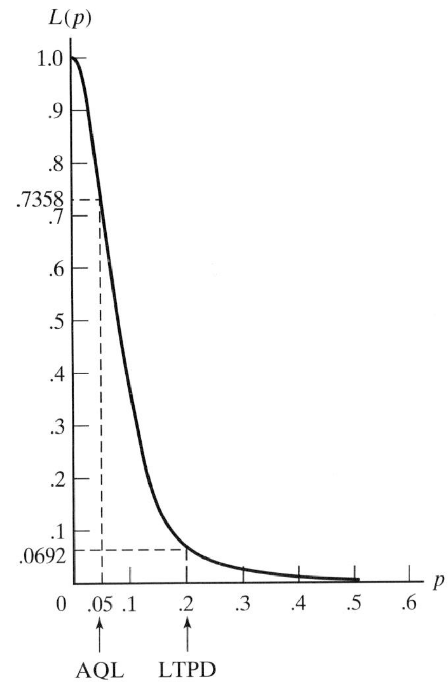

그림 5.8 예제 5.16에 대한 OC 곡선.

고 소비자위험은 0.0692인 것을 확인할 수 있다. OC 곡선은 엑셀이나 MINITAB 등의 컴퓨터 소프트웨어를 사용하면 빠른 시간 안에 그릴 수 있다. ●

합격수를 3에서 1로 줄였더니 소비자위험은 눈에 띄게 줄었지만, 반대로 생산자위험이 허용할 수 없을 만큼 높아졌다. 크기가 더 큰 표본이 필요한다.

앞의 예제는 현실성이 거의 없다. LTPD를 0.20 (불량률 20퍼센트) 처럼 높게 잡는 일은 거의 없으며, 표본의 크기도 20보다 큰 것들이 사용된다. 실제로 n과 c의 매우 다양한 조합을 갖는 표본계획들에 대해 OC 곡선이 계산되어 있다. 그렇기 때문에 우리가 허용하고자 하는 범위의 AQL, LTPD, 소비자위험, 생산자위험, 표본의 크기를 나타내고 있는 OC 곡선의 표본계획이 선택된다.

5.1~5.4절

응용문제

5.40 답이 하나씩인 3지 선다형 문제 8개로 이루어진 시험이 있다. 만약 한 학생이 주사위를 던져 1이나 2가 나오면 첫 번째 보기를 답으로, 3이나 4가 나오면 두 번째 보기를 답으로, 5나 6이 나오면 세 번째 보기를 답으로 고른다고 하면, 이 학생이 네 개의 문제만 정답을 맞출 확률은 얼마인가?

5.41 한 자동차 안전 기술자는 자동차 교통 사고 10번 중 1번은 운전자의 피로에 의한 것이라고 주장한다. 이항분포식을 이용하여 사고 5번 중 최소 3번이 운전자의 피로에 의한 것일 확률을 구하여라 (소수점 넷째 자리까지).

5.42 어떤 도시에서는 이혼한 부부의 70퍼센트가 법률적 이유로 성격 차이를 댄다고 한다. 아래 두 가지 방법을 이용하여 이 도시에서 앞으로 있을 여섯 번의 이혼 사례 중 다섯 번이 성격 차이로 인한 것일 확률을 구하여라.

(a) 이항분포식

(b) 표 I

5.43 실험에 쓰인 쥐들 중 40퍼센트가 시약을 주입한지 1분 안에 매우 공격적으로 변한다고 한다. 아래 두 가지 방법을 이용하여 시약을 주입한 15마리의 쥐 중 여섯 마리가 1분 안에 공격적으로 변할 확률을 구하여라.

(a) 이항분포식

(b) 표 I

5.44 한 사회 과학자는 대학 공부를 할 능력이 있는 고3 학생들의 50퍼센트만이 실제로 대학에 진학한다고 주장한다. 이 같은 주장이 사실이라고 했을 때 표 I을 이용하여 다음 세 가지의 경우에 대한 확률을 구하여라.

(a) 18명의 고3 학생 중 정확히 10명이 대학에 진학할 확률

(b) 18명의 고3 학생 중 최소 10명이 대학에 진학할 확률

(c) 18명의 고3 학생 중 최대 8명이 대학에 진학할 확률

5.45 서부의 한 도시에서 차를 도난 당했을 때 그것을 다시 찾을 확률이 0.63이라고 하자. 그림 5.1의 출력물을 이용해 도난 당한 10대의 자동차 중 최소 8대를 다시 찾게 될 확률을 구하여라. 다음을 이용하여라.

(a) P (X = K) 열의 값

(b) P (X LESS OR = K) 열의 값

5.46 응용문제 5.45와 그림 5.1의 출력물을 참고하여 도난 당한 10대의 자동차 중 세 대에서 다섯 대를 다시 찾게 될 확률을 구하여라. 다음을 이용하여라.

(a) P (X = K) 열의 값

(b) P (X LESS OR = K) 열의 값

5.47 응용문제 5.43에서 40퍼센트가 42퍼센트로 상승하였다고 하자. 적절한 표나 $n = 15$이고 $\theta = 0.42$일 때의 이항분포값들의 출력물을 이용해 (a) 와 (b) 를 다시 구하여라.

5.48 응용문제 5.44에서 50퍼센트가 51퍼센트로 상승하였다고 하자. 적절한 표나 $n = 18$이고, $\theta = 0.51$일 때의 이항분포값들의 출력물을 이용해 (a), (b), (c) 를 다시 구하여라.

5.49 새 학교를 운영하기 위한 계획을 세우기 위해 위원들이 한 자리에 모였다. 그중 한 명은 새로 고용된 다섯 명의 선생님 중 네 명이 1년 이상 이 학교에 머무를 것이라 주장하고 있고, 또 다른 한 명은 다섯 중 셋이라고 주장하고 있다. 과거 경력에 의하면 이 두 위원들의 예측은 비슷하게 신뢰를 받고 있고, 이외 다른 정보를 모르기 때문에 각 위원의 판단에 동일한 가중치를 주도록 한다. 이들 중 반드시 한 명이 맞아야 하고, 새로 고용된 12명의 선생님 중에서 11명이 실제로 1년 이상 이 학교에 있었을 경우, 각 주장에 대해 확률을 얼만큼씩 부여해 주어야 하는가?

5.50 **(a)** 이항분포의 표준편차를 반으로 줄이려면 시행 횟수를 어떻게 바꾸어야 하는가?

(b) n과 θ를 모수로 갖는 이항분포에서 n에 k를 곱해 주면 그 결과 나온 이항분포의 표준편차는 어떻게 되는가?

5.51 한 제조업자는 최대 5퍼센트의 경우만이 수리가 필요할 때까지 걸리는 시간이 1,000시간 이하일 것이라고 주장한다. 생산 라인에서 20개의 제품을 임의로 골라 실험해 보았다. 그중 세 개가 1,000시간이 되기 전에 수리를 필요로 하는 것으로 나타났다. 이 사람의 주장에 대해 논하여라.

5.52 **(a)** 컴퓨터 프로그램을 사용하여 두 개의 주사위를 100번 던져서 눈의 합이 7인 경우가 14번, 18번일 확률을 구하여라.

(b) 눈의 합이 7인 경우가 18번 이상이 나온다면 놀랄만한 일인가? 왜 그런가?

5.53 **(a)** 만약 업무 관련 통화가 5분 이상 지속될 확률이 10퍼센트라고 가정했을 때, 컴퓨터 프로그램을 사용하여 업무 관련 통화 80번 중 12번 이상이 5분 이상 지속될 확률을 구하여라.

(b) 이 같은 결과를 근거로 10퍼센트라는 가정이 합리적이라고 할 수 있는가? 왜 그런가?

5.54 체비셰프 정리와 정리 5.3을 이용하여 아래 세 가지의 경우에 대해 확률이 최소 $\frac{35}{36}$인 것을 보여라.

(a) 동전을 900번 던져서 앞면이 나온 횟수가 전체에서 차지하는 비중이 0.40에서 0.60 사이일 경우

(b) 동전을 10,000번 던져서 앞면이 나온 횟수가 전체에서 차지하는 비중이 0.47에서 0.53 사이일 경우

(c) 동전을 1,000,000번 던져서 앞면이 나온 횟수가 전체에서 차지하는 비중이 0.497에서 0.503 사이일 경우

5.55 164쪽에 나와 있는 대수의 법칙에 대한 감을 잡기 위해서는 동전을 던져보면 된다. 동전 하나를 100번 던지면서 다섯 번마다 전체에 대한 앞면이 나온 횟수의 누적비율을 그려보아라.

5.56 신문 첫 페이지에서 시작하여 아무렇게나 읽어가면서, 눈에 띄는 첫 200개의 수를 기록하여라. 광고에 나온 숫자들도 포함하도록 한다. 각 수마다 맨 왼쪽에 있는 숫자를 적고, 전체에서 각 숫자들(1, 2, ⋯, 9)이 차지하는 비중을 적는다(0은 맨 왼쪽에 있는 숫자가 될 수 있다. 0.0074에서 맨 왼쪽의 숫자는 7이다). 결과는 조금 놀라울 수 있지만, 164쪽에 나온 대수의 법칙에 따르면 제대로 추정되고 있다는 것을 알 수 있다.

5.5~5.7절

5.57 남자 아이, 여자 아이를 낳을 확률이 각각 0.50이라고 했을 때 다음을 구하여라.

(a) 가족의 네 번째 아이가 장남일 확률

(b) 가족의 일곱 번째 아이가 차녀일 확률

(c) 가족의 열 번째 아이가 넷째나 다섯째 아들일 확률

5.58 사람이 어떤 특정한 정치가가 법을 위반했다는 소문을 믿을 확률이 0.75이라고 했을 때, 다음을 구하여라.

(a) 여덟 번째로 소문을 들은 사람이 다섯 번째로 믿을 확률

(b) 열 다섯 번째로 소문을 들은 사람이 열 번째로 믿을 확률

5.59 TV광고 촬영 시, 배우가 한 장면에서 한 번에 대사를 성공시킬 확률이 0.30이다. 그가 여섯 번째 장면에서 대사를 성공시킨 것이 최초일 확률은 얼마인가?

5.60 저명한 사수가 목표물을 놓칠 확률이 5퍼센트라고 한다. 다음 두 가지 방법을 이용하여 그녀가 열 다섯 번째로 쏜 것이 목표물을 놓친 것으로는 두 번째일 확률을 구하여라.

(a) 음이항분포식

(b) 정리 5.5와 표 I을 이용

5.61 정리 5.5의 공식을 적용하여 기하확률을 이항확률의 형태로 나타내고, 그 식과 표 I을 이용하여

(a) 예제 5.5의 결과를 증명하여라.

(b) 응용문제 5.59를 다시 풀어라.

5.62 전등 스위치가 더 이상 작동하지 않을 때까지 켰다 껐다를 반복하는 실험을 한다고 하자. 만약 스위치가 켜져 있든 꺼져 있든에 관계 없이 작동하지 않을 확률이 0.001이라고 하면, 스위치가 처음 800번까지 정상적으로 작동을 할 확률은 얼마인가? 기하분포에서의 조건들이 모두 만족된다고 가정하고 로그를 이용하여라.

5.63 어떤 품질관리기사는 포켓용 계산기 두 개로 이루어진 확률표본을 크기가 18인 생산물품에서 추출하여 검사한 후, 계산기 두 개가 모두 문제가 없으면 이 생산물품을 합격시킬 것이다. 만약 문제가 생기면 생산물품 전체를 검사하여 행상인에게 비용이 청구된다.

(a) 계산기 네 개에서 문제가 생겼을 때 이 생산물품이 정밀검사를 받지 않고 합격이 될 확률은?

(b) 계산기 여덟 개에서 문제가 생겼을 때 이 생산물품이 정밀검사를 받지 않고 합격이 될 확률은?

(c) 계산기 12개에서 문제가 생겼을 때 이 생산물품이 정밀검사를 받지 않고 합격이 될 확률은?

5.64 어떤 일자리에 지원한 16명의 지원자 중 10명이 학사학위 소지자이다. 지원자들 중 임의로 세 명을 선택하여 면접을 진행하려고 할 때, 다음 경우들에 대한 확률은 얼마인가?

(a) 학사학위 소지자가 아무도 없을 경우

(b) 학사학위 소지자가 한 명 있을 경우

(c) 학사학위 소지자가 두 명 있을 경우

(d) 세 명 모두 학사학위를 소지하고 있을 경우

5.65 다음 두 가지 방법을 이용하여 $n = 3, N = 16, M = 10$인 초기하분포의 평균과 분산을 구하여라.

(a) 응용문제 5.64의 결과 이용

(b) 정리 5.7의 공식 이용

5.66 15건의 소득세신고에는 불법으로 소득세 감면을 받은 후 신고된 것이 9건 포함되어 있다. 임의로 다섯 건을 선택하였을 때, 국세청 감사원이 오직 두 건만을 잡아낼 확률은 얼마인가?

5.67 초기하분포로 이항근사할 때 필요한 조건을 만족하는지 각 경우를 확인하여라.

(a) $N = 200, n = 12$

(b) $N = 500, n = 20$

(c) $N = 640, n = 30$

5.68 80개의 도난 경보기에 불량인 것이 네 개가 포함이 되어 있다. 80개 중 임의로 세 개를 선택하여 소비자에게 보냈을 때, 다음 두 가지 방법을 이용하여 소비자가 불량품 하나를 받게 될 확률을 구하여라.

(a) 초기하분포식

(b) 이항분포를 이용한 근사

5.69 회사 직원 300명 중 240명만이 노동조합원이다. 추첨으로 여섯 명의 직원을 뽑아 연금관련 업무를 맡기려고 할 때, 다음 두 가지 방법을 이용하여 뽑힌 여섯 명 중 네 명이 노동조합원일 확률을 구하여라.

(a) 초기하분포식

(b) 이항분포를 이용한 근사

5.70 배심원 명부에 있는 300명의 사람 중 25세 이하가 30명이 있다고 한다. 여기서 25세 이하의 사람들을 제외한

12명의 배심원이 마약관련사건에 대해 판결하기 위해 선택되었다고 한다. 피고인의 젊은 변호사는 배심원이 대표성을 제대로 띠지 않는다고 불만을 늘어놓았다. 선택이 랜덤이었다면 25세 이하도 12명 중 한 명으로 선택되었을 확률이 아예 한 명도 선택되지 않을 확률보다는 몇 배는 더 컸을 것이라고 주장하였다. 실제로, 이 두 확률의 비는 무엇인가?

5.71 다음의 경우에 대해 포아송분포를 이용하여 이항확률의 근삿값을 구하고자 할 때, n과 θ값들이 근사가 잘 된 것인지, 근사가 아주 훌륭하게 된 것인지, 아니면 둘 다 아닌지에 대한 경험법칙 (rule of thumb) 을 만족시키는지 확인하여라.

(a) $n = 125, \theta = 0.10$

(b) $n = 25, \theta = 0.04$

(c) $n = 120, \theta = 0.05$

(d) $n = 40, \theta = 0.06$

5.72 경험적으로 봤을 때 전화 교환원이 받은 전화의 1.4퍼센트가 잘못 걸려온 전화였다고 하자. 이항분포로의 포아송 근사를 이용하여 전화 교환원이 받은 150번의 통화 중 두 통이 잘못 걸려온 것일 확률을 구하여라.

5.73 예제 5.8을 참고하여 $\lambda = 7.5$인 포아송분포를 이용하여 $n = 150, \theta = 0.05$인 이항분포로 근사시킬 때 백분율 오차를 가장 커지게 하는 값 x (5에서 15까지의 수) 를 찾아라.

5.74 어떤 도시에서 면허증이 있는 운전자들 중 4퍼센트는 임의의 해에 사고를 한 번 이상 겪을 것이라고 한다. 이항분포로의 포아송 근사를 이용하여 다음을 구하여라.

(a) 임의로 운전자 150을 선택하였을 때 그중 다섯 명만이 한 번 이상의 사고를 겪게 될 확률

(b) 임의로 운전자 150을 선택하였을 때 그중 최대 세 명이 한 번 이상의 사고를 겪게 될 확률

5.75 어느 주공진회 (state fair) 에서 하루를 보냈을 때 식중독에 걸릴 확률이 0.0012라고 기록되어 있다. 이항분포로의 포아송 근사를 이용하여 행사에 참여하는 1,000명 중 최대 두 명이 식중독에 걸릴 확률을 구하여라.

5.76 예제 5.13과 그림 5.4에 있는 출력물을 보고 15평방피트 크기의 금속판에 여덟 개에서 열 두 개의 흠집이 생길 확률을 다음 두 가지 방식으로 구하여라.

(a) P (X = K) 열에 있는 값 이용

(b) P (X LESS OR = K) 열에 있는 값 이용

5.77 드라이클리닝 시설에 매일 들어오는 손님들의 불평의 건수는 $\lambda = 3.3$인 포아송분포를 따르는 확률변수이다. 포아송분포식을 이용하여 주어진 하루 동안 오직 두 건만 있을 확률을 구하여라.

5.78 어떤 컴퓨터의 월별 고장 횟수는 $\lambda = 1.8$인 포아송분포를 따르는 확률변수이다. 포아송분포식을 이용하여 다음을 구하여라.

(a) 이 컴퓨터가 고장 없이 작동할 확률

(b) 이 컴퓨터가 오직 한 번의 고장만 있으면서 작동할 확률

5.79 표 II를 사용하여 응용문제 5.78의 결과를 증명하여라.

5.80 연속된 롤 (roll) 로 생산되는 어떤 옷감의 야드당 발생하는 흠집의 개수는 $\lambda = 0.25$인 포아송분포를 따르는 확률변수이다. 2야드의 옷감이 최대 하나의 흠집을 갖게 될 확률을 다음 두 가지 방법을 이용하여 구하여라.

(a) 표 II

(b) 그림 5.5의 출력물

5.81 사막의 특정 지역에서 매년 독성식물을 먹어 병에 걸린 사람의 수는 $\lambda = 5.2$인 포아송분포를 따르는 확률변수이다. 표 II를 이용하여 다음을 구하여라.

(a) 주어진 한 해 동안 세 명이 병에 걸렸을 확률

(b) 주어진 한 해 동안 최소 10명이 병에 걸렸을 확률

(c) 주어진 한 해 동안 네 명에서 여섯 명 사이가 병에 걸렸을 확률

5.82 **(a)** 컴퓨터 프로그램을 사용하여 여섯 개의 불량품을 포함하고 있을 것이라고 생각되는 1,000개의 제품들로 이루어진 생산물품으로부터 크기가 100인 표본을 추출하였을 때, 이 표본에서 하나 이상의 불량품이 나올 확률을 **정확하게** 구하여라.

(b) 적당한 이항분포를 이용하여 이 확률의 근삿값을 구하여라.

(c) 적당한 포아송분포를 이용하여 이 확률의 근삿값을 구하고, (a), (b), (c) 의 결과를 비교하여라.

5.8~5.9절

5.83 크기가 작은 어떤 차종이 시내에서 1gallon 당 평균 28마일 이하로 갈 확률, 평균 28에서 32마일로 갈 확률, 평균 32마일 이상으로 갈 확률이 각각 0.40, 0.50, 0.10이다. 이 차종으로 10대를 가지고 실험을 해 보았을 때 그중 세 대가 평균 28마일 이하로, 여섯 대가 평균 28에서 32마일로, 나머지 한 대가 평균 32마일로 갔을 확률을 구하여라.

5.84 주의 소득세 신고서가 올바르게 작성될 확률, 납세자에게 유리한 실수만 있을 확률, 주정부에게 유리한 실수만 있을 확률, 두 가지 실수가 모두 있을 확률이 각각 0.60, 0.20, 0.10, 0.10이라고 하자. 감사를 하기 위해 임의로 12장의 신고서를 뽑았을 때, 그중 다섯 장이 올바르게 작성되고, 네 장이 납세자에게 유리한 실수만 있고, 두 장이 주정부에게 유리한 실수만 있고, 한 장이 두 가지 실수를 모두 포함하고 있을 확률은 무엇인가?

5.85 멘델의 법칙에 따르면, 둥글고 황색인 씨를 갖고 있는 식물들을 주름지고 녹색인 씨를 갖고 있는 식물들과 교배시켰을 때, 둥글고 황색인 씨를 갖는 식물이 나올 확률, 주름지고 황색인 씨를 갖는 식물이 나올 확률, 둥글고 녹색인 씨를 갖는 식물이 나올 확률, 주름지고 녹색인 씨를 갖는 식물이 나올 확률이 각각 $\frac{9}{16}$, $\frac{3}{16}$, $\frac{3}{16}$, $\frac{1}{16}$이다. 이런 식으로 교배하여 얻은 아홉 개의 식물 중 둥근 황색 씨가 넷, 주름진 황색 씨가 둘, 둥근 녹색 씨가 셋, 그리고 주름진 녹색 씨는 하나도 없을 확률은 무엇인가?

5.86 1903년에 주조된 25개의 은화 중 15개는 필라델피아의 조폐국에서, 일곱 개는 뉴올린스의 조폐국에서, 그리고 세 개는 샌프란시스코의 조폐국에서 만들어진 것이다. 다섯 개의 은화를 임의로 선택하였을 때, 다음을 구하여라.

(a) 네 개가 필라델피아의 주폐국에서, 나머지 하나가 뉴올린스의 주폐국에서 만들어진 것일 확률

(b) 세 개가 필라델피아의 주폐국에서, 나머지 두 개의 조폐국에서 만들어진 것이 각각 하나씩일 확률

5.87 결함이 있는 벽돌 18개에는 금은 갔지만 퇴색되지는 않은 벽돌 열 개, 퇴색은 되었지만 금이 가지 않은 벽돌 다섯 개, 금도 가고 퇴색도 된 벽돌 세 개가 포함되어 있다. 선택한 여섯 개의 벽돌(정밀검사를 위해 임의로 선택함) 중에 세 개가 금만 있고, 하나는 퇴색만 되었고, 두 개가 금도 가고 퇴색이 된 것일 확률은 무엇인가?

5.10절

5.88 어느 표본검사 프로그램에서는 생산물품의 불량의 참비율이 0.01일 때 그 생산물품을 기각할 확률이 0.10, 생산물품의 불량의 참비율이 0.03일 때 그 생산물품을 기각할 확률이 0.95라고 되어 있다. 0.01이 AQL이고, 0.03이 LTPD라면 생산자위험과 소비자위험은 무엇인가?

5.89 어떤 표본 프로그램에서는 생산자위험이 0.05, 소비자위험이 0.10, AQL이 0.03이고, LTPD가 0.07로 되어 있다.

(a) 불량의 참비율이 0.03인 생산물품을 합격시킬 확률은 얼마인가?

(b) 불량의 참비율이 0.07인 생산물품을 합격시킬 확률은 얼마인가?

5.90 예제 5.16의 합격수를 1에서 2로 바꾸었다고 하자. 생산자위험을 0.05로, 소비자위험을 0.10으로 유지하면 새로운 AQL과 LTPD 값은 무엇인가?

5.91 그림 5.6에서

(a) AQL이 0.10일 때 생산자위험을 찾아라.

(b) 0.05의 소비자위험에 대응하는 LTPD를 찾아라.

5.92 표본의 크기가 15이고, 합격수가 1인 표본계획에 대한 OC 곡선을 그려라.

5.93 표본의 크기가 25이고, 합격수가 2인 표본계획에 대한 OC 곡선을 그려라.

5.94 표본의 크기가 10이고, 합격수가 0인 표본계획에 대한 OC 곡선을 그려라.

5.95 생산자위험과 소비자위험이 모두 0.10일 때, 응용문제 5.93에서 주어진 표본계획의 AQL과 LTPD를 구하여라.

5.96 응용문제 5.92에서 주어진 표본계획에서 AQL이 0.1이고 LTPD가 0.25일 때의 생산자위험과 소비자위험을 구하여라.

5.97 **(a)** 응용문제 5.92에서 합격수를 1에서 0으로 바꾸고 OC 곡선을 그려라.

(b) 두 개의 표본계획에서 AQL이 0.05이고, LTPD가 0.3일 때 생산자위험과 소비자위험은 어떻게 변하는가?

참고문헌

Useful information about various special probability distributions may be found in

DERMAN, C., GLESER, L., and OLKIN, I., *Probability Models and Applications*. New York: Macmillan Publishing Co., Inc., 1980,

HASTINGS, N.A. J., and PEACOCK, J. B., *Statistical Distributions*. London: Butterworth & Co. Ltd., 1975,

and

JOHNSON, N. L., and KOTZ, S., *Discrete Distributions*, Boston: Houghton Mifflin Company, 1969.

Binomial probabilities for $n = 2$ to $n = 49$ may be found in

Tables of the Binomial Probability Distribution, National Bureau of Standards Applied Mathematics Series No. 6,

Washington, D.C.: U.S. Government Printing Office, 1950,

and for $n = 50$ to $n = 100$ in

ROMIG, H.G., 50 − 100 *Binomial Tables*. New York: John Wiley & Sons, Inc., 1953.

The most widely used table of Poisson probabilities is

MOLINA, E. C., *Poisson's Exponential Binomial Limit*. Melbourne, Fla.: Robert E. Krieger Publishing Company, 1973 Reprint.

6장 특수한 확률밀도

6.1 서론 | 6.2 균등분포 | 6.3 감마분포, 지수분포, 카이제곱분포 | 6.4 베타분포
6.5 정규분포 | 6.6 이항분포로의 정규근사 | 6.7 이변량 정규분포 | 6.8 실제 예

6.1 서론

이 장에서는 통계학적 이론과 그 응용에 있어서 매우 중요한 역할을 하는 확률밀도에 대해 알아보겠다. 본문에서 언급되는 것들 외의 확률밀도함수들도 6.4절 연습문제에 소개되어 있으며, 표본조사론에 있어 기초적이면서도 중요한 세 가지 확률밀도함수들은 8장에 별도로 설명되어 있다. 5장에서와 같은 방식으로 각 분포에 대응하는 모수와 적률생성함수를 찾고, 상세한 내용은 연습문제에서 다루도록 하겠다.

6.2 균등분포

예제 3.8과 3.11에 나와 있는 확률밀도함수는 **균등분포(uniform distribution)**의 특수한 경우이다. 그림 3.7은 예제 3.11 중 하나를 그래프로 나타낸 것이다. 일반적으로 다음 정의처럼 나타낼 수 있다.

정의 6.1 **균등분포** 확률변수가 아래의 확률밀도함수를 갖는 확률변수를 연속 균등확률변수라고 하며 **균등분포**를 따른다고 한다.

$$u(x; \alpha, \beta) = \begin{cases} \dfrac{1}{\beta - \alpha}, & \alpha < x < \beta \\ 0 & , \text{그 외} \end{cases}$$

이 분포의 모수인 실수 α와 β는 $\alpha < \beta$인 상수이며, 이는 그림 6.1과 같이 그려볼 수 있다. 연습문제 6.2에서 다음의 정리를 증명하게 될 것이다.

정리 6.1 균등분포의 평균과 분산은 다음과 같다.

$$\mu = \frac{\alpha + \beta}{2} \quad \text{와} \quad \sigma^2 = \frac{1}{12}(\beta - \alpha)^2$$

균등분포는 예제 7.8에서처럼 직접 적용이 되기도 하지만, 이 분포는 그 형태가 단순하기 때문에 통계학 이론을 다방면에서 보여주는 데 큰 역할을 한다.

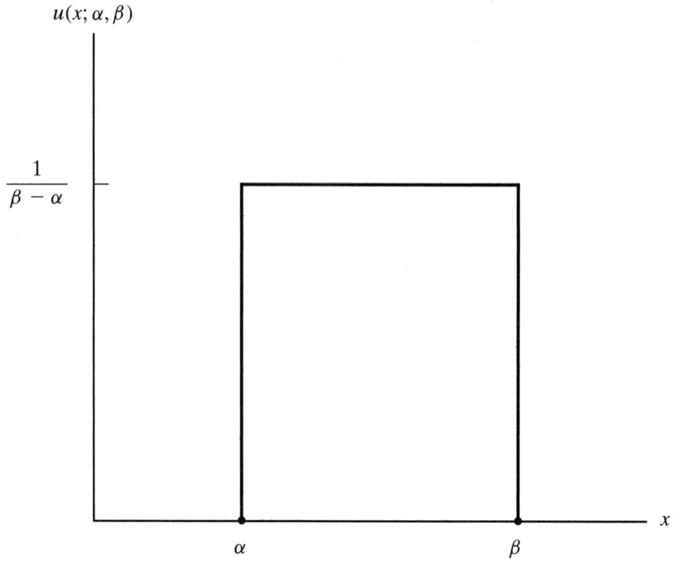

그림 6.1 균등분포.

6.3 감마분포, 지수분포, 카이제곱분포

3장과 4장의 예제와 연습문제에서는 아래의 확률밀도함수 형태를 가지는 확률변수들을 다루었다.

$$f(x) = \begin{cases} kx^{\alpha-1}e^{-x/\beta}, & x > 0 \\ 0 & , \text{그 외} \end{cases}$$

여기서 $\alpha > 0, \beta > 0$이며, k는 곡선 아래의 총 넓이가 1이 되도록 해주는 수이다. k를 정하기 위해서 우선 $y = \frac{x}{\beta}$를 대입해 줌으로써 다음을 얻는다.

$$\int_0^\infty kx^{\alpha-1}e^{-x/\beta}dx = k\beta^\alpha \int_0^\infty y^{\alpha-1}e^{-y}dy$$

적분이 되어야 하는 식은 오로지 α에 의존하고 있으며 이는 잘 알려진 **감마함수(gamma function)**로 정의된다.

$$\Gamma(\alpha) = \int_0^\infty y^{\alpha-1}e^{-y}dy, \ \alpha > 0$$

감마함수는 보통 고등 미적분학에서 다루어진다. 연습문제 6.7에서 직접 해 보도록 남겨진 부분 적분법을 이용하면 우리는 감마함수가 아래의 회귀공식을 만족시킨다는 것을 확인할 수 있다.

$$\Gamma(\alpha) = (\alpha - 1) \cdot \Gamma(\alpha - 1)$$

이는 $\alpha > 1$일 때이다. 그리고

$$\Gamma(1) = \int_0^\infty e^{-y}dy = 1$$

이기 때문에, 위 회귀공식을 반복해서 적용시키면 어떤 양의 정수 α에 대해 $\Gamma(\alpha) = (\alpha - 1)!$ 이 성립함을 알 수 있다. 또 하나의 중요한 감마함수값은 $\Gamma(\frac{1}{2}) = \sqrt{\pi}$이며, 연습문제 6.9에서 이를 증명하도록 한다.

이제 다시 k를 구하는 문제로 돌아가서 감마함수를 넣고 원래의 식이 확률밀도함수를 적분한 값이 되어야 하므로 1이라고 놓고,

$$\int_0^\infty kx^{\alpha-1}e^{-x/\beta}dx = k\beta^\alpha\Gamma(\alpha) = 1$$

이를 k에 대해 정리하면 다음과 같다.

$$k = \frac{1}{\beta^\alpha\Gamma(\alpha)}$$

이는 아래에 있는 **감마분포 (gamma distribution)** 에 대한 정의로 이어진다.

정의 6.2 **감마분포** 확률변수 X는 다음과 같은 확률밀도함수를 가질 때 감마 확률변수라고 하며 이는 **감마분포**를 따른다.

$$g(x;\alpha,\beta) = \begin{cases} \frac{1}{\beta^\alpha\Gamma(\alpha)}x^{\alpha-1}e^{-x/\beta}, & x > 0 \\ 0 & \text{, 그 외} \end{cases}$$

$\alpha > 0, \beta > 0$이다.

α가 양의 정수가 아니면 $\Gamma(\alpha)$는 표를 찾아야만 값을 알 수 있다. 감마 밀도함수가 어떤 모양인지 보여주기 위해 몇 가지 다른 α, β값에 대한 감마 밀도함수를 그림 6.2에 나타내었다.

감마분포의 특수한 경우 몇 가지는 통계학에서 아주 중요한 역할을 하고 있다. 예를 들어 $\alpha = 1$이고, $\beta = \theta$이면 다음 분포를 얻는다.

정의 6.3 **지수분포** 확률변수 X는 다음과 같은 확률밀도함수를 가질 때 지수확률변수라고 하며, 이는 **지수분포 (exponential distribution)** 를 따른다.

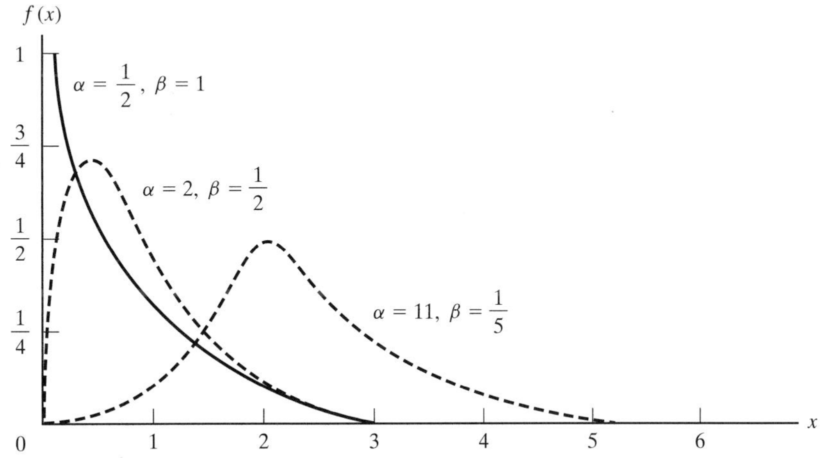

그림 6.2 감마분포의 그래프.

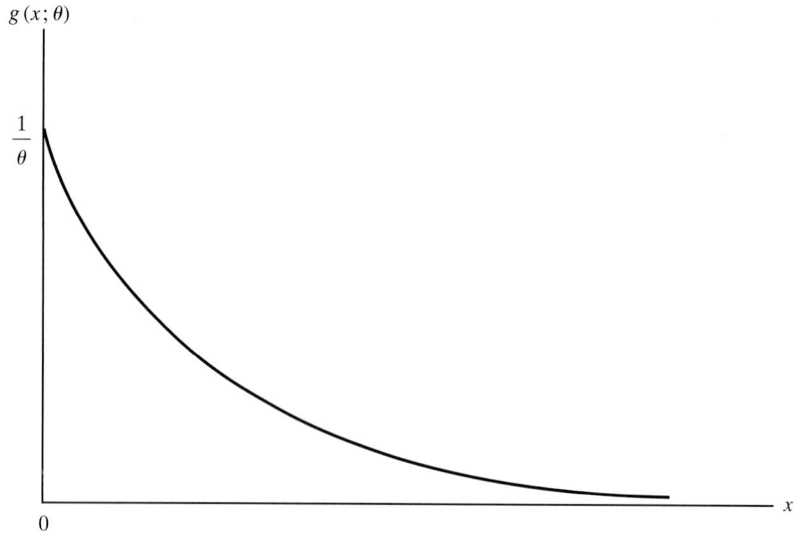

그림 6.3 지수분포.

$$g(x;\theta) = \begin{cases} \frac{1}{\theta}e^{-x/\theta}, & x > 0 \\ 0 & , \text{그 외} \end{cases}$$

여기서 $\theta > 0$이다.

지수 확률밀도함수는 그림 6.3에 그려져 있다.

지수분포가 실제로 어떤 경우에 사용이 되는지 보기 위해 연습문제 5.31에 나와 있던 상황을 살펴보자. 우리는 다음 세 가지 조건이 만족되었을 때 시간 t 동안 x번 성공할 확률을 구하고자 하였다. (i) t에서 $t + \Delta t$까지 아주 잠깐의 시간 동안 한 번의 성공이 있을 확률이 $\alpha \cdot \Delta t$, (ii) 이러한 시간 구간에서 한 번 이상의 성공이 있을 확률은 무시할 수 있을 만큼 작으며, (iii) 같은 시간 구간에서 한 번의 성공이 있을 확률은 t 이전에 일어난 것과는 무관하다. 연습문제에서 우리는 성공 횟수 X는 $\lambda = \alpha t$인 포아송분포를 따르는 이산형 확률변수라는 것을 보였다. 이제 연속형 확률변수 Y, 즉 첫 번째 성공까지 걸리는 **대기시간(waiting time)** 에 대한 확률밀도함수를 찾아보자.

$$\begin{aligned} F(y) &= P(Y \leqq y) = 1 - P(Y > y) \\ &= 1 - P(\text{시간 } y\text{동안 } 0\text{번 성공}) \\ &= 1 - p(0; \alpha y) \\ &= 1 - \frac{e^{-\alpha y}(\alpha y)^0}{0!} \\ &= 1 - e^{-\alpha y} \quad \text{for } y > 0 \end{aligned}$$

그리고 $y \leq 0$일 때는 $F(y) = 0$이다. Y의 분포함수를 찾았으므로 이를 y에 대해 미분하여 다음을 얻는다.

$$f(y) = \begin{cases} \alpha e^{-\alpha y}, & y > 0 \\ 0 & , \text{그 외} \end{cases}$$

이는 $\theta = \dfrac{1}{\alpha}$인 지수분포와 같다.

연습문제 5.31의 상황에서 보여진 것과 같이 지수분포는 **포아송 과정 (Poisson process)** 에서 첫 번째 성공의 발생에 적용될 뿐 아니라, 성공과 성공 사이 걸린 대기시간에도 적용이 된다. 이는 위의 세 번째 조건 (iii) 때문에 가능하다 (연습문제 6.16 참조).

예제 6.1

I-10번 고속도로의 한 지점에서 반 시간 동안 지정된 속도보다 시속 10마일 이상을 빠르게 달린 차량의 수는 $\lambda = 8.4$인 포아송분포를 따르는 확률변수이다. 속도를 위반하는 차량 간 대기시간이 5분 미만일 확률은 무엇인가?

풀이 30분을 시간의 단위로 봤을 때, 우리는 $\alpha = \lambda = 8.4$인 것을 안다. 그러므로 대기시간은 $\theta = \dfrac{1}{8.4}$인 지수분포를 따르는 확률변수이다. 그리고 5분은 단위 시간의 $\dfrac{1}{6}$이기 때문에 우리가 찾고자 하는 확률은

$$\int_0^{1/6} 8.4e^{-8.4x}dx = -e^{-8.4x}\Big|_0^{1/6} = -e^{-1.4} + 1$$

이며, 이는 근사적으로 0.75이다. ●

감마분포의 또 다른 경우는 $\alpha = \dfrac{\nu}{2}$이고 $\beta = 2$일 때인데, 여기서 ν는 그리스 문자 *nu*의 소문자이다.

정의 6.4 **카이제곱분포** 확률변수 X는 다음과 같은 확률밀도함수를 가질 때 카이제곱 확률변수라고 하며, 이는 **카이제곱분포 (chi-square distribution)** 를 따른다.

$$f(x) = \begin{cases} \dfrac{1}{2^{\nu/2}\Gamma(\nu/2)} x^{\frac{\nu-2}{2}} e^{-\frac{x}{2}}, & x > 0 \\ 0 & , \text{그 외} \end{cases}$$

모수 ν는 **자유도의 개수 (number of degrees of freedom)** 또는 같은 말로, **자유도 (degrees of freedom)** 를 가리킨다. 카이제곱분포는 표본이론에서 매우 중요한 역할을 하며, 이는 8장에서 자세히 다루도록 한다.

감마분포 (지수분포와 카이제곱분포를 포함한 것) 의 평균과 분산을 나타내는 식을 유도하기 위해서 먼저 다음 정리를 증명해 보자.

정리 6.2 감마분포의 원점에서의 r차 적률은 다음과 같다.

$$\mu_r' = \frac{\beta^r \Gamma(\alpha + r)}{\Gamma(\alpha)}$$

증명 정의 4.2에 의해,

$$\mu_r' = \int_0^\infty x^r \cdot \frac{1}{\beta^\alpha \Gamma(\alpha)} x^{\alpha-1} e^{-x/\beta} dx = \frac{\beta^r}{\Gamma(\alpha)} \cdot \int_0^\infty y^{\alpha+r-1} e^{-y} dy$$

이며, 여기서 $y = \dfrac{x}{\beta}$로 둔다. 196쪽에 있는 감마함수의 정의에 의하면, 우변에서의 적분은 $\Gamma(r + \alpha)$인 것을 알 수 있으므로 이것으로 증명이 완성된다. ■

이 정리를 이용하여 감마분포에 대한 다음의 결과를 도출해 보자.

정리 6.3 감마분포의 평균과 분산은 다음과 같이 주어진다.

$$\mu = \alpha\beta \text{ 그리고 } \sigma^2 = \alpha\beta^2$$

증명 정리 6.2에서 $r = 1$일 때와 $r = 2$일 때를 각각 구하면,

$$\mu_1' = \frac{\beta\Gamma(\alpha+1)}{\Gamma(\alpha)} = \alpha\beta$$

그리고

$$\mu_2' = \frac{\beta^2\Gamma(\alpha+2)}{\Gamma(\alpha)} = \alpha(\alpha+1)\beta^2$$

이므로 $\mu = \alpha\beta, \sigma^2 = \alpha(\alpha + 1)\beta^2 - (\alpha\beta)^2 = \alpha\beta^2$인 것을 확인할 수 있다. ■

이 식에 $\alpha = 1, \beta = \theta$를 대입하면 지수분포의 평균과 분산이, $\alpha = \dfrac{\nu}{2}, \beta = 2$를 대입하면 카이제곱분포의 평균과 분산이 구해진다.

따름정리 6.1 지수분포의 평균과 분산은 다음과 같이 주어진다.

$$\mu = \theta \text{와} \quad \sigma^2 = \theta^2$$ ■

따름정리 6.2 카이제곱분포의 평균과 분산은 다음과 같이 주어진다.

$$\mu = \nu \text{와} \quad \sigma^2 = 2\nu$$ ■

나중에 필요할 것을 대비해 감마분포의 적률생성함수를 알아본다.

정리 6.4 감마분포의 적률생성함수는 다음과 같이 주어진다.

$$M_X(t) = (1 - \beta t)^{-\alpha}$$ ■

이를 증명하는 것은 독자들에게 남겨두며, 연습문제 6.12와 6.13에서 이 적률생성함수를 이용하여 낮은 차수의 적률을 구해 보도록 한다.

6.4 베타분포

균등밀도함수가 $0<x<1$일 때 $f(x)=1$, 그 외의 경우 $f(x)=0$이면, 이는 **베타분포(beta distribution)** 의 한 특수한 분포이다. 이는 다음과 같이 정의된다.

정의 6.5 **베타분포** 확률변수 X는 다음과 같은 확률밀도함수를 가질 때 베타확률변수라고 하며 이는 **베타분포**를 따른다.

$$f(x)=\begin{cases}\dfrac{\Gamma(\alpha+\beta)}{\Gamma(\alpha)\cdot\Gamma(\beta)}x^{\alpha-1}(1-x)^{\beta-1}, & 0<x<1\\ 0 & ,\text{그 외}\end{cases}$$

이때 $\alpha>0,\beta>0$이다.

최근, 베타분포는 모수를 확률변수와 같은 관점에서 보는 **베이즈 추론(Bayesian inference)** 에서 중요하게 응용되고 있다. 베이즈 추론에서는 0에서 1 사이 0이 아닌 수만 나올 수 있는 이항분포의 모수 θ에 대해 좀 더 탄력적인 확률밀도를 필요로 한다. 여기서 '탄력적'이란 말은 확률밀도가 더 다양한 모양을 가질 수 있다는 것을 뜻하며, 독자들은 이를 연습문제 6.27에서 보이게 될 것이다. 이러한 베타분포의 사용은 10장에서 논의된다.

여기서 베타분포의 곡선 아래 총 넓이가 다른 확률분포와 마찬가지로 1이 된다는 것을 보이지 않고, 다음 정리를 증명하는 과정에서는

$$\int_0^1\frac{\Gamma(\alpha+\beta)}{\Gamma(\alpha)\cdot\Gamma(\beta)}x^{\alpha-1}(1-x)^{\beta-1}dx=1$$

이라는 사실을 이용해 다음의 결과를 이용할 것이다.

$$\int_0^1 x^{\alpha-1}(1-x)^{\beta-1}dx=\frac{\Gamma(\alpha)\cdot\Gamma(\beta)}{\Gamma(\alpha+\beta)}$$

여기서의 적분은 **베타함수(beta function)** 로 정의되는데, 그 값을 $B(\alpha,\beta)=\dfrac{\Gamma(\alpha)\cdot\Gamma(\beta)}{\Gamma(\alpha+\beta)}$라고 표기한다. 베타함수에 대한 자세한 내용은 어느 고등 미적분학 책에서나 찾아볼 수 있다.

정리 6.5 베타분포의 평균과 분산은 다음과 같다.

$$\mu=\frac{\alpha}{\alpha+\beta}\quad\text{그리고}\quad\sigma^2=\frac{\alpha\beta}{(\alpha+\beta)^2(\alpha+\beta+1)}$$

증명 정의에 의해,

$$\begin{aligned}\mu&=\frac{\Gamma(\alpha+\beta)}{\Gamma(\alpha)\cdot\Gamma(\beta)}\cdot\int_0^1 x\cdot x^{\alpha-1}(1-x)^{\beta-1}dx\\&=\frac{\Gamma(\alpha+\beta)}{\Gamma(\alpha)\cdot\Gamma(\beta)}\cdot\frac{\Gamma(\alpha+1)\cdot\Gamma(\beta)}{\Gamma(\alpha+\beta+1)}\end{aligned}$$

$$= \frac{\alpha}{\alpha + \beta}$$

여기서 적분값은 $B(\alpha+1, \beta)$인 것을 확인할 수 있으며, $\Gamma(\alpha+1) = \alpha \cdot \Gamma(\alpha)$와 $\Gamma(\alpha+\beta+1) = (\alpha+\beta) \cdot \Gamma(\alpha+\beta)$를 이용한 것을 볼 수 있다. 이와 유사한 방법을 이용하면 다음과 같은 결과를 얻는다(그 과정은 연습문제 6.28에 남겨둔다).

$$\mu_2' = \frac{(\alpha+1)\alpha}{(\alpha+\beta+1)(\alpha+\beta)}$$

이를 이용하면 아래의 식을 도출해낼 수 있다.

$$\sigma^2 = \frac{(\alpha+1)\alpha}{(\alpha+\beta+1)(\alpha+\beta)} - \left(\frac{\alpha}{\alpha+\beta}\right)^2$$

$$= \frac{\alpha\beta}{(\alpha+\beta)^2(\alpha+\beta+1)}$$

연습문제

6.1 어떤 확률변수가 균등밀도함수를 갖고 모수가 α와 β이면 $\alpha + p(\beta - \alpha)$보다 작은 값을 택할 확률은 p임을 보여라.

6.2 정리 6.1을 증명하여라.

6.3 어떤 확률변수 X가 균등밀도함수를 갖고 모수가 α와 β일 때, 이 확률변수의 분포함수를 찾아라.

6.4 어떤 확률변수가 균등밀도함수를 갖고 모수가 α와 β이면, 평균에 대한 r차 적률이 다음과 같다는 것을 증명하여라.

(a) r이 홀수일 때는 0

(b) r이 짝수일 때는 $\frac{1}{r+1}\left(\frac{\beta-\alpha}{2}\right)^r$

6.5 연습문제 6.4의 결과를 이용하여 모수가 α와 β인 균등밀도함수의 α_3와 α_4를 찾아라.

6.6 어떤 확률변수의 확률밀도함수가 다음과 같으면 이를 **코쉬분포(Cauchy distribution)**를 따른다고 한다.

$$f(x) = \frac{\frac{\beta}{\pi}}{(x-\alpha)^2 + \beta^2}, \quad -\infty < x < \infty$$

이 분포에는 μ_1'과 μ_2'가 존재하지 않는다는 것을 보여라.

6.7 부분 적분법을 이용하여 $\Gamma(\alpha) = (\alpha - 1) \cdot \Gamma(\alpha - 1)$임을 증명하여라. $(\alpha > 1)$

6.8 적절한 변수변환을 사용하여 감마분포식이 아래와 같이 표현될 수 있음을 보여라.

$$\Gamma(\alpha) = 2^{1-\alpha} \cdot \int_0^\infty z^{2\alpha-1} e^{-\frac{1}{2}z^2} dz, \ \alpha > 0$$

6.9 연습문제 6.8의 감마함수를 이용하면

$$\Gamma(\tfrac{1}{2}) = \sqrt{2}\int_0^{\infty} e^{-\frac{1}{2}z^2}dz$$

이 되므로 결국 아래와 같은 식을 얻을 수 있다.

$$\left[\Gamma\left(\tfrac{1}{2}\right)\right]^2 = 2\left\{\int_0^{\infty} e^{-\frac{1}{2}x^2}dx\right\}\left\{\int_0^{\infty} e^{-\frac{1}{2}y^2}dy\right\} = 2\int_0^{\infty}\int_0^{\infty} e^{-\frac{1}{2}(x^2+y^2)}dx\,dy$$

위의 이중적분을 계산하기 위해 이를 극좌표로 바꾸고 결국 $\Gamma(\frac{1}{2}) = \sqrt{\pi}$가 됨을 보여라.

6.10 아래의 감마분포를 따르는 확률변수가 4를 초과하게 될 확률을 구하여라.

(a) $\alpha = 2, \beta = 3$

(b) $\alpha = 3, \beta = 4$

6.11 $\alpha > 1$인 감마분포는 $x = \beta(\alpha - 1)$에서 최댓값을 갖는다는 것을 보여라. $0 < \alpha < 1$이거나 $\alpha = 1$일 때는 어떻게 되는가?

6.12 $M_X(t)$를 구하는 적분식에 $y = x\left(\frac{1}{\beta} - t\right)$를 대입함으로써 정리 6.4를 증명하여라.

6.13 감마분포의 적률생성함수를 이항급수로 전개하고, μ_1', μ_2', μ_3', μ_4'의 값을 각각 읽어내어라.

6.14 연습문제 6.13의 결과를 이용하여 감마분포의 α_3와 α_4를 구하여라.

6.15 어떤 확률변수가 모수를 θ로 갖는 지수분포를 따르면 $-\theta \cdot \ln(1 - p)$보다 작은 값을 택하게 될 확률은 p가 됨을 보여라 $(0 \leq p < 1)$.

6.16 X가 지수분포를 따를 때, 다음 등식이 성립하는 것을 보여라.

$$P(X \geqq t + T | X \geqq T) = P(X \geqq t)$$

지수확률변수의 이러한 성질은 연습문제 5.23에서 주어진 기하확률변수의 성질과 매우 유사하다.

6.17 어떤 확률변수 X가 모수를 θ로 갖는 지수분포를 따른다고 했을 때, 정리 4.10과 6.4를 이용하여 확률변수 $Y = X - \theta$의 적률생성함수를 구하여라.

6.18 연습문제 6.17을 참고하여 Y의 원점에 대한 적률이 X의 평균에 대한 적률과 일치한다는 사실을 이용해 모수가 θ인 지수분포의 α_3와 α_4를 구하여라.

6.19 $\nu > 2$인 카이제곱분포는 $x = \nu - 2$에서 최댓값을 갖는다는 것을 보여라. $\nu = 2$이거나 $0 < \nu < 2$일 때는 어떻게 되는가?

6.20 어떤 확률변수 X의 확률밀도함수가 다음과 같으면 이를 **랄리분포(Rayleigh distribution)**를 따른다고 한다.

$$f(x) = \begin{cases} 2\alpha x e^{-\alpha x^2}, & x > 0 \\ 0 & , \text{그 외} \end{cases}$$

이때 $\alpha > 0$이다. 이 분포의 평균과 분산은 아래와 같다는 것을 보여라.

(a) $\mu = \frac{1}{2}\sqrt{\frac{\pi}{\alpha}}$

(b) $\sigma^2 = \frac{1}{\alpha}\left(1 - \frac{\pi}{4}\right)$

6.21 어떤 확률변수 X의 확률밀도함수가 다음과 같으면 이를 **파레토분포 (Pareto distribution)** 를 따른다고 한다.

$$f(x) = \begin{cases} \frac{\alpha}{x^{\alpha+1}}, & x > 1 \\ 0 & , \text{그 외} \end{cases}$$

이때 $\alpha > 0$이다. μ_r'은 $r < \alpha$일 때만 존재함을 보여라.

6.22 연습문제 6.21을 참고하여 파레토분포에서는 아래와 같은 결과를 얻음을 보여라.

$$\mu = \frac{\alpha}{\alpha - 1} \ (\alpha > 1\text{일 때})$$

6.23 어떤 확률변수 X의 확률밀도함수가 다음과 같으면 이를 **와이블분포 (Weibull distribution)** 를 따른다고 한다.

$$f(x) = \begin{cases} kx^{\beta-1}e^{-\alpha x^{\beta}}, & x > 0 \\ 0 & , \text{그 외} \end{cases}$$

이때 $\alpha > 0, \beta > 0$이다.

(a) k를 α와 β의 식으로 나타내어라.

(b) $\mu = \alpha^{-1/\beta}\Gamma\left(1 + \frac{1}{\beta}\right)$임을 보여라.

$\beta = 1$인 와이블분포는 지수분포와 동일하다.

6.24 어떤 상품이 고장날 때까지 걸리는 시간을 확률변수 T라고 하고, 시간 t에서의 확률밀도값과 분포함수값을 각각 $f(t)$와 $F(t)$라고 하면, 시간 t에서의 순간고장률 (연습문제 5.24 참조) 은 $\frac{f(t)}{1 - F(t)}$가 된다. 그러므로 시간 t에서의 순간고장률은 시간 t 이전에 고장이 발생하지 않는다는 조건하에 시간 t에서의 확률밀도값이 된다.

(a) T가 지수분포를 따를 경우, 고장률이 일정함을 보여라.

(b) T가 와이블분포를 따를 경우 (연습문제 6.23 참조), 고장률은 $\alpha\beta t^{\beta-1}$임을 보여라.

6.25 아래 두 개의 베타확률밀도함수를 $-\infty$ 에서 ∞ 까지 적분한 값이 각각 1이라는 것을 증명하여라.

(a) $\alpha = 2, \beta = 4$

(b) $\alpha = 3, \beta = 3$

6.26 $\alpha > 1, \beta > 1$이면, 베타확률밀도함수가 $x = \frac{\alpha - 1}{\alpha + \beta - 2}$ 에서 최댓값을 갖는다는 것을 보여라.

6.27 베타확률밀도함수의 모수가 다음과 같이 주어졌을 때, 이를 그래프로 나타내어라.

(a) $\alpha = 2, \beta = 2$

(b) $\alpha = \frac{1}{2}, \beta = 1$

(c) $\alpha = 2, \beta = \frac{1}{2}$

(d) $\alpha = 2, \beta = 5$

[힌트: $\Gamma\left(\frac{3}{2}\right), \Gamma\left(\frac{5}{2}\right)$를 계산할 때는 회귀 공식 $\Gamma(\alpha) = (\alpha - 1) \cdot \Gamma(\alpha - 1)$과 연습문제 6.9의 결과를 이용하여라.]

6.28 정리 6.5를 증명하는 과정에서 나온 μ_2'를 유도하여라.

6.29 베타분포의 모수가 아래와 같이 이 분포의 평균과 분산의 함수로 표현될 수 있음을 보여라.

(a) $\alpha = \mu\left[\frac{\mu(1-\mu)}{\sigma^2} - 1\right]$

(b) $\beta = (1-\mu)\left[\frac{\mu(1-\mu)}{\sigma^2} - 1\right]$

6.30 현대 통계학에 기여한 학자들 중 한 명인 Karl Pearson은 아래의 미분방정식이 적절한 상수 a, b, c, d를 선택하면 통계학에서 가장 중요한 분포들을 산출해 낸다는 것을 보였다.

$$\frac{1}{f(x)} \cdot \frac{d[f(x)]}{dx} = \frac{d - x}{a + bx + cx^2}$$

이 미분방정식이 다음과 같은 분포를 산출함을 보여라.

(a) $a = c = 0, b > 0, d > -b$일 때 감마분포

(b) $a = c = d = 0, b > 0$일 때 지수분포

(c) $a = 0, b = -c, \frac{d-1}{b} < 1, \frac{d}{b} > -1$일 때 베타분포

6.5 정규분포

이 절에서 공부하게 될 **정규분포(normal distribution)**는 현대 통계 이론의 기초로 다양하게 적용된다. 18세기에 과학자들이 측정오차에 놀라운 규칙성을 발견함으로써 최초로 연구되었다. **그들이 관측한 패턴(분포)이 연속된 곡선, 즉 '오차의 정규곡선'으로 근사될 수 있다는 사실을 발견하였다**(*attributed to laws of chance*). 이 주제에 대해서는 8.8절에서 더 많이 논의될 수 있을 것이다. 이 정규곡선의 수학적 성질은 Abraham de Moivre(1667~1745), Pierre Laplace(1749~1827), Karl Gauss(1777~1855)에 의해 처음 연구되었다.

정의 6.6 **정규분포** 확률변수 X는 다음과 같은 확률밀도함수를 가질 때 정규확률변수라고 하며 이는 **정규분포**를 따른다.

$$n(x; \mu, \sigma) = \frac{1}{\sigma\sqrt{2\pi}} e^{-\frac{1}{2}\left(\frac{x-\mu}{\sigma}\right)^2}, \quad -\infty < x < \infty$$

이때 $\sigma > 0$이다.

정규분포의 그래프 모양은 그림 6.4에서 볼 수 있듯이 종의 단면과도 같다.

여기서 사용된 표기들은 5장의 확률분포에서 사용되었던 것과 유사하다. 정규분포의 모수는 표기에서

명시적으로 드러나듯이 μ와 σ 두 개이다. X가 두 개의 모수를 갖는 정규분포를 따르는 확률변수라고 했을 때, μ는 사실 $E(X)$이고, σ는 $var(X)$의 제곱근이라는 것을 보이겠다.

그전에 먼저 정의 6.6에 나와 있는 식이 확률밀도함수가 맞는지 확인해 보자. $n(x;\mu,\sigma)$의 값이 $\sigma>0$인 한 양수일 수밖에 없으므로, 곡선 아래의 총면적이 1인 것을 보여야 한다. $z=\dfrac{x-\mu}{\sigma}$를 대입한 후 $-\infty$에서 ∞까지 적분을 하면,

$$\int_{-\infty}^{\infty}\frac{1}{\sigma\sqrt{2\pi}}e^{-\frac{1}{2}\left(\frac{x-\mu}{\sigma}\right)^2}dx=\frac{1}{\sqrt{2\pi}}\int_{-\infty}^{\infty}e^{-\frac{1}{2}z^2}dz=\frac{2}{\sqrt{2\pi}}\int_{0}^{\infty}e^{-\frac{1}{2}z^2}dz$$

이 된다. 연습문제 6.9에 의하면 우변의 적분값은 $\dfrac{\Gamma\left(\frac{1}{2}\right)}{\sqrt{2}}=\dfrac{\sqrt{\pi}}{\sqrt{2}}$ 가 되므로 곡선 아래의 총면적은 $\dfrac{2}{\sqrt{2\pi}}\cdot\dfrac{\sqrt{\pi}}{\sqrt{2}}=1$ 이 됨을 알 수 있다.

그 다음, 아래의 정리를 증명하도록 하자.

정리 6.6 정규분포의 적률생성함수는 다음과 같다.

$$M_X(t)=e^{\mu t+\frac{1}{2}\sigma^2t^2}$$

증명 정의에 의해,

$$\begin{aligned}M_X(t)&=\int_{-\infty}^{\infty}e^{xt}\cdot\frac{1}{\sigma\sqrt{2\pi}}e^{-\frac{1}{2}\left(\frac{x-\mu}{\sigma}\right)^2}dx\\&=\frac{1}{\sigma\sqrt{2\pi}}\cdot\int_{-\infty}^{\infty}e^{-\frac{1}{2\sigma^2}[-2xt\sigma^2+(x-\mu)^2]}dx\end{aligned}$$

이 되고, 아래 항등식을 이용하여 식을 정리해주면,

$$-2xt\sigma^2+(x-\mu)^2=[x-(\mu+t\sigma^2)]^2-2\mu t\sigma^2-t^2\sigma^4$$

$$M_X(t)=e^{\mu t+\frac{1}{2}t^2\sigma^2}\left\{\frac{1}{\sigma\sqrt{2\pi}}\cdot\int_{-\infty}^{\infty}e^{-\frac{1}{2}\left[\frac{x-(\mu+t\sigma^2)}{\sigma}\right]^2}dx\right\}$$

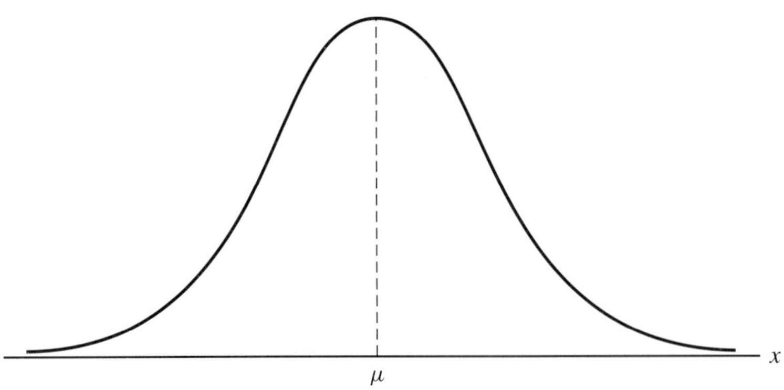

그림 6.4 정규분포의 그래프.

이 된다. 대괄호 안의 값은 모수가 $\mu + t\sigma^2$와 σ인 정규확률밀도함수를 $-\infty$ 에서 ∞ 까지 적분한 값이므로 결국 1이 된다. 즉,

$$M_X(t) = e^{\mu t + \frac{1}{2}\sigma^2 t^2}$$

이제 우리는 정의 6.6의 모수 μ와 σ가 정규분포의 평균과 표준편차임을 보이도록 하겠다. $M_X(t)$를 t에 대해 한 번 미분하여

$$M'_X(t) = (\mu + \sigma^2 t) \cdot M_X(t)$$

를 구하고, 두 번 미분하여

$$M''_X(t) = [(\mu + \sigma^2 t)^2 + \sigma^2] \cdot M_X(t)$$

를 구할 수 있다. 그러면 $M'_X(0) = \mu$와 $M''_X(0) = \mu^2 + \sigma^2$이 된다. 그러므로 $E(X) = \mu$와 $\text{var}(X) = (\mu^2 + \sigma^2) - \mu^2 = \sigma^2$임을 확인할 수 있다.

정규분포는 통계학에서 기초가 되고, 또 확률밀도함수는 직접 적분할 수 없기 때문에 $\mu = 0$이고 $\sigma = 1$일 때의 특수한 경우에 대해서는 곡선 아래의 면적이 표로 만들어졌다.

정의 6.7 **표준정규분포** $\mu = 0$이고 $\sigma = 1$인 정규분포는 **표준정규분포 (standard normal distribution)** 라고 한다.

표 III의 값들은 그림 6.5에 어둡게 표시된 부분의 넓이, 즉 다음 식이 나타내는 값들이다.

$$\int_0^z \frac{1}{\sqrt{2\pi}} e^{-\frac{1}{2}x^2} dx$$

이는 표준정규분포를 따르는 확률변수가 0에서 z까지 ($z = 0.00, 0.01, 0.02, \cdots, 3.08, 3.09$, 그리고 $z = 4.0$, $z = 5.0$, $z = 6.0$) 구간 내의 값을 택하게 될 확률이다. 평균을 중심으로 대칭인 정규분포이기 때문에 표 III에 z가 음수일 때의 값들은 생략될 수 있다.

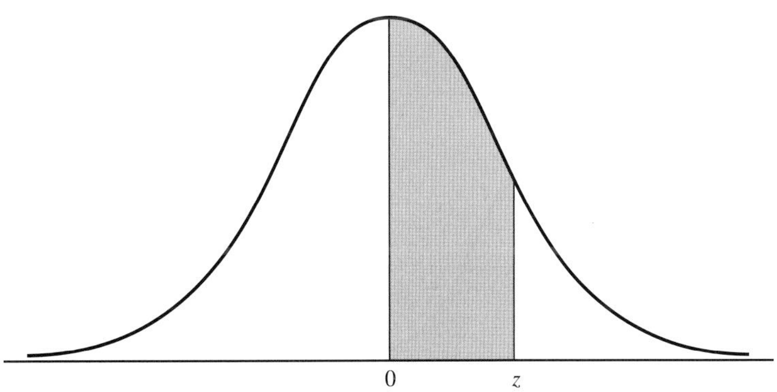

그림 6.5 표준정규분포를 따를 때 해당 구간에 대한 곡선 아래 면적.

예제 6.2

표준정규분포를 따르는 확률변수가 다음의 값을 갖게 될 확률을 구하여라.

(a) 1.72보다 작은 값

(b) -0.88보다 작은 값

(c) 1.30에서 1.75 사이의 값

(d) -0.25에서 0.45 사이의 값

풀이

(a) 표 III에서 $z = 1.72$에 해당하는 값을 찾아서 0.5000를 더해 주면(그림 6.6 참조) $0.4573 + 0.5000 = 0.9573$이 된다.

(b) 표 III에서 $z = 0.88$에 해당하는 값을 찾아서 0.5000에서 빼 주면(그림 6.6 참조) $0.5000 - 0.3106 = 0.1894$가 된다.

(c) 표 III에서 $z = 1.75$와 $z = 1.30$에 해당하는 값을 찾아서 첫 번째 값에서 두 번째 값을 빼 주면(그림 6.6 참조) $0.4599 - 0.4032 = 0.0567$이 된다.

(d) 표 III에서 $z = 0.25$와 $z = 0.45$에 해당하는 값을 찾아서 둘을 더해 주면(그림 6.6 참조) $0.0987 + 0.1736 = 0.2723$이 된다.

우리는 이따금 특정한 확률에 해당하는 z를 찾아야 할 때가 있는데, 주어진 확률이 표 III에 나와 있는 두 개의 값 사이의 값일 때가 있다. 편의상 이런 경우에는 그 확률에 가장 가까운 값에 해당하는 z를 선택한다. 하지만 특정 확률이 정확히 표 III에 나온 두 개의 값 사이에 떨어질 경우에는 두 개 값에 해당하는 두 개의 z를 평균 내어 그 값을 z로 선택한다.

예제 6.3

표 III을 보고 다음 확률값에 해당하는 z를 찾아라.

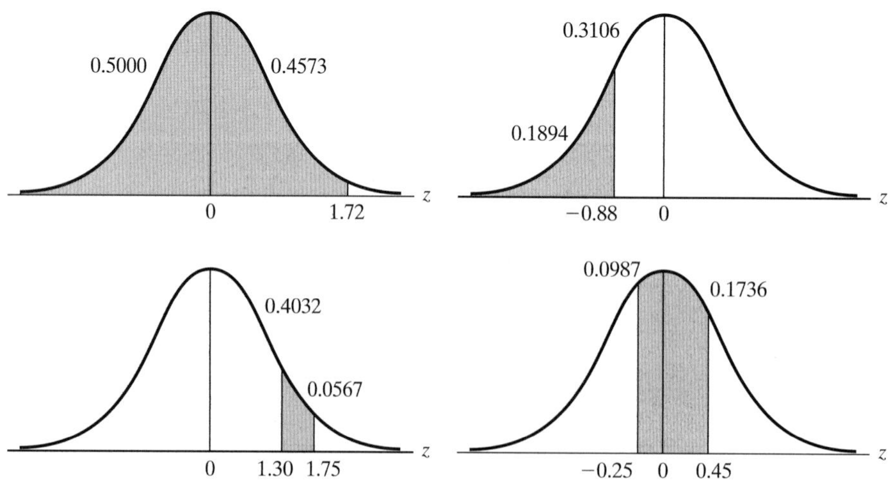

그림 6.6 예제 6.2에 대한 다이어그램.

(a) 0.3512

(b) 0.2533

풀이

(a) 0.3512는 0.3508과 0.3531 사이의 값이다. 0.3508과 0.3531에 해당하는 z값은 $z = 1.04$, $z = 1.05$이다. 문제의 0.3512는 0.3508에 더 가까우므로 $z = 1.04$를 선택한다.

(b) 0.2533은 0.2517과 0.2549 중간의 값이다. 0.2517과 0.2549에 해당하는 z값은 $z = 0.68$, $z = 0.69$이므로 $z = 0.685$를 선택한다. ●

표준정규분포가 아닌 정규분포를 따르는 확률변수에 대한 확률을 구하기 위해서 다음 정리를 이용한다.

정리 6.7 X가 평균이 μ, 표준편차가 σ인 정규분포를 따르면

$$Z = \frac{X - \mu}{\sigma}$$

는 표준정규분포를 따른다.

증명 X와 Z는 선형관계를 갖고 있으므로 Z는 X가 x_1과 x_2 사이의 값을 가질 때 $z_1 = \frac{x_1 - \mu}{\sigma}$ 와 $z_2 = \frac{x_2 - \mu}{\sigma}$ 사이의 값을 가져야 한다. 그러므로

$$\begin{aligned} P(x_1 < X < x_2) &= \frac{1}{\sigma\sqrt{2\pi}} \int_{x_1}^{x_2} e^{-\frac{1}{2}\left(\frac{x-\mu}{\sigma}\right)^2} dx \\ &= \frac{1}{\sqrt{2\pi}} \int_{z_1}^{z_2} e^{-\frac{1}{2}z^2} dz \\ &= \int_{z_1}^{z_2} n(z; 0, 1)\, dz \\ &= P(z_1 < Z < z_2) \end{aligned}$$

가 성립한다. Z는 표준정규분포를 따르는 확률변수이다. ●

그러므로 표 III을 정규분포를 따르는 임의의 확률변수에 적용시키기 위해서는 $z = \frac{x - \mu}{\sigma}$ 를 이용해 Z로 변환시켜주기만 하면 된다.

예제 6.4

사람 한 명이 비행기를 타고 미국을 건너갈 때 노출되는 우주방사선의 양이 평균이 4.35 mrem, 표준편차가 0.59 mrem인 정규분포를 따르는 확률변수라고 하자. 이 같은 비행을 했을 경우에 이 사람이 5.20 mrem 이상의 우주방사선에 노출될 확률은 무엇인가?

풀이 $z = \frac{5.20 - 4.35}{0.59} = 1.44$ 에 해당하는 값을 표 III에서 찾아 0.5000에서 빼 주면 (그림 6.7) $0.5000 - 0.4251 = 0.0749$가 된다. ●

정규분포나 그 외 연속분포를 따르는 확률변수에 대한 확률은 통계의 응용을 위해 만들어진 컴퓨터 프로그램을 이용해 곧바로 구할 수 있다. 다음 예제는 MINITAB 통계 패키지를 이용하여 계산한 것이다.

예제 6.5

컴퓨터 프로그램을 이용하여 다음 확률을 구하여라.

(a) 자유도가 25인 카이제곱분포를 따르는 확률변수가 30보다 큰 수가 될 확률

(b) 평균이 18.7이고 표준편차가 9.1인 정규분포를 따르는 확률변수가 10.6과 24.8 사이의 값을 가질 확률

풀이 MINITAB을 이용하여 '누적분포(cumulative distribution)'를 선택하여 다음을 얻는다.

(a)
```
MTB>CDF C1;
SUBC>Chisquare 25
     30.0000 0.7757
```

그러므로 확률은 $1.0000 - 0.7757 = 0.2243$이다.

(b)
```
MTB>CDF C2;                and    MTB>CDF C3;
SUBC>Normal 18.7 9.1.             SUBC>Normal 18.7 9.1.
     10.6000 0.1867                    24.800 0.7487
```

그러므로 확률은 $0.7487 - 0.1867 = 0.5620$이다.

6.6 이항분포로의 정규근사

정규분포는 시행 횟수 n이 매우 크고 개별 시행에서의 성공 확률 θ가 $\frac{1}{2}$에 가까워 질 때 이항분포로 근접하게 되는 연속분포로 소개되기도 한다. 그림 6.8은 $\theta = \frac{1}{2}$이고, $n = 2, 5, 10, 25$일 때의 이항분포를 각각 히스토그램으로 나타낸 것인데, 여기서 우리는 n이 커짐에 따라 정규분포의 대칭 종모양으로 접근하는 것을 볼 수 있다.

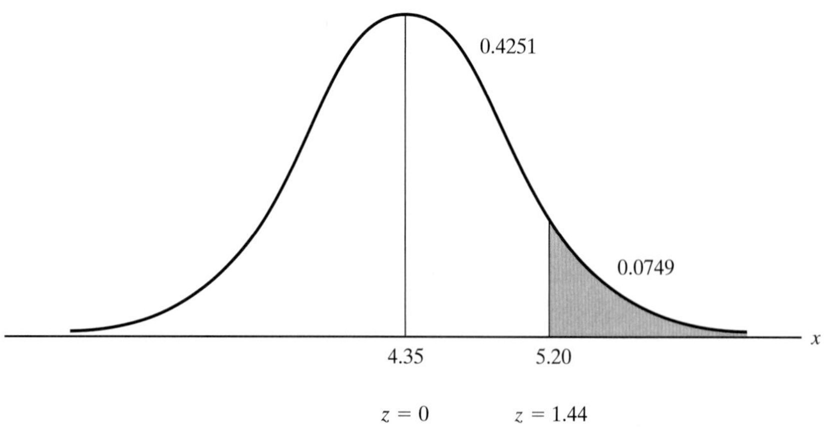

그림 6.7 예제 6.4에 대한 다이어그램.

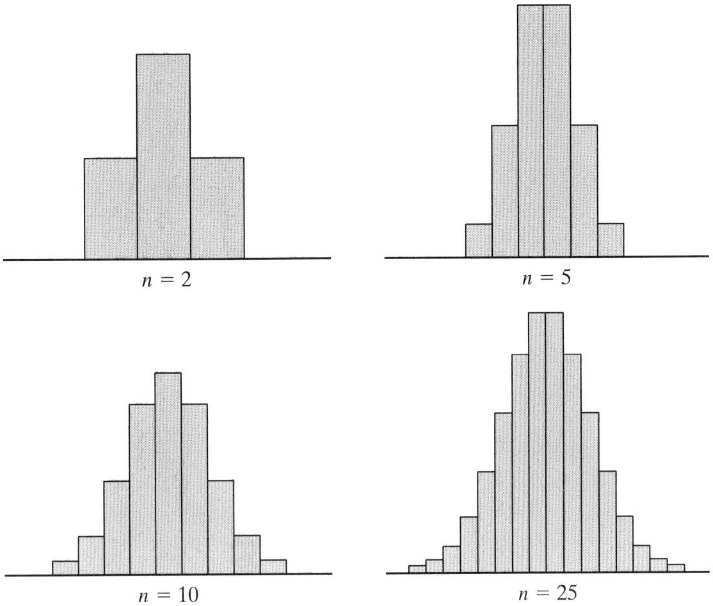

그림 6.8 $\theta = \dfrac{1}{2}$인 이항분포.

이에 대한 이론적 토대를 제시하기 전에 다음 정리를 증명하자.

정리 6.8 확률변수 X가 n과 θ를 모수로 하는 이항분포를 따른다고 할 때,

$$Z = \frac{X - n\theta}{\sqrt{n\theta(1-\theta)}}$$

의 적률생성함수는 $n \to \infty$ 면 표준정규분포의 적률생성함수로 접근한다.

증명 정리 4.10과 5.4를 이용하면,

$$M_Z(t) = M_{\frac{X-\mu}{\sigma}}(t) = e^{-\mu t/\sigma} \cdot [1 + \theta(e^{t/\sigma} - 1)]^n$$

가 되는데 이때 $\mu = n\theta$, $\sigma = \sqrt{n\theta(1-\theta)}$ 다. 위 식에 로그를 취하고 $e^{t/\sigma}$의 맥클로린급수를 대입하면

$$\begin{aligned}\ln M_{\frac{X-\mu}{\sigma}}(t) &= -\frac{\mu t}{\sigma} + n \cdot \ln[1 + \theta(e^{t/\sigma} - 1)] \\ &= -\frac{\mu t}{\sigma} + n \cdot \ln\left[1 + \theta\left\{\frac{t}{\sigma} + \frac{1}{2}\left(\frac{t}{\sigma}\right)^2 + \frac{1}{6}\left(\frac{t}{\sigma}\right)^3 + \cdots\right\}\right]\end{aligned}$$

이 된다. 그 다음, 무한급수 $\ln(1+x) = x - \frac{1}{2}x^2 + \frac{1}{3}x^3 - \cdots$ ($|x| < 1$일 때 수렴)을 이용하여 이를 확장시키면

$$\ln M_{\frac{X-\mu}{\sigma}}(t) = -\frac{\mu t}{\sigma} + n\theta\left[\frac{t}{\sigma} + \frac{1}{2}\left(\frac{t}{\sigma}\right)^2 + \frac{1}{6}\left(\frac{t}{\sigma}\right)^3 + \cdots\right]$$
$$-\frac{n\theta^2}{2}\left[\frac{t}{\sigma} + \frac{1}{2}\left(\frac{t}{\sigma}\right)^2 + \frac{1}{6}\left(\frac{t}{\sigma}\right)^3 + \cdots\right]^2$$
$$+\frac{n\theta^3}{3}\left[\frac{t}{\sigma} + \frac{1}{2}\left(\frac{t}{\sigma}\right)^2 + \frac{1}{6}\left(\frac{t}{\sigma}\right)^3 + \cdots\right]^3 - \cdots$$

을 얻는다.

t항별로 식을 묶는다.

$$\ln M_{\frac{X-\mu}{\sigma}}(t) = \left(-\frac{\mu}{\sigma} + \frac{n\theta}{\sigma}\right)t + \left(\frac{n\theta}{2\sigma^2} - \frac{n\theta^2}{2\sigma^2}\right)t^2$$
$$+\left(\frac{n\theta}{6\sigma^3} - \frac{n\theta^2}{2\sigma^3} + \frac{n\theta^3}{3\sigma^3}\right)t^3 + \cdots$$
$$= \frac{1}{\sigma^2}\left(\frac{n\theta - n\theta^2}{2}\right)t^2 + \frac{n}{\sigma^3}\left(\frac{\theta - 3\theta^2 + 2\theta^3}{6}\right)t^3 + \cdots$$

$(\because\ \mu = n\theta)$ 그리고 $\sigma = \sqrt{n\theta(1-\theta)}$를 대입하여 아래의 식을 구할 수 있다.

$$\ln M_{\frac{X-\mu}{\sigma}}(t) = \frac{1}{2}t^2 + \frac{n}{\sigma^3}\left(\frac{\theta - 3\theta^2 + 2\theta^3}{6}\right)t^3 + \cdots$$

$r > 2$일 경우, t^r의 계수는 상수에 $\dfrac{n}{\sigma^r}$이 곱해진 것으로 $n \to \infty$이면 0으로 접근한다. 그러므로,

$$\lim_{n\to\infty} \ln M_{\frac{X-\mu}{\sigma}}(t) = \frac{1}{2}t^2$$

이고, 로그를 취한 것의 극한값은 극한값에 로그를 취한 것과 같으므로(두 극한이 존재할 때) 다음과 같은 결론을 얻는다.

$$\lim_{n\to\infty} M_{\frac{X-\mu}{\sigma}}(t) = e^{\frac{1}{2}t^2}$$

이는 정리 6.6에서 $\mu = 0$이고 $\sigma = 1$인 적률생성함수다. ∎

이것으로 정리 6.8의 증명은 완성이 된다. 하지만 $n \to \infty$면 **표준화(standardized)** 된 이항확률변수 Z의 분포가 표준정규분포로 접근한다는 것을 아직 보이지 않았다. 이에 추가적으로 필요한 정리 두 가지를 증명 없이 제시하겠다.

1. **적률생성함수가 존재한다면, 적률생성함수와 확률분포(밀도)는 일대일 대응이다.**
2. **같은 극한 조건하에서 어떤 확률변수의 적률생성함수가 다른 확률변수의 적률생성함수로 접근한다면, 첫 번째 확률변수의 분포(밀도)는 두 번째 확률변수의 분포(밀도)로 접근한다.**

좀 더 엄밀히 말하자면, 이 같은 결과는 $n \to \infty$일 때에만 적용이 된다. 하지만 정규분포는 n이 작을 때

도 이항확률의 근삿값을 구하는 데 종종 사용된다. 경험에 의한 법칙으로 봤을 때 이 같은 근사는 $n\theta$와 $n(1-\theta)$가 모두 5보다 클 때 사용하는 것이 좋다.

예제 6.6

이항분포로의 정규근사를 이용하여 양면이 동일한 동전을 16번 던져 앞면이 여섯 번, 뒷면이 열 번 나올 확률을 구하여라.

풀이 이를 계산하기 위해서 우선 $k-\frac{1}{2}$에서 $k+\frac{1}{2}$의 구간으로 표현이 되는 음이 아닌 정수 k에 따라 정해지는 **연속성 수정(continuity correction)**을 사용하여야 한다. 그림 6.9를 보면 이는 결국 5.5와 6.5 사이에서 곡선 아래의 넓이를 구하는 것이 된다.

$\mu = 16\cdot\frac{1}{2} = 8$, $\sigma = \sqrt{16\cdot\frac{1}{2}\cdot\frac{1}{2}} = 2$ 이므로, 우리는 아래 두 값 사이의 넓이를 구해야 한다.

$$z = \frac{5.5-8}{2} = -1.25 \quad \text{그리고} \quad z = \frac{6.5-8}{2} = -0.75$$

표 III에서 $z = 1.25$와 $z = 0.75$에 해당하는 확률은 각각 0.3944, 0.2734이기 때문에 "앞면 여섯 개와 뒷면 열 개"가 나올 확률을 정규 근사시킨 값은 $0.3944 - 0.2734 = 0.1210$이 된다. 이에 대응되는 값을 표 I에서 찾아보면 0.1222이므로 오차는 -0.0012가 되고, 백분율 오차는 $\frac{0.0012}{0.1222}\cdot 100 = 0.98\%$ (절댓값) 가 된다. ●

이항분포로의 정규근사는 광범위하게 적용되는데, 이는 특히 많은 이항확률변수값들과 연관이 있는 확률을 근사할 때 적용이 된다. 최근 들어서는, 이의 대부분이 예제 6.5처럼 컴퓨터로 처리가 되고 있다. 이항분포와 정규분포의 관계에 대해 언급한 것은 이론적 응용 때문이다. 이항분포로의 정규근사는 11장과 13장에서 다루어질 통계적 응용의 기초가 된다.

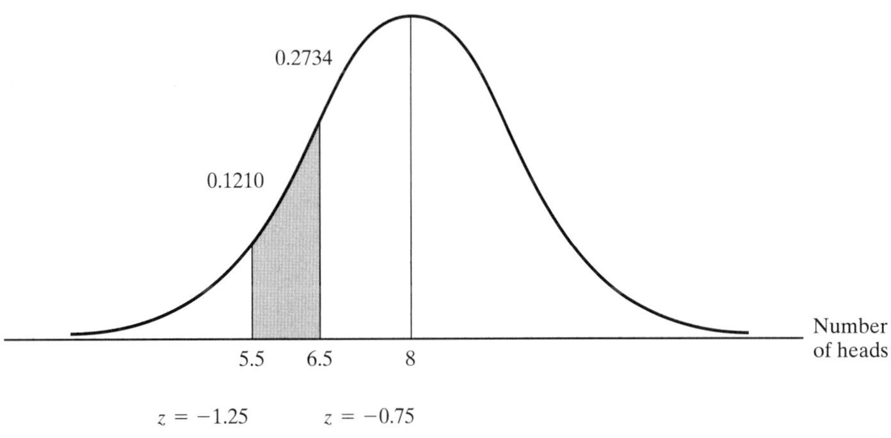

그림 6.9 예제 6.6에 대한 다이어그램.

연습문제

6.31 정규분포에 대해 다음을 보여라.

(a) $x = \mu$일 때 최댓값을 가진다.

(b) $x = \mu - \sigma$와 $x = \mu + \sigma$에서 변곡점을 가진다.

6.32 연습문제 6.30의 미분방정식에서 $b = c = 0, a > 0$이면 정규분포가 도출됨을 보여라.

6.33 정리 6.6의 증명에서 $E(X) = \mu$이고 $\text{var}(X) = \sigma^2$인 것을 보이기 위해 정규분포의 적률생성함수를 t에 대해 두 번 미분하였다. 미분을 추가로 두 번 더 하고 연습문제 4.25의 공식을 이용하여 μ_3, μ_4를 각각 식으로 나타내어라.

6.34 확률변수 X가 평균이 μ이고 표준편차가 σ인 정규분포를 따를 때, $Y = X - c$(c는 상수)의 적률생성함수를 구하고 이를 이용하여 연습문제 6.33을 다시 풀어라.

6.35 연습문제 6.25의 결과를 이용하여 정규분포일 경우 $\alpha_3 = 0, \alpha_4 = 3$임을 보여라. α_3과 α_4은 연습문제 4.26과 4.27에 정의되어 있다.

6.36 확률변수 X가 평균이 μ이고 표준편차가 σ인 정규분포를 따를 때, 정리 4.10의 세 번째 부분과 정리 6.6을 이용하여

$$Z = \frac{X - \mu}{\sigma}$$

의 적률생성함수는 표준정규분포의 적률생성함수임을 보여라. 정리 4.10과 정리 6.6의 증명을 함께 이용하면 정리 6.7이 증명된다.

6.37 확률변수 X가 표준정규분포를 따르고 $Y = X^2$이라고 했을 때 X와 Y가 독립이 아니어도 이 $\text{cov}(X, Y) = 0$이 됨을 증명하여라.

6.38 표준정규분포의 적률생성함수를 맥클로린 급수로 전개하여 다음을 보여라.

(a) r이 홀수일 때 $\mu_r = 0$

(b) r이 짝수일 때 $\mu_r = \dfrac{r!}{2^{r/2}\left(\frac{r}{2}\right)!}$

6.39 $K_X(t) = \ln M_{X-\mu}(t)$라고 하면, $K_X(t)$의 맥클로린 급수에서 $\frac{t^r}{r!}$의 계수는 κ_r로 표기되며, 이를 **r차 누적적률(rth cumulant)**이라고 한다. 같은 차수끼리 계수를 맞춰봄으로써 다음을 보여라.

(a) $\kappa_2 = \mu_2$

(b) $\kappa_3 = \mu_3$

(c) $\kappa_4 = \mu_4 - 3\mu_2^2$

6.40 연습문제 6.39를 참고하여 정규분포의 경우, $\kappa_2 = \sigma^2$이고 다름 모든 누적적률은 영인 것을 보여라.

6.41 확률변수 X가 모수가 λ인 포아송분포를 따르고 $\lambda \to \infty$라고 하면, 아래의 식,

$$Z = \frac{X - \lambda}{\sqrt{\lambda}}$$

즉 표준화된 포아송 확률변수의 적률생성함수는 표준정규분포의 적률생성함수로 접근한다는 것을 보여라.

6.42 $\alpha \to \infty$ 이고 β가 일정할 때, 표준화된 감마확률변수의 적률생성함수는 표준정규분포의 적률생성함수로 접근한다는 것을 보여라.

◆ 6.7 이변량 정규분포

다변량 밀도 중 특별히 중요한 **다변량 정규분포(multivariate normal distribution)**는 변수가 하나일 때의 정규분포를 일반화한 것이다. 이 분포는 행렬로 표기되어야 하기 때문에 여기서는 **이변량(bivariate)** 일 때만 제시하도록 하겠다. 일반화된 경우에 대한 내용은 이 장 끝 참고문헌을 참고하여라.

정의 6.8 **이변량 정규분포** 확률변수 X와 Y는 다음과 같은 결합확률밀도함수를 가질 때 **이변량 정규분포(bivariate normal distribution)**를 따른다고 하며, 이를 공동 정규확률변수라고 한다.

$$f(x, y) = \frac{e^{-\frac{1}{2(1-\rho^2)}\left[\left(\frac{x-\mu_1}{\sigma_1}\right)^2 - 2\rho\left(\frac{x-\mu_1}{\sigma_1}\right)\left(\frac{y-\mu_2}{\sigma_2}\right) + \left(\frac{y-\mu_2}{\sigma_2}\right)^2\right]}}{2\pi\sigma_1\sigma_2\sqrt{1-\rho^2}}$$

$-\infty < x < \infty$, $-\infty < y < \infty$ 일 때이며, $\sigma_1 > 0, \sigma_2 > 0, -1 < \rho < 1$이다. ■

이 결합분포를 공부하기 위해 먼저 네 개의 모수 $\mu_1, \mu_2, \sigma_1, \sigma_2$가 각 확률변수에 해당하는 평균과 표준편차라는 것을 보이겠다. 우선 y를 $-\infty$에서 ∞까지 적분하여 X의 주변밀도함수를 구한다.

$$g(x) = \frac{e^{-\frac{1}{2(1-\rho^2)}\left(\frac{x-\mu_1}{\sigma_1}\right)^2}}{2\pi\sigma_1\sigma_2\sqrt{1-\rho^2}} \int_{-\infty}^{\infty} e^{-\frac{1}{2(1-\rho^2)}\left[\left(\frac{y-\mu_2}{\sigma_2}\right)^2 - 2\rho\left(\frac{x-\mu_1}{\sigma_1}\right)\left(\frac{y-\mu_2}{\sigma_2}\right)\right]} dy$$

이제 임시로 $u = \dfrac{x-\mu_1}{\sigma_1}$을 대입하여 식을 간단하게 만든 후, $v = \dfrac{y-\mu_2}{\sigma_2}$로 놓고 변수변환을 한다.

$$g(x) = \frac{e^{-\frac{1}{2(1-\rho^2)}u^2}}{2\pi\sigma_1\sqrt{1-\rho^2}} \int_{-\infty}^{\infty} e^{-\frac{1}{2(1-\rho^2)}(v^2 - 2\rho uv)} dv$$

다음을 이용하여 식을 정리하고

$$v^2 - 2\rho uv = (v - \rho u)^2 - \rho^2 u^2$$

항들을 모아주면,

$$g(x) = \frac{e^{-\frac{1}{2}u^2}}{\sigma_1\sqrt{2\pi}} \left\{ \frac{1}{\sqrt{2\pi}\sqrt{1-\rho^2}} \int_{-\infty}^{\infty} e^{-\frac{1}{2}\left(\frac{v-\rho u}{\sqrt{1-\rho^2}}\right)^2} dv \right\}$$

이 된다. 마지막으로 대괄호로 묶인 식이 정규밀도함수를 $-\infty$에서 ∞까지 적분한 값이므로 1이 되어

$$g(x) = \frac{e^{-\frac{1}{2}u^2}}{\sigma_1\sqrt{2\pi}} = \frac{1}{\sigma_1\sqrt{2\pi}}e^{-\frac{1}{2}\left(\frac{x-\mu_1}{\sigma_1}\right)^2}$$

를 얻게 된다($-\infty < x < -\infty$). X의 주변밀도함수는 평균이 μ_1, 표준편차가 σ_1인 정규분포이고, 대칭성에 의해 Y의 주변밀도함수는 평균이 μ_2, 표준편차가 σ_2인 정규분포인 것을 확인할 수 있다

모수 ρ는 그리스 문자 *rho*의 소문자로, **상관계수(correlation coefficient)** 라 불리며 적절히 적분하면 $\text{cov}(X, Y) = \rho\sigma_1\sigma_2$가 됨을 보일 수 있다. 그러므로 모수 ρ는 두 개의 확률변수 X와 Y가 함께 어떻게 변하는지를 측정해 주며, 이의 유의성에 대해서는 14장에서 다루겠다.

이변량 정규분포를 따르는 한 쌍의 확률변수를 다룰 때, 이들의 조건부밀도 또한 매우 중요하다. 다음을 증명해 보자.

정리 6.9 X와 Y가 이변량 정규분포를 따르면, $X = x$가 주어졌을 때 Y의 조건부밀도는 평균이

$$\mu_{Y|x} = \mu_2 + \rho\frac{\sigma_2}{\sigma_1}(x - \mu_1)$$

이고, 분산이

$$\sigma^2_{Y|x} = \sigma^2_2(1 - \rho^2)$$

인 정규분포이며, $Y = y$가 주어졌을 때 X의 조건부밀도는 평균이

$$\mu_{X|y} = \mu_1 + \rho\frac{\sigma_1}{\sigma_2}(y - \mu_2)$$

이고, 분산이

$$\sigma^2_{X|y} = \sigma^2_1(1 - \rho^2)$$

인 정규분포이다.

증명 정의 3.13에서와 같이 $w(y|x) = \frac{f(x, y)}{g(x)}$라고 쓰고, $u = \frac{x - \mu_1}{\sigma_1}$, $v = \frac{y - \mu_2}{\sigma_2}$로 두어 식을 간단하게 만들면

$$\begin{aligned} w(y|x) &= \frac{\frac{1}{2\pi\sigma_1\sigma_2\sqrt{1-\rho^2}}e^{-\frac{1}{2(1-\rho^2)}[u^2-2\rho uv+v^2]}}{\frac{1}{\sigma_1\sqrt{2\pi}}e^{-\frac{1}{2}u^2}} \\ &= \frac{1}{\sigma_2\sqrt{2\pi}\sqrt{1-\rho^2}}e^{-\frac{1}{2(1-\rho^2)}[v^2-2\rho uv+\rho^2u^2]} \\ &= \frac{1}{\sigma_2\sqrt{2\pi}\sqrt{1-\rho^2}}e^{-\frac{1}{2}\left[\frac{v-\rho u}{\sqrt{1-\rho^2}}\right]^2} \end{aligned}$$

가 된다. 그리고 이 결과를 원래의 변수들로 다시 바꿔주면

$$w(y|x) = \frac{1}{\sigma_2\sqrt{2\pi}\sqrt{1-\rho^2}} e^{-\frac{1}{2}\left[\frac{y-\left\{\mu_2+\rho\frac{\sigma_2}{\sigma_1}(x-\mu_1)\right\}}{\sigma_2\sqrt{1-\rho^2}}\right]^2}$$

이 된다$(-\infty < y < -\infty)$. 이것은 평균이 $\mu_{Y|x} = \mu_2 + \rho\dfrac{\sigma_2}{\sigma_1}(x - \mu_1)$ 이고 분산이 $\sigma_{Y|x}^2 = \sigma_2^2(1-\rho^2)$ 인 정규밀도함수이다. 대칭성에 의해 $Y = y$가 주어졌을 때 X의 조건부밀도 역시 유사한 방법으로 구할 수 있다. ■

이변량 정규분포는 중요한 통계적 또는 순수 수학적 성질들을 많이 가지고 있다. 전자 중 다음의 정리가 있다. 독자들은 연습문제 6.43에서 이 정리에 대해 증명하게 될 것이다.

정리 6.10 두 개의 확률변수가 이변량 정규분포를 따르면, 변수들은 $\rho = 0$일 때 그리고 그럴 때에만 서로 독립이다. ■

만약 $\rho = 0$이면 확률변수들은 **무상관(uncorrelated)**이라고 한다.

우리는 두 개의 확률변수가 이변량 정규분포를 따르면, 두 주변밀도함수가 정규라는 것은 보였지만, 그 역은 반드시 성립한다고 할 수 없다. 즉, 결합분포가 이변량 정규분포가 아니어도 주변분포는 둘 다 정규일 수 있다. 예를 들면 X와 Y의 이변량 밀도가 다음과 같이 주어졌을 때,

$$f^*(x, y) = \begin{cases} 2f(x, y) & \text{그림 6.10의 2번과 4번 영역내} \\ 0 & \text{그림 6.10의 1번과 3번 영역내} \\ f(x, y) & \text{그 외} \end{cases}$$

X와 Y의 결합밀도가 이변량 정규분포가 아님에도 주변밀도가 정규인 것을 쉽게 확인할 수 있다. 이때 $f(x, y)$는 $\mu_1 = 0, \mu_2 = 0$이고, (x, y)에서 $\rho = 0$인 이변량 정규밀도값이다.

그림 6.11에 그려진 **이변량 정규표면(bivariate normal surface)**을 연구함으로써 이변량 정규밀도의 여러 가지 흥미로운 성질들을 찾을 수 있다. 이 표면의 식은 $z = f(x, y)$이며, 이때 $f(x, y)$는 (x, y)에서의 이변량 정규밀도값이다. 연습문제에서 증명을 하게 되겠지만, 이변량 정규표면은 (μ_1, μ_2)에서 최댓값을 갖고, z축에 평행하는 임의의 평면은 이 표면과 정규분포 모양의 곡선으로 만나게 되며, xy평면에 평행하는 임의의 평면은 이 표면과 타원 모양의 선으로 만나게 된다. 이때 이 타원을 **일정한 확률밀도값을 이은 등고선(contour of constant probability density)**이라고 한다. $\rho = 0$이고 $\sigma_1 = \sigma_2$일 때 일정한 확률밀도값을

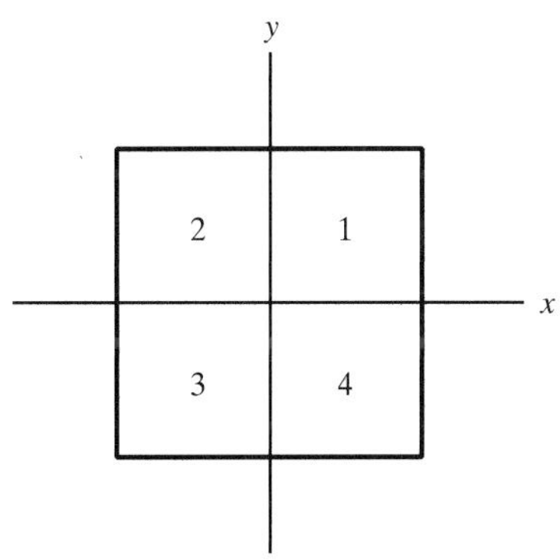

그림 6.10 이변량 밀도 f*(x, y)에 대한 표본공간.

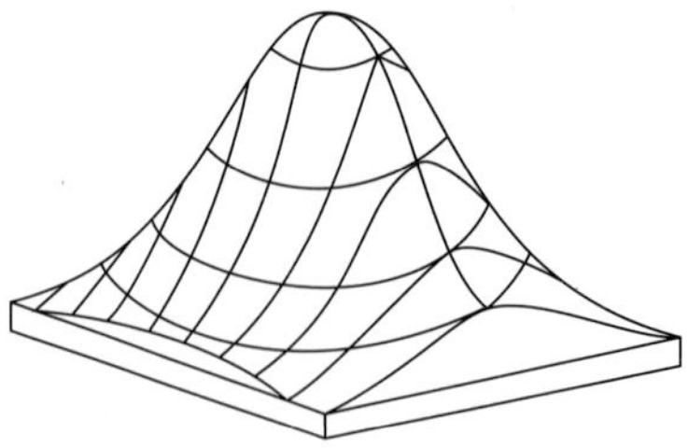

그림 6.11 이변량 정규표면.

이은 등고선은 원이 되며 이에 해당하는 결합밀도를 **원형정규분포(circular normal distribution)** 라고 한다.

연습문제

6.43 정리 6.10을 증명하기 위해 X와 Y가 이변량 정규분포를 따를 때 다음을 보여라.

(a) 두 변수의 독립성은 곧 $\rho = 0$을 의미한다.

(b) $\rho = 0$은 곧 두 변수가 독립임을 의미한다.

6.44 xy평면에 수직인 임의의 평면은 이변량 정규평면과 정규분포 모양의 곡선으로 만나게 됨을 보여라.

6.45 이변량 정규분포에서 e의 지수가

$$\frac{-1}{102}[(x+2)^2 - 2.8(x+2)(y-1) + 4(y-1)^2]$$

이라고 할 때, 다음을 구하여라.

(a) $\mu_1, \mu_2, \sigma_1, \sigma_2$와 ρ

(b) $\mu_{Y|x}$와 $\sigma^2_{Y|x}$

6.46 이변량 정규분포에서 e의 지수가

$$\frac{-1}{54}(x^2 + 4y^2 + 2xy + 2x + 8y + 4)$$

이고, $\mu_1 = 0, \mu_2 = -1$이라고 했을 때, σ_1, σ_2, ρ를 구하여라.

6.47 X와 Y가 $\mu_1 = 2, \mu_2 = 5, \sigma_1 = 3, \sigma_2 = 6, \rho = \frac{2}{3}$인 이변량 정규분포를 따를 때, $\mu_{Y|1}$와 $\sigma_{Y|1}$를 구하여라.

6.48 X와 Y가 이변량 정규분포를 따르고, $U = X + Y, V = X - Y$일 때 U와 V의 상관계수를 식으로 나타내어라.

6.49 X와 Y가 이변량 정규분포를 따르면, 이들의 결합적률생성함수(연습문제 4.47)는 다음과 같다.

$$\begin{aligned} M_{X,Y}(t_1, t_2) &= E(e^{t_1X + t_2Y}) \\ &= e^{t_1\mu_1 + t_2\mu_2 + \frac{1}{2}(\sigma_1^2 t_1^2 + 2\rho\sigma_1\sigma_2 t_1 t_2 + \sigma_2^2 t_2^2)} \end{aligned}$$

(a) 이 식의 t_1에 대한 1차 편도함수는 $t_1 = 0, t_2 = 0$일 때 μ_1임을 증명하여라.

(b) 이 식의 t_1에 대한 2차 편도함수는 $t_1 = 0, t_2 = 0$일 때 $\sigma_1^2 + \mu_1^2$임을 증명하여라.

(c) 이 식의 t_1과 t_2에 대한 2차 편도함수는 $t_1 = 0, t_2 = 0$일 때 $\rho\sigma_1\sigma_2 + \mu_1\mu_2$임을 증명하여라.

◆ 6.8 실제 예

통계학이 적용되는 많은 문제에서는 데이터가 근사적으로 정규분포를 따른다는 가정을 한다. 이 가정은 8.4, 8.5, 8.6절에서 소개될 이론과 13장에서 다루어지는 응용문제들의 기초가 된다. 그렇기 때문에 정규성 가정이 적어도 어느 정도는 데이터에 의해 뒷받침되어야 한다. 정규분포는 대칭이고 종모양이기 때문에 데이터의 도수분포를 히스토그램으로 그린 후 그것을 살펴보는 방법은 정규성 가정이 만족되는지를 점검하는데 유용하게 쓰인다. 만약 히스토그램이 대칭이 아니거나 대칭이지만 종모양이 아니면, 데이터가 정규분포로부터 온 것이라는 가정을 지지할 수 없다. 이 방법은 주관적인 방법이다. 즉, 히스토그램이 대칭이고 종모양일지라도 데이터는 정규분포를 따르지 않을 수도 있다는 것이다.

이보다 덜 주관적인 데이터 점검 방법으로는 **정규성점수그림 (normal scores plot)** 이 있다. 이 그림은 보통의 그래프 종이를 사용하는데, 이는 **정규성점수 (normal scores, z_p)** 를 계산한 값에 대한 것이다. n개의 관측값이 크기 순으로 나열되었을 때, 이들은 정규곡선 아래의 면적을 $n+1$등분하여 결국 각각이 전체 면적의 $\dfrac{1}{(n+1)}$을 차지하게 된다. 이들 중 첫 번째 면적의 정규성점수 z는 표준정규곡선 아래의 면적에서 z를 기준으로 왼쪽에 있는 면적이 $\dfrac{1}{(n+1)}$이 되도록 하는 z의 값 $-z_{1/(n+1)}$이다. 그러므로 $n = 4$일 때 정규성점수는 $-z_{0.20} = -0.84$, $-z_{0.40} = -0.25$, $z_{0.40} = 0.25$, $z_{20} = 0.84$이 된다. 그 후 순서대로 나열된 관측값들을 그에 대응하는 정규성점수에 맞춰 그래프 종이에 그린다.

예제 6.7

다음 여섯 개의 관측값에 대한 정규성점수를 찾고 정규성점수그림을 그리기 위한 좌표를 구하여라.

3, 2, 7, 4, 3, 5

풀이 $n = 6$이므로 여섯 개의 정규성점수는 $-z_{14} = -1.08$, $-z_{0.29} = -0.55$, $-z_{0.43} = -0.18$, $z_{0.43} = 0.18$, $z_{0.29} = 0.55$, $z_{0.14} = 1.08$이 된다. 관측값들을 순서대로 나열하여 그에 대응하는 정규성점수와 함께 표로 작성하면 다음을 얻는다.

관측치:	2	3	3	4	5	7
정규성점수:	−1.08	−0.55	−0.18	0.18	0.55	1.08

정규성점수그림을 그리기 위한 좌표는 데이터의 누적 백분율 분포 (연습문제 3.25) 를 이용하여 구한다. 예제 3.28에 있는 콘크리트의 압축강도를 이용하여 설명하겠다. 누적 백분율 분포는 다음과 같다.

계급 경계	누적 백분율	정규성점수
4395	5	−1.64
4595	17	−0.95
4795	37	−0.33
4995	69	0.50
5195	87	1.13
5395	97	1.88

계급경계와 정규성점수를 축으로 그린 그림은 그림 6.12에 나타나 있다. 그래프를 보면 점들이 거의 완벽한 직선 위에 있다는 것을 알 수 있다. 이는, 즉 주어진 데이터가 정규분포에 아주 가깝다는 것을 말한다.

실제에서는 계산이 용이해지도록 MINITAB이나 다른 통계 소프트웨어를 사용한다. 또 MINITAB은 단순히 정규성점수그림을 보는 것보다 덜 주관적인 세 가지 정규성 검정법을 제공한다.

직선이 아닌 곡선을 그리는 정규성점수그림의 경우 적절한 변환을 통해 직선으로 바꾸어 줄 수 있다. 먼저 어떤 변환이 필요한지 판단을 하고, 그 변환을 실행하고, 변환된 데이터를 가지고 정규성점수그림을 그려 정규분포라고 가정해도 되는지를 확인한다.

데이터가 **수치가 큰 값들이 많기 때문에** 정규분포를 따르지 않는 것 같이 보일 경우에는 다음의 변환을 쓰면 좋다.

$$\text{로그변환 } u = \log(x)$$

$$\text{제곱근변환 } u = \sqrt{x}$$

$$\text{역수변환 } u = \frac{1}{x}$$

데이터가 **작은 값들을 너무 많이 갖고 있을 때**에는 아래의 변환을 사용하면 근사적으로 정규 데이터를 산출해 낼 수 있다.

$$\text{멱변환} \quad u = x^a, \text{ where } a > 1$$

$$\text{지수변환} \quad u = a^x, \text{ where } a > 1$$

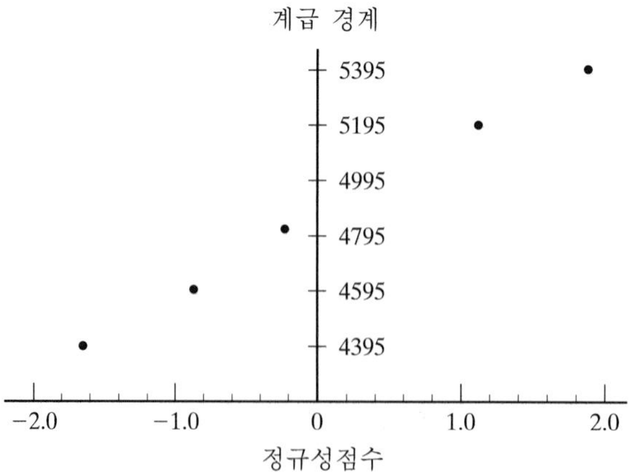

그림 6.12 정규성점수그림.

드물지만 가끔은 $u = a + bx$ 형태의 선형변환을 먼저 한 후, 제시된 변환 중 하나를 사용하기도 한다. 이 방법은 데이터에 음수가 포함되어 있고, 로그변환이나 제곱근변환, 또는 특정 멱변환을 해 보아야 하는 경우에 필요하다. 하지만 단순히 선형변환만 하는 것은 효과가 없다. x가 만약 정규분포를 따르는 확률변수 값이라면 $a + bx$를 값으로 갖는 확률변수 또한 정규분포를 따른다는 것을 보일 수 있다(연습문제 7.60). 그러므로 선형변환 하나만으로는 정규분포를 따르지 않는 데이터를 정규성을 갖게 바꾸어 줄 수 없다.

예제 6.8

다음 데이터에 대해 정규성점수그림을 그려라. 만약 그림이 정규성을 보이는 것 같지 않으면 적절한 변환을 실행하고 변환된 데이터의 정규성을 점검하여라.

54.9 8.3 5.2 32.4 15.5

풀이 정규성점수는 -0.95, -0.44, 0, 0.44, 0.95이다. 이 데이터의 정규성점수그림(그림 6.13[a])은 급한 곡률을 보여 준다. 다섯 개의 값 중 두 개가 나머지에 비해 아주 큰 값을 가지므로 로그변환(밑이 10인 로그)을 사용하여 데이터를 다음과 같이 바꿨다.

1.74 0.92 0.72 1.51 1.19

변환된 데이터의 정규성점수그림(그림 6.13[b])은 직선에 가까운 모양인 것, 즉 근사적으로 정규분포를 따른다는 것을 확인할 수 있다.

정규성의 결여가 하나 혹은 적은 수의 특이점들, 큰 값 하나, 아주 작은 값 하나, 또는 이들 모두에 의한 것일 경우에는 데이터를 정규데이터로 변환시키기 어려울 것이다. 특이점들을 구분해 내는 명확한 방법은 찾기 어렵다. 예를 들어 어떤 관측값이 평균으로부터 표준편차의 세 배 이상 크다고 해서 이것을 **특이점(outlier)**라고 정의하는 것이 틀릴 수 있다. 왜냐하면 이런 관측값은 정규분포를 따르는 많은 관측값들이 있을 때 실제로 일어날 확률이 어느 정도 있기 때문이다. 보통, 정규성점수그림에서 하나의 관측값이 나머지 관측값들이 생성하는 직선을 완전히 벗어난 경우, 이를 특이점이라고 받아들인다. 특이점으로 의

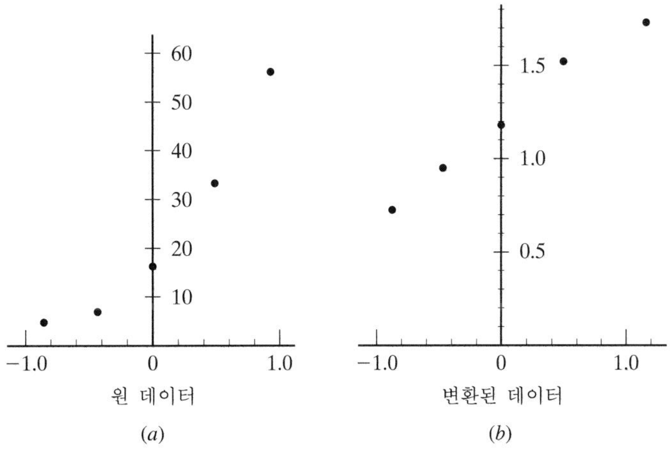

그림 6.13 예제 6.8에 대한 정규성점수그림.

심될만한 점들이 있을 때는 통상적으로 특이점들을 제거한 후 정규성점수그림을 본다.

멀리 떨어져 있는 관측값들은 그 원인이 여러 가지에 있을 수 있다. 데이터를 기록하는 과정에서 생긴 오차나 관측오차, 또는 박막증착 과정에서 미세한 먼지가 재료에 떨어지는 것과 같은 예상치 못했던 사건 등이 그 예이다. 우리는 데이터 전체적인 부분에서 떨어져 있다는 이유로 특이점들을 모두 제거하고 싶어 한다. 하지만 특이점은 나머지 데이터와 같은 과정을 통해 선택되었다는 점에서 나머지 데이터만큼 많은 정보를 가지고 있을 수 있다. 드물지만 연속적인 데이터 세트에서 규칙적으로 발생하는 특이점들은 간과되어서는 안될 정보를 제공한다. 예를 들면 지름이 다른 구멍과는 달리 유난히 큰 구멍은 드릴을 잘못 사용한 결과일 수도 있다. 또, 구멍을 두 개 정도 뚫고 난 후 문제를 고쳐서 작업을 계속하였지만 처음 두 개의 잘못 뚫린 물건을 버리지 않아서 두 개의 특이점이 생길 수도 있다. 나머지 데이터들로부터 특이점들을 제외시켜 예비 분석을 실행하기도 하지만, 이들의 영구 제거는 특이점들이 생긴 이유를 충분히 파악한 이후에 행하여야 한다.

정규점수와 정규점수그림은 다양한 통계 소프트웨어를 이용하여 구할 수 있다. MINITAB을 이용하여 이를 보이도록 하겠다. 다음은 숫자 20개와 명령어이다.

```
SET C1:
0 215 31 7 15 80 17 41 51 3 58 158 0 11 42 11 17 32 64 100
END
```

정규점수를 구해 주고 그 값들을 두 번째 열에 입력해 주는 명령어는 NSCORES C1 PUT IN C2이다. PLOT C1 VS C2라는 명령어는 정규점수그림을 그려주는데 이는 그림 6.14 (a) 와 같다. 그림의 점들은 직선을 이루지 않고 있다. 데이터를 정규성을 가지도록 바꿔주기 위해 몇 가지 멱변환이 시행되었다. 가장 잘 바꿔준 것은 세제곱근변환 $\mu = X^{1/3}$인데, 이는 명령어 RAISE C1 TO THE POWER .3333 PUT IN C3

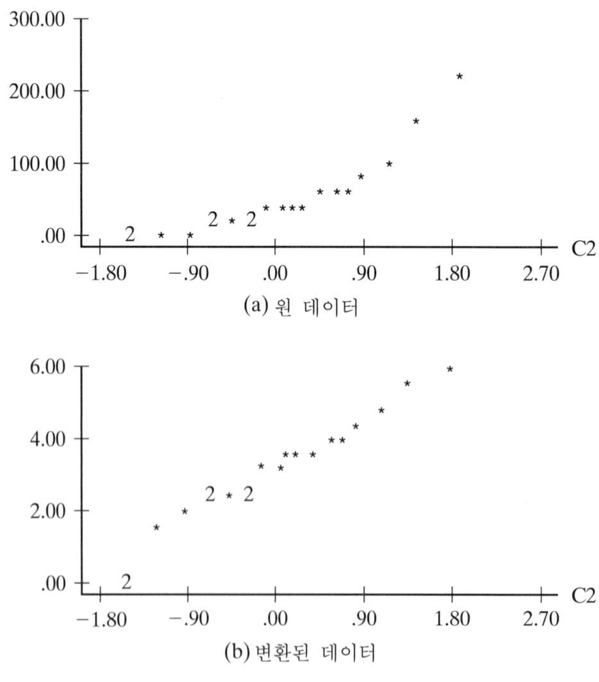

그림 6.14 정규점수그림.

를 사용하면 된다. 변환된 데이터의 정규성점수그림은 명령어 PLOT C3 VS C2를 이용하면 그릴 수 있으며, 이는 그림 6.14 (b) 와 같다. 원 데이터를 세제곱근변환을 통해 변환된 데이터는 근사적으로 정규분포를 따른다는 것을 그래프에서 확인할 수 있다.

6.1~6.4절

응용문제

6.50 물질의 밀도를 결정하는 과정에서 생기는 오차는 $\alpha = -0.015, \beta = 0.015$인 균등분포를 따르는 확률변수이다. 다음을 구하여라.

(a) 오차가 -0.002와 0.003 사이가 될 확률

(b) 오차가 절댓값으로 0.005를 초과할 확률

6.51 길이가 a인 직선 AB의 중간점은 C이고, 이 선 위의 점 D가 선택되었다. D에서 A까지의 거리를 X라고 할 때, 이 확률변수는 $\alpha = 0, \beta = a$인 균등분포를 따른다고 한다. AD와 BD 그리고 AC가 삼각형을 이루게 될 확률은 무엇인가?

6.52 어느 도시에서 1일 전력소비 (백만 kilowatt/시) 는 $\alpha = 3, \beta = 2$인 감마분포를 따르는 확률변수라고 할 수 있다. 이 도시에 있는 발전소의 하루 용량이 1천 2백만 kilowatt/시라면, 어느 날 이 전력 공급이 불충분해질 확률은 무엇인가?

6.53 n명의 판매원이 고용되었을 때, 1,000달러 단위로 나타낸 이 회사의 총매출액을 $\alpha = 80\sqrt{n}, \beta = 2$인 감마분포를 따르는 확률변수라고 하자. 판매원 한 명당 판매 비용이 8,000달러라고 했을 때, 이 회사가 기대수익을 극대화시키려면 몇 명의 판매원을 고용해야 될 것인가?

6.54 손목시계가 고치지 않은 상태로 갈 수 있는 시간은 $\theta = 120$일인 지수분포를 따르는 확률변수이다. 다음을 구하여라.

(a) 어떤 시계가 24일이 되기 이전에 고장이 날 확률

(b) 어떤 시계가 최소 180일이 되기 전에는 고치지 않아도 될 확률

6.55 특정 종류의 레이디얼 타이어를 단 차의 주행거리는 $\theta = 40$인 지수분포를 따르는 확률변수이다. 이런 타이어로 다음의 주행거리가 가능하게 될 확률을 구하여라.

(a) 최소 20,000 마일

(b) 최대 30,000 마일

6.56 어느 은행이 근무시간이 5시간인 영업일 하루 동안 받는 불량 수표의 개수는 $\lambda = 2$인 포아송분포를 따르는 확률변수이다. 임의의 영업일에 영업을 시작한지 2시간 동안 불량수표를 하나도 받지 않을 확률은 얼마인가?

6.57 매일 어떤 작은 공항에 들어오는 비행기의 개수는 $\lambda = 28.8$인 포아송분포를 따르는 확률변수이다. 비행기 두 대가 최소 1시간의 간격을 두고 도착하게 될 확률은 무엇인가?

6.58 매년 국세청에 신청된 잘못된 소득세 신고의 비율은 $\alpha = 2, \beta = 9$인 베타분포를 따르는 확률변수로 볼 수 있다. 그렇다면 임의의 해에 잘못된 신고가 10퍼센트보다 작을 확률은 얼마인가?

6.59 평균적으로 2년마다 수리를 해주어야 하는 전기 제품이 있다. 이전 수리와 다음 수리 사이 시간 간격이 지수분포를 따른다고 가정하자. 이 전기 제품이 최소 3년 동안 수리를 하지 않아도 될 확률은 무엇인가?

6.60 어느 도시에서 매년 폐업하게 될 식당들의 비율이 $\alpha = 1, \beta = 4$인 베타분포를 따르는 확률변수라고 했을 때 다음을 구하여라.

(a) 분포의 평균. 즉, 이 도시에서 폐업하게 될 식당들의 기대비율

(b) 임의의 해에 모든 식당의 최소 25퍼센트가 폐업하게 될 확률

6.61 시간으로 측정한 반도체의 수명이 $\alpha = 0.025, \beta = 0.500$ 와이블분포(연습문제 6.23)를 따르는 확률변수라고 하자.

(a) 이 반도체의 기대수명은?

(b) 이 반도체가 4,000시간이 지났을 때에도 작동하고 있을 확률은 무엇인가?

6.5~6.7절

6.62 Z가 표준정규분포를 따르는 확률변수일 때 다음 확률을 구하여라.

(a) $P(Z < 1.33)$

(b) $P(Z \geq -0.79)$

(c) $P(0.55 < Z < 1.22)$

(d) $P(-1.90 \geq Z \geq 0.44)$

6.63 Z가 표준정규분포를 따르는 확률변수일 때 다음의 값을 가지게 될 확률을 구하여라.

(a) 1.14보다 큰 값

(b) -0.36보다 큰 값

(c) -0.46과 -0.09 사이의 값

(d) -0.58과 1.12 사이의 값

6.64 Z가 표준정규분포를 따르는 확률변수일 때 다음을 만족시키는 값 z_1, z_2, z_3, z_4를 구하여라.

(a) $P(0 < Z < z_1) = 0.4306$

(b) $P(Z \geq z_2) = 0.7704$

(c) $P(Z > z_3) = 0.2912$

(d) $P(-z_4 \leq Z > z_4) = 0.9700$

6.65 각 경우를 만족시키는 z를 찾아라.

(a) 0과 z 사이 표준정규곡선의 넓이가 0.4726

(b) z를 기준으로 왼쪽에 있는 표준정규곡선의 넓이가 0.9868

(c) z를 기준으로 오른쪽에 있는 표준정규곡선의 넓이가 0.1314

(d) $-z$와 z 사이 표준정규곡선의 넓이가 0.8502

6.66 X가 정규분포를 따르는 확률변수일 때 다음의 값을 갖게 될 확률은 얼마인가?

(a) 평균을 기준으로 최대 표준편차만큼 떨어진 값

(b) 평균을 기준으로 최대 표준편차의 두 배만큼 떨어진 값

(c) 평균을 기준으로 최대 표준편차의 세 배만큼 떨어진 값

(d) 평균을 기준으로 최대 표준편차의 네 배만큼 떨어진 값

6.67 z_α가

$$\int_{z_\alpha}^{\infty} n(z; 0, 1)\, dz = \alpha$$

와 같이 정의되었을 때, 다음에 대한 값을 구하여라.

(a) $\alpha = 0.05$

(b) $\alpha = 0.025$

(c) $\alpha = 0.01$

(d) $\alpha = 0.005$

6.68 **(a)** 컴퓨터 프로그램을 사용하여 평균이 -1.786, 표준편차가 1.0416인 정규분포를 따르는 확률변수가 -2.159와 0.5670 사이의 값을 갖게 될 확률을 구하여라.

(b) 표 III를 이용하여 확률을 구한 후, 좀 더 정확한 (a) 의 결과와 비교하여라.

6.69 **(a)** 컴퓨터 프로그램을 사용하여 평균이 5.853, 표준편차가 1.361인 정규분포를 따르는 확률변수가 8.625보다 큰 값을 갖게 될 확률을 구하여라.

(b) 표 III를 이용하여 확률을 구한 후, 좀 더 정확한 (a) 의 결과와 비교하여라.

6.70 초월 명상 도중 사람의 산소 소비량이 줄어드는 정도를 $\mu = 37.6$ cc/분, $\sigma = 4.6$ cc/분인 정규분포를 따르는 확률변수라고 하자. 줄어드는 양이 다음과 같을 확률을 구하여라.

(a) 최소 44.5cc/분

(b) 최대 35.0cc/분

(c) 30.0cc/분에서 40.0cc/분 사이

6.71 사진을 인화할 때 걸리는 시간은 $\mu = 15.40$초이고, $\sigma = 0.48$초인 정규분포를 따르는 확률변수로 볼 수 있다. 다음의 값을 갖게 될 확률을 구하여라.

(a) 최소 16.00초

(b) 최대 14.20초

(c) 15.00초에서 15.80초 사이

6.72 $\sigma = 10$인 정규분포를 따르는 확률변수가 있다. 이 확률변수가 82.5보다 작은 값을 갖게 될 확률이 0.8212이면, 58.3보다 큰 값을 갖게 될 확률은 얼마인가?

6.73 6온스 용량의 병에 인스턴트 커피를 채워 넣는 기계가 실제로 채워 넣는 양을, $\sigma = 0.05$온스인 정규분포를 따르는 확률변수라고 하자. 이 병들 중 3퍼센트만이 6온스보다 적은 양의 커피가 담기게 하려면 평균은 얼마가 되어야 하나?

6.74 다음 경우에 213쪽에 언급된 '경험에 의한 법칙' 을 기반으로 이항분포로의 정규근사를 사용해도 되는지 여부를 따져보아라.

(a) $n = 16, \theta = 0.20$

(b) $n = 65, \theta = 0.10$

(c) $n = 120, \theta = 0.98$

6.75 $b(1; 150, 0.05)$ 값을 구하기 위해 이항분포로의 정규근사를 사용하고자 한다.

(a) 213쪽에 언급된 '경험에 의한 법칙' 에 따르면 이 근사를 사용하는 것이 합당한가?

(b) 근사값을 구하여 소수 넷째 자리까지 반올림하여라.

(c) 만약 컴퓨터 출력물이 소수 넷째 자리까지 반올림하여 $b(1; 150, 0.05) = 0.0036$이라고 나와 있다면, (b) 에서의 근사에서 생긴 백분율 오차는 얼마인가?
이는 '경험에 의한 법칙' 은 그것일 뿐이지 그 이상은 아니다. 이런 근사를 실행할 때는 전문적인 판단력 또한 요구된다.

6.76 이항분포로의 정규근사법(소수 넷째 자리까지)을 이용하여 양면이 같은 동전을 14번 던져 앞면이 7번, 뒷면이 7번 나오게 될 확률을 구하여라. 표 I을 이용하여 이 근사값의 오차를 구하여라.

6.77 응용문제 6.75에 이어 포아송분포가 더 좋은 근사값을 구해 줄 것임을 보여라.

6.78 특정 약물을 사용하고 있는 고혈압환자의 23퍼센트가 그 약물로 인해 부작용이 생겼을 때, 정규근사를 이용하여 약물을 사용하고 있는 고혈압환자 120명 중 32명보다 많은 환자가 부작용이 생길 확률을 구하여라.

6.79 어떤 은행이 대출 신청서를 거절할 확률이 0.20일 때, 정규근사(소수 셋째 자리까지)를 사용하여 그 은행이 대출 신청서 225장 중 최대 40장까지 거절할 확률을 구하여라.

6.80 대수의 법칙(연습문제 5.54)을 보이기 위해 이항분포로의 정규근사를 이용하여 동전을 던진 횟수가 다음과 같을 때, 앞면의 수가 차지하는 비율이 0.49에서 0.51 사이가 될 확률을 구하여라.

(a) 100번

(b) 1,000번

(c) 10,000번

6.81 정규점수를 찾고 정규점수그림을 만들어 다음 자료의 정규성을 검정하여라.

3.9 4.6 4.5 1.6 4.2

6.8절

6.82 정규점수를 찾고 정규점수그림을 만들어 다음 자료의 정규성을 검정하여라.

36 22 3 13 31 45

6.83 154쪽에 주어진 10개의 월급에 대해 정규점수그림을 그려라. 이 데이터는 정규분포를 따른다고 할 수 있는가?

6.84 나사못의 각 발송분의 무게(파운드)가 다음과 같다.

37 45 11 51 13 48 61

이들에 대한 정규점수그림을 그려라. 이들은 정규분포로부터 온 것이라고 볼 수 있는가?

6.85 예제 3.30에 나온 납땜의 접착력에 대한 데이터를 가지고 정규점수그림을 그려라. 이 데이터는 정규분포를 따르는 것으로 보이는가?

6.86 컴퓨터 프로그램을 사용하여 다음 데이터에 대한 정규점수그림을 그려라. 데이터는 콜라를 만드는 데 걸리는 시간(단위:시간)에 대한 것이다.

7.8	9.2	6.4	8.2	7.6	5.9	7.4	7.1	6.7	8.5
10.1	8.6	7.7	5.9	9.3	6.4	6.8	7.9	7.2	10.2
6.9	7.4	7.8	6.6	8.1	9.5	6.4	7.6	8.4	9.2

또 MINITAB에서 제공되는 세 가지 정규성검사를 이용하여 데이터의 정규성을 검정하여라.

6.87 여든 명의 조종사가 모의 비행장치에서 테스트를 받았다. 비상사태 시 그에 맞는 조치를 취하는 데 걸리는 시간을 초 단위로 기록하였다.

11.1	5.2	3.6	7.6	12.4	6.8	3.8	5.7	9.0	6.0	4.9	12.6
7.4	5.3	14.2	8.0	12.6	13.7	3.8	10.6	6.8	5.4	9.7	6.7
14.1	5.3	11.1	13.4	7.0	8.9	6.2	8.3	7.7	4.5	7.6	5.0
9.4	3.5	7.9	11.0	8.6	10.5	5.7	7.0	5.6	9.1	5.1	4.5
6.2	6.8	4.3	8.5	3.6	6.1	5.8	10.0	6.4	4.0	5.4	7.0
4.1	8.1	5.8	11.8	6.1	9.1	3.3	12.5	8.5	10.8	6.5	7.9
6.8	10.1	4.9	5.4	9.6	8.2	4.2	3.4				

컴퓨터를 사용하여 이 데이터에 대한 정규점수그림을 그리고 정규성을 검정하여라.

참고문헌

Useful information about various special probability densities, in outline form, may be found in

DERMAN, C., GLESER, L., and OLKIN, I., *Probability Models and Applications*. New York: Macmillan Publishing Co., Inc., 1980,

HASTINGS, N. A. J., and PEACOCK, J.B., *Statistical Distributions*. London: Butterworth and Co. Ltd., 1975,

and

JOHNSON, N. L., and KOTZ, S., *Continuous Univariate Distributions*, Vols. 1 and 2. Boston: Houghton Mifflin Company, 1970.

A direct proof that the standardized binomial distribution approaches the standard normal distribution when $n \to \infty$ is given in

KEEPING, E. S., *Introduction to Statistical Inference*. Princeton, N.J.: D. Van Nostrand Co., Inc., 1962.

A detailed treatment of the mathematical and statistical properties of the bivariate normal surface may be found in

YULE, G. U., and KENDALL, M. G., *An Introduction to the Theory of Statistics*, 14th ed. New York: Hafner Publishing Co., Inc., 1950.

The multivariate normal distribution is treated in matrix notation in

BICKEL, P. J., and DOKSUM, K. A., *Mathematical Statistics: Basic Ideas and Selected Topics*, San Francisco: Holden-Day, Inc., 1977,

HOGG, R. V., and CRAIG, A. T., *Introduction to Mathematical Statistics*, 4th ed. New York: Macmillan Publishing Co., Inc., 1978,

LINDGREN, B. W., *Statistical Theory*, 3rd ed. New York: Macmillan Publishing Co., Inc., 1976.

7장 확률변수의 함수

7.1 서론

이 장에서는 **확률변수 하나 이상으로 이루어진 함수**의 확률분포 또는 밀도를 구하는 문제를 다룰 것이다. 즉, 확률변수 $X_1, X_2, \cdots, X_n$과 이들의 결합확률분포가 주어졌을 때, 어떤 확률변수 $Y = u(X_1, X_2, \cdots, X_n)$에 대한 확률분포를 구하고자 한다. 여기서 Y값은 X들의 값과 서로 다음과 같은 관계를 갖는다고 할 수 있다.

$$y = u(x_1, x_2, \ldots, x_n)$$

이런 문제를 푸는 방법은 여러 가지가 있다. 다음 네 절에서 소개될 방법들은 **분포함수기법** (**distribution function technique**), **변환기법** (**transformation technique**)과 **적률생성함수기법** (**moment-generating function technique**)이다. 세 가지 방법이 모두 사용될 수 있는 경우도 종종 있으나 보통 어느 한 방법이 나머지들보다 선호된다(다른 것들보다 사용하기 수월함). 예를 들면 우리가 알고자 하는 함수가 $X_1, X_2, \cdots, X_n$의 선형함수일 때는 적률생성함수기법을 사용하는 것이 가장 간단하다.

이 장에서 논의될 다양한 기법들은 8장에서 통계적 추론에 있어 매우 중요한 몇 개의 분포를 유도해 내기 위한 도구로 다시 사용될 것이다.

7.2 분포함수기법

연속확률변수들로 이루어진 함수의 확률밀도를 구하는 가장 간단한 방법은, 먼저 분포함수를 구한 후 그것을 미분하여 확률밀도를 구하는 것이다. 그러므로 $X_1, X_2, \cdots, X_n$가 연속확률변수이고 결합확률밀도가 주어졌을 때, $Y = u(X_1, X_2, \cdots, X_n)$의 확률밀도를 구하기 위해서는 먼저 확률

$$F(y) = P(Y \leqq y) = P[u(X_1, X_2, \ldots, X_n) \leqq y]$$

에 대한 식을 구하고 그것을 미분하여 (정리 3.6)

$$f(y) = \frac{dF(y)}{dy}$$

를 얻는다.

예제 7.1

X의 확률밀도함수가 다음과 같이 주어졌을 때

$$f(x) = \begin{cases} 6x(1-x), & 0 < x < 1 \\ 0 & , \text{그 외} \end{cases}$$

$Y = X^3$의 확률밀도함수를 구하여라.

풀이 $G(y)$를 y에서 Y의 분포함수값이라고 하자. 그러면

$$\begin{aligned} G(y) &= P(Y \leqq y) \\ &= P(X^3 \leqq y) \\ &= P(X \leqq y^{1/3}) \\ &= \int_0^{y^{1/3}} 6x(1-x)\,dx \\ &= 3y^{2/3} - 2y \end{aligned}$$

이 된다. 그러므로 $0 < y < 1$일 때

$$g(y) = 2(y^{-1/3} - 1)$$

이고, 그 외의 구간에서는 $g(y) = 0$이 된다. 연습문제 7.15에서는 이 같은 결과를 다른 방법을 이용해 보이게 될 것이다.

예제 7.2

$Y = |X|$라고 할 때, 다음을 보여라.

$$g(y) = \begin{cases} f(y) + f(-y), & y > 0 \\ 0 & , \text{그 외} \end{cases}$$

이때 $f(x)$는 x에서 X의 확률밀도이고, $g(y)$는 y에서 Y의 확률밀도이다. 이 결과를 이용해 X가 표준정규분포를 따를 때 $Y = |X|$의 확률밀도를 구하여라.

풀이 $y > 0$일 때

$$\begin{aligned} G(y) &= P(Y \leqq y) \\ &= P(|X| \leqq y) \end{aligned}$$

$$= P(-y \leqq X \leqq y)$$
$$= F(y) - F(-y)$$

이고, 미분을 한다.

$$g(y) = f(y) + f(-y)$$

그리고 $|x|$가 음수가 될 수 없기 때문에 $y < 0$일 때는 $g(y) = 0$이 된다. 임의로 $g(0) = 0$으로 놓으면 다음과 같이 쓸 수 있다.

$$g(y) = \begin{cases} f(y) + f(-y), & y > 0 \\ 0 & , \text{그 외} \end{cases}$$

X가 표준정규분포를 따른다면 $Y = |X|$는 $y > 0$일 때

$$\begin{aligned} g(y) &= n(y; 0, 1) + n(-y; 0, 1) \\ &= 2n(y; 0, 1) \end{aligned}$$

이고 그 외의 구간에서는 $g(y) = 0$이 된다. 이 결과를 응용한 것은 예제 7.9에서 찾아볼 수 있다.

예제 7.3

X_1과 X_2의 결합밀도가 다음과 같이 주어졌을 때

$$f(x_1, x_2) = \begin{cases} 6e^{-3x_1-2x_2}, & x_1 > 0, x_2 > 0 \\ 0 & , \text{그 외} \end{cases}$$

$Y = X_1 + X_2$의 확률밀도를 구하여라.

풀이 그림 7.1의 빗금 친 부분에 대해 결합밀도를 적분하면

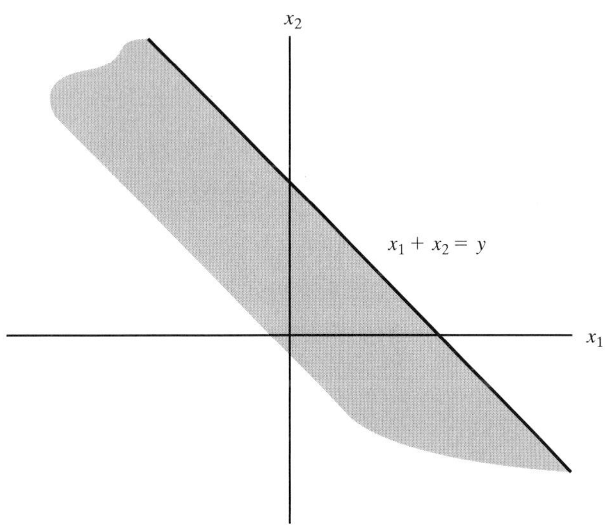

그림 7.1 예제 7.3에 대한 다이어그램.

$$F(y) = \int_0^y \int_0^{y-x_2} 6e^{-3x_1-2x_2} dx_1\, dx_2$$

$$= 1 + 2e^{-3y} - 3e^{-2y}$$

이 되고 이를 y에 대해 미분하면 $y > 0$일 때

$$f(y) = 6(e^{-2y} - e^{-3y})$$

을 얻는다. 그 외의 구간에서는 $f(y) = 0$가 된다.

연습문제

7.1 X가 모수가 θ인 지수분포를 따른다고 할 때, 분포함수기법을 이용하여 확률변수 $Y = \ln X$의 확률밀도를 구하여라.

7.2 X의 확률밀도가

$$f(x) = \begin{cases} 2xe^{-x^2}, & x > 0 \\ 0 & , \text{그 외} \end{cases}$$

으로 주어지고 $Y = X^2$일 때, 다음을 구하여라.

(a) Y의 분포함수

(b) Y의 확률밀도

7.3 X가 $\alpha = 0$이고 $\beta = 1$인 균등분포를 따른다고 할 때, 분포함수기법을 이용하여 확률변수 $Y = \sqrt{X}$의 확률밀도를 구하여라.

7.4 X와 Y의 결합확률밀도함수가

$$f(x, y) = \begin{cases} 4xye^{-(x^2+y^2)}, & x > 0, y > 0 \\ 0 & , \text{그 외} \end{cases}$$

으로 주어지고 $Y = \sqrt{X^2 + Y^2}$일 때, 다음을 구하여라.

(a) Z의 분포함수

(b) Z의 확률밀도

7.5 X_1과 X_2가 독립확률변수이고 모수가 θ_1과 θ_2인 지수밀도함수를 가지고 있을 때, 분포함수기법을 이용하여 다음 두 가지의 경우에 $Y = X_1 + X_2$의 확률밀도를 구하여라.

(a) $\theta_1 \neq \theta_2$

(b) $\theta_1 = \theta_2$

(예제 7.3은 $\theta_1 = \frac{1}{3}, \theta_2 = \frac{1}{2}$인 경우이다.)

7.6 X_1과 X_2가 독립확률변수이고 $\alpha = 0$이고 $\beta = 1$인 균등밀도를 갖는다고 하자. 그림 7.2를 참고하여 주어진 구

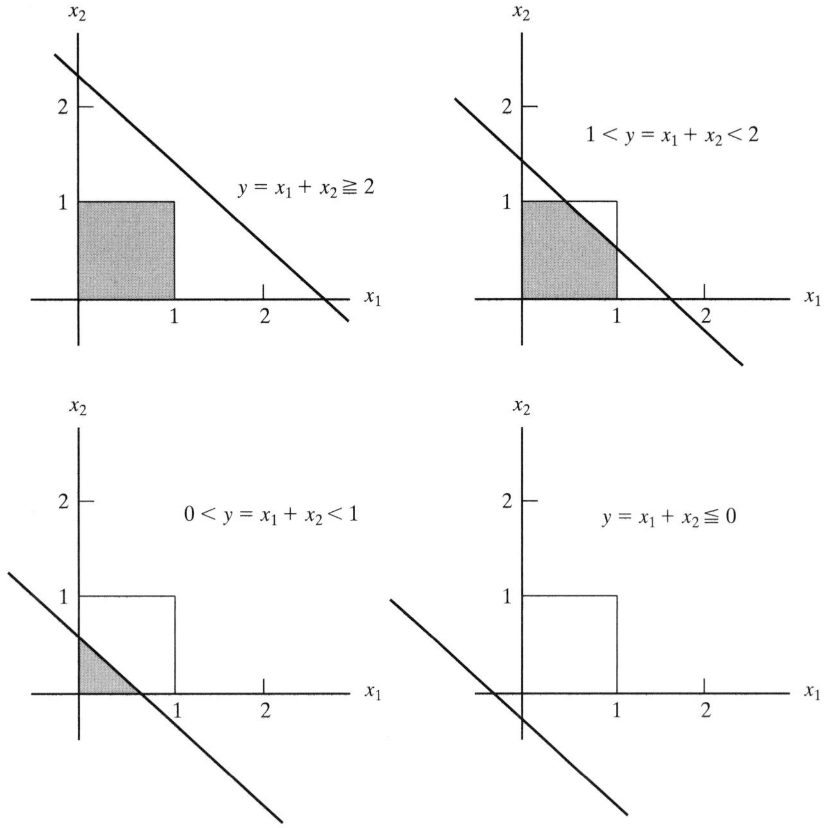

그림 7.2 연습문제 7.6에 대한 다이어그램.

간에 해당하는 $Y = X_1 + X_2$의 분포함수식을 구하여라.

(a) $y \leq 0$

(b) $0 < y < 1$

(c) $1 < y < 2$

(d) $y \geq 2$

또한 Y의 확률빈도를 구하여라.

7.7 연습문제 7.5의 두 확률변수에 대해 만약 $\theta_1 = \theta_2 = 1$이면 확률변수

$$Z = \frac{X_1}{X_1 + X_2}$$

은 $\alpha = 0$이고 $\beta = 1$인 균등밀도를 갖는다는 것을 보여라.

7.8 X와 Y의 결합밀도함수가

$$f(x, y) = \begin{cases} e^{-(x+y)}, & x > 0, y > 0 \\ 0 & , \text{그 외} \end{cases}$$

으로 주어지고 $Z = \dfrac{X + X}{2}$일 때, 분포함수기법을 이용하여 Z의 확률밀도를 구하여라.

7.3 변환기법: 변수가 하나일 때

이제 분포함수를 먼저 구하지 않고 확률변수로 이루어진 확률분포 또는 밀도를 구하는 방법에 대해 살펴보겠다. 이산형일 경우에는 X의 값과 $Y = u(X)$가 일대일 대응 관계를 가지고 있다면 구하는 데 별다른 문제가 없다. 이 경우 우리는 적절한 치환만 해 주면 된다.

예제 7.4

X가 동전을 네 번 던졌을 때 앞면의 개수라고 했을 때, $Y = \dfrac{1}{1+X}$의 확률분포를 구하여라.

풀이 $n = 4, \theta = \dfrac{1}{2}$일 때의 이항분포식을 이용하면 X의 확률분포가 다음과 같음을 알 수 있다.

x	0	1	2	3	4
$f(x)$	$\frac{1}{16}$	$\frac{4}{16}$	$\frac{6}{16}$	$\frac{4}{16}$	$\frac{1}{16}$

$y = \dfrac{1}{1+x}$를 이용해 X값들을 Y값으로 치환시켜 주면 Y의 확률분포가 다음과 같음을 알 수 있다.

y	1	$\frac{1}{2}$	$\frac{1}{3}$	$\frac{1}{4}$	$\frac{1}{5}$
$g(y)$	$\frac{1}{16}$	$\frac{4}{16}$	$\frac{6}{16}$	$\frac{4}{16}$	$\frac{1}{16}$

$n = 4, \theta = \dfrac{1}{2}$일 때의 이항분포식에서 곧바로 치환을 하고자 했다면 아래 식의 x에 $x = \dfrac{1}{y} - 1$을 대입했을 것이다.

$$f(x) = \binom{4}{x}\left(\frac{1}{2}\right)^4, \quad x = 0, 1, 2, 3, 4$$

대입한 결과는 다음과 같다.

$$g(y) = f\left(\frac{1}{y} - 1\right) = \binom{4}{\frac{1}{y} - 1}\left(\frac{1}{2}\right)^4, \quad y = 1, \frac{1}{2}, \frac{1}{3}, \frac{1}{4}, \frac{1}{5}$$

위 예제에서는 치환 후에도 확률이 변하지 않았다. 단지 바뀐 후의 값들은 X값 대신 그에 대응하는 Y값들에 의해 구해진 것일 뿐이다. 이산형 사례일 때 일대일 대응관계가 성립한다면 **변환기법 [transformation technique, 혹은 변수변환 (change-of-variable)]** 은 이것이 전부이다. 만약 일대일 대응관계가 아니라면 다음 예제에서처럼 구하도록 한다.

예제 7.5

예제 7.4에 이어 확률변수 $Z = (X - 2)^2$의 확률분포를 구하여라.

풀이 Z값에 대해 확률 $h(z)$를 계산하면

$$h(0) = f(2) = \frac{6}{16}$$

$$h(1) = f(1) + f(3) = \frac{4}{16} + \frac{4}{16} = \frac{8}{16}$$

$$h(4) = f(0) + f(4) = \frac{1}{16} + \frac{1}{16} = \frac{2}{16}$$

이다. 이를 정리하면 다음과 같다.

z	0	1	4
$h(z)$	$\frac{3}{8}$	$\frac{4}{8}$	$\frac{1}{8}$

연속형 사례일 경우에는 변수변환을 하기 위해 $y = u(x)$로 주어진 함수가 미분가능하다는 가정이 필요하다. 또 $f(x) \neq 0$이며 X 범위에 포함되는 모든 값들에 대해 함숫값이 증가하거나 감소하여 모든 y값에 대응하는 역함수 $x = w(y)$가 존재해야 하며, $u'(x) = 0$일 때를 제외하고 모든 점에서 미분가능해야 한다. 이런 조건들하에 다음 정리를 증명하도록 한다.

정리 7.1 $f(x)$를 연속확률변수 X가 x일 때의 확률밀도라고 하자. 함수 $y = u(x)$가 미분가능하고, $f(x) \neq 0$이며, X 범위에 포함되는 모든 값들에 대해 함숫값이 증가하거나 감소하면, 이 x들에 대해 $y = u(x)$가 $x = w(y)$라는 유일해를 갖게 되며, 이에 대응하는 y값들에 대해 $Y = u(X)$의 확률밀도가 다음과 같이 주어진다.

$$g(y) = f[w(y)] \cdot |w'(y)| \quad (u'(x) \neq 0\text{일 때})$$

그 외의 구간에서는 $g(y) = 0$이다.

증명 먼저 $y = u(x)$가 증가할 경우에 대해 증명하도록 하겠다. 그림 7.3에서도 볼 수 있듯이, Y가 a와 b 사이의 값을 가질 때 X는 $w(a)$와 $w(b)$ 사이의 값을 가져야 한다. 따라서

$$\begin{aligned} P(a < Y < b) &= P[w(a) < X < w(b)] \\ &= \int_{w(a)}^{w(b)} f(x)\,dx \\ &= \int_{a}^{b} f[w(y)]w'(y)\,dy \end{aligned}$$

가 되는데, 이는 우리가 적분 안에서 $y = u(x)$(또는 $x = w(y)$)를 변수변환한 결과이다. 피적분함수는 $w'(y)$가 존재하는 한 Y의 확률밀도를 그대로 준다는 내용의 정의 3.4에 의해 다음과 같이 쓸 수 있다.

$$g(y) = f[w(y)]w'(y)$$

$y = u(x)$가 감소할 경우, 그림 7.3에서 볼 수 있듯이 Y가 a와 b 사이의 값을 가질 때 X는 $w(b)$와 $w(a)$ 사이의 값을 가져야 한다. 따라서

$$\begin{aligned} P(a < Y < b) &= P[w(b) < X < w(a)] \\ &= \int_{w(b)}^{w(a)} f(x)\,dx \end{aligned}$$

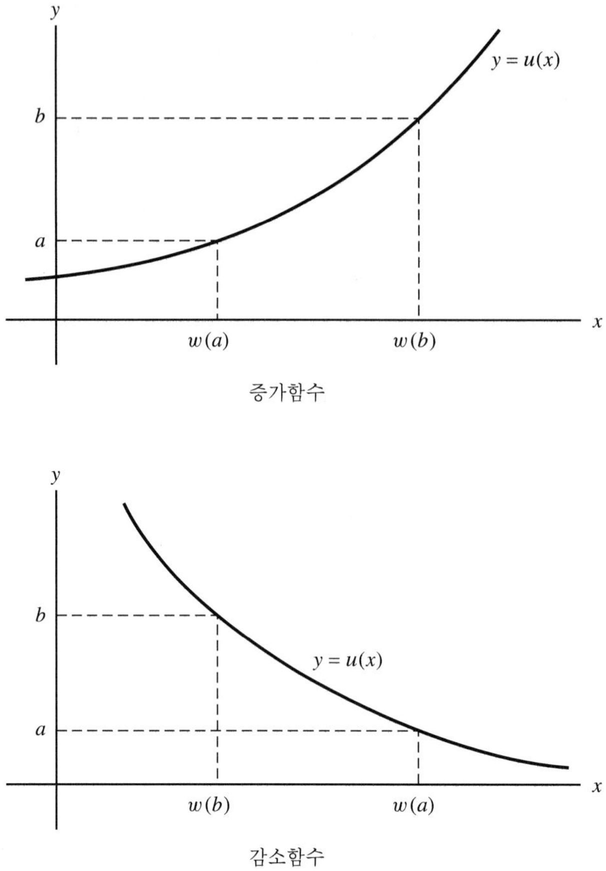

그림 7.3 정리 7.1의 증명에 대한 다이어그램.

$$= \int_b^a f[w(y)]w'(y)\,dy$$

$$= -\int_a^b f[w(y)]w'(y)\,dy$$

좀 전과 동일한 변수변환을 시행하면 다음과 같은 결과를 얻는다.

$$g(y) = -f[w(y)]w'(y)$$

$w'(y) = \dfrac{dx}{dy} = \dfrac{1}{\dfrac{dy}{dx}}$은 $y = u(x)$가 증가할 때는 양수이고, $-w'(y)$는 $y = u(x)$가 감소할 때 양수이므로 두 경우를 합해 다음과 같이 표현할 수 있다.

$$g(y) = f[w(y)] \cdot |w'(y)|$$ ■

예제 7.6

X가 다음의 지수분포를 따른다고 했을 때,

$$f(x) = \begin{cases} e^{-x}, & x > 0 \\ 0 & , \text{그 외} \end{cases}$$

확률변수 $Y = \sqrt{X}$의 확률밀도를 구하여라.

풀이 X와 Y의 관계식 $y = \sqrt{x}$는 역함수 $x = y^2$를 갖는다. 이때 $w'(y) = \dfrac{dx}{dy} = 2y$ 이다. 그러므로 정리 7.1에 의해 $y > 0$일 때

$$g(y) = e^{-y^2}|2y| = 2ye^{-y^2}$$

이 된다. 0보다 작거나 같은 Y값이 나올 확률은 0보다 작거나 같은 X값이 나올 확률과 동일하게 0이므로 Y의 확률밀도는 다음과 같다.

$$g(y) = \begin{cases} 2ye^{-y^2}, & y > 0 \\ 0 & , \text{그 외} \end{cases}$$

이것은 $\alpha = 1, \beta = 2$인 와이블분포(연습문제 6.23)이다.

그림 7.4의 다이아그램은 예제에서 X를 Y로 치환시키기 전과 후를 나타낸다. 이산형이었을 때(예제 7.4)에는 확률이 변하지 않고 해당 확률변수값들의 구간만 달라졌다. 왼쪽의 그래프에서는 X가 1에서 4까지의 구간에서 값을 갖게 될 확률이 0.35이고, 오른쪽 다이아그램에서는 Y가 1에서 2까지의 구간에서 값을 갖게 될 확률이 0.35이다.

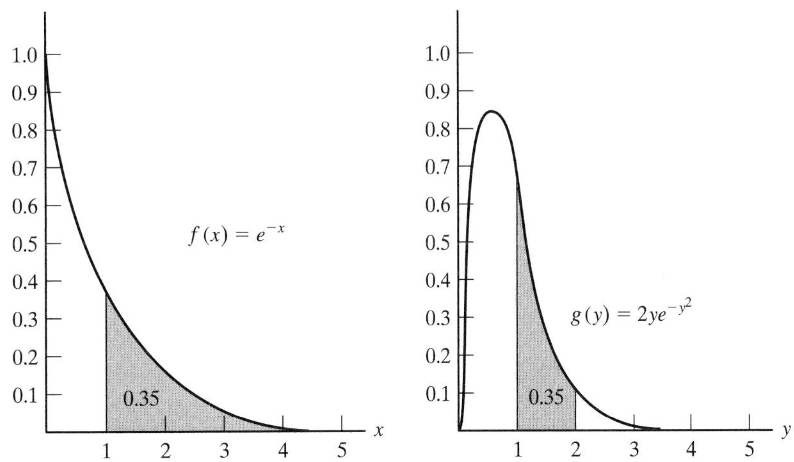

그림 7.4 예제 7.6에 대한 다이어그램.

예제 7.7

그림 7.5의 양방향 화살표를 확률변수 Θ가 다음과 같은 균등밀도를 갖도록 회전시킨다고 하자.

$$f(\theta) = \begin{cases} \frac{1}{\pi}, & -\frac{\pi}{2} < \theta < \frac{\pi}{2} \\ 0\,, & \text{그 외} \end{cases}$$

이때 X의 확률밀도를 구하여라. X는 화살표가 가리키게 될 x축 위의 점이다.

풀이 그림에서도 볼 수 있듯이 x와 θ의 관계는 $x = a \cdot \tan\theta$의 함수로 나타낼 수 있다. 그러면,

$$\frac{d\theta}{dx} = \frac{a}{a^2 + x^2}$$

이고 확률밀도함수는 정리 7.1에 의해

$$\begin{aligned} g(x) &= \frac{1}{\pi} \cdot \left| \frac{a}{a^2 + x^2} \right| \\ &= \frac{1}{\pi} \cdot \frac{a}{a^2 + x^2}, \quad -\infty < x < \infty \end{aligned}$$

이 된다. 이는 연습문제 6.6의 코쉬분포의 한 예이다.

예제 7.8

$F(x)$를 연속확률변수 X가 x일 때의 분포함수라고 할 때, $Y = F(X)$의 확률밀도함수를 구하여라.

풀이 그림 7.6에서 볼 수 있듯이 X값에 대응하는 Y값은 곡선 아래의 넓이이다. 즉, X의 밀도함수에서 x보다 왼쪽에 있는 넓이를 말한다. $y = F(x)$를 x에 대해 미분하면

$$\frac{dy}{dx} = F'(x) = f(x)$$

이므로 $f(x) \neq 0$이라는 조건하에

$$\frac{dx}{dy} = \frac{1}{\frac{dy}{dx}} = \frac{1}{f(x)}$$

가 된다. 정리 7.1에 의해 $0 < y < 1$인 경우,

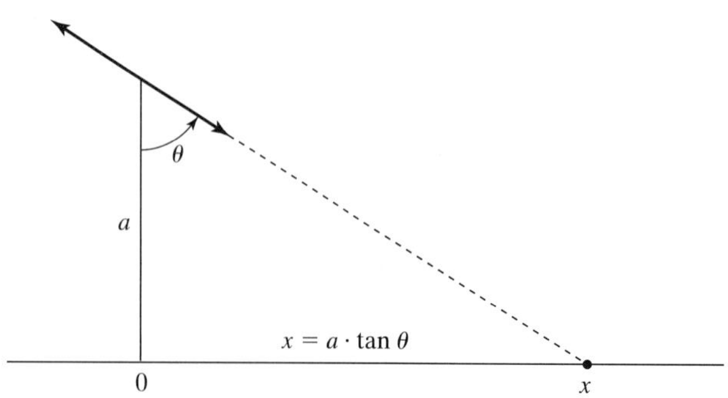

그림 7.5 예제 7.7에 대한 다이어그램.

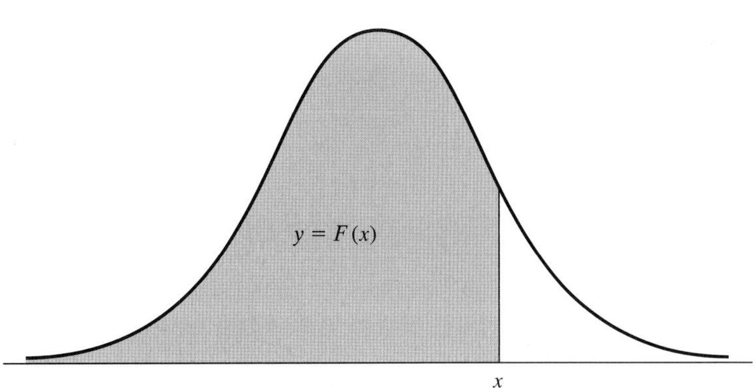

그림 7.6 예제 7.8에 대한 다이어그램.

$$g(y) = f(x) \cdot \left| \frac{1}{f(x)} \right| = 1$$

가 되며, y는 $\alpha = 0, \beta = 1$인 균등밀도함수를 갖는다고 할 수 있다.

이 예제에서 사용한 변환을 **확률적분변환(probability integral transformation)** 이라고 한다. 이 결과는 이론적으로도 중요하지만 연속확률변수의 관측값들을 **시뮬레이션(simulation)** 하는 것을 용이하게 해 준다는 점에서 중요하다. 어떻게 하는지는, 특히 정규분포와 연결지어 하는 방법에 대해서는 7장 맨 뒤에 나와있는 참고문헌을 참고하여라.

정리 7.1의 기본적 조건들이 만족되지 않을 경우 문제를 푸는 데 많은 어려움이 생길 수 있다. 7.2절의 방법을 사용하거나 정리 7.1을 일반화(7장 참고문헌 참조) 시켜 사용해야 할 수도 있다. 하지만 가끔은 쉬운 방법이 있을 수 있다. 다음 예제를 보자.

예제 7.9

X가 표준정규분포를 따른다고 했을 때 $Z = X^2$의 확률밀도함수를 구하여라.

풀이 주어진 함수 $z = x^2$는 x가 음수일 때는 감소하고, x가 양수일 때는 증가하기 때문에 정리 7.1의 조건들을 모두 만족시키지 못한다. 하지만 두 단계로 나누어 X에서 Z로 변환시킬 수 있다. 먼저 $Y = |X|$의 확률밀도를 구하고, 그 다음에 $Z = Y^2 (= X^2)$의 확률밀도를 구한다.

첫 번째 단계에서 필요한 $Y = |X|$에 대한 변수변환은 예제 7.2에서 이미 보았다. 사실상 우리는 X가 표준정규분포를 따른다면 $Y = |X|$의 확률밀도함수는 $y > 0$일 때

$$g(y) = 2n(y; 0, 1) = \frac{2}{\sqrt{2\pi}} e^{-\frac{1}{2}y^2}$$

이며 그 외의 구간에서는 $g(y) = 0$이라는 것을 보였다. 두 번째 단계에서는 $z = y^2$으로 주어진 함수가 $y > 0$일 때, 즉 $g(y) \neq 0$인 Y값을 제외한 모든 Y에 대해 증가하기 때문에 정리 7.1과

$$\frac{dy}{dz} = \frac{1}{2} z^{-\frac{1}{2}}$$

이라는 사실을 이용하여 $z > 0$일 때

$$h(z) = \frac{2}{\sqrt{2\pi}} e^{-\frac{1}{2}z} \left| \frac{1}{2} z^{-\frac{1}{2}} \right|$$

$$= \frac{1}{\sqrt{2\pi}} z^{-\frac{1}{2}} e^{-\frac{1}{2}z}$$

이고, 그 외의 구간에서는 $h(z) = 0$이라는 결과를 얻는다. $\Gamma(\frac{1}{2}) = \sqrt{\pi}$이기 때문에 우리가 구한 Z의 분포가 $\nu = 1$인 카이제곱분포(정의 6.4)라는 것을 확인할 수 있다. ●

7.4 변환기법: 변수가 여러 개일 때

앞에서 소개된 방법은 두 개 이상의 확률변수로 이루어진 함수에 대한 분포를 구할 때도 사용될 수 있다. 예를 들어 X_1과 X_2의 결합분포가 주어졌다고 했을 때 확률변수 $Y = u(X_1, X_2)$에 대한 확률분포 또는 확률밀도를 구하고자 한다. y와 x_1의 관계를 x_2가 일정하다고 한 상태에서 봐도 된다면, 혹은 반대로 y와 x_2의 관계를 x_1가 일정하다고 한 상태에서 봐도 된다면, 예제 7.4의 이산형인 경우와 마찬가지로 문제를 풀어나가면 된다. 즉, Y와 X_2의 결합분포나 Y와 X_1의 결합분포 둘 중에 하나를 구하고 나머지 확률변수에 대해 값들을 합하여 Y의 주변분포를 구할 수 있다. 연속형일 경우에는 먼저 변수변환식

$$g(y, x_2) = f(x_1, x_2) \cdot \left| \frac{\partial x_1}{\partial y} \right|$$

혹은

$$g(x_1, y) = f(x_1, x_2) \cdot \left| \frac{\partial x_2}{\partial y} \right|$$

를 정리 7.1과 함께 이용하면 된다. 이때 $f(x_1, x_2)$와 편도함수는 y와 x_2, 또는 y와 x_1의 식으로 표현되어야만 한다. 그 후, 나머지 변수에 대해 적분하여 Y의 주변분포를 구한다.

예제 7.10

X_1과 X_2가 독립확률변수이며 각각 모수가 λ_1과 λ_2인 포아송분포를 따른다고 했을 때, 확률변수 $Y = X_1 + X_2$의 확률분포를 구하여라.

풀이 X_1과 X_2가 독립이기 때문에 이들의 결합분포는 $x_1 = 0, 1, 2, \cdots$이고, $x_2 = 0, 1, 2, \cdots$일 때

$$f(x_1, x_2) = \frac{e^{-\lambda_1}(\lambda_1)^{x_1}}{x_1!} \cdot \frac{e^{-\lambda_2}(\lambda_2)^{x_2}}{x_2!}$$

$$= \frac{e^{-(\lambda_1+\lambda_2)}(\lambda_1)^{x_1}(\lambda_2)^{x_2}}{x_1!x_2!}$$

이 된다. $y = x_1 + x_2$이기 때문에 $x_1 = y - x_2$가 되므로 x_1 대신 $y - x_2$를 대입하여 $y = 0, 1, 2, \cdots$이고, $x_2 = 0, 1, 2, \cdots, y$일 때의 Y와 X_2에 대한 결합분포를 다음과 같이 구할 수 있다.

$$g(y, x_2) = \frac{e^{-(\lambda_1+\lambda_2)}(\lambda_2)^{x_2}(\lambda_1)^{y-x_2}}{x_2!(y-x_2)!}$$

이제 x_2가 0일 때부터 y일 때까지를 모두 더하면

$$h(y) = \sum_{x_2=0}^{y} \frac{e^{-(\lambda_1+\lambda_2)}(\lambda_2)^{x_2}(\lambda_1)^{y-x_2}}{x_2!(y-x_2)!}$$

$$= \frac{e^{-(\lambda_1+\lambda_2)}}{y!} \cdot \sum_{x_2=0}^{y} \frac{y!}{x_2!(y-x_2)!}(\lambda_2)^{x_2}(\lambda_1)^{y-x_2}$$

이 된다. 두 번째 등식은 첫 번째 식에서 $e^{-(\lambda_1+\lambda_2)}$을 밖으로 빼내고 $y!$을 곱하고 나누어 준 것이다. 합계기호 안의 식이 $(\lambda_1 + \lambda_2)^y$의 이항전개식이므로 결국

$$h(y) = \frac{e^{-(\lambda_1+\lambda_2)}(\lambda_1+\lambda_2)^y}{y!}, \quad y = 0, 1, 2, \ldots$$

이 된다. 그러므로 우리는 λ_1과 λ_2인 포아송분포를 따르는 독립인 두 확률변수의 합은 $\lambda_1 = \lambda_1 + \lambda_2$인 포아송분포를 따른다는 것을 보인 것이 된다. ●

예제 7.11

X_1과 X_2의 결합밀도함수가 다음과 같이 주어졌을 때

$$f(x_1, x_2) = \begin{cases} e^{-(x_1+x_2)}, & x_1 > 0, x_2 > 0 \\ 0 & , \text{그 외} \end{cases}$$

$Y = \dfrac{X_1}{X_1 + X_2}$의 확률밀도함수를 구하여라.

풀이 x_1가 일정하다고 하면 x_2가 증가할 때 y는 감소하기 때문에 정리 7.1 (240쪽에 수정된 것)을 이용하여 X_1과 Y의 결합밀도함수를 구할 수 있다. $y = \dfrac{x_1}{x_1 + x_2}$이므로 $x_2 = x_1 \cdot \dfrac{1-y}{y}$가 된다. 따라서

$$\frac{\partial x_2}{\partial y} = -\frac{x_1}{y^2}$$

이 되므로 $x_1 > 0$이고 $0 < y < 1$일 때

$$g(x_1, y) = e^{-x_1/y}\left|-\frac{x_1}{y^2}\right| = \frac{x_1}{y^2} \cdot e^{-x_1/y}$$

을 얻게 된다. 최종적으로 x_1에 대해 적분을 해 주는 동시에 $u = x_1/y$으로 변수변환을 해 주면 $0 < y < 1$일 때

$$h(y) = \int_0^{\infty} \frac{x_1}{y^2} \cdot e^{-x_1/y} dx_1$$

$$= \int_0^{\infty} u \cdot e^{-u} du$$

$$= \Gamma(2)$$

$$= 1$$

가 되고 그 외의 구간에서는 $h(y) = 0$이 된다. 그러므로 확률변수 Y는 $\alpha = 0, \beta = 1$인 균등밀도함수를 갖는다 (연습문제 7.7에서는 이를 분포함수기법을 이용하여 보였었다). ●

앞의 예제는 일반적인 방법으로도 풀 수 있다. 즉, 두 개의 확률변수 X_1과 X_2의 결합분포에서 시작하여 새로운 두 개의 확률변수 $Y_1 = u_1(X_1, X_2)$과 $Y_2 = u_2(X_1, X_2)$에 대한 결합분포를 구한 후, 이를 더하거나 적분하여 Y_1과 Y_2의 주변분포를 찾을 수 있다.

이 방법은 연속형 사례일 경우에 많이 쓰이는데, 다음 정리에 나와 있듯 정리 7.1을 직접 일반화시킨 방법이다.

정리 7.2 $f(x_1, x_2)$를 (x_1, x_2)일 때 연속확률변수 X_1과 X_2의 결합확률밀도라고 하자. 만일 $y_1 = u_1(x_1, x_2)$와 $y_2 = u_2(x_1, x_2)$가 각각 x_1과 x_2에 대해 미분가능하고, $f(x_1, x_2) \neq 0$이 아닌 X_1과 X_2의 범위 내에서 일대일 변환을 나타낸다고 하면, $y_1 = u_1(x_1, x_2)$와 $y_2 = u_2(x_1, x_2)$가 이 x_1과 x_2값에 대해 유일해 $x_1 = w_1(y_1, y_2)$와 $x_2 = w_2(y_1, y_2)$가 존재하고, 대응되는 y_1과 y_2값에 대한 $Y_1 = u_1(X_1, X_2)$와 $Y_2 = u_2(X_1, X_2)$의 결합확률밀도는 다음과 같다.

$$g(y_1, y_2) = f[w_1(y_1, y_2), w_2(y_1, y_2)] \cdot |J|$$

여기서 변환의 **야코비안(Jacobian)** 은 다음과 같은 행렬식이다.

$$J = \begin{vmatrix} \dfrac{\partial x_1}{\partial y_1} & \dfrac{\partial x_1}{\partial y_2} \\ \dfrac{\partial x_2}{\partial y_1} & \dfrac{\partial x_2}{\partial y_2} \end{vmatrix}$$

그 외의 구간에서는 $g(y_1, y_2) = 0$이다. ■

이 정리를 증명하지는 않겠지만 야코비안과 이의 응용에 대한 내용은 고등미적분학책에서 쉽게 찾아볼 수 있다. 이런 책들에는 야코비안을 직교좌표에서 극좌표로 변환시킨다거나 직교좌표에서 구면좌표로 변환시키고자 할 때와 같이 중적분과 함께 많이 사용한다고 되어 있다.

예제 7.12

예제 7.11에서의 X_1과 X_2에 대해 다음을 구하여라.

(a) $Y_1 = X_1 + X_2$와 $Y_2 = \dfrac{X_1}{X_1 + X_2}$의 결합밀도함수

(b) Y_2의 주변밀도함수

풀이

(a) $y_1 = x_1 + x_2$와 $y_2 = \dfrac{x_1}{x_1 + x_2}$을 연립하여 x_1과 x_2를 구하면, $x_1 = y_1y_2$와 $x_2 = y_1(1 - y_2)$가 된다. 그리고

$$J = \begin{vmatrix} y_2 & y_1 \\ 1 - y_2 & -y_1 \end{vmatrix} = -y_1$$

이 된다. 이는 일대일 변환이므로 x_1x_2 평면에서 $x_1 > 0$이고, $x_2 > 0$인 영역을 y_1y_2 평면에 $y_1 > 0$이고, $0 < y_2 < 1$인 영역으로 사상시켜 정리 7.2를 이용하면 다음 식을 구할 수 있다.

$$g(y_1, y_2) = e^{-y_1}|-y_1| = y_1e^{-y_1}$$

이 식은 $y_1 > 0$이고, $0 < y_2 < 1$일 때의 식이고, 그 외의 구간에서는 $g(y_1, y_2) = 0$이다.

(b) (a)에서 구한 결합밀도함수를 y_1에 대해 적분하면 $0 < y_2 < 1$일 때

$$\begin{aligned} h(y_2) &= \int_0^\infty g(y_1, y_2)\,dy_1 \\ &= \int_0^\infty y_1e^{-y_1}\,dy_1 \\ &= \Gamma(2) \\ &= 1 \end{aligned}$$

이고, 그 외의 구간에서는 $h(y_2) = 0$이다. 이 결과는 예제 7.11에서 얻은 결과와 동일하다는 것을 알 수 있다.

예제 7.13

X_1과 X_2의 결합밀도함수가

$$f(x_1, x_2) = \begin{cases} 1, & 0 < x_1 < 1, 0 < x_2 < 1 \\ 0, & \text{그 외} \end{cases}$$

와 같이 주어졌을 때 다음을 구하여라.

(a) $Y = X_1 + X_2$와 $Z = X_2$의 결합밀도함수

(b) Y의 주변밀도함수

연습문제 7.6에서는 같은 문제를 분포함수기법을 이용해 접근했었다.

풀이

(a) $y = x_1 + x_2$와 $z = x_2$을 연립하여 x_1과 x_2를 구하면, $x_1 = y - z$와 $x_2 = z$가 된다. 그리고

$$J = \begin{vmatrix} 1 & -1 \\ 0 & 1 \end{vmatrix} = 1$$

이 된다. 이는 일대일 변환이므로 x_1x_2 평면에서 $0 < x_1 < 1$이고, $0 < x_2 < 1$인 영역을 yz 평면(그림 7.7)에 $z < y < z + 1$이고, $0 < z < 1$인 영역으로 사상시켜 정리 7.2를 이용하면 다음 식을 구할 수 있다.

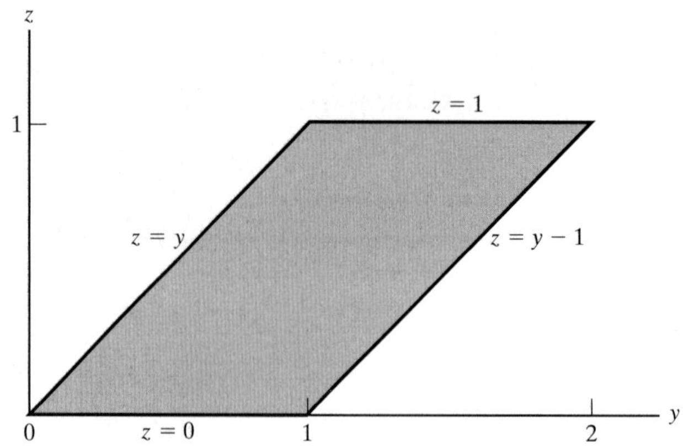

그림 7.7 예제 7.13에서 변환된 표본공간.

$$g(y, z) = 1 \cdot |1| = 1$$

이 식은 $z < y < z + 1$이고, $0 < z < 1$일 때의 식이고, 그 외의 구간에서는 $g(y, z) = 0$이다.

(b) 네 구간 $y \leq 0$, $0 < y < 1$, $1 < y < 2$, $y \geq 2$에서 각각 z에 대해 적분하면

$$h(y) = \begin{cases} 0 & , y \leqq 0 \\ \int_0^y 1 \cdot dz = y & , 0 < y < 1 \\ \int_{y-1}^1 1 \cdot dz = 2 - y, & 1 < y < 2 \\ 0 & , y \geqq 2 \end{cases}$$

이 된다. 밀도함수를 연속으로 만들어주기 위해 $h(1) = 1$로 둔다. 이로써 주어진 확률변수들의 합은 **삼각확률밀도함수(triangular probability density)**를 갖는다는 것을 보였다(그림 7.8). ●

지금까지는 두 개의 확률변수로 이루어진 함수만 보았지만, 정리 7.2에 기초한 방법은 세 개 이상의 확률변수로 이루어진 함수에 대해서도 쉽게 일반화시킬 수 있다. 예를 들어 X_1, X_2, X_3 세 개의 확률변수에 대한 결합확률밀도가 주어졌을 때 $Y_1 = u_1(X_1, X_2, X_3)$, $Y_2 = u_2(X_1, X_2, X_3)$, $Y_3 = u_3(X_1, X_2, X_3)$의 결합확률밀

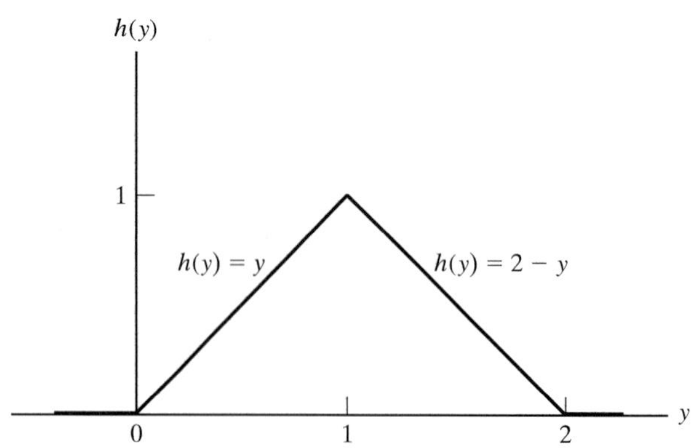

그림 7.8 삼각확률밀도함수.

도함수를 구하려고 한다. 전반적으로 이에 대한 접근방법은 같지만, 이번에는 야코비안이 3×3행렬식이 된다.

$$J = \begin{vmatrix} \frac{\partial x_1}{\partial y_1} & \frac{\partial x_1}{\partial y_2} & \frac{\partial x_1}{\partial y_3} \\ \frac{\partial x_2}{\partial y_1} & \frac{\partial x_2}{\partial y_2} & \frac{\partial x_2}{\partial y_3} \\ \frac{\partial x_3}{\partial y_1} & \frac{\partial x_3}{\partial y_2} & \frac{\partial x_3}{\partial y_3} \end{vmatrix}$$

새로운 세 개의 확률변수들에 대한 결합확률밀도함수를 구한 후, 우리는 적분을 통해 그 중 두 개의 확률변수에 대한 주변밀도함수를 구할 수 있다.

예제 7.14

X_1, X_2, X_3에 대한 결합밀도함수가

$$f(x_1, x_2, x_3) = \begin{cases} e^{-(x_1+x_2+x_3)}, & x_1 > 0, x_2 > 0, x_3 > 0 \\ 0 & , \text{그 외} \end{cases}$$

과 같이 주어졌을 때 다음을 구하여라.

(a) $Y_1 = X_1 + X_2 + X_3$와 $Y_2 = X_2$, $Y_3 = X_3$의 결합밀도함수

(b) Y_1의 주변밀도함수

풀이

(a) $y_1 = x_1 + x_2 + x_3$와 $y_2 = x_2$, $y_3 = x_3$을 연립하여 x_1, x_2, x_3을 구하면, $x_1 = y_1 - y_2 - y_3$, $x_2 = y_2$, $x_3 = y_3$가 된다. 그리고

$$J = \begin{vmatrix} 1 & -1 & -1 \\ 0 & 1 & 0 \\ 0 & 0 & 1 \end{vmatrix} = 1$$

이 된다. 그리고 일대일 변환이므로 $y_2 > 0, y_3 > 0, y_1 > y_2 + y_3$일 때

$$\begin{aligned} g(y_1, y_2, y_3) &= e^{-y_1} \cdot |1| \\ &= e^{-y_1} \end{aligned}$$

이 되고, 그 외의 구간에서는 $g(y_1, y_2, y_3) = 0$이 된다.

(b) y_2, y_3에 대해 적분하면 $y_1 > 0$일 때

$$\begin{aligned} h(y_1) &= \int_0^{y_1} \int_0^{y_1 - y_3} e^{-y_1}\, dy_2\, dy_3 \\ &= \frac{1}{2} y_1^2 \cdot e^{-y_1} \end{aligned}$$

이 되고 그 외의 구간에서는 $h(y_1) = 0$이 된다. $\alpha = 1, \beta = 1$인 감마분포를 따르는 세 개의 독립확률변수를 더한 것은 $\alpha = 3, \beta = 1$인 감마분포를 따른다는 것을 보였다.

연습문제 7.39에서 보겠지만 정리 7.1에 기초한 방법(240쪽)을 이용하면 예제 7.14의 (b)의 결과를 더 쉽게 구할 수 있었을 것이다.

연습문제

7.9 X가 $M = 3, N = 6, n = 2$인 초기하분포를 따른다고 할 때, Y의 확률분포를 구하여라. Y는 성공 횟수에서 실패 횟수를 빼준 값이다.

7.10 연습문제 7.9의 X에 대해 확률변수 $Z = (X - 1)^2$의 확률분포를 구하여라.

7.11 X가 $n = 3, \theta = \dfrac{1}{3}$인 이항분포를 따른다고 할 때, 다음의 확률분포를 구하여라.

(a) $Y = \dfrac{X}{1 + X}$

(b) $U = (X - 1)^4$

7.12 X가 $\theta = \dfrac{1}{3}$인 기하분포를 따른다고 할 때, 확률변수 $Y = 4 - 5X$의 확률분포식을 구하여라.

7.13 X가 주사위 두 개를 던진 총 횟수이고 그 확률분포가 72쪽에 나온 것과 같을 때, X를 3으로 나누었을 때의 나머지에 대한 확률분포를 구하여라.

7.14 변수변환을 이용하여 정리 6.7을 증명하여라.

7.15 변수변환을 이용하여 연습문제 7.2를 다시 풀어라.

7.16 X의 확률밀도가

$$f(x) = \begin{cases} \dfrac{kx^3}{(1+2x)^6}, & x > 0 \\ 0 & , \text{그 외} \end{cases}$$

와 같이 주어졌을 때 확률변수 $Y = \dfrac{2X}{1 + 2X}$의 확률밀도를 구하여라. 이때 k는 적절한 상수이다. Y의 분포를 알아내고, k를 구하여라.

7.17 X의 확률밀도가

$$f(x) = \begin{cases} \dfrac{x}{2}, & 0 < x < 2 \\ 0, & \text{그 외} \end{cases}$$

와 같이 주어졌을 때 $Y = X^3$의 확률밀도를 구하여라. 또, X와 Y의 확률분포를 그래프로 그리고, $P(\dfrac{1}{2} < X < 1)$

과 $P(\frac{1}{8} < Y < 1)$을 나타내는 곡선 밑 영역을 각각 표시하여라.

7.18 X가 $\alpha = 0, \beta = 1$인 균등밀도를 가질 때 확률변수 $Y = -2 \cdot \ln X$가 감마분포를 따른다는 것을 보여라. 모수는 무엇인가?

7.19 X가 $\alpha = 0, \beta = 1$인 균등밀도를 가질 때, $Y = X^{-1/\alpha}, \alpha > 0$가 연습문제 6.21에 있는 파레토분포를 따른다는 것을 보여라.

7.20 확률밀도가 다음과 같은 확률변수 X가 있다.

$$f(x) = \begin{cases} \frac{3x^2}{2}, & -1 < x < 1 \\ 0 & , \text{그 외} \end{cases}$$

(a) 예제 7.2의 결과를 이용하여 $Y = |X|$의 확률밀도를 구하여라.

(b) $Z = X^2 (= Y^2)$의 확률밀도를 구하여라.

7.21 $\alpha = 1, \beta = 3$인 균등밀도를 갖는 확률변수 X가 있다.

(a) 예제 7.2의 결과를 이용하여 $Y = |X|$의 확률밀도를 구하여라.

(b) $Z = X^4 (= Y^4)$의 확률밀도를 구하여라.

7.22 X_1과 X_2의 결합분포가

$$f(x_1, x_2) = \frac{x_1 x_2}{36}$$

와 같이 주어졌을 때 다음을 구하여라. 이때 $x_1 = 1, 2, 3$이고, $x_2 = 1, 2, 3$이다.

(a) $X_1 X_2$의 확률분포

(b) X_1 / X_2의 확률분포

7.23 연습문제 7.22를 보고 다음을 구하여라.

(a) $Y_1 = X_1 + X_2$와 $Y_2 = X_1 - X_2$의 결합분포

(b) Y_1의 주변분포

7.24 X과 Y의 결합분포가

$$f(x, y) = \frac{(x - y)^2}{7}$$

와 같이 주어졌을 때 다음을 구하여라. 이때 $x = 1, 2$이고, $y = 1, 2, 3$이다.

(a) $U = X + Y$와 $V = X - Y$의 결합분포

(b) U의 주변분포

7.25 X_1, X_2, X_3이 $n = 2, \theta_1 = \frac{1}{4}, \theta_2 = \frac{1}{3}, \theta_3 = \frac{5}{12}$인 다항분포(정의 5.8)를 따른다고 할 때, $Y_1 = X_1 + X_2, Y_2 = X_1 - X_2, Y_3 = X_3$의 결합확률분포를 구하여라.

7.26 예제 3.12를 보고 다음을 구하여라.

(a) $U = X + Y$의 확률분포

(b) $V = XY$의 확률분포

(c) $W = X - Y$의 확률분포

7.27 X_1과 X_2가 각각 n_1과 θ, n_2과 θ를 모수로 갖는 이항분포를 따르는 독립확률변수일 때, $Y = X_1 + X_2$는 $n_1 + n_2$와 θ를 모수로 갖는 이항분포를 따른다는 것을 보여라 (힌트: 정리 1.12를 이용하여라).

7.28 X_1과 X_2가 모수가 θ인 기하분포를 따르는 독립확률변수일 때, $Y = X_1 + X_2$는 θ가 모수이고, $k = 2$인 음이항분포를 따르는 확률변수임을 보여라.

7.29 X과 Y가 표준정규분포를 따르는 독립확률변수일 때, 확률변수 $Z = X + Y$ 또한 정규분포를 따른다는 것을 보여라 (힌트: 지수의 제곱항을 정리하여라). 이 정규분포의 평균과 분산은 얼마인가?

7.30 결합확률밀도가 다음과 같은 확률변수 X와 Y가 있다.

$$f(x, y) = \begin{cases} 12xy(1-y), & 0 < x < 1, 0 < y < 1 \\ 0 & , \text{그 외} \end{cases}$$

정리 7.1 (240쪽) 을 이용하여 Y와 Z의 결합확률밀도를 구하여 y에 대해 적분함으로써 $Z = XY^2$의 확률밀도를 구하여라.

7.31 정리 7.2를 이용하여 $Z = XY^2$와 $U = Y$의 결합확률밀도를 구하고, Z의 주변밀도를 구함으로써 연습문제 7.30을 다시 풀어라.

7.32 같은 코쉬분포를 따르는 두 개의 독립확률변수 X_1과 X_2가 있다.

$$f(x) = \frac{1}{\pi(1+x^2)}, \quad -\infty < x < \infty$$

정리 7.1 (240쪽) 을 이용하여 X_1과 Y_1의 결합확률밀도를 구하여 x_1에 대해 적분함으로써 $Y_1 = X_1 + X_2$의 확률밀도를 구하여라. 또 Y_1의 주변분포도 알아내어라.

7.33 정리 7.2를 이용하여 $Y_1 = X_1 + X_2$와 $Y_2 = X_1 - X_2$의 결합확률밀도를 구하고, Y_1의 주변밀도를 구함으로써 연습문제 7.32를 다시 풀어라.

7.34 결합확률밀도가 다음과 같은 확률변수 X와 Y가 있다.

$$f(x, y) = \begin{cases} \frac{1}{2}, & x > 0, y > 0, x + y < 2 \\ 0, & \text{그 외} \end{cases}$$

정리 7.1 (240쪽) 을 이용하여 $U = Y - X$의 확률밀도를 구하여라.

7.35 정리 7.2를 이용하여 $U = Y - X$와 $V = X$의 결합확률밀도를 구하고, U의 주변밀도를 구함으로써 연습문제 7.34를 다시 풀어라.

7.36 연속확률변수 X_1와 X_2가 다음과 같은 결합확률밀도를 갖는다고 하자.

$$f(x_1, x_2) = \begin{cases} 4x_1x_2, & 0 < x_1 < 1, 0 < x_2 < 1 \\ 0 & , \text{그 외} \end{cases}$$

$Y_1 = X_1^2$와 $Y_2 = X_1X_2$의 결합확률밀도를 구하여라.

7.37 연속확률변수 X와 Y가 다음과 같은 결합확률밀도를 갖는다고 하자.

$$f(x, y) = \begin{cases} 24xy, & 0 < x < 1, 0 < y < 1, x + y < 1 \\ 0 & , \text{그 외} \end{cases}$$

$Z = X + Y$와 $W = X$의 결합확률밀도를 구하여라.

7.38 독립인 확률변수 X와 Y가 동일한 감마분포를 따른다고 하자.

(a) 확률변수 $U = \dfrac{X}{X+Y}$와 $V = X + Y$의 결합확률밀도를 구하여라.

(b) U의 주변밀도를 구하여라.

7.39 240쪽에서 우리는 정리 7.1에 기초한 변환 방법을 일반화시켜 두 개 이상의 확률변수로 이루어진 함수에 적용할 수 있다고 하였다. 지금까지는 이 방법을 두 개의 확률변수로 이루어진 함수에 대해서만 사용해 왔다. 하지만 예를 들어 확률변수가 세 개일 때는 원래 변수를 대신해 새로운 확률변수를 만들어 낸 후 합이나 적분을 이용하여 나머지 두 개의 확률변수를 제거하였다. 이 방법을 사용하여 예제 7.14를 풀어보아라.

7.40 예제 7.13에서 우리는 독립이고 $\alpha = 0, \beta = 1$인 균등밀도를 갖는 두 개의 확률변수의 합에 대한 확률밀도를 구했다. 역시 X_1와 X_2에 대해 독립이며 같은 균등밀도를 갖는 세 번째 확률변수 X_3이 주어졌을 때, $U = Y + X_3 = X_1 + X_2 + X_3$이면 다음을 보여라.

(a) U와 Y의 결합확률밀도는 다음과 같다.

$$g(u, y) = \begin{cases} y & , \text{그림 7.9의 영역 I과 II} \\ 2 - y, & \text{그림 7.9의 영역 III과 IV} \\ 0 & , \text{그 외} \end{cases}$$

(b) U의 확률밀도는 다음과 같다.

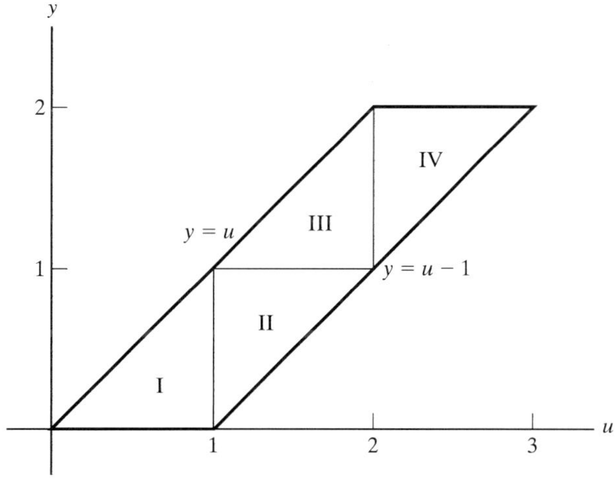

그림 7.9 연습문제 7.40에 대한 다이어그램.

$$h(u) = \begin{cases} 0 & , u \leqq 0 \\ \frac{1}{2}u^2 & , 0 < u < 1 \\ \frac{1}{2}u^2 - \frac{3}{2}(u-1)^2 & , 1 < u < 2 \\ \frac{1}{2}u^2 - \frac{3}{2}(u-1)^2 + \frac{3}{2}(u-2)^2, & 2 < u < 3 \\ 0 & , u \geqq 3 \end{cases}$$

$h(1) = h(2) = \frac{1}{2}$로 두면 U의 확률밀도는 연속이 된다.

7.5 적률생성함수기법

적률생성함수는 독립인 n개의 확률변수의 선형 결합으로 이루어진 함수에 대한 확률분포 또는 밀도를 구할 때 매우 중요한 역할을 한다. 확률변수의 선형 결합 중 독립인 n개의 확률변수의 합일 경우에 이 기법을 다루도록 한다. 이를 일반화시킨 것은 연습문제 7.45와 7.46에 남겨둔다.

이 방법은 n개의 확률변수의 합에 대한 적률생성함수가 각각의 적률생성함수의 곱과 같다는 내용의 정리에 기초한다.

정리 7.3 $X_1, X_2, \cdots, X_n$은 독립인 확률변수이며, $Y = X_1 + X_2 + \cdots + X_n$이면

$$M_Y(t) = \prod_{i=1}^{n} M_{X_i}(t)$$

여기서 $M_{X_i}(t)$는 t일 때 X_i의 적률생성함수값이다.

증명 확률변수들이 서로 독립이라는 사실을 이용하면

$$f(x_1, x_2, \ldots, x_n) = f_1(x_1) \cdot f_2(x_2) \cdot \ldots \cdot f_n(x_n)$$

이고, 정의 3.14에 의해 식을 다음과 같이 쓸 수 있다.

$$\begin{aligned} M_Y(t) &= E(e^{Yt}) \\ &= E\left[e^{(X_1+X_2+\cdots+X_n)t}\right] \\ &= \int_{-\infty}^{\infty} \cdots \int_{-\infty}^{\infty} e^{(x_1+x_2+\cdots+x_n)t} f(x_1, x_2, \ldots, x_n)\, dx_1\, dx_2 \cdots dx_n \\ &= \int_{-\infty}^{\infty} e^{x_1 t} f_1(x_1)\, dx_1 \cdot \int_{-\infty}^{\infty} e^{x_2 t} f_2(x_2)\, dx_2 \cdots \int_{-\infty}^{\infty} e^{x_n t} f_n(x_n)\, dx_n \\ &= \prod_{i=1}^{n} M_{X_i}(t) \end{aligned}$$

연속인 경우에 대해 정리가 증명이 된다. 이산변수인 경우에는 적분 대신 합계를 넣어 계산하면 증명이 된다. ■

정리 7.3을 이용하여 $Y = X_1 + X_2 + \cdots + X_n$의 확률분포나 밀도를 찾는 것은 $M_Y(t)$에 해당하는 확률분포나 밀도를 파악할 수 있어야만 가능하다. 그렇기 때문에 우리는 212쪽에 언급되었던 두 가지 정리 중 첫 번째 정리(적률생성함수와 확률분포(밀도)의 일대일대응)를 이용하여야 한다.

예제 7.15

독립인 n개의 확률변수 $X_1, X_2, \cdots, X_n$가 각각 $\lambda_1, \lambda_2, \cdots, \lambda_n$을 모수로 갖는 포아송분포를 따른다고 했을 때, 확률변수들의 합에 대한 확률분포를 구하여라.

풀이 정리 5.9에 의해

$$M_{X_i}(t) = e^{\lambda_i(e^t - 1)}$$

이 되므로 $Y = X_1 + X_2 + \cdots + X_n$에 대한 적률생성함수로 다음 식을 얻는다.

$$M_Y(t) = \prod_{i=1}^{n} e^{\lambda_i(e^t-1)} = e^{(\lambda_1+\lambda_2+\cdots+\lambda_n)(e^t-1)}$$

이는 $\lambda = \lambda_1 + \lambda_2 + \cdots + \lambda_n$를 모수로 갖는 포아송분포의 적률생성함수임을 바로 알 수 있다. 그러므로 독립인 n개의 확률변수 $X_1, X_2, \cdots, X_n$가 각각 λ_i을 모수로 갖는 포아송분포를 따른다고 했을 때, 확률변수들의 합은 $\lambda = \lambda_1 + \lambda_2 + \cdots + \lambda_n$를 모수로 갖는 포아송분포를 따른다. $n = 2$인 경우에 대해 예제 7.10에서 이미 증명한 바 있다. ●

예제 7.16

$X_1, X_2, \cdots, X_n$가 독립인 확률변수이고 모수가 θ로 동일한 지수분포를 따른다고 할 때, 확률변수 $Y = X_1 + X_2 + \cdots + X_n$의 확률밀도를 구하여라.

풀이 지수분포는 $\alpha = 1, \beta = \theta$인 감마분포이므로 정리 6.4에 의해

$$M_{X_i}(t) = (1 - \theta t)^{-1}$$

가 되고, 부록 A의 곱에 대한 규칙 두 번째에 따르면

$$M_Y(t) = \prod_{i=1}^{n}(1 - \theta t)^{-1} = (1 - \theta t)^{-n}$$

가 된다. Y의 적률생성함수가 $\alpha = n, \beta = \theta$인 감마분포의 적률생성함수라는 것을 확인할 수 있다. 그러므로 모수가 θ로 동일한 지수분포를 따르는 n개의 확률변수의 합의 분포는 $\alpha = n, \beta = \theta$인 감마분포를 따른다고 결론지을 수 있다. 이는 예제 7.14에서 $\theta = 1$인 지수분포를 따르는 독립확률변수 세 개의 합이 $\alpha = 3, \beta = 1$인 감마분포를 따른다는 결과와도 통한다. ●

또한 정리 7.3은 이항분포의 적률생성함수를 쉽게 구할 수 있게 해 준다. $X_1, X_2, \cdots, X_n$이 독립인 확률변수이고, 모두 같은 베르누이분포 $f(x; \theta) = \theta^x(1 - \theta)^{1-x}(x = 0, 1)$를 따른다고 하자. 정의 4.6에 의해,

$$M_{X_i}(t) = e^{0\cdot t}(1 - \theta) + e^{1\cdot t}\theta = 1 + \theta(e^t - 1)$$

가 되고, 이것으로부터 정리 7.3에 의해 다음 식을 얻는다.

$$M_Y(t) = \prod_{i=1}^{n}[1+\theta(e^t-1)] = [1+\theta(e^t-1)]^n$$

이 적률생성함수는 n과 θ를 모수로 갖는 이항분포의 적률생성함수인 것을 바로 알 수 있다. 물론 X_1은 첫 시행에서의 성공 횟수, X_2는 두 번째 시행에서의 성공 횟수, $\cdots$, X_n은 n번째 시행에서의 성공 횟수이기 때문에 $Y = X_1 + X_2 + \cdots + X_n$은 n번의 시행 중 총 성공 횟수가 된다. 뒷부분에서 보겠지만, 이는 이항분포를 바라보는 하나의 효과적인 방법이다.

연습문제

7.41 적률생성함수기법을 이용하여 연습문제 7.27을 다시 풀어라.

7.42 독립인 k개의 확률변수가 모두 모수가 θ인 기하분포를 따르면, 그들의 합은 θ와 k가 모수인 음이항분포를 따르는 확률변수가 된다는 사실을 이용해 음이항분포의 적률생성함수를 구하여라(힌트: 연습문제 5.20의 결과를 이용하여라).

7.43 n개의 독립인 확률변수가 모두 모수가 α와 β인 감마분포를 따른다고 할 때, 이 변수들의 합에 대한 적률생성함수를 구하고, 가능하다면 분포를 밝혀라.

7.44 n개의 독립인 확률변수 X_i가 모두 평균이 μ_i이고, 분산이 σ_i인 정규분포를 따른다고 할 때, 이 변수들의 합에 대한 적률생성함수를 구하고, 분포를 밝히고, 평균과 분산을 구하여라.

7.45 정리 7.3을 일반화시킨 것을 증명하여라.
$X_1, X_2, \cdots, X_n$이 독립확률변수이고, $Y = a_1X_1 + a_2X_2 + \cdots + a_nX_n$이면,

$$M_Y(t) = \prod_{i=1}^{n} M_{X_i}(a_i t)$$

이 성립한다. 여기서 $M_{X_i}(t)$는 t일 때 X_i의 적률생성함수값이다.

7.46 연습문제 7.45의 결과를 이용하여 n개의 독립인 확률변수 X_i가 모두 평균이 μ_i이고, 분산이 σ_i인 정규분포를 따른다고 할 때, $Y = a_1X_1 + a_2X_2 + \cdots + a_nX_n$이 정규분포를 따른다는 것을 증명하여라. 이 분포의 평균과 분산은 무엇인가?

◆ 7.6 실제 예

실용적인 문제를 푸는 과정에서 변환을 필요로 하는 예는 매우 많다. 이 같은 경우를 보이기 위해 세 가지를 예를 들도록 하겠다. 첫 번째 예는 변환기법을 간단한 전기공학 문제에 적용시킨 경우이다.

예제 7.17

회로의 저항이 환경조건에 따라 임의로 달라진다고 하자. 이 같은 변동이 회로에 미치는 영향을 알고자, 저항 (R) 이 $0 < R \le A$의 범위에서 움직일 때 그에 따르는 전압 (E) 를 측정하는 실험을 하였다. 확률변수 I, 즉 전류의 분포를 구하여라.

풀이 잘 알려진 관계식 $E = IR$을 이용하면, $I = u(R) = \dfrac{E}{R}$가 된다. R의 확률분포는 $0 < R \le A$일 때 $f(R) = \dfrac{1}{A}$로 주어졌다. 그러므로 $w(I) = \dfrac{E}{I}$가 되고, I의 확률밀도는 다음과 같다.

$$g(I) = f(R) \cdot |w'(I)| = \frac{1}{A}\left|-\frac{E}{R^2}\right| = \frac{E}{AR^2} \qquad R > 0$$

●

여기서 짚고 넘어가야 할 것은, R의 분포가 균등분포로 미리 선택된 것이므로 계획된 실험이라는 것이다. R의 명목값이 이 분포의 평균으로 지정된다면 추정값에 좀 더 많은 성질들을 보여 줄 수 있는 다른 분포가 선택되었을 수도 있다 (10장과 11장 참조).

다음 예제는 6.8절에서 소개된 정규데이터로의 변환을 다룬다.

예제 7.18

제곱근변환을 통해 데이터를 근사적으로 정규분포를 따르는 데이터로 바꾸려고 할 때, 원 데이터에 가정되어야 할 분포는 무엇인가? (데이터는 음수가 아니라고 가정하자. 즉, 음의 관측값에 대한 확률은 영이다.)

풀이 분포함수기법을 사용하는 또 다른 방법은 변환된 관측값 y의 밀도함수의 미분 부분, $f(x)dx$를 적고 y 대신 x^2를 대입해 준다. (이 과정에서 우리는 dy가 $dx = 2xdx$로 바뀌어야 한다는 것을 잊지 말아야 한다.) 우리는 다음과 같이 쓸 수 있다.

$$f(x)\,dx = \frac{1}{\sqrt{2\pi}\sigma} \cdot 2x \cdot e^{-\frac{1}{2}(x^2-\mu)^2/\sigma^2}\,dx$$

찾고자 하는 밀도함수는

$$f(x) = \sqrt{\frac{2}{\pi\sigma^2}}\,x e^{-\frac{1}{2}(x^2-\mu)^2/\sigma^2}$$

이다. 이 분포는 어떤 모양인지 한눈에 알아보기는 어렵지만, 적절한 컴퓨터 소프트웨어를 사용하면 바로 그릴 수 있다. ●

마지막 예제는 대기시간 문제에 대한 응용이다. 대기시간의 개념은 6.3절에서 처음 소개되었다.

예제 7.19

방사능 물질의 부식이 지수분포를 따른다고 가정하자. 즉, $\lambda > 0$이고 $x > 0$일 때 확률밀도함수는 $f(x) = \lambda e^{-\lambda x}$이라고 하자. 이때 핵이 첫 α입자를 내보낼 때까지 걸린 시간을 x(초)라고 한다. 이러한 과정에서는 기억성이 없다는 것을 보일 수 있다. 이 말은 즉, **연속된 방사 사이**의 시간 또한 이 분포로써 설명될 수 있다는 것이다. 그러므로 α입자의 연속된 방사는 서로 독립이다. 모수 λ가 5일 때, 위의 물질이 3초보다 작거나 같은 시간 동안 두 개의 입자를 방사시킬 확률을 구하여라.

풀이 x_i를 i번째 방사와 $i+1$번째 방사 사이의 대기시간이라고 하자. $(i = 0, 1, 2, \cdots, n-1)$ n번의 방사까지 걸린 시간은 $T = x_0 + x_1 + \cdots + x_{n-1}$이다. 이 합의 적률생성함수는 예제 7.16에도 나와 있듯이 다음과 같다.

$$M_T(t) = (1 - t/\lambda)^{-n}$$

이것은 $\alpha = n = 2$이고, $\beta = 1/\lambda = 1/5$인 감마분포의 적률생성함수라는 것을 알 수 있다. 그러므로 우리가 필요한 확률은

$$P\left(T \le 3; \alpha = 10, \beta = \frac{1}{5}\right) = \frac{1}{\frac{1}{5}\Gamma(2)} \int_0^3 x\, e^{-5x} dx$$

이며 이를 부분 적분하면 다음 식을 얻는다.

$$P(T \le 3) = -\frac{1}{5} x e^{-5x} \Big|_0^3 - \int_0^3 -\frac{1}{5} e^{-5x}\, dx = 1 - 1.6e^{-15}$$

별다른 평가 없이, 이 사건은 거의 확실하게 일어날 것이다.

7.1~7.2절

응용문제

7.47 응용문제 3.102에서 어떤 제품의 가격(dollars)과 총판매수(10,000개)를 각각 P와 S라고 표기하였다. 문제에서 주어진 결합밀도를 이용하고, 분포함수기법을 이용하여 제품의 총매출액($10,000 단위) $V = SP$의 확률밀도를 구하여라.

7.48 응용문제 3.93을 참고하여 두 타이어의 주행거리를 평균낸 것에 대한 확률밀도를 구하여라.

7.49 응용문제 3.107에서 X는 판매원 한 명이 휘발류값에 소비하는 금액(dollars)이고, Y는 해당 판매원이 보상받은 금액이라고 하였다. 문제에서 주어진 결합밀도를 이용하고, 분포함수기법을 이용하여 판매원이 보상받지 못한 금액 $Z = X - Y$의 확률밀도를 구하여라.

7.50 X는 주유소가 하루를 시작할 때 탱크에 있는 프리미엄 휘발류(1,000gallons) 양으로, Y는 그날 판 휘발류 양이라고 하자. X와 Y의 결합밀도가

$$f(x, y) = \begin{cases} \frac{1}{200}, & 0 < y < x < 20 \\ 0 & , \text{그 외} \end{cases}$$

으로 주어졌을 때, 분포함수기법을 이용하여 하루가 끝나고 탱크에 남은 휘발류 양에 대한 확률밀도를 구하여라.

7.51 X_1과 X_2를 어떤 금속에서 구리와 철이 차지하는 백분율이다. 두 확률변수의 결합밀도가

$$f(x_1, x_2) = \begin{cases} \frac{3}{11}(5x_1 + x_2), & x_1 > 0, x_2 > 0, \ x_1 + 2x_2 < 2 \\ 0 & , \text{그 외} \end{cases}$$

으로 주어졌을 때, 분포함수기법을 이용하여 $Y = X_1 + X_2$의 확률밀도를 구하여라. 그리고 구리와 철이 금속에서 차지하는 총비율의 기댓값 $E(Y)$를 구하여라.

7.3~7.4절

7.52 이론물리학의 맥스웰-볼츠만(Maxwell-Boltzmann) 법칙에 따르면, 기체분자의 속도 V의 확률밀도는 다음과 같다.

$$f(v) = \begin{cases} kv^2 e^{-\beta v^2}, & v > 0 \\ 0 & , \text{그 외} \end{cases}$$

이때 β는 분자의 부피와 절대온도에 의존하고, k는 적절한 상수이다. 운동에너지 $E = \frac{1}{2}mV^2$이 감마분포를 따르는 확률변수임을 보여라. m은 분자의 부피를 나타낸다.

7.53 응용문제 3.100을 참고하여 충돌한 부분과 목표물의 중심 사이의 거리에 대한 확률밀도를 구하여라.

7.54 응용문제 3.102를 참고하여 학생이 두 번의 적성검사에서 얻을 정답률을 평균낸 것, 즉 확률변수 $Z = \frac{X+Y}{2}$의 확률밀도를 구하여라.

7.55 응용문제 3.101에 이어 정리 7.2를 이용하여 두 확률변수 $V = SP$와 $W = P$의 결합확률밀도를 구하고, V의 주변밀도를 구하여라.

7.56 컴퓨터 프로그램을 이용하여 표준정규분포를 따르는 10개의 유사난수를 발생시켜라.

7.57 응용문제 7.56의 결과를 얻기 위해 사용한 소프트웨어의 제작자들은 확률적분변환을 어떻게 사용했을 것 같은지 설명하여라.

7.5절

7.58 변호사가 전화번호부에 등록되어 있지 않은 번호의 전화는 30분마다 평균 2.1통이 걸려오고, 등록되어 있는 번호의 전화는 30분마다 평균 10.9통이 걸려온다. 이 전화로 걸려오는 통화 횟수들을 포아송분포를 따르는 독립확률변수라고 한다면, 앞으로 30분 동안 그녀가 할 총 통화 횟수가

(a) 14번일 확률과

(b) 최대 여섯 번일 확률을 구하여라.

7.59 자동차 판매업자가 신문 광고에 2001 Chrysler, 2010 Ford, 2008 Buick를 실었다. 이 차들에 대한 문의 횟수가 $\lambda_1 = 3.6, \lambda_2 = 5.8, \lambda_3 = 4.6$인 포아송분포를 따르는 독립확률변수라고 했을 때, 다음의 확률을 구하여라.

(a) 판매업자가 10번 이하의 문의를 받을 확률

(b) 판매업자가 15번에서 20번의 문의를 받을 확률

(c) 판매업자가 최소 18번의 문의를 받을 확률

7.60 응용문제 7.59에 이어 자동차 판매업자가 2010 Ford에 대해 여섯 번의 문의를 받고 나머지 두 대의 차에 대해 여덟 번의 문의를 받을 확률은 얼마인가?

7.61 드라이클리닝 시설이 매일 듣는 불평의 횟수가 $\lambda = 3.3$인 포아송분포를 따르는 확률변수라고 할 때, 다음의 확률을 구하여라.

(a) 이 시설이 어느 하루에 두 번 이상의 불평을 들을 확률

(b) 이 시설이 어느 이틀 동안 총 다섯 번의 불평을 들을 확률

(c) 이 시설이 어느 3일 동안 모두 합쳐 최소 12번의 불평을 들을 확률

7.62 Woods Canyon Lake에서 사람이 매시간 잡는 물고기의 양은 $\lambda = 1.6$인 포아송분포를 따르는 확률변수이다. 여기서 낚시를 했을 때 다음의 확률을 구하여라.

(a) 2시간 동안 네 마리를 잡을 확률

(b) 3시간 동안 최소 두 마리를 잡을 확률

(c) 4시간 동안 최대 세 마리를 잡을 확률

7.63 주유소 직원이 타이어 하나에 공기를 주입하는 데 걸리는 시간(분)이 $\theta = 5$인 지수분포를 따르는 확률변수라고 할 때, 다음을 구하여라.

(a) 이 직원이 타이어 두 개에 공기를 주입하는 데 8분보다 적게 걸릴 확률

(b) 이 직원이 타이어 세 개에 공기를 주입하는 데 최소 12분이 걸릴 확률

7.64 의사가 환자 한 명을 치료하는 시간(분)이 $\theta = 9$인 지수분포를 따르는 확률변수라고 할 때, 이 의사가 다음의 환자수를 치료하는 데 최소 20분이 걸릴 확률은 무엇인가?

(a) 한 명 **(b)** 두 명 **(c)** 세 명

7.65 X가 주사위 두 개를 세 번 던졌을 때 눈의 합이 7이 나온 횟수라고 할 때, $Y = X^2$이 2를 초과할 확률을 구하여라.

7.66 X가 $f(x) = 0.5e^{-0.5x}(x > 0)$인 지수분포를 따른다고 할 때, $x > 1$일 확률을 구하여라.

7.6절

7.67 원의 지름 d가 다음의 밀도함수로부터 임의로 선택되었다고 했을 때,

$$f(d) = k\left(1 - \frac{d}{5}\right), 0 < d < 5,$$

(a) $f(d)$를 확률밀도가 되도록 하는 k값을 찾아라.

(b) 선택된 원들의 넓이에 대한 밀도함수를 구하여라.

7.68 예제 7.18에서 기초가 되는 분포는 확률분포임을 보이고, 컴퓨터 프로그램을 사용해 이 밀도함수를 그래프로 나타내어라.

7.69 $X = \ln Y$가 평균이 μ, 표준편차가 σ인 정규분포를 따른다고 했을 때, Y의 확률밀도를 구하여라. Y는 **로그정규분포(log-normal distribution)**를 따른다고 한다.

7.70 트랜지스터에 넣어지는 전류와 발전되는 전류의 비율에 로그를 취한 것을 이 트랜지스터로부터 얻은 전류라고 한다. 어떤 트랜지스터로부터 이렇게 얻은 전류를 측정한 값들은 $\mu = 1.8$이고, $\sigma = 0.05$인 정규분포를 따른다고 했을 때, 얻은 전류가 최솟값으로 지정된 6.0을 초과할 확률을 구하여라.

참고문헌

The use of the probability integral transformation in problems of simulation is discussed in

JOHNSON, *R. A., Miller and Freund's Probability and Statistics for Engineers*, 6th ed. Upper Saddle River, N.J.: Prentice Hall, 2000.

A generalization of Theorem 7.1, which applies when the interval within the range of X for which $f(x) \neq 0$ can be partitioned into k subintervals so that the conditions of Theorem 7.1 apply separately for each of the subintervals, may be found in

WALPOLE, R. E., and Myers, R. H., *Probability and Statistics for Engineers and Scientists*, 4th ed. New York: Macmillan Publishing Company, Inc., 1989.

More detailed and more advanced treatments of the material in this chapter are given in many advanced texts on mathematical statistics; for instance, in

HOGG, R. V., and CRAIG, A. T., *Introduction to Mathematical Statistics*, 4th ed. New York: Macmillan Publishing Company, Inc., 1978,

ROUSSAS, G. G., *A First Course in Mathematical Statistics*. Reading, Mass.: Addison-Wesley Publishing Company, Inc., 1973,

WILKS, S. S., *Mathematical Statistics*. New York: John Wiley & Sons, Inc., 1962.

8장 | 표본분포

8.1 서론

통계학은 계획된 실험이나 연구에서 발생하는 여러 가지 가능한 결과들로부터 나오는 결론이나 예측에 주안점을 둔다. 그런 결론을 내리는 것은 주어진 모집단에서 표본 관측치를 얻는 것, 그리고 모집단 자신, 모집단의 평균, 모집단의 분산 등에 대한 추론을 하기 위한 표본의 결과를 사용하는 것과 관련이 있다. 이것을 하는 것은 우리가 우선 표본을 만드는 확률변수, **통계량(statistics)**이라고 하는 것의 특정한 함수의 분포를 찾는 것을 요구한다(이러한 통계량의 한 예가 표본평균이다). 그리고 이러한 분포의 특성은 모집단에 대해서 표본에서 얻은 추론의 결과에 대한 확률문을 만드는 것을 가능하게 한다. 이러한 주제들을 훨씬 더 자세하게 11장과 12장에서 다룰 것이다. 이 장에서 주어질 이론은 통계적 추론의 이론의 중요한 기초를 형성한다.

통계적 추론이 표본에서 그것이 추출된 모집단에 대한 결론을 이끌어내는 과정이라고 느슨하게 정의될 수 있다는 것을 고려하면, 다음의 정의가 유용할 것이다.

정의 8.1 **모집단** 표본이 추출된 수치의 집합을 **모집단(population)**이라고 한다. 모집단을 구성하는 수치들의 분포를 **모집단분포(population distribution)**라고 한다. ■

다음을 가정해 보자. 만약 어떤 실험에서 과학자가 40마리의 기니피그 중 다섯 마리를 선택하여 몸무게를 재야 한다면, 통계에 대한 지식이 없는 사람들도 선택된 기니피그들이 표본을 구성하게 된다고 이야기할 수 있다. 이처럼 "표본"이라는 말은 일상에서도 쓰인다. 통계학에서는 이와 달리 다섯 마리 기니피그의 몸무게를 40마리 기니피그의 몸무게, 즉 모집단으로부터 추출된 표본으로 보는 것이 좋다. 이렇게 하면 표본뿐만이 아니라 모집단에 속한 자료들도 모두 숫자로 표현이 된다. 또, 어떤 트랜지스터의 평균 수명을 추정하기 위해 기술자가 트랜지스터 10개를 선택하여 특정 기간 동안 실험을 하고, 각각이 정지할 때까지 걸린 시간을 기록한다고 해 보자. 만약에 각 트랜지스터가 정지할 때까지 걸린 시간이 모수가 θ인 지수분포를 따르는 확률변수라고 하면, 우리는 이를 가리켜 바로 이 지수분포로부터 뽑힌 표본이라고 한다.

우리가 짐작을 해볼 수 있듯이, 모든 표본이 어떤 형태의 모집단으로부터 추출되었는지 항상 명확하지만은 않다. 이 책에서 논의되는 대부분의 추론 방법들도 **확률표본**(**random samples**)이라는 가정하에 전개가 된 것이다. 우리는 종종 유한하지만 사이즈가 충분히 크기 때문에, **무한모집단**(**infinite population**)으로 취급되는 모집단으로부터 추출된 확률표본을 다루게 된다. 그렇기 때문에 우리가 앞으로 논의할 대부분의 통계학 이론과 방법론은 무한모집단으로부터 추출된 표본에 적용된다. 유한모집단으로부터 추출된 확률표본은 8.3절에서 별도로 다루도록 하겠다.

정의 8.2 **확률표본** $X_1, X_2, \cdots, X_n$이 독립이며 동일한 분포를 따르는 확률변수일 때, 이를 무한모집단으로부터 온 **확률표본**이라고 한다. ■

$f(x_1, x_2, \cdots, x_n)$이 확률표본의 결합분포가 $(x_1, x_2, \cdots, x_n)$일 때의 값이라면 다음과 같이 쓸 수 있다.

$$f(x_1, x_2, \ldots, x_n) = \prod_{i=1}^{n} f(x_i)$$

이때 $f(x_i)$는 x_i에서의 모집단분포값이다. 정의 8.2와 이에 대한 논의는 유한모집단에서의 복원추출에도 적용된다. 유한모집단에서의 비복원추출은 265~266쪽에서 다루어진다.

통계적 추론은 보통 **통계량**(**statistics**)에 기초한 것이다. 통계량 역시 확률변수인데, 이는 확률표본을 이루는 확률변수 $X_1, X_2, \cdots, X_n$으로 이루어진 함수이다. **표본평균**(**sample mean**)과 **표본분산**(**sample variance**)이 대표적인 통계량이다.

정의 8.3 **표본평균과 표본분산** $X_1, X_2, \cdots, X_n$이 확률표본이면,

$$\overline{X} = \frac{\sum_{i=1}^{n} X_i}{n}$$

이를 **표본평균**이라고 하며

$$S^2 = \frac{\sum_{i=1}^{n} (X_i - \overline{X})^2}{n-1}$$

이를 **표본분산**[1]이라고 한다. ■

이러한 정의는 확률표본에만 적용되지만 표본평균과 표본분산은 임의의 확률변수 $X_1, X_2, \cdots, X_n$에 대해 정의될 수 있다.

'확률표본', '통계량', '표본평균', '표본분산' 이라는 용어들은 종종 확률변수들 자체가 아닌 확률변수들의 값에 적용된다. 직관적으로 이렇게 사용되는 것이 더 이해하기 쉽고 일상생활에서의 유용하다. 그러므로 관측된 표본 데이터에 대해

1) n이 아닌 $n-1$로 나누는 이유는 10.3절에 설명되어 있다.

$$\bar{x} = \frac{\sum_{i=1}^{n} x_i}{n} \text{ 과 } \quad s^2 = \frac{\sum_{i=1}^{n} (x_i - \bar{x})^2}{n-1}$$

를 계산하여, 이 통계량을 표본평균과 표본분산이라고 한다. 여기서 $x_i, \bar{x}, s^2$은 확률변수 $X_i, \bar{X}, S^2$에 해당하는 값이다. $\bar{x}, s^2$에 대한 식은 표본 데이터가 아닌 어느 종류의 데이터에도 사용될 수 있으며, 이때의 $\bar{x}$와 s^2을 평균과 분산이라고 한다.

$\bar{X}$와 S^2은 통계량의 한 예로 소개된 것이고 이외에도 수많은 통계량이 있는데, 이들에 대해서는 이후에 이 장의 후반부 및 다른 장에서 소개될 것이다.

◆ 8.2 표본평균의 분포

통계량 또한 확률변수이기 때문에 값이 표본에 따라 변할 것이며, 이들의 분포를 **표본분포 (sampling distribution)** 라고 한다. 이 장의 대부분은 응용에 있어 중요한 역할을 하는 통계량들의 표본분포에 대한 내용이 될 것이다.

먼저, 추출된 모집단에 대한 아주 일반적인 가정 몇 가지하에 **표본평균의 분포 (sampling distribution of the mean)** 에 대한 이론을 알아보자.

정리 8.1 $X_1, X_2, \cdots, X_n$이 평균이 μ이고, 분산이 σ^2인 무한모집단에서 추출한 확률표본이라고 하면,

$$E(\bar{X}) = \mu \text{ 와 } \quad \text{var}(\bar{X}) = \frac{\sigma^2}{n}$$

증명 정리 4.14에서 $Y = \bar{X}$를 만들어 주기 위해 $a_i = \dfrac{1}{n}$로 두면, $E(X_i) = \mu$이기 때문에

$$E(\bar{X}) = \sum_{i=1}^{n} \frac{1}{n} \cdot \mu = n\left(\frac{1}{n} \cdot \mu\right) = \mu$$

가 된다. 그리고 정리 4.14의 따름정리에 의해 다음을 얻을 수 있다.

$$\text{var}(\bar{X}) = \sum_{i=1}^{n} \frac{1}{n^2} \cdot \sigma^2 = n\left(\frac{1}{n^2} \cdot \sigma^2\right) = \frac{\sigma^2}{n}$$

■

$E(\bar{X})$을 $\mu_{\bar{X}}$, $\text{var}(\bar{X})$을 $\sigma^2_{\bar{X}}$으로 쓰며, $\sigma_{\bar{X}}$를 **평균의 표준오차 (standard error of the mean)** 라고 한다.

평균의 표준오차식 $\sigma_{\bar{X}} = \dfrac{\sigma}{\sqrt{n}}$는 $\bar{X}$의 분포의 표준편차가 **표본의 크기 (samplesize)** n이 커질 때 감소한다는 것을 보여 준다. 즉, n이 커질수록 실제로 더 많은 양의 정보(더 많은 확률변수들의 값)를 갖게 될 때, $\bar{X}$의 값이 추정하고자 하는 양 μ에 더 가까워진다는 것이다. 체비셰프의 정리를 연습문제 4.32에서와 같이 바꾸어주면, 다음과 같이 표현할 수 있다.

정리 8.2 임의의 양의 상수 c에 대해 $\overline{X}$가 $\mu - c$와 $\mu + c$ 사이의 값을 갖게 될 확률은 최소

$$1 - \frac{\sigma^2}{nc^2}$$

이다. $n \to \infty$ 면 이 확률은 1로 접근한다. ■

위 결과를 **대수의 법칙(law of large numbers)**이라고 하며, 이는 이론적 중요성이 크다. 이보다 더 실용적인 면이 큰 것은 **중심극한정리(central limit theorem)**이다. 중심극한정리는 매우 중요한 통계학 정리 중 하나이며, 이는 $n \to \infty$ 일 때 n개의 확률변수들의 **표준화된 평균(standardized mean)**의 극한분포에 대한 것이다. 여기서는 n개의 확률변수들이 적률생성함수가 존재하는 모집단에서 추출한 확률표본인 경우에 대해서만 증명하겠다. 좀 더 일반적인 조건하의 경우는 연습문제 8.7과 8.9를 참조하고, 가장 일반적인 경우에 대한 것은 이 장의 마지막을 참고하여라.

정리 8.3 (중심극한정리) $X_1, X_2, \cdots, X_n$이 평균이 μ이고, 분산이 σ^2인 무한모집단에서 추출한 확률표본이고, 적률생성함수가 $M_X(t)$라고 할 때, $n \to \infty$ 면

$$Z = \frac{\overline{X} - \mu}{\sigma/\sqrt{n}}$$

의 극한분포는 표준정규분포이다.

증명 정리 4.10의 세 번째와 두 번째 부분을 이용하면,

$$\begin{aligned} M_Z(t) = M_{\frac{\overline{X}-\mu}{\sigma/\sqrt{n}}}(t) &= e^{-\sqrt{n}\,\mu t/\sigma} \cdot M_{\overline{X}}\left(\frac{\sqrt{n}t}{\sigma}\right) \\ &= e^{-\sqrt{n}\,\mu t/\sigma} \cdot M_{n\overline{X}}\left(\frac{t}{\sigma\sqrt{n}}\right) \end{aligned}$$

이 된다. $n\overline{X} = X_1 + X_2 + \cdots + X_n$이므로 정리 7.3에 의해

$$M_Z(t) = e^{-\sqrt{n}\,\mu t/\sigma} \cdot \left[M_X\left(\frac{t}{\sigma\sqrt{n}}\right)\right]^n$$

이 되므로

$$\ln M_Z(t) = -\frac{\sqrt{n}\,\mu t}{\sigma} + n \cdot \ln M_X\left(\frac{t}{\sigma\sqrt{n}}\right)$$

를 얻는다. $M_X\left(\frac{t}{\sigma\sqrt{n}}\right)$을 t에 대한 멱급수로 전개하면 다음과 같다.

$$\ln M_Z(t) = -\frac{\sqrt{n}\,\mu t}{\sigma} + n \cdot \ln\left[1 + \mu_1' \frac{t}{\sigma\sqrt{n}} + \mu_2' \frac{t^2}{2\sigma^2 n} + \mu_3' \frac{t^3}{6\sigma^3 n\sqrt{n}} + \cdots\right]$$

이때 μ_1', μ_2', μ_3'은 모집단분포(원래 확률변수 X_i의 분포)의 원점에 대한 적률을 나타낸다.
n이 충분히 크면, $\ln(1+x)$를 x에 대한 멱급수로 전개(정리 6.8에서와 같이)한 것을 사용하여 다음 식을 얻을 수 있다.

$$\ln M_Z(t) = -\frac{\sqrt{n}\,\mu t}{\sigma} + n\left\{\left[\mu_1'\frac{t}{\sigma\sqrt{n}} + \mu_2'\frac{t^2}{2\sigma^2 n} + \mu_3'\frac{t^3}{6\sigma^3 n\sqrt{n}} + \cdots\right]\right.$$
$$-\frac{1}{2}\left[\mu_1'\frac{t}{\sigma\sqrt{n}} + \mu_2'\frac{t^2}{2\sigma^2 n} + \mu_3'\frac{t^3}{6\sigma^3 n\sqrt{n}} + \cdots\right]^2$$
$$\left.+\frac{1}{3}\left[\mu_1'\frac{t}{\sigma\sqrt{n}} + \mu_2'\frac{t^2}{2\sigma^2 n} + \mu_3'\frac{t^3}{6\sigma^3 n\sqrt{n}} + \cdots\right]^3 - \cdots\right\}$$

위 식을 t항으로 묶어주면

$$\ln M_Z(t) = \left(-\frac{\sqrt{n}\,\mu}{\sigma} + \frac{\sqrt{n}\,\mu_1'}{\sigma}\right)t + \left(\frac{\mu_2'}{2\sigma^2} - \frac{\mu_1'^2}{2\sigma^2}\right)t^2$$
$$+\left(\frac{\mu_3'}{6\sigma^3\sqrt{n}} - \frac{\mu_1'\cdot\mu_2'}{2\sigma^3\sqrt{n}} + \frac{\mu_1'^3}{3\sigma^3\sqrt{n}}\right)t^3 + \cdots$$

이 되고, $\mu_1' = \mu$이고 $\mu_2' - \mu_1' = \sigma^2$이므로

$$\ln M_Z(t) = \frac{1}{2}t^2 + \left(\frac{\mu_3'}{6} - \frac{\mu_1'\mu_2'}{2} + \frac{\mu_1'^3}{6}\right)\frac{t^3}{\sigma^3\sqrt{n}} + \cdots$$

로 간단해진다. 마지막으로 t^3의 계수는 $\frac{1}{\sqrt{n}}$에 상수를 곱해준 것이고, $r \geqq 2$일 때 대부분 t^r의 계수는 $\frac{1}{\sqrt{n^{r-2}}}$에 상수를 곱해 준 것이기 때문에 위 식에 극한을 취해 주면 다음과 같다.

$$\lim_{n\to\infty} \ln M_Z(t) = \frac{1}{2}t^2$$

로그에 극한을 취해준 것은 극한을 취해 준 것에 로그를 취한 것과 같으므로(이들 극한이 존재할 때)

$$\lim_{n\to\infty} M_Z(t) = e^{\frac{1}{2}t^2}$$

이 된다. 얻어진 극한적률생성함수는 표준정규분포의 적률생성함수임을 알 수 있다. 그러므로 이제 212쪽의 정리 두 가지만 있으면 정리 8.3의 증명이 완성된다. 이 정리의 예제가 연습문제 8.13과 8.14에 있다. ■

중심극한정리는 간혹 $\bar{X}$의 분포가 $n\to\infty$ 일 때 정규분포로 접근함을 의미하는 것으로 잘못 해석되기도 한다. $n\to\infty$ 일 때 $\text{var}(\bar{X})\to 0$이기 때문이다. 중심극한정리는 n이 클 때 $\bar{X}$의 분포를 평균이 μ이고, 분산이 $\frac{\sigma^2}{n}$인 정규분포로 근사시키는 것을 의미한다. 실제로 이런 근사는 모집단의 실제 모양에 상관없이 $n \geqq 30$일 때 사용된다. n이 작을 때는 이런 근사가 문제가 된다. 정리 8.4를 보자.

예제 8.1

판매된 음료수의 양이 평균이 200 mL이고 표준편차가 15 mL인 확률변수가 되도록 만들어진 음료수 자판기가 있다. 표본의 크기가 36인 확률표본의 평균이 최소 204 mL가 될 확률은 얼마인가?

풀이 정리 8.1에 의하면 $\bar{X}$의 분포는 평균이 $\mu_{\bar{X}} = 200$이고, 표준편차가 $\sigma_{\bar{X}} = \frac{15}{\sqrt{36}} = 2.5$이며, 중심극한정리에 의하면 이 분포는 근사적으로 정규분포가 된다. $z = \frac{204 - 200}{2.5} = 1.6$이므로 표 III으로부터 $P(\bar{X} \geqq 204) = P(Z \geqq 1.6) = 0.5000 - 0.4452 = 0.0548$을 구할 수 있다. ●

우리가 표본하는 모집단이 정규이면, $\bar{X}$의 분포는 n에 관계없이 정규분포를 따른다.

정리 8.4 $\bar{X}$가 평균이 μ이고 분산이 σ^2인 정규분포에서 표본된 표본크기가 n인 확률표본의 평균이라고 할 때, $\bar{X}$의 표본분포는 평균이 μ이고, 분산이 σ^2/n인 정규분포를 따른다.

증명 정리 4.10과 7.3에 의하면

$$M_{\bar{X}}(t) = \left[M_X\left(\frac{t}{n}\right)\right]^n$$

이라고 쓸 수 있고, 평균이 μ이고, 분산이 σ^2인 정규분포의 적률생성함수는

$$M_X(t) = e^{\mu t + \frac{1}{2}\sigma^2 t^2}$$

이므로, 정리 6.6에 따르면 결과적으로

$$\begin{aligned} M_{\bar{X}}(t) &= [e^{\mu \cdot \frac{t}{n} + \frac{1}{2}(\frac{t}{n})^2 \sigma^2}]^n \\ &= e^{\mu t + \frac{1}{2}t^2(\frac{\sigma^2}{n})} \end{aligned}$$

을 얻게 된다. 이 적률생성함수는 평균이 μ이고, 분산이 σ^2/n인 정규분포의 적률생성함수임을 확인할 수 있다. 이제 212쪽에 있는 두 개의 정리만 있으면 정리 8.4의 증명은 완성된다. ■

◆ 8.3 표본평균의 분포: 유한모집단

유한한 수의 값들로 이루어진 유한 집합 $\{c_1, c_2, \cdots, c_N\}$에서 한 개 이상의 값을 선택하는 실험이 있을 때, 이 집합을 가리켜 **크기가 N인 유한모집단(finite population of size N)**이라고 한다. 다음 정의에서는 크기가 N인 유한모집단으로부터 비복원추출을 시행한다고 가정한다.

정의 8.4 **확률표본–유한모집단** X_1을 크기가 N인 유한모집단으로부터 첫 번째로 뽑힌 값이라고 하고, X_2를 두 번째, $\cdots$, X_n을 n번째로 뽑힌 값이며, n개의 확률변수들의 결합확률분포가 순서대로 나열된 이들 확률변수 n개의 값들에 대해 다음과 같을 때,

$$f(x_1, x_2, \ldots, x_n) = \frac{1}{N(N-1) \cdot \ldots \cdot (N-n+1)}$$

이면, X_1과 X_2, 그리고 X_n을 주어진 유한모집단으로부터 추출된 **확률표본(random sample)**이라고 한다. ■

정리 8.2에서와 같이 이 확률표본은 확률변수들로 이루어진 집합이지만, 여기서도 마찬가지로 '확률표본'이라는 개념은 실제로 뽑힌 확률변수들의 값에도 적용된다.

정의 8.4의 결합확률분포에 이어, N개의 요소로 이루어진 유한모집단으로부터 n개의 요소로 이루어진 부분집합을 뽑을(값들이 뽑힌 순서에 상관없이) 확률은 다음과 같다.

$$\frac{n!}{N(N-1)\cdot \ldots \cdot (N-n+1)} = \frac{1}{\binom{N}{n}}$$

이것은 크기가 N인 유한모집단에서 크기가 n인 확률표본을 선택하는 것에 대한 또 다른 정의 혹은 기준이 된다. 각 $\binom{N}{n}$**개의 표본은 모두 동일한 확률을 가지고 있다.**

정의 8.4의 결합확률분포로부터 또 알 수 있는 것은 X_r의 주변분포가 $r = 1, 2, \cdots, n$에 대해

$$f(x_r) = \frac{1}{N}, \quad x_r = c_1, c_2, \ldots, c_N$$

로 주어진다. 그리고 이 이산형 균등분포의 평균과 분산을 주어진 유한모집단의 평균과 분산으로 보기로 한다.

정의 8.5 **표본평균과 분산-유한모집단** 유한모집단 $\{c_1, c_2, \cdots, c_N\}$의 **표본평균(sample mean)**과 **표본분산(sample variance)**은 다음과 같다.

$$\mu = \sum_{i=1}^{N} c_i \cdot \frac{1}{N} \text{ 와 } \quad \sigma^2 = \sum_{i=1}^{N} (c_i - \mu)^2 \cdot \frac{1}{N}$$

마지막으로 정의 8.4의 결합확률분포로부터 $X_1, X_2, \cdots, X_n$ 중 어느 두 개의 확률변수에 대한 결합주변분포가 주어진 유한모집단의 각 순서쌍에 대해

$$g(x_r, x_s) = \frac{1}{N(N-1)}$$

이 된다는 것을 알 수 있다. 그러므로 다음 정리를 증명할 수 있다.

정리 8.5 X_r과 X_s가 유한모집단 $\{c_1, c_2, \cdots, c_N\}$에서 뽑힌 크기 n의 확률표본에서 r번째와 s번째 확률변수라고 할 때,

$$\text{cov}(X_r, X_s) = -\frac{\sigma^2}{N-1}$$

이다.

증명 정의 4.9에 따르면

$$\text{cov}(X_r, X_s) = \sum_{\substack{i=1 \\ i \neq j}}^{N} \sum_{j=1}^{N} \frac{1}{N(N-1)} (c_i - \mu)(c_j - \mu)$$

$$= \frac{1}{N(N-1)} \cdot \sum_{i=1}^{N} (c_i - \mu) \left[\sum_{\substack{j=1 \\ j \neq i}}^{N} (c_j - \mu) \right]$$

이고, $\sum_{\substack{j=1 \\ j\neq i}}^{N}(c_j-\mu)=\sum_{j=1}^{N}(c_j-\mu)-(c_i-\mu)=-(c_i-\mu)$이므로 다음을 얻는다.

$$\begin{aligned}\mathrm{cov}(X_r, X_s) &= -\frac{1}{N(N-1)}\cdot\sum_{i=1}^{N}(c_i-\mu)^2 \\ &= -\frac{1}{N-1}\cdot\sigma^2\end{aligned}$$

■

지금까지의 결과를 모두 이용하여 무한모집단에서 추출한 확률표본에 대한 정리 8.1에 대응되는, 무한모집단의 경우에 해당하는 다음 정리를 증명하도록 하자.

정리 8.6 $\overline{X}$가 평균이 μ이고 분산이 σ^2이며 크기가 N인 유한모집단에서 뽑힌 크기 n의 확률표본의 평균이라고 하면, 다음이 성립한다.

$$E(\overline{X})=\mu \text{ 와} \qquad \mathrm{var}(\overline{X})=\frac{\sigma^2}{n}\cdot\frac{N-n}{N-1}$$

증명 정리 4.14의 식에 $a_i=\frac{1}{N}$, $\mathrm{var}(X_i)=\sigma^2$, $\mathrm{cov}(X_i, X_j)=-\frac{\sigma^2}{N-1}$을 대입하면,

$$E(\overline{X})=\sum_{i=1}^{n}\frac{1}{n}\cdot\mu=\mu$$

이고

$$\begin{aligned}\mathrm{var}(\overline{X}) &= \sum_{i=1}^{n}\frac{1}{n^2}\cdot\sigma^2+2\cdot\sum\sum_{i<j}\frac{1}{n^2}\left(-\frac{\sigma^2}{N-1}\right) \\ &= \frac{\sigma^2}{n}+2\cdot\frac{n(n-1)}{2}\cdot\frac{1}{n^2}\left(-\frac{\sigma^2}{N-1}\right) \\ &= \frac{\sigma^2}{n}\cdot\frac{N-n}{N-1}\end{aligned}$$

이 된다. ■

$\mathrm{var}(\overline{X})$에 대한 식이 정리 8.1과 비교했을 때 정리 8.6에서 **유한모집단수정인수(finite population correction factor)** $\frac{N-n}{N-1}$[2)]만 더 곱해진 것을 볼 수 있다. 그렇기 때문에 N이 n에 비해 크면 두 개의 식은 차이가 무시해도 좋을 정도가 되고, 식 $\sigma_{\overline{X}}=\frac{\sigma}{\sqrt{n}}$는 아주 큰 유한모집단으로부터 표본을 뽑는 경우에 근삿값을 구하는 데 사용된다. 통상적으로 추출된 표본이 모집단의 5퍼센트를 넘어서지 않을 때 이 근사를 쓴다.

2) 많은 경우에 우리는 분산보다는 표준편차에 더 관심이 있으므로 '유한모집단수정인수'는 종종 $\frac{N-n}{N-1}$가 아닌 $\sqrt{\frac{N-n}{N-1}}$을 가리키는 용어로 사용된다. 쓰임새만 이해한다면 어느 것이든 상관없다.

연습문제

8.1 정리 4.15의 따름정리를 이용하여 $X_1, X_2, \cdots, X_n$가 무한모집단으로부터 추출된 확률표본이면 다음과 같음을 증명하여라.

$$\text{cov}(X_r - \overline{X}, \overline{X}) = 0$$

$(r = 1, 2, \cdots, n)$

8.2 $X_{11}, X_{12}, \cdots, X_{1n_1}, X_{21}, X_{22}, X_{2n_2}$가 서로 독립인 확률변수이다. 처음 n_1은 평균이 μ_1이고 분산이 $\sigma_1{}^2$인 무한모집단으로부터 추출된 확률표본이고, 나머지 n_2는 평균이 μ_2이고, 분산이 $\sigma_2{}^2$인 무한모집단으로부터 추출된 확률표본이라고 했을 때, 정리 4.14와 따름정리를 이용해 다음을 보여라.

(a) $E(\overline{X}_1 - \overline{X}_2) = \mu_1 - \mu_2$

(b) $\text{var}(\overline{X}_1 - \overline{X}_2) = \dfrac{\sigma_1^2}{n_1} + \dfrac{\sigma_2^2}{n_2}$

8.3 연습문제 8.2를 참고하여, 두 표본이 정규모집단에서 온 것이면 $\overline{X}_1 - \overline{X}_2$는 평균이 $\mu_1 - \mu_2$이고, 분산이 $\dfrac{\sigma_1^2}{n_1} + \dfrac{\sigma_2^2}{n_2}$인 정규분포를 따르는 확률변수인 것을 보여라(힌트: 정리 8.4에서 증명한 것처럼 증명하여라).

8.4 확률변수 $X_1, X_2, \cdots, X_n$이 서로 독립이고 모두 모수가 θ인 베르누이 분포를 따르면, 아래에 $\hat{\Theta}$로 표기된 $\overline{X}$는 n번의 시행에서 성공횟수가 차지하는 비율이 된다. 다음을 보여라.

(a) $E(\hat{\Theta}) = \theta$

(b) $\text{var}(\hat{\Theta}) = \dfrac{\theta(1-\theta)}{n}$

8.5 연습문제 8.2의 처음 n_1개의 확률변수들은 모수가 θ_1인 베르누이 분포를 따르고, 나머지 n_2개의 확률변수들은 모수가 θ_2인 베르누이 분포를 따른다고 했을 때, 다음을 보여라. 표기된 바는 연습문제 8.4에서와 같다.

(a) $E(\hat{\Theta}_1 - \hat{\Theta}_2) = \theta_1 - \theta_2$

(b) $\text{var}(\hat{\Theta}_1 - \hat{\Theta}_2) = \dfrac{\theta_1(1-\theta_1)}{n_1} + \dfrac{\theta_2(1-\theta_2)}{n_2}$

8.6 251 ~ 252쪽에서와 같이 이항확률변수를 독립이며 같은 분포를 따르는 베르누이 확률변수로 보고, 중심극한정리를 이용해 정리 6.8을 증명하여라.

8.7 다음은 중심극한정리에 대한 하나의 충분조건이다. 확률변수 $X_1, X_2, \cdots, X_n$이 독립이고 균일유계(uniformly bounded) 일 때, 즉 어느 X_i도 k보다 크거나 $-k$보다 작은 값을 갖게 될 확률이 영이 되도록 하는 양의 상수 k가 존재할 때,

$$Y_n = X_1 + X_2 + \cdots + X_n$$

의 분산이 $n \to \infty$면 무한대로 간다고 했을 때 X_i의 표준화된 평균은 표준정규분포로 접근한다. 아래와 같은 확률분포를 갖는 독립확률변수 X_i들에 대해서도, 이 충분조건이 유효함을 보여라.

$$f_i(x_i) = \begin{cases} \dfrac{1}{2}, & x_i = 1 - (\frac{1}{2})^i \\ \dfrac{1}{2}, & x_i = (\frac{1}{2})^i - 1 \end{cases}$$

8.8 독립인 확률변수 $X_1, X_2, X_3, \cdots$이 다음과 같은 균등밀도함수를 갖는다고 하자.

$$f_i(x_i) = \begin{cases} \dfrac{1}{2-\dfrac{1}{i}}, & 0 < x_i < 2 - \dfrac{1}{i} \\ 0 & , \text{그 외} \end{cases}$$

연습문제 8.7의 충분조건을 이용하여 중심극한정리가 성립함을 보여라.

8.9 다음은 중심극한정리에 대한 하나의 충분조건[**라플라스-라이아푸노프 조건(Laplace-Liapounoff condition)**]이다. 독립인 확률변수 $X_1, X_2, X_3, \cdots$의 절대 3차 적률이

$$c_i = E(|X_i - \mu_i|^3)$$

이고,

$$\lim_{n\to\infty} [\text{var}(Y_n)]^{-\frac{3}{2}} \cdot \sum_{i=1}^{n} c_i = 0$$

이면, X_i의 표준화된 평균은 $n \to \infty$ 할 때 표준정규분포로 접근한다. 이때 $Y_n = X_1 + X_2 + \cdots + X_n$이다. 이 조건을 이용하여 연습문제 8.7에서의 확률변수들에 대해서도 중심극한정리가 성립함을 보여라.

8.10 연습문제 8.9의 조건을 이용하여 연습문제 8.8에서의 확률변수들에 대해서도 중심극한정리가 성립함을 보여라.

8.11 유한모집단으로부터 복원추출을 할 때, 정리 8.6의 결과보다 정리 8.1의 결과가 적용되는 이유를 설명하여라.

8.12 정리 8.6에 비추어 연습문제 5.28의 결과를 설명하여라.

8.13 미니탭 또는 다른 통계 컴퓨터 프로그램을 이용해서 균일밀도함수 $f(x)=1,\ 0 \le x \le 1$을 따르는 크기 10의 표본을 20개 발생시켜라.

(a) 각 표본의 평균을 구하고, 이 표본평균에 대한 히스토그램을 그려라.

(b) 20개 표본평균에 대한 평균과 분산을 계산하여라.

8.14 연습문제 8.13을 참고하여, 표본의 크기를 30으로 바꾸자.

(a) 히스토그램이 연습문제 8.13의 히스토그램에 비해서 정규분포의 히스토그램을 더 많이 닮았는가? 왜 그런가?

(b) 어느 것이 더 많이 닮았는가?

(c) 20개 표본평균에 대한 평균과 분산을 계산하여라.

8.15 정수 $1, 2, \cdots, N$으로 이루어진 유한모집단으로부터 크기가 n인 확률표본을 추출하였다고 할 때, 다음을 보여라.

(a) $\bar{X}$의 평균은 $\dfrac{N+1}{2}$이다.

(b) $\bar{X}$의 분산은 $\dfrac{(N+1)(N-n)}{12n}$이다.

(c) $Y = n \cdot \bar{X}$의 평균과 분산은 다음과 같다.

$$E(Y) = \frac{n(N+1)}{2} \text{ 와} \qquad \text{var}(Y) = \frac{n(N+1)(N-n)}{12}$$

(힌트: 부록 A 또는 연습문제 5.1의 결과를 참고하여라.)

8.16 10개의 수 15, 13, 18, 10, 6, 21, 7, 11, 20, 9로 이루어진 유한모집단의 평균과 분산을 구하여라.

8.17 유한모집단 $\{c_1, c_2, \cdots, c_N\}$의 분산은 다음과 같이 쓸 수 있음을 보이고,

$$\sigma^2 = \frac{\sum_{i=1}^{N} c_i^2}{N} - \mu^2$$

이 식을 이용하여 연습문제 8.16의 유한모집단의 분산을 다시 계산하여라.

8.18 표본분산의 식이 연습문제 8.17의 식과 유사하게

$$S^2 = \frac{\sum_{i=1}^{n} X_i^2}{n-1} - \frac{n\overline{X}^2}{n-1}$$

로 표현된다는 것을 보여라. 그리고 이 식을 이용하여 주어진 표본의 분산을 구하여라. 다음은 견인차 기사가 8일 동안 받은 서비스호출 건수이다. 13, 14, 13, 11, 15, 14, 17, 11.

8.19 표본분산의 식이

$$S^2 = \frac{n\left(\sum_{i=1}^{n} X_i^2\right) - \left(\sum_{i=1}^{n} X_i\right)^2}{n(n-1)}$$

와 같음을 보여라. 그리고 이 식을 이용하여 연습문제 8.18에 있는 표본 데이터의 분산을 다시 계산하여라.

8.4 카이제곱분포

예제 7.9에서 우리는 X가 표준정규분포를 따르면 X^2는 **카이제곱분포 (chi-square distribution)** 라고 하는 특수한 감마분포를 따른다는 것을 보였다. 이 때문에 카이제곱분포는 정규모집단으로부터 표본이 추출된 문제에 있어 아주 중요한 역할을 한다. 정리 8.11에서 표본분산에 대한 추론을 만들 때, 이 분포의 중요성을 보일 것이다.

카이제곱분포는 'χ^2 분포' 라고 표기되는데 여기서 χ는 그리스문자 *chi*의 소문자이다. 카이제곱분포를 따르는 확률변수들의 값들도 χ^2로 표기하는데, χ^2 대신 X^2이라고 표기하지 않도록 한다. 이는 X가 x를 값으로 갖는 확률변수인지 χ를 값으로 갖는 확률변수인지 혼동되는 것을 방지하기 위해서이다.

6.3절의 결과를 다시 살펴보자. 확률변수 X가 다음과 같은 확률밀도를 갖고 있으면, X는 자유도가 ν인 카이제곱분포를 따른다.

$$f(x) = \begin{cases} \dfrac{1}{2^{\nu/2}\Gamma(\nu/2)} x^{\frac{\nu-2}{2}} e^{-x/2}, & x > 0 \\ 0 & , \text{그 외} \end{cases}$$

자유도가 ν인 카이제곱분포의 평균과 분산은 ν와 2ν이고, 적률생성함수는 다음과 같다.

$$M_X(t) = (1-2t)^{-\nu/2}$$

카이제곱분포는 몇 가지 중요한 수학적 성질을 갖고 있는데, 이는 정리 8.7에서 정리 8.10까지 제시되어 있다. 먼저 예제 7.9의 결과를 정리해 제시하겠다.

정리 8.7 X가 표준정규분포를 따르면 X^2은 $\nu = 1$인 카이제곱분포를 따른다.

이를 일반화하여 다음 정리를 증명할 수 있다.

정리 8.8 $X_1, X_2, \cdots, X_n$이 표준정규분포를 따르는 독립확률변수이면,

$$Y = \sum_{i=1}^{n} X_i^2$$

은 $\nu = n$인 카이제곱분포를 따른다.

증명 앞에서 주어진 $\nu = 1$일 때의 적률생성함수와 정리 8.7을 이용하면

$$M_{X_i^2}(t) = (1 - 2t)^{-\frac{1}{2}}$$

이고 정리 7.3에 따라

$$M_Y(t) = \prod_{i=1}^{n}(1 - 2t)^{-\frac{1}{2}} = (1 - 2t)^{-\frac{n}{2}}$$

이 된다. 이 적률생성함수는 $\nu = n$인 카이제곱분포의 적률생성함수임을 확인할 수 있다. 212쪽에 있는 첫 번째 정리에 대한 응용(정리 6.8 바로 다음)이 증명을 끝냈다.

카이제곱분포의 또 다른 성질 두 가지는 다음 두 정리에 제시되어 있다. 이는 연습문제 8.20과 8.21에서 증명하도록 한다.

정리 8.9 $X_1, X_2, \cdots, X_n$이 각각 자유도가 $\nu_1, \nu_2, \cdots, \nu_n$인 카이제곱분포를 따르는 독립확률변수이면,

$$Y = \sum_{i=1}^{n} X_i$$

는 자유도가 $\nu_1 + \nu_2 + \cdots + \nu_n$인 카이제곱분포를 따른다.

정리 8.10 X_1과 X_2는 독립확률변수이고, X_1은 자유도가 ν_1인 카이제곱분포를, $X_1 + X_2$는 자유도가 $\nu > \nu_2$인 카이제곱분포를, X_2는 자유도가 $\nu - \nu_1$인 카이제곱분포를 따른다.

카이제곱분포의 응용은 매우 중요하다. 이 중 몇 가지는 10장과 13장에서 논의된다. 먼저 언급될 응용문제들은 직접 혹은 간접적으로 다음 정리에 기초하고 있다.

정리 8.11 $\bar{X}$와 S^2이 평균이 μ이고, 표준편차가 σ인 정규모집단으로부터 추출된 크기가 n인 확률표본의 평균과 분산이면,

1. $\bar{X}$와 S^2은 독립이다.

2. 확률변수 $\dfrac{(n-1)S^2}{\sigma^2}$은 자유도가 $n - 1$인 카이제곱분포를 따른다.

증명 1번에 대한 증명은 이 교재의 범위를 넘어서므로, $\overline{X}$와 S^2은 독립이라고 가정하고 2번을 증명하도록 한다. 이 장 끝 참고문헌 외에, 연습문제 8.31에 조건부적률생성함수의 아이디어에 기초한 증명을 통해 1번을 증명하기 위한 주요한 과정들이 요약되어 있고, 연습문제 8.30에서는 $n = 2$인 특수한 경우에 $\overline{X}$와 S^2이 독립임을 증명하게 될 것이다.

2번을 증명하기 위해, 연습문제 8.22에서 보이게 될 항등식

$$\sum_{i=1}^{n}(X_i - \mu)^2 = \sum_{i=1}^{n}(X_i - \overline{X})^2 + n(\overline{X} - \mu)^2$$

에서 시작한다. 각 항을 σ^2으로 나누고 $\sum_{i=1}^{n}(X_i - \overline{X})^2$ 대신 $(n-1)S^2$을 대입해주면 다음과 같다.

$$\sum_{i=1}^{n}\left(\frac{X_i - \mu}{\sigma}\right)^2 = \frac{(n-1)S^2}{\sigma^2} + \left(\frac{\overline{X} - \mu}{\sigma/\sqrt{n}}\right)^2$$

세 개의 항을 살펴보자. 정리 8.8로부터 항등식의 좌변은 자유도가 n인 카이제곱분포를 따르는 확률변수임을 안다. 그리고 정리 8.4와 정리 8.7에 따르면 우변의 두 번째 항은 자유도가 1인 카이제곱분포를 따르는 확률변수이다. $\overline{X}$와 S^2은 독립이라고 가정했으므로 우변의 두 항은 독립이고, 정리 8.10과 212쪽 정리 6.8 밑의 첫 번째 정리에 의해 $\frac{(n-1)S^2}{\sigma^2}$은 자유도가 $n-1$인 카이제곱분포를 따른다고 결론 내린다. ■

카이제곱분포는 중요한 응용문제에서 많이 필요하기 때문에 밀도를 적분한 값은 광범위하게 표로 만들어졌다. 표 V는 $\alpha = 0.995, 0.99, 0.975, 0.95, 0.05, 0.025, 0.01, 0.005$이고, $\nu = 1, 2, \cdots, 30$에 해당하는 $\chi^2_{\alpha,\nu}$값들을 포함하고 있다. $\chi^2_{\alpha,\nu}$은 자유도가 ν인 카이제곱곡선(그림 8.1) 아래의 넓이에서, 그 값을 기준으로 오른쪽에 있는 넓이가 α가 되도록 해 주는 값이다. 즉, X가 자유도가 ν인 카이제곱분포를 따르는 확률변수이면 $\chi^2_{\alpha,\nu}$는

$$P(X \geqq \chi^2_{\alpha,\nu}) = \alpha$$

를 만족시키는 값이다. ν가 30보다 크면 표 V의 값들을 사용할 수 없다. 카이제곱분포와 관계된 확률은 보통 연습문제 8.25나 8.28에서와 같이 정규분포를 이용해 근사시킬 수 있다.

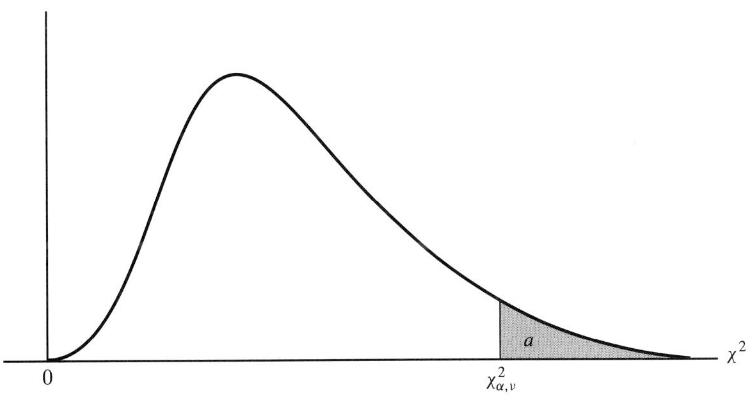

그림 8.1 카이제곱분포.

예제 8.2

반도체에 사용되는 어느 부품의 두께가 반도체의 부피에 중요한 영향을 미치고, 이 제품을 제조하는 과정은 두께의 참변동의 표준편차가 최대 $\sigma = 0.60$(단위: 1/1000 inch)가 되도록 만들어졌다고 하자. 과정을 점검하기 위해 정기적으로 $n = 20$인 확률표본을 추출하여, S^2이 관측된 표본값보다 크거나 같은 값을 가질 확률이 0.01 이하($\sigma = 0.60$이더라도)이면 문제가 생겼다고 판단한다. 이런 확률표본의 표준편차가 $s = 0.84$가 나왔다면 이 과정에 대해 어떤 결론을 내릴 수 있겠는가?

풀이 $n = 20$이고 $\sigma = 0.60$일 때 $\frac{(n-1)S^2}{\sigma^2}$이 $\chi^2_{0.01,19} = 36.191$을 초과할 때 우리는 이 과정에 문제가 있다고 판단하게 된다.

$$\frac{(n-1)s^2}{\sigma^2} = \frac{19(0.84)^2}{(0.60)^2} = 37.24$$

는 36.191을 초과하므로 이 과정은 문제가 있다고 판단된다. 물론 여기서의 표본은 정규모집단으로부터 추출된 확률표본으로 볼 수 있다고 가정한다. ●

8.5 t 분포

정리 8.4에서 우리는 $\bar{X}$가 평균이 μ이고, 분산이 σ^2인 정규분포에서 표본된 표본크기가 n인 확률표본의 평균이라고 할 때, $\bar{X}$의 표본분포는 평균이 μ이고 분산이 $\frac{\sigma^2}{n}$인 정규분포를 따른다는 것을 보였다. 즉,

$$\frac{\bar{X} - \mu}{\sigma/\sqrt{n}}$$

는 표준정규분포를 따른다. 이는 굉장히 중요한 결과지만, 이를 적용하는 데 가장 어려운 점은 실제로 대부분의 경우 우리는 표준편차 σ를 모른다는 것이다. 이런 이유로 우리는 σ를 그것의 추정량으로 대체할 필요가 있으며, 보통 표본표준편차 S를 쓴다. 다음으로 나올 이론은 정규모집단에서 추출된 확률표본의 경우 $\frac{\bar{X} - \mu}{S/\sqrt{n}}$의 정확한 분포를 찾도록 도와준다.

이 표본분포를 유도하기 위해 먼저 조금 더 일반화된 경우에 대해 공부해 보자.

정리 8.12 Y와 Z가 독립확률변수이고, Y는 자유도가 ν인 카이제곱분포를, Z는 표준정규분포를 따르면,

$$T = \frac{Z}{\sqrt{Y/\nu}}$$

의 분포는

$$f(t) = \frac{\Gamma\left(\frac{\nu+1}{2}\right)}{\sqrt{\pi\nu}\,\Gamma\left(\frac{\nu}{2}\right)} \cdot \left(1 + \frac{t^2}{\nu}\right)^{-\frac{\nu+1}{2}} \quad (-\infty < t < \infty\text{일 때})$$

이 되며, 이를 **자유도가 ν인 t 분포** (**t distribution**) 라고 한다.

증명 Y와 Z가 독립이므로 결합확률밀도는 $y > 0$, $-\infty < z < \infty$ 일 때

$$f(y, z) = \frac{1}{\sqrt{2\pi}} e^{-\frac{1}{2}z^2} \cdot \frac{1}{\Gamma\left(\frac{\nu}{2}\right) 2^{\frac{\nu}{2}}} y^{\frac{\nu}{2}-1} e^{-\frac{y}{2}}$$

이고, 그 외의 구간에서는 $f(y, z) = 0$이다. 7.3절의 변수변환기법을 사용하기 위해 $t = \frac{z}{\sqrt{y/\nu}}$ 를 z에 관해 풀면 $z = t\sqrt{y/\nu}$ 가 되므로 $\frac{\partial z}{\partial t} = \sqrt{y/\nu}$ 이다. 그러므로 정리 7.1에 의해 Y와 T의 결합확률밀도는

$$g(y, t) = \begin{cases} \frac{1}{\sqrt{2\pi\nu}\,\Gamma\left(\frac{\nu}{2}\right) 2^{\frac{\nu}{2}}} y^{\frac{\nu-1}{2}} e^{-\frac{y}{2}\left(1+\frac{t^2}{\nu}\right)}, & y > 0\text{과 } -\infty < t < \infty \\ 0 & ,\text{ 그 외} \end{cases}$$

이 되고, 이를 y에 대해 적분하는 것을 쉽게 만들어주기 위해 $w = \frac{y}{2}\left(1 + \frac{t^2}{\nu}\right)$으로 치환한 후 적분해 주면 최종적으로 다음 식을 얻는다.

$$f(t) = \frac{\Gamma\left(\frac{\nu+1}{2}\right)}{\sqrt{\pi\nu}\,\Gamma\left(\frac{\nu}{2}\right)} \cdot \left(1 + \frac{t^2}{\nu}\right)^{-\frac{\nu+1}{2}}, \quad -\infty < t < \infty$$

∎

t 분포는 W. S. Gosset에 의해 소개되었다. 그는 'Student' 라는 이름으로 과학관련 글들을 출판했는데, 이는 그가 일했던 양조장에서 직원들이 글을 출판하는 것을 허용하지 않았기 때문이다. 이에 t 분포는 **스튜던트 t 분포** (**Student t distribution**) 혹은 **스튜던트의 t 분포** (**Student's t distribution**) 로 알려져 있기도 하다. 그림 8.2에 나타났듯이 t 분포는 다른 자유도를 가지고 있으면서 표준정규분포의 모양을 닮았지만, 분산이 더 크다. 실제로 큰 ν의 값이 t 분포는 표준정규분포로 근접한다.

t 분포 역시 매우 중요하기 때문에 표가 만들어졌다. 표 IV은 $\alpha = 0.10, 0.05, 0.025, 0.01, 0.005$이고, $\nu = 1, 2, \cdots, 29$에 해당하는 $t_{\alpha,\nu}$값들로 이루어져 있다. $t_{\alpha,\nu}$는 자유도가 ν인 t 분포의 곡선 (그림 8.3) 아래 넓

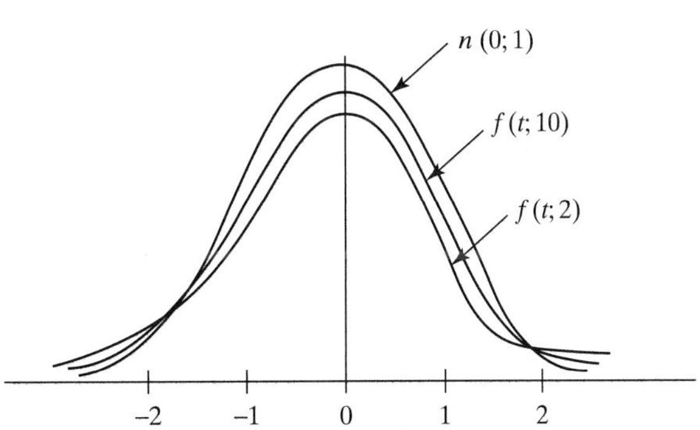

그림 8.2 t 분포와 표준정규분포의 비교.

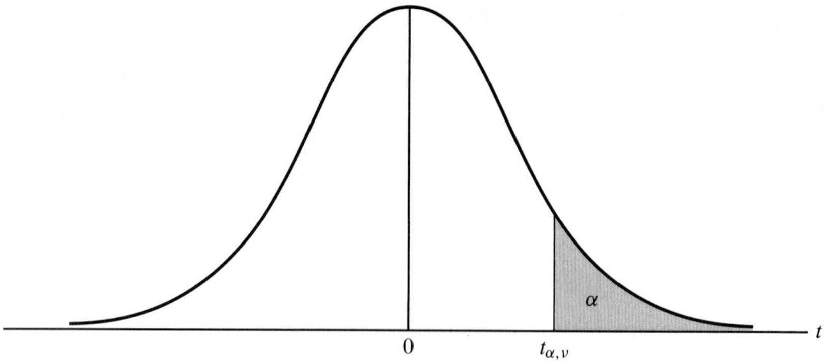

그림 8.3 t 분포.

이 중 그 값을 기준으로 오른쪽에 있는 넓이에서, 그 값을 기준으로 오른쪽에 있는 넓이가 α가 되도록 해주는 값이다. 즉, T가 자유도가 v인 t 분포를 따르는 확률변수이면 $t_{\alpha,v}$는

$$P(T \geqq t_{\alpha,\nu}) = \alpha$$

를 만족시키는 값이다. 밀도가 $t = 0$을 기준으로 대칭이고, $t_{1-\alpha,v} = -t_{\alpha,v}$이기 때문에 $\alpha > 0.50$일 때의 $t_{\alpha,v}$은 표에 나타나 있지 않다. v가 30보다 크면 t 분포와 관계된 확률은 보통 정규분포를 이용해 근사시킬 수 있다(연습문제 8.35).

t 분포의 많은 응용문제들은 11장과 13장에서 다루게 되겠지만, 가장 주요한 응용(이 분포가 만들어진 원래 목적에 해당하는)은 다음 정리에 기초한 것이다.

정리 8.13 $\overline{X}$와 S^2이 평균이 μ이고 분산이 σ^2인 정규모집단으로부터 추출된 크기가 n인 확률표본의 평균과 분산이면,

$$T = \frac{\overline{X} - \mu}{S/\sqrt{n}}$$

는 자유도가 $n - 1$인 t 분포를 따른다.

증명 정리 8.11과 8.4에 의해 확률변수

$$Y = \frac{(n-1)S^2}{\sigma^2} \text{와} \qquad Z = \frac{\overline{X} - \mu}{\sigma/\sqrt{n}}$$

는 각각 자유도가 $n - 1$인 카이제곱분포와 표준정규분포를 따른다. 정리 8.11의 1번에 의해 둘은 독립이므로 정리 8.12의 T 식에 대입해 주면,

$$T = \frac{\dfrac{\overline{X} - \mu}{\sigma/\sqrt{n}}}{\sqrt{S^2/\sigma^2}} = \frac{\overline{X} - \mu}{S/\sqrt{n}}$$

이 되고, 이로써 증명이 완성된다. ∎

예제 8.3

한 시간짜리 시험가동 16번에서 엔진의 휘발유 소비량은 평균이 16.4 gallons, 표준편차가 2.1 gallons이었다. 이 엔진의 평균 휘발유 소비량이 한 시간에 12.0 gallons이라는 주장을 검정하여라.

풀이 정리 8.13의 t에 대한 식에 $n = 16$, $\mu = 12.0$, $\bar{x} = 16.4$, $s = 2.1$을 대입해 주면,

$$t = \frac{\bar{x} - \mu}{s/\sqrt{n}} = \frac{16.4 - 12.0}{2.1/\sqrt{16}} = 8.38$$

이 된다. T가 2.947보다 큰 값을 가지게 될 확률은 $\nu = 15$일 때 표 IV에 의해 0.005이므로, 8보다 큰 값을 갖게 될 확률은 무시할 수 있을 만큼 작다. 그러므로 이 엔진의 참평균 휘발유 소비량은 한 시간에 12.0 gallons 이상이라고 결론짓는 것이 타당하다.

8.6 F 분포

정규모집단에서 표본한 경우에 아주 중요한 역할을 하는 또 하나의 분포가 있는데, 이를 F 분포라고 한다. 이는 지난 세기의 가장 특출한 통계학자들 중 한 명인 Sir Ronald A. Fisher의 이름을 따서 만들어진 명칭이다. 원래부터 이 분포는 카이제곱분포를 따르는 두 개의 독립확률변수들의 비율을 자유도로 나누어 만든 표본분포로 연구되었다. 여기서도 이렇게 보일 것이다.

Fisher의 F 분포는 두 표본 분산의 비율에 대한 통계적 추론을 할 때 사용된다. 일반적으로 이것은 분산분석에서 중요한 역할을 하며, 실험계획에서 사용된다(15장 참조).

정리 8.14 U와 V가 각각 자유도가 ν_1과 ν_2인 카이제곱분포를 따르는 독립확률변수이면,

$$F = \frac{U/\nu_1}{V/\nu_2}$$

는 **F 분포(F distribution)**를 따르는 확률변수이다. 즉, $f > 0$일 때 확률밀도가

$$g(f) = \frac{\Gamma\left(\frac{\nu_1+\nu_2}{2}\right)}{\Gamma\left(\frac{\nu_1}{2}\right)\Gamma\left(\frac{\nu_2}{2}\right)}\left(\frac{\nu_1}{\nu_2}\right)^{\frac{\nu_1}{2}} \cdot f^{\frac{\nu_1}{2}-1}\left(1+\frac{\nu_1}{\nu_2}f\right)^{-\frac{1}{2}(\nu_1+\nu_2)}$$

이고 그 외의 구간에서는 $g(f) = 0$인 확률변수이다.

증명 U와 V의 결합밀도는 $u > 0$, $v > 0$일 때

$$\begin{aligned} f(u, v) &= \frac{1}{2^{\nu_1/2}\Gamma\left(\frac{\nu_1}{2}\right)} \cdot u^{\frac{\nu_1}{2}-1}e^{-\frac{u}{2}} \cdot \frac{1}{2^{\nu_2/2}\Gamma\left(\frac{\nu_2}{2}\right)} \cdot v^{\frac{\nu_2}{2}-1}e^{-\frac{v}{2}} \\ &= \frac{1}{2^{(\nu_1+\nu_2)/2}\Gamma\left(\frac{\nu_1}{2}\right)\Gamma\left(\frac{\nu_2}{2}\right)} \cdot u^{\frac{\nu_1}{2}-1}v^{\frac{\nu_2}{2}-1}e^{-\frac{\mu+v}{2}} \end{aligned}$$

이고, 그 외의 구간에서는 $f(u, v) = 0$이다. 7.3절의 변수변환기법을 쓰기 위해

$$f = \frac{u/\nu_1}{\nu/\nu_2}$$

를 u에 대해 풀어 $u = \frac{\nu_1}{\nu_2} \cdot \nu f$ 가 되므로 $\frac{\partial u}{\partial f} = \frac{\nu_1}{\nu_2} \cdot \nu$가 된다. 그러므로 정리 7.1에 의해 F와 V의 결합밀도는 $f > 0, \nu > 0$일 때

$$g(f, \nu) = \frac{\left(\frac{\nu_1}{\nu_2}\right)^{\nu_1/2}}{2^{(\nu_1+\nu_2)/2}\Gamma\left(\frac{\nu_1}{2}\right)\Gamma\left(\frac{\nu_2}{2}\right)} \cdot f^{\frac{\nu_1}{2}-1} \nu^{\frac{\nu_1+\nu_2}{2}-1} e^{-\frac{\nu}{2}\left(\frac{\nu_1 f}{\nu_2}+1\right)}$$

이고, 그 외의 구간에서는 $g(f, \nu) = 0$이다. ν에 대해 적분하기 위해 $w = \frac{\nu}{2}\left(\frac{\nu_1 f}{\nu_2} + 1\right)$로 치환하고 적분해 주면, $f > 0$일 때

$$g(f) = \frac{\Gamma\left(\frac{\nu_1+\nu_2}{2}\right)}{\Gamma\left(\frac{\nu_1}{2}\right)\Gamma\left(\frac{\nu_2}{2}\right)} \left(\frac{\nu_1}{\nu_2}\right)^{\frac{\nu_1}{2}} \cdot f^{\frac{\nu_1}{2}-1} \left(1 + \frac{\nu_1}{\nu_2} f\right)^{-\frac{1}{2}(\nu_1+\nu_2)}$$

이 되고, 그 외의 구간에서는 $g(f) = 0$이 된다. ■

F 분포 역시 매우 중요하기 때문에 표가 만들어졌다. 표 VI은 예를 들어 $\alpha = 0.05, 0.01$이고, ν_1과 ν_2의 다양한 값에 해당하는 f_{α,ν_1,ν_2}값들로 이루어져 있다. f_{α,ν_1,ν_2}는 자유도가 ν_1과 ν_2인 F 분포의 곡선(그림 8.4) 아래 넓이 중 그 값을 기준으로 오른쪽에 있는 넓이에서, 그 값을 기준으로 오른쪽에 있는 넓이가 α가 되도록 해 주는 값이다. 즉, f_{α,ν_1,ν_2}는

$$P(F \geqq f_{\alpha,\nu_1,\nu_2}) = \alpha$$

를 만족시키는 값이다.

정리 8.14의 응용은 두 정규모집단의 분산 σ_1^2과 σ_2^2를 비교하는 문제에서 필요하다. 예를 들어 $\frac{\sigma_1^2}{\sigma_2^2}$을 추정하고 싶거나 $\sigma_1^2 = \sigma_2^2$를 검정하고 싶을 때 적용된다. 이런 추론은 두 개의 모집단에서 추출된 크기가 n_1, n_2인 **독립확률표본(independent random samples)** 에 기초한다. 그리고 정리 8.11에 따르면,

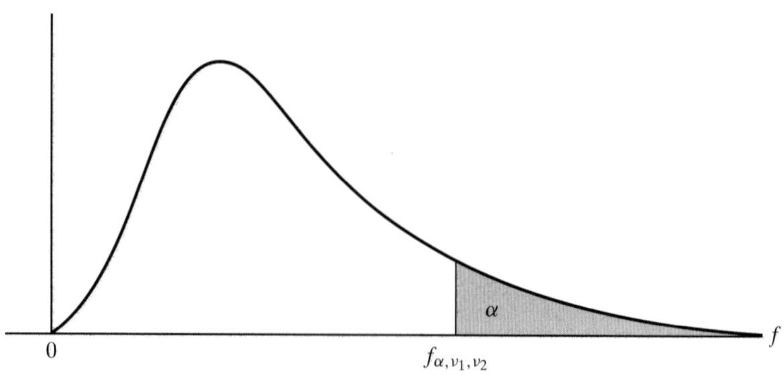

그림 8.4 F 분포.

$$\chi_1^2 = \frac{(n_1 - 1)s_1^2}{\sigma_1^2} \text{와} \qquad \chi_2^2 = \frac{(n_2 - 1)s_2^2}{\sigma_2^2}$$

은 각각 자유도가 $n_1 - 1$, $n_2 - 1$인 카이제곱분포를 따르는 값이다. '독립확률표본'이라 함은, 두 개의 확률표본을 이루는 $n_1 + n_2$개의 확률변수들이 모두 독립이라는 말이다. 두 카이제곱확률변수는 독립이고, 정리 8.14의 식에 U와 V에 해당되는 값을 넣어주면 다음 결과를 얻는다.

정리 8.15 분산이 σ_1^2과 σ_2^2인 정규모집단에서 추출된 크기가 n_1, n_2인 독립확률표본의 분산이 S_1^2과 S_2^2이면,

$$F = \frac{S_1^2/\sigma_1^2}{S_2^2/\sigma_2^2} = \frac{\sigma_2^2 S_1^2}{\sigma_1^2 S_2^2}$$

는 자유도가 $n_1 - 1$, $n_2 - 1$인 F 분포를 따르는 확률변수이다. ■

11장에서는 두 모집단의 분산을 모를 때 $\dfrac{\sigma_1^2}{\sigma_2^2}$를 추정하는 문제에 이 정리를 적용하도록 하겠다. 또 13장에서는 $\sigma_1^2 = \sigma_2^2$를 검정하는 것을 보이도록 하겠다. F 분포에 기초한 다른 검정들은 15장의 분산분석 과정에서 다루어진다. 이런 문제들이 모두 표본분산의 비에 대한 것이기 때문에 F 분포는 **분산비분포(variance-ratio distribution)**라고 알려져 있기도 하다.

연습문제

8.20 정리 8.9를 증명하여라.

8.21 정리 8.10를 증명하여라.

8.22 정리 8.11을 증명할 때 썼던 다음 항등식을 증명하여라.

$$\sum_{i=1}^{n}(X_i - \mu)^2 = \sum_{i=1}^{n}(X_i - \overline{X})^2 + n(\overline{X} - \mu)^2$$

8.23 정리 8.11을 이용하여 분산이 σ^2인 정규모집단으로부터 추출된 크기가 n인 확률표본에 대해 S^2의 표본분포는 평균이 σ^2이고 분산이 $\dfrac{2\sigma^4}{n-1}$임을 보여라. (유한한 2차, 4차 적률을 갖는 임의의 분포로부터 추출된 확률표본에 대해 S^2의 분산의 일반화된 식은 이 장 끝 참고문헌에 나와 있는 H. Cramér의 책에서 찾아볼 수 있다.)

8.24 $X_1, X_2, \cdots, X_n$이 자유도가 $v = 1$인 카이제곱분포를 따르는 독립확률변수이고, $Y_n = X_1 + X_2 + \cdots + X_n$이라고 할 때,

$$Z = \frac{\frac{Y_n}{n} - 1}{\sqrt{2/n}}$$

의 극한분포는 $n \to \infty$ 일 때 표준정규분포임을 보여라.

8.25 연습문제 8.24의 결과를 기반으로 X가 자유도가 ν인 카이제곱분포를 따르는 확률변수이고, ν가 클 때 $\dfrac{X-\nu}{\sqrt{2\nu}}$의 분포는 표준정규분포로 근사시킬 수 있음을 보여라.

8.26 연습문제 8.25의 방법을 이용하여 $\nu = 50$인 카이제곱분포를 따르는 확률변수가 68.0보다 큰 값을 가지게 될 확률의 근삿값을 구하여라.

8.27 X의 범위가 모든 양의 실수로 이루어진 집합이라고 하면, $k > 0$일 때 $\sqrt{2X} - \sqrt{2\nu}$가 k보다 작은 값을 가지게 될 확률과 $\dfrac{X-\nu}{\sqrt{2\nu}}$가 $k + \dfrac{k^2}{2\sqrt{2\nu}}$보다 작은 값을 가지게 될 확률이 같다는 것을 보여라.

8.28 연습문제 8.25와 8.27의 결과를 이용하여 X가 자유도가 ν인 카이제곱분포를 따르는 확률변수이면 ν가 클 때 $\sqrt{2X} - \sqrt{2\nu}$의 분포를 표준정규분포로 근사시킬 수 있음을 보여라. 또, 이 근사 방법을 이용하여 연습문제 8.26을 다시 풀어라.

8.29 실제 확률값이 0.04596 (소수 다섯 째 자리까지) 이라고 주어졌을 때, 연습문제 8.26과 8.28에서 이용된 근사의 백분율오차를 구하여라.

8.30 ($n = 2$일 때 $\bar{X}$와 S^2의 독립성에 대한 증명) X_1과 X_2가 표준정규분포를 따르는 독립확률변수라고 할 때, 다음을 증명하여라.

(a) X_1과 $\bar{X}$의 결합밀도는 $-\infty < x_1 < \infty$이고 $-\infty < \bar{x} < \infty$일 때,

$$f(x_1, \bar{x}) = \frac{1}{\pi} \cdot e^{-\bar{x}^2} e^{-(x_1-\bar{x})^2}$$

와 같다.

(b) $f(x_1, \bar{x})$는 고정된 값 $\bar{x}$에 대해 대칭이므로, $u > 0$이고 $-\infty < \bar{x} < \infty$일 때 $U = |X_1 - \bar{X}|$와 $\bar{X}$의 결합밀도는

$$g(u, \bar{x}) = \frac{2}{\pi} \cdot e^{-(\bar{x}^2+u^2)}$$

이다.

(c) $S^2 = 2(X_1 - \bar{X})^2 = 2U^2$이다.

(d) $\bar{X}$와 S^2의 결합밀도는 $s^2 > 0$이고 $-\infty < \bar{x} < \infty$일 때,

$$h(s^2, \bar{x}) = \frac{1}{\sqrt{\pi}} e^{-\bar{x}^2} \cdot \frac{1}{\sqrt{2\pi}} (s^2)^{-\frac{1}{2}} e^{-\frac{1}{2}s^2}$$

이기 때문에 $\bar{X}$와 S^2은 독립이다.

8.31 ($\bar{X}$와 S^2의 독립성에 대한 증명) $X_1, X_2, \cdots, X_n$이 평균이 μ이고 분산이 σ^2인 정규모집단으로부터 추출된 확률표본이라고 했을 때,

(a) $X_2 = x_2, X_3 = x_3, \cdots, X_n = x_n$이 주어졌을 때 X_1의 조건부밀도를 구하고, $X_1 = n\bar{X} - X_2 - \cdots - X_n$으로 두고 변환기법을 이용하여 $X_2 = x_2, X_3 = x_3, \cdots, X_n = x_n$이 주어졌을 때 $\bar{X}$의 조건부밀도를 구하여라.

(b) (a)에서 구한 $\bar{X}$의 조건부밀도를 $X_2, X_3, \cdots, X_n$의 결합밀도와 곱함으로써 $\bar{X}, X_2, X_3, \cdots, X_n$의 결합밀도를 구하고, $-\infty < x_i < \infty$일 때 다음과 같음을 보여라.

$$g(x_2, x_3, \ldots, x_n|\bar{x}) = \sqrt{n}\left(\frac{1}{\sigma\sqrt{2\pi}}\right)^{n-1} e^{-\frac{(n-1)s^2}{2\sigma^2}}$$

$(i = 2, 3, \cdots, n)$

(c) $\bar{X} = \bar{x}$가 주어졌을 때 $\dfrac{(n-1)S^2}{\sigma^2}$의 조건부 적률생성함수는

$$E\left[e^{\frac{(n-1)S^2}{\sigma^2}\cdot t}\middle|\bar{x}\right] = (1-2t)^{-\frac{n-1}{2}} \qquad t < \frac{1}{2}$$

와 같음을 보여라. 위 결과는 $\bar{x}$에 의존하지 않음으로 $\bar{X}$와 S^2은 독립이 된다. 그리고 이것으로 $\dfrac{(n-1)S^2}{\sigma^2}$가 자유도가 $n-1$인 카이제곱분포를 따른다는 것도 알 수 있다.

이에 대한 증명은 이 장 끝 참고문헌 (J. Shuster) 에 나와 있다.

8.32 정리 7.2에 기초한 변환기법을 이용하여 정리 8.12의 증명을 다시 하여라.

(힌트: $t = \dfrac{z}{\sqrt{y/\nu}}$, $u = y$로 두어라.)

8.33 $\nu > 2$일 때 자유도가 ν인 t 분포의 분산이 $\dfrac{\nu}{\nu-2}$ 임을 보여라 (힌트: $1 + \dfrac{t^2}{\nu} = \dfrac{1}{u}$ 을 대입하여라).

8.34 자유도가 $\nu > 4$인 t 분포에 대해 다음을 보여라.

(a) $\mu_4 = \dfrac{3\nu^2}{(\nu-2)(\nu-4)}$

(b) $\alpha_4 = 3 + \dfrac{6}{\nu-4}$

(힌트: $1 + \dfrac{t^2}{\nu} = \dfrac{1}{u}$ 을 대입하여라.)

8.35 연습문제 1.6의 스털링의 공식을 이용하여 $\nu \to \infty$ 면 t 분포는 표준정규분포로 접근한다는 것을 보여라.

8.36 자유도 $\nu = 1$인 t 분포를 무엇이라고 하는가?

8.37 정리 7.2에 기초한 변환기법을 사용하여 정리 8.14의 증명을 다시 하여라.

(힌트: $f = \dfrac{u/\nu_1}{v/\nu_2}$ 그리고 $w = v$로 두어라.)

8.38 $\nu_2 > 2$일 때 정리 8.14의 F에 대한 정의와 자유도가 ν_2인 카이제곱분포를 따르는 확률변수 V에 대해 $E\left(\dfrac{1}{V}\right) = \dfrac{1}{\nu_2 - 2}$ 이라는 사실을 이용하여 F 분포의 평균이 $\dfrac{\nu_2}{\nu_2-2}$ 임을 보여라.

8.39 X가 자유도가 ν_1, ν_2인 F 분포를 따르고 $\nu_2 \to \infty$ 면, $Y = \nu_1 X$의 분포는 자유도가 ν_1인 카이제곱분포로 접근한다는 것을 증명하여라.

8.40 T가 자유도가 ν인 t 분포를 따르면 $X = T^2$은 자유도가 $\nu_1 = 1$이고 $\nu_2 = \nu$인 F 분포를 따른다는 것을 증명하여라.

8.41 X가 자유도가 ν_1, ν_2인 F 분포를 따른다고 할 때, $Y = \dfrac{1}{X}$는 자유도가 ν_2, ν_1인 F 분포를 따른다는 것을 보여라.

8.42 연습문제 8.41의 결과를 이용하여 다음을 보여라.

$$f_{1-\alpha,\nu_1,\nu_2} = \frac{1}{f_{\alpha,\nu_2,\nu_1}}$$

8.43 Y가 $\alpha = \frac{\nu_1}{2}, \beta = \frac{\nu_2}{2}$인 베타분포를 따른다고 했을 때,

$$X = \frac{\nu_2 Y}{\nu_1(1-Y)}$$

는 자유도가 ν_1, ν_2인 F 분포를 따른다는 것을 증명하여라.

8.44 자유도가 4와 4인 F 분포는

$$g(f) = \begin{cases} 6f(1+f)^{-4}, & f > 0 \\ 0 & , \text{그 외} \end{cases}$$

인 것을 보이고, 이 밀도를 이용하여 분산이 같은 정규모집단으로부터 추출된 $n = 5$인 독립확률표본의 S_1^2/S_2^2이 $\frac{1}{2}$보다 작거나 2보다 큰 값을 가지게 될 확률을 구하여라.

8.7 순서통계량

이 장에서 여기까지 나타난 표집분포는 표본이 추출된 모집단이 정규분포를 따른다는 가정을 가지고 있다. 이 가정은 최소한 대표본에 대해서는 중심극한정리에 의해서 설명된 것처럼 종종 만족한다. 그러나 예를 들어 통계적 품질관리 또는 측정하고 얻는 표본이 매우 비싼 경우에는 소표본을 사용해야만 한다. 이러한 정규분포의 가정이 합리적이지 않은 경우에서, 소표본의 문제를 다루기 위한 노력으로 표집분포가 표본이 추출된 모집단의 분포에 의존하지 않는 **비모수통계량(nonparametric statistics)**을 발전시키고 있다. 이러한 통계량에 기초한 통계적 추론은 **비모수적(nonparametrid)** 추론이라고 하고 16장에서 다룰 것이다. 여기에서는 **순서통계량(order statistics)**이라고 하는 비모수통계량의 한 부분을 정의하고 이것의 통계적 특성을 살펴볼 것이다.

연속밀도를 갖는 무한모집단으로부터 추출된 크기가 n인 확률표본이 있는데, $X_1, X_2, \cdots, X_n$의 값들을 크기 순으로 나열했다고 하자. x 중 가장 작은 값을 확률변수 Y_1이라고 하고, 다음으로 오는 수를 확률변수 Y_2, 그 다음으로 오는 수를 $Y_3, \cdots$, 가장 큰 값을 확률변수 Y_n이라고 하면, 이들 Y들을 가리켜 **순서통계량(order statistics)** 이라고 한다. Y_1은 첫 번째 순서통계량, Y_2는 두 번째 순서통계량, Y_3은 세 번째 순서통계량, …으로 불린다. (어느 두 개의 x도 같은 값일 확률이 영이 되도록 연속밀도를 갖는 무한모집단인 경우에 대해서만 논하겠다.)

좀 더 명시적으로 보이기 위해 $n = 2$인 경우를 생각해 보자. X값과 Y값의 관계는 다음과 같다.

$$y_1 = x_1 \text{와} \quad y_2 = x_2 \text{ 일 때} \quad x_1 < x_2$$
$$y_1 = x_2 \text{와} \quad y_2 = x_1 \text{ 일 때} \quad x_2 < x_1$$

이와 비슷하게 $n=3$일 때 두 개의 확률변수들에 해당하는 값 사이의 관계는

$$y_1 = x_1,\quad y_2 = x_2,\quad y_3 = x_3 \text{일 때} \quad x_1 < x_2 < x_3$$
$$y_1 = x_1,\quad y_2 = x_3,\quad y_3 = x_2 \text{일 때} \quad x_1 < x_3 < x_2$$
$$\cdots\cdots\cdots\cdots\cdots\cdots\cdots\cdots$$
$$y_1 = x_3,\quad y_2 = x_2,\quad y_3 = x_1 \text{일 때} \quad x_3 < x_2 < x_1$$

이다.

이제 r번째 순서통계량 $(r = 1, 2, \cdots, n)$의 확률밀도를 구하는 공식을 유도해 보자.

정리 8.16 x에서 $f(x)$인 무한모집단으로부터 추출한 크기 n의 확률표본에 대해, r번째 순서통계량 Y_r의 확률밀도는 $-\infty < y_r < \infty$ 일 때,

$$g_r(y_r) = \frac{n!}{(r-1)!(n-r)!}\left[\int_{-\infty}^{y_r} f(x)\,dx\right]^{r-1} f(y_r)\left[\int_{y_r}^{\infty} f(x)\,dx\right]^{n-r}$$

가 된다.

증명 실수로 이루어진 축을 세 구간으로 나누었다고 하자. 첫 번째 구간은 $-\infty$에서 y_r, 두 번째 구간은 y_r에서 $y_r + h$ (h는 양의 상수), 세 번째 구간은 $y_r + h$에서 ∞이다. 우리가 표본하는 모집단이 x에서 $f(x)$값을 갖기 때문에, 표본의 값 중 $r-1$개가 첫 번째 구간에, 하나는 두 번째 구간에, 그리고 나머지 $n-r$개는 세 번째 구간에 떨어지게 될 확률은 다항분포의 식에 의해

$$\frac{n!}{(r-1)!1!(n-r)!}\left[\int_{-\infty}^{y_r} f(x)\,dx\right]^{r-1}\left[\int_{y_r}^{y_r+h} f(x)\,dx\right]\left[\int_{y_r+h}^{\infty} f(x)\,dx\right]^{n-r}$$

이 된다. 미적분학에 나온 평균의 법칙을 이용하면

$$\int_{y_r}^{y_r+h} f(x)\,dx = f(\xi)\cdot h \qquad \text{여기서 } y_r \leqq \xi \leqq y_r + h$$

이 되고, $h \to 0$면 최종적으로 $-\infty < y_r < \infty$ 일 때,

$$g_r(y_r) = \frac{n!}{(r-1)!(n-r)!}\left[\int_{-\infty}^{y_r} f(x)\,dx\right]^{r-1} f(y_r)\left[\int_{y_r}^{\infty} f(x)\,dx\right]^{n-r}$$

인 r번째 순서통계량의 확률밀도를 얻는다. ■

크기가 n인 확률표본에서 가장 작은 수인 Y_1의 표본분포는

$$g_1(y_1) = n\cdot f(y_1)\left[\int_{y_1}^{\infty} f(x)\,dx\right]^{n-1},\quad -\infty < y_1 < \infty$$

이고, 크기가 n인 확률표본에서 가장 큰 수인 Y_n의 표본분포는

$$g_n(y_n) = n\cdot f(y_n)\left[\int_{-\infty}^{y_n} f(x)\,dx\right]^{n-1},\quad -\infty < y_n < \infty$$

이다. 또한 크기가 $n = 2m + 1$인 확률표본에서 **표본중위수(sample median)** $\tilde{X}$는 Y_{m+1}이며, 이에 해당하는 표본분포는 다음과 같다.

$$h(\tilde{x}) = \frac{(2m+1)!}{m!m!}\left[\int_{-\infty}^{\tilde{x}} f(x)\,dx\right]^m f(\tilde{x})\left[\int_{\tilde{x}}^{\infty} f(x)\,dx\right]^m$$

[크기가 $n = 2m$인 확률표본의 중위수는 $\frac{1}{2}(Y_m + Y_{m+1})$로 정의된다.]

여러 순서통계량의 밀도를 구하기 위한 적분이 가능할 때도 있지만, 다른 모집단에 대해서는 그럴 수 없기 때문에 수치적 방법을 쓸 수 밖에 없다.

예제 8.4

모수가 θ인 지수분포로부터 추출된 크기가 n인 확률표본에서 Y_1과 Y_n의 표본분포는

$$g_1(y_1) = \begin{cases} \frac{n}{\theta} \cdot e^{-ny_1/\theta}, & y_1 > 0 \\ 0 & \text{, 그 외} \end{cases}$$

이고

$$g_n(y_n) = \begin{cases} \frac{n}{\theta} \cdot e^{-y_n/\theta}[1 - e^{-y_n/\theta}]^{n-1}, & y_n > 0 \\ 0 & \text{, 그 외} \end{cases}$$

임을 보여라. 그리고 이러한 모집단으로부터 추출된 크기가 $n = 2m + 1$인 확률표본에서 중 위수의 표본분포는 다음과 같다는 것을 보여라.

$$h(\tilde{x}) = \begin{cases} \frac{(2m+1)!}{m!m!\theta} \cdot e^{-\tilde{x}(m+1)/\theta}[1 - e^{-\tilde{x}/\theta}]^m, & \tilde{x} > 0 \\ 0 & \text{, 그 외} \end{cases}$$

풀이 이 과정에서 필요한 적분은 간단하기 때문에 독자들에게 남겨두겠다(연습문제 8.45).

다음은 중위수의 표본분포에 대한 하나의 흥미로운 결과이다. 이는 모집단의 밀도가 연속이고, **모집단 중위수(population median)**, 즉 ($\int_{-\infty}^{\tilde{\mu}} f(x)\,dx = \frac{1}{2}$)인 $\tilde{\mu}$가 0이 아닐 때 성립한다.

정리 8.17 n이 클 때 크기가 $2n + 1$인 확률표본의 중위값에 대한 표본분포는 근사적으로 평균이 $\tilde{\mu}$이고 분산이 $\frac{1}{8[f(\tilde{\mu})]^2 n}$인 정규분포를 따른다.

이에 대한 증명은 290쪽의 참고문헌에서 찾아 볼 수 있다. 정규분포로부터 추출된 크기가 $2n + 1$인 확률표본에서는 $\mu = \tilde{\mu}$이므로,

$$f(\tilde{\mu}) = f(\mu) = \frac{1}{\sigma\sqrt{2\pi}}$$

이 되고, 중위수의 분산은 근사적으로 $\frac{\pi\sigma^2}{4n}$ 이 된다. 이를 평균의 분산(무한모집단에서 추출된 크기가 $2n+1$인 확률표본의 경우 $\frac{\sigma^2}{2n+1}$)과 비교하면, 정규모집단으로부터 추출된 확률표본의 크기가 클수록 중위수보다 평균의 **신뢰성이 더 높다(more reliable)**는 것을 알 수 있다. 즉, 평균이 우연한 변동에 영향을 받는 정도가 중위수보다 적다.

연습문제

8.45 지수모집단으로부터 추출된 확률표본에 대한 Y_1과 Y_n, 그리고 $\tilde{X}$의 표본분포가 예제 8.4의 결과와 같음을 보여라.

8.46 $\alpha = 0, \beta = 1$인 연속균등모집단으로부터 추출된 크기가 n인 확률표본에서 Y_1과 Y_n의 표본분포를 구하여라.

8.47 연습문제 8.46의 모집단으로부터 추출된 크기가 $2m+1$인 확률표본에서 중위수의 표본분포를 구하여라.

8.48 연습문제 8.46의 모집단으로부터 추출된 크기가 n인 확률표본에서 Y_1의 표본분포에 대한 평균과 분산을 구하여라.

8.49 $\alpha = 3, \beta = 2$인 베타분포를 따르는 모집단으로부터 추출된 크기가 n인 확률표본에서 Y_1과 Y_n의 표본분포를 구하여라.

8.50 연습문제 8.49의 모집단으로부터 추출된 크기가 $2m+1$인 확률표본에서 중위수의 표본분포를 구하여라.

8.51 다음의 모집단으로부터 $n = 2$인 확률표본을 추출했을 때, Y_1의 표본분포를 구하여라.

(a) 양의 정수 중 1, 2, 3, 4, 5로 이루어져 있는 유한모집단으로부터 비복원추출

(b) (a)와 같은 모집단으로부터 복원추출

(힌트: 모든 경우의 수를 열거하여라.)

8.52 정리 8.16의 증명에서 사용한 방법을 이용하여 Y_1과 Y_n의 결합밀도가,

$$g(y_1, y_n) = n(n-1)f(y_1)f(y_n)\left[\int_{y_1}^{y_n} f(x)\,dx\right]^{n-2}, \quad -\infty < y_1 < y_n < \infty$$

와 같고, 그 외의 구간에서는 $g(y_1, y_n) = 0$임을 보여라.

(a) 이 결과를 이용하여 지수모집단으로부터 추출된 크기가 n인 확률표본에 대해 Y_1과 Y_n의 결합밀도를 구하여라.

(b) 이 결과를 이용하여 연습문제 8.46의 모집단에 대해 Y_1과 Y_n의 결합밀도를 구하여라.

8.53 연습문제 8.52의 (b)를 참고하여 Y_1과 Y_n의 공분산을 구하여라.

8.54 연습문제 8.52에 제시된 Y_1과 Y_n의 결합밀도를 구하는 식과 7.4절에서 소개된 변환기법을 이용하여, Y_1과 **표본범위(sample range)** $R = Y_n - Y_1$의 결합밀도를 나타내는 식을 구하여라.

8.55 연습문제 8.54의 결과와 연습문제 8.52의 (a)를 이용하여 지수모집단으로부터 추출된 크기가 n인 확률표본에

대한 R의 표본분포를 구하여라.

8.56 연습문제 8.54의 결과를 이용하여 연습문제 8.46에 제시된 연속균등모집단으로부터 추출된 크기가 n인 확률표본에 대한 R의 표본분포를 구하여라.

8.57 연습문제 8.56의 결과를 이용하여 연습문제 8.46에 제시된 연속균등모집단으로부터 추출된 크기가 n인 확률표본에 대한 R의 표본분포의 평균과 분산을 구하여라.

8.58 산업 응용문제에서는 종종 특정 구간 안에 속하는 모집단의 비율에 관심을 갖게 된다. 이러한 구간을 **허용한계(tolerance limits)**라고 한다. 다음은 크기가 n인 확률표본에서 가장 작은 값과 가장 큰 값 사이에 놓인 모집단(연속밀도를 갖는)의 비율을 나타내는 통계량 P에 대한 표본분포를 유도하는 과정이다.

(a) 연습문제 8.52에서 제시된 Y_1과 Y_n의 결합밀도를 구하는 식과 7.4절에서 다루어진 변환기법을 이용하여 Y_1과

$$p = \int_{y_1}^{y_n} f(x)\,dx$$

로 주어진 P의 결합밀도는

$$h(y_1, p) = n(n-1)f(y_1)p^{n-2}$$

임을 보여라.

(b) (a)의 결과와 7.4절에서 다루어진 변환기법을 이용하여 P와 W,

$$w = \int_{-\infty}^{y_1} f(x)\,dx$$

의 결합밀도는 $w > 0, p > 0, w + p < 1$일 때

$$\varphi(w, p) = n(n-1)p^{n-2}$$

이고 그 외의 구간에서는 $\varphi(w, p) = 0$임을 보여라.

(c) (b)의 결과를 이용하여 P의 주변밀도가 다음과 같음을 보여라.

$$g(p) = \begin{cases} n(n-1)p^{n-2}(1-p), & 0 < p < 1 \\ 0 & , \text{그 외} \end{cases}$$

위 식이 우리가 찾고자 한 크기가 n인 확률표본에서 가장 작은 값과 가장 큰 값 사이에 놓인 모집단의 비율에 대한 밀도이며, 여기서 관심 있게 봐야 할 부분은 모집단의 분포에 의존하지 않는 형태라는 점이다.

8.59 연습문제 8.58의 결과를 이용하여 정의된 확률변수 P에 대해

$$E(P) = \frac{n-1}{n+1} \text{ 와 } \quad \text{var}(P) = \frac{2(n-1)}{(n+1)^2(n+2)}$$

임을 보여라. 이 결과를 통해 n이 클 때 P의 분포에 대해 어떤 결론을 내릴 수 있을까?

8.8 실제 예

확률표본에 대한 추가 설명

실제로 순수 확률표본을 뽑는 것이 불가능하기 때문에 그 표본이 뽑힌 모집단의 성격을 대표할 수 있을 정도로 임의성을 갖게 만들어주는 몇 가지 방법이 있다. 한 생산라인으로부터 표본을 뽑을 시에는 **계통표본**(*systematic sampling*)을 이용하여 동일하게 배분된 시간마다, 또는 일정한 개수마다 하나를 선택할 수 있다. 어떤 창고에 있는 제품들로부터 확률표본을 뽑고자 할 때에는 **이단계표본 과정**(*two-stage sampling process*)을 이용하여 컨테이너마다 번호를 붙인 뒤, 컴퓨터 등으로 난수를 발생시켜 임의로 컨테이너를 선택하게끔 할 수 있다. 이외에도 기계나 컴퓨터를 이용하여 난수를 발생시키는 다양한 방법이 있어 확률표본을 선택하는 데 도움을 준다.

랜덤이라고 불리는 표본을 고를 때는 독창성이 요구되기도 하지만, 관리 또한 요구된다. 관리는 어떤 구체적인 분포만을 대표할 수 있는 표본이 뽑히도록 해 준다. 그러므로 생산라인의 전체를 대표하는 제품의 표본을 뽑기 위해서는, 표본을 첫 번째 시간대에서만 뽑아서는 안 된다. 관리는 관측값들의 독립성을 보장해 주기 위해 반드시 필요하다. 그러므로 생산라인의 표본은 비슷한 시간대에 생산된 제품 뭉치에서 모두 뽑아서는 안된다. 만약 그렇게 하게 되면 같은 조건과 환경에서 뽑힌 것들이기 때문에 서로 밀접한 관련이 있을 수밖에 없기 때문이다. 표본을 고를 때 사람의 주관, 보통 무의식적인 개인의 편견이 들어가는데 이는 지향되어야 한다. 가급적이면 개인의 취향이나 성향을 내포하는 방법들보다는 기계와 같이 도구를 통해 얻어낸 랜덤 숫자들을 이용하는 것이 좋다.

정규성 가정

관측값을 구하고 기록하는 과정에서 오차가 생길 것이라고 기대하는 것은 흔히 있는 일이다. 이 현상은 19세기 초반에 별의 위치를 확인하는 과정에서 관측자들에 따라 다른 결과를 얻은 것을 발견한 천문학자들에 의해 설명되었다.

관측오차는 **확률오차(random error)** 또는 통계적 오차와 **편의(bias)**에서 생길 수 있다. 확률오차는 측정할 때 발생하는 결함에 의한 것이다. 이러한 결함으로는 눈금자 표기가 부정확했다거나, 시차에 의한 오차(기계 설치 시 생기는 오차)가 생겼다거나, 환경에 의해 실험재료가 변질되었을 경우 등이 있다. 편의는 예를 들어 설문과정에서 대표성을 잘 띠지 않는 표본을 구했다든가 잘못 만들어진 기계를 사용했을 경우와 같이 상대적으로 일치적인 오차가 있을 경우, 그리고 잘못 기록했을 경우에 발생한다.

편의를 동반한 오차는 오차를 생기게 한 원인을 제거하고, 적절하게 수정하여 편의를 없앨 수 있다. 하지만 사람은 완벽하지 않기 때문에 확률오차는 우리가 감수해야 하는 부분이다. 하지만 알려져 있는지 여부와는 관계없이, 확률오차는 가법이라고 가정하자. 근사가 잘 된 경우에는 실제로 이 가정이 성립하는 것이 일반적이다. 그러면 우리는 다음과 같이 쓸 수 있다.

$$X = \mu + E_1 + E_2 + \cdots + E_n$$

여기서 확률변수 X는 관측된 값이고, μ는 그 관측값의 참값이며, E_i는 관측값에 영향을 미치는 n개의 확률오차이다. 다음과 같이 추정할 수 있다.

$$E(X) = \mu + E(E_1) + E(E_2) + \cdots + E(E_n) = \mu$$

즉, 확률오차의 평균이 0이라고 가정하는 것과 같다. 장기적인 관점에서는 더욱 그렇다고 할 수 있다. 또 우리는 다음과 같이 표현할 수 있겠다.

$$\text{var}(X) = (\mu + E_1 + E_2 + \cdots + E_n) = n\sigma^2$$

즉, 확률오차를 모두 합한 것의 분산은 $n\sigma^2$이 된다.

결국 $\bar{X} = \mu + \bar{E}$와 $\sigma_{\bar{X}}^2 = \sigma^2/n$이 된다. 여기서 $\bar{E}$는 오차들 즉, $E_1, E_2, \cdots, E_n$의 표본평균이다. 정리 8.3의 중심극한정리를 이용하면,

$$Z = \frac{\overline{X} - \mu}{\sigma \sqrt{n}}$$

가 $n \to \infty$ 일 때 표준정규분포를 따르는 확률변수가 된다는 결론을 얻는다.

우리는 위로부터 대부분 같은 현상에 대한 반복측정의 경우, 근사적으로 정규분포를 따르게 된다는 것을 알 수 있다. 이 결론으로 우리는 카이제곱 분포, t 분포, F 분포의 자료가 정규분포를 따르는 모집단으로부터 뽑힌 것이라는 가정하의 응용문제에 있어 얼마나 중요한지를 알 수 있다. 이는 또한 정규분포가 왜 통계학에서 그렇게 중요하게 다루어지는지를 보여 주기도 한다.

8.1~8.3절

응용문제

다음 연습문제들은 특별히 지정되어 있지 않으면, 반복 없이 추출되었다고 가정한다.

8.60 다음과 같은 유한모집단의 경우, 표본의 크기가 $n = 3$인 표본을 몇 개 추출할 수 있는가?

(a) $N = 12$

(b) $N = 20$

(c) $N = 50$

8.61 다음의 경우에 각 표본이 뽑힐 확률을 구하여라.

(a) $N = 12$인 유한모집단으로부터 $n = 4$인 확률표본을 뽑을 경우

(b) $N = 22$인 유한모집단으로부터 $n = 5$인 확률표본을 뽑을 경우

8.62 $N = 50$인 유한모집단으로부터 $n = 3$인 확률표본을 뽑는다면 모집단의 어느 특정한 원소가 표본에 포함될 확률은 무엇인가?

8.63 무한모집단으로부터 추출된 확률표본의 경우, 표본의 크기가 다음과 같이 변할 때 평균의 표준오차는 어떻게 되는가?

(a) 30에서 120으로 증가

(b) 80에서 180으로 증가

(c) 450에서 50으로 감소

(d) 250에서 40으로 감소

8.64 다음의 경우에 대해 유한모집단 수정계수 $\frac{N-n}{N-1}$을 구하여라.

(a) $n = 5, N = 200$

(b) $n = 50, N = 300$

(c) $n = 200, N = 800$

8.65 평균이 $\mu = 75$이고, 분산이 $\sigma^2 = 256$인 무한모집단으로부터 $n = 100$인 확률표본이 추출되었다.

(a) 체비셰프의 정리에 따르면 얼마의 확률로 $\bar{X}$가 67과 83 사이의 값을 갖게 될 것이라고 주장할 수 있는가?

(b) 중심극한정리에 따르면 얼마의 확률로 $\bar{X}$가 67과 83 사이의 값을 갖게 될 것이라고 주장할 수 있는가?

8.66 평균이 $\mu = 128$이고, 표준편차가 $\sigma = 6.3$인 무한모집단으로부터 $n = 81$인 확률표본이 추출되었다. 아래 두 가지 정리를 이용했을 때 각각의 경우 얼마의 확률로 $\bar{X}$가 126.6과 129.4 사이의 값을 갖게 될 것이라고 주장할 수 있는가?

(a) 체비셰프의 정리

(b) 중심극한정리

8.67 모집단이 무한모집단이 아닌 유한모집단이고 그 크기가 $N = 400$일 때, 응용문제 8.66의 (b)를 다시 구하여라.

8.68 $n = 225$인 확률표본을 $\theta = 4$인 지수분포를 따르는 모집단으로부터 추출할 것이다. 중심극한정리에 따르면 표본의 평균이 4.5를 초과할 확률은 얼마인가?

8.69 $n = 200$인 확률표본을 $\alpha = 24, \beta = 48$인 균등분포를 따르는 모집단으로부터 추출할 것이다. 중심극한정리에 따르면 표본의 평균이 35보다 작을 확률은 얼마인가?

8.70 $\mu = 51.4, \sigma = 6.8$인 정규분포를 따르는 모집단으로부터 표본의 크기가 64인 확률표본을 추출하였다. 표본의 평균이 다음과 같을 경우가 될 확률을 구하여라.

(a) 52.9를 초과할 경우

(b) 50.5와 52.3 사이가 될 경우

(c) 50.6보다 작을 경우

8.71 $\sigma = 25$인 정규분포를 따르는 모집단으로부터 표본의 크기가 100인 확률표본을 추출하였다. 표본의 평균이 모집단의 평균과 3 이상 차이가 날 확률은 얼마인가?

8.72 평균은 같지만 표준편차가 $\sigma_1 = 20, \sigma_2 = 30$인 두 개의 모집단으로부터 각각 표본의 크기가 400인 독립확률표본을 추출하였다. 체비셰프의 정리와 연습문제 8.2의 결과를 이용하여 $\bar{X}_1 - \bar{X}_2$의 값의 범위는 어떠할 것이라고 최소 99% 이상의 확률로 주장할 수 있는가? ("독립"이라는 말은 표본이 연습문제 8.2에 나와 있는 조건들을 만족시킨다는 것을 의미한다.)

8.73 응용문제 8.72의 두 개의 모집단이 정규분포를 따른다고 가정할 때, 연습문제 8.3의 결과를 이용하여 다음 식을 만족시키는 k를 찾아라.

$$P(-k < \bar{X}_1 - \bar{X}_2 < k) = 0.99$$

8.74 평균이 $\mu_1 = 78, \mu_2 = 75$이고, 분산이 $\sigma_1^2 = 150, \sigma_2^2 = 200$인 두 개의 정규모집단으로부터 크기가 $n_1 = 30, n_2 = 50$인 독립확률표본이 추출되었다. 연습문제 8.3의 결과를 이용하여 첫 번째 표본의 평균이 두 번째 표본의

평균보다 4.8 이상 크게 될 확률을 구하여라.

8.75 도시에서 집을 소유하고 있는 가족의 실제 비율은 0.70이다. 84 가족을 임의로 선정해 집을 소유하고 있는지의 여부를 물었을 때, 그들의 응답을 $\theta = 0.70$인 베르누이 분포를 따르는 독립확률변수라고 한다. 표본비율 $\hat{\Theta}$이 0.64와 0.76 사이의 값을 가지게 될 확률은 얼마인가? 연습문제 8.4와

(a) 체비셰프의 정리를 이용하면 확률은?

(b) 중심극한정리를 이용하면 확률은?

8.76 어떤 세금 제안서에 동의하는 남자의 실제비율은 0.40이고, 여성의 경우에는 실제비율이 0.25이다. 임의로 남자 $n_1 = 500$명, 여자 $n_2 = 400$명에게 물었을 때, 그들의 응답을 각각 $\theta_1 = 0.40$, $\theta_2 = 0.25$인 베르누이 분포를 따르는 독립확률변수라고 한다. 체비셰프의 정리에 따르면 두 표본의 비율의 차 $\hat{\Theta}_1 - \hat{\Theta}_2$의 값은 얼마인지 0.9375 이상의 확률로 얘기할 수 있는가? 연습문제 8.5의 결과를 이용하여라.

8.4~8.6절

(응용문제 8.78부터 8.83은 표 IV, V, VI를 이용하여라.)

8.77 적합한 카이제곱밀도를 적분하여 $\sigma^2 = 25$인 정규모집단으로부터 추출된 크기가 5인 확률표본의 분산이 20에서 30 사이가 될 확률을 구하여라.

8.78 정규모집단의 분산은 $\sigma^2 = 25$라는 주장은 크기가 16인 확률표본의 분산이 54.668을 초과하거나 12.102보다 작으면 기각된다. $\sigma^2 = 25$임에도 불구하고 이 주장이 기각될 확률은 얼마인가?

8.79 정규모집단의 분산이 $\sigma^2 = 4$라는 주장은 크기가 9인 확률표본의 분산이 7.7535를 초과하면 기각된다. $\sigma^2 = 4$임에도 불구하고 이 주장이 기각될 확률은 얼마인가?

8.80 정규모집단으로부터 추출된 $n = 25$인 확률표본의 평균은 $\bar{x} = 47$이고 표준편차가 $s = 7$이다. 정리 8.13의 통계량에 따라 결정한다고 했을 때, 주어진 정보가 모집단의 평균이 $\mu = 42$라는 추측을 뒷받침해 준다고 할 수 있을까?

8.81 정규모집단으로부터 추출된 $n = 12$인 확률표본의 평균은 $\bar{x} = 27.8$이고 분산이 $s^2 = 3.24$이다. 정리 8.13의 통계량에 따라 결정한다고 했을 때, 주어진 정보가 모집단의 평균이 $\mu = 28.5$라는 추측을 뒷받침해 준다고 할 수 있을까?

8.82 S_1과 S_2가 $\sigma_1^2 = 12$, $\sigma_2^2 = 18$인 정규모집단으로부터 추출된 $n_1 = 61$, $n_2 = 31$인 독립확률표본의 표준편차라고 할 때, $P(S_1^2/S_2^2 > 1.16)$을 구하여라.

8.83 S_1^2과 S_2^2가 분산이 같은 두 개의 정규모집단으로부터 추출된 $n_1 = 10$, $n_2 = 15$인 독립확률표본의 분산이라고 할 때, $P(S_1^2/S_2^2 < 4.03)$을 구하여라.

8.84 컴퓨터 프로그램을 사용하여 표 IV에서 자유도 11에 해당하는 값 다섯 개를 확인하여라.

8.85 컴퓨터 프로그램을 사용하여 표 V에서 자유도 21에 해당하는 값 여덟 개를 확인하여라.

8.86 컴퓨터 프로그램을 사용하여 표 VI에서 첫 번째 자유도가 7이고 두 번째 자유도가 6에서 10에 해당하는 $f_{0.05}$값 다섯 개를 확인하여라.

8.87 컴퓨터 프로그램을 사용하여 표 VI에서 $\nu_1 = 15$, $\nu_2 = 12, 13, \cdots, 17$에 해당하는 $f_{0.01}$값 여섯 개를 확인하여라.

8.7절

8.88 연습문제 8.46의 연속균등모집단으로부터 추출된 $n = 4$인 확률표본에서 가장 작은 값이 최소 0.20이 될 확률을 구하여라.

8.89 응용문제 8.77의 베타모집단으로부터 추출된 $n = 3$인 확률표본에서 가장 큰 값이 0.90보다 작을 확률을 구하여라.

8.90 연습문제 8.56의 결과를 이용해 주어진 연속균등모집단으로부터 추출된 $n = 5$인 확률표본의 범위가 최소 0.75가 될 확률을 구하여라.

8.91 연습문제 8.58 (c) 의 결과를 이용하여 $n = 10$인 확률표본에서 모집단의 최소 80퍼센트가 가장 작은 값과 가장 큰 값 사이에 놓이게 될 확률을 구하여라.

8.92 연습문제 8.58 (c) 의 결과를 이용하여 가장 작은 값과 가장 큰 값 사이에 들어가는 모집단의 비율이 적어도 p가 될 확률이 $1 - \alpha$가 되게 해주는 표본의 크기 n을 구해 주는 식을 만들어라. $p = 0.90$, $\alpha = 0.05$일 때 이 공식은

$$(0.90)^{n-1} = \frac{1}{2n + 18}$$

와 같이 쓸 수 있음을 보여라. 이런 종류의 식은 풀기는 어렵지만 n에 대한 근사해가

$$\frac{1}{2} + \frac{1}{4} \cdot \frac{1 + p}{1 - p} \cdot \chi^2_{\alpha,4}$$

가 됨을 보일 수 있다. 여기서 $\chi^2_{\alpha,4}$는 표 V를 참조하여라. 이 방법으로 $p = 0.90$, $\alpha = 0.05$일 때 이 식의 근사해를 구하여라.

8.8절

8.93 창고에 여러 더미로 쌓여있는 통조림 중에 훼손된 통조림이 차지하는 비율을 알아내기 위해 표본을 추출하였다. 더미 맨 위에 있는 통조림만을 뽑은 것은 확률표본이 되지 않는 이유를 설명하여라.

8.94 조사관은 자동선반을 이루고 있는 부분들을 눈으로 판단했을 때 '좋다' 고 판단되는 부분들의 10%를 임의번호표를 이용하여 표본으로 추출하였다.

(a) 이 방법이 선반생산의 확률표본이 될 수 없는 이유는 무엇인가?

(b) 이 표본은 어떤 모집단에 대한 확률표본인가?

8.95 비행기의 기체를 만드는 데 사용되는 길이가 다양한 알루미늄 금속판 조각들을 일정한 속도로 움직이는 컨베이어 벨트에 열거해 놓았다. 5분 간격으로 표기된 지점을 지나는 금속판 조각을 표본으로 뽑았다. 이 표본이 왜 랜덤이 아닐 수 있는지 설명하여라. 즉, 뽑힌 표본은 알루미늄 금속판 모집단의 정확한 대표성을 띠고 있지 않을 수 있다.

8.96 공정과정의 오차는 실리콘 회로판 표면의 산화물 두께를 물결 높이가 일정한 차이를 갖는 모양이 나오게 할 수 있다. 회로판을 여러 위치에서 측정했을 때의 산화물 두께를 확률표본으로 추출하기 전에, 관측값들의 독립성이 깨지지 않도록 하기 위해 주의해야 할 것들은 무엇이 있는가?

참고문헌

독립인 확률표본에 대한 가장 강한 형태의 중심극한정리를 위한 필요충분조건인 린드버그-펠리 (*Lindeberg-Feller*) 조건은

FELLER, W., *An Introduction to Probability Theory and Its Applications*, Vol. I, 3rd ed. New York: John Wiley & Sons, Inc., 1968,

와 그의 고급확률로 교재에서 찾아볼 수 있다.

Extensive tables of the normal, chi-square, *F*, and *t* distributions may be found in

PEARSON, E. S., and Hartley, H. O., *Biometrika Tables for Statisticians*, Vol. I. New York: John Wiley & Sons, Inc., 1968.

A general formula for the variance of the sampling distribution of the second sample moment M_2 (which differs from S^2 only insofar as we divide by n instead of $n - 1$) is derived in

CRAMÉR, H., *Mathematical Methods of Statistics*. Princeton, N.J.: Princeton University Press, 1950,

and a proof of Theorem 8.17 is given in

WILKS, S. S., *Mathematical Statistics*. New York: John Wiley & Sons, Inc., 1962.

Proofs of the independence of $\bar{X}$ and S^2 for random samples from normal populations are given in many advanced texts on mathematical statistics. For instance, a proof based on moment-generating functions may be found in the above-mentioned book by S. S. Wilks, and a somewhat more elementary proof, illustrated for $n = 3$, may be found in

KEEPING, E. S., *Introduction to Statistical Inference*. Princeton, N.J.: D. Van Nostrand Co., Inc., 1962.

The proof outlined in Exercise 8.46 is given in

SHUSTER, J., "A Simple Method of Teaching the Independence of $\bar{X}$ and S^2," *The American Statistician*, Vol. 27, No. 1, 1973.

9장 결정 이론[1]

9.1 서론

확률변수의 기댓값, 특히 분포의 적률을 연구하기 위해 4장에서 수학적 기댓값에 대해서 소개하였다. 응용이 될 때에는 수학적 기댓값은 여러 가지 대안들 중 결정을 내리기 위한 가이드로 사용된다. 왜냐하면 "우수한" — 기대이득을 최대화시키고, 기대손실을 최소화시키며, 기대되는 판매량을 최대화시키고, 기대되는 가격을 최소화시키는 등 — 수학적 기댓값을 선택하는 것이 가장 이상적으로 생각되기 때문이다.

이와 같은 의사결정 접근법이 직관적인 호소력이 있으나, 문제가 없는 것은 아니다. 어떤 행동의 결과로 나타나는 것에 대하여 숫자로 가치를 매기는 것이나, 우발적 사건에 확률을 할당하는 것이 불가능하거나 매우 어려운 경우가 많다.

예제 9.1

가죽 상품의 제조업자는 공장의 생산능력을 지금 확장시킬지 아니면 적어도 다음 해까지 기다릴지 결정해야 한다. 그의 조언자는 지금 당장 확장시키고 경제 상황이 좋게 유지된다면 다음 회계연도 동안 164,000달러의 이득이 있을 것이며, 만약 지금 확장시키고 경제가 불경기라면 40,000달러의 손실이 발생할 것이고, 만약 적어도 다음 해까지 기다리고 경제 상황이 좋게 유지된다면 80,000달러의 이득이 발생할 것이며, 만약 적어도 다음 해까지 기다리고 불경기라면 8,000달러의 작은 이득이 발생할 것이라고 말한다. 만약 다음 회계연도 동안 불경기일 **오즈(odds)**가 2대 1이라고 예상될 때, 기대손실을 최소화시키기 위해 제조업자는 어떻게 결정을 내려야 할 것인가?

풀이 도표로 표현하면 모든 "**대가(payoff)**"가 다음의 표로 표현된다. 기입사항은 여러 가능성에 대응되는 손실에 해당하며, 이득은 음수로 표현되었다.

1) 이 장의 내용은 통계학의 기초를 이해하는 근간이 되지만 수리통계를 처음 배우는 단계에서는 생략되는 경우가 많다. 이 장을 빼더라도 연속성을 잃지 않는다.

	지금 확장	확장 연기
호황	−164,000	−80,000
불경기	40,000	−8,000

우리는 이 예제를 9.2절과 9.3절에 나오는 일반적 체계에 맞추기 위해 이득 대신 손실을 다룬다. 경제상황이 좋게 유지될 확률과 불경기가 될 확률이 각각 $\frac{1}{3}$, $\frac{2}{3}$이므로, 만약 지금 공장의 생산능력을 확장시킨다면 제조업자의 다음 회계연도 동안의 기대손실은,

$$-164,000 \cdot \frac{1}{3} + 40,000 \cdot \frac{2}{3} = -28,000$$

만약 적어도 다음 해까지 기다린다면,

$$-80,000 \cdot \frac{1}{3} + (-8,000) \cdot \frac{2}{3} = -32,000$$

32,000달러의 기대이익(음의 기대손실)이 28,000달러의 기대이익(음의 기대손실)에 비해 높으므로, 제조업자는 공장의 생산능력을 확장시키는 것을 늦춰야 한다. ●

예제 9.2

예제 9.1에서 제조업자가 불경기가 될 오즈에 대하여 전혀 모른다고 가정하자. 만약 그가 강한 비관주의자라면 어떠한 결정을 해야 할 것인가?

풀이 그가 항상 최악의 상황이 발생할 것이라고 예상하는 사람이므로, 만약 그가 지금 공장의 제조능력을 확장시킨다면 40,000달러의 손실을 입을 것이고, 만약 확충을 늦춘다면 적어도 8,000달러의 이득이 발생하므로, 그는 최대손실을 최소화시키기 위해(또는 최소이득을 최대화시킴) 그는 적어도 다음 해까지 기다릴 것이다. ●

이 예제에서 사용된 기준은 **최소최대기준(minimax criterion)**이라고 하며, 이것은 여러 상황에서 사용되는 여러 기준 중에 하나이다. 비관적이기보다는 긍정적인 것에 기초한 기준은 응용문제 9.15에 나오며, "좋은 거래에서 손해를 보는" 걱정에 기초한 기준은 응용문제 9.16에 나온다.

9.2 게임이론

앞 절에서의 예제는 제조업자가 절대자(운명 또는 불경기가 오도록 조정하는 주체)와 게임을 하고 있다는 인상을 준다. 각 "게임참가자"는 두 가지 선택권을 가지고 있다. 제조업자는 행동 a_1과 a_2(공장의 제조능력을 지금 확장시키는 것 또는 적어도 다음 해까지 기다리는 것) 사이에 선택을 하며, 절대자는 θ_1과 θ_2(경기 상황이 좋게 유지되거나 또는 불경기가 되는 것)을 선택한다. 그들의 선택에 따라 다음의 표에 "대가"가 나타나 있다.

		게임참가자 A (제조업자)	
		a_1	a_2
게임참가자 B (절대자)	θ_1	$L(a_1, \theta_1)$	$L(a_2, \theta_1)$
	θ_2	$L(a_1, \theta_2)$	$L(a_2, \theta_2)$

$L(a_1, \theta_1)$, $L(a_2, \theta_2)$, ⋯ 의 값들은 **손실함수(loss function)**의 값들이라고 하며, 특정 "게임"을 특성화시킨다. 바꾸어 말하면, $L(a_i, \theta_i)$는 게임참가자 A가 대안 a_i를 선택하고 게임참가자 B가 대안 θ_i를 선택하였을 때 게임참가자 A의 손실(게임참가자 B에게 주어야 하는 값)이다. 비록 중요한 문제는 아니지만 여기에서 이 값들은 돈($)으로 가정하자. 실제 상황에서 그것들은 어떤 상품이나 서비스의 단위로 표현되기도 하며, 활용(바람직함 또는 만족감)의 단위, 또는 삶이나 죽음(러시안 룰렛 또는 전쟁)으로 표현된다.

여기서 분석한 것은 실제 상황과 그리 다르지 않다. 예제 9.2의 문제는 **게임이론(theory of game)**이 취급하고 있는 상황 중 전형적인 것이며, 상당한 반향을 불러일으킨 최근 수학의 새 분야이다. 이 이론은 그 이름이 제시하듯이 실내 게임에 그치지 않으며, 다른 경쟁 상황에서도 적용된다. 앞으로 우리가 볼 것처럼 이것은 통계적 추론의 문제를 해결하는 일관된 방법으로 연결된다.

게임이론에 대한 기본적 개념을 설명하기에 앞서, **영합 두 사람 게임(zero-sum two-person game)**을 설명하자. 이 말은 "두 사람"은 두 게임참가자가 있음을 의미하고(또는 좀 더 일반적으로, 서로 대조되는 취향의 두 무리), "영합"은 한 게임참가자가 잃으면 다른 게임참가자가 이김을 뜻한다. 그러므로 영합 게임에서는 전문적인 도박에서와 같이 "고리 떼기(cut for the house)"는 없으며, 경기 중에는 자본(capital)이 만들어지거나 없어지지 않는다. 물론 게임이론 역시 영합이 아니거나 또는 두 게임참가자에 제한되는 것이 아닌 게임을 포함하며, 예상대로 그런 게임은 좀 더 복잡하다. 응용문제 9.27은 영합이 아닌 게임의 예이다.

또한 게임은 각 게임참가자가 취할 수 있는 **전략(strategy**, 선택권, 선택들, 또는 대안)의 개수에 의해 분류된다. 예를 들면 각 게임참가자가 둘 중 하나의 선택권을 가진다면(예제 9.1처럼), 이것은 2×2 게임이라고 한다. 만약 한 게임참가자가 세 개의 가능한 선택권을 가지고 있고, 나머지 다른 게임참가자들은 4개를 가지고 있는 경우에는, 게임은 3×4 또는 4×3이라고 한다. 이 절에서는 오로지 **유한(finite) 게임**만을 고려하며, 그것은 게임에서 각 게임참가자가 오직 유한, 혹은 고정된 가능한 선택권의 개수만을 가지며, 나중에는 각 게임참가자가 무한히 많은 선택권을 갖는 게임을 고려한다.

게임이론에서 두 게임참가자를 앞의 표에서 언급한 대로 게임참가자 A와 게임참가자 B라고 부르는 것이 통상적이다. 그러나 게임참가자 A의 선택권(선택들 또는 대안)은 a_1, a_2, a_3, ⋯ 대신 보통 I, II, III, ⋯로 나타내고, 게임참가자 B는 $\theta_1, \theta_2, \theta_3$, ⋯ 대신 보통 1, 2, 3, ⋯로 나타난다. 게임참가자들이 각각의 전략을 선택하였을 때 교환되는 돈의 양, 즉 **대가(payoffs)**는 보통 위에 있는 표[게임이론에서는 **대가행렬(payoff matrix)**이라 불림]와 같이 나타난다(앞에서와 같이 양의 대가는 게임참가자 A의 손실을 나타내며, 음의 대가는 게임참가자 B의 손실을 나타낸다). 또한 게임이론에서 항상 각 게임참가자들은 그들의 전략을 상대방이 무엇을 할지 알지 못한 채 결정해야 하며, 그들이 한번 결정한 것은 절대 바꿀 수 없음을 가정한다.

정의 9.1 **대가행렬** 게임이론에서의 **대가(payoff)**는 게임참가자들이 전략을 선택했을 때 교환되는 돈의 양(또는 수치적인 보수)이다. 양의 대가는 게임참가자 A의 손실을 나타내며, 음의 대가는 참가자 B의 손실을 나타낸다. **전략(strategy)**은 각 참가자의 선택 가능사항이다. 각 참가자의 전략 선택에 대한 대가를 행렬로 표시한 것을 **대가행렬(payoff matrix)**이라고 한다.

게임이론의 목적은 **최적의 전략 (optimum strategy**, 게임참가자에게 가장 이득이 되는 전략) 과 그에 상응되는 대가 [게임에서는 **가치 (value)** 라고 불린다] 를 결정하는 것이다.

예제 9.3

아래와 같은 2×2 영합 두 사람 게임이 있다.

		게임참가자 A	
		I	II
게임참가자 B	1	7	−4
	2	8	10

게임참가자 A와 B의 최적의 전략과 그 가치를 구하여라.

풀이 표에서 보듯이 게임참가자 B가 전략 1을 선택하는 것은 어리석어 보인다. 왜냐하면 게임참가자 A의 선택에 관계없이 전략 2가 전략 1에 비해 더 많은 것을 주기 때문이다. 이러한 상황에서 전략 1은 전략 2에 의해 **지배당한다 (dominated)** 고 말하며 [또는 전략 2가 전략 1을 **지배한다 (dominate)**], 그러므로 이렇게 다른 것에 대해 지배당하는 전략은 버리는 것이 타당하다. 이 문제에 적용한다면 게임참가자의 B의 최적의 전략은 나머지 하나만 남은 전략 2이며, 또한 10단위의 손실보다 8단위의 손실을 명백히 선호하므로 게임참가자 A의 최적의 전략은 전략 I이다. 또한 이 2×2 게임의 가치는 전략 I, 2에 대응되는 대가는 8단위이다.

예제 9.4

아래와 같은 3×2 영합 두 사람 게임이 있다.

		게임참가자 A		
		I	II	III
게임참가자 B	1	−4	1	7
	2	4	3	5

게임참가자 A와 B의 최적의 전략과 그 가치를 구하여라.

풀이 이 게임에서는 게임참가자 B의 전략 중 어느 것도 다른 것을 지배하지 않으나, 게임참가자 A의 세 번째 전략이 다른 두 가지 전략에 의해 지배당한다. 명백하게, 4달러의 이득이나 1달러의 손실을 7달러의 손실보다 선호하며, 5달러의 손실보다 4달러의 손실이나 3달러의 손실을 선호한다. 그러므로 대가행렬의 세 번째 열을 버리고 아래와 같은 2×2 게임을 연구한다.

		게임참가자 A I	II
게임참가자 B	1	−4	1
	2	4	3

이제는 게임참가자 B의 전략 2가 전략 1을 지배한다. 그러므로 게임참가자 B의 최적의 선택은 전략 2이며, 4달러의 손실보다 3달러의 손실을 선호하므로 게임참가자 A의 최적의 전략은 전략 II이고, 게임의 가치는 3달러이다. ●

지배당하는 전략을 버리는 것은 게임의 해(최적의 전략을 찾고 그 게임의 가치를 찾는 것)를 찾는 데 매우 큰 도움을 준다. 그러나 이러한 완벽한 해결을 갖는 것은 예외에 가깝다. 오히려 지배는 아래의 3 × 3 영합 두 사람 게임에서와 같이 존재하지 않을 수 있다.

		게임참가자 A I	II	III
	1	−1	6	−2
게임참가자 B	2	2	4	6
	3	−2	−6	12

그러므로 최적의 전략을 찾기 위한 다른 방법을 찾아야 한다. 게임참가자 A의 관점에서 보면 다음과 같을 것이다. 만약 전략 I을 선택한다면 발생할 수 있는 최악의 상황은 그가 2달러의 손실을 보는 것이고, 그가 만약 전략 II를 선택한다면 발생할 수 있는 최악의 상황은 6달러의 손실을 보는 것이며, 전략 III을 선택한다면 발생할 수 있는 최악의 상황은 12달러의 손실을 보는 것이다. 그러므로 그는 최대의 손실을 최소화시키는 전략 I을 선택할 것이다.

위와 같은 관점으로 게임참가자 B의 전략을 고른다면, 우리는 다음을 알 수 있다. 그가 전략 1을 선택한다면 발생할 수 있는 최악의 상황은 2달러의 손실을 보는 것이고, 만약 전략 2를 선택한다면 발생할 수 있는 최악의 상황은 2달러의 이득을 보는 것이며, 만약 전략 3을 선택한다면 발생할 수 있는 최악의 상황은 6달러의 손실을 보는 것이다. 그러므로 그는 최대의 손실을 최소화시키기 위하여(또는 같은 표현이지만, 최소 이득을 최대화시키기 위하여) 전략 2를 선택할 것이다.

정의 9.2 **최소최대전략** 어느 한 게임참가자의 최대손실을 최소화하는 전략을 **최소최대전략(minimax strategy)**이라고 한다. 최소최대전략에 의한 선택을 **최소최대기준(minimax criterion)**이라고 한다. ■

전략 I과 2를 선택하는 것은 **최소최대전략 [minimax strategies**, 또는 **최소최대기준 (minimax criterion)**에 의거한 전략]이라고 하며 이것은 꽤 합리적이다. 전략 I을 선택함으로써 게임참가자 A는 그의 상대방은 최대 2달러 한도의 이득을 볼 수 있을 것이라 확신할 수 있으며, 전략 2를 선택함으로써 게임참가자 B는 정확히 그 금액의 이득을 볼 것임을 확신할 수 있다. 그러므로 2달러는 이 게임의 가치이며 그 의미는, 이 게임은 게임참가자 B에게 유리하지만, 게임참가자 B에게 게임에 참가하는 특권에 해당하는 대가 2달러를 징수하여 게임참가자 A에게 줌으로써 **공평(equitable)**하게 만들 수 있다.

이 예제의 최소최대전략 I과 2의 가장 중요한 점은 그들이 상대방의 선택을 알아서 이득을 보지 못하게 만드는 점에 있어 매우 "스파이불용(spyproof)"하다는 점이다. 우리 예제에서는 만약 게임참가자 A가 전략 I을 선택할 것이라고 공표해도 게임참가자 B에게는 여전히 전략 2를 선택하는 것이 최적의 선택이며, 만약 게임참가자 B가 전략 2를 선택할 것이라고 공표해도 게임참가자 A에게는 여전히 전략 I을 선택하는 것이 최적이다. 불행하게도 모든 게임이 스파이불용한 것은 아니다.

예제 9.5

다음의 게임에서는 게임참가자 A와 B의 최소최대전략은 스파이불용하지 않음을 보여라.

		게임참가자 A I	II
게임참가자 B	1	8	−5
	2	2	6

풀이 게임참가자 A는 전략 II를 선택함으로써 최대 손실을 최소화시킬 수 있고, 게임참가자 B는 전략 2를 선택함으로써 그의 최대 손실을 최소화시킬 수 있다. 그러나 만약 게임참가자 A가 게임참가자 B가 최소최대기준에 의해 전략을 선택할 것을 안다면, 그의 전략을 전략 I로 바꾸어 그의 최대 손실을 6달러에서 2달러로 줄일 수 있을 것이다. 마찬가지로 게임참가자 B가 게임참가자 A를 이런 방법으로 속일 것을 발견한다면, 그의 전략을 전략 1로 바꾸어 그의 이득을 8달러로 올릴 것이다. 이런 경우는 두 게임참가자의 최소최대전략은 스파이불용하지 않으며, 그러므로 그 둘은 온갖 책략과 속임수 방법을 찾기 위해 방을 떠나게 될 것이다.

주어진 어느 게임에서건 최소최대전략이 스파이불용임을 판단할 수 있는 쉬운 방법이 존재한다. 단지 **안장점(saddle points)** — 대가행렬의 어느 칸의 값이 그 행의 최솟값이며 그 열의 가장 큰 값이 되도록 하는 전략에 의해 선택된 점 — 을 찾으면 된다.

정의 9.3 **안장점** 어느 게임에서 **안장점(saddle point)**이란 대가행렬에서 어느 칸의 값이 그 행에서 최솟값이고 그 열에서 최댓값인 두 전략이다. 안장점이 있는 게임을 **엄격히 확정되었다(strictly determined)**고 한다.

예제 9.5에는 각 행의 최소 가치를 갖는 값이 그 열의 가장 큰 가치이므로 안장점이 존재하지 않는다. 반면에 예제 9.3에서는 두 번째 행의 최소 가치인 8이 첫 번째 열의 가장 큰 가치이므로, 전략 I과 2에 대응되는 안장점이 존재한다. 또한 예제 9.4의 3×2 게임에서도 전략 II와 2에 대응되는 안장점이 존재한다. 왜냐하면 두 번째 행의 최소 가치인 3이 두 번째 열에서 가장 큰 가치이기 때문이다. 295쪽의 3×3 게임에서는 두 번째 행의 최소 가치인 2가 첫 번째 열의 가장 큰 가치이므로, 전략 I과 2에 대응되는 안장점이 존재한다. 일반적으로 만약 게임이 안장점을 가진다면 **엄격히 확정되었다(strictly determined)**고 하며, 안장점에 대응되는 전략은 스파이불용 (그러므로 최적의) 최소최대전략이다. 한 게임에 하나 이상의 안장점이 존재할 수 있음을 연습문제 9.2를 통해 알 수 있다. 이 문제에서는 또한 어느 안장점이 두 게임참가자의 최적의 전략을 결정하는 데 이용되는지가 중요하지 않음을 알 수 있다.

만약 게임이 안장점을 갖지 않는다면 최소최대전략은 스파이불용하지 않으며, 만약 게임참가자가 상대방이 주어진 상황에서 어떻게 반응할지를 안다면 상대방을 속일 수 있다. 이러한 가능성을 없애기 위해 각 게임참가자는 어떻게든 자신의 행동 방식을 계획적으로 취해야 하며, 이를 위한 가장 좋은 방법은 전략을 선택하는 데 우연성을 반영하여야 하는 것이다.

예제 9.6

예제 9.5에서 게임참가자 A는 도박의 도구(주사위, 카드, 숫자가 적힌 쪽지, 난수표(random number table))를 이용하여 전략 I을 선택할 확률이 x, 전략 II를 선택할 확률이 $1 - x$가 되도록 한다. 게임참가자 A의 최대 기대손실을 최소화시키는 x의 값을 찾아라.

풀이 만약 게임참가자 B가 전략 1을 선택한다면, 게임참가자 A의 기대손실은

$$E = 8x - 5(1 - x)$$

달러이며, 만약 게임참가자 B가 전략 2를 선택한다면, 게임참가자 A의 기대손실은

$$E = 2x + 6(1 - x)$$

달러이다. 이 상황은 그림 9.1에 나타나 있다. 이 그림은 x가 0부터 1까지의 값을 가질 때의 $E = 8x - 5(1 - x)$와 $E = 2x + 6(1 - x)$의 직선을 나타낸 것이다.

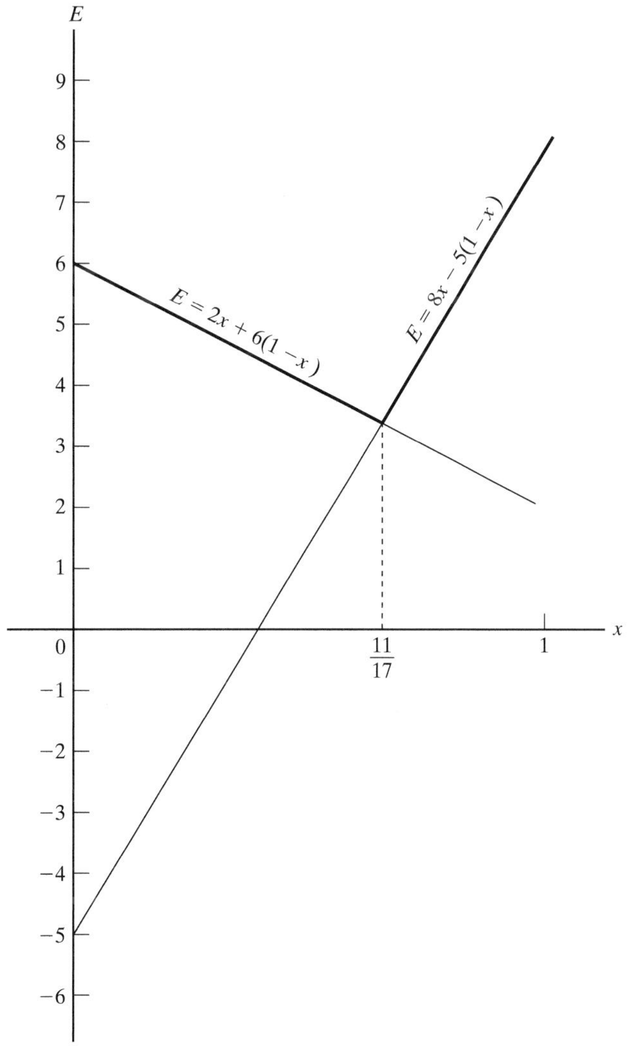

그림 9.1 예제 9.6에 대한 다이어그램.

게임참가자 A의 기대손실에 최소최대기준을 적용하면, 그림 9.1에서 주어진 어떠한 x값에서든지 더 큰 값을 갖는 E는 교차점에서는 최솟값을 가지므로, 그 x값을 찾기 위해 아래의 식을 풀면

$$8x - 5(1 - x) = 2x + 6(1 - x)$$

$x = \frac{11}{17}$를 얻는다. 그러므로 게임참가자 A가 I이 적힌 쪽지 11장과 II가 적힌 쪽지 6장을 완전히 섞고, 어떤 것을 뽑아서 그에 따라 행동하든지 그는 최대기대손실을 $8 \cdot \frac{11}{17} - 5 \cdot \frac{6}{17} = 3\frac{7}{17}$, 또는 3.41달러로 유지할 것이다. ●

위 예제의 게임참가자 B에 관하여 생각해 보면, 응용문제 9.22에서 독자들은 위의 전략을 사용하여 게임참가자 B가 각 대응되는 확률이 $\frac{4}{17}$와 $\frac{13}{17}$에 해당하는 전략 1과 2 둘 중 하나를 선택하여 최소이득을 최대화시키고(이것은 최대손실을 최소화시키는 것과 같다), 그것을 통해 기대이익 $3\frac{7}{17}$, 혹은 3.41달러를 얻을 수 있을 것이라 확신함을 보여야 할 것이다. 덧붙이자면, 게임참가자 A가 기대손실을 줄이고 게임참가자 B가 그의 이득을 얻을 수 있는 최대 한도인 3.41달러가 이 게임의 가치라고 불린다.

정의 9.4 **확률화된 전략(randomized strategy)** 만약 게임참가자의 궁극적 선택이 우연으로 남는다면 전반적인 전략은 **확률화되다(randomized)** 또는 **혼합되었다(mixed)**고 하며, 그에 비해 주어진 전략에 대한 명확한 선택을 하는 경우는 **순수(pure) 전략**이라고 한다. ■

우리는 게임이론의 기본적인 개념을 소개하는 데 초점을 맞추었기 때문에 이 절의 예제는 모두 "물리적인" 해석은 주어지지 않았다. 만약 이 방법을 예제 9.1에 적용한다면 그 "게임"은 안장점을 가질 것이며, 제조업자의 최소최대전략은 그의 공장의 생산능력을 확장시키는 것을 연기하는 것이다. 물론 절대자(불경기가 될 것인지 통제한다)가 심술궂은 상대편이 될 것임을 가정하고 있다. 게다가 이와 같은 상황에서 제조업자는 불경기라는 우연에 대응하는 지식을 가지고 있어야 하며, 그러므로 문제는 9.1절의 첫 번째 방법에 의해 풀어야 한다.

연습문제

9.1 만약 $n \times n$의 행렬의 각 행과 열이 정수 1, 2, ⋯, n을 가지면 **라틴스퀘어**(*Latin square*, 15장 참조)라고 한다. 아래에 3 × 3의 라틴스퀘어의 예가 나타나 있다.

$$\begin{vmatrix} 1 & 2 & 3 \\ 2 & 3 & 1 \\ 3 & 1 & 2 \end{vmatrix}$$

각 게임의 게임참가자가 $n \times n$ 라틴스퀘어의 대가행렬을 가진다면 그 게임의 어떠한 전략이라도 최소최대전략임을 보여라. 그 게임의 가치는 얼마인가?

9.2 만약 영합 두 사람 게임이 대가행렬의 i행과 j열에 대응하는 점에 안장점을 가지고, k행과 l의 열에 대응되는 점에 또 다른 안장점을 가진다면 다음을 보여라.

(a) 대가행렬에는 i행과 l열에 대응하는 점과 k행과 j의 열에 대응되는 점에도 안장점이 존재한다.

(b) 네 안장점의 대가는 모두 같다.

9.3 통계적 게임

통계적 추론에서 모집단에 관한 결정은 표본 자료를 바탕으로 하며, 통계적 추론을 모집단에 관련된 특징(또는 특징들)을 통제하는 절대자와 절대자의 선택이 무엇인지 결정해야 하는 개인(과학자 또는 통계전문가)의 게임으로 생각하여도 무리는 아니다. 예를 들어 만약 크기가 n인 확률표본에 기반한 정규모평균 μ를 추정하기 원한다면, 우리는 절대자가 μ의 "실제"값을 통제하고 있다고 말할 수 있다. 반면에 표본평균이나 표본중앙값으로 μ를 추정하려고 한다면, 우리의 오차의 크기에 의존한 페널티나 보상이 있을 것이다.

이 전의 절들과 이 문제 간에는 명백히 유사함이 존재함에도 불구하고, **통계적 게임(statistical games)**은 본질적으로 다른 두 가지 특징이 존재한다. 첫째는 예제 9.1에서 보았듯이 결정에 게임이론을 적용할 때 문제가 존재하며 그것은, 즉 절대자를 심술궂은 상대방으로 간주해도 이치에 맞는지에 관한 문제이다. 명백히 그렇지 않지만 이것이 문제를 간소화시키지 않는다. 만약 절대자를 이성적인 상대방으로 간주한다면, 적어도 무엇을 예측해야 할지는 알 수 있다.

둘째는 9.2절의 게임에는 각 게임참가자가 상대방이 무엇을 했는지 또는 무엇을 하려 하는지 알지 못한 채 그의 전략을 결정해야 했지만, 통계적 게임에서 통계전문가는 표본 자료를 공급받아 절대자의 선택에 관한 약간의 정보를 알 수 있다. 이것은 문제를 복잡하게 하지만, 우리가 다루고 있는 더 복잡한 종류의 게임들에 비하면 이것은 미미함에 지나지 않는다. 설명을 위해 아래와 같은 결정 문제를 고려하자. **동전은 한쪽에 앞면을 가지고 다른 한쪽에 뒷면을 가져 균형이 잡혔거나 혹은 양면이 모두 앞면을 가진다고 들었다고 하자. 우리는 동전을 조사할 수는 없지만, 동전을 한 번 던지면 앞면이나 또는 뒷면이 나타남을 관찰할 수 있다. 그러면 우리는 이것이 양면 모두 앞면인지 결정을 하여야 하며, 만약 우리의 결정이 틀렸다면 1달러의 페널티가 있고, 만약 우리의 결정이 맞는다면 페널티가 없음(또는 보상이 있다)을 유의하자.** 만약 동전을 한 번 던졌을 때의 결과를 관찰할 수 있다는 사실을 무시한다면, 우리는 이 문제를 아래의 게임으로 간주할 수 있다.

		게임참가자 A (통계전문가) a_1	a_2
게임참가자 B (절대자)	θ_1	$L(a_1, \theta_1) = 0$	$L(a_2, \theta_1) = 1$
	θ_2	$L(a_1, \theta_2) = 1$	$L(a_2, \theta_2) = 0$

이것은 독자로 하여금 293쪽의 도표가 생각나게 할 것이다. 이제 θ_1을 양면이 모두 앞면인 "절대자의 상태", θ_2는 한쪽에 앞면을 가지고 다른 한쪽은 뒷면을 갖는 균형 잡힌 "절대자의 상태", a_1은 양면이 모두

앞면이라는 통계전문가의 결정, a_2는 한쪽에 앞면을 가지고 다른 한쪽은 뒷면을 갖는 균형 잡힌 상태라는 통계전문가의 결정이다. 표의 기입사항은 주어진 손실함수에 대응하는 값이다.

이제 우리(게임참가자 A 또는 통계전문가)는 동전을 던졌을 때 무엇이 나타났는지 알고 있다고 간주하자. 즉, 우리는 확률변수 X가 $x = 0$(앞면)인지 또는 $x = 1$(뒷면)인지 알고 있다. 우리는 a_1과 a_2 둘 중에서 선택을 할 때 이 정보를 이용하고 싶으므로, 우리는 $x = 0$일 때 취해야 할 행동과 $x = 1$일 때 취해야 할 행동을 알려주는 **결정함수(decision function)**라는 함수가 필요하다.

정의 9.5 **대가행렬(Payoff Matrix)** 절대자의 각 행동에 대한 통계전문가의 선택을 알려주는 함수를 통계적 게임의 **결정함수(decision function)**라고 한다. 이 함수의 값은 $di(x)$로 표시되며 통계전문가의 i번째 결정을 뜻하고, x는 절대자가 택할 수 있는 행동을 나타내는 값을 표시하는 확률변수 X의 값이다.

한 가지 가능성으로 $x = 0$일 때 a_1을 선택하고, $x = 1$일 때 a_2를 선택할 수 있으며 이것을 기호로 아래와 같이 쓸 수 있다.

$$d_1(x) = \begin{cases} a_1 & (x = 0\text{일때}) \\ a_2 & (x = 1\text{일때}) \end{cases}$$

또는 더 간단히 $d_1(0) = a_1$, 그리고 $d_1(1) = a_2$라고 쓸 수 있다. 아래첨자의 용도는 이 결정함수를 다른 것들과 구별하기 위한 것이며, 예를 들어

$$d_2(0) = a_1 \text{ 그리고 } d_2(1) = a_1$$

이면 이것은 실험의 결과에 관계없이 a_1을 선택하며,

$$d_3(0) = a_2 \text{ 그리고 } d_3(1) = a_2$$

이면 이것은 실험의 결과에 상관없이 a_2를 선택하며,

$$d_4(0) = a_2 \text{ 그리고 } d_4(1) = a_1$$

이면 이것은 $x = 0$일 때 a_2를 선택하고, $x = 1$일 때 a_1을 선택해야 함을 말해준다.

이런 모든 결정함수의 장점을 비교하기 위해 먼저 절대자의 다양한 전략으로 인한 기대손실을 결정하자.

정의 9.6 **위험함수(risk function)** 절대자의 각 행동에 의해 발생하는 결정함수의 값에 대한 기대손실을 함수로 나타낸 것을 **위험함수(risk function)**라고 하며

$$R(d_i, \theta_j) = E\{L[d_i(X), \theta_j]\}$$

로 나타낸다. 위의 기댓값은 확률변수 X에 대해 취한 것이다.

$x = 0$일 때와 $x = 1$일 때의 확률은 θ_1일 때 각각 1과 0이며, θ_2일 때는 각각 $\frac{1}{2}$과 $\frac{1}{2}$이므로,

$$R(d_1, \theta_1) = 1 \cdot L(a_1, \theta_1) + 0 \cdot L(a_2, \theta_1) = 1 \cdot 0 + 0 \cdot 1 = 0$$
$$R(d_1, \theta_2) = \frac{1}{2} \cdot L(a_1, \theta_2) + \frac{1}{2} \cdot L(a_2, \theta_2) = \frac{1}{2} \cdot 1 + \frac{1}{2} \cdot 0 = \frac{1}{2}$$
$$R(d_2, \theta_1) = 1 \cdot L(a_1, \theta_1) + 0 \cdot L(a_1, \theta_1) = 1 \cdot 0 + 0 \cdot 0 = 0$$
$$R(d_2, \theta_2) = \frac{1}{2} \cdot L(a_1, \theta_2) + \frac{1}{2} \cdot L(a_1, \theta_2) = \frac{1}{2} \cdot 1 + \frac{1}{2} \cdot 1 = 1$$
$$R(d_3, \theta_1) = 1 \cdot L(a_2, \theta_1) + 0 \cdot L(a_2, \theta_1) = 1 \cdot 1 + 0 \cdot 1 = 1$$
$$R(d_3, \theta_2) = \frac{1}{2} \cdot L(a_2, \theta_2) + \frac{1}{2} \cdot L(a_2, \theta_2) = \frac{1}{2} \cdot 0 + \frac{1}{2} \cdot 0 = 0$$
$$R(d_4, \theta_1) = 1 \cdot L(a_2, \theta_1) + 0 \cdot L(a_1, \theta_1) = 1 \cdot 1 + 0 \cdot 0 = 1$$
$$R(d_4, \theta_2) = \frac{1}{2} \cdot L(a_2, \theta_2) + \frac{1}{2} \cdot L(a_1, \theta_2) = \frac{1}{2} \cdot 0 + \frac{1}{2} \cdot 1 = \frac{1}{2}$$

손실함수의 값은 299의 표에서 얻어진다.

아래의 4×2 영합 두 사람 게임에 대해서 생각해 볼 수 있으며, 대가는 대응되는 손실함수의 값이다.

		게임참가자 A (통계전문가)			
		d_1	d_2	d_3	d_4
게임참가자 B (절대자)	θ_1	0	0	1	1
	θ_2	$\frac{1}{2}$	1	0	$\frac{1}{2}$

조사해 보면, d_2는 d_1에 의해 지배당하고, d_4는 d_3에 의해 지배당하므로 d_2와 d_4는 더 이상 고려의 대상이 아니며, 결정이론에서는 그것들은 **허용불가능 (inadmissible)** 하다고 한다. d_2와 d_4에서는 만약 뒷면이 나오더라도 a_1을 선택하기 때문이다.

이것은 2×2 영합 두 사람 게임에서 게임참가자 A가 d_1과 d_3 사이에서 선택해야 하도록 만든다. 만약 절대자가 심술궂은 상대방이라면 최적의 전략은 d_1과 d_3를 각각의 확률 $\frac{2}{3}$과 $\frac{1}{3}$으로 확률화하는 것이며, 그 게임의 가치 (기대 위험) 는 $\frac{1}{3}$달러임을 쉽게 보일 수 있다. 만약 절대자가 심술궂은 상대방으로 보이지 않는다면, d_1과 d_3 사이에서의 선택에 다른 기준이 사용될 것이며, 이것은 다음 절에서 소개될 것이다. 덧붙이자면 우리는 이 문제를 양면이 모두 앞면인 동전과 정상인 동전에 대한 문제로 형식화시켰지만, 우리는 확률변수가 모수 $\theta = 0$ 또는 $\theta = \frac{1}{2}$인 베르누이분포를 가질 때의 한 관찰값에 기초하여 결정을 내리는 결정 문제로 좀 더 이론화시킬 수 있다.

손실함수와 위험함수에 대해 좀 더 깊은 개념을 소개하기 위해, 절대자와 통계전문가가 연속의 전략을 갖는 다음 문제를 생각해 보자.

예제 9.7

확률변수가 균등분포를 따르며,

$$f(x) = \begin{cases} \frac{1}{\theta}, & 0 < x < \theta \\ 0, & \text{그 외} \end{cases}$$

우리는 한 관찰값에 기초하여 모수 θ(절대자의 "선택권")를 추정하기 원한다. 만약 결정함수가 $d(x) = kx$, $k \geqq 1$의 형태를 가질 때, 손실은 전체 오차의 절댓값에 비례하며,

$$L(kx, \theta) = c|kx - \theta|$$

c는 양의 상수이다. 이때 위험을 최소화시키는 k의 값을 구하여라.

풀이 위험함수는 아래와 같이 얻어지며

$$\begin{aligned} R(d, \theta) &= \int_0^{\theta/k} c(\theta - kx) \cdot \frac{1}{\theta} dx + \int_{\theta/k}^{\theta} c(kx - \theta) \cdot \frac{1}{\theta} dx \\ &= c\theta\left(\frac{k}{2} - 1 + \frac{1}{k}\right) \end{aligned}$$

인자 θ에 대해서 우리가 할 수 있는 것은 없다. 그러나 $k = \sqrt{2}$일 때 $\frac{k}{2} - 1 + \frac{1}{k}$을 최소화시킴은 쉽게 보일 수 있다. 그러므로 실제로 관찰한 결과를 $x = 5$라고 하면, θ에 관한 우리의 추정값은 $5\sqrt{2}$가 될 것이며, 약 7.07이다.

9.4 결정기준

예제 9.7에서 절대자의 실제 상태에 관계없이(즉, 모수 θ의 실제값에 관계없이) 위험을 최소화시키는 결정함수를 찾을 수 있었지만, 이것은 규칙이라기보다는 오히려 예외적인 것이다. 우리가 결정함수를 $d(x) = kx$의 형태로 제한하지 않으면, θ가 θ_1일 때 최선인 결정함수 $d(x) = \theta_1$로, θ가 θ_2일 때 최선인 결정함수 $d(x) = \theta_2$, …로 결정함수가 주어지고, 그러면 모든 θ에 대해서 최선인 결정함수는 존재할 수 없음이 명백하다.

일반적으로 최선의 결정함수를 찾기 위해서는 몇 가지 기준을 만족시켜야 하며, 이번 장에서 배울 두 가지 기준은 (1) **최소최대기준**, θ에 대해서 최대화되는 $R(d, \theta)$를 최소화시키는 결정함수 d를 선택하는 것과 (2) **베이즈기준(Bayes criterion)**이다.

정의 9.7 **베이즈위험** θ가 주어진 분포를 따르는 확률변수일 때 θ에 대해 취해진 기댓값

$$E[R(d, \theta)]$$

을 **베이즈위험(Bayes risk)**이라고 한다. 베이즈 위험이 최소화되도록 결정함수 d를 선택하는 것을 **베이즈기준(Bayes criterion)**이라고 한다.

9.1절의 예제에서 우리가 두 개의 기준을 모두 사용한 것은 흥미롭게 주목해야 할 점이다. 불경기가 올

확률이 더 높을 때에는 절대자의 두 상태에 대해 각각 θ_1과 θ_2의 확률을 할당하였고, 제조업자가 그의 기대손실을 최소화하기 위해 이용한 것은 사실 베이즈기준이었다. 또한, 292쪽에서 그가 만약 비관주의자라면 어떠한 선택을 할 것인지 물었을 때, 우리는 그가 최소최대기준을 이용하여 그에게 일어날 수 있는 최악의 상황으로부터 보호하도록 제시하였다.

◆ 9.5 최소최대기준

만약 9.3절의 예에 최소최대기준을 적용하면, 양면 모두 앞면이거나 또는 앞뒷면을 갖는 균형 잡힌 상태의 동전을 다룰 때 301쪽의 표의 d_2와 d_4는 버려질 것이고, 그러면 d_1의 최대위험은 $\frac{1}{2}$, d_4의 최대위험은 1임을 확인할 수 있다. 그러므로 최대위험을 최소화시키는 것은 d_1이다.

예제 9.8

최소최대기준을 이용하여 이항분포의 모수 θ를 추정하기 위하여, n회 시행 중 관찰된 성공의 개수인 확률변수 X를 기초로 한다. 이때 결정함수의 형태는

$$d(x) = \frac{x+a}{n+b}$$

이며 이때 a와 b는 상수이다. 손실함수는

$$L\left(\frac{x+a}{n+b}, \theta\right) = c\left(\frac{x+a}{n+b} - \theta\right)^2$$

이고 c는 양의 상수이다.

풀이 문제는 θ에 대하여 최대화 된 후, 각각 대응되는 위험함수를 최소화시키는 값 a와 b를 구하는 것이다. 결국 절대자(우리의 상대방이라고 추정되는)가 θ의 선택을 전반적으로 통제할 때, 우리는 a와 b를 선택하는 것에 대해 전반적으로 통제하는 것이다.
163 ~ 164쪽에서 보았듯이 $E(X) = n\theta$이고 $E(X^2) = n\theta(1 - \theta + n\theta)$이므로,

$$\begin{aligned} R(d, \theta) &= E\left[c\left(\frac{X+a}{n+b} - \theta\right)^2\right] \\ &= \frac{c}{(n+b)^2}[\theta^2(b^2 - n) + \theta(n - 2ab) + a^2] \end{aligned}$$

미분을 이용하여 위의 식을 최대화시키는 값 θ를 찾을 수 있으며, 이 θ을 통해 a와 b에 대해 $R(d, \theta)$를 최소화시킬 수 있다. 이것은 특별히 어렵지 않으나, 몇 가지 지루한 세부적인 대수학을 포함하므로 연습문제 9.6을 독자들에게 남겨둔다. ●

이와 같은 문제의 풀이 과정을 간단히 하기 위해, 위험함수의 최소최대 결정기준이 상수일 때(공평하고 일반적인 조건하에서) 종종 **평형원칙(equalizer principle)**을 이용한다. 예를 들면 예제 9.8에서는 위

험함수가 θ의 값에 의존하지 않음을 알 수 있다.[2] 이 원칙을 정당화하기 위해, 적어도 직관적으로 예제 9.6에서 게임참가자 B가 전략 1 또는 전략 2 중 어떤 전략을 선택하든지에 관계없이 게임참가자 A의 최소최대전략은 기대손실을 3.41달러로 갖도록 함을 발견할 수 있다.

예제 9.8의 위험함수를 θ에 독립적이 되도록 만들기 위해, $R(d, \theta)$에서 θ와 θ^2의 계수 모두가 반드시 0이 되어야 한다. 이것은 $b^2 - n = 0$, $n - 2ab = 0$이므로, 즉 $a = \frac{1}{2}\sqrt{n}$이고, $b = \sqrt{n}$이다. 그러므로 최소최대 결정함수는,

$$d(x) = \frac{x + \frac{1}{2}\sqrt{n}}{n + \sqrt{n}}$$

만약 실제로 100회 시행 중 39회의 성공을 관찰했다면, 이 이항분포의 모수 θ를

$$d(39) = \frac{39 + \frac{1}{2}\sqrt{100}}{100 + \sqrt{100}} = 0.40$$

와 같이 추정했을 것이다.

9.6 베이즈기준

9.3절의 예에 베이즈기준을 적용하기 위해서는 양면 모두 앞면이거나 또는 앞뒷면을 갖는 균형 잡힌 상태의 동전을 다룰 때, 우리는 절대자의 두 가지 전략 θ_1과 θ_2에 확률을 할당하여야 한다. 만약 θ_1과 θ_2에 각각 확률 p와 $1 - p$를 할당한다면, 301쪽의 표에 의해 베이즈위험은

$$0 \cdot p + \frac{1}{2} \cdot (1 - p) = \frac{1}{2} \cdot (1 - p)$$

이며, d_3의 베이즈위험은

$$1 \cdot p + 0 \cdot (1 - p) = p$$

즉, $p > \frac{1}{3}$일 때에는 d_1의 베이즈위험이 d_3의 것보다 작으며 (그러므로 d_1이 d_3보다 좋다), $p < \frac{1}{3}$일 때에는 d_3의 베이즈위험이 d_1의 것보다 작다 (그러므로 d_3이 d_1보다 좋다). $p = \frac{1}{3}$일 때에는 두 베이즈위험은 같으며, 그러므로 우리는 d_1와 d_3 중 어느 것이든 이용할 수 있다.

예제 9.9

예제 9.7에서 균등분포의 모수가 아래와 같은 확률분포를 따르는 확률변수라고 하자.

2) 평형원칙이 완벽히 적용되는 조건은 이 장의 마지막에 실려있는 참고문헌 중 T. S. Ferguson의 책에 기재되어 있다.

$$h(\theta) = \begin{cases} \theta \cdot e^{-\theta}, & \theta > 0 \\ 0 & , \text{그 외} \end{cases}$$

만약 결정함수의 형태에 아무런 제약이 없고 손실함수는 2차식이라면, 이것의 가치는

$$L[d(x), \theta] = c\{d(x) - \theta\}^2$$

일 때, 베이즈위험을 최소화시키는 결정함수를 찾아라.

풀이 이제 Θ는 확률변수이므로, 원래 확률분포를 조건부분포로 볼 수 있다.

$$f(x|\theta) = \begin{cases} \frac{1}{\theta}, & 0 < x < \theta \\ 0, & \text{그 외} \end{cases}$$

정의 3.13에 의해 $f(x, \theta) = f(x|\theta) \cdot h(\theta)$이므로,

$$f(x, \theta) = \begin{cases} e^{-\theta}, & 0 < x < \theta \\ 0 & , \text{그 외} \end{cases}$$

연습문제 9.8에서 독자들이 보게 되는데, 이것은 X의 주변분포로

$$g(x) = \begin{cases} e^{-x}, & x > 0 \\ 0 & , \text{그 외} \end{cases}$$

를 얻게 되며, 주어진 $X = x$에 대하여 Θ의 조건부분포는

$$\varphi(\theta|x) = \begin{cases} e^{x-\theta}, & \theta > x \\ 0 & , \text{그 외} \end{cases}$$

가 된다.

이제 우리가 최소화시키고 싶은 베이즈위험 $E[R(d, \Theta)]$은 이중적분으로 정의된다.

$$\int_0^{\infty} \left\{ \int_0^{\theta} c[d(x) - \theta]^2 f(x|\theta)\, dx \right\} h(\theta)\, d\theta$$

$f(x|\theta) \cdot h(\theta) = \varphi(\theta|x) \cdot g(x)$임을 이용하고 적분의 순서를 바꾼다면,

$$\int_0^{\infty} \left\{ \int_0^{\infty} c[d(x) - \theta]^2 \varphi(\theta|x)\, d\theta \right\} g(x)\, dx$$

이 된다. 이 이중적분을 최소화시키기 위해서 우리는 각 x에 대해서 $d(x)$를 선택하여

$$\int_x^{\infty} c[d(x) - \theta]^2 \varphi(\theta|x)\, d\theta = \int_x^{\infty} c[d(x) - \theta]^2 e^{x-\theta}\, d\theta$$

이 최소화되도록 하여야 한다. $d(x)$에 대하여 미분하고 도함수를 0과 같다고 놓으면,

$$2ce^x \cdot \int_x^{\infty} [d(x) - \theta] e^{-\theta}\, d\theta = 0$$

이것은 곧,

$$d(x) \cdot \int_x^\infty e^{-\theta}\, d\theta - \int_x^\infty \theta e^{-\theta}\, d\theta = 0$$

그러므로 결국,

$$d(x) = \frac{\displaystyle\int_x^\infty \theta e^{-\theta}\, d\theta}{\displaystyle\int_x^\infty e^{-\theta}\, d\theta} = \frac{(x+1)e^{-x}}{e^{-x}} = x + 1$$

그러므로 만약 $x = 5$의 관찰값을 얻었다면(302쪽), 이 결정함수는 원래 균등분포의 모수에 대해서 $5 + 1 = 6$의 베이즈 추정값을 제공한다. ●

연습문제

9.3 299쪽의 예에 관해서, 만약 동전을 n회 던져졌다 하더라도 오로지 두 개의 허용 가능한 결정함수만이 존재함을 보여라. 또한 두 결정함수와 절대자의 두 상태에 관한 각각의 위험함수의 값을 표로써 나타내어라.

9.4 예제 9.7에서 만약 손실이 그들의 절댓값이 아닌 오차의 제곱에 비례한다면, 위험함수는

$$R(d, \theta) = \frac{c\theta^2}{3}(k^2 - 3k + 3)$$

이 되며, $k = \frac{3}{2}$일 때 최솟값을 가짐을 보여라.

9.5 한 통계전문가는 다음 밀도함수

$$f(x) = \begin{cases} \dfrac{2x}{\theta^2}, & 0 < x < \theta \\ 0 & , \text{그 외} \end{cases}$$

에 대하여, 한 개의 관찰값에 기초하여 모수 θ가 θ_1와 θ_2, $\theta_1 < \theta_2$, 둘 중 무엇과 같은지 결정하여야 한다. 만약 상수 k보다 관찰값이 작다면 θ_1이라고 결정하고, 만약 관찰값이 상수 k보다 크거나 같다면 θ_2라고 결정한다고 하고, 만약 틀린 결정을 하였을 때 C달러의 벌금을 물어야 한다고 하면, 최대 위험을 최소화시키는 k의 값은 무엇인가?

9.6 예제 9.8의 위험함수를 최대화시키는 값 θ를 구하고, 그 θ에 대해서 위험함수를 최소화시키는 a와 b를 구하여라. 303 ~ 304쪽에 주어진 값과 결과를 비교하여라.

9.7 예제 9.8에서 Θ를 $\alpha = 0, \beta = 1$을 갖는 균등분포를 따르는 확률변수라고 가정하면, 베이즈위험은 아래와 같음을 보여라.

$$\frac{c}{(n+b)^2}\left[\frac{1}{3}(b^2 - n) + \frac{1}{2}(n - 2ab) + a^2\right]$$

또한 베이즈위험은 $a = 1, b = 2$일 때 최소화되며, 그때의 최적의 베이즈 결정 규칙은

$d(x) = \dfrac{x+1}{n+2}$ 로 주어짐을 보여라.

9.8 305쪽의 X의 주변분포와 $X = x$가 주어졌을 때의 Θ의 조건부확률을 보여라.

9.9 한 관찰값에 기초한 기하분포의 모수 θ를 추정하기를 원한다고 하자. 만약 손실함수가

$$L[d(x), \theta] = c\{d(x) - \theta\}^2$$

이고, Θ가 $0 < \theta < 1$일 때 $h(\theta) = 1$이고, 그외에는 $h(\theta) = 0$인 균등분포를 따른다고 하면, 예제 9.9의 과정을 반복하여 다음을 보여라.

(a) $X = x$가 주어졌을 때의 Θ의 조건부확률은

$$\varphi(\theta|x) = \begin{cases} x(x+1)\theta(1-\theta)^{x-1}, & 0 < \theta < 1 \\ 0 & , \text{그 외} \end{cases}$$

(b) 베이즈위험은 아래의 결정함수로 최소화된다.

$$d(x) = \frac{2}{x+2}$$

(힌트: 어떠한 베타분포든지 그 적분은 1과 같다는 사실을 이용하라.)

9.7 실제 예

A. Wald (1902~1950) 교수가 처음 결정이론의 개념을 개발하였을 때에는 정규성 가정과 통계적 가설검정을 수행할 때의 임의의 유의수준 (10, 11장) 을 다룰 때 사용하려는 의도가 있었다. 그러나 통계적 결정이론은 결정기준과 같은 손실함수의 선택을 필요로 하고, 때때로 귀찮은 수학적 풀이과정을 거쳐야 한다. 아마도 이와 같은 이유에서 결정이론은 실제 응용에는 잘 사용되지 않는다. 그러나 이 이론은 통계적 사고에 현저한 기여를 하였고, 저자의 관점으로는 이것은 좀 더 자주 사용되어야 한다고 생각된다.

이 절에서는 결정이론의 몇 가지 개념들이 **합격 샘플링 (acceptance sampling)** 에 어떻게 이용되는지의 예를 제공할 것이다 (5.10절 참조). 합격 샘플링은 많은 제조품들 중에서 확률표본을 추출하여 그 표본의 물품을 조사하고 그 생산물품 (lot; 한 무더기) 을 채택할지 (accept) 또는 기각할지 (reject; 버릴지) 결정하는 과정이다. 만약 표본에 결함 있는 물품이 특정 한계값 ("허용 개수") 을 초과하면 그 전체 생산물품은 버려지며, 만약 그렇지 않으면 채택되어 창고로 보내지거나 최종 세일의 판매대리점으로 보내진다. 만약 생산물품이 "기각된다면" 실제로는 좀처럼 버려지지 않고 대신 "상세히 조사된다". 즉, 이것은 더 자세히 검사되어 결함있는 물품을 골라내어 버려진다. 아래의 예는 결정이론의 요소가 어떻게 그런 과정에 적용되는지 보여 준다.

예제 9.10

어떤 제조업자가 결함 있는 물품이 배송된 데에 따른 보증비용 C_w의 손해를 입으며, 또한 전체 생산물품 (lot) 을 자세히 조사하기 위해 C_d의 비용이 발생한다고 가정하자. 표본조사과정은 전체 N물품이 담긴 생산

물품에서 n개의 물건을 랜덤하게 추출하여 조사하고, 표본에서 발견된 결함 있는 물품의 개수를 기초로 하여 채택할지 또는 기각할지 결정하는 과정이다. 아래에 두 가지의 전략이 비교되어 있다.

표본불량품수, x	전략 1	전략 2
0	합격	합격
1	합격	기각
2	합격	기각
3 또는 그 이상	기각	기각

바꿔 말하면, 첫 번째 전략에서 허용 개수는 2이며, 두 번째 전략에서는 0이다.

(a) 이 두 가지 전략에 대한 위험함수를 구하여라.

(b) 어떠한 조건하에서 각 전략을 선호하겠는가?

풀이 결정함수 d_1에서는 만약 조사된 표본에서 발견된 결함 있는 물품의 개수 x가 2를 초과하지 않는다면 생산물품을 채택하고, 그렇지 않으면 생산물품을 기각한다. 결정함수 d_2에서는 만약 $x = 0$이라면 생산물품을 채택하고, 그렇지 않으면 생산물품을 기각한다. 그러므로 손실함수는,

$$
\begin{aligned}
L(d_1, \theta) &= C_w \cdot x \cdot P(x = 0, 1, 2|\theta) + C_d \cdot P(x > 2|\theta) \\
&= C_w \cdot x \cdot B(2; n, \theta) + C_d \cdot [1 - B(2; n, \theta)] \\
L(d_2, \theta) &= C_w \cdot x \cdot P(x = 0|\theta) + C_d \cdot P(x > 0|\theta) \\
&= C_w \cdot x \cdot B(0; n, \theta) + C_d \cdot [1 - B(0; n, \theta)]
\end{aligned}
$$

$B(x; n, \theta)$는 모수 n과 θ를 갖는 누적 이항분포를 나타낸다. 대응되는 위험함수는 손실함수를 x에 대해서 기댓값을 취하여 얻어진다.

$$
\begin{aligned}
R(d_1, \theta) &= C_w \cdot n\theta \cdot B(2; n, \theta) + C_d \cdot [1 - B(2; n, \theta)] \\
R(d_2, \theta) &= C_w \cdot n\theta \cdot B(0; n, \theta) + C_d \cdot [1 - B(0; n, \theta)]
\end{aligned}
$$

두 가지 결정함수 중 하나를 선택하기 위하여 최소최대기준 또는 베이즈기준이 사용될 수 있다. 그러나 만약 최소최대기준을 이용한다면, θ에 대해서 위험함수를 최대화시킨 후 그 결과를 최소화시킨다. 우리는 여기에서 이것을 시도하지 않기로 한다. 반면에 베이즈기준을 이용하려면 우리는 θ의 사전분포를 가정하여야 하는데, 맞는다는 보장이 없는 가정을 설정하는 것이다. 그러나 두 위험함수를 θ의 함수로 여겨 그 차이를 조사하고, 다른 것에 비해 위험을 적게 하는 θ의 값을 결정하는 것은 그렇게 어려운 문제가 아니다. 사전 생산물품의 결함률에 관한 경험은 어떤 "합리적인" θ값이 두 위험을 비교할 값인지를 결정하게 한다.

예를 들어 표본의 크기는 $n = 10$으로 선택되고, 각 배송된 결함있는 물품에 대응되는 보증비용이 $C_w =$ \$1,000이며, 버려진 생산물품을 상세히 조사하는 데 드는 비용은 $C_d =$ \$2,000이라고 가정하자. 그러면 위험함수는,

$$
\begin{aligned}
R(d_1, \theta) &= 1{,}000 \cdot \theta \cdot B(2; 10, \theta) + 2{,}000 \cdot [1 - B(2; 10, \theta)] \\
R(d_2, \theta) &= 1{,}000 \cdot \theta \cdot B(0; 10, \theta) + 2{,}000 \cdot [1 - B(0; 10, \theta)]
\end{aligned}
$$

첫 번째 식에서의 $B(2; 10, \theta)$의 계수와 두 번째 식의 $B(2; 10, \theta)$의 계수를 모아 빼면,

$$
\delta(\theta) = R(d_1, \theta) - R(d_2, \theta) = (1{,}000\theta - 2{,}000)[B(2; 10, \theta) - B(0; 10, \theta)]
$$

$\theta \le 1$이므로 $(1{,}000\,\theta - 2{,}000) \le 0$이다. 또한 $B(2;\ 10,\ \theta) \ge B(0;\ 10,\ \theta)$을 보이는 것은 간단하다. 그러므로 $\delta(\theta)$는 절대 양수가 될 수 없으며, 모든 θ의 값에 대해 전략 1의 위험은 전략 2의 것에 비해 작거나 같으므로 우리는 전략 1을 선택하며, 즉 허용 개수는 2이다. ●

9.1~9.2절

응용문제

9.10 예제 9.1에서 만약 제조업자가 아래와 같이 느낄 때 기대손실을 최소화시키는 결정을 찾아라.

(a) 불경기가 올 오즈는 3대 2이다.

(b) 불경기가 올 오즈는 7대 4이다.

9.11 예제 9.1에서 만약 아래와 같이 바뀐다면 제조업자는 같은 결정을 내릴 것인가?

(a) 164,000달러의 이득이 200,000달러로 바뀌고, 불경기가 올 오즈는 2대 1이다.

(b) 40,000달러의 손실이 60,000달러의 손실로 바뀌고, 불경기가 올 오즈는 3대 2이다.

9.12 쿠퍼양은 호놀룰루에서 열리는 회의에 참석하려 하는데 그녀는 반드시 그녀의 방 예약서를 보내야 한다. 회의는 매우 대규모여서 일부는 호텔 *X*에서 부분적으로 열리고 호텔 *Y*에서도 부분적으로 열린다. 그런데 그녀는 그녀가 참석하고 싶은 회의가 호텔 *X*에서 열리는지 아니면 호텔 *Y*에서 열리는지 알지 못한다. 그녀는 하룻밤만 묵을 예정이며 만약 호텔 *X*에서 머문다면 66.00달러가 들고, 만약 호텔 *Y*에서 머문다면 62.40달러가 들며, 만약 그녀가 다른 호텔에 잘못 묵는다면 6.00달러의 교통비용이 추가로 발생한다.

(a) 만약 쿠퍼양이 그녀가 참석하기 원하는 회의가 호텔 *X*에서 열릴 것이라는 오즈가 3대 1이라고 느낀다면, 그녀의 기대비용을 최소화시키기 위해 그녀는 어느 곳에 예약을 하여야 하는가?

(b) 만약 쿠퍼양이 그녀가 참석하기 원하는 회의가 호텔 *X*에서 열릴 것이라는 오즈가 5대 1이라고 느낀다면, 그녀의 기대비용을 최소화시키기 위해 그녀는 어느 곳에 예약을 하여야 하는가?

9.13 한 트럭 운전수는 재목들을 두 건설현장 중 한 곳에 배달하여야 하는데, 한 곳은 재목장으로부터 27마일 떨어져 있고, 다른 한 곳은 33마일 떨어져 있다. 그런데 그가 배달하도록 지시받은 곳을 잊어버렸다. 두 건설현장은 서로 12마일 떨어져 있으며, 성가시게도 재목장의 전화가 고장이 나 있다. 만약 그가 아래와 같이 느낀다면, 기대되는 운전 거리를 최소화시키기 위해 어느 곳을 먼저 가야 하는가?

(a) 33마일 떨어진 건설현장으로 가야할 오즈가 5대 1이다.

(b) 33마일 떨어진 건설현장으로 가야할 오즈가 2대 1이다.

(c) 33마일 떨어진 건설현장으로 가야할 오즈가 3대 1이다.

9.14 예제 9.2처럼 결정의 기준을 비관적인 것에 기초한다면,

(a) 응용문제 9.12의 쿠퍼양은 어떻게 결정할 것인가?

(b) 응용문제 9.13의 트럭 운전수는 어떻게 결정할 것인가?

9.15 결정의 기준을 긍정적인 것(즉, 최대 이익을 최대화시키거나 또는 최소 손실을 최소화시키는 것)에 기초한다면,

(a) 예제 9.1의 제조업자는 어떻게 결정할 것인가?

(b) 응용문제 9.12의 쿠퍼양은 어떻게 결정할 것인가?

(c) 응용문제 9.13의 트럭 운전수는 어떻게 결정할 것인가?

9.16 만약 예제 9.1의 제조업자는 항상 좋은 계약에서도 손실을 볼 것을 걱정하는 유형의 사람이라고 하자. 예를 들어 그가 만약 확장을 연기하고 경제 상황이 여전히 좋다고 하면 그는 84,000달러의 손실을 볼 것이다. (그가 만약 바로 확장을 결정하였다면 얻었을 이득 80,000달러와의 차이 이득 164,000달러) 이러한 양을 **기회손실 (opportunity loss)**, 혹은 **후회 (regret)** 라고 한다.

(a) 다른 세 가지 경우에 대한 각각의 기회손실을 구하여라.

(b) 제조업자의 최대 기회손실을 최소화시키는 결정을 찾아라.

9.17 응용문제 9.16의 정의에 의해 아래의 경우 최대 기회손실을 최소화시키는 결정을 찾아라.

(a) 응용문제 9.12의 쿠퍼양

(b) 응용문제 9.13의 트럭 운전수

9.18 예제 9.1에서 제조업자는 불경기가 올 것인가에 대해 절대 틀리지 않는 예측자를 15,000달러에 고용할 수 있는 선택권이 있다고 하자. 불경기가 올 것이라는 원래 오즈 2대 1에 기초하여, 제조업자가 이 15,000달러를 지출하는 것이 가치있는 것인가?

9.19 아래의 표는 영합 두 사람 게임에 관한 각각의 대가행렬(게임참가자 A가 게임참가자 B에게 지불해야 하는)이다. 지배당하는 모든 전략을 제거하고, 각 게임참가자에 대한 최적의 전략을 결정하고 그때의 게임 가치를 구하여라.

(a)

3	−2
5	7

(b)

14	11
16	−2

(c)

−5	0	3
−6	−3	−3
−12	−1	1

(d)

7	10	8
8	8	11
7	5	9

9.20 아래의 표는 영합 두 사람 게임에 관한 각각의 대가행렬이다. 안장점을 찾고(혹은 여러 개의 안장점), 각 게임의 가치를 구하여라.

(a)

−1	5	−2
0	3	1
−2	−4	5

(b)

3	2	4	9
4	4	4	3
5	6	5	6
5	7	5	9

9.21 어느 작은 마을에 두 주유소가 마을의 가솔린 소비 시장을 공유한다. 주유소 A의 소유주는 홍보의 일종으로 고객들에게 무료로 안경을 제공하는 것을, 주유소 B의 소유주는 스테이크 나이프를 제공하는 것을 고려하고 있다. 그들은 (비슷한 다른 상황에 의해) 만약 주유소 A가 무료 안경을 제공하고 주유소 B가 스테이크 나이프를 무료 제공하지 않는다면 주유소 A의 시장 점유율이 6% 증가할 것이고, 만약 주유소 B가 스테이크 나이프를 무료 제공하고 주유소 A가 무료 안경을 제공하지 않는다면 주유소 B의 시장 점유율이 8% 증가할 것이며, 만약 두 곳 모두 무료제공을 하지 않는다면 주유소 B의 시장 점유율이 3% 증가할 것임을 알고 있다.

(a) 위에 나타난 정보를 주유소 A의 시장점유율 손실에 관하여 대가행렬의 형태로 나타내어라.

(b) 두 주유소 소유주의 최적의 전략을 찾아라.

9.22 297, 298쪽에 게임참가자 B의 확률화된 전략의 두 확률이 $\frac{4}{17}$과 $\frac{13}{17}$임을 보여라.

9.23 아래의 표는 2×2 영합 두 사람 게임의 대가행렬이다.

3	−4
−3	1

(a) 게임참가자 A는 그의 최대 기대손실을 최소화시키기 위하여 어떤 확률화 전략을 사용하여야 하는가?

(b) 게임참가자 B는 그의 최대 기대손실을 최소화시키기 위하여 어떤 확률화 전략을 사용하여야 하는가?

(c) 게임의 가치는 얼마인가?

9.24 응용문제 9.12에서 쿠퍼양의 최대 기대 비용을 최소화시키는 확률화 전략은 무엇인가?

9.25 어느 한 나라는 두 비행장을 가지고 있는데, 적의 침략에 오직 한 번 방어하는 데 발생하는 비용이 2,000,000달러와 10,000,000달러인 설비를 가지고 있다. 반면에 적은 이 비행장들에 대해 오직 한 번 공격할 수 있으며, 공격 후 방어불가 상태로 남아야 성공적이었다고 할 수 있다. 공격 뒤에도 설비가 유지되어 가동하는데 발생하는 총 비용을 그 나라의 "대가"라고 생각할 때, 그 나라와 적의 각각의 최적의 전략을 찾고 그때의 "게임"의 가치를 구하여라.

9.26 두 사람이 다음의 게임을 하고 있다. 첫 번째 사람이 쪽지에 1 또는 4를 적고, 동시에 두 번째 사람은 다른 쪽지에 0 또는 3을 적는다. 만약 두 숫자의 합이 홀수이면, 첫 번째 사람이 그 양에 해당하는 달러를 가지게 되고, 두 번째 사람은 2달러를 가진다.

(a) 대가를 첫 번째 사람의 손실에 관하여 고려한, 대가행렬을 작성하여라.

(b) 첫 번째 사람이 그의 최대 기대손실을 최소화시키기 위하여 어떤 확률화 결정 과정을 이용하여야 하는가?

(c) 두 번째 사람이 그의 최대 기대손실을 최소화시키기 위하여 어떤 확률화 결정 과정을 이용하여야 하는가?

9.27 특정 구역에 두 주유소가 존재한다. 첫 번째 주유소의 소유주는 두 주유소가 모두 가격을 낮추지 않는다면 그는 어느 날이라도 하루에 100달러의 순이익을 얻음을 알고 있다. 만약 다른 주유소가 가격을 낮추지 않을 때 그가 가격을 낮춘다면, 140달러의 순이익을 얻을 수 있고, 만약 그가 가격을 낮추지 않고 다른 주유소가 가격을 낮춘다면 70달러의 순이익을 얻으며, 만약 두 주유소가 이러한 "가격 경쟁"에 뛰어들게 된다면 그는 80달러의 순이익을 얻게 될 것이다. 두 주유소의 소유주들은 각자 독립적으로 어느 주어진 날 주유 가격을 정하기로 결정하였고, 결정을 발표한 후에 다른 사람의 가격을 보고 가격을 바꿀 수 없음을 가정한다.

(a) 첫 번째 주유소 소유주가 만약 최소 순이익을 최대화시키고 싶다면 그는 가격을 유지해야 하는가 아니면 낮추어야 하는가?

(b) 첫 번째 주유소의 가격 형태가 두 번째 주유소에도 적용된다고 가정할 때, 각자 모두 105달러의 순이익을 얻기 위하여 어떻게 공모할 것인가?

이 "게임"은 영합 게임이 아니며, 공모를 하는 확률은 완전히 새로운 확률임을 주의하여라.

9.3~9.6절

9.28 한 관찰값이 모수 θ가 $0, \frac{1}{2}$ 또는 1인 베르누이분포를 따른다고 할 때, 이 관찰값에 기초하여 한 통계전문가는 결정을 내려야 한다. 그의 손실(그의 봉급에서 공제되는 벌금)은 그의 오차의 절댓값의 100배이다.

(a) 손실함수의 가능한 9개의 값을 표로 구성하여 나타내어라.

(b) 9개의 가능한 결정함수를 목록으로 만들고, 그에 따른 각각의 위험함수의 값을 표로 구성하여 나타내어라.

(c) 허용 가능하지 않은 5개의 결정함수를 보이고, 최소최대기준에 의거해 남은 결정함수는 모두 동등하게 좋음을 보여라.

(d) 세 가지 가능한 모수 θ가 모두 같은 확률로 여겨질 때, 베이즈기준에 의거하여 가장 좋은 결정함수는 무엇인가?

9.29 두 관찰값이 모수 θ가 $0, \frac{1}{4}$ 또는 $\frac{1}{2}$인 이항분포를 따른다고 할 때, 이 관찰값들에 기초하여 한 통계전문가는 결정을 내려야 한다. 만약 그가 틀렸을 때 그의 손실(그의 봉급에서 공제되는 벌금)은 160달러이다.

(a) 손실함수의 가능한 4개의 값을 표로 구성하여 나타내어라.

(b) 8개의 가능한 결정함수를 목록으로 만들고, 그에 따른 각각의 위험함수의 값을 표로 구성하여 나타내어라.

(c) 허용 가능하지 않은 결정함수 3개를 보여라.

(d) 최소최대기준에 의거하여 최선의 결정함수를 찾아라.

(e) $\theta = \frac{1}{4}$일 확률은 $\frac{2}{3}$이고 $\theta = \frac{1}{2}$일 확률은 $\frac{1}{3}$일 때, 베이즈기준에 의거하여 최선의 결정함수를 찾아라.

9.7절

9.30 한 제조업자가 두 개의 부품으로 이루어진 상품을 생산한다. 그 상품은 두 부품이 모두 작동해야 상품의 기능이 적절하게 작동한다. 제조업자에게 한 상품이 수선을 위해 되돌아오는 비용은 α달러이고, 한 부품을 살펴보는 비용은 β달러이며, 결함 있는 부품을 수리하는 데 발생하는 비용은 φ달러이다. 그는 고장일 경우 공장에서 최고의 작동 상태로 수리해 준다고 보증하고 검사 없이 각 상품을 송출할 수 있다. 또는 두 부품을 모두 검사하여 만약 필요하다면 수리를 하여 송출하거나, 또는 부품 중 하나를 랜덤하게 추출하여 검사한 뒤 정상이면 그 상품을 공장에서의 수리 보증과 함께 송출하고, 추출된 부품이 작동하지 않는다면 그것을 수리하고 다른 부품을 또 체크한다.

(a) 제조업자의 3개의 가능한 "전략"과 3개의 절대자의 "상태", 즉 제대로 작동하지 않는 부품이 0, 1 또는 2개일 때 각각의 기대손실을 표로 구성하여 보여라.

(b) 만약 $\alpha = \$25.00$이고 $\varphi = \$10.00$이며, 제조업자가 최대기대손실을 최소화시키기를 원한다면 그는 어떻게 하여야 하는가?

(c) 만약 $\alpha = \$10.00$, $\beta = \$12.00$, $\varphi = \$30.00$이고, 제대로 작동하지 않는 부품이 0, 1 또는 2개가 될 확률이 각각 0.70, 0.20, 0.10이라고 제조업자가 생각한다면, 그의 베이즈위험을 최소화시키기 위하여 어떻게 하여야 하는가?

9.31 첫 번째 전략을 2를 채택하는 것 대신 1을 채택하는 것으로 바꾼 뒤 예제 9.10을 다시 풀어라.

9.32 예제 9.10에서 전략 2가 선호되기 위한 C_w와 C_d의 값은 얼마인가?

참고문헌

아래에서 게임이론과 결정이론에 대한 기본적인 것들을 찾아 볼 수 있다.

CHERNOFF, H., and Moses, L. E., *Elementary Decision Theory*. Mineola, N.Y.: Dover Publications, Inc. (Republication of 1959 edition).

DRESHER, M., *Games of Strategy: Theory and Applications*. Upper Saddle River, N.J.: Prentice Hall, 1961.

HAMBURG, M., *Statistical Analysis for Decision Making*, 4th ed. Orlando, Fla.: Harcourt Brace Jovanovich, 1988.

MCKINSEY, J. C. C., *Introduction to the Theory of Games*. New York: McGraw-Hill Book Company, 1952.

OWEN, G., *Game Theory*. Philadelphia: W. B. Saunders Company, 1968.

WILLIAMS, J. D., *The Compleat Strategyst*. New York: McGraw-Hill Book Company, 1954. 고급 수준의 이론

BICKEL, P. J., and DOKSUM, K. A., *Mathematical Statistics: Basic Ideas and Selected Topics*. Upper Saddle River, N.J.: Prentice Hall, 1977.

FERGUSON, T. S., *Mathematical Statistics: A Decision Theoretic Approach*. New York: Academic Press, Inc., 1967.

WALD, A., *Statistical Decision Functions*. New York: John Wiley & Sons, Inc., 1950.

10장 | 점추정

◆ 10.1 서론

관습적으로 통계적 추론의 문제는 실제로 결정 문제이기 때문에, 앞 장에서 배운 것과 같이 통일된 접근 방법으로 해결이 가능함에도 불구하고, **추정의 문제**(**problems of estimation**)와 **가설검정**(**test of hypotheses**)으로 나뉘어져 왔다. 두 유형의 문제의 가장 대표적인 차이점은 추정의 문제에서는 모수(혹은 여러 모수값들)의 값을 가능한 연속 구간에서 결정해야 하지만, 가설검정에서는 모수(혹은 여러 모수들)의 어떤 특정한 값 혹은 값들을 채택할 것인지 또는 기각할 것인지를 결정해야 한다는 점이다.

정의 10.1 **점추정** 모집단의 모수를 추정하기 위하여 통계량의 값을 사용할 때에, 우리는 이것을 **점추정**(**point estimation**)이라고 하며, 통계량의 값을 모수의 **점추정값**(**point estimate**)이라고 한다.

예를 들어 관찰된 표본이 이항 모집단의 모수 θ의 추정값에 비례할 때, 만약 모평균을 추정하기 위해 $\overline{X}$의 값을 사용하거나 또는 모집단의 분산을 추정하기 위한 S^2의 값을 사용한다면, 각각의 경우는 모두 문제의 모수를 점추정하는 것이다.

위와 부합되어 통계량 그 자체를 **점추정량**(**point estimators**)이라고 한다. 예를 들면 $\overline{x}$가 이것의 모수의 점추정값으로 사용되는 경우에 $\overline{X}$는 μ의 점추정량으로 사용된다. 마찬가지로 s^2가 이것의 모수의 점추정값으로 사용된 경우, S^2은 σ^2의 점추정량으로 사용된다. 여기에서 우리가 "점"이라는 단어를 사용하는 이유는 이 추정량들을 11장에 나오는 **구간추정량**(**interval estimators**)과 **구간추정값**(**interval estimates**)과 구분하기 위해서이다.

추정량은 확률변수이기 때문에 점추정 문제의 중요한 것 중 하나는 그들의 표본분포를 연구해야 한다는 것이다. 예를 들어 확률표본에 기초하여 모집단의 분산을 추정하려고 할 때에 우리가 구한 S^2의 값이 σ^2와 일치할 것이라 기대하지 않지만, 최소한 가까울 것이라고 장담한다. 또한 모평균을 추정하기 위해서 표준평균을 사용할지 또는 표본중앙값을 사용할지 결정해야 한다. 즉, $\overline{X}$와 $\tilde{X}$ 중 실제로 더 가까운 값을 결정해야 한다.

그러므로 주어진 상황에서 어떤 추정량이 가장 적절하고, 우리를 가장 적은 위험에 노출시키며, 우리에게 가장 적은 비용으로 많은 정보를 주는 등을 결정하기 위해서 추정량의 여러 통계적 특징이 이용된다. 10.2절부터 10.6절까지 우리가 토론할 추정량의 특별한 특징은 **비편향성 (unbiasedness)**, **최소분산 (minimum variance)**, **효율성 (efficiency)**, **일치성 (consistency)**, **충분성 (sufficiency)**, **로버스트성 (robustness)** 이다.

10.2 비편향추정량

302쪽에서 본 것처럼 완벽한 결정함수란 존재하지 않으며, 추정의 문제에서 이것은 언제나 정확한 답을 주는 완벽한 추정량이 존재하지 않음을 의미한다. 그러므로 추정량은 적어도 평균적으로는 정확한 답을 주도록 수행되어야 함이 타당해 보인다. 즉, 추정량의 기댓값은 추정될 모수와 일치해야 한다. 만약 이런 경우라면 그 추정량은 **비편향 (unbiased)** 이라고 말하며, 그렇지 않으면 **편향 (biased)** 되었다고 말한다.

정의 10.2 **비편향추정량** 모든 θ값에 대하여 $E(\hat{\Theta}) = \theta$일 때 통계량 $\hat{\Theta}$는 모수 θ의 **비편향추정량 (unbiased estimator)** 이라고 말한다.

다음은 비편향추정량과 편향추정량의 몇 가지 예이다.

예제 10.1

$\theta = \dfrac{1}{2}$이지 않으면 304쪽의 이항모수 θ의 최소최대 추정량은 편향되어 있음을 보여라.

풀이 $E(X) = n\theta$이므로,

$$E\left(\frac{X + \frac{1}{2}\sqrt{n}}{n + \sqrt{n}}\right) = \frac{E\left(X + \frac{1}{2}\sqrt{n}\right)}{n + \sqrt{n}} = \frac{n\theta + \frac{1}{2}\sqrt{n}}{n + \sqrt{n}}$$

그러므로 $\theta = \dfrac{1}{2}$이 아니면 이 값은 θ와 같지 않음을 쉽게 보일 수 있다.

예제 10.2

만약 X가 모수 n과 θ를 갖는 이항분포를 따른다고 할 때, 표본비율 $\dfrac{X}{n}$은 θ의 비편향추정량임을 보여라.

풀이 $E(X) = n\theta$이므로,

$$E\left(\frac{X}{n}\right) = \frac{1}{n} \cdot E(X) = \frac{1}{n} \cdot n\theta = \theta$$

그러므로 $\dfrac{X}{n}$은 θ의 비편향추정량이다.

예제 10.3

$X_1, X_2, \cdots, X_n$이 모집단의 확률표본을 구성한다고 하며, 그 모집단은 아래와 같다.

$$f(x) = \begin{cases} e^{-(x-\delta)}, & x > \delta \\ 0 & , \text{그 외} \end{cases}$$

$\overline{X}$는 δ의 편향추정량임을 보여라.

풀이 모평균은

$$\mu = \int_{\delta}^{\infty} x \cdot e^{-(x-\delta)} dx = 1 + \delta$$

이므로 정리 8.6에 의해서 $E(\overline{X}) = 1 + \delta \neq \delta$이므로, $\overline{X}$는 δ의 편향추정량이다.

$\hat{\Theta}$가 θ의 편향추정량이면 다음과 같이 주어지는 편향(bias)의 크기를 알 수 있다.

$$b_n(\theta) = E(\hat{\Theta}) - \theta$$

그러므로 예제 10.2의 편향은

$$\frac{n\theta + \frac{1}{2}\sqrt{n}}{n + \sqrt{n}} - \theta = \frac{\frac{1}{2} - \theta}{\sqrt{n} + 1}$$

그리고 θ가 $\frac{1}{2}$에 가까워지고 n이 커지면 이것은 작아지는 경향을 보임을 알 수 있다.

정의 10.3 **점근적비편향추정량** $b_n(\theta) = E(\hat{\Theta}) - \theta$를 추정량 $\hat{\Theta}$의 **편향(bias)**이라 하고

$$\lim_{n \to \infty} b_n(\theta) = 0$$

이면 $\hat{\Theta}$를 θ의 **점근적비편향추정량(asymptotically unbiased estimatorbias)**이라고 한다.

예제 10.3에서처럼 편향은 $(1 + \delta) - \delta = 1$이지만, 우리는 여기서 이것에 대해 무엇인가를 더 알 수 있다. $E(\overline{X}) = 1 + \delta$이므로 $E(\overline{X} - 1) = \delta$이고, 그러므로 $\overline{X} - 1$은 δ의 비편향추정량이다. 다음은 추정량이 비편향이 되도록 하는 간단한 변형에 관한 예이다.

예제 10.4

만약 $X_1, X_2, \cdots, X_n$이 $\alpha = 0$인 균등모집단의 확률표본을 구성한다고 하면, 가장 큰 표본값(즉, n번째 순서통계량 Y_n)은 모수 β의 편향추정량임을 보여라. 또한 이 β의 추정량을 비편향이 되도록 변형시켜라.

풀이 282쪽의 $g_n(y_n)$의 식을 대입하면, Y_n의 표본분포를 찾을 수 있다.
$0 < y_n < \beta$일 때에는

$$g_n(y_n) = n \cdot \frac{1}{\beta} \cdot \left(\int_0^{y_n} \frac{1}{\beta} dx\right)^{n-1}$$
$$= \frac{n}{\beta^n} \cdot y_n^{n-1}$$

그렇지 않으면 $g_n(y_n) = 0$이다. 그러므로,

$$E(Y_n) = \frac{n}{\beta^n} \cdot \int_0^{\beta} y_n^n \, dy_n$$
$$= \frac{n}{n+1} \cdot \beta$$

따라서 $E(Y_n) \neq \beta$이고 n번째 순서통계량은 모수 β의 편향추정량이다.

그러나,

$$E\left(\frac{n+1}{n} \cdot Y_n\right) = \frac{n+1}{n} \cdot \frac{n}{n+1} \cdot \beta$$
$$= \beta$$

이므로 $\frac{n+1}{n}$배의 가장 큰 표본값은 모수 β의 비편향추정량이다.

추정량의 바람직한 특성으로 비편향성을 논의하였으므로, 이제 표본분산을 구할 때 왜 n이 아닌 $n-1$으로 나누어주는지 설명할 수 있다. 이것은 확률표본의 S^2를 무한한 모집단들의 σ^2에 대한 비편향추정량으로 만들어주기 때문이다.

정리 10.1 만약 S^2가 유한 분산 σ^2를 갖는 무한한 모집단들의 확률표본의 분산이라면 $E(S^2) = \sigma^2$이다.

증명 정의 8.3에 의해서

$$E(S^2) = E\left[\frac{1}{n-1} \cdot \sum_{i=1}^{n}(X_i - \overline{X})^2\right]$$
$$= \frac{1}{n-1} \cdot E\left[\sum_{i=1}^{n}\{(X_i - \mu) - (\overline{X} - \mu)\}^2\right]$$
$$= \frac{1}{n-1} \cdot \left[\sum_{i=1}^{n} E\{(X_i - \mu)^2\} - n \cdot E\{(\overline{X} - \mu)^2\}\right]$$

그러므로 $E\{(X_i - \mu)^2\} = \sigma^2$ 이고, $E\{(\overline{X} - \mu)^2\} = \frac{\sigma^2}{n}$ 이므로,

$$E(S^2) = \frac{1}{n-1} \cdot \left[\sum_{i=1}^{n} \sigma^2 - n \cdot \frac{\sigma^2}{n}\right] = \sigma^2$$

비록 S^2가 무한모집단들 분산의 비편향추정량이지만, 유한모집단 분산의 비편향추정량은 아니며, 또한 S는 σ의 비편향추정량이 아니다. σ의 추정량으로서의 S의 편향은 다른 여러 곳에서 논의되었으며, 이 장의 마지막 참고문헌 가운데 E. S. Keeping의 책에 논의되어 있다.

위 단락의 내용은 비편향성의 개념에 관한 어려움을 나타내고 있다. 이것은 함수적 변형에 대한 불변성을 유지하고 있지 않다. 즉, 만약 $\hat{\Theta}$가 θ의 비편향추정량이라면 반드시 $\omega(\hat{\Theta})$가 $\omega(\theta)$의 비편향추정량이 되지 않는다. 비편향추정량의 개념에 관한 다른 어려움은 비편향추정량은 반드시 유일하지는 않다는 것이다. 예를 들어 예제 10.6에서 $\frac{n+1}{n}\cdot Y_n$은 예제 10.4의 모수 β의 유일한 비편향추정량이 아님을 보일 것이며, 연습문제 10.8에서 $\overline{X}-1$은 예제 10.3의 모수 δ의 유일한 비편향추정량이 아님을 보일 것이다.

◆ 10.3 효율성

만약 주어진 모수의 여러 비편향추정량들 중에서 하나를 선택해야 한다면, 우리는 표본분산이 최소분산을 갖는 것을 선택할 것이다. 우리는 이미 283쪽에서 표본평균과 표본중앙값을 비교하여 이와 같은 내용을 언급하였으며, 더 작은 분산을 갖는 추정량을 "좀 더 신뢰할만하다 (more reliable)"라고 말한다.

정의 10.4 **최소분산비편향추정량** 모든 비편향추정량이 가능한 최소 분산을 갖는 추정량을 **최소분산비편향추정량 (minimum variance unbiased estimator**, 또는 **최량비편향추정량 (best unbiased estimator)** 이라고 한다.

만약 $\hat{\Theta}$가 θ의 비편향추정량이라면 매우 일반적인 조건 (10장 참고문헌 참조) 하에서 $\hat{\Theta}$의 분산이 다음 부등식을 만족한다.

$$\operatorname{var}(\hat{\Theta}) \geqq \frac{1}{n\cdot E\left[\left(\frac{\partial \ln f(X)}{\partial\theta}\right)^2\right]}$$

이때 $f(x)$는 x에서의 모집단분포의 값이고, n은 확률표본의 크기이다. 이 부등식은 **크래머-라오 부등식 (Cramér-Rao inequality)** 이라 하며 다음의 결과를 이끌어낸다.

정리 10.2 만약 $\hat{\Theta}$가 θ의 비편향추정량이고

$$\operatorname{var}(\hat{\Theta}) = \frac{1}{n\cdot E\left[\left(\frac{\partial \ln f(X)}{\partial\theta}\right)^2\right]}$$

라면, $\hat{\Theta}$는 θ의 최소분산비편향추정량이다.

여기서 분모의 값은 θ에 관한 **정보 (information)** 라고 하며, 이것은 표본에 의해 제공된다 (연습문제 10.19 참조). 그러므로 더 작은 분산은 더 많은 정보를 뜻한다.

예제 10.5

$\overline{X}$는 정규모평균 μ의 최소분산비편향추정량임을 보여라.

풀이

$$f(x) = \frac{1}{\sigma\sqrt{2\pi}} \cdot e^{-\frac{1}{2}\left(\frac{x-\mu}{\sigma}\right)^2}, \quad -\infty < x < \infty$$

이므로,

$$\ln f(x) = -\ln \sigma\sqrt{2\pi} - \frac{1}{2}\left(\frac{x-\mu}{\sigma}\right)^2$$

을 만족하고,

$$\frac{\partial \ln f(x)}{\partial \mu} = \frac{1}{\sigma}\left(\frac{x-\mu}{\sigma}\right)$$

이다. 그래서

$$E\left[\left(\frac{\partial \ln f(X)}{\partial \mu}\right)^2\right] = \frac{1}{\sigma^2} \cdot E\left[\left(\frac{X-\mu}{\sigma}\right)^2\right] = \frac{1}{\sigma^2} \cdot 1 = \frac{1}{\sigma^2}$$

그러므로,

$$\frac{1}{n \cdot E\left[\left(\frac{\partial \ln f(X)}{\partial \mu}\right)^2\right]} = \frac{1}{n \cdot \frac{1}{\sigma^2}} = \frac{\sigma^2}{n}$$

정리 8.1에 의하면 $\overline{X}$는 비편향이며 $\text{var}(\overline{X}) = \frac{\sigma^2}{n}$이므로, $\overline{X}$는 μ의 최소분산비편향추정량이다. ●

위의 예제로부터 $\overline{X}$가 다른 아무 모평균의 최소분산비편향추정량이라고 결론 내리는 것은 잘못이다. 연습문제 10.3에서 독자는 표본의 $\alpha = \theta - \frac{1}{2}$이고, $\beta = \theta + \frac{1}{2}$인 연속형 균등모집단으로부터의 크기가 $n = 3$인 확률표본에서는 더 이상 성립하지 않음을 보여야 할 것이다.

앞에서 지적한 대로 어떤 한 모수 또는 같은 모수의 비편향추정량들은 그들의 분산의 크기로 비교한다. 만약 $\hat{\Theta}_1$와 $\hat{\Theta}_2$가 주어진 모집단의 모수 θ의 비편향추정량이고, $\hat{\Theta}_1$의 분산이 $\hat{\Theta}_2$의 분산보다 작을 때, 우리는 $\hat{\Theta}_1$가 $\hat{\Theta}_2$에 비해 **상대적으로 좀 더 효율적(relatively more efficient)**이라고 말한다. 또한 우리는 비율

$$\frac{\text{var}(\hat{\Theta}_1)}{\text{var}(\hat{\Theta}_2)}$$

을 $\hat{\Theta}_1$에 대한 $\hat{\Theta}_2$의 효율성 척도로 사용한다.

예제 10.6

예제 10.4에서 만약 $X_1, X_2, \cdots, X_n$이 $\alpha = 0$인 균등모집단의 확률표본을 구성한다고 하면, $\frac{n+1}{n} \cdot Y_n$은 모수 β의 비편향추정량임을 보였다.

(a) $2\bar{X}$ 또한 β의 비편향추정량임을 보여라.

(b) β의 두 추정량의 효율성을 비교하여라.

풀이

(a) 정리 6.1에 의하면 모평균이 $\mu = \frac{\beta}{2}$이므로, 정리 8.1에 의해 $E(\bar{X}) = \frac{\beta}{2}$이고 $E(2\bar{X}) = \beta$이다. 그러므로 $2\bar{X}$는 β의 비편향추정량이다.

(b) 먼저 우리는 두 추정량의 분산을 찾아야 한다. Y_n의 표본분포와 예제 10.4에 주어진 $E(Y_n)$의 표현을 이용하면,

$$E(Y_n^2) = \frac{n}{\beta^n} \cdot \int_0^\beta y_n^{n+1} dy_n = \frac{n}{n+2} \cdot \beta^2$$

이고,

$$\text{var}(Y_n) = \frac{n}{n+2} \cdot \beta^2 - \left(\frac{n}{n+1} \cdot \beta\right)^2$$

이다. 만약 연습문제 10.27로 독자들에게 자세한 과정을 맡긴다면, 이것은

$$\text{var}\left(\frac{n+1}{n} \cdot Y_n\right) = \frac{\beta^2}{n(n+2)}$$

와 같이 된다. 정리 6.1에 의해 모집단의 분산은 $\sigma^2 = \frac{\beta^2}{12}$이므로, 정리 8.1에 의해 $\text{var}(\bar{X}) = \frac{\beta^2}{12n}$이다. 그러므로

$$\text{var}(2\bar{X}) = 4 \cdot \text{var}(\bar{X}) = \frac{\beta^2}{3n}$$

그러므로 $\frac{n+1}{n} \cdot Y_n$에 대한 $2\bar{X}$의 효율성은

$$\frac{\text{var}\left(\frac{n+1}{n} \cdot Y_n\right)}{\text{var}(2\bar{X})} = \frac{\frac{\beta^2}{n(n+2)}}{\frac{\beta^2}{3n}} = \frac{3}{n+2}$$

으로 주어지며, $n > 1$일 때 n번째 순서통계량에 기초한 통계량은 다른 것보다 더 효율적임을 알 수 있다. 예를 들어 $n = 10$일 때 상대적인 효율성은 겨우 25퍼센트이고, $n = 25$일 때는 겨우 11퍼센트이다. ●

예제 10.7

정규모평균이 크기가 $2n + 1$인 확률표본에 기초하여 추정된다고 할 때, 평균에 대한 중앙값의 효율성은 얼마인가?

풀이 정리 8.1에 의해 $\bar{X}$는 비편향이고,

$$\mathrm{var}(\overline{X}) = \frac{\sigma^2}{2n+1}$$

$\widetilde{X}$에 대해 생각해 보면 이 값은 정규분포가 평균에 대해서 대칭인 특징에 의해 비편향임을 알 수 있고, 정리 8.17의 대표본에 관한 논의로부터

$$\mathrm{var}(\widetilde{X}) = \frac{\pi\sigma^2}{4n}$$

임을 알 수 있다. 그러므로 대표본에서는 평균에 대한 중앙값의 효율성은 대략

$$\frac{\mathrm{var}(\overline{X})}{\mathrm{var}(\widetilde{X})} = \frac{\dfrac{\sigma^2}{2n+1}}{\dfrac{\pi\sigma^2}{4n}} = \frac{4n}{\pi(2n+1)}$$

또한 평균에 대한 중앙값의 **점근효율 (asymptotic efficiency)** 은

$$\lim_{n\to\infty} \frac{4n}{\pi(2n+1)} = \frac{2}{\pi}$$

혹은 약 64%이다. ●

위의 예제의 결과는 다음과 같이 해석된다. 대표본에서 μ를 같은 신뢰도를 가지도록 추정할 때, 평균은 중앙값이 μ를 추정할 때 필요한 관찰값의 오직 64%만 필요하다.

여기에서 상대적 효율성을 논의할 때 비편향추정량으로 제한을 했다는 것이 중요하다. 만약 편향추정량들도 포함했다면, 우리가 얻어진 자료와 상관없이 항상 추정량을 상숫값과 같도록 하게 하여, 분산이 0이 되는 추정량을 만들 수 있다. 그러므로 만약 $\hat{\Theta}$가 주어진 모수 θ의 비편향추정량이 아니라면, 이 추정량의 장점을 판단하거나 효율성을 비교할 때 $\hat{\Theta}$의 분산 대신 **평균제곱오차 (mean square error)** $E[(\hat{\Theta} - \theta)^2]$을 기초로 사용했을 것이다.

연습문제

10.1 만약 $X_1, X_2, \cdots, X_n$이 평균이 μ인 모집단의 확률표본을 구성한다고 하면,

$$a_1X_1 + a_2X_2 + \cdots + a_nX_n$$

이 μ의 비편향추정량이 되기 위해 $a_1, a_2, \cdots, a_n$는 어떤 조건이어야 하는가?

10.2 만약 $\hat{\Theta}_1$와 $\hat{\Theta}_2$가 모수 θ의 비편향추정량이라고 하면,

$$k_1\hat{\Theta}_1 + k_2\hat{\Theta}_2$$

역시 모수 θ의 비편향추정량이 되기 위하여 상수 k_1과 k_2는 어떤 조건이어야 하는가?

10.3 282쪽의 $\widetilde{X}$의 표본분포의 형태를 이용하여, $\alpha = \theta - \frac{1}{2}$, $\beta = \theta + \frac{1}{2}$인 균등모집단의 크기가 $n = 3$인 확

률표본중앙값은 모수 θ에 대해 비편향추정량임을 보여라.

10.4 예제 8.4의 결과를 이용하여 지수모집단의 크기가 $n = 3$인 확률표본중앙값은 모수 θ에 대해 비편향추정량임을 보여라.

10.5 평균 μ과 유한분산 σ^2의 값이 알려진 모집단에서 크기가 n인 확률표본이 주어졌을 때,

$$\frac{1}{n}\cdot\sum_{i=1}^{n}(X_i-\mu)^2$$

가 σ^2의 비편향추정량임을 보여라.

10.6 정리 8.1의 결과를 이용하여 $\overline{X}^2$은 μ^2의 점근적비편향추정량임을 보여라.

10.7 $\dfrac{X+1}{n+2}$는 이항모수 θ의 편향추정량임을 보여라. 이 추정량은 점근적비편향인가?

10.8 예제 10.3에서 최소표본값 (즉, 첫 번째 순서통계량 Y_1) 에 기초하여 δ의 비편향추정량을 찾아라.

10.9 예제 10.4에서 최소표본값 (즉, 첫 번째 순서통계량 Y_1) 에 기초하여 β의 비편향추정량을 찾아라.

10.10 만약 $X_1, X_2, \cdots, X_n$이 $\mu = 0$인 정규모집단의 확률표본을 구성한다고 하면,

$$\sum_{i=1}^{n}\frac{X_i^2}{n}$$

이 σ^2의 비편향추정량임을 보여라.

10.11 만약 X가 모수 n과 θ를 갖는 이항분포를 따르는 확률변수라고 할 때, $n\cdot\frac{X}{n}\cdot\left(1-\frac{X}{n}\right)$은 X의 분산의 편향추정량임을 보여라.

10.12 만약 유한모집단에서 반복 없이 추출된 크기 n의 확률표본이 양의 정수 $1, 2, \cdots, k$로 구성되었다면, 아래를 보여라.

(a) n번째 순서통계량 Y_n은 $y_n = n, \cdots, k$에 대해서 아래의 표본분포를 따른다.

$$f(y_n)=\frac{\binom{y_n-1}{n-1}}{\binom{k}{n}}$$

(b) $\dfrac{n+1}{n}\cdot Y_n - 1$은 k의 비편향추정량임을 보여라.

응용문제 10.80 참조.

10.13 만약 $\hat{\Theta}$이 θ의 비편향추정량이고 $\text{var}(\hat{\Theta}) \neq 0$이라면, $\hat{\Theta}^2$은 θ^2의 비편향추정량이 아님을 보여라.

10.14 표본비율 $\frac{X}{n}$은 이항모수 θ의 최소분산비편향추정량임을 보여라 (힌트: $\frac{X}{n}$을 모수 θ의 베르누이모집단에서 추출된 크기 n의 확률표본의 평균이라고 간주하라).

10.15 크기 n인 확률표본의 평균은 포아송모집단의 모수 λ에 대한 최소분산비편향추정량임을 보여라.

10.16 만약 $\hat{\Theta}_1$, $\hat{\Theta}_2$가 주어진 모수 θ의 독립적인 비편향추정량이고 $\text{var}(\hat{\Theta}_1) = 3 \cdot \text{var}(\hat{\Theta}_2)$이라면, $a_1\hat{\Theta}_1 + a_2\hat{\Theta}_2$가 이런 선형결합에 대한 최소분산비편향추정량이 되도록 하는 상수 a_1, a_2를 찾아라.

10.17 지수모집단의 크기 n인 확률표본의 평균은 모수 θ의 최소분산비편향추정량임을 보여라.

10.18 예제 10.4의 비편향추정량 $\frac{n+1}{n} \cdot Y_n$은 크래머-라오 부등식을 만족시키지 않음을 보여라.

10.19 크기가 n인 확률표본의 θ에 대한 정보가 아래와 같이 주어졌다.

$$-n \cdot E\left[\frac{\partial^2 \ln f(X)}{\partial\theta^2}\right]$$

이때 $f(x)$는 $f(x) \neq 0$인 구역에서의 극단치가 θ에 의존하지 않는 x일 때의 모집단분포의 값이다. 위 식의 도출은 아래의 과정을 따른다.

(a)

$$\int f(x)\,dx = 1$$

위 식의 양변에 모두 θ에 대하여 미분을 취한 뒤, 적분과 미분의 순서를 바꾸어 아래 식을 보여라.

$$\int \frac{\partial \ln f(x)}{\partial\theta} \cdot f(x)\,dx = 0$$

(b) θ에 대하여 또 미분을 취하여 아래 식을 보여라.

$$E\left[\left(\frac{\partial \ln f(X)}{\partial\theta}\right)^2\right] = -E\left[\frac{\partial^2 \ln f(X)}{\partial\theta^2}\right]$$

10.20 연습문제 10.19에서 주어진 정보에 관한 다른 식을 이용하여 예제 10.5를 다시 풀어라.

10.21 $\overline{X}_1$은 평균 μ, 분산 σ_1^2을 갖는 정규모집단의 크기 n인 확률표본의 평균이고, $\overline{X}_2$은 평균 μ, 분산 σ_2^2을 갖는 정규모집단의 크기 n인 확률표본의 평균이며, 두 표본은 독립이라고 할 때, 아래를 보여라.

(a) $0 \leqq \omega \leqq 1$일 때, $\omega \cdot \overline{X}_1 + (1-\omega) \cdot \overline{X}_2$는 μ의 비편향추정량이다.

(b)

$$\omega = \frac{\sigma_2^2}{\sigma_1^2 + \sigma_2^2}$$

일 때, 추정량의 분산이 최소가 된다.

10.22 연습문제 10.21에서,

$$\omega = \frac{\sigma_2^2}{\sigma_1^2 + \sigma_2^2}$$

일 때의 추정량에 대한 (a)에서 $\omega = \frac{1}{2}$인 추정량의 상대효율성을 구하여라.

10.23 $\overline{X}_1$, $\overline{X}_2$이 평균 μ, 분산 σ^2인 정규모집단의 각각 크기가 n_1, n_2인 독립적인 확률표본의 평균이라고 하면, 비편향추정량

$$\omega \cdot \overline{X}_1 + (1-\omega) \cdot \overline{X}_2$$

의 분산은 $\omega = \dfrac{n_1}{n_1 + n_2}$ 일 때 최소가 됨을 보여라.

10.24 연습문제 10.23에서 $\omega = \dfrac{n_1}{n_1 + n_2}$ 일 때의 추정량에 대하여 $\omega = \dfrac{1}{2}$ 일 때의 추정량의 효율성을 구하여라.

10.25 만약 X_1, X_2, X_3이 평균 μ, 분산 σ^2인 정규모집단의 크기 $n = 3$인 확률표본일 때,

$\dfrac{X_1 + X_2 + X_3}{3}$ 에 대한 $\dfrac{X_1 + 2X_2 + X_3}{4}$ 의 효율성을 구하여라.

10.26 X_1, X_2이 지수모집단의 크기 $n = 2$인 확률표본일 때, $\overline{X}$에 대한 $2Y_1$의 효율성을 구하여라. Y_1은 첫 번째 순서통계량이고, $2Y_1$와 $\overline{X}$는 모두 모수 θ의 비편향 통계량이다.

10.27 예제 10.6의 $\text{var}\left(\dfrac{n+1}{n} \cdot Y_n\right)$에 관한 주어진 결과를 보여라.

10.28 예제 10.3에서 $\overline{X} - 1$은 δ의 비편향추정량임을 보였고, 연습문제 10.8에서 δ에 관한 또 다른 비편향추정량을 구하였다. 둘 중에 두 번째 추정량에 대하여 첫 번째 추정량의 효율성을 구하여라.

10.29 연습문제 10.12에서 $2\overline{X} - 1$ 역시 k의 비편향추정량임을 보이고, 연습문제 10.12의 (b) 중 하나에 대하여 아래의 주어진 상황에서 이 추정량의 효율성을 구하여라.

(a) $n = 2$

(b) $n = 3$

10.30 각 관찰값에서 같은 상숫값을 더한다고 해도 평균과 범위중앙(midrange)의 분산은 변하지 않으므로, 아래의 균등분포의 크기가 3인 확률표본의 분산들에 대해서

$$f(x) = \begin{cases} 1, & \theta - \dfrac{1}{2} < x < \theta + \dfrac{1}{2} \\ 0, & \text{그 외} \end{cases}$$

아래의 균등분포로 대신하여 언급할 수 있다.

$$f(x) = \begin{cases} 1, & 0 < x < 1 \\ 0, & \text{그 외} \end{cases}$$

(a) 이 모집단에서는 $E(X) = \dfrac{1}{2}$, $E(X^2) = \dfrac{1}{3}$, $\text{var}(X) = \dfrac{1}{12}$임을 보이고, $n = 3$인 확률표본에서 $\text{var}(\overline{X}) = \dfrac{1}{36}$임을 보여라.

(b) 연습문제 8.46, 8.52의 결과를 이용해서 (또는 필요한 분포와 결합분포를 유도하라) 이 모집단의 크기가 $n = 3$인 확률표본에서는 순서통계량 Y_1, Y_3이 $E(Y_1) = \dfrac{1}{4}$, $E(Y_1^2) = \dfrac{1}{10}$, $E(Y_3) = \dfrac{3}{4}$, $E(Y_3^2) = \dfrac{3}{5}$, $E(Y_1Y_3) = \dfrac{1}{5}$임을 보이고, 그래서 $\text{var}(Y_1) = \dfrac{3}{80}$, $\text{var}(Y_3) = \dfrac{3}{80}$, $\text{cov}(Y_1, Y_3) = \dfrac{1}{80}$임을 보여라.

(c) (b)의 결과와 정리 4.14를 이용하여 $E\left(\dfrac{Y_1 + Y_3}{2}\right) = \dfrac{1}{2}$, $\text{var}\left(\dfrac{Y_1 + Y_3}{2}\right) = \dfrac{1}{40}$ 임을 보이고, 그래서 크기가 $n = 3$인 주어진 균등모집단에서의 확률표본에서 범위중앙은 비편향이고, 평균보다 더 효율적임을 보여라.

10.31 만약 $\hat{\Theta}$가 θ의 비편향추정량이라면,

$$E[(\hat{\Theta}-\theta)^2] = \text{var}(\hat{\Theta}) + [b(\theta)]^2$$

임을 보여라.

10.32 $\hat{\Theta}_1 = \dfrac{X}{n}$, $\hat{\Theta}_2 = \dfrac{X+1}{n+2}$, $\hat{\Theta}_3 = \dfrac{1}{3}$ 는 이항모집단의 모수 θ의 추정량이고, $\theta = \dfrac{1}{2}$이라고 할 때, 아래의 상황에서 n은 어떤 값이겠는가?

(a) $\hat{\Theta}_2$의 평균제곱오차가 $\hat{\Theta}_1$의 분산보다 작다.

(b) $\hat{\Theta}_3$의 평균제곱오차가 $\hat{\Theta}_1$의 분산보다 작다.

◆ 10.4 일치성

앞 절에서 우리는 추정량의 분산이나 또는 평균제곱오차는 추정량의 우연 변동의 좋은 지표라고 가정하였다. 이들 척도가 다음에 나타난 예제의 목적에는 좋은 기준을 제공하지 못한다. 우리는 주어진 한 관찰값에 기초해서 $-\infty < x < \infty$, $0 < \omega < 1$에 대해서 주어진 다음의 모집단

$$f(x) = \omega \cdot \frac{1}{\sigma\sqrt{2\pi}} \cdot e^{-\frac{1}{2}\left(\frac{x-\theta}{\sigma}\right)^2} + (1-\omega)\cdot\frac{1}{\pi}\cdot\frac{1}{1+(x-\theta)^2}$$

의 모수 θ에 대해서 추정하기를 원한다고 하자. 분명히 이 모집단은 평균 θ, 분산 σ^2을 갖는 정규모집단과 $\alpha = \theta$, $\beta = 1$의 코시모집단(연습문제 6.6 참조)의 결합이다. 이제 만약 ω가 1에 매우 가까워지고, 즉 $\omega = 1 - 10^{-100}$라고 하고, σ가 매우 작아지면, 즉 $\sigma = 10^{-100}$라고 하면, 이 분포를 따르는 확률변수는 실질적으로 1의 확률로 θ에 매우 가까운 값을 갖게 되어 θ의 좋은 추정량이 된다. 그러나 코시분포의 분산이 존재하지 않기 때문에 이 추정량의 분산 역시 존재하지 않는다.

위의 예는 약간 극단적이긴 하지만, 이것은 우리가 추정될 모수에 어떤 추정량이 가까운 값을 가질지의 확률에 대해 좀 더 관심을 가져야 함을 시사한다. 독자들은 5.4절과 8.2절에서 이 문제에 대해 이미 다루었던 것을 기억할 것이다. 체비셰프정리에 근거를 두면 우리는 164쪽에 $n \to \infty$ 일 때, 표본비율 $\dfrac{X}{n}$이 취하는 값과 이항모수 θ와의 차이가 어떤 상수 $c > 0$보다 적을 확률은 1에 접근함을 보였다. 또한 체비셰프정리를 이용하여 정리 8.2에서 $n \to \infty$ 일 때 $\overline{X}$이 취하는 값과 모집단에서 추출된 평균의 값과 차이가 어떤 상수 $c > 0$보다 적을 확률은 1에 접근함을 보였다.

위의 두 예제에서 우리는 실제적으로 큰 n에 대해서 추정량이 취할 값은 그에 대응되는 모수와 매우 가까움을 보장받았다. 형식적으로 이 "가까움(closeness)"의 개념은 **일치성(consistency)**의 정의로 표현된다.

정의 10.5 **일치추정량** 각 $c > 0$에 대하여

$$\lim_{n\to\infty} P(|\hat{\Theta}-\theta| < c) = 1$$

이면, 통계량 $\hat{\Theta}$은 모수 θ의 **일치추정량(consistent estimator)**이라고 한다.

일치성은 **점근적 특징(asymptotic property)**임을 주의하라. 즉, 통계량의 수렴적 특징을 뜻한다. 정의 10.5를 응용측면에서 해석하면 만약 n이 충분히 크면, 우리는 일치추정량이 만드는 오차는 미리 할당된 어떤 작은 양의 상수보다 작을 것임을 확신할 수 있다. 정의 10.5에서 극한으로 표현된 수렴의 종류는 일반적으로 **확률수렴(convergence in probability)**이라고 한다.

체비셰프정리에 기초하면 5.4절의 $\frac{X}{n}$는 이항모수 θ의 일치추정량이며, 정리 8.2의 $\frac{n}{X}$는 유한 분산을 갖는 모평균의 일치추정량이다. 실제로는 아래의 충분 조건(체비셰프정리에서 바로 얻을 수 있는 결과)을 사용하여 통계량의 일치성을 종종 판단한다.

정리 10.3 만약 $\hat{\Theta}$이 모수 θ의 비편향추정량이고, $n \to \infty$ 일 때 $\text{var}(\hat{\Theta}) \to 0$이라면 $\hat{\Theta}$은 θ의 일치추정량이다.

예제 10.8

정규모집단에서 확률추출된 표본의 분산 S^2은 σ^2의 일치추정량임을 보여라.

풀이 정리 10.1에 의하면 S^2은 σ^2의 비편향추정량이기 때문에, 위의 문제는 $n \to \infty$ 일 때 $\text{var}(S^2) \to 0$임을 보이는 것만 남는다. 연습문제 8.23의 결과(또는 이 연습문제의 기초가 되는 정리 8.11)를 참조하면 정규모집단에서의 확률표본에서는

$$\text{var}(S^2) = \frac{2\sigma^4}{n-1}$$

임을 알 수 있다. 이것은 곧 $n \to \infty$ 일 때 $\text{var}(S^2) \to 0$임을 나타내므로 우리는 S^2는 정규모집단의 분산의 일치추정량임을 보인다.

정리 10.3에서 "비편향" 대신에 "점근적비편향"으로 대신하여도 성립한다는 것은 주목할 일이다. 아래 예제를 보자.

예제 10.9

예제 10.3에서 최소 표본값(첫 번째 순서통계량 Y_1)은 모수 δ의 일치추정량임을 보여라.

풀이 281쪽의 식 $g_1(y_1)$을 대신 대입하면 $y_1 > \delta$일 때,

$$\begin{aligned} g_1(y_1) &= n \cdot e^{-(y_1-\delta)} \cdot \left[\int_{y_1}^{\infty} e^{-(x-\delta)}\,dx\right]^{n-1} \\ &= n \cdot e^{-n(y_1-\delta)} \end{aligned}$$

이고, 만약 그렇지 않다면 $g_1(y_1) = 0$이다. 이 결과에 기초하여 $E(Y_1) = \delta + \frac{1}{n}$ 임을 쉽게 보일 수 있고, 그러므로 Y_1은 모수 δ의 점근적비편향추정량이다. 게다가,

$$P(|Y_1-\delta|<c)=P(\delta<Y_1<\delta+c)$$
$$=\int_{\delta}^{\delta+c} n\cdot e^{-n(y_1-\delta)}\,dy_1$$
$$=1-e^{-nc}$$

$\lim_{n\to\infty}(1-e^{-nc})=1$ 이므로, 정의 10.2에 의해 γ_1은 모수 δ의 일치추정량이다. ●

327쪽에서 지적한 대로 정리 10.3은 추정량의 일치성에 대한 충분조건을 제공한다. 그러나 일치추정량이 비편향이거나 또는 점근적비편향일 필요는 없으므로 필연조건은 아니다. 이것은 연습문제 10.41를 참조하라.

10.5 충분성

추정량 $\hat{\Theta}$이 **충분(sufficient)** 하다고 하기 위해서는 θ의 추정에 관한 표본의 모든 정보를 추정량이 활용하여야 한다. 즉, 만약 개개의 표본값과 그 순서로부터 θ에 대한 모든 정보가 얻어진다면, 이것은 또한 오로지 $\hat{\Theta}$의 값에서만 얻어지는 정보와 같아야 한다.

우리는 추정량의 이런 특징을 표본값 $\hat{\Theta}=\theta$이 주어졌을 때의 조건부확률분포 또는 밀도를 이용하여 공식으로 나타낼 수 있다.

$$f(x_1,x_2,\ldots,x_n|\hat{\theta})=\frac{f(x_1,x_2,\ldots,x_n,\hat{\theta})}{g(\hat{\theta})}=\frac{f(x_1,x_2,\ldots,x_n)}{g(\hat{\theta})}$$

만약 이것이 θ에 의존한다면 $\hat{\Theta}=\theta$를 만드는 $X_1, X_2, \cdots, X_n$의 값들은 θ의 특정한 값에서 관찰될 가능성이 높으며, 이런 표본값들을 알면 θ을 추정하는 데 도움이 될 것이다. 반면에 이것이 만약 θ에 의존하지 않는다면 $\hat{\Theta}=\theta$를 만드는 $X_1, X_2, \cdots, X_n$의 값들은 모든 θ값들에 대해서 같을 것이고, 그러면 이런 표본값들을 아는 것은 θ을 추정하는 데 도움이 되지 않을 것이다.

정의 10.6 **충분추정량** 각 $\hat{\Theta}$의 값에 대하여 $\hat{\Theta}=\theta$이 주어졌을 때 확률표본 $X_1, X_2, \cdots, X_n$의 조건부확률분포 또는 밀도가 θ에 대해 독립이면, 통계량 $\hat{\Theta}$을 모수 θ의 **충분추정량(sufficient estimator)** 이라고 한다. ■

예제 10.10

만약 $X_1, X_2, \cdots, X_n$이 베르누이모집단에서 추출된 크기 n의 확률표본이라 할 때,

$$\hat{\Theta}=\frac{X_1+X_2+\cdots+X_n}{n}$$

이 모수 θ의 충분추정량임을 보여라.

풀이 정의 5.2에 의하면,

$$f(x_i;\theta)=\theta^{x_i}(1-\theta)^{1-x_i},\quad x_i=0,1$$

그러므로 $x_i=0$ 또는 1이고, $i=1,2,\cdots,n$일 때,

$$\begin{aligned} f(x_1, x_2, \ldots, x_n) &= \prod_{i=1}^{n} \theta^{x_i}(1-\theta)^{1-x_i} \\ &= \theta^{\sum_{i=1}^{n} x_i}(1-\theta)^{n-\sum_{i=1}^{n} x_i} \\ &= \theta^{x}(1-\theta)^{n-x} \\ &= \theta^{n\hat{\theta}}(1-\theta)^{n-n\hat{\theta}} \end{aligned}$$

또한,

$$X = X_1 + X_2 + \cdots + X_n$$

은 모수 θ, n을 갖는 이항확률변수이므로 이것의 분포는

$$b(x; n, \theta) = \binom{n}{x}\theta^{x}(1-\theta)^{n-x}$$

7.3절에 의한 변수변환법에 의하면,

$$g(\hat{\theta}) = \binom{n}{n\hat{\theta}}\theta^{n\hat{\theta}}(1-\theta)^{n-n\hat{\theta}}, \quad \hat{\theta} = 0, \frac{1}{n}, \ldots, 1$$

이제 328쪽의 $f(x_1, x_2, \ldots, x_n|\hat{\theta})$을 대입하면 $x_i = 0$ 또는 1이고 $i = 1, 2, \cdots, n$일 때,

$$\begin{aligned} \frac{f(x_1, x_2, \ldots, x_n, \hat{\theta})}{g(\hat{\theta})} &= \frac{f(x_1, x_2, \ldots, x_n)}{g(\hat{\theta})} \\ &= \frac{\theta^{n\hat{\theta}}(1-\theta)^{n-n\hat{\theta}}}{\binom{n}{n\hat{\theta}}\theta^{n\hat{\theta}}(1-\theta)^{n-n\hat{\theta}}} \\ &= \frac{1}{\binom{n}{n\hat{\theta}}} \\ &= \frac{1}{\binom{n}{x}} \\ &= \frac{1}{\binom{n}{x_1 + x_2 + \cdots + x_n}} \end{aligned}$$

명백히 이것은 θ에 의존하지 않으므로 $\hat{\Theta} = \dfrac{X}{n}$은 θ의 충분추정량이다.

예제 10.11

$Y = \frac{1}{6}(X_1 + 2X_2 + 3X_3)$은 베르누이모수 θ의 충분추정량이 아님을 보여라.

풀이 우리는 X_1, X_2, X_3의 특정한 값에 대한

$$f(x_1, x_2, x_3|y) = \frac{f(x_1, x_2, x_3, y)}{g(y)}$$

가 θ에 독립이 아님을 보여야 하므로, $x_1 = 1, x_2 = 1, x_3 = 0$인 경우를 생각하자. 그러면

$y = \frac{1}{6}(1 + 2 \cdot 1 + 3 \cdot 0) = \frac{1}{2}$이고,

$$f\left(1, 1, 0|Y = \frac{1}{2}\right) = \frac{P\left(X_1 = 1, X_2 = 1, X_3 = 0, Y = \frac{1}{2}\right)}{P\left(Y = \frac{1}{2}\right)}$$

$$= \frac{f(1, 1, 0)}{f(1, 1, 0) + f(0, 0, 1)}$$

이때 $x_1 = 0$ 또는 1이고, $i = 1, 2, 3$일 때,

$$f(x_1, x_2, x_3) = \theta^{x_1+x_2+x_3}(1 - \theta)^{3-(x_1+x_2+x_3)}$$

$f(1, 1, 0) = \theta^2(1 - \theta), f(0, 0, 1) = \theta(1 - \theta)^2$이므로,

$$f\left(1, 1, 0|Y = \frac{1}{2}\right) = \frac{\theta^2(1-\theta)}{\theta^2(1-\theta) + \theta(1-\theta)^2} = \theta$$

그리고 이 조건부확률은 θ에 의존함을 확인할 수 있다. 그러므로 $Y = \frac{1}{6}(X_1 + 2X_2 + 3X_3)$은 베르누이모집단의 모수 θ의 충분추정량이 아니다. ●

정의 10.6에 기초하여 어떤 통계량이 주어진 모수의 충분추정량인지 확인하는 것은 매우 지루하므로, 대신 **인수분해정리 (factorization theorem)** 를 이용하여 확인하는 것이 훨씬 간편하다.

정리 10.4 통계량 $\hat{\Theta}$이 모수 θ의 충분추정량일 때 한해, 확률표본의 결합확률분포 또는 밀도가 아래와 같이 분해되면,

$$f(x_1, x_2, \ldots, x_n; \theta) = g(\hat{\theta}, \theta) \cdot h(x_1, x_2, \ldots, x_n)$$

$g(\theta, \theta)$은 오로지 θ와 θ에만 의존하고, $h(x_1, x_2, \cdots, x_n)$은 θ에 의존하지 않는다. ■

이 정리의 증명은 좀 더 상급 단계의 책에서 볼 수 있을 것이다. 예를 들어, 이 장의 마지막에 수록된 참고문헌 가운데 Hogg와 Tanis의 책에서 볼 수 있다. 여기에서는 정리 10.4를 이용하는 다음 예를 들어 이 정리를 설명할 것이다.

예제 10.12

분산 σ^2을 알 때 $\overline{X}$가 정규분포의 평균 μ의 충분추정량임을 보여라.

풀이 다음의 사실을 이용하면,

$$f(x_1, x_2, \ldots, x_n; \mu) = \left(\frac{1}{\sigma\sqrt{2\pi}}\right)^n \cdot e^{-\frac{1}{2}\cdot\sum_{i=1}^{n}\left(\frac{x_i-\mu}{\sigma}\right)^2}$$

$$\sum_{i=1}^{n}(x_i-\mu)^2=\sum_{i=1}^{n}[(x_i-\bar{x})-(\mu-\bar{x})]^2$$
$$=\sum_{i=1}^{n}(x_i-\bar{x})^2+\sum_{i=1}^{n}(\bar{x}-\mu)^2$$
$$=\sum_{i=1}^{n}(x_i-\bar{x})^2+n(\bar{x}-\mu)^2$$

다음의 사실을 얻을 수 있다.

$$f(x_1,x_2,\ldots,x_n;\mu)=\left\{\frac{\sqrt{n}}{\sigma\sqrt{2\pi}}\cdot e^{-\frac{1}{2}\left(\frac{\bar{x}-\mu}{\sigma/\sqrt{n}}\right)^2}\right\}$$
$$\times\left\{\frac{1}{\sqrt{n}}\left(\frac{1}{\sigma\sqrt{2\pi}}\right)^{n-1}\cdot e^{-\frac{1}{2}\cdot\sum_{i=1}^{n}\left(\frac{x_i-\bar{x}}{\sigma}\right)^2}\right\}$$

우변의 첫 번째 인자는 오로지 추정값 $\bar{x}$와 모평균 μ에만 의존하며, 두 번째 인자는 μ을 포함하지 않는다. 그러므로 정리 10.4에 의하면 분산 σ^2을 알 때 $\bar{X}$는 정규분포의 평균 μ의 충분추정량임을 알 수 있다. ●

정의 10.6과 정리 10.4에 기초하여 통계량 $\hat{\Theta}$이 주어진 모수 θ의 충분추정량인지 확인하는 두 가지 방법을 소개하였다. 앞서 말했듯이 인수분해정리는 좀 더 쉬운 방법을 제공하지만, 만약 통계량 $\hat{\Theta}$이 주어진 모수 θ의 충분추정량이 아님을 보이기를 원한다면, 이것은 정의 10.6을 통해 보이는 것이 항상 좀 더 쉬울 것이다. 예제 10.11을 참고하라.

충분추정량의 중요한 특성을 좀 더 설명하자. 만약 $\hat{\Theta}$이 θ의 충분추정량이라면, θ를 포함하지 않는 어떤 단일값 함수 $Y=u(\hat{\Theta})$라도 θ의 충분추정량이며, 또한 $u(\theta)$의 충분통계량이다. 그러므로 주어진 $y=u(\theta)$은 역 단일값 $\theta=w(y)$의 해를 제공하도록 풀릴 수 있다. 이 결과는 정리 10.4에 의해 바로 도출되는데, 우리는 식을 아래와 같이

$$f(x_1,x_2,\ldots,x_n;\theta)=g[w(y),\theta]\cdot h(x_1,x_2,\ldots,x_n)$$

$g[w(y),\theta]$는 오로지 y와 θ에만 의존하는 식으로 쓸 수 있기 때문이다. 만약 이 결과를 $\hat{\Theta}=\dfrac{X}{n}$이 베르누이모수 θ의 충분추정량임을 보이는 예제 10.10에 적용한다면, $X=X_1+X_2+\cdots+X_n$이 또한 이항 모평균 $\mu=n\theta$의 충분추정량임을 보일 수 있다.

10.6 로버스트성

최근에 **로버스트성 (robustness)** 이라고 하는 통계적 특성이 특별한 관심을 받아 왔다. 이것은 기본적인 가정들이 맞지 않을 때 추정 과정들 (또는 앞으로 살펴볼 다른 추론의 방법들) 이 문제가 있게 된다. 만약 어떤 추정량의 표본분포가 가정사항이 맞지 않는 것에 대한 영향을 심각하게 받지 않으면 그 추정량은 **로버스트 (robust)** 하다고 한다. 그런 상황들은 종종 명백한 오차가 만드는 특이점에 의해 생긴다.

예를 들면, 자료를 재는 기구가 잘못되었거나 자료를 기록하거나 실험을 수행하는 과정에 생긴 실수 등이 있다. 또한 추출된 모집단 혹은 모수에 대한 가정을 잘못하였을 때 발생할 수 있다. 예를 들어 어떤 특정 전기 부품의 사용 시간의 평균치를 추정할 때, 우리는 지수모집단에서 추출한다고 생각하지만 실제로는 와이블 분포에서 추출한 것이다. 또는 어떤 특정 연령층의 수입의 평균치를 추정한다고 할 때, 우리는 정규모집단에서 표본을 추출했다는 가정하에서 사용하는 방법을 이용하지만, 실제로 모집단(수입 분포)은 매우 치우친 비대칭 분포이다. 또한 두 종류의 개구리의 평균 몸무게의 차이를 추정한다고 할 때, 두 인종의 평균 I.Q. 차이를 추정한다고 할 때, 또는 일반적으로 두 모평균의 차이 $\mu_1 - \mu_2$를 추정한다고 할 때, 우리는 두 모집단은 같은 분산 σ^2을 가진다고 가정하지만 실제로는 $\sigma_1^2 \neq \sigma_2^2$이다.

명백히 대부분의 로버스트성에 관한 질문은 대답하기 어렵다. 게다가 바로 이전의 단락을 기술하는데 사용된 많은 표현들은 상대적으로 부정확하다. 결국 "심각하게 영향을 받지 않는다"는 의미가 무엇을 뜻하는가? 더군다나 기초적인 가정사항들의 위배라고 언급할 때, 이것은 좀 더 다른 위배들에 비해 좀 더 심각하다는 것을 명확히 해야 한다. 그러므로 우리는 로버스트성에 관한 질문을 받으면 모든 종류의 어려움에 직면한다. 수학적이든지 또는 그 외의 모든 어려움에 직면하게 되고, 이런 어려움은 오로지 컴퓨터 모의실험에 의해서만 가장 잘 해결할 수 있다. 로버스트성의 문제는 16.1절에서 다시 언급될 것이다.

연습문제

10.33 정의 10.5를 이용하여 첫 번째 순서통계량 Y_1은 모수 $\beta = \alpha + 1$를 갖는 균등모집단의 모수 α의 일치추정량임을 보여라.

10.34 연습문제 10.33에 관련해서 정리 10.3을 이용하여 $Y_1 - \frac{n}{n+1}$는 모수 α의 일치추정량임을 보여라.

10.35 예제 10.4의 균등분포에 관련해서 일치성의 정의를 이용하여 n번째 순서통계량 Y_n이 모수 β의 일치추정량임을 보여라.

10.36 만약 $X_1, X_2, \cdots, X_n$이 지수모집단에서 추출된 크기 n의 확률표본을 구성한다면, $\overline{X}$이 모수 θ의 일치추정량임을 보여라.

10.37 연습문제 10.36에 관련해서 X_n은 모수 θ의 일치추정량인가?

10.38 연습문제 10.21의 추정량은 일치추정량임을 보여라.

10.39 정리 10.3에서 "비편향"을 "점근적비편향"이라고 대체하였을 때, $\frac{X+1}{n+2}$이 이항모수 θ의 일치추정량임을 보여라.

10.40 정리 10.3에서 "비편향"을 "점근적비편향"이라고 대체하였을 때, 이 정리를 이용하여 연습문제 10.35를 다시 풀어라.

10.41 비편향 혹은 점근적비편향의 개념 없이도 추정량이 일치추정량이 될 수 있음을 보이기 위해서 다음의 추정 과정을 생각하여라. 유한 분산 σ^2을 갖는 모평균을 추정하기 위하여, 먼저 크기가 n인 확률표본을 추출한다. 그 다음 1부터 n까지 적힌 n개의 쪽지 중에서 한 개를 랜덤으로 뽑는다. 이때 만약 우리가 뽑은 숫자가 2, 3, ⋯, n이라면 확률표본의 평균을 우리의 추정량으로 사용하고, 그렇지 않다면 추정값 n^2을 사용한다. 이 추정 과정은 다음과 같음을 보여라.

(a) 일치성

(b) 비편향도 점근적비편향도 아니다.

10.42 만약 $X_1, X_2, \cdots, X_n$이 지수모집단에서 추출된 크기 n의 확률표본을 구성한다면, $\bar{X}$이 모수 θ의 충분추정량임을 보여라.

10.43 만약 X_1과 X_2가 각각 모수 θ, n_1과 θ, n_2의 이항분포를 따르는 독립적인 확률변수라고 할 때, $\dfrac{X_1+X_2}{n_1+n_2}$이 θ의 충분추정량임을 보여라.

10.44 연습문제 10.43에 관련해서 $\dfrac{X_1+2X_2}{n_1+2n_2}$은 θ의 충분추정량인가?

10.45 예제 10.4에 관해서 n번째 순서통계량 Y_n이 모수 β의 충분추정량인가?

10.46 만약 X_1과 X_2이 포아송모집단의 크기 $n = 2$인 확률표본일 때, 표준평균은 모수 λ의 충분추정량임을 보여라.

10.47 만약 X_1, X_2, X_3이 베르누이모집단의 크기 $n = 3$인 확률표본일 때, $Y = X_1 + 2X_2 + X_3$은 θ의 충분추정량이 아님을 보여라(힌트: X_1, X_2, X_3이 특정한 값을 가질 경우를 생각해 보라).

10.48 만약 $X_1, X_2, \cdots, X_n$이 기하모집단에서 추출된 크기 n의 확률표본이라면, $Y = X_1 + X_2 + \cdots + X_n$이 모수 θ의 충분추정량임을 보여라.

10.49 연습문제 10.5의 추정량의 평균이 μ라고 알려진 정규모집단의 분산의 충분추정량임을 보여라.

10.7 적률법

이제까지 보아 왔듯이 모집단의 한 모수 혹은 여러 개의 모수에는 여러 가지 다른 추정량이 존재한다. 그러므로 되도록 바람직한 특성을 많이 갖는 추정량을 구하는 일반적인 방법을 찾아내는 것이 바람직함을 알 수 있다. 이번 절과 10.8절에서는 그런 두 가지 방법을 소개할 것이다. 바로 역사적으로 가장 오래된 방법 중에 하나인 **적률법(mothod of moments)**과 **최대우도법(method of maximum likelihood)**이다. 또한 **베이즈추정(Bayesian estimation)**은 10.9절에서 간략히 다뤄질 것이고, 또 하나의 다른 방법인 **최소제곱법(method of least squares)**은 14장에서 다뤄질 것이다.

적률법은 모집단의 몇몇 처음 적률들을 표본적률들과 같다고 두어, 알려지지 않은 모집단 모수의 개수만큼 필요한 식을 만들어 푸는 방법이다.

정의 10.7 **표본적률** 관찰값 $x_1, x_2, \cdots, x_n$들의 집합의 k번째 **표본적률(sample moment)**은 그들의 k번째 거듭곱의 평균이며, m_k'으로 표시된다.

$$m'_k = \frac{\sum_{i=1}^{n} x_i^k}{n}$$ ■

그러므로 모집단이 r개의 모수를 가진다면 적률법은

$$m'_k = \mu'_k \quad k = 1, 2, \ldots, r$$

의 식을 풀어 r개의 모수를 구한다.

예제 10.13

모수 $\beta = 1$을 갖는 균등모집단의 크기 n인 확률표본이 있다. 적률법을 이용하여 모수 α를 추정하는 식을 얻어라.

풀이 정리 6.1에 의해 우리가 풀어야 하는 식은 $m'_1 = \overline{x}$이고 $\mu'_1 = \frac{\alpha + \beta}{2} = \frac{\alpha + 1}{2}$일 때, $m'_1 = \mu'_1$이다. 그러므로,

$$\overline{x} = \frac{\alpha + 1}{2}$$

α의 추정값은

$$\hat{\alpha} = 2\overline{x} - 1$$ ●

예제 10.14

주어진 감마모집단의 크기 n인 확률표본에 대하여 적률법을 이용하여 모수 α, β를 추정하는 식을 얻어라.

풀이 199쪽 정리 6.2에 의해 $\mu'_1 = \alpha\beta$, $\mu'_2 = \alpha(\alpha + 1)\beta^2$ 일 때 우리가 풀어야 하는 식은

$$m'_1 = \mu'_1 \text{ 와 } \quad m'_2 = \mu'_2$$

이므로,

$$m'_1 = \alpha\beta \text{ 와 } \quad m'_2 = \alpha(\alpha + 1)\beta^2$$

α, β에 대해서 풀면 감마분포의 두 모수를 추정하는 식은

$$\hat{\alpha} = \frac{(m'_1)^2}{m'_2 - (m'_1)^2} \text{ 와 } \quad \hat{\beta} = \frac{m'_2 - (m'_1)^2}{m'_1}$$

$m'_1 = \frac{\sum_{i=1}^{n} x_i}{n} = \overline{x}$, $m'_2 = \frac{\sum_{i=1}^{n} x_i^2}{n}$ 이므로, 원래 얻은 관찰값으로 표현하면

$$\hat{\alpha} = \frac{n\overline{x}^2}{\sum_{i=1}^{n} (x_i - \overline{x})^2} \text{ 와 } \quad \hat{\beta} = \frac{\sum_{i=1}^{n} (x_i - \overline{x})^2}{n\overline{x}}$$ ●

위 예제에서는 특정 모집단의 모수에 관하여 생각해 보았다. 그러나 중요한 것은 모수가 추정되기 위하여 모집단의 적률을 구할 때, 어떤 특성, 함수형태, 모집단인지 알지 모르는 채 적률법이 사용될 수 있다는 것이다.

10.8 최대우도법

지난 세기 초기에 발표된 두 논문에 의하면, 275쪽에 이미 언급한 저명한 통계학자 R. A. Fisher는 **최대우도법**이라고 하는 일반적인 추정 방법을 제안하였다. 그는 또한 충분추정량은 언제나 존재하며, 최대우도추정량은 점근적최소분산비편향추정량임을 보임으로써 이 방법을 이용할 때의 장점을 보였다.

최대우도법의 이해를 돕기 위하여 어떤 사람의 아침 편지로 4통이 도착하였다고 가정하자. 그러나 불행하게도 그것들 중 하나는 잘못 배달되었다. 만약 나머지 세 편지 중 두 편지는 신용카드 청구서임이 확실하고, 나머지 하나는 확실치 않다고 하자. 이때 수령된 네 편지 중 신용카드 청구서의 총개수를 k라고 할 때, k의 가장 좋은 추정값은 무엇인가? 명백히 k는 2 혹은 3이 되어야 하며, 만약 각 편지가 모두 잘못 배달되었을 확률이 같다고 가정하면, 관찰된 자료(신용카드 청구서를 포함한 나머지 세 편지 중 두 개)를 얻을 확률은 $k = 2$일 때,

$$\frac{\binom{2}{2}\binom{2}{1}}{\binom{4}{3}} = \frac{1}{2}$$

$k = 3$일 때,

$$\frac{\binom{3}{2}\binom{1}{1}}{\binom{4}{3}} = \frac{3}{4}$$

그러므로 만약 k의 추정값으로 관찰된 자료를 얻을 확률이 최대가 되도록 하는 값을 선택한다면 $k = 3$을 얻는다. 우리는 이 추정값을 **최대우도추정값(maximum likelihood estimate)**이라고 하며, 이것을 얻는 방법을 최대우도법이라고 한다.

그러므로 최대우도법의 가장 중요한 특징은 표본의 값을 본 뒤, 표본의 값을 얻을 확률 또는 확률분포가 최대가 되는 값을 우리가 모르는 모수의 추정값으로 선택한다는 것이다. 앞으로 살펴볼 것들은 모수가 한 개인 경우로 제한하겠다. 하지만 예제 10.18에서 볼 수 있듯이 일반적인 개념은 미지의 모수가 여러 개인 경우에도 적용 가능하다. 이산형의 경우에 만약 관찰된 표본값들이 $x_1, x_2, \cdots, x_n$일 때 이들을 얻을 확률은

$$P(X_1 = x_1, X_2 = x_2, \ldots, X_n = x_n) = f(x_1, x_2, \ldots, x_n; \theta)$$

이것은 $X_1 = x_1, X_2 = x_2, \cdots, X_n = x_n$일 때 확률변수 $X_1, X_2, \cdots, X_n$의 결합확률분포의 값이다. 표본의 값은 관찰되었으므로 고정된 값이고, 그러므로 $f(x_1, x_2, \cdots, x_n; \theta)$를 θ의 함숫값으로 간주하며, 이 함수를

우도함수(likelihood function) 라고 한다. 만약 확률표본이 연속형 모집단에서 추출되었다면 유사한 정의를 적용하면 된다. 이와 같은 경우에서 $f(x_1, x_2, \cdots, x_n; \theta)$는 $X_1 = x_1, X_2 = x_2, \cdots, X_n = x_n$일 때 확률변수 $X_1, X_2, \cdots, X_n$의 결합확률밀도의 값이다.

정의 10.8 **최대우도추정량** 만약 $x_1, x_2, \cdots, x_n$이 모수 θ를 갖는 모집단의 확률표본의 값이라면, 표본의 **우도함수**는 주어진 θ의 정의역 안에서

$$L(\theta) = f(x_1, x_2, \ldots, x_n; \theta)$$

이다. 이때 $f(x_1, x_2, \cdots, x_n; \theta)$는 $X_1 = x_1, X_2 = x_2, \cdots, X_n = x_n$일 때 확률변수 $X_1, X_2, \cdots, X_n$의 결합확률분포 혹은 결합확률밀도의 값이다. $L(\theta)$를 최대로 하는 θ의 추정량을 θ의 **최대우도추정량(maximum likelihood estimator)** 이라고 한다.

예제 10.15

n회의 시행 중에서 x의 "성공"이 주어졌을 때, 이와 관련된 이항분포의 모수 θ의 최대우도추정값을 구하여라.

풀이

$$L(\theta) = \binom{n}{x} \theta^x (1-\theta)^{n-x}$$

를 최대로 만드는 θ의 값을 구하기 위하여, $L(\theta)$를 최대로 하는 θ의 값은

$$\ln\ L(\theta) = \ln \binom{n}{x} + x \cdot \ln\theta + (n-x) \cdot \ln(1-\theta)$$

역시 최대로 만든다는 사실을 이용한다.

그러므로,

$$\frac{d[\ln L(\theta)]}{d\theta} = \frac{x}{\theta} - \frac{n-x}{1-\theta}$$

을 얻을 수 있고, 이 미분한 식을 0과 같다고 두고 θ에 대하여 풀면, 우도함수는 $\theta = \frac{x}{n}$에서 최대가 됨을 확인할 수 있다. 이것은 이항모수 θ의 최대우도추정값이고, 우리는 $\hat{\Theta} = \frac{X}{n}$을 **최대우도추정량**이라고 한다.

예제 10.16

만약 $x_1, x_2, \cdots, x_n$이 지수모집단에서 추출된 확률표본의 값이라면, 이것의 모수 θ의 최대우도추정량을 구하여라.

풀이 우도함수는

$$\begin{aligned} L(\theta) &= f(x_1, x_2, \ldots, x_n; \theta) \\ &= \prod_{i=1}^{n} f(x_i; \theta) \end{aligned}$$

$$= \left(\frac{1}{\theta}\right)^n \cdot e^{-\frac{1}{\theta}\left(\sum_{i=1}^{n} x_i\right)}$$

$\ln L(\theta)$을 θ에 대하여 미분하면,

$$\frac{d[\ln L(\theta)]}{d\theta} = -\frac{n}{\theta} + \frac{1}{\theta^2} \cdot \sum_{i=1}^{n} x_i$$

이 식을 0과 같다고 두고 θ에 대하여 풀면,

$$\hat{\theta} = \frac{1}{n} \cdot \sum_{i=1}^{n} x_i = \bar{x}$$

의 최대우도추정값을 얻는다. 그러므로 최대우도추정량은 $\hat{\Theta} = \bar{X}$이다. ●

이제 우도함수의 최댓값을 구하기 위해 미분을 이용할 수 없는 경우의 예를 생각해 보자.

예제 10.17

$x_1, x_2, \cdots, x_n$이 $\alpha = 0$인 균등모집단에서 뽑힌 크기 n인 확률표본의 값일 때 (예제 10.4와 같이), β의 최대우도추정량을 구하여라.

풀이 우도함수

$$L(\beta) = \prod_{i=1}^{n} f(x_i; \beta) = \left(\frac{1}{\beta}\right)^n$$

는 β가 x의 최댓값보다 크거나 같을 때 성립하며 그 외에는 0이다. 이 우도함수의 값은 β가 감소할수록 증가하므로, 우리는 β를 가능한 작게 잡아야 한다. 그러므로 β의 최대우도추정량은 n번째 순서통계량 Y_n이다. ●

위의 결과를 예제 10.4의 결과와 비교하면, 최대우도추정량은 비편향일 필요가 없음을 알 수 있다. 예제 10.15와 10.16은 비편향일 때의 예이다.

이미 언급한 대로 최대우도법은 주어진 모집단의 여러 모수를 동시에 추정할 때에도 사용될 수 있다. 그런 경우에 우리는 우도함수를 공동으로 최대로 만드는 모수들의 값을 찾아야 한다.

예제 10.18

만약 $X_1, X_2, \cdots, X_n$가 평균 μ, 분산 σ^2를 갖는 정규모집단의 크기 n인 확률표본일 때, 두 모수의 결합최대우도추정값을 구하여라.

풀이 우도함수는

$$L(\mu, \sigma^2) = \prod_{i=1}^{n} n(x_i; \mu, \sigma)$$

$$= \left(\frac{1}{\sigma\sqrt{2\pi}}\right)^n \cdot e^{-\frac{1}{2\sigma^2} \cdot \sum_{i=1}^{n} (x_i-\mu)^2}$$

이므로 $\ln L(\mu, \sigma^2)$을 μ와 σ^2에 대해 미분하면,

$$\frac{\partial[\ln L(\mu, \sigma^2)]}{\partial \mu} = \frac{1}{\sigma^2} \cdot \sum_{i=1}^{n}(x_i - \mu)$$

$$\frac{\partial[\ln L(\mu, \sigma^2)]}{\partial \sigma^2} = -\frac{n}{2\sigma^2} + \frac{1}{2\sigma^4} \cdot \sum_{i=1}^{n}(x_i - \mu)^2$$

첫 번째 식을 미분하여 0이라 두고 μ에 대하여 풀면,

$$\hat{\mu} = \frac{1}{n} \cdot \sum_{i=1}^{n} x_i = \overline{x}$$

을 얻을 수 있고, 두 번째 식을 미분하여 0이라 두고 $\mu = \overline{x}$을 대입, σ^2에 대하여 풀면,

$$\hat{\sigma}^2 = \frac{1}{n} \cdot \sum_{i=1}^{n}(x_i - \overline{x})^2$$

오로지 $\hat{\sigma}^2$ 만이 σ^2의 최대우도추정값일 뿐이고, σ의 최대우도추정값이 $\hat{\sigma}$ 임을 보이지는 않았음을 주목해야 한다. 그러나 이것은 최대우도추정량이 **불변성원리 (invariance property)** 를 가짐을 통해 보여질 수 있다(이 장 마지막의 참고문헌 참조). 불변성원리란 만약 $\hat{\Theta}$이 θ의 최대우도추정량이고 연속형 함수 $g(\theta)$가 주어졌다면, $g(\hat{\Theta})$ 역시 $g(\theta)$의 최대우도추정량이다. 이것은

$$\hat{\sigma} = \sqrt{\frac{1}{n} \cdot \sum_{i=1}^{n}(x_i - \overline{x})^2}$$

$n - 1$ 대신 n으로 나눈 s와 다르며, 이것이 σ의 최대우도추정값이다.

예제 10.15, 10.16, 10.18에서는 우도함수 대신 로그를 취한 우도함수를 최대화하였으나 이것이 꼭 필요한 것은 아니다. 이것은 단지 이것이 편리한 경우에 사용한다.

연습문제

10.50 만약 $X_1, X_2, \cdots, X_n$가 평균 μ, 분산 σ^2를 갖는 모집단의 확률표본일 때, 적률법을 이용하여 μ와 σ^2의 추정량을 구하여라.

10.51 지수모집단에서 크기 n인 확률표본이 주어졌다고 할 때, 적률법을 이용하여 모수 θ의 추정량을 구하여라.

10.52 $\alpha = 0$인 균등모집단에서 크기 n인 확률표본이 주어졌다고 할 때, 적률법을 이용하여 모수 β의 추정량을 구하여라.

10.53 포아송분포의 크기 n인 확률표본이 주어졌다고 할 때, 적률법을 이용하여 모수 λ의 추정량을 구하여라.

10.54 $\beta = 1$인 베타 모집단에서 크기 n인 확률표본이 주어졌다고 할 때, 적률법을 이용하여 모수 α의 추정량을 구하여라.

10.55 만약 $X_1, X_2, \cdots, X_n$가

$$f(x; \theta) = \begin{cases} \dfrac{2(\theta - x)}{\theta^2}, & 0 < x < \theta \\ 0 & , \text{그 외} \end{cases}$$

의 모집단에서 크기 n인 확률표본일 때, 적률법을 이용하여 θ의 추정량을 구하여라.

10.56 만약 $X_1, X_2, \cdots, X_n$가

$$g(x; \theta) = \begin{cases} \dfrac{1}{\theta} \cdot e^{-\frac{x-\delta}{\theta}}, & x > \delta \\ 0 & , \text{그 외} \end{cases}$$

의 모집단에서 크기 n인 확률표본일 때, 적률법을 이용하여 δ와 θ의 추정량을 구하여라. 이 분포는 때때로 **두-모수지수분포(two parameter exponential distribution)**라고 하며, $\theta = 1$일 때 이것은 예제 10.3의 분포이다.

10.57 연속형 균등분포의 크기 n인 확률표본이 주어졌다고 할 때, 적률법을 이용하여 모수 α와 β의 추정량을 구하여라.

10.58 N개의 독립적인 확률분포가 모수 θ이고, $n = 3$인 동일한 이항분포를 따른다고 하자. 만약 n_0이 0을 취하고, n_1이 1을 취하고, n_2가 2을 취하고, n_3이 3을 취한다면, 적률법을 이용하여 θ를 추정하는 식을 구하여라.

10.59 최대우도법을 이용하여 연습문제 10.53을 다시 풀어라.

10.60 최대우도법을 이용하여 연습문제 10.54를 다시 풀어라.

10.61 만약 $X_1, X_2, \cdots, X_n$가 $\alpha = 2$인 감마모집단의 크기 n인 확률표본일 때, 최대우도법을 이용하여 β를 추정하는 식을 구하여라.

10.62 알려진 평균 μ을 갖는 정규모집단의 크기 n인 확률표본이 주어졌을 때, σ의 최대우도추정량을 구하여라.

10.63 만약 $X_1, X_2, \cdots, X_n$가 기하모집단의 크기 n인 확률표본일 때, θ를 추정하는 식을

(a) 적률법을 이용하여 구하여라.

(b) 최대우도법을 이용하여 구하여라.

10.64 랄리 모집단(연습문제 6.20 참조)의 크기 n인 확률표본이 주어졌을 때, 최대우도법을 이용하여 모수 α의 추정량을 구하여라.

10.65 파레토 모집단(연습문제 6.21 참조)의 크기 n인 확률표본이 주어졌을 때, 최대우도법을 이용하여 모수 α의 추정량을 구하여라.

10.66 최대우도법을 이용하여 연습문제 10.56을 다시 풀어라.

10.67 최대우도법을 이용하여 연습문제 10.57을 다시 풀어라.

10.68 최대우도법을 이용하여 연습문제 10.58을 다시 풀어라.

10.69 알려진 모수 α를 갖는 감마모집단의 크기 n인 확률표본이 주어졌다고 할 때, 아래의 최대우도추정량을 구하여라.

(a) β

(b) $\tau = (2\beta - 1)^2$

10.70 만약 $V_1, V_2, \cdots, V_n$와 $W_1, W_2, \cdots, W_n$가 각각 평균이 $\mu_1 = \alpha + \beta$, $\mu_2 = \alpha - \beta$이고 공통 분산 $\sigma^2 = 1$인 정규모집단의 크기 n인 독립적인 확률표본이라고 할 때, α와 β의 최대우도추정량을 구하여라.

10.71 만약 $V_1, V_2, \cdots, V_{n_1}$와 $W_1, W_2, \cdots, W_{n_2}$가 각각 평균이 μ_1, μ_2이고 공통 분산 σ^2인 정규모집단의 크기 n_1, n_2인 독립적인 확률표본이라고 할 때, μ_1, μ_2와 σ^2의 최대우도추정량을 구하여라.

10.72 $X_1, X_2, \cdots, X_n$가

$$f(x;\theta) = \begin{cases} 1, & \theta - \frac{1}{2} < x < \theta + \frac{1}{2} \\ 0, & \text{그 외} \end{cases}$$

의 균등모집단으로부터의 크기 n인 확률표본이다. 첫 번째와 n번째의 순서통계량을 Y_1, Y_n라고 할 때,

$$Y_n - \frac{1}{2} \leqq \hat{\Theta} \leqq Y_1 + \frac{1}{2}$$

인 추정량 $\hat{\Theta}$는 θ의 최대우도추정량이 됨을 보여라. 이것은 최대우도추정량은 유일할 필요가 없음을 보인다.

10.73 연습문제 10.72에 관련하여 다음의 추정량이 θ의 최대우도추정량임을 확인하라.

(a) $\frac{1}{2}(Y_1 + Y_n)$

(b) $\frac{1}{3}(Y_1 + 2Y_2)$

◆ 10.9 베이즈추정[1]

이 장에서 이제까지 가정해 온 것은 우리가 추정하고 싶은 모수는 미지의 상수라는 것이다. 베이즈추정에서는 모수는 **사전분포 (prior distributions)** 를 갖는 확률변수로 다룬다. 사전분포는 그들이 가정할 수 있는 가능한 값에 대한 그들의 믿음의 강도 (strength of belief) 를 반영한다. 9.6절에서 우리는 이미 베이즈추정의 한 문제를 접했다. 모수는 균등분포를 따르고 사전분포는 감마분포였다.

베이즈추정의 가장 주요한 문제는 표본이라는 증거를 이용한 모수에 대한 사전예감 (prior feeling) 과 결합하는 것이다. 예제 9.9에서는 주어진 $X = x$에 대한 Θ의 조건부밀도 $\varphi(\theta|x)$를 결정하여 문제를 해결하였다. Θ의 사전분포에 대조되게 이 조건부분포 (이것은 또한 표본의 증거를 바로 반영한다) 는 Θ의 **사후분포 (posterior distribution)** 라고 한다. 일반적으로 만약 $h(\theta)$가 θ일 때의 Θ의 사전분포의 값이라고 하고, Θ에 대한 표본으로부터 얻어진 정보 [예를 들어, 통계량 $W = u(X_1, X_2, \cdots, X_n)$의 값] 와 결합

1) 이 절에서의 개념과 용어의 일부는 선택사항인 9장 결정이론에서 소개되었다. 이 절은 생략하여도 좋다.

하려고 한다면, Θ의 사후분포를 결정하여야 한다. 공식으로는

$$\varphi(\theta|w) = \frac{f(\theta, w)}{g(w)} = \frac{h(\theta) \cdot f(w|\theta)}{g(w)}$$

$f(w|\theta)$는 $\Theta = \theta$가 주어졌을 때 W의 표본분포의 w에서의 값이며, $f(\theta, w)$는 Θ와 W가 각각 θ와 W일 때의 결합분포의 값이고, $g(w)$은 w일 때의 W의 주변분포의 값이다. 사실 $\varphi(\theta|w)$에 관한 위의 식은 정리 2.13 베이즈 정리의 연속형 경우로의 확장이다. 그러므로 "**베이즈추정(Bayesian estimation)**"이라고 한다.

모수의 사후분포가 얻어지면 예제 9.9에서처럼 이것은 추정을 하는 데 사용될 수 있고, 또는 예제 10.20에 설명될 것처럼 모수에 관한 확률을 언급하는 데 사용될 수도 있다. 비록 우리가 언급한 방법은 광범위하게 응용되는 방법이만, 여기에서는 이항모집단의 모수 Θ와 정규모평균에 대한 추론으로 제한하도록 한다. 연습문제 10.77에서는 포아송모집단의 모수에 관한 추론을 다룬다.

정리 10.5 만약 X가 이항확률변수고, Θ의 사전분포가 모수 α, β를 갖는 베타분포를 따른다면, $X = x$가 주어졌을 때 Θ의 사후분포는 모수가 $x + \alpha, n - x + \beta$를 갖는 베타분포다.

증명 $\Theta = \theta$일 때,

$$f(x|\theta) = \binom{n}{x} \theta^x (1-\theta)^{n-x}, \quad x = 0, 1, 2, \ldots, n$$

$$h(\theta) = \begin{cases} \dfrac{\Gamma(\alpha+\beta)}{\Gamma(\alpha)\cdot\Gamma(\beta)} \cdot \theta^{\alpha-1}(1-\theta)^{\beta-1}, & 0 < \theta < 1 \\ 0 & , \text{그 외} \end{cases}$$

그러므로 $0 < \theta < 1$이고 $x = 0, 1, 2, \cdots, n$일 때,

$$\begin{aligned} f(\theta, x) &= \frac{\Gamma(\alpha+\beta)}{\Gamma(\alpha)\cdot\Gamma(\beta)} \cdot \theta^{\alpha-1}(1-\theta)^{\beta-1} \times \binom{n}{x} \theta^x (1-\theta)^{n-x} \\ &= \binom{n}{x} \cdot \frac{\Gamma(\alpha+\beta)}{\Gamma(\alpha)\cdot\Gamma(\beta)} \cdot \theta^{x+\alpha-1}(1-\theta)^{n-x+\beta-1} \end{aligned}$$

x의 다른 값에서는 $f(\theta, x) = 0$이다. X의 주변분포를 얻기 위해서 베타분포를 0부터 1까지 적분하면 1이라는 사실을 이용하자. 즉,

$$\int_0^1 x^{\alpha-1}(1-x)^{\beta-1} dx = \frac{\Gamma(\alpha)\cdot\Gamma(\beta)}{\Gamma(\alpha+\beta)}$$

그러므로 $x = 0, 1, 2, \cdots, n$일 때,

$$g(x) = \binom{n}{x} \cdot \frac{\Gamma(\alpha+\beta)}{\Gamma(\alpha)\cdot\Gamma(\beta)} \cdot \frac{\Gamma(\alpha+x)\cdot\Gamma(n-x+\beta)}{\Gamma(n+\alpha+\beta)}$$

그러므로 $0 < \theta < 1$일 때,

$$\varphi(\theta|x) = \frac{\Gamma(n+\alpha+\beta)}{\Gamma(\alpha+x)\cdot\Gamma(n-x+\beta)} \cdot \theta^{x+\alpha-1}(1-\theta)^{n-x+\beta-1}$$

x의 다른 값에서는 $\varphi(\theta|x) = \theta$이다. 이는 베타 밀도함수의 형태이며 모수는 $x + \alpha, n - x + \beta$이다. ∎

이 정리를 이용하기 위해서 손실함수가 2차식일 때 사후분포의 평균은 베이즈위험을 최소화시킨다는 결과(아주 일반적인 조건하에서)를 기억하자. 즉, 손실함수가

$$L[d(x), \theta] = c[d(x) - \theta]^2$$

이고 c는 양의 상수라고 하자. 이것은 예제 9.9에서 사용했던 손실함수임을 기억하자. Θ의 사후분포는 모수를 $x + \alpha, n - x + \beta$로 갖는 베타분포이므로, 정리 6.5에 의해서

$$E(\Theta|x) = \frac{x + \alpha}{\alpha + \beta + n}$$

는 손실함수가 2차식이고 사전분포가 위와 같이 주어진 형태라면 베이즈위험을 최소화시키는 θ의 추정량의 값이다.

예제 10.19

Θ의 사전분포가 모수가 $\alpha = \beta = 40$인 베타분포이고, 120회의 이항 시행 중 42회의 성공이 얻어졌을 때, 성공의 "실제" 확률 추정값인 사후분포의 평균을 찾아라.

풀이 $E(\Theta|x)$의 식에 $x = 42, n = 120, \alpha = 40, \beta = 40$를 대입하면

$$E(\Theta|42) = \frac{42 + 40}{40 + 40 + 120} = 0.41$$

Θ의 사전분포에 대한 지식이 없는 경우 θ의 최소분산비편향추정량은(연습문제 10.14 참조) 표본 비율

$$\hat{\theta} = \frac{x}{n} = \frac{42}{120} = 0.35$$

인 것과 비교하여 보아라.

정리 10.6 만약 $\overline{X}$가 분산 σ^2의 값을 아는 정규모집단의 크기 n인 확률표본의 평균이고, M(그리스어 *mu*의 대문자)의 사전분포는 평균 μ_0, 분산 $\sigma_0{}^2$을 갖는 정규분포라고 할 때, $\overline{X} = \overline{x}$가 주어졌을 때 M의 사후분포는 평균 μ_1, 분산 $\sigma_1{}^2$인 정규분포이며

$$\mu_1 = \frac{n\overline{x}\sigma_0^2 + \mu_0\sigma^2}{n\sigma_0^2 + \sigma^2} \quad \text{와} \quad \frac{1}{\sigma_1^2} = \frac{n}{\sigma^2} + \frac{1}{\sigma_0^2}$$

증명 $\mathrm{M} = \mu$일 때 정리 8.4에 의해서

$$f(\overline{x}|\mu) = \frac{\sqrt{n}}{\sigma\sqrt{2\pi}} \cdot e^{-\frac{1}{2}\left(\frac{\overline{x}-\mu}{\sigma/\sqrt{n}}\right)^2}, \quad -\infty < \overline{x} < \infty$$

$$h(\mu) = \frac{1}{\sigma_0\sqrt{2\pi}} \cdot e^{-\frac{1}{2}\left(\frac{\mu-\mu_0}{\sigma_0}\right)^2}, \quad -\infty < \mu < \infty$$

그러므로

$$\varphi(\mu|\bar{x}) = \frac{h(\mu)\cdot f(\bar{x}|\mu)}{g(\bar{x})}$$
$$= \frac{\sqrt{n}}{2\pi\sigma\sigma_0 g(\bar{x})}\cdot e^{-\frac{1}{2}\left(\frac{\bar{x}-\mu}{\sigma/\sqrt{n}}\right)^2-\frac{1}{2}\left(\frac{\mu-\mu_0}{\sigma_0}\right)^2}, \quad -\infty<\mu<\infty$$

이제 만약 e의 지수에서 μ의 항을 모으면

$$-\frac{1}{2}\left(\frac{n}{\sigma^2}+\frac{1}{\sigma_0^2}\right)\mu^2+\left(\frac{n\bar{x}}{\sigma^2}+\frac{\mu_0}{\sigma_0^2}\right)\mu-\frac{1}{2}\left(\frac{n\bar{x}^2}{\sigma^2}+\frac{\mu_0^2}{\sigma_0^2}\right)$$

만약

$$\frac{1}{\sigma_1^2}=\frac{n}{\sigma^2}+\frac{1}{\sigma_0^2} \text{ 와 } \qquad \mu_1=\frac{n\bar{x}\sigma_0^2+\mu_0\sigma^2}{n\sigma_0^2+\sigma^2}$$

라고 두면 $-\frac{1}{2\sigma_1^2}$가 만들어지고, 제곱을 하면 $\varphi(\mu|\bar{x})$의 e의 지수부분은

$$-\frac{1}{2\sigma_1^2}(\mu-\mu_1)^2+R$$

이때 R은 $n, \bar{x}, \mu_0, \sigma, \sigma_0$는 포함하지만 μ는 포함하지 않는다. 그러므로 M의 사후분포는

$$\varphi(\mu|\bar{x}) = \frac{\sqrt{n}\cdot e^R}{2\pi\sigma\sigma_0 g(\bar{x})}\cdot e^{-\frac{1}{2\sigma_1^2}(\mu-\mu_1)^2}, \quad -\infty<\mu<\infty$$

이것은 평균 μ_1, 분산 σ_1^2인 정규분포다. 그러므로 우리는

$$\varphi(\mu|\bar{x}) = \frac{1}{\sigma_1\sqrt{2\pi}}\cdot e^{-\frac{1}{2}\left(\frac{\mu-\mu_1}{\sigma_1}\right)^2}, \quad -\infty<\mu<\infty$$

로 쓸 수 있으며 μ_1, σ_1은 342쪽에 정의된 것과 같다. 마지막 결과에서 $g(\bar{x})$는 상수로 흡수되므로 구할 필요가 없음을 주목하라. ■

예제 10.20

한 청량음료 자동판매기 배급업자는 그의 판매기 중 하나가 슈퍼마켓에서 한 주에 평균적으로 $\mu_0 = 738$개를 판매한다고 생각한다. 물론 슈퍼마켓마다 그 평균은 매우 다르며, 배급업자는 그 차이를 표준편차 $\sigma_0 = 13.4$라고 생각한다. 판매기가 특정한 슈퍼마켓에 설치되어 있는 경우를 고려하면 판매되는 개수는 매주 차이가 날 것이며, 그 차이는 표준편차 $\sigma = 42.5$라고 생각한다. 만약 배급업자의 한 판매기가 새 슈퍼마켓에 설치되어 첫 10주 동안 평균적으로 $\bar{x} = 692$개를 판매하였다면, 이 슈퍼마켓의 M의 값이 실제로 700과 720 사이에 있을 확률 [판매업자의 **개인적 확률 (personal probability)**] 은 얼마인가?

풀이 추출된 모집단은 대략 정규분포를 따른다고 가정하자. 그러면 M의 사전분포는 평균 μ_0, 표준편차 $\sigma_0 = 13.4$를 갖는 정규분포라고 생각하는 것이 타당하다. 정리 10.6의 식을 대입하면,

$$\mu_1 = \frac{10.692(13.4)^2+738(42.5)^2}{10(13.4)^2+(42.5)^2} = 715$$

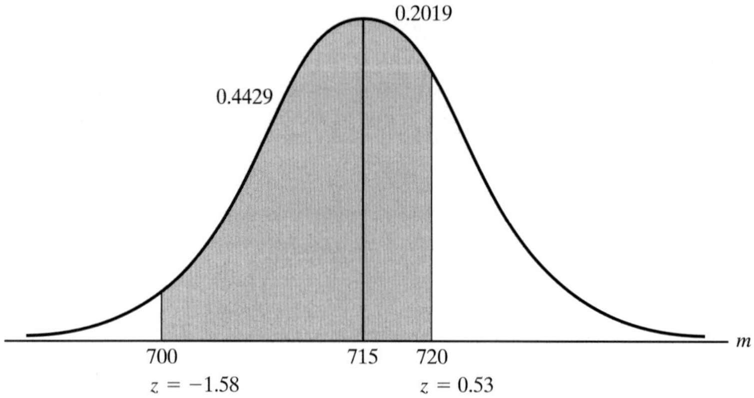

그림 10.1 예제 10.20의 그림.

$$\frac{1}{\sigma_1^2} = \frac{10}{(42.5)^2} + \frac{1}{(13.4)^2} = 0.0111$$

그러므로 $\sigma_1^2 = 90.0$ 또는 $\sigma_1 = 9.5$임을 알 수 있다. 이제 문제에 대한 정답은 그림 10.1에 나타나 있으며, 즉

$$z = \frac{700 - 715}{9.5} = -1.58 \text{와} \qquad z = \frac{720 - 715}{9.5} = 0.53$$

사이에 있는 표준정규곡선 아래의 면적이다. 그러므로 M의 값이 700과 720 사이에 있을 확률은 0.4429 + 0.2019 = 0.6448, 대략 0.645이다.

연습문제

10.74 연습문제 6.29의 결과를 이용하여, 342쪽에 주어진 Θ의 사후분포의 평균은

$$E(\Theta|x) = w \cdot \frac{x}{n} + (1 - w) \cdot \theta_0$$

와 같이 쓰여질 수 있음을 보여라. 즉, $\frac{x}{n}$와 θ_0의 가중평균이며, θ_0과 σ_0^2은 Θ의 사전 베타분포의 평균과 분산이며

$$w = \frac{n}{n + \frac{\theta_0(1-\theta_0)}{\sigma_0^2} - 1}$$

10.75 예제 10.19에서 이항분포의 모수 Θ의 사전분포는 $\alpha = \beta = 40$인 베타분포였다. 정리 6.5를 이용하여 이 사전분포의 평균과 분산을 찾고 그 형태를 설명하여라.

10.76 정리 10.6에 주어진 M의 사후분포의 평균은

$$\mu_1 = w \cdot \bar{x} + (1 - w) \cdot \mu_0$$

와 같이 쓰여질 수 있음을 보여라. 즉, $\bar{x}$와 μ_0의 가중평균이며,

$$w = \frac{n}{n + \frac{\sigma^2}{\sigma_0^2}}$$

10.77 만약 X가 포아송분포를 따르며, 그 모수 Λ(*lambda*의 그리스어 대문자)가 모수 α, β를 갖는 감마분포일 때 다음을 보여라.

(a) $X = x$가 주어졌을 때 Λ의 사후분포는 모수 $\alpha + x$와 $\dfrac{\beta}{\beta + 1}$를 갖는 감마분포다.

(b) Λ의 사후분포의 평균은

$$\mu_1 = \frac{\beta(\alpha + x)}{\beta + 1}$$

◆10.10 실제 예

표본평균 $\bar{x}$은 확률표본이 추출된 그 분포의 평균을 추정하는 데 가장 많이 사용된다. 이것은 정규분포의 충분추정량일 뿐만 아니라 최소분산비편향추정량임을 보였었다. 이것은 자주 접하는 분포들의 평균에 대한 추정량으로서 적어도 점근적비편향이다.

모평균의 추정량인 표본평균으로서 이런 바람직한 특성들에도 불구하고, 표본평균은 절대로 모평균과 같을 수 없음을 알고 있다. $E = |\bar{x} - \mu|$으로, μ의 추정값으로서 $\bar{x}$를 사용할 때의 오차를 측정해 보자. 만약 표본 크기 n이 크다고 하면,

$$\frac{\bar{x} - \mu}{\sigma/\sqrt{n}}$$

은 근사적으로 표준정규분포를 따르는 확률변수의 값이다. 그러므로 확률 $1 - \alpha$로

$$\frac{|\bar{x} - \mu|}{\sigma/\sqrt{n}} \le z_{\alpha/2}$$

또는

$$E \le Z_{\alpha/2} \frac{\sigma}{\sqrt{n}}$$

예제 10.21

한 여론조사원은 어떤 한 특정 후보자를 지지하는 투표자들의 백분율을 추정하고 싶다. 그는 추정한 결과로 발생하는 오차가 3%를 초과하지 않는 확률을 0.95로 하고 싶다. 그렇다면 그는 몇 명의 선거인 명부를 조사해야 하는가?

풀이 우리는 이항분포에 대한 통상적인 근사를 이용할 것이며, n이 매우 크다고 가정하자. 정리 5.3에 의하

여 θ가 이항분포의 모수일 때 $\sigma^2_{X/n} = \dfrac{\theta(1-\theta)}{n}$임을 알고 있다. 이 값은 $\theta = \dfrac{1}{2}$일 때 최대가 되므로, σ의 최댓값은 $\dfrac{1}{2\sqrt{n}}$이다. 최대오차가 0.03이므로 E에 관한 부등식은

$$E \le Z_{\alpha/2} \cdot \frac{1}{2\sqrt{n}}$$

$z_{\alpha/2} = z_{.025} = 1.96$이므로 n에 관하여 부등식을 풀면, 추정 결과로 인한 오차가 3%를 넘지 않으면서 확률 0.95로 표본의 크기를 구할 수 있다.

$$n \le \frac{z^2\alpha/2}{4E^2} = \frac{(1.96)^2}{4(.03)^2} = 1,068$$

(우리는 이 계산을 수행하는 과정에서 항상 정숫값으로 '올림' 하였음을 주목하라.) ●

이제 이 결과를 토대로 대체로 이런 여론조사를 할 때 표본 크기를 1,000으로 하는 것이 별로 놀랍지 않을 것이다.

표본추정의 정확도에 관련된 또 다른 중요한 개념은 **표본편향(sampling bias)**이다. 표본편향은 모집단을 정확히 반영하지 못하게 추출되었을 때 발생한다. 예를 들면, 미국에서 각 50주의 자동차 등록자 수에 기초한 전국 여론조사는 아마도 편향되었을 것이다. 왜냐하면 차를 소유하지 않은 사람을 생략하기 때문이다. 그런 사람들은 차를 소유한 사람들과는 다른 의견을 가지고 있을 수 있다. 만약 창고의 선반에 저장된 상품 중 표본을 아래 선반에서만 선택하였다면 표본은 편향될 것이다. 대기의 상태들, 예를 들어 온도와 습기 등은 아래 선반의 것들과 위 선반의 것들에 미치는 영향이 다를 것이다.

322쪽에 기재된 평균제곱오차는 모수 θ를 점추정량 $\hat{\Theta}$으로 추정하였을 때의 제곱오차손실의 기댓값으로 해석할 수 있다. 우리는 이것을 다음과 같이 쓸 수 있다.

$$\begin{aligned}
\text{MSE}(\hat{\Theta}) &= E(\hat{\Theta} - \theta)^2 \\
&= E[\hat{\Theta} - E(\hat{\Theta}) + E(\hat{\Theta}) - \theta]^2 \\
&= E[\hat{\Theta} - E(\hat{\Theta})]^2 + [E(\hat{\Theta}) - \theta]^2 + 2\{E[\hat{\Theta} - E(\hat{\Theta})][E(\hat{\Theta}) - \theta]\}
\end{aligned}$$

교차곱의 첫 번째 항은 $E[\hat{\Theta} - E(\hat{\Theta})] = E(\hat{\Theta}) - E(\hat{\Theta}) = 0$이므로,

$$\text{MSE}(\hat{\Theta}) = E[\hat{\Theta} - E(\hat{\Theta})]^2 + [E(\hat{\Theta}) - \theta]^2$$

첫 번째 항은 $\hat{\Theta}$의 분산이고 두 번째 항은 편향의 제곱, 즉 모수 θ의 추정량의 기댓값과 실제값의 차이이다. 그러므로,

$$\text{MSE}(\hat{\Theta}) = \sigma^2_{\hat{\Theta}} + [\text{Bias}]^2$$

대부분의 응용에서는 $\hat{\Theta}$의 분산을 추정하는 것이 가능하나 표본편향은 보통 알 수 없다. 표본편향은 표본분산 $\sigma_{\hat{\Theta}}{}^2$보다 커질 수 있기 때문에 적어도 표본편향을 최소화하기 위해서 혹은 아예 없애기 위해서는 많은 노력이 필요하다. 표본의 개체를 측정하는 데 사용하는 기계를 잘 조정함으로써 가능하다. 인간의 주관성은 가능한 배제하고, 표본이 추출될 모집단 전체에서 적절히 랜덤으로 표본을 추출하는

방법을 사용해야 한다. 이것과 관련된 문제들은 이 장의 마지막에 기재된 참고문헌 중 Hogg와 Tanis 책에 자세히 설명되어 있다.

10.1~10.3절

응용문제

10.78 평균 μ이고 분산이 σ^2인 정규모집단에서 크기가 각각 n_1, n_2인 독립적인 확률표본이 추출되었다. 만약 $n_1 = 25, n_2 = 50, \bar{x}_1 = 27.6, \bar{x}_2 = 38.1$이라면, 연습문제 10.23의 추정량을 이용하여 μ를 추정하여라.

10.79 평균이 μ이고 분산이 $\sigma_1^2 = 4, \sigma_2^2 = 9$인 정규모집단들에서 추출된 크기가 n인 확률표본이 있다. 만약 $\bar{x}_1 = 26.0, \bar{x}_2 = 32.5$이면 연습문제 10.21의 (b) 의 추정량을 이용하여 μ를 추정하여라.

10.80 어느 나라의 첩보기관은 적국이 순차적으로 1부터 k까지 매겨진 새로운 연료탱크를 만들고 있음을 알고 있다. 만약 이들 연료탱크 중 세 개가 포착되었고 그들의 순차 번호가 210, 38, 155라면, 연습문제 10.12의 (b) 의 추정량을 이용하여 k를 추정하여라.

10.4~10.8절

10.81 랜덤으로 선택된 12일에 어느 도시의 전기 소비량은 6.4, 4.5, 10.8, 7.2, 6.8, 4.9, 3.5, 16.3, 4.8, 7.0, 8.8, 5.4백만 킬로와트/시간이었다. 만약 이 자료들이 감마모집단에서 추출된 확률표본으로 보인다고 가정하면, 예제 10.14에서 얻어진 추정량을 이용하여 모수 α, β를 추정하여라.

10.82 어떤 특정한 타이어들은 35,200, 41,000, 44,700, 38,600, 41,500마일을 갈 수 있다고 한다. 이 자료들이 지수모집단에서 뽑힌 확률표본이라고 가정할 때, 연습문제 10.51에서 얻은 추정량을 이용하여 모수 θ를 추정하여라.

10.83 동물 모집단의 크기는 때때로 **포획-재포획 방법(capture-recapture method)**에 의해 추정된다. 이 방법에서는 관찰 대상 지역 내의 n_1마리 동물들을 포획하고, 표지를 달고, 다시 풀어준다. 후에 n_2마리의 동물들을 포획해서 그들 중 X마리에서 표지가 발견되면, 이 정보가 관찰 대상 지역 내의 총 동물의 개체수 N을 추정하는데 사용된다. 만약 숲의 한 구역에서 $n_1 = 3$의 드물게 보는 올빼미가 포획된 뒤 표지를 단 후 풀어주었고, 그 후에 $n_2 = 4$의 올빼미를 포획하였더니 그중 한 마리만이 표지를 한 것이 발견되었다면, 최대우도법을 이용하여 N을 추정하여라 (힌트: $N = 9, 10, 11, 12, 13, 14$을 시도해 보아라).

10.84 규소 화합물의 끓는점을 측정한 6개의 결과의 오차의 크기는 0.07, 0.03, 0.14, 0.04, 0.08, 0.03°C이다. 이 자료들이 연습문제 10.55의 모집단에서 추출된 확률표본이라고 가정할 때, 그 문제에서 적률법을 사용하여 얻어진 추정량을 이용하여 모수 θ를 추정하여라.

10.85 꺼지는 즉시 측정한 것은 아니지만, 어떤 전구는 415, 433, 489, 531, 466, 410, 479, 403, 562, 422, 475, 439시간 동안 사용된다고 하자. 이 자료들이 두-모수 지수모집단에서 추출된 확률표본이라고 가정할 때, 연습문제 10.56에서 얻은 추정량을 이용하여 모수 δ와 θ를 추정하여라.

10.86 연습문제 10.66에서 최대우도법으로 구한 추정량을 이용하여 응용문제 10.85를 다시 풀어라.

10.87 수년에 걸쳐 수집된 자료에 의하면 어떤 한 브로커가 그의 고객 중 랜덤으로 8명의 표본을 추출하여 전화한 결과, 그는 6.5, 10.6, 8.1, 4.1, 9.3, 11.5, 7.3, 5.7%의 통화 중 소리를 들을 수 있었다. 이 자료들이 연속형 균등모집단에서 뽑힌 확률표본이라고 가정할 때, 연습문제 10.57에서 얻은 통계량을 이용하여 모수 α, β를 추정하여라.

10.88 연습문제 10.67에서 얻은 추정량을 이용하여 연습문제 10.87을 다시 풀어라.

10.89 어느 지역의 큰 학교의 선생님들 중 확률표본을 추출했을 때, 그들의 연봉은 \$23,900, \$21,500, \$26,400, \$24,800, \$33,600, \$24,500, \$29,200, \$36,200, \$22,400, \$21,500, \$28,300, \$26,800, \$31,400, \$22,700, \$23,100이다. 이 자료들이 파레토 모집단에서 추출된 확률표본이라고 가정할 때, 연습문제 10.65에서 얻은 추정량을 이용하여 모수 α를 추정하여라.

10.90 존스씨는 경주장에 갈 때마다 매번 세 경주에 내기를 건다. 그가 경주장에 갔던 것 중 20번을 확률표본으로 추출하였을 때, 그가 모두 내기에 잃은 경우는 11번, 한 번 이긴 경우는 7번, 두 번 이긴 경우는 2번 있었다. 만약 θ가 그가 내기 중 단 한 번이라도 이길 확률이라면, 연습문제 10.68에서 구한 최대우도추정량을 이용하여 θ를 추정하여라.

10.91 매우 추웠던 날 20일 동안, 어떤 한 농부는 트랙터에 시동을 첫 번째, 세 번째, 다섯 번째, 첫 번째, 두 번째, 첫 번째, 세 번째, 일곱 번째, 두 번째, 네 번째, 네 번째, 여덟 번째, 첫 번째, 세 번째, 여섯 번째, 다섯 번째, 두 번째, 첫 번째, 여섯 번째, 두 번째 시도 결과 걸 수 있었다. 이 자료들이 기하모집단에서 추출된 확률표본이라고 가정할 때, 연습문제 10.63에서 얻은 추정량 중 하나를 이용하여 모수 θ를 추정하여라.

10.92 어느 한 인종에 속해있는 10대들의 I.Q.가 98, 114, 105, 101, 123, 117, 106, 92, 110, 108이고, 다른 어떤 인종에 속해있는 여섯 명의 10대들의 I.Q.는 122, 105, 99, 126, 114, 108이다. 이 자료들이 각각 평균 μ_1, μ_2을 가지고 공통 분산 σ^2을 갖는 정규모집단의 독립적인 확률표본들이라고 가정할 때, 연습문제 10.71에서 얻은 최대우도추정량을 이용하여 이 모수들을 추정하라.

10.9절

10.93 어떤 집적회로 생산라인을 거쳐 생산된 물품은 매일 100개가 표본으로 추출되어 검사를 받는다. 오랜 기간 동안 이 공정은 80%를 유지하였다. 즉, 20%의 불량 비율을 가졌고, 매일 매일의 불량 비율의 변동은 표준편차 0.04로 측정되었다. 만약 어떤 특정한 날의 표본이 38개의 불량품을 포함하고 있었다면, 매일 발생하는 불량 비율의 추정량 Θ의 사후분포의 평균을 구하여라. Θ의 사전분포는 베타분포라고 가정하라.

10.94 어느 한 대학이 수년에 걸쳐 수집한 기록은, 평균적으로 모든 신입생 중 적어도 115의 I.Q.를 갖는 신입생은 74%임을 나타낸다. 물론 매년 그 비율은 차이가 있으며 그 변동은 표준편차 3%로 측정되었다. 만약 올해 신입생 중 30명의 표본을 검사한 결과 그들 중 겨우 18명만이 적어도 115의 I.Q.를 가지고 있었다면, 신입생들 중 적어도 115의 I.Q.를 가지고 있는 실제 비율을 다음 방법을 이용하여 구하여라.

(a) 오직 사전 정보만을 이용하여라.

(b) 오직 직접적인 정보만을 이용하여라.

(c) 연습문제 10.74의 결과를 사전정보와 직접 정보를 결합하여 이용하여라.

10.95 예제 10.20에서 $P(712 < M < 725 | \bar{x} = 692)$를 구하여라.

10.96 한 역사학 교수가 많은 학생들이 볼 기말 시험을 준비하였다. 그는 학생들이 받을 평균성적을 대체로 평균 $\mu_0 = 65.2$, 표준편차 $\sigma_0 = 1.5$의 정규분포로 생각하고 있다.

(a) 교수가 실제 평균성적이 63.0과 68.0 사이에 있을 확률을 얼마의 사전확률로 할당한 것인가?

(b) 시험을 치러 평균 72.9이고 표준편차가 7.4인 성적을 받은 40명의 학생들로 구성된 확률표본을 얻었다면, 그가 실제 평균성적이 63.0과 68.0 사이에 있을 것이란 사후확률은 얼마인가? σ의 추정값으로 $s = 7.4$를 사용하여라.

10.97 어느 한 회사의 지배인은 어느 특정한 부서에 매일 걸려온 전화의 수가 포아송분포를 따르는 확률변수라고 생각하고 있고, 그 분포의 모수는 $\alpha = 50$, $\beta = 2$의 모수를 갖는 사전 감마분포를 따른다고 한다. 그런 부서가 어느 날, 하루에 112통의 전화가 걸려왔다고 할 때, 그 특정 부서에 매일 걸려오는 전화의 평균수는 어떻게 추정되는가?

(a) 오직 사전 정보만을 이용하여라.

(b) 오직 직접적인 정보만을 이용하여라.

(c) 사전정보, 직접 정보와 연습문제 10.77의 결과를 함께 이용하여라.

10.10절

10.98 표본으로부터 추정한 평균의 추정량의 오차가 많아야 0.5이고, 그 확률이 0.99가 되도록 하기 위해 모집단으로부터 얼마나 큰 확률표본이 얻어져야 하는가? 모집단의 표준편차는 4.2라고 하자.

10.99 40옴(ohm)의 규격으로 생산된 저항 중에 랜덤으로 추출된 36개의 저항이 있다. 이들의 표준편차가 1옴이라고 가정할 때, 표본평균이 모집단 저항의 평균과 1.5옴 이하로 차이가 난다고 95%의 확률로 주장할 수 있는가?

10.100 일정한 속도로 움직이는 콘베이어 벨트에 다양한 길이의 얇은 철판(sheet metal)들이 정렬되어 있다. 검사를 위해 이 철판들 중 표본이 추출되는데, 어떤 철판이든지 간에 매 5분 간격으로 검사 기계 앞에 지나가는 철판이 추출된다. 만약 이런 모든 제조 과정 모집단 중 일부분의 불량품의 개수를 추정하는 것이 목적이라면, 이 표본추출과정은 어떻게 편향되어 있을 수 있는지 설명하여라.

10.101 만약 표본이 세대주인 사람에게 한정되어 있다면, 사람들에게 선거에서 어떻게 투표할 것이라고 물어서 얻은 어떤 선거의 투표결과의 표본편향에 관하여 언급하여라.

참고문헌

충분통계량에 관한 참고문헌

LEHMANN, E. L., *Theory of Point Estimation*. New York: John Wiley & Sons, Inc., 1983,

WILKS, S. S., *Mathematical Statistics*. New York: John Wiley & Sons, Inc., 1962,

정리 10.4의 증명

HOGG, R. V., and TANIS, E. A., *Probability and Statistical Inference*, 6th ed. Upper Saddle River, N.J.: Prentice Hall, 1995.

최대우도추정량에 관한 참고문헌

Keeping, E. S., *Introduction to Statistical Inference*. Princeton, N.J.: D. Van Nostrand Co., Inc., 1962,

크래머-라오 부등식의 도출과 그에 필요한 일반조건에 관한 참고문헌

RAO, C. R., *Advanced Statistical Methods in Biometric Research*. New York: John Wiley & Sons, Inc., 1952.

11장 | 구간추정

◆ 11.1 서론

10장에서는 점추정에 관해 논의했었다. 이것은 추정값이 표현되는 일반적인 방법이지만, 여전히 많은 의문점을 남긴다. 예를 들어 추정값이 어느 정도의 정보를 포함하는지 알 수 없으며 오차의 가능한 크기조차 알 수 없다. 그러므로 θ의 점추정값 $\hat{\theta}$을 보완하는 표본의 크기, var($\hat{\Theta}$)의 값, $\hat{\Theta}$의 표본분포에 관한 정보 등이 필요하다. 앞으로 볼 수 있듯이 이것들은 오차의 크기를 측정할 수 있도록 할 것이다.

그래서 점추정을 대신하여 **구간추정(interval estimation)**을 이용한다. θ의 구간추정은 $\hat{\theta}_1$, $\hat{\theta}_2$이 적절한 확률변수 $\hat{\Theta}_1$, $\hat{\Theta}_2$의 값일 때, $\hat{\theta}_1 < \theta < \hat{\theta}_2$ 형태의 구간이다.

정의 11.1 **신뢰구간(Confidence Interval)** 어느 특정한 확률값에 대하여

$$P(\hat{\Theta}_1 < \theta < \hat{\Theta}_2) = 1 - \alpha$$

를 만족하는 확률변수 $\hat{\Theta}_1$, $\hat{\Theta}_2$의 값을 $\hat{\theta}_1$, $\hat{\theta}_2$ 라고 하면, 구간

$$\hat{\theta}_1 < \theta < \hat{\theta}_2$$

를 θ의 $(1 - \alpha)100\%$ **신뢰구간(confidence interval)**이라고 한다. 또한 $1 - \alpha$를 **신뢰도(degree of confidence)**라고 하며, 구간의 양 끝점 $\hat{\theta}_1$, $\hat{\theta}_2$를 **신뢰한계(confidence limits)**의 상한, 하한이라고 한다. (역자 주: $1 - \alpha$를 **신뢰수준(level of confidence, confidence level)**이라고도 한다.)

예를 들어 $\alpha = 0.05$일 때 신뢰도는 0.95이며 우리는 95%의 신뢰구간을 얻을 수 있다.

점추정과 같이 주어진 모수에 대한 구간추정도 유일하지 않다는 점을 이해해야 한다. 이것은 연습문제 11.2, 11.3에 소개되어 있다. 11.2절에서도 단일확률표본에 기초하여 $1 - \alpha$의 같은 신뢰도를 갖는 μ에 대한 여러 개의 신뢰구간을 볼 수 있다. 점추정에서와 같이 구간추정에서도 추정의 방법은 그들의 다양한 통계적 특징에 의해 평가한다. 예를 들어, 선호되는 특징 중 하나는 $(1 - \alpha)100\%$의 신뢰구간의 길이가 가능한 짧아야 한다는 것이다. 또 다른 선호되는 특징은 기대 길이 $E(\hat{\Theta}_2 - \hat{\Theta}_1)$가 가능한 작아야 한다는 것이다.

◆ 11.2 평균 추정

점추정에서 오차의 가능한 크기가 어떻게 측정되었는지 설명하자. 확률표본의 평균이 분산 σ^2의 값이 알려진 정규모평균을 추정하는 데 사용된다고 가정하자. 정리 8.4에 의해서 평균 μ, 분산 σ^2를 갖는 정규모집단에서 추출된 크기 n의 확률표본에서 $\overline{X}$의 표본분포는

$$\mu_{\overline{x}} = \mu \text{와} \qquad \sigma_{\overline{x}}^2 = \frac{\sigma^2}{n}$$

인 정규분포다. 그러므로

$$P(|Z| < z_{\alpha/2}) = 1 - \alpha$$

일 때

$$Z = \frac{\overline{X} - \mu}{\sigma/\sqrt{n}}$$

와 같이 쓸 수 있다. $z_{\alpha/2}$는 $z_{\alpha/2}$부터 ∞까지 표준정규밀도를 적분하면 $\alpha/2$와 같이 되는 값이다(연습문제 6.69 참조). 그러므로

$$P\left(|\overline{X} - \mu| < z_{\alpha/2} \cdot \frac{\sigma}{\sqrt{n}}\right) = 1 - \alpha$$

바꾸어 말하면,

정리 11.1 만약 σ^2의 값이 알려진 정규모집단에서 추출된 크기 n의 확률표본의 평균 $\overline{X}$가 모평균의 추정량으로 사용된다면, 오차가 $z_{\alpha/2} \cdot \dfrac{\sigma}{\sqrt{n}}$보다 작을 확률은 $1 - \alpha$이다.

예제 11.1

어떤 한 효율성 전문가 팀이 크기 $n = 150$인 확률표본의 평균을 대규모 산업단지의 일관 작업에서 일하는 노동자들의 기계를 다루는 적성의 평균의 추정량으로 사용하려고 한다(어떤 특정 표준화된 검사를 통해 측정된다). 만약 효율성 전문가들이 경험에 비추어 이 자료에서 $\sigma = 6.2$라고 가정한다면, 그들의 추정값의 최대오차에 대해서 0.99의 확률로 무엇을 주장할 수 있는가?

풀이 $n = 150$, $\sigma = 6.2$, $z_{0.005} = 2.575$를 최대오차의 표현식에 대입하면,

$$2.575 \cdot \frac{6.2}{\sqrt{150}} = 1.30$$

그러므로 효율성 전문가들은 확률 0.99로 그들의 오차는 1.30보다 작을 것이라고 주장할 수 있다.

이제 이 효율성 전문가들이 실제로 필요한 자료를 모아서 $\overline{x} = 69.5$를 얻었다고 가정하자. 그들은 여전히 그들의 추정값 $\overline{x} = 69.5$의 오차가 1.30보다 작다고 주장할 수 있는가? 결국 $\overline{x} = 69.5$는 (모집단의) 실제 평균값과는 1.30 이하의 차이가 나거나 또는 그렇지 않을 것이며, 그들은 이것을 알 방법이 없다.

그러나 실제로는 가능하다. 하지만 그들의 추정값을 얻고 최대오차(표본 자료를 모으고, $\overline{x}$의 값을 구하고, 정리 11.1을 이용한다)를 계산하는 데 이용된 방법에 0.99의 확률이 적용되는 것이지, 추정하려고 하는 모수에는 직접적으로 적용되지 않는다.

이 차이를 명확히 하기 위해서 "확률(probability)" 대신에 "신뢰(confidence)"라는 단어를 사용하는 것이 관습이 되었다. **일반적으로 확률은 확률변수(예를 들어, 추정값의 잠재적인 오차)의 미래의 값에 대하여 언급하고 신뢰는 자료가 얻어졌을 때 언급한다.** 따라서 효율성 전문가들이 99%의 신뢰로 추정값 $\overline{x} = 69.5$의 오차가 1.30보다 작다고 말할 수 있는 것이다.

σ^2의 값이 알려진 정규모평균을 추정하는 신뢰구간의 식을 만들기 위해, 352쪽의 확률

$$P\left(|\overline{X} - \mu| < z_{\alpha/2} \cdot \frac{\sigma}{\sqrt{n}}\right) = 1 - \alpha$$

으로 돌아가면, 아래와 같이 다시 쓸 수 있다.

$$P\left(\overline{X} - z_{\alpha/2} \cdot \frac{\sigma}{\sqrt{n}} < \mu < \overline{X} + z_{\alpha/2} \cdot \frac{\sigma}{\sqrt{n}}\right) = 1 - \alpha$$

이것은 즉,

정리 11.2 만약 $\overline{x}$가 σ^2의 값이 알려진 정규모집단에서 추출된 크기 n의 확률표본의 평균의 값이라면,

$$\overline{x} - z_{\alpha/2} \cdot \frac{\sigma}{\sqrt{n}} < \mu < \overline{x} + z_{\alpha/2} \cdot \frac{\sigma}{\sqrt{n}}$$

은 모평균의 $(1 - \alpha)100\%$ 신뢰구간이다.

예제 11.2

만약 $\sigma^2 = 225$의 분산을 갖는 정규모집단에서 추출된 $n = 20$의 확률표본의 평균이 $\overline{x} = 64.3$이라면, 모평균 μ의 95% 신뢰구간을 구하여라.

풀이 $n = 20, \overline{x} = 64.3, \sigma^2 = 15, z_{0.025} = 1.96$을 정리 11.2의 신뢰구간 식에 대입하면,

$$64.3 - 1.96 \cdot \frac{15}{\sqrt{20}} < \mu < 64.3 + 1.96 \cdot \frac{15}{\sqrt{20}}$$

이것은 곧,

$$57.7 < \mu < 70.9$$

351쪽에서 지적했듯이 신뢰구간의 식은 유일하지 않다. 정리 11.2의 신뢰구간 식을 변형하면,

$$\overline{x} - z_{2\alpha/3} \cdot \frac{\sigma}{\sqrt{n}} < \mu < \overline{x} + z_{\alpha/3} \cdot \frac{\sigma}{\sqrt{n}}$$

또는 **단측(one-sided)** $(1 - \alpha)100\%$ **신뢰구간**의 식

$$\mu < \bar{x} + z_\alpha \cdot \frac{\sigma}{\sqrt{n}}$$

을 얻을 수 있다. 우리는 μ의 신뢰구간을 표본중앙값 또는 예를 들어 범위중앙을 이용하여 구할 수 있다.

엄밀히 말하면 정리 11.1과 11.2는 σ^2의 값이 알려진 정규모집단에서 추출된 확률표본을 다룬다는 사실이 요구된다. 그러나 중심극한정리에 의해 n이 충분히 커서, $n \geq 30$이라면 비정규모집단에서 추출된 확률표본이어도 이 결과를 사용할 수 있다. 이런 경우에는 σ의 값 대신에 표본표준편차의 값을 대입할 수 있다.

예제 11.3

어느 한 공산품 도안가는 어른이 "조립하기 쉬운" 장난감을 조립하는 데 걸리는 시간의 평균을 측정하기를 원한다. 다음의 확률표본자료 (분 단위) 를 이용하여, 모평균의 95% 신뢰구간을 구하여라.

17	13	18	19	17	21	29	22	16	28	21	15
26	23	24	20	8	17	17	21	32	18	25	22
16	10	20	22	19	14	30	22	12	24	28	11

풀이 $n = 36, \bar{x} = 19.92, z_{0.025} = 1.96, s = 5.73$을 정리 11.2의 신뢰구간 식에 대입하면,

$$19.92 - 1.96 \cdot \frac{5.73}{\sqrt{36}} < \mu < 19.92 + 1.96 \cdot \frac{5.73}{\sqrt{36}}$$

그러므로 95% 신뢰한계는 18.05와 21.79분이다.

$n < 30$이고 σ가 알려지지 않은 정규모집단에서 추출된 확률표본을 다룬다면 정리 11.1과 11.2는 사용할 수 없다. 대신에 우리는

$$T = \frac{\overline{X} - \mu}{S/\sqrt{n}}$$

의 자유도 $n - 1$ (정리 8.13 참조) 을 갖는 t 분포를 따르는 확률변수를 이용한다. 아래 식에 T 대신 $\dfrac{\overline{X} - \mu}{S/\sqrt{n}}$ 을 대입하여,

$$P(-t_{\alpha/2,n-1} < T < t_{\alpha/2,n-1}) = 1 - \alpha$$

$t_{\alpha/2,n-1}$은 273쪽에 정의되어 있고, 우리는 다음의 μ의 신뢰구간을 얻을 수 있다.

정리 11.3 만약 $\bar{x}$와 s가 정규모집단에서 추출된 크기 n의 확률표본의 평균과 표준편차의 값이라면,

$$\bar{x} - t_{\alpha/2,n-1} \cdot \frac{s}{\sqrt{n}} < \mu < \bar{x} + t_{\alpha/2,n-1} \cdot \frac{s}{\sqrt{n}}$$

는 모평균의 $(1 - \alpha)100\%$ 신뢰구간이다.

이 신뢰구간 식은 주로 n이 작을 때, 즉 30보다 작을 때 이용되므로 우리는 이것을 μ의 소표본 신뢰

구간 (small-sample confidence interval) 이라고 한다.

예제 11.4

어느 페인트 제조업자는 새로운 벽 장식 페인트의 평균 건조시간을 측정하고 싶다. 만약 동일 면적에 대한 12번의 시험 결과 그는 평균 건조시간 66.3분, 표준편차 8.4분을 얻을 수 있었다면, 실제 평균 μ의 95% 신뢰구간을 구하여라.

풀이 $\bar{x} = 66.3$, $s = 8.4$, $t_{0.025,11} = 2.201$ (표 IV)를 대입하면 μ의 95% 신뢰구간은,

$$66.3 - 2.201 \cdot \frac{8.4}{\sqrt{12}} < \mu < 66.3 + 2.201 \cdot \frac{8.4}{\sqrt{12}}$$

간단히

$$61.0 < \mu < 71.6$$

즉, 95%의 신뢰로 61.0분부터 71.6분의 구간이 페인트의 실제 평균 건조시간을 포함한다고 주장할 수 있다.

이 절에서 신뢰구간을 구하기 위해 사용한 방법은 본질적으로 적절한 확률변수를 찾는 것으로 이루어져 있다. 그 확률변수의 분포는 우리가 추정하려고 하는 모수를 포함하지 않지만, 확률변수의 값은 모집단의 모수와 표본자료에 의해 결정된다. 예를 들어, 확률변수

$$Z = \frac{\overline{X} - \mu}{\sigma/\sqrt{n}}$$

를 이용하는 경우에 이 값은 μ를 알지 못하는 한 계산될 수 없다. 그러나 정규모집단에서 추출된 확률표본의 분포는 μ를 포함하지 않는 표준정규분포다. 이렇게 신뢰구간을 구하는 방법을 **중심축방법 (pivotal method)** 이라고 하며 널리 이용된다. 그러나 좀 더 일반적인 방법도 존재하는데, 이것은 이 장의 참고목록에 언급된 Mood, Graybill, Boes의 책에 논의되어 있다.

◆ 11.3 평균 차이 추정

267쪽 연습문제 8.2, 8.3의 결과를 이용하면 정규모집단에서 추출된 독립적인 확률표본에서

$$Z = \frac{(\overline{X}_1 - \overline{X}_2) - (\mu_1 - \mu_2)}{\sqrt{\dfrac{\sigma_1^2}{n_1} + \dfrac{\sigma_2^2}{n_2}}}$$

를 얻을 수 있고, 이것은 표준정규분포를 따른다. 만약 이것을 Z로 표현하면,

$$P(-z_{\alpha/2} < Z < z_{\alpha/2}) = 1 - \alpha$$

중심축방법으로 다음의 $\mu_1 - \mu_2$에 대한 신뢰구간 식을 얻을 수 있다.

정리 11.4 분산 σ_1^2, σ_2^2의 값이 알려진 정규모집단에서 추출된 크기 n_1, n_2의 독립적인 확률표본의 평균값을 $\bar{x}_1$, $\bar{x}_2$라고 하면,

$$(\bar{x}_1 - x_2) - z_{\alpha/2} \cdot \sqrt{\frac{\sigma_1^2}{n_1} + \frac{\sigma_2^2}{n_2}} < \mu_1 - \mu_2 < (\bar{x}_1 - \bar{x}_2) + z_{\alpha/2} \cdot \sqrt{\frac{\sigma_1^2}{n_1} + \frac{\sigma_2^2}{n_2}}$$

은 두 모평균의 차이에 대한 $(1-\alpha)100\%$ 신뢰구간이다.

중심극한정리에 의해 이 신뢰구간 식은 n_1과 n_2이 클 때, 즉 $n_1 \geqq 30$, $n_2 \geqq 30$일 때 분산의 값을 아는 비정규모집단에서 추출된 독립적인 확률표본들에 대해서도 이용될 수 있다.

예제 11.5

두 종류의 전구의 평균 수명의 차이에 대한 94% 신뢰구간을 구하자. 첫 번째 종류의 40개의 전구는 평균 418시간 동안 지속되었고, 두 번째 종류의 50개의 전구는 평균 402시간 동안 지속된 확률표본이 주어져 있다. 모집단의 표준편차는 $\sigma_1 = 26$, $\sigma_2 = 22$으로 알려져 있다.

풀이 $\alpha = 0.06$일 때 표 III에서 $z_{0.03} = 1.88$을 찾을 수 있다. 그러므로 $\mu_1 - \mu_2$에 대한 94% 신뢰구간은,

$$(418 - 402) - 1.88 \cdot \sqrt{\frac{26^2}{40} + \frac{22^2}{50}} < \mu_1 - \mu_2$$

$$< (418 - 402) + 1.88 \cdot \sqrt{\frac{26^2}{40} + \frac{22^2}{50}}$$

$$6.3 < \mu_1 - \mu_2 < 25.7$$

그러므로 6.3부터 25.7시간의 구간은 실제 두 종류의 전구의 평균 수명시간의 차이를 포함한다는 주장을 94% 신뢰할 수 있다. 두 신뢰한계가 양의 숫자라는 것은 첫 번째 종류의 전구가 두 번째 종류보다 우수하다는 사실을 의미한다.

σ_1, σ_2가 알려지지 않았을 때 $n_1 \geqq 30$, $n_2 \geqq 30$이라면 두 평균의 차이에 대한 $(1-\alpha)$ 100% 신뢰구간을 구하기 위해서는, σ_1, σ_2 대신에 s_1, s_2를 대체한다. σ_1, σ_2가 알려지지 않고, 하나 혹은 두 표본 모두 크기가 작을 때 두 정규모평균의 차이를 추정하는 과정은 $\sigma_1 = \sigma_2$의 가정이 없는 한 간단하지 않다. 만약 $\sigma_1 = \sigma_2 = \sigma$라면,

$$Z = \frac{(\bar{X}_1 - \bar{X}_2) - (\mu_1 - \mu_2)}{\sigma\sqrt{\dfrac{1}{n_1} + \dfrac{1}{n_2}}}$$

은 표준정규분포를 따르는 확률변수며, σ^2는 두 표준평균의 편차를 제곱한 뒤 **합동(pooling)** 하여 추정될 수 있다. 연습문제 11.9에서 독자는 아래의 **합동추정량(pooled estimator)** 이 σ^2의 비편향추정량임을 보여야 할 것이다.

$$S_p^2 = \frac{(n_1 - 1)S_1^2 + (n_2 - 1)S_2^2}{n_1 + n_2 - 2}$$

이제 정리 8.11, 8.9에 의해 독립적인 확률변수들

$$\frac{(n_1-1)S_1^2}{\sigma^2} \text{와} \quad \frac{(n_2-1)S_2^2}{\sigma^2}$$

은 각각 자유도 $n_1 - 1$와 $n_2 - 1$을 갖는 카이제곱분포를 따르며, 그들의 합

$$Y = \frac{(n_1-1)S_1^2}{\sigma^2} + \frac{(n_2-1)S_2^2}{\sigma^2} = \frac{(n_1+n_2-2)S_p^2}{\sigma^2}$$

은 자유도 $n_1 + n_2 - 2$의 카이제곱분포를 따른다. 위의 확률변수 Z와 Y는 서로 독립임을 보일 수 있기 때문에(이 장 참고문헌 참조), 정리 8.12에 의해서

$$\begin{aligned} T &= \frac{Z}{\sqrt{\dfrac{Y}{n_1+n_2-2}}} \\ &= \frac{(\overline{X}_1 - \overline{X}_2) - (\mu_1 - \mu_2)}{S_p\sqrt{\dfrac{1}{n_1} + \dfrac{1}{n_2}}} \end{aligned}$$

는 자유도 $n_1 + n_2 - 2$의 t 분포를 따른다. 이것을

$$P(-t_{\alpha/2,n-1} < T < t_{\alpha/2,n-1}) = 1 - \alpha$$

에 대입하면 $\mu_1 - \mu_2$의 $(1 - \alpha)100\%$ 신뢰구간을 아래와 같이 얻을 수 있다.

정리 11.5 만약 $\overline{x}_1, \overline{x}_2, s_1, s_2$이 등분산을 갖는 정규모집단들에서 추출한 각각 크기 n_1, n_2의 독립적인 확률표본의 평균과 표준편차의 값들이라면,

$$\begin{aligned} (\overline{x}_1 - \overline{x}_2) - t_{\alpha/2,n_1+n_2-2} \cdot s_p\sqrt{\frac{1}{n_1} + \frac{1}{n_2}} &< \mu_1 - \mu_2 \\ &< (\overline{x}_1 - \overline{x}_2) + t_{\alpha/2,n_1+n_2-2} \cdot s_p\sqrt{\frac{1}{n_1} + \frac{1}{n_2}} \end{aligned}$$

은 두 모평균의 차이의 $(1 - \alpha)100\%$ 신뢰구간이다.

이 신뢰구간 식은 n_1과/혹은 n_2가 작으면, 즉 30보다 작을 때 주로 사용되기 때문에, 이것을 $\mu_1 - \mu_2$의 소표본 신뢰구간이라고 한다.

예제 11.6

두 종류 상표의 담배 니코틴 성분을 비교하기 위한 조사가 진행되었다. A 상표 열 개의 담배는 평균 3.1밀리그램에 표준편차 0.5밀리그램의 니코틴을 포함하고 있었으며, B 상표 여덟 개의 담배에서는 평균 2.7밀리그램에 표준편차 0.7밀리그램의 니코틴을 포함하고 있었다. 두 자료들이 등분산을 갖는 정규모집단들에서 추출된 독립적인 확률표본이라고 가정하면, 두 종류 상표의 담배 니코틴 성분의 평균 차이에 대한 95% 신뢰구간을 구하여라.

풀이 먼저 $n_1 = 10, n_2 = 8, s_1 = 0.5, s_2 = 0.7$을 s_p의 식에 대입하면,

$$s_p = \sqrt{\frac{9(0.25) + 7(0.49)}{16}} = 0.596$$

그러면 이 값을 $n_1 = 10, n_2 = 8, \bar{x}_1 = 3.1, \bar{x}_2 = 2.7, t_{0.025,16} = 2.120$ (표 IV)와 함께 정리 11.5의 신뢰구간 식에 대입하면, 95% 신뢰구간은

$$(3.1 - 2.7) - 2.120(0.596)\sqrt{\frac{1}{10} + \frac{1}{8}} < \mu_1 - \mu_2$$

$$< (3.1 - 2.7) + 2.120(0.596)\sqrt{\frac{1}{10} + \frac{1}{8}}$$

간단히 정리하면,

$$-0.20 < \mu_1 - \mu_2 < 1.00$$

따라서 95% 신뢰한계는 -0.20과 1.00밀리그램이다. 그러나 이것은 $\mu_1 - \mu_2 = 0$을 포함하므로, 두 종류 상표의 담배의 평균 니코틴 성분의 차이가 실제 존재한다고 주장할 수 없다. 13장에 좀 더 자세히 설명되어 있다. ●

연습문제

11.1 만약 x가 지수분포를 따르는 확률변수의 값이라면 0부터 kx까지의 구간이 모수 θ의 $(1 - \alpha)100\%$ 신뢰구간이 되도록 하는 k를 구하여라.

11.2 만약 x_1과 x_2가 모수 $\alpha = 0, \beta = \theta$를 갖는 균등분포모집단에서 추출된 크기 2의 확률표본의 값이라고 하면, 다음의 조건에서 θ의 $(1 - \alpha)100\%$ 신뢰구간이

$$0 < \theta < k(x_1 + x_2)$$

이 되도록 하는 k를 구하여라.

(a) $\alpha \leqq \frac{1}{2}$ **(b)** $\alpha > \frac{1}{2}$

11.3 8.7절의 방법을 이용하여 연습문제 11.2의 모집단에서 추출된 크기 $n = 2$의 확률표본에 대하여 표본 범위의 분포가

$$f(R) = \begin{cases} \frac{2}{\theta^2}(\theta - R), & 0 < R < \theta \\ 0 & , \text{그 외} \end{cases}$$

이다. 이 결과를 이용하여

$$R < \theta < cR$$

이 θ의 $(1 - \alpha)100\%$ 신뢰구간이 되도록 하는 c를 구하여라.

11.4 $(1-\alpha)100\%$ 신뢰구간

$$\bar{x} - z_{\alpha/2} \cdot \frac{\sigma}{\sqrt{n}} < \mu < \bar{x} + z_{\alpha/2} \cdot \frac{\sigma}{\sqrt{n}}$$

이 $(1-\alpha)100\%$ 신뢰구간

$$\bar{x} - z_{2\alpha/3} \cdot \frac{\sigma}{\sqrt{n}} < \mu < \bar{x} + z_{\alpha/3} \cdot \frac{\sigma}{\sqrt{n}}$$

에 비해 더 짧음을 보여라.

11.5

$$\bar{x} - z_{k\alpha} \cdot \frac{\sigma}{\sqrt{n}} < \mu < \bar{x} + z_{(1-k)\alpha} \cdot \frac{\sigma}{\sqrt{n}}$$

형태의 모든 $(1-\alpha)100\%$ 신뢰구간 중에서 $k = 0.5$일 때 가장 짧은 것을 보여라.

11.6 σ의 값이 알려지고 μ의 점추정값으로 $\bar{x}$이 사용되었을 때, 오차의 절댓값 $|\bar{x} - \mu|$이

$$n = \left[z_{\alpha/2} \cdot \frac{\sigma}{e}\right]^2$$

일 때의 특정한 값 e를 넘지 않을 확률이 $1-\alpha$임을 보여라 (만약 $n < 30$으로 밝혀지면 이 식은 정규모집단에서 표본을 추출하였다는 가정 없이는 사용될 수 없다).

11.7 σ^2이 알려지지 않았을 때 최대오차를 측정할 수 있도록 정리 11.1을 변경하여라 (이 방법은 오직 자료가 얻어진 뒤에 사용될 수 있음을 주의하라).

11.8 정리 11.4의 조건하에서 $\mu_1 - \mu_2$의 추정값으로 $\bar{x}_1 - \bar{x}_2$을 사용하였을 때 최대오차를 측정할 수 있도록 하는 정리 11.1을 수정하여라.

11.9 S_p^2은 σ^2의 비편향추정량임을 보이고, 정리 11.5의 조건하에서 이것의 분산을 구하여라.

11.10 356 ~ 357쪽의 $\bar{X}_1, \bar{X}_2, S_p$로 표현된 T의 결과를 보여라.

◆ 11.4 비율 추정

많은 문제에서 우리는 비율(proportion), 확률(probability), 백분율(percentage), 비(rate)를 추정해야 한다. 예를 들어 출하되는 트랜지스터 중 불량품의 비율, 교차로에 서있는 차의 전조등이 고장일 확률, 아동 중 I.Q.가 115를 넘는 백분율, 또는 질병에 의한 사망률 등이 있다. 이들 대부분은 이항모집단에서 추출이 이루어졌다고 가정하는 것이 바람직하고, 따라서 문제는 이항모수 θ를 추정하는 것이다. 그래서 큰 n에 대해서 이항분포는 정규분포와 비슷해진다는 사실을 이용한다. 즉,

$$Z = \frac{X - n\theta}{\sqrt{n\theta(1-\theta)}}$$

은 근사적으로 표준정규분포를 따르는 확률변수로 취급될 수 있다. 이 표현을

$$P(-z_{\alpha/2} < Z < z_{\alpha/2}) = 1 - \alpha$$

의 Z에 대입하면,

$$P\left(-z_{\alpha/2} < \frac{X-n\theta}{\sqrt{n\theta(1-\theta)}} < z_{\alpha/2}\right) = 1-\alpha$$

을 얻을 수 있고, 두 부등식

$$-z_{\alpha/2} < \frac{x-n\theta}{\sqrt{n\theta(1-\theta)}} \text{와} \qquad \frac{x-n\theta}{\sqrt{n\theta(1-\theta)}} < z_{\alpha/2}$$

의 해는 θ의 $(1-\alpha)100\%$ 신뢰한계를 나타낸다. 자세한 부분은 연습문제 11.11에 남긴다. 여기에서는 대표본 근사로 $P(-z_{\alpha/2} < Z < z_{\alpha/2}) = 1-\alpha$의 Z에 $\dfrac{X-n\theta}{\sqrt{n\theta(1-\theta)}}$를 대입하면 $\hat{\Theta} = \dfrac{X}{n}$일 때,

$$P\left(\hat{\Theta} - z_{\alpha/2}\cdot\sqrt{\frac{\theta(1-\theta)}{n}} < \theta < \hat{\Theta} + z_{\alpha/2}\cdot\sqrt{\frac{\theta(1-\theta)}{n}}\right) = 1-\alpha$$

그러므로 근호 안에 θ 대신 $\hat{\theta}$를 대입하면 한 단계 더 근사가 되어 아래의 결과를 얻을 수 있다.

정리 11.6 만약 X가 모수 n, θ를 갖는 이항확률변수이고, n이 크고, $\hat{\theta} = \dfrac{x}{n}$이라면,

$$\hat{\theta} - z_{\alpha/2}\cdot\sqrt{\frac{\hat{\theta}(1-\hat{\theta})}{n}} < \theta < \hat{\theta} + z_{\alpha/2}\cdot\sqrt{\frac{\hat{\theta}(1-\hat{\theta})}{n}}$$

은 θ의 근사 $(1-\alpha)100\%$ 신뢰구간이다.

예제 11.7

확률표본 400명 중 136명은 독감 백신을 맞고 불편함을 경험하였다. 백신으로 인해 불편함을 경험하게 될 사람의 실제 비율에 대한 95% 신뢰구간을 구하여라.

풀이 $n = 400$, $\hat{\theta} = \dfrac{136}{400} = 0.34$, $z_{0.025} = 1.96$을 정리 11.6의 신뢰구간 식에 대입하면,

$$0.34 - 1.96\sqrt{\frac{(0.34)(0.66)}{400}} < \theta < 0.34 + 1.96\sqrt{\frac{(0.34)(0.66)}{400}}$$
$$0.294 < \theta < 0.386$$

소수 둘째 자리까지 반올림하면 $0.29 < \theta < 0.39$이다.

정리 11.6에서 사용한 근사를 사용하면 아래와 같이 쓸 수 있다.

정리 11.7 만약 θ의 추정값으로 $\hat{\theta} = \dfrac{x}{n}$이 사용되었다면 $(1-\alpha)100\%$의 신뢰로 오차가

$$z_{\alpha/2}\cdot\sqrt{\frac{\hat{\theta}(1-\hat{\theta})}{n}}$$

보다 작다고 주장할 수 있다.

예제 11.8

꽤 규모가 큰 공동체를 대상으로 전체 투표자 중에서 원자력 발전소 건설을 희망하는 사람들의 비율을 알아보기 위한 조사가 이루어졌다. 만약 랜덤으로 선정된 400명의 투표자 중 140명이 프로젝트를 희망하였고, $\hat{\theta} = \dfrac{140}{400} = 0.35$를 전체 공동체의 투표자 중에서 프로젝트를 희망하는 실제 비율의 추정값으로 사용한다면, 99%의 신뢰로 최대오차를 어떻게 주장할 수 있는가?

풀이 정리 11.7의 식에 $n = 400$, $\hat{\theta} = 0.35$, $z_{0.005} = 2.575$를 대입하면,

$$2.575 \cdot \sqrt{\frac{(0.35)(0.65)}{400}} = 0.061$$

소수 둘째 자리까지 반올림하면 0.06을 얻을 수 있다. 그러므로 전체 공동체의 투표자 중에서 프로젝트를 희망하는 실제 비율의 추정값으로 $\hat{\theta} = 0.35$를 사용한다면, 우리는 99%의 신뢰로 최대오차는 0.06보다 작을 것이라고 주장할 수 있다.

11.5 비율 차이 추정

많은 문제들에서 우리는 이항모집단에서 각각 크기 n_1, n_2로 추출된 독립적인 확률표본들의 이항모수 θ_1, θ_2의 차이를 추정해야 한다. 예를 들면, 일리노이 주지사의 특정 후보자를 지지하는 남성과 여성 후보자의 비율 간 차이를 추정하기를 원할 수 있다.

만약 각각의 성공횟수 X_1, X_2이 존재하고 그에 따른 표본비율이 $\hat{\Theta}_1 = \dfrac{X_1}{n_1}$, $\hat{\Theta}_2 = \dfrac{X_2}{n_2}$로 배정되었다고 하자. 이때 $\theta_1 - \theta_2$의 명백한 추정량인 $\hat{\Theta}_1 - \hat{\Theta}_2$의 표본분포를 조사하자. 연습문제 8.5에서

$$E(\hat{\Theta}_1 - \hat{\Theta}_2) = \theta_1 - \theta_2$$

$$\text{var}(\hat{\Theta}_1 - \hat{\Theta}_2) = \frac{\theta_1(1-\theta_1)}{n_1} + \frac{\theta_2(1-\theta_2)}{n_2}$$

를 얻었다. 그러므로 대표본에서는 X_1, X_2와 그들의 차이 모두 근사적으로 정규분포를 따르므로,

$$Z = \frac{(\hat{\Theta}_1 - \hat{\Theta}_2) - (\theta_1 - \theta_2)}{\sqrt{\dfrac{\theta_1(1-\theta_1)}{n_1} + \dfrac{\theta_2(1-\theta_2)}{n_2}}}$$

는 근사적으로 표준정규분포를 따르는 확률변수이다. 이 표현을 $P(-z_{\alpha/2} < Z < z_{\alpha/2}) = 1 - \alpha$의 Z에 대입하면 우리는 다음의 결과를 얻을 수 있다.

정리 11.8 만약 X_1가 모수 n_1, θ_1을 갖는 이항확률변수이고, X_2가 모수 n_2, θ_2을 갖는 이항확률변수이며, n_1, n_2은 모두 큰 수이고, $\hat{\theta}_1 = \dfrac{x_1}{n_1}$, $\hat{\theta}_2 = \dfrac{x_2}{n_2}$라면,

$$(\hat{\theta}_1 - \hat{\theta}_2) - z_{\alpha/2} \cdot \sqrt{\frac{\hat{\theta}_1(1-\hat{\theta}_1)}{n_1} + \frac{\hat{\theta}_2(1-\hat{\theta}_2)}{n_2}} < \theta_1 - \theta_2$$
$$< (\hat{\theta}_1 - \hat{\theta}_2) + z_{\alpha/2} \cdot \sqrt{\frac{\hat{\theta}_1(1-\hat{\theta}_1)}{n_1} + \frac{\hat{\theta}_2(1-\hat{\theta}_2)}{n_2}}$$

은 $\theta_1 - \theta_2$의 근사 $(1 - \alpha)100\%$ 신뢰구간이다.

예제 11.9

만약 200명의 남성 투표자 중 132명과 150명의 여성 투표자 중 90명이 일리노이 주지사의 특정 후보자를 지지한다면, 그 특정 후보자를 지지하는 남성 투표자와 여성 투표자의 실제 비율 차이에 대하여 99% 신뢰구간을 구하여라.

풀이 정리 11.8의 신뢰구간식에 $\hat{\theta}_1 = \frac{132}{200} = 0.66$, $\hat{\theta}_2 = \frac{90}{150} = 0.60$, $z_{0.005} = 2.575$를 대입하면,

$$(0.66 - 0.60) - 2.575\sqrt{\frac{(0.66)(0.34)}{200} + \frac{(0.60)(0.40)}{150}} < \theta_1 - \theta_2$$
$$< (0.66 - 0.60) + 2.575\sqrt{\frac{(0.66)(0.34)}{200} + \frac{(0.60)(0.40)}{150}}$$
$$-0.074 < \theta_1 - \theta_2 < 0.194$$

를 얻는다. 그러므로 -0.074부터 0.194의 구간이 특정 후보자를 지지하는 남성 투표자와 여성 투표자의 실제 비율 차이를 포함하는 것을 99% 신뢰할 수 있다. 두 비율의 차이가 0일 가능성을 포함하고 있음을 알 수 있다.

연습문제

11.11 θ에 대해서

$$-z_{\alpha/2} = \frac{x - n\theta}{\sqrt{n\theta(1-\theta)}} \text{ 와 } \quad \frac{x - n\theta}{\sqrt{n\theta(1-\theta)}} = z_{\alpha/2}$$

을 풀어서,

$$\frac{x + \frac{1}{2} \cdot z_{\alpha/2}^2 \pm z_{\alpha/2}\sqrt{\frac{x(n-x)}{n} + \frac{1}{4} \cdot z_{\alpha/2}^2}}{n + z_{\alpha/2}^2}$$

는 θ의 $(1 - \alpha)100\%$ 신뢰한계임을 보여라.

11.12 정리 11.7의 식을 이용하여 표본비율 $\hat{\theta} = \frac{x}{n}$과 θ의 추정값으로

$$n = \frac{z_{\alpha/2}^2}{4e^2}$$

을 이용할 때, 적어도 $(1-\alpha)100\%$의 신뢰로 우리가 만드는 오차를 e보다 작게 만들 수 있음을 증명하여라.

11.13 θ가 θ'부터 θ''의 구간 사이에 반드시 있음을 알 때, 연습문제 11.12와 비슷한 n에 대한 식을 구하여라.

11.14 361쪽의 $P(-z_{\alpha/2} < Z < z_{\alpha/2}) = 1-\alpha$에 대입하는 Z 통계량으로부터 정리 11.8의 신뢰구간 식을 만드는 과정을 완성하여라.

11.15 $\theta_1 - \theta_2$의 추정값으로 $\hat{\theta}_1 - \hat{\theta}_2$을 사용할 때 정리 11.7과 유사한 최대오차에 관한 식을 구하여라.

11.16 연습문제 11.15의 결과를 이용하여 $n_1 = n_2 = n$이고, $\theta_1 - \theta_2$의 추정값으로 $\hat{\theta}_1 - \hat{\theta}_2$을 사용하고

$$n = \frac{z_{\alpha/2}^2}{2e^2}$$

일 때, 적어도 $(1-\alpha)100\%$의 신뢰로 우리가 만드는 오차는 e보다 작게 만들 수 있음을 보여라.

◆ 11.6 분산 추정

정규모집단에서 추출된 크기 n의 확률표본이 주어졌을 때, 우리는 정리 8.11을 이용하여 자유도가 $n-1$인 카이제곱분포를 따르는 확률변수인

$$\frac{(n-1)S^2}{\sigma^2}$$

를 이용하여 σ^2의 $(1-\alpha)100\%$ 신뢰구간을 얻을 수 있다. 그러므로,

$$P\left[\chi^2_{1-\alpha/2,n-1} < \frac{(n-1)S^2}{\sigma^2} < \chi^2_{\alpha/2,n-1}\right] = 1-\alpha$$

$$P\left[\frac{(n-1)S^2}{\chi^2_{\alpha/2,n-1}} < \sigma^2 < \frac{(n-1)S^2}{\chi^2_{1-\alpha/2,n-1}}\right] = 1-\alpha$$

$\chi^2_{\alpha/2,n-1}$, $\chi^2_{1-\alpha/2,n-1}$은 271쪽에 정의되어 있다. 그러므로 우리는 아래의 사실을 얻을 수 있다.

정리 11.9 만약 s^2이 정규모집단에서 추출된 크기 n의 확률표본의 분산의 값이라면,

$$\frac{(n-1)s^2}{\chi^2_{\alpha/2,n-1}} < \sigma^2 < \frac{(n-1)s^2}{\chi^2_{1-\alpha/2,n-1}}$$

은 σ^2에 대한 $(1-\alpha)100\%$ 신뢰구간이다. ∎

σ의 $(1-\alpha)100\%$ 신뢰한계는 σ^2의 신뢰한계에 제곱근을 취하여 얻을 수 있다.

예제 11.10

실험용 엔진의 가솔린 소비에 대해서 실시한 16회의 검사 결과 표준편차 2.2갤론을 얻을 수 있었다. 엔진의 가솔린 소비의 실제 변화량, σ^2에 대한 99% 신뢰구간을 구하여라.

풀이 얻어진 자료가 정규모집단에서 얻어진 확률표본이라고 가정하고 정리 11.9의 신뢰구간 식에 $n = 16$, $s = 2.2$와 $\chi^2_{0.005,15} = 32.801$, $\chi^2_{0.995,15} = 4.601$ (표 V)을 대입하면,

$$\frac{15(2.2)^2}{32.801} < \sigma^2 < \frac{15(2.2)^2}{4.601}$$

$$2.21 < \sigma^2 < 15.78$$

σ의 $(1-\alpha)100\%$ 신뢰한계는 $1.49 < \sigma < 3.97$로 얻을 수 있다.

11.7 두 분산의 비 추정

만약 S_1^2, S_2^2이 정규모집단에서 각각 크기 n_1, n_2로 추출된 독립적인 확률표본의 분산이라면, 정리 8.15에 따라

$$F = \frac{\sigma_2^2 S_1^2}{\sigma_1^2 S_2^2}$$

는 자유도가 $n_1 - 1$, $n_2 - 1$인 F분포를 따르는 확률변수이다. 그러므로

$$P\left(f_{1-\alpha/2,n_1-1,n_2-1} < \frac{\sigma_2^2 S_1^2}{\sigma_1^2 S_2^2} < f_{\alpha/2,n_1-1,n_2-1}\right) = 1 - \alpha$$

$f_{\alpha/2,n_1-1,n_2-1}$, $f_{1-\alpha/2,n_1-1,n_2-1}$은 276쪽에 정의되어 있다.

$$f_{1-\alpha/2,n_1-1,n_2-1} = \frac{1}{f_{\alpha/2,n_2-1,n_1-1}}$$

이므로 (연습문제 8.42 참조) 아래의 사실을 얻을 수 있다.

정리 11.10 만약 s_1^2, s_2^2이 정규모집단에서 각각 크기 n_1, n_2로 추출된 독립적인 확률표본의 분산값이라면,

$$\frac{s_1^2}{s_2^2} \cdot \frac{1}{f_{\alpha/2,n_1-1,n_2-1}} < \frac{\sigma_1^2}{\sigma_2^2} < \frac{s_1^2}{s_2^2} \cdot f_{\alpha/2,n_2-1,n_1-1}$$

은 $\dfrac{\sigma_1^2}{\sigma_2^2}$의 $(1-\alpha)100\%$ 신뢰구간이다.

예제 11.11

연습문제 11.6에서 $\dfrac{\sigma_1^2}{\sigma_2^2}$의 98% 신뢰구간을 구하여라.

풀이 $n_1 = 10$, $n_2 = 8$, $s_1 = 0.5$, $s_2 = 0.7$, $f_{0.01,9,7} = 6.72$, $f_{0.01,7,9} = 5.61$(표 VI)를 대입하면,

$$\frac{0.25}{0.49} \cdot \frac{1}{6.72} < \frac{\sigma_1^2}{\sigma_2^2} < \frac{0.25}{0.49} \cdot 5.61$$

$$0.076 < \frac{\sigma_1^2}{\sigma_2^2} < 2.862$$

여기서 얻어진 비는 1을 포함하므로, 연습문제 11.6에서 모집단의 분산이 같다는 가정을 반박할 실질적인 증거가 없다. ●

연습문제

11.17 만약 이항모수 θ의 값이 0에 가까워진다고 가정할 수 있다면, 상한신뢰한계의 식 $\theta < C$는 유용하게 자주 사용된다. 크기 n인 확률표본에 대하여 단측구간

$$\theta < \frac{1}{2n}\chi^2_{\alpha,2(x+1)}$$

은 대략적으로 $(1-\alpha)100\%$ 신뢰수준을 가진다. 이 식을 이용하여 만약 200개의 표본 중 세 개의 불량품이 있었다면, 생산과정에서 생성된 불량품의 비율에 대한 99% 상한신뢰한계를 구하여라.

11.18 363쪽의 확률로부터 정리 11.10의 신뢰구간식을 구하는 자세한 과정을 보여라.

11.19 n이 클 때, S의 표본분포는 때때로 평균 σ, 분산 $\frac{\sigma^2}{2n}$을 갖는 정규분포로 근사된다(연습문제 8.28 참조). 이 근사가 다음의 σ에 대한 $(1-\alpha)100\%$ 대표본 신뢰구간을 이끌어냄을 보여라.

$$\frac{s}{1+\frac{z_{\alpha/2}}{\sqrt{2n}}} < \sigma < \frac{s}{1-\frac{z_{\alpha/2}}{\sqrt{2n}}}$$

◆ 11.8 실제 예

이 장의 예제들에서는 다양한 식과 계속되는 계산 과정에 대입하는 자세한 과정을 많이 보였다. 그러나 실제에서는 이와 같은 것이 모두 필요하지는 않다. 왜냐하면 최초의 **원자료(raw data)** (미처리된)와 그에 적절한 명령어를 함께 컴퓨터에 입력하기만 하면 되는 많은 프로그램이 존재하기 때문이다. 아래의 예제를 통해 설명하자.

예제 11.12

흰 중앙 선에 사용되는 새 페인트의 내구력을 조사하기 위해 고속도로 안전국은 서로 다른 여덟 곳의 차가 많이 다니는 도로에 새 페인트를 칠하였다. 전자 계수장치는 142,600, 167,800, 136,500, 108,300, 126,400, 133,700, 162,000, 149,400 대(100대 단위까지 기록)의 차가 지나간 후에 페인트가 벗겨졌다고 측정하였다. 이 페인트가 벗겨지기 전까지 버틸 수 있는 평균 교통량에 대한 95% 신뢰구간을 구하여라.

풀이 그림 11.1의 컴퓨터 결과물은 구하려는 신뢰구간이

$$124{,}758 < \mu < 156{,}917$$

임을 보여 준다. 이것은 또한 표본의 크기, 자료의 평균, 표준편차, 추정된 평균의 표준오차, $\frac{s}{\sqrt{n}}$ 으로 주어진 SE MEAN 등을 보인다. ●

이 예제에서 이용된 것처럼 예전에는 탁상용 계산기, 손 계산기 혹은 손으로 했던 것보다 컴퓨터는 좀 더 효율적 — 빠르게, 값싸게, 거의 자동적으로 — 으로 가능하게 한다. 크기 $n = 8$을 다룰 때 컴퓨터를 사용하는 것은 과하기는 하지만, 컴퓨터는 엄청난 양의 자료를 잘 다루며 최근에까지도 불가능하리라 생각되었던 계산을 수행한다. 우리의 예제는 입력과 출력을 어떻게 컴퓨터가 처리하는지 잘 보여주지 못하지만, 과거에는 사용할 수 없었던 분석의 방법으로 도출되는 다양한 종류의 그래프와 그림을 그려준다.

컴퓨터는 자료를 요약하거나 함수(예를 들어, t, F, χ^2분포 등)를 그림으로 나타내는 데 사용될 수 있고, 그러므로 연구자에게 근원이 되는 모델의 명확한 이해를 가져다 주고, 가정의 위배에 대한 영향을 조사 가능하도록 만들어 준다. 또한 컴퓨터의 또 다른 중요한 점은 전형적인 수학적 접근으로는 가능하지 않을 때 확률변수의 값을 모의실험(simulation)을 할 수 있다(즉, 모든 종류의 모집단을 추출한다)는 점이다. 이것은 우리가 통계적 모형의 적합성에 대해서 연구할 때 중요한 도구로 사용된다.

이어지는 응용문제에서는 독자는 가능한 한 통계적 컴퓨터 프로그램을 사용할 것을 장려한다.

11.1~11.3절

응용문제

11.20 어느 관청은 산수 학습 검사를 통해 얻은 어느 큰 학교의 6학년 학생들 확률표본 150명의 평균을 이용하여 그 지역의 모든 6학년 학생의 평균점수를 추정하려고 한다. 경험에 기초하여 관청은 $\sigma = 9.4$임을 알고 있을 때, 최대 오차에 대하여 확률 0.95로 무엇을 주장할 수 있는가?

11.21 응용문제 11.20에서 관청이 표본에서 $\bar{x} = 61.8$을 얻었다고 하자. 주어진 모든 정보를 이용하여 그 지역의 모든 6학년 학생의 평균 점수에 대한 99% 신뢰구간을 구하여라.

11.22 의료 조사원은 크기 $n = 120$의 확률표본의 평균을 이용하여 50대 여성의 평균 혈압을 추정하려고 한다. 경험에 기초하여 $\sigma = 10.5$ mm임을 알고 있을 때 최대 오차에 대하여 확률 0.99로 무엇을 주장할 수 있는가?

11.23 응용문제 11.22에서 조사원이 그의 표본으로부터 $\bar{x} = 141.8$ mm을 얻었다고 하자. 50대 여성의 평균 혈압에 대한 98% 신뢰구간을 구하여라.

11.24 특정 선인장들의 일년 평균 성장을 조사한 결과, 사막 지역에서 랜덤으로 추출된 64개는 평균 52.80 mm 자라고, 그 표준편차는 4.5 mm이었다. 주어진 종류의 선인장의 실제 일년 평균 성장에 대한 99% 신뢰구간을 구하여라.

11.25 특정 수리에 요구되는 평균 시간을 추정하기 위하여, 자동차 제조업자는 확률표본으로 40명의 기계공을

추출하여 특정 수리를 하는 데 소요되는 시간을 측정하였다. 만약 그들이 평균 24.05분 걸려서 수리를 하고, 그 표준편차가 2.68분이었으며, $\bar{x} = 24.05$분을 실제 평균 소요시간의 추정값으로 사용한다면, 그 제조업자는 최대 오차에 대해서 95%의 신뢰로 무엇을 주장할 수 있는가?

11.26 만약 어떤 표본이 모집단을 적절히 나타낸다면 즉, 266쪽의 경험에 의해 모집단의 5퍼센트 이상이 표본에 의해 구성된다면, 정리 11.1과 11.2의 공식이 261쪽 정리 8.1대신 266쪽 정리 8.6의 분산에 관한 식을 이용하여 수정되었다. 예를 들면, 정리 11.1의 최대오차는

$$z_{\alpha/2} \cdot \frac{\sigma}{\sqrt{n}} \cdot \sqrt{\frac{N-n}{N-1}}$$

이 되었다. 이 수정안을 이용하여 응용문제 11.20을 다시 풀어라. 900명의 6학년 학생들이 주어졌다고 하자.

11.27 응용문제 11.26에서 제시된 수정안을 이용하여 900명의 6학년 학생들이 주어졌다고 할 때 응용문제 11.21을 다시 풀어라.

11.28 효율성 전문가는 경주용 차에서 네 타이어를 교체하는 데 걸리는 평균시간을 측정하기를 원한다. n에 대한 연습문제 11.6의 식을 이용하여 전문가가 확률 0.95로 표본평균이 μ(추정될 값)와 2.5초 이내로 다르다고 주장하는 데 필요한 표본의 크기를 구하여라. 앞서 조사한 바에 의하면 $\sigma = 12.2$초임이 알려져 있다.

11.29 텔레비전 시청 습관에 관한 조사에서, 십대들이 일주일에 텔레비전을 시청하는 평균 시간을 추정하기를 원한다. $\sigma = 3.2$시간이라고 가정하는 것이 타당하다면, 95% 신뢰로 표본평균이 실제 평균보다 20분 이하만큼 다르다고 주장하려면 얼마나 큰 표본이 필요한가? (힌트: 연습문제 11.6 참조)

11.30 멸종한 종류의 새의 화석 10개의 두개골의 길이가 평균 5.68 cm이고 표준편차가 0.29 cm였다. 이 관측값들을 정규분포라고 가정할 때, 이 새의 두개골의 평균 길이에 대한 99% 신뢰구간을 구하여라.

11.31 어느 큰 트럭 주유소가 고객들과의 거래를 세세히 기록하고 있다. 그 기록들 중 18개의 확률표본에서 평균 디젤 연료 판매량 63.84갤런과 표준편차 2.75갤런을 얻었다면, 모평균에 대한 95% 신뢰구간을 구하여라.

11.32 음식 검사자가 특정 종류의 땅콩 버터 12병을 검사하여 다음의 땅콩 함유량을 얻었다. 2.3, 1.9, 2.1, 2.8, 2.3, 3.6, 1.4, 1.8, 2.1, 3.2, 2.0, 1.9. 연습문제 11.7에서 정리 11.1을 수정시킨 것을 근거로 하여, 이 자료의 표본평균을 이 종류 땅콩 버터의 평균 땅콩 함유량에 대한 추정값으로 사용할 때, 그는 95%의 신뢰로 최대오차에 대해 무엇을 주장할 수 있는가?

11.33 정규모집단들에서 추출된 크기가 $n_1 = 16$, $n_2 = 25$인 두 독립적인 확률표본에서 $\sigma_1 = 4.8$, $\sigma_2 = 3.5$과 평균 $\bar{x}_1 = 18.2$, $\bar{x}_2 = 23.4$을 얻었다. $\mu_1 - \mu_2$의 90% 신뢰구간을 구하여라.

11.34 두 종류의 사진복사기를 조사하였더니 첫 번째 종류의 사진복사기가 61회의 고장을 수선하는 데 평균 80.7분과 그에 따른 표준편차 19.4분이 걸렸고, 두 번째 종류의 사진복사기가 61회의 고장을 수선하는 데 평균 88.1분과 그에 따른 표준편차 18.8분이 걸렸다. 고장난 두 종류의 사진복사기를 수선하는 데 걸리는 실제 평균시간의 차이에 대하여 99% 신뢰구간을 구하여라.

11.35 랜덤으로 추출된 한 종류의 잘 발육한 감귤 나무 12그루는 평균 높이가 13.8피트이며 그에 따른 표준편차

는 1.2피트이고, 랜덤으로 추출된 다른 종류의 잘 발육한 감귤 나무 15그루의 평균 높이가 12.9피트이고 그에 따른 표준편차는 1.5피트이다. 이 확률표본들이 등분산을 갖는 정규모집단들에서 추출되었다고 가정할 때, 두 종류의 감귤 나무의 평균 높이의 차이에 대하여 95% 신뢰구간을 구하여라.

11.36 다음은 두 광산에서 채굴된 석탄들의 발열 용량이다(톤당 백만 칼로리).

광산 A:	8,500,	8,330,	8,480,	7,960,	8,030
광산 B:	7,710,	7,890,	7,920,	8,270,	7,860

이 자료들이 등분산을 갖는 정규모집단들에서 추출된 독립적인 확률표본이라 가정할 때, 두 광산에서 채굴된 석탄들의 실제 발열 용량의 차이에 대해서 99% 신뢰구간을 구하여라.

11.37 전선의 저항에 합금을 한 효과에 대해서 조사하기 위하여, 한 기술자는 $n_1 = 35$의 표준 전선의 저항과 $n_2 = 45$의 합금된 전선의 저항을 측정하기로 하였다. 만약 이 자료에 대해서 $\sigma_1 = 0.004$옴이고 $\sigma_2 = 0.005$옴이라고 가정할 수 있을 때, 그가 $\bar{x}_1 - \bar{x}_2$를 $\mu_1 - \mu_2$의 추정값으로 사용한다면 최대오차에 관하여 98%의 신뢰로 무엇을 주장할 수 있는가? (힌트: 연습문제 11.8의 결과를 이용하여라.)

11.4~11.5절

11.38 슈퍼마켓에서 행해진 표본조사 결과 300명의 손님 중 204명이 정기적으로 쿠폰 할인을 사용하였다. 정리 11.6의 대표본 신뢰구간식을 이용하여 쿠폰 할인을 사용하는 실제 비율에 대한 95% 신뢰구간을 구하여라.

11.39 응용문제 11.38에서 만약 관찰된 표본비율을 모집단의 전체 손님 중 쿠폰 할인을 사용하는 비율의 추정값으로 사용한다면, 최대오차에 대하여 99% 신뢰로 무엇을 말할 수 있는가?

11.40 대도시의 250명의 시청자를 확률표본으로 조사한 결과 그중 190명은 특정 논쟁 프로그램을 시청하였다. 다음을 이용하여 실제 비율에 대하여 99% 신뢰구간을 구하여라.

(a) 정리 11.6의 대표본 신뢰구간 공식

(b) 연습문제 11.11의 신뢰한계

11.41 응용문제 11.40에서 만약 관찰된 표본비율을 모집단 비율의 추정값으로 사용한다면 최대오차에 대하여 95% 신뢰로 무엇을 말할 수 있는가?

11.42 어떤 호수에서 잡힌 100마리의 물고기 중에서 18마리는 환경의 화학 오염으로 인해 식용에 적합하지 않았다. 실제 비율에 대한 99%의 신뢰구간을 구하여라.

11.43 확률표본 120명의 응원단 중에서 54명이 보통 정도에서 심한 정도까지 목소리 손상을 입었다. 표본비율 $\frac{54}{120} = 0.45$를 실제 비율에 대한 추정값으로 사용한다면, 최대오차에 대하여 90%의 신뢰로 무엇을 주장할 수 있는가?

11.44 백화점 카페테리아에서 점심을 먹는 300명의 확률표본 중에서 오직 102명만이 디저트를 먹었다. 만약 $\frac{102}{300} = 0.34$를 실제 비율에 대한 추정값으로 사용한다면, 우리의 오차가 0.05보다 작다고 주장하는 것에 대한 신뢰도는 무엇인가?

11.45 어느 한 정치인이 다소 사소한 마약 위반을 처벌대상에서 제외하는 것을 선호하는 비율에 대해서 여론조

사를 하였다. 연습문제 11.12의 식을 이용하여 표본비율이 실제 비율보다 0.02 이하만큼 다르다는 것에 대하여 적어도 95% 신뢰를 가지도록 하려면 얼마나 큰 표본이 필요한가?

11.46 여론조사 결과 실제 비율이 0.30을 넘지 않는다는 것이 타당하다고 할 때, 연습문제 11.13의 결과를 이용하여 응용문제 11.45를 다시 풀어라.

11.47 Los Angeles부터 Bakersfield 사이의 특정 직선 주로에서 법정 제한 속도 이상으로 질주하는 모든 운전자들의 비율을 추정하기를 원한다. 연습문제 11.12의 식을 이용하여 표본비율이 실제 비율보다 0.04 이하만큼 다르다는 것에 대하여 적어도 99% 신뢰를 가지도록 하려면 얼마나 큰 표본이 필요한가?

11.48 우리가 추정하려고 하는 실제 비율이 적어도 0.65라는 것이 타당하다고 할 때, 연습문제 11.13의 결과를 이용하여 응용문제 11.47을 다시 풀어라.

11.49 유명 관광지를 방문하는 관광객의 확률표본에 대해서, 250명의 남성 중 84명과 250명의 여성 중 156명이 기념품을 사갔다. 이 관광지를 방문하는 관광객 중 기념품을 사가는 남성과 여성의 실제 비율 간 차이에 대하여 95% 신뢰구간을 구하여라.

11.50 어느 해에 결혼 신고를 한 커플들 중 랜덤으로 뽑힌 500커플 중 여성이 남성보다 적어도 한 살 이상 연상인 커플이 48커플 있었다. 6년 후에 결혼 신고를 한 커플들 중 랜덤으로 뽑힌 400커플 중 여성이 남성보다 적어도 한 살 이상 연상인 커플이 68커플 있었다. 여성이 남성보다 적어도 한 살 이상 연상인 커플의 실제 비율 간 차이에 대하여 99% 신뢰구간을 구하여라.

11.51 응용문제 11.50에서 관찰된 표본비율 간 차이를 실제 비율 간 차이의 추정값으로 사용하였다면, 최대오차에 대하여 98% 신뢰로 무엇을 말할 수 있는가?

11.52 North Carolina주와 Vermont주의 어느 특정 도너츠 체인점을 이용하는 손님들 중에서 다른 도너츠 가게들보다 이 도너츠 체인점을 선호하는 두 주의 손님의 비율 간 차이를 알고 싶다고 하자. 연습문제 11.16의 식을 이용하여 두 표본 비율 간 차이가 실제 비율 간 차이보다 0.05 이하만큼 다르다는 것에 대하여, 적어도 95% 신뢰를 가지도록 하려면 얼마나 큰 표본이 필요한가?

11.6~11.7절

11.53 응용문제 11.30에서 주어진 종류의 새의 두개골 길이의 실제 분산에 대한 95% 신뢰구간을 구하여라.

11.54 응용문제 11.32에서 모집단의 표준편차(주어진 땅콩 버터 종류의 땅콩 함유량)에 관한 90% 신뢰구간을 구하여라.

11.55 응용문제 11.34에서 응용문제 11.52의 대표본 신뢰구간식을 이용하여 주어진 종류의 선인장의 일년 성장의 표준편차에 관한 99% 신뢰구간을 구하여라.

11.56 응용문제 11.35에서 응용문제 11.52의 대표본 신뢰구간식을 이용하여 기계공이 주어진 일을 처리하는 시간의 표준편차에 대한 98% 신뢰구간을 구하여라.

11.57 응용문제 11.34에서 두 모집단의 분산의 비율에 대한 98% 신뢰구간을 구하여라.

11.58 응용문제 11.35에서 두 모집단의 분산의 비율에 대한 98% 신뢰구간을 구하여라.

11.59 응용문제 11.36에서 두 모집단의 분산의 비율에 대한 90% 신뢰구간을 구하여라.

11.8절

11.60 모의 조종 장치에서 스무 명의 조종사들이 검사를 받았다. 어떤 바로잡는 임무를 완수하는 데 걸린 시간이 다음에 나타나 있다(초 단위).

5.2	5.6	7.6	6.8	4.8	5.7	9.0	6.0	4.9	7.4
6.5	7.9	6.8	4.3	8.5	3.6	6.1	5.8	6.4	4.0

컴퓨터 프로그램을 이용하여 어떤 바로잡는 임무를 완수하는 데 걸린 평균 시간에 대하여 95% 신뢰구간을 구하여라.

11.61 다음은 30개의 콘크리트 표본의 압축력(10 psi 단위까지 측정)을 나타낸 것이다.

4890	4830	5490	4820	5230	4960	5040	5060	4500	5260
4600	4630	5330	5160	4950	4480	5310	4730	4710	4390
4820	4550	4970	4740	4840	4910	4880	5200	5150	4890

컴퓨터 프로그램을 이용하여 이 압축력들의 표준편차에 대하여 90% 신뢰구간을 구하여라.

참고문헌

신뢰구간을 구하는 일반적인 방법

MOOD, A. M., GRAYBILL, F. A., and Boes, D. C., *Introduction to the Theory of Statistics*, 3rd ed. New York: McGraw-Hill Book Company, 1974,

신뢰구간의 장점을 판단하는 추가 기준

LEHMANN, E. L., *Testing Statistical Hypotheses*. New York: John Wiley & Sons, Inc., 1959,

비율의 95%와 99% 신뢰구간에 대한 표는 290쪽의 *Biometrika Table*을 참조하라.

357쪽 확률변수 *Z*와 *Y*의 독립 증명

BRUNK, H. D., *An Introduction to Mathematical Statistics*, 3rd ed. Lexington, Mass.: Xerox Publishing Co., 1975.

12장 가설검정

12.1 서론

만약 기술자가 표본자료를 바탕으로 특정 종류의 타이어의 평균 수명시간이 적어도 42,000마일인지 판단하려 한다면, 만약 농지경작자가 경험을 바탕으로 어느 한 종류의 비료를 이용한 콩의 수확량이 다른 것을 이용할 때보다 높은지 판단하려 한다면, 그리고 만약 제약업자가 표본을 바탕으로 신약을 투여한 모든 환자들 중 90퍼센트가 특정 질병에서 회복되는지 여부를 판단하려 한다면, 이런 문제들은 **통계적 가설검정(statistical tests of hypotheses)** 이라는 언어로 변환된다. 첫 번째 경우는 기술자는 지수모집단의 모수 θ가 적어도 42,000인지 가설검정을 해야 한다고 말할 수 있고, 두 번째 경우에는 농지경작자는 μ_1, μ_2가 두 정규모집단의 평균일 때 $\mu_1 > \mu_2$인지 여부를 결정해야 한다고 말할 수 있다. 세 번째 경우에는 제약업자는 이항모집단의 모수 θ가 0.90과 같은지 여부를 결정해야 한다고 말할 수 있다. 물론 모든 경우에 선택된 분포는 정확히 실험 조건을 설명하고 있다고 가정해야 한다. 즉, 분포는 정확한 **통계적 모형(statistical model)** 을 제공한다.

위의 예제들과 같이 통계적 가설검정의 대부분은 분포의 모수에 대해 관심을 갖지만, 때때로 분포의 유형, 성격, 분포 그 자체에 관심이 있는 경우도 있다. 예를 들어, 위의 세 예제 중 첫 번째 예제에서 기술자는 그가 실제로 다루는 표본이 지수모집단에서 추출된 것인지 아니면 자료들이 연습문제 6.23의 와이블 분포를 따르는 확률변수의 값들인지도 결정해야 한다.

정의 12.1 **통계적 가설(Statistical Hypothesis)** 하나 이상의 확률변수들의 분포에 대한 어떤 주장 또는 추측을 **통계적 가설(statistical hypothesis)**이라고 한다. 만약 통계적 가설이 분포를 완벽히 명시하면 이것은 **단순가설(simple hypothesis)** 이라고 하며, 만약 그렇지 않으면 **복합가설(composite hypothesis)** 이라고 한다.

그러므로 단순가설은 반드시 가정된 분포의 함수적 형태뿐만 아니라 모든 모수의 값들도 지정해 주어야 한다. 위 예 중 세 번째 예는 신약의 효율성에 대해서 다루고 있으므로 가설 $\theta = 0.90$은 단순가설이다. 물론 표본의 크기와 모집단이 이항분포임을 지정해주어야 한다. 그러나 첫 번째 예의 경우에는 $\theta \geqq 42,000$이 모수 θ의 구체적인 값을 할당하지 않으므로 복합가설이다.

통계적 가설검정을 할 때 적절한 기준을 구하기 위해서는 **대립가설 (alternative hypothesis)** 을 명확하게 나타내 주어야 한다. 예를 들어, 타이어의 수명시간을 다루는 예에서 우리는 대립가설을 지수모집단의 모수 θ가 42,000보다 작다고 지정해 주어야 하며, 두 종류의 비료를 다루는 예에서는 대립가설을 $\mu_1 = \mu_2$라고 지정해 주어야 한다. 신약을 다루는 예에서는 대립가설을 주어진 이항모집단의 모수 θ가 신약 없이도 얻는 질병의 회복률 0.60이라고 지정해 주어야 한다.

단순가설과 복합가설의 개념은 또한 대립가설에도 적용되는데, 첫 번째 예의 경우는 θ가 지수모집단의 모수일 때 복합가설 $\theta \geqq 42,000$을 **복합대립가설 (composite alternative)** $\theta < 42,000$에 대해서 검정한다고 말할 수 있다. 비슷하게 두 번째 예는, μ_1, μ_2가 두 정규모집단의 평균일 때 복합대립가설 $\mu_1 = \mu_2$에 대해서 복합가설 $\mu_1 > \mu_2$를 검정한다고 할 수 있다. 세 번째 예제는 θ가 n이 주어진 이항모집단의 모수일 때, **단순대립가설 (simple alternative)** $\theta = 0.60$에 대해서 단순가설 $\theta = 0.90$을 검정한다고 할 수 있다.

빈번하게 통계전문가들은 그들이 보이고자 하는 것과 정반대의 것을 가설로 지정한다. 예를 들어, 만약 우리가 어느 한 학교의 학생들이 다른 학교의 학생들에 비해 더 높은 평균 I.Q.를 가지고 있다는 것을 보이고 싶다면, 우리는 차이가 없다고 가설을 세운다. 가설 $\mu_1 = \mu_2$는 우리가 무엇을 기대하는지 알 수 있으나 만약 가설을 $\mu_1 > \mu_2$로 세운다면, 적어도 μ_1와 μ_2의 실제 차이를 제시하지 않아 무엇을 기대하는지 알 수 없다.

이와 유사하게 만약 어느 한 종류의 광석이 다른 종류의 광석들에 비하여 우라늄의 함유량이 높음을 보이고 싶다면, 가설을 두 비율이 같다고 지정할 것이다. 또한 어느 한 생산품의 질의 변동성이 다른 생산품의 질의 변동성보다 크다는 것을 보이고 싶다면, 우리는 가설을 차이가 없다고 지정할 것이다. 즉, $\sigma_1 = \sigma_2$. "차이가 없다"라는 관점에서 이 가설들을 **귀무가설 (null hypothesis)** 이라고 하지만, 요즘에는 우리가 검정하고 싶은 어떤 가설에라도 이 말을 적용한다.

부호로 표시하면 H_0를 우리가 검정하고 싶은 귀무가설이라고 나타낼 것이며, H_1 또는 H_A를 대립가설이라고 할 것이다. 두 개 이상의 가설을 포함하는 문제들, 즉 여러 개의 대립가설들을 포함하는 문제들은 꽤 복잡하므로 이 책에서는 다루지 않기로 한다.

◆ 12.2 통계적 가설검정

통계적 가설검정은 대립가설에 대해서 귀무가설을 기각할 것인지 혹은 채택할 것인지 결정하는 명백한 규칙들의 응용이다. 예를 들어, 한 통계전문가가 대립가설 $\theta = \theta_1$에 대하여 귀무가설 $\theta = \theta_0$을 검정하고 싶어한다고 가정하자. 결정을 하기 위하여 그는 실험을 수행하여 표본자료를 생성할 것이며, 표본공간에서 발생한 결과를 받아들이는 행동을 취할 것인지 알려주는 **검정통계량 (test statistic)** 의 값을 계산할 것이다. 그러므로 이 검정과정은 검정통계량의 가능한 값에 의해 두 부분집합으로 나뉘어진다. H_0에 대한 **채택영역 (aceeptance region)** 과 H_0에 대한 **기각영역 (rejection region)** 으로 나뉘어진다.

위의 과정은 두 가지 종류의 오차를 만들어낸다. 예를 들어, 만약 모수 θ의 참값이 θ_0이고, 통계전문가가 $\theta = \theta_1$이라고 잘못 결론내렸을 때, 그는 **제1종 오류**라 불리는 오류를 범하게 된다. 반대로 만약 모수 θ의 참값이 θ_1이고 통계전문가가 $\theta = \theta_0$이라고 잘못 결론내렸을 때 그는 **제2종 오류**라 불리는 두 번째 종류의 오차를 범하게 된다.

정의 12.2

1. 귀무가설이 사실일 때 귀무가설을 기각하는 것을 **제1종 오류 (Type I Error)** 라 한다. 제1종 오류를 범할 확률은 α로 표시된다.
2. 귀무가설이 거짓일 때 귀무가설을 채택하는 것을 **제2종 오류 (Type II Error)** 라 한다. 제2종 오류를 범할 확률은 β로 표시된다.

위의 정의 12.2는 다음의 표로 설명할 수 있다.

	H_0 참	H_0 거짓
H_0 채택	오류없음	제2종 오류 확률$=\beta$
H_0 기각	제1종 오류 확률$=\alpha$	오류없음

정의 12.3 **기각역(critical region)** H_0의 기각영역(rejection region)은 관습적으로 검정의 **기각역**이라고 하며, H_0가 사실일 때 검정통계량이 기각역 안에 속하는 값을 얻을 확률을 기각역의 **크기 (size)** 라고 한다. 그러므로 기각역의 크기는, 즉 제1종 오류를 범할 확률 α이다. 이 확률은 또한 검정의 **유의수준 (level of significance)** 이라고 한다 (383쪽의 논의를 보라). (역자 주: rejection region과 critical region을 구분하지 않고 같이 기각역으로 번역하여 쓰고 있다.)

예제 12.1

신약의 제조업자가 대립가설 $\theta = 0.60$에 대해서 귀무가설 $\theta = 0.90$을 검정한다고 하자. 그의 검정통계량 X는 20회의 시행 중 얻어진 성공 (쾌유) 의 횟수이며, 그는 만약 $x > 14$이면 귀무가설을 채택할 것이다. 그렇지 않으면 기각할 것이다. α와 β를 구하여라.

풀이 귀무가설의 채택영역은 $x = 15, 16, 17, 18, 19, 20$이고, 대응되는 기각영역 (기각역) 은 $x = 0, 1, 2, \cdots, 14$이다. 그러므로 표 I로부터

$$\alpha = P(X \leqq 14; \theta = 0.90) = 0.0114$$
$$\beta = P(X > 14; \theta = 0.60) = 0.1255$$

좋은 검정과정은 α와 β가 모두 작은 경우이고 이것은 정확한 결정을 내릴 좋은 기회를 만들어준다. 예제 12.1의 제2종 오류는 다소 높지만 이것은 기각역을 적절히 바꿔줌으로써 줄일 수 있다. 예를 들어, 만약 이 예제에서 채택영역을 $x > 15$라고 하면 기각역은 $x \leqq 15$이고, $\alpha = 0.0433$, $\beta = 0.0509$임을 쉽게 확인할 수 있다. 그러므로 제2종 오류의 확률이 낮아졌지만 제1종 오류의 확률이 커졌다. 두 종류의 오류 확률을 모두 줄이는 유일한 방법은 표본의 크기를 증가시키는 것뿐이다. 그러나 n이 고정되어 있는 한 제1종 오류와 제2종 오류 확률의 역의 관계는 통계적 결정과정의 전형적인 문제이다. 즉, 한 가지의 오류의 확률이 감소하면 다른 오류의 확률이 증가한다.

예제 12.2

$\mu_1 > \mu_0$인 μ_1이 $\sigma^2 = 1$인 정규모집단의 평균이라는 대립가설에 대하여, $\sigma^2 = 1$인 정규모집단의 평균은 μ_0이라는 귀무가설을 검정하고 싶다고 하자. 크기 n인 확률표본에 대하여 $\bar{x} > K$가 크기 $\alpha = 0.05$인 기각역을 제공할 때 K값을 구하여라.

풀이 그림 12.1과 표 III를 이용하여 0.4500에 대한 $z = 1.645$을 찾을 수 있다. 그러므로

$$1.645 = \frac{K - \mu_0}{1/\sqrt{n}}$$

따라서

$$K = \mu_0 + \frac{1.645}{\sqrt{n}}$$

●

예제 12.3

예제 12.2에 대하여 $\beta \leqq 0.06$일 때 대립가설 $\mu_1 = 11$에 대하여 귀무가설 $\mu_0 = 10$을 검정하기 위한 최소 표본크기를 구하여라.

풀이 β는 그림 12.1의 정해진 영역의 면적으로 주어졌으므로,

$$\begin{aligned}\beta &= P\left(\overline{X} < 10 + \frac{1.645}{\sqrt{n}}; \mu = 11\right) \\ &= P\left[Z < \frac{\left(10 + \frac{1.645}{\sqrt{n}}\right) - 11}{1/\sqrt{n}}\right] \\ &= P(Z < -\sqrt{n} + 1.645)\end{aligned}$$

표 III를 이용하여 $0.5000 - 0.06 = 0.4400$에 대한 $z = 1.555$을 찾을 수 있다. 그러므로 $-\sqrt{n} + 1.645$와 -1.555가 같다고 놓을 수 있으며, 즉 $\sqrt{n} = 1.645 + 1.555 = 3.200$이고 $n = 10.24$ 또는 정수가 되도록 올림하여 11이다.

●

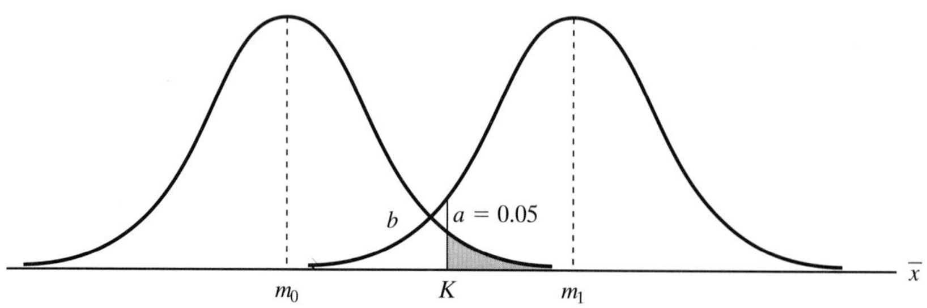

그림 12.1 예제 12.2와 12.3의 그림

12.3 손실과 위험[1]

9장에서 소개한 손실함수와 위험함수는 가설검정의 이론에서도 중요한 역할을 한다. 결정이론을 검정에 적용하면 귀무가설은 모집단 모수 θ가 θ_0와 같다는 것이고, 그에 대응되는 대립가설은 θ_1와 같다는 것이다. 통계전문가는 행동 a_0을 취해 귀무가설을 채택하거나 또는 행동 a_1을 취해 대립가설을 채택한다. 실제 "절대자의 상태"에 의존하여 그가 행동을 취하면 그의 손실은 다음의 표에 나타나 있다.

		통계전문가 a_0	통계전문가 a_1
절대자	θ_0	$L(a_0, \theta_0)$	$L(a_1, \theta_0)$
절대자	θ_1	$L(a_0, \theta_1)$	$L(a_1, \theta_1)$

이 손실은 양이거나 음이며 (벌금과 포상을 나타낸다) , 고려해야 할 유일한 조건은

$$L(a_0, \theta_0) < L(a_1, \theta_0) \text{ 와 } \quad L(a_1, \theta_1) < L(a_0, \theta_1)$$

즉, 어떤 경우라도 옳은 결정이 틀린 결정보다 더 유익하여야 한다.

9.3절의 통계적 게임에서와 같이 통계전문가의 선택은 실험의 결과와 도출된 각각의 가능한 결과에 대해 취할 행동을 알려주는 결정함수 d에 의존한다. 만약 귀무가설이 사실이고 통계전문가가 대립가설을 채택한다면, 즉 모수의 값이 θ_0일 때 통계전문가가 행동 a_1을 취한다면 그는 제1종 오류를 범하는 것이다. 만약 모수의 값이 θ_1이고 통계전문가가 행동 a_0을 취한다면 그는 제2종 오류를 범하는 것이다. 결정함수 d에 대하여 $\alpha(d)$를 제1종 오류를 범할 확률이라 하고, $\beta(d)$를 제2종 오류를 범할 확률이라고 한다. 그러므로 (300쪽에 정의되어 있는) 위험함수의 값은

$$\begin{aligned} R(d, \theta_0) &= [1 - \alpha(d)]L(a_0, \theta_0) + \alpha(d)L(a_1, \theta_0) \\ &= L(a_0, \theta_0) + \alpha(d)[L(a_1, \theta_0) - L(a_0, \theta_0)] \end{aligned}$$

그리고

$$\begin{aligned} R(d, \theta_1) &= \beta(d)L(a_0, \theta_1) + [1 - \beta(d)]L(a_1, \theta_1) \\ &= L(a_1, \theta_1) + \beta(d)[L(a_0, \theta_1) - L(a_1, \theta_1)] \end{aligned}$$

가정에 의해 [ ]괄호 안의 값들은 모두 양수이다. 그러므로 위험을 최소화하기 위하여 통계전문가는 결정함수를 두 종류의 오류의 확률이 가능한 작게 유지하도록 결정하여야 한다.

만약 θ_0와 θ_1에 사전확률을 할당할 수 있고, 299쪽의 표에 있는 손실들 $L(a_j, \theta_i)$의 정확한 값을 모두 안다면 베이즈 위험 (304쪽에 정의되어 있다) 을 계산할 수 있어 위험을 최소화시키는 결정함수를 찾을 수 있다. 심술궂은 상대방으로서의 절대자에 대해서 우리는 최소최대 기준을 이용할 수 있고, 최대 위험을 최소화시키는 결정함수를 선택할 수 있다. 그러나 312쪽의 응용문제에서 명백히 보이듯이 이것은 대부분의 실제 상황에서 현실적인 접근 방법이 아니다.

1) 9장을 생략한 경우 이 절을 생략하라.

12.4 네이만-피어슨 보조정리

요즘 "고전적이다" 혹은 "전통적이다"라고 불리는 가설검정 이론인 **네이만-피어슨 정리 (Neyman-Pearson theory)** 에서, 제1종 오류의 확률과 제2종 오류의 확률 사이의 의존을 회피하기 위해 제1종 오류의 확률을 어떤 상수 α보다 작거나 같을 때의 검정통계량으로 제한한다. 즉, 크기가 α와 같거나 작은 기각역에 국한한다. 이산확률변수에 대하여 기각역의 크기가 실제로 α와 일치하는 검정통계량을 찾는 것이 불가능하므로, 기각역의 크기가 α보다 작도록 허용하여야 한다. 실제 모든 적용을 위해서 우리는 제1종 오류의 확률을 고정하고 제2종 오류의 확률을 최소화하는, 또는 $1-\beta$의 값을 최대화하는 검정통계량을 찾아야 한다.

(정의 12.4) **가설의 검정력(the power of a test)** 귀무가설 $\theta=\theta_0$와 대립가설 $\theta=\theta_1$을 검정할 때에 $1-\beta$의 값은, $\theta=\theta_1$일 때 검정의 **검정력 (power)** 이라고 한다. 단순대립가설 $\theta=\theta_1$에 대하여 단순귀무가설 $\theta=\theta_0$을 검정할 때의 기각역은, $\theta=\theta_1$일 때 검정력이 최대일 때 **최량 (best)** 혹은 **가장 강력하다 (most powerful)** 고 한다. ■

이런 상황에서 최강력기각역을 구하기 위해서 우리는 각각 $\theta=\theta_0$와 $\theta=\theta_1$일 때의 모집단에서 추출된 크기 n의 확률표본의 우도를 이용한다 (335쪽 참조). 이 우도를 각각 L_0, L_1이라고 표기하면,

$$L_0=\prod_{i=1}^{n} f(x_i;\theta_0) \text{ 와 } \quad L_1=\prod_{i=1}^{n} f(x_i;\theta_1)$$

직관적으로 기각역 안에 속하는 표본의 점에서는 $\frac{L_0}{L_1}$의 값은 작아야 함을 알 수 있다. 이것은 $\theta=\theta_0$일 때 제1종 오류이고, $\theta=\theta_1$일 때에는 정확한 결정이 된다. 이와 비슷하게 기각역 밖에 있는 표본의 점에서는 $\frac{L_0}{L_1}$의 값은 커야 함을 알 수 있다. 이것은 $\theta=\theta_0$일 때 정확한 결정이 되고, $\theta=\theta_1$일 때에는 제2종 오류가 발생한다. 이것은 최강력기각역이 다음의 정리에 의해 입증됨을 보장한다.

(정리 12.1) **(네이만-피어슨 보조정리)** 만약 C가 크기 α의 기각역이고 k가

$$\frac{L_0}{L_1} \leqq k \quad C \text{ 안에서}$$

$$\frac{L_0}{L_1} \geqq k \quad C \text{ 밖에서}$$

의 상수라면, C는 $\theta=\theta_1$에 대하여 $\theta=\theta_0$을 검정하는 크기 α의 최강력기각역이다.

(증명) C가 정리의 조건을 만족하는 기각역이고, D는 크기 α의 다른 기각역이라고 가정하자. 그러면,

$$\int_C\cdots\int L_0\,dx=\int_D\cdots\int L_0\,dx=\alpha$$

이때 dx는 $dx_1, dx_2, \cdots, dx_n$을 나타내고, 두 다중적분은 n차원의 영역 C와 D 위에서 취해진다. 이제 C는 서로 겹치지 않는 집합 $C\cap D$와 $C\cap D'$의 합집합이고, D는 서로 겹치지 않는 집합 $C\cap D$와 $C'\cap D$의 합집합이라는 사실을 이용하면,

$$\int_{C\cap D}\cdots\int L_0\,dx+\int_{C\cap D'}\cdots\int L_0\,dx=\int_{C\cap D}\cdots\int L_0\,dx+\int_{C'\cap D}\cdots\int L_0\,dx=\alpha$$

$$\int_{C\cap D'}\cdots\int L_0\,dx=\int_{C'\cap D}\cdots\int L_0\,dx$$

$L_1 \geqq L_0/k$는 C의 안에 속하고, $L_1 \leqq L_0/k$은 C의 밖에 있으므로,

$$\int_{C\cap D'}\cdots\int L_1\,dx \geqq \int_{C\cap D'}\cdots\int \frac{L_0}{k}\,dx=\int_{C'\cap D}\cdots\int \frac{L_0}{k}\,dx \geqq \int_{C'\cap D}\cdots\int L_1\,dx$$

$$\int_{C\cap D'}\cdots\int L_1\,dx \geqq \int_{C'\cap D}\cdots\int L_1\,dx$$

마지막으로,

$$\int_{C}\cdots\int L_1\,dx=\int_{C\cap D}\cdots\int L_1\,dx+\int_{C\cap D'}\cdots\int L_1\,dx$$

$$\geqq \int_{C\cap D}\cdots\int L_1\,dx+\int_{C'\cap D}\cdots\int L_1\,dx=\int_{D}\cdots\int L_1\,dx$$

그러므로,

$$\int_{C}\cdots\int L_1\,dx \geqq \int_{D}\cdots\int L_1\,dx$$

이것으로 정리 12.1의 증명을 마칠 수 있다.

마지막 부등식은 기각역 C에 대해서 제2종 오류를 범하지 않을 확률이 크기 α의 다른 기각역에 대해서 제2종 오류를 범하지 않을 확률보다 크거나 같음을 의미한다(이산형의 경우에도 증명과정은 같으며, 적분 대신 합을 취하면 된다). ■

예제 12.4

$\sigma^2=1$인 정규모집단에서 추출된 크기 n의 확률표본에 대하여 $\mu_1>\mu_0$일 때, 대립가설 $\mu=\mu_1$에 대해서 귀무가설 $\mu=\mu_0$을 검정하려고 한다. 네이만-피어슨 보조정리를 이용하여 크기 α인 최강력기각역을 구하여라.

풀이 두 우도는

$$L_0=\left(\frac{1}{\sqrt{2\pi}}\right)^n\cdot e^{-\frac{1}{2}\Sigma(x_i-\mu_0)^2} \text{와} \qquad L_1=\left(\frac{1}{\sqrt{2\pi}}\right)^n\cdot e^{-\frac{1}{2}\Sigma(x_i-\mu_1)^2}$$

이때 합은 $i=1$부터 $i=n$까지 더한다. 좀 더 간단히 정리하면, 비는

$$\frac{L_0}{L_1}=e^{\frac{n}{2}(\mu_1^2-\mu_0^2)+(\mu_0-\mu_1)\cdot\Sigma x_i}$$

그러므로,

$$e^{\frac{n}{2}(\mu_1^2-\mu_0^2)+(\mu_0-\mu_1)\cdot\Sigma x_i} \leqq k \quad C \text{ 안에서}$$
$$e^{\frac{n}{2}(\mu_1^2-\mu_0^2)+(\mu_0-\mu_1)\cdot\Sigma x_i} \geqq k \quad C \text{ 밖에서}$$

를 만족하는 상수 k와 표본공간의 영역 C를 찾아야 한다. 로그를 취한 뒤 $\frac{n}{2}(\mu_1^2 - \mu_0^2)$를 제외하고 음의 값 $n(\mu_0 - \mu_1)$으로 나누어주면, 두 부등식은

$$\bar{x} \geqq K \quad C \text{ 안에서}$$
$$\bar{x} \leqq K \quad C \text{ 밖에서}$$

K는 k, n, μ_0, μ_1으로 표현된다.

실제로는 K와 같은 상수는 기각역의 크기와 적합한 통계적 이론을 이용하여 결정한다. (예제 12.2 참조) z_α가 연습문제 6.67에서 정의된 값이라면 $K = \mu_0 + z_\alpha \cdot \frac{1}{\sqrt{n}}$을 얻는다. 그러므로 주어진 정규모집단에서 $\mu_1 > \mu_0$일 때, 대립가설 $\mu = \mu_1$에 대해서 귀무가설 $\mu = \mu_0$을 검정할 때 크기 α의 최강력기각역은,

$$\bar{x} \geqq \mu_0 + z_\alpha \cdot \frac{1}{\sqrt{n}}$$

이것은 μ_1에 의존하지 않음을 주목하라. 이것은 중요한 특징이므로 12.5절에서 다시 살펴볼 것이다. ●

기각역을 유도할 때 처음에는 검정통계량이 $\overline{X}$임을 언급하지 않았음을 주목하라. 기각역의 규정으로 그에 따른 검정통계량이 정의되고, 또 그 반대이기도 하므로 "기각역"과 "검정통계량"은 종종 통계적 언어에서는 바꾸어 사용될 수 있다.

연습문제

12.1 아래의 가설이 단순가설인지 복합가설인지 판단하여라.

(a) 확률변수가 $\alpha = 3, \beta = 2$인 감마분포를 따른다는 가설

(b) 확률변수가 $\alpha = 3, \beta \neq 2$인 감마분포를 따른다는 가설

(c) 확률변수가 지수분포를 따른다는 가설

(d) 확률변수가 평균 $\mu = 0.50$을 갖는 베타분포를 따른다는 가설

12.2 아래의 가설이 단순가설인지 복합가설인지 판단하여라.

(a) 확률변수가 $\lambda = 1.25$인 포아송분포를 따른다는 가설

(b) 확률변수가 $\lambda > 1.25$인 포아송분포를 따른다는 가설

(c) 확률변수가 평균 $\mu = 100$을 갖는 정규분포를 따른다는 가설

(d) 확률변수가 $k = 3, \theta < 0.60$인 음이항분포를 따른다는 가설

12.3 $N = 7, n = 2$인 초기하분포를 따르는 확률변수의 한 관찰값이 대립가설 $k = 4$에 대하여 귀무가설 $k = 2$을 검정하는 데 사용되었다. 만약 확률변수의 값이 2이면 귀무가설이 기각된다고 할 때, 제1종 오류와 제2종 오류의 확률을 구하여라.

12.4 예제 12.1에 대하여 채택구간이 $x > 16$이고 기각구간이 $x \leqq 16$이었다면 제1종 오류와 제2종 오류의 확률은 얼마인가?

12.5 기하분포를 따르는 확률변수의 한 관찰값이 대립가설 $\theta = \theta_1 > \theta_0$에 대하여 귀무가설 $\theta = \theta_0$을 검정하는 데 사용되었다. 만약 확률변수의 관찰값이 양의 정수 k보다 크거나 같으면 귀무가설이 기각된다고 할 때, 제1종 오류와 제2종 오류의 확률을 구하여라.

12.6 지수분포를 따르는 확률변수의 한 관찰값이 분포의 평균이 $\theta = 5$라는 대립가설에 대하여 귀무가설 $\theta = 2$을 검정하는 데 사용되었다. 만약 확률변수의 관찰값이 3보다 작거나 같으면 귀무가설이 기각된다고 할 때, 제1종 오류와 제2종 오류의 확률을 구하여라.

12.7 X_1, X_2가 $\sigma^2 = 1$인 정규모집단에서의 확률표본이라고 하자. 만약 대립가설 $\mu = \mu_1 > \mu_0$에 대하여 귀무가설 $\mu = \mu_0$을 $\bar{x} > \mu_0 + 1$일 때 기각한다고 하면, 기각역의 크기는 얼마인가?

12.8 $\alpha = 0$인 균등분포를 따르는 확률변수의 한 관찰값이 대립가설 $\beta = \beta_0 + 2$에 대하여 귀무가설 $\beta = \beta_0$을 검정하는 데 사용되었다. 만약 확률변수의 관찰값이 $\beta_0 + 1$보다 크면 귀무가설이 기각된다고 할 때, 제1종 오류와 제2종 오류의 확률을 구하여라.

12.9 X_1, X_2가

$$f(x; \theta) = \begin{cases} \theta x^{\theta-1}, & 0 < x < 1 \\ 0 & , \text{그 외} \end{cases}$$

의 모집단에서의 크기가 2인 확률표본이라고 하자. 만약 귀무가설이 $\theta = 1$이고 대립가설이 $\theta = 2$일 때 기각역이 $x_1x_2 \geqq \dfrac{3}{4}$이라면, $\theta = 2$일 때 이 검정의 검정력은 얼마인가?

12.10 예제 12.4에서 만약 $\mu_1 < \mu_0$이라면 네이만-피어슨 보조정리에 의해 기각역이

$$\bar{x} \leqq \mu_0 - z_\alpha \cdot \frac{1}{\sqrt{n}}$$

임을 보여라.

12.11 지수분포에서 추출된 크기 n인 확률표본이 대립가설 $\theta = \theta_1 > \theta_0$에 대하여 귀무가설 $\theta = \theta_0$을 검정하는 데 사용되었다. 네이만-피어슨 보조정리를 이용하여 크기 α인 최강력기각역을 찾고, 예제 7.16의 결과를 이용하여 상수를 어떻게 구해야 하는지 보여라.

12.12 주어진 n에 대하여 θ가 이항분포의 모수라고 할 때, 대립가설 $\theta = \theta_1 < \theta_0$에 대하여 귀무가설 $\theta = \theta_0$을 검정할 때 네이만-피어슨 보조정리를 이용하여 크기 α인 최강력기각역을 구하여라.

12.13 연습문제 12.12에 대하여 만약 $n = 100$, $\theta_0 = 0.40$, $\theta_1 = 0.30$이고 α는 되도록 크되 0.05를 초과하지 않는다고 할 때, 이항분포에 정규근사를 사용하여 제2종 오류를 범할 확률을 구하여라.

12.14 기하분포를 따르는 확률변수의 한 관찰값이 모수가 θ_0와 같다는 귀무가설을 $\theta_1 > \theta_0$이라는 대립가설에 대해 검정하는 데 사용되었다. 네이만-피어슨 보조정리를 이용하여 크기 α인 최강력기각역을 구하여라.

12.15 $\mu = 0$인 정규모집단에서 추출된 크기 n인 확률표본이 주어졌다. 대립가설 $\sigma = \sigma_1 > \sigma_0$에 대해서 귀무가

설 $\sigma = \sigma_0$을 검정할 때 네이만-피어슨 보조정리를 이용하여 크기 α의 최강력기각역을 구하여라.

12.16 예제 12.1에서 신약의 제조업자가 이 신약의 쾌유율이 0.60이 아니라 0.90이라고 4대 1의 오즈로 생각한다고 하자. 이 오즈를 이용하여 만약 결정함수가 다음과 같을 때 그가 틀린 결정을 할 확률을 구하여라.

(a) $d_1(x) = \begin{cases} a_0, & x > 14 \\ a_1, & x \leqq 14 \end{cases}$

(b) $d_2(x) = \begin{cases} a_0, & x > 15 \\ a_1, & x \leqq 15 \end{cases}$

(c) $d_3(x) = \begin{cases} a_0, & x > 16 \\ a_1, & x \leqq 16 \end{cases}$

◆ 12.5 검정력함수

예제 12.1에서는 단순대립가설에 대해 단순가설을 검정하기 때문에 제1종 오류와 제2종 오류를 범할 확률의 유일한 값을 구할 수 있었다. 그러나 실제 상황에서 단순대립가설에 대해 단순가설을 검정하는 경우는 드물다. 예를 들어 예제 12.1에서는 질병에서의 쾌유율을 θ라고 할 때, 대립가설 $\theta < 0.90$에 대하여 귀무가설 $\theta \geqq 0.90$을 검정하는 것이 적당하다. 즉, 대립가설은 신약은 효과적이지 않다고 주장하는 것이다.

복합가설을 다룰 때에는 검정구간 혹은 기각역의 장점을 평가하는 문제가 좀 더 복잡해진다. 이 경우에는 귀무가설 H_0이 정해진 변역 (domain) 에서 모든 θ의 값에 대해 제1종 오류를 범할 확률 $\alpha(\theta)$과 대립가설 H_1이 정해진 변역에서 모든 θ의 값에 대해 제2종 오류를 범할 확률 $\beta(\theta)$을 고려해야 한다. 관습적으로는 두 확률의 집합을 병합시킨다.

정의 12.5 **검정력함수** 대립가설 H_1에 대한 통계적 가설 H_0을 검정할 때의 **검정력함수 (power function)** 는,

$$\pi(\theta) = \begin{cases} \alpha(\theta) & H_0\text{에 속하는 } \theta\text{값에 대하여} \\ 1 - \beta(\theta) & H_1\text{에 속하는 } \theta\text{값에 대하여} \end{cases}$$

따라서 검정력함수의 값은 모수 θ의 여러 값에 대하여 귀무가설 H_0을 기각할 확률이다. 검정력함수는 H_0 가정하에서의 θ의 값에 대해서 제1종 오류를 범할 확률을 알려주며, H_1 가정하에서의 θ의 값에 대해서 제2종 오류를 범하지 않을 확률을 알려준다.

예제 12.5

예제 12.1에 대하여 대립가설 $\theta < 0.90$에 대해서 귀무가설 $\theta \geqq 0.90$을 검정하기를 원한다. 373쪽의 같은 검정 기준 ($x > 14$이면 귀무가설을 채택하고 $x \leqq 14$이면 기각한다) 에 대하여 검정력함수를 구하여라. x는 $n = 20$ 회의 시행 중 관찰된 성공 (쾌유) 의 횟수이다.

풀이 각각의 확률 $\alpha(\theta)$, $\beta(\theta)$에 대해서 θ의 값을 부록의 표 I로부터 선택하여, $\theta = 0.90, 0.95$일 때 많아야 14회의 성공을 얻는 $\alpha(\theta)$의 확률과 $\theta = 0.85, 0.80, \cdots, 0.50$일 때 14회 이상의 성공을 얻는 $\beta(\theta)$의 확률을 찾는다. 이 값들은 검정력함수 $\pi(\theta)$의 값과 함께 아래의 표에 나타나 있다.

θ	제1종 오류의 확률 $\alpha(\theta)$	제2종 오류의 확률 $\beta(\theta)$	H_0를 기각할 확률 $\pi(\theta)$
0.95	0.0003		0.0003
0.90	0.0114		0.0114
0.85		0.9326	0.0674
0.80		0.8042	0.1958
0.75		0.6171	0.3829
0.70		0.4163	0.5837
0.65		0.2455	0.7545
0.60		0.1255	0.8745
0.55		0.0553	0.9447
0.50		0.0207	0.9793

검정력함수의 그래프는 그림 12.2에 나타나 있다. 물론 이것은 오직 예제 12.1의 결정 기준에만 적용이 가능하며, 기각역은 $x \leqq 14$이다. 그림 12.2의 점선으로 표기된 이상적인 (확실한) 검정 기준에 의한 검정력함수와 어떻게 비교할 수 있는지 주목하라. ●

검정력함수는 통계적 검정, 특히 주어진 대립가설에 대하여 주어진 귀무가설을 검정하는 데 사용되는 여러 기각역을 비교하는 것을 평가하는 데 매우 중요한 역할을 한다. 부수적으로, 만약 그림 12.2에 포함된 H_0를 채택할 확률 (H_0를 기각할 확률 대신) 을 알고 있다면, 우리는 주어진 기각역의 **운영특성곡선 (operating characteristic curve)**, 또는 **OC곡선 (OC-curve)** 을 얻게 된다 (5.10절 참조) . 즉, 산업 응용분야에서 주로 사용되는 운영특성곡선의 값은 $1 - \pi(\theta)$이다.

376쪽에서 우리는 가설검정에 네이만-피어슨 보조정리를 적용하면 제1종 오류의 확률 α(고정된 값)

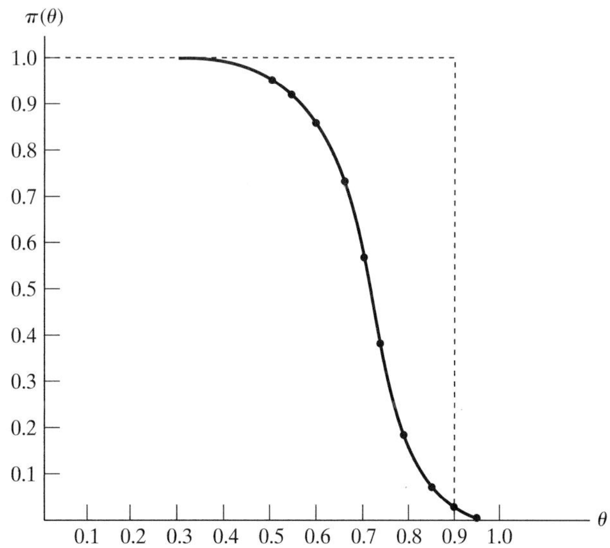

그림 12.2 예제 12.5의 그림.

를 유지하고, 이를 위해서 귀무가설 H_0은 $\theta = \theta_0$와 같은 단순가설이어야 함을 언급하였다. 즉, 이 귀무가설을 검정하는 어떤 검정의 검정력함수라도, 검정력함수의 값이 오류를 범할 확률인 유일한 점 (θ_0, α)를 지나간다. 이 점은 복합대립가설(예를 들면, $\theta \neq \theta_0$와 같은) 에 대하여 단순귀무가설 $\theta = \theta_0$을 검정하도록 설계된 여러 기각역의 검정력함수를 비교하는 것을 용이하게 해 준다. 설명을 위해 그림 12.3을 살펴보면, 주어진 세 개의 다른 기각역 혹은 검정 기준에 대한 검정력함수는 바로 앞에 설명된 것과 같이 설계되어 있다. θ_0를 제외한 각각의 θ의 점에 대하여 검정력함수의 값은 올바른 결정을 할 확률이므로, 이 값들은 1에 가까운 값을 갖는 것이 좋다. 그러므로 직관적으로 그림 12.3의 점으로 표시된 곡선으로 주어진 검정력함수를 갖는 기각역은 파선 형태의 곡선으로 주어진 검정력함수를 갖는 기각역보다 좋다. 첫 번째 기각역에 대하여 제2종 오류를 범하지 않을 확률은 언제나 두 번째 기각역에 비해 높고, 첫 번째 기각역을 **균일하게 더욱 강력하다 (uniformly more powerful)** 라고 하며, 두 번째 기각역은 **허용불가 (inadmissible)** 라고 말한다.

이와 같은 명쾌한 구별은 그림 12.3의 점으로 표시된 곡선과 선으로 표시된 곡선으로 나타낸 검정력함수의 기각역을 비교할 때에는 할 수 없다. 이 경우에는 $\theta < \theta_0$일 때에는 첫 번째 것이 좋으며, $\theta > \theta_0$일 때에는 두 번째 것이 좋다. 이와 같은 상황에서 검정력을 비교하기 위해서는 추가 기준이 필요하다(연습문제 12.27). 만약 대립가설이 $\theta > \theta_0$라면 선으로 표시된 곡선의 검정력함수를 갖는 기각역은 점으로 표시된 곡선의 검정력함수를 갖는 기각역보다 균일하게 더욱 강력함을 주목하라.

일반적으로 복합대립가설에 대해서 단순가설을 검정할 때에는 제1종 오류의 확률 α를 지정하여, 크기가 α인 기각역의 검정력함수의 값이 다른 것에 비해 항상 크거나 같으면(적어도 하나의 모수의 값에 대해서는 부등호만 성립한다) 다른 것보다 균일하게 더욱 강력한 기각역이라고 한다.

정의 12.6 **균일최강력기각역(검정)** 만약 주어진 문제에서 크기가 α인 기각역이 크기가 α인 다른 기각역들에 비해 균일하게 더욱 강력하다면 **균일최강력기각역 (uniformly most powerful crtical region)** 또는 **균일최강력검정 (uniformly most powerful test)** 이라고 한다.

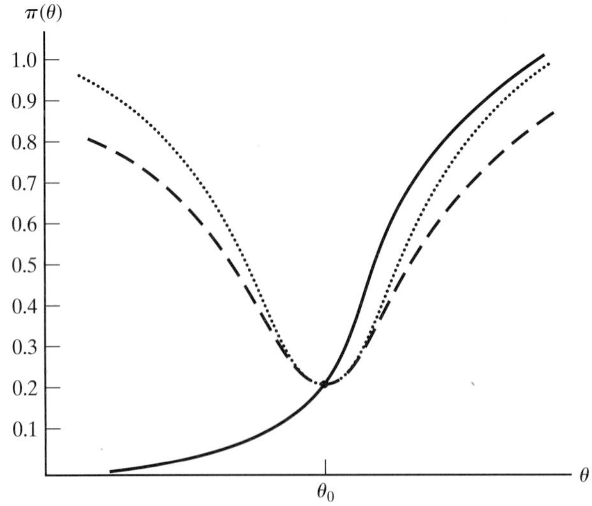

그림 12.3 검정력함수

불행하게도 복합대립가설에 대하여 단순가설을 검정할 때에는 균일최강력검정기각역은 거의 존재하지 않는다. 물론 단순대립가설에 대하여 단순가설을 검정할 때에는 376쪽의 크기가 α인 최강력기각역이 균일최강력하다.

이때까지 우리는 H_0을 채택하는 것은 H_1을 기각하는 것이고 역으로도 그렇다고 가정했지만, 대안들이 H_0를 채택, 또는 H_1을 채택, 또는 더 많은 자료가 수집될 때까지 판단을 유예하는 **다단계 검정 (multistage tests)** 또는 **순차적 검정 (sequential tests)** 과 같은 경우에는 그렇지 않다. 이것은 H_0를 기각하는 것의 대안이 H_0을 채택하는 것이 아니고 판단을 유보하는 것인 **유의성 검정 (tests of significance)** 의 경우에도 그렇지 않다. 예를 들어 만약 동전이 완벽히 균형이 잡혀있다는 귀무가설을 그렇지 않다는 대립가설에 대하여 검정하고 싶을 때, 100번 던져서 57번 앞면이 나오고 43번 뒷면이 나왔다면, $\alpha = 0.05$일 때 귀무가설을 기각하는 것은 가능하지 않다 (응용문제 12.42 참조). 그러나 균형 잡힌 동전에서 기대할 수 있는 50보다 꽤 많은 앞면을 얻었으므로 귀무가설이 사실이라고 채택하길 주저한다. 이런 상황을 피하기 위해서 기대하는 앞면의 개수와 실제 얻은 앞면의 개수의 차이, 즉 50과 57의 차이는 우연의 결과라고 말할 수 있으며, 또는 이 차이는 귀무가설을 기각하기에는 충분히 크지 않다고 말할 수 있다. 어느 경우는 한쪽으로 입장을 취하지 않으며, 귀무가설을 실제로 채택하지 않는 한 제2종 오류를 범할 수 없다. 이것은 제1종 오류의 확률을 **유의수준**으로 여기는 것과 관계가 있다.

◆ 12.6 우도비검정

네이만-피어슨 보조정리는 단순귀무가설을 단순대립가설에 대해 검정할 때의 최강력기각역을 구하는 방법을 제공하지만, 복합가설에는 적용할 수 없다. 이제 대부분의 경우에서 매우 만족할만한 특성을 갖는 복합가설을 검정하는 기각역을 구하는 일반적인 방법을 보일 것이다. 그 검정은 **우도비검정 (likelihood ratio tests)** 이라고 하며, 12.4절의 방법을 일반화시킨 방법에 근거한다. 그러나 이것이 반드시 균일최강력하지는 않는다. 여기에서는 한 개의 모수 θ만을 다루고 연속형 모집단을 고려하는 검정에서 이 방법을 논의할 것이다. 그러나 모든 논의는 여러 개의 모수를 다루거나 이산형 모집단의 경우에도 확장할 수 있다.

우도비검정 방법을 설명하기 위해 $X_1, X_2, \cdots, X_n$이 x일 때의 분포가 $f(x;\theta)$인 모집단에서 추출된 크기 n의 확률표본을 구성한다고 하자. 또한 Ω는 모수 θ가 취할 수 있는 값들의 집합이다. 우리는 Ω를 θ의 **모수공간 (parameter space)** 이라고 한다. 우리가 검정하려고 하는 귀무가설은

$$H_0:\quad \theta \in \omega$$

대립가설은

$$H_1:\quad \theta \in \omega'$$

ω는 Ω의 부분집합이고, ω'는 Ω에 대해서 ω의 여집합이다. 그러므로 θ의 모수공간은 ω와 ω'라는 서로 겹치지 않는 두 집합으로 나누어진다. 귀무가설에 의하면 θ는 첫 번째 집합의 원소이고, 대립가설에 의

하면 θ는 두 번째 집합의 원소이다. 대부분의 문제에서 Ω은 모든 실수들의 집합, 양의 실수들의 집합, 실수의 어떤 구간, 혹은 실수의 이산형 집합이다.

H_0와 H_1이 모두 단순가설일 때 ω와 ω'는 오직 한 원소만을 갖는다. 12.4절에서 우도 L_0과 L_1을 비교하여 검정을 구성했었다. 일반적인 경우에는 적어도 두 가설 중 하나가 복합가설일 때 max L_0와 max L의 값을 비교한다. max L_0은 ω에 속하는 모든 θ의 값에 대하여 우도함수 (335쪽) 의 최댓값이며, max L은 Ω에 속하는 모든 θ의 값에 대하여 우도함수의 최댓값이다. 즉, 밀도함수가 $f(x; \theta)$인 모집단에서 추출된 크기 n의 확률표본에서 θ가 ω의 값 중 하나라는 조건에서 $\hat{\theta}$은 θ의 최대우도추정값이고, θ가 Ω의 값이라는 조건에서 $\hat{\hat{\theta}}$은 θ의 최대우도추정값이라면,

$$max\ L_0 = \prod_{i=1}^{n} f(x_i; \hat{\theta})$$

$$max\ L = \prod_{i=1}^{n} f(x_i; \hat{\hat{\theta}})$$

이 값들은 모두 확률변수들의 값이며, 이 값들은 관찰값 $x_1, x_2, \cdots, x_n$에 의존하므로 그 비는

$$\lambda = \frac{max\ L_0}{max\ L}$$

이것은 **우도비통계량 (likelihood ratio statistic)** Λ(그리스어 *lambda*의 대문자) 의 값이라고 한다.

max L_0와 max L은 모두 우도함수의 값이므로 음수가 아니며, $\lambda \geqq 0$이다. 또한 ω가 Ω의 부분집합이므로 $\lambda \leqq 1$이다. 만약 귀무가설이 틀렸다면 max L_0은 max L에 비해 작을 것이고, λ은 0에 가까울 것이다. 반대로 귀무가설이 사실이고 $\theta \in \omega$라면 max L_0은 max L에 근접할 것이고, λ은 1에 가까울 것이다. 그러므로 우도비검정은 만약 $\lambda \leqq k$ $(0 < k < 1)$ 형태의 기각역 안에 λ가 속한다면 귀무가설 H_0을 기각한다. 요약하면,

정의 12.7 **우도비 검정** 만약 ω와 ω'가 모수공간 Ω의 여부분집합이고, max L_0와 max L이 각각 ω, Ω에 속하는 모든 θ값에 대하여 **우도함수**(likelihood function)의 최댓값이고, **우도비 통계량**(likelihood ratio statistic)은

$$\lambda = \frac{max\ L_0}{max\ L}$$

이며, 기각역

$$\lambda \leqq k\ (0 < k < 1)$$

에 의하여 귀무가설 $\theta \in \omega'$와 대립가설 $\theta \in \omega$의 **우도비검정**(likelihood ratio test)이 정의된다.

만약 H_0이 단순가설이면 k는 기각역의 크기가 α가 되도록 하는 값으로 선택된다. 만약 H_0이 복합가설이면 k는 ω에 속하는 모든 θ에 대해서 제1종 오류의 확률이 α보다 작거나 같은 값으로 선택되고, 만약 가능하다면 k는 ω에 속하는 θ 중 적어도 한 값에 대하여 α와 같은 값으로 선택된다. 그러므로 H_0이 단순가설이고 H_0가 사실일 때 λ에서 Λ의 밀도를 $g(\lambda)$라고 하면, k는

$$P(\Lambda \leqq k) = \int_0^k g(\lambda)d\lambda = \alpha$$

이산형의 경우에는 적분기호가 합의 기호로 대체되고, k는 합이 α보다 작거나 같은 가장 큰 값으로 선택된다.

예제 12.6

분산 σ^2이 알려진 정규모집단의 크기 n인 확률표본을 바탕으로 하여, 귀무가설

$$H_0: \quad \mu = \mu_0$$

을 대립가설

$$H_1: \quad \mu \neq \mu_0$$

에 대하여 검정하는 우도비검정의 기각역을 구하여라.

풀이 ω는 오직 μ_0만을 포함하므로 $\hat{\mu} = \mu_0$이고, Ω는 모든 실수의 집합이므로 10.7절의 방법에 의해 $\hat{\hat{\mu}} = \overline{x}$이다. 그러므로,

$$max\ L_0 = \left(\frac{1}{\sigma\sqrt{2\pi}}\right)^n \cdot e^{-\frac{1}{2\sigma^2}\cdot\Sigma(x_i-\mu_0)^2}$$

$$max\ L = \left(\frac{1}{\sigma\sqrt{2\pi}}\right)^n \cdot e^{-\frac{1}{2\sigma^2}\cdot\Sigma(x_i-\overline{x})^2}$$

합은 $i = 1$부터 n까지 더해진다. 그러면 우도비통계량의 값은

$$\lambda = \frac{e^{-\frac{1}{2\sigma^2}\cdot\Sigma(x_i-\mu_0)^2}}{e^{-\frac{1}{2\sigma^2}\cdot\Sigma(x_i-\overline{x})^2}} = e^{-\frac{n}{2\sigma^2}(\overline{x}-\mu_0)^2}$$

위의 결과가 도출되도록 간단히 하는 과정을 독자는 연습문제 12.19에서 보여야 할 것이다. 그러므로 우도비검정의 기각역은,

$$e^{-\frac{n}{2\sigma^2}(\overline{x}-\mu_0)^2} \leqq k$$

로그를 취한 뒤 $-\dfrac{n}{2\sigma_2}$로 나누어 주면,

$$(\overline{x} - \mu_0)^2 \geqq -\frac{2\sigma^2}{n} \cdot \ln k$$

$$|\overline{x} - \mu_0| \geqq K$$

K는 기각역의 크기가 α가 되도록 결정될 것이다. $0 < k < 1$이므로 $\ln k$는 음이 됨을 주목하라.

$\overline{X}$는 평균 μ_0, 분산 $\dfrac{\sigma_2}{n}$인 정규분포를 따르므로 (정리 8.4 참조), 이 우도비검정의 기각역은

$$|\bar{x} - \mu_0| \geqq z_{\alpha/2} \cdot \frac{\sigma}{\sqrt{n}}$$

또는

$$|z| \geqq z_{\alpha/2}$$

일 때,

$$z = \frac{\bar{x} - \mu_0}{\sigma/\sqrt{n}}$$

즉, Z의 값이 $z_{\alpha/2}$보다 크거나 같고, 또는 $-z_{\alpha/2}$보다 작거나 같으면 귀무가설은 기각된다. ●

위의 예제에서 기각역의 크기를 α와 같게 만드는 상수를 찾는 것은 쉽다. 왜냐하면 $\overline{X}$의 분포를 알고 우도비통계량 Λ의 분포를 유도할 필요가 없기 때문이다. Λ의 분포는 종종 꽤 복잡하기 때문에 k의 값을 구하는 것을 어렵게 만든다. 그러므로 자주 아래의 근사를 사용한다. 이것의 증명은 이 장의 맨 마지막에 소개되어 있다.

정리 12.2[2] n이 클 때 일반적인 조건하에서 $-2 \cdot \ln \Lambda$의 분포는 자유도 1의 카이제곱분포다. ■

위 정리는 오직 모수가 한 개인 경우에만 적용할 수 있다는 사실을 덧붙인다. 만약 모집단이 하나 이상의 알려지지 않은 모수를 가지고 있고 귀무가설이 r개의 제약을 포함하고 있다면, $-2 \cdot \ln \Lambda$ 분포의 근사 카이제곱분포의 자유도는 r과 일치한다. 예를 들어, 만약 정규모집단의 알려지지 않은 평균과 분산값이 μ_0, ${\sigma_0}^2$이라는 귀무가설을 $\mu \neq \mu_0$, $\sigma_0 \neq {\sigma_0}^2$의 대립가설에 대하여 검정하려 한다면, $-2 \cdot \ln \Lambda$ 분포의 근사 카이제곱분포의 자유도는 2가 된다. 두 개의 제약은 $\mu = \mu_0$와 $\sigma^2 = {\sigma_0}^2$이다.

$-2 \cdot \ln \lambda$의 큰 값에 대하여 λ의 값은 작으므로, 정리 12.2를 근사 우도비검정의 기각역으로 쓸 수 있다.

$$-2 \cdot \ln \lambda \geqq \chi^2_{\alpha,1}$$

$\chi^2_{\alpha,1}$은 271쪽에 정의되어 있다. 예제 12.6에서,

$$-2 \cdot \ln \lambda = \frac{n}{\sigma^2}(\bar{x} - \mu_0)^2 = \left(\frac{\bar{x} - \mu_0}{\sigma/\sqrt{n}}\right)^2$$

는 근사가 아닌 실제 자유도 1의 카이제곱분포를 따르는 확률변수의 값임을 알 수 있다.

383쪽에서 언급한 것과 같이 우도비검정의 방법은 일반적으로 만족스러운 결과를 도출한다. 그러나 일반적이지 않은 경우의 아래의 예를 통해 알 수 있듯이 항상 그런 것만은 아니다.

2) 정리 12.2의 조건과 증명은 참고문헌을 보아라.

예제 12.7

한 관찰값을 근거로 하여 X의 확률분포가

x	1	2	3	4	5	6	7
$f(x)$	$\frac{1}{12}$	$\frac{1}{12}$	$\frac{1}{12}$	$\frac{1}{4}$	$\frac{1}{6}$	$\frac{1}{6}$	$\frac{1}{6}$

이고 확률분포의 복합대립가설이

x	1	2	3	4	5	6	7
$g(x)$	$\frac{a}{3}$	$\frac{b}{3}$	$\frac{c}{3}$	$\frac{2}{3}$	0	0	0

이라는 가설검정을 하고 싶다. 이때 $a + b + c = 1$이다. 우도비검정의 방법을 이용해 얻어진 기각역은 허용불가임을 보여라.

풀이 복합대립가설은 0부터 1까지 다른 값을 할당해서 얻는 a, b, c (제약은 오직 $a + b + c = 1$) 의 모든 확률분포를 포함한다. 각 x의 값에 대한 λ를 구하기 위해 우선 $x = 1$으로 두자.

그러면 $\max L_0 = \frac{1}{12}$, $\max L = \frac{1}{3}$($a = 1$일 때) 를 얻을 수 있고, $\lambda = \frac{1}{4}$이다. 위와 같은 방법으로 x의 다른 값에 대한 λ를 구하면, 아래의 표와 같이 그 결과를 얻을 수 있다.

x	1	2	3	4	5	6	7
λ	$\frac{1}{4}$	$\frac{1}{4}$	$\frac{1}{4}$	$\frac{3}{8}$	1	1	1

만약 기각역의 크기가 $\alpha = 0.25$여야 한다면 $\lambda = \frac{1}{4}$이면 귀무가설을 기각하는 우도비검정 방법을 찾을 수 있고, 그때의 기각역은 조건을 만족한다(즉, $x = 1$, $x = 2$, $x = 3$일 때). 명확하게 $f(1) + f(2) + f(3) = \frac{1}{12} + \frac{1}{12} + \frac{1}{12} = 0.25$이다. 대응되는 제2종 오류의 확률은 $g(4) + g(5) + g(6) + g(7)$으로 얻을 수 있으며 $\frac{2}{3}$이다.

이제 오직 $x = 4$일 때에만 귀무가설을 기각하는 기각역을 고려하자. $f(4) = \frac{1}{4}$이므로 이것의 크기 역시 $\alpha = 0.25$이지만, 제2종 오류의 확률은

$$\begin{aligned} g(1) + g(2) + g(3) + g(5) + g(6) + g(7) &= \frac{a}{3} + \frac{b}{3} + \frac{c}{3} + 0 + 0 + 0 \\ &= \frac{1}{3} \end{aligned}$$

이 값은 $\frac{2}{3}$보다 작으므로 우도비방법으로 얻어진 기각역은 허용불가이다.

연습문제

12.17 연습문제 12.3에서 대립가설 $k > 2$에 대하여 귀무가설 $k \leqq 2$를 검정하고 싶다고 하자. 아래의 확률을 구하여라.

(a) $k = 0, 1, 2$일 때의 제1종 오류

(b) $k = 4, 5, 6, 7$일 때의 제2종 오류

이에 대응되는 검정력함수의 그래프도 그려라.

12.18 예제 12.5에서 만약 $k \leqq 15$이면 귀무가설을 기각하고, $x > 15$이면 채택한다고 하자. 381쪽의 표의 θ의 값에 대하여 $\pi(\theta)$의 값을 계산하고, 이 검정 기준의 검정력함수의 그래프를 그려라.

12.19 예제 12.6의 풀이 과정에서

$$\lambda = e^{-\frac{n}{2\sigma^2}(\bar{x}-\mu_0)^2}$$

을 유도하는 과정을 보여라.

12.20 n회 시행 중 얻어진 성공의 횟수가 이항모집단의 모수 θ가 $\frac{1}{2}$이라는 귀무가설을 $\frac{1}{2}$과 같지 않다는 대립가설에 대하여 검정하는 데 사용되었다.

(a) 우도비통계량을 나타내어라.

(b) (a) 의 결과를 이용하여 우도비검정의 기각역은

$$x \cdot \ln x + (n - x) \cdot \ln(n - x) \geqq K$$

으로 표현됨을 보여라. 이때 x는 성공의 횟수이다.

(c) $f(x) = x \cdot \ln x + (n - x) \cdot \ln(n - x)$의 그래프에서 이것의 최솟값과 대칭성에 대하여 연구할 때, 이 우도비검정의 기각역은 또한

$$\left| x - \frac{n}{2} \right| \geqq K$$

으로도 표현될 수 있음을 보여라. 이때 K는 기각역의 크기에 의존하는 상수이다.

12.21 크기 n의 확률표본은 지수모집단의 모수 θ가 θ_0와 같다는 귀무가설을 θ_0와 같지 않다는 대립가설에 대하여 검정하는 데 사용되었다.

(a) 우도비통계량을 나타내어라.

(b) (a) 의 결과를 이용하여 우도비검정의 기각역은

$$\bar{x} \cdot e^{-\bar{x}/\theta_0} \leqq K$$

으로 표현됨을 보여라.

12.22 미지의 평균과 분산을 갖는 정규모집단으로부터 추출된 크기 n의 확률표본이 대립가설 $\mu \neq \mu_0$에 대하여 귀무가설 $\mu = \mu_0$을 검정하는 데 사용되었다. 예제 10.17에서 얻어진 μ와 σ^2의 동시 최대우도추정값을 이용하여 우도비통계량의 값이

$$\lambda = \left(1 + \frac{t^2}{n-1}\right)^{-n/2}$$

으로 표현됨을 보여라. 이때 $t = \dfrac{\overline{x} - \mu_0}{s/\sqrt{n}}$이며, 우도비검정은 t분포를 근거로 함을 주목하여라.

12.23 연습문제 12.22의 우도비통계량에 대하여 $n \to \infty$일 때 $-2 \cdot \ln \lambda$은 t^2에 접근함을 보여라 [힌트: 정리 6.8에 주어진 $\ln(1+x)$의 무한급수를 이용하여라].

12.24 미지의 평균과 분산을 갖는 정규모집단에서 추출된 크기 n의 확률표본이 주어졌을 때, 대립가설 $\sigma \neq \sigma_0$에 대하여 귀무가설 $\sigma = \sigma_0$을 검정하는 우도비통계량을 구하여라 (힌트: 예제 10.17 참조).

12.25 미지의 평균과 분산을 갖는 k개의 정규모집단에서 추출된 크기 $n_1, n_2, \cdots, n_k$의 독립적인 확률표본이 분산이 모두 같지는 않다는 대립가설에 대하여 $\sigma_1^2 = \sigma_2^2 = \cdots \sigma_k^2$의 귀무가설을 검정하는 데 사용되었다.

(a) 귀무가설하에서 평균들 μ_1과 분산들 σ_i^2의 최대우도추정값은

$$\hat{\mu}_i = \overline{x}_i \text{와} \qquad \hat{\sigma}_i^2 = \sum_{i=1}^{k} \frac{(n_i - 1)s_i^2}{n}$$

임을 보여라. 이때 $n = \sum_{i=1}^{k} n_i$이고, 제약이 없을 때 평균들 μ_i과 분산들 σ_i^2의 최대 우도추정값은,

$$\hat{\hat{\mu}}_i = \overline{x}_i \text{와} \qquad \hat{\hat{\sigma}}_i^2 = \frac{(n_i - 1)s_i^2}{n_i}$$

이것은 10.8절에서 얻어진 결과를 이용하여 바로 도출된다.

(b) (a) 의 결과를 이용하여 우도비통계량은

$$\lambda = \frac{\prod_{i=1}^{k} \left[\dfrac{(n_i - 1)s_i^2}{n_i}\right]^{n_i/2}}{\left[\sum_{i=1}^{k} \dfrac{(n_i - 1)s_i^2}{n}\right]^{n/2}}$$

으로 표현됨을 보여라.

12.26 연습문제 12.25에서 $k = 2$일 때의 우도비통계량은 두 표본분산의 비로 표현될 수 있음을 보여라. 그러므로 우도비검정은 F분포를 따름을 보여라.

12.27 복합대립가설에 대하여 단순귀무가설을 검정할 때, 만약 대응되는 검정력함수가 귀무가설하에서 가정된 모수의 값일 때 최소라면, 기각역은 **비편향 (unbiased)** 이라고 말한다. 즉, 귀무가설을 기각할 확률이 귀무가설이 참일 때 가장 작다면 기각역은 비편향이라고 말한다.

$$f(x) = \begin{cases} 1 + \theta^2\left(\dfrac{1}{2} - x\right), & 0 < x < 1 \\ 0 & \text{, 그 외} \end{cases}$$

의 분포를 따르는 확률변수 X의 한 관찰값이 주어졌을 때, 기각역 $x \leqq \alpha$는 대립가설 $\theta \neq 0$에 대하여 귀무가설 $\theta = 0$을 검정하는 크기 α의 비편향 기각역을 제공함을 보여라.

12.7 실제 예

13장에서 널리 사용되는 가설검정을 자세히 다루게 될 것이다. 다음의 응용문제는 독자들에게 이 장의 이론에 대한 약간의 실제 경험을 주기 위함이다.

12.1~12.4절

응용문제

12.28 어느 한 항공사는 기내에서의 흡연에 반대하는 승객의 비율이 60퍼센트라는 귀무가설을 검정하기를 원한다. 어떤 조건하에서 그들이 제1종 오류를 범하고, 어떤 조건하에서 그들이 제2종 오류를 범하는지 설명하여라.

12.29 어느 한 의사는 어떤 관리책임자가 추가적인 책임을 지는 것이 가능하다는 귀무가설을 검정하기 위해 자세한 건강진단을 하도록 요청받았다. 어떤 조건하에서 그가 제1종 오류를 범하고, 어떤 조건하에서 그가 제2종 오류를 범하는지 설명하라.

12.30 어느 한 제조업자의 페인트의 평균 건조 시간은 20분이다. 그의 페인트의 화학 혼합성분을 변형하여 그 효율성을 조사하기 위하여, 제조업자는 적절한 대립가설에 대하여 귀무가설 $\mu = 20$을 검정하기를 원한다. 이때 μ는 변형된 페인트의 평균 건조 시간이다.

(a) 만약 건조 시간이 감소하지 않을 때 제조업자는 화학 혼합성분을 변형하기를 원치 않는다면, 어떤 대립가설을 사용하면 되는가?

(b) 만약 새로운 공정과정을 도입하는 비용이 실제로 저렴하고 페인트의 건조 시간이 증가하지 않을 때는 화학 혼합성분을 변형하기를 원한다면, 어떤 대립가설을 사용하면 되는가?

12.31 시 경찰국은 새로운 종류의 타이어로 차의 타이어를 교체할지 여부를 고려 중이다. 만약 μ_1이 구 타이어를 사용하는 평균 마일의 수이고 μ_2가 새 타이어를 사용할 평균 마일의 수라면, 검정될 귀무가설은 $\mu_1 = \mu_2$이다.

(a) 명백히 더 늘어난 마일을 제공하지 않을 때 새로운 타이어로 교체를 원하지 않는다면, 어떤 대립가설을 사용하면 되는가? 즉, 입증 책임은 새 타이어에 부과하며, 구 타이어는 귀무가설이 기각되지 않는다면 교체하지 않는다.

(b) 실제로 구 타이어보다 더 짧아진 마일을 제공하지 않는 한 새 타이어로 교체하기를 간절히 원한다면, 어떤 대립가설을 사용하면 되는가? 이제 입증 책임은 구 타이어에게 부과되며, 만약 귀무가설이 기각되지 않는다면 교체하지 않는다.

(c) 귀무가설을 기각하는 것이 구 타이어를 유지하거나 또는 새 타이어로 교체하는 것 중 하나의 결과를 가져올 때, 시 경찰국은 어떤 대립가설을 이용해야 할 것인가?

12.32 어느 한 식물학자는 특정 식물의 꽃들의 평균 직경이 9.6 cm라는 귀무가설을 검정하기를 원한다. 그는 크기 $n = 80$의 확률표본을 사용하여, 만약 표본의 평균이 9.3 cm과 9.9 cm 사이에 존재한다면 귀무가설을 채택하고, 표본의 평균이 구간 밖에 존재한다면 귀무가설을 기각하기로 하였다. 만약 다음과 같을 때 그가 내릴 결정은 무엇이고 그 결정은 오류인가?

(a) 표본평균 10.2 cm를 얻었고 $\mu = 9.6$ cm이다.

(b) 표본평균 10.2 cm를 얻었고 $\mu = 9.8$ cm이다.

(c) 표본평균 9.2 cm를 얻었고 $\mu = 9.6$ cm이다.

(d) 표본평균 9.2 cm를 얻었고 $\mu = 9.8$ cm이다.

12.33 어느 교육전문가가 카세트 녹음 교육 자료를 독해 장애가 있는 특수한 삼학년 학생에게 사용할지 고려하고 있다. 이 반의 학생들에게 표준화된 검사를 학기 중 5월에 수행하였고, 다년간의 경험 후 만든 이 검사 결과 얻어진 평균 점수가 μ_1이다. μ_2을 카세트 녹음을 사용한 학생들의 평균 점수라고 할 때, 우리는 고득점을 선호한다고 가정하자.

(a) 교육전문가가 사용해야 할 귀무가설은 무엇인가?

(b) 만약 교육전문가가 표준화된 검사점수보다 향상된 점수를 얻지 못할 때 카세트 녹음을 사용하기를 원치 않는다면, 어떤 대립가설을 사용하면 되는가?

(c) 만약 교육전문가가 표준화된 검사점수보다 나빠지지 않을 때 카세트 녹음을 사용하기를 원한다면, 어떤 대립가설을 사용하면 되는가?

12.34 우리는 차에 오염방지 설치를 하는 것이 효율적이라는 귀무가설을 검정하고 싶다고 하자.

(a) 어떤 조건하에서 우리가 제1종 오류를 범하고, 어떤 조건하에서 제2종 오류를 범하는지 설명하여라.

(b) 오류가 제1종 오류인지 혹은 제2종 오류인지는 우리가 어떻게 귀무가설을 정하느냐에 따라 달려있다. 제1종 오류가 제2종 오류가 되도록 귀무가설을 바꾸어 말하여라. 또한 역으로도 성립하도록 귀무가설을 바꾸어 말하여라.

12.35 한 생물학자가 특정 종류 벌레의 날개길이의 평균이 12.3 mm라는 귀무가설을 12.3 mm이 아니라는 대립가설에 대하여 검정하기를 원한다. 확률표본을 사용하여 만약 표본의 평균이 12.0 mm와 12.6 mm 사이에 속하면 귀무가설을 채택한다고 한다. 만약 그가 $\bar{x} = 12.9$ mm를 얻었다면 어떠한 결정을 내리겠는가? 또 아래와 같을 때 오류는 얼마인가?

(a) $\mu = 12.5$ mm

(b) $\mu = 12.3$ mm

12.36 어느 은행의 종업원이 은행에서 하루에 평균적으로 10개의 부도수표를 현금으로 바꾼다는 귀무가설을 이 숫자는 너무 작다는 대립가설에 대하여 검정하기를 원한다고 하자. 확률표본을 사용하여 만약 표본의 평균이 12.5를 초과하면 귀무가설을 기각한다고 할 때, 그가 $\bar{x} = 11.2$를 얻었을 때 그가 취할 행동은 무엇인가? 또한 아래와 같은 상황에서 오류는 얼마인가?

(a) $\lambda = 11.5$

(b) $\lambda = 10.0$

여기서 λ는 포아송모집단의 평균이다.

12.37 다음과 같을 때 예제 12.3을 다시 풀어라.

(a) $\beta = 0.03$

(b) $\beta = 0.01$

12.38 우리는 특정 종류의 타이어는 평균 35,000마일을 사용한다는 귀무가설을 평균 45,000마일을 사용한다는 대립가설에 대하여 검정하기를 원한다고 하자. 지수분포를 따르는 확률분포를 사용한다고 가정할 때, 표

본크기와 제1종 오류의 확률을 지정하고 네이만-피어슨 보조정리를 이용하여 기각역을 구한다. 만약 대립가설을 아래와 같이 바꿀 때 같은 기각역을 얻을 수 있는가?

(a) $\theta_1 = 50{,}000$마일

(b) $\theta_1 > 35{,}000$마일

12.5~12.6절

12.39 한 관찰값을 이용하여 지진 상태를 기록하는 진동의 평균 대기시간 (지수모집단의 평균) 이 $\theta = 10$시간이라는 귀무가설을 $\theta \neq 10$시간이라는 대립가설에 대하여 검정하려고 한다. 만약 관찰된 값이 8보다 작거나 12보다 크다는 귀무가설을 기각한다면, 다음을 찾아라.

(a) 제1종 오류

(b) $\theta = 2, 4, 6, 8, 12, 16, 20$일 때의 제2종 오류

또한 이 검정 기준의 검정력함수도 그려라.

12.40 크기가 64인 확률표본이 특정 나이군의 성취도 검사 ($\sigma^2 = 256$인 정규모집단의 평균) 평균 점수가 40.0보다 작거나 같다는 귀무가설을 40.0보다 크다는 대립가설에 대해서 검정하는 데 사용되었다. 만약 확률표본의 평균이 43.5를 초과하면 귀무가설이 기각된다고 할 때 다음의 값을 구하여라.

(a) $\mu = 37.0, 38.0, 39.0, 40.0$일 때 제1종 오류의 확률

(b) $\mu = 41.0, 42.0, 43.0, 44.0, 45.0, 46.0, 47.0, 48.0$일 때 제2종 오류의 확률

또한 이 검정 기준의 검정력함수도 그려라.

12.41 크기 $n = 5$인 확률표본에서 얻어진 값들의 합이 특정 교차로에서 매주 두 건을 초과하는 사고가 평균적으로 발생한다는 귀무가설 (즉, 이 포아송모집단의 $\lambda > 2$) 을 두 건 이하라는 대립가설에 대하여 검정하는 데 사용되었다. 만약 관찰값들의 합이 5 이하이면 귀무가설을 기각한다고 할 때 다음의 값을 구하여라.

(a) $\lambda = 2.2, 2.4, 2.6, 2.8, 3.0$일 때 제1종 오류의 확률

(b) $\lambda = 2.0, 1.5, 1.0, 0.5$일 때 제2종 오류의 확률

(힌트: 예제 7.15의 결과를 이용하라.) 또한 이 검정 기준의 검정력함수도 그려라.

12.42 383쪽에 언급된 100회 동전을 던져서 얻은 57개의 앞면과 43개의 뒷면은 동전이 완벽히 균형잡혀 있다는 귀무가설을 (완벽히 균형 잡혀 있지 않다는 대립가설에 대하여) 신뢰수준 $\alpha = 0.05$에 대하여 기각할 수 없다는 것을 보여라. (힌트: 이항분포의 정규근사를 이용하라.)

12.43 개의 네 종에 대하여 무게의 분산을 비교하기 위하여 연구자는 크기 $n_1 = 8, n_2 = 10, n_3 = 6, n_4 = 8$인 독립적인 확률표본들을 추출하였고, $s_1^2 = 16, s_2^2 = 25, s_3^2 = 12, s_4^2 = 24$을 얻었다. 추출된 모집단은 정규분포라고 가정할 때, 연습문제 12.25 (b) 의 식을 이용하여 $-2 \cdot \ln \lambda$의 값을 계산하고, 귀무가설 $\sigma_1^2 = \sigma_2^2 = \sigma_3^2 = \sigma_4^2$을 신뢰수준 $\alpha = 0.05$에서 검정하여라. 이 근사 카이제곱 검정의 자유도가 3인 이유를 설명하여라.

12.44 가속 환경에서 특정 전기 부품의 고장시간을 검사한 결과 15, 28, 3, 12, 42, 19, 20, 2, 25, 30, 62, 12, 18, 16, 44, 65, 33, 51, 4, 28분이다. 이 자료들은 지수모집단에서 추출된 확률표본이라 보여질 때 응용문제 12.32의 결과와 정리 12.2를 이용하여, $\theta = 15$분이라는 귀무가설을 $\theta \neq 15$분이라는 대립가설에 대하여 신뢰수준 $\alpha = 0.05$에서 검정하여라 ($\ln 1.763 = 0.570$임을 이용하라) .

참고문헌

우도비검정의 성질, 특히 대표본 성질에 대한 논의와 정리 12.2의 증명

LEHMANN, E. L., *Testing Statistical Hypotheses*, 2nd ed. New York: John Wiley & Sons, Inc., 1986.

WILKS, S. S., *Mathematical Statistics*. New York: John Wiley & Sons, Inc., 1962.

우도비검정의 최초 논문들

Selected Papers in Statistics and Probability by Abraham Wald. Stanford, Calif.: Stanford University Press, 1957.

13장 평균, 분산, 비율의 가설검정

13.1 서론

12장에서 우리는 통계적 검정의 근거가 되는 이론들을 논의했었다. 이 장에서는 실제 응용에 널리 이용되는 표준 검정들을 소개할 것이다. 이들 검정들 중 대부분은 적어도 알려진 모집단의 분포를 근거로 하는 것들은, 우도비방법에 의해 얻어질 수 있다.

우리가 사용할 용어를 설명하기 위해 $H_0 : \theta = \theta_0$의 귀무가설을 **양측대립가설 (two-sided alternative)** $H_0 : \theta \neq \theta_0$에 대하여 검정하기 원하는 상황을 고려하자. θ의 점추정값 $\hat{\theta}$이 θ_0에 가까우면 귀무가설을 채택하는 것이 타당하고, $\hat{\theta}$이 θ_0보다 훨씬 크거나 작으면 귀무가설을 기각하는 것이 타당하므로, 기각역이 검정통계량 $\hat{\Theta}$의 표본분포의 양쪽꼬리를 포함하는 것이 타당하다. 이런 검정을 **양쪽꼬리검정 (two-tailed test)** 이라고 한다.

정의 13.1 **유의성 검정(Test of Significance)** 기각역의 크기가 α이고 단순귀무가설과 복합귀무가설을 명시한 검정을 **유의성 검정**이라고 한다. 이때 α를 **유의수준(level of significance)** 이라고 한다.

반면에 만약 귀무가설 $H_0 : \theta = \theta_0$을 **단측대립가설 (one-sided alternative)** $H_1 : \theta < \theta_0$에 대하여 검정한다면, $\hat{\theta}$이 θ_0보다 훨씬 작은 경우에만 H_0를 기각하는 것이 타당하다. 그러므로 이런 경우에는 기각역이 오직 검정통계량 $\hat{\Theta}$의 표본분포의 왼쪽꼬리만을 포함하는 것이 타당하다. 마찬가지로 귀무가설 $H_0 : \theta = \theta_0$을 단측대립가설 $H_1 : \theta > \theta_0$에 대하여 검정한다면, $\hat{\theta}$이 θ_0보다 훨씬 큰 경우에만 H_0를 기각하는 것이 타당하므로 기각역이 오직 검정통계량 $\hat{\Theta}$의 표본분포의 오른쪽꼬리만을 포함하는 것이 타당하다. 어떤 검정이라도 기각역이 오직 검정통계량의 표본분포의 한쪽의 꼬리만을 포함한다면 **한쪽꼬리검정 (one-tailed test)** 이라고 한다.

예를 들어 예제 12.6의 양쪽꼬리 대립가설 $\mu \neq \mu_0$에 대해서 우도비방법을 사용하면 다음의 기각역을 갖는 양쪽꼬리검정이 만들어진다.

$$|\bar{x} - \mu_0| \geqq z_{\alpha/2} \cdot \frac{\sigma}{\sqrt{n}}$$

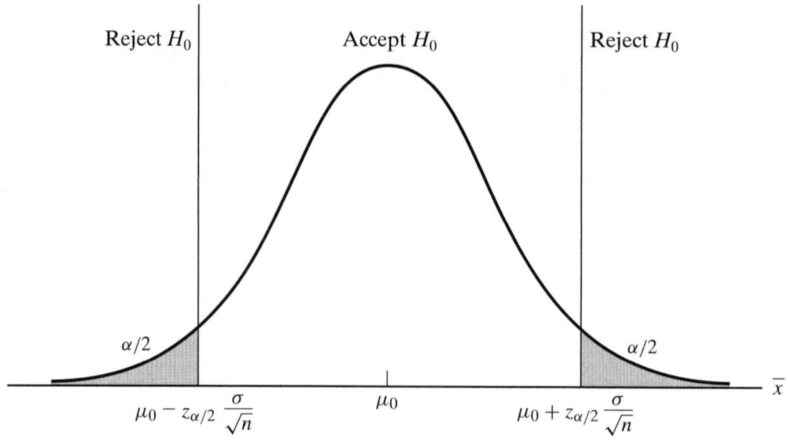

그림 13.1 양쪽꼬리검정의 기각역

$$\bar{x} \leqq \mu_0 - z_{\alpha/2} \cdot \frac{\sigma}{\sqrt{n}} \text{ 와 } \quad \bar{x} \geqq \mu_0 + z_{\alpha/2} \cdot \frac{\sigma}{\sqrt{n}}$$

그림 13.1에 나타난 것과 같이 귀무가설 $\mu = \mu_0$는 만약 $\bar{X}$가 이 표본분포의 어느 한쪽의 꼬리에 속하는 값이면 기각된다. 부호로 표시하면 이 기각역은 $z \leqq -z_{\alpha/2}$ 또는 $z \geqq z_{\alpha/2}$로 쓸 수 있다. 단,

$$z = \frac{\bar{x} - \mu_0}{\sigma/\sqrt{n}}$$

이다.

한쪽꼬리대립가설 $\mu > \mu_0$을 사용할 때에는 우도비방법에 의하여 그림 13.2에 표시된 것과 같은 기각역을 갖는 한쪽꼬리검정이 만들어진다. 만약 한쪽꼬리대립가설 $\mu < \mu_0$을 사용할 때에는 우도비방법에 의하여 그림 13.3에 표시된 것과 같은 기각역을 갖는 한쪽꼬리검정이 만들어진다. 이것은 첫 번째 경우에 $\bar{X}$가 이 표본분포의 오른쪽꼬리에 속하는 값이면 귀무가설이 기각되고, 두 번째 경우에 $\bar{X}$가 이 표본분포의 왼쪽꼬리에 속하는 값이면 귀무가설이 기각되는 것이 된다. 부호로 표시하면 대응되는 기각역은 $z \geqq z_{\alpha/2}$ 또는 $z \leqq -z_{\alpha/2}$로 쓸 수 있다. 이때 z는 앞서 정의된 것과 같다. 이 공식에는 비록 예외의 경우가 있지만(연습문제 13.1 참조), 양측대립가설은 종종 양쪽꼬리검정이 되고, 단측대립가설은 한쪽꼬리검정이 된다.

전통적으로 다음의 단계를 거쳐 가설검정을 수행한다.

1. **H_0과 H_1을 설정하고, α를 정한다.**
2. **적절한 검정통계량의 표본분포를 이용하여 크기 α의 기각역을 구한다.**
3. **표본자료를 이용하여 검정통계량의 값을 계산한다.**
4. **검정통계량의 값이 기각역 안에 속하는지 점검하고, 그에 따라 귀무가설을 기각할 것인지, 채택할 것인지, 혹은 결정을 유보할 것인지 결정한다.**

그림 13.1, 13.2, 13.3에서는 결정 기준의 선[즉, 기각역의 **경계(boundaries)** 혹은 **임곗값(critical values)**]은 z_α의 값 혹은 $z_{\alpha/2}$의 값에 의한다. 이 값들은 어떤 유의수준 α 대해서라도 부록의 표 III(또는

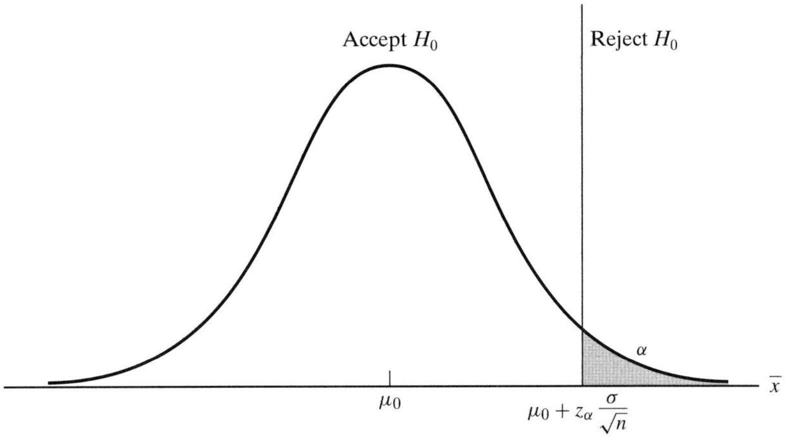

그림 13.2 한쪽꼬리검정 ($H_1 : \mu > \mu_0$) 의 기각역

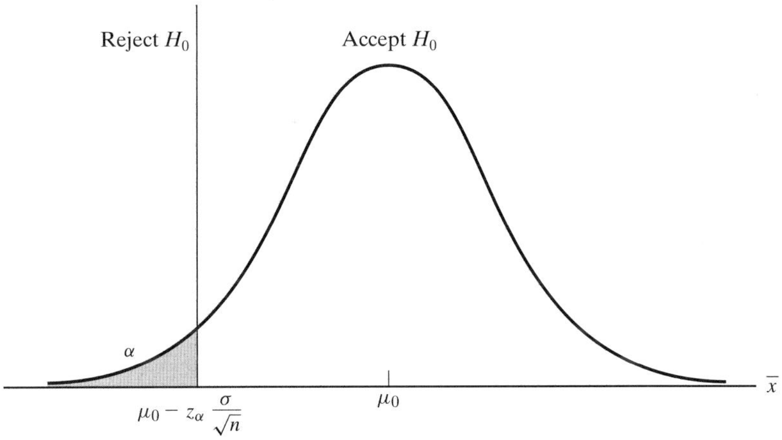

그림 13.3 한쪽꼬리검정 ($H_1 : \mu < \mu_0$) 의 기각역

표준정규분포의 자세한 표) 에서 구할 수 있다. 그러나 문제는 언제나 이렇게 간단하지 않다는 것이다. 예를 들어, 만약 검정통계량의 표본분포가 t분포, 카이제곱분포 혹은 F 분포를 따른다면, 일반적인 표는 소수의 α의 값에 대해서만 t_α, $t_{\alpha/2}$, χ_α^2, $\chi_{\alpha/2}^2$, F_α, $F_{\alpha/2}$의 값을 제공한다. 그 주된 이유는 통계적 가설검정을 거의 유의수준 $\alpha = 0.05$ 또는 $\alpha = 0.01$에 대해서만 하는 것이 관습이 되었기 때문이다. 물론 이것은 매우 독단적이어서, 최근의 유행은 ***P*값 (*P*-values**, 정의 13.1 참조) 을 이용하는 것이다. 다른 방법으로는 결정이론 접근법을 이용하여 모든 가능한 행동의 결과를 판단하면 된다. 그러나 9.1절에서 이미 언급하였듯이 "어떤 행동의 결과들 또는 일어날 수 있는 모든 상황의 확률에 수치값을 할당하는 것이 불가능하지는 않더라도 어려운 문제들이 많이 있다."

컴퓨터의 출현과 통계적 프로그램을 보편적으로 사용할 수 있게 됨에 따라, 396쪽에 나타낸 네 단계는 유의수준 α의 선택에 좀 더 많은 자유를 주도록 수정되어야 한다. 그림 13.2에 보여진 기각역의 검정력에 관하여 $\overline{X}$의 관찰값과 기각역의 경계 혹은

$$Z = \frac{\overline{X} - \mu_0}{\sigma/\sqrt{n}}$$

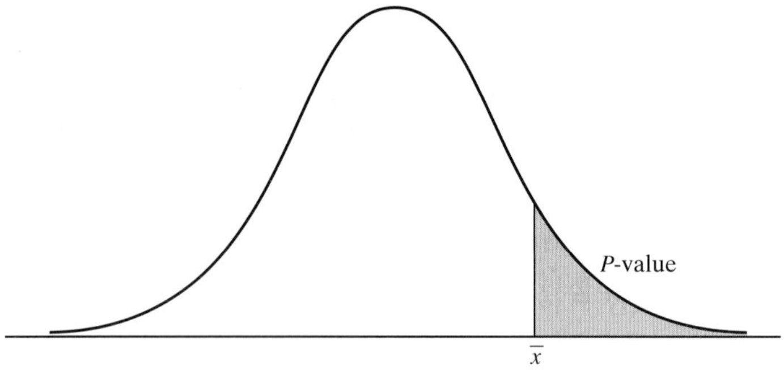

그림 13.4 P값의 정의를 나타낸 그림

을 $z_{\alpha/2}$와 함께 비교하는 대신에, 그림 13.4의 α에 대한 빗금 친 영역과 비교해야 한다. 즉, 그림 13.4의 빗금친 영역이 α보다 작거나 같으면 귀무가설을 기각한다. 이 빗금 친 영역은 ***P*값 (*P*-value)**, **prob-value**, **꼬리확률 (tail probability)**, 혹은 $\bar{X}$의 관찰값인 $\bar{x}$에 대응되는 **관측유의수준 (observed level of significance)** 이라고 한다. 사실 이 값은 귀무가설이 사실일 때 확률 $P(\bar{X} \geq \bar{x})$이다.

이와 유사하게 대립가설이 $\mu < \mu_0$이고 기각역이 그림 13.3의 구간이라면 *P*값은 귀무가설이 사실일 때 확률 $P(\bar{X} \leq \bar{x})$이다. 그리고 대립가설이 $\mu \neq \mu_0$이고 기각역이 그림 13.1의 구간이라면 *P*값은 확률 $2P(\bar{X} \geq \bar{x})$ 혹은 $2P(\bar{X} \leq \bar{x})$이며, 이것은 $\bar{x}$가 $\bar{X}$의 표본분포의 왼쪽꼬리에 속하는지 혹은 오른쪽꼬리에 속하는지에 따른다. 이것 역시 귀무가설이 사실이라는 가정이 수반된다.

좀 더 일반적으로 다음과 같이 *P*값을 정의한다.

정의 13.2 ***P*값(*P*-value)** 검정통계량의 관찰값에 대응하여 ***P*값**은 귀무가설이 기각될 수 있었던 가장 작은 유의수준이다.

가설검정에 대한 두 접근법에 관하여 396쪽의 네 단계 중 첫 번째 단계는 변하지 않으나 두 번째 단계는,

2′. 검정통계량을 지정한다.

세 번째 단계는,

3′. 검정통계량의 값을 계산하고 표본자료로부터 이에 대응되는 *P*값을 결정한다.

네 번째 단계는,

4′. *P*값이 α보다 작거나 같은지 점검하고 이에 따라 귀무가설을 기각, 채택, 혹은 결정을 유보한다.

397쪽에서 언급한 바와 같이 유의수준을 선택하는 데 좀 더 자유를 허락하지만, $\alpha = 0.05$ 대신 $\alpha = 0.04$을 이용하거나 혹은 $\alpha = 0.01$ 대신 $\alpha = 0.015$을 이용하는 것과 같은 상황을 상상하기는 어렵다. 실제로는 약간의 임의적인 상황을 피하기는 사실상 불가능하므로 거의 모든 경우, $\alpha = 0.05$ 또는 $\alpha = 0.01$이 받아들일 수 있는 위험인지 적어도 부분적으로나마 주관적으로 판단한다. 물론 중요한 거래가 걸

려있거나 실제 상황에서 그렇게 요구되는 경우에는 유의수준을 $\alpha = 0.01$보다 훨씬 작은 값으로 이용한다.

어떤 경우에서도 가설검정의 두 가지, 396쪽에 주어진 네 단계와 바로 위에서 언급된 네 단계는 서로 일치함을 이해해야 한다. 이것은 어떤 방법을 사용하여도 궁극적인 결정 — 귀무가설을 기각, 채택, 혹은 결정을 유보 — 은 같을 것임을 뜻한다. 실제로는 어떤 것이든지 좀 더 편리한 방법을 사용하며, 이것은 검정통계량의 표본분포, 통계표 또는 컴퓨터 프로그램의 이용 여부, 문제의 특성 (예제 13.8과 연습문제 13.57 참조) 에 달려 있다.

유의수준의 선택에 관련된 모든 문제를 회피하기를 원하는 통계전문가들도 있다. 그들의 역할을 자료분석에 국한시켜 α를 정하지 않고 4′의 과정을 생략한다. 물론 가설을 정하고 α를 정하는 다른 사람들 (연구자 혹은 경영자) 로부터의 의견 개진은 항상 바람직하다. 그러나 적절한 통계적 훈련 과정을 받지 않은 아무에게나 P값을 던져주고 그들 스스로 결정하도록 맡기는 것은 좀처럼 타당하다고 보여지지 않는다. 이런 위험들을 없애기 위해 P값을 관찰한 뒤 이와 비교될 α를 정하는 경우와 같은 유혹에 노출되어 있다고 생각해 보자. 예를 들어 실험에서 P값이 0.036이 나왔다고 하자. 만약 귀무가설을 기각하여 우리 주장을 증명하고 싶어한다면 $\alpha = 0.05$로 하고 싶은 유혹이 있을 것이다. 또한 만약 귀무가설을 채택하여 관점을 증명하고 싶어한다면, $\alpha = 0.01$로 하고 싶은 유혹이 있을 것이다.

그럼에도 불구하고 추론을 하는 것에 실제로 관심이 없는 **탐색적 자료분석 (explora-tory data analysis)** 에서는 P값은 증거의 설득력을 측정하는 척도로 사용된다. 예를 들어 암 연구에서 두 종류의 약을 연구하여 얻은 두 개의 P값 0.0735, 0.0021을 과학자는 암의 크기를 줄이는 두 종류 약에 대한 효율성으로 사용한다. 이것은 두 번째 약의 효율성을 좀 더 지지하는 증거가 되거나 혹은 두 번째 약이 "좀 더 가능성 있다"는 사실을 제시한다.

13.2 평균들에 대한 검정

이 절에서는 하나의 모집단의 평균에 대한 검정 중 가장 널리 사용되는 것을 알아볼 것이며, 13.3절에서는 두 모집단의 평균검정을 다룰 것이다. 두 개 이상의 모집단의 평균을 검정하는 것은 15장에서 다뤄진다. 이 절에서 다룰 모든 검정은 정규분포 이론을 근거로 한 것이며, 정규모집단에서 추출된 표본이거나 혹은 표본이 정규근사를 정당화할 정도로 크다는 것을 가정한다. 이 검정들과 달리 모집단에 대한 지식이나 표본들이 추출된 여러 모집단들에 대한 지식이 요구되지 않는 **비모수 (nonparametric)** 방법은 16장에서 다룰 것이다.

분산이 σ^2인 정규모집단에서 추출된 크기 n의 확률표본을 근거로 하여, $\mu \neq \mu_0$, $\mu > \mu_0$ 또는 $\mu < \mu_0$ 중 한 가지의 대립가설에 대하여 귀무가설 $\mu = \mu_0$을 검정하기를 원한다고 하자. 이것은 우도비방법을 설명한 예제 12.6에서 사용된 검정으로 각각의 대립가설에 대한 기각역은 $|z| \geqq z_{\alpha/2}$, $z >, z_\alpha$, $z \leqq -z_\alpha$ 이다. 이때

$$z = \frac{\overline{x} - \mu_0}{\sigma/\sqrt{n}}$$

이다. 13.1절에서 언급한 바와 같이 널리 이용되는 유의수준은 0.05와 0.01이며, 부록의 표 III을 이용하여 대응되는 z_α와 $z_{\alpha/2}$의 값은 $z_{0.05} = 1.645$, $z_{0.01} = 2.33$, $z_{0.025} = 1.96$, $z_{0.005} = 2.575$임을 알 수 있다.

예제 13.1

특정 제과점에서 만들어진 무게 8온스의 과자 묶음의 표준편차가 경험에 의해 0.16온스라는 사실이 알려져 있다고 하자. 이 과자 묶음이 어느 특정한 하루 동안 규격대로 만들어졌는지, 즉 실제 묶음의 평균 무게가 8온스인지 확인하기 위해 종업원은 묶음 25개의 확률표본을 추출하였고 그것들의 평균 무게가 $\bar{x} = 8.091$임을 알아냈다. $\mu > 8$이면 제과점은 손실을 보는 것이 명백하고 $\mu < 8$이면 손님들이 손해를 보는 것이므로, 대립가설 $\mu \neq 8$에 대해서 귀무가설 $\mu = 8$을 신뢰수준 0.01에서 검정하여라.

풀이

1. H_0: $\mu = 8$
   H_1: $\mu \neq 8$
   $\alpha = 0.01$
2. $z = \dfrac{\bar{x} - \mu_0}{\sigma/\sqrt{n}}$ 일 때, $z \leqq -2.575$ 또는 $z \geqq 2.575$ 이면 귀무가설을 기각한다.
3. $\bar{x} = 8.091$, $\mu_0 = 8$, $\sigma = 0.16$, $n = 25$를 대입하면,

$$z = \frac{8.091 - 8}{0.16/\sqrt{25}} = 2.84$$

   를 얻는다.
4. $z = 2.84$는 2.575를 초과하므로 귀무가설은 기각되고, 적당한 조정이 제조 과정에서 필요함을 알 수 있다.

398쪽에 기술된 다른 접근방법을 이용한다면 P값 (연습문제 13.21 참조) 0.0046을 얻는다. 0.0046은 0.01 미만이므로 같은 결론을 내린다.

기각역 $z \geqq z_\alpha$는 단순대립가설 $\mu = \mu > \mu_0$에 대해서 귀무가설 $\mu = \mu_0$을 검정하거나, 복합대립가설 $\mu > \mu_0$에 대해서 복합귀무가설 $\mu \leqq \mu_0$을 검정할 때에도 사용됨을 주목하라. 첫 번째 경우는 12.4절에서처럼 단순대립가설에 대해서 단순가설을 검정하는 것이고, 두 번째 경우에서 α는 귀무가설하에서 가정된 어떤 μ값에 대해서도 제1종 오류를 범할 최대확률이다. 물론 비슷한 논의가 기각역 $z \leqq -z_\alpha$에도 적용된다.

정규모집단일 필요는 없지만 유한분산을 갖는 모집단에서 추출된 $n \geqq 30$의 대표본을 다룰 때에는, 검정에서 정규모집단의 가정을 이용하는 것은 중심극한정리를 이용한 결과이다. σ^2가 알려져 있지 않은 경우라고 하여도, 검정통계량을 계산할 때 이 값을 s^2으로 근사할 수 있다. 다음 예제를 통해서 근사 **대표본검정 (large-sample test)** 을 이용하는 방법을 설명한다.

예제 13.2

어떤 특정 제조업자가 만든 100개의 타이어는 평균 21,819마일을 갈 수 있고, 그 표준편차는 1,295마일이다.

귀무가설 $\mu = 22{,}000$마일을 대립가설 $\mu < 22{,}000$마일에 대하여 0.05의 신뢰수준으로 검정하여라.

풀이

1. H_0: $\mu = 22{,}000$
   H_1: $\mu < 22{,}000$
   $\alpha = 0.05$
2. $z = \dfrac{\bar{x} - \mu_0}{\sigma/\sqrt{n}}$일 때 $z \leqq -1.645$이면 귀무가설을 기각한다.
3. $\bar{x} = 21{,}819$, $\mu_0 = 22{,}000$, $s = 1{,}295$, $n = 100$를 대입하면,

$$z = \frac{21{,}819 - 22{,}000}{1{,}295/\sqrt{100}} = -1.40$$

   를 얻는다.
4. $z = -1.40$는 -1.645보다 크므로 귀무가설은 기각될 수 없고, 타이어는 귀무가설하에서 가정된 것만큼 좋지 않다는 충분한 증거가 없다. ●

398쪽에 설명된 다른 접근 방법을 이용하면 P값 0.0808을 얻는다(연습문제 13.22 참조). 이 값은 0.05보다 크므로 같은 결론을 내릴 수 있다. 귀무가설은 기각되지 못한다.

$n < 30$이고 σ^2값을 모를 때에는 이 절에서 논의된 검정을 사용할 수 없다. 그러나 연습문제 12.22에서 정규모집단으로부터 추출된 확률표본에 대해서 우도비방법은 이 검정이

$$t = \frac{\bar{x} - \mu_0}{s/\sqrt{n}}$$

를 근거로 하고 있음을 보았고, 정리 8.13에 의하면 이 값은 자유도 $n-1$의 t분포를 따르는 확률변수의 값이다. 그러므로 귀무가설 $\mu = \mu_0$을 대립가설 $\mu \neq \mu_0$, $\mu > \mu_0$ 또는 $\mu < \mu_0$에 대하여 검정하는 크기 α의 기각역은 각각 $|t| \geqq t_{\alpha/2, n-1}$, $t \geqq t_{\alpha, n-1}$, $t \leqq -t_{\alpha, n-1}$이다. 400쪽에 언급한 대립가설 $\mu > \mu_0$에 대하여 귀무가설 $\mu \leqq \mu_0$을 검정하는 것과 대립가설 $\mu_1 > \mu_0$와의 관계 역시 이 경우에 적용된다.

일표본 t검정(one-sample t test)이라고 하는 검정을 설명하기 위해 다음 예제를 보자.

예제 13.3

특정 종류의 리본은 명세 조건에 맞추기 위해서 평균 185파운드의 내구력을 필요로 한다. 만약 다른 통에서 확률추출된 다섯 조각 리본의 내구력이 171.6, 191.8, 178.3, 184.9, 189.1파운드였다면, 대립가설 $\mu < 185$ 파운드에 대해서 귀무가설 $\mu = 185$ 파운드를 유의수준 0.05에 대하여 검정하여라.

풀이

1. H_0: $\mu = 185$
   H_1: $\mu < 185$
   $\alpha = 0.05$
2. $t \leqq -2.132$이면 귀무가설을 기각한다. t는 위에서 언급된 식을 이용하여 구해지고, 2.132는 $t_{0.05,4}$의 값이다.

3. 먼저 평균과 표준편차를 계산하면 $\bar{x} = 183.1$, $s = 8.2$를 얻는다. 이 값을 $\mu_0 = 185$, $n = 5$와 함께 t의 식에 대입하면,

$$t = \frac{183.1 - 185}{8.2/\sqrt{5}} = -0.49$$

를 얻는다.

4. $t = -0.49$는 -2.132보다 큰 값이므로 귀무가설은 기각되지 못한다. 더 나아가 표본으로 추출된 리본의 통이 명세조건을 만족시킨다고 결론 내린다면, 제2종 오류를 범할지도 모르는 위험에 노출될 것이다. ●

13.3 평균들 차이에 대한 검정

응용 연구에서의 많은 문제에서 두 모집단의 평균 간 차이에 관계된 가설에 관심이 있다. 예를 들어 적당한 표본을 근거로 해서 남성들이 어떤 작업에 대해서는 여성과 같이 빠르게 수행할 수 있는지 결정을 내리길 원할 수 있다. 또는 적절한 표본조사를 바탕으로 어느 도시의 한 가족이 일주일 동안 소비하는 평균 식비가 다른 도시의 가족들에 비해 적어도 5.00달러를 초과하는지 결정을 내리길 원할 수 있다.

평균 μ_1, μ_2를 가지고 분산 σ_1^2, σ_2^2을 아는 정규모집단에서 추출된 크기가 각각 n_1, n_2인 독립적인 확률표본들을 다룬다고 하자. 귀무가설 $\mu_1 - \mu_2 = \delta$를 (δ는 주어진 상수) 대립가설 $\mu_1 - \mu_2 \neq \delta$, $\mu_1 - \mu_2 > \delta$, $\mu_1 - \mu_2 < \delta$ 중 하나에 대해서 검정하기를 원한다. 우도비방법을 적용하면 연습문제 8.3에 언급된 $\bar{x}_1 - \bar{x}_2$에 근거한 검정을 얻을 것이고, 그에 대응되는 기각역은

$$z = \frac{\bar{x}_1 - \bar{x}_2 - \delta}{\sqrt{\dfrac{\sigma_1^2}{n_1} + \dfrac{\sigma_2^2}{n_2}}}$$

일 때 $|z| \geqq z_{\alpha/2}$, $z \geqq z_\alpha$, $z \leqq -z_\alpha$라고 쓸 수 있다.

미지의 분산을 갖는 비정규 모집단에서 추출된 독립적인 확률표본들을 다룰 때에도 위에서 언급한 검정을 사용할 수 있는데, 두 표본이 중심극한정리를 사용할 수 있을 만큼 클 때이며, σ_1 대신 s_1, σ_2 대신 s_2를 대입하여 사용한다.

예제 13.4

어떤 한 종류의 담배에 포함된 평균 니코틴 함유량이 다른 종류의 담배보다 0.20밀리그램 많다는 것을 보이기 위해 실험을 하였다. 그 결과 첫 번째 종류의 $n_1 = 50$개 담배의 평균 니코틴 함유량은 $\bar{x}_1 = 2.61$밀리그램이고, 표준편차는 $s_1 = 0.12$밀리그램이었다. 다른 종류의 $n_2 = 40$개의 평균 니코틴 함유량은 $\bar{x}_2 = 2.38$밀리그램이고 표준편차는 $s_2 = 0.14$밀리그램이었다. 귀무가설 $\mu_1 - \mu_2 = 0.20$을 대립가설 $\mu_1 - \mu_2 \neq 0.20$에 대하여 유의수준 0.05에 대하여 검정하여라. 적절한 검정통계량의 값에 대응되는 P값을 바탕으로 결정을 내려라.

풀이

1. H_0: $\mu_1 - \mu_2 = 0.20$
H_1: $\mu_1 - \mu_2 \neq 0.20$
$\alpha = 0.05$

2′. $z = \dfrac{\bar{x}_1 - \bar{x}_2 - \delta}{\sqrt{\dfrac{\sigma_1^2}{n_1} + \dfrac{\sigma_2^2}{n_2}}}$ 의 검정통계량 Z를 이용한다.

3′. $\bar{x}_1 = 2.61$, $\bar{x}_2 = 2.38$, $\delta = 0.20$, σ_1를 대신할 $s_2 = 0.12$, σ_2를 대신할 $s_2 = 0.14$, σ_2, $n_1 = 50$, $n_2 = 40$를 식에 대입하면,

$$z = \frac{2.61 - 2.38 - 0.20}{\sqrt{\dfrac{(0.12)^2}{50} + \dfrac{(0.14)^2}{40}}} = 1.08$$

를 얻는다. 이에 대응되는 P값은 $2(0.5000 - 0.3599) = 0.2802$이고, 이때 0.3599는 $z = 1.08$에 대응되는 부록의 표 III의 값이다.

4′. 0.2802는 0.05보다 큰 값이므로 귀무가설은 기각되지 못한다. 즉, 귀무가설은 채택되거나 또는 $2.61 - 2.38 = 0.23$와 0.20의 차이는 유의하지 않다고 말한다. 이것은 그 차이는 우연에 기인한다고 할 수 있다.

n_1, n_2의 값이 작고 σ_1, σ_2의 값이 알려지지 않았을 때, 논의한 검정은 사용될 수 없다. 그러나 두 정규모집단에서 추출된 독립적인 확률표본들이 **같은** 미지의 분산 σ^2를 가진다면, 우도비방법으로

$$s_p^2 = \frac{(n_1 - 1)s_1^2 + (n_2 - 1)s_2^2}{n_1 + n_2 - 2}$$

일 때,

$$t = \frac{\bar{x}_1 - \bar{x}_2 - \delta}{s_p\sqrt{\dfrac{1}{n_1} + \dfrac{1}{n_2}}}$$

에 근거하여 검정을 할 수 있다. 11.3절에서 주어진 가정사항을 만족하고 귀무가설이 $\mu_1 - \mu_2 = \delta$로 주어졌을 때, t값은 자유도 $n_1 + n_2 - 2$의 t분포를 따르는 확률변수의 값임을 알았다. 그러므로 주어진 가정사항을 만족시킬 때 귀무가설 $\mu_1 - \mu_2 = \delta$을 대립가설 $\mu_1 - \mu_2 \neq \delta$, $\mu_1 - \mu_2 > \delta$ 또는 $\mu_1 - \mu_2 < \delta$에 대해서 검정할 때의 크기 α의 적절한 기각역은 각각 $|t| \geqq t_{\alpha/2, n_1+n_2-2}$, $t \geqq t_{\alpha, n_1+n_2-2}$, $t \leqq -t_{\alpha, n_1+n_2-2}$이다. **이표본 *t* 검정 (two-sample *t* test)** 을 설명하기 위해 다음의 문제를 고려하자.

예제 13.5

소비자 조사 기관이 두 종류의 페인트를 비교하였을 때, 어느 한 종류의 네 개의 1갤론 페인트통은 평균 546 평방피트를 칠할 수 있고, 그 표준편차는 31평방피트였다. 다른 종류의 네 개의 1갤론 페인트통은 평균 492 평방피트를 칠할 수 있고, 그 표준편차는 26평방피트였다. 표본이 추출된 두 모집단은 정규분포이고 등분산

을 가정할 때, 귀무가설 $\mu_1 - \mu_2 = 0$을 대립가설 $\mu_1 - \mu_2 > 0$에 대해서 유의수준 0.05에 대하여 검정하여라.

풀이

1. H_0: $\mu_1 - \mu_2 = 0$
   H_1: $\mu_1 - \mu_2 > 0$
   $\alpha = 0.05$
2. $t \geqq 1.943$이면 귀무가설을 기각한다. t는 위에 주어진 식과 같이 구해지고, 1.943은 $t_{0.05,6}$의 값이다.
3. 먼저 s_p를 계산하면

$$s_p = \sqrt{\frac{3(31)^2 + 3(26)^2}{4+4-2}} = 28.609$$

   를 얻는다. 이 값을 $\bar{x}_1 = 546$, $\bar{x}_2 = 492$, $\delta = 0$, $n_1 = n_2 = 4$와 함께 t의 식에 대입하면,

$$t = \frac{546 - 492}{28.609\sqrt{\frac{1}{4} + \frac{1}{4}}} = 2.67$$

   를 얻는다.
4. $t = 2.67$는 1.943보다 큰 값이므로 귀무가설은 기각된다. 그러므로 첫 번째 종류의 페인트로 칠할 수 있는 평균 범위는 두 번째 종류의 페인트보다 더 넓음을 알 수 있다. ●

이 예제에서는 $n_1 = n_2$이므로 s_p^2의 식이

$$s_p^2 = \frac{1}{2}(s_1^2 + s_2^2)$$

이 되었다. 이 식을 이용하면 계산 과정을 간단히 할 수 있다.

연습문제 13.41에서 독자들은 적절한 컴퓨터 프로그램을 이용하여 이 문제의 P값이 0.0185임을 보여야 할 것이다. 또한 결론도 같음을 보여야 할 것이다.

만약 이런 종류의 문제에서 등분산의 가정이 만족되지 않는다면, 몇 가지 방법이 있다. 비교적 간단한 방법은 두 표본에서 얻어진 값을 랜덤으로 짝을 지어 그들의 차이들을 크기 n_1 또는 n_2의 확률표본(어느 것이 더 작든지 정규모집단에서 추출된) 으로 여기는 것이다. 이 확률표본은 귀무가설하에서 평균 $\mu = \delta$를 가진다. 그러면 적당한 대립가설에 대하여 귀무가설을 13.2절의 방법으로 검정할 수 있다. 이것은 $n_1 = n_2$이 되도록 표본을 추출하는 좋은 이유이지만, $n_1 \neq n_2$인 경우 (*Smith-Satterthwaite* 검정은 이 중 하나이며, 이것은 이 장의 마지막 참고문헌 가운데에 언급되어 있다) 에도 가능한 또 다른 방법이 존재한다.

지금까지는 논의를 독립적인 확률표본으로 제한시켰기 때문에, 이 절에서 소개한 방법들은 예를 들어, "전과 후"의 몸무게를 근거로 하여 특정 다이어트가 실제로 효율적인지 판단하는 것과 같은 문제에는 사용될 수 없다. 또한 관찰된 남편과 그들 아내의 평균 I.Q.의 차이가 실제로 유의한 지 판단하는 문제에도 사용될 수 없다. 이 두 예에서 두 표본들은 자료가 실제로는 **쌍** (*paired*) 으로 되어 있으므로 독립적이지 않다. 이런 종류의 문제를 해결하는 일반적인 방법은 위 단락에서 수행한 방법과

같이, 즉 한 쌍의 측정값 혹은 관찰값들의 차이를 이용하여 수행한다. 만약 n이 크다면 귀무가설 $\mu_1 - \mu_2 = \delta$를 적당한 대립가설에 대하여 검정할 때 399쪽에 소개된 검정을 이용할 수 있다. 만약 n이 작다면 주어진 차잇값들을 정규모집단에서 추출된 확률표본이라고 여겨 401쪽에 소개된 t검정을 이용할 수 있다.

연습문제

13.1 분산 σ^2을 아는 정규모집단에서 추출된 크기 n의 확률표본이 주어졌을 때, 귀무가설 $\mu = \mu_0$은 대립가설 $\mu_1 \neq \mu_0$에 대해서 카이제곱분포에 근거한 한쪽꼬리검정을 이용하여 검정할 수 있음을 보여라.

13.2 분산 σ^2을 아는 정규모집단에서 추출된 크기 n의 확률표본이 귀무가설 $\mu = \mu_0$을 대립가설 $\mu = \mu_1, \mu_1 > \mu_0$에 대해서 검정하는 데 사용되었고, 제1종 오류와 제2종 오류의 확률의 값이 α와 β로 미리 할당되었다고 하자. 이때 요구되는 표본의 크기가

$$n = \frac{\sigma^2(z_\alpha + z_\beta)^2}{(\mu_1 - \mu_0)^2}$$

임을 보여라.

13.3 위의 연습문제에 대하여 $\sigma = 9$, $\mu_0 = 15$, $\mu_1 = 20$, $\alpha = 0.05$, $\beta = 0.01$일 때 요구되는 표본의 크기를 구하여라.

13.4 σ_1^2와 σ_2^2의 값을 아는 두 정규모집단에서 추출된 크기 n의 독립적인 확률표본들이 대립가설 $\mu_1 - \mu_2 = \delta'$에 대해서 귀무가설 $\mu_1 - \mu_2 = \delta$을 검정하는 데 사용되었고, 제1종 오류와 제2종 오류의 확률의 값이 α와 β로 미리 할당되었다고 하자. 이때 요구되는 표본의 크기가

$$n = \frac{(\sigma_1^2 + \sigma_2^2)(z_\alpha + z_\beta)^2}{(\delta - \delta')^2}$$

임을 보여라.

13.5 연습문제 13.4에 대하여 $\sigma_1 = 9$, $\sigma_2 = 13$, $\delta = 80$, $\delta' = 86$, $\alpha = 0.01$, $\beta = 0.01$일 때 요구되는 표본의 크기를 구하여라.

13.4 분산들에 대한 검정

모집단의 분산에 대해 가설검정을 하는 것이 중요한 여러 가지 이유가 있다. 직접적인 응용을 할 때를 생각해 보면, 엄격한 명세 조건들을 만족시켜야 하는 제조업자는 그의 상품들의 변동성에 관하여 검정을 수행할 것이고, 선생님은 기대되는 학생의 성적의 변동성에 관한 특정 사실이 진실인지 알기 원할 것이며, 어느 약사는 어떤 약의 효능의 변동성이 허용할 수 있는 범위 내에 있는지 확인하기를 원한다. 이와 같은 문제들에서 분산에 관한 검정은 종종 다른 모수에 대하여 수행하는 검정을 하기 전에 미리

수행되어야 한다. 예를 들어, 403쪽에 언급된 이표본 t검정은 두 모집단의 분산이 같다는 사실이 요구되고, 실제로는 평균에 대한 검정을 하기 전에 이 가정이 타당한지 검정해야 한다.

이 절에서 살펴볼 검정은 정규모집단의 분산이 주어진 상수와 같다는 귀무가설의 검정을 포함하고, 두 모집단의 등분산성에 관한 우도비검정을 포함한다(연습문제 12.26).

이들 검정의 첫 번째는 본질적으로 연습문제 12.24와 같다. 정규모집단에서 추출된 크기 n의 확률표본이 주어졌을 때, 대립가설 $\sigma^2 \neq \sigma_0^2$, $\sigma^2 > \sigma_0^2$ 혹은 $\sigma^2 < \sigma_0^2$에 대하여 귀무가설 $\sigma^2 = \sigma_0^2$을 검정하기를 원한다. 연습문제 12.24에서 독자들이 밝힌 것처럼, 우도비방법은 이 검정을 표본분산의 값 s^2에 근거한 검정으로 귀결된다. 정리 8.10에 의하면 단측대립가설에 대한 귀무가설을 검정하는 기각역은

$$\chi^2 = \frac{(n-1)s^2}{\sigma_0^2}$$

일 때, $\chi^2 \geqq \chi^2_{\alpha,n-1}$, $\chi^2 \leqq \chi^2_{1-\alpha,n-1}$이다. 양측대립가설을 다룰 때에는 $\chi^2 \geqq \chi^2_{\alpha/2,n-1}$ 혹은 $\chi^2 \leqq \chi^2_{1-\alpha/2,n-1}$이면 귀무가설을 기각하고, 이들 기각역들의 크기는 물론 α이다.

예제 13.6

반도체는 그 안에 사용되는 부품의 두께가 매우 중요한데, 이 부품 18개로 구성된 확률표본의 두께 측정값의 분산은 $s^2 = 0.68$이다(측정은 인치의 천분의 일 단위로 이루어졌다). 만약 두께의 변동성이 0.36보다 크지 않은 분산으로 주어진다면, 공정 과정은 제어되고 있다고 생각된다. 측정값이 정규모집단에서 추출된 확률표본이라 가정할 때, 대립가설 $\sigma^2 > 0.36$에 대해서 귀무가설 $\sigma^2 = 0.36$을 유의수준 0.05하에서 검정하여라.

풀이

1. H_0: $\sigma^2 = 0.36$
H_1: $\sigma^2 > 0.36$
$\alpha = 0.05$

2. $\chi^2 = \dfrac{(n-1)s^2}{\sigma_0^2}$ 일 때 $\chi^2 \geqq 27.587$이면 귀무가설을 기각한다. 27.587은 $\chi^2_{0.05,17}$의 값이다.

3. $s^2 = 0.68$, $\sigma_0^2 = 0.36$, $n = 18$을 대입하면

$$\chi^2 = \frac{17(0.68)}{0.36} = 32.11$$

를 얻는다.

4. $\chi^2 = 32.11$은 27.587보다 큰 값이므로 귀무가설은 기각된다. 그러므로 부품들의 제조 공정은 수정되어야 한다.

만약 위의 예제에서 α가 0.01이었다면, $\chi^2 = 32.11$은 $\chi^2_{0.01,17} = 33.409$보다 작으므로 귀무가설은 기각되지 못함을 주목하라. 이것은 유의수준을 선택하는 것이 선행되어야 한다는 것을 다시 한 번 강조하며, 목적에 맞게 값을 나중에 선택하는 유혹으로부터 벗어나야 한다(399쪽 참조).

연습문제 12.26에서 독자는 두 정규모집단의 등분산을 검정하는 우도비검정량이 두 표본분산의 비

의 형식으로 표현됨을 보였다. 분산 $\sigma_1^2 = \sigma_2^2$의 두 정규모집단에서 추출된 크기 n_1, n_2의 독립적인 확률표본이 주어졌을 때, 정리 8.15로부터 단측대립가설 $\sigma_1^2 > \sigma_2^2$ 또는 $\sigma_1^2 < \sigma_2^2$에 대하여 귀무가설 $\sigma_1^2 = \sigma_2^2$을 검정하는 크기 α의 기각역은 각각,

$$\frac{s_1^2}{s_2^2} \geqq f_{\alpha, n_1-1, n_2-1} \text{와} \qquad \frac{s_2^2}{s_1^2} \geqq f_{\alpha, n_2-1, n_1-1}$$

이다. f_{α,n_1-1,n_2-1}, f_{α,n_2-1,n_1-1}은 276쪽에 정의되어 있다. 양측대립가설 $\sigma_1^2 \neq \sigma_2^2$에 대해서 귀무가설을 검정하는 적정한 기각역은,

$$\frac{s_1^2}{s_2^2} \geqq f_{\alpha/2,n_1-1,n_2-1}, \quad s_1^2 \geqq s_2^2$$

$$\frac{s_2^2}{s_1^2} \geqq f_{\alpha/2, n_2-1, n_1-1}, \quad s_1^2 < s_2^2$$

이 검정은 연습문제 8.41의 결과로부터 만들어지는 F분포의 오른쪽꼬리에 전적으로 의존함을 주목하라. 즉, 확률변수 X가 자유도 ν_1, ν_2의 F분포를 따른다면, $\frac{1}{X}$은 자유도 ν_2, ν_1의 F분포를 따른다는 사실을 이용한다.

예제 13.7

두 종류의 건축용 철의 장력의 변이를 비교할 때, 실험 결과 다음의 결과를 얻었다. 관측의 단위가 평방 인치당 1,000파운드일 때, $n_1 = 13$, $s_1^2 = 19.2$, $n_2 = 16$, $s_2^2 = 3.5$를 얻었다. 관측값들이 두 정규모집단에서 추출된 독립적인 확률표본을 구성한다고 가정할 때, 대립가설 $\sigma_1^2 \neq \sigma_2^2$에 대하여 귀무가설 $\sigma_1^2 = \sigma_2^2$을 유의수준 0.02로 검정하여라.

풀이

1. H_0: $\sigma_1^2 = \sigma_2^2$
H_1: $\sigma_1^2 \neq \sigma_2^2$
$\alpha = 0.02$

2. $s_1^2 \geqq s_2^2$이므로 만약 $\frac{s_1^2}{s_2^2} \geqq 3.67$이면 귀무가설을 기각한다. 3.67은 $f_{0.01,12,15}$의 값이다.

3. $s_1^2 = 1.92$, $s_2^2 = 3.5$을 대입하면

$$\frac{s_1^2}{s_2^2} = \frac{19.2}{3.5} = 5.49$$

를 얻는다.

4. $f = 5.49$는 3.67보다 큰 값이므로 귀무가설은 기각된다. 그러므로 두 종류의 철의 장력의 변이는 같지 않다고 결론 내린다.

연습문제

13.6 자유도 ν이 클 때 카이제곱분포는 정규분포로 근사될 수 있다는 사실을 이용하여, 정규모집단에서 추출된 대표본에서

$$s^2 \geqq \sigma_0^2\left[1 + z_\alpha\sqrt{\frac{2}{n-1}}\right]$$

는 대립가설 $\sigma^2 > \sigma_0^2$에 대하여 귀무가설 $\sigma^2 = \sigma_0^2$을 검정하는 크기 α의 근사 기각역임을 보여라. 또한 대립가설 $\sigma^2 < \sigma_0^2$, $\sigma^2 \neq \sigma_0^2$(연습문제 8.23 참조) 에 대하여 귀무가설을 검정하는 검정에 대한 기각역을 구하여라.

13.7 연습문제 8.28의 결과를 이용하여 정규모집단들에서 추출된 대표본들에 대해서

$$\left(\frac{s}{\sigma_0} - 1\right)\sqrt{2(n-1)}$$

의 통계량을 근거로 하여 귀무가설 $\sigma^2 = \sigma_0^2$을 검정하여라. 이 통계량은 표준정규분포로 근사한다.

◆ 13.5 비율들에 관한 검정

만약 실험의 결과가 투표 결과 후보자가 얻은 투표수, 천 조각에서 발견된 결함의 개수, 어느 날에 학교에 결석한 학생들의 수 등이라면 …, 이런 자료를 **계수자료 (count data)** 라고 한다. 계수자료 분석에 대한 적당한 모형은 이항분포, 포아송분포, 다항분포, 또는 5장에서 설명한 여러 이산형분포들이다. 이 절에서는 계수자료를 근거로 한, 모수 θ에 대한 검정 중 가장 일반적인 검정을 설명할 것이다. 그러므로 표본을 근거로 하여 특정 질병으로부터 회복할 실제 비율이 0.90인지, 혹은 조립 라인에서 발생한 불량품의 실제 비율이 0.02인지 등을 검정할 수 있다.

연습문제 12.12에서 대립가설 $\theta = \theta_1 < \theta_0$에 대하여 귀무가설 $\theta = \theta_0$을 검정하는 최강력기각역은 n회 시행 중 얻어진 "성공"의 횟수, X를 근거로 함을 보였다 (θ는 이항모집단의 모수) . 복합대립가설을 사용한다면 우도비방법 또한 관찰된 성공의 횟수를 근거로 함을 알 수 있다 (연습문제 12.20에서 $\theta_0 = \frac{1}{2}$ 인 특별한 경우에 대하여 보인 것과 같다) . 사실 만약 단측대립가설 $\theta > \theta_0$에 대해서 귀무가설 $\theta = \theta_0$을 검정하기를 원한다면, 우도비 기준에 의한 크기 α의 기각역은,

$$x \geqq k_\alpha$$

이때 k_α는

$$\sum_{y=k_\alpha}^{n} b(y; n, \theta_0) \leqq \alpha$$

의 가장 작은 정수이다. 그리고 $b(y; n, \theta_0)$은 $\theta = \theta_0$일 때 n 베르누이 시행 중 y 성공횟수를 얻을 확률이다. 다음과 같이 이 기각역의 크기는 α에 가능한만큼 가까우나 초과하지는 않는다.

단측대립가설 $\theta < \theta_0$에 대해서 귀무가설 $\theta = \theta_0$을 검정할 때의 기각역은

$$x \leqq k'_\alpha$$

이다. 이때 $k_\alpha{}'$는

$$\sum_{y=0}^{k'_\alpha} b(y; n, \theta_0) \leqq \alpha$$

의 가장 큰 정수이다. 마지막으로 양측대립가설 $\theta \neq \theta_0$에 대하여 귀무가설 $\theta = \theta_0$을 검정하는 기각역은

$$x \geqq k_{\alpha/2} \text{ 또는 } x \leqq k'_{\alpha/2}$$

이다.

이항모수 θ에 관한 검정의 기각역을 구하는 이 방법은 예를 들어 설명하지 않을 것이다. 왜냐하면 실제 상황에서는 P값에 기초하여 결정을 내리는 것이 훨씬 간편하기 때문이다.

예제 13.8

만약 $n = 20$ 중 $x = 4$ 환자들이 신약의 심각한 부작용으로 고통받고 있다면, 대립가설 $\theta \neq 0.50$에 대하여 귀무가설 $\theta = 0.50$을 유의수준 0.05로 검정하여라. θ는 신약의 심각한 부작용으로 고통받는 환자의 실제 비율이다.

풀이

1. H_0: $\theta = 0.50$
H_1: $\theta \neq 0.50$
$\alpha = 0.05$

2′. 관찰된 성공의 횟수 X를 검정통계량으로 사용한다.

3′. $x = 4$, $P(X \leqq 4) = 0.0059$이므로 P값은 $2(0.0059) = 0.0118$이다.

4′. P값 0.0118이 0.05보다 작으므로 귀무가설은 기각된다. 우리는 $\theta \neq 0.50$이라고 결론을 내린다.

위에 설명된 검정은 396쪽에 설명된 네 단계 혹은 398쪽의 네 단계 중 어느 것을 사용하든지 이항확률의 표를 이용하여야 한다. $n \leqq 20$이면 부록의 표 I을 사용하고, 100까지의 n에 대해서는 5장 마지막에 나온 표를 이용할 수 있다. 대신에 큰 값의 n에 대해서는 이항분포의 정규근사를 사용하여

$$z = \frac{x - n\theta}{\sqrt{n\theta(1-\theta)}}$$

을 표준정규분포를 따르는 확률변수로 간주한다. 그러므로 n이 크고 예제 6.5에 소개된 연속성 수정을 사용한다면, 대립가설 $\theta \neq \theta_0$, $\theta > \theta_0$, $\theta < \theta_0$에 대하여 귀무가설 $\theta = \theta_0$을 검정하면,

$$z = \frac{x - n\theta_0}{\sqrt{n\theta_0(1-\theta_0)}}$$

또는

$$z = \frac{\left(x \pm \frac{1}{2}\right) - n\theta_0}{\sqrt{n\theta_0(1-\theta_0)}}$$

일 때, 각각의 기각역은 $|z| \geqq z_{\alpha/2}$, $z \geqq z_\alpha$, $z \leqq -z_\alpha$이다. x가 $n\theta_0$보다 크면 음의 부호를 사용하고, x가 $n\theta_0$보다 작으면 양의 부호를 사용한다.

예제 13.9

한 석유 회사가 전체 차 소유주의 20퍼센트 이하가 자사의 가솔린을 이용하지 않는다고 주장한다. 만약 확률 점검을 통해 200명의 차 소유주 중에 22명이 이 석유 회사의 가솔린을 사용하지 않는다는 것이 밝혀졌다면, 이 주장을 유의수준 0.01에 대하여 검정하여라.

풀이

1. H_0: $\theta = 0.20$
H_1: $\theta < 0.20$
$\alpha = 0.01$

2. (연속성 수정없이) $z = \dfrac{x - n\theta_0}{\sqrt{n\theta_0(1-\theta_0)}}$일 때
$z \leqq -2.33$이면 귀무가설을 기각한다.

3. $x = 22$, $n = 200$, $\theta_0 = 0.20$을 대입하면

$$z = \frac{22 - 200(0.20)}{\sqrt{200(0.20)(0.80)}} = -3.18$$

를 얻는다.

4. $z = -3.18$은 -2.33보다 작은 값이므로 귀무가설은 기각된다. 그러므로 전체 차 소유주의 20퍼센트 이하가 이 석유 회사의 가솔린을 이용하지 않는다고 결론을 내린다. ●

만약 위의 예제에서 연속성 수정을 사용하였더라도 $z = -3.09$를 얻어 같은 결론을 내렸을 것임을 주목하라.

13.6 k 비율들 차이에 대한 검정

실제 응용 연구에서의 많은 문제들에서 표본 비율들 또는 백분율들 사이에 관찰된 차이들이 유의한지 혹은 우연에 기인한 것인지 결정해야 한다. 예를 들어, 어느 공급자가 공급하는 냉동 닭 중 특정 기준을 만족시키지 못하는 냉동 닭의 표본비율이 6퍼센트이고, 다른 공급자가 기준을 충족시키지 못하는 표본비율은 오직 4퍼센트라고 하자. 이제 두 퍼센트 간 차이가 유의한지 조사하고 싶다. 이와 유사하게 주지사 후보 중 어떤 특정 후보자에 대한 서로 다른 네 도시의 투표 비율이 같은지 여부를 판단을 하고 싶다.

이런 종류의 문제를 해결하는 일반적인 방법을 소개하기 위하여, $x_1, x_2, \cdots, x_k$는 k개의 확률변수 $X_1, X_2, \cdots, X_n$의 관찰된 값이고, 이 값들이 각각 모수 n_1와 $\theta_1, \cdots, n_k$와 θ_k를 갖는 이항분포들을 따른다고 하자. 만약 n이 충분히 크다면 독립적인 확률변수들

$$Z_i = \frac{X_i - n_i\theta_i}{\sqrt{n_i\theta_i(1-\theta_i)}} \quad (i = 1, 2, \ldots, k)$$

를 표준정규분포를 따르는 확률변수로 근사할 수 있다. 또한 정리 8.8에 의해서

$$\chi^2 = \sum_{i=1}^{k} \frac{(x_i - n_i\theta_i)^2}{n_i\theta_i(1-\theta_i)}$$

을 자유도 k의 카이제곱분포를 따르는 확률변수의 값으로 생각할 수 있다. (적어도 하나의 θ는 θ_0와 같지 않다는 대립가설에 대하여) 귀무가설 $\theta_1 = \theta_2 = \cdots \theta_k = \theta_0$을 검정하기 위하여

$$\chi^2 = \sum_{i=1}^{k} \frac{(x_i - n_i\theta_0)^2}{n_i\theta_0(1-\theta_0)}$$

일 때 기각역 $\chi^2 \geqq \chi^2_{\alpha,k}$을 사용할 수 있다.

θ_0의 값이 지정되지 않았을 때에는, 즉 $\theta_1 = \theta_2 = \cdots \theta_k$에 대해서만 관심이 있을 때에는, θ 대신 합동추정값(pooled estimate)

$$\hat{\theta} = \frac{x_1 + x_2 + \cdots + x_k}{n_1 + n_2 + \cdots + n_k}$$

을 대입하면

$$\chi^2 = \sum_{i=1}^{k} \frac{(x_i - n_i\hat{\theta})^2}{n_i\hat{\theta}(1-\hat{\theta})}$$

일 때 기각역은 $\chi^2 \geqq \chi^2_{\alpha,k-1}$이 된다. 자유도 1을 잃어 버리는 것, 즉 기각역이 $\chi^2_{\alpha,k}$에서 $\chi^2_{\alpha,k-1}$로 바뀌는 것은 미지의 모수 θ에 추정값을 대입하는 사실에 기인한다. 이에 대한 자세한 전개는 427쪽의 참고문헌에서 찾아 볼 수 있다.

이제 위에 언급된 카이제곱통계량의 다른 식을 소개하자. 이것은 13.7절에 다시 논의되는데, 이것은 다른 응용에 신속히 적용될 수 있다. 자료를 아래의 표와 같이 정렬하였을 때 이들의 기입 원소를 **관찰칸도수(observed cell frequencies)** f_{ij}라고 하자. 첫 번째 첨자는 $k \times 2$표의 행을 뜻하고 두 번째 첨자는 열을 뜻한다.

	성공	실패
표본 1	x_1	$n_1 - x_1$
표본 2	x_2	$n_2 - x_2$
	$\cdots$	$\cdots$
표본 k	x_k	$n_k - x_k$

귀무가설 $\theta_1 = \theta_2 = \cdots \theta_k = \theta_0$하에서 첫 번째 열의 **기대칸도수 (expected cell freque-ncies)** 는 $n_i\theta_0(i = 1, 2, \cdots, k)$ 이고, 두 번째 열에 대한 기대칸도수는 $n_i(1-\theta_0)$이다. θ_0를 모를 때에는 이전과 같이 이것 대신에 합동추정값 $\hat{\theta}$를 대입한다. 그러면 기대칸도수는 $i = 1, 2, \cdots, k$일 때,

$$e_{i1} = n_i\hat{\theta} \text{ 와 } \quad e_{i2} = n_i(1-\hat{\theta})$$

으로 추정한다. 카이제곱통계량

$$\chi^2 = \sum_{i=1}^{k} \frac{(x_i - n_i\hat{\theta})^2}{n_i\hat{\theta}(1-\hat{\theta})}$$

은

$$\chi^2 = \sum_{i=1}^{k}\sum_{j=1}^{2} \frac{(f_{ij} - e_{ij})^2}{e_{ij}}$$

으로 쓰여질 수 있음을 독자는 연습문제 13.8에서 보여야 한다.

예제 13.10

다음의 표에 나타난 표본자료를 근거로 하여 세제 B보다 세제 A를 선호하는 손님의 실제 비율이 서로 다른 세 도시에서 모두 같은지 결정하여라.

	세제 A 선호	세제 B 선호	
Los Angeles	232	168	400
San Diego	260	240	500
Fresno	197	203	400

유의수준은 0.05를 이용하여라.

풀이

1. H_0: $\theta_1 = \theta_2 = \theta_3$
H_1: $\theta_1, \theta_2, \theta_3$ 이 모두 같지는 않다.
$\alpha = 0.05$

2. $\chi^2 = \sum_{i=1}^{3}\sum_{j=1}^{2} \frac{(f_{ij} - e_{ij})^2}{e_{ij}}$ 일 때 $\chi^2 \geqq 5.991$이면 귀무가설을 기각한다. 5.991은 $\chi^2_{0.05,2}$의 값이다.

3. θ의 합동추정값은

$$\hat{\theta} = \frac{232 + 260 + 197}{400 + 500 + 400} = \frac{689}{1{,}300} = 0.53$$

이므로 기대칸도수는

$$e_{11} = 400(0.53) = 212 \text{ 와 } \quad e_{12} = 400(0.47) = 188$$
$$e_{21} = 500(0.53) = 265 \text{ 와 } \quad e_{22} = 500(0.47) = 235$$
$$e_{31} = 400(0.53) = 212 \text{ 와 } \quad e_{32} = 400(0.47) = 188$$

이고, 이 값을 χ^2의 식에 대입하면

$$\begin{aligned}\chi^2 &= \frac{(232-212)^2}{212} + \frac{(260-265)^2}{265} + \frac{(197-212)^2}{212} \\ &\quad + \frac{(168-188)^2}{188} + \frac{(240-235)^2}{235} + \frac{(203-188)^2}{188} \\ &= 6.48\end{aligned}$$

4. $\chi^2 = 6.48$를 5.991보다 큰 값이므로 귀무가설은 기각된다. 즉, 세제 B보다 세제 A를 선호하는 손님의 세 도시의 실제 비율은 같지 않다.

연습문제

13.8 411쪽에 주어진 χ^2의 두 식은 서로 같음을 보여라.

13.9 n개의 관찰값을 근거로 하여 대립가설 $\lambda > \lambda_0$, $\lambda < \lambda_0$, $\lambda \neq \lambda_0$에 대하여 귀무가설 $\lambda = \lambda_0$을 검정하도록 408 ~ 409쪽의 두 기각역을 수정하여라. λ는 포아송분포의 모수이다 (힌트: 예제 7.15의 결과를 이용하여라).

13.10 연습문제 13.9에 대하여 $k_{0.025}$, $k'_{0.025}$에 대응되는 부록의 표 II의 값을 이용하여 다섯 개의 관찰값을 근거로 대립가설 $\lambda \neq 3.6$에 대하여 귀무가설 $\lambda = 3.6$을 검정하여라. 유의수준으로 0.05를 이용하여라.

13.11 $k = 2$일 때 411쪽의 χ^2의 식은

$$\chi^2 = \frac{(n_1+n_2)(n_2x_1 - n_1x_2)^2}{n_1n_2(x_1+x_2)[(n_1+n_2)-(x_1+x_2)]}$$

와 같이 쓸 수 있음을 보여라.

13.12 두 이항모집단에서 추출된 큰 확률표본이 주어졌을 때 귀무가설 $\theta_1 = \theta_2$는

$$z = \frac{\dfrac{x_1}{n_1} - \dfrac{x_2}{n_2}}{\sqrt{\hat{\theta}(1-\hat{\theta})\left(\dfrac{1}{n_1}+\dfrac{1}{n_2}\right)}}$$

의 통계량으로 검정됨을 보여라. 이때 $\hat{\theta} = \dfrac{x_1+x_2}{n_1+n_2}$이다 (힌트: 연습문제 8.5 참조).

13.13 연습문제 13.12의 z의 제곱은

$$\chi^2 = \sum_{i=1}^{2} \frac{(x_i - n_i\hat{\theta})^2}{n_i\hat{\theta}(1-\hat{\theta})}$$

와 같음을 보여라. 그러면 대립가설이 $\theta_1 \neq \theta_2$일 때 실제로 두 검정은 같다. χ^2통계량에 근거하지 않은 연습문제 13.12의 검정은 대립가설이 $\theta_1 < \theta_2$ 또는 $\theta_1 > \theta_2$일 때에 사용될 수 있음을 주목하라.

13.7 $r \times c$표 분석

이 절에서 소개할 방법은 개념은 전혀 다르지만 같은 방법으로 분석되는 두 종류의 문제에 적용할 것이다. 첫 번째 종류의 문제는 r 다항모집단들에서 추출된 표본들을 다루며, 각 추출에는 c개의 가능한 결과들이 있다. 예를 들어 서로 다른 다섯 선거구에서 인터뷰를 하여 사람들에게 선호대상이 특정 후보자인지, 경쟁 후보자인지, 또는 결정하지 않았는지 알아보았다. 이때 $r = 5$이고 $c = 3$이다.

이것은 예제 13.10의 경우에서도 발생했다. 만약 손님에게 세제 A를 선호하는지 또는 B를 선호하는지 또는 특별히 선호하는 것이 없는지 물었다고 하자. 그러면 우리는 아래의 3 × 3의 표로 나타낼 수 있는 결과를 얻는다.

	세제 A 선호	세제 B 선호	선호 없음	
Los Angeles	174	93	133	400
San Diego	196	124	180	500
Fresno	148	105	147	400

우리가 이와 같은 문제에서 검정하고 싶은 귀무가설은 r개의 동일한 다항모집단들에서 추출하였다는 것이다. 기호로 표시하면 만약 θ_{ij}가 i번째 모집단의 j번째 결과일 확률이라면, 우리는 $j = 1, 2, \cdots, c$에 대해서

$$\theta_{1j} = \theta_{2j} = \cdots = \theta_{rj}$$

의 귀무가설을 검정하고 싶다. 대립가설은 $\theta_{1j}, \theta_{2j}, \cdots, \theta_{rj}$ 중 적어도 하나의 j의 값에 대해서 모두 같지는 않다는 것이다.

위의 예제에서 우리는 세 표본들을 다루었는데, 그 고정된 크기는 행의 총합 400, 500, 400으로 주어졌다. 즉, 열의 총합은 우연으로 얻어진다. 이 절에서 적용되는 방법을 이용하는 다른 종류의 문제에서는, 하나의 표본을 다루는 데 열의 총합뿐만 아니라 행의 총합도 우연으로 얻어진다.

예를 들어 어느 큰 회사의 직업 연수 프로그램을 거쳐간 사람들의 I.Q.와 그들의 뒤이어 행해진 일의 수행 정도와의 관계를 연구한 결과 얻어진 아래의 표를 고려하자.

		수행능력			
		나쁨	보통	좋음	
	평균 미만	67	64	25	156
I.Q.	평균	42	76	56	174
	평균 초과	10	23	37	70
		119	163	118	400

이 표본의 크기는 400이고, 열의 총합뿐만 아니라 행의 총합도 우연으로 얻어진다.

정의 13.3 **분할표** r개의 비수치적 항목으로 된 행변수(row variable)와 c개의 비수치적 항목으로 된 열변수(column variable)로 된 표를 **분할표(contingency table)**라고 한다. 표 안에 들어가는 것은 셈자료(count data)이고 행과 열의 합계는 미리 고정되어 있지 않다. 분할표는 행변수와 열변수의 독립성을 알아보려는 목적으로

작성된다.

위의 표를 이용하여 우리가 검정하고 싶은 귀무가설은 연수 프로그램을 거친 사람들의 일에 대한 수행능력은 그들의 I.Q.와 독립이라는 것이다. 일반적으로 θ_{ij}가 어떤 항목이 i번째 행과 j번째 열의 칸에 속할 확률이고, $\theta_{i\cdot}$는 어떤 항목이 i번째 행에 속할 확률, $\theta_{\cdot j}$는 어떤 항목이 j번째 열에 속할 확률이라면, 검정하고 싶은 귀무가설은 $i = 1, 2, \cdots, r$, $j = 1, 2, \cdots, c$에 대해서

$$\theta_{ij} = \theta_{i\cdot} \cdot \theta_{\cdot j}$$

이다. 이에 대응되는 대립가설은 적어도 하나의 i, j의 값의 쌍에 대해서 $\theta_{ij} \neq \theta_{i\cdot} \cdot \theta_{\cdot j}$이다.

$r \times c$표를 분석하는 방법은 다항모집단들에서 추출된 r 표본들과 c개의 서로 다른 결과들을 다루거나, 혹은 다항모집단에서 추출된 하나의 표본과 rc개의 서로 다른 결과를 다루는 것에 관계없이 같으므로 여기에서는 후자의 경우를 논의하자. 연습문제 13.15에서 독자는 전자의 경우의 예를 풀 것이다.

i번째 행과 j번째 열이 이루는 칸의 관찰된 빈도를 f_{ij}라고 표시하고, 행의 총합은 $f_{i\cdot}$, 열의 총합은 $f_{\cdot j}$, 총계 (grand total, 모든 칸의 합) 는 f로 표시할 것이다. 이 표시법을 이용하여 $\theta_{i\cdot}$와 $\theta_{\cdot j}$의 확률을

$$\hat{\theta}_{i\cdot} = \frac{f_{i\cdot}}{f} \text{와} \qquad \hat{\theta}_{\cdot j} = \frac{f_{\cdot j}}{f}$$

로 추정하고, 독립이라는 귀무가설하에서 i번째 행과 j번째 열의 칸의 기대도수

$$e_{ij} = \hat{\theta}_{i\cdot} \cdot \hat{\theta}_{\cdot j} \cdot f = \frac{f_{i\cdot}}{f} \cdot \frac{f_{\cdot j}}{f} \cdot f = \frac{f_{i\cdot} \cdot f_{\cdot j}}{f}$$

를 얻는다. 그러므로 **e_{ij}는 i번째 행에 속하는 칸의 총합과 j번째 열에 속하는 칸의 총합을 곱한 뒤 총계로 나누어서** 얻어진다.

e_{ij}를 계산한 뒤,

$$\chi^2 = \sum_{i=1}^{r} \sum_{j=1}^{c} \frac{(f_{ij} - e_{ij})^2}{e_{ij}}$$

의 값으로 우리의 결정을 내린다. 이 값이 $\chi^2_{\alpha,(r-1)(c-1)}$의 값을 초과하면 귀무가설을 기각한다.

자유도는 $(r - 1)(c - 1)$이고, 이것과 관련하여 다음의 관찰을 할 수 있다. 카이제곱식에서 칸의 기대도수는 수집된 자료 표본을 근기로 추정된다. 이때 자유도는 $s \quad t \quad 1$이고, s는 합에서 더하는 것의 개수, t는 추정값으로 대체되는 독립적인 모수의 개수이다. 13.6절의 카이제곱통계량을 이용하여 k비율들 간 차이에 대하여 검정할 때에는 $s = 2k$, $t = k$를 얻었다. 이때 우리는 k개의 모수들 $\theta_1, \theta_2, \cdots, \theta_k$을 추정해야 하므로, 자유도는 $2k - k - 1 = k - 1$이다. $r \times c$ 분할표의 독립성을 검정할 때에는 $s = rc$, $t = r + c - 2$를 얻는다. r개의 $\theta_{i\cdot}$ 모수와 c개의 $\theta_{\cdot j}$ 모수가 모두 독립인 것은 아니다. 각각 대응되는 그들의 합은 1이어야 하기 때문이다. 그러므로 우리는 $s - t - 1 = rc - (r + c - 2) - 1 = (r - 1)(c - 1)$을 얻는다.

우리가 소개한 검정통계량은 오직 근사적으로 자유도 $(r - 1)(c - 1)$의 카이제곱분포를 따르므로, 관습적으로 이 검정은 모든 e_{ij}가 5보다 작은 것이 없는 경우에만 사용한다. 때때로 이 조건을 만족시키기 위하여 칸을 결합하는 것이 필요하며, 그때는 자유도도 따라서 감소한다.

예제 13.11

다음 표에 나타난 자료를 이용하여 한 개인의 수리적인 능력은 그가 통계학에 관심을 갖는 것과 독립적인지 유의수준 0.01로 검정하여라.

		수행능력		
		낮음	보통	높음
통계학에 대한 관심	낮음	63	42	15
	보통	58	61	31
	높음	14	47	29

풀이

1. H_0 : 수리 능력은 통계학에 대한 관심과 독립적이다.

H_1 : 수리 능력은 통계학에 대한 관심과 독립적이지 않다.

$\alpha = 0.01$

2. $\chi^2 = \sum_{i=1}^{r}\sum_{j=1}^{c}\frac{(f_{ij}-e_{ij})^2}{e_{ij}}$ 일 때

$\chi^2 \geqq 13.277$이면 귀무가설을 기각한다. 13.277은 $\chi^2_{0.01,4}$의 값이다.

3. 각 행 또는 열에 대해서 칸의 기대도수의 합은 그에 대응되는 관찰된 도수들의 합과 같다는 사실을 이용하면(연습문제 13.14), 첫 번째 행의 기대도수는 $\frac{120 \cdot 135}{360} = 45.0$, $\frac{120 \cdot 150}{360} = 50.0$, $120 - 45.0 - 50.0 = 25.0$이다. 유사하게 두 번째 행의 기대도수는 56.25, 62.5, 31.25이고, 세 번째 행의 기대도수는 (열의 총합에서 첫 번째 행과 두 번째 행의 기대도수의 합을 빼서 얻어진다) 33.75, 37.5, 18.75이다. 그러므로 χ^2의 식에 대입하면,

$$\begin{aligned}\chi^2 &= \frac{(63-45.0)^2}{45.0} + \frac{(42-50.0)^2}{50.0} + \cdots + \frac{(29-18.75)^2}{18.75} \\ &= 32.14\end{aligned}$$

4. $\chi^2 = 32.14$는 13.277보다 큰 값이므로 귀무가설은 기각된다. 한 개인의 수리 능력과 그의 통계학에 대한 관심은 서로 관련이 있다고 결론을 내린다. ●

$r \times c$표의 카이제곱 분석의 단점은 행들과 열들의 가능한 순서를 고려하지 않는다는 것이다. 예를 들어 예제 13.11에서 통계학에 대한 관심뿐만 아니라 수리적인 능력도 낮은 것에서 평균, 높은 것으로 순서가 정해져 있고, 만약 행들과 열들이 서로 교체되었을 때 얻는 χ^2의 값은 그렇지 않는 경우에 얻는 값과 여전히 같다. 또한, 414쪽의 표의 열들은 B의 선호도(A를 선호하지 않는) 에 대한 순서를 A, B 무관하게 선호하는 것보다 앞에 놓고있다. 그러나 도시별 행들은 특별히 순서를 정하지 않았다. 연습문제 14.73과 15.21에서 어떻게 그런 순서를 고려해야 하는지 설명되어 있다.

13.8 적합도

이 절에서 고려될 **적합도검정 (goodness-of-fit test)** 은 자료의 집합이 주어진 분포를 따르는 모집단에서 추출된 확률표본으로 보이는지 결정하기 원하는 상황에 적용된다. "적합도" 종류 중 두 번째 것은 짝 자료의 집합에 적합한 곡선을 맞출 때 사용되며, 14장에서 논의된다. 설명을 위해 우리는 다음의 표에 나타난 자료 (관찰된 빈도수) 에 근거하여 식자할 때 식자공이 만드는 오류의 개수가 포아송분포를 따르는 확률변수인지 결정하기 원한다고 하자.

	오류수	관찰도수 f_i	포아송 확률 $\lambda = 3$	기대도수 e_i
	0	18	0.0498	21.9
	1	53	0.1494	65.7
	2	103	0.2240	98.6
	3	107	0.2240	98.6
	4	82	0.1680	73.9
	5	46	0.1008	44.4
	6	18	0.0504	22.2
	7	10	0.0216	9.5
	8	2 } 3	0.0081	3.6 } 5.3
	9	1 }	0.0038	1.7 }
총계		440		

이 표에서 마지막 두 계급 (class) 은 기대도수가 5 이상을 갖는 새로운 계급으로 묶는 것을 주목하라.

주어진 기대도수들의 집합이 포아송모집단에서 추출된 확률표본인지 결정하기 위해, 먼저 관찰된 분포의 평균을 이용하여 포아송모수 λ을 추정하면 $\hat{\lambda} = \dfrac{1,341}{440} = 3.05$를 얻는다. 혹은 근사적으로 $\hat{\lambda} = 3$이다. 그러면 부록 표 II에서 $\lambda = 3$의 포아송확률을 구하여 (9의 확률은 9 또는 그 이상의 확률로 대체) 총 빈도인 440을 곱하면, 표의 오른쪽 열에 나타난 기대도수를 얻는다. 관찰된 빈도들이 포아송모집단에서 추출된 확률표본을 구성한다는 귀무가설을 검정하기 위해, 두 빈도들의 집합 간에 적합도가 얼마인지 또는 얼마나 합치하는지 판단해야 한다. 일반적으로 관찰된 자료는 특정 분포를 따르는 모집단에서 추출되었다는 귀무가설 H_0을 모집단이 다른 분포를 따른다는 대립가설에 대하여 검정하기 위해서,

$$\chi^2 = \sum_{i=1}^{m} \frac{(f_i - e_i)^2}{e_i}$$

를 계산하고, 유의수준 α에서 $\chi^2 \geq \chi^2_{\alpha,\, m-t-1}$이면 H_0을 기각한다. 이때 m은 더하는 항목의 개수이고, t는 표본자료로 추정되는 독립적인 모수의 개수이다 (415쪽 논의 참조). 위의 예는 오직 하나의 모수가 자료로부터 추정되므로 $t = 1$이고 자유도는 $m - 2$이다.

예제 13.12

위의 표에 나타난 자료에 대해서 유의수준 0.05에 대해서 식자공이 식자할 때 만든 오류의 개수는 포아송분포를 따르는 확률변수인지 검정하여라.

풀이 (여덟 개, 아홉 개의 오류에 대응되는 기대도수는 5보다 작기 때문에, 두 계급은 병합된다.)

1. H_0 : 오류의 개수는 포아송확률변수다.

H_1 : 오류의 개수는 포아송확률변수가 아니다.

$\alpha = 0.05$

2. $\chi^2 = \sum_{i=1}^{m} \frac{(f_i - e_i)^2}{e_i}$ 일 때

$\chi^2 \geqq 14.067$이면 귀무가설을 기각한다. 14.067은 $\chi^2_{0.05,7}$의 값이다.

3. χ^2의 식에 대입하면,

$$\chi^2 = \frac{(18-21.9)^2}{21.9} + \frac{(53-65.7)^2}{65.7} + \cdots + \frac{(3-5.3)^2}{5.3}$$
$$= 6.83$$

4. $\chi^2 = 6.83$는 14.067보다 작은 값이므로 귀무가설은 기각되지 못한다. 관찰된 빈도와 기대도수간 합치도가 높아 포아송분포는 "적절히 적합"함을 보여 준다. ●

연습문제

13.14 칸의 기대도수가 415쪽의 공식에 따라 계산되었다면, 어느 행이나 열의 합은 대응되는 관찰된 빈도들의 합과 같음을 보여라.

13.15 칸의 기대도수를 계산하는 415쪽의 공식은 r개의 모집단을 동일한 다항분포들에서 추출한다는 귀무가설을 검정할 때에도 적용됨을 보여라.

13.16 다음의 χ^2을 계산하는 공식은 415쪽의 공식과 같음을 보여라.

$$\chi^2 = \sum_{i=1}^{r} \sum_{j=1}^{c} \frac{f_{ij}^2}{e_{ij}} - f$$

13.17 연습문제 13.16의 식을 이용하여 예제 13.10의 χ^2를 다시 계산하여라.

13.18 만약 두 변수들 간에 관계가 존재하는 분할표를 분석한다면 이 관계의 강도는

$$C = \sqrt{\frac{\chi^2}{\chi^2 + f}}$$

라는 **우발성계수 (contingency coefficient)** 에 의하여 측정된다. 이때 χ^2는 검정통계량에서 얻어진 값이며 f는 415쪽에 정의된 총계이다. 다음을 보여라.

(a) 2×2 분할표에서 C의 최댓값은 $\frac{1}{2}\sqrt{2}$이다.

(b) 3×3 분할표에서 C의 최댓값은 $\frac{1}{3}\sqrt{6}$이다.

```
Two-Sample T-Test and CI: C1, C2

Two-sample T for C1 vs C2

    N  Mean  StDev  SE Mean
C1  5  8160    252      113
C2  5  7730    207       92


Difference = mu (C1) - mu (C2)
Estimate for difference:  430.000
95% CI for difference:  (85.543, 774.457)
T-Test of difference = 0 (vs not =): T-Value = 2.95  P-Value = 0.021  DF =
```

그림 13.5 예제 13.13의 컴퓨터 프로그램 결과값

13.9 실제 예

11장에서처럼, 논의했던 모든 검정에 대하여 컴퓨터 프로그램이 존재하며, 오직 원자료(처리되지 않은) 와 그에 적합한 명령어와 함께 컴퓨터에 입력해 주면 된다. 설명을 위해 다음 예를 고려하자.

예제 13.13

다음의 확률표본은 두 광산의 석탄의 시료의 열 산출 용량(톤당 백만 칼로리) 을 측정한 값들이다.

광산 1:	8,400	8,230	8,380	7,860	7,930
광산 2:	7,510	7,690	7,720	8,070	7,660

유의수준 0.05에 대해서 두 표본들의 평균 간 차이는 유의한지 검정하여라.

풀이 그림 13.5의 컴퓨터 결과값은 검정통계량이 $t = 2.95$이고, 자유도는 7이며, P값은 0.021임을 보여 준다. 0.021은 0.05보다 작은 값이므로 두 표본들의 평균 간 차이는 유의수준 0.05에서 유의하다고 결론을 내린다.

11.8절에서 언급한 것과 같이 통계학에서 컴퓨터의 영향력은 예제 11.12에서 수행한 것 이상 훨씬 높다. 이것은 예제 13.13에서도 마찬가지이지만, 여기서 지적하고 싶은 것은 논의했던 모든 표준 검정과정에 대하여 소프트웨어가 존재한다는 것이다. 다음의 응용문제들에서 적절한 통계 프로그램을 사용할 것을 권장한다.

13.1~13.3절

응용문제

13.19 특정 자료를 근거로 하여 유의수준 0.05에서 귀무가설은 기각된다. 다음에서도 역시 기각될 것인가?

(a) 유의수준 0.01

(b) 유의수준 0.10

13.20 어떤 특정 가설을 검정할 때 검정통계량에 대응되는 P값이 0.0316이다. 다음에서 귀무가설은 기각될 것인가?

(a) 유의수준 0.01

(b) 유의수준 0.05

(c) 유의수준 0.10

13.21 예제 13.1에 대하여 관찰된 검정통계량의 값에 대응되는 P값이 0.0046임을 보여라.

13.22 예제 13.2에 대하여 관찰된 검정통계량의 값에 대응되는 P값이 0.0808임을 보여라.

13.23 예제 13.3에 대하여 적절한 통계 프로그램을 사용하여 $t = -0.49$에 대응되는 P값을 구하여라. 이때 t는 자유도 4의 t분포를 따르는 확률변수의 값이다. 이 P값을 이용하여 예제를 다시 풀어라.

13.24 만약 표본이 추출된 분포가 정규분포며, $\bar{x} = 8.4$, $\sigma = 3.2$일 때 크기 $n = 16$의 확률표본의 평균이 "10보다 유의하게 작은지" 유의수준 0.05에서 검정하여라. 이 검정의 귀무가설과 대립가설은 무엇인가?

13.25 독해력 시험에서 확립된 기준에 의하면, 8학년 학생들의 능력은 평균 84.3과 표준편차 8.6이다. 만약 특정 학교에서 확률추출된 45명의 8학년 학생들의 평균이 87.8일 때, 396쪽의 네 단계를 이용하여 귀무가설 $\mu = 84.3$을 대립가설 $\mu > 84.3$에 대해서 유의수준 0.01에 대해서 검정하여라.

13.26 응용문제 13.25를 관찰된 검정통계량의 값에 대응되는 P값을 사용하여 다시 풀어라.

13.27 공장의 안전부서는 야간 경비원이 순회를 도는 실제 평균 시간이 30분인지 알고 싶다. 만약 32번의 확률표본에서 순회 시간이 평균 30.8분에 표준편차 1.5분이 걸렸다면, 이것이 귀무가설 $\mu = 30$분을 대립가설 $\mu \neq 30$분에 대해서 기각할 충분한 이유인지 결정하여라. 유의수준 0.01에서 396쪽의 네 단계를 이용하여라.

13.28 응용문제 13.27을 관찰된 검정통계량의 값에 대응되는 P값을 사용하여 다시 풀어라.

13.29 표식이 된 경기 주로에서 이루어진 12회의 실험 결과, 새롭게 고안된 모터보트가 평균 33.6초와 표준편차 2.3초를 기록했다. 자료를 정규모집단에서 추출된 확률표본으로 가정하면, 396쪽의 네 단계를 이용하여 귀무가설 $\mu = 35$를 대립가설 $\mu < 35$에 대해서 유의수준 0.05에서 검정하여라.

13.30 특정 종류의 담배의 타르 함유량을 다섯 번 측정한 값이 14.5, 14.2, 14.4, 14.3, 14.6밀리그램이다. 자료가 정규모집단에서 추출된 확률표본이라고 가정하면, 396쪽의 네 단계를 이용하여 귀무가설 $\mu = 14.0$은 대립가설 $\mu \neq 14.0$에 대해서 유의수준 0.05에서 기각됨을 보여라.

13.31 응용문제 13.30에서 첫 번째 관찰값이 14.5 대신 16.0으로 잘못 기록되었다면, 이것으로 인해 결과가 바뀜을 보여라. 표본 평균과 μ_0와의 차이가 증가함에도 불구하고 더 이상 유의하지 않다는 명백한 역설을 보여라.

13.32 응용문제 13.30에서 적절한 통계 프로그램을 이용하여 관찰된 검정통계량의 값에 대응되는 P값을 구하여라. 이 P값을 이용하여 응용문제를 다시 풀어라.

13.33 만약 같은 가정이 충분히 자주 검정되었다면, 만약 이것이 사실이라고 하여도 적어도 한 번은 기각되었을 것이다. 어느 한 생물학 교수가 흰 쥐를 미로를 달리게 하여, 흰 쥐가 다양한 색깔의 쥐를 이용한 그 전의 많은 실험에서 확립된 기준보다 더 빨리 달렸다는 사실을 증명하려고 한다.

(a) 만약 교수가 이 실험을 여러 쥐를 이용하여 한 번 수행하였다면, 쥐의 색깔은 미로에서 달리는 속도에 영향을 미치지 못함에도 불구하고, 그가 "유의한" 결과를 얻을 확률은 얼마인가? 유의수준 0.05를 이용하여라.

(b) 만약 교수가 새로운 흰 쥐의 집합으로 실험을 반복하였다면, 쥐의 색깔은 미로에서 달리는 속도에 영향을 미치지 못함에도 불구하고, 두 실험 중 그가 적어도 한 번 "유의한" 결과를 얻을 확률은 얼마인가?

(c) 만약 교수가 그의 학생 30명에게 서로 다른 흰 쥐의 그룹으로 같은 실험을 독립적으로 수행하도록 하였다면, 쥐의 색깔은 미로에서 달리는 속도에 영향을 미치지 못함에도 불구하고, 적어도 한 번 "유의한" 결과를 얻을 확률은 얼마인가?

13.34 어느 한 임상역학자가 특정 종류의 암의 원인을 발견하려 한다. 그는 5년간 10,000명의 사람으로 이루어진 그룹에 대해서 48가지의 서로 다른 "요인", 즉 식습관, 음주 습관, 흡연, 운동여부 등을 측정하였다. 그의 목적은 만약 암이 발생한 사람들과 그렇지 않은 사람들 간에 이 요인들(변수들)의 평균간 차이가 존재하는지 결정하는 것이다. 그는 이 변수들이 서로 독립적이라고 가정하였다. 그의 노력이 신중하게 보수적이 되도록 그의 모든 통계적 검정에서 유의수준 0.01을 사용하였다.

(a) 만약 요인들 모두가 원인이 되는 요인이 아닐 때 이 요인들 중 하나가 암과 "관계가 있을" 확률은 얼마인가?

(b) 만약 요인들 모두가 원인이 되는 요인이 아닐 때 이 요인들 중 하나 이상이 암과 관계가 있을 확률은 얼마인가?

13.35 예제 13.4에서 귀무가설이 기각되기 위하여 $\bar{x}_1 - \bar{x}_2$의 값은 얼마가 되어야 하는가? 또한 다음의 기준을 이용하였을 때 제2종 오류의 확률을 구하여라.

(a) $\mu_1 - \mu_2 = 0.12$　　(b) $\mu_1 - \mu_2 = 0.16$

(c) $\mu_1 - \mu_2 = 0.24$　　(d) $\mu_1 - \mu_2 = 0.28$

13.36 보험과 은행 업계의 임원들의 업무를 겸한 점심식사 비용에 관한 확률표본 조사 결과는 다음과 같다.

$$n_1 = 40 \quad \bar{x}_1 = 9.1 \quad s_1 = 1.9$$
$$n_2 = 50 \quad \bar{x}_2 = 8.0 \quad s_2 = 2.1$$

396쪽의 네 단계를 이용하여 유의수준 0.05에서 귀무가설 $\mu_1 - \mu_2 = 0$을 대립가설 $\mu_1 - \mu_2 \neq 0$에 대해서 검정하여라.

13.37 응용문제 13.36을 관찰된 검정통계량의 값에 대응되는 P값을 사용하여 다시 풀어라.

13.38 어느 특정한 해에 표본조사를 수행하고 20년 후에 다시 조사를 하였다. 그 결과 열살된 소년들 400명의 평균 신장이 원래는 53.8인치에 표준편차 2.4인치였는데, 20년 후에는 열살 소년들 500명의 평균 신장이 54.5인치에 표준편차 2.5인치였다. 396쪽의 네 단계를 이용하여 대립가설 $\mu_1 - \mu_2 < -0.5$에 대하여 귀무가설 $\mu_1 - \mu_2 = -0.5$를 유의수준 0.05에 대하여 검정하여라.

13.39 응용문제 13.38을 관찰된 검정통계량의 값에 대응되는 P값을 사용하여 다시 풀어라.

13.40 두 남태평양 섬의 거주자들이 같은 인종의 조상을 갖는지 여부를 알아내기 위하여, 인류학자가 각 섬에서 성인 남성 여섯 명의 두개지수(두장폭지수: cephalic index)를 조사하였더니 $\bar{x}_1 = 77.4$, $\bar{x}_2 = 72.2$를 얻었

고, 그에 대응되는 각각의 표준편차는 $s_1 = 3.3$, $s_2 = 2.1$이었다. 396쪽의 네 단계를 이용하여 두 표본평균 간의 차이가 우연에 기인한 것인지 유의수준 0.01에서 검정하여라. 표본이 추출된 모집단들은 정규분포를 따르고 등분산을 가진다고 가정하여라.

13.41 예제 13.5에 대하여 적절한 통계 프로그램을 이용하여 $t = 2.67$에 대응되는 P값이 0.0185임을 보여라.

13.42 두 종류의 범퍼를 비교하기 위하여 각 종류의 6개의 범퍼를 특정 소형차에 장착하였다. 그리고 각 차가 콘크리트 벽으로 시속 5마일로 돌진하여 다음의 수리 비용 (달러) 이 들었다.

범퍼 1:	127	168	143	165	122	139
범퍼 2:	154	135	132	171	153	149

396쪽의 네 단계를 이용하여 두 표본들의 평균 간 차이가 유의한지 유의수준 0.01에서 검정하여라.

13.43 응용문제 13.42에 대하여 적절한 통계 프로그램을 이용하여 관찰된 검정통계량의 값에 대응되는 P값을 구하여라. 이 P값을 이용하여 응용문제를 다시 풀어라.

13.44 특정 운동의 다이어트 효과를 조사하기 위하여, 16명으로 이루어진 그룹에 운동을 한 달 동안 하도록 하여 다음의 결과를 얻었다.

전 몸무게	후 몸무게	전 몸무게	후 몸무게
211	198	172	166
180	173	155	154
171	172	185	181
214	209	167	164
182	179	203	201
194	192	181	175
160	161	245	233
182	182	146	142

유의수준 0.05를 이용하여 귀무가설 $\mu_1 - \mu_2 = 0$을 대립가설 $\mu_1 - \mu_2 > 0$에 대하여 검정하여라. 그리고 운동이 몸무게 감소에 효과적인지 결정하여라.

13.45 다음은 10군데의 산업 공장의 제조과정에 특정한 안전 프로그램을 시행한 전과 후의 사고로 인한 주간 작업시간 감소를 나타낸 것이다.

45와 36, 73과 60, 46과 44, 124와 119, 33과 35,
57과 51, 83과 77, 34와 29, 26과 24, 17과 11

396쪽의 네 단계를 이용하여 안전 프로그램이 효과적인지 유의수준 0.05에서 검정하여라.

13.46 응용문제 13.45에서 적절한 통계 프로그램을 이용하여 관찰된 검정통계량의 값에 대응되는 P값을 구하여라. 이 P값을 이용하여 응용문제를 다시 풀어라.

13.4절

13.47 철의 특정 용해열을 측정한 9개의 값의 표준편차는 0.0086이다. 이 측정값들은 정규모집단에서 추출된 확률표본을 구성한다고 가정할 때, 귀무가설 $\sigma = 0.0100$을 대립가설 $\sigma < 0.0100$에 대해서 유의수준 0.05로 검정하여라.

13.48 확률표본에서 특정 나이의 블랙앵거스 (Balck Angus) 수송아지 24마리의 몸무게의 표준편차는 238파운

드이다. 이 몸무게들이 정규모집단에서 추출된 확률표본이라 가정할 때, 귀무가설 $\sigma = 250$을 대립가설 $\sigma \neq 250$에 대해서 유의수준 0.01로 검정하여라.

13.49 확률표본에서 30명의 여성들이 운전면허증 필기시험을 마치는 시간의 표준편차는 $s = 2.53$분이었다. 유의수준 0.05에서 귀무가설 $\sigma = 2.85$분을 대립가설 $\sigma < 2.85$에 대하여 검정하여라(본문에 설명된 방법을 이용하여라).

13.50 연습문제 13.7의 방법을 이용하여 응용문제 13.49를 다시 풀어라.

13.51 예전 자료에 의하면 숙련된 검사자들에 의해 찍힌 얇은 박판 위의 소인들의 표준편차가 0.41제곱인치이다. 만약 새 검사자가 표준편차 0.49제곱인치인 50개의 소인을 찍었다면, 연습문제 13.7의 방법을 이용해 귀무가설 $\sigma = 0.41$ 제곱인치를 대립가설 $\sigma > 0.41$제곱인치에 대하여 유의수준 0.05에서 검정하여라.

13.52 응용문제 13.51에서 적절한 통계 프로그램을 이용하여 관찰된 검정통계량의 값에 대응되는 P값을 구하여라. 이 값을 이용하여 유의수준 0.015에서 귀무가설을 기각할 수 있는지 결정하여라.

13.53 예제 13.5에서 유의수준 0.05에서 귀무가설 $\sigma_1 - \sigma_2 = 0$을 대립가설 $\sigma_1 - \sigma_2 > 0$에 대하여 검정하여라.

13.54 응용문제 13.40에서 두 모집단의 등분산 가정이 타당한지 유의수준 0.10에서 검정하여라.

13.55 응용문제 13.42에서 두 모집단의 등분산 가정이 타당한지 유의수준 0.02에서 검정하여라.

13.5~13.6절

13.56 예제 13.8에 대하여 기각역은 $x \leqq 5$ 또는 $x \geqq 15$이고, 각각의 기각역에 대응되는 유의수준은 실제로 0.0414임을 보여라.

13.57 물건 사러온 전체 손님의 40퍼센트 이상이 집중 광고된 상표를 구별할 수 있다고 주장하고 있다. 만약 확률표본에서 18명의 손님 중 10명이 상표를 구별할 수 있었다면, 유의수준 0.05에서 귀무가설 $\theta = 0.40$을 대립가설 $\theta > 0.40$에 대하여 검정하여라.

13.58 응용문제 13.57에서 기각역을 찾고 그에 대응되는 실제 유의수준을 구하여라.

13.59 어느 한 의사는 특정 양의 방사선에 노출된 모든 사람들 중 30퍼센트보다 적은 사람들만이 병의 조짐을 느낀다고 주장한다. 만약 확률표본에서 19명의 사람 중 1명만이 병의 조짐을 느꼈다면, 유의수준 0.05에서 귀무가설 $\theta = 0.30$을 대립가설 $\theta < 0.30$에 대하여 검정하여라.

13.60 응용문제 13.59에서 기각역을 찾고 그에 대응되는 실제 유의수준을 구하여라.

13.61 확률표본에서 산업 재해 14개 중 12개가 안전하지 않은 작업 조건에 기인해 일어난다. 유의수준 0.01에서 귀무가설 $\theta = 0.40$을 대립가설 $\theta \neq 0.40$에 대하여 검정하여라.

13.62 응용문제 13.61에서 기각역을 찾고 그에 대응되는 실제 유의수준을 구하여라.

13.63 미국의 1,000세대에 대한 확률조사에서, 29퍼센트의 세대가 적어도 한 명 이상의 대학 학위자를 포함하고 있었다. 이 발견은 미국 전체에 대학 학위자를 적어도 한 명 이상 포함할 확률이 적어도 35퍼센트라는 주장에 이의를 제기하는가? 유의수준 0.05을 이용하여라.

13.64 12명의 경영학부 학생으로 이뤄진 확률표본에서, 여섯 명은 앞으로 상급 회계학을 공부할 것이라 답했다. 유의수준 0.01을 이용하여 경영학부 학생 전체의 20퍼센트가 앞으로 상급 회계학을 공부할 것이라는 귀

무가설 $\theta = 0.20$을 대립가설 $\theta > 0.20$에 대하여 검정하여라.

13.65 음식 가공업자는 옛 포장용기보다 새로운 포장용기를 선호하는 손님의 실제 비율이 0.60인지 알고 싶어 한다. 확률표본에서 18명의 손님 중 7명이 옛 포장용기보다 새로운 포장용기를 선호하였다면, 귀무가설 $\theta = 0.60$을 대립가설 $\theta \neq 0.60$에 대하여 유의수준 0.05로 검정하여라.

13.66 특정 교차로에서 우회전하는 600대의 차로 이뤄진 확률표본에서, 157대가 잘못된 차선으로 들어갔다. 0.05의 유의수준으로 그 교차로에서 실수를 하는 운전자의 실제 비율이 0.30이라는 귀무가설 $\theta = 0.30$을 대립가설 $\theta \neq 0.30$에 대해서 검정하여라.

13.67 얼룩 제거제의 제조업자는 그의 제품은 모든 얼룩의 90퍼센트를 없앨 수 있다고 주장한다. 만약 확률표본에서 그의 제품을 사용하였을 때 200개의 얼룩 중 174개의 얼룩이 지워졌다면, 귀무가설 $\theta = 0.90$을 대립가설 $\theta < 0.90$에 대해서 유의수준 0.05에서 검정하여라.

13.68 확률표본에서 작은 TV로 특정 텔레비전 프로그램을 시청한 250명 중 74명이 같은 프로그램을 큰 수상기로 시청한 250명 중 92명이 무슨 물품이 선전되었는지 기억하였다. χ^2통계량을 이용하여 귀무가설 $\theta_1 = \theta_2$을 대립가설 $\theta_1 \neq \theta_2$에 대하여 유의수준 0.01에서 검정하여라.

13.69 연습문제 13.12의 통계량을 이용하여 응용문제 13.68을 다시 풀어라.

13.70 확률표본에서 어느 한 모종에서 옮겨온 400송이의 튤립 중 46송이가 개화에 실패했고, 다른 모종에서 옮겨온 200송이의 튤립 중 18송이가 개화에 실패했다. χ^2통계량을 이용하여 귀무가설 $\theta_1 = \theta_2$을 대립가설 $\theta_1 \neq \theta_2$에 대하여 유의수준 0.05에서 검정하여라.

13.71 연습문제 13.12의 통계량을 이용하여 응용문제 13.70을 다시 풀어라. 또한 z에서 얻어진 값의 제곱은 χ^2에서 얻어진 값과 같음을 보여라.

13.72 아침을 거른 200명의 확률표본 중에 82명이 오전 중간쯤 피로를 느낀다고 보고되었고, 아침을 먹는 300명의 확률표본 중에 87명이 오전 중간쯤 피로를 느낀다고 보도되었다. 연습문제 13.12의 방법을 이용하여 0.05의 유의수준에서, 각각의 모집단 비율은 차이가 없다는 귀무가설을 아침을 거른 사람들이 좀 더 많이 오전 중간쯤 피로를 느낀다는 대립가설에 대하여 검정하여라.

13.73 A상표의 타이어 200개 중 26개가 30,000마일을 사용하는 데 실패하였고, B상표는 23개가, C상표는 15개, D상표는 32개가 실패하였다. 네 종류의 타이어의 품질은 차이가 없다는 귀무가설을 유의수준 0.05에서 검정하여라.

13.74 확률표본에서 250명은 저소득을, 200명은 평균 소득, 150명은 고소득을 거둔다고 한다. 그들 중 각각 155, 118, 87명만이 특정 법률을 찬성한다고 한다. 유의수준 0.05에서 귀무가설 $\theta_1 = \theta_2 = \theta_3$ (특정 법률에 찬성하는 비율이 세 소득 그룹에서 모두 같다) 을 θ가 모두 같지는 않다는 대립가설에 대하여 검정하여라.

13.7~13.8절

13.75 각각 서로 다른 세 가지 표준 공정에 의해 생산된 시험적으로 만들어진 물질에 대하여 강도 기준에 맞는지 검사하였다. 만약 검사 결과가 다음의 표와 같았다면, 0.01의 유의수준에서 세 공정이 강도 기준을 통과할 확률이 모두 같은가?

	공정 A	공정 B	공정 C
기준 합격	45	58	49
기준 불합격	21	15	35

13.76 확률표본 360명의 부모들을 학교에 다니는 그들의 자녀가 한 명, 두 명, 세 명, 네 명 이상으로 구분하여 성교육 과정이 형편없다, 적절하다, 훌륭하다라고 느끼는지 필수 성교육 과정에 대한 부모들의 의견을 조사하였다. 다음의 표에 나타난 결과에 근거하여, 유의수준 0.05에서 학교에 다니는 자녀의 수가 부모가 교육과정에 대하여 느끼는 것과 관계가 있는지 검정하여라.

	자녀 수		
	1	2	3 이상
부족	48	40	12
적정	55	53	29
좋음	57	46	20

13.77 190개의 라디오에 대해서 수신감도와 선택감도를 검사한 결과가 다음과 같다.

		수신감도		
		낮음	평균	높음
	낮음	7	12	31
선택감도	평균	35	59	18
	높음	15	13	0

수신감도는 선택감도와 독립적이라는 귀무가설을 유의수준 0.01로 검정하여라.

13.78 세 상인으로부터 어느 큰 회사에게 출하된 표본자료가 다음과 같다.

	불합격	수용가능	완벽
상인 A	12	23	89
상인 B	8	12	62
상인 C	21	30	119

유의수준 0.01로 세 상인에게서 출하된 물건들은 모두 같은 품질을 갖는지 검정하여라.

13.79 서로 다른 세 도시의 구매자들에게 두 세제에 대하여 조사한 414쪽의 3×3표를 분석하여라. 유의수준은 0.05을 이용하여라.

13.80 동전 네 개를 160회 던져서 0, 1, 2, 3, 4개의 앞면이 나타난 수가 각각 19, 54, 58, 23, 6회였다. 동전들은 균형이 잡혔고 랜덤으로 던져졌다고 가정하는 것이 타당한지 유의수준 0.05에서 검정하여라.

13.81 특정 방사선 물질이 방출하는 감마선의 수가 $\lambda = 24$를 갖는 포아송분포를 따르는 확률변수인지 검정하고 싶다. 1초 동안 얻어진 다음의 300개의 자료를 이용하여 귀무가설을 유의수준 0.05에서 검정하여라.

감마선 수	도수
0	19
1	48
2	66
3	74
4	44
5	35
6	10
7 이상	4

13.82 월요일부터 토요일까지 매일 어느 제빵사는 세 개의 큰 초콜렛 케익을 만들고, 당일에 팔리지 않은 물건은 푸드뱅크로 보낸다. 다음의 자료를 이용하여 이 값들을 이항 확률변수의 값들로 생각할 수 있는지 유의수준 0.05에서 검정하여라.

케익 판매수	날짜수
0	1
1	16
2	55
3	228

13.83 다음은 연속 40초 동안 얻어진 100개의 가이거 계수기에서 얻어진 방사선 물질이 방출하는 소립자 개수의 분포이다.

소립자수	도수
5–9	1
10–14	10
15–19	37
20–24	36
25–29	13
30–34	2
35–39	1

(a) 이 분포의 평균과 표준편차는 $\bar{x} = 20, s = 5$임을 보여라.

(b) 9.5보다 작은 구간, 9.5에서 14.5 사이, 14.5에서 19.5 사이, 19.5에서 24.5 사이, 24.5에서 29.5 사이, 29.5에서 34.5 사이, 34.5보다 큰 구간에서 확률변수가 $\mu = 20, \sigma = 5$의 정규분포를 가질 확률을 구하여라.

(c) 각각의 계급에 (b) 에서 얻어진 확률을 곱한 값에 대하여 기대되는 정규곡선 빈도를 구하여라. 그리고 유의수준 0.05에서 자료가 정규모집단에서 추출된 확률표본으로 여길 수 있는지 검정하여라.

13.9절

13.84 다음은 38개의 전구가 꺼질 때까지 작동한 시간이다.

150	389	345	310	20	310	175	376	334	340
332	331	327	344	328	341	325	2	311	320
256	315	55	345	111	349	245	367	81	327
355	309	375	316	336	278	396	287		

적절한 컴퓨터 프로그램을 이용하여 이 전구의 평균 고장 시간이 유의하게 시간보다 작은지 검정하여라. 유의수준은 0.01을 이용하여라.

13.85 다음은 서로 다른 조건에서 폴리우레탄을 입힌 40개 박판의 건조 시간(분) 이다.

조건 1:	55.6	56.1	61.8	55.9	51.4	59.9	54.3	62.8	58.5	55.8
	58.3	60.2	54.2	50.1	57.1	57.5	63.6	59.3	60.9	61.8
조건 2:	55.1	43.5	51.2	46.2	56.7	52.5	53.5	60.5	52.1	47.0
	53.0	53.8	51.6	53.6	42.9	52.0	55.1	57.1	62.8	54.8

적절한 컴퓨터 프로그램을 사용하여 두 평균 건조 시간 간에는 유의한 차이가 있는지 검정하여라. 유의수준은 0.05를 이용하여라.

13.86 원양항해선의 기계장치를 감싸는 세 종류의 재료에 대해서 소금분사 검사를 한 결과 얻어진 값이다.

	재료 A	재료 B	재료 C
누출 됨	36	22	18
누출 안됨	63	45	29

적절한 컴퓨터 프로그램을 사용하여 이 검사에서 세 재료는 누출 확률이 모두 같은지 검정하여라. 유의수준 0.05를 이용하여라.

참고문헌

카이제곱 통계량의 자유도 결정 문제에 대한 논의

CRAMÉR, H., *Mathematical Methods of Statistics*. Princeton, N.J.: Princeton University Press, 1946.

The *Smith–Satterthwaite* test of the null hypothesis that two normal populations with unequal variances have the same mean is given in

JOHNSON, R. A., *Miller and Freund's Probability and Statistics for Engineers*, 5th ed. Upper Saddle River, N.J.: Prentice Hall, 1994.

Additional comments relative to using the continuity correction for testing hypotheses concerning binomial parameters can be found in

BROWNLEE, K. A., *Statistical Theory and Methodology in Science and Engineering*, 2nd ed. New York: John Wiley & Sons, Inc., 1965.

분할표에 대한 자세한 논의

EVERITT, B. S., *The Analysis of Contingency Tables*. New York: John Wiley & Sons, Inc., 1977.

행 또는 열이 순서가 있는 $r \times c$ 분할표

AGRESTI, A., *Analysis of Ordinal Categorical Data*. New York: John Wiley & Sons, Inc., 1984.

AGRESTI, A., *Categorical Data Analysis*. New York: John Wiley & Sons, Inc., 1990.

GOODMAN, L. A., *The Analysis of Cross-Classified Data Having Ordered Categories*. Cambridge, Mass.: Harvard University Press, 1984.

14장 회귀와 상관

14.1 서론

많은 통계분석의 주요 목적 중 하나는 하나 또는 여러 개의 변수를 다른 변수들을 이용하여 예측하기 위해 변수들간의 관계를 정립하는 데 있다. 예를 들어 신제품의 가격을 이용하여 앞으로 그 제품이 얼마나 팔릴지 예측하기 위한 연구가 이루어진다. 또한 환자가 다이어트를 실시한 기간으로 그의 체중을, 어느 가정의 수입으로 그 가정의 오락비 지출을, 식품의 영양소 함유량과 식품을 TV에 광고하는 데 든 비용으로 그 식품의 1인당 소비량을 예측하는 연구가 이루어진다.

다른 변수들을 사용하여 우리가 예측하고자 하는 개별적인 한 값을 정확하게 추정하는 것이 가장 이상적이지만 이런 경우는 흔치 않다. 대부분의 경우 우리는 예측하고자 하는 값의 평균, 즉 기댓값을 예측해 내는 것으로 만족해야 한다. 예를 들어 Brown씨가 대학을 졸업한 후 10년이 지나 벌어들이는 수입이 얼마인지는 정확히 예측할 수 없지만, 적절한 자료를 확보하면 대학을 졸업한 후 경과한 기간을 이용하여 졸업생의 평균 수입을 예측할 수 있게 된다. 같은 맥락으로 우리는 7월 강우량으로 특정 품종의 밀 평균수확량을 예측하거나, 대학 입학생들의 I.Q.로 그들의 평균 성적을 예측하는데 만족해야 한다.

이론적으로 X와 Y의 두 확률변수의 결합확률분포를 알고, X가 x의 값을 가질 때 **이변량회귀 (bivariate regression)** 의 문제는 조건부 평균 $\mu_{Y|x}$—주어진 X값에 대한 Y값의 "평균"—을 구하는 문제가 된다. 여기서 "회귀 (regression)"라는 용어는 유전학 이론에서 어떠한 관계를 지칭하기 위하여 Francis Galton이 최초로 사용한 것에서 유래되었다. 예측에 두 개 이상의 변수가 이용되는 **다중회귀 (multiple regression)** 의 경우에는 주어진 X, Y값에 대한 Z의 평균인 $\mu_{Z|x,y}$이나, 주어진 X_1, X_2, X_3에 대한 X_4의 평균인 $\mu_{X_4|x_1,x_2,x_3}$값 등을 구하는 데 관심이 있게 된다.

정의 14.1 **이변량 회귀(bivariate regression; regression equation)** $f(x, y)$ 가 두 확률변수 X와 Y의 (x, y) 에서의 결합확률밀도라면 이변량 회귀의 문제는 $X = x$일 때 Y의 조건부 확률밀도를 구하고, 다음과 같이 4.8절에 소개된 방법으로 이를 적분하는 문제가 된다.

$$\mu_{Y|x} = E(Y|x) = \int_{-\infty}^{\infty} y \cdot w(y|x)\, dy$$

위 결과는 **X에 대한 Y의 회귀식 (regression equation of Y on X)** 이라고 한다. Y를 가지고 X를 예측하고 싶을 때도 있는데 이때는 다음과 같은 회귀식이 쓰인다.

$$\mu_{X|y} = E(X|y) = \int_{-\infty}^{\infty} x \cdot f(x|y)\, dx$$

이산형 확률변수의 경우에는 확률밀도 대신 확률질량으로 계산을 하게 되므로 적분 대신 합을 계산해 주면 된다. 두 변수의 결합확률분포를 모르거나, 결합확률분포의 모수를 알지 못할 경우에는 $\mu_{X|y}$나 $\mu_{Y|x}$의 값을 구하는 문제는 표본자료를 바탕으로 한 추정을 필요로 하게 된다. 이는 앞에서 설명한 것과는 전혀 다른 성질의 문제가 되므로 14.3절과 14.4절에서 자세히 설명하기로 한다.

예제 14.1

다음과 같은 결합확률밀도함수를 갖는 두 확률변수 X와 Y가 있다.

$$f(x, y) = \begin{cases} x \cdot e^{-x(1+y)}, & x > 0 \text{와 } y > 0 \\ 0 & , \text{그 외} \end{cases}$$

X에 대한 Y의 회귀식을 구하고 회귀곡선을 그려라.

풀이 y에 대해 적분해 주면 다음과 같이 X의 주변확률밀도함수를 구할 수 있다.

$$g(x) = \begin{cases} e^{-x}, & x > 0 \\ 0 & , \text{그 외} \end{cases}$$

따라서 $X = x$일 때 Y의 조건부확률밀도함수는 다음과 같다. ($y > 0$일 경우)

$$w(y|x) = \frac{f(x, y)}{g(x)} = \frac{x \cdot e^{-x(1+y)}}{e^{-x}} = x \cdot e^{-xy}$$

$y > 0$이 아닐 경우 $w(y|x) = 0$이 된다. 위의 식은 $\theta = \dfrac{1}{x}$인 지수확률밀도함수와 같으므로 정리 6.3의 따름정리 1을 이용하여 y의 조건부 평균을 구하거나 다음 식을 직접 적분하여 X에 대한 Y의 회귀식을 구할 수 있다.

$$\mu_{Y|x} = \int_{0}^{\infty} y \cdot x \cdot e^{-xy}\, dy$$

이렇게 구해진 회귀식은 다음과 같다.

$$\mu_{Y|x} = \frac{1}{x}$$

위 회귀식의 회귀곡선은 그림 14.1에 나와 있다.

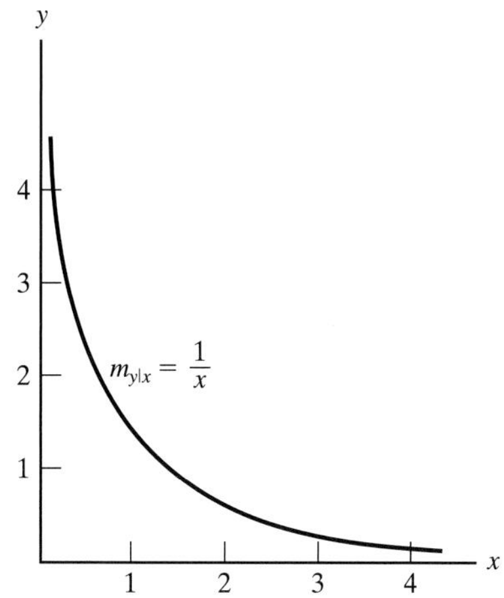

그림 14.1 예제 14.1의 회귀곡선

예제 14.2

X와 Y는 다음과 같은 다항분포를 따른다.

$$f(x, y) = \binom{n}{x, y, n-x-y} \cdot \theta_1^x \theta_2^y (1-\theta_1-\theta_2)^{n-x-y}$$

$x = 0, 1, 2, \cdots, n$, $y = 0, 1, 2, \cdots, n$, $x + y \leqq n$일 때 X에 대한 Y의 회귀식을 구하여라.

풀이 X의 주변확률질량함수는 다음과 같다.

$$\begin{aligned} g(x) &= \sum_{y=0}^{n-x} \binom{n}{x, y, n-x-y} \cdot \theta_1^x \theta_2^y (1-\theta_1-\theta_2)^{n-x-y} \\ &= \binom{n}{x} \theta_1^x (1-\theta_1)^{n-x} \end{aligned}$$

단, $x = 0, 1, 2, \cdots, n$. 위의 식은 모수 n과 θ_1을 갖는 이항분포의 식이다. 따라서

$$w(y|x) = \frac{f(x, y)}{g(x)} = \frac{\binom{n-x}{y} \theta_2^y (1-\theta_1-\theta_2)^{n-x-y}}{(1-\theta_1)^{n-x}}$$

단, $y = 0, 1, 2, \cdots, n - x$이고 이 식을 정리하면 다음과 같다.

$$w(y|x) = \binom{n-x}{y} \left(\frac{\theta_2}{1-\theta_1}\right)^y \left(\frac{1-\theta_1-\theta_2}{1-\theta_1}\right)^{n-x-y}$$

위의 식을 살펴보면 $X = x$로 주어진 경우 Y의 조건부확률분포는 모수가 $n - x$, $\dfrac{\theta_2}{1-\theta_1}$인 이항분포를 따른다는 것을 알 수 있다. 따라서 정리 5.2에 의하여 X에 대한 Y의 회귀식은 다음과 같다.

$$\mu_{Y|x} = \frac{(n-x)\theta_2}{1-\theta_1}$$

앞의 예제에 대한 구체적인 한 예로, 주사위를 30회 던졌을 때 짝수눈이 나오는 횟수를 X라 하고, 5가 나오는 횟수를 Y라 하면 회귀식은 다음과 같이 된다.

$$\mu_{Y|x} = \frac{(30-x)\frac{1}{6}}{1-\frac{1}{2}} = \frac{1}{3}(30-x)$$

위의 식은 상식적으로도 이해할 수 있는데, 왜냐하면 짝수가 아닌 눈이 나온 $30 - x$회의 각각의 경우에 대하여 1, 3, 5의 눈이 나올 3가지 경우의 확률은 동일하기 때문이다.

예제 14.3

X_1, X_2, X_3의 결합확률밀도함수는 다음과 같다.

$$f(x_1, x_2, x_3) = \begin{cases} (x_1 + x_2)e^{-x_3}, & 0 < x_1 < 1, 0 < x_2 < 1, x_3 > 0 \\ 0 & , \text{그 외} \end{cases}$$

X_1과 X_3에 대한 X_2의 회귀식을 구하여라.

풀이 예제 3.22에서와 같이 X_1과 X_3의 결합확률분포는 다음과 같다.

$$m(x_1, x_3) = \begin{cases} \left(x_1 + \frac{1}{2}\right)e^{-x_3}, & 0 < x_1 < 1, x_3 > 0 \\ 0 & , \text{그 외} \end{cases}$$

따라서

$$\mu_{X_2|x_1,x_3} = \int_{-\infty}^{\infty} x_2 \cdot \frac{f(x_1, x_2, x_3)}{m(x_1, x_3)}dx_2 = \int_0^1 \frac{x_2(x_1+x_2)}{\left(x_1+\frac{1}{2}\right)}dx_2$$

$$= \frac{x_1 + \frac{2}{3}}{2x_1 + 1}$$

앞의 예제에서 구한 조건부 기댓값은 x_3이 아닌 x_1에 의해서 결정된다는 점에 유의하자. 이 결과는 예측 가능한 것인데 107쪽에서 나와 있듯이 X_2와 X_3는 서로 독립이기 때문이다.

◆ 14.2 선형회귀

예제 14.2에서 제시된 회귀의 중요한 특징 중 하나는 그것이 **선형회귀 (linear regression)** 라는 점이다. 즉, 회귀식은 다음과 같은 형태를 따른다.

$$\mu_{Y|x} = \alpha + \beta x$$

이때 α와 β는 **회귀계수 (regression coefficients)** 라고 하는 상수이다. 선형회귀에 관심을 가져야 할 이유는 몇 가지가 있는데, 첫째, 선형회귀식은 추가적인 수학적 변형이 손쉽고, 둘째, 복잡한 회귀식에 대한 좋은 근삿값을 제공하며, 마지막으로 6.7절에서 배운 것처럼 이변량 정규분포의 경우에는 회귀식이 선형이기 때문이다.

선형회귀식에 대한 논의를 쉽게 하기 위하여 회귀계수 α와 β를 X와 Y의 결합확률분포의 낮은 모멘트들, 즉 $E(X) = \mu_1$, $E(Y) = \mu_2$, $\text{var}(X) = \sigma_1^2$, $\text{var}(Y) = \sigma_2^2$, $\text{cov}(X, Y) = \sigma_{12}$로 표현해 보자. 그러면 6.7절에서 정의된 상관계수

$$\rho = \frac{\sigma_{12}}{\sigma_1 \sigma_2}$$

를 이용하여 다음의 결과를 증명할 수 있다.

정리 14.1 X에 대한 Y의 회귀식이 선형이면

$$\mu_{Y|x} = \mu_2 + \rho \frac{\sigma_2}{\sigma_1}(x - \mu_1)$$

Y에 대한 X의 회귀식이 선형이면,

$$\mu_{X|y} = \mu_1 + \rho \frac{\sigma_1}{\sigma_2}(y - \mu_2)$$

증명 $\mu_{Y|x} = \alpha + \beta x$ 이므로

$$\int y \cdot w(y|x)\, dy = \alpha + \beta x$$

이다. 위 식의 양변에 X의 주변확률밀도인 $g(x)$를 곱하고, x에 대해 적분하면 다음 식을 얻는다.

$$\iint y \cdot w(y|x) g(x)\, dy\, dx = \alpha \int g(x)\, dx + \beta \int x \cdot g(x)\, dx$$

$w(y|x)\, g(x) = f(x, y)$이므로

$$\mu_2 = \alpha + \beta \mu_1$$

$\mu_{Y|x}$에 대한 식의 양변에 x, $g(x)$를 곱하고, x에 대해 적분하면 다음 식을 얻는다.

$$\iint xy \cdot f(x, y)\, dy\, dx = \alpha \int x \cdot g(x)\, dx + \beta \int x^2 \cdot g(x)\, dx$$

즉

$$E(XY) = \alpha \mu_1 + \beta E(X^2)$$

α와 β에 대하여 $\mu_2 = \alpha + \beta\mu_1$과 $E(XY) = \alpha\mu_1 + \beta E(X^2)$을 풀고, $E(XY) = \sigma_{12} + \mu_1\mu_2$와 $E(X^2) = \sigma_1^2 + \mu_1^2$의 사실을 이용하면 다음의 결과를 얻는다.

$$\alpha = \mu_2 - \frac{\sigma_{12}}{\sigma_1^2} \cdot \mu_1 = \mu_2 - \rho \frac{\sigma_2}{\sigma_1} \cdot \mu_1$$

$$\beta = \frac{\sigma_{12}}{\sigma_1^2} = \rho\frac{\sigma_2}{\sigma_1}$$

따라서 X에 대한 Y의 선형회귀식을 다음과 같이 쓸 수 있게 된다.

$$\mu_{Y|x} = \mu_2 + \rho\frac{\sigma_2}{\sigma_1}(x - \mu_1)$$

Y에 대한 X의 회귀식이 선형일 경우 같은 방법에 의해 다음과 같은 회귀식을 얻는다.

$$\mu_{X|y} = \mu_1 + \rho\frac{\sigma_1}{\sigma_2}(y - \mu_2)$$

■

정리 14.1에 의해 만약 회귀식이 선형이고 $\rho = 0$이면 $\mu_{Y|x}$는 x에 의해 결정되지 않는다 (또는 $\mu_{X|y}$는 y에 의해 결정되지 않는다) 는 사실을 알 수 있다. $\rho = 0$이고 따라서 $\sigma_{12} = 0$면 두 확률변수 X와 Y는 **무상관 (uncorrelated)** 이다. 이로써 147쪽에서 다루었던 내용을 재차 확인할 수 있다. 즉, 두 확률변수가 독립이면 그들은 무상관이다. 그러나 두 확률변수가 무상관이더라도 그들은 반드시 독립이 되지는 않는다. 후자에 대한 예는 연습문제 14.9에 제시되어 있다.

상관계수와 그의 추정값은 많은 통계분석에서 중요한 역할을 한다. 이에 대하여는 14.5절에서 자세히 다루도록 하겠다. 여기서는 $-1 \leqq \rho \leqq +1$이라는 사실 — 연습문제 14.11은 이 사실에 대한 증명문제이다 — 과 ρ의 부호가 회귀선의 기울기가 우상향인지 우하향인지 결정한다는 사실만 짚고 넘어가도록 하자.

14.3 최소제곱법

앞에서 확률변수들의 결합확률분포를 알 경우에 한해 회귀문제를 다루었다. 실제로는 **짝자료 (paired data)** 가 선형회귀라는 암시를 주지만, 관심있는 확률변수들의 결합확률분포를 알지 못할 경우가 많다. 이때 회귀계수인 α와 β를 추정하기 위해 보통 **최소제곱법 (method of least squares)** 을 이용한다. 이 곡선적합방법은 19세기 초 프랑스 수학자인 Adrien Legendre가 처음 제안하였다.

10명이 프랑스어 시험공부를 한 시간과 시험점수에 대한 자료를 바탕으로 최소제곱법에 대해 알아보자.

공부한 시간 x	시험점수 y
4	31
9	58
10	65
14	73
4	37
7	44
12	60
22	91
1	21
17	84

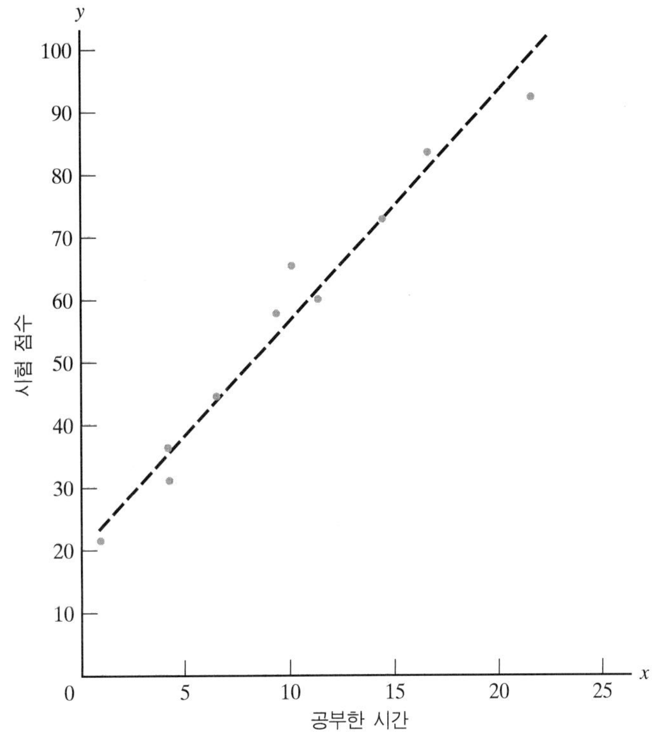

그림 14.2 공부한 시간과 시험점수에 대한 자료

그림 14.2와 같이 그래프로 그려보면 직선이 자료에 상당히 잘 적합되고 있음을 알 수 있다. 비록 모든 자료가 직선상에 위치하지는 않지만, 전체적으로 공부한 시간이 주어졌을 때 평균 시험점수는 $\mu_{Y|x} = \alpha + \beta x$ 의 형태를 갖는 등식에 의해 그 관계가 잘 설명된다고 볼 수 있다.

일단 회귀가 대략적으로 선형관계를 따른다고 판단한 후에는, 주어진 자료를 통해 회귀계수 α와 β를 추정해야 한다. 즉, 주어진 자료와 가능한 가장 잘 적합되는 추정 회귀선인 $\hat{y} = \hat{\alpha} + \hat{\beta}x$ 의 $\hat{\alpha}$ 과 $\hat{\beta}$ 를 구해야 한다.

그림 14.3에서와 같이 자료가 위치하는 점과 회귀선의 거리를 수직으로 잰 거리를 e_i로 표기하자. 그러면 여기서 모델의 적합도 (goodness of fit) 의 기준으로 제시되고 있는 최소제곱 기준은 이 거리들을 제곱한 값들의 합을 최소화시키는 것이 된다.

정의 14.2 **최소제곱추정값** 짝자료 $((x_i, y_i); i = 1, 2, \cdots, n)$ 가 주어졌을 때, 회귀계수의 **최소제곱추정값 (least squares estimates)** 은 다음 수식의 값을 최소화시키는 $\hat{\alpha}$ 와 $\hat{\beta}$ 이다.

$$q = \sum_{i=1}^{n} e_i^2 = \sum_{i=1}^{n} [y_i - (\hat{\alpha} + \hat{\beta}x_i)]^2$$

$\hat{\alpha}$ 와 $\hat{\beta}$에 대해 위의 식을 편미분하여 그 값을 각각 0으로 두면 다음 수식들을 얻는다.

$$\frac{\partial q}{\partial \hat{\alpha}} = \sum_{i=1}^{n} (-2)[y_i - (\hat{\alpha} + \hat{\beta}x_i)] = 0$$

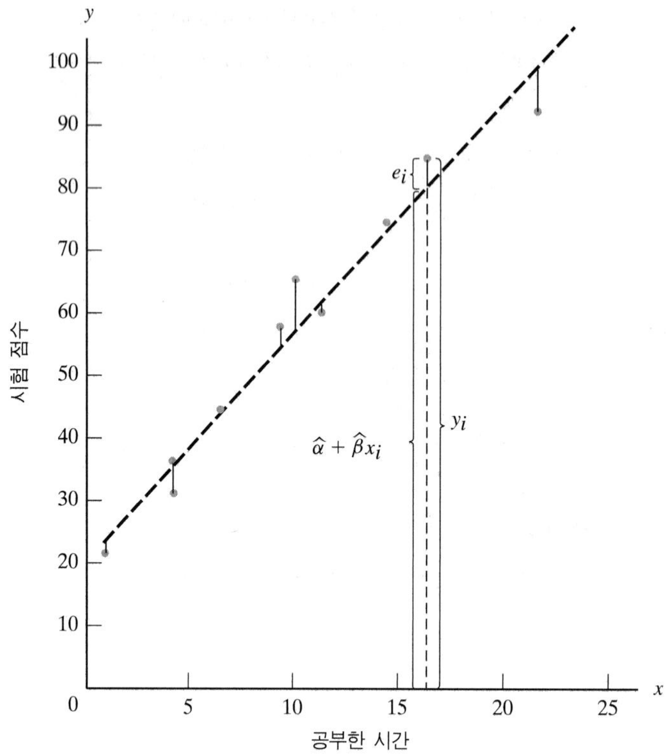

그림 14.3 최소제곱기준

$$\frac{\partial q}{\partial \hat{\beta}} = \sum_{i=1}^{n}(-2)x_i[y_i - (\hat{\alpha} + \hat{\beta}x_i)] = 0$$

위의 수식들로부터 다음과 같은 **정규방정식(normal equations)** 들이 도출된다.

$$\sum_{i=1}^{n} y_i = \hat{\alpha}n + \hat{\beta} \cdot \sum_{i=1}^{n} x_i$$

$$\sum_{i=1}^{n} x_i y_i = \hat{\alpha} \cdot \sum_{i=1}^{n} x_i + \hat{\beta} \cdot \sum_{i=1}^{n} x_i^2$$

행렬식이나 소거법을 이용하여 위의 정규방정식들을 풀면 다음과 같은 $\hat{\beta}$값을 얻는다.

$$\hat{\beta} = \frac{n\left(\sum_{i=1}^{n} x_i y_i\right) - \left(\sum_{i=1}^{n} x_i\right)\left(\sum_{i=1}^{n} y_i\right)}{n\left(\sum_{i=1}^{n} x_i^2\right) - \left(\sum_{i=1}^{n} x_i\right)^2}$$

α에 대해 두 정규방정식 중 첫 번째 식을 풀어주면 $\hat{\alpha}$는 다음과 같다.

$$\hat{\alpha} = \frac{\sum_{i=1}^{n} y_i - \hat{\beta} \cdot \sum_{i=1}^{n} x_i}{n}$$

$\hat{\alpha}$ 에 대한 위의 식은 다음과 같이 쓸 수도 있다.

$$\hat{\alpha} = \overline{y} - \hat{\beta} \cdot \overline{x}$$

$\hat{\beta}$에 대한 수식과 14.4 ~ 14.5절에 나올 수식들의 표기를 간단히 하기 위하여 앞으로는 다음과 같은 표기를 사용하겠다.

$$S_{xx} = \sum_{i=1}^{n}(x_i - \overline{x})^2 = \sum_{i=1}^{n} x_i^2 - \frac{1}{n}\left(\sum_{i=1}^{n} x_i\right)^2$$

$$S_{yy} = \sum_{i=1}^{n}(y_i - \overline{y})^2 = \sum_{i=1}^{n} y_i^2 - \frac{1}{n}\left(\sum_{i=1}^{n} y_i\right)^2$$

$$S_{xy} = \sum_{i=1}^{n}(x_i - \overline{x})(y_i - \overline{y}) = \sum_{i=1}^{n} x_i y_i - \frac{1}{n}\left(\sum_{i=1}^{n} x_i\right)\left(\sum_{i=1}^{n} y_i\right)$$

다음 정리는 위의 표기를 이용하여 나타내었다.

정리 14.2 표본자료 $\{(x_i, y_i);\ i = 1, 2, \cdots, n\}$이 주어졌을 때 최소제곱법으로 추정된 직선 $\hat{y} = \hat{\alpha} + \hat{\beta}x$의 계수는 다음과 같다.

$$\hat{\beta} = \frac{S_{xy}}{S_{xx}}$$

$$\hat{\alpha} = \overline{y} - \hat{\beta} \cdot \overline{x}$$

예제 14.4

434쪽의 자료를 이용하여라.

(a) 공부한 시간수에 대한 시험점수의 회귀를 추정하는 직선식을 최소제곱법에 의해 구하여라.

(b) 14시간 공부한 사람의 평균점수를 예측하여라.

풀이

(a) 다음에 열거되는 식에서 Σ 계산의 처음과 마지막을 나타내는 위아래 첨자는 생략되었다. 자료로부터 $n = 10$, $\Sigma x = 100$, $\Sigma x^2 = 1{,}376$, $\Sigma y = 564$, $\Sigma xy = 6{,}945$를 구할 수 있다. 따라서

$$S_{xx} = 1{,}376 - \frac{1}{10}(100)^2 = 376$$

$$S_{xy} = 6{,}945 - \frac{1}{10}(100)(564) = 1{,}305$$

따라서 $\hat{\beta} = \dfrac{1{,}305}{376} = 3.471$이고, $\hat{\alpha} = \dfrac{564}{10} - 3.471 \cdot \dfrac{100}{10} = 21.69$이다. 그러므로 최소제곱법에 의해 추정된 직선은 다음과 같다.

$$\hat{y} = 21.69 + 3.471x$$

(b) $x = 14$를 **(a)** 에서 구한 직선식에 대입하면 다음을 얻는다.

$$\hat{y} = 21.69 + 3.471(14) = 70.284$$

시험점수는 자연수이므로 가장 가까운 수로 반올림하면 $\hat{y} = 70$이 된다. ●

앞의 예제에서는 확률변수들의 결합확률분포에 대해 어떠한 가정도 하지 않았다. 따라서 (b) 에서 구한 예측값이 얼마나 좋은지 판단할 수 없다. 또한 (a) 에서 구한 추정값 $\hat{\alpha}$와 $\hat{\beta}$도 얼마나 좋은지 알 수 없다. 이 문제는 14.4절에서 다룰 것이다.

최소제곱의 기준, 다시 말해서 최소제곱법은 이번 절에서 다루어진 것보다 훨씬 광범위하게 여러 곡선 적합의 문제에서 이용된다. 14.6절과 14.7절에서는 다음과 같은 형태의 **다중회귀방정식 (multiple regression equations)** 의 계수를 추정하는 데 최소제곱법이 이용될 것이다.

$$\mu_{Y|x_1,\ldots,x_k} = \beta_0 + \beta_1 x_1 + \cdots + \beta_k x_k$$

연습문제

14.1 예제 14.1에서 Y에 대한 X의 회귀식이 다음과 같음을 보여라.

$$\mu_{X|y} = \frac{2}{1+y}$$

또한 회귀곡선을 간단히 그려보아라.

14.2 다음과 같이 결합확률분포가 주어졌을 때 $\mu_{Y|x}$와 $\mu_{X|y}$를 구하여라.

$$f(x, y) = \begin{cases} \frac{2}{5}(2x+3y), & 0 < x < 1 \text{와 } 0 < y < 1 \\ 0 & , \text{그 외} \end{cases}$$

14.3 다음과 같이 결합확률분포가 주어졌을 때 $\mu_{Y|x}$와 $\mu_{X|y}$를 구하여라.

$$f(x, y) = \begin{cases} 6x, & 0 < x < y < 1 \\ 0 & , \text{그 외} \end{cases}$$

14.4 다음과 같이 결합확률분포가 주어졌을 때 $\mu_{Y|x} = 1 + \frac{1}{x}$임을 보이고, Var$(Y|x)$ 가 존재하지 않음을 보여라.

$$f(x, y) = \begin{cases} \dfrac{2x}{(1+x+xy)^3}, & x > 0 \text{와 } y > 0 \\ 0 & , \text{그 외} \end{cases}$$

14.5 연습문제 3.70(c) 와 (d) 의 결과를 이용하여 $\mu_{X|1}$와 $\mu_{Y|0}$를 구하여라.

14.6 연습문제 3.71에서 $\mu_{Y|x}$를 나타내어라.

14.7 다음과 같이 결합확률분포가 주어졌을 때

$$f(x, y) = \begin{cases} 2, & 0 < y < x < 1 \\ 0, & \text{그 외} \end{cases}$$

다음을 보여라.

(a) $\mu_{Y|x} = \dfrac{x}{2}$와 $\mu_{X|y} = \dfrac{1+y}{2}$

(b) $E(X^m Y^n) = \dfrac{2}{(n+1)(m+n+2)}$

(c) (b) 의 식을 이용하여 $\mu_1, \mu_2, \sigma_1, \sigma_2, \rho$의 값들을 구한 후 이를 정리 14.1의 식에 대입하여 (a) 의 결과를 확인하여라.

14.8 다음 결합확률분포가 주어졌을 때

$$f(x, y) = \begin{cases} 24xy, & x > 0, y > 0, x + y < 1 \\ 0 & , \text{그 외} \end{cases}$$

$\mu_{Y|x} = \dfrac{2}{3}(1 - x)$임을 보이고 $\mu_1, \mu_2, \sigma_1, \sigma_2, \rho$의 값을 구하여 정리 14.1의 첫 번째 식에 대입하여 그 결과를 확인하여라.

14.9 다음 결합확률분포가 주어졌을 때,

$$f(x, y) = \begin{cases} 1, & -y < x < y \text{와 } 0 < y < 1 \\ 0, & \text{그 외} \end{cases}$$

확률변수 X와 Y는 무상관이지만, 독립은 아님을 보여라.

14.10 $\mu_{Y|x}$가 x에 대해 선형이고, $\text{var}(Y|x)$ 가 상수라면 $\text{var}(Y|x) = \sigma_2^2(1 - \rho^2)$ 임을 보여라.

14.11 확률변수 X와 Y의 분산이 σ_1^2, σ_2^2이고, 상관계수가 ρ일 때 정리 14.4를 이용하여 σ_1, σ_2, ρ로 $\text{var}\left(\dfrac{X}{\sigma_1} + \dfrac{Y}{\sigma_2}\right)$와 $\text{var}\left(\dfrac{X}{\sigma_1} - \dfrac{Y}{\sigma_2}\right)$를 표현하여라. 또한 분산은 음수가 될 수 없음을 이용하여 $-1 \leqq \rho \leqq +1$ 을 보여라.

14.12 확률변수 X_1, X_2, X_3가 결합확률분포 $f(x_1, x_2, x_3)$ 를 따를 때, X_1과 X_2에 대한 X_3의 회귀가 선형이고, 다음과 같다면,

$$\mu_{X_3|x_1, x_2} = \alpha + \beta_1(x_1 - \mu_1) + \beta_2(x_2 - \mu_2)$$

$\mu_i = E(X_i), \sigma_i^2 = \text{var}(X_i), \sigma_{ij} = \text{cov}(X_i, X_j)$ 일 때 다음을 보여라.

$$\alpha = \mu_3$$

$$\beta_1 = \frac{\sigma_{13}\sigma_2^2 - \sigma_{12}\sigma_{23}}{\sigma_1^2\sigma_2^2 - \sigma_{12}^2}$$

$$\beta_2 = \frac{\sigma_{23}\sigma_1^2 - \sigma_{12}\sigma_{13}}{\sigma_1^2\sigma_2^2 - \sigma_{12}^2}$$

(힌트: 433쪽처럼 식을 전개하라. 각각을 $(x_1 - \mu_1)$,와 $(x_2 - \mu_2)$ 로 곱하면 두 번째와 세 번째 식을 도출할 수 있다.)

14.13 회귀식 $\mu_{Y|x} = \beta x$의 모수 β의 최소제곱추정량를 구하여라.

14.14 436쪽의 정규방정식을 풀어 다음을 보여라.

$$\hat{\alpha} = \frac{\left(\sum_{i=1}^{n} x_i^2\right)\left(\sum_{i=1}^{n} y_i\right) - \left(\sum_{i=1}^{n} x_i\right)\left(\sum_{i=1}^{n} x_i y_i\right)}{n\left(\sum_{i=1}^{n} x_i^2\right) - \left(\sum_{i=1}^{n} x_i\right)^2}$$

14.15 x가 일정한 간격일 때 $\hat{\alpha}$과 $\hat{\beta}$의 계산은 n이 홀수일 때는 $\cdots, -3, -2, -1, 0, 1, 2, 3, \cdots$의 값들을, n이 짝수일 때는 $\cdots, -5, -3, -1, 1, 3, 5, \cdots$의 값들을 x값에 지정해줌으로써 간단해질 수 있다. 이러한 방법으로 $\hat{\alpha}$과 $\hat{\beta}$을 하면 다음의 결과가 나옴을 보여라.

$$\hat{\alpha} = \frac{\sum_{i=1}^{n} y_i}{n} \quad \text{와} \quad \hat{\beta} = \frac{\sum_{i=1}^{n} x_i y_i}{\sum_{i=1}^{n} x_i^2}$$

14.16 최소제곱법은 곡선을 자료에 적합할 때도 이용된다. 짝자료 X, Y에 $y = \alpha + \beta x + \gamma x^2$ 형태의 이차곡선을 적합시키려 할 때, α, β, γ의 최소제곱추정량을 구하기 위한 정규방정식을 구하여라.

14.4 정규회귀분석

회귀분석(**regression analysis**)으로 짝자료 $\{(x_i, y_i);\ 1, 2, \cdots, n\}$을 분석할 때, x_i를 고정된 것으로 보고, y_i를 이에 대응하는 독립적인 확률변수 Y_i의 값으로 본다. 이 점은 **상관분석**(**correlation analysis**)와 명확한 차이가 있는데 상관분석은 x_i와 y_i를 대응하는 확률변수 X_i와 Y_i의 값들로 보기 때문이다. 상관분석에 대해서는 14.5절에서 다루게 될 것이다. 예를 들어, 중고차의 사용년수와 가격에 대한 자료를 분석할 때, 사용년수를 알고 있는 상수로 취급하고, 가격을 이에 대응하는 확률변수로 보고 분석한다면 이는 회귀분석의 문제가 된다. 반면에 어떤 동물의 키와 몸무게에 대한 자료를 분석할 때, 키와 몸무게 모두를 확률변수로 보고 분석한다면 이는 상관분석의 문제가 될 것이다.

이번 절에서는 **정규회귀분석**(**normal regression analysis**)의 몇몇 기본적인 문제들에 대해 다룰 것이다. 정규분포가정이라 함은 정해진 x_i에 대응되는 확률변수 Y_i가 다음과 같이 정규분포 확률밀도함수 형태의 조건부확률을 따르는 것을 뜻한다.

$$w(y_i|x_i) = \frac{1}{\sigma\sqrt{2\pi}} \cdot e^{-\frac{1}{2}\left[\frac{y_i-(\alpha+\beta x_i)}{\sigma}\right]^2} \quad -\infty < y_i < \infty$$

위 수식에서 각각의 i에 대해 α, β, σ는 일정하다. 이러한 짝자료가 주어졌을 때 정규분포하에서의 회귀분석은 주로 σ와 회귀계수 α와 β의 추정, 이 세 모수에 대한 검정, α의 추정값 Â과 β의 추정값 $\hat{\beta}$으로 된 추정된 회귀방정식 $\hat{y} = \hat{\alpha} + \hat{\beta}x$에 근거한 예측의 문제가 된다.

α, β, σ에 대한 최대우도추정값을 얻기 위해서, 우도함수 (혹은 계산을 쉽게 하기 위하여 우도함수에 로그를 취한 함수) 를 α, β, σ에 대해 편미분한 식을 0으로 놓고 방정식을 푼다. 즉, 다음 식

$$\ln L = -n \cdot \ln \sigma - \frac{n}{2} \cdot \ln 2\pi - \frac{1}{2\sigma^2} \cdot \sum_{i=1}^{n} [y_i - (\alpha + \beta x_i)]^2$$

을 α, β, σ에 대해 편미분하여 각각의 식을 0으로 놓으면 다음 식을 얻는다.

$$\frac{\partial \ln L}{\partial \alpha} = \frac{1}{\sigma^2} \cdot \sum_{i=1}^{n} [y_i - (\alpha + \beta x_i)] = 0$$

$$\frac{\partial \ln L}{\partial \beta} = \frac{1}{\sigma^2} \cdot \sum_{i=1}^{n} x_i [y_i - (\alpha + \beta x_i)] = 0$$

$$\frac{\partial \ln L}{\partial \sigma} = -\frac{n}{\sigma} + \frac{1}{\sigma^3} \cdot \sum_{i=1}^{n} [y_i - (\alpha + \beta x_i)]^2 = 0$$

α와 β의 최대우도추정값은 정리 14.2의 최소제곱추정값과 같다. 따라서 첫째, 둘째 식은 436쪽의 정규방정식과 같다. 또한 $\dfrac{\partial \ln L}{\partial \sigma}$을 0으로 놓은 마지막 식에 α와 β의 추정값을 대입하면 다음과 같이 σ의 최대우도추정값이 나온다.

$$\hat{\sigma} = \sqrt{\frac{1}{n} \cdot \sum_{i=1}^{n} [y_i - (\hat{\alpha} + \hat{\beta} x_i)]^2}$$

위의 식은 다음의 형태로 바꿀 수 있다. 형태를 바꾸는 방법은 연습문제 14.17에서 확인하기 바란다.

$$\hat{\sigma} = \sqrt{\frac{1}{n}(S_{yy} - \hat{\beta} \cdot S_{xy})}$$

이로써 우리는 회귀계수의 최대우도추정값을 구하였다. 이제 이 추정값이 α와 β에 대한 가설검정과 신뢰구간 계산에 어떻게 사용되는지 알아보도록 하자. α에 대한 문제보다는 β에 대한 문제가 더 많은 관심의 대상이다. 왜냐하면 α는 단지 y절편 (intercept) 에 불과하지만, β는 회귀직선의 기울기이기 때문이다. 또한 $\beta = 0$이라는 가설은 곧 $\rho = 0$이라는 가설이기 때문이다. 그러므로 여기에서는 $\hat{\mathrm{B}}$에 대한 표본이론 (sampling theory) 에 대해서만 설명할 것이다. B는 그리스 문자 *beta*의 대문자이다. 이와 비슷하게 $\hat{\mathrm{A}}$에 대한 이론은 연습문제 14.20, 연습문제 14.22에서 다룰 것이다. A는 그리스 문자 *alpha*의 대문자이다.

$\hat{\mathrm{B}}$의 표본분포를 알기 위하여 다음과 같이 적어보자.

$$\hat{B} = \frac{S_{xY}}{S_{xx}} = \frac{\sum_{i=1}^{n} (x_i - \overline{x})(Y_i - \overline{Y})}{S_{xx}}$$

$$= \sum_{i=1}^{n} \left(\frac{x_i - \overline{x}}{S_{xx}} \right) Y_i$$

위의 식은 정규분포를 따르는 독립적인 n개의 확률변수 Y_i의 선형결합으로 볼 수 있다. 연습문제 7.46에 의하여 $\hat{B}$자신도 다음과 같은 평균

$$E(\hat{B}) = \sum_{i=1}^{n} \left[\frac{x_i - \bar{x}}{S_{xx}}\right] \cdot E(Y_i|x_i)$$

$$= \sum_{i=1}^{n} \left[\frac{x_i - \bar{x}}{S_{xx}}\right] (\alpha + \beta x_i) = \beta$$

과 분산

$$\text{var}(\hat{B}) = \sum_{i=1}^{n} \left[\frac{x_i - \bar{x}}{S_{xx}}\right]^2 \cdot \text{var}(Y_i|x_i)$$

$$= \sum_{i=1}^{n} \left[\frac{x_i - \bar{x}}{S_{xx}}\right]^2 \cdot \sigma^2 = \frac{\sigma^2}{S_{xx}}$$

을 따르는 정규분포임을 알 수 있다.

β에 대한 가설검정을 하거나 신뢰구간을 만들기 위하여 다음 정리를 사용한다.

정리 14.3 정규분포가정에서 회귀분석을 할 때 $\frac{n\hat{\sigma}^2}{\sigma^2}$은 자유도 $n-2$의 카이제곱분포를 따르는 확률변수의 값이다. 또한 이 확률변수와 $\hat{B}$은 독립이다. ■

이 정리에 대한 증명은 이 장의 마지막에 있는 참고문헌을 참고하기 바란다.

위의 정리, $\hat{B}$이 평균 β, 분산 $\frac{\sigma^2}{S_{xx}}$의 정규분포를 따르는 확률변수라는 앞에서 증명한 사실, 그리고 8.5절에서 정의한 t분포를 이용하면 다음 정리를 얻는다.

정리 14.4 정규분포가정에서 회귀분석을 할 때

$$t = \frac{\dfrac{\hat{\beta} - \beta}{\sigma/\sqrt{S_{xx}}}}{\sqrt{\dfrac{n\hat{\sigma}^2}{\sigma^2}/(n-2)}} = \frac{\hat{\beta} - \beta}{\hat{\sigma}} \sqrt{\frac{(n-2)S_{xx}}{n}}$$

은 자유도 $n-2$의 t분포를 따르는 확률변수의 값이다. ■

이 통계량에 근거하여 회귀계수 β에 대한 가설을 검정해 보자.

예제 14.5

10명이 어느 시험에 대비해 공부한 시간과 시험점수에 대한 434쪽의 자료를 이용하여 대립가설 $\beta > 3$에 대한 귀무가설 $\beta = 3$을 유의수준 0.01에서 검정하여라.

풀이

1. H_0: $\beta = 3$
   H_1: $\beta > 3$
   $\alpha = 0.01$
2. $t \geqq 2.896$이면 귀무가설을 기각한다. 여기서 t는 정리 14.4에 의해 정해지며, 2.896은 부록의 표 IV에서 구한 $t_{0.01,8}$의 값이다.
3. 주어진 자료에서 $\sum y^2 = 36{,}562$를 계산하고, 437쪽에 나온 다른 수식들을 계산해 주면 다음을 얻는다.

$$S_{yy} = 36{,}562 - \frac{1}{10}(564)^2 = 4{,}752.4$$

$$\hat{\sigma} = \sqrt{\frac{1}{10}[4{,}752.4 - (3.471)(1{,}305)]} = 4.720$$

   따라서

$$t = \frac{3.471 - 3}{4.720}\sqrt{\frac{8 \cdot 376}{10}} = 1.73$$

4. $t = 1.73$이 2.896보다 작기 때문에 귀무가설은 기각되지 않는다. 따라서 평균적으로 공부를 한 시간 더 하면 점수가 3점 이상 오른다고 결론 내릴 수 없다.

$\hat{\Sigma}$을 $\hat{\sigma}$ 의 값들을 가지는 확률변수라 할 때 정리 14.4에 의해 다음을 얻는다.

$$P\left(-t_{\alpha/2,\, n-2} < \frac{\hat{B} - \beta}{\hat{\Sigma}}\sqrt{\frac{(n-2)S_{xx}}{n}} < t_{\alpha/2,\, n-2}\right) = 1 - \alpha$$

위 식을 다시 쓰면

$$P\left[\hat{\mathrm{B}} - t_{\alpha/2,\, n-2} \cdot \hat{\Sigma}\sqrt{\frac{n}{(n-2)S_{xx}}} < \beta < \hat{\mathrm{B}} + t_{\alpha/2,\, n-2} \cdot \hat{\Sigma}\sqrt{\frac{n}{(n-2)S_{xx}}}\right] = 1 - \alpha$$

이로써 다음의 신뢰구간식을 얻는다.

정리 14.5 정규분포가정에서 회귀분석을 할 때

$$\hat{\beta} - t_{\alpha/2,\, n-2} \cdot \hat{\sigma}\sqrt{\frac{n}{(n-2)S_{xx}}} < \beta < \hat{\beta} + t_{\alpha/2,\, n-2} \cdot \hat{\sigma}\sqrt{\frac{n}{(n-2)S_{xx}}}$$

은 모수 β에 대한 $(1 - \alpha)$ 100%신뢰구간이다.

예제 14.6

예제 14.5와 같은 자료를 이용하여 β에 대한 95%신뢰구간을 구하여라.

풀이

437쪽과 441쪽의 여러 식들에 $t_{0.025,8} = 2.306$을 대입한 후, 정리 14.5의 신뢰구간식 형태로 만들어주면 다음을 얻는다.

$$3.471 - (2.306)(4.720)\sqrt{\frac{10}{8(376)}} < \beta < 3.471 + (2.306)(4.720)\sqrt{\frac{10}{8(376)}}$$

따라서

$$2.84 < \beta < 4.10$$

대부분의 현실에서 이용되는 복잡한 회귀분석의 문제는 상당한 양의 계산을 필요로 하므로, 오늘날 이러한 문제의 해결은 적절한 컴퓨터 소프트웨어를 사용하여 이루어진다. 그림 14.4에 그 예로 소프트웨어를 실행한 결과물이 나와 있다. 결과물을 살펴보면 COEFFICIENT라는 이름의 열에 $\hat{\alpha}$과 $\hat{\beta}$의 값이 나와 있고, ST. DEV. OF COEF.라는 열에 $\hat{A}$과 $\hat{B}$의 표본분포의 표준편차 추정값이 나와 있다. 만일 이 결과물을 예제 14.5에서 사용했다면 다음과 같은 방법으로 t통계량을 바로 구할 수 있었을 것이다.

$$t = \frac{3.471 - 3}{0.2723} = 1.73$$

또한 예제 14.6의 신뢰구간도 $3.471 \pm (2.306)(0.2723)$임을 바로 구할 수 있었을 것이다.

연습문제

14.17 $\hat{\alpha} = \bar{y} - \hat{\beta}\bar{x}$과 $\hat{\beta} = \frac{S_{xy}}{S_{xx}}$이라는 사실을 이용하여 다음을 보여라.

$$\sum_{i=1}^{n}[y_i - (\hat{\alpha} + \hat{\beta}x_i)]^2 = S_{yy} - \hat{\beta}S_{xy}$$

```
MTB  > NAME C1 = 'X'
MTB  > NAME C2 = 'Y'
MTB  > SET C1
DATA > 4  9  1Ø  14  4  7  12  22  1  17
MTB  > SET C2
DATA > 31  58  65  73  37  44  6Ø  91  21  84
MTB  > REGR C2 1 C1

  THE REGRESSION EQUATION IS
  Y = 21.7 + 3.47 X

                                    ST. DEV.    T-RATIO =
  COLUMN      COEFFICIENT           OF COEF.    COEF/S.D.
              21.693                  3.194         6.79
  X            3.47Ø7                 Ø.2723       12.74
```

그림 14.4 예제 14,4, 14.5, 14.6의 컴퓨터 출력물

14.18 다음을 보여라.

(a) $\hat{\sigma}^2$에 대응하는 확률변수인 $\hat{\Sigma}^2$이 σ^2의 비편향추정량이 아니다.

(b) $S_e^2 = \dfrac{n \cdot \hat{\Sigma}^2}{n-2}$은 σ^2의 비편향추정량이다.

s_e를 **추정값의 표준오차(standard error of estimate)** 라고 한다.

14.19 $\hat{\sigma}$ 대신에 s_e(연습문제 14.18)를 사용하여 다음 수식을 다시 써라.

(a) 정리 14.4의 t에 대한 표현

(b) 정리 14.5의 신뢰구간식

14.20 정규분포 가정에서 회귀분석을 할 때 다음을 보여라.

(a) 정리 14.2에서 α의 최소제곱추정량은 다음과 같이 쓸 수 있다.

$$\hat{\alpha} = \sum_{i=1}^{n} \left[\frac{S_{xx} + n\bar{x}^2 - n\bar{x}x_i}{nS_{xx}} \right] y_i$$

(b) $\hat{\text{A}}$은 다음 평균과 분산을 갖는 정규분포를 따른다.

$$E(\hat{\text{A}}) = \alpha \text{와} \qquad \text{var}(\hat{\text{A}}) = \frac{(S_{xx} + n\bar{x}^2)\sigma^2}{nS_{xx}}$$

14.21 정리 4.15를 이용하여 다음을 보여라.

$$\text{cov}(\hat{\text{A}}, \ \hat{\text{B}}) = -\frac{\bar{x}}{S_{xx}} \cdot \sigma^2$$

14.22 연습문제 14.20의 (b)의 결과를 이용하여 다음 식이 표준정규분포를 따르는 확률변수임을 보여라.

$$z = \frac{(\hat{\alpha} - \alpha)\sqrt{nS_{xx}}}{\sigma\sqrt{S_{xx} + n\bar{x}^2}}$$

또한 정리 14.3의 앞부분 $\hat{\text{A}}$과 $\dfrac{n\hat{\Sigma}^2}{\sigma^2}$이 독립이라는 사실을 이용하여 다음 식이 자유도 $n-2$의 t분포를 따르는 확률변수의 한 값임을 보여라.

$$t = \frac{(\hat{\alpha} - \alpha)\sqrt{(n-2)S_{xx}}}{\hat{\sigma}\sqrt{S_{xx} + n\bar{x}^2}}$$

14.23 연습문제 14.20과 연습문제 14.21의 결과, 그리고 $E(\hat{\text{B}}) = \beta$과 $\text{var}(\hat{\text{B}}) = \dfrac{\sigma^2}{S_{xx}}$의 사실을 이용하여 $\hat{Y}_0 = \hat{A} + \hat{B}x_0$이 평균

$$\alpha + \beta x_0 = \mu_{Y|x_0}$$

과 분산

$$\sigma^2 \left[\frac{1}{n} + \frac{(x_0 - \bar{x})^2}{S_{xx}} \right]$$

인 정규분포를 따르는 확률변수의 한 값임을 보여라.

또한 $\hat{Y}_0$와 $\frac{n\hat{\Sigma}^2}{\sigma^2}$이 독립이라는 사실과 정리 14.3의 앞부분을 사용하여 다음 식이 자유도

$$t = \frac{(\hat{y}_0 - \mu_{Y|x_0})\sqrt{n-2}}{\hat{\sigma}\sqrt{1 + \frac{n(x_0 - \bar{x})^2}{S_{xx}}}}$$

$n - 2$의 t분포를 따르는 확률변수의 한 값임을 보여라.

14.24 연습문제 14.23에 의해 t를 구하고, 부등식 $-t_{\alpha/2,n-2} < t < t_{\alpha/2,n-2}$을 풀어 $x = x_0$일 때 Y의 평균 $\mu_{Y|x_0}$의 $(1 - \alpha)$ 100% 신뢰구간을 구하여라.

14.25 연습문제 14.20과 연습문제 14.21의 결과와 $E(\hat{\mathrm{B}}) = \beta$과 $\mathrm{var}(\hat{\mathrm{B}}) = \frac{\sigma^2}{S_{xx}}$의 사실을 이용하여 $Y_0 - (\hat{\mathrm{A}} + \hat{\mathrm{B}}x_0)$이 평균 0, 분산

$$\sigma^2\left[1 + \frac{1}{n} + \frac{(x_0 - \bar{x})^2}{S_{xx}}\right]$$

의 정규분포를 따르는 확률변수임을 보여라.

여기서 Y_0는 평균 $\alpha + \beta x_0$, 분산 σ^2의 정규분포를 따른다. 즉, Y_0는 $x = x_0$일 때 Y의 미래관측값이다. 또한 정리 14.3의 첫 부분을 참조하고 $Y_0 - (\hat{\mathrm{A}} + \hat{\mathrm{B}}x_0)$과 $\frac{n\hat{\Sigma}^2}{\sigma^2}$이 독립이라는 사실을 이용하여

$$t = \frac{[y_0 - (\hat{\alpha} + \hat{\beta}x_0)]\sqrt{n-2}}{\hat{\sigma}\sqrt{1 + n + \frac{n(x_0 - \bar{x})^2}{S_{xx}}}}$$

이 자유도 $n - 2$의 t분포를 따르는 확률변수의 한 값임을 보여라.

14.26 연습문제 14.25의 t에 대한 수식을 이용하여 부등식 $-t_{\alpha/2,n-2} < t < t_{\alpha/2,n-2}$을 풀어 가운데 부분이 y_0가 되고, 양 옆의 한계값이 y_0에 대해 알지 못하더라도 계산이 가능하도록 만들어라. 결과로 도출된 부등식이 신뢰구간처럼 해석될 수 있지만, 이 부등식은 모수를 추정하기 위해 만들어진 것이 아님을 유의하여라. 대신 이 부등식은 주어진(혹은 관측된) 값 x_0에 대한 미래의 관측값 Y의 **예측한계(limits of prediction)**를 제공한다.

◆ 14.5 정규상관분석

정규분포가정하의 상관분석은 x_i와 y_i가 모수 $\mu_1, \mu_2, \sigma_1, \sigma_2, \rho$를 갖는 이변량 정규분포를 따르는 확률변수에서 뽑은 표본일 때 짝자료 $\{(x_i, y_i);\ i = 1, 2, \cdots, n\}$를 분석하는 것을 뜻한다. 최대우도추정 방법에 의해 이 모수들을 추정하기 위해서는 다음 우도를 극대화해야 한다.

$$L = \prod_{i=1}^{n} f(x_i, y_i)$$

여기서 $f(x_i, y_i)$는 정의 6.8에서 주어졌고, 여기서 대해 L 혹은 $\ln L$을 편미분하여 그 값을 0으로 놓

고, 다섯 모수에 대해 방정식을 풀어야 한다. 자세한 과정은 여러분에게 맡기며, 여기서는 $\frac{\partial \ln L}{\partial \mu_1}$과 $\frac{\partial \ln L}{\partial \mu_2}$을 0로 놓았을 때 얻는 다음 결과만을 서술하도록 한다.

$$-\frac{\sum_{i=1}^{n}(x_i-\mu_1)}{\sigma_1^2}+\frac{\rho\sum_{i=1}^{n}(y_i-\mu_2)}{\sigma_1\sigma_2}=0$$

$$-\frac{\rho\sum_{i=1}^{n}(x_i-\mu_1)}{\sigma_1\sigma_2}+\frac{\sum_{i=1}^{n}(y_i-\mu_2)}{\sigma_2^2}=0$$

μ_1, μ_2에 대해 위의 두 식을 풀어주면 이 두 모수에 대한 최대우도추정값은 다음과 같다.

$$\hat{\mu}_1=\overline{x}\text{와}\qquad \hat{\mu}_2=\overline{y}$$

즉, 최대우도추정값은 각각의 표본평균이 된다. 그 다음으로 $\frac{\partial \ln L}{\partial \sigma_1}$, $\frac{\partial \ln L}{\partial \sigma_2}$, $\frac{\partial \ln L}{\partial \rho}$을 0으로 놓고, μ_1, μ_2에 각각 $\overline{x}, \overline{y}$를 대입하면 다음과 같은 해를 가지는 방정식을 얻는다.

$$\hat{\sigma}_1=\sqrt{\frac{\sum_{i=1}^{n}(x_i-\overline{x})^2}{n}},\qquad \hat{\sigma}_2=\sqrt{\frac{\sum_{i=1}^{n}(y_i-\overline{y})^2}{n}}$$

$$\hat{\rho}=\frac{\sum_{i=1}^{n}(x_i-\overline{x})(y_i-\overline{y})}{\sqrt{\sum_{i=1}^{n}(x_i-\overline{x})^2}\sqrt{\sum_{i=1}^{n}(y_i-\overline{y})^2}}$$

(위의 최대우도추정값에 대한 도출 과정에 대한 자세한 설명은 이 장의 마지막에 있는 참고문헌에 제시되어 있다.) σ_1, σ_2의 최대우도추정값이 338쪽의 단변량 정규분포의 표준편차의 최대우도추정값과 같다는 것에 유의하자. 이들은 각각의 표본표준편차 s_1, s_2와 $\sqrt{\frac{n-1}{n}}$의 차이만 있을 뿐이다.

표본상관계수 (sample correlation coefficient) 라고 하는 추정값 $\hat{\rho}$은 보통 문자 r로 표기되고, 그 계산은 다음 식과 같이 ρ를 구하는 식과 동일한 식 (단 σ를 s로 대체) 을 이용하여 한다.

정리 14.6 $\{(x_i, y_i);\ i=1, 2, \cdots, n\}$가 이변량 모집단으로부터 추출된 확률표본이라면

$$r=\frac{S_{xy}}{\sqrt{S_{xx}\cdot S_{yy}}}$$

ρ가 X와 Y 사이의 선형관계의 강도를 나타내므로 ρ를 추정하고, 우리는 ρ에 대해 검정하는 것에 지대한 관심을 갖게 된다. $\rho=0$일 때 두 확률변수는 무상관이다. 또한 이미 살펴보았듯이 이변량 정규분포일 경우에 이는 두 확률변수가 독립임을 의미한다. ρ가 $+1$이거나 -1일 때에는 정리 6.9에서 정

립된 다음 식

$$\sigma_{Y|x}^2 = \sigma^2 = \sigma_2^2(1 - \rho^2)$$

에 의하여 $\sigma = 0$이 되고, 이는 X와 Y 간에 완벽한 선형관계가 있음을 의미한다. 최대우도추정량의 불변성 성질 (invariance property) 를 이용하면 다음과 같이 쓸 수 있다.

$$\hat{\sigma}^2 = \hat{\sigma}_2^2(1 - r^2)$$

이 식은 $\hat{\sigma}^2$을 찾는 또 다른 방법을 제공할 뿐만 아니라 회귀와 상관의 개념을 통합하여 보여 준다. $\hat{\sigma}^2$에 대한 이 식을 살펴보면 $\hat{\sigma}^2 = 0$일 때, 즉 일련의 자료 $\{(x_i, y_i); i = 1, 2, \cdots, n\}$가 한 직선 위에 위치할 때, r은 그 직선이 우상향인지 우하향인지에 따라 $+1$ 또는 -1의 값을 가질 것이다. 0과 $+1$ 또는 0과 -1 사이에 있는 r의 값을 해석하기 위해서는 앞서 나온 방정식을 r^2에 대해 풀고, 100을 곱하여 다음과 같은 식을 얻는다.

$$100r^2 = \frac{\hat{\sigma}_2^2 - \hat{\sigma}^2}{\hat{\sigma}_2^2} \cdot 100$$

여기서 $\hat{\sigma}_2^2$은 y들의 전체 변동 (total variation) 을 나타낸다. $\hat{\sigma}^2$은 정해진 x에 대하여 y의 조건부 변동 (conditional variation) 을 나타낸다. 따라서 $\hat{\sigma}_2^2 - \hat{\sigma}^2$은 x와의 관계에 의해 생기는 y의 총변동량을 나타낸다. **따라서 $100r^2$은 x와의 관계에 의해 생기는 y의 총변동량 비율을 퍼센트로 나타낸 것이다.** 예를 들어 $r = 0.5$일 때 y 변동의 25퍼센트가 x와의 관계에 의해 발생한 변동이며, $r = 0.7$일 때 y 변동의 49%가 x와의 관계에 의해 발생한 변동이다. 따라서 $r = 0.7$일 때의 상관이 $r = 0.5$일 때의 상관에 비해 약 “2배 정도 강하다”라고 말할 수도 있을 것이다. 비슷하게 $r = 0.6$일 때의 상관이 $r = 0.2$일 때의 상관에 비해 “9배 정도 강하다”라고 말할 수 있을 것이다.

예제 14.7

어떤 비서가 아침과 늦은 오후 어느 양식을 작성하는 데 걸리는 시간을 분단위로 측정한 다음, 자료들 사이에 관계가 있는지 알아보려고 한다.

아침 x	늦은 오후 y
8.2	8.7
9.6	9.6
7.0	6.9
9.4	8.5
10.9	11.3
7.1	7.6
9.0	9.2
6.6	6.3
8.4	8.4
10.5	12.3

표본상관계수를 계산하고 해석하여라.

풀이 자료로부터 $n=10$, $\Sigma x=86.7$, $\Sigma x^2=771.35$, $\Sigma y=88.8$, $\Sigma y^2=819.34$, $\Sigma xy=792.92$ 임을 알 수 있다. 따라서

$$S_{xx} = 771.35 - \frac{1}{10}(86.7)^2 = 19.661$$

$$S_{yy} = 819.34 - \frac{1}{10}(88.8)^2 = 30.796$$

$$S_{xy} = 792.92 - \frac{1}{10}(86.7)(88.8) = 23.024$$

그러므로

$$r = \frac{23.024}{\sqrt{(19.661)(30.796)}} = 0.936$$

결과에 따르면 비서가 아침과 늦은 오후 양식을 작성하는 데 걸리는 시간들 사이에는 양의 상관관계가 있음을 알 수 있다. 이 결과는 그림 14.5의 **산점도 (scattergram)** 를 살펴보아도 확인할 수 있다. $100r^2 = 100(0.936)^2 = 87.6$이므로 y변동의 88%가 x와의 선형관계에 의해 발생한다고 할 수 있다.

이변량 정규분포의 모집단에서 뽑은 확률표본으로부터 구해지는 R의 표본분포를 구하는 것은 복잡하므로 ρ의 신뢰구간과 ρ에 대한 검정을 통계량

$$\frac{1}{2} \cdot \ln \frac{1+R}{1-R}$$

에 기초하는 것이 일반적인 방법이다.

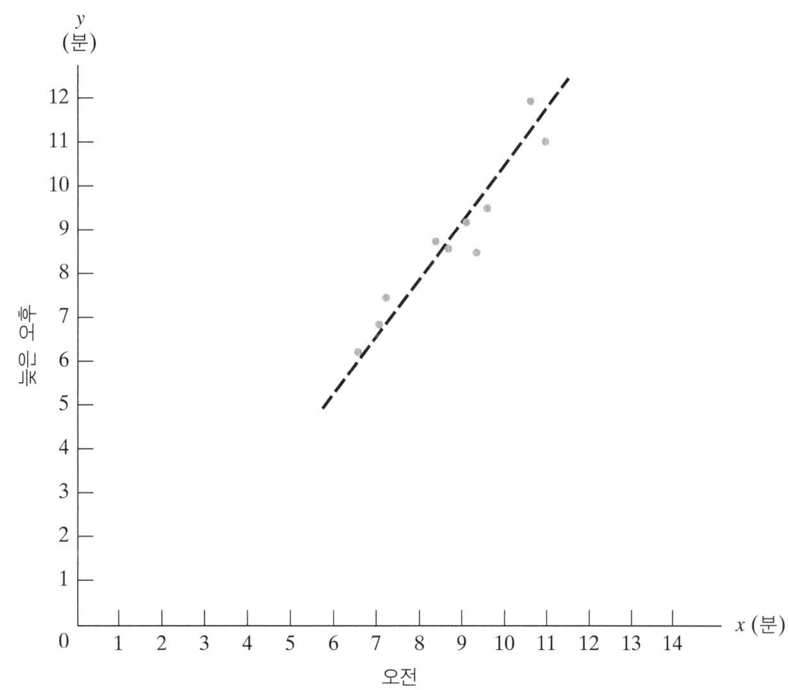

그림 14.5 예제 14.7의 산점도

위 통계량의 분포는 근사적으로 평균 $\frac{1}{2} \cdot \ln \frac{1+\rho}{1-\rho}$, 분산 $\frac{1}{n-3}$을 따르는 정규분포를 따른다. 따라서

$$z = \frac{\frac{1}{2} \cdot \ln \frac{1+r}{1-r} - \frac{1}{2} \cdot \ln \frac{1+\rho}{1-\rho}}{\frac{1}{\sqrt{n-3}}}$$

$$= \frac{\sqrt{n-3}}{2} \cdot \ln \frac{(1+r)(1-\rho)}{(1-r)(1+\rho)}$$

은 근사적으로 표준정규분포를 따르는 확률변수의 한 값으로 볼 수 있다. 위의 근사를 사용하여 우리는 적절한 대립가설에 대해 $\rho = \rho_0$의 귀무가설을 검정할 수 있다. 그 예는 예제 14.8에 소개되어 있다. 또한 이 근사를 사용하면 ρ에 대한 신뢰구간을 구할 수도 있는데 그 방법은 연습문제 14.31에 제시되어 있다.

예제 14.8

예제 14.7에서 대립가설 $\rho \neq 0$에 대한 귀무가설 $\rho = 0$을 유의수준 0.01에서 검정하여라.

풀이

1. H_0: $\rho = 0$
H_1: $\rho \neq 0$
$\alpha = 0.01$

2. $z \leqq -2.575$나 $z \geqq 2.575$일 경우 귀무가설을 기각한다. 이때

$$z = \frac{\sqrt{n-3}}{2} \cdot \ln \frac{1+r}{1-r}$$

3. $n = 10$, $r = 0.936$을 대입하면 다음을 얻는다.

$$z = \frac{\sqrt{7}}{2} \cdot \ln \frac{1.936}{0.064} = 4.5$$

4. $z = 4.5$로 2.575를 초과하므로 귀무가설은 기각되어야 한다. 비서가 아침과 늦은 오후에 양식을 작성하는데 걸리는 시간 사이에는 선형관계가 있다고 결론 내린다. ●

연습문제

14.27 447쪽의 $\mu_1, \mu_2, \sigma_1, \sigma_2, \rho$의 최대우도추정값을 확인하여라.

14.28 정리 14.4의 t에 대한 식을 다음과 같이 쓸 수 있음을 확인하여라.

$$t = \left(1 - \frac{\beta}{\hat{\beta}}\right) \frac{r\sqrt{n-2}}{\sqrt{1-r^2}}$$

14.29 연습문제 14.28의 t에 대한 식을 이용하여 다음과 같이 β의 $(1-\alpha)$ 100%신뢰구간을 도출하여라.

$$\hat{\beta}\left[1 \pm t_{\alpha/2,n-2} \cdot \frac{\sqrt{1-r^2}}{r\sqrt{n-2}}\right]$$

14.30 정규분포 가정에서 회귀분석을 할 때 가정하는 사항들이 모두 만족될 때, 연습문제 14.28의 t에 대한 식을 이용하여 $\beta = 0$일 때 R^2는 평균 $\frac{1}{(n-1)}$인 베타분포를 따름을 보여라.

14.31 ρ에 대해 부등식 $-z_{\alpha/2} \leq z \leq z_{\alpha/2}$을 풀어 (여기서 z는 447쪽의 식에 의해 구한 것이다) ρ에 대한 $(1-\alpha)$ 100% 신뢰구간을 구하여라.

14.32 X와 Y의 n개의 짝표본에서 $i = 1, 2, \cdots, r$, $j = 1, 2, \cdots, c$일 때, (x_i, y_j)는 f_{ij}번 일어난다. $f_{i\cdot}$를 X가 x_i값을 갖는 짝들의 개수라 하고, $f_{\cdot j}$를 Y가 y_j의 값을 갖는 짝들의 개수라 하자. 상관계수를 구하는 식을 써라.

◆ 14.6 다중선형회귀

하나의 변수를 다른 하나의 변수만으로 꽤 정확하게 예측할 수 있는 문제도 많이 있지만, 추가적으로 연관성 있는 정보를 고려하면 좀 더 정확한 예측이 가능하다. 예를 들어 새로 임용된 교사들의 능력을 예측할 때, 그들의 학력뿐 아니라 근무년수나 인격도 고려한다면 더 좋은 예측을 할 수 있을 것이다. 또한 새로 나온 교과서가 잘 팔릴지 더 잘 예측하기 위해서는 교과서의 질뿐만 아니라 잠재적인 수요와 경쟁자도 고려해야 한다.

2개 이상의 확률변수 사이의 회귀관계(예를 들어, 예제 14.3)를 표현하기 위해 여러 형태의 많은 식들이 존재하지만, 가장 널리 사용되는 식은 다음과 같은 선형 등식 형태이다.

$$\mu_{Y|x_1,\, x_2,\ldots,x_k} = \beta_0 + \beta_1 x_1 + \beta_2 x_2 + \cdots + \beta_k x_k$$

위 형태의 식이 널리 사용되는 이유는 우선 수학적인 편리함에서 찾을 수 있다. 또한 실제로 많은 관계가 위의 식과 같은 형태를 띠거나 근사될 수 있기 때문이다.

위의 식에서 Y는 관찰된 자료에 의해 결정되는 상수인 **다중회귀계수(multiple regression coefficients)** $\beta_0, \beta_1, \beta_2, \cdots, \beta_k$와 주어진 $x_1, x_2, \cdots, x_k$를 이용하여 예측하고자 하는 확률변수이다.

예를 들어 다음 등식을 살펴보자. 이 식은 다른 종류의 육류에 대한 수요에 관한 식이다.

$$\hat{y} = 3.489 - 0.090x_1 + 0.064x_2 + 0.019x_3$$

여기서 $\hat{y}$은 백만 파운드를 단위로 하여 미국 연방에서 조사한 소고기와 돼지고기 소비량의 추정값을 뜻한다. x_1은 소고기 1파운드의 소매가를 센트로 환산한 가격을 나타내고, x_2는 돼지고기 1파운드의 소매가를 센트로 환산한 가격을, x_3는 특정 지표에 의해 구해진 소득을 나타낸다.

독립변수 x가 하나였던 14.3절에서와 같이 다중회귀계수도 보통 최소제곱법에 의해 추정된다. n개의 자료에 대해서

$$\{(x_{i1}, x_{i2}, \ldots, x_{ik}, y_i);\, i = 1, 2, \ldots, n\}$$

β들의 최소제곱추정값은 다음 값을 최소로 만드는 값 $\hat{\beta}_0, \hat{\beta}_1, \hat{\beta}_2, \ldots, \hat{\beta}_k$ 이다.

$$q = \sum_{i=1}^{n}[y_i - (\hat{\beta}_0 + \hat{\beta}_1 x_{i1} + \hat{\beta}_2 x_{i2} + \cdots + \hat{\beta}_k x_{ik})]^2$$

위의 식에서 x_{i1}는 x_1의 i번째 값을 나타내며, x_{i2}는 x_2의 i번째 값을 나타낸다.

위의 식을 각 $\hat{\beta}$ 들에 대해 편미분한 식을 0으로 놓으면 다음 식들을 얻는다.

$$\frac{\partial q}{\partial \hat{\beta}_0} = \sum_{i=1}^{n}(-2)[y_i - (\hat{\beta}_0 + \hat{\beta}_1 x_{i1} + \hat{\beta}_2 x_{i2} + \cdots + \hat{\beta}_k x_{ik})] = 0$$

$$\frac{\partial q}{\partial \hat{\beta}_1} = \sum_{i=1}^{n}(-2)x_{i1}[y_i - (\hat{\beta}_0 + \hat{\beta}_1 x_{i1} + \hat{\beta}_2 x_{i2} + \cdots + \hat{\beta}_k x_{ik})] = 0$$

$$\frac{\partial q}{\partial \hat{\beta}_2} = \sum_{i=1}^{n}(-2)x_{i2}[y_i - (\hat{\beta}_0 + \hat{\beta}_1 x_{i1} + \hat{\beta}_2 x_{i2} + \cdots + \hat{\beta}_k x_{ik})] = 0$$

$$\cdots$$

$$\frac{\partial q}{\partial \hat{\beta}_k} = \sum_{i=1}^{n}(-2)x_{ik}[y_i - (\hat{\beta}_0 + \hat{\beta}_1 x_{i1} + \hat{\beta}_2 x_{i2} + \cdots + \hat{\beta}_k x_{ik})] = 0$$

최종적으로 다음 $k + 1$개의 정규방정식을 얻는다.

$$\begin{aligned}
\Sigma y &= \hat{\beta}_0 \cdot n + \hat{\beta}_1 \cdot \Sigma x_1 + \hat{\beta}_2 \cdot \Sigma x_2 + \cdots + \hat{\beta}_k \cdot \Sigma x_k \\
\Sigma x_1 y &= \hat{\beta}_0 \cdot \Sigma x_1 + \hat{\beta}_1 \cdot \Sigma x_1^2 + \hat{\beta}_2 \cdot \Sigma x_1 x_2 + \cdots + \hat{\beta}_k \cdot \Sigma x_1 x_k \\
\Sigma x_2 y &= \hat{\beta}_0 \cdot \Sigma x_2 + \hat{\beta}_1 \cdot \Sigma x_2 x_1 + \hat{\beta}_2 \cdot \Sigma x_2^2 + \cdots + \hat{\beta}_k \cdot \Sigma x_2 x_k \\
&\cdots \\
\Sigma x_k y &= \hat{\beta}_0 \cdot \Sigma x_k + \hat{\beta}_1 \cdot \Sigma x_k x_1 + \hat{\beta}_2 \cdot \Sigma x_k x_2 + \cdots + \hat{\beta}_k \cdot \Sigma x_k^2
\end{aligned}$$

여기서 $\sum_{i=1}^{n} x_{i1}$은 $\sum x_1$으로, $\sum_{i=1}^{n} x_{i1}x_{i2}$는 $\sum x_1 x_2$로 축약하여 표시하였다.

예제 14.9

다음 자료는 대규모 주택단지에서 최근에 매매된 주택 중 무작위로 뽑은 8가구 주택의 침실수, 욕실수, 주택 가격을 보여 주고 있다.

침실수 x_1	욕실수 x_2	가격(달러) y
3	2	292,000
2	1	264,600
4	3	317,500
2	1	265,500
3	2	302,000
2	2	275,500
5	3	333,000
4	2	307,500

침실수와 욕실수로 이 주택단지의 평균주택가격을 예측할 수 있게 해 주는 선형 등식을 최소제곱법으로 구하여라.

풀이 자료로부터 다음 값들을 얻는다.

$$\sum x_1 y = 7{,}558{,}200 \text{ and } \sum x_2 y = 4{,}835{,}600$$

위의 값들을 3개의 정규방정식에 대입해주면 다음을 얻는다.

$$n = 8, \sum x_1 = 25, \sum x_2 = 16, \sum y = 2{,}357{,}600, \sum x_1^2 = 87, \sum x_1 x_2 = 55, \sum x_2^2 = 36$$

$$2{,}357{,}600 = 8\hat{\beta}_0 + 25\hat{\beta}_1 + 16\hat{\beta}_2$$

$$7{,}558{,}200 = 25\hat{\beta}_0 + 87\hat{\beta}_1 + 55\hat{\beta}_2$$

$$4{,}835{,}600 = 16\hat{\beta}_0 + 55\hat{\beta}_1 + 36\hat{\beta}_2$$

소거법에 의하거나 행렬식을 사용하여 위의 등식을 풀 수는 있지만, 계산량이 많으므로 보통 컴퓨터를 사용하여 답을 구한다. 그 결과가 그림 14.6에 나와 있다. COEFFICIENT라는 이름의 열에 $\hat{\beta}_0 = 224{,}929$, $\hat{\beta}_1 = 15{,}314$, $\hat{\beta}_2 = 10{,}957$의 결과가 출력되어 있다. 이 값들을 반올림하여 다음과 같이 최소제곱법으로 구한 등식을 얻는다.

$$\hat{y} = 224{,}929 + 15{,}314x_1 + 10{,}957x_2$$

위 식은 이 연구가 진행된 시점에 연구대상이 된 주택단지의 주택가격은 침실 하나가 늘어날 때마다 평균 15,314달러, 욕실 하나가 늘어날 때마다 평균 10,957달러만큼 상승하였음을 알려준다. ●

예제 14.10

예제 14.9에서 얻은 결과를 바탕으로 연구대상이 된 주택단지에 있는 침실 3개, 욕실 2개를 갖춘 주택의 가격을 예측하여라.

풀이 위에서 얻은 등식에 $x_1 = 3$, $x_2 = 2$ 를 대입하면 다음과 같다.

```
Regression Analysis: C3 versus C1, C2

The regression equation is
C3 = 224929 + 15314 C1 + 10957 C2

Predictor     Coef  SE Coef      T      P
Constant    224929     5016  44.84  0.000
C1           15314     2743   5.58  0.003
C2           10957     4086   2.68  0.044

S = 4444.45   R-Sq = 97.7%   R-Sq(adj) = 96.8%
```

그림 14.6 예제 14.9에 대한 컴퓨터 출력물

$$\begin{aligned}\hat{y} &= 224{,}929 + 15{,}314 \cdot 3 + 10{,}957 \cdot 2 \\ &= \$292{,}785\end{aligned}$$

그림 14.6과 같은 결과물은 다중회귀계수에 대한 추정을 하거나, 최소제곱회귀식에서 추정 및 예측을 할 경우에 필요한 정보를 제공한다. 14.4절에 대한 확장인 셈인데, 다음 절에서 좀 더 간결한 표기로 다중선형회귀를 전반적으로 공부할 때 이를 다시 다루도록 하겠다.

◆ 14.7 다중선형회귀(행렬표기)[1]

다중선형회귀에서 사용하는 모형은 행렬로 표기할 수 있다. 행렬 표기는 대부분의 결과를 간결한 형태로 표시할 수 있고, 행렬에 관한 여러 이론들을 활용할 수 있는 이점이 있어 편리하다. 관례에 따라 행렬을 굵은 대문자로 표기하도록 하겠다.

제곱합 q (앞의 절에서 이것을 각각의 $\hat{\beta}$들에 대해 편미분함으로써 최소화하였다) 를 행렬 표기로 나타내는 것에서부터 시작할 수도 있지만, 이는 연습문제 14.33에서 독자들이 각자 해 보는 것으로 하고, 여기서는 452쪽의 정규방정식부터 다루도록 하겠다.

정규방정식을 행렬 표기로 나타내기 위해 다음 3개의 행렬을 먼저 정의한다.

$$\mathbf{X} = \begin{pmatrix} 1 & x_{11} & x_{12} & \cdots & x_{1k} \\ 1 & x_{21} & x_{22} & \cdots & x_{2k} \\ \cdots & \cdots & \cdots & \cdots & \cdots \\ 1 & x_{n1} & x_{n2} & \cdots & x_{nk} \end{pmatrix}$$

$$\mathbf{Y} = \begin{pmatrix} y_1 \\ y_2 \\ \vdots \\ y_n \end{pmatrix} \quad \text{와} \quad \mathbf{B} = \begin{pmatrix} \hat{\beta}_0 \\ \hat{\beta}_1 \\ \vdots \\ \hat{\beta}_k \end{pmatrix}$$

첫 번째 행렬 $\mathbf{X}$는 $n \times (k+1)$ 행렬로 주어진 x값들로 구성되었으며, 여기에 상수항을 위해 1로 된 열이 하나 추가되었다. $\mathbf{Y}$는 관찰한 Y값들로 구성된 $n \times 1$행렬 (열벡터) 이다. $\mathbf{B}$는 회귀계수의 최소제곱 추정값으로 구성된 $(k+1) \times 1$행렬 (열벡터) 이다.

이 행렬들을 이용하여 452쪽에 나온 정규방정식의 해를 아래와 같이 얻을 수 있다.

정리 14.7 다중선형회귀의 최소제곱추정값은 다음과 같다.

$$\mathbf{B} = (\mathbf{X}'\mathbf{X})^{-1}\mathbf{X}'\mathbf{Y}$$

여기서 $\mathbf{X}'$는 $\mathbf{X}$의 전치행렬 (transpose) 이고, $(\mathbf{X}'\mathbf{X})^{-1}$는 $\mathbf{X}'\mathbf{X}$의 역행렬 (inverse) 이다.

1) 이 절은 독자들이 행렬대수에 대한 기초적인 내용을 알고 있다고 간주한다. 행렬표기는 이 절 이외에 다른 곳에서는 쓰여지지 않으므로 연속성의 단절이 없이 생략하여도 무방하다.

증명 먼저 $\mathbf{X'X}$, $\mathbf{X'XB}$, $\mathbf{X'Y}$를 구하면 다음과 같다.

$$\mathbf{X'X} = \begin{pmatrix} n & \Sigma x_1 & \Sigma x_2 & \cdots & \Sigma x_k \\ \Sigma x_1 & \Sigma x_1^2 & \Sigma x_1 x_2 & \cdots & \Sigma x_1 x_k \\ \Sigma x_2 & \Sigma x_2 x_1 & \Sigma x_2^2 & \cdots & \Sigma x_2 x_k \\ & & \cdots & & \\ \Sigma x_k & \Sigma x_k x_1 & \Sigma x_k x_2 & \cdots & \Sigma x_k^2 \end{pmatrix}$$

$$\mathbf{X'XB} = \begin{pmatrix} \hat{\beta}_0 \cdot n & + \ \hat{\beta}_1 \cdot \Sigma x_1 & + \ \hat{\beta}_2 \cdot \Sigma x_2 & + \cdots + & \hat{\beta}_k \cdot \Sigma x_k \\ \hat{\beta}_0 \cdot \Sigma x_1 & + \ \hat{\beta}_1 \cdot \Sigma x_1^2 & + \ \hat{\beta}_2 \cdot \Sigma x_1 x_2 & + \cdots + & \hat{\beta}_k \cdot \Sigma x_1 x_k \\ \hat{\beta}_0 \cdot \Sigma x_2 & + \ \hat{\beta}_1 \cdot \Sigma x_2 x_1 & + \ \hat{\beta}_2 \cdot \Sigma x_2^2 & + \cdots + & \hat{\beta}_k \cdot \Sigma x_2 x_k \\ & & \cdots & & \\ \hat{\beta}_0 \cdot \Sigma x_k & + \ \hat{\beta}_1 \cdot \Sigma x_k x_1 & + \ \hat{\beta}_2 \cdot \Sigma x_k x_2 & + \cdots + & \hat{\beta}_k \cdot \Sigma x_k^2 \end{pmatrix}$$

$$\mathbf{X'Y} = \begin{pmatrix} \Sigma y \\ \Sigma x_1 y \\ \Sigma x_2 y \\ \cdots \\ \Sigma x_k y \end{pmatrix}$$

$\mathbf{X'XB}$는 452쪽에 나온 정규방정식의 오른쪽항을 표현하고 있고, $\mathbf{X'Y}$는 왼쪽항을 표현하고 있으므로 이 둘을 등식으로 이어주면 다음과 같다.

$$\mathbf{X'XB} = \mathbf{X'Y}$$

양변의 왼쪽에 $(\mathbf{X'X})^{-1}$를 곱해 주면 다음과 같다.

$$(\mathbf{X'X})^{-1}\mathbf{X'XB} = (\mathbf{X'X})^{-1}\mathbf{X'Y}$$

$(\mathbf{X'X})^{-1}\mathbf{X'X}$는 $(k+1) \times (k+1)$ 단위행렬 (identity matrix) $\mathbf{I}$와 같고, 단위행렬의 정의에 의해 $\mathbf{IB} = \mathbf{B}$이므로 위 식은 결국 다음과 같다.

$$\mathbf{B} = (\mathbf{X'X})^{-1}\mathbf{X'Y}$$

여기서 $\mathbf{X'X}$는 역행렬을 가지는 정칙행렬 (nonsingular matrix) 이라 가정한다. ●

예제 14.11

예제 14.9의 자료와 정리 14.7을 이용하여 다중회귀계수의 최소제곱추정값을 구하라.

풀이 앞서 나온 $\mathbf{X'X}$에 $\sum x_1 = 25, \sum x_2 = 16, \sum x_1^2 = 87, \sum x_1 x_2 = 55, \sum x_2^2 = 36$, $n = 8$을 대입하면 다음과 같다.

$$\mathbf{X'X} = \begin{pmatrix} 8 & 25 & 16 \\ 25 & 87 & 55 \\ 16 & 55 & 36 \end{pmatrix}$$

다음으로 이 행렬의 역행렬을 여러 방법 중 한 가지로 구한다. 여기서는 여인수 (cofactor) 를 이용한 방법을 사용하도록 하겠다.

$$(\mathbf{X}'\mathbf{X})^{-1} = \frac{1}{84}\cdot\begin{pmatrix} 107 & -20 & -17 \\ -20 & 32 & -40 \\ -17 & -40 & 71 \end{pmatrix}$$

여기서 84는 $|\mathbf{X}'\mathbf{X}|$, 즉 $\mathbf{X}'\mathbf{X}$의 행렬식의 값이다.

455쪽의 $\mathbf{X}'\mathbf{Y}$에 453쪽에서 구한 $\sum y = 2,357,600$, $\sum x_1 y = 7,558,200$, $\sum x_2 y = 4,835,600$를 대입해 주면 다음과 같다.

$$\mathbf{X}'\mathbf{Y} = \begin{pmatrix} 2{,}357{,}600 \\ 7{,}558{,}200 \\ 4{,}835{,}600 \end{pmatrix}$$

최종적으로

$$\hat{\mathbf{B}} = (\mathbf{X}'\mathbf{X})^{-1}\mathbf{X}'\mathbf{Y} = \frac{1}{84}\cdot\begin{pmatrix} 07 & -20 & -17 \\ -20 & 32 & -40 \\ -17 & -40 & 71 \end{pmatrix}\begin{pmatrix} 2{,}357{,}600 \\ 7{,}558{,}200 \\ 4{,}835{,}600 \end{pmatrix}$$

$$= \frac{1}{84}\cdot\begin{pmatrix} 18{,}894{,}000 \\ 1{,}286{,}400 \\ 920{,}400 \end{pmatrix}$$

$$= \begin{pmatrix} 224{,}929 \\ 15{,}314 \\ 10{,}957 \end{pmatrix}$$

여기서 $\hat{\beta}$들은 소수점 둘째 자리에서 반올림한 것이다. 그림 14.6의 출력물과 동일한 결과를 얻었다. ●

다음으로 14.4절에서 다룬 내용의 확장을 위하여 440쪽에서 했던 가정들과 매우 비슷한 가정들을 하도록 하겠다. $i = 1, 2, \cdots n$에 대해 Y_i는 평균이 $\beta_0 + \beta_1 x_{i1} + \beta_2 x_{i2} + \cdots + \beta_k x_{ik}$이고, 동일한 표준편차 σ를 갖는 정규분포를 따르는 확률변수라 가정하자. 그러면 n개의 자료

$$(x_{i1}, x_{i2}, \ldots, x_{ik}, y_i)$$

에 기초하여 우리 모형의 모수 β들과 σ에 대한 모든 종류의 추정을 할 수 있다. 또한 최소제곱법으로 구한 등식을 이용한 추정 및 예측을 할 경우의 통계적 성질도 파악할 수 있다.

440쪽과 441쪽의 과정을 그대로 좇아가면 β들과 σ의 최대우도추정값을 구할 수 있다. 여기서 최대우도추정값은 연습문제 14.33에서 독자들이 각자 구해 보기 바란다. 결과는 다음과 같다. β들의 최대우도추정값은 최소제곱추정값과 동일하다. 따라서 각각의 β는 다음과 같은 $(k+1)\times 1$의 열벡터의 원소 (element) 들과 같다.

$$\mathbf{B} = (\mathbf{X}'\mathbf{X})^{-1}\mathbf{X}'\mathbf{Y}$$

σ의 최대우도추정값은 다음과 같다.

$$\hat{\sigma} = \sqrt{\frac{1}{n}\cdot\sum_{i=1}^{n}[y_i - (\hat{\beta}_0 + \hat{\beta}_1 x_{i1} + \hat{\beta}_2 x_{i2} + \cdots + \hat{\beta}_k x_{ik})]^2}$$

여기서 $\hat{\beta}$들은 β의 최대우도추정값이다. 위 식은 다음과 같이 행렬 표기로 쓸 수 있는데 자세한 과정은 연습문제 14.35에서 직접 풀어보기 바란다.

$$\hat{\sigma} = \sqrt{\frac{\mathbf{Y}'\mathbf{Y} - \mathbf{B}'\mathbf{X}'\mathbf{Y}}{n}}$$

예제 14.12

예제 14.11의 결과를 이용하여 예제 14.9의 자료에 대한 $\hat{\sigma}$를 구하여라.

풀이 먼저 $\sum_{i=1}^{n} y_i^2$인 $\mathbf{Y}'\mathbf{Y}$를 계산하면 다음과 같다.

$$\begin{aligned}\mathbf{Y}'\mathbf{Y} &= (292{,}000)^2 + (264{,}600)^2 + \ldots + (307{,}500)^2 \\ &= 699{,}123{,}160{,}0001\end{aligned}$$

456쪽의 결과 $\mathbf{B}$와 $\mathbf{X}'\mathbf{Y}$를 가져오면

$$\begin{aligned}\mathbf{B}'\mathbf{X}'\mathbf{Y} &= \frac{1}{84} \cdot (18{,}894{,}000 \quad 286{,}400 \quad 920{,}400) \begin{pmatrix} 637{,}000 \\ 7{,}558{,}200 \\ 4{,}835{,}600 \end{pmatrix} \\ &= 699{,}024{,}394{,}285\end{aligned}$$

따라서

$$\begin{aligned}\hat{\sigma} &= \sqrt{\frac{699{,}123{,}160{,}000 - 699{,}024{,}394{,}285}{8}} \\ &= 3{,}514\end{aligned}$$

여기서 구한 추정값이 그림 14.6의 출력물과 다르다는 점에 유의하자. 출력물의 $S = 4{,}444$는 S^2이 σ^2의 불편추정량이 되게 하는 값이며, 445쪽에서 정의한 추정값의 표준오차(standard error of estimate)에 대응되는 개념이다. n으로 나누는 대신 $n - k - 1$로 나누어 준다는 점에서 $\hat{\sigma}$과 다르다. 만일 앞의 예제에서 출력물에서 이용한 방법을 이용했다면 결과는 다음과 같았을 것이다.

$$\begin{aligned}s_e &= \sqrt{\frac{699{,}123{,}160{,}000 - 699{,}024{,}394{,}285}{8-2-1}} \\ &= 4{,}444\end{aligned}$$

14.4절의 내용을 좇아 $i = 0, 1, \cdots, k$와 $\hat{\Sigma}$에 대해 $\hat{\text{B}}_i$의 표본분포에 대해 알아보기로 하자. 자세한 과정은 여러분에게 맡기며, 여기서는 440쪽, 441쪽의 내용을 따라 식을 전개해 주면 결과적으로 $\hat{\text{B}}_i$는 n개의 독립적인 확률변수 Y_i의 선형결합으로 이루어진 정규분포를 따르는 확률변수라는 점만 집고 넘어가도록 하겠다. 더 나아가 이들은 다음과 같이 비편향추정량이다.

$$E(\hat{\text{B}}_i) = \beta_i, \quad i = 0, 1, \ldots, k$$

또한 이들의 분산은 다음과 같다.

$$\text{var}(\hat{\text{B}}_i) = c_{ii}\sigma^2, \quad i = 0, 1, \ldots, k$$

여기서 c_{ij}는 행렬 $(\mathbf{X}'\mathbf{X})^{-1}$의 i번째 행, j번째 열에 있는 원소이다. 이때 i와 j는 0, 1, ⋯, k의 값 중 하나이다.

정리 14.3에 대응하는 결과도 제시하도록 하겠다. 확률변수 $\frac{n\hat{\sigma}^2}{\sigma^2}$에 대응하는 $\frac{n\hat{\Sigma}^2}{\sigma^2}$의 표본분포는 자유도 $n - k - 1$의 카이제곱분포를 따른다. 또한 $i = 0, 1, \cdots, k$에 대해 $\frac{n\hat{\Sigma}^2}{\sigma^2}$와 $\hat{\text{B}}_i$는 서로 독립이다. 이 모든 결과를 결합하고 8.5절에서 다룬 t분포를 이용하면 다음 정리를 얻는다.

정리 14.8 정규분포 가정에서의 다중회귀분석에서

$$t = \frac{\hat{\beta}_i - \beta_i}{\hat{\sigma} \cdot \sqrt{\dfrac{n c_{ii}}{n-k-1}}}, \quad i = 0, 1, \ldots, k$$

은 자유도 $n - k - 1$ 의 t분포를 따르는 확률변수들의 값들이다. ■

위 정리에 기초하여 다중회귀계수 중 하나의 계수에 대하여 가설을 검정해 보도록 하겠다.

예제 14.13

예제 14.9를 참고하여 대립가설 $\beta_1 >$ \$9,500에 대한 귀무가설 $\beta_1 =$ \$9,500을 유의수준 0.05에서 검정하라.

풀이

1. H_0: $\beta_1 = 9{,}500$
   H_1: $\beta_1 > 9{,}500$
   $\alpha = 0.05$
2. $t \geqq 2.015$이면 귀무가설을 기각한다. 여기서 t는 정리 14.8에 의해 결정되고, 2.015는 표 IV에 나와 있는 $t_{0.05,5}$의 값이다.
3. 예제 14.11에서 구한 $n = 8$, $\hat{\beta}_1 = 15{,}314$, $c_{11} = \frac{32}{84}$와 예제 14.12에서 구한 $\hat{\sigma} = 3{,}546$을 t를 구하는 식에 대입해 주면 다음을 얻는다.

$$t = \frac{15{,}314 - 9{,}500}{3{,}514\sqrt{\dfrac{8 \cdot \left|\frac{32}{84}\right|}{5}}} = \frac{5{,}814}{2{,}743} = 2.12$$

4. $t = 2.12$는 2.015보다 크므로 귀무가설은 기각된다. 따라서 침실이 하나 늘어날 때마다 주택가격이 평균 9,500달러 이상 상승한다고 결론 내린다(t통계량 분모의 값 2,743은 컴퓨터 출력물 그림 14.6의 ST. DEV. OF. COEF. 이름의 열의 두 번째 값과 같다). ●

정리 14.5에서와 같이 정리 14.8의 t통계량을 회귀계수의 신뢰구간을 이용하는 데 사용할 수 있다 (연습문제 14.38 참조).

연습문제

14.33 만일 $\mathbf{b}$가 β들로 이루어진 열벡터일 때, 행렬 표기로 $\mathbf{q} = (\mathbf{Y} - \mathbf{Xb})'(\mathbf{Y} - \mathbf{Xb})$는 $\mathbf{b} = \mathbf{B} = (\mathbf{X}'\mathbf{X})^{-1}(\mathbf{X}'\mathbf{Y})$일 때 최솟값을 가짐을 보여라.

14.34 정규분포가정하에 다중회귀분석을 할 때 다음을 보여라.

(a) β들의 최대우도추정값은 최소제곱추정값과 같다.

(b) σ의 최대우도추정값은 다음과 같다.

$$\hat{\sigma} = \sqrt{\frac{(\mathbf{Y} - \mathbf{XB})'(\mathbf{Y} - \mathbf{XB})}{n}}$$

14.35 연습문제 14.34 (b) 에서 구한 추정값은 다음과 같이 쓸 수 있음을 보여라.

$$\hat{\sigma} = \sqrt{\frac{\mathbf{Y}'\mathbf{Y} - \mathbf{B}'\mathbf{X}'\mathbf{Y}}{n}}$$

14.36 정규분포가정하에 다중회귀분석을 할 때 다음을 보여라.

(a) $E(\hat{\mathrm{B}}_i) = \beta_i, \quad i = 0, 1, \ldots, k$

(b) $\mathrm{var}(\hat{\mathrm{B}}_i) = c_{ii}\sigma^2, \quad i = 0, 1, \ldots, k$

(c) $\mathrm{cov}(\hat{\mathrm{B}}_i, \hat{\mathrm{B}}_j) = c_{ij}\sigma^2, \quad i \neq j = 0, 1, \ldots, k$

14.37 $k = 1$일 때 연습문제 14.36의 식이 440쪽, 441쪽, 연습문제 14.20, 연습문제 14.21에 나와 있는 식과 같음을 보여라.

14.38 정리 14.8의 t통계량을 이용하여 β_i의 $(1 - \alpha)$ 100%신뢰구간을 구하라. 이때 $i = 0, 1, \cdots, k$

14.39 $x_{01}, x_{02}, \cdots, x_{0k}$가 $x_1, x_2, \cdots, x_k$의 주어진 값들일 때 $\mathbf{X}_0$는 다음과 같은 열벡터이다.

$$\mathbf{X}_0 = \begin{pmatrix} 1 \\ x_{01} \\ x_{02} \\ \cdots \\ x_{0k} \end{pmatrix}$$

다음 식은 자유도 $n - k - 1$의 t분포를 따르는 확률변수의 한 값임을 보일 수 있다.

$$t = \frac{\mathbf{B}'\mathbf{X}_0 - \mu_{Y|x_{01}, x_{02}, \ldots, x_{0k}}}{\hat{\sigma} \cdot \sqrt{\dfrac{n[\mathbf{X}_0'(\mathbf{X}'\mathbf{X})^{-1}\mathbf{X}_0]}{n - k - 1}}}$$

(a) $k = 1$일 때 이 통계량은 연습문제 14.23의 통계량과 일치함을 보여라.

(b) 다음 식에 대한 $(1 - \alpha)$ 100%신뢰구간을 구하여라.

$$\mu_{Y|x_{01}, x_{02}, \ldots, x_{0k}}$$

14.40 $x_{01}, x_{02}, \cdots, x_{0k}$와 $\mathbf{X}_0$가 연습문제 14.39에서 정의된 것과 같고, Y_0가 평균 $\beta_0 + \beta_1 x_{01} + \cdots + \beta_k x_{0k}$이고, 분산 σ^2인 확률변수일 때 다음 식은 자유도 $n - k - 1$의 t분포를 따르는 확률변수의 한 값임을 보일 수 있다.

$$t = \frac{y_0 - \mathbf{B}'\mathbf{X}_0}{\hat{\sigma} \cdot \sqrt{\dfrac{n[1 + \mathbf{X}_0'(\mathbf{X}'\mathbf{X})^{-1}\mathbf{X}_0]}{n - k - 1}}}$$

(a) $k = 1$일 때 이 통계량은 연습문제 14.25의 통계량과 동일함을 보여라.

(b) Y_0의 미래 관찰값에 대한 $(1 - \alpha)\,100\%$ 예측구간을 구하여라.

◆ 14.8 실제 예

다중선형회귀는 폭넓은 분야에서 때론 올바르게, 때론 잘못 응용되고 있다. 이번 절에서는 무차별하게 다중회귀분석을 할 경우에 생기는 문제점과 그것들을 해결하는 방법들에 대해 살펴보도록 하겠다. 특별히 **다중공선성** (*multicollinearity*) 의 문제에 대해 알아볼 것이다. 또한 정규분포 가정과 자료의 특성에 대한 가정들을 확인하기 위해 다중회귀분석의 **잔차** (*residuals*) 를 검사하는 방법도 소개할 것이다.

먼저 다음 예를 살펴보자. 어떤 회로기판이 자동납땜기계를 모두 통과하면 모든 납땜이 이루어진다고 하자. 기계를 한 번 작동시킬 때마다 기계 상태에 대해 5개의 중요한 변수가 측정되었다. 기계는 한 번 작동될 때마다 5개의 회로기판을 만들었고, 총 25회 기계를 작동시켰다 (하나의 회로기판은 460개의 납땜부위를 가진다) . 납땜한 회로기판은 시각검사와 전기검사를 거쳐 100개 납땜부위당 잘못 납땜된 이음매의 개수가 기록된다. 결과는 다음과 같다.

기계 작동 횟수	컨베이어의 각도 x_1	납땜시 합금의 온도 x_2	용매제의 농도 x_3	컨베이어의 속도 x_4	예비열 온도 x_5	100개 납땜부위당 결함 개수 y
1	6.2	241	0.872	0.74	245	0.201
2	5.6	250	0.860	0.77	229	0.053
3	6.5	258	0.853	0.64	266	0.239
4	6.4	239	0.891	0.68	251	0.242
5	5.7	260	0.888	0.81	262	0.075
6	5.8	254	0.876	0.75	230	0.132
7	5.5	250	0.869	0.71	228	0.053
8	6.1	241	0.860	0.76	234	0.119
9	6.1	256	0.854	0.62	269	0.172
10	6.3	260	0.872	0.64	240	0.171
11	6.6	249	0.877	0.69	250	0.369
12	5.7	255	0.868	0.73	246	0.100
13	5.8	258	0.854	0.80	261	0.105
14	6.1	260	0.879	0.77	270	0.196
15	5.8	262	0.888	0.70	267	0.126
16	6.3	256	0.870	0.81	246	0.216
17	6.4	254	0.862	0.76	233	0.286

18	6.8	247	0.855	0.65	250	0.306
19	6.7	238	0.876	0.69	249	0.403
20	6.3	264	0.884	0.71	265	0.162
21	6.4	260	0.891	0.79	252	0.214
22	5.7	259	0.881	0.80	245	0.287
23	5.8	244	0.863	0.76	238	0.092
24	5.4	259	0.875	0.68	217	0.008
25	5.7	264	0.870	0.64	276	0.102

다중회귀분석을 하기 위해 MINITAB 소프트웨어를 사용할 경우, x_1의 값을 열 $C1$에, x_2의 값을 열 $C2$에, ⋯ x_5의 값을 $C5$에, y의 값을 $C6$에 표에서 배열된 자료의 순서대로 입력한 후, `REGRESS C6 ON 5 PREDICTORS C1-C5` 명령을 실행한다. 그림 14.7은 이렇게 해서 나온 결과의 일부를 보여 준다.

이 예에서 혹은 다른 어떤 문제에서든 다중회귀분석을 하여 얻은 계수가 그에 대응하는 독립변수가 종속변수에 주는 "효과 (effect)"라고 해석하기 쉽다. 예를 들어 x_1의 계수 0.214는 x_1을 한 단위 증가시킬 경우 Y에 나타나는 효과를 추정한 것이라 해석할 수 있다. 그러나 이처럼 100개의 납땜부위당 결함의 개수 Y가 컨베이어 각도 x_1이 1단위 증가할 경우 0.214만큼 증가할 것이라는 주장은 사실이 아닐 가능성이 높다. 그 이유로는 몇 가지가 있다.

회귀분석에서 한 계수의 추정값은 확률오차 (random error) 의 영향을 받는다. 정리 14.8을 이용하여 잔차가 대략적으로 정규분포를 따른다고 가정할 때 그러한 계수에 대하여 신뢰구간을 구할 수 있다. 따라서 확률오차는 상대적으로 쉽게 수량화할 수 있다. 그러나 확률오차는 다른 이유로 발생하는 오차보다 분석에 훨씬 적은 효과를 미친다.

다중회귀분석에서 계수들을 해석할 때 발생하는 훨씬 심각한 오차는 다중회귀식의 독립적인 확률변수들간의 다중공선성으로부터 비롯된다. 몇몇 변수들이 서로 큰 상관관계를 갖게 된다면 그 변수들이 종속변수에 미치는 효과를 분리해 내기 어렵게 된다. 따라서 독립변수들이 종속변수에 미치는 효과는 **중첩되었다 (confounded)** 고 한다. 독립변수들간에 상관관계의 정도를 알아보기 위하여 다음과 같이

```
THE REGRESSION EQUATION IS
C6 = -1.79 + 0.214 C1 - 0.00096 C2 + 0.90 C3 + 0.122 C4 + 0.000169 C5

                          ST. DEV.     TRATIO =
COLUMN     COEFFICIENT   OF COEF.     COEF/S.D.
               -1.7885     0.9655       -1.85
C1             0.21357    0.03630        5.88
C2           -0.000959   0.001873       -0.51
C3               0.898      1.047        0.86
C4              0.1216     0.2167        0.56
C5           0.0001695  0.0009457        0.18

S = 0.05806
R-SQUARED = 73.6 PERCENT

       Y              PRED.Y    ST. DEV.
ROW   C1      C6      VALUE     PRED.Y     RESIDUAL     ST.RES.
22   6.70  0.2870   0.1104    0.0220      0.1766       3.29R
R DENOTES AN OBS. WITH A LARGE ST. RES.
```

그림 14.7 위 결과 예에 대한 컴퓨터 출력물

MINITAB에서 `CORRELATE C1-C5`의 명령을 실행시켜 납땜 자료에서 독립변수를 2변수씩 짝지워 상관관계를 구한 상관관계 행렬을 구하였다.

```
        C1      C2      C3      C4
C2   -.328
C3   -.039    .174
C4   -.281    .030    .215
C5    .251    .402    .117   -.207
```

(위 행렬은 대칭행렬이므로 전체 행렬의 일부만 보인다. 예를 들어 C1과 C2의 상관은 C2와 C1의 상관과 같다. 또한 자기자신과의 상관은 1이다.) 몇몇 독립변수를 나타내는 자료의 열들이 다중공선성을 나타내고 있음을 볼 수 있다.

이 예에서 다중공선성의 효과는 x_1을 회귀식에서 생략하고, y에 대해 x_2, x_3, x_4, x_5만으로 다중회귀분석을 해 보는 것으로 바로 알 수 있다. 결과적으로 다중회귀식은 다음과 같다.

$$\hat{y} = 0.23 - 0.00617x_2 + 1.18x_3 - 0.150x_4 + 0.00238x_5$$

이와 비교하여 앞서 5개의 독립변수를 모두 사용하여 구한 회귀식은 다음과 같다.

$$\hat{y} = -1.79 + 0.214x_1 - 0.0096x_2 + 0.90x_3 + 0.122x_4 + 0.000169x_5$$

x_1이 분석에서 빠졌을 때 x_2, x_3, x_4, x_5의 계수가 무시할 수 없을 정도로 바뀌었다는 것을 볼 수 있다. 예를 들어 회귀식에 x_1이 포함되었을 때 -0.0096이던 x_2의 계수는 x_1이 모형에서 빠지자 -0.00617이 되어 36% 증가하였다. x_4의 계수는 부호가 바뀌기까지 한다.

현실에서는 자료에 곡면을 적합하기 위하여 x^2, x^3, x_1x_2과 같이 비선형 항들이 다중회귀식에 도입되기도 한다. 그러나 비선형 항들을 추가하게 되면 x와 x^2의 경우처럼 다중공선성의 문제도 커질 위험이 있다. 이러한 문제점은 회귀분석의 대상이 되는 자료를 표준화시키는 것으로 해결하거나 적어도 줄일 수 있다(이때 표준화는 각 변수에서 그 변수의 평균을 빼고, 그 변수의 표준편차로 나누는 것을 말한다).

선형 항과 비선형 항이 모두 포함된 다중회귀식의 사용은 선형 항만을 포함한 모형보다 더 좋은 예측력을 가지지만, 이러한 다중회귀식은 자료를 표준화하였을 경우에도 자주 높은 상관관계를 갖는 변수들을 포함하게 되어 다중공선성의 문제를 더욱 악화시킨다.

정규분포가정에서 다중회귀분석을 하기 위해서는 **잔차(residuals)** 들을 유심히 살펴보아야 한다. $e_i = y_i - \hat{y}_i$를 다중회귀의 ***i*번째 잔차(*i*th residual)** 라고 한다. 잔차분석은 자료가 적절한 형태의 모형에 의해서, 그리고 적절한 변수가 포함된 모형에 의해서 제대로 설명되었는지 알아보는 데 유용하다.

정규점수도(normal scores plot, 6.8절 참조) 는 잔차들이 대략적으로 정규분포를 따른다는 가정을 확인하는 데 이용된다. 회귀분석에서 실시되는 t검정이 정규성을 벗어났을 때 민감하게 반응하지는 않지만, 정규성을 크게 벗어나게 되면 회귀분석에서의 유의성검정을 제대로 할 수 없게 된다(단 회귀계수를 추정하고, y의 예측치 $\hat{y}$를 구하는 용도로써 이 회귀식은 여전히 유효하다).

y의 예측치에 대한 잔차도는 적합된 회귀식의 형태를 형성하는 가정들에 의해 발생하는 오차를 밝혀내는 데 유용하다. 모형으로 선택된 등식이 자료를 적절하게 설명해 준다면 잔차도는 특별한 추세나 곡선의 형태가 없는 "랜덤"한 패턴을 보여 주어야 할 것이다. 반대로 뚜렷하게 비선형의 형태를 가지

는 자료에 선형 모형을 적합하게 되면 잔차는 곡선의 추세를 보여 줄 것이다. 자료가 가정사항과 크게 다를 경우 예측 결과에 추가적으로 큰 오차가 발생하여 독립변수의 계수 추정값은 상대적으로 무의미하게 된다.

관찰한 순서를 나타내는 정수 ("실시 회차", 즉 각 관찰값을 얻은 회차) 에 대한 잔차도 역시 특별한 추세 없는 랜덤한 형태가 되어야 한다. 이 잔차도에 추세가 존재한다면 그것은 회귀식에 포함되지 않았지만, Y의 값에 무시할 수 없는 효과를 주는 시간에 따라 변하지만 하나 이상의 변수에 의해 야기된 것일 수 있다 (환경적 변수, 예를 들어 습기, 온도와 같은 변수들이 종종 이러한 효과를 미친다). 잔차에서 나타나는 시간에 따른 추세는 더 나은 연구를 하기 원한다면 이러한 변수들을 통제하거나 혹은 측정하여 회귀식에 포함하여야 한다는 것을 시사한다.

앞에서 나온 납땜 기계 사례의 회귀분석에서 계산된 잔차들을 가지고, 잔차분석 방법의 예를 들어 보겠다. MINITAB 소프트웨어에서 `REGRESS C6 ON 5 PREDICTORS C1- C5, PUT RESIDUALS IN C7` 명령을 실행하면 표준화된 잔차를 바로 구할 수 있다.

표준화되기 전의 잔차들에 대한 정규점수도가 그림 14.8에 나와 있다. 그림에서 잔차가 정규분포를 따른다는 가정이 대체로 만족되고 있음을 알 수 있다 [특잇값 (22번째 기계작동) 이 하나 존재하고 있는 것처럼 보인다. 회귀계수에 대한 유의성검정을 실시하려면, 특잇값을 제외하고 다시 회귀식을 추정하는 것이 바람직하다].

$\hat{y}$에 대한 잔차도는 그림 14.9에 나와 있다. 특잇값을 무시하면 이 그림에서 잔차는 특정한 추세나 곡

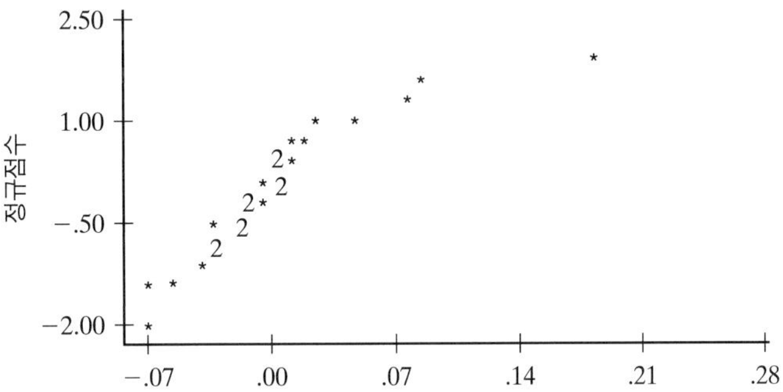

그림 14.8 납땜 사례의 회귀모형의 정규점수도

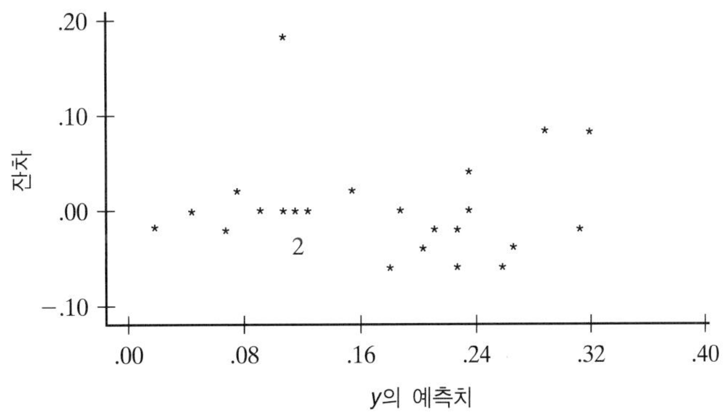

그림 14.9 $\hat{y}$에 대한 잔차도

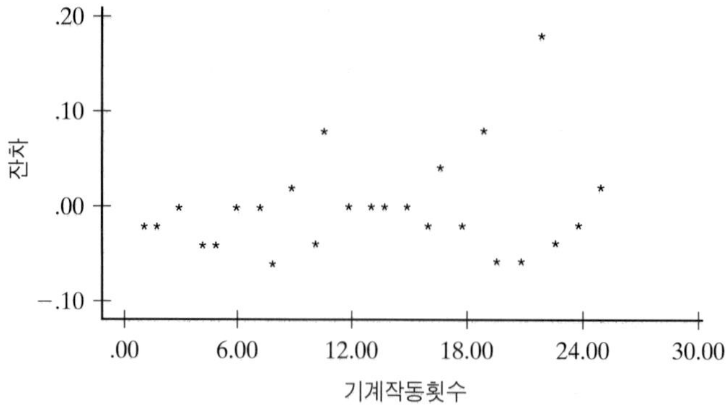

그림 14.10 기계작동횟수에 대한 잔차도, X축: 기계작동횟수, Y축: 잔차

선형태 없이 랜덤한 패턴을 보인다. 따라서 앞선 예의 관찰값의 범위 내에서 5개의 독립변수들과 주어진 종속변수 사이의 관계를 설명하기 위해 적합한 다중선형회귀모형은 적절하다고 할 수 있다.

기계작동횟수에 대한 잔차도는 그림 14.10에 나와 있다. 마찬가지로 이 그림도 추세나 곡선형태가 아닌 랜덤한 패턴의 잔차를 보여 준다. 따라서 자료를 관찰하는 동안 y값에 유의한 효과를 주는 시간에 의존하는 외생변수는 없었다고 볼 수 있다.

14.1~14.3절

응용문제

14.41 다음은 직접회로를 만들 때 실리콘 기판 (wafer) 의 확산 시간과 트랜스퍼 (transfer) 의 박판 저항에 대한 자료이다.

확산 시간, x	0.56	1.10	1.58	2.00	2.45
박판 저항, y	83.7	90.0	90.2	92.4	91.6

(a) 최소제곱법에 의해 이 자료에 적합시킨 직선식을 구하여라.

(b) 1.3시간의 확산에 대한 박판 저항을 예측하여라.

14.42 어떤 독성 물질을 25마리의 쥐로 이루어진 각 그룹에 그 양을 다르게 하여 투여하였을 때의 결과가 다음과 같았다.

투여량(mg) x	죽은 쥐의 수 y
4	1
6	3
8	6
10	8
12	14
14	16
16	20

(a) 최소제곱법에 의해 이 자료에 적합시킨 직선식을 구하여라.

(b) 이 독성 물질을 7mg 투여하였을 때 25마리 중 죽은 쥐의 수를 추정하여라.

14.43 다음 자료는 어느 통계학 수업에서 12명의 학생이 얻은 중간고사와 기말고사 점수이다.

중간고사 점수 x	기말고사 점수 y
71	83
49	62
80	76
73	77
93	89
85	74
58	48
82	78
64	76
32	51
87	73
80	89

(a) 학생의 중간고사 성적으로 기말고사 성적을 예측할 수 있게 해주는 직선식을 최소제곱법으로 구하여라.

(b) 중간고사에서 84점을 받은 학생의 기말고사 성적을 예측하여라.

14.44 합성섬유를 만드는 데 사용되는 원료가 습기를 제어하지 않는 곳에 보관되고 있다. 다음은 12일 동안 상대습도를 측정한 값들과 원료들에서 표본을 추출하여 구한 수분량을 퍼센트 단위로 나타낸 자료이다.

습도	수분량
46	12
53	14
37	11
42	13
34	10
29	8
60	17
44	12
41	10
48	15
33	9
40	13

(a) 상대습도로 수분량을 예측할 수 있게 해 주는 직선식을 최소제곱법으로 구하여라.

(b) 상대습도가 38퍼센트일 때 (a)의 결과를 이용하여 수분량을 추정 (예측) 하여라.

14.45 다음 자료는 화학처리 후 시간이 지남에 따라 수영장에 남아 있는 염소량을 측정한 것이다.

화학처리 후 경과한 시간	남아있는 염소량 (100만분의 일 단위)
2	1.8
4	1.5
6	1.4
8	1.1
10	1.1
12	0.9

(a) 화학처리 후 경과한 시간을 이용하여 남아있는 염소량을 예측할 수 있는 직선식을 최소제곱법으로 구하여라.

(b) (a) 의 최소제곱식을 이용하여 화학처리 후 5시간이 경과하였을 때 남아있는 염소량을 추정하여라.

14.46 응용문제 14.42를 연습문제 14.15의 표기를 이용하여 다시 풀어라.

14.47 응용문제 14.45를 연습문제 14.15의 표기를 이용하여 다시 풀어라.

14.48 어떤 기업의 첫 5년간 매출총액이 1.4, 2.1, 2.6, 3.5, 3.7 백만달러였다. 연습문제 14.15의 표기를 이용하여 최소제곱법에 의해 직선식을 적합시켜라. 또한 매출총액이 이러한 추세로 계속 변화할 때 6년째 영업년도에 이 회사가 얻을 매출총액을 예측하여라.

14.49 일련의 짝자료에 $\mu_{Y|x} = \alpha \cdot \beta^x$형태의 회귀식을 적합시키는 것이 적절하다고 판단된다면, 보통 최소제곱법에 의해 다음과 같은 직선식을 자료 $\{(x_i, \log y_i), i = 1, 2, \cdots, n\}$ 에 적합시켜 α와 β를 추정하게 된다.

$$\log \hat{y} = \log \hat{\alpha} + x \cdot \log \hat{\beta}$$

이 방법을 이용하여 동일한 환경에서 접붙인 선인장의 성장에 관한 다음 자료에 $\hat{y} = \hat{\alpha} \cdot \hat{\beta}^x$ 형태의 지수곡선을 적합시켜라.

접붙인 후 경과한 시간(주) x	키 (인치) y
1	2.0
2	2.4
4	5.1
5	7.3
6	9.4
8	18.3

14.50 일련의 짝자료에 $\mu_{Y|x} = \alpha \cdot x^\beta$ 형태의 회귀식을 적합시키는 것이 적절하다고 판단된다면, 보통 최소제곱법에 의해 다음과 같은 직선식을 자료 $\{(\log x_i, \log y_i), i = 1, 2, \cdots, n\}$ 에 적합시켜 α와 β를 추정하게 된다.

$$\log \hat{y} = \log \hat{\alpha} + \hat{\beta} \cdot \log x$$

(a) 이 방법을 사용하여 어떤 전자부품의 단위당 생산비용과 생산량에 관한 다음 자료에 $\hat{y} = \hat{\alpha} \cdot x^{\hat{\beta}}$ 형태의 멱함수곡선을 적합시켜라.

생산량 x	단위당 생산비용($) y
50	108
100	53
250	24
500	9
1,000	5

(b) (a)의 방법을 이용하여 300개를 생산할 경우의 단위당 생산비용을 추정하여라.

14.4절

14.51 응용문제 14.42에서 대립가설 $\beta > 1.25$에 대한 귀무가설 $\beta = 1.25$를 유의수준 0.01에서 검정하여라.

14.52 응용문제 14.44에서 대립가설 $\beta < 0.350$에 대한 귀무가설 $\beta = 0.350$를 유의수준 0.05에서 검정하여라.

14.53 어느 도시지역에서 매매된 모든 주택에서 확률표본을 뽑아 얻은 8개 주택의 감정가격과 판매가격에 대한 자료가 다음과 같이 나와 있다.

감정가격 (1,000달러)	판매가격 (1,000달러)
170.3	214.4
202.0	269.3
162.5	206.2
174.8	225.0
157.9	199.8
181.6	232.1
210.4	274.2
188.0	243.5

(a) 주어진 도시지역에서 감정가격으로 판매가격을 예측할 수 있게 해주는 직선식을 최소제곱법으로 구하여라.

(b) 0.05 유의수준에서 대립가설 $\beta > 1.30$에 대한 귀무가설 $\beta = 1.30$을 검정하여라.

14.54 응용문제 14.43에서 회귀계수 β에 대한 99%신뢰구간을 구하여라.

14.55 응용문제 14.45에서 회귀계수 β에 대한 98%신뢰구간을 구하여라.

14.56 예제 14.4에서 연습문제 14.22의 내용을 이용하여 대립가설 $\alpha \neq 21.50$에 대한 귀무가설 $\alpha = 21.50$을 유의수준 0.01에서 검정하여라.

14.57 총비용에 대한 광고비 비율과 총매출에 대한 순영업이익을 확률추출한 6개 약국에 대하여 퍼센트 단위로 나타낸 자료가 다음과 같다.

광고비	순영업이익
1.5	3.6
1.0	2.8
2.8	5.4
0.4	1.9
1.3	2.9
2.0	4.3

(a) 광고비를 이용하여 순영업이익을 예측할 수 있게 해 주는 직선식을 최소제곱법으로 구하여라.

(b) 대립가설 $\alpha > 0.8$에 대한 귀무가설 $\alpha = 0.8$을 유의수준 0.01에서 검정하여라.

14.58 응용문제 14.42에서 연습문제 14.22의 내용을 이용하여 α의 95%신뢰구간을 구하여라.

14.59 응용문제 14.43에서 연습문제 14.22의 내용을 이용하여 α의 99%신뢰구간을 구하여라.

14.60 예제 14.4와 예제 14.5에서 계산한 값들을 이용하여 연습문제 14.24와 연습문제 14.26의 내용을 바탕으로 다음을 구하여라.

(a) 시험을 위해 14시간 공부한 사람의 평균 시험점수에 대한 95%신뢰구간

(b) 시험을 위해 14시간 공부한 사람의 시험점수에 대한 95% 예측구간

14.61 응용문제 14.42의 자료를 가지고 응용문제 14.51에서 계산한 값들을 이용하여, 연습문제 14.24와 연습문제 14.26의 내용을 바탕으로 다음을 구하여라.

(a) 9밀리그램의 약을 투여하였을 때 25마리 중 죽는 쥐의 수의 기댓값에 대한 95%신뢰구간

(b) 9밀리그램의 약을 투여하였을 때 25마리 중 죽는 쥐의 수에 대한 95% 예측구간

14.62 20밀리그램의 약을 투여하였을 때의 경우에 대해 응용문제 14.61을 다시 풀어보아라. 죽는 쥐의 수에 대한 신뢰구간과 예측구간의 범위가 매우 커졌음을 알 수 있을 것이다. 이것은 관찰된 범위 밖에 있는 Y값에 대해 추정하는 **외삽법 (extrapolation)** 에 대한 예이다. 외삽법을 이용할 경우 보통 매우 부정확한 추정값을 얻게 된다.

14.63 여러 세기의 장력 (1000파운드 단위) 에 대해 지름과 성분이 같은 철강 막대가 늘어나는 길이 (1000분의 1인치 단위) 를 나타낸 자료가 다음과 같다.

장력 x	늘어난 길이 y
1.2	15.6
5.3	80.3
3.1	39.0
2.2	34.3
4.1	58.2
2.6	36.7
6.5	88.9
8.3	111.5
7.6	99.8
4.9	65.7

(a) 적절한 컴퓨터 소프트웨어를 이용하여 이 자료에 직선식을 적합시켜라.

(b) 적합된 직선의 기울기에 대해 99% 신뢰구간을 구하여라.

14.64 플라스틱 성분의 막대기 끝에 가해진 힘 (그램) 과 막대가 줄어든 길이를 나타낸 자료가 다음과 같다.

힘 x	줄어든 길이 y
25	1.58
30	1.39
35	1.41
40	1.60
55	1.81
45	1.78
50	1.65
60	1.94

(a) 적절한 컴퓨터 소프트웨어를 이용하여 이 자료에 직선식을 적합시켜라.

(b) 대립가설 $\beta > 0.01$에 대한 귀무가설 $\beta = 0.01$를 유의수준 0.95에서 검정하여라.

14.5절

14.65 성취도평가시험은 어떤 학생이 여러 번 시험을 봤을 때 일정하게 높은 (낮은) 점수를 얻는다면 신뢰할 만하다고 할 수 있다. 어떤 시험의 신뢰도를 검사하는 한 가지 방법은 주어진 시험을 홀수번 문항과 짝수번 문항의 두 부분으로 나눈 후, 학생들이 양쪽의 문항에서 얻는 점수들 간에 상관이 있는지 살펴보는 것이다. 다음은 중학교 2학년 일반과학에서의 학업성취도를 평가하기 위해 만들어진 시험의 홀수번과 짝수번 문항에서 20명의 학생들이 획득한 점수 x, y를 나타낸 자료이다.

x	y	x	y
27	29	33	42
36	44	39	31
44	49	38	38
32	27	24	22
27	35	33	34
41	33	32	37
38	29	37	38
44	40	33	35
30	27	34	32
27	38	39	43

이 자료의 r을 계산하고, 유의성검정을 하라. 즉, 유의수준 0.05에서 대립가설 $\rho \neq 0$에 대한 귀무가설 $\rho = 0$을 검정하여라.

14.66 연습문제 14.31에서 구한 식을 이용하여 응용문제 14.65에서 ρ에 대한 95%신뢰구간을 구하여라.

14.67 다음 자료는 어느 농부가 밭에 뿌리는 비료의 양 (파운드 단위) x와 밀수확량 (에이커당 부쉘 단위) y를 나타낸 것이다.

x	y	x	y	x	y
112	33	88	24	37	27
92	28	44	17	23	9
72	38	132	36	77	32
66	17	23	14	142	38
112	35	57	25	37	13
88	31	111	40	127	23
42	8	69	29	88	31
126	37	19	12	48	37
72	32	103	27	61	25
52	20	141	40	71	14
28	17	77	26	113	26

위의 자료가 이변량 정규분포에서 뽑은 확률표본이라는 가정하에 r을 계산하고, 유의수준 0.01에서 이를 검정하여라. 또한 이 짝자료의 산포도를 그려 가정이 올바른지 판단하여라.

14.68 연습문제 14.31에서 구한 식을 이용하여 응용문제 14.67에서 ρ에 대한 99%신뢰구간을 구하여라.

14.69 연습문제 14.29에서 구한 식을 이용하여 434쪽의 공부한 시간과 시험점수 간의 자료에서 구한 β에 대한 95%신뢰구간을 구하여라. 또한 이 구간을 예제 14.6에서 구한 것과 비교하여라.

14.70 각 x에 일정 상수를 더하거나 x와 (또는) y에 일정 양수를 곱함으로써 r의 계산을 간단히 할 수 있는 경우가 있다. 예제 14.7에서 각각의 x와 y에 10을 곱하고, 각 x에서 70을, 각 y에서 60을 뺀 후 다시 r을 계산하여라.

14.71 다음 쪽 상단에 있는 표는 25명의 역사와 경제점수 분포를 보여 주고 있다. 연습문제 14.32의 방법을 사용하여 r의 값을 구하여라. 이때 각 행의 이름을 **계급값 (classmarks)** 인 중간값 23, 28, 33, 38, 43, 48로, 각 열의 이름을 계급값 23, 28, 33, 38, 43으로 대체하여라. 이 두 과목의 점수 사이에 상관관계가 있는지 알아보기 위하여 0.05 유의수준에서 r에 대해 검정하여라.

14.72 응용문제 14.71의 역사점수의 계급값을 -2, -1, 0, 1, 2로, 경제점수의 계급값을 -2, -1, 0, 1, 2, 3으로 놓고 다시 r을 계산하여라 (응용문제 14.70에서 살펴본 것과 같이 이와 같은 변환은 r값에 영향을 주지 않는다).

		역사점수				
		21–25	26–30	31–35	36–40	41–45
경제점수	21–25	1				
	26–30		3	1		
	31–35		2	5	2	
	36–40			1	4	1
	41–45			1	3	
	46–50					1

14.73 $r \times c$표의 행과 열의 범주가 모두 순차형이라면 열과 행의 이름을 연속적인 정수로 놓고, 연습문제 14.32의 식을 이용하여 r을 구할 수 있다. 이 방법을 이용하여 예제 13.11의 낮음, 보통, 높음을 -1, 0, 1로 대체하여 문제를 다시 풀어라.

14.74 414쪽의 $r \times c$표에서 응용문제 14.73에서 제시된 방법을 이용하여 0.05 유의수준에서 I.Q.와 실무능력 사이에 상관관계가 있는지 알아보기 위하여 검정하여라. 열 이름은 물론 행 이름도 -1, 0, 1로 대체하여라.

14.75 **(a)** 적절한 컴퓨터 소프트웨어를 이용하여 응용문제 14.63의 자료의 표본상관계수를 구하여라.

(b) 0.05의 유의수준에서 r이 0과 다른지 검정하여라.

14.76 **(a)** 적절한 컴퓨터 소프트웨어를 이용하여 응용문제 14.64 자료의 표본상관계수를 구하여라.

(b) 0.01의 유의수준에서 r이 유의한지 검정하여라.

14.6~14.7절

14.77 다음은 어느 운송회사의 6개 화물량, 이동 거리, 그리고 발생한 손실액을 나타낸 자료이다.

중량 (1,000파운드) x_1	거리 (1,000마일) x_2	손실액 (달러) y
4.0	1.5	160
3.0	2.2	112
1.6	1.0	69
1.2	2.0	90
3.4	0.8	123
4.8	1.6	186

(a) 선형회귀를 가정하여 $\beta_0, \beta_1, \beta_2$를 구하여라.

(b) (a)의 결과를 이용하여 2,400파운드 무게의 화물이 1,200마일 이동하였을 경우에 발생하는 손실액을 추정하여라.

14.78 다음 자료는 5개 식당의 주당 평균 수익 (단위: 1,000달러), 식당의 좌석수, 식당 주변의 일일 교통량 (자동차 1,000대 단위) 을 나타낸 것이다.

좌석수 x_1	교통량 x_2	주당 순이익 y
120	19	23.8
200	8	24.2
150	12	22.0
180	15	26.2
240	16	33.5

(a) 선형회귀를 가정하여 $\beta_0, \beta_1, \beta_2$를 구하여라.

(b) (a) 의 결과를 이용하여 210석의 좌석이 갖추어지고 주변 일일 교통량 평균 14,000대의 식당의 평균 주당 순이익을 예측하여라.

14.79 다음 자료는 10명의 학생의 시험점수, I.Q., 시험공부를 한 시간을 나타낸 것이다.

I.Q. x_1	공부한 시간 x_2	시험점수 y
112	5	79
126	13	97
100	3	51
114	7	65
112	11	82
121	9	93
110	8	81
103	4	38
111	6	60
124	2	86

(a) 선형회귀를 가정하여 $\beta_0, \beta_1, \beta_2$를 구하여라.

(c) I.Q.가 108이고 시험공부를 6시간 동안 한 학생의 시험점수를 예측하여라.

14.80 다음 자료는 공정과정에 대한 두 가지 변수와 어떤 금속의 강도 사이의 관계를 규명하기 위해 수집되었다.

금속의 강도 (Rockwell 30-T) y	구리 함유량(%) x_1	(달굼 후) 냉각 온도(F) x_2
78.9	0.02	1,000
55.2	0.02	1,200
80.9	0.10	1,000
57.4	0.10	1,200
85.3	0.18	1,000
60.7	0.18	1,200

최소제곱법으로 평면을 적합시켜라. 또한 적합된 식을 이용하여 구리 함유량이 0.14%이고, 냉각 온도가 1,100°F일 때 주어진 종류의 금속의 평균 온도를 추정하여라.

14.81 $x_1, x_2, \cdots$과 (또는) x_k들이 일정한 간격일 때 $\hat{\beta}$들의 계산은 연습문제 14.15에서 제시된 변환을 통해 간단히 할 수 있다. x_1값을 -1, 0, 1로, x_2값을 -1, 1로 놓고, 응용문제 14.80을 다시 풀어라 (이렇게 변환된 x_1값과 x_2값을 z_1, z_2라 했을 때 $\Sigma z_1 = 0$, $\Sigma z_2 = 0$, $\Sigma z_1 z_2 = 0$이 됨에 유의하자).

14.82 다음 자료는 퍼센트 단위로 측정된 진통제의 효과와 각 캡슐 안에 들어 있는 3가지 다른 약성분의 양을 나타낸 것이다.

약성분 A x_1	약성분 B x_2	약성분 C x_3	효과 (퍼센트) y
15	20	10	47
15	20	20	54
15	30	10	58
15	30	20	66
30	20	10	59
30	20	20	67
30	30	10	71
30	30	20	83
45	20	10	72
45	20	20	82
45	30	10	85
45	30	20	94

선형회귀를 가정하여 각 x들을 적절히 변환한 후 회귀계수를 추정하여라. 또한 구한 회귀식을 원래 자료에 대해 추정한 회귀식으로 바꾸어라.

14.83 14.2절과 14.6절에서 소개된 회귀모형들은 x들에 대해 선형일 뿐 아니라 β들에 대해서도 선형이다. 사실 그 모형들은 x들과 y가 선형관계가 아닐 때도 사용할 수 있다. 예를 들어 회귀가 포물선형태이고, 그 형태가 다음과 같을 때,

$$\mu_{Y|x} = \beta_0 + \beta_1 x + \beta_2 x^2$$

위 수식 대신 x_1자리에 x가, x_2자리에 x^2을 집어넣은 $\mu_{Y|x} = \beta_0 + \beta_1 x_1 + \beta_2 x_2$ 형태의 회귀식을 이용하면 된다. 니스의 건조시간과 어느 화학물질이 첨가된 양에 대한 다음 자료에 이 방법을 이용하여 포물선을 적합시켜라.

첨가제의 양 (그램) x	건조시간 (시간) y
1	8.5
2	8.0
3	6.0
4	5.0
5	6.0
6	5.5
7	6.5
8	7.0

또한 6.5그램의 화학물질이 첨가되었을 때 건조시간을 예측하여라.

14.84 다음 자료는 5개 다른 지역에서 어느 제품의 수요 (1,000개) 와 그 가격 (센트) 에 관한 것이다.

가격 x	수요 y
20	22
16	41
10	120
11	89
14	56

응용문제 14.83의 방법을 이용하여 이 자료에 포물선을 적합시켜라.

14.85 응용문제 14.84에서 직선이 아니라 포물선을 적합시킬 필요가 있는가를 판단하기 위해서 대립가설 $\beta_2 \neq 0$에 대해 귀무가설 $\beta_2 = 0$을 유의수준 0.05에서 검정하여라.

14.86 예제 14.9의 자료에서 얻은 결과를 이용하여 회귀계수 β_2에 대한 90% 신뢰구간을 구하여라 (연습문제 14.38 참조).

14.87 응용문제 14.77에서 대립가설 $\beta_2 \neq 10.0$에 대해 귀무가설 $\beta_2 = 10.0$을 유의수준 0.05에서 검정하여라.

14.88 응용문제 14.77에서 회귀계수 β_1에 대한 95% 신뢰구간을 구하여라.

14.89 응용문제 14.78에서 대립가설 $\beta_1 < 0.12$에 대해 귀무가설 $\beta_1 = 0.12$을 유의수준 0.05에서 검정하여라.

14.90 응용문제 14.78에서 회귀계수 β_2에 대한 98% 신뢰구간을 구하여라.

14.91 예제 14.9의 자료에서 얻은 결과와 연습문제 14.39 (b) 를 이용하여 주어진 주택단지에 있는 침실 3개와 욕실 2개를 갖춘 주택 가격에 대한 95% 신뢰구간을 구하여라.

14.92 예제 14.9의 자료에서 얻은 결과와 연습문제 14.40 (b) 를 이용하여 주어진 주택단지에 있는 침실 3개와 욕실 2개를 갖춘 주택 가격 99% 예측구간을 구하여라.

14.93 응용문제 14.77에서 연습문제 14.39 (b) 를 이용하여 2,400파운드 화물이 1,200마일 이동하였을 때의 평균 손실액에 대한 98% 신뢰구간을 구하여라.

14.94 응용문제 14.77에서 연습문제 14.40 (b) 를 이용하여 2,400파운드 화물이 1,200마일 이동하였을 때의 손실액 95% 예측구간을 구하여라.

14.95 응용문제 14.78에서 연습문제 14.39 (b) 를 이용하여 210석의 좌석을 갖추고, 주변 일일 평균교통량 14,000대인 지역에 위치한 식당의 주당 평균 순이익에 대한 99% 신뢰구간을 구하여라.

14.96 응용문제 14.78에서 연습문제 14.40 (b) 를 이용하여 210석의 좌석을 갖추고, 주변 일일 평균교통량 14,000대인 지역에 위치한 식당의 주당 평균 순이익 98% 예측구간을 구하여라.

14.97 x값을 변환하지 않고, 응용문제 14.82를 적절한 컴퓨터 프로그램을 이용하여 다시 하여라.

14.98 **(a)** 다음 자료는 12달 동안 어느 공장의 월간 사용 수량 (갤론) 을 그 공장의 월간생산량 (톤), 주변온도 (F), 각 월의 공장가동일 (일) 과 연관시켜 조사한 것이다. 적절한 컴퓨터 프로그램을 사용하여 이 자료에 평면을 적합시켜라.

월 사용 수량 y	생산량 x_1	평균온도 x_2	가동일 x_3
2,228	98.5	67.4	19
2,609	108.2	70.3	20
3,088	109.6	82.1	21
2,378	101.0	69.2	21
1,980	83.3	64.5	19
1,717	70.0	63.7	21
2,723	144.7	58.0	19
2,031	84.4	58.1	20
1,902	97.4	36.6	17
1,721	131.8	49.6	23
2,254	82.1	44.3	18
2,522	64.5	44.1	19

(b) 생산량이 90.0톤이고, 평균온도가 65°F, 공장가동일이 20일이었던 어느 한 달간에 이 공장에서 사용한 수량을 예측하여라.

14.99 **(a)** 다음 자료에 평면을 적합시켜라.

y	x_1	x_2
118	41	−6
38	76	3
156	19	6
45	67	−3
31	62	−1
17	99	−3
109	27	−5
349	43	12
195	25	−8
72	24	2
94	48	5
118	3	4

(b) (a) 의 평면은 얼마나 잘 적합되었는가?

(c) $\hat{y}$에 대한 잔차도를 그리고, 잔차가 랜덤한 패턴을 가지는지 알아보아라.

(d) 독립변수간에 다중공선성이 있는지 확인하여라.

14.100 다음 자료는 응용문제 14.98에서의 자료를 20개월간 조사한 자료이다.

월 사용 수량 y	생산량 x_1	평균온도 x_2	가동일 x_3
2,609	108	70	20
2,228	97	68	19
2,559	113	66	19
2,723	144	58	19
3,088	109	82	21
2,522	64	44	19
2,012	91	61	20
2,254	82	44	18
2,436	126	59	21
2,460	111	62	21
2,147	85	54	18
2,378	101	69	21
2,031	84	58	20
1,717	70	64	21
2,117	107	51	22
1,902	97	36	17
2,251	98	56	22
2,357	96	85	19
1,721	132	49	23
1,980	84	64	19

(a) 위 자료에 평면을 적합시켜라.

(b) 적절한 컴퓨터 프로그램을 이용하여 정규점수도 (normal-scores plot) 를 그려라. 정규분포의 가정이 대체로 만족한다고 할 수 있는가?

(c) $\hat{y}$에 대한 잔차도를 그리고, 잔차가 랜덤한 패턴을 가지는지 알아보아라.

(d) 독립변수간에 지나친 다중공선성이 있는지 확인하여라.

14.101 응용문제 14.99의 자료를 이용하라.

(a) 새로운 변수 x_2^2를 만들어라.

(b) 다음 형태의 평면을 적합시켜라.

$$y = b_0 + b_1x_1 + b_2x_2 + b_3{x_2}^2$$

(c) 3개의 독립변수들간의 상관행렬을 구하여라. 다중공선성의 근거를 찾을 수 있는가?

(d) x_1, x_2를 표준화하고, 표준화된 x_2를 제곱한 새로운 변수를 만들어라.

(e) (b) 에서와 같은 형태의 평면을 표준화된 변수들에 적합시켜라. 이렇게 구한 평면을 응용문제 14.99에서 적합시킨 평면과 적합도를 비교하여라.

(f) $\hat{y}$에 대한 잔차도를 그리고, 응용문제 14.99와 그린 잔차도와 비교하여라.

14.102 응용문제 14.100의 자료를 이용하여라.

(a) 새로운 변수 x_1x_2를 만들어라.

(b) 다음과 같은 형태의 평면을 적합시켜라.

$$y = b_0 + b_1x_1 + b_2x_2 + b_3x_3 + b_4x_1x_2$$

(c) 4개의 독립변수들 간의 상관행렬을 구하여라. 다중공선성의 근거를 찾을 수 있는가?

(d) x_1, x_2, x_3를 표준화시키고, 표준화된 x_1, x_2를 곱하여 새로운 변수를 만들어라.

(e) 표준화된 변수에 대해 같은 형태의 평면을 적합시켜라. 이렇게 구한 평면을 응용문제 14.100에서 적합시킨 평면과 적합도를 비교하여라.

(f) 4개의 표준화된 독립변수들간의 상관행렬을 구하여라. (c) 의 결과와 비교하여라.

참고문헌

정리 14.3의 증명은 7장의 참고문헌에 있는 S. S. Wilks의 책을 참고하라.

$\frac{1}{2} \cdot \ln \frac{1+R}{1-R}$ 의 분포는 3장의 참고문헌에 있는 Kendall and Stuant 책을 참고하라.

σ_1, σ_2, ρ의 최대우도측정값의 도출은 다음 책 3판 참조(4판에는 없음)

HOEL, P., *Introduction to Mathematical Statistics*, 3rd ed. New York: John Wiley & Sons, Inc., 1962.

More detailed treatments of multiple regression may be found in numerous more advanced books, for instance, in

MORRISON, D. F., *Applied Linear Statistical Methods*. Upper Saddle River, N.J.: Prentice Hall, 1983,

WEISBERG, S., *Applied Linear Regression*, 2nd ed. New York: John Wiley & Sons, Inc., 1985,

WONNACOTT, T. H., and Wonnacott, R. J., *Regression: A Second Course in Statistics*. New York: John Wiley & Sons, Inc., 1981.

15장 실험계획법

15.1 서론

14.7절에서 다중회귀식의 계수를 그 계수에 대응하는 독립변수 x_i가 종속변수 y에 주는 "효과(effect)"로 해석하는 것에 대한 위험성에 대해 설명하였다. 이러한 위험성은 독립변수들 간의 다중공선성 때문이라는 것이 지적되었다. **실험계획법(experimental design)**의 이론은 독립변수들의 효과를 추정하는 데서 생기는 문제점들을 제거하거나 최소화시키기 위해 발전되었다.

다중공선성 외에도 실험을 계획할 때 고려해야 하는 사항들이 있다. 그중 한 가지로 몇몇 변수들에 대한 다중공선성의 문제가 해결되었다 하더라도, 효과가 측정될 때 실험에 포함되지 않은 다른 변수들에 의해서 편향이 생기지 않도록 주의를 기울일 필요가 있다. 예를 들어 합금제조오븐에 첨가되는 여러 물질들이 합금의 강도에 미치는 효과를 조사할 때, 오븐 간의 차이나 실험에서 의도한 온도와 오븐 안의 온도 차이를 고려할 필요가 있다. 이런 변수들처럼 다른 외생변수들의 효과가 실험에 포함된 변수들의 효과와 섞일 수 있다. 앞의 예에서 크롬첨가물의 효과와 오븐 안의 온도의 효과가 **중첩되어(confounded)** 나타날 수 있다.

이런 현상을 방지하기 위해서는 실험 결과에 좋지 않은 영향을 미칠 것으로 생각되는 변수들을 일정한 값으로 통제해야 한다. 그러나 안타깝게도, 환경적 요인과 같이 이러한 변수들 중 일부는 통제가 불가능하다. 또한 어떤 외생변수들은 알려져 있지 않기 때문에 통제할 수 없다. 설사 모든 가능한 중첩변수들이 알려져서 일정 조건으로 제어되었다고 해도 실험결과는 실험이 실시된 조건하에서만 유효하다. 예를 들어 인디애나주 남부에서 곡물 수확량을 극대화시키는 비료의 최적 성분배합을 찾아내기 위해 실험이 실시되었다면, 그 실험결과가 일리노이주나 아이오와주, 심지어 인디애나주 북부에서도 동일한가에 대해서는 확신할 수 없다.

알지 못하거나 통제할 수 없는 이러한 변수들에 대한 문제를 해결하기 위해 **확률화(randomization)** 실험계획을 한다. 알지 못하거나 통제되지 않은 환경적 조건들, 실험자에 따라 생기는 차이, 실험이 실시됨에 따라 생기는 기구나 측정도구의 노화 등의 효과가 실험결과(효과)와 섞이지 않게 하기 위해 실험을 실시하는 순서(실험을 실시하고자 하는 독립변수들의 값들의 조합) 를 확률화한다. 물론 이 해결방법은 추정된 실험결과 (효과) 에 외생변수 중 일부가 영향을 주지 못하도록 보장하는 것은 아니다. 예를 들어 우연히 어느 한 종류의 첨가제를 넣은 합금과정은 하나의 오븐에서만 실험이 될 수도 있다. 하지만 적어도 확률화는 외생요인으로부터 실험결과의 왜곡을 확률적으로 방지할 수 있다.

매우 제한된 결과만을 도출하게 되는 과도한 실험 조건의 통제 문제는 **반복 (replication)** 에 의해 해결될 수 있다. 실험은 새로운 확률화 방법을 사용하거나 다른 위치, 다른 도구를 사용하여 반복되어 실시되는 경우가 많다. 예를 들어 곡물 수확량에 미치는 비료 성분의 배합의 효과를 알아본 농경 실험의 경우, 다른 토질조건이 미치는 효과를 알아보기 위해 다른 구획의 땅에서 반복하여 실험을 실시할 수 있다. 또한 보통 이런 종류의 실험은 비료의 효과에 대한 추정이 기후변화에 영향을 받는지 알아보기 위해 지리적으로 다른 지역에서 다른 계절에 반복하여 실시된다.

이 장에서는 가장 널리 사용되는 몇몇 실험계획법에 대하여 수리적 체계를 세울 것이다. 또한 실험계획법에 의해 만들어진 자료를 분석하는 방법도 다룰 것이다.

15.2 일원설계

일원설계를 하는 전형적인 경우에 대한 예를 들어보자. 다음 자료는 세 가지 세제의 세척력을 비교하고자 먹물로 더럽혀진 15개의 흰 천 조각을 각각의 세제로 세탁한 후 흰 정도를 조사한 것이다.

세제 A: 77, 81, 71, 76, 80
세제 B: 72, 58, 74, 66, 70
세제 C: 76, 85, 82, 80, 77

이 3개의 표본의 평균은 77, 68, 80이다. 이제 이 수치 간의 차이가 유의한 것인지 아니면 우연에 의한 것인지 알아보고자 한다.

일반적으로 이러한 문제에서는 a개의 모집단에서 n개의 독립적인 확률표본을 추출한다. i번째 모집단의 j번째 표본은 x_{ij}와 같이 표기된다. 즉

모집단 1: $x_{11}, x_{12}, \ldots, x_{1n}$
모집단 2: $x_{21}, x_{22}, \ldots, x_{2n}$
$\cdots$
모집단 a: $x_{k1}, x_{k2}, \ldots, x_{kn}$

이에 대응하는 확률변수 X_{ij}는 모두 독립적이고, 각각 평균 μ_i, 분산 σ^2의 정규분포를 따른다고 가정한다. 이러한 가정을 다른 방식으로 표현하자면, 관찰값에 대한 모형은 다음과 같이 주어진다고 할 수 있다.

$$x_{ij} = \mu_i + e_{ij}\,, \quad i = 1, 2, \cdots, a, j = 1, 2, \cdots, n$$

e_{ij}는 평균 0, 분산 σ^2의 정규분포를 따르는 독립적인 확률변수의 값들이다. 좀 더 복잡한 경우 (497쪽과 498쪽 참조) 에 이 모형은 다음과 같은 형태로 일반화된다.

$$x_{ij} = \mu + \alpha_i + e_{ij}, \quad i = 1, 2, \cdots, a, j = 1, 2, \cdots, n$$

이때 μ를 **총평균 (grand mean)**, $\sum_{i=1}^{a} \alpha_i = 0$이 되는 α_i들을 **처리효과 (treatment effects)** 라고 한다. 단순히 i번째의 평균을 $\mu_i = \mu + \alpha_i$로 쓰고, μ_i들의 평균이 총평균 μ가 되도록 조건 $\sum_{i=1}^{a} \alpha_i = 0$을 부여했음에 유의하자. 다른 모집단을 다른 **처리 (treatment)** 라고 하는 이유는 많은 분산분석기법이 농경실험과 관련하여 — 예를 들어, 서로 다른 비료들은 토양에 가해지는 서로 다른 처리가 된다 — 발전해왔기 때문이다. 따라서 앞의 예에서 3가지 다른 세제를 3가지 다른 처리라고 하겠다. 또한 어떤 문제에서는 4개 국적을 4가지 처리로, 5가지 광고방법을 5가지 처리라고 할 것이다. "처리 (treatment)"를 종종 "수준 (level)"이라고도 한다 (489쪽 참조).

우리가 검정하고 싶은 귀무가설은 각 모집단의 평균이 같다는 것이다. 즉, $\mu_1 = \mu_2 = \cdots = \mu_a = \mu$ 또는

$$H_0: \quad \alpha_i = 0 \quad 1, 2, \ldots, a$$

이에 대한 대립가설은 각 모집단의 평균이 모두 같지는 않다는 것이다. 즉,

$$H_1: \quad \alpha_i \neq 0 \quad \text{적어도 하나의 } i\text{값에 대하여}$$

이 검정은 전체 자료의 총변동 (분산에 $na - 1$을 곱한 값) 에 대한 분석에 기초하는데 그 값은 다음과 같다.

$$\sum_{i=1}^{a}\sum_{j=1}^{n}(x_{ij} - \bar{x}..)^2, \text{ 단 } \bar{x}.. = \frac{1}{an} \cdot \sum_{i=1}^{a}\sum_{j=1}^{n} x_{ij}$$

만일 귀무가설이 참이라면 위의 모든 변동은 우연에 의해 발생한 것이다. 만일 귀무가설이 거짓이라면 위의 제곱합의 일부는 모평균 간의 차이 때문에 발생한 것이다. 자료의 총변동을 발생시키는 이 두 가지 요인을 분리해 내기 위해서 다음 정리를 사용한다.

정리 15.1

$$\sum_{i=1}^{a}\sum_{j=1}^{n}(x_{ij} - \bar{x}..)^2 = n \cdot \sum_{i=1}^{a}(\bar{x}_i. - \bar{x}..)^2 + \sum_{i=1}^{a}\sum_{j=1}^{n}(x_{ij} - \bar{x}_i.)^2$$

여기서 $\bar{x}_i.$는 i번째 모집단에서 뽑은 표본들의 평균이고, $\bar{x}..$는 $a \cdot n$개의 관찰값들의 평균이다.

증명

$$\sum_{i=1}^{a}\sum_{j=1}^{n}(x_{ij} - \bar{x}..)^2 = \sum_{i=1}^{a}\sum_{j=1}^{n}[(\bar{x}_i. - \bar{x}..) + (x_{ij} - \bar{x}_i.)]^2$$

$$= \sum_{i=1}^{a}\sum_{j=1}^{n}[(\bar{x}_i. - \bar{x}..)^2 + 2(\bar{x}_i. - \bar{x}..)(x_{ij} - \bar{x}_i.) + (x_{ij} - \bar{x}_i.)^2]$$

$$= \sum_{i=1}^{a}\sum_{j=1}^{n}(\overline{x}_i. - \overline{x}..)^2 + 2\sum_{i=1}^{a}\sum_{j=1}^{n}(\overline{x}_i. - \overline{x}..)(x_{ij} - \overline{x}_i.)$$
$$+ \sum_{i=1}^{a}\sum_{j=1}^{n}(x_{ij} - \overline{x}_i.)^2$$
$$= n \cdot \sum_{i=1}^{a}(\overline{x}_i. - \overline{x}..)^2 + \sum_{i=1}^{a}\sum_{j=1}^{n}(x_{ij} - \overline{x}_i.)^2$$

각각의 i값에 대해서 $\sum_{j=1}^{n}(x_{ij} - \overline{x}_i.) = 0$임이 사용되었다.

보통 정리 15.1의 등식 왼쪽에 있는 항을 **총제곱합 (total sum of squares)**, 등식 오른쪽의 첫째 항을 **처리제곱합 (treatment sum of sqares)**, 둘째 항을 **오차제곱합 (error sum of squares)** 이라고 한다. 여기서 "오차"는 **실험오차 (experimental error)** 또는 우연에 의해 발생한 변동을 뜻한다. 또한 이 세 가지 제곱합을 SST, SS(Tr), SSE로 표기하기도 한다. 이 표기를 이용하면 정리 15.1의 식을 다음과 같이 쓸 수 있다.

$$\text{SST} = \text{SS(Tr)} + \text{SSE}$$

이제 앞에서 하고자 했던 것을 이루었다. 즉, 전체 자료의 총변동을 나타내는 SST를 두 부분으로 나누었다. **두 번째 부분인 SSE는 우연에 의해 발생한 변동 (표본들 간의 변동) 을 나타낸다. 첫 번째 부분인 SS(Tr)은 귀무가설이 참일 때 우연변동을 나타내지만 귀무가설이 거짓일 때 모평균간의 차이로 인해 발생하는 변동도 나타낸다.**

각 i에 대하여 x_{ij}는 분산이 σ^2인 정규분포를 따르는 모집단에서 크기가 n인 확률표본의 값이므로 정리 8.11에 의해 각 i에 대해

$$\frac{1}{\sigma^2} \cdot \sum_{j=1}^{n}(X_{ij} - \overline{X}_i.)^2$$

은 자유도 $n - 1$의 카이제곱분포를 따르는 확률변수가 된다. 더 나아가 a개의 확률표본이 독립이기 때문에 정리 8.9에 의해

$$\frac{1}{\sigma^2} \cdot \sum_{i=1}^{a}\sum_{j=1}^{n}(X_{ij} - \overline{X}_i.)^2$$

은 자유도 $a(n - 1)$ 의 카이제곱분포를 따르는 확률변수가 된다. 카이제곱분포의 평균은 그 자유도와 같으므로 $\frac{1}{\sigma^2}$ · SSE는 평균이 $a(n - 1)$ 인 확률변수이고, $\frac{\text{SSE}}{a(n-1)}$가 σ^2의 추정값으로 이용될 수 있음을 알 수 있다. $\frac{\text{SSE}}{a(n-1)}$를 **오차평균제곱 (error mean square)**이라고 하고 MSE로 표기한다.

귀무가설하에서 $\overline{x}_i.$는 평균이 μ, 분산이 $\frac{\sigma^2}{n}$인 동일한 정규분포를 따르는 독립적인 확률변수이므로 정리 8.11에 의해서

$$\frac{n}{\sigma^2} \cdot \sum_{i=1}^{a}(\overline{X}_{i\cdot} - \overline{X}_{\cdot\cdot})^2$$

은 자유도 $a-1$의 카이제곱분포를 따르는 확률변수이다. 이 분포의 평균은 $a-1$이므로 $\frac{\text{SS(Tr)}}{a-1}$은 σ^2의 두 번째 추정값이 된다. $\frac{\text{SS(Tr)}}{a-1}$는 **처리평균제곱 (treatment mean square)** 이라 하고, MS(Tr)로 표기한다.

물론 귀무가설이 거짓이라면 연습문제 15.1에 의해 MS(Tr)에는 σ^2의 추정값에 모평균간의 차이의 효과가 추가된다. 이 사실로부터 MS(Tr)이 MSE보다 상당히 클 경우에는 모평균이 모두 같다는 귀무가설을 기각해야 한다는 것을 추론해 낼 수 있다. 이러한 의사결정기준을 정확히 표현하려면 증명 없이 주어진 확률변수들이 독립이라는 가정을 해야 한다. 이렇게 가정하고 나면 정리 8.14를 이용하여

$$f = \frac{\dfrac{\text{SS(Tr)}}{(a-1)\sigma^2}}{\dfrac{\text{SSE}}{a(n-1)\sigma^2}} = \frac{\text{MS(Tr)}}{\text{MSE}}$$

가 자유도 $a-1$, $a(n-1)$ 의 F분포를 따르는 확률변수임을 알 수 있다.[1] 따라서 유의수준을 α라 할 때 구해진 통계량 f가 $f_{\alpha, a-1, a(n-1)}$ 보다 크면 모평균이 모두 같다는 귀무가설을 기각한다.

이 절에서 설명한 과정을 **일원분산분석 (one-way analysis of variance)** 이라고 하며, 분석의 중요한 세부사항은 보통 다음과 같은 **분산분석표 (analysis-of-variance table)** 로 나타낸다.

변 동	자유도	제곱합	평균제곱	f값
처 리	$a-1$	SS(Tr)	MS(Tr)	$\frac{\text{MS(Tr)}}{\text{MSE}}$
오 차	$a(n-1)$	SSE	MSE	
총 합	$an-1$	SST		

다양한 제곱합의 계산을 간단히 하기 위해 보통 다음과 같은 계산식을 이용한다. 이 계산식의 유도는 연습문제 15.2에서 독자들이 각자 해 보기 바란다.

정리 15.2

$$\text{SST} = \sum_{i=1}^{a}\sum_{j=1}^{n} x_{ij}^2 - \frac{1}{an} \cdot T_{\cdot\cdot}^2$$

$$\text{SS(Tr)} = \frac{1}{n} \cdot \sum_{i=1}^{a} T_{i\cdot}^2 - \frac{1}{an} \cdot T_{\cdot\cdot}^2$$

여기서 $T_{i\cdot}$는 i번째 모집단에서 관찰한 값들의 합을, $T_{\cdot\cdot}$는 $a \cdot n$개의 모든 관찰값의 합을 나타낸다.

1) 이 독립성에 대한 증명은 이 장의 참고문헌에 있는 H. Sheff의 책에서 볼 수 있다.

$$C = \frac{1}{an} \cdot T_{..}^2$$

은 **수정항 (correction term)** 이라고 한다.

SSE의 값은 SST에서 SS(Tr)을 빼면 구할 수 있다.

예제 15.1

478쪽의 예에서 흰색을 나타내는 척도의 모평균 간에 차이가 있는지 0.01 유의수준에서 검정하여라.

풀이

1. $H_0 : \alpha_i = 0 \quad i = 1, 2, 3$

$H_1 : \alpha_i \neq 0$, 적어도 하나의 i에 대하여

$\alpha = 0.01$

2. $f \geqq 6.93$이면 귀무가설을 기각한다. f는 일원분산분석에 의해 구한 값이고, 6.93은 $f_{0.01,2,12}$의 값이다.

3. 문제를 풀기 위해 필요한 합과 제곱합은 다음과 같다. $T_1 = 385$, $T_2 = 340$, $T_3 = 400$, $T_{..} = 1{,}125$, $\sum\sum x^2 = 85{,}041$. 이 값들과 $a = 3$, $n = 5$를 정리 15.2의 식들에 대입하면 다음을 얻는다.

$$\begin{aligned} \text{SST} &= 85{,}041 - \frac{1}{15}(1{,}125)^2 \\ &= 666 \\ \text{SS (Tr)} &= \frac{1}{5}(385^2 + 340^2 + 400^2) - \frac{1}{15}(1{,}125)^2 \\ &= 390 \end{aligned}$$

또한 뺄셈으로 SSE $= 666 - 390 = 276$를 얻는다. 또한 다음 분산분석표에 나타난 나머지 계산을 해준다.

변 동	자유도	제곱합	평균제곱	f값
처 리	2	390	$\frac{390}{2} = 195$	$\frac{195}{23} = 8.48$
오 차	12	276	$\frac{276}{12} = 23$	
총 합	14	666		

평균제곱은 각각에 대응하는 자유도로 제곱합을 나눈 값이다.

4. $f = 8.48$로 6.93보다 크므로 귀무가설을 기각하며, 세 가지 세제의 효과가 같지 않다고 결론내린다. ●

479쪽에 나온 모형의 모수들 μ와 α_i는 보통 최소제곱법에 의해 추정한다. 이 추정값들은 $\sum_{i=1}^{a} \alpha_i = 0$의 조건하에서 다음의 값을 최소화시키는 값들이다.

$$\sum_{i=1}^{a}\sum_{j=1}^{n}[x_{ij} - (\mu + \alpha_i)]^2$$

이 최소제곱추정값은 $\hat{\mu} = \bar{x}_{..}$, $\hat{\alpha}_i = \bar{x}_{i\cdot} - \bar{x}_{..}$이다. 이는 연습문제 15.6에서 각자 확인하기 바란다.

연습문제

15.1 각각 n개의 관찰값이 있는 독립적인 a개의 표본을 가지고 일원분산분석을 할 때 다음을 보여라.

$$E\left[\frac{n\cdot\sum_{i=1}^{a}(\bar{X}_{i\cdot}-\bar{X}_{..})^2}{a-1}\right] = \sigma^2 + \frac{n\cdot\sum_{i=1}^{a}\alpha_i^2}{a-1}$$

15.2 정리 15.2를 증명하여라.

15.3 일원분산분석에서 표본들의 크기가 각각의 모집단에 대해 n_i로 다를 때 정리 15.1은 다음과 같아짐을 보여라.

$$\sum_{i=1}^{a}\sum_{j=1}^{n_i}(x_{ij}-\bar{x}_{..})^2 = \sum_{i=1}^{a} n_i(\bar{x}_{i\cdot}-\bar{x}_{..})^2 + \sum_{i=1}^{a}\sum_{j=1}^{n_i}(x_{ij}-\bar{x}_{i\cdot})^2$$

또한 $N = \sum_{i=1}^{a} n_i$일 때 SST, SS(Tr), SSE의 자유도는 각각 $N-1$, $a-1$, $N-a$와 같음을 보여라.

15.4 연습문제 15.3에서 제곱합들의 계산은 다음과 같음을 보여라.

$$\text{SST} = \sum_{i=1}^{a}\sum_{j=1}^{n_i} x_{ij}^2 - \frac{1}{N}\cdot T_{..}^2$$

$$\text{SS (Tr)} = \sum_{i=1}^{a}\frac{T_{i\cdot}^2}{n_i} - \frac{1}{N}\cdot T_{..}^2$$

$$\text{SSE} = \text{SST} - \text{SS (Tr)}$$

15.5 $a = 2$일 때 일원분산분석의 F 검정은 13.3절에 나온 $\delta = 0$이고, $\mu_1 - \mu_2 \neq 0$일 때의 t검정과 같음을 보여라.

15.6 라그랑즈 승수를 이용하여 479쪽에 나온 모형의 모수의 최소제곱추정값이 $\hat{\mu} = \bar{x}_{..}$, $\hat{\alpha}_i = \bar{x}_{i\cdot} - \bar{x}_{..}$임을 보여라.

◆ 15.3 확률화블록설계

실험계획법의 또 다른 중요한 개념을 소개하기 위하여 어떤 사람이 서로 다른 4개의 길로 직장까지 운전하여 가는 시간 (분) 을 월요일부터 금요일까지 제시한 자료를 살펴보자.

길 1: 22, 26, 25, 25, 31
길 2: 25, 27, 28, 26, 29
길 3: 26, 29, 33, 30, 33
길 4: 26, 28, 27, 30, 30

일반적으로 (여러 요인 중) 하나의 요인을 관찰된 현상의 이유로 결론내리기 위해서는, 다른 요인들이 모두 일정한 수준으로 유지되고 있음을 확인해야만 한다. 이를 위해서는 여러 방법들이 있는데, 예를 들어 관심 있는 하나의 요인 이외의 모든 요인이 고정되어 있는 철저한 **통제실험 (controlled experiment)** 을 실시할 수도 있다. 세 가지 세제의 예에서 이 실험을 하기 위해서는 각 천 조각에 항상 같은 양의 먹물을 떨어뜨려야 하며, 같은 경도 (hardness) 와 온도의 물을 가지고 같은 시간 동안 세탁을 해야 한다. 또한 매 실험이 끝나고 측정도구가 일정한 상태로 있는지 확인하거나, 측정도구를 일정한 상태로 조정하여야 한다. 이렇게 철저하게 통제된 조건하에서는 표본평균 간의 유의한 차이는 잉크의 양이나 물의 경도, 온도, 세탁시간, 측정도구의 차이 때문에 생긴 것이 아니다. 단지 표본평균의 차이는 통제된 조건하에서 세제들이 사용될 경우, 세제들의 세척력에 차이가 있음을 보여 준다. 세탁시간이 다르거나 물의 경도, 온도가 다를 경우, 세제들 간에 세척력에 차이가 있다고 할 수는 없다.

대부분의 경우 방금 소개한 실험과 같이 "과도하게 통제된" 실험으로는 원하는 정보를 얻기 힘들다. 이에 대한 대안으로 어떠한 외생요인도 통제되지 않지만, 확률화를 통해서 외생요인의 효과로부터 결과를 보호하는 방법을 이용할 수 있다. 다시 말해서 외생요인에 의해서 발생하는 모든 변동을 "우연"으로 결합하는 방법의 실험을 하는 것이다. 예를 들어 앞의 예에서 5개의 얼룩진 천 조각을 랜덤으로 각각의 세제에 배정하고, 각 천 조각이 세탁되는 순서와 그 결과를 관찰하는 순서를 확률화하여 실험하는 것이다. 따라서 통제되지 않은 외생변수들로 인해 발생하는 모든 변동은 우연에 의해 발생한 변동에 포함될 수 있을 것이다. 이러한 실험계획방법을 **완전확률화설계 (completely randomized design)** 라고 한다.

확률화가 외생변수들의 효과로부터 실험결과를 보호하는 것은 확률적 의미에서 그렇다는 것이다. 예를 들어 일반적인 실험에서도 매우 드문 경우이긴 하지만, 가장 적게 먹물이 떨어진 천 조각들이 모두 세제 A에 배정될 수도 있고, 세제 B로 세탁할 때마다 물의 온도가 낮을 수 있다. 주로 어떤 요인들은 통제하고 다른 요인들은 확률화하여 앞에서 제시한 두 가지 극단의 방법—완벽히 통제되거나 확률화된 방법—사이에서 실험계획 방법들을 택하게 되는데, 그 이유는 일부 이 때문이다. 확률화블록설계는 이러한 설계의 예 중 하나이다.

확률화블록설계에서의 분산분석 이론을 소개하기 위해 앞 절에서 나온 용어를 비슷하게 사용하기로 하자. 여기서는 두 가지 변수를 처리와 **블록 (blocks)** 이라고 하기로 한다. 따라서 x_{ij}는 $i = 1, 2, \cdots, a$, $j = 1, 2, \cdots b$에 대해 각각 평균 μ_{ij}, 분산 σ^2의 정규분포를 따르는 독립적인 확률변수가 되고, 다음과 같은 배치도를 고려하는 셈이 된다.

	블록 1	블록 2	...	블록 b
처리 1	x_{11}	x_{12}	...	x_{1b}
처리 2	x_{21}	x_{22}	...	x_{2b}
...	...	...	...	...
처리 a	x_{a1}	x_{a2}	...	x_{ab}

또한 다음과 같이 확률화블록설계의 모형을 쓸 수 있다.

$$x_{ij} = \mu + \alpha_i + \beta_j + e_{ij}\,,\ i = 1, 2, \cdots, a, j = 1, 2, \cdots, b$$

여기서 μ는 **총평균 (grand mean)**, $\sum_{i=1}^{a}\alpha_i = 0$를 만족시키는 α_i는 **처리효과 (treatment effects)**, $\sum_{j=1}^{b}\beta_j = 0$를 만족시키는 β_j를 **블록효과 (block effects)** 라 하며, e_{ij}는 평균 0, 분산 σ^2의 정규분포를 따르는 독립적인 확률변수의 값이다.

$$\mu_{ij} = \mu + \alpha_i + \beta_j$$

이고,

$$\frac{\sum_{i=1}^{a}\sum_{j=1}^{b}\mu_{ij}}{ab} = \mu$$

이다. 위 수식은 연습문제 15.8에서 각자 확인하기 바란다.

우리가 검정하고 싶은 두 가지 귀무가설은 "처리효과가 모두 0이다."와 "블록효과가 모두 0이다"이다. 즉,

$$H_0\colon\ \ \alpha_i = 0,\quad i = 1, 2, \ldots, a$$

와

$$H_0'\colon\ \ \beta_j = 0,\quad j = 1, 2, \ldots, b$$

이다. H_0의 대립가설은 처리효과 중 일부가 0이 아니라는 것이 되고, H_0'의 대립가설은 블록효과 중 일부가 0이 아니라는 것이 된다. 수식으로 쓰면 다음과 같다.

$$H_1\colon\ \ \alpha_i \neq 0\ \ \text{적어도 하나의 } i\text{에 대하여}$$

과

$$H_1'\colon\ \ \beta_j \neq 0\ \ \text{적어도 하나의 } j\text{에 대하여}$$

이원분석은 다음과 같이 정리 15.1이 일반화된 정리에 그 기초를 두고 있다. 정리의 증명은 연습문제 15.7에서 각자 해 보기 바란다.

정리 15.3

$$\sum_{i=1}^{a}\sum_{j=1}^{b}(x_{ij} - \bar{x}_{..})^2 = b \cdot \sum_{i=1}^{a}(\bar{x}_{i.} - \bar{x}_{..})^2 + a \cdot \sum_{j=1}^{b}(\bar{x}_{.j} - \bar{x}_{..})^2 + \sum_{i=1}^{a}\sum_{j=1}^{b}(x_{ij} - \bar{x}_{i.} - \bar{x}_{.j} + \bar{x}_{..})^2$$

여기서 $\bar{x}_{i\cdot}$는 i번째 처리의 표본들의 평균이고, $\bar{x}_{\cdot j}$는 j번째 블록의 표본들의 평균이며, $\bar{x}_{\cdot\cdot}$는 ab개의 관찰값들의 평균이다. ■

정리 15.3의 등식 왼쪽의 항은 480쪽에서 정의된 것과 같이 총제곱합 SST이다. 등식 오른쪽의 첫째 항은 처리제곱합 SS (Tr) 이고, $\bar{x}_{\cdot j}$ 사이의 변동을 측정한 둘째 항은 **블록제곱합 (block sum of squares)** (SSB) 이고, 셋째 항은 **새로운** 오차제곱합 (SSE) 이다. 따라서 다음과 같은 식이 성립한다.

$$\text{SST} = \text{SS(Tr)} + \text{SSB} + \text{SSE}$$

H_0가 참이라면 $\dfrac{\text{SS(Tr)}}{\sigma^2}$와 $\dfrac{\text{SSE}}{\sigma^2}$는 각각 자유도 $a-1$, $(b-1)(a-1)$ 의 카이제곱분포를 따르는 독립적인 확률변수의 값이다. H_0가 참이 아니라면 SS (Tr) 은 α_i 사이의 변동도 반영하게 되고, 정리 8.14에 의하여 만일 $f_{\text{Tr}} \geqq f_{\alpha,a-1,(b-1)(a-1)}$이면 귀무가설을 기각한다. 이때

$$f_{\text{Tr}} = \frac{\dfrac{\text{SS(Tr)}}{(a-1)\sigma^2}}{\dfrac{\text{SSE}}{(b-1)(a-1)\sigma^2}} = \frac{\text{MS(Tr)}}{\text{MSE}}$$

위 식에서, 그리고 앞으로도 평균제곱은 각각의 제곱합을 대응하는 자유도로 나눈 값이다.

이와 비슷하게 H_0'가 참이라면 $\dfrac{\text{SSB}}{\sigma^2}$와 $\dfrac{\text{SSE}}{\sigma^2}$는 각각 자유도 $b-1$, $(b-1)(a-1)$ 의 카이제곱분포를 따르는 독립적인 확률변수의 값이다. H_0'가 참이 아니라면 SSB은 β_j 사이의 변동도 반영하게 되고, 정리 8.14에 의하여 만일 $f_B \geqq f_{\alpha,b-1,(b-1)(a-1)}$이면 귀무가설을 기각한다. 이때

$$f_B = \frac{\dfrac{\text{SSB}}{(b-1)\sigma^2}}{\dfrac{\text{SSE}}{(b-1)(a-1)\sigma^2}} = \frac{\text{MSB}}{\text{MSE}}$$

이러한 분석은 **이원분산분석 (two-way analysis of variance)** 이라고 하며, 분석에 필요한 세부사항은 다음과 같은 형태의 분산분석표에 나타낸다.

변 동	자유도	제곱합	평균제곱	f값
처 리	$a-1$	SS(Tr)	MS(Tr)	$f_{\text{Tr}} = \dfrac{\text{MS(Tr)}}{\text{MSE}}$
블 럭	$b-1$	SSB	MSB	$f_B = \dfrac{\text{MSB}}{\text{MSE}}$
오 차	$(b-1)(a-1)$	SSE	MSE	
총 합	$ab-1$	SST		

SST와 SS(Tr)의 계산의 정리 15.2의 방법으로 단순화할 수 있으면 SSB의 계산은 다음 정리를 이용하여 단순화할 수 있다. 그 유도는 연습문제 15.10에서 각자 해 보기 바란다.

정리 15.4

$$\text{SSB} = \frac{1}{a}\cdot\sum_{j=1}^{b} T_{\cdot j}^2 - \frac{1}{ab}\cdot T_{\cdot\cdot}^2$$

여기서 $T_{\cdot j}$는 j번째 블록에서 관찰된 값들의 합을, $T_{\cdot\cdot}$는 na의 모든 관찰값의 합을 나타낸다.

$$C = \frac{1}{ab}\cdot T_{\cdot\cdot}^2$$

은 수정항 (correction term) 이다.

SST에서 SS(Tr)과 SSB를 뺌으로써 SSE의 값을 구할 수 있다.

예제 15.2

484쪽의 예의 자료를 다음과 같이 표현하였다.

	월요일	화요일	수요일	목요일	금요일	총합
길 1	22	26	25	25	31	129
길 2	25	27	28	26	29	135
길 3	26	29	33	30	33	151
길 4	26	28	27	30	30	141
총합	99	110	113	111	123	556

0.05의 유의수준에서 다른 길 (처리) 에 따라 평균의 차이가 있는지 검정하고, 요일 (블록) 에 따라 평균의 차이가 있는지 검정하여라.

풀이

1. $H_0 : \alpha_i = 0,\ i = 1, 2, 3, 4$

$H_0' : \beta_j = 0,\ i = 1, 2, 3, 4, 5$

$H_1 : \alpha_i \neq 0$, 적어도 하나의 i에 대해

$H_1' : \beta_j \neq 0$, 적어도 하나의 j에 대해

$\alpha = 0.05$ 두 가지의 검정 모두에 대해

2. $f_{\text{Tr}} \geqq 3.49$면 처리에 대한 귀무가설을 기각한다. $f_B \geqq 3.26$이면 블록에 대한 귀무가설을 기각한다. f_{Tr}과 f_B는 이원분산분석의 방법으로 구하고, 3.49와 3.26은 각각 $f_{0.05,3,12}$, $f_{0.05,4,12}$의 값이다.

3. 검정에 필요한 합과 제곱합은 다음과 같다. $T_{1\cdot} = 129$, $T_{2\cdot} = 135$, $T_{3\cdot} = 151$, $T_{4\cdot} = 141$, $T_{\cdot 1} = 99$, $T_{\cdot 2} = 110$, $T_{\cdot 3} = 113$, $T_{\cdot 4} = 111$, $T_{\cdot 5} = 123$, $T_{\cdot\cdot} = 556$, $\sum\sum x^2 = 15{,}610$.

이 값들을 $a = 4$, $b = 5$와 함께 정리 15.2와 정리 15.4의 식에 대입하면 다음을 얻는다.

$$C = \frac{1}{20}(556)^2 = 15{,}456.8$$

$$\text{SST} = 15{,}610 - 15{,}456.8$$

$$= 153.2$$

$$\begin{aligned} SS(Tr) &= \frac{1}{5}(129^2 + 135^2 + 151^2 + 141^2) - 15{,}456.8 \\ &= 52.8 \\ SSB &= \frac{1}{4}(99^2 + 110^2 + 113^2 + 111^2 + 123^2) - 15{,}456.8 \\ &= 73.2 \end{aligned}$$

따라서

$$\begin{aligned} SSE &= SST - SS(Tr) - SSB \\ &= 153.2 - 52.8 - 73.2 \\ &= 27.2 \end{aligned}$$

나머지 계산은 다음의 분산분석표와 같다.

변 동	자유도	제곱합	평균제곱	f값
처 리	3	52.8	$\frac{52.8}{3} = 17.6$	$\frac{17.6}{2.27} = 7.75$
블 럭	4	73.2	$\frac{73.2}{4} = 18.3$	$\frac{18.3}{2.27} = 8.06$
오 차	12	27.2	$\frac{27.2}{12} = 2.27$	
총 합	19	153.2		

4. $f_{Tr} = 7.75$로 3.49보다 크고, $f_B = 8.06$으로 3.26보다 크므로, 두 귀무가설은 모두 기각된다. 다시 말해서 4가지 다른 길의 평균의 차이는 유의하며, 요일들의 평균의 차이도 유의하다. 그러나 우리는 길 1이 꼭 가장 빠른 길이라거나 금요일의 교통사정이 언제나 가장 나쁘다고 말할 수는 없다. 이 분석 방법으로 우리가 알 수 있는 것은 평균 간에 차이가 존재한다는 것뿐이다. 만일 더 나아가 어떤 차이가 존재하는지 알고 싶다면 15.5절에 제시된 것과 같은 **다중비교검정 (multiple comparison test)** 을 이용해야 할 것이다. ●

연습문제

15.7 다음 등식을 사용하여 정리 15.3을 증명하여라.

$$x_{ij} - \bar{x}_{..} = (\bar{x}_{i.} - \bar{x}_{..}) + (\bar{x}_{.j} - \bar{x}_{..}) + (x_{ij} - \bar{x}_{i.} - \bar{x}_{.j} + \bar{x}_{..})$$

15.8 485쪽의 표기를 이용하여 다음을 보여라.

$$\frac{\sum_{i=1}^{a}\sum_{j=1}^{b}\mu_{ij}}{ab} = \mu$$

15.9 a개의 처리와 b개의 블록이 있는 이원분산분석에서 다음을 보여라.

$$E\left[\frac{a\cdot\sum_{j=1}^{b}(\overline{X}_{\cdot j}-\overline{X}_{\cdot\cdot})^2}{b-1}\right]=\sigma^2+\frac{a\cdot\sum_{j=1}^{b}\beta_j^2}{b-1}$$

15.10 정리 15.4를 증명하여라.

◆ 15.4 요인실험

실험계획에서 처리 (treatments) 를 여러 수준의 **요인 (factor)** 들의 결합으로 보면 유용할 때가 많이 있다. 예를 들어, 반도체의 이득 (gains, 입력 대비 출력 비율) 에 주변온도, 상대습도, 그리고 숙성시간이 미치는 효과를 알기 위한 실험을 실시한다고 하자. 우리는 요인 온도를 두 개의 **수준 (level)** , 65°F와 75°F에 놓고, 상대습도는 20%, 60%에 놓고, 숙성시간은 72시간, 144시간에 놓고, 이득을 측정하고자 한다. 이러한 실험에서는 다음과 같은 여덟 가지 처리가 존재하게 된다.

처리(treatments)	온도(°F)	습도	숙성시간(시간)
1	65°	20%	72
2	65°	20%	144
3	65°	60%	72
4	65°	60%	144
5	75°	20%	72
6	75°	20%	144
7	75°	60%	72
8	75°	60%	144

요인실험은 모든 요인의 수준의 전체 조합이 포함됨을 주목하라. 위 실험에서 세 요인이 있고, 각 요인별로 두 개의 수준이 있으므로 전체 $2^3 = 8$의 처리가 있다. 만일 두 요인에 각 두 개 수준이 있고, 세 수준의 요인과 다섯 수준의 요인이 있는 실험이 있다면 전체 $2 \cdot 2 \cdot 3 \cdot 5 = 60$개의 처리가 포함된다.

위 실험에서 우리는 각각의 요인이 반도체의 이득에 미치는 효과뿐만 아니라 두 가지 요인들이 서로 상호작용하는지 알고 싶을 수도 있다. **상호작용 (interaction)** 이 무엇을 의미하는지 위의 예를 들어 설명하자면, 반도체의 이득이 높은 온도와 높은 습도가 각각 주어졌을 때 받는 효과를 합친 것보다 훨씬 큰 효과를 높은 온도와 높은 습도가 동시에 주어졌을 때 받는 경우이다. 즉, 상호작용이란 둘 이상의 요인이 결합되어 나타나는 비가법효과 (nonadditive effect) 로 생각할 수 있다.

보통 오차항을 추정하는 데 충분한 자유도를 얻기 위하여 한 요인에서의 실험을 여러 번 반복할 필요가 있다. 표본을 얻는 데 드는 비용이 비싸지 않거나 시간이 오래 걸리지 않는 한 아주 많은 요인을 가진 실험을 하려면 반복실험을 하기는 쉽지 않다. 세 개 이상의 요인들 간에 발생하는 상호작용은 0이라고 가정하고, 그러한 상호작용의 자유도를 오차평균제곱을 추정하기 위해 사용하는 것으로 충분하다. 이 개념은 15.7절에서 다시 다룰 것이다.

복잡한 계산은 피하고, 요인 실험에서의 분산분석 이론을 설명하기 위해 2요인 요인실험 (two-factor factorial experiment) 의 예를 들도록 하겠다. 이론은 n개의 요인으로 바로 확장가능하지만 복잡한 계산을 요한다. n-요인 분산분석의 경우 **주효과 (main effect)** 라고 하는 n개의 초기 변수들, $\binom{n}{2}$ 개의 2요인 상호작용 (two-factor interaction), $\binom{n}{3}$개의 3요인 상호작용 (three-factor interaction) 등등이 포함된다.

2요인 요인실험의 모형은 다음과 같다.

$$x_{ij} = \mu + \alpha_i + \beta_j + \rho_k + (\alpha\beta)_{ij} + e_{ijr}$$

여기서 $\alpha_i(i = 1, 2, \cdots, a)$, $\beta_j(j = 1, 2, \cdots, b)$는 각각 A요인 (첫 번째 요인) 의 a개 수준, B요인 (두 번째 요인) 의 b개 수준의 효과를 나타낸다. $\rho_k(k = 1, 2, \cdots, r)$는 k번째 반복 실험값의 효과를 나타낸다. $\alpha\beta_{ij}$는 A요인의 수준 i, B요인의 수준 j 사이의 상호작용의 효과를 나타낸다. 확률변수 e_{ijr}는 독립적으로 평균이 0이고, 표준편차가 σ인 정규분포를 따른다고 가정한다. 또한 다음과 같은 조건이 만족됨을 가정한다.

$$\sum_{i=1}^{a}\alpha_i = \sum_{j=1}^{b}\beta_j = \sum_{k=1}^{r}\rho_r = \sum_{i=1}^{a}(\alpha\beta)_{ij} = \sum_{j=1}^{b}(\alpha\beta)_{ij} = 0$$

여기서

$$\mu_{ijk} = \mu + \alpha_i + \beta_j + \rho_k + (\alpha\beta)_{ij}$$

연습문제 15.11에서는 다음을 확인하게 될 것이다.

$$\frac{\sum_{i=1}^{a}\sum_{j=1}^{b}\sum_{k=1}^{r}\mu_{ijk}}{abr} = \mu$$

검정하고자 하는 귀무가설들은 다음과 같다.

$$\begin{array}{llll} H_0^{(1)}: & \alpha_i & = 0 & i = 1, 2, \ldots, a \\ H_0^{(2)}: & \beta_j & = 0 & j = 1, 2, \ldots, b \\ H_0^{(3)}: & \rho_k & = 0 & k = 1, 2, \ldots, r \\ H_0^{(4)}: & (\alpha\beta)_{ij} & = 0 & i = 1, 2, \ldots, a \text{ 와 } j = 1, 2, \ldots, b \end{array}$$

이에 대한 대립가설은 각각에 대응하는 귀무가설의 모수 중 적어도 하나가 0이 아니라는 것이다.

β_j가 더 이상 블록 (다양한 조건하에서의 실험 반복) 으로 취급되지 않는다는 것을 명심하자. 왜냐하면 전체 실험이 반복되고 있기 때문이다. 이때 β_j는 두 번째로 통제되는 변수, 즉 처리 (treatment) 의 효과가 된다.

분산분석은 다음 정리에 기초한다.

정리 15.5

$$\sum_{i=1}^{a}\sum_{j=1}^{b}\sum_{k=1}^{r}(x_{ijr} - \overline{x}_{...})^2 = br \cdot \sum_{i=1}^{a}(\overline{x}_{i..} - \overline{x}_{...})^2$$
$$+ ar \cdot \sum_{j=1}^{b}(\overline{x}_{.j.} - \overline{x}_{...})^2 + ab \cdot \sum_{k=1}^{r}(x_{ijk} - \overline{x}_{...})^2$$

$$+ r \cdot \sum_{i=1}^{a}\sum_{j=1}^{b}(\overline{x}_{ij\cdot} - \overline{x}_{i\cdot\cdot} - \overline{x}_{\cdot j\cdot} + \overline{x}_{\cdots})^2$$

$$+ \sum_{i=1}^{a}\sum_{j=1}^{b}\sum_{k=1}^{r}(x_{ijk} - \overline{x}_{ij\cdot} - \overline{x}_{\cdot\cdot k} + \overline{x}_{\cdots})^2$$

여기서 $\overline{x}_{i\cdot\cdot}$는 첫 번째 처리의 i번째 표본들의 평균이고, $\overline{x}_{\cdot j\cdot}$는 두 번째 처리의 j번째 표본들의 평균이며, $\overline{x}_{\cdot\cdot k}$는 k번째 반복실험 평균의 효과이다. $\overline{x}_{ij\cdot}$는 첫 번째, 두 번째 처리의 i번째, j번째 값들의 (반복실험에 대해 평균을 낸) 평균이다. $\overline{x}_{\cdots}$는 abr개의 관찰값들의 전체 평균이다.

증명 이 정리를 증명하기 위해서 다음과 같은 등식을 먼저 살펴보자.

$$\begin{aligned} x_{ijk} - \overline{x}_{\cdots} &= (\overline{x}_{i\cdot\cdot} - \overline{x}_{\cdots}) + (\overline{x}_{\cdot j\cdot} - \overline{x}_{\cdots}) + (\overline{x}_{\cdot\cdot k} - \overline{x}_{\cdots}) \\ &\quad + (\overline{x}_{ij\cdot} - \overline{x}_{i\cdot\cdot} - \overline{x}_{\cdot j\cdot} + \overline{x}_{\cdots}) + (\overline{x}_{ijk} - \overline{x}_{ij\cdot} - \overline{x}_{\cdot\cdot k} + \overline{x}_{\cdots}) \end{aligned}$$

등식의 각 변을 제곱하여 i, j, k에 대하여 합을 구해 주면 모든 교차곱 (cross product) 이 0이 됨을 알 수 있다. 자세한 증명은 연습문제 15.12에서 각자 해 보기 바란다. ■

확률화블록분산분석에서와 비슷하게 정리 15.5의 등식 왼쪽에 있는 항은 총제곱합 SST이고, 등식 오른쪽의 앞에 두 개 항은 처리제곱합으로 여기서는 SSA와 SSB로 표기하도록 한다. 등식 오른쪽의 세 번째 항은 반복제곱합 (sum of squares for replicates) 으로 SSR로 표기하고, 네 번째 항은 상호작용 제곱합 (sum of squares for interaction) 으로 SSI로 표기하며, 마지막 항은 오차제곱합으로 SSE로 표기한다. 따라서

$$\text{SST} = \text{SSA} + \text{SSB} + \text{SSR} + \text{SSI} + \text{SSE}$$

이고, 만일 $H_0^{(1)}, \cdots, H_0^{(4)}$이 참이라면 다음 값들

$$f_A = \frac{\dfrac{\text{SSA}}{(a-1)\sigma^2}}{\dfrac{\text{SSE}}{(r-1)(ab-1)\sigma^2}} = \frac{\text{MSA}}{\text{MSE}}$$

$$f_B = \frac{\dfrac{\text{SSB}}{(b-1)\sigma^2}}{\dfrac{\text{SSE}}{(r-1)(ab-1)\sigma^2}} = \frac{\text{MSB}}{\text{MSE}}$$

$$f_R = \frac{\dfrac{\text{SSR}}{(r-1)\sigma^2}}{\dfrac{\text{SSE}}{(r-1)(ab-1)\sigma^2}} = \frac{\text{MSR}}{\text{MSE}}$$

$$f_I = \frac{\dfrac{\text{SSI}}{(b-1)(a-1)\sigma^2}}{\dfrac{\text{SSE}}{(r-1)(ab-1)\sigma^2}} = \frac{\text{MSI}}{\text{MSE}}$$

은 각각 분자자유도 $a-1$, $b-1$, $r-1$, $(a-1)(b-1)$ 와 분모자유도 $(r-1)(ab-1)$ 을 갖는 F분포

를 따른다. 490쪽에 나와 있는 귀무가설들의 검정은 우리가 구한 f값이 각각에 해당하는 분자/분모 자유도를 갖는 f_α를 부록의 표 VI에서 찾은 값보다 크면 귀무가설을 기각하는 방식으로 할 수 있다.

이 결과들을 다음 분산분석표에 요약하였다.

변 동	자유도	제곱합	평균제곱	f값
처리 A	$a-1$	SSA	MSA	$f_A = \dfrac{\text{MSA}}{\text{MSE}}$
처리 B	$b-1$	SSB	MSB	$f_B = \dfrac{\text{MSB}}{\text{MSE}}$
반 복	$r-1$	SSR	MSR	$f_R = \dfrac{\text{MSR}}{\text{MSE}}$
상호작용	$(a-1)(b-1)$	SSI	MSI	$f_I = \dfrac{\text{MSI}}{\text{MSE}}$
오 차	$(r-1)(ab-1)$	SSE	MSE	
총 합	$abr-1$	SST		

분산분석표를 얻기 위해 필요한 다양한 제곱합의 계산은 다음 정리에 나온 식들을 응용함으로써 상당히 간단하게 만들 수 있다.

정리 15.6

$$\text{SSA} = \frac{1}{br}\cdot\sum_{i=1}^{a} T_{i..}^2 - C$$

$$\text{SSB} = \frac{1}{ar}\cdot\sum_{j=1}^{b} T_{.j.}^2 - C$$

$$\text{SSR} = \frac{1}{ab}\cdot\sum_{r=1}^{r} T_{..k}^2 - C$$

$$\text{SSI} = \frac{1}{r}\cdot\sum_{i=1}^{a}\sum_{j=1}^{b} T_{ij.}^2 - \text{SSA} - \text{SSB} - C$$

$$\text{SST} = \sum_{i=1}^{a}\sum_{j=1}^{b}\sum_{k=1}^{r} T_{ijk}^2 - C$$

$$\text{SSE} = \text{SST} - \text{SSA} - \text{SSB} - \text{SSR} - \text{SSI}$$

$T_{i..}$, $T_{.j.}$, $T_{..k}$는 각각 처리 A, 처리 B, 반복에 대하여 관찰값들을 합해준 값이다. $T_{ij.}$는 처리 A의 i수준, 처리 B의 j수준에서 반복관찰된 값들의 합이다. 또한

$$C = \frac{T_{...}^2}{abr}$$

여기서 $T_{...}$은 abr 관찰값 모두를 합한 값이다.

연습문제 15.13에서 이 정리를 증명해 보기 바란다. ■

예제 15.3

4개의 에어컨 압축기 디자인이 미국의 네 지역에서 검사되었다. 실험은 첫 번째 실험 이후, 냉방기기를 사용하는 시기가 다시 찾아왔을 때 추가로 에어컨을 설치하여 2번 반복되었다. 다음은 검사된 각각의 압축기에 대하여 고장시간(처음 고장이 일어난 때까지의 달수)을 측정한 것이다.

	반 복 1				반 복 2			
디자인 :	A	B	C	D	A	B	C	D
북 동	58	35	72	61	49	24	60	64
남 동	40	18	54	38	38	22	64	50
북 서	63	44	81	52	59	16	60	48
남 서	36	9	47	30	29	13	52	41

디자인에 따라, 지역에 따라, 반복에 따라 평균에 차이가 있었는지 유의수준 0.05에서 검정하여라. 그리고 압축기 디자인과 지역 간의 상호작용이 유의한지 유의수준 0.05에서 검정하여라.

풀이

1. 귀무가설, 대립가설은 490쪽에 나온 것과 같다.

2. f_A나 f_B가 각각 3.29보다 크거나 같으면 처리 A (디자인)에 대해 혹은 처리 B (지역)에 대한 귀무가설을 기각한다. $f_R \geqq 4.54$이면 반복에 대한 귀무가설을 기각한다. $f_I \geqq 2.59$이면 처리 A와 처리 B의 상호작용에 대한 귀무가설을 기각한다.

3. 검정에 필요한 합과 제곱합은 $T_{ij\cdot}$의 값을 계산하게 해 주는 다음 표를 만들어서 구할 수 있다.

	디자인 A	B	C	D	총 합
북 동	107	59	132	125	423
남 동	78	40	118	88	324
북 서	122	60	141	100	423
남 서	65	22	99	71	257
총 합	372	181	490	384	1,427

따라서 $\sum\sum\sum x^2 = 73,667$ 등등을 구할 수 있다. 또한 원래 자료를 가지고 $T_{1\cdot\cdot} = 372$, $T_{\cdot 2\cdot} = 324$, $T_{11\cdot} = 107$를 구할 수 있다. 총제곱합은 $T_{\cdot\cdot 1} = 738$, $T_{\cdot\cdot 2} = 689$이다. $a = b = 4$, $r = 2$와 함께 이 값들을 정리 15.6의 식에 대입해 주면 다음을 얻는다.

$$C = \frac{1}{32}(1,427)^2 = 63,635$$

$$\text{SSA} = \frac{1}{8}(372^2 + 181^2 + 490^2 + 384^2) - 63,635$$
$$= 6,203$$

$$\text{SSB} = \frac{1}{8}(423^2 + 324^2 + 423^2 + 257^2) - 63,635$$
$$= 2,475$$

$$\text{SSR} = \frac{1}{16}(738^2 + 689^2) - 63,635$$
$$= 75$$

$$SSI = \frac{1}{2}(107^2 + 59^2 + 132^2 + \cdots + 99^2 + 71^2) - 6{,}203 - 2{,}475 - 63{,}635$$
$$= 311$$

따라서

$$SSE = 73{,}667 - 6{,}203 - 2{,}475 - 75 - 311 - 63{,}635$$
$$= 968$$

나머지 계산들은 다음 분산분석표에 나와 있다.

변 동	자유도	제곱합	평균제곱	f값
디자인	3	6,203	2,068	$\frac{2068}{65} = 31.8$
지 역	3	2,475	825	$\frac{825}{65} = 12.7$
반 복	1	75	75	$\frac{75}{65} = 1.2$
상호작용	9	311	35	$\frac{35}{65} = 0.5$
오 차	15	968	65	
총 합	31			

4. 디자인에 대한 f값 (31.8) 과 지역에 대한 f값 (12.7) 이 3.29보다 크므로 각각의 귀무가설은 모두 기각된다. 다시 말해서 4개의 압축기 디자인에 따른 평균 차이와 미국 4개 지역에 따른 평균 차이는 유의하다. 그러나 반복에 대해 구한 f값 (1.2) 와 디자인과 지역의 상호작용에 대해 구한 f값 (0.5) 는 각각 4.54와 2.59보다 작으므로 2회의 반복실험의 결과가 다르다거나 디자인과 지역 사이의 상호작용이 있다고 결론 내릴 수 없다. 압축기 디자인에 따른 차이가 존재하고, 그것은 지역과는 상호작용이 없다는 것을 검정을 통해 결론 내린 후, 어떤 디자인이 가장 오래 고장 없이 작동하는지 알고 싶어진다. 이러한 평균의 차이에 대한 특성을 짚어내기 위해서는 15.5절에 나오는 다중비교검정 (multiple comparison test) 을 사용해야 할 것이다 (연습문제 15.33 참조). ●

연습문제

15.11 490쪽에 나온 다음 수식을 증명하여라.

$$\frac{\sum_{i=1}^{a}\sum_{j=1}^{b}\sum_{k=1}^{r}\mu_{ijr}}{abr} = \mu$$

15.12 정리 15.5를 자세히 증명하여라.

15.13 정리 15.6을 증명하여라.

◆ 15.5 다중비교

앞 절에서의 분산분석은 각 표본평균 간의 차이가 통계적으로 유의한지 결정하는 방법을 제시해 주었다. 그러나 어떤 표본평균이 다른 표본평균과 차이가 있는지는 알 수 없었다. 이러한 종류의 질문에 답하는 방법으로서 **다중비교 (multiple comparison)** 가 있다.

다중비교를 하는 가장 큰 이유는 m개의 평균을 2개씩 짝지어서 $\frac{m(m-1)}{2}$개의 t검정을 만들 수 있지만, 이런 검정들은 $m-1$의 자유도만 갖게 된다. 따라서 결과적으로 이러한 t검정은 독립적일 수 없고, 그 결과에 대해 유효한 전체적인 결론을 얻는 것은 매우 어렵거나 불가능한 일이 된다.

다중비교는 여러 개의 평균의 차이에 대해 일정한 유의수준으로 독립적인 결론을 내릴 수 있게 해 준다. 여러 가지 방법의 다중비교가 있으나 대부분 같은 결론을 얻게 된다. 그중 하나가 **던칸의 다중범위검정 (Duncan multiple-range test)** 으로 이 방법은 분산분석의 가정하에서 같은 크기의 m개 표본의 평균을 비교할 때 사용한다. 던칸의 다중범위검정의 기초가 되는 이론과 다른 비슷한 방법의 다중비교방법은 참고문헌에 나와 있다. 여기서는 검정을 실시하는 방법에 대해서만 간단히 설명하도록 하겠다.

분산분석을 마친 후에 유의한 차이를 보인 것으로 검정 결과가 나온 표본평균들에 대해 어떠한 차이가 있는지 알아보기 위해 다중범위검정이 실시된다. 던칸의 다중범위검정을 하기 위한 절차는 다음과 같다.

1. 다음 식을 이용하여 평균들의 표준오차를 구한다.

$$s_{\bar{x}} = \sqrt{\frac{\text{MSE}}{n}}$$

여기서 MSE는 분산분석에서의 오차평균제곱이고, n은 m개의 평균을 구성하고 있는 관측값의 개수이다.

2. 부록의 표 IX는 분산분석에서 오차의 자유도와 비교되는 평균의 개수인 p에 대해 유의수준 0.05와 0.01일 때의 r_p값을 제시하고 있다.

3. 다음 식을 이용하여 **최소유의범위 (least significant range)** 를 구한다.

$$R_p = r_p \cdot s_{\bar{x}}$$

4. 가장 작은 평균부터 크기에 따라 평균을 배열한다.

5. 4번의 첫 번째 평균과 마지막 평균의 차를 R_m과 비교한다. 만일 그 차이가 R_m보다 크다면 m개의 표본평균들은 표 IV에서 r_m을 결정하는 데 이용한 유의수준에서 유의하게 다르다고 결론 내릴 수 있다. 비슷하게 이번에는 R_{m-1}을 기준으로 하여 $m-1$의 간격의 평균들을 비교한다. 다음으로는 $m-2$의 간격의 평균에 대해 반복하고, 이런 식으로 두 개의 서로 이웃한 표본평균에 대한 비교를 할 때까지 비교를 계속해 나간다. 이렇게 비교를 해나가는 과정에서 유의한 차이가 나지 않는 이웃한 평균들을 밑줄 쳐 나가면 도움이 된다. 만일 비교를 할 때 앞에서 유의하지 않은 차이를 보여 밑줄이 쳐져서 묶인 평균들의 부분집합을 포함하게 된다면, 그 부분집합 내에서는 더 이상 비교를 할 필요가 없다.

예제 15.4

예제 15.2에서 0.05 유의수준에서 던칸의 다중범위검정을 이용하여 평균들의 차이의 성질들을 규명하여라.

풀이

1. 488쪽의 분산분석표에서 MSE = 2.27이다. 따라서

$$s_{\bar{x}} = \sqrt{\frac{2.27}{5}} = 0.67$$

2. 표 IX에서 유의수준 $\alpha = 0.05$, 자유도 12일 때 다음 r_p를 구한다.

p	2	3	4
r_p	3.08	3.23	3.31

3. 위에서 구한 각각의 r_p에 $s_{\bar{x}} = 0.67$을 곱하여 다음을 얻는다.

p	2	3	4
R_p	2.06	2.16	2.22

4. 다음으로 네 개의 평균을 다음과 같이 크기에 따라 배열한다.

길	1	2	3	4
평균	25.8	27.0	28.2	30.2

5. 가장 큰 평균과 작은 평균의 차이는 30.2 − 25.8 = 4.4이다. 이것은 R_4의 값 2.22보다 크다. 따라서 4개의 평균은 밑줄이 쳐져 묶이지 않는다(이 결과는 예상 가능한데, 왜냐하면 앞에서 유의수준 0.05에서 분산분석을 한 결과 평균들 간의 유의한 차이가 있다는 검정결과가 나왔기 때문이다). 가장 큰 평균과 두 번째로 작은 평균과의 거리는 30.2 − 27.0 = 3.2로 R_3 = 2.16보다 크다. 나머지 세 개 평균을 비교하면 28.2 − 25.8 = 2.4로 R_3 = 2.16보다 크다. 가장 큰 평균과 두 번째로 큰 평균과의 거리는 30.2 − 28.2 = 2.0으로 이는 R_2 = 2.06보다 작다. 따라서 이 두 개의 평균은 유의하게 다르지 않고, 밑줄을 쳐서 연결될 수 있다. 비슷하게 다른 두 쌍의 이웃하고 있는 두 개 평균의 거리를 구하면 28.2 − 27.0 = 1.2와 27.0 − 25.8 = 1.2이므로, 이 두 쌍의 평균들을 밑줄로 연결하도록 하겠다.

길	1	2	3	4
평균	25.8	27.0	28.2	30.2

예제 15.4의 결과를 말로 풀어 쓰자면 길 1과 길 2는 통계적으로 유의하게 다른 운전시간을 가지고 있지 않다. 그러나 하나의 그룹으로서 길 1과 길 2는 다른 두 개의 길보다는 0.05 유의수준에서 더 적은 운전시간을 가지고 있다고 할 수 있다. 비슷하게 길 2와 길 3은 "유의하게 다르지" 않지만 그룹으로서 그들은 첫 번째 그룹보다는 유의하게 큰 운전시간을, 마지막 그룹보다는 유의하게 적은 운전시간을 갖는다고 할 수 있다.

이 결과는 우리가 바라는 만큼 명확한 결과를 제시하지는 않는다(예를 들어 길 2는 가장 작은 그룹과 중간 그룹에 모두 나타난다). 그러나 이 검정에 근거하여 합리적인 결론에 도달할 수 있다. 예를 들어 운전시간을 최소화하기 위해 길 1이나 길 2를 택하는 것이 합리적일 것이다. 안전, 풍경, 또는 다른

추가적인 조건들에 의해 이 두 길 중 하나를 택하면 될 것이다. 그러나 운전시간을 최소화하고자 하는 것이 목표라면 길 3이나 길 4를 선택하는 것은 합리적이지 못한 방법이 될 것이다.

◆ 15.6 기타 실험계획법

이 장에서 실험계획과 분산분석의 몇 가지 기본개념에 대해 알아보았다. 긴밀하게 연결되어 있는 이 분야들의 범위는 매우 넓으며, 실험에서 발생하는 새로운 필요들을 충족시키기 위해 계속해서 새로운 기법들이 개발되고 있다.

15.3절에서 확률화블록설계를 다루었다. 이 설계는 처리효과에 대해 좀 더 정확한 추정값을 얻기 위해 외생 변동성 한 가지 원인인 블록의 효과를 제거하는 기법으로 볼 수 있다. 처리효과에 대해 좀 더 명확한 추정값을 얻는다고 한 까닭은 오차제곱합에서 블록의 제곱합이 빠지기 때문이다. 사실 적어도 하나의 0이 아닌 블록효과가 존재한다면 오차평균제곱은 줄어들 것이고, 결과적으로 처리효과의 분산은 줄어들 것이다.

좀 더 복잡한 상황에서 사용하기 위해 개발된 새로운 설계들을 설명하기 위해, 이제는 여러 외생변동성의 두 가지 원인을 제거하고 싶다고 하자. **라틴방격설계(Latin-square design)**를 이용하면 가장 작은 수의 관찰값으로 이것이 가능하다. **라틴방격(Latin-square)**은 한 글자(또는 다른 형태의 기호)가 각 열과 행에 딱 한 번씩만 나타나는 정사각형의 정렬이다. 예를 들어,

A	*B*	*C*	*D*
B	*C*	*D*	*A*
C	*D*	*A*	*B*
D	*A*	*B*	*C*

는 4 × 4 라틴방격이다. 라틴방격의 n개 행을 변동성의 두 번째 원인으로 보고, n개의 열을 변동성의 세 번째 원인으로 보고, A, B, C, ⋯를 n개의 "처리", 즉 주요변수의 수준으로 본다면 (상호작용이 없다는 가정하에) n^2개의 관찰값만으로 이 세 가지 변수들 모두에 대한 가설을 검정하는 것이 가능해진다. (i와 j가 주어지면 처리를 나타내는 k가 정해지도록) $x_{ij(k)}$가 라틴방격의 i번째 행, j번째 열의 관찰값이라고 한다면, 모형의 등식을 다음과 같이 쓸 수 있다.

$$x_{ij(k)} = \mu + \alpha_i + \beta_j + \tau_k + e_{ij},\ i = 1, 2, \cdots, n,\ j = 1, 2, \cdots, n,\ k = 1, 2, \cdots, n$$

여기서 μ는 총평균, $\sum_{i=1}^{n} \alpha_i = 0$이 되게 하는 α_i는 **행효과(row effects)**, $\sum_{j=1}^{n} \beta_j = 0$이 되게 하는 β_j는 **열효과(column effects)**, $\sum_{k=1}^{n} \tau_k = 0$가 되게 하는 τ_k는 **처리효과(treatment effect)**, 그리고 e_{ij}는 평균 0, 분산 σ^2의 정규분포를 따르는 확률변수의 값들이다. (적절한 대립가설들에 대하여) 우리가 검정하고자 하는 귀무가설들은 "행효과가 모두 0이다", "열효과가 모두 0이다", "처리효과가 모두 0이다"이다. 앞 절들의 절차와 비슷한 방법으로 다음을 보일 수 있다.

$$\sum_{i=1}^{n}\sum_{j=1}^{n}(x_{ij(k)}-\bar{x}_{..})^2 = n\cdot\sum_{i=1}^{n}(\bar{x}_{i.}-\bar{x}_{..})^2 + n\cdot\sum_{j=1}^{n}(\bar{x}_{.j}-\bar{x}_{..})^2$$
$$+\, n\cdot\sum_{k=1}^{n}(\bar{x}_{(k)}-\bar{x}_{..})^2 + \sum_{i=1}^{n}\sum_{j=1}^{n}(x_{ij(k)}-\bar{x}_{i.}-\bar{x}_{.j}-\bar{x}_{(k)}+2\bar{x}_{..})^2$$

여기서 $\bar{x}_{(k)}$는 k번째 처리의 관찰값의 평균이고, 나머지 평균들은 정리 15.3에서 정의된 것과 같다. 앞의 등식에서 등호 왼쪽의 항은 총제곱합 SST이고, 오른쪽의 항은 각각 **행제곱합 (row sum of squares)** SSR, **열제곱합 (column sum of squares)** SSC, **처리제곱합 (treatment sum of squares)** SS (Tr) , **오차제곱합 (error sum of squares)** SSE이다. 이에 대한 확인과 분산분석표의 작성은 연습문제 15.14, 연습문제 15.15에서 각자 해 보기 바란다.

이 장에서 이제까지 다루었던 설계들은 설계에서 고려되는 모든 변수의 값 (수준) 의 모든 가능한 조합에 대한 관찰값이 있다는 공통된 특성들이 있다. 이것은 매우 비현실적이고, 가끔은 물리적으로 불가능하기도 하다. 그 예로 25종류의 밀 품종과 12가지의 다른 비료의 효과를 동시에 알아보려는 사례를 들 수 있다. 모든 품종과 비료의 조합을 얻기 위해서는 $12 \times 25 = 300$ 가지의 경우를 고려해야 하며, 여기에 토질, 관개, 경사 등을 일정하게 통제하기 위해서 얼마나 많은 경우를 고려해야 하는지는 충분히 상상할 수 있다. 따라서 현실적으로 가능한 실험을 바탕으로 하여 모형의 모든 모수는 아닐지라도 모형에서 가장 관계 있는 것으로 여겨지는 변수들에 관한 검정을 가능하게 해 주는 설계가 필요하다. 이로부터 **불완비블록설계 (incomplete block design)** 의 방법이 유래되는데, 이 설계의 일반적인 방법은 이 장의 끝에 참고문헌으로 제시되어 있다.

측정될 수는 있으나 통제될 수는 없는 외생변수가 있을 때 더 복잡한 문제가 발생하게 되는데, 예를 들어 다양한 "학습 기계"의 비교를 할 경우, 똑같은 I.Q.를 가진 사람들만을 대상으로 실험할 수는 없다. I.Q.는 측정될 수 있으나 통제될 수 없기 때문이다. 이런 상황에서는 다음과 같은 모형의 **공분산분석 (analysis of covariance)** 을 사용할 수 있다.

$$x_{ij} = \mu + \alpha_i + \beta y_{ij} + e_{ij}$$

βy_{ij}를 추가하였다는 점에서 일원분산분석과 다르다. 여기서 y_{ij}는 주어진 I.Q.들이다. 이 모형에서 β의 추정은 기본적으로 회귀의 문제이다.

분산분석에서 모수 α_i, β_j의 값이 상수가 아니라 확률변수일 때 또 다른 문제가 발생한다. 이런 상황의 예로서 25종의 밀과 12종류의 비료가 있을 때, 이 중 랜덤하게 6종의 밀과 3종류의 비료를 뽑아 실험대상으로 삼는 경우를 들 수 있다.

지금까지 살펴본 방법들은 이 장에서 공부한 방법들에 대한 일반화의 몇몇 예이다. 이 장의 마지막에 실험계획과 분산분석에 대한 자세한 내용을 다룬 참고문헌이 제시되어 있다.

연습문제

15.14 497 ~ 498쪽에 제시된 라틴방격설계의 분석 결과를 증명하여라.

15.15 라틴방격설계의 분산분석표를 만들어라.

15.7 실제 예

대부분의 분산분석은 컴퓨터 소프트웨어를 이용하여 할 수 있다. MINITAB 소프트웨어를 사용하는 방법에 대한 예로 다음과 같은 자료가 나온 요인설계를 고려해 보자.

접착력(그램)

	반복 1				반복 2			
	접착제				접착제			
작업자	*A*	*B*	*C*	*D*	*A*	*B*	*C*	*D*
1	11.8	9.6	12.6	10.2	10.6	11.9	9.8	9.9
2	10.4	12.4	11.0	10.5	12.0	10.3	10.0	11.6
3	9.6	10.2	11.4	3.1	11.8	9.9	9.1	5.8
4	9.8	11.7	10.0	9.7	10.1	12.1	11.6	9.8
5	10.5	10.2	9.8	9.1	9.4	10.2	9.7	12.1

먼저 열 C1에 위 표의 반복 1의 첫 번째 행을 구성하는 4개의 관찰값, 그 다음 행의 4개 관찰값 등등의 순서로 40개의 관찰값을 입력한다. 반복 2를 구성하는 자료도 같은 순서로 입력한다. C1에 자료를 입력하는 순서는 달라질 수 있으나, 그럴 경우 다음 문단에서 설명되는 요인들의 입력순서도 바뀌어야 한다는 점에 유의하자.

이 설계에는 두 개의 요인이 있다. "작업자"와 "접착제"이며, 또 다른 "요인"으로 "반복"이 있다. 따라서 이 세 가지 요인의 수준을 입력할 열이 세 개 필요하다. 처음 열은 반복을 정의하기 위해 사용된다. 처음 20개의 관찰값이 반복 1에서 나왔고, 다음 20개의 관찰값이 반복 2에서 나왔으므로 C1은 다음과 같다.

C1: 1, 1, 1, 1, 1, 1, 1, 1, 1, 1, 1, 1, 1, 1, 1, 1, 1, 1, 1, 1,
2, 2, 2, 2, 2, 2, 2, 2, 2, 2, 2, 2, 2, 2, 2, 2, 2, 2, 2, 2

열 C2에 "작업자"의 수준을 입력할 것이다.

C2: 1, 1, 1, 1, 2, 2, 2, 2, 3, 3, 3, 3, 4, 4, 4, 4, 5, 5, 5, 5,
1, 1, 1, 1, 2, 2, 2, 2, 3, 3, 3, 3, 4, 4, 4, 4, 5, 5, 5, 5

C3에는 접착제의 수준을 정의한다.

C3: 1, 2, 3, 4, 1, 2, 3, 4, 1, 2, 3, 4, 1, 2, 3, 4, 1, 2, 3, 4,
1, 2, 3, 4, 1, 2, 3, 4, 1, 2, 3, 4, 1, 2, 3, 4, 1, 2, 3, 4

C4에는 접착력을 입력한다.

C1 – C4에 모든 자료를 입력한 후 data 페이지에서 [Stat] > [ANOVA] > [General Linear Model] 메뉴를 차례로 누른다. Responses에는 C4, Model에는 C1 C2 C3 C2 * C4를 입력하고 OK를 누른다.

Model의 입력값 C2 * C3는 "접착제"와 "작업자"의 상호작용에 대한 것임을 알아두자.

Factor	Type	Levels	Values
반복	random	2	1, 2
작업자	fixed	5	1, 2, 3, 4, 5
접착제	fixed	4	1, 2, 3, 4

Analysis of Variance for RESP., using Adjusted SS for Tests

Source	DF	Seq SS	Adj SS	Adj MS	F	P
반복	1	0.420	0.420	0.420	0.30	0.591
작업자	4	23.689	23.689	5.922	4.20	0.013
접착제	3	16.857	16.857	5.619	3.99	0.023
작업자 * 접착제	12	44.657	44.657	3.721	2.64	0.028
Error	19	26.775	26.775	1.409		
Total	39	112.398				

S = 1.18710   R–Sq = 76.18%   R–Sq(adj) = 51.10%

분산분석표로부터 "작업자" (C2), "접착제" (C3), 작업자 – 접착제 상호작용 (C2*C3) 에 대한 P값이 모두 0.05보다 작음을 알 수 있다. 유의수준 0.05에서 이 효과들에 대한 평균들은 차이가 있다고 결론 내린다.

상호작용에 대해 더 잘 이해하기 위하여 각 접착제 – 작업자 조합에 대한 평균값의 그래프를 그린다. [General Linear Model]에서 [Factor Plots] > [Interaction Plot] 메뉴로 들어가 C2 * C3를 입력하여 결과로 나온 그래프는 그림 15.1에 나와 있다.

그림 15.1의 그래프를 살펴보면 작업자 3이 접착제 D를 사용할 때를 제외하고는, 평균 접착력에 거의 차이가 없음을 알 수 있다. 작업자 3이 접착제 D를 사용할 때의 어려움은 결국 그녀가 작업한 표본들의 평균접착력을 심각하게 감소시켜 전체적인 작업자 간의 평균의 차이와 접착제 간의 평균의 차이를 야기한다는 것을 알 수 있다. 따라서 "작업자들 간에 차이가 존재한다"고 작업자들에 의한 주효과에 대해 검증되지 않은 주장을 하는 것은 잘못된 것일 수 있다. 작업자 – 접착제 간에 상호작용이 존재한다는 것을 전제로 이 실험의 알맞은 결론은 "작업자 3은 접착제 D를 다루는데 어려움을 겪고 있다" 일 것이다.

대개 요인실험은 많은 수의 요인들을 포함하여 설계되어야 한다. 한 요인에 두 개의 수준, r개의 반복, n개의 요인을 가진 실험이 있다면 총 $r \cdot 2^n$개의 관찰값이 필요할 것이다. n이 크다면 실험은 실행하기 어렵고 비용이 많이 들게 되거나 실행 불가능하게 될 것이다. 그러한 실험에서 가장 고차의 상호작용은 보통 0이거나 0에 가까운 수가 된다. 세 개 요인 이상의 고차 상호작용이 존재하지 않는다는 가정하에 이 상호작용의 제곱합은 오차의 추정값을 구하기 위하여 "합해 (평균내어질) 질 수 있다" (pooled (averaged)) . 많은 요인이 존재할 때 이러한 "숨겨진 반복 (hidden replication) "은 실험을 반복할 필요가 없게 해 주므로, 실험에서 필요한 표본의 크기를 줄이고, 실험비용을 줄여준다.

아주 큰 실험에서는 반복을 없애더라도 여전히 불만족스러운 결과를 얻게 된다. 많은 수의 요인을 가

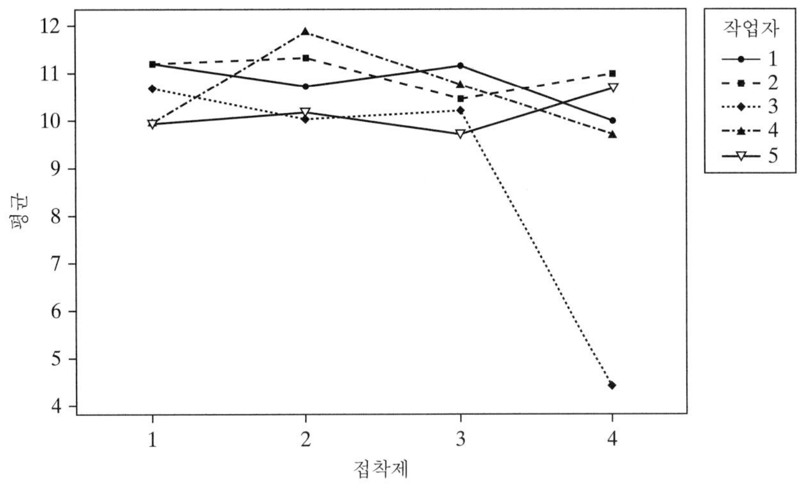

그림 15.1 접착제-작업자 상호작용

진 실험에서 표본수를 줄이기 위하여 더 많은 연구가 진행되었다. 그중 한 가지는 각각의 요인의 수준을 두 개로 제한하는 방법인데 이러한 실험을 **2^n 요인실험 (2^n factorial experiment)** 이라고 한다. 2^n 요인실험을 할 때는 선형효과만이 존재한다고 가정한다. 보통 이 실험은 유의한 요인들을 가려내기 위한 "선별 (screening)" 실험으로 행해지고, 그 후에 훨씬 작은 수의 요인들로 요인설계를 한다. 이때에는 곡선효과가 있는지 알아보기 위하여 일부 혹은 모든 요인의 수준을 3으로 조정할 수도 있다.

반복 없는 2^n 요인실험도 현실적으로 너무 클 수 있다. 예를 들어 $n = 10$일 때 2^n 요인실험은 1,000개가 넘는 관찰값을 요구한다. 이런 경우에 가장 자주 쓰이는 방법은 조심스럽게 고른 관찰값의 일부에 대하여 실험을 진행하는 것이다. 이러한 실험을 **부분반복 (fractional replicate)** 이라고 한다. 이때 부분 (fraction) 은 언제나 $\frac{1}{2}$의 거듭곱이다. 예를 들어 부분 요인이 2^{n-p}인 경우 관찰값의 $\left(\frac{1}{2}\right)^p$에 해당하는 부분이 모든 요인이 고려되는 실험에서는 하나의 반복으로 포함된다. 따라서 $p = 3$일 때 부분반복실험은 모든 요인에 대해 $\left(\frac{1}{8}\right)$이 반복되었다고 말한다. 부분반복설계를 실행하는 경우 고차의 상호작용은 주효과나 다른 상호작용과 "중첩될 수 있다 (confounded)". 하지만 어떤 처리의 조합이 실험에 포함되어야 하는지 조심스럽게 결정한다면 주효과를 유지하고, 때로는 3요인 이상의 상호작용만 섞이게 하고, 2요인 상호작용까지도 중첩되지 않게 유지할 수 있다. 만일 고차 상호작용이 0이라고 가정할 수 있다면 주효과와 2요인 상호작용은 서로 섞이지 않고 추정될 수 있다. 부분반복실험에 대한 자세한 내용은 이 장의 마지막에 소개되어 있는 대부분의 참고문헌에서 찾을 수 있다.

15.1~15.2절

응용문제

15.16 서로 다른 비행기 계기판의 인광제 효과를 비교하기 위하여 3개 종류의 인광제로 각각 8개의 계기판을 코팅한 후 자외선을 계기판에 비추었다. 다음은 자외선 비추는 것을 멈춘 후에 계기판이 빛을 발한 시간을 분단위로 측정한 결과이다.

종류 1:	52.9, 62.1, 57.4, 50.0, 59.3, 61.2, 60.8, 53.1
종류 2:	58.4, 55.0, 59.8, 62.5, 64.7, 59.9, 54.7, 58.4
종류 3:	71.3, 66.6, 63.4, 64.7, 75.8, 65.6, 72.9, 67.3

유의수준 0.01에서 세 가지 인광제 효과는 차이가 없다는 귀무가설을 검정하여라.

15.17 의학 연구실에서 일하는 4명의 기술자들이 실수한 횟수를 5주 연속 계수한 결과이다.

기술자 I:	13, 16, 12, 14, 15
기술자 II:	14, 16, 11, 19, 15
기술자 III:	13, 18, 16, 14, 18
기술자 IV:	18, 10, 14, 15, 12

4개의 표본평균의 차이가 우연에 의한 것인지 0.05 유의수준에서 검정하여라.

15.18 6마리의 기니피그 (실험용 쥐) 로 구성된 3개 그룹에 각각 0.5 mg, 1.0 mg, 1.5 mg의 새로 계발한 진정제를 투여하였다. 다음은 각 기니피그가 잠이 들 때까지의 시간을 분단위로 측정한 것이다.

0.5 mg:	21, 23, 19, 24, 25, 23
1.0 mg:	19, 21, 20, 18, 22, 20
1.5 mg:	15, 10, 13, 14, 11, 15

진정제 투여량의 차이는 아무런 효과가 없다는 귀무가설을 기각할 수 있는지 0.05 유의수준에서 검정하여라. 또한 이 분석을 하기 위해 사용된 모형의 모수 $\mu, \alpha_1, \alpha_2, \alpha_3$를 추정하여라.

15.19 다음 자료는 어느 비서가 4개의 다른 타자기로 여러 상황에서 타이핑했을 때 분당 타이핑하는 단어의 수를 측정한 것이다.

타자기 C:	71, 75, 69, 77, 61, 72, 71, 78
타자기 D:	68, 71, 74, 66, 69, 67, 70, 62
타자기 E:	75, 70, 81, 73, 78, 72
타자기 F:	62, 59, 71, 68, 63, 65, 72, 60, 64

연습문제 15.4의 계산식을 이용하여 4개의 표본평균이 우연에 의해 차이가 생긴 것인지 유의수준 0.05에서 검정하기 위해서 필요한 제곱합들을 구하여라.

15.20 다음 자료는 어느 소비자정보기관에서 3개의 다른 종류 다리미에 대해서 온도의 정확성을 알아보기 위해서 다리미들을 480°F로 온도를 맞춘 후 온도계를 이용해 실제 온도를 측정한 결과이다.

다리미 X:	474, 496, 467, 471
다리미 Y:	492, 498
다리미 Z:	460, 495, 490

연습문제 15.4의 계산식을 이용하여 3개의 표본평균이 우연에 의해 차이가 생긴 것인지 유의수준 0.05에서 검정하기 위해서 필요한 제곱합들을 구하여라.

15.21 13.7절에서 우리는 $r \times c$표에 대해 카이제곱분석을 할 때 행과(이나) 열을 다시 배열하는 것을 고려하지 않는다고 지적하였다. 만일 행과 열이 모두 순서대로 배열되었을 때 응용문제 14.73, 응용문제 14.74에서 카이제곱 분석의 대안을 제시하였다. 만일 행만 혹은 열만 순서대로 배열된다면, 재배열되지 않은 행이나 열을 처리로 보고, 재배열된 열이나 행을 연속하는 정수들로 볼 수 있다. 예를 들어, 414쪽에 있는 3 × 3 표의 경우, 세 개 도시는 세 개 다른 처리로 보고, 열은 "B를 선호함(A를 선호하지 않음)"에서 "A의 선호에 대해 무차별함"까지의 순서를 고려해 1, −1, 0의 숫자로 대체한다. 따라서 로스앤젤레스에서 얻은 400개의 표본은 174개의 1, 93개의 −1, 133개의 0으로 구성되고, 샌디에고에서 얻는 500개의 표본은 196개의 1, 124개의 −1, 180개의 0로 구성된다. 이러한 방법으로 $r \times c$표를 보면 일원분산분석을 할 수 있다. 414쪽의 3 × 3표를 분석하기 위해 이 방법을 사용하여라. 유의수준 0.05에서 처리효과가 모두 0이라는 귀무가설을 검정하여라. 그리고 응용문제 13.79에서 얻은 결과와 비교하여라.

15.22 응용문제 15.21의 방법을 사용하여 응용문제 13.78의 3 × 3표를 분석하여라. 그 결과를 응용문제 13.78의 결과와 비교하여라.

15.3~15.4절

15.23 어떤 로켓의 항속 거리에 대해 4 종류의 연료와 3 종류의 발사기의 효과를 알아보기 위해 실험이 실시되었다. 마일을 단위로 측정된 다음 자료를 이용하여 연료의 차이에 따른 효과가 있는지, 발사기의 차이에 따른 효과가 있는지 유의수준 0.01에서 검정하여라.

	연료 1	연료 2	연료 3	연료 4
발사기 X	45.9	57.6	52.2	41.7
발사기 Y	46.0	51.0	50.1	38.8
발사기 Z	45.7	56.9	55.3	48.1

15.24 다음 자료는 6온스 용량의 3가지 매우 유사한 다이어트 식품에 대해 4군데 연구소에서 밀리그램 단위로 콜레스테롤 함유량을 조사한 것이다.

	다이어트 식품 A	다이어트 식품 B	다이어트 식품 C
연구소 1	3.4	2.6	2.8
연구소 2	3.0	2.7	3.1
연구소 3	3.3	3.0	3.4
연구소 4	3.5	3.1	3.7

이원분산분석을 실시하라. 또한 유의수준 0.05에서 다이어트 식품과 연구소에 대한 귀무가설을 검정하여라.

15.25 어느 연구원은 4가지 측정기계 I_1, I_2, I_3, I_4를 이용하여 5가지의 아마사(리넨)를 끊어지게 만드는 힘을 온스 단위로 측정하였다.

	I_1	I_2	I_3	I_4
아마사 1	20.9	20.4	19.9	21.9
아마사 2	25.0	26.2	27.0	24.8
아마사 3	25.5	23.1	21.5	24.4
아마사 4	24.8	21.2	23.5	25.7
아마사 5	19.6	21.2	22.1	22.1

각각의 검정에 대해 유의수준 0.05를 사용하여 이원분산분석을 하여라.

15.26 여론조사에서 인터뷰한 9명의 사람 중 3명은 동부사람이고, 3명은 남부사람, 3명은 서부사람이었다. 직업으로 분류하면 3명은 교사, 3명은 법률가, 3명은 의사였고, 미국의 각 지역에서 온 사람 중 직업이 중복되는 사람은 없었다. 또한 3명은 공화당, 3명은 민주당 그리고 3명은 무소속이었고, 같은 지역 혹은 같은 직업을 가진 사람 중 정치적 성향이 중복되는 사람은 없었다. 어떤 교사가 동부사람이고 무소속이며, 다른 교사는 남부사람이고 공화당이고, 어느 법률가는 남부사람이고 민주당이라면 서부에서 온 의사의 정치적 성향은 무엇인가? (힌트: $m = 3$인 라틴방격을 만들어라.) 이 응용문제는 R.A.Fisher에 의해 그의 저서 *The Design of Experiments*에 제시된 유명한 문제의 단순화된 형태이다.

15.27 응용문제 15.23에서 제시된 실험은 반복되어 다음과 같은 결과를 얻었다.

	연료 1	연료 2	연료 3	연료 4
발사기 X	46.1	55.9	52.6	44.3
발사기 Y	46.3	52.1	51.4	39.6
발사기 Z	45.8	57.9	56.2	47.6

응용문제 15.23의 자료와 이 결과를 결합하여 연료, 발사기, 반복, 연료－발사기 상호작용에 대한 귀무가설을 검정하기 위하여 적절한 분산분석을 하여라. 유의수준 0.01을 사용하여라.

15.28 응용문제 15.24의 실험이 반복되어 다음과 같은 결과를 얻었다.

	다이어트 식품 A	다이어트 식품 B	다이어트 식품 C
연구소 1	3.5	2.5	2.9
연구소 2	3.0	2.9	3.2
연구소 3	3.6	3.4	3.8
연구소 4	3.3	3.5	3.4

응용문제 15.24의 자료와 이 결과를 결합하여 다이어트 식품, 연구소, 반복, 식품－연구소 상호작용에 대한 귀무가설을 검정하기 위하여 적절한 분산분석을 하여라. 유의수준 0.05를 사용하여라.

15.29 적절한 컴퓨터 소프트웨어를 이용하여 500쪽에 제시된 예의 자료에서 작업자, 접착제, 반복의 각 수준에 대하여 평균을 구하여라. 또한 작업자와 접착제간의 상호작용을 살펴보기 위하여 필요한 평균들을 구하여라.

15.30 맛을 안정시키기 위하여 우유에 넣는 물질 DSS (dioctyl sodium sulfosuccinate) 의 효과를 측정하기 위하여 어느 풍미지표가 사용되었다. 실험은 DSS를 넣지 않은 경우를 포함한 4가지 DSS 수준 (1/100만) 에 대하여 실시되었고, 우유는 보관시간에 따른 DSS의 효과를 살펴보기 위해 7주와 28주 동안 보관되었다.

DSS, 보관시간, 또한 이들간의 상호작용의 효과를 알아보기 위해 적절한 컴퓨터 프로그램을 이용하여 유의수준 0.05에서 분산분석을 하여라.

	DSS = 0		DSS = 50		DSS = 100		DSS = 150	
시간 (주)	7	28	7	28	7	28	7	28
반복 1	34.6	28.2	35.0	31.1	35.6	33.2	35.4	33.5
반복 2	33.8	29.0	35.8	30.9	35.8	32.4	35.4	33.9
반복 3	34.7	27.2	34.4	29.8	34.6	33.0	36.3	32.5
반복 4	35.0	28.4	35.1	31.6	35.9	32.9	37.0	34.7

15.5절

15.31 유의수준 0.01에서 예제 15.1의 3가지 세제 간에 차이의 성질을 알아보기 위해 다중범위검정을 하여라.

15.32 유의수준 0.05에서 예제 15.2의 블록 차이의 성질을 알아보기 위해 다중범위검정을 하여라.

15.33 유의수준 0.05에서 예제 15.3의 압축기 디자인의 차이와 지역 간의 차이의 성질을 알아보기 위해 다중범위검정을 하여라.

15.34 응용문제 15.28의 다이어트 식품의 평균 간의 차이, 연구소의 평균 간의 차이의 성질을 알아보기 위해, 유의수준 0.05에서 적절한 다중범위검정을 하여라. 어떤 상황에서 이러한 검정을 하는 것이 적절하지 못한가?

15.35 응용문제 15.27의 발사기 평균의 차이와 연료 평균 간의 차이의 성질을 알아보기 위해 유의수준 0.01에서 적절한 다중범위검정을 하여라. 어떤 상황에서 이러한 검정을 하는 것이 적절하지 못한가?

15.36 응용문제 15.30에서 DSS 수준 평균의 차이와 보관시간의 평균의 차이의 성질을 알아보기 위해 유의수준 0.05에서 적절한 다중범위검정을 하여라.

15.37 응용문제 15.29에서 접착제 평균의 차이와 작업자 평균의 차이의 성질을 알아보기 위해 유의수준 0.05에서 적절한 다중범위검정을 하여라.

15.38 다음 라틴방격에 나온 자료는 다양한 인종적 배경과 여러 종류의 직업에 관심을 가진 9명의 대학생들의 미국사 시험 성적이다.

	인종적 배경		
	멕시코인	독일인	폴란드인
법조계	*A* 75	*B* 86	*C* 69
의학계	*B* 95	*C* 79	*A* 86
공업계	*C* 70	*A* 83	*B* 93

이 표에서 A, B, C는 9명의 학생이 미국사를 배운 3명의 선생님이다. 이 자료를 분석하고, 유의수준 0.05에서 다음 가설을 검정하여라.

(a) 배운 선생님에 따라 점수가 영향을 받지 않는다.

(b) 인종적 배경이 점수에 영향을 주지 않는다.

(c) 직업에 대한 관심은 점수에 영향을 주지 않는다.

15.6절

15.39 **(a)** 다음 라틴방격실험의 자료를 가지고 분산분석을 하여라. 이 실험에서 A, B, C로 표시된 처리들은 3가지 다른 종류의 골프공이다. 각각의 공으로 서로 다른 종류의 골프채 K_1, K_2, K_3로 3명의 다른 프로 골퍼 P_1, P_2, P_3가 샷을 날렸다. 다음 자료는 각각의 샷에 대하여 야드로 측정된 티 (공을 친 자리) 로부터의 거리를 나타낸다.

	K_1	K_2	K_3
P_1	A 285	B 111	C 249
P_2	C 350	A 164	B 257
P_3	B 278	C 105	A 231

(b) 반복 없이 이런 실험을 하겠는가? 왜인가?

15.40 (금속) 원통의 납땜 접착력 (접착을 떼어내기 위해 필요한 힘을 파운드 단위로 측정) 을 알아보기 위해 라틴방격실험이 실시되었다. 용매제나 납의 종류, 납땜온도를 다르게 한 다섯 가지 다른 방법의 납땜법이 사용되었다. 다섯 가지 다른 크기의 원통이 사용되었고, 검사를 위해 다섯 가지 종류의 기계가 사용되어 다음 결과를 얻었다.

		원통의 크기				
		1	2	3	4	5
작업자	1	A 33.0	B 32.4	C 29.9	D 27.2	E 31.7
	2	B 32.1	C 33.7	D 30.3	E 22.5	A 33.1
	3	C 32.5	D 32.6	E 31.0	A 24.9	B 32.2
	4	D 32.0	E 32.5	A 32.2	B 25.5	C 32.1
	5	E 31.8	A 33.6	B 28.7	C 24.0	D 32.0

이 자료를 가지고 분산분석을 하여라.

15.41 각각 2, 3, 4수준을 가진 3가지 요인을 가진 요인실험을 설계하여라.

(a) 요인과 그 수준을 열거하여라.

(b) 분산분석에 모든 상호작용이 포함된다고 가정할 때, 오차의 자유도가 적어도 30이 되기 위해서는 얼마나 많은 반복실험이 필요한가?

(c) 모든 상호작용이 0이고, 반복실험이 없을 때 오차의 자유도는 얼마가 되겠는가?

응용문제 15.42 ~ 15.47은 다음과 같은 방법으로 설계된 실험에 따라 얻은 자료에 관한 것이다.

반도체의 이득

요 인	*A* 온도	*B* 부분압력	*C* 상대습도	*D* 숙성시간	*E* 조립장소
수 준 *1*	68°F	10^{-15}	1%	72시간	작업라인
수 준 *2*	74°F	10^{-4}	30%	144시간	실험실

다음 자료는 실험의 결과이다.

작동 횟수	*A*	*B*	수준 *C*	*D*	*E*	종속변수 (이득)
12	1	1	1	1	1	39
22	2	1	1	1	1	32
13	1	2	1	1	1	47
6	2	2	1	1	1	41
28	1	1	2	1	1	38
19	2	1	2	1	1	22
31	1	2	2	1	1	35
24	2	2	2	1	1	31
9	1	1	1	2	1	40
16	2	1	1	2	1	42
3	1	2	1	2	1	55
32	2	2	1	2	1	40
1	1	1	2	2	1	43
30	2	1	2	2	1	30
5	1	2	2	2	1	36
26	2	2	2	2	1	34
25	1	1	1	1	2	43
4	2	1	1	1	2	44
11	1	2	1	1	2	51
14	2	2	1	1	2	40
2	1	1	2	1	2	41
17	2	1	2	1	2	43
7	1	2	2	1	2	48
18	2	2	2	1	2	50
29	1	1	1	2	2	42
20	2	1	1	2	2	41
8	1	2	1	2	2	53
15	2	2	1	2	2	40
21	1	1	2	2	2	40
10	2	1	2	2	2	38
27	1	2	2	2	2	54
23	2	2	2	2	2	44

15.42 통계 컴퓨터 소프트웨어를 이용하여 유의수준 0.05에서 추정된 모든 주효과와 2요인 상호작용이 유의한지 검정하여라.

15.43 이 실험은 반복되지 않았다. 분산분석에서 오차항을 구하는데 암묵적으로 가정된 사항은 무엇인가?

15.44 응용문제 15.42에서 유의하다고 결론이 난 주효과가 있다면 그 값을 추정하여라.

15.45 다른 요인과 상호작용이 있는 요인의 주효과만을 실험의 결과로 한다면 적절한가? 왜 그런가?

15.46 응용문제 15.41에서 판명된 상호작용이 0이 아닌 것을 보이기 위하여 그래프를 그려라.

15.47 위 실험의 결과를 말로 설명하여라.

참고문헌

분산분석의 여러 제곱합으로 만들어지는 카이제곱 확률변수의 독립성 증명

SCHEFFÉ, H., *The Analysis of Variance*. New York: John Wiley & Sons, Inc., 1959, and a discussion of various multiple comparisons tests is given in

FEDERER, W. T., *Experimental Design, Theory and Application.* New York: Macmillan Publishing Co., Inc., 1955.

Duncan의 다중범위검정의 도출

DUNCAN, A. J., "Multiple Range and Multiple *F* Tests," *Biometrics,* 11, 1956.

Tukey와 Scheffé의 다중범위검정에 대한 논의

GIBRA, I. N., *Probability and Statistical Inference for Scientists and Engineers*. Upper Saddle River, N.J.: Prentice Hall, 1973.

분산분석과 실험계획 전공서적

ANDERSON, V. L., and McLean, R. A., *Design of Experiments: A Realistic Approach*. New York: Marcel Dekker, Inc., 1974,

COCHRAN, W. G., and Cox, G. M., *Experimental Design*, 2nd ed. New York: John Wiley & Sons, Inc., 1957,

FINNEY, D. J., *An Introduction to the Theory of Experimental Design*. Chicago: University of Chicago Press, 1960,

GUENTHER, W. C., *Analysis of Variance*. Upper Saddle River, N.J.: Prentice Hall, 1964,

HICKS, C. R., *Fundamental Concepts in the Design of Experiments*, 2nd ed. New York: Holt, Rinehart and Winston, Inc., 1973,

MILLER, I. and MILLER, M., *Statistical Methods for Quality*. Upper Saddle River, N.J.: Prentice Hall, 1995.

MONTGOMERY, D. C., *Design and Analysis of Experiments*, 3rd ed. New York: John Wiley & Sons, Inc., 1991,

SNEDECOR, G. W., and COCHRAN, W. G., *Statistical Methods*, 8th ed. Ames, Iowa: Iowa University Press, 1989.

16장 | 비모수검정

16.1 서론

10장에서는 추정의 문제와 관련해서 **로버스트성 (robustness)** 의 개념을 소개하였다. 이제 이 개념을 검정에서의 개념으로 확장시켜보자. 검정에서 만일 검정통계량이 가정사항이 만족하지 않을 때도 크게 영향을 받지 않는다면 로버스트하다고 한다.

검정과 관련해서 가정사항이 만족되지 않았을 때 유의수준에 영향을 미치는지의 여부는 특별히 중요한 문제이다. 12.5절에서 살펴보았듯이 둘 이상의 검정의 검정력 함수 (power function) 의 비교는 유의수준이 같아야 함을 전제로 하고 있다. 만일 이 전제가 만족되지 못한다면 이 비교는 유효하지 않다. 예를 들어 13.3절의 1개 표본에 대한 t-검정은 표본이 정규분포를 따르는 모집단에서 뽑혔다고 가정한다. 그렇다면 만일 모집단의 분포가 "정규분포와 꽤 차이가 나는 분포", 예를 들어 종모양 (bell-shaped) 이지만 정확히 대칭이 아닌 분포를 따른다면 어떻게 될까? 컴퓨터 시뮬레이션을 통해 모집단이 정규분포에서 다소 벗어나더라도, 대개의 경우 유의수준은 원래의 수준 α에 가깝다는 것을 알 수 있다.

다음 예는 한 모집단에 대한 가정사항이 만족되지 않았을 때 유의수준에 어떤 영향을 미치는지 보여 준다. 0.05의 유의수준에서 표준편차 σ가 알려진 정규분포를 따르는 모집단의 평균 μ에 대하여 귀무가설 $\mu = \mu_0$를 검정하는 경우를 생각해 보자. 이때 관찰값의 하나가 무시할 수 없을 정도의 확률 (예를 들어, 50개당 하나) 로 잘못 기록될 가능성이 있다고 하자. 그러면 예제 13.1에서 설명한 검정과 관련해 살펴보면 정규분포를 따르는 모집단으로부터 뽑은 확률표본이라는 가정을 만족시키지 못하게 된다. 예제 13.1에서 관찰한 값들 중 하나가, 예를 들어 7.952온스 대신 7.452온스로 잘못 기록되었다고 하자. 그러면 25봉지의 쿠키의 평균 무게는

$$\frac{7.952 - 7.452}{25} = 0.020$$

온스만큼 줄어들게 된다. z는 2.48에서 2.22로 줄어들 것이고, 이에 따라 P값도 0.0046에서 0.0264로 늘어날 것이다. 새 P값이 0.025보다 크므로 귀무가설은 이제 기각되지

않는다. 이 예는 자료가 잘못 기록되는 가능성을 인정하면 P값이 어떻게 영향을 받는지, 그에 따라 유의수준이 어떻게 영향을 받는지 보여 준다.

이번에는 σ를 알지 못하는 경우를 생각해 보자. σ를 알지 못하므로 예제 13.3에서 설명한 하나의 표본에 대한 t 검정을 사용하게 된다. 이 경우에는 자료를 잘못 기록할 경우 t 검정통계량의 분자인 표본평균뿐만 아니라 t 검정통계량의 분모인 표본표준편차에도 영향을 주게 된다. 연습문제 16.1에서 구체적인 예에 대해 다루겠지만, 이런 경우에 보통 t는 $+1$이나 -1에 가까운 값이 되어 귀무가설을 기각하기 어렵게 만든다. 다시 말해서 이러한 오차가 일어날 위험이 있는 경우에 유의수준은 원래의 유의수준 α보다 훨씬 작을 것이다. 420쪽의 응용문제 13.30과 응용문제 13.31에 그 예가 나와 있다.

검정의 로버스트성에 대한 의문들, 특별히 정규분포의 가정에 관련하여 생기는 의문들에 대해 심각하게 맞닥뜨려야 하는 상황이 많기 때문에, 통계학자들은 좀 더 적은 가정만을 요구하는 다른 기법들을 개발해 왔다. 이 검정들은 일반적으로 **비모수적 (nonparametric)** 이라고 일컬어진다. 왜냐하면 이 검정들은 **분포무관 (distribution free)** (모집단이 연속이라는 것 정도 이외에는 모집단에 대한 가정을 하지 않는) 검정들이나 주어진 모집단들의 특정 모수를 고려하지 않는다는 점에서 비모수적이라고 할 수 있는 검정들을 포함하기 때문이다.

비모수적 검정들이 그들이 대체하게 되는 검정들보다 더 일반적인 조건하에서 사용될 수 있다는 이점 외에도, 비모수적 검정은 상당히 직관적이라는 특성을 갖는다. 즉, 비모수적 검정들은 대부분 쉽게 설명할 수 있고 쉽게 이해할 수 있다. 또한 많은 비모수적 검정들이 계산량이 적어 “빠르고 쉬운” 혹은 “지름길” 방법으로 알려져 있다. 이는 비모수적 방법이 널리 사용되고, 많은 연구가 그 이론과 응용에 대해 이루어진 이유 중 하나이다.

비모수적 검정의 가장 큰 단점은 정보의 낭비가 심해 그들이 대체하게 되는 모수적 기법에 비해 덜 효율적이라는 점이다. 하지만 효율성에 대한 비교는 대개 모수적 기법에서 가정하는 사항이 만족되었을 경우에 대해 이루어지므로, 로버스트성의 관점에서는 비모수적 검정의 진가를 과소평가하는 경향이 있다. 일반적으로 **가정사항이 적을수록 자료에 의해 추정할 수 있는 것은 줄어든다. 그러나 가정사항이 적을수록 주어진 기법을 응용할 수 있는 경우는 더 많아진다.**

◆ 16.2 부호검정

부호검정 (sign test) 은 보통 적절한 대립가설에 대한 귀무가설 $\mu = \mu_0$를 검정하는 데 이용하는 하나의 표본에 대한 t 검정 대신에 이용하는 비모수적 검정이다. 부호검정에서는 표본이 뽑히는 모집단이 연속적이고 대칭이라는 가정만을 한다. 모집단이 연속적이라는 가정을 하는 이유는 μ_0값이 되는 확률을 0으로 하기 위해서이다. 만일 귀무가설을 $\tilde{\mu} = \tilde{\mu}_0$ (이때 $\tilde{\mu}$는 모집단의 중앙값) 로 바꾼다면 모집단이 대칭이라는 가정도 필요하지 않다.

부호검정을 하기 위해서 μ_0보다 큰 관찰값의 값을 플러스 부호로, μ_0보다 작은 관찰값의 값을 마이너스 부호로 바꾼다. 플러스 부호를 갖는 관찰값의 개수는 모수 n (플러스 부호나 마이너스 부호를 갖는 모든 관찰값의 개수), $\theta = \frac{1}{2}$의 이항분포를 따르는 확률변수의 한 값이 된다. 양측검정의 대립가설은 $\mu \neq \mu_0$, 즉 $\theta \neq \frac{1}{2}$이다. 단측검정의 대립가설은 $\mu < \mu_0$ 또는 $\mu > \mu_0$, 즉 $\theta < \frac{1}{2}$ 또는 $\theta > \frac{1}{2}$이다. 만약 연속인 모집단일 경우라도 자료를 모으는 과정에서 관찰값들이 반올림되어 표본의 값이 μ_0와 같다면 그 관찰값은 버리도록 한다.

표본수가 아주 작은 경우에 부호검정을 하기 위해서 부록 표 I의 이항분포표를 참고한다. 만약 표본수가 크다면 이항분포의 정규분포근사를 이용한다.

예제 16.1

다음 자료는 2인치의 무명조각이 찢어지게 하는 힘을 파운드 단위로 잰 것이다.

163	165	160	189	161	171	158	151	169	162
163	139	172	165	148	166	172	163	187	173

부호검정을 이용하여 유의수준 0.05에서 대립가설 $\mu > 160$에 대한 귀무가설 $\mu = 160$을 검정하여라.

풀이

1. H_0: $\mu = 160$
H_1: $\mu > 160$
$\alpha = 0.05$

2′. 플러스 부호의 개수인 X를 검정통계량으로 사용한다.

3′. 160보다 큰 관찰값을 플러스 부호로 바꾸고, 160보다 작은 관찰값을 마이너스 부호로 바꾼다. 160과 같은 관찰값은 버린다. 그 결과 다음을 얻는다.

$$+ \; + \; (\text{버림}) \; + \; + \; + \; - \; - \; + \; +$$
$$+ \; - \; + \; + \; - \; + \; + \; + \; + \; +$$

$n = 19$이고, $x = 15$이다. 부록 표 I로부터 $\theta = \frac{1}{2}$일 때 $P(X \geq 15) = 0.0095$를 얻는다.

4′. P값이 0.0095로 0.05보다 작으므로 귀무가설을 기각한다. 따라서 주어진 무명조각이 찢어지는 데 평균 160파운드보다 더 큰 힘이 필요하다고 결론을 내린다. ●

예제 16.2

다음 자료는 40일 동안 어느 대규모 산업시설에서 배출한 황산화물의 양을 톤 단위로 측정한 것이다.

17	15	20	29	19	18	22	25	27	9
24	20	17	6	24	14	15	23	24	26
19	23	28	19	16	22	24	17	20	13
19	10	23	18	31	13	20	17	24	14

부호검정을 이용하여 유의수준 0.01에서 대립가설 $\mu < 21.5$에 대한 귀무가설 $\mu = 21.5$을 검정하여라.

풀이

1. H_0: $\mu = 21.5$
H_1: $\mu < 21.5$
$\alpha = 0.01$

2. $z \leqq -z_{0.01} = -2.33$이면 귀무가설을 기각한다. 여기서

$$z = \frac{x - n\theta}{\sqrt{n\theta(1-\theta)}}$$

이고, $\theta = \frac{1}{2}$, x는 플러스 부호의 개수 (21.5보다 큰 관찰값의 개수) 이다.

3. $n = 40$, $x = 16$이므로 $n\theta = 40 \cdot \frac{1}{2} = 20$, $\sqrt{n\theta(1-\theta)} = \sqrt{40(0.5)(0.5)} = 3.16$이다.

따라서

$$z = \frac{16 - 20}{3.16} = -1.26$$

4. $z = -1.26$으로 -2.33보다 크므로 귀무가설을 기각할 수 없다.

부호검정은 연습문제 13.44나 13.45에서처럼 짝자료를 다룰 때 사용할 수 있다. 이런 문제에서는 각 쌍의 자료들 간의 차이가 양수라면 (즉, 첫 번째 값이 두 번째 값보다 크다면) 플러스 부호로 대체하고, 각 쌍의 자료들 간의 차이가 음수라면 (즉, 첫 번째 값이 두 번째 값보다 작다면) 마이너스 부호로 대체한다. 만일 한 쌍의 자료가 같은 값을 가진다면 그 자료는 버린다. 두 개의 연속이고, 대칭형인 모집단이 같은 평균을 가진다 (혹은 두 개의 연속인 모집단이 같은 중앙값을 가진다) 는 귀무가설을 검정하기 위해서 부호검정을 사용할 수 있다. 이때의 부호검정을 **짝자료부호검정 (paired sample sign test)** 이라 한다. 예제 16.1이나 16.2에서처럼 사용되는 부호검정을 **일표본부호검정 (one-sample sign test)** 이라 한다.

예제 16.3

새로운 교통통제 시스템의 효과를 알아보기 위하여 시스템 도입 전 4주와 시스템 도입 후 4주 동안 12개의 사고가 잦은 교차로에서 일어난 사고횟수를 조사하였다. 자료는 다음과 같다.

(3, 1), (5, 2), (2, 0), (3, 2), (3, 2), (3, 0)
(0, 2), (4, 3), (1, 3), (6, 4), (4, 1), (1, 0)

짝자료에 대한 부호검정을 이용하여 유의수준 0.05에서 귀무가설, "새로운 교통통제 시스템은 이전의 시스템만큼만 효과적이다"를 검정하여라 (뽑힌 표본은 연속적이지 않지만 차이가 없는 관찰값을 버리면 이 문제는 해결된다) .

풀이

1. $H_0: \mu_1 = \mu_2$
$H_1: \mu_1 > \mu_2$
$\alpha = 0.05$

2′. 플러스 부호의 개수인 X를 검정통계량으로 사용한다.

3′. 각 짝자료의 차이가 양수인 경우 플러스 부호로, 음수인 경우 마이너스 부호로 바꾼다.

$$+ \; + \; + \; + \; + \; + \; - \; + \; - \; + \; + \; +$$

$n = 12$, $x = 10$이다. 부록 표 I로부터 $\theta = \frac{1}{2}$일 때 $P(X \geqq 10) = 0.0192$를 얻는다.

4′. P값이 0.0192로 0.05보다 작으므로 귀무가설은 기각된다. 따라서 새로운 교통통제 시스템이 사고가 잦은 교차로에서 사고를 줄이는 데 효과적이었다고 결론 내린다. ●

16.3 부호순위검정

16.2절에서 살펴보았듯이 부호검정은 하기 쉽다. 그러나 하나의 표본을 가지고 있을 경우, 관찰값과 μ_0의 차이의 부호만을 사용하고, 짝자료를 가지고 있을 경우 짝자료의 차이의 부호만을 사용하므로 정보의 손실이 크다. 이에 대한 대안으로 **윌콕슨부호순위검정 (Wilcoxon signed-rank test)** 이 있는데 차이의 부호뿐 아니라 크기도 고려한다는 점에서 부호검정보다는 정보의 손실이 덜하다. 이 검정에서는 부호에 상관없이 차이에 순위를 매긴다. 즉, 절댓값이 가장 작은 차이에 1을, …, 절댓값이 가장 큰 차이에 n을 배정하는 방식이다. 차이가 없는 자료는 여기에서도 버려진다. 만일 둘 이상의 동일한 차이의 절댓값이 발생한다면 그 절댓값들이 가져야 하는 순위들의 평균을 동일하게 매기게 된다. 부호순위검정은 양숫값을 갖는 차이에 부여된 순위들의 합인 T^+와 음숫값을 갖는 차이에 부여된 순위들의 합인 T^-, $T^+ - T^-$, 또는 $T = \min(T^+, T^-)$ 에 근거한다.

$$T^+ + T^- = \frac{n(n+1)}{2}$$

이므로 위 3가지 검정통계량에 기초한 검정은 모두 같은 결과를 갖는다 (여기서 통계량이 대문자로 표현되었는데, 전통적으로 윌콕슨부호순위통계량은 대문자로 쓰여졌다. 이는 보통 확률변수에 대문자를 쓰고, 그 실현된 값에 소문자를 쓰는 일반적인 표기법에 배치된다는 점에 유의하자. 윌콕슨부호순위통계량에 대문자를 씀으로써 13장의 t통계량과의 혼란을 막을 수 있다).

T^+와 T^-의 합이 항상 $\frac{n(n+1)}{2}$이고, T^+, T^-가 모두 0과 $\frac{n(n+1)}{2}$ 사이의 범위에서 $\frac{n(n+1)}{4}$에 대해 대칭인 분포를 따르는 값이므로, $n = 5$인 경우에 그림 16.1과 같이 T^+와 T^-, T에 대응하는 확률변수들의 분포들 간의 관계를 그릴 수 있다.

대립가설에 따라 T, T^+, T^-의 통계량을 선택하여 16.1절과 16.2절에 나온 귀무가설에 대해 부호순위검정을 한다. 검정을 할 때는 올바른 통계량과 적절한 임곗값을 가지고 검정을 하기 위해 주의를 기울일 필요가 있다. 다음 표에는 유의수준 α일 때 각 검정의 대립가설과 기각역에 대한 요약이다.

대립가설	기각역
$\mu \neq \mu_0$	$T \leqq T_\alpha$
$\mu > \mu_0$	$T^- \leqq T_{2\alpha}$
$\mu < \mu_0$	$T^+ \leqq T_{2\alpha}$

표의 오른쪽 열에 있는 임곗값 T_α, $T_{2\alpha}$는 각각에 대응하는 P값이 α나 2α를 넘지 않게 하는 최댓값을 나타낸다. n이 25를 넘지 않을 경우 표 X로부터 구할 수 있다. 대립가설이 양측이냐 단측이냐에 따라 다른 유의수준에서도 같은 임곗값이 사용될 수 있음에 유의하자. 예를 들어 $T_{0.02}$는 유의수준 0.02에서 대

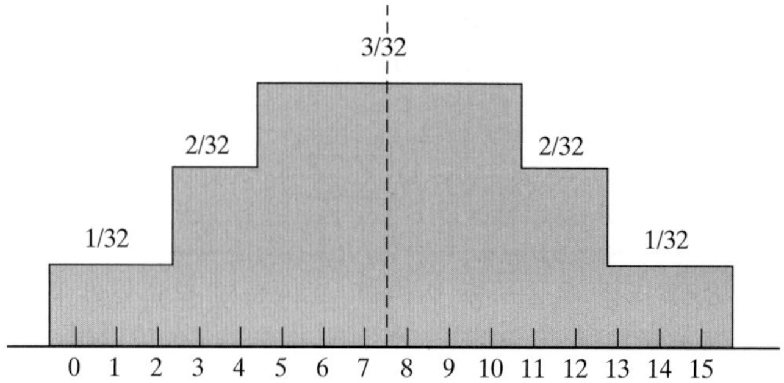

T^+ 또는 T^-에 해당하는
확률변수의 분포

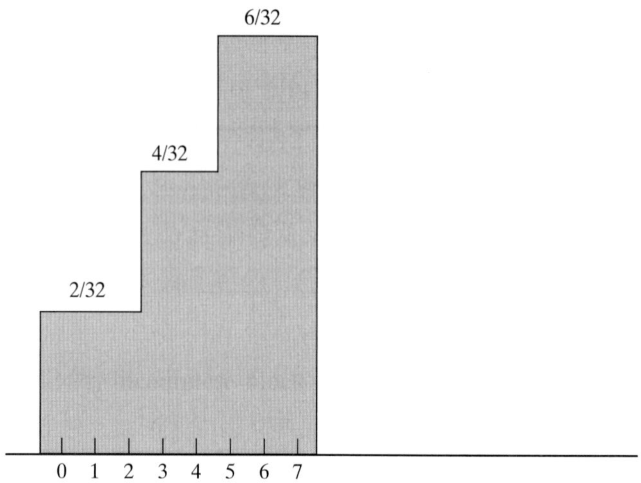

T에 해당하는
확률변수의 분포

그림 16.1 n = 5일 때 T^+, T^-, T에 해당하는 확률변수의 분포.

립가설이 양측일 때 임곗값으로 사용되기도 하고, 유의수준 0.01에서 대립가설이 단측일 때 임곗값으로 사용되기도 한다. 혼란스러워 보일 수도 있지만 이것이 임곗값을 나타내는 방법이다.

예제 16.4

다음 자료는 어느 휘발유의 옥탄가를 측정한 15개의 관찰값이다. 97.5, 95.2, 97.3, 96.0, 96.8, 100.3, 97.4, 95.3, 93.2, 99.1, 96.1, 97.6, 98.2, 98.5, 94.9. 부호순위검정을 이용하여 유의수준 0.05에서 이 휘발유의 옥탄가 평균은 98.5인지 검정하여라.

풀이

1. $H_0: \mu = 98.5$
$H_1: \mu \neq 98.5$
$\alpha = 0.05$

2. $T \leqq T_{0.05}$이면 귀무가설을 기각한다. 여기서 $T_{0.05}$는 표 X에서 알맞은 n에 해당하는 값을 구한다.

3. 각각의 관찰값에서 98.5를 빼고 그 부호에 상관없이 절댓값 크기에 따라 부호를 매긴다. 결과는 다음과 같다.

관찰치	차 이	순 위
97.5	−1.0	4
95.2	−3.3	12
97.3	−1.2	6
96.0	−2.5	10
96.8	−1.7	7
100.3	1.8	8
97.4	−1.1	5
95.3	−3.2	11
93.2	−5.3	14
99.1	0.6	2
96.1	−2.4	9
97.6	−0.9	3
98.2	−0.3	1
98.5	0.0	
94.9	−3.6	13

따라서 $T^- = 4 + 12 + 6 + 10 + 7 + 5 + 11 + 14 + 9 + 3 + 1 + 13 = 95$, $T^+ = 8 + 2 = 10$, $T = 10$이다. 부록 표 X에서 $n = 14$일 때 $T_{0.05} = 21$이다.

4. $T = 10$으로 $T_{0.05} = 21$보다 작으므로 귀무가설을 기각한다. 이 휘발유의 옥탄가의 평균은 98.5가 아니다. ●

짝자료를 다룰 때는 부호순위검정을 짝자료부호검정 (paired-sample sign test) 에 대체하여 사용할 수 있다. 이 경우에 귀무가설 $\mu_1 = \mu_2$을 513쪽의 표에 나온 검정기준을 사용하여 검정한다. 단 이때의 대립가설은 $\mu \neq \mu_0$, $\mu > \mu_0$, $\mu < \mu_0$ 대신 각각 $\mu_1 \neq \mu_2$, $\mu_1 > \mu_2$, $\mu_1 < \mu_2$이다.

$n \geqq 15$일 경우에는 T^+가 근사적으로 정규분포를 따르는 확률변수라고 할 수 있다. 이러한 가정하에서 부호순위검정을 하기 위해서 다음 결과가 필요하다. 이 결과는 귀무가설이 $\mu = \mu_0$든지 $\mu_1 = \mu_2$든지 상관없이 적용 가능하다.

정리 16.1 부호순위검정에서의 가정하에 T^+는 평균이

$$\mu = \frac{n(n+1)}{4}$$

이고 분산은

$$\sigma^2 = \frac{n(n+1)(2n+1)}{24}$$

인 확률변수의 관찰값이다.

증명 표본이 하나일 때 부호순위검정과 짝자료에 대한 부호순위검정의 귀무가설은 순위와 부호가 있는 차의 형태로 표현 가능하다. 이때 각각의 순위에 대해서 그 순위가 플러스 부호나 마이너스 부호일 확률은 모두 $\frac{1}{2}$이다. 따라서 다음과 같이 쓸 수 있다.

$$T^+ = 1 \cdot x_1 + 2 \cdot x_2 + \cdots + n \cdot x_n$$

여기서 $x_1, x_2, \cdots, x_n$은 $\theta = \frac{1}{2}$일 때 베르누이분포를 따르는 확률변수이다. $n = 1$일 때의 정리 5.2에 의해서 $E(X_i) = \theta = \frac{1}{2}$이고, $\text{var}(X_i) = \theta(1 - \theta) = \frac{1}{4}$이므로 다음이 성립한다.

$$\begin{aligned}\mu &= 1 \cdot \frac{1}{2} + 2 \cdot \frac{1}{2} + \cdots + n \cdot \frac{1}{2}\\ &= \frac{1 + 2 + \cdots + n}{2}\\ &= \frac{n(n+1)}{4}\end{aligned}$$

또한 정리 14.4의 따름정리에 의해서 다음이 성립한다.

$$\begin{aligned}\sigma^2 &= 1^2 \cdot \frac{1}{4} + 2^2 \cdot \frac{1}{4} + \cdots + n^2 \cdot \frac{1}{4}\\ &= \frac{1^2 + 2^2 + \cdots + n^2}{4}\\ &= \frac{n(n+1)(2n+1)}{24}\end{aligned}$$

여기서 처음 n개의 양의 정수의 합과 제곱합에 대한 계산식들을 사용하였다. 이에 대한 증명은 부록 A에 있다. ■

대칭성에 의해서 정리 16.1의 결과는 T^+ 자리에 T^-를 넣어도 성립한다.

예제 16.5

다음 자료는 4주 동안 16명이 어느 다이어트 프로그램을 하기 전과 후의 몸무게를 파운드 단위로 잰 것이다.

전	후
147.0	137.9
183.5	176.2
232.1	219.0
161.6	163.8
197.5	193.5
206.3	201.4
177.0	180.6
215.4	203.2
147.7	149.0
208.1	195.4
166.8	158.5
131.9	134.4
150.3	149.3
197.2	189.1
159.8	159.1
171.7	173.2

부호순위검정을 이용하여 유의수준 0.05에서 이 다이어트 프로그램이 효과가 있었는지 검정하여라.

풀이

1. H_0: $\mu_1 = \mu_2$
H_1: $\mu_1 > \mu_2$
$\alpha = 0.05$

2. $z \geqq z_{0.05} = 1.645$이면 귀무가설을 기각한다. 여기서

$$z = \frac{T^+ - \mu}{\sigma}$$

이고, μ와 σ^2은 정리 16.1에 의해 구한다.

3. 각 짝자료의 차이는 다음과 같다. 9.1, 7.3, 13.1, -2.2, 4.0, 4.9, -3.6, 12.2, -1.3, 12.7, 8.3, -2.5, 1.0, 8.1, 0.7, 1.5. 이 값들의 절댓값에 순위를 매기면 양의 차이들의 순위가 다음과 같음을 알 수 있다. 13, 10, 16, 8, 9, 14, 15, 12, 2, 11, 1 따라서

$$\begin{aligned} T^+ &= 13 + 10 + 16 + 8 + 9 + 14 + 15 + 12 + 2 + 11 + 1 \\ &= 111 \end{aligned}$$

$\mu = \dfrac{16 \cdot 17}{4} = 68$ 이고, $\sigma^2 = \dfrac{16 \cdot 17 \cdot 33}{24} = 374$ 이므로 다음과 같이 z를 구한다.

$$z = \frac{111 - 68}{\sqrt{374}} = 2.22$$

4. $z = 2.22$로 $z_{0.05} = 1.645$보다 크므로 귀무가설은 기각된다. 결국 이 다이어트 프로그램이 실제로 몸무게를 줄이는 데 효과적이었다고 결론 내린다. ●

연습문제

16.1 정규분포를 따르는 모집단이 평균 $\mu = 0$을 따르는지 검정하기 위하여 $n = 2$의 크기를 갖는 확률표본을 뽑았다.

(a) 관찰값 x_1, x_2가 $x_1 > x_2 > 0$라면 하나의 표본에 대한 t검정의 검정통계량이 다음과 같음을 보여라.

$$t = \frac{x_1 + x_2}{x_1 \quad x_2}$$

(b) x_1을 기록할 때 소수점이 한 단위 오른쪽으로 옮겨져 기록되는 오차가 발생하였다면 t에 대응하는 t'를 찾고, 다음을 확인하여라.

$$1 < t' < t$$

16.2 16.3절의 귀무가설하에서 T^+는 $\dfrac{n(n+1)}{4}$에 대해 대칭인 분포를 따르는 확률변수의 값임을 보여라.

16.3 부호순위검정에서 확률변수 $T^+ - T^-$의 평균과 분산을 구하여라.

16.4 표 X에서 $n = 5$일 때 $T_{0.02}$의 값이 왜 빈칸으로 되어 있는지 설명하여라.

◆ 16.4 순위합검정: *U*검정

이 절에서는 두 표본에 대한 t검정을 대체하는 비모수검정을 소개하도록 하겠다. 이 검정은 ***U*검정(*U* test)**, 또는 검정을 개발한 통계학자의 이름을 따서 **윌콕슨검정(Wilcoxon test)**, 또는 **맨-위트니 검정(Mann-Whitney test)** 이라고 한다. 표본이 뽑힌 두 모집단이 정규분포를 따른다는 가정 없이 우리는 "두 모집단이 다른 평균을 가지고 있다"는 대립가설에 대해 "동일한 연속인 모집단에서 표본을 뽑았다"는 귀무가설을 검정할 수 있다.

그 절차를 설명하기 위해 다음과 같이 2가지 종류의 비상시 사용하는 조명탄이 빛을 내는 시간을 0.1분의 단위로 측정하여 소수점 둘째 자리에서 반올림한 자료를 살펴보자.

상표 A: 14.9, 11.3, 13.2, 16.6, 17.0, 14.1, 15.4, 13.0, 16.9
상표 B: 15.2, 19.8, 14.7, 18.3, 16.2, 21.2, 18.9, 12.2, 15.3, 19.4

(마치 이 관찰값들이 하나의 표본인 것처럼) 이 값들을 한데 섞어서 크기가 큰 순서대로 배열한다. 그리고 순위 1, 2, 3, …을 매긴다. 첫 번째 표본(상표 A)은 다음 순위 1, 3, 4, 5, 7, 10, 12, 13, 14를 갖고, 두 번째 표본(상표 B)은 다음 순위 2, 6, 8, 9, 11, 15, 16, 17, 18, 19를 가짐을 알 수 있다. 만일 값이 같은 관찰값들이 있었다면 그 관찰값들이 차지하는 순위들의 평균으로 동일하게 순위를 매기도록 한다.

두 모평균 간에 무시할 수 없는 차이가 있었다면 대부분의 낮은 순위들은 한 표본에, 대부분의 높은 순위들은 다른 표본에 주로 매겨질 것이다. Wilcoxon에 의해 처음 제시된 검정은 첫 번째 표본의 순위들의 합 W_1이나 두 번째 표본의 순위들의 합 W_2를 검정통계량으로 사용한다. 이때 검정통계량으로 W_1을 사용하든 W_2를 사용하든 상관없는데 왜냐하면 첫 번째 모집단에 n_1개의 표본이 있고, 두 번째 모집단에 n_2개의 표본이 있다면 $W_1 + W_2$는 항상 처음 $n_1 + n_2$개의 양의 정수의 합, 즉

$$\frac{(n_1+n_2)(n_1+n_2+1)}{2}$$

이 되기 때문이다.

실제로는 W_1이나 W_2에 근거하여 바로 검정을 실시하기 보다 이와 비슷한 검정통계량

$$U_1 = W_1 - \frac{n_1(n_1+1)}{2}$$

이나

$$U_2 = W_2 - \frac{n_2(n_2+1)}{2}$$

둘 중 작은 값을 갖는 통계량—이 통계량을 U로 표기한다—을 이용하여 검정을 실시한다. 여기서도 검정통계량의 표기가 확률변수에 대문자를 사용하고, 그에 대응하는 값들에 대하여 소문자를 사용하는 관례에서 벗어났음에 유의하자(전통적으로 U_1, U_2, U는 이 검정에서 그에 대응하는 확률변수들의 관찰값을 나타내기 위하여 사용되었다. u는 16.6절에서 설명할 또 다른 비모수검정과 관련하여 사용된다).

U_1, U_2, U에 근거한 검정은 W_1이나 W_2에 근거한 검정과 같지만, 임곗값 표를 만드는 데 좀 더 용이한

장점이 있다. 연습문제 16.5에서 독자들은 U_1, U_2의 합이 언제나 n_1n_2와 같고, U_1, U_2에 대응하는 확률변수들의 값은 각각 0에서 n_1n_2 사이의 값을 가진다는 것을 확인하게 될 것이다. 실제로 이 확률변수들은 $\frac{n_1n_2}{2}$에 대해 대칭인 동일한 분포를 따른다.

대립가설과 관계없이 우리는 모든 귀무가설에 대한 검정을 $U = \min(U_1, U_2)$ 에 근거하여 할 수 있다. 그러나 513쪽에 나온 바와 같이 적절한 통계량과 그에 따른 적절한 임곗값을 사용하기 위해 주의를 기울여야 한다. 그 예가 유의수준 α인 경우에 대해 다음 표에 나와 있다.

대립가설	기각역
$\mu_1 \neq \mu_2$	$U \leqq U_\alpha$
$\mu_1 > \mu_2$	$U_2 \leqq U_{2\alpha}$
$\mu_1 < \mu_2$	$U_1 \leqq U_{2\alpha}$

이 표의 오른쪽 열에 있는 임곗값 U_α, $U_{2\alpha}$는 각각 P값이 α나 2α를 넘지 못하게 하는 최댓값을 나타낸다. n_1, n_2가 15를 넘지 않을 경우에 표 XI에서 임곗값을 구할 수 있다. 표 X에서와 같이 대립가설이 양측인가 단측인가에 따라 다른 유의수준이라도 같은 임곗값이 사용될 수 있음에 유의하자. 예를 들어 $U_{0.10}$은 유의수준 0.10에서 대립가설이 양측일 때의 임곗값이기도 하고, 유의수준 0.05에서 대립가설이 단측일 때의 임곗값이기도 하다. 513쪽에 나온 바와 같이 이것이 임곗값을 나타내는 방법이다.

예제 16.6

518쪽의 자료를 이용하여 두 표본이 동일한 연속인 모집단에서 뽑힌 것인지, 상표 A의 조명탄이 빛을 내는 평균 시간이 상표 B 조명탄에 비해 짧은지 유의수준 0.05에서 검정하여라.

풀이

1. H_0: $\mu_1 = \mu_2$
H_1: $\mu_1 < \mu_2$
$\alpha = 0.05$

2. $n_1 = 9$, $n_2 = 10$이므로 $U_1 \leqq 24$이면 귀무가설을 기각한다. 여기서 24는 $U_{0.10}$에 해당하는 값이다.

3. 518쪽에서 구한 순위를 이용하여 다음을 얻는다.

$$\begin{aligned} W_1 &= 1 + 3 + 4 + 5 + 7 + 10 + 12 + 13 + 14 \\ &= 69 \end{aligned}$$

따라서 $U_1 = 69 - \frac{9 \cdot 10}{2} = 24$

4. $U_1 = 24$는 $U_{0.10} = 24$와 같으므로 귀무가설은 기각된다. 상표 A의 조명탄이 상표 B의 조명탄보다 빛을 내는 시간이 짧다고 결론 내린다.

n_1, n_2가 모두 8보다 큰 경우 U_1, U_2는 근사적으로 정규분포를 따르는 확률분포의 값들이라고 가정할 수 있다. 이 가정하에서 U검정을 실시하기 위해서 다음 결과가 필요하다.

정리 16.2 U검정에서 필요한 가정 사항하에서 U_1, U_2는 평균

$$\mu = \frac{n_1 n_2}{2}$$

과 분산

$$\sigma^2 = \frac{n_1 n_2 (n_1 + n_2 + 1)}{12}$$

의 확률변수의 관찰값들이다.

증명 주어진 두 표본을 동일한 연속인 — 모집단이 연속이라 가정하는 이유는 동일한 값이 나올 확률을 0이 되게 하기 위해서이다 — 모집단에서 뽑았다는 귀무가설하에서 W_1은 처음 $n_1 + n_2$개의 양의 정수 중에서 랜덤하게 뽑은 n_1개의 표본의 합이다. $n = n_1$, $N = n_1 + n_2$일 때 연습문제 8.15(c)의 결과를 이용하여 W_1은 평균

$$\frac{n_1(n_1 + n_2 + 1)}{2}$$

과 분산

$$\frac{n_1 n_2 (n_1 + n_2 + 1)}{12}$$

을 따르는 확률변수의 값이라는 사실을 알 수 있다.

$U_1 = W_1 - \dfrac{n_1(n_1+1)}{2}$이므로 U_1에 대응되는 확률변수는 평균

$$\mu = \frac{n_1(n_1 + n_2 + 1)}{2} - \frac{n_1(n_1+1)}{2} = \frac{n_1 n_2}{2}$$

과 분산

$$\sigma^2 = \frac{n_1 n_2 (n_1 + n_2 + 1)}{12}$$

를 가진다. 또한 $U_1 + U_2$는 언제나 $n_1 n_2$와 같기 때문에 U_2에 대응하는 확률변수의 평균과 분산은 U_1에 대응하는 확률변수의 평균과 분산과 같다 (연습문제 16.5 (a) 참조) . ■

예제 16.7

다음은 어린 칠면조들에게 다른 조건은 동일하게 유지한 채 서로 다른 모이를 먹이고, 랜덤하게 표본을 뽑아 그 몸무게를 파운드 단위로 측정한 것이다.

모이 1: 16.3, 10.1, 10.7, 13.5, 14.9, 11.8, 14.3, 10.2,
12.0, 14.7, 23.6, 15.1, 14.5, 18.4, 13.2, 14.0

모이 2: 21.3, 23.8, 15.4, 19.6, 12.0, 13.9, 18.8, 19.2,
15.3, 20.1, 14.8, 18.9, 20.7, 21.1, 15.8, 16.2

U검정을 사용하여 유의수준 0.01에서 대립가설 "평균적으로 2번째 모이를 먹은 칠면조들의 몸무게가 크

다"에 대한 귀무가설 "표본이 뽑힌 두 모집단은 동일한 분포를 따른다"를 검정하여라.

풀이

1. $H_0: \mu_1 = \mu_2$
   $H_1: \mu_1 < \mu_2$
   $\alpha = 0.01$
2. $z \leqq -2.33$이면 귀무가설을 기각한다. 여기서

$$z = \frac{U_1 - \mu}{\sigma}$$

   이다. μ와 σ^2의 값은 정리 16.2의 식에 의해 구한다.
3. 자료들을 합쳐서 크기에 따라 순위를 매기면 첫 번째 표본의 순위가 다음과 같음을 알 수 있다. 21, 1, 3, 8, 15, 4, 11, 2, 5.5, 13, 31, 16, 12, 22, 7, 10 (다섯 번째와 여섯 번째 값은 모두 12.0이다. 따라서 순위 5.5를 두 관찰값에 동일하게 매긴다) . 따라서

$$\begin{aligned} W_1 &= 1+2+3+4+5.5+7+8+10+11+12+13 \\ &\quad +15+16+21+22+31 \\ &= 181.5 \end{aligned}$$

   이고,

$$\begin{aligned} U_1 &= 181.5 - \frac{16 \cdot 17}{2} \\ &= 45.5 \end{aligned}$$

   $\mu = \dfrac{16 \cdot 16}{2} = 128$이고, $\sigma^2 = \dfrac{16 \cdot 16 \cdot 33}{12} = 704$이므로 다음을 얻는다.

$$z = \frac{45.5 - 128}{\sqrt{704}} = -3.11$$

4. $z = -3.11$로 -2.33보다 작으므로 귀무가설은 기각된다. 결국 평균적으로 두 번째 모이를 먹은 칠면조의 몸무게가 더 나간다고 결론 내린다.

◆ 16.5 순위합검정: *H*검정

***H*검정(*H* test)** 는 **크루스칼-왈리스 검정(Kruskal-Wallis test)** 이라고도 한다. 이 검정은 앞 절의 순위합검정의 일반화된 형태이다. 이 검정은 귀무가설 "k개의 표본은 동일한 연속인 모집단으로부터 뽑혔다"에 대한 것이다. 즉, 이 검정은 일원분산분석을 대체하는 비모수적 검정이라고 할 수 있다.

U검정과 같이 자료는 한 표본인 것처럼 합쳐진 후 작은 것부터 큰 것까지 순위가 매겨진다. R_i를 i번째 표본의 순위합이라 할 때 검정은 다음 검정통계량에 근거한다.

$$H = \frac{12}{n(n+1)} \cdot \sum_{i=1}^{k} \frac{R_i^2}{n_i} - 3(n+1)$$

여기서 $n = n_1 + n_2 + \cdots + n_k$이고, k는 표본의 개수이다. H는 차의 제곱 $\left(\frac{R_i}{n_i} - \frac{n+1}{2}\right)^2$ 의 가중평균에 비례함을 보일 수 있다 (연습문제 16.9 참조) . 여기서 $\frac{R_i}{n_i}$는 i번째 표본의 평균 순위이고, $\frac{n+1}{2}$은 모든 자료의 평균 순위이다. 따라서 귀무가설은 H값이 크게 나왔을 경우 기각된다.

k, n_1, $\cdots$, n_k가 아주 작을 경우에 귀무가설의 검정은 특별한 표를 사용한다. (538쪽의 참고문헌 참조) 그러나 H에 대응하는 확률변수의 표본분포가 n_i의 값에 종속적이므로 간단한 형태로 이를 나타내기는 쉽지 않다. 따라서 이 검정은 보통 H에 대응하는 확률변수의 표본분포가 근사적으로 자유도 $k-1$의 카이제곱분포를 따른다는 대표본이론에 근거한다. 이 결과의 증명은 538쪽에 나열된 비모수 통계학 책에서 찾아볼 수 있을 것이다. 이 증명은 연습문제 16.9에서 주어진 것과 같은 H통계량에 근거한다.

예제 16.8

다음은 3가지 다른 방법 (교실시설과 어학실 시설 사용, 교실시설만 사용, 어학실에서 자습) 으로 독일어를 학습한 3그룹의 학생들로부터 뽑은 표본의 기말시험 점수이다.

첫 번째 방법:	94,	88,	91,	74,	87,	97	
두 번째 방법:	85,	82,	79,	84,	61,	72,	80
세 번째 방법:	89,	67,	72,	76,	69		

H검정을 사용하여 유의수준 0.05에서 3가지 방법의 효과가 같다는 귀무가설을 검정하여라.

풀이

1. H_0: $\mu_1 = \mu_2 = \mu_3$
   H_1: μ_1, μ_2, μ_3 은 같지 않다.
   $\alpha = 0.05$
2. $H \geq 5.991$이면 귀무가설을 기각한다. 여기서 5.991은 $\chi^2_{0.05,2}$의 값이다.
3. 1부터 18까지 순위를 매기면 $R_1 = 6 + 13 + 14 + 16 + 17 + 18 = 84$, $R_2 = 1 + 4.5 + 8 + 9 + 10 + 11 + 12 = 55.5$, $R_3 = 2 + 3 + 4.5 + 7 + 15 = 31.5$임을 알 수 있다. 하나의 중복되는 값이 존재하고 중복값들의 순위는 4.5로 매겨졌다. H의 식에 R_1, R_2, R_3의 값과 $n_1 = 6$, $n_2 = 7$, $n_3 = 5$, $n = 18$을 대입하면 다음을 얻는다.

$$\begin{aligned} H &= \frac{12}{18 \cdot 19}\left(\frac{84^2}{6} + \frac{55.5^2}{7} + \frac{31.5^2}{5}\right) - 3 \cdot 19 \\ &= 6.67 \end{aligned}$$

4. $H = 6.67$로 $\chi^2_{0.05,2} = 5.991$보다 크므로 귀무가설은 기각된다. 결국 3가지 방법의 효과가 같지 않다고 결론 내린다. ●

연습문제

16.5 다음을 보여라.

(a) 대응하는 모든 확률변수들이 어떤 값을 취하든지 $U_1 + U_2 = n_1 n_2$.

(b) U_1, U_2에 대응하는 확률변수들이 모두 0과 $n_1 n_2$ 사이의 값을 가진다.

16.6 W_1에 대응하는 확률변수의 분포가

$$\frac{n_1(n_1+n_2+1)}{2}$$

에 대하여 대칭이고, 따라서 U_1에 대응하는 확률변수의 분포는 $\frac{n_1 n_2}{2}$에 대해 대칭이라는 것을 보여라(힌트: 합친 자료를 크기에 의한 내림차순뿐 아니라 오름차순으로도 순위를 매겨라).

16.7 U_1, U_2가 다음과 같이 됨을 확인하여라.

$$U_1 = n_1 n_2 + \frac{n_2(n_2+1)}{2} - W_2$$

$$U_2 = n_1 n_2 + \frac{n_1(n_1+1)}{2} - W_1$$

16.8 만일 $X_1, X_2, \cdots, X_{n_1}$와 $Y_1, Y_2, \cdots, Y_{n_2}$가 독립적인 확률표본이라면, 이 표본들이 동일한 연속인 모집단으로부터 얻어졌다는 귀무가설을 맨-위트니 통계량 U인 (x_i, y_j) 중 $x_i > y_j$인 짝자료의 개수에 근거하여 검정할 수 있다. 기호로 나타내면

$$U = \sum_{i=1}^{n_1}\sum_{j=1}^{n_2} d_{ij}$$

이때

$$d_{ij} = \begin{cases} 1 & (x_i > y_j\text{라면}) \\ 0 & (x_i < y_j\text{라면}) \end{cases}, \quad i = 1, 2, \cdots, n_1, \; j = 1, 2, \cdots, n_2$$

이다. 맨-위트니 통계량 U가 16.4절의 U_1 통계량과 같음을 보여라.

16.9 521쪽의 크루스칼-왈리스 통계량이 다음과 같음을 보여라.

$$H = \frac{12}{n(n+1)} \cdot \sum_{i=1}^{k} n_i \left(\frac{R_i}{n_i} - \frac{n+1}{2}\right)^2$$

16.10 관측값을 가지고 일원분산분석을 하는 대신 관측값의 순위에 대하여 일원분산분석을 한다면 H통계량에 근거한 검정과 같아짐을 보여라.

16.6 런 검정

관찰값이 얻어진 순서에 근거하여 관찰값이 랜덤인지를 검정하는 여러 가지 비모수적 방법들이 있다. 여기서 설명할 기법은 **런 이론**(**theory of runs**)에 근거하고 있다. 여기서 **런**(**run**)이란 동일한 글자(또는 다른 형태의 기호)가 연속적으로 나오고, 그 앞뒤로는 다른 글자가 나오거나 자료가 없는 것을 뜻한다. 예를 들어 다음의 어떤 기계에 의해 생산된 순서대로 기록된 결함 d와 정상 n의 배열을 살펴보자.

$$\underbrace{n\,n\,n\,n\,n}\ \underbrace{d\,d\,d\,d}\ \underbrace{n\,n\,n\,n\,n\,n\,n\,n\,n\,n}\ \underbrace{d\,d}\ \underbrace{n\,n}\ \underbrace{d\,d\,d\,d}\ \underbrace{n}\ \underbrace{d\,d}\ \underbrace{n\,n}$$

하나의 런을 형성하는 글자들을 괄호로 묶어주면 5개의 n으로 되어 있는 첫 번째 런, 네 개의 d로 되어 있는 두 번째 런, 10개로 되어 있는 세 번째 런, …, 2개의 n으로 되어 있는 마지막 런, 통틀어 서로 다른 길이의 9개의 런이 있음을 알 수 있다.

이러한 형태의 배열인 경우에 런의 총개수가 적다는 것은 자료가 랜덤이 아니다는 근거 중 하나가 될 수 있다. 너무 적은 개수의 런이 있다면 그룹이나 군집, 또는 추세가 있다고 생각할 수 있다. 너무 많은 개수의 런이 있다면 관찰값이 번갈아가며 생성되는 패턴을 생각할 수가 있다. 앞의 예는 군집이 존재하는 것으로 볼 수 있다. 결함은 그룹으로 발생하는 것처럼 보인다. 하지만 이것이 우연에 의한 것인지 통계적으로 유의한 것인지는 더 알아보아야 할 것이다.

어느 글자 n_1개와 다른 글자 n_2개가 u개의 런을 형성할 확률을 구하기 위해, 총 $\binom{n_1+n_2}{n_1}$가지의 가능한 배열이 일어날 가능성이 모두 동일하다고 가정하자. 먼저 u가 짝수인 경우, 즉 $u = 2k$이고 k는 양의 정수인 경우를 생각해 보자. 이 경우에 서로 다른 글자로 이루어진 런이 번갈아가며 나타나고, 각각의 글자에 대해 k개의 런이 존재하게 될 것이다. n_1개의 글자가 k개의 런을 형성하는 방법의 개수를 구하기 위해 먼저 5개의 c가 3개의 런으로 나뉘어져야 하는 아주 간단한 경우를 생각해 보자. 여기에는 6가지의 가능한 경우가 있음을 알 수 있다.

$$c|c|ccc \quad c|cc|cc \quad c|ccc|c$$
$$cc|c|cc \quad cc|cc|c \quad ccc|c|c$$

즉 $\binom{4}{2}$가지인데, 다섯 개의 c 사이에 있는 4개의 공간에 2개의 수직선을 긋는 방법으로 생각할 수 있다. 같은 방법으로 n_1개의 글자가 k개의 런을 형성하는 방법에는 $\binom{n_1-1}{k-1}$가지가 있고, n_2개의 글자가 k개의 런을 형성하는 방법에는 $\binom{n_2-1}{k-1}$가지가 있다. 따라서 $n_1 + n_2$개의 글자가 $2k$의 런을 형성하는 방법에는 총 $2\binom{n_1-1}{k-1}\binom{n_2-1}{k-1}$가지가 있다. 앞에서 2를 곱하는 이유는 런을 배치할 경우에 첫 번째 글자의 런으로 시작할 수도 있고, 두 번째 글자의 런으로 시작할 수도 있기 때문이다. 따라서 $u = 2k$일 때(여기서 k는 양의 정수) u개의 런을 얻을 확률은

$$f(u) = \frac{2\binom{n_1-1}{k-1}\binom{n_2-1}{k-1}}{\binom{n_1+n_2}{n_1}}$$

이다. 또한 비슷한 방법으로 다음을 구할 수 있다 (연습문제 16.11에서 각자 해 보기 바란다).

$$f(u) = \frac{\binom{n_1-1}{k}\binom{n_2-1}{k-1}+\binom{n_1-1}{k-1}\binom{n_2-1}{k}}{\binom{n_1+n_2}{n_1}}$$

여기서 $u = 2k + 1$이고, k는 양의 정수이다.

n_1와 n_2가 작을 경우에는 u에 근거한 "자료배열이 랜덤이다"에 대한 검정은 보통 표 XII와 같은 특별한 표를 사용하여 할 수 있다. 만일 다음과 같은 조건이 만족된다면 유의수준 α에서 귀무가설을 기각한다.

$$u \leqq u'_{\alpha/2} \quad \text{또는} \quad u \geqq u_{\alpha/2}$$

여기서 $u'_{\alpha/2}$는 그보다 작거나 같은 값을 얻을 확률이 $\alpha/2$를 넘지 않게 하는 가장 큰 값이고, $u_{\alpha/2}$는 그보다 크거나 같은 값을 얻을 확률이 $\alpha/2$를 넘지 않게 하는 가장 작은 값이다.

예제 16.9

한 공무원이 몇 년 전에 마을 길을 따라 심은 느릅나무를 확인하여, 다음과 같이 건강한 나무는 H, 병든 나무는 D로 표시한 자료를 얻었다.

$$H\ H\ H\ H\ D\ D\ D\ H\ H\ H\ H\ H\ H\ H\ D\ D\ H\ H\ D\ D\ D\ D$$

이 배열이 랜덤인지 유의수준 0.05에서 검정하여라.

풀이

1. H_0 : 배열은 랜덤이다.
H_1 : 배열은 랜덤이 아니다.
$\alpha = 0.05$

2. $n_1 = 13$이고, $n_2 = 9$이므로 $u \leqq 6$이거나 $u \geqq 17$이면 귀무가설을 기각한다. 여기서 6과 17은 $u'_{0.025}$와 $u_{0.025}$에 해당하는 값이다.

3. 자료를 살펴본 결과 u = 6이다.

4. $u = 6$으로 $u'_{0.025} = 6$과 같으므로 귀무가설을 기각한다. 건강한 느릅나무와 병든 느릅나무의 배열은 랜덤이 아니다. 병든 나무는 집단을 이루어 나타나는 것처럼 보인다.

n_1과 n_2가 둘 다 10 이상일 경우 u에 대응하는 확률변수의 분포는 정규분포로 근사한다고 가정할 수 있다. 이 가정하에서 런 검정을 하기 위해서 다음 결과가 필요하다.

정리 16.3 자료 배열이 랜덤인지에 대한 검정에 필요한 귀무가설하에서 u에 대응하는 확률변수의 평균과 분산은 다음과 같다.

$$\mu = \frac{2n_1n_2}{n_1+n_2}+1$$

$$\sigma^2 = \frac{2n_1n_2(2n_1n_2-n_1-n_2)}{(n_1+n_2)^2(n_1+n_2-1)}$$

524 ~ 525쪽의 식들을 이용하면 이 결과는 바로 구할 수 있다. 그 증명과 이보다 더 쉬운 방법의 증명은 이 장 끝 참고문헌에 제시된 J. D. Gibbons의 책에서 찾아볼 수 있다.

예제 16.10

어느 락 콘서트의 표를 사기 위해 줄을 선 남자 M과 여자 W의 배열이다.

M W M W M M M W M W M M M W W M M M M W W M W M
M M W M M M W W W M W M M M W M W M M M M W W M

유의수준 0.05에서 랜덤에 대해 검정하여라.

풀이

1. H_0 : 배열은 랜덤이다.
H_1 : 배열은 랜덤이 아니다.
$\alpha = 0.05$

2. $z \leqq -1.96$이거나 $z \geqq 1.96$이면 귀무가설을 기각한다. 여기서

$$z = \frac{u-\mu}{\sigma}$$

이고, μ와 σ^2은 정리 16.3의 식에 의해 구한다.

3. $n_1 = 30$, $n_2 = 18$, $u = 27$이므로 다음을 얻는다.

$$\mu = \frac{2\cdot 30\cdot 18}{30+18}+1 = 23.5$$

$$\sigma = \sqrt{\frac{2\cdot 30\cdot 18(2\cdot 30\cdot 18-30-18)}{(30+18)^2(30+18-1)}} = 3.21$$

따라서

$$z = \frac{27-23.5}{3.21} = 1.09$$

4. $z = 1.09$로 -1.96과 1.96 사이에 있다. 따라서 귀무가설을 기각할 수 없다. 배열이 랜덤이 아니라는 어떠한 결정적인 증거도 발견하지 못했다.

이 절에서 설명한 방법들의 사용 분야는 어떠한 속성 (예를 들어, 524쪽 예제의 d와 n) 을 나타내는 자료 배열이 랜덤인지를 검정하는 데만 한정되어 있지 않다. 어떤 자료로부터 뽑은 표본이라도 수치적으로 측정한 자료라면, 포본중앙값보다 큰 자료에 글자 a를, 작은 자료에 b를 배정함으로써 이 방법들

을 사용할 수 있다(중앙값과 같은 숫자는 표본에서 제외한다). 그 후에 a와 b의 런의 개수, 즉 **중앙값보다 크거나 작은 값들의 런(runs above and below the median)** 개수를 검정통계량으로 하여, a와 b의 배열에 대해 랜덤인지를 알아보는 검정을 할 수 있다.

예제 16.11

다음 자료는 어느 지점을 지나가는 차 5대마다 한 대를 시간당 마일을 단위로 하여 그 속도를 잰 것이다.

46, 58, 60, 56, 70, 66, 48, 54, 62, 41, 39, 52, 45, 62, 53, 69, 65,
65, 67, 76, 52, 52, 59, 59, 67, 51, 46, 61, 40, 43, 42, 77, 67, 63,
59, 63, 63, 72, 57, 59, 42, 56, 47, 62, 67, 70, 63, 66, 69, 73

유의수준 0.05에서 랜덤인지 검정하여라.

풀이

1. H_0 : 표본은 랜덤이다.

H_1 : 표본은 랜덤이 아니다.

$\alpha = 0.05$

2. $z \leqq -1.96$이거나 $z \geqq 1.96$이면 귀무가설을 기각한다. 여기서

$$z = \frac{u - \mu}{\sigma}$$

이고, u는 중앙값보다 크거나 작은 값들의 런의 개수이다. μ와 σ^2은 정리 16.3의 식에 의해 구한다.

3. 중앙값은 59.5이므로 다음 a와 b의 배열을 얻는다.

b b a b a a b b a b b b b a b a a
a a a b b b b a b b a b b b a a a
b a a a b b b b b a a a a a a a

$n_1 = 25,\ n_2 = 25,\ u = 20$이므로 다음을 얻는다.

$$\mu = \frac{2 \cdot 25 \cdot 25}{25 + 25} + 1 = 26$$

$$\sigma^2 = \frac{2 \cdot 25 \cdot 25(2 \cdot 25 \cdot 25 - 25 - 25)}{(25 + 25)^2(25 + 25 - 1)} = 12.2$$

따라서

$$z = \frac{20 - 26}{\sqrt{12.2}} = -1.72$$

4. $z = -1.72$로 -1.96과 1.96 사이에 있다. 따라서 귀무가설을 기각할 수 없다. 배열이 랜덤이 아니라는 어떠한 결정적인 증거도 발견하지 못했다.

연습문제

16.11 $u = 2k + 1$, k가 양의 정수일 때 u개의 런들이 있을 확률에 대한 524 ~ 525쪽의 식을 확인하여라.

16.12 어느 사람이 균형이 잡힌 동전을 던져 앞면 7개, 뒷면 3개가 나왔다면 2, 3, 4, 5, 6, 7개의 런이 있을 확률을 구하여라.

16.13 $n_1 = 6$인 어느 글자와 $n_2 = 5$인 다른 글자가 적어도 8개의 런을 형성할 확률을 구하여라.

16.14 $n_1 = 8$이 어느 글자와 $n_2 = 8$인 다른 글자가 있을 때, 유의수준 0.01에서 배열이 랜덤이라는 귀무가설을 기각하기 위해서는 몇 개의 런이 필요한가?

◆ 16.7 순위상관계수

14.5절에서 상관관계에 대한 유의성 검정을 하기 위해 하는 가정들은 엄격하기 때문에, 어떤 상황에서는 비모수적 통계량을 사용하는 것이 더 바람직할 때도 있다. 이러한 상관관계에 대한 비모수적 검정 중 가장 널리 사용되는 방법은 **스피어맨 순위상관계수 (Spearman's rank correlation coefficient)** r_S라고도 하는 **순위상관계수 (rank correlation coefficient)** 이다. 주어진 짝자료 $\{(x_i, y_i), i = 1, 2, \cdots, n\}$ 에 대하여 x자료 안에서, y자료 안에서 각각 오름차순과 내림차순으로 순위를 매기고, 다음 식에 대입하는 것으로 얻을 수 있다.

정의 16.1 **순위상관계수** **순위상관계수(rank correlation coefficient)**는 다음과 같다.

$$r_S = 1 - \frac{6 \cdot \sum_{i=1}^{n} d_i^2}{n(n^2 - 1)}$$

여기서 d_i는 x_i와 y_i에 매겨진 순위들의 차이다. ■

관찰값이 같아 순위가 겹치게 될 경우, 앞에서의 방법과 같이 겹치지 않았을 경우 매겨지는 순위들이 평균을 겹치는 관찰값들의 순위로 하면 된다.

순위가 겹치지 않을 경우, r_S는 순위에 대하여 계산된 상관계수 r과 같다. 이를 확인하기 위해서 r_i와 s_i를 x_i와 y_i의 순위라고 하자. 처음 n개의 양의 정수의 합과 제곱합이 각각 $\frac{n(n+1)}{2}$과 $\frac{n(n+1)(2n+1)}{6}$인 사실을 이용하여 다음을 얻을 수 있다.

$$\sum_{i=1}^{n} r_i = \sum_{i=1}^{n} s_i = \frac{n(n+1)}{2}$$

$$\sum_{i=1}^{n} r_i^2 = \sum_{i=1}^{n} s_i^2 = \frac{n(n+1)(2n+1)}{6}$$

$$\sum_{i=1}^{n} r_i s_i = \frac{n(n+1)(2n+1)}{6} - \frac{1}{2} \cdot \sum_{i=1}^{n} d_i^2$$

이 수식들을 r의 식에 대입하면 정의 16.1의 r_s의 식을 얻는다.

예제 16.12

다음은 10명의 학생이 시험공부를 한 시간과 그들의 점수이다.

공부시간 x	점수 y
8	56
5	44
11	79
13	72
10	70
5	54
18	94
15	85
2	33
8	65

r_S를 계산하여라.

풀이 x와 y의 순위를 매기고 다음 표와 같이 계산한다.

x의 순위	y의 순위	d	d^2
6.5	7	−0.5	0.25
8.5	9	−0.5	0.25
4	3	1.0	1.00
3	4	1.0	1.00
5	5	0.0	0.00
8.5	8	0.5	0.25
1	1	0.0	0.00
2	2	0.0	0.00
10	10	0.0	0.00
6.5	6	0.5	0.25
			3.00

위에서 얻은 값들을 r_S의 식에 대입하면 다음을 얻는다.

$$r_S = 1 - \frac{6 \cdot 3}{10(10^2 - 1)} = 0.98$$

예제에서 볼 수 있듯이 r_S는 쉽게 구할 수 있다. 어떤 경우에는 계산이 쉽다는 이유 때문에 r 대신에 사용되기도 한다. 앞의 자료에 대한 r을 계산해 보면 0.96으로 $r_S = 0.98$에 매우 가까운 값이 나온다.

n이 작을 때 ($n \leqq 10$) 상관관계가 없다는 귀무가설에 대한 검정은 사실 x와 y가 랜덤하게 짝지워져있다는 귀무가설에 대한 검정이 되며, R_S의 정확표본분포 (exact sampling distribution) 로부터 구한 값들의 표에 근거하여 이루어진다 (538쪽의 참고문헌 참조). 하지만 대부분의 경우 R_S의 표본분포를 정규분포로 근사시켜 검정하게 된다. 이때 다음 결과가 필요하게 된다.

정리 16.4 상관관계가 없다는 귀무가설하에서 R_S의 평균과 분산은 다음과 같다.

$$E(R_S) = 0 \text{ 과 } \text{var}(R_S) = \frac{1}{n-1}$$

이 정리의 증명은 이 장 마지막에 나와 있는 참고문헌 중 Gibbons의 책에서 찾아볼 수 있다. 엄격하게 말해서 이 정리는 겹치는 순위가 하나도 없을 때 적용가능하지만, 겹치는 순위의 개수가 많지 않은 경우에 사용하더라도 무방하다.

예제 16.13

예제 16.12에서 r_S인 0.98이 유의한지 유의수준 0.01에서 검정하여라.

풀이

1. H_0 : 상관관계가 없다.
H_1 : 상관관계가 있다.
$\alpha = 0.01$

2. $z \leqq -2.575$거나 $z \geqq 2.575$일 경우 귀무가설을 기각한다. 여기서

$$z = r_S\sqrt{n-1}$$

3. $n = 10$, $r_S = 0.98$을 식에 대입하면 다음을 얻는다.

$$z = 0.98\sqrt{10-1} = 2.94$$

4. $z = 2.94$로 2.575보다 크므로 귀무가설을 기각한다. 우리는 실제로 공부시간과 점수 사이에 (양의) 상관관계가 있다고 결론 내린다.

연습문제

16.15 $k-$짝자료 $(x_{11}, x_{12}, \cdots, x_{1k})$, $(x_{21}, x_{22}, \cdots, x_{2k})$,.. $(x_{n1}, x_{n2}, \cdots, x_{nk})$ 의 연관성 (association) 이나 합치성 (agreement) 의 정도는 **일치성계수 (coefficient of concordance)** 에 의해 측정될 수 있다.

$$W = \frac{12}{k^2n(n^2-1)} \cdot \sum_{i=1}^{n}\left[R_i - \frac{k(n+1)}{2}\right]^2$$

여기서 R_i는 $x_{i1}, x_{i2}, \cdots, x_{ik}$에 매겨진 순위들의 합이다. 이때 순위는 두 번째 첨자가 1인 x들끼리, 두 번째 첨자가 2인 x들끼리··· 두 번째 첨자가 k인 x들끼리 매겨진다. 이때 W의 최댓값과 최솟값은 얼마인가? 이 값이 합치성이나 불합치성에 대해 의미하는 바는 무엇인가? 그리고 k개의 확률변수의 값에 대해 의미하는 바는 무엇인가?

◆ 16.8 실제 예

이 장에서 소개된 대부분의 비모수적 검정에 필요한 계산은 적절한 통계 소프트웨어를 사용하여 할 수 있다. 예를 들어 연속 20주간의 월요일과 금요일에 팔린 어느 식품의 판매량을 나타낸 다음 자료를 살펴보자.

판매량(달러)										
주	1	2	3	4	5	6	7	8	9	10
월요일	68.00	71.90	74.84	61.50	65.75	69.45	75.15	64.80	94.10	104.85
금요일	69.50	74.40	82.60	59.15	68.60	75.45	71.25	59.90	88.05	96.80
주	11	12	13	14	15	16	17	18	19	20
월요일	109.10	59.90	88.95	100.60	98.70	62.50	92.60	101.55	109.95	61.40
금요일	112.60	54.75	90.15	102.35	96.75	59.40	85.50	99.10	108.45	79.70

먼저 MINITAB 소프트웨어를 이용하여 이 식품의 월요일의 평균판매량이 μ라고 할 때, 대립가설 $\mu < 80$에 대한 귀무가설 $\mu = 80$의 부호검정을 하였다. 월요일의 판매량을 나타내는 20개의 자료를 열1 (C1) 에 놓고, [Stat] > [Nonparametrics] > [Sign Test] 메뉴로 들어가 C1을 입력하면 다음과 같은 결과가 출력된다.

```
Sign Test for Median: C1
Signtest of median  = 80.00 versus < 80.00

                N   Below  Equal  Above  P        Median
                20   11      0      9    0.4119   75.00
```

P값이 0.4119이다. 따라서 대립가설 "평균 판매량은 80.00달러보다 적다"에 대해 귀무가설, "평균 판매량은 80달러이다"을 기각하는 데 충분한 증거를 찾을 수 없다.

같은 귀무가설과 대립가설에 대해 윌콕슨부호순위검정을 하기 위하여 [Stat] > [Nonparametrics] > [Wilcoxon Signed Romk Test] 메뉴로 들어가 C1을 입력하면 다음과 같은 결과를 얻는다.

```
Wilcoxon  Signed  Rank  Test:C1
Test of median  = 80.00 versusm edian < 80 00

                   N for  Wilcoxon           Estimated
               N    Test   Statistic  P        Median
               20    20     123.0     0.755     82.04
```

P값은 0.755이므로 귀무가설을 기각하지 않는다.

월요일과 금요일 판매량의 차이가 없다와 있다에 대한 Mann-Whitney 검정을 하기 위하여 [Stat] > [Nonparamet rics] > [Mann-Whitney] 메뉴를 이용하면 다음 결과를 얻는다.

```
Mann-Whitney Test and CI: C1, C2

           N   Median
MONDAY    20    75.00
FRIDAY    20    81.15
```

```
Point estimate for ETA1-ETA2 is 0.57
95.0 Percent CI for ETA1-ETA2 is (-11.90, 11.50)
W = 412.5
Test of ETA1 = ETA2 vs ETA1 < ETA2

Cannot reject since W is > 410.0
```

16.1~16.3절

응용문제

16.16 20명의 기술자가 어느 작업을 하는 데 걸린 시간을 분단위로 측정한 자료가 다음과 같다. 18.1, 20.3, 18.3, 15.6, 22.5, 16.8, 17.6, 16.9, 18.2, 17.0, 19.3, 16.5, 19.5, 18.6, 20.0, 18.8, 19.1, 17.5, 18.5, 18.0. 이 표본들이 대칭적이고 연속인 모집단에서 뽑힌 것이라 가정하고, 부호검정을 이용하여 유의수준 0.05에서 대립가설, "이 모집단의 평균은 19.4분이 아니다"에 대한 귀무가설, "이 모집단의 평균은 19.4분이다"를 검정하여라. 검정할 때 다음을 이용하라.

(a) 표 I

(b) 이항분포의 정규분포로의 근사

16.17 표 X에 근거한 부호순위검정을 이용하여 응용문제 16.16을 다시 풀어라.

16.18 다음은 놀이공원에서 16명이 소비한 돈(달러)을 나타낸 자료이다. 20.15, 19.85, 23.75, 18.63, 21.09, 25.63, 16.65, 19.27, 18.80, 21.45, 20.29, 19.51, 23.80, 20.00, 17.48, 19.11. 이 표본이 대칭적인 모집단으로부터 뽑힌 것이라 가정하고, 어느 사람이 정확히 19.00달러를 소비할 확률이 매우 적다고 가정할 때, 부호검정을 이용하여 유의수준 0.05에서 귀무가설 "이 놀이공원에서 평균적으로 한 사람당 19.00달러를 소비한다"를 검정하여라. 이때 대립가설은 "평균 19.00달러는 너무 적다"이다. 표 I를 이용하여 검정하여라.

16.19 표 X에 근거한 부호순위검정을 이용하여 응용문제 16.18을 다시 풀어라.

16.20 귀무가설 $\mu = \mu_0$에 대한 대립가설이 다음과 같을 때 랜덤하게 뽑은 $n = 10$인 표본으로 유의수준 0.05에서 부호순위검정을 이용하여 검정을 하고자 한다면, 이 검정의 기준이 되는 검정통계량은 무엇이며, 귀무가설을 기각하게 되는 이 검정통계량의 범위는 얼마인가?

(a) $\mu \neq \mu_0$ **(b)** $\mu > \mu_0$ **(c)** $\mu < \mu_0$

16.21 유의수준이 0.01일 때 응용문제 16.20을 다시 풀어라.

16.22 공공 운동장에서 다음 표본이 랜덤하게 뽑혔다. 테니스 한 세트를 치는 데 38, 43, 36, 29, 44, 28, 40, 50, 39, 47, 33 분이 걸렸다. 이 공공 운동장에서 테니스 한 세트를 치는 데 걸리는 시간은 평균 35분인지 유의수준 0.05에서 부호순위검정을 사용하여 검정하여라.

16.4~16.5절

16.23 다음 자료는 봄과 가을 중 각각 6일을 확률표본으로 뽑아 그날에 어느 도시에서 일어난 절도사건의 건수를 나타낸 것이다.

봄 : 36, 25, 32, 38, 28, 35
가을 : 27, 20, 15, 29, 18, 22

"가을에 발생하는 절도사건이 더 적다"는 대립가설에 대한 "봄과 가을에 발생하는 평균 절도사건의 건수는 같다"는 귀무가설을 유의수준 0.01에서 U검정을 이용하여 검정하여라.

16.24 다음은 A 생산라인에서 6개, B 생산라인에서 8개의 알루미늄 주물 표본을 랜덤하게 뽑아 각 주물에 대해 락웰 (Rockwell) 강도 지수를 나타낸 자료이다.

A 생산라인: 75, 56, 63, 70, 58, 74
B 생산라인: 63, 85, 77, 80, 86, 76, 72, 82

생산라인 B의 주물이 생산라인 A의 주물보다 더 단단한지, 아니면 두 생산라인에서 생산된 주물의 강도가 같은지 U검정을 사용하여 유의수준 0.05에서 검정하여라.

16.25 다음은 운전면허 갱신을 위하여 15명의 남성과 12명의 여성이 필기시험을 보는 데 걸린 시간을 분단위로 측정한 자료이다.

남자: 9.9, 7.4, 8.9, 9.1, 7.7, 9.7, 11.8, 9.2, 10.0, 10.2, 9.5, 10.8, 8.0, 11.0, 7.5
여자: 8.6, 10.9, 9.8, 10.7, 9.4, 10.3, 7.3, 11.5, 7.6, 9.3, 8.8, 9.6

μ_1와 μ_2를 각각 남성과 여성이 시험을 보는 데 걸리는 평균 시간이라 할 때, 대립가설 $\mu_1 \neq \mu_2$에 대한 귀무가설 $\mu_1 = \mu_2$의 채택 여부를 결정하기 위해 유의수준 0.05에서 표 XI에 근거한 U검정을 이용하여 검정하여라.

16.26 검정통계량의 분포를 정규분포로 근사시키는 방법을 이용하여 응용문제 16.25를 다시 풀어라.

16.27 518쪽의 자료와 연습문제 16.6을 참고하여 연습문제 16.8에서 정의된 U를 계산하여라. 또한 그 값이 U_1의 값과 같음을 확인하여라.

16.28 응용문제 16.23에서 연습문제 16.8에서 정의된 U를 계산하고, 그 값이 U_1의 값과 같음을 확인하여라.

16.6절

16.29 다음은 어느 주식 중개인이 어떤 주식에 대하여 매수 주문 (B) 과 매도 주문 (S) 을 받은 순서대로 자료를 나열한 것이다.

B B B B B B B B S S B S S S S S S B B B B B

유의수준 0.05에서 이 배열이 랜덤인지 검정하여라.

16.30 어느 운전자는 텍사코 주유소 (T) 나 모빌 주유소 (M) 중 한 곳에서 기름을 넣는다. 다음은 일정 기간동안 그 운전자가 기름을 넣은 주유소의 배열이다.

T T T M T M T M M T T M T M T M T M M T M T

유의수준 0.05에서 이 배열이 랜덤인지 검정하여라.

16.31 다음은 브릿지 카드게임을 하는 어떤 사람이 게임을 하는 데 사용한 카드를 순서대로 나열한 것이다. 적

색카드는 R로 표시하고, 흑색카드는 B로 표시되었다.

$$B\,B\,B\,R\,R\,R\,R\,R\,B\,B\,R\,R\,R$$

유의수준 0.05에서 이 배열이 랜덤인지 검정하여라.

16.32 다음은 어느 다리의 요금계산소를 연속으로 지나간 60대의 차에 대하여 그 지방의 차인 경우 L, 다른 지방에서 온 차인 경우 O로 표시한 자료이다.

$$L\,L\,O\,L\,L\,L\,L\,O\,O\,L\,L\,L\,L\,O\,L\,O\,O\,L\,L\,L\,L\,O\,L\,O\,O\,L\,L\,L\,L\,L$$
$$O\,L\,L\,L\,O\,L\,O\,L\,L\,L\,L\,O\,O\,L\,O\,O\,O\,O\,L\,L\,L\,L\,O\,L\,O\,O\,L\,L\,L\,O$$

유의수준 0.05에서 L과 O의 배열이 랜덤인지 검정하여라.

16.33 어느 전파가 메시지를 포함하는지 잡음에 불과한지를 검정하기 위해서 일정시간을 매우 짧은 시간으로 쪼개어 각각의 짧은 시간동안 전파력이 배경 잡음의 정도를 넘는지 (E), 혹은 넘지 않는지 (N) 를 측정하였다. 이렇게 얻어진 다음 자료에 대해 유의수준 0.01에서 자료의 배열이 랜덤인지, 즉 이 전파는 메시지를 포함하지 않고 있는지 검정하여라.

$$N\,N\,N\,E\,N\,E\,N\,E\,N\,E\,N\,E\,E\,E\,N\,E\,E\,E\,N\,E\,E\,N\,E\,N\,E\,E$$
$$N\,E\,E\,N\,N\,E\,N\,E\,E\,E\,N\,E\,N\,N\,N\,E\,N\,N\,E\,N\,N\,N\,N\,E$$

16.34 앞면 (H) 과 뒷면 (T) 이 랜덤하게 발생한다고 생각하고, H와 T를 100개 나열해 보라. 그리고 유의수준 0.05에서 그 배열이 랜덤인지 검정하여라.

16.35 다음은 어느 학교의 출석일 24일 동안에 결석한 학생들의 수를 나타낸 자료이다. 29, 25, 31, 28, 30, 28, 33, 31, 35, 29, 31, 33, 35, 28, 36, 30, 33, 26, 30, 28, 32, 31, 38, 27. 유의수준 0.01에서 이 배열이 랜덤인지 검정하여라.

16.36 다음은 어느 기계생산 공장에서 6년간의 분기별 판매량을 백만달러 단위로 나타낸 자료이다. 83.8, 102.5, 121.0, 90.5, 106.6, 104.8, 114.7, 93.6, 98.9, 96.9, 122.6, 85.6, 103.2, 96.9, 118.0, 92.1, 100.5, 92.9, 125.6, 79.2, 110.8, 95.1, 125.6, 86.7. 실제로 이 배열에 순환패턴 (cyclical pattern) 이 있는지 유의수준 0.05에서 검정하여라.

16.37 런 이론을 16.4절의 부호순위검정, 즉 "두 개의 독립적인 모집단에서 뽑힌 두 표본이 사실 동일한 연속인 모집단으로부터 뽑힌 것이다"라는 귀무가설의 검정에 대신 사용할 수도 있다. 절차는 간단하다. 먼저 자료를 모두 합쳐 순위대로 배열하고, 모집단 1로부터 온 표본 밑에 1을, 모집단 2로부터 온 표본에 2를 쓴다. 그리고 그렇게 하여 얻은 1과 2의 배열이 랜덤인지를 검정한다. 만일 너무 적은 개수의 런이 있다면 두 표본이 서로 다른 모집단으로부터 뽑혔다는 사실의 근거가 될 것이다. 518쪽의 자료를 이용하여 이 방법으로 두 표본이 같은 모집단으로부터 뽑혔는지, 아니면 두 표본이 뽑힌 모집단들은 다른 평균을 가지고 있는지 유의수준 0.05에서 검정하여라.

16.7절

16.38 18명의 통계학 성적 x와 심리학 성적 y에 대한 다음 자료에서 r_S를 구하여라.

x	y	x	y
78	80	97	90
86	74	74	85
49	63	53	71
94	85	58	67
53	55	62	64
89	86	74	69
94	90	74	71
71	84	70	67
70	71	74	71

16.39 응용문제 16.38에서 r_S의 값이 유의한지 유의수준 0.05에서 검정하여라.

16.40 다음은 15가지의 아침식사 식품의 맛에 따라 영양 전문가와 주부 심사단이 순위를 매긴 자료이다.

아침식사 식품	영양 전문가	주부
A	3	5
B	7	4
C	11	8
D	9	14
E	1	2
F	4	6
G	10	12
H	8	7
I	5	1
J	13	15
K	12	9
L	2	3
M	15	10
N	6	11
O	14	13

두 순위에 일관성이 있는지에 대한 지표로서 r_S를 구하여라.

16.41 응용문제 14.40 자료의 r_S를 구하여라. 그리고 유의수준 0.05에서 상관관계가 없다는 귀무가설을 검정하여라.

16.42 다음은 10명의 예술가의 작품에 대해 3명의 평가자가 순위를 매긴 것이다.

평가자 A	평가자 B	평가자 C
6	2	7
4	5	3
2	4	1
5	8	2
9	10	10
3	1	6
1	6	4
8	9	9
10	7	8
7	3	5

3가지 순위에 대한 일관성에 대한 지표로서 연습문제 16.15의 일치성계수(coefficient of concordance) W를 계산하여라.

16.43 응용문제 16.42에서 $k = 3$일 때 순위를 둘씩 짝지워 각각 순위상관계수들을 계산하고, 그 평균 $\overline{r}_S$과 일치성계수 (연습문제 16.15) 간의 관계가 다음과 같음을 확인하여라.

$$\overline{r}_S = \frac{kW - 1}{k - 1}$$

16.8절

다음 응용문제들은 적절한 컴퓨터 소프트웨어를 이용하여 풀어라.

16.44 다음은 40 트럭 분량의 어떤 종류의 휘발유에 대해 갤론당 마일을 측정한 자료이다.

24.1	25.0	24.8	24.3	24.2
25.3	24.2	23.6	24.5	24.4
24.5	23.2	24.0	23.8	23.8
25.3	24.5	24.6	24.0	25.2
25.2	24.4	24.7	24.1	24.6
24.9	24.1	25.8	24.2	24.2
24.8	24.1	25.6	24.5	25.1
24.6	24.3	25.2	24.7	23.3

가정사항들이 만족될 때 부호검정을 이용하여 0.01유의수준에서 대립가설 $\tilde{\mu} > 24.2$에 대한 귀무가설 $\tilde{\mu} = 24.2$를 검정하여라.

16.45 부호순위검정을 이용하여 응용문제 16.44를 다시 풀어라.

16.46 다음은 비행편 136과 비행편 137로 시카고와 피닉스 사이를 12일 동안 여행한 여행객들의 수를 나타낸 자료이다.

232와 189	265와 230	249와 236	250와 261
255와 249	236와 218	270와 258	247와 253
249와 251	240와 233	257와 254	239와 249

부호검정을 이용하여 대립가설 $\mu_1 > \mu_2$에 대한 귀무가설 $\mu_1 = \mu_2$, 즉 "평균적으로 두 비행편을 이용하는 여행객수는 같다"를 유의수준 0.01에서 검정하여라. 표 I를 이용하라.

16.47 표 X에 근거한 부호순위검정을 이용하여 응용문제 16.46을 다시 풀어라.

16.48 다음은 두 정부기관에서 25일 동안 결근한 공무원의 수를 나타낸 자료이다. (24, 29) , (32, 45), (36, 36), (33, 39), (41, 48), (45, 36), (33, 41), (38, 39), (46, 40), (32, 39), (37, 30), (34, 45), (41, 42), (32, 40), (30, 33), (46, 42), (38, 50), (34, 37), (45, 39), (32, 37), (44, 32), (25, 33), (45, 48), (35, 33), (30, 35). 유의수준 0.05에서 부호검정을 이용하여 대립가설 $\mu_1 < \mu_2$에 대한 귀무가설 $\mu_1 = \mu_2$, 즉 "평균적으로 두 정부기관에서 결근하는 공무원 수는 같다"를 검정하여라.

16.49 표 X에 근거한 부호순위검정을 이용하여 응용문제 16.48을 다시 풀어라.

16.50 다음은 대륙간 비행편의 어느 비행기에 실린 24개의 가방의 무게를 파운드 단위로 측정한 것이다.

32.0, 46.4, 48.1, 27.7, 35.5, 52.6, 66.0, 41.3,
49.9, 36.1, 50.0, 44.7, 48.2, 36.9, 40.8, 35.1,
63.3, 42.5, 52.4, 40.9, 38.6, 43.2, 41.7, 35.6

다음에 근거한 부호순위검정을 이용하여 해당 비행편의 비행기에 실린 가방의 평균무게가 37.0파운드인지 유의수준 0.05에서 검정하여라.

(a) 표 X **(b)** 정리 16.1의 결과

16.51 다음은 남편과 부인의 I.Q.에 대한 확률표본이다.

(108, 103), (104, 116), (103, 106), (112, 104), (99, 99), (105, 94), (102, 110),
(112, 128), (119, 106), (106, 103), (125, 120), (96, 98), (107, 117), (115, 130),
(101, 100), (110, 101), (103, 96), (105, 99), (124, 120), (113,116)

다음에 근거한 부호순위검정을 이용하여 주어진 모집단의 남편과 부인은 평균적으로 같은 지적 수준을 가지고 있는지 유의수준 0.05에서 검정하여라.

(a) 표 X **(b)** 정리 16.1의 결과

16.52 어느 두 명문대학의 1학년에서 랜덤으로 뽑은 학생들이 미국사에 대한 상식 수준을 알아보기 위한 시험을 보았다. 다음은 그 점수이다.

대학 A: 77, 72, 58, 92, 87, 93, 97, 91, 70, 98,
76, 90, 62, 69, 90, 78, 96, 84, 73, 80

대학 B: 89, 74, 45, 56, 71, 74, 94, 88, 66, 62,
88, 63, 88, 37, 63, 75, 78, 34, 75, 68

"두 대학에 입학하는 1학년 학생들의 미국사에 대한 상식 수준엔 차이가 없다"는 귀무가설을 U검정을 사용하여 유의수준 0.05에서 검정하여라.

16.53 다음은 서로 다른 종류의 2인치 무명실을 끊어지게 하는 힘을 파운드 단위로 잰 자료이다.

무명실 1: 144, 181, 200, 187, 169, 171, 186, 194,
176, 182, 133, 183, 197, 165, 180, 198

무명실 2: 175, 164, 172, 194, 176, 198, 154, 134,
169, 164, 185, 159, 161, 189, 170, 164

무명실 1이 무명실 2보다 더 튼튼하다는 주장을 U검정을 이용하여 유의수준 0.05에서 검정하여라.

16.54 4가지 종류의 볼링공을 비교하기 위해서 어느 프로 볼링선수가 각각의 공으로 볼링경기를 하여 다음 결과를 얻었다.

공 D: 208, 220, 247, 192, 229
공 E: 216, 196, 189, 205, 210
공 F: 226, 218, 252, 225, 202
공 G: 212, 198, 207, 232, 221

4개의 볼링공을 가지고 볼링 경기를 했을 때 이 선수는 같은 점수를 얻을 것이라 예상할 수 있는지 크루스칼-왈리스 검정을 이용하여 유의수준 0.05에서 검정하여라.

16.55 다음은 각각 트럭 10대 분량의 3가지 휘발유 종류에 대하여 어느 시운전자가 갤론당 마일을 측정한 결과이다.

휘발유 A: 20, 31, 24, 33, 23, 24, 28, 16, 19, 26
휘발유 B: 29, 18, 29, 19, 20, 21, 34, 33, 30, 23
휘발유 C: 19, 31, 16, 26, 31, 33, 28, 28, 25, 30

크루스칼-왈리스 검정을 이용하여 3가지 종류의 휘발유의 실제 갤론당 주행거리에 차이가 있는지를 유의수준 0.05에서 검정하여라.

16.56 3그룹의 기니피그 (실험용 쥐) 에 각각 0.5, 1.0, 1.5 밀리그램의 안정제를 투여하였다. 다음은 각 기니피그가 잠들기까지의 시간을 잰 것이다.

0.5밀리그램 :	8.2	10.0	10.2	13.7	14.0	7.8	12.7	10.9		
1.0밀리그램 :	9.7	13.1	11.0	7.5	13.3	12.5	8.8	12.9	7.9	10.5
1.5밀리그램 :	12.0	7.2	8.0	9.4	11.3	9.0	11.5	8.5		

투여된 진정제의 양이 기니피그가 잠들기까지의 시간에 영향을 주지 않는다는 귀무가설을 H검정을 이용하여 유의수준 0.01에서 검정하여라.

16.57 다음은 50일 연속 어느 기계에서 만들어진 제품의 불량품 개수이다. 7, 14, 17, 10, 18, 19, 23, 19, 14, 10, 12, 18, 19, 13, 24, 26, 9, 16, 19, 14, 19, 10, 15, 22, 25, 24, 20, 9, 17, 28, 29, 19, 25, 23, 24, 28, 31, 19, 24, 30, 27, 24, 39, 35, 23, 26, 28, 31, 37, 40. 이 자료에 추세가 있는지 유의수준 0.025에서 검정하여라.

16.58 다음은 30개월 연속 어느 보험중개인이 세금 신고시 사업비용으로 신고한 점심식사의 수이다. 6, 7, 5, 6, 8, 6, 8, 6, 6, 4, 3, 2, 4, 4, 3, 4, 7, 5, 6, 8, 6, 6, 3, 4, 2, 5, 4, 4, 3, 7. 표 XII에 근거한 런 검정을 이용하여 유의수준 0.01에서 이 배열이 랜덤인지 검정하여라.

16.59 33년 동안 개업한 해에 폐업한 소매업의 수가 다음과 같다. 108, 103, 109, 107, 125, 142, 147, 122, 116, 153, 144, 162, 143, 126, 145, 129, 134, 137, 143, 150, 148, 152, 125, 106, 112, 139, 132, 122, 138, 148, 155, 146, 158. 여기서 실제로 추세가 있는지 유의수준 0.05에서 검정하여라.

참고문헌

이 장에서 논의된 것들을 포함하여 많이 쓰는 비모수검정에 대한 표

OWEN, D. B., *Handbook of Statistical Tables*. Reading, Mass.: Addison-Wesley Publishing Company, Inc., 1962.

순위상관계수의 소표본 유의수준표

KENDALL, M.G., *Rank Correlation Methods*. New York: Hafner Publishing Co., Inc., 1962.

여러가지 비모수검정에 대한 정보

GIBBONS, J. D., *Nonparametric Methods for Quantitative Analysis*, 2nd ed. Syracuse, N.Y.: American Sciences Press, 1985,

LEHMANN, E.L., *Nonparametrics: Statistical Methods Based on Ranks*. San Francisco:Holden-Day, Inc., 1975,

MOSTELLER, F., and ROURKE, R. E. K., *Sturdy Statistics*. Reading, Mass.: Addison-Wesley Publishing Company, Inc., 1973,

NOETHER, G. E., *Introduction to Statistics: A Nonparametric Approach*, 2nd ed. Boston: Houghton Mifflin Company, 1976,

SIEGEL, S., *Nonparametric Statistics for the Behavioral Sciences*. New York: McGraw-Hill Book Company, 1956.

부록 A | 합과 곱에 관한 식들

A.1 합과 곱에 대한 법칙들 | A.2 특별한 합에 대한 식들

A.1 합과 곱에 대한 법칙들

통계학에서는 합과 곱을 간단하게 식으로 표현하기 위하여 기호 $\sum$와 $\prod$가 널리 사용된다. 이 기호들을 사용하면 다음과 같이 표현할 수 있다.

$$\sum_{i=a}^{b} x_i = x_a + x_{a+1} + x_{a+2} + \cdots + x_b$$

$$\prod_{i=a}^{b} x_i = x_a \cdot x_{a+1} \cdot x_{a+2} \cdot \ldots \cdot x_b$$

이때 a와 b는 $a \leqq b$를 만족하는 음이 아닌 정수이다.

합이나 곱의 계산을 할 때 다음 법칙들을 이용하면 편리하다. $\sum$와 $\prod$를 사용하지 않고, 식을 모두 풀어 쓰면 각 법칙들이 성립함을 확인할 수 있다.

정리 A.1

1. $\sum_{i=1}^{n} kx_i = k \cdot \sum_{i=1}^{n} x_i$
2. $\sum_{i=1}^{n} k = nk$
3. $\sum_{i=1}^{n} (x_i + y_i) = \sum_{i=1}^{n} x_i + \sum_{i=1}^{n} y_i$
4. $\prod_{i=1}^{n} kx_i = k^n \cdot \prod_{i=1}^{n} x_i$
5. $\prod_{i=1}^{n} k = k^n$
6. $\prod_{i=1}^{n} x_i y_i = \left(\prod_{i=1}^{n} x_i\right)\left(\prod_{i=1}^{n} y_i\right)$
7. $\ln \prod_{i=1}^{n} x_i = \sum_{i=1}^{n} \ln x_i$

중복된 합의 계산, 세 번 중복된 합의 계산 ⋯ 등등 역시 통계학에서 널리 사용된다. 앞에서 주어진 $\sum$의 정의를 반복적으로 적용하면 다음과 같이 표현할 수 있다.

$$\begin{aligned}\sum_{i=1}^{m}\sum_{j=1}^{n} x_{ij} &= \sum_{i=1}^{m}(x_{i1} + x_{i2} + \cdots + x_{in}) \\ &= (x_{11} + x_{12} + \cdots + x_{1n}) \\ &\quad + (x_{21} + x_{22} + \cdots + x_{2n}) \\ &\quad \cdots\cdots\cdots\cdots\cdots\cdots \\ &\quad + (x_{m1} + x_{m2} + \cdots + x_{mn})\end{aligned}$$

x_{ij}가 직사각형 형태로 배열되어 있을 경우 첫 번째 아래첨자는 x_{ij}가 속하는 행을 나타내고, 두 번째 아래첨자는 x_{ij}가 속하는 열을 나타냄을 기억하자.

다음 정리는 중복된 합의 계산을 할 때 매우 유용하다. 이 정리는

$$(x_1 + x_2 + \cdots + x_n)^2$$

을 다항 전개한 결과로부터 바로 얻을 수 있다.

정리 A.2

$$\sum\sum_{i<j} x_i x_j = \frac{1}{2}\left[\left(\sum_{i=1}^{n} x_i\right)^2 - \sum_{i=1}^{n} x_i^2\right]$$

이때

$$\sum\sum_{i<j} x_i x_j = \sum_{i=1}^{n-1}\sum_{j=i+1}^{n} x_i x_j$$

A.2 특별한 합에 대한 식들

비모수통계학의 이론에서 특별히 순위합을 구할 경우에, 처음 n개의 양의 정수의 제곱합, 즉 다음과 같이 표현되는 식의 값이 필요할 때가 많다.

$$S(n, r) = 1^r + 2^r + 3^r + \cdots + n^r, \quad r = 0, 1, 2, 3 \cdots$$

다음 정리는 이러한 합들을 계산하는데 편리한 방법들을 소개하고 있다. 이 정리에 대한 증명은 연습문제 A.1에서 독자들이 각자 해보기 바란다.

정리 A.3

$$\sum_{r=0}^{k-1}\binom{k}{r} S(n, r) = (n+1)^k - 1$$

n과 k는 양의 정수

이 정리의 단점은 합 $S(n, r)$을 처음에 $r = 0$일 경우에 계산하고, $r = 1$일 경우에 계산하고, $r = 2$일 경우에 계산하고 … 하는 방식으로 한 번에 하나씩만 구할 수 있다는 점이다. 예를 들어, $k = 1$일 때 다음을 구할 수 있다.

$$\binom{1}{0} S(n, 0) = (n+1) - 1 = n$$

따라서 $S(n, 0) = 1^0 + 2^0 + \cdots + n^0 = n$이다. 이와 같은 방법으로 $k = 2$일 때 다음을 구할 수 있다.

$$\binom{2}{0} S(n, 0) + \binom{2}{1} S(n, 1) = (n+1)^2 - 1$$
$$n + 2S(n, 1) = n^2 + 2n$$

따라서 $S(n, 1) = 1^1 + 2^1 + \cdots + n^1 = \frac{1}{2}n(n + 1)$이다. 같은 방법을 사용하여 다음을 구할 수 있다. 연습문제 A.2에서 직접 구해보기 바란다.

$$\begin{aligned} S(n, 2) &= 1^2 + 2^2 + \cdots + n^2 \\ &= \frac{1}{6}n(n+1)(2n+1) \\ S(n, 3) &= 1^3 + 2^3 + \cdots + n^3 \\ &= \frac{1}{4}n^2(n+1)^2 \end{aligned}$$

연습문제

A.1 다음 사실을 이용하여 정리 A.3을 증명하여라.

$$(m+1)^k - m^k = \sum_{r=0}^{k-1} \binom{k}{r} m^r$$

위 식은 $(m + 1)^k$를 다항전개하여 구한 것이다.

A.2 앞에서 주어진 $S(n, 2)$와 $S(n, 3)$의 식을 직접 확인하고 $S(n, 4)$를 표현하는 식을 구하여라.

A.3 $x_1 = 1, x_2 = 3, x_3 = -2, x_4 = 4, x_5 = -1, x_6 = 2, x_7 = 1, x_8 = 2$일 때 다음을 구하여라.

(a) $\sum_{i=1}^{8} x_i$ **(b)** $\sum_{i=1}^{8} x_i^2$

A.4 $x_1 = 3, x_2 = 4, x_3 = 5, x_4 = 6, x_5 = 7, f_1 = 3, f_2 = 7, f_3 = 10, f_4 = 5, f_5 = 2$일 때 다음을 구하여라.

(a) $\sum_{i=1}^{5} x_i$ (b) $\sum_{i=1}^{5} f_i$

(c) $\sum_{i=1}^{5} x_i f_i$ (d) $\sum_{i=1}^{5} x_i^2 f_i$

A.5 $x_1 = 2, x_2 = -3, x_3 = 4, x_4 = -2, y_1 = 5, y_2 = -3, y_3 = 2, y_4 = -1$일 때 다음을 구하여라.

(a) $\sum_{i=1}^{4} x_i$ (b) $\sum_{i=1}^{4} y_i$

(c) $\sum_{i=1}^{4} x_i^2$ (d) $\sum_{i=1}^{4} y_i^2$ (e) $\sum_{i=1}^{4} x_i y_i$

A.6 $x_{11} = 3, x_{12} = 1, x_{13} = -2, x_{14} = 2, x_{21} = 1, x_{22} = 4, x_{23} = -2, x_{24} = 5, x_{31} = 3, x_{32} = -1, x_{33} = 2, x_{34} = 3$일 때 다음을 구하여라.

(a) $\sum_{i=1}^{3} x_{ij}$ $(j = 1, 2, 3, 4$에 대해 각각$)$

(b) $\sum_{j=1}^{4} x_{ij}$ $(i = 1, 2, 3$에 대해 각각$)$

A.7 연습문제 A.6를 참고하여 다음을 이용하여 중복된 합의 형태 $\sum_{i=1}^{3}\sum_{j=1}^{4} x_{ij}$ 의 값을 구하여라.

(a) 연습문제 A.6의 (a) 의 결과

(b) 연습문제 A.6의 (b) 의 결과

부록 B 널리 사용되는 확률질량함수

B.1 베르누이분포 (Bernoulli Distribution)

$f(x;\theta) = \theta^x(1-\theta)^{1-x},\ x = 0, 1$

모수 : $0 < \theta < 1$

평균과 분산 : $\mu = \theta,\ \sigma^2 = \theta(1-\theta)$

B.2 이항분포 (Binomial Distribution)

$b(x;n,\theta) = \binom{n}{x}\theta^x(1-\theta)^{n-x},\ x = 0, 1, 2, \ldots, n$

모수 : n은 양의 정수, $0 < \theta < 1$

평균과 분산 : $\mu = n\theta,\ \sigma^2 = n\theta(1-\theta)$

B.3 이산형 균등분포 (Discrete Uniform Distribution)

$f(x;k) = \frac{1}{k},\ x = 1, 2, \ldots, k$

모수 : k은 양의 정수

평균과 분산 : $\mu = \frac{k+1}{2},\ \sigma^2 = \frac{k^2-1}{12}$

B.4 기하분포 (Geometric Distribution)

$g(x;\theta) = \theta(1-\theta)^{x-1},\ x = 1, 2, 3, \ldots$

모수 : $0 < \theta < 1$

평균과 분산 : $\mu = \frac{1}{\theta},\ \sigma^2 = \frac{1-\theta}{\theta^2}$

B.5 초기하분포 (Hypergeometric Distribution)

$$h(x; n, N, M) = \frac{\binom{M}{x}\binom{N-M}{n-x}}{\binom{N}{n}}, \quad \begin{array}{l} x = 0, 1, 2, \ldots, n, \\ x \leqq M, \; n - x \leqq N - M \end{array}$$

모수 : n과 N은 $n \leqq N$을 만족하는 양의 정수, M은 $M \leqq N$을 만족하는 음이 아닌 정수

평균과 분산 : $\mu = \frac{nM}{N}$, $\sigma^2 = \frac{nM(N-M)(N-n)}{N^2(N-1)}$

B.6 음이항분포 (Negative Binomial Distribution)

$$b^*(x; k, \theta) = \binom{x-1}{k-1}\theta^k(1-\theta)^{x-k}, \quad x = k, k+1, k+2, \ldots$$

모수 : k은 양의 정수, $0 < \theta < 1$

평균과 분산 : $\mu = \frac{k}{\theta}$, $\sigma^2 = \frac{k(1-\theta)}{\theta^2}$

B.7 포아송분포 (Poisson Distribution)

$$p(x; \lambda) = \frac{\lambda^x e^{-\lambda}}{x!}, \quad x = 0, 1, 2, \ldots$$

모수 : $\lambda > 0$

평균과 분산 : $\mu = \lambda$, $\sigma^2 = \lambda$

부록 C 널리 사용되는 확률밀도함수

C.1 베타분포 (Beta Distribution)

$$f(x;\alpha,\beta)=\begin{cases}\dfrac{\Gamma(\alpha+\beta)}{\Gamma(\alpha)\cdot\Gamma(\beta)}x^{\alpha-1}(1-x)^{\beta-1}, & 0<x<1\\ 0 & ,\text{그 외}\end{cases}$$

모수 : $\alpha>0$, $\beta>0$

평균과 분산 : $\mu=\dfrac{\alpha}{\alpha+\beta}$, $\sigma^2=\dfrac{\alpha\beta}{(\alpha+\beta)^2(\alpha+\beta+1)}$

C.2 코쉬분포 (Cauchy Distribution)

$$p(x;\alpha,\beta)=\frac{\frac{\beta}{\pi}}{(x-\alpha)^2+\beta^2}$$

모수 : $-\infty<\alpha<\infty$, $\beta>0$

평균과 분산 : 존재하지 않음

C.3 카이제곱분포 (Chi-square Distribution)

$$f(x;\nu)=\begin{cases}\dfrac{1}{2^{\nu/2}\Gamma(\nu/2)}x^{\frac{\nu-2}{2}}e^{-\frac{x}{2}}, & x>0\\ 0 & ,\text{그 외}\end{cases}$$

모수 : ν는 양의 정수

평균과 분산 : $\mu=\nu$, $\sigma^2=2\nu$

C.4 지수분포 (Exponential Distribution)

$$g(x;\theta)=\begin{cases}\dfrac{1}{\theta}e^{-x/\theta}, & x>0\\ 0 & ,\text{그 외}\end{cases}$$

모수 : $\theta > 0$

평균과 분산 : $\mu = \theta$, $\sigma^2 = \theta^2$

C.5 *F*분포 (*F* Distribution)

$$g(f)=\begin{cases}\dfrac{\Gamma\left(\dfrac{\nu_1+\nu_2}{2}\right)}{\Gamma\left(\dfrac{\nu_1}{2}\right)\Gamma\left(\dfrac{\nu_2}{2}\right)}\left(\dfrac{\nu_1}{\nu_2}\right)^{\frac{\nu_1}{2}}\cdot f^{\frac{\nu_1}{2}-1}\left(1+\dfrac{\nu_1}{\nu_2}f\right)^{-\frac{1}{2}(\nu_1+\nu_2)}, & f>0\\ 0 & ,\text{그 외}\end{cases}$$

모수 : $\nu_1 > 0$, $\nu_2 > 0$

평균 : $\mu = \dfrac{\nu_2}{\nu_2 - 2}$

C.6 감마분포 (Gamma Distribution)

$$f(x)=\begin{cases}\dfrac{1}{\beta^{\alpha}\Gamma(\alpha)}x^{\alpha-1}e^{-x/\beta}, & x>0\\ 0 & ,\text{그 외}\end{cases}$$

모수 : $\alpha > 0$, $\beta > 0$

평균과 분산 : $\mu = \alpha\beta$, $\sigma^2 = \alpha\beta^2$

C.7 정규분포 (Normal Distribution)

$$n(x;\mu,\sigma)=\frac{1}{\sigma\sqrt{2\pi}}e^{-\frac{1}{2}\left(\frac{x-\mu}{\sigma}\right)^2},\ -\infty < x < \infty$$

모수 : μ, $\sigma > 0$

평균과 분산 : $\mu = \mu$, $\sigma^2 = \sigma^2$

C.8 t 분포 (Student's t Distribution)

$$f(t;\nu) = \frac{\Gamma\left(\frac{\nu+1}{2}\right)}{\sqrt{\pi\nu}\,\Gamma\left(\frac{\nu}{2}\right)} \cdot \left(1+\frac{t^2}{\nu}\right)^{-\frac{\nu+1}{2}}, \quad -\infty < t < \infty$$

모수 : ν는 양의 정수

평균과 분산 : $\mu = 0,\ \sigma^2 = \frac{\nu}{\nu-2},\quad \nu > 2$

C.9 균일분포 (Uniform Distribution)

$$u(x;\alpha,\beta) = \begin{cases} \frac{1}{\beta-\alpha}, & \alpha < x < \beta \\ 0 & \text{, 그 외} \end{cases}$$

모수 : $-\infty < \alpha < \beta < \infty$

평균과 분산 : $\mu = \frac{\alpha+\beta}{2},\ \sigma^2 = \frac{1}{12}(\beta-\alpha)^2$

통계에 사용되는 표들

표 I. 이항분포표

		θ									
n	x	.05	.10	.15	.20	.25	.30	.35	.40	.45	.50
1	0	.9500	.9000	.8500	.8000	.7500	.7000	.6500	.6000	.5500	.5000
	1	.0500	.1000	.1500	.2000	.2500	.3000	.3500	.4000	.4500	.5000
2	0	.9025	.8100	.7225	.6400	.5625	.4900	.4225	.3600	.3025	.2500
	1	.0950	.1800	.2550	.3200	.3750	.4200	.4550	.4800	.4950	.5000
	2	.0025	.0100	.0225	.0400	.0625	.0900	.1225	.1600	.2025	.2500
3	0	.8574	.7290	.6141	.5120	.4219	.3430	.2746	.2160	.1664	.1250
	1	.1354	.2430	.3251	.3840	.4219	.4410	.4436	.4320	.4084	.3750
	2	.0071	.0270	.0574	.0960	.1406	.1890	.2389	.2880	.3341	.3750
	3	.0001	.0010	.0034	.0080	.0156	.0270	.0429	.0640	.0911	.1250
4	0	.8145	.6561	.5220	.4096	.3164	.2401	.1785	.1296	.0915	.0625
	1	.1715	.2916	.3685	.4096	.4219	.4116	.3845	.3456	.2995	.2500
	2	.0135	.0486	.0975	.1536	.2109	.2646	.3105	.3456	.3675	.3750
	3	.0005	.0036	.0115	.0256	.0469	.0756	.1115	.1536	.2005	.2500
	4	.0000	.0001	.0005	.0016	.0039	.0081	.0150	.0256	.0410	.0625
5	0	.7738	.5905	.4437	.3277	.2373	.1681	.1160	.0778	.0503	.0312
	1	.2036	.3280	.3915	.4096	.3955	.3602	.3124	.2592	.2059	.1562
	2	.0214	.0729	.1382	.2048	.2637	.3087	.3364	.3456	.3369	.3125
	3	.0011	.0081	.0244	.0512	.0879	.1323	.1811	.2304	.2757	.3125
	4	.0000	.0004	.0022	.0064	.0146	.0284	.0488	.0768	.1128	.1562
	5	.0000	.0000	.0001	.0003	.0010	.0024	.0053	.0102	.0185	.0312
6	0	.7351	.5314	.3771	.2621	.1780	.1176	.0754	.0467	.0277	.0156
	1	.2321	.3543	.3993	.3932	.3560	.3025	.2437	.1866	.1359	.0938
	2	.0305	.0984	.1762	.2458	.2966	.3241	.3280	.3110	.2780	.2344
	3	.0021	.0146	.0415	.0819	.1318	.1852	.2355	.2765	.3032	.3125
	4	.0001	.0012	.0055	.0154	.0330	.0595	.0951	.1382	.1861	.2344
	5	.0000	.0001	.0004	.0015	.0044	.0102	.0205	.0369	.0609	.0938
	6	.0000	.0000	.0000	.0001	.0002	.0007	.0018	.0041	.0083	.0156
7	0	.6983	.4783	.3206	.2097	.1335	.0824	.0490	.0280	.0152	.0078
	1	.2573	.3720	.3960	.3670	.3115	.2471	.1848	.1306	.0872	.0547
	2	.0406	.1240	.2097	.2753	.3115	.3177	.2985	.2613	.2140	.1641
	3	.0036	.0230	.0617	.1147	.1730	.2269	.2679	.2903	.2918	.2734
	4	.0002	.0026	.0109	.0287	.0577	.0972	.1442	.1935	.2388	.2734
	5	.0000	.0002	.0012	.0043	.0115	.0250	.0466	.0774	.1172	.1641
	6	.0000	.0000	.0001	.0004	.0013	.0036	.0084	.0172	.0320	.0547
	7	.0000	.0000	.0000	.0000	.0001	.0002	.0006	.0016	.0037	.0078

† Based on *Tables of the Binomial Probability Distribution*, National Bureau of Standards Applied Mathematics Series No. 6. Washington, D.C.: U.S. Government Printing Office, 1950.

표 I. (계속)

		θ									
n	x	.05	.10	.15	.20	.25	.30	.35	.40	.45	.50
8	0	.6634	.4305	.2725	.1678	.1001	.0576	.0319	.0168	.0084	.0039
	1	.2793	.3826	.3847	.3355	.2670	.1977	.1373	.0896	.0548	.0312
	2	.0515	.1488	.2376	.2936	.3115	.2965	.2587	.2090	.1569	.1094
	3	.0054	.0331	.0839	.1468	.2076	.2541	.2786	.2787	.2568	.2188
	4	.0004	.0046	.0185	.0459	.0865	.1361	.1875	.2322	.2627	.2734
	5	.0000	.0004	.0026	.0092	.0231	.0467	.0808	.1239	.1719	.2188
	6	.0000	.0000	.0002	.0011	.0038	.0100	.0217	.0413	.0703	.1094
	7	.0000	.0000	.0000	.0001	.0004	.0012	.0033	.0079	.0164	.0312
	8	.0000	.0000	.0000	.0000	.0000	.0001	.0002	.0007	.0017	.0039
9	0	.6302	.3874	.2316	.1342	.0751	.0404	.0207	.0101	.0046	.0020
	1	.2985	.3874	.3679	.3020	.2253	.1556	.1004	.0605	.0339	.0176
	2	.0629	.1722	.2597	.3020	.3003	.2668	.2162	.1612	.1110	.0703
	3	.0077	.0446	.1069	.1762	.2336	.2668	.2716	.2508	.2119	.1641
	4	.0006	.0074	.0283	.0061	.1168	.1715	.2194	.2508	.2600	.2461
	5	.0000	.0008	.0050	.0165	.0389	.0735	.1181	.1672	.2128	.2461
	6	.0000	.0001	.0006	.0028	.0087	.0210	.0424	.0743	.1160	.1641
	7	.0000	.0000	.0000	.0003	.0012	.0039	.0098	.0212	.0407	.0703
	8	.0000	.0000	.0000	.0000	.0001	.0004	.0013	.0035	.0083	.0176
	9	.0000	.0000	.0000	.0000	.0000	.0000	.0001	.0003	.0008	.0020
10	0	.5987	.3487	.1969	.1074	.0563	.0282	.0135	.0060	.0025	.0010
	1	.3151	.3874	.3474	.2684	.1877	.1211	.0725	.0403	.0207	.0098
	2	.0746	.1937	.2759	.3020	.2816	.2335	.1757	.1209	.0763	.0439
	3	.0105	.0574	.1298	.2013	.2503	.2668	.2522	.2150	.1665	.1172
	4	.0010	.0112	.0401	.0881	.1460	.2001	.2377	.2508	.2384	.2051
	5	.0001	.0015	.0085	.0264	.0584	.1029	.1536	.2007	.2340	.2461
	6	.0000	.0001	.0012	.0055	.0162	.0368	.0689	.1115	.1596	.2051
	7	.0000	.0000	.0001	.0008	.0031	.0090	.0212	.0425	.0746	.1172
	8	.0000	.0000	.0000	.0001	.0004	.0014	.0043	.0106	.0229	.0439
	9	.0000	.0000	.0000	.0000	.0000	.0001	.0005	.0016	.0042	.0098
	10	.0000	.0000	.0000	.0000	.0000	.0000	.0000	.0001	.0003	.0016
11	0	.5688	.3138	.1673	.0859	.0422	.0198	.0088	.0036	.0014	.0005
	1	.3293	.3835	.3248	.2362	.1549	.0932	.0518	.0266	.0125	.0054
	2	.0867	.2131	.2866	.2953	.2581	.1998	.1395	.0887	.0513	.0269
	3	.0137	.0710	.1517	.2215	.2581	.2568	.2254	.1774	.1259	.0806
	4	.0014	.0158	.0536	.1107	.1721	.2201	.2428	.2365	.2060	.1611
	5	.0001	.0025	.0132	.0388	.0803	.1321	.1830	.2207	.2360	.2256
	6	.0000	.0003	.0023	.0097	.0268	.0566	.0985	.1471	.1931	.2256
	7	.0000	.0000	.0003	.0017	.0064	.0173	.0379	.0701	.1128	.1611
	8	.0000	.0000	.0000	.0002	.0011	.0037	.0102	.0234	.0462	.0806
	9	.0000	.0000	.0000	.0000	.0001	.0005	.0018	.0052	.0126	.0269

표 I. (계속)

n	x	θ .05	.10	.15	.20	.25	.30	.35	.40	.45	.50
11	10	.0000	.0000	.0000	.0000	.0000	.0000	.0002	.0007	.0021	.0054
	11	.0000	.0000	.0000	.0000	.0000	.0000	.0000	.0000	.0002	.0005
12	0	.5404	.2824	.1422	.0687	.0317	.0138	.0057	.0022	.0008	.0002
	1	.3413	.3766	.3012	.2062	.1267	.0712	.0368	.0174	.0075	.0029
	2	.0988	.2301	.2924	.2835	.2323	.1678	.1088	.0639	.0339	.0161
	3	.0173	.0852	.1720	.2362	.2581	.2397	.1954	.1419	.0923	.0537
	4	.0021	.0213	.0683	.1329	.1936	.2311	.2367	.2128	.1700	.1208
	5	.0002	.0038	.0193	.0532	.1032	.1585	.2039	.2270	.2225	.1934
	6	.0000	.0005	.0040	.0155	.0401	.0792	.1281	.1766	.2124	.2256
	7	.0000	.0000	.0006	.0033	.0115	.0291	.0591	.1009	.1489	.1934
	8	.0000	.0000	.0001	.0005	.0024	.0078	.0199	.0420	.0762	.1208
	9	.0000	.0000	.0000	.0001	.0004	.0015	.0048	.0125	.0277	.0537
	10	.0000	.0000	.0000	.0000	.0000	.0002	.0008	.0025	.0068	.0161
	11	.0000	.0000	.0000	.0000	.0000	.0000	.0001	.0003	.0010	.0029
	12	.0000	.0000	.0000	.0000	.0000	.0000	.0000	.0000	.0001	.0002
13	0	.5133	.2542	.1209	.0550	.0238	.0097	.0037	.0013	.0004	.0001
	1	.3512	.3672	.2774	.1787	.1029	.0540	.0259	.0113	.0045	.0016
	2	.1109	.2448	.2937	.2680	.2059	.1388	.0836	.0453	.0220	.0095
	3	.0214	.0997	.1900	.2457	.2517	.2181	.1651	.1107	.0660	.0349
	4	.0028	.0277	.0838	.1535	.2097	.2337	.2222	.1845	.1350	.0873
	5	.0003	.0055	.0266	.0691	.1258	.1803	.2154	.2214	.1989	.1571
	6	.0000	.0008	.0063	.0230	.0559	.1030	.1546	.1968	.2169	.2095
	7	.0000	.0001	.0011	.0058	.0186	.0442	.0833	.1312	.1775	.2095
	8	.0000	.0000	.0001	.0011	.0047	.0142	.0336	.0656	.1089	.1571
	9	.0000	.0000	.0000	.0001	.0009	.0034	.0101	.0243	.0495	.0873
	10	.0000	.0000	.0000	.0000	.0001	.0006	.0022	.0065	.0162	.0349
	11	.0000	.0000	.0000	.0000	.0000	.0001	.0003	.0012	.0036	.0095
	12	.0000	.0000	.0000	.0000	.0000	.0000	.0000	.0001	.0005	.0016
	13	.0000	.0000	.0000	.0000	.0000	.0000	.0000	.0000	.0000	.0001
14	0	.4877	.2288	.1028	.0440	.0178	.0068	.0024	.0008	.0002	.0001
	1	.3593	.3559	.2539	.1539	.0832	.0407	.0181	.0073	.0027	.0009
	2	.1229	.2570	.2912	.2501	.1802	.1134	.0634	.0317	.0141	.0056
	3	.0259	.1142	.2056	.2501	.2402	.1943	.1366	.0845	.0462	.0222
	4	.0037	.0349	.0998	.1720	.2202	.2290	.2022	.1549	.1040	.0611
	5	.0004	.0078	.0352	.0860	.1468	.1963	.2178	.2066	.1701	.1222
	6	.0000	.0013	.0093	.0322	.0734	.1262	.1759	.2066	.2088	.1833
	7	.0000	.0002	.0019	.0092	.0280	.0618	.1082	.1574	.1952	.2095
	8	.0000	.0000	.0003	.0020	.0082	.0232	.0510	.0918	.1398	.1833
	9	.0000	.0000	.0000	.0003	.0018	.0066	.0183	.0408	.0762	.1222

표 I. (계속)

n	x	θ .05	.10	.15	.20	.25	.30	.35	.40	.45	.50
14	10	.0000	.0000	.0000	.0000	.0003	.0014	.0049	.0136	.0312	.0611
	11	.0000	.0000	.0000	.0000	.0000	.0002	.0010	.0033	.0093	.0222
	12	.0000	.0000	.0000	.0000	.0000	.0000	.0001	.0005	.0019	.0056
	13	.0000	.0000	.0000	.0000	.0000	.0000	.0000	.0001	.0002	.0009
	14	.0000	.0000	.0000	.0000	.0000	.0000	.0000	.0000	.0000	.0001
15	0	.4633	.2059	.0874	.0352	.0134	.0047	.0016	.0005	.0001	.0000
	1	.3658	.3432	.2312	.1319	.0668	.0305	.0126	.0047	.0016	.0005
	2	.1348	.2669	.2856	.2309	.1559	.0916	.0476	.0219	.0090	.0032
	3	.0307	.1285	.2184	.2501	.2252	.1700	.1110	.0634	.0318	.0139
	4	.0049	.0428	.1156	.1876	.2252	.2186	.1792	.1268	.0780	.0417
	5	.0006	.0105	.0449	.1032	.1651	.2061	.2123	.1859	.1404	.0916
	6	.0000	.0019	.0132	.0430	.0917	.1472	.1906	.2066	.1914	.1527
	7	.0000	.0003	.0030	.0138	.0393	.0811	.1319	.1771	.2013	.1964
	8	.0000	.0000	.0005	.0035	.0131	.0348	.0710	.1181	.1647	.1964
	9	.0000	.0000	.0001	.0007	.0034	.0116	.0298	.0612	.1048	.1527
	10	.0000	.0000	.0000	.0001	.0007	.0030	.0096	.0245	.0515	.0916
	11	.0000	.0000	.0000	.0000	.0001	.0006	.0024	.0074	.0191	.0417
	12	.0000	.0000	.0000	.0000	.0000	.0001	.0004	.0016	.0052	.0139
	13	.0000	.0000	.0000	.0000	.0000	.0000	.0001	.0003	.0010	.0032
	14	.0000	.0000	.0000	.0000	.0000	.0000	.0000	.0000	.0001	.0005
	15	.0000	.0000	.0000	.0000	.0000	.0000	.0000	.0000	.0000	.0000
16	0	.4401	.1853	.0743	.0281	.0100	.0033	.0010	.0003	.0001	.0000
	1	.3706	.3294	.2097	.1126	.0535	.0228	.0087	.0030	.0009	.0002
	2	.1463	.2745	.2775	.2111	.1336	.0732	.0353	.0150	.0056	.0018
	3	.0359	.1423	.2285	.2463	.2079	.1465	.0888	.0468	.0215	.0085
	4	.0061	.0514	.1311	.2001	.2252	.2040	.1553	.1014	.0572	.0278
	5	.0008	.0137	.0555	.1201	.1802	.2099	.2008	.1623	.1123	.0667
	6	.0001	.0028	.0180	.0550	.1101	.1649	.1982	.1983	.1684	.1222
	7	.0000	.0004	.0045	.0197	.0524	.1010	.1524	.1889	.1969	.1746
	8	.0000	.0001	.0009	.0055	.0197	.0487	.0923	.1417	.1812	.1964
	9	.0000	.0000	.0001	.0012	.0058	.0185	.0442	.0840	.1318	.1746
	10	.0000	.0000	.0000	.0002	.0014	.0056	.0167	.0392	.0755	.1222
	11	.0000	.0000	.0000	.0000	.0002	.0013	.0049	.0142	.0337	.0667
	12	.0000	.0000	.0000	.0000	.0000	.0002	.0011	.0040	.0115	.0278
	13	.0000	.0000	.0000	.0000	.0000	.0000	.0002	.0008	.0029	.0085
	14	.0000	.0000	.0000	.0000	.0000	.0000	.0000	.0001	.0005	.0018
	15	.0000	.0000	.0000	.0000	.0000	.0000	.0000	.0000	.0001	.0002
	16	.0000	.0000	.0000	.0000	.0000	.0000	.0000	.0000	.0000	.0000

표 I. (계속)

n	x	θ .05	.10	.15	.20	.25	.30	.35	.40	.45	.50
17	0	.4181	.1668	.0631	.0225	.0075	.0023	.0007	.0002	.0000	.0000
	1	.3741	.3150	.1893	.0957	.0426	.0169	.0060	.0019	.0005	.0001
	2	.1575	.2800	.2673	.1914	.1136	.0581	.0260	.0102	.0035	.0010
	3	.0415	.1556	.2359	.2393	.1893	.1245	.0701	.0341	.0144	.0052
	4	.0076	.0605	.1457	.2093	.2209	.1868	.1320	.0796	.0411	.0182
	5	.0010	.0175	.0668	.1361	.1914	.2081	.1849	.1379	.0875	.0472
	6	.0001	.0039	.0236	.0680	.1276	.1784	.1991	.1839	.1432	.0944
	7	.0000	.0007	.0065	.0267	.0668	.1201	.1685	.1927	.1841	.1484
	8	.0000	.0001	.0014	.0084	.0279	.0644	.1134	.1606	.1883	.1855
	9	.0000	.0000	.0003	.0021	.0093	.0276	.0611	.1070	.1540	.1855
	10	.0000	.0000	.0000	.0004	.0025	.0095	.0263	.0571	.1008	.1484
	11	.0000	.0000	.0000	.0001	.0005	.0026	.0090	.0242	.0525	.0944
	12	.0000	.0000	.0000	.0000	.0001	.0006	.0024	.0081	.0215	.0472
	13	.0000	.0000	.0000	.0000	.0000	.0001	.0005	.0021	.0068	.0182
	14	.0000	.0000	.0000	.0000	.0000	.0000	.0001	.0004	.0016	.0052
	15	.0000	.0000	.0000	.0000	.0000	.0000	.0000	.0001	.0003	.0010
	16	.0000	.0000	.0000	.0000	.0000	.0000	.0000	.0000	.0000	.0001
	17	.0000	.0000	.0000	.0000	.0000	.0000	.0000	.0000	.0000	.0000
18	0	.3972	.1501	.0536	.0180	.0056	.0016	.0004	.0001	.0000	.0000
	1	.3763	.3002	.1704	.0811	.0338	.0126	.0042	.0012	.0003	.0001
	2	.1683	.2835	.2556	.1723	.0958	.0458	.0190	.0069	.0022	.0006
	3	.0473	.1680	.2406	.2297	.1704	.1046	.0547	.0246	.0095	.0031
	4	.0093	.9700	.1592	.2153	.2130	.1681	.1104	.0614	.0291	.0117
	5	.0014	.0218	.0787	.1507	.1988	.2017	.1664	.1146	.0666	.0327
	6	.0002	.0052	.0301	.0816	.1436	.1873	.1941	.1655	.1181	.0708
	7	.0000	.0010	.0091	.0350	.0820	.1376	.1792	.1892	.1657	.1214
	8	.0000	.0002	.0022	.0120	.0376	.0811	.1327	.1734	.1864	.1669
	9	.0000	.0000	.0004	.0033	.0139	.0386	.0794	.1284	.1694	.1855
	10	.0000	.0000	.0001	.0008	.0042	.0149	.0385	.0771	.1248	.1669
	11	.0000	.0000	.0000	.0001	.0010	.0046	.0151	.0374	.0742	.1214
	12	.0000	.0000	.0000	.0000	.0002	.0012	.0047	.0145	.0354	.0708
	13	.0000	.0000	.0000	.0000	.0000	.0002	.0012	.0045	.0134	.0327
	14	.0000	.0000	.0000	.0000	.0000	.0000	.0002	.0011	.0039	.0117
	15	.0000	.0000	.0000	.0000	.0000	.0000	.0000	.0002	.0009	.0031
	16	.0000	.0000	.0000	.0000	.0000	.0000	.0000	.0000	.0001	.0006
	17	.0000	.0000	.0000	.0000	.0000	.0000	.0000	.0000	.0000	.0001
	18	.0000	.0000	.0000	.0000	.0000	.0000	.0000	.0000	.0000	.0000
19	0	.3774	.1351	.0456	.0144	.0042	.0011	.0003	.0001	.0000	.0000
	1	.3774	.2852	.1529	.0685	.0268	.0093	.0029	.0008	.0002	.0000

표 I. (계속)

		θ									
n	x	.05	.10	.15	.20	.25	.30	.35	.40	.45	.50
19	2	.1787	.2852	.2428	.1540	.0803	.0358	.0138	.0046	.0013	.0003
	3	.0533	.1796	.2428	.2182	.1517	.0869	.0422	.0175	.0062	.0018
	4	.0112	.0798	.1714	.2182	.2023	.1491	.0909	.0467	.0203	.0074
	5	.0018	.0266	.0907	.1636	.2023	.1916	.1468	.0933	.0497	.0222
	6	.0002	.0069	.0374	.0955	.1574	.1916	.1844	.1451	.0949	.0518
	7	.0000	.0014	.0122	.0443	.0974	.1525	.1844	.1797	.1443	.0961
	8	.0000	.0002	.0032	.0166	.0487	.0981	.1489	.1797	.1771	.1442
	9	.0000	.0000	.0007	.0051	.0198	.0514	.0980	.1464	.1771	.1762
	10	.0000	.0000	.0001	.0013	.0066	.0220	.0528	.0976	.1449	.1762
	11	.0000	.0000	.0000	.0003	.0018	.0077	.0233	.0532	.0970	.1442
	12	.0000	.0000	.0000	.0000	.0004	.0022	.0083	.0237	.0529	.0961
	13	.0000	.0000	.0000	.0000	.0001	.0005	.0024	.0085	.0233	.0518
	14	.0000	.0000	.0000	.0000	.0000	.0001	.0006	.0024	.0082	.0222
	15	.0000	.0000	.0000	.0000	.0000	.0000	.0001	.0005	.0022	.0074
	16	.0000	.0000	.0000	.0000	.0000	.0000	.0000	.0001	.0005	.0018
	17	.0000	.0000	.0000	.0000	.0000	.0000	.0000	.0000	.0001	.0003
	18	.0000	.0000	.0000	.0000	.0000	.0000	.0000	.0000	.0000	.0000
	19	.0000	.0000	.0000	.0000	.0000	.0000	.0000	.0000	.0000	.0000
20	0	.3585	.1216	.0388	.0115	.0032	.0008	.0002	.0000	.0000	.0000
	1	.3774	.2702	.1368	.0576	.0211	.0068	.0020	.0005	.0001	.0000
	2	.1887	.2852	.2293	.1369	.0669	.0278	.0100	.0031	.0008	.0002
	3	.0596	.1901	.2428	.2054	.1339	.0716	.0323	.0123	.0040	.0011
	4	.0133	.0898	.1821	.2182	.1897	.1304	.0738	.0350	.0139	.0046
	5	.0022	.0319	.1028	.1746	.2023	.1789	.1272	.0746	.0365	.0148
	6	.0003	.0089	.0454	.1091	.1686	.1916	.1712	.1244	.0746	.0370
	7	.0000	.0020	.0160	.0545	.1124	.1643	.1844	.1659	.1221	.0739
	8	.0000	.0004	.0046	.0222	.0609	.1144	.1614	.1797	.1623	.1201
	9	.0000	.0001	.0011	.0074	.0271	.0654	.1158	.1597	.1771	.1602
	10	.0000	.0000	.0002	.0020	.0099	.0308	.0686	.1171	.1593	.1762
	11	.0000	.0000	.0000	.0005	.0030	.0120	.0336	.0710	.1185	.1602
	12	.0000	.0000	.0000	.0001	.0008	.0039	.0136	.0355	.0727	.1201
	13	.0000	.0000	.0000	.0000	.0002	.0010	.0045	.0146	.0366	.0739
	14	.0000	.0000	.0000	.0000	.0000	.0002	.0012	.0049	.0150	.0370
	15	.0000	.0000	.0000	.0000	.0000	.0000	.0003	.0013	.0049	.0148
	16	.0000	.0000	.0000	.0000	.0000	.0000	.0000	.0003	.0013	.0046
	17	.0000	.0000	.0000	.0000	.0000	.0000	.0000	.0000	.0002	.0011
	18	.0000	.0000	.0000	.0000	.0000	.0000	.0000	.0000	.0000	.0002
	19	.0000	.0000	.0000	.0000	.0000	.0000	.0000	.0000	.0000	.0000
	20	.0000	.0000	.0000	.0000	.0000	.0000	.0000	.0000	.0000	.0000

표 II. 포아송분포표†

x	λ=0.1	0.2	0.3	0.4	0.5	0.6	0.7	0.8	0.9	1.0
0	.9048	.8187	.7408	.6703	.6065	.5488	.4966	.4493	.4066	.3679
1	.0905	.1637	.2222	.2681	.3033	.3293	.3476	.3595	.3659	.3679
2	.0045	.0164	.0333	.0536	.0758	.0988	.1217	.1438	.1647	.1839
3	.0002	.0011	.0033	.0072	.0126	.0198	.0284	.0383	.0494	.0613
4	.0000	.0001	.0002	.0007	.0016	.0030	.0050	.0077	.0111	.0153
5	.0000	.0000	.0000	.0001	.0002	.0004	.0007	.0012	.0020	.0031
6	.0000	.0000	.0000	.0000	.0000	.0000	.0001	.0002	.0003	.0005
7	.0000	.0000	.0000	.0000	.0000	.0000	.0000	.0000	.0000	.0001

x	λ=1.1	1.2	1.3	1.4	1.5	1.6	1.7	1.8	1.9	2.0
0	.3329	.3012	.2725	.2466	.2231	.2019	.1827	.1653	.1496	.1353
1	.3662	.3614	.3543	.3452	.3347	.3230	.3106	.2975	.2842	.2707
2	.2014	.2169	.2303	.2417	.2510	.2584	.2640	.2678	.2700	.2707
3	.0738	.0867	.0998	.1128	.1255	.1378	.1496	.1607	.1710	.1804
4	.0203	.0260	.0324	.0395	.0471	.0551	.0636	.0723	.0812	.0902
5	.0045	.0062	.0084	.0111	.0141	.0176	.0216	.0260	.0309	.0361
6	.0008	.0012	.0018	.0026	.0035	.0047	.0061	.0078	.0098	.0120
7	.0001	.0002	.0003	.0005	.0008	.0011	.0015	.0020	.0027	.0034
8	.0000	.0000	.0001	.0001	.0001	.0002	.0003	.0005	.0006	.0009
9	.0000	.0000	.0000	.0000	.0000	.0000	.0001	.0001	.0001	.0002

x	λ=2.1	2.2	2.3	2.4	2.5	2.6	2.7	2.8	2.9	3.0
0	.1225	.1108	.1003	.0907	.0821	.0743	.0672	.0608	.0550	.0498
1	.2572	.2438	.2306	.2177	.2052	.1931	.1815	.1703	.1596	.1494
2	.2700	.2681	.2652	.2613	.2565	.2510	.2450	.2384	.2314	.2240
3	.1890	.1966	.2033	.2090	.2138	.2176	.2205	.2225	.2237	.2240
4	.0992	.1082	.1169	.1254	.1336	.1414	.1488	.1557	.1622	.1680
5	.0417	.0476	.0538	.0602	.0668	.0735	.0804	.0872	.0940	.1008
6	.0146	.0174	.0206	.0241	.0278	.0319	.0362	.0407	.0455	.0504
7	.0044	.0055	.0068	.0083	.0099	.0118	.0139	.0163	.0188	.0216
8	.0011	.0015	.0019	.0025	.0031	.0038	.0047	.0057	.0068	.0081
9	.0003	.0004	.0005	.0007	.0009	.0011	.0014	.0018	.0022	.0027
10	.0001	.0001	.0001	.0002	.0002	.0003	.0004	.0005	.0006	.0008
11	.0000	.0000	.0000	.0000	.0000	.0001	.0001	.0001	.0002	.0002
12	.0000	.0000	.0000	.0000	.0000	.0000	.0000	.0000	.0000	.0001

†Based on E. C. Molina, *Poisson's Exponential Binomial Limit*, 1973 Reprint, Robert E. Krieger Publishing Company, Melbourne, Fla., by permission of the publisher.

표 II. (계속)

x	λ = 3.1	3.2	3.3	3.4	3.5	3.6	3.7	3.8	3.9	4.0
0	.0450	.0408	.0369	.0334	.0302	.0273	.0247	.0224	.0202	.0183
1	.1397	.1304	.1217	.1135	.1057	.0984	.0915	.0850	.0789	.0733
2	.2165	.2087	.2008	.1929	.1850	.1771	.1692	.1615	.1539	.1465
3	.2237	.2226	.2209	.2186	.2158	.2125	.2087	.2046	.2001	.1954
4	.1734	.1781	.1823	.1858	.1888	.1912	.1931	.1944	.1951	.1954
5	.1075	.1140	.1203	.1264	.1322	.1377	.1429	.1477	.1522	.1563
6	.0555	.0608	.0662	.0716	.0771	.0826	.0881	.0936	.0989	.1042
7	.0246	.0278	.0312	.0348	.0385	.0425	.0466	.0508	.0551	.0595
8	.0095	.0111	.0129	.0148	.0169	.0191	.0215	.0241	.0269	.0298
9	.0033	.0040	.0047	.0056	.0066	.0076	.0089	.0102	.0116	.0132
10	.0010	.0013	.0016	.0019	.0023	.0028	.0033	.0039	.0045	.0053
11	.0003	.0004	.0005	.0006	.0007	.0009	.0011	.0013	.0016	.0019
12	.0001	.0001	.0001	.0002	.0002	.0003	.0003	.0004	.0005	.0006
13	.0000	.0000	.0000	.0000	.0001	.0001	.0001	.0001	.0002	.0002
14	.0000	.0000	.0000	.0000	.0000	.0000	.0000	.0000	.0000	.0001

x	λ = 4.1	4.2	4.3	4.4	4.5	4.6	4.7	4.8	4.9	5.0
0	.0166	.0150	.0136	.0123	.0111	.0101	.0091	.0082	.0074	.0067
1	.0679	.0630	.0583	.0540	.0500	.0462	.0427	.0395	.0365	.0337
2	.1393	.1323	.1254	.1188	.1125	.1063	.1005	.0948	.0894	.0842
3	.1904	.1852	.1798	.1743	.1687	.1631	.1574	.1517	.1460	.1404
4	.1951	.1944	.1933	.1917	.1898	.1875	.1849	.1820	.1789	.1755
5	.1600	.1633	.1662	.1687	.1708	.1725	.1738	.1747	.1753	.1755
6	.1093	.1143	.1191	.1237	.1281	.1323	.1362	.1398	.1432	.1462
7	.0640	.0686	.0732	.0778	.0824	.0869	.0914	.0959	.1002	.1044
8	.0328	.0360	.0393	.0428	.0463	.0500	.0537	.0575	.0614	.0653
9	.0150	.0168	.0188	.0209	.0232	.0255	.0280	.0307	.0334	.0363
10	.0061	.0071	.0081	.0092	.0104	.0118	.0132	.0147	.0164	.0181
11	.0023	.0027	.0032	.0037	.0043	.0049	.0056	.0064	.0073	.0082
12	.0008	.0009	.0011	.0014	.0016	.0019	.0022	.0026	.0030	.0034
13	.0002	.0003	.0004	.0005	.0006	.0007	.0008	.0009	.0011	.0013
14	.0001	.0001	.0001	.0001	.0002	.0002	.0003	.0003	.0004	.0005
15	.0000	.0000	.0000	.0000	.0001	.0001	.0001	.0001	.0001	.0002

x	λ = 5.1	5.2	5.3	5.4	5.5	5.6	5.7	5.8	5.9	6.0
0	.0061	.0055	.0050	.0045	.0041	.0037	.0033	.0030	.0027	.0025
1	.0311	.0287	.0265	.0244	.0225	.0207	.0191	.0176	.0162	.0149
2	.0793	.0746	.0701	.0659	.0618	.0580	.0544	.0509	.0477	.0446

표 II. (계속)

x	λ 5.1	5.2	5.3	5.4	5.5	5.6	5.7	5.8	5.9	6.0
3	.1348	.1293	.1239	.1185	.1133	.1082	.1033	.0985	.0938	.0892
4	.1719	.1681	.1641	.1600	.1558	.1515	.1472	.1428	.1383	.1339
5	.1753	.1748	.1740	.1728	.1714	.1697	.1678	.1656	.1632	.1606
6	.1490	.1515	.1537	.1555	.1571	.1584	.1594	.1601	.1505	.1606
7	.1086	.1125	.1163	.1200	.1234	.1267	.1298	.1326	.1353	.1377
8	.0692	.0731	.0771	.0810	.0849	.0887	.0925	.0962	.0998	.1033
9	.0392	.0423	.0454	.0486	.0519	.0552	.0586	.0620	.0654	.0688
10	.0200	.0220	.0241	.0262	.0285	.0309	.0334	.0359	.0386	.0413
11	.0093	.0104	.0116	.0129	.0143	.0157	.0173	.0190	.0207	.0225
12	.0039	.0045	.0051	.0058	.0065	.0073	.0082	.0092	.0102	.0113
13	.0015	.0018	.0021	.0024	.0028	.0032	.0036	.0041	.0046	.0052
14	.0006	.0007	.0008	.0009	.0011	.0013	.0015	.0017	.0019	.0022
15	.0002	.0002	.0003	.0003	.0004	.0005	.0006	.0007	.0008	.0009
16	.0001	.0001	.0001	.0001	.0001	.0002	.0002	.0002	.0003	.0003
17	.0000	.0000	.0000	.0000	.0000	.0001	.0001	.0001	.0001	.0001

x	λ 6.1	6.2	6.3	6.4	6.5	6.6	6.7	6.8	6.9	7.0
0	.0022	.0020	.0018	.0017	.0015	.0014	.0012	.0011	.0010	.0009
1	.0137	.0126	.0116	.0106	.0098	.0090	.0082	.0076	.0070	.0064
2	.0417	.0390	.0364	.0340	.0318	.0296	.0276	.0258	.0240	.0223
3	.0848	.0806	.0765	.0726	.0688	.0652	.0617	.0584	.0552	.0521
4	.1294	.1249	.1205	.1162	.1118	.1076	.1034	.0992	.0952	.0912
5	.1579	.1549	.1519	.1487	.1454	.1420	.1385	.1349	.1314	.1277
6	.1605	.1601	.1595	.1586	.1575	.1562	.1546	.1529	.1511	.1490
7	.1399	.1418	.1435	.1450	.1462	.1472	.1480	.1486	.1489	.1490
8	.1066	.1099	.1130	.1160	.1188	.1215	.1240	.1263	.1284	.1304
9	.0723	.0757	.0791	.0825	.0858	.0891	.0923	.0954	.0985	.1014
10	.0441	.0469	.0498	.0528	.0558	.0588	.0618	.0649	.0679	.0710
11	.0245	.0265	.0285	.0307	.0330	.0353	.0377	.0401	.0426	.0452
12	.0124	.0137	.0150	.0164	.0179	.0194	.0210	.0227	.0245	.0264
13	.0058	.0065	.0073	.0081	.0089	.0098	.0108	.0119	.0130	.0142
14	.0025	.0029	.0033	.0037	.0041	.0046	.0052	.0058	.0064	.0071
15	.0010	.0012	.0014	.0016	.0018	.0020	.0023	.0026	.0029	.0033
16	.0004	.0005	.0005	.0006	.0007	.0008	.0010	.0011	.0013	.0014
17	.0001	.0002	.0002	.0002	.0003	.0003	.0004	.0004	.0005	.0006
18	.0000	.0001	.0001	.0001	.0001	.0001	.0001	.0002	.0002	.0002
19	.0000	.0000	.0000	.0000	.0000	.0000	.0000	.0001	.0001	.0001

표 II. (계속)

x	λ 7.1	7.2	7.3	7.4	7.5	7.6	7.7	7.8	7.9	8.0
0	.0008	.0007	.0007	.0006	.0006	.0005	.0005	.0004	.0004	.0003
1	.0059	.0054	.0049	.0045	.0041	.0038	.0035	.0032	.0029	.0027
2	.0208	.0194	.0180	.0167	.0156	.0145	.0134	.0125	.0116	.0107
3	.0492	.0464	.0438	.0413	.0389	.0366	.0345	.0324	.0305	.0286
4	.0874	.0836	.0799	.0764	.0729	.0696	.0663	.0632	.0602	.0573
5	.1241	.1204	.1167	.1130	.1094	.1057	.1021	.0986	.0951	.0916
6	.1468	.1445	.1420	.1394	.1367	.1339	.1311	.1282	.1252	.1221
7	.1489	.1486	.1481	.1474	.1465	.1454	.1442	.1428	.1413	.1396
8	.1321	.1337	.1351	.1363	.1373	.1382	.1388	.1392	.1395	.1396
9	.1042	.1070	.1096	.1121	.1144	.1167	.1187	.1207	.1224	.1241
10	.0740	.0770	.0800	.0829	.0858	.0887	.0914	.0941	.0967	.0993
11	.0478	.0504	.0531	.0558	.0585	.0613	.0640	.0667	.0695	.0722
12	.0283	.0303	.0323	.0344	.0366	.0388	.0411	.0434	.0457	.0481
13	.0154	.0168	.0181	.0196	.0211	.0227	.0243	.0260	.0278	.0296
14	.0078	.0086	.0095	.0104	.0113	.0123	.0134	.0145	.0157	.0169
15	.0037	.0041	.0046	.0051	.0057	.0062	.0069	.0075	.0083	.0090
16	.0016	.0019	.0021	.0024	.0026	.0030	.0033	.0037	.0041	.0045
17	.0007	.0008	.0009	.0010	.0012	.0013	.0015	.0017	.0019	.0021
18	.0003	.0003	.0004	.0004	.0005	.0006	.0006	.0007	.0008	.0009
19	.0001	.0001	.0001	.0002	.0002	.0002	.0003	.0003	.0003	.0004
20	.0000	.0000	.0001	.0001	.0001	.0001	.0001	.0001	.0001	.0002
21	.0000	.0000	.0000	.0000	.0000	.0000	.0000	.0000	.0001	.0001

x	λ 8.1	8.2	8.3	8.4	8.5	8.6	8.7	8.8	8.9	9.0
0	.0003	.0003	.0002	.0002	.0002	.0002	.0002	.0002	.0001	.0001
1	.0025	.0023	.0021	.0019	.0017	.0016	.0014	.0013	.0012	.0011
2	.0100	.0092	.0086	.0079	.0074	.0068	.0063	.0058	.0054	.0050
3	.0269	.0252	.0237	.0222	.0208	.0195	.0183	.0171	.0160	.0150
4	.0544	.0517	.0491	.0466	.0443	.0420	.0398	.0377	.0357	.0337
5	.0882	.0849	.0816	.0784	.0752	.0722	.0692	.0663	.0635	.0607
6	.1191	.1160	.1128	.1097	.1066	.1034	.1003	.0972	.0941	.0911
7	.1378	.1358	.1338	.1317	.1294	.1271	.1247	.1222	.1197	.1171
8	.1395	.1392	.1388	.1382	.1375	.1366	.1356	.1344	.1332	.1318
9	.1256	.1269	.1280	.1290	.1299	.1306	.1311	.1315	.1317	.1318
10	.1017	.1040	.1063	.1084	.1104	.1123	.1140	.1157	.1172	.1186
11	.0749	.0776	.0802	.0828	.0853	.0878	.0902	.0925	.0948	.0970
12	.0505	.0530	.0555	.0579	.0604	.0629	.0654	.0679	.0703	.0728

표 II. (계속)

	λ									
x	8.1	8.2	8.3	8.4	8.5	8.6	8.7	8.8	8.9	9.0
13	.0315	.0334	.0354	.0374	.0395	.0416	.0438	.0459	.0481	.0504
14	.0182	.0196	.0210	.0225	.0240	.0256	.0272	.0289	.0306	.0324
15	.0098	.0107	.0116	.0126	.0136	.0147	.0158	.0169	.0182	.0194
16	.0050	.0055	.0060	.0066	.0072	.0079	.0086	.0093	.0101	.0109
17	.0024	.0026	.0029	.0033	.0036	.0040	.0044	.0048	.0053	.0058
18	.0011	.0012	.0014	.0015	.0017	.0019	.0021	.0024	.0026	.0029
19	.0005	.0005	.0006	.0007	.0008	.0009	.0010	.0011	.0012	.0014
20	.0002	.0002	.0002	.0003	.0003	.0004	.0004	.0005	.0005	.0006
21	.0001	.0001	.0001	.0001	.0001	.0002	.0002	.0002	.0002	.0003
22	.0000	.0000	.0000	.0000	.0001	.0001	.0001	.0001	.0001	.0001

	λ									
x	9.1	9.2	9.3	9.4	9.5	9.6	9.7	9.8	9.9	10
0	.0001	.0001	.0001	.0001	.0001	.0001	.0001	.0001	.0001	.0000
1	.0010	.0009	.0009	.0008	.0007	.0007	.0006	.0005	.0005	.0005
2	.0046	.0043	.0040	.0037	.0034	.0031	.0029	.0027	.0025	.0023
3	.0140	.0131	.0123	.0115	.0107	.0100	.0093	.0087	.0081	.0076
4	.0319	.0302	.0285	.0269	.0254	.0240	.0226	.0213	.0201	.0189
5	.0581	.0555	.0530	.0506	.0483	.0460	.0439	.0418	.0398	.0378
6	.0881	.0851	.0822	.0793	.0764	.0736	.0709	.0682	.0656	.0631
7	.1145	.1118	.1091	.1064	.1037	.1010	.0982	.0955	.0928	.0901
8	.1302	.1286	.1269	.1251	.1232	.1212	.1191	.1170	.1148	.1126
9	.1317	.1315	.1311	.1306	.1300	.1293	.1284	.1274	.1263	.1251
10	.1198	.1210	.1219	.1228	.1235	.1241	.1245	.1249	.1250	.1251
11	.0991	.1012	.1031	.1049	.1067	.1083	.1098	.1112	.1125	.1137
12	.0752	.0776	.0799	.0822	.0844	.0866	.0888	.0908	.0928	.0948
13	.0526	.0549	.0572	.0594	.0617	.0640	.0662	.0685	.0707	.0729
14	.0342	.0361	.0380	.0399	.0419	.0439	.0459	.0479	.0500	.0521
15	.0208	.0221	.0235	.0250	.0265	.0281	.0297	.0313	.0330	.0347
16	.0118	.0127	.0137	.0147	.0157	.0168	.0180	.0192	.0204	.0217
17	.0063	.0069	.0075	.0081	.0088	.0095	.0103	.0111	.0119	.0128
18	.0032	.0035	.0039	.0042	.0046	.0051	.0055	.0060	.0065	.0071
19	.0015	.0017	.0019	.0021	.0023	.0026	.0028	.0031	.0034	.0037
20	.0007	.0008	.0009	.0010	.0011	.0012	.0014	.0015	.0017	.0019
21	.0003	.0003	.0004	.0004	.0005	.0006	.0006	.0007	.0008	.0009
22	.0001	.0001	.0002	.0002	.0002	.0002	.0003	.0003	.0004	.0004
23	.0000	.0001	.0001	.0001	.0001	.0001	.0001	.0001	.0002	.0002
24	.0000	.0000	.0000	.0000	.0000	.0000	.0000	.0001	.0001	.0001

표 II. (계속)

x	λ 11	12	13	14	15	16	17	18	19	20
0	.0000	.0000	.0000	.0000	.0000	.0000	.0000	.0000	.0000	.0000
1	.0002	.0001	.0000	.0000	.0000	.0000	.0000	.0000	.0000	.0000
2	.0010	.0004	.0002	.0001	.0000	.0000	.0000	.0000	.0000	.0000
3	.0037	.0018	.0008	.0004	.0002	.0001	.0000	.0000	.0000	.0000
4	.0102	.0053	.0027	.0013	.0006	.0003	.0001	.0001	.0000	.0000
5	.0224	.0127	.0070	.0037	.0019	.0010	.0005	.0002	.0001	.0001
6	.0411	.0255	.0152	.0087	.0048	.0026	.0014	.0007	.0004	.0002
7	.0646	.0437	.0281	.0174	.0104	.0060	.0034	.0018	.0010	.0005
8	.0888	.0655	.0457	.0304	.0194	.0120	.0072	.0042	.0024	.0013
9	.1085	.0874	.0661	.0473	.0324	.0213	.0135	.0083	.0050	.0029
10	.1194	.1048	.0859	.0663	.0486	.0341	.0230	.0150	.0095	.0058
11	.1194	.1144	.1015	.0844	.0663	.0496	.0355	.0245	.0164	.0106
12	.1094	.1144	.1099	.0984	.0829	.0661	.0504	.0368	.0259	.0176
13	.0926	.1056	.1099	.1060	.0956	.0814	.0658	.0509	.0378	.0271
14	.0728	.0905	.1021	.1060	.1024	.0930	.0800	.0655	.0514	.0387
15	.0534	.0724	.0885	.0989	.1024	.0992	.0906	.0786	.0650	.0516
16	.0367	.0543	.0719	.0866	.0960	.0992	.0963	.0884	.0772	.0646
17	.0237	.0383	.0550	.0713	.0847	.0934	.0963	.0936	.0863	.0760
18	.0145	.0256	.0397	.0554	.0706	.0830	.0909	.0936	.0911	.0844
19	.0084	.0161	.0272	.0409	.0557	.0699	.0814	.0887	.0911	.0888
20	.0046	.0097	.0177	.0286	.0418	.0559	.0692	.0798	.0866	.0888
21	.0024	.0055	.0109	.0191	.0299	.0426	.0560	.0684	.0783	.0846
22	.0012	.0030	.0065	.0121	.0204	.0310	.0433	.0560	.0676	.0769
23	.0006	.0016	.0037	.0074	.0133	.0216	.0320	.0438	.0559	.0669
24	.0003	.0008	.0020	.0043	.0083	.0144	.0226	.0328	.0442	.0557
25	.0001	.0004	.0010	.0024	.0050	.0092	.0154	.0237	.0336	.0446
26	.0000	.0002	.0005	.0013	.0029	.0057	.0101	.0164	.0246	.0343
27	.0000	.0001	.0002	.0007	.0016	.0034	.0063	.0109	.0173	.0254
28	.0000	.0000	.0001	.0003	.0009	.0019	.0038	.0070	.0117	.0181
29	.0000	.0000	.0001	.0002	.0004	.0011	.0023	.0044	.0077	.0125
30	.0000	.0000	.0000	.0001	.0002	.0006	.0013	.0026	.0049	.0083
31	.0000	.0000	.0000	.0000	.0001	.0003	.0007	.0015	.0030	.0054
32	.0000	.0000	.0000	.0000	.0001	.0001	.0004	.0009	.0018	.0034
33	.0000	.0000	.0000	.0000	.0000	.0001	.0002	.0005	.0010	.0020
34	.0000	.0000	.0000	.0000	.0000	.0000	.0001	.0002	.0006	.0012
35	.0000	.0000	.0000	.0000	.0000	.0000	.0000	.0001	.0003	.0007
36	.0000	.0000	.0000	.0000	.0000	.0000	.0000	.0001	.0002	.0004
37	.0000	.0000	.0000	.0000	.0000	.0000	.0000	.0000	.0001	.0002
38	.0000	.0000	.0000	.0000	.0000	.0000	.0000	.0000	.0000	.0001
39	.0000	.0000	.0000	.0000	.0000	.0000	.0000	.0000	.0000	.0001

표 III. 표준정규분포표

z	.00	.01	.02	.03	.04	.05	.06	.07	.08	.09
0.0	.0000	.0040	.0080	.0120	.0160	.0199	.0239	.0279	.0319	.0359
0.1	.0398	.0438	.0478	.0517	.0557	.0596	.0636	.0675	.0714	.0753
0.2	.0793	.0832	.0871	.0910	.0948	.0987	.1026	.1064	.1103	.1141
0.3	.1179	.1217	.1255	.1293	.1331	.1368	.1406	.1443	.1480	.1517
0.4	.1554	.1591	.1628	.1664	.1700	.1736	.1772	.1808	.1844	.1879
0.5	.1915	.1950	.1985	.2019	.2054	.2088	.2123	.2157	.2190	.2224
0.6	.2257	.2291	.2324	.2357	.2389	.2422	.2454	.2486	.2517	.2549
0.7	.2580	.2611	.2642	.2673	.2704	.2734	.2764	.2794	.2823	.2852
0.8	.2881	.2910	.2939	.2967	.2995	.3023	.3051	.3078	.3106	.3133
0.9	.3159	.3186	.3212	.3238	.3264	.3289	.3315	.3340	.3365	.3389
1.0	.3413	.3438	.3461	.3485	.3508	.3531	.3554	.3577	.3599	.3621
1.1	.3643	.3665	.3686	.3708	.3729	.3749	.3770	.3790	.3810	.3830
1.2	.3849	.3869	.3888	.3907	.3925	.3944	.3962	.3980	.3997	.4015
1.3	.4032	.4049	.4066	.4082	.4099	.4115	.4131	.4147	.4162	.4177
1.4	.4192	.4207	.4222	.4236	.4251	.4265	.4279	.4292	.4306	.4319
1.5	.4332	.4345	.4357	.4370	.4382	.4394	.4406	.4418	.4429	.4441
1.6	.4452	.4463	.4474	.4484	.4495	.4505	.4515	.4525	.4535	.4545
1.7	.4554	.4564	.4573	.4582	.4591	.4599	.4608	.4616	.4625	.4633
1.8	.4641	.4649	.4656	.4664	.4671	.4678	.4686	.4693	.4699	.4706
1.9	.4713	.4719	.4726	.4732	.4738	.4744	.4750	.4756	.4761	.4767
2.0	.4772	.4778	.4783	.4788	.4793	.4798	.4803	.4808	.4812	.4817
2.1	.4821	.4826	.4830	.4834	.4838	.4842	.4846	.4850	.4854	.4857
2.2	.4861	.4864	.4868	.4871	.4875	.4878	.4881	.4884	.4887	.4890
2.3	.4893	.4896	.4898	.4901	.4904	.4906	.4909	.4911	.4913	.4916
2.4	.4918	.4920	.4922	.4925	.4927	.4929	.4931	.4932	.4934	.4936
2.5	.4938	.4940	.4941	.4943	.4945	.4946	.4948	.4949	.4951	.4952
2.6	.4953	.4955	.4956	.4957	.4959	.4960	.4961	.4962	.4963	.4964
2.7	.4965	.4966	.4967	.4968	.4969	.4970	.4971	.4972	.4973	.4974
2.8	.4974	.4975	.4976	.4977	.4977	.4978	.4979	.4979	.4980	.4981
2.9	.4981	.4982	.4982	.4983	.4984	.4984	.4985	.4985	.4986	.4988
3.0	.4987	.4987	.4987	.4988	.4988	.4989	.4989	.4989	.4990	.4990

Also, for $z = 4.0$, 5.0, and 6.0, the probabilities are 0.49997, 0.4999997, and 0.499999999.

표 IV. $t_{\alpha,\nu}$의 값 : t분포표†

ν	$\alpha = .10$	$\alpha = .05$	$\alpha = .025$	$\alpha = .01$	$\alpha = .005$	ν
1	3.078	6.314	12.706	31.821	63.657	1
2	1.886	2.920	4.303	6.965	9.925	2
3	1.638	2.353	3.182	4.541	5.841	3
4	1.533	2.132	2.776	3.747	4.604	4
5	1.476	2.015	2.571	3.365	4.032	5
6	1.440	1.943	2.447	3.143	3.707	6
7	1.415	1.895	2.365	2.998	3.499	7
8	1.397	1.860	2.306	2.896	3.355	8
9	1.383	1.833	2.262	2.821	3.250	9
10	1.372	1.812	2.228	2.764	3.169	10
11	1.363	1.796	2.201	2.718	3.106	11
12	1.356	1.782	2.179	2.681	3.055	12
13	1.350	1.771	2.160	2.650	3.012	13
14	1.345	1.761	2.145	2.624	2.977	14
15	1.341	1.753	2.131	2.602	2.947	15
16	1.337	1.746	2.120	2.583	2.921	16
17	1.333	1.740	2.110	2.567	2.898	17
18	1.330	1.734	2.101	2.552	2.878	18
19	1.328	1.729	2.093	2.539	2.861	19
20	1.325	1.725	2.086	2.528	2.845	20
21	1.323	1.721	2.080	2.518	2.831	21
22	1.321	1.717	2.074	2.508	2.819	22
23	1.319	1.714	2.069	2.500	2.807	23
24	1.318	1.711	2.064	2.492	2.797	24
25	1.316	1.708	2.060	2.485	2.787	25
26	1.315	1.706	2.056	2.479	2.779	26
27	1.314	1.703	2.052	2.473	2.771	27
28	1.313	1.701	2.048	2.467	2.763	28
29	1.311	1.699	2.045	2.462	2.756	29
inf.	1.282	1.645	1.960	2.326	2.576	inf.

†Based on Richard A. Johnson and Dean W. Wichern, *Applied Multivariate Statistical Analysis*, 2nd ed., © 1988, Table 2, p. 592. By permission of Prentice Hall, Upper Saddle River, N.J.

표 V. $\chi^2_{\alpha,\nu}$의 값 : 카이제곱분포표†

ν	$\alpha = .995$	$\alpha = .99$	$\alpha = .975$	$\alpha = .95$	$\alpha = .05$	$\alpha = .025$	$\alpha = .01$	$\alpha = .005$	ν
1	.0000393	.000157	.000982	.00393	3.841	5.024	6.635	7.879	1
2	.0100	.0201	.0506	.103	5.991	7.378	9.210	10.597	2
3	.0717	.115	.216	.352	7.815	9.348	11.345	12.838	3
4	.207	.297	.484	.711	9.488	11.143	13.277	14.860	4
5	.412	.554	.831	1.145	11.070	12.832	15.086	16.750	5
6	.676	.872	1.237	1.635	12.592	14.449	16.812	18.548	6
7	.989	1.239	1.690	2.167	14.067	16.013	18.475	20.278	7
8	1.344	1.646	2.180	2.733	15.507	17.535	20.090	21.955	8
9	1.735	2.088	2.700	3.325	16.919	19.023	21.666	23.589	9
10	2.156	2.558	3.247	3.940	18.307	20.483	23.209	25.188	10
11	2.603	3.053	3.816	4.575	19.675	21.920	24.725	26.757	11
12	3.074	3.571	4.404	5.226	21.026	23.337	26.217	28.300	12
13	3.565	4.107	5.009	5.892	22.362	24.736	27.688	29.819	13
14	4.075	4.660	5.629	6.571	23.685	26.119	29.141	31.319	14
15	4.601	5.229	6.262	7.261	24.996	27.488	30.578	32.801	15
16	5.142	5.812	6.908	7.962	26.296	28.845	32.000	34.267	16
17	5.697	6.408	7.564	8.672	27.587	30.191	33.409	35.718	17
18	6.265	7.015	8.231	9.390	28.869	31.526	34.805	37.156	18
19	6.844	7.633	8.907	10.117	30.144	32.852	36.191	38.582	19
20	7.434	8.260	9.591	10.851	31.410	34.170	37.566	39.997	20
21	8.034	8.897	10.283	11.591	32.671	35.479	38.932	41.401	21
22	8.643	9.542	10.982	12.338	33.924	36.781	40.289	42.796	22
23	9.260	10.196	11.689	13.091	35.172	38.076	41.638	44.181	23
24	9.886	10.856	12.401	13.848	36.415	39.364	42.980	45.558	24
25	10.520	11.524	13.120	14.611	37.652	40.646	44.314	46.928	25
26	11.160	12.198	13.844	15.379	38.885	41.923	45.642	48.290	26
27	11.808	12.879	14.573	16.151	40.113	43.194	46.963	49.645	27
28	12.461	13.565	15.308	16.928	41.337	44.461	48.278	50.993	28
29	13.121	14.256	16.047	17.708	42.557	45.722	49.588	52.336	29
30	13.787	14.953	16.791	18.493	43.773	46.979	50.892	53.672	30

†Based on Table 8 of *Biometrika Tables for Statisticians*, Vol. 1, Cambridge University Press, 1954, by permission of the *Biometrika* trustees.

표 VI. $f_{0.05,\nu_1,\nu_2}$와 $f_{0.01,\nu_1,\nu_2}$의 값 : F분포표[†]

ν_1 : 분자의 자유도

ν_2 : 분모의 자유도	1	2	3	4	5	6	7	8	9	10	12	15	20	24	30	40	60	120	∞
1	161	200	216	225	230	234	237	239	241	242	244	246	248	249	250	251	252	253	254
2	18.5	19.0	19.2	19.2	19.3	19.3	19.4	19.4	19.4	19.4	19.4	19.4	19.4	19.5	19.5	19.5	19.5	19.5	19.5
3	10.1	9.55	9.28	9.12	9.01	8.94	8.89	8.85	8.81	8.79	8.74	8.70	8.66	8.64	8.62	8.59	8.57	8.55	8.53
4	7.71	6.94	6.59	6.39	6.26	6.16	6.09	6.04	6.00	5.96	5.91	5.86	5.80	5.77	5.75	5.72	5.69	5.66	5.63
5	6.61	5.79	5.41	5.19	5.05	4.95	4.88	4.82	4.77	4.74	4.68	4.62	4.56	4.53	4.50	4.46	4.43	4.40	4.37
6	5.99	5.14	4.76	4.53	4.39	4.28	4.21	4.15	4.10	4.06	4.00	3.94	3.87	3.84	3.81	3.77	3.74	3.70	3.67
7	5.59	4.74	4.35	4.12	3.97	3.87	3.79	3.73	3.68	3.64	3.57	3.51	3.44	3.41	3.38	3.34	3.30	3.27	3.23
8	5.32	4.46	4.07	3.84	3.69	3.58	3.50	3.44	3.39	3.35	3.28	3.22	3.15	3.12	3.08	3.04	3.01	2.97	2.93
9	5.12	4.26	3.86	3.63	3.48	3.37	3.29	3.23	3.18	3.14	3.07	3.01	2.94	2.90	2.86	2.83	2.79	2.75	2.71
10	4.96	4.10	3.71	3.48	3.33	3.22	3.14	3.07	3.02	2.98	2.91	2.85	2.77	2.74	2.70	2.66	2.62	2.58	2.54
11	4.84	3.98	3.59	3.36	3.20	3.09	3.01	2.95	2.90	2.85	2.79	2.72	2.65	2.61	2.57	2.53	2.49	2.45	2.40
12	4.75	3.89	3.49	3.26	3.11	3.00	2.91	2.85	2.80	2.75	2.69	2.62	2.54	2.51	2.47	2.43	2.38	2.34	2.30
13	4.67	3.81	3.41	3.18	3.03	2.92	2.83	2.77	2.71	2.67	2.60	2.53	2.46	2.42	2.38	2.34	2.30	2.25	2.21
14	4.60	3.74	3.34	3.11	2.96	2.85	2.76	2.70	2.65	2.60	2.53	2.46	2.39	2.35	2.31	2.27	2.22	2.18	2.13
15	4.54	3.68	3.29	3.06	2.90	2.79	2.71	2.64	2.59	2.54	2.48	2.40	2.33	2.29	2.25	2.20	2.16	2.11	2.07
16	4.49	3.63	3.24	3.01	2.85	2.74	2.66	2.59	2.54	2.49	2.42	2.35	2.28	2.24	2.19	2.15	2.11	2.06	2.01
17	4.45	3.59	3.20	2.96	2.81	2.70	2.61	2.55	2.49	2.45	2.38	2.31	2.23	2.19	2.15	2.10	2.06	2.01	1.96
18	4.41	3.55	3.16	2.93	2.77	2.66	2.58	2.51	2.46	2.41	2.34	2.27	2.19	2.15	2.11	2.06	2.02	1.97	1.92
19	4.38	3.52	3.13	2.90	2.74	2.63	2.54	2.48	2.42	2.38	2.31	2.23	2.16	2.11	2.07	2.03	1.98	1.93	1.88
20	4.35	3.49	3.10	2.87	2.71	2.60	2.51	2.45	2.39	2.35	2.28	2.20	2.12	2.08	2.04	1.99	1.95	1.90	1.84
21	4.32	3.47	3.07	2.84	2.68	2.57	2.49	2.42	2.37	2.32	2.25	2.18	2.10	2.05	2.01	1.96	1.92	1.87	1.81
22	4.30	3.44	3.05	2.82	2.66	2.55	2.46	2.40	2.34	2.30	2.23	2.15	2.07	2.03	1.98	1.94	1.89	1.84	1.78
23	4.28	3.42	3.03	2.80	2.64	2.53	2.44	2.37	2.32	2.27	2.20	2.13	2.05	2.01	1.96	1.91	1.86	1.81	1.76
24	4.26	3.40	3.01	2.78	2.62	2.51	2.42	2.36	2.30	2.25	2.18	2.11	2.03	1.98	1.94	1.89	1.84	1.79	1.73
25	4.24	3.39	2.99	2.76	2.60	2.49	2.40	2.34	2.28	2.24	2.16	2.09	2.01	1.96	1.92	1.87	1.82	1.77	1.71
30	4.17	3.32	2.92	2.69	2.53	2.42	2.33	2.27	2.21	2.16	2.09	2.01	1.93	1.89	1.84	1.79	1.74	1.68	1.62
40	4.08	3.23	2.84	2.61	2.45	2.34	2.25	2.18	2.12	2.08	2.00	1.92	1.84	1.79	1.74	1.69	1.64	1.58	1.51
60	4.00	3.15	2.76	2.53	2.37	2.25	2.17	2.10	2.04	1.99	1.92	1.84	1.75	1.70	1.65	1.59	1.53	1.47	1.39
120	3.92	3.07	2.68	2.45	2.29	2.18	2.09	2.02	1.96	1.91	1.83	1.75	1.66	1.61	1.55	1.50	1.43	1.35	1.25
∞	3.84	3.00	2.60	2.37	2.21	2.10	2.01	1.94	1.88	1.83	1.75	1.67	1.57	1.52	1.46	1.39	1.32	1.22	1.00

[†]Reproduced from M. Merrington and C. M. Thompson, "Tables of percentage points of the inverted beta (F) distribution," *Biometrika*, Vol. 33 (1943), by permission of the *Biometrika* trustees.

표 VI. (계속)

ν_1 : 분자의 자유도

ν_2 : 분모의 자유도	1	2	3	4	5	6	7	8	9	10	12	15	20	24	30	40	60	120	∞
1	4,052	5,000	5,403	5,625	5,764	5,859	5,928	5,982	6,023	6,056	6,106	6,157	6,209	6,235	6,261	6,287	6,313	6,339	6,366
2	98.5	99.0	99.2	99.2	99.3	99.3	99.4	99.4	99.4	99.4	99.4	99.4	99.4	99.5	99.5	99.5	99.5	99.5	99.5
3	34.1	30.8	29.5	28.7	28.2	27.9	27.7	27.5	27.3	27.2	27.1	26.9	26.7	26.6	26.5	26.4	26.3	26.2	26.1
4	21.2	18.0	16.7	16.0	15.5	15.2	15.0	14.8	14.7	14.5	14.4	14.2	14.0	13.9	13.8	13.7	13.7	13.6	13.5
5	16.3	13.3	12.1	11.4	11.0	10.7	10.5	10.3	10.2	10.1	9.89	9.72	9.55	9.47	9.38	9.29	9.20	9.11	9.02
6	13.7	10.9	9.78	9.15	8.75	8.47	8.26	8.10	7.98	7.87	7.72	7.56	7.40	7.31	7.23	7.14	7.06	6.97	6.88
7	12.2	9.55	8.45	7.85	7.46	7.19	6.99	6.84	6.72	6.62	6.47	6.31	6.16	6.07	5.99	6.91	5.82	5.74	5.65
8	11.3	8.65	7.59	7.01	6.63	6.37	6.18	6.03	5.91	5.81	5.67	5.52	5.36	5.28	5.20	5.12	5.03	4.95	4.86
9	10.6	8.02	6.99	6.42	6.06	5.80	5.61	5.47	5.35	5.26	5.11	4.96	4.81	4.73	4.65	4.57	4.48	4.40	4.31
10	10.0	7.56	6.55	5.99	5.64	5.39	5.20	5.06	4.94	4.85	4.71	4.56	4.41	4.33	4.25	4.17	4.08	4.00	3.91
11	9.65	7.21	6.22	5.67	5.32	5.07	4.89	4.74	4.63	4.54	4.40	4.25	4.10	4.02	3.94	3.86	3.78	3.69	3.60
12	9.33	6.93	5.95	5.41	5.06	4.82	4.64	4.50	4.39	4.30	4.16	4.01	3.86	3.78	3.70	3.62	3.54	3.45	3.36
13	9.07	6.70	5.74	5.21	4.86	4.62	4.44	4.30	4.19	4.10	3.96	3.82	3.66	3.59	3.51	3.43	3.34	3.25	3.17
14	8.86	6.51	5.56	5.04	4.70	4.46	4.28	4.14	4.03	3.94	3.80	3.66	3.51	3.43	3.35	3.27	3.18	3.09	3.00
15	8.68	6.36	5.42	4.89	4.56	4.32	4.14	4.00	3.89	3.80	3.67	3.52	3.37	3.29	3.21	3.13	3.05	2.96	2.87
16	8.53	6.23	5.29	4.77	4.44	4.20	4.03	3.89	3.78	3.69	3.55	3.41	3.26	3.18	3.10	3.02	2.93	2.84	2.75
17	8.40	6.11	5.19	4.67	4.34	4.10	3.93	3.79	3.68	3.59	3.46	3.31	3.16	3.08	3.00	2.92	2.83	2.75	2.65
18	8.29	6.01	5.09	4.58	4.25	4.01	3.84	3.71	3.60	3.51	3.37	3.23	3.08	3.00	2.92	2.84	2.75	2.66	2.57
19	8.19	5.93	5.01	4.50	4.17	3.94	3.77	3.63	3.52	3.43	3.30	3.15	3.00	2.92	2.84	2.76	2.67	2.58	2.49
20	8.10	5.85	4.94	4.43	4.10	3.87	3.70	3.56	3.46	3.37	3.23	3.09	2.94	2.86	2.78	2.69	2.61	2.52	2.42
21	8.02	5.78	4.87	4.37	4.04	3.81	3.64	3.51	3.40	3.31	3.17	3.03	2.88	2.80	2.72	2.64	2.55	2.46	2.36
22	7.95	5.72	4.82	4.31	3.99	3.76	3.59	3.45	3.35	3.26	3.12	2.98	2.83	2.75	2.67	2.58	2.50	2.40	2.31
23	7.88	5.66	4.76	4.26	3.94	3.71	3.54	3.41	3.30	3.21	3.07	2.93	2.78	2.70	2.62	2.54	2.45	2.35	2.26
24	7.82	5.61	4.72	4.22	3.90	3.67	3.50	3.36	3.26	3.17	3.03	2.89	2.74	2.66	2.58	2.49	2.40	2.31	2.21
25	7.77	5.57	4.68	4.18	3.86	3.63	3.46	3.32	3.22	3.13	2.99	2.85	2.70	2.62	2.53	2.45	2.36	2.27	2.17
30	7.56	5.39	4.51	4.02	3.70	3.47	3.30	3.17	3.07	2.98	2.84	2.70	2.55	2.47	2.39	2.30	2.21	2.11	2.01
40	7.31	5.18	4.31	3.83	3.51	3.29	3.12	2.99	2.89	2.80	2.66	2.52	2.37	2.29	2.20	2.11	2.02	1.92	1.80
60	7.08	4.98	4.13	3.65	3.34	3.12	2.95	2.82	2.72	2.63	2.50	2.35	2.20	2.12	2.03	1.94	1.84	1.73	1.60
120	6.85	4.79	3.95	3.48	3.17	2.96	2.79	2.66	2.56	2.47	2.34	2.19	2.03	1.95	1.86	1.76	1.66	1.53	1.38
∞	6.63	4.61	3.78	3.32	3.02	2.80	2.64	2.51	2.41	2.32	2.18	2.04	1.88	1.79	1.70	1.59	1.47	1.32	1.00

표 VII. 차례곱과 이항계수

차례곱

n	$n!$	$\log n!$
0	1	0.0000
1	1	0.0000
2	2	0.3010
3	6	0.7782
4	24	1.3802
5	120	2.0792
6	720	2.8573
7	5,040	3.7024
8	40,320	4.6055
9	362,880	5.5598
10	3,628,800	6.5598
11	39,916,800	7.6012
12	479,001,600	8.6803
13	6,227,020,800	9.7943
14	87,178,291,200	10.9404
15	1,307,674,368,000	12.1165

이항계수

n	$\binom{n}{0}$	$\binom{n}{1}$	$\binom{n}{2}$	$\binom{n}{3}$	$\binom{n}{4}$	$\binom{n}{5}$	$\binom{n}{6}$	$\binom{n}{7}$	$\binom{n}{8}$	$\binom{n}{9}$	$\binom{n}{10}$
0	1										
1	1	1									
2	1	2	1								
3	1	3	3	1							
4	1	4	6	4	1						
5	1	5	10	10	5	1					
6	1	6	15	20	15	6	1				
7	1	7	21	35	35	21	7	1			
8	1	8	28	56	70	56	28	8	1		
9	1	9	36	84	126	126	84	36	9	1	
10	1	10	45	120	210	252	210	120	45	10	1
11	1	11	55	165	330	462	462	330	165	55	11
12	1	12	66	220	495	792	924	792	495	220	66
13	1	13	78	286	715	1287	1716	1716	1287	715	286
14	1	14	91	364	1001	2002	3003	3432	3003	2002	1001
15	1	15	105	455	1365	3003	5005	6435	6435	5005	3003
16	1	16	120	560	1820	4368	8008	11440	12870	11440	8008
17	1	17	136	680	2380	6188	12376	19448	24310	24310	19448
18	1	18	153	816	3060	8568	18564	31824	43758	48620	43758
19	1	19	171	969	3876	11628	27132	50388	75582	92378	92378
20	1	20	190	1140	4845	15504	38760	77520	125970	167960	184756

표 VIII. e^x와 e^{-x}의 값

x	e^x	e^{-x}	x	e^x	e^{-x}
0.0	1.000	1.000	**5.0**	148.4	0.0067
0.1	1.105	0.905	**5.1**	164.0	0.0061
0.2	1.221	0.819	**5.2**	181.3	0.0055
0.3	1.350	0.741	**5.3**	200.3	0.0050
0.4	1.492	0.670	**5.4**	221.4	0.0045
0.5	1.649	0.607	**5.5**	244.7	0.0041
0.6	1.822	0.549	**5.6**	270.4	0.0037
0.7	2.014	0.497	**5.7**	298.9	0.0033
0.8	2.226	0.449	**5.8**	330.3	0.0030
0.9	2.460	0.407	**5.9**	365.0	0.0027
1.0	2.718	0.368	**6.0**	403.4	0.0025
1.1	3.004	0.333	**6.1**	445.9	0.0022
1.2	3.320	0.301	**6.2**	492.8	0.0020
1.3	3.669	0.273	**6.3**	544.6	0.0018
1.4	4.055	0.247	**6.4**	601.8	0.0017
1.5	4.482	0.223	**6.5**	665.1	0.0015
1.6	4.953	0.202	**6.6**	735.1	0.0014
1.7	5.474	0.183	**6.7**	812.4	0.0012
1.8	6.050	0.165	**6.8**	897.8	0.0011
1.9	6.686	0.150	**6.9**	992.3	0.0010
2.0	7.389	0.135	**7.0**	1,096.6	0.0009
2.1	8.166	0.122	**7.1**	1,212.0	0.0008
2.2	9.025	0.111	**7.2**	1,339.4	0.0007
2.3	9.974	0.100	**7.3**	1,480.3	0.0007
2.4	11.023	0.091	**7.4**	1,636.0	0.0006
2.5	12.18	0.082	**7.5**	1,808.0	0.00055
2.6	13.46	0.074	**7.6**	1,998.2	0.00050
2.7	14.88	0.067	**7.7**	2,208.3	0.00045
2.8	16.44	0.061	**7.8**	2,440.6	0.00041
2.9	18.17	0.055	**7.9**	2,697.3	0.00037
3.0	20.09	0.050	**8.0**	2,981.0	0.00034
3.1	22.20	0.045	**8.1**	3,294.5	0.00030
3.2	24.53	0.041	**8.2**	3,641.0	0.00027
3.3	27.11	0.037	**8.3**	4,023.9	0.00025
3.4	29.96	0.033	**8.4**	4,447.1	0.00022

표 VIII. (계속)

x	e^x	e^{-x}	x	e^x	e^{-x}
3.5	33.12	0.030	**8.5**	4,914.8	0.00020
3.6	36.60	0.027	**8.6**	5,431.7	0.00018
3.7	40.45	0.025	**8.7**	6,002.9	0.00017
3.8	44.70	0.022	**8.8**	6,634.2	0.00015
3.9	49.40	0.020	**8.9**	7,332.0	0.00014
4.0	54.60	0.018	**9.0**	8,103.1	0.00012
4.1	60.34	0.017	**9.1**	8,955.3	0.00011
4.2	66.69	0.015	**9.2**	9,897.1	0.00010
4.3	73.70	0.014	**9.3**	10,938	0.00009
4.4	81.45	0.012	**9.4**	12,088	0.00008
4.5	90.02	0.011	**9.5**	13,360	0.00007
4.6	99.48	0.010	**9.6**	14,765	0.00007
4.7	109.95	0.009	**9.7**	16,318	0.00006
4.8	121.51	0.008	**9.8**	18,034	0.00006
4.9	134.29	0.007	**9.9**	19,930	0.00005

표 IX. $\alpha = 0.01$일 때 r_p의 값†

d.f. \ p	2	3	4	5	6	7	8	9	10
1	90.02								
2	14.04	14.04							
3	8.26	8.32	8.32						
4	6.51	6.68	6.74	6.76					
5	5.70	5.90	5.99	6.04	6.07				
6	5.24	5.44	5.55	5.62	5.66	5.68			
7	4.95	5.15	5.26	5.33	5.38	5.42	5.44		
8	4.74	4.94	5.06	5.13	5.19	5.23	5.26	5.28	
9	4.60	4.79	4.91	4.99	5.04	5.09	5.12	5.14	5.16
10	4.48	4.67	4.79	4.88	4.93	4.98	5.01	5.04	5.06
11	4.39	4.58	4.70	4.78	4.84	4.89	4.92	4.95	4.97
12	4.32	4.50	4.62	4.71	4.77	4.81	4.85	4.88	4.91
13	4.26	4.44	4.56	4.64	4.71	4.75	4.79	4.82	4.85
14	4.21	4.39	4.51	4.59	4.66	4.70	4.74	4.77	4.80
15	4.17	4.34	4.46	4.55	4.61	4.66	4.70	4.73	4.76
16	4.13	4.31	4.43	4.51	4.57	4.62	4.66	4.70	4.72
17	4.10	4.27	4.39	4.47	4.54	4.59	4.63	4.66	4.69
18	4.07	4.25	4.36	4.45	4.51	4.56	4.60	4.64	4.66
19	4.05	4.22	4.33	4.42	4.48	4.53	4.57	4.61	4.64
20	4.02	4.20	4.31	4.40	4.46	4.51	4.55	4.59	4.62
24	3.96	4.13	4.24	4.32	4.39	4.44	4.48	4.52	4.55
30	3.89	4.06	4.17	4.25	4.31	4.36	4.41	4.45	4.48
40	3.82	3.99	4.10	4.18	4.24	4.29	4.33	4.38	4.41
60	3.76	3.92	4.03	4.11	4.18	4.23	4.37	4.31	4.34
120	3.70	3.86	3.97	4.04	4.11	4.16	4.20	4.24	4.27
∞	3.64	3.80	3.90	3.98	4.04	4.09	4.13	4.17	4.21

†This table is reproduced from H. L. Harter, "Critical Values for Duncan's New Multiple Range Test." It contains some corrected values to replace those given by D. B. Duncan in "Multiple Range and Multiple F Tests," *Biometrics*, Vol. 11 (1955). The above table is reproduced with the permission of the author and the Biometric Society.

표 IX. (계속) $\alpha = 0.05$일 때 r_p의 값

d.f. \ p	2	3	4	5	6	7	8	9	10
1	17.97								
2	6.09	6.09							
3	4.50	4.52	4.52						
4	3.93	4.01	4.03	4.03					
5	3.64	3.75	3.80	3.81	3.81				
6	3.46	3.59	3.65	3.68	3.69	3.70			
7	3.34	3.48	3.55	3.59	3.61	3.62	3.63		
8	3.26	3.40	3.48	3.52	3.55	3.57	3.57	3.58	
9	3.20	3.34	3.42	3.47	3.50	3.52	3.54	3.54	3.55
10	3.15	3.29	3.38	3.43	3.47	3.49	3.51	3.52	3.52
11	3.11	3.26	3.34	3.40	3.44	3.46	3.48	3.49	3.50
12	3.08	3.23	3.31	3.37	3.41	3.44	3.46	3.47	3.48
13	3.06	3.20	3.29	3.35	3.39	3.42	3.46	3.46	3.47
14	3.03	3.18	3.27	3.33	3.37	3.40	3.43	3.44	3.46
15	3.01	3.16	3.25	3.31	3.36	3.39	3.41	3.43	3.45
16	3.00	3.14	3.23	3.30	3.34	3.38	3.40	3.42	3.44
17	2.98	3.13	3.22	3.28	3.33	3.37	3.39	3.41	3.43
18	2.97	3.12	3.21	3.27	3.32	3.36	3.38	3.40	3.42
19	2.96	3.11	3.20	3.26	3.31	3.35	3.38	3.40	3.41
20	2.95	3.10	3.19	3.25	3.30	3.34	3.37	3.39	3.41
24	2.92	3.07	3.16	3.23	3.28	3.31	3.35	3.37	3.39
30	2.89	3.03	3.13	3.20	3.25	3.29	3.32	3.35	3.37
40	2.86	3.01	3.10	3.17	3.22	3.27	3.30	3.33	3.35
60	2.83	2.98	3.07	3.14	3.20	3.24	3.28	3.31	3.33
120	2.80	2.95	3.04	3.12	3.17	3.22	3.25	3.29	3.31
∞	2.77	2.92	3.02	3.09	3.15	3.19	3.23	3.27	3.29

표 X. 부호순위검정의 임계값†

n	$T_{0.10}$	$T_{0.05}$	$T_{0.02}$	$T_{0.01}$
4				
5	1			
6	2	1		
7	4	2	0	
8	6	4	2	0
9	8	6	3	2
10	11	8	5	3
11	14	11	7	5
12	17	14	10	7
13	21	17	13	10
14	26	21	16	13
15	30	25	20	16
16	36	30	24	19
17	41	35	28	23
18	47	40	33	28
19	54	46	38	32
20	60	52	43	37
21	68	59	49	43
22	75	66	56	49
23	83	73	62	55
24	92	81	69	61
25	101	90	77	68

†From F. Wilcoxon and R. A. Wilcox, *Some Rapid Approximate Statistical Procedures*, American Cyanamid Company, Pearl River, N. Y., 1964. Reproduced with permission of American Cyanamid Company.

표 XI. U검정의 임계값†

$U_{0.10}$의 값

n_1 \ n_2	2	3	4	5	6	7	8	9	10	11	12	13	14	15
2				0	0	0	1	1	1	1	2	2	3	3
3		0	0	1	2	2	3	4	4	5	5	6	7	7
4		0	1	2	3	4	5	6	7	8	9	10	11	12
5	0	1	2	4	5	6	8	9	11	12	13	15	16	18
6	0	2	3	5	7	8	10	12	14	16	17	19	21	23
7	0	2	4	6	8	11	13	15	17	19	21	24	26	28
8	1	3	5	8	10	13	15	18	20	23	26	28	31	33
9	1	4	6	9	12	15	18	21	24	27	30	33	36	39
10	1	4	7	11	14	17	20	24	27	31	34	37	41	44
11	1	5	8	12	16	19	23	27	31	34	38	42	46	50
12	2	5	9	13	17	21	26	30	34	38	42	47	51	55
13	2	6	10	15	19	24	28	33	37	42	47	51	56	61
14	3	7	11	16	21	26	31	36	41	46	51	56	61	66
15	3	7	12	18	23	28	33	39	44	50	55	61	66	72

$U_{0.05}$의 값

n_1 \ n_2	2	3	4	5	6	7	8	9	10	11	12	13	14	15
2							0	0	0	0	1	1	1	1
3				0	1	1	2	2	3	3	4	4	5	5
4			0	1	2	3	4	4	5	6	7	8	9	10
5		0	1	2	3	5	6	7	8	9	11	12	13	14
6		1	2	3	5	6	8	10	11	13	14	16	17	19
7		1	3	5	6	8	10	12	14	16	18	20	22	24
8	0	2	4	6	8	10	13	15	17	19	22	24	26	29
9	0	2	4	7	10	12	15	17	20	23	26	28	31	34
10	0	3	5	8	11	14	17	20	23	26	29	30	36	39
11	0	3	6	9	13	16	19	23	26	30	33	37	40	44
12	1	4	7	11	14	18	22	26	29	33	37	41	45	49
13	1	4	8	12	16	20	24	28	30	37	41	45	50	54
14	1	5	9	13	17	22	26	31	36	40	45	50	55	59
15	1	5	10	14	19	24	29	34	39	44	49	54	59	64

†This table is based on D. Auble, "Extended Tables for the Mann–Whitney Statistics," *Bulletin of the Institute of Educational Research at Indiana University*, Vol. 1, 1953. By permission of the author.

표 XI. (계속)

$U_{0.02}$의 값

n_1 \ n_2	2	3	4	5	6	7	8	9	10	11	12	13	14	15
2												0	0	0
3						0	0	1	1	1	2	2	2	3
4				0	1	1	2	3	3	4	5	5	6	7
5			0	1	2	3	4	5	6	7	8	9	10	11
6			1	2	3	4	6	7	8	9	11	12	13	15
7		0	1	3	4	6	7	9	11	12	14	16	17	19
8		0	2	4	6	7	9	11	13	15	17	20	22	24
9		1	3	5	7	9	11	14	16	18	21	23	26	28
10		1	3	6	8	11	13	16	19	22	24	27	30	33
11		1	4	7	9	12	15	18	22	25	28	31	34	37
12		2	5	8	11	14	17	21	24	28	31	35	38	42
13	0	2	5	9	12	16	20	23	27	31	35	39	43	47
14	0	2	6	10	13	17	22	26	30	34	38	43	47	51
15	0	3	7	11	15	19	24	28	33	37	42	47	51	56

$U_{0.01}$의 값

n_1 \ n_2	3	4	5	6	7	8	9	10	11	12	13	14	15
3							0	0	0	1	1	1	2
4				0	0	1	1	2	2	3	3	4	5
5			0	1	1	2	3	4	5	6	7	7	8
6		0	1	2	3	4	5	6	7	9	10	11	12
7		0	1	3	4	6	7	9	10	12	13	15	16
8		1	2	4	6	7	9	11	13	15	17	18	20
9	0	1	3	5	7	9	11	13	16	18	20	22	24
10	0	2	4	6	9	11	13	16	18	21	24	26	29
11	0	2	5	7	10	13	16	18	21	24	27	30	33
12	1	3	6	9	12	15	18	21	24	27	31	34	37
13	1	3	7	10	13	17	20	24	27	31	34	38	42
14	1	4	7	11	15	18	22	26	30	34	38	42	46
15	2	5	8	12	16	20	24	29	33	37	42	46	51

표 XII. 런 검정의 임계값†

$u'_{0.025}$의 값

n_1 \ n_2	2	3	4	5	6	7	8	9	10	11	12	13	14	15
2											2	2	2	2
3					2	2	2	2	2	2	2	2	2	3
4				2	2	2	3	3	3	3	3	3	3	3
5			2	2	3	3	3	3	3	4	4	4	4	4
6		2	2	3	3	3	3	4	4	4	4	5	5	5
7		2	2	3	3	3	4	4	5	5	5	5	5	6
8		2	3	3	3	4	4	5	5	5	6	6	6	6
9		2	3	3	4	4	5	5	5	6	6	6	7	7
10		2	3	3	4	5	5	5	6	6	7	7	7	7
11		2	3	4	4	5	5	6	6	7	7	7	8	8
12	2	2	3	4	4	5	6	6	7	7	7	8	8	8
13	2	2	3	4	5	5	6	6	7	7	8	8	9	9
14	2	2	3	4	5	5	6	7	7	8	8	9	9	9
15	2	3	3	4	5	6	6	7	7	8	8	9	9	10

$U_{0.025}$의 값

n_1 \ n_2	4	5	6	7	8	9	10	11	12	13	14	15
4		9	9									
5	9	10	10	11	11							
6	9	10	11	12	12	13	13	13	13			
7		11	12	13	13	14	14	14	14	15	15	15
8		11	12	13	14	14	15	15	16	16	16	16
9			13	14	14	15	16	16	16	17	17	18
10			13	14	15	16	16	17	17	18	18	18
11			13	14	15	16	17	17	18	19	19	19
12			13	14	16	16	17	18	19	19	20	20
13				15	16	17	18	19	19	20	20	21
14				15	16	17	18	19	20	20	21	22
15				15	16	18	18	19	20	21	22	22

†This table is adapted, by permission, from F. S. Swed and C. Eisenhart, "Tables for testing randomness of grouping in a sequence of alternatives," *Annals of Mathematical Statistics*, Vol. 14.

표 XII. (계속)

$u'_{0.005}$의 값

n_1 \ n_2	3	4	5	6	7	8	9	10	11	12	13	14	15
3										2	2	2	2
4						2	2	2	2	2	2	2	3
5				2	2	2	2	3	3	3	3	3	3
6			2	2	2	3	3	3	3	3	3	4	4
7			2	2	3	3	3	3	4	4	4	4	4
8		2	2	3	3	3	3	4	4	4	5	5	5
9		2	2	3	3	3	4	4	5	5	5	5	6
10		2	3	3	3	4	4	5	5	5	5	6	6
11		2	3	3	4	4	5	5	5	6	6	6	7
12	2	2	3	3	4	4	5	5	6	6	6	7	7
13	2	2	3	3	4	5	5	5	6	6	7	7	7
14	2	2	3	4	4	5	5	6	6	7	7	7	8
15	2	3	3	4	4	5	6	6	7	7	7	8	8

$u_{0.005}$의 값

n_1 \ n_2	5	6	7	8	9	10	11	12	13	14	15
5		11									
6	11	12	13	13							
7		13	13	14	15	15	15				
8		13	14	15	15	16	16	17	17	17	
9			15	15	16	17	17	18	18	18	19
10			15	16	17	17	18	19	19	19	20
11			15	16	17	18	19	19	20	20	21
12				17	18	19	19	20	21	21	22
13				17	18	19	20	21	21	22	22
14				17	18	19	20	21	22	23	23
15					19	20	21	22	22	23	24

정답

1장

1.1 **(a)** $\sum_{i=1}^{n} n_{2n_i}$

1.5 **(b)** 6, 20, 70

1.9 $\binom{r+n-1}{r}$, 21

1.11 7번째 행: 1, 6, 15, 20, 15, 6, 1
11번째 행: 1, 7, 21, 35, 35, 27, 7, 1

1.19 **(a)** $\frac{-15}{384}$, -10 **(b)** 2.230

1.21 560

1.27 **(a)** 5 **(b)** 4

1.31 **(a)** 6 **(b)** 30 **(c)** 20 **(d)** 56

1.33 **(a)** 20 **(b)** 60

1.35 105

1.37 **(a)** 91 **(b)** 364

1.39 90

1.41 5,040

1.43 50,400, 3,360

1.45 280

1.47 **(a)** 21 **(b)** 6 **(c)** 12

1.49 630

1.51 420

1.53 15,625

1.55 462

1.57 45

2장

2.35 **(a)** {6, 8, 9} **(b)** {8} **(c)** {1, 2, 3, 4, 5, 8} **(d)** {1, 5} **(e)** {2, 4, 8} **(f)** Ø

2.37 **(a)** {Car 5, Car 6, Car 7, Car 8} **(b)** {Car 2, Car 4, Car 5, Car 7}
(c) {Car 1, Car 8} **(d)** {Car 3, Car 4, Car 7, Car 8}

2.39 **(a)** 이 주택에는 세 개 이하의 욕실이 있다.
(b) 이 주택에는 벽난로가 없다.
(c) 이 주택은 100,000달러보다 비싸지 않다.
(d) 이 주택은 새 것이 아니다.

(e) 이 주택에는 세 개 이상의 욕실과 벽난로가 있다.
(f) 이 주택은 세 개 이상의 욕실이 있고, 100,000달러보다 비싸다.
(g) 이 주택은 100,000달러보다 비싸지만 벽난로가 없다.
(h) 이 주택은 새 것이거나 100,000달러보다 비싸다.
(i) 이 주택은 새 것이거나 최대 100,000달러이다.
(j) 이 주택에는 세 개 이상의 욕실과 (또는) 벽난로가 있다.
(k) 이 주택은 세 개 이상의 욕실이 있거나 100,000달러보다 비싸다.
(l) 이 주택은 새 것이고, 100,000달러보다 비싸다.

2.41 **(a)** (H,1), (H,2), (H,3), (H,4), (H,5), (H,6), (T,H,H), (T,H,T), (T,T,H), (T,T,T) **(b)** (H,1), (H,2), (H,3), (H,4), (H,5), (H,6), (T,H,T), (T,T,H) **(c)** (H,5), (H,6), (T,H,T), (T,T,H), (T,T,T)

2.43 **(a)** 5^{k-1} **(b)** $\frac{5^k - 1}{4}$

2.45 **(a)** $(x \mid 3 < x < 10)$ **(b)** $(x \mid 5 < x \leq 8)$ **(c)** $(x \mid 3 < x \leq 5)$
(d) $(x \mid 0 < x \leq 3)$ 이거나 $(5 < x < 10)$

2.47 **(a)** 운전자가 책임보험에 들어 있을 사건
(b) 운전자가 충돌 사고보험에 들어 있지 않을 사건
(c) 운전자가 책임보험이나 충돌 사고보험, 둘 중 하나에만 들어 있을 사건
(d) 운전자가 두 가지 보험에 모두 들어 있지 않을 사건

2.49 **(a)** 지역 5 **(b)** 지역 1과 2 모두 **(c)** 지역 3, 5, 6 모두
(d) 지역 1, 3, 4, 6 모두

2.51 38

2.53 **(a)** 올바르다
(b) 올바르지 않다. 확률들의 합이 1보다 크다.
(c) 올바르다.
(d) 올바르지 않다. $P(E)$가 음수이다.
(e) 올바르지 않다. 확률들의 합이 1보다 작다.

2.55 **(a)** 그녀가 통과하지 못할 확률은 음수가 될 수 없다. **(b)** $0.77 + 0.08 = 0.85 \neq 0.95$ **(c)** $0.12 + 0.25 + 0.36 + 0.14 + 0.09 + 0.07 = 1.03 > 1$ **(d)** $0.08 + 0.21 + 0.29 + 0.40 = 0.98 < 1$.

2.57 **(a)** $\frac{1}{3}$ **(b)** $\frac{1}{6}$ **(c)** $\frac{1}{2}$ **(d)** $\frac{1}{3}$

2.59 **(a)** 0.46 **(b)** 0.40 **(c)** 0.11 **(d)** 0.68

2.61 **(a)** $\frac{2}{9}$ **(b)** $\frac{5}{9}$

2.63 **(a)** $\frac{25}{108}$ **(b)** $\frac{25}{162}$ **(c)** $\frac{25}{648}$ **(d)** $\frac{25}{1296}$

2.65 $\frac{2}{13}$

2.67 $1 - \frac{\sqrt{2}}{2} = 0.293$

2.69 **(a)** 0.68 **(b)** 0.38 **(c)** 0.79 **(d)** 0.32

2.71 **(a)** 0.11 **(b)** 0.98 **(c)** 0.09

2.73 0.94

2.75 **(a)** 3 대 2 **(b)** 11 대 5 **(c)** 반대 오즈가 7 대 2

2.79 $\frac{15}{28}$

2.81 **(a)** 0.2 **(b)** $\frac{20}{99}$

2.83

결과	2	3	4	5	6	7	8	9	10	11	12
확률	$\frac{1}{36}$	$\frac{1}{18}$	$\frac{1}{12}$	$\frac{1}{9}$	$\frac{5}{36}$	$\frac{1}{6}$	$\frac{5}{36}$	$\frac{1}{9}$	$\frac{1}{12}$	$\frac{1}{18}$	$\frac{1}{36}$

2.87 $\frac{1}{3}$

2.89 0.7685

2.91 **(a)** 0.096 **(b)** 0.048 **(c)** 0.0512 **(d)** 0.76

2.93 **(a)** $\frac{3}{64}$ **(b)** $\frac{27}{64}$

2.95 **(a)** 0.9606(정확산 확률은 0.9605) **(b)** 0.0097(독립이라 가정하면)

2.97 $\frac{1}{12}$

2.99 $\frac{1}{91}$

2.103 0.475

2.105 0.5684

2.107 0.3818

2.109 **(a)** 가장 가능성이 높은 폭발 원인은 부주의 또는 태업이다(P = 0.3285).
(b) 가장 가능성이 낮은 폭발 원인은 정전기(P = 0.1460).

2.111 0.6757

2.113 0.832

2.115 0.991

2.117 0.9937

2.119 0.781

3장

3.1 **(a)** 아니다. $f(4)$가 음수이기 때문이다. **(b)** 그렇다.
(c) 아니다. 확률들의 합이 1보다 작기 때문이다.

3.5 $0 < k < 1$.

3.9 **(a)** 아니다. $F(4)$가 1보다 크기 때문이다.
(b) 아니다. $F(2)$가 $F(1)$보다 작기 때문이다. **(c)** 그렇다.

3.11 **(a)** $\frac{3}{4}$ **(b)** $\frac{1}{4}$ **(c)** $\frac{1}{2}$ **(d)** $\frac{3}{4}$ **(e)** $\frac{1}{2}$ **(f)** $\frac{1}{4}$

3.17 $\frac{2}{5}$

3.19 **(a)** 0.124

3.21 $F(y) = \begin{cases} 0 & , y \le 2 \\ \frac{1}{16}(y^2 + 2y - 8), & 2 < y < 4 \\ 1 & , y \ge 4 \end{cases}$

확률은 0.54와 0.152이다.

3.23 $F(x) = \begin{cases} 0 & , x \le 0 \\ \frac{1}{2}\sqrt{x}, & 0 < x < 4 \\ 1 & , x \ge 4 \end{cases}$ **(b)** $\frac{1}{4}$, $\frac{1}{2}$

3.25 $F(z) = \begin{cases} 0 & , z \le 0 \\ 1 - e^{-z^2}, & z > 0 \end{cases}$

3.27 $G(x) = \begin{cases} 0 & , x \le 0 \\ 3x^2 - 2x^3, & 0 < x < 1 \\ 1 & , x \ge 1 \end{cases}$

확률은 $\frac{5}{32}$와 $\frac{1}{2}$이다.

3.29 $F(x) = \begin{cases} 0 & , x \le 0 \\ \dfrac{x^2}{2} & , 0 < x < 1 \\ 2x - \dfrac{x^2}{2} - 1, & \le x < 2 \\ 1 & , x \ge 2 \end{cases}$

3.31 $F(x) = \begin{cases} 0 & , x \le 0 \\ \dfrac{x^2}{4} & , 0 < x \le 1 \\ \frac{1}{4}(2x-1) & , 1 < x \le 2 \\ \frac{1}{4}(6x - x^2 - 5), & 2 < x < 3 \\ 1 & , x \ge 3 \end{cases}$

3.33 $f(x) = \frac{1}{2}$, $-1 < x < 1$, $f(x) = 0$, 그 외

3.35 $f(y) = \dfrac{18}{y^3}$, $y > 0$, $f(y) = 0$, 그 외; 두 확률은 $\frac{16}{25}$와 $\frac{9}{64}$이다.

3.37 세 확률은 $1 - 3e^{-2}$, $2e^{-1} - 4e^{-3}$, $5e^{-5}$이다.

3.39 **(a)** $F(x) = 0$

(b) $F(x) = \frac{1}{2}x$

(c) $F(x) = \frac{1}{2}(x+1)$

(d) $F(x) = 0$

3.41 확률은 $\frac{1}{4}$, 1, $\frac{3}{8}$, $\frac{1}{2}$.

3.43 **(a)** $\frac{1}{4}$ **(b)** 0 **(c)** $\frac{7}{24}$ **(d)** $\frac{119}{120}$

3.45 **(a)** $\frac{29}{89}$ **(b)** $\frac{5}{89}$ **(c)** $\frac{55}{89}$

3.47

		x = 0	1	2	3
y	0	0	$\frac{1}{30}$	$\frac{1}{10}$	$\frac{1}{5}$
	1	$\frac{1}{30}$	$\frac{2}{15}$	$\frac{3}{10}$	$\frac{8}{15}$
	2	$\frac{1}{10}$	$\frac{3}{10}$	$\frac{3}{5}$	1

3.49 $k = 2$.

3.51 **(a)** $\frac{1}{2}$ **(b)** $\frac{5}{9}$ **(c)** $\frac{1}{3}$

3.53 $1 - \frac{1}{2}\ln 2 = 0.6354$

3.55 $(e^{-1} - e^{-4})^2$

3.57 $(e^{-2} - e^{-3})^2$

3.63 **(a)** $\frac{1}{18}$ **(b)** $\frac{7}{27}$

3.65 $k = 144$

3.71 **(a)** $m(x, y) = \dfrac{xy}{36}$, $x = 1, 2, 3, y = 1, 2, 3$

(b) $n(x, z) = \dfrac{xz}{18}$, $x = 1, 2, 3, z = 1, 2$

(c) $g(x) = \dfrac{x}{6}$, $x = 1, 2, 3$

(d) $\phi(z|1, 2) = \dfrac{z}{3}$, $z = 1, 2$

(e) $\psi(y, z|3) = \dfrac{yz}{18}$, $y = 1, 2, 3, z = 1, 2$

3.73 **(a)** 독립이다. **(b)** 독립이 아니다.

3.75 **(a)** $h(y) = \frac{1}{4}(1 + y)$, $0 < y < 2$, $h(y) = 0$, 그 외

(b) $f(x|1) = \frac{1}{2}(2x + 1)$, $0 < x < 1$, $f(x|1) = 0$, 그 외

3.77 **(a)** $g(x) = -\ln x$, $0 < x < 1$, $g(x) = 0$, 그 외

(b) $h(y) = 1$, $0 < y < 1$, $h(y) = 0$, 그 외. 두 확률변수는 독립이 아니다.

3.79 $G(x) = 1 - e^{-x^2}$, $x > 0$, $G(x) = 0$, 그 외

3.83

Y	-4	-2	0	2	4
$P(Y)$	$\frac{1}{16}$	$\frac{4}{16}$	$\frac{6}{16}$	$\frac{4}{16}$	$\frac{1}{16}$

3.85 **(a)**

X	0	1	2	3
$P(X)$	$\frac{1}{27}$	$\frac{6}{27}$	$\frac{12}{27}$	$\frac{8}{27}$

(b) $\frac{19}{27}$

3.87 $F(V) = \begin{cases} 0\ , & V < 0 \\ 0.40, & 0 \le V < 1 \\ 0.70, & 1 \le V < 2 \\ 0.90, & 2 \le V < 3 \\ 1\ , & V \ge 3 \end{cases}$

3.89 Yes; $\sum_{x=2}^{12} f(x) = 1$

3.91 **(a)** 0.23 **(b)** 0.464 **(c)** 0.53

3.93 **(a)** 0.4512 **(b)** 0.1054 **(c)** 0.2019

3.95 **(a)** $\frac{1}{4}$ **(b)** $\frac{39}{64}$ **(c)** $\frac{1}{16}$

3.99

y \ x	0	1	2	3
-3	$\frac{1}{8}$			
-1		$\frac{3}{8}$		
1			$\frac{3}{8}$	
3				$\frac{1}{8}$

3.101 **(a)** 0.3038 **(b)** $\frac{1}{222}$

3.103 **(a)** $g(0) = \frac{5}{14}, g(1) = \frac{15}{28}, g(2) = \frac{3}{28}$ **(b)** $\phi(0|0) = \frac{3}{10}, \phi(1|0) = \frac{6}{10}, \phi(2|0) = \frac{1}{10}$

3.105 **(a)** $f(0,0) = \frac{188}{221}, f(0,1) = \frac{16}{221}, f(1,0) = \frac{16}{221}$, $f(1,1) = \frac{1}{221}$. **(b)** $g(0) = \frac{204}{221}, g(1) = \frac{17}{221}$; **(c)** $\phi(0|0) = \frac{16}{17}$, $\phi(1,1) = \frac{1}{17}$.

3.107 **(a)** $g(x) = \dfrac{20-x}{50}$, $10 < x < 20$, $g(x) = 0$, 그 외

(b) $\phi(y|12) = \frac{1}{6}$, $6 < x < 12$, $\phi(y|12) = 0$, 그 외 **(c)** $\frac{2}{3}$

3.109 **(a)** $f(x_1, x_2, x_3) = \dfrac{(20,000)^3}{(x_1+100)^3(x_2+100)^3(x_3+100)^3}$, $x_1 > 0, x_2 > 0$, $x_3 > 0$, $f(x_1, x_2, x_3) = 0$, 그 외

(b) $\frac{1}{16}$

3.111 107 작업장 자료는 105 작업장 자료보다 변동이 덜하다.

4장

4.1 **(a)** $g_1 = 0, g_2 = 1, g_3 = 4, g_4 = 9$

(b) $f(0), f(-1)+f(1), f(-2)+f(2), f(3)$

(c) $0\cdot f(0)+1\cdot\{f(-1)+f(1)\}+4\cdot\{f(-2)+f(2)\}+9\cdot f(3) = (-2)^2$
$f(-2)+(-1)^2\cdot f(-1)+0^2\cdot f(0)+1^2\cdot f(1)+2^2\cdot f(2)+3^2\cdot f(3) = \sum_x g(x)\cdot f(x)$

4.3 정리 4.3에서 $\int$를 $\sum$로 대체한다.

4.5 **(a)** $E(x) = \int_{-\infty}^{\infty}\int_{-\infty}^{\infty} xf(x,y)\,dy\,dx$ **(b)** $E(x) = \int_{-\infty}^{\infty} xg(x)\,dx$

4.7 $E(Y) = \frac{37}{12}$

4.9 **(a)** 2.4, 6.24 **(b)** 88.96

4.11 $-\frac{11}{6}$
4.13 $\frac{1}{2}$
4.15 $\frac{1}{12}$
4.19 $\mu = \frac{4}{3}, \mu_2' = 2, \sigma^2 = \frac{2}{9}$
4.25 $\mu_3 = \mu_3' - \mu\mu_2' + 2\mu^3,\ \mu_4 = \mu_4' - 4\mu\mu_3' + 6\mu^2\mu_2' - 3\mu^4$
4.27 **(a)** 3.2 **(b)** 2.6
4.31 **(a)** $k = \sqrt{20}$ **(b)** $k = 10$
4.33 $Mx(t) = \dfrac{2e^t}{3 - e^t}, \mu_1' = \dfrac{3}{2}, \mu_2' = 3$
4.35 $\mu = 4, \sigma^2 = 4$
4.43 0.14
4.45 $\frac{1}{72}$
4.49 **(a)** $\mu_Y = -7,\ \sigma_Y^2 = 155$ **(b)** $\mu_Z = 19,\ \sigma_Z^2 = 36$
4.51 $\frac{805}{162}$
4.53 $\text{var}(X) + \text{var}(Y) + 2\text{cov}(X, Y),\ \text{var}(X) + \text{var}(Y) - 2\text{cov}(X, Y),\ \text{var}(X) - \text{var}(Y)$
4.55 -56
4.57 3
4.59 $\frac{5}{12}$
4.61 **(a)** 98 **(b)** 29,997
4.63 5달러
4.65 3,000달러
4.67 6백만 리터
4.69 $\frac{a}{a+b}$
4.71 $\mu = 4,\quad \sigma^2 = 16$
4.73 $\mu = 1,\quad \sigma^2 = 1$
4.75 $\frac{63}{64}$
4.77 0.9179
4.79 $\mu = 3.6, \sigma = 0.0224$
4.81 **(a)** 0.74, 0.68 **(b)** 1.91, 1.05
4.83 0.8
4.85 2.95분

5장

5.11 $\mu_2' = \mu_{(2)}' + \mu_{(1)}',\ \mu_3' = \mu_{(3)}' + 3\mu_{(2)}' + \mu_{(1)}',\ \mu_4' = \mu_{(4)}' + 6\mu_{(3)}' + 7\mu_{(2)}' + \mu_{(1)}'$
5.13 **(a)** $F_x(t) = 1 - \theta + \theta t$ **(b)** $F_x(t) = [1 + \theta(t-1)]^n$
5.15 **(a)** $\theta = \frac{1}{2}$일 때 $\alpha_3 = 0$ **(b)** $n \to \infty$일 때 $\alpha_3 \to 0$
5.17 $\mu_Y = k\left(\dfrac{1}{\theta} - 1\right),\ \sigma_Y^2 = \dfrac{k}{\theta}\left(\dfrac{1}{\theta} - 1\right)$
5.37 $M_Y(t) = e^{\lambda(e^t - t - 1)},\ \sigma_Y^2 = M_Y''(0) = \lambda$
5.41 0.0086
5.43 **(a)** 0.2066 **(b)** 0.2066
5.45 **(a)** 0.2205 **(b)** 0.2206
5.47 0.2041
5.49 0.9222

5.51 0.0754
5.53 **(a)** 0.0538
5.57 **(a)** 0.0625 **(b)** 0.0469 **(c)** 0.2051
5.59 0.0504
5.61 **(a)** 0.0117 **(b)** 0.0504
5.63 **(a)** 0.5948 **(b)** 0.2941 **(c)** 0.0980
5.65 **(a)** $\mu = \frac{15}{8}$, $\sigma^2 = \frac{39}{64}$ **(b)** $\mu = \frac{15}{8}$, $\sigma^2 = \frac{39}{64}$
5.67 **(a)** 조건이 만족되지 않는다.
(b) 조건이 만족된다.
(c) 조건이 만족된다.
5.69 **(a)** 0.2478 **(b)** 0.2458
5.71 **(a)** 경험법칙(눈대중으로; rule of thumb)은 둘 다 만족되지 않는다.
(b) 좋은 근사를 위한 경험법칙이 만족된다.
(c) 정확한 근사를 위한 경험법칙이 만족된다.
(d) 경험법칙은 둘 다 만족되지 않는다.
5.73 $x = 15$
5.75 0.8795
5.77 0.2008
5.79 **(a)** 0.1653 **(b)** 0.2975
5.81 **(a)** 0.1293 **(b)** 0.0397 **(c)** 0.4944
5.83 0.0841
5.85 0.0292
5.87 0.0970
5.89 **(a)** 0.95 **(b)** 0.10
5.91 **(a)** 0.17 **(b)** 0.35
5.95 AQL = 0.07, LTPD = 0.33
5.97 **(b)** 계획 1 ($c = 0$) 생산자 위험 = 0.0861, 소비자 위험 = 0.1493
계획 2 ($c = 1$) 생산자 위험 = 0.4013, 소비자 위험 = 0.0282

6장

6.3 $F(x) = \begin{cases} 0 & , x \le \alpha \\ \dfrac{x-\alpha}{\beta-\alpha} & , \alpha < x < \beta \\ 1 & , x \ge \beta \end{cases}$

6.5 $\alpha_3 = 0$, $\alpha_4 = \frac{9}{5}$
6.11 $0 < \alpha < 1$일 때 $x \to 0$에 따라 주어진 함수 $\to \infty$; $\alpha = 1$일 때 $x = 0$인 지점에서 주어진 함수는 최댓값을 가진다.
6.13 $\mu'_1 = \alpha\beta$ $\mu'_2 = \alpha(\alpha+1)\beta^2$, $\mu'_3 = \alpha(\alpha+1)(\alpha+2)\beta^3$,
$\mu'_4 = \alpha(\alpha+1)(\alpha+2)(\alpha+3)\beta^4$
6.17 $M_Y(t) = \dfrac{e^{-\theta t}}{1-\theta t}$
6.19 $0 < v < 2$일 때 $x \to 0$에 따라 주어진 함수 $\to \infty$; $v = 2$일 때 $x = 0$인 지점에서 주어진 함수는 최대값을 가진다.
6.23 **(a)** $k = \alpha\beta$
6.33 $\mu_3 = 0$, $\mu_4 = 3\sigma^4$
6.45 **(a)** $\mu_1 = -2$, $\mu_2 = 1$, $\sigma_1 = 10$, $\sigma_2 = 5$, $\rho = 0.7$
6.47 $\mu_{Y_{11}} = \frac{11}{3}$, $\sigma_{Y_{11}} = \sqrt{20} = 4.47$

6.51 $\frac{1}{2}$
6.53 n = 100
6.55 **(a)** 0.6065 **(b)** 0.5276
6.57 0.1827
6.59 0.2231
6.61 **(a)** 3200시간 **(b)** 0.2060
6.63 **(a)** 0.1271 **(b)** 0.6406 **(c)** 0.1413 **(d)** 0.5876
6.65 **(a)** 1.92 **(b)** 2.22 **(c)** 1.12 **(d)** ±1.44
6.67 **(a)** 1.645 **(b)** 1.96 **(c)** 2.33 **(d)** 2.575
6.69 **(a)** 0.0208
6.71 **(a)** 0.1056 **(b)** 0.0062 **(c)** 0.5934
6.73 6.094 온스
6.75 **(a)** 그렇다. **(b)** 0.0078 **(c)** 117%
6.77 0.0041
6.79 0.227

7장

7.1 $g(y) = \frac{1}{\theta}e^{y}e^{-(1/\theta)}e^{y}$, $-\infty < y < \infty$
7.3 $g(y) = 2y$, $0 < y < 1$, $g(y) = 0$, 그 외
7.5 **(a)** $f(y) = \dfrac{1}{\theta_1 - \theta_2} \cdot (e^{-y/\theta_1} - e^{-y/\theta_2})$, $y > 0$, $f(y) = 0$, 그 외
(b) $f(y) = \dfrac{1}{\theta^2} \cdot ye^{-y/\theta}$, $y > 0$, $f(y) = 0$, 그 외
7.9 $h(-2) = \frac{1}{5}, h(0) = \frac{3}{5}$, and $h(2) = \frac{1}{5}$
7.11 **(a)** $g(0) = \frac{8}{27}$, $g(\frac{1}{2}) = \frac{12}{27}$, $g(\frac{2}{3}) = \frac{6}{27}$, $g(\frac{3}{4}) = \frac{1}{27}$
(b) $g(0) = \frac{12}{27}$, $g(1) = \frac{14}{27}$, $g(16) = \frac{1}{27}$
7.13 $g(0) = \frac{1}{3}$, $g(1) = \frac{1}{3}$, $g(2) = \frac{1}{3}$
7.17 $g(y) = \dfrac{1}{6}y^{\frac{-1}{3}}$
7.21 **(a)** $g(y) = \frac{1}{8}y^{-3/4}$, $0 < y < 1$, $g(y) = \frac{1}{4}$, $1 < y < 3$
(b) $h(z) = \frac{1}{16} \cdot z^{-3/4}$, $1 < z < 81$, $h(z) = 0$, 그 외
7.23 **(a)** $f(2,\ 0) = \frac{1}{36}$, $f(3,\ -1) = \frac{2}{36}$, $f(3,\ 1) = \frac{2}{36}$, $f(4,\ -2) = \frac{3}{36}$, $f(4,\ 0) = \frac{4}{36}$, $f(4,\ 2) = \frac{3}{36}$, $f(5,\ -1) = \frac{6}{36}$, $f(5,\ 1) = \frac{6}{36}$, $f(6,\ 0) = \frac{9}{36}$
(b) $g(2) = \frac{1}{36}$, $g(3) = \frac{4}{36}$, $g(4) = \frac{10}{36}$, $g(5) = \frac{12}{36}$, $g(6) = \frac{9}{36}$
7.25 **(b)** $g(0,\ 0,\ 2) = \frac{25}{144}$, $g(1,\ -1,\ 1) = \frac{5}{18}$, $g(1,\ 1,\ 1) = \frac{5}{24}$, $g(2,\ -2,\ 0) = \frac{1}{9}$, $g(2,\ 0,\ 0) = \frac{1}{6}$, $g(2,\ 2,\ 0) = \frac{1}{16}$
7.29 $\mu = 0, \sigma^2 = 2$
7.31 $z = 0, u = 1, z = u^2$로 둘러싸인 범위 내에서 $g(z, u) = 12z(u^{-3} - u^{-2})$, $g(z, u) = 0$, 그 외; $h(z) = 6z + 6 - 12\sqrt{z}$, $0 < z < 1$, $h(z) = 0$
7.33 주변분포는 코쉬분포이다. $g(y) = \dfrac{1}{\pi} \cdot \dfrac{2}{4 + y^2}$ for $-\infty < y < \infty$.
7.35 $v = 0, u = -v, 2v + u = 2$로 둘러싸인 범위 내에서 $f(u, v) = \frac{1}{2}$, $f(u, v) = 0$, 그 외;
$g(u) = \frac{1}{4}(2 + u)$ for $-2 < u \le 0$, $g(u) = \frac{1}{4}(2 - u)$, $0 < u < 2$, $g(u) = 0$, 그 외

7.37 $w = 0, z = 1, z = w$로 둘러싸인 범위 내에서 $g(w, z) = 24w(z - w)$, $g(w, z) = 0$, 그 외

7.43 모수로 αn과 β를 갖는 감마분포다.

7.51 $g(y) = \frac{9}{11} \cdot y^2,\ 0 < y \le 1, g(y) = \dfrac{3(2-y)(7y-4)}{22},\ 1 < y < 2,$ $g(y) = 0$, 그 외

7.53 $h(r) = 2r,\ 0 < r < 1,\ h(r) = 0$, 그 외

7.55 $g(v, w) = 5e^{-v},\ 0.2 < w < 0.4,\ v > 0; h(v) = e^{-v},\ v > 0,$ $h(v) = 0$, 그 외

7.59 **(a)** 0.1093 **(b)** 0.3817 **(c)** 0.1728

7.61 **(a)** 0.2008 **(b)** 0.1420 **(c)** 0.2919

7.63 **(a)** 0.475 **(b)** 0.570

7.65 $\frac{2}{27}$

7.67 **(a)** $\frac{2}{5}$ **(b)** $g(A) = \frac{2}{5}\left(\dfrac{1}{\sqrt{\pi}}A^{-1/2} - 1\right),\ 0 < A < \frac{25}{4}\pi$와 $g(A) = 0$

7.69 $g(y) = \dfrac{1}{\sqrt{2\pi}} \cdot \dfrac{1}{y} \cdot e^{-\frac{1}{2}\left(\frac{\ln y - \mu}{\sigma}\right)^2},\ y > 0,\ g(y) = 0$, 그 외

8장

8.11 유한모집단으로부터 복원추출을 하는 경우 무한모집단으로부터 확률표본을 뽑는다는 조건을 만족한다. 즉, 확률변수들은 독립적이고 동일한 분포를 따른다는 조건을 만족한다.

8.17 $\mu = 13.0; \sigma^2 = 25.6$

8.19 $s^2 = 4$

8.29 21.9%, 5.53%

8.47 $h(\tilde{x}) = \dfrac{(2m+1)!}{m!m!}\tilde{x}(1-\tilde{x})^m,\ 0 < x < 1; h(\tilde{x}) = 0$, 그 외

8.49 $g_1(y_1) = 12ny_1^2(1 - y_1)(1 - 4y_1)^3$

8.51 **(a)**

y_1	1	2	3	4
$g_1(y_1)$	$\frac{4}{10}$	$\frac{3}{10}$	$\frac{2}{10}$	$\frac{1}{10}$

(b)

y_1	1	2	3	4	5
$g_1(y_1)$	$\frac{9}{25}$	$\frac{7}{25}$	$\frac{5}{25}$	$\frac{3}{25}$	$\frac{1}{25}$

8.53 $\dfrac{1}{(n+1)^2(n+2)}$

8.55 $f(R) = \dfrac{n-1}{\theta}e^{-R/\theta}[1 - e^{-R/\theta}]^{n-2},\ R > 0; f(R) = 0$, 그 외

8.57 $E(R) = \dfrac{n-1}{n+1}; \sigma^2 = \dfrac{2(n-1)}{(n+1)^2(n+2)}$

8.61 **(a)** $\frac{1}{495}$ **(b)** $\frac{1}{77}$

8.63 **(a)** 원래 표준오차를 2로 나눈 값이 된다.
(b) 원래 표준오차를 1.5로 나눈 값이 된다.
(c) 원래 표준오차에 3일 곱한 값이 된다.
(d) 원래 표준오차에 2.5를 곱한 값이 된다.

8.65 **(a)** 0.96 **(b)** 0.9999994
8.67 0.0250
8.69 0.0207
8.71 0.2302
8.73 4.63
8.75 **(a)** 0.3056 **(b)** 0.7698
8.77 0.216
8.79 0.5
8.81 $t = -1.347$; 이 자료는 주장을 뒷받침한다.
8.83 0.99
8.89 0.851
8.91 0.6242

9장

9.1 n.

9.3

	d_1	d_2
θ_1	0	1
θ_2	$\frac{1}{2^n}$	0

9.5 $\dfrac{\theta_1\theta_2}{\sqrt{\theta_1^2+\theta_2^2}}$

9.11 **(a)** 결정은 반대가 된다. **(b)** 결정은 그대로이다.
9.13 **(a)** 이 사람은 재목 저장소로부터 33마일 떨어진 공사 현장으로 가야 한다.
(b) 이 사람은 재목 저장소로부터 27마일 떨어진 공사 현장으로 가야 한다.
(c) 어떤 결정을 내리든 상관 없다.
9.15 **(a)** 이 사람은 공장 생산능력을 지금 설명해야 한다.
(b) 이 사람은 호텔 Y를 선택해야 한다.
(c) 이 사람은 재목 저장소로부터 27마일 떨어진 공사 현장으로 가야 한다.
9.17 **(a)** 이 사람은 호텔 Y를 선택해야 한다.
(b) 이 사람은 재목 저장소로부터 27마일 떨어진 공사 현장으로 가야 한다.
9.19 **(a)** 최적 전략은 I과 2이고 게임의 값은 5이다.
(b) 최적 전략은 II와 1이고, 게임의 값은 11이다.
(c) 최적 전략은 I와 1이고, 게임의 값은 −5이다.
(d) 최적 전략은 I와 2이고, 게임의 값은 8이다.
9.21 **(a)** 표의 첫 번째 행에서 보상은 0과 −6이고, 두 번째 행에서 보상은 8과 3이다.
(b) 최적 전략은 주유소 A는 유리잔을 주고, 주유소 B는 칼을 주는 것이다.
9.23 **(a)** $\frac{5}{11}, \frac{6}{11}$ **(b)** $\frac{4}{11}, \frac{7}{11}$ **(c)** $-\frac{9}{11}$
9.25 방어하는 국가는 자신의 전략을 $\frac{1}{6}$과 $\frac{5}{6}$의 확률로 랜덤화한다. 적은 자신의 전략을 $\frac{5}{6}$과 $\frac{1}{6}$의 확률로 랜덤화한다. 게임의 값은 10,333,333달러이다.
9.27 **(a)** 이 사람은 가격을 내려야 한다.
(b) 다른 날에 그들의 가격을 내림으로써 이를 달성할 수 있다.
9.29 **(a)** 첫 번째 행의 값은 0과 160이다. 두 번째 행의 값은 160과 0이다.
(b) $d_1(0) = \frac{1}{4}, d_1(1) = \frac{1}{4}, d_1(2) = \frac{1}{4}, d_2(0) = \frac{1}{4}, d_2(1) = \frac{1}{4}, d_2(2) = \frac{1}{2}, d_3(0) = \frac{1}{4},$
$d_3(1) = \frac{1}{2}, d_3(2) = \frac{1}{4}, d_4(0) = \frac{1}{4}, d_4(1) = \frac{1}{2}, d_4(2) = \frac{1}{2}, d_5(0) = \frac{1}{2}, d_5(1) = \frac{1}{4},$
$d_5(2) = \frac{1}{2}, d_6(0) = \frac{1}{2}, d_6(1) = \frac{1}{4}, d_6(2) = \frac{1}{2}, d_7(0) = \frac{1}{2}, d_7(1) = \frac{1}{2}, d_7(2) = \frac{1}{2},$
$d_8(0) = \frac{1}{2}, d_8(1) = \frac{1}{2}, d_8(2) = \frac{1}{2}$;
(d) d_4; **(e)** d_2.

10장

10.1 $\sum_{i=1}^{n} a_i = 1$

10.9 $(n+1)Y_1$

10.25 $\frac{8}{9}$

10.29 **(a)** $\frac{3}{4}$ **(b)** $\frac{3}{5}$

10.37 그렇다.

10.45 그렇다.

10.51 $\hat{\theta} = m'_1$

10.53 $\hat{\lambda} = m'_1$

10.55 $\hat{\theta} = 3m'_1$

10.57 $\hat{\beta} = m'_1 + \sqrt{3[m'_2 - (m'_1)^2]}$

10.59 $\hat{\lambda} = \overline{x}$

10.61 $\hat{\beta} = \frac{\overline{x}}{2}$

10.63 **(a)** $\hat{\theta} = \frac{1}{\overline{x}}$ **(b)** $\hat{\theta} = \frac{1}{\overline{x}}$

10.65 $\hat{\alpha} = \dfrac{n}{\sum_{i=1}^{n} \ln x_i}$

10.67 $\hat{\alpha} = y_1, \hat{\beta} = y_n$

10.69 **(a)** $\hat{\beta} = \frac{\overline{x}}{\alpha}; \hat{\tau} = \left(\frac{2\overline{x}}{\alpha} - 1\right)^2$

10.71 $\mu'_1 = \overline{v}; \mu'_2 = \overline{v}, \hat{\sigma}^2 = \dfrac{\sum(v-\overline{v})^2 + \sum(w-\overline{w})^2}{n_1+n_2}$

10.73 **(a)** 그렇다. **(b)** 아니다.

10.75 $\mu = \frac{1}{2}; \sigma^2 = \frac{1}{18};\ x = \frac{1}{2}$에 대해 대칭

10.79 $\hat{\mu} = 28$

10.81 $\hat{\alpha} = 4.627,\ \hat{\beta} = 1.556$

10.83 $N = 11$ or 12

10.85 $\hat{\theta} = 47.69,\ \hat{\delta} = 412.64$

10.87 $\hat{\alpha} = 3.83,\ \hat{\beta} = 11.95$

10.91 $\hat{\theta} = 0.30$

10.93 $E(\Theta|38) = 0.29$

10.95 0.4786

10.97 **(a)** $\hat{\mu} = 100$ **(b)** $\hat{\mu} = 112$ **(c)** $\hat{\mu} = 108$

10.99 그렇다.

11장

11.1 $K = \dfrac{-1}{\ln(1-\alpha)}$

11.3 $c = \dfrac{1 \pm \sqrt{1-\alpha}}{\alpha}$

11.7 $z_{\alpha/2}\frac{\sigma}{\sqrt{n}}$대신 $t_{\alpha/2,n-1}\frac{s}{\sqrt{n}}$를 대입한다.

11.9 $\dfrac{2\sigma^4}{(\mathrm{n}_1 + \mathrm{n}_2 - \lambda)}$

11.13 $n = \theta^*(1-\theta^*)\dfrac{z_{\alpha/2}^2}{e^2}$, 여기서 θ^*은 θ'와 θ''사이의 구간에서 $\frac{1}{2}$에 가장 가까운 값이다.

11.15 $E = z_{\alpha/2}\sqrt{\dfrac{\hat{\theta}_1(1-\hat{\theta}_1)}{n_1} + \dfrac{\hat{\theta}_2(1-\hat{\theta}_2)}{n_2}}$

11.17 0.050

11.21 $59.82 < \mu < 63.78$

11.23 $139.57 < \mu < 144.03$

11.25 0.83분

11.27 $59.99 < \mu < 63.61$

11.29 355

11.31 $61.96 < \mu < 65.72$ 갤론

11.33 $-7.485 < \mu_1 - \mu_2 < -2.915$

11.35 $-1.198 < \mu_1 - \mu_2 < 1.998$ 피트

11.37 0.0023 옴

11.39 0.069

11.41 0.053

11.43 0.075

11.45 $n = 2,401$

11.47 $n = 1,037$

11.49 $-0.372 < \theta_1 - \theta_2 < -0.204$

11.51 0.053

11.53 $0.04 < \sigma^2 < 0.28$

11.55 $3.67 < \sigma < 5.83$

11.57 $0.58 < \dfrac{\sigma_1^2}{\sigma_2^2} < 1.96$

11.59 $0.233 < \dfrac{\sigma_1^2}{\sigma_2^2} < 9.506$

11.61 $227.7 < \sigma < 352.3$

12장

12.1 **(a)** 단순 **(b)** 복합 **(c)** 복합 **(d)** 복합

12.3 $\alpha = \frac{1}{21}$, $\beta = \frac{5}{7}$

12.5 $\alpha = (1-\theta_0)^{k-1}$, $\beta = 1-(1-\theta_1)^{k-1}$

12.7 $\alpha = 0.08$

12.9 $1-\beta = 0.114$

12.11 $\sum_{i=1}^{n} x_i \geq K$, 여기서 K는 $\sum_{i=1}^{n} X_i$가 $\alpha = n$, $\beta = \theta_0$인 감마분포를 따른다는 것을 이용하여 구할 수 있다.

12.13 $\beta = 0.37$.

12.15 $\sum_{i=1}^{n} x_i^2 \geq K$, 여기서 K는 기하분포의 n개 항의 합에 대한 식을 사용함으로써 구할 수 있다.

12.17 **(a)** $0, 0, \frac{1}{21}$ **(b)** $\frac{5}{7}, \frac{11}{21}, \frac{2}{7}, 0$

12.21 **(a)** $\lambda = \left(\frac{\overline{x}}{\theta_0}\right)^n e^{-(n\overline{x}/\theta_0+n)}$

12.31 **(a)** 대립가설은 $\mu_2 > \mu_1$ **(b)** 대립가설은 $\mu_1 > \mu_2$
(c) 대립가설은 $\mu_1 \neq \mu_2$

12.33 **(a)** 귀무가설은 $\mu_1 = \mu_2$ **(b)** 대립가설은 $\mu_1 > \mu_2$
(c) 대립가설은 $\mu_2 < \mu_1$

12.35 **(a)** 귀무가설이 거짓일 때 귀무가설을 기각
(b) 귀무가설이 참일 때 귀무가설을 기각

12.39 **(a)** 0.852 **(b)** 0.016, 0.086, 0.129, 0.145, 0.144, 0.134, 0.122

12.41 **(a)** 0.0375, 0.0203, 0.0107, 0.0055, 0.002 **(b)** 0.9329, 0.7585, 0.3840, 0.0420

12.43 $-2 \cdot \ln\lambda = 1.424$; 귀무가설은 기각되지 않는다.

13장

13.1 다음 기각역을 사용한다. $\frac{n(\overline{x}-\mu_0)^2}{\sigma^2} \geq \chi^2_{\alpha,1}$

13.3 $n = 52$

13.5 $n = 151$

13.9 대립가설은 $\lambda > \lambda_0$; $\sum_{i=1}^{n} x_i \geq k_\alpha$이면 귀무가설을 기각한다. 여기서 k_α는
$\sum_{y=k_\alpha}^{\infty} p(y; n, \lambda_0) \leq \alpha$을 만족하는 가장 작은 정수이다.

13.19 **(a)** 아니다. **(b)** 그렇다.

13.23 P값 $= 0.3249$; 귀무가설은 기각되지 않는다.

13.25 $z = 2.73$; 귀무가설은 기각된다.

13.27 $z = 3.02$; 귀무가설은 기각된다.

13.29 $t = -2.11$; 귀무가설은 기각된다.

13.31 s도 역시 0.742로 증가한다.

13.33 **(a)** $P(H_0$기각 $|H_0$가 참$) = 0.05$
(b) P(실험 1에서 혹은 실험 2에서 혹은 모든 실험에서 H_0기각 H_0가 참) $= 0.0975$
(c) P(30번의 실험 중 하나 이상의 실험에서 H_0기각 H_0가 참) $= 0.79$

13.35 **(a)** $\beta = 0.18$ **(b)** $\beta = 0.71$ **(c)** $\beta = 0.71$ **(d)** $\beta = 0.18$

13.37 P값은 0.0094; 귀무가설은 기각된다.

13.39 P값은 0.1112; 귀무가설은 기각되지 않는다.

13.43 P값은 0.61; 귀무가설은 기각되지 않는다.

13.45 $t = 4.03$; 귀무가설은 기각된다.

13.47 $\chi^2 = 5.92$; 귀무가설은 기각되지 않는다.

13.49 $\chi^2 = 22.85$; 귀무가설은 기각되지 않는다.

13.51 $z = 1.93$; 귀무가설은 기각된다.

13.53 $f = 1.42$; 귀무가설은 기각되지 않는다.

13.55 $f = 1.80$; 귀무가설은 기각되지 않는다.

13.57 P값은 0.1348; 귀무가설은 기각되지 않는다.

13.59 P값은 0.0104; 귀무가설은 기각된다.

13.61 P값은 0.0012; 귀무가설은 기각된다.

13.63 $z = -3.98$; 귀무가설은 기각된다; 따라서 해당 진술은 반박된다.

13.65 P값은 0.1154; 귀무가설은 기각되지 않는다.

13.69 $z = -1.71$; 귀무가설은 기각되지 않는다.
13.73 $\chi^2 = 7.10$; 귀무가설은 기각되지 않는다.
13.75 $\chi^2 = 8.03$; 귀무가설은 기각되지 않는다.
13.77 $\chi^2 = 52.7$; 귀무가설은 기각된다.
13.79 $\chi^2 = 3.71$; 귀무가설은 기각되지 않는다.
13.81 $\chi^2 = 28.9$; 귀무가설은 기각된다.
13.83 **(a)** 확률은 0.0179, 0.1178, 0.3245, 0.3557, 0.1554, 0.0268, 0.0019이다.
(c) 예상되는 빈도는 1.8, 11.8, 32.4, 35.6, 15.5, 2.7, 0.2;
$\chi^2 = 1.46$; 귀무가설은 기각되지 않는다.
13.85 $t = 3.61$; P값 $= 0.0009$; 0.005 유의수준에서 차이는 유의하다.

14장

14.3 $\mu_{Y|x} = \dfrac{1+x}{2}$, $\mu_{X|y} = \dfrac{2y}{3}$
14.5 $\mu_{X|1} = \frac{4}{7}$, $\mu_{Y|0} = \frac{9}{8}$
14.13 $\hat{\beta} = \dfrac{\sum_{i=1}^{n} x_i y_i}{\sum_{i=1}^{n} x_i^2}$
14.19 **(a)** $t = \dfrac{\hat{\beta} - \beta}{s_e/\sqrt{S_{xx}}}$ **(b)** $\hat{\beta} - t_{\alpha/2,n-2} \cdot \dfrac{S_e}{\sqrt{S_{xx}}} < \beta < \hat{\beta} + t_{\alpha/2,n-2} \cdot \dfrac{S_e}{\sqrt{S_{xx}}}$
14.31 $\dfrac{1+r-(1-r)e^{-2z_{\alpha/2}/\sqrt{n-3}}}{1+r+(1-r)e^{-2z_{\alpha/2}/\sqrt{n-3}}} < \rho < \dfrac{1+r-(1-r)e^{2z_{\alpha/2}/\sqrt{n-3}}}{1+r+(1-r)e^{2z_{\alpha/2}/\sqrt{n-3}}}$
14.39 **(b)** $B'X_0 \pm t_{\alpha/2,n-k}\hat{\sigma} \cdot \sqrt{\dfrac{n[X_0'(X'X)^{-1}X_0]}{n-k-1}}$
14.41 **(a)** $\hat{y} = 83.46 + 3.98x$ **(b)** 88.63
14.43 **(a)** $\hat{y} = 31.609 + 0.5816x$ **(b)** $\hat{y} = 88.63$
14.45 **(a)** $\hat{y} = 1.8999 + 0.0857x$ **(b)** $\hat{y} = 1.4714$
14.47 **(a)** $\hat{y} = 1.3 - 0.0857x$ (변환한 상태) **(b)** $\hat{y} = 1.4714$
14.49 $\hat{y} = 1.371(1.383)^x$
14.51 $t = 3.72$; 귀무가설은 기각된다.
14.53 **(a)** $\hat{y} = -37.02 + 1.4927x$ **(b)** $t = 3.413$; 귀무가설은 기각된다.
14.55 $-0.1217 < \beta < -0.0497$
14.57 **(a)** $\hat{y} = 1.2594 + 1.4826x$ **(b)** $t = 3.10$ 귀무가설은 기각되지 않는다.
14.59 $-2.2846 < \alpha < 65.5026$
14.61 **(a)** $6.452 < \mu_{Y|9} < 9.7634$ **(b)** 3.4777 , 12.7009
14.63 **(a)** $\hat{y} = 2.20 + 13.3x$ **(b)** $11.5 < \beta < 15.1$
14.65 $r = 0.55$; $z = 2.565$ r의 값은 유의하다.
14.67 $r = 0.727$; $z = 5.05$ r의 값은 유의하다.
14.69 $2.84 < \beta < 4.10$
14.71 $r = 0.772$; $z = 4.81$ r의 값은 유의하다.
14.73 $r = 0.285$; $z = 5.55$ r의 값은 유의하다.
14.75 **(a)** 0.994 **(b)** $z = 7.68$; 유의수준 0.05에서 0과 유의한 차이가 있다.
14.77 **(a)** $\hat{\beta}_0 = 14.56$ $\hat{\beta}_1 = 30.109$, $\hat{\beta}_2 = 12.16$ **(b)** $\hat{y} = \$101.41$
14.79 **(a)** $\hat{\beta}_0 = -124.57$, $\hat{\beta}_1 = 1.659$, $\hat{\beta}_2 = 1.439$ **(b)** $\hat{y} = 63.24$

14.81 $\hat{y} = 69.73 + 2.975z_1 - 11.97z_2$ (변환한 상태); $\hat{y} = 71.2$

14.83 $\hat{y} = 10.5 - 2.0x + 0.2x^2$; $\hat{y} = 5.95$

14.85 $t = 2.94$; 귀무가설은 기각되지 않는다. 따라서 직선 대신 포물선을 적합시키는 것이 더 바람직하다는 아무런 증거가 발견되지 않았다.

14.87 $t = 0.16$; 귀무가설은 기각되지 않는다.

14.89 $t = -4.18$; 귀무가설은 기각된다.

14.91 $\$78,568 < \mu_{Y|3,2} < \$79,649$.

14.93 $\$74.5 < \mu_{Y|2,4,1.2} < \$128.3$

14.97 $\hat{y} = -2.33 + 0.900x_1 + 1.27x_2 + 0.900x_3$

14.99 **(a)** $\hat{y} = 170 - 1.39x_1 + 6.07x_2$

14.101 **(b)** $\hat{y} = 86.9 - 0.904x_1 + 0.508x_2 + 2.06x_2^2$

(c) $r_{x_1x_2} = -0.142,\ r_{x_1,x_2^2} = -0.218,\ r_{x_2,x_2^2} = 0.421$

(e) $\hat{y} = 47.5 - 24.8x_1' + 15.0x_2' + 70.2(x_2')^2$

15장

15.15

Source	*d.f.*	*Sum of squares*	*Mean square*	*F*
Rows	$n-1$	$SSR = \frac{1}{n}\left(\sum_{i=1}^{n} x_{i.}\right)^2 - C$	$MSR = SSR/(n-1)$	MSR/MSE
Columns	$n-1$	$SSC = \frac{1}{n}\left(\sum_{j=1}^{n} x_{.j}\right)^2 - C$	$MSC = SSC/(n-1)$	MSC/MSE
Treatments	$n-1$	$SSTr = \frac{1}{n}\left(\sum\sum_{i \neq j} x_{ij}\right)^2 - C$	$MSTr = SSTr/(n-1)$	MSTr/MSE
Error	$(n-1)(n-2)$	$SSE = SST - SSR - SSC - SSTr$	$SSE/(n-1)(n-2)$	

합계 $n^2 - 1$ $SST = \sum_{i=1}^{n}\sum_{j=1}^{n} x_{ij}^2 - C$

여기서 $C = \frac{1}{n^2}\sum_{i=1}^{n}\sum_{j=1}^{n} x_{ij(k)}{}^2$

15.17 $f = 0.68$; 효과의 차이는 유의하지 않다.

15.19 $f = 6.84$; 타자기의 차이는 아무런 효과가 없다.

15.21 $f = 14.8$; 표본평균의 차이는 우연에 의한 것이라 할 수 있다.

15.23 $f_{Tr} = 4.43$ 발시기에 대한 귀무가설은 기각되지 않는다.
(b) $f_B = 17.05$ 연료에 대한 귀무가설은 기각된다.

15.25 $f_{Tr} = 7.99$ 실에 대한 귀무가설은 기각된다.
$f_B = 0.81$ 측정 도구에 대한 귀무가설은 기각되지 않는다.

15.27

변동의 원인	자유도	제곱합	평균 제곱합	F값
발사기	2	91.50	45.75	83.2
연 료	3	570.83	190.28	346.0
반 복	1	1.76	1.76	3.2
상호작용	6	50.94	8.49	15.4
오 차	11	6.01	0.55	
총 합	23	721.04		

발사기, 연료, 상호작용의 효과는 유의수준 0.01에서 유의하다.

15.29

변동의 원인	자유도	제곱합	평균 제곱합	F값
조작자	2	22.62	11.31	6.02
접착제	3	23.97	7.99	4.25
반 복	1	0.00	0.00	0.00
상호작용	6	30.99	5.17	2.75
오 차	11	20.67	1.88	
총 합	23	98.25		

조작자와 접착제 효과는 유의수준 0.05에서 유의하다.

15.31 세제 B A C
평균 68.0 77.0 80.0 (77.0, 80.0에 밑줄)

15.33 디자인 B A D C
평균 22.63 46.50 48.00 61.25 (46.50, 48.00에 밑줄)

지역 남서 남동 북서 북동
평균 32.13 40.50 52.88 52.88 (32.13, 40.50에 밑줄; 52.88, 52.88에 밑줄)

15.35 발사기 Y X Z
평균 46.91 49.54 51.69

연료 4 1 3 2
평균 43.35 45.97 52.97 55.23 (52.97, 55.23에 밑줄)

15.37 접착제 D C B A
평균 8.52 10.65 10.72 11.03 (10.65, 10.72, 11.03에 밑줄)

조작자 3 1 2
평균 8.86 10.80 11.03 (10.80, 11.03에 밑줄)

15.39 **(a)** $f_{\text{rows}} = 10.4$, $f_{\text{columns}} = 111$, $f_{\text{treatments}} = 1.3$; for $\alpha = 0.05$
골프채에 의한 차이만이 유의한다.
(b) 오차의 자유도가 2밖에 되지 않으므로 f검정은 강력(powerful)하지 않다.

15.41 **(a)**

요인	레벨1	레벨2	레벨3	레벨4
A	1	2		
B	1	2	3	
C	1	2	3	4

(b) 3 (오차의 자유도는 46이다.) **(c)** 6 (반복이 없을 때)

15.43 3-요인과 고차 상호작용은 0이다; 이로써 오차의 자유도는 16이 된다.

15.45 아니다. 하나의 요인의 효과는 다른 요인의 수준에 따라 달라진다(종속된다).

15.47 68°F에서 74°F로 온도를 올리면 이득은 5.813 감소한다.
부분압력을 10^{-15}에서 10^{-4}로 증가시키면 이득은 5.063 증가한다.

16장

16.3 평균은 0, 분산은 $\dfrac{n(n+1)(2n+1)}{6}$

16.13 $\frac{11}{42}$

16.15 최소값은 $W = 0$이고, 이는 연관성이 전혀 없음(complete lack of association)을 나타낸다. 최대값은 $W = 1$이고, 이는 완전히 합치됨(perfect agreement)을 나타낸다.

16.17 $T = 32.5$; 귀무가설은 기각된다.

16.19 $T = 28$; P값은 0.0381; 귀무가설은 기각된다.

16.21 **(a)** $T \leq 3$이면 귀무가설을 기각한다. **(b)** $T^- \leq 5$이면 귀무가설을 기각한다. **(c)** $T^+ \leq 5$이면 귀무가설을 기각한다.

16.23 $U = 3$; 귀무가설은 기각된다.

16.25 $U = 88$; 귀무가설은 기각되지 않는다.

16.29 $u = 5$; 배열이 랜덤하다는 귀무가설은 기각된다.

16.31 $u = 4$; 배열이 랜덤하다는 귀무가설은 기각되지 않는다.

16.33 $z = 1.46$ (연속성 수정을 했을 때 $z = 1.31$); 귀무가설은 기각되지 않는다.

16.35 $u = 13$; 귀무가설은 기각되지 않는다.

16.37 $z = -0.22$; 귀무가설은 기각되지 않는다.

16.39 $z = 3.55$; r_S의 값은 유의수준 0.05에서 유의하다.

16.41 $r_s = 0.54$

16.43 $\bar{r}_s = 0.527$

16.45 $z = -2.94$; 귀무가설은 기각된다.

16.47 $T^- = 17.5$; 귀무가설은 기각되지 않는다.

16.49 $T^+ = 91.5$; 귀무가설은 기각된다.

16.51 **(a)** $T = 98.5$; 귀무가설은 기각되지 않는다.
(b) $z = 0.26$; 귀무가설은 기각되지 않는다.

16.53 $z = 1.62$; 귀무가설은 기각되지 않는다.

16.55 $H = 0.86$; 귀무가설은 기각되지 않는다.

16.57 $z = -4.0$ (연속성 수정을 했을 때 $z = -3.86$); 귀무가설은 기각된다.

16.59 $z = -1.80$; 귀무가설은 기각된다.

부록

A.3 **(a)** 10 **(b)** 40

A.5 **(a)** 1 **(b)** 3 **(c)** 33 **(d)** 39 **(e)** 29

A.7 **(a)** 19 **(b)** 19

찾아보기

ㄱ

ㅂ

ㅅ

ㅇ

ㅋ

ㅌ

ㅍ

ㅎ

|역자 소개|

김철응
Carnegie Mellon University 통계학박사
현, 연세대학교 응용통계학과 교수

김현중
University of Wisconsin-Madison 통계학박사
현, 연세대학교 응용통계학과 교수

John E. Freund의
수리통계학 실제와 응용 제8판

|저 자 Irwin Miller · Marylees Miller
|역 자 김철응 · 김현중
|펴 낸 이 주정희
|펴 낸 곳 자유아카데미
|주 소 경기도 파주시 회동길 37-42
파주출판도시
|전 화 031-955-1321
|팩 스 031-955-1322
|홈페이지 www.freeaca.com
|전자우편 main@freeaca.com(대표)
editor@freeaca.com(편집)
|등 록 제406-2003-017호, 1980. 7. 12
|제 8 판 2015년 2월 28일 발행
|정 가 39,000원

역자와의 협의하에 인지생략

PEARSON www.pearsonhighered.com

Printed in Korea
ISBN 979-11-5808-017-4 93310